U0271811

阿拉善盟林业和草原志

（2006—2021）

阿拉善盟林业和草原局　编纂

中国农业科学技术出版社

图书在版编目（CIP）数据

阿拉善盟林业和草原志：2006—2021 / 阿拉善盟林业和草原局编纂 . --北京：
中国农业科学技术出版社，2023.7

ISBN 978-7-5116-6288-0

Ⅰ.①阿…　Ⅱ.①阿…　Ⅲ.①林业-概况-阿拉善盟-2006-2021②草原-概况-
阿拉善盟-2006-2021　Ⅳ.①F326.272.62②S812

中国国家版本馆 CIP 数据核字（2023）第 095509 号

责任编辑　李冠桥
责任校对　贾若妍　李向荣
责任印制　姜义伟　王思文

出 版 者　中国农业科学技术出版社
　　　　　北京市中关村南大街 12 号　　邮编：100081
电　　话　（010）82106632（编辑室）　　（010）82109702（发行部）
　　　　　（010）82109709（读者服务部）
网　　址　https://castp.caas.cn
经 销 者　各地新华书店
印 刷 者　北京地大彩印有限公司
开　　本　210 mm×297 mm　1/16
印　　张　50.75　彩插　28 面
字　　数　1520 千字
版　　次　2023 年 7 月第 1 版　2023 年 7 月第 1 次印刷
定　　价　600.00 元

2015 年 10 月 23 日，时任国家林业局党组书记、局长张建龙（左三）与时代楷模苏和（左二）在额济纳旗交流防沙治沙经验

2019 年 4 月 3 日，时任盟委副书记、盟长代钦（右三）调研贺兰山森林防火

2023 年 5 月 15 日，盟委书记黄雅丽（左二）深入阿拉善生态基金会青年世纪林实地察看造林绿化成效

2022年2月14日，盟委副书记、盟长李中增（右二）陪同环保部部长黄润秋（前中）在贺兰山保护区考察

2020年7月11日，时任盟行署副盟长秦艳（右三）深入东阿拉善自治区级自然保护区调研

2022年4月18日，盟行署副盟长刘德（左二）赴阿拉善高新区调研

2018 年，全国北方地区国有林场年会在阿拉善盟召开

2022 年 9 月 26 日，全盟林长会议

2019 年，全盟林业和草原工作会议

3

2021 年度盟林业和草原局党建述职评议会

2021 年 7 月 23 日，盟林业和草原局党史学习教育理论中心组学习会议

盟林业和草原局特色主题党日活动——重温入党誓词

2019年4月，党组成员、副局长潘竞军（右三）指导梭梭种植

2022年4月25日，阿拉善盟草原有害生物普查技术培训班在巴彦浩特召开

2019年10月16日，全国第一处林业英雄林在贺兰山保护区落成

2021年10月，盟林业和草原局援助额济纳抗疫人员归来

2017年6月18日，联合国教科文组织对阿拉善沙漠世界地质公园开展中期评估

2015年10月15日，阿拉善沙漠世界地质公园建设与发展研讨会在巴彦浩特召开

2018年4月28日，阿拉善沙漠世界地质公园研学活动

2009年6月24日，联合国教科文组织参加阿拉善国家地质公园汇报演出

贺兰山天然次生林

额济纳胡杨林

巴丹吉林沙漠湖泊

额济纳怪树林

黄河流经阿拉善段

阿左旗阿尔斯楞特格雅丹地貌

阿左旗陶来玄武岩石拱门

敖伦布拉格神根峰

敖伦布拉格神驼

敖伦布拉格圣母洞

敖伦布拉格一线天

海森楚鲁神鹰

曼德拉岩画

采挖苁蓉

采挖锁阳

苁蓉阴干车间

锁阳精选

苁蓉采种基地

腾格里人工沙葱基地

金沙苑酿酒葡萄基地

苁蓉比赛

苁蓉大赛展示的精品苁蓉

农牧民分红

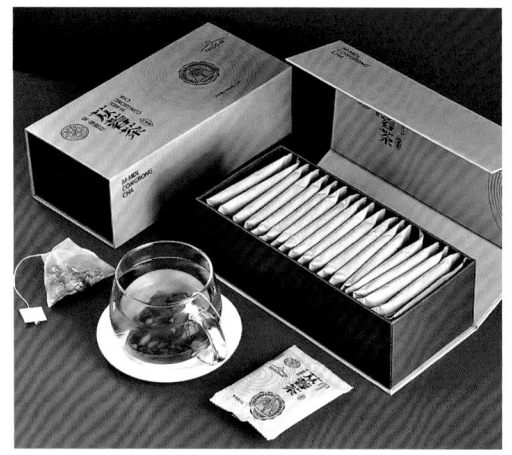

苁蓉茶

肉苁蓉切片

苁蓉多糖多酚片

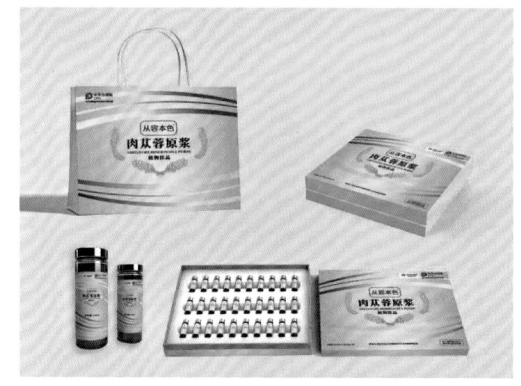

肉苁蓉原浆

苁蓉酒

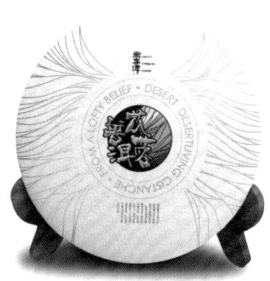

苁蓉普洱茶

肉苁蓉饮品系列

阿拉善锁阳片

沙漠银耳

雪豹

马麝

金雕

胡兀鹫

黑鹳

白尾海雕

猎隼

大鸨

马鹿

岩羊

鹅喉羚

天鹅

蓝马鸡

虎斑地鸫

贺兰山岩鹨

贺兰山红尾鸲

半日花

斑子麻黄

四合木

革苞菊

沙冬青

蒙古扁桃

野大豆

绵刺

梭梭

白刺

紫丁香

沙拐枣

柽柳

单瓣黄刺玫

红砂

沙枣

藏锦鸡

刺叶柄棘豆

短龙骨黄芪

马蔺

单脉大黄

沙葱

披针叶黄华

贺兰山岩黄芪

贺兰山翠雀花

刺旋花

羽叶丁香

贺兰山玄参

霸王

百花蒿

白麻

火媒草

腾格里沙漠飞播锁边工程

阿左旗梭梭—肉苁蓉百万亩建设工程

阿右旗草方格治沙工程

阿左旗飞播花棒恢复区

腾格里草原修复区

腾格里沙漠生态治理区

20

贺兰山生态环境飞播治理

阿右旗飞机灭蝗

航空护林站飞机吊桶灭火训练

防火实战演练

护林员查山巡护

阿左旗封育成效

阿左旗生态修复成效

阿拉善高新区防护林建设成效

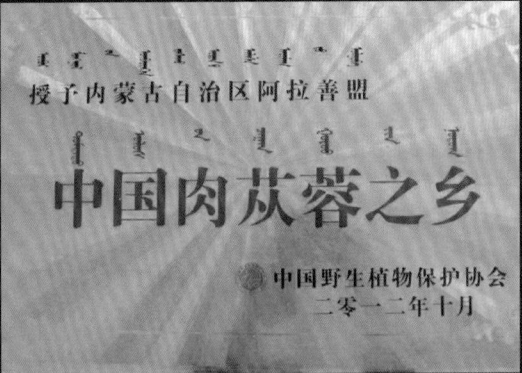

授予内蒙古自治区阿拉善盟

中国肉苁蓉之乡

中国野生植物保护协会
二零一二年十月

国家级
专家服务基地

人力资源和社会保障部
二零一六年六月

授予:内蒙古自治区阿拉善盟林业局

全国绿化模范单位

全国绿化委员会
二〇一九年九月

全 区 防 沙 治 沙
先 进 集 体

内蒙古自治区人民政府
二〇〇七年四月

全区三北防护林建设四期工程
先 进 集 体

内蒙古自治区人力资源和社会保障厅
内蒙古自治区林业厅
二〇一二年十月

内蒙古自治区生态建设
先 进 集 体

内蒙古自治区人民政府
二〇一三年九月

阿拉善盟科协工作
先 进 集 体

中共阿拉善盟委员会
阿拉善盟行政公署
二〇一三年六月

申报阿拉善沙漠世界地质公园
先 进 单 位

阿拉善盟行政公署
二〇一〇年二月

《阿拉善盟林业和草原志（2006—2021）》编纂委员会合影

《阿拉善盟林业和草原志（2006—2021）》评审委员会合影

《阿拉善盟林业和草原志（2006—2021）》评审会议

《阿拉善盟林业和草原志（2006—2021）》编纂办公室执笔人员合影

《阿拉善盟林业和草原志（2006—2021）》编纂办公室合影

《阿拉善盟林业和草原志（2006—2021）》
编纂委员会

主　任：图布新

副主任：谭志刚　潘竞军　王晓东　马　涛　孔德荣
　　　　乔永祥　高立平

委　员（以姓氏笔画为序）：

马　悦　王　成　王　斌　王延吉　王鸣飞
卢　娜　白生明　早　青　庄光辉　刘春祥
苏龙嘎　李忠光　张　晨　张斌武　武志博
范　俊　范振龙　罗　炜　侍青文　赵　静
段志鸿　姜　瑞　姜明基　海　莲　黄天兵
程业森　潘建中　魏桂霞

编纂委员会下设办公室，办公室主任由孔德荣兼任。

《阿拉善盟林业和草原志（2006—2021）》
评审委员会

主 任 委 员：图布新（阿拉善盟林业和草原局党组书记、局长）

王国东（阿拉善盟档案史志馆馆长）

副主任委员：孔德荣（阿拉善盟林业和草原局一级调研员）

谭志刚（阿拉善盟林业和草原局副局长）

潘竞军（阿拉善盟林业和草原局副局长）

王晓东（阿拉善盟林业和草原局副局长）

马　涛（阿拉善盟林业和草原局三级调研员）

高立平（阿拉善盟林业和草原局四级调研员）

宝音贺希格（阿拉善盟档案史志馆副馆长）

委　　　员：严　枫（阿拉善盟盟委宣传部常务副部长）

马布仁（阿拉善盟盟委宣传部副部长）

王剑文（阿拉善盟盟委宣传部四级调研员）

黄天兵（阿拉善沙漠世界地质公园管理局局长）

王　成（阿拉善盟航空护林站站长）

张斌武（阿拉善盟林业草原研究所所长）

连世在（阿拉善盟森林公安局负责人）

王延吉（阿拉善盟档案史志馆方志科科长）

潘新玲（阿拉善盟档案史志馆党史科科长）

胡雪峰（阿拉善盟档案史志馆方志科一级主任科员）

娜日苏（阿拉善盟盟委宣传部宣传科科长）

孙　萍（内蒙古贺兰山国家级自然保护区管理局
　　　　正高级工程师）

徐世华（阿拉善盟林业草原研究所正高级工程师）

庞德胜（阿拉善盟林业草原研究所正高级工程师）

张　晨（阿拉善盟林业和草原局办公室主任）

海　莲（阿拉善盟林业和草原局治沙造林科科长）

潘建中（阿拉善盟林业和草原局森林资源管理科科长）

罗　炜（阿拉善盟林业和草原局野生动植物和自然
　　　　保护地管理科负责人）

王　斌（阿拉善盟林业和草原局草原监督管理科科长）

卢　娜（阿拉善盟林业和草原局规划财务科科长）

侍青文（阿拉善盟林业和草原局执法监督和改革
　　　　发展科科长）

马　悦（阿拉善盟林业和草原局森林草原防火科科长）

庄光辉（阿拉善盟林业草原和种苗工作站站长）

武志博（阿拉善盟生态产业发展规划中心主任）

赵　静（阿拉善盟林业和草原保护站站长）

范振龙（阿拉善盟林业和草原督查保障中心副主任）

程业森（阿拉善盟林业和草原有害生物防治检疫站
　　　　站长）

刘　婷（阿拉善盟林业和草原局办公室工作人员）

罗冰瑶（阿拉善盟林业和草原局党建办公室工作人员）

胡胜德（阿拉善左旗科学技术和林业草原局副局长）

张世会（阿拉善右旗林业和草原局副局长）

范淑姣（额济纳旗林业和草原局副局长）

代　瑞（内蒙古贺兰山国家级自然保护区管理局
　　　　副局长）

翟青智（阿拉善盟孪井滩生态移民示范区农牧林水局
　　　　副局长）

朱苏南［阿拉善高新技术产业开发区（乌斯太镇）
　　　　腾格里技术产业园服务中心副主任］

《阿拉善盟林业和草原志（2006—2021）》
编纂人员

总　　纂：图布新

副 总 纂：孔德荣　王延吉　孙　萍　金廷文

责任编纂：张　晨　罗　炜　侍青文　卢　娜

编　　纂（以姓氏笔画为序）：

王　荣	王　燕	王月岚	孔维亮	叶国文
代　瑞	白　甜	包海梅	朱苏南	仲　锴
庄光辉	庆格乐	刘俊良	许小珊	许文军
杜军成	杨卫超	张世会	陈国靖	青　松
范淑姣	罗　蓉	赵艾伦	赵冬香	胡胜德
南　定	桂　翔	高　红	郭兴泽	唐　琼
海　莲	常培秀	崔　巍	彭　涛	韩佳蓉
谢　菲	鲍乌日娜	翟丽斯	翟青智	

《阿拉善盟林业和草原志（2006—2021）》编纂办公室

主　　　任：孔德荣

副　主　任：张　晨　罗　炜　侍青文　卢　娜

统　　　稿：王延吉　孙　萍　金廷文

编　　　辑（以姓氏笔画为序）：

王　荣　王　燕　王月岚　孔维亮　叶国文
代　瑞　白　甜　包海梅　吕　慧　朱苏南
仲　锴　庄光辉　庆格乐　刘玉珍　刘俊良
许小珊　许文军　杜军成　杨　静　杨卫超
邱军旭　张世会　陈国靖　青　松　范淑姣
罗　蓉　赵艾伦　赵冬香　郝　英　郝思鸣
胡胜德　南　定　桂　翔　高　红　郭兴泽
唐　琼　海　莲　海尔翰　常培秀　崔　巍
彭　涛　韩佳蓉　谢　菲　鲍乌日娜　谭天逸
翟丽斯　翟青智

供　　　稿　人（以姓氏笔画为序）：

马佳伟　王　亮　王晓勤　王海蓉　方礼华
左彦平　白海霞　达　来　向　杰　多海英
刘宏义　刘春林　李　林　李云霞　李红霞
李晓军　丽　翔　范建利　赵　健　赵永文
郝淑香　胡晨阳　柳　昊　敖云高娃　格日勒吉雅
桑冬梅　魏　琦　魏建民　魏新成

序

《阿拉善盟林业和草原志（2006—2021）》历时一年半，即将付梓问世。我作为编纂委员会主任，尤感欣慰，谨附浅见，是为序。

"逢盛世，必修志"。我们恰逢盛世，编修《阿拉善盟林业和草原志（2006—2021）》（以下简称《志书》）是全盟林草部门的大事、盛事。《内蒙古自治区志·林业志（2006—2015）》已于2020年出版，按照内蒙古自治区林业和草原局的要求，盟林业和草原局于2021年底启动《志书》编修工作，这也是第二轮修志。《志书》共17章77节，152万余字。

全书以马克思列宁主义、毛泽东思想、邓小平理论、"三个代表"重要思想、科学发展观、习近平新时代中国特色社会主义思想为指导，坚持正确的政治方向，紧紧围绕习近平生态文明思想布局谋篇。以生态建设为主线，以防沙治沙、大力发展沙产业为亮点，突出生态建设在脱贫攻坚中的重要作用。运用辩证唯物主义与历史唯物主义观点分析事物规律，把握发展脉络，记述了"十一五"以来全盟林草事业发展历程、重要事件、工作业绩、机构沿革等，内容全面、结构合理、特点鲜明。既有宏观鸟瞰，林草大事，尽收眼底；又有微观透视，沧桑变化，了然志中。一卷在手，知晓生态与社会、民生之关系。主政者，可以之为镜，观生态兴废盛衰，知"绿水青山"之真谛，把握未来发展方向。为民者，可以之为师，览家乡之变迁，晓发展之艰辛，珍惜今天的幸福生活。其"存史、教化、资治"意义极其深远。

阿拉善盟有以青海云杉为主的贺兰山天然次生林、内蒙古自治区独有的胡杨林、珍稀濒危植物四合木、超旱生灌木等多种植物；有山峦、草原、河流、湖泊、湿地、沙漠、戈壁、沙化土地等丰富多样的自然形态，是内蒙古面积最大、自然条件最恶劣的重要生态功能区，生态区位十分重要。"沙起阿拉善"曾经令人谈阿拉善而色变。阿拉善盟生态状况如何，不仅关系各族群众生存和经济社会发展，而且关系华北、东北、西北乃至全国的生态安全。阿拉善沙漠面积辽阔，相当于内地一个省份的面积，阿拉善的生态建设既艰苦，又独具特色。阿拉善林草人以其坚韧不拔的毅力在治理荒漠的同时，为生态建设可持续发展蹚出一条新路。

《志书》全面记载了阿拉善盟林草人勤劳奉献、苦干实干，守森林、入深山、进大漠，为北疆护绿增绿，在荒滩戈壁、崇山峻岭、浩瀚大漠上演绎了一幕幕绿色奇迹，推动全盟森林面积和蓄积量持续"双增长"，荒漠化和沙化土地面积持续"双减少"，全盟生态环境实现了整体遏制、局部好转的重大转变。

《志书》特别增加了"林业草原产业和特色沙产业"，生动地展现了阿拉善盟治理荒漠实现"双增长、双减少、兴产业、富百姓"的辉煌业绩；"公益及社会化造林"翔实记载了公益、社会志士投身荒漠，助力阿拉善生态建设的感人业绩，为后人留下一份宝贵的精神财富。

鉴古知今，继往开来。修志之意，旨在告慰前人、激励当代、启迪后世、造福桑梓。党的十八大以来，习近平生态文明思想的核心内容：生态兴则文明兴、生态衰则文明衰，人与自然和谐共生的新生态自然观；绿水青山就是金山银山，保护环境就是保护生产力的新经济发展观；山水林田湖草沙是一个生命共同体的新系统观；环境就是民生，人民群众对美好生活的需求就是我们奋斗目标的新民生政绩观等新观念、新理念，将生态保护建设提升到了前所未有的高度。顶层设计密集出台，体制机制改革加速推进，加快林草业发展、满足群众生态环境需求逐步成为全社会共识，林草业生态保护建设迎来了新的黄金发展期，也取得了骄人的成就。《志书》客观书写了 16 年林草人的奋斗史，阿拉善生态状况好转史，辑录了阿拉善林草事业发生的巨大变化，展现了阿拉善盟践行习近平生态文明思想的生动实践和辉煌成就。

《志书》特别邀请盟档案史志馆专家参与编修。编纂工程浩繁，虽经各方共同努力，精雕细琢，但不足之处仍在所难免。希望读者不吝赐教，以便今后再次修志时纠谬补遗。

在此，谨向所有关心、支持、从事《志书》编修工作的同志表示崇高敬意和衷心感谢！

2023 年 7 月

凡　　例

一、《阿拉善盟林业和草原志（2006—2021）》（以下简称《志书》）以马克思列宁主义、毛泽东思想、邓小平理论、"三个代表"重要思想、科学发展观、习近平新时代中国特色社会主义思想为指导，贯彻"绿水青山就是金山银山"的理念，坚持辩证唯物主义和历史唯物主义立场、观点和方法，严格遵守国家有关法律、法规，实事求是，全面、准确、科学、系统、客观地记述阿拉善盟林业和草原事业的发展历程和成就。

二、《志书》上限承接首部《阿拉善盟林业志》，起自 2006 年 1 月，下限截至 2021 年 12 月。部分内容上限因记述需要适当上溯；《志书》编纂坚持越界不书原则。涉及外地或国外业务时，只记与业务有关部分，其他不作记述。

三、《志书》以林业和草原各专类为记述对象，突出时代特点和地方特色，坚持详独略同的原则，按照"以类系事、事以类从、类为一志"的原则设计篇目。除综述、大事记、人物、荣誉、附录外，《志书》主体内容按照章、节设置层次。

四、《志书》行文坚持横排竖写的体例，用现代语体文，采用述、记、志、传、图、表、录 7 种基本体裁，以志为主。文字记述除综述外，坚持述而不论，客观真实地反映事物的本来面目。符合《内蒙古自治区地方志书行文规则》。

五、大事记以编年体为主，辅以记事本末体。

六、《志书》入志人物坚持生不立传的原则，按传、人物事迹、名录 3 种形式收录，收录在阿拉善盟有重要业绩、对阿拉善盟生态保护建设有较大贡献或影响的人物。在世人物的重要业绩采用以事系人方法进行记述。立传人物按卒年顺序排列。

七、《志书》所用资料注重反映本行业的工作特色，突出工作亮点。资料来源主要为盟、旗林业和草原部门档案原始资料。所用资料，不随文注明出处。

八、《志书》所用语言文字、标点符号、数字、计量单位等均按照国家有关部门现行规定执行。志书所引用数据，均以盟行署统一使用数据、统计部门或林业和草原部门权威数据为准。

九、《志书》各种组织机构、法律法规、文件、会议等专用名称使用全称，出现频率较高的名称在首次出现用全称，并括注简称，再次出现时用通用简称。如内蒙古自治区简称自治区、阿拉善盟简称阿盟、中共阿拉善盟委员会简称盟委、阿拉善盟行政公署简称盟行署、阿拉善盟林业和草原局简称盟林业和草原局、阿拉善盟人力资源和社会保障局简称盟人社局、阿拉善左旗简称阿左旗、阿拉善右旗简称阿右旗、孪井滩生态移民示范区简称孪井滩示范区、阿拉善高新产业技术开发区简称阿拉善高新区、乌兰布和生态沙产业示范区简称乌兰布和示范区、阿拉善沙漠世界地质公园简称地质公园、内蒙古贺兰山国家级自然保护区简称贺兰山保护区、内蒙古贺兰山国家级自然保护区管理局简称贺兰山管理局、内蒙古额济纳胡杨林国家级自然保护区简称胡杨林保护区、内蒙古额济纳胡杨林国家级自然保护区管理局简称额济纳胡杨林管理局等。

十、《志书》历史地名、机构、职官一律使用原名。地名以民政部门规范名称为准，在历史地名后括注今地名。对国名、地名、人名的译名，以新华社译名为准。

十一、《志书》历史纪年，清代以前采用帝王纪年或年号纪年；民国时期采用民国纪年；中华人民共和国成立后采用公元纪年。帝王纪年、年号纪年、民国纪年均括注公元纪年。

目　　录

综　　述

一

阿拉善盟位于内蒙古自治区最西部，东与巴彦淖尔市、乌海市相连，南与宁夏回族自治区毗邻，西与甘肃省接壤，北与蒙古国交界，边境线长 734.572 公里，地理坐标介于北纬 37°24′~42°47′，东经 97°10′~106°53′，东西长 831 公里[①]，南北宽 598 公里，总面积 27 万平方公里，占内蒙古自治区总面积的 22.8%，2021 年总人口 26.54 万人，在内蒙古自治区 12 个盟（市）中面积最大、人口最少。

地处亚洲大陆腹地，属于典型的大陆性气候，四季气候特征明显，昼夜温差大，年平均气温 7.7~9.8℃。降水量少且不均衡，年均降水量由东向西仅 223.4~35.6 毫米，年蒸发量 1555.7~2808.5 毫米。年无霜期 143~174 天。年日照时数 2977~3369 小时。年平均风速 2.8~4.7 米/秒。

东南部和西南部有贺兰山、合黎山、龙首山、马鬃山连绵环绕，雅布赖山自东北向西南延伸，把阿拉善盟大体分为两大块。贺兰山呈南北走向，长 125 公里，宽 8~30 公里，平均海拔 2700 米。主峰达郎浩绕，海拔 3556.1 米。贺兰山巍峨陡峻，犹如天然屏障，阻挡腾格里沙漠东移，削弱来自西伯利亚寒流，是外流域与内流域的分水岭。

河流水系东部有黄河过境，西部有黑河流入。黄河从宁夏回族自治区石嘴山市麻黄沟进入阿拉善盟，沿东南边界在磴口县二十里柳子出境，境内流经 80 公里，流域面积 3988 平方公里，年平均径流量 315 亿立方米。黑河是中国第二大内陆河，发源于祁连山，流经青海省、甘肃省和内蒙古自治区，终止于居延海，干流全长 928 公里，正义峡以下为下游，经甘肃省酒泉市鼎新镇，最后注入阿拉善盟额济纳旗东居延海，在阿拉善盟境内河道长 314 公里，流域面积为 7 万平方公里。山沟泉溪主要发源于贺兰山、雅布赖山、龙首山等山区，共 70 多处，流域面积 2676 平方公里。地下水资源量为 7.48 亿立方米。全盟可利用水资源总量为 4.53 亿立方米。其中，地表水可利用量为 8656 万立方米，地下水可开采量为 3.66 亿立方米。

境内有各种野生脊椎动物 450 种。其中，国家一级保护野生动物有蒙古野驴、野骆驼、北山羊、遗鸥、马麝、黑鹳、金雕、大鸨等 19 种；国家二级保护野生动物有鹅喉羚、马鹿、盘羊、岩羊、天鹅、猎隼、蓝马鸡、雕鸮等 68 种。有野生植物 1047 种。其中，被列入《内蒙古珍稀濒危保护植物名录》的有 45 种。全盟天然乔木林分布 7.33 万公顷。其中，贺兰山西坡以青海云杉为主天然次生林 3.88 万公顷，额济纳绿洲胡杨林 2.96 万公顷。天然灌木主要有白刺、梭梭、绵刺、柽柳、沙冬青、霸王等 198.67 万公顷。野生药材种类和蕴藏量都比较丰富，生长有肉苁蓉、甘草、锁阳、苦豆子、麻黄、山沉香、黑果枸杞、罗布麻等多种名贵药材。

[①] 1 公里为 1 千米，全书同。

阿拉善盟自然形态中沙漠、戈壁、荒漠草原各占1/3，气候干旱、土壤贫瘠，生态环境极端脆弱，生态系统极易受损，是内蒙古自治区沙漠最多、土地沙化最严重的地区。境内巴丹吉林、腾格里、乌兰布和、巴音温都尔沙漠分布面积9.47万平方公里，占全盟总面积的35%，占内蒙古自治区沙漠总面积的83%；荒漠化土地面积16.41万平方公里，占全盟总面积的60.85%，占内蒙古自治区荒漠化土地总面积的26.94%；沙化土地面积19.87万平方公里，占全盟总面积的73.67%，占内蒙古自治区沙化土地总面积的48.71%，适宜人类生产生活面积仅占国土总面积的6%，是中国沙尘暴西北路径主要通道和重要策源地。

二

阿拉善作为中国一个独特的自然地理单元，自然环境恶劣，植物种类稀少、结构简单，多为旱生、超旱生和盐生灌木、半灌木。森林资源呈现灌木林多乔木林少、公益林多商品林少、生态效益大经济效益小的干旱荒漠区典型特点。森林资源二类调查林业用地516.22万公顷，占国土总面积的19.14%；森林面积238.69万公顷，森林覆盖率为8.37%。天然草原面积1866.67万公顷，占国土总面积的69.22%，草原植被盖度23.18%。区域内黑河下游额济纳绿洲、东西绵延800多公里的梭梭林带、贺兰山天然次生林在空间上与雅布赖山脉一道构成阿拉善地区最重要的生态屏障，有效阻挡了境内巴丹吉林、腾格里、乌兰布和沙漠的移动和连通，对于减缓强风侵蚀，减少地表扬尘具有十分明显的作用。阿拉善是中国北疆生态安全屏障的重要组成部分和防沙治沙前沿，地处"一带一路"经济发展带，生态区位极为重要。本区域生态环境质量，不仅直接关系到当地各族人民的生存和发展，更关系到西北、华北乃至京津冀广大地区的生态安全。加强阿拉善生态安全屏障建设是保障国家国土安全的需要，也是地区经济发展的重要组成部分，对实现区域经济社会可持续发展具有特别重要的意义。

20世纪80—90年代，受恶劣的自然条件和过度放牧、乱砍滥伐等人为因素影响，阿拉善生态系统遭到严重破坏，境内乌兰布和、巴丹吉林、腾格里三大沙漠呈"握手"之势。对此，盟委、行署先后提出"转移发展"和把阿拉善建设成为国家重要生态功能示范区、国家重要沙产业示范基地等发展思路。特别是中共十八大以来，阿拉善盟积极践行习近平生态文明思想，坚持"保护与建设并重，保护优先"的方针和坚持走"生态产业化，产业生态化"高质量发展的路子，依托国家重点工程项目，大力推进防沙治沙和国土绿化，统筹规划建设贺兰山生态廊道、额济纳绿洲、以梭梭为主体的荒漠灌草植被恢复治理区、沙漠锁边治理区、黄河西岸综合治理区及城镇乡村周边、重要交通干线六大区域点、线、面相结合的生态安全体系，生态保护建设事业得到快速稳步发展。

生态保护建设提速增效，建设规模位于全区前列。截至2021年末，全盟累计完成荒漠化治理任务596.03万公顷。其中，营造林147.95万公顷［飞播造林45.05万公顷、封山（沙）育林29.72万公顷、人工造林60.31万公顷、森林质量精准提升等12.88万公顷］，沙化土地封禁保护区建设7.04万公顷，防沙治沙示范区建设5647公顷，规模化防沙治沙1333.33公顷，退牧还草440.34万公顷。累计完成重点区域绿化6.26万公顷、全民义务植树2263.42万株。全盟营造林任务由建盟初的每年不足万亩①增加到现在的每年百万亩以上，全盟草原和森林资源总面积分别达到1866.67万公顷和238.69万公顷，森林覆盖率由建盟初的2.96%增加到8.37%，草原植被盖度由不足15%达到23.18%。

---

① 1亩约为667平方米，全书同。

沙漠锁边工程成效显现，沙化土地面积持续减少。腾格里、巴丹吉林、乌兰布和三大沙漠周边基本形成了锁边防沙阻沙林草带，2014年第五次全国荒漠化和沙化土地监测数据显示，全盟沙化土地面积持续减少，比2009年减少1974平方公里，阻挡了三大沙漠"握手会师"之势。全盟沙尘暴发生次数由2001年的27次递减到近几年的3~4次，而且强度明显减弱。特别是在腾格里沙漠东、南缘和乌兰布和沙漠西南缘连续40年实施飞播林草任务，打破了国际学术界在年降水量200毫米以下地区不适宜飞播造林的论断，并得到国家对阿拉善飞播造林治沙改善生态环境的认可。截至2021年，飞播造林总面积45.05万公顷，达到成效标准的保存面积24.47万公顷，在腾格里沙漠东南缘和乌兰布和沙漠西南缘形成了两条总长460公里，宽3~20公里的防沙、阻沙"锁边"林草防护带，飞播区内植被盖度由1984年的0.5%~5%提高到2021年的12.8%~50.4%，有效遏制腾格里沙漠和乌兰布和沙漠的前移危害，形成了"绿带锁黄龙"的壮丽景观。飞播造林治沙成为阿拉善生态建设的一大亮点和全国治沙典范。

特色林草产业规模发展，农牧区产业结构趋于优化合理。依托国家林草重点工程，阿拉善盟以着力打造梭梭-肉苁蓉、白刺-锁阳、花棒采种基地等百万亩生态产业基地为主体，大力发展特色沙产业。累计完成人工种植梭梭林52.34万公顷，建成10万~80万亩规模人工梭梭-肉苁蓉产业基地9处，接种肉苁蓉9.78万公顷，年产肉苁蓉5444吨；封育保护恢复白刺20.6万公顷，接种锁阳2.07万公顷，年产锁阳4225吨以上；花棒人工林种植2.72万公顷；围封保护黑果枸杞5893.33公顷；种植黑果枸杞、沙漠葡萄等精品林果5200公顷，3万吨葡萄酒加工生产线全面投产，建成特色林果业种植示范基地8处；种植苜蓿2000公顷；以梭梭-肉苁蓉、白刺-锁阳、花棒采种基地等为主的沙生植物产业基地建设初具规模。阿左旗、阿右旗被评选为"国家级林下经济示范基地"。打造了肉苁蓉、锁阳等特色沙生植物品牌，拥有"阿拉善肉苁蓉""阿拉善锁阳"中国地理标志证明商标和"中国肉苁蓉之乡"称号。阿拉善肉苁蓉、锁阳、沙葱等产品被登记为农产品地理标志，"阿拉善荒漠肉苁蓉、锁阳非木质林产品"获得中国森林认证，"阿拉善盟阿拉善左旗肉苁蓉"获得第一批内蒙古特色农畜产品优势区认定。"十三五"期间，全盟直接或间接从事林草沙产业的农牧民达3万多人，户均年收入3万~5万元，部分牧户达到10万~30万元。特色林草生态产业的发展有力促进了全社会力量参与生态保护建设的积极性，产业发展逆向拉动了生态保护建设，也为重点生态保护治理区、禁牧退牧区及沙区农牧民长期持续稳定增产增收奠定了坚实的基础。

林业改革步伐加快推进，注入林业发展强大活力。阿拉善盟集体林权制度改革自2009年启动至2012年6月结束。根据《阿拉善盟集体林权制度改革实施方案》要求，完成了明晰产权、登记发证、放活经营权、落实处置权、保障收益权、落实责任等主体改革、配套改革任务。改革林地总面积364.41万公顷。其中，公益林面积364.25万公顷，商品林面积1540公顷。涉及全盟26个苏木（镇）、176个嘎查11414户农牧民。完成林地确权发证364.41万公顷，宗地数41054宗，发放林权证11743本，发证率100%。2002年，依据阿拉善盟国有林场改革方案要求，按照"保留机构，转变职能，分流安置富余人员"的原则，对阿拉善左旗贺兰山等7个国有林场（治沙站）进行了改革，主要内容是保留机构，精简人员，安置富余职工（分配生产资料，发放工龄补助费，纳入社会保险），共安置职工335人，全部纳入社会保险统筹范围。2006—2017年，根据《内蒙古自治区国有林场改革方案》《阿拉善盟关于推进国有林场、治沙站改革的实施意见》，将全盟11个国有林场全部转为生态公益一类全额拨款事业单位，核定机构编制，国有林场改革全部完成，2018年和2019年分别通过自治区和国家验收。

自然保护地建设扎实推进，生态安全屏障构架基本形成。整合优化各类自然保护地16个，总面积327.67万公顷，占全盟总面积的12.1%。贺兰山保护区为森林和野生动物类型自然保护区，总面积6.77万公顷，主要保护对象为青海云杉林和野生动植物，森林面积由2001年的3.46万公顷增加到 3.87 万公顷，森林覆盖率由 51% 提高到 57.3%，林区植被盖度达 80%；野生动物岩羊由 1.6 万只增加到近 5 万只，马鹿由 2000 头增加到 7000 头。额济纳胡杨林国家级自然保护区为戈壁绿洲特殊野生植物类型自然保护区，总面积 2.63 万公顷，以保护天然胡杨林为主体的绿洲生态系统、物种基因库和戈壁绿洲景观为主要目标，保护区内森林面积达到 1.95 万公顷，森林覆盖率达到 74.45%，额济纳胡杨林面积由过去的 2.67 万公顷增加到 2.96 万公顷。阿拉善沙漠世界地质公园总面积 27 万平方公里，是中国，也是世界上唯一系统而完整展示风力地质作用过程和以沙漠地质遗迹为主体的世界地质公园，主要地质遗迹类型有沙漠景观、戈壁景观、峡谷景观和风蚀地貌景观，由巴丹吉林、腾格里和居延 3 个园区及其所属的 10 个景区组成。全盟自然保护地已向生物多样化、人与自然和谐相处的方向发展，以两大林区、自然保护地、天然灌木林和人工修复治理区为主体框架的生态安全屏障基本形成。

林草重点工程有效实施，实现生态保护与农牧民增收脱贫双赢。落实天然林保护工程森林管护总面积 92.4 万公顷（国有 1.39 万公顷，集体 91.01 万公顷），每年获中央财政管护资金 4304 万元，全盟天然林保护工程区天然林管护实现全覆盖。保护国家级公益林 171.41 万公顷（国有 42.07 万公顷，集体 129.34 万公顷），每年获中央财政补偿资金 3.67 亿元，惠及全盟 28 个苏木（镇）121 个嘎查 6556 户牧民 16482 人，公益林区牧民人均直接受益 1.8 万元左右；聘用公益林管护人员 2131 人，护林员人均工资 3 万元/年，其中建档立卡贫困户护林员 187 人；依托森林生态效益补偿建档立卡贫困户共 453 户 1083 人。落实退耕还林工程，投资 6089.7 万元，完成退耕还林 3.05 万公顷，发放完善政策补助资金 1722.6 万元，确保退耕还林成果和退耕农户长远生计，涉及全盟 5 个旗（区）23 个苏木（镇）146 个嘎查 1151 户 5645 人。实施天然草原退牧还草工程 19 期，国家下达资金 13.26 亿元，完成休（轮）牧 387.67 万公顷、补播 39.27 万公顷、棚圈 6396 座、人工饲草地建设 1.39 万公顷、毒害草治理 1.6 万公顷、人工种草 4.91 万公顷。经自治区统一监测，2012 年天然草原平均盖度 18.12%，2017 年、2018 年天然草原平均盖度 23.26%，较 2012 年增长率 28.36%；2021 年，天然草原平均盖度 23.18%，可食饲草储量 204.86 万吨、平均干草产量 20.21 千克/亩，全盟天然草原面积除征占用面积，较 2010 年净增 26.29 万公顷，达到 1866.67 万公顷。荒漠乔灌木林和草原植被得到休养生息、更新复壮和有效保护。

强化林草依法管理，森林草原资源安全得到有力保障。通过推进林业和草原法制管理建设，2000—2021 年，共破获各类涉林涉草案件 4808 起，打击处理违法犯罪人员 4700 人，挽回直接经济损失 700 万元。林草有害生物发生面积 514.99 万公顷，完成有效防治 164.7 万公顷。种苗产地检疫率达 100%。全面停止天然林采伐。累计投入森林防火资金 8687.48 万元，防火基础设施明显改善，信息化建设步伐加快，防火减灾能力大幅提升，截至 2021 年，贺兰山和胡杨林两大林区及草原未发生较大森林草原火灾。

加强政策服务引导，公益社会造林成效显著。通过大力宣传，鼓励吸引中国绿化基金会、阿拉善 SEE（Society，Entrepreneur，Ecology）生态协会、阿拉善生态基金会、农牧民专业合作社、专业造林队伍等社会组织、社会资本积极参与阿拉善生态保护建设，形成了以国家重点生态保护工程建设为主体、社会公益造林为补充的生态保护建设治理体系。在阿拉善 SEE 生态协会、"蚂蚁森林"等社会公益造林机构、品牌项目的示范带动下，协调服务社会各界积极参与造林绿化、防沙治沙建设，与生态治理重点工程形成有力互补，有力推进了阿拉善生态保护建设和国土绿化进程，为建设生态文明、增进民生福祉、促进经济社会可持续发展、保障国家生态安全发挥了重要作用。截至 2021 年，社会公益造林、管护总规模 15.77 万公顷，总投资 5.47 亿元。

提升科技交流宣传水平，推动生态文明建设提质增量。2000—2021 年，中共中央、内蒙古自治区、阿拉善盟各主流媒体相继采访报道阿拉善生态建设、荒漠化治理和防沙治沙成绩，《人民日报》《中国绿色时报》《求实》杂志、《内蒙古日报》、央视新闻、中文国际频道、《焦点访谈》等都有报道，报道密集、影响大、层次高、深度广。林草系统在 2017—2020 年共上报国家、内蒙古自治区林业和草原局、媒体及盟委、盟行署各类信息 3057 篇、调研报告 30 篇，中央电视台、自治区电视台、阿拉善广播电台、网站报道、报纸报道等采用 2185 条次；接受国家、内蒙古自治区、阿拉善盟各媒体采访 150 次。拍摄微电影 1 部；配合央视《直播黄河》栏目拍摄纪录片 1 集；《内蒙古阿拉善盟生态保护修复情况调研报告》被国家林业和草原局定为"典型经验"学习并推广。2017—2019 年，成功举办了三届全国沙产业创新创业大赛、两届沙产业创新博览会和高峰论坛，展示了沙产业多元化发展的最新成果，促进了沙产业产学研合作与成果转化，为多种形式的科技合作交流、品牌建设创造了条件，持续推动实施"科技兴蒙"行动，有力提升了阿拉善林草沙产业知名度。阿拉善的生态保护建设事业得到了各方关注，为今后林业和草原工作发展提供了良好的舆论环境。

三

　　"十四五"时期（2021—2025 年），按照生态优先、绿色发展为导向的高质量发展总体要求，阿拉善盟林业和草原的规划目标为：林业和草原面积分别达到 249.73 万公顷和 1867.05 万公顷，森林覆盖率增长 0.4 个百分点，达到 8.77%，草原植被覆盖度稳定在 22.5% 以上。公益林和基本草原得到有效保护，草原"三化"（退化、沙化、盐碱化）面积减少 33.33 万公顷以上，湿地保有量保持在 10.23 万公顷以上，自然保护地占全盟辖区面积 12% 以上。森林草原火灾发生率、有害生物成灾率控制在自治区下达的指标内。丰富优质生态特色产品，生态特色产业产值达到 400 亿元。依法治林治草效能明显提升，生态环境明显改善，林业高质量、创新发展能力显著增强，大力推行生态文明制度建设，林草相关制度体系更加完善，实现"林草资源受保护，农牧民得实惠"的双赢局面。

　　林业和草原发展的总体布局是打造"山水林田湖草沙"一体化综合生态保护体，构建"沙漠戈壁为域，绿点绿廊镶嵌"的生态空间格局，在重点开发区域、城镇、交通廊道、重点湖泊、绿洲农业区、农牧区居民点、旅游服务点等重点区域大力推进实施点线面相结合，乔灌草相统一的营林植草生态建设工程，形成绿色保护带（区）。构建以贺兰山生态廊道、额济纳绿洲、荒漠林草植被带、沙漠锁边带、黄河西岸综合治理区、城镇乡村周边及重要交通干线绿化美化带为主体架构的生态安全屏障。巩固以人工造林区、天然林和荒漠草原保护修复区为主的阿拉善盟重要生态屏障。

　　"十四五"期间规划总投资 69.74 亿元。其中，林草生态修复投资 26.55 亿元，林草生态保护投资 37.05 亿元，林草特色产业投资 5.34 亿元，林草科技支撑投资 8000 万元。

　　主要建设任务包括：林草生态体系建设营造林 33.33 万公顷，草原保护建设总规模累计达到 333.33 万公顷；坚持"预防为主、积极消灭、科学扑救、以人为本、属地管理"的原则，着力加强重点林区和森林草原高火险区预防、扑救和保障三大森林草原防火体系和基础设施建设，提高人防加技防能力，构建电子监控、空中巡护、地面巡护"三位一体"的林草火灾立体监测体系；强化监测预警、检疫御灾、应急救灾能力建设，草原有害生物年发生面积控制在 133.33 万公顷以内，年治理面积 33.33 万公顷；林业有害生物成灾率控制在 3.5‰ 以下、无公害防治率达到 92% 以上，测报准确率达到 92% 以上，种苗产地检疫率达到 100%；持续实施好 171.4 万公顷国家级公益林的保护和管理，落实好天然林保护和修复任务；草原禁牧面积保持在 666.67 万公顷以上，实施草畜平衡面积 1000 万公顷；积极推进贺兰山国家公园申报创建与巴丹吉林沙漠申遗工作；落实人与自然和谐共生理念，加大湿地保护力度，不断提高湿地保护和管理水平；建设野生动植物保护站点 4

处，开展野生动物种群调查、疫源疫病监测、科普教育、收容救护等方面的能力建设，建设野生动植物保护宣教展示馆 3 处，增强民众野生动植物保护意识；林草良种使用率达到 50% 以上，林草种苗自给率达到 70% 以上，新建育苗基地 66.67 公顷，新建乡土草种基地 6666.67 公顷，旱生灌草种子基地 666.67 公顷。

完善提升梭梭-肉苁蓉、白刺-锁阳、黑果枸杞产业基地建设。接种肉苁蓉 3.33 万公顷，接种锁阳 1.67 万公顷，黑果枸杞品种优化及产业发展 8666.67 公顷。新建、扩建规模化产业基地 16 个，新建具有灌溉条件的草业基地 1.67 万公顷。扶持壮大林业专业合作社建设，完善提升 5 个国家级林下经济示范基地建设，扶持龙头企业规模化发展，延长产业链，提升产品档次。依托森林、草原、沙漠、湿地等特色资源发展生态旅游产业，林草产业产值达到 400 亿元。推进林草创新科研推广平台建设，围绕生态保护与修复、防沙治沙、林草产业发展等方面，实施以林草植被监测、大数据分析、效能评估等为主导的科研创新和技术研发，构建以平台引导项目，以项目促进平台发展的新格局。

2021 年，是"十四五"规划开局之年，全盟完成林草生态保护建设任务 77.66 万公顷，完成年度计划任务的 100.43%。其中，完成草原保护和建设任务 66.93 万公顷（人工种草、围栏建设等草原建设任务 36.86 万公顷，草原虫害、鼠害防治等草原保护任务 30.07 万公顷）；完成营造林生产任务 6.69 万公顷（人工造林 4.46 万公顷、飞播造林 1.47 万公顷、封沙育林 4666.67 公顷、退化林修复 1666.67 公顷、规模化防沙治沙修复项目 1333.33 公顷）；完成 4 个国家沙化土地封禁保护区建设任务 4.04 万公顷。完成重点区域绿化 2120.57 公顷，完成计划任务的 106.03%。其中，公路绿化 46.38 公里 838.93 公顷，村屯绿化 14 个 369.6 公顷、城镇周边绿化 2 个 17.27 公顷、厂矿园区绿化 6 个 892.27 公顷、黄河西岸绿化 2.5 公顷。完成全民义务植树 85.6 万株，完成计划任务的 100%。

2021 年，全盟天然林保护地方公益林森林管护面积 92.4 万公顷，全盟纳入中央财政补贴范围的国家级公益林补偿面积达到 171.43 万公顷，补偿资金 36712 万元。全面推行建立林长制，正式成立林长制办公室，出台《阿拉善盟林长会议制度等五项制度》（试行），初步形成以《阿拉善盟全面推行林长制实施方案》为主体，若干配套制度为支撑的"1+N"制度体系，建立了林长制长治长效的组织架构。特色生态产业持续发展。持续推进梭梭-肉苁蓉、白刺-锁阳等百万亩林沙产业基地建设，2021 年，新增梭梭人工种植 4.38 万公顷，肉苁蓉接种 8400 公顷，锁阳接种 1600 公顷。

四

总结历史承前启后，展望未来任重道远。如实记录阿拉善林业和草原事业的发展历程，展现成就，总结经验，是我们义不容辞的责任。2021 年底，盟林业和草原局适时启动《阿拉善盟林业和草原志（2006—2021）》（以下简称《志书》）编纂工作，从盟局各科室、二级单位、各旗（区）组织精干力量，组成编纂团队，从动员部署到业务培训、资料收集、编辑分工、汇稿总纂、审核完善、印刷出版各个环节有序衔接，整个工作紧锣密鼓。

经过 18 个月的辛勤工作，《志书》完工定稿。《志书》反映了阿拉善盟林草业 2006 年以来 16 年的事业发展历程、重要事件、工作业绩、机构沿革等，内容全面、结构合理、特点鲜明。《志书》最大的特点较《内蒙古自治区志·林业志》的章节新增了"林业和草原产业及特色沙产业"（第四章）、"公益及社会化造林"（第五章）和"自然保护地体系建设"（第九章）。

沙产业是阿拉善盟特色产业，盟委、盟行署高度重视。盟林业和草原局长远谋划、精心组织，经过"十一五""十二五"和"十三五"的不懈努力,取得了丰硕成果。在科学研究上,取得诸多科研成果;在保护生态、遏制沙化上成效明显、令人瞩目;在脱贫攻坚,助力农牧民致富上成为不可或缺的支柱。过去的生态难民如今成为生态建设的主力,成为沙产业的受益者。随着农牧区生态的好转、农牧民生活水平的逐年提高,沙产业在凝聚人心、共同发展、共同进步上发挥了巨大作用;生态兴带动文明兴,阿拉善社会安定、边疆稳固、各民族守望相助。阿拉善的沙产业生动地诠释了习近平总书记"绿水青山就是金山银山"的理念。沙产业在下一步乡村振兴之路上依然是动力、是火车头。"林业和草原产业及特色沙产业"这一章实属《志书》之亮点。

在阿拉善这样荒凉的地方植树造林是件难事,需要科技的支撑、资金的保障,还需要造林者的勇气以及对失败的承受力。尽管如此,还是有一大批仁人志士冒险来到阿拉善大漠深处,开始植树造林,一干就是几十年。有将军、退役老军人、退休老干部、企业家、慈善家等,在经历一次次失败后,他们有总结、有发明,竟然在沙漠里造出一片片绿洲。有的同志为了一片绿、为了子孙后代有个好环境献出了宝贵生命;有的同志放弃安逸的都市生活,将青春、将暮年留在瀚海;还有一些仁人志士将自己毕生的积累投在沙漠里,不为什么,就是为自己曾经的许诺、最早的初心。我们不能忘记他们。为记载他们的丰功伟绩,《志书》特增加"公益及社会化造林"一章,记述了公益造林的成果;反映广大群众、合作社参与生态建设的热情和参与沙产业取得的丰硕成果。公益造林历经风雨,形成一些好的公益品牌;公益造林、社会造林锤炼出一批德高望重的英模人物,《志书》给予记载,当然不是"人物简介",而是"人物事迹"。为的是让历史记住他们,更让后人学习、敬仰他们。这一章乃《志书》为历史负责而开辟的,教育意义重大。

湿地是阿拉善最为珍贵的"肾"。阿拉善地域辽阔,湿地占总面积的比例很低。尽管如此,阿拉善沙漠中依然有不少湖泊湿地,成为鸟类迁徙"驿站",野生动物的家园,沙漠中最亮眼的美景。因为湿地的珍贵,阿拉善人历来重视对湿地的保护,各级政府视湿地如肾脏,《志书》特增加"自然保护地体系建设"一章,就是为展现阿拉善以往对保护湿地作出的贡献,同时激励后人在未来的岁月不但要保护湿地,还要建设好湿地。这一章乃企冀后者之章。

把修志工作视同项目做实做好,体现出《志书》作为文献性资料的存史、资政、育人价值,功在当代,利在千秋。在《志书》中,将沙产业独立设章、沙漠世界地质公园设立专篇。《志书》还设立"贺兰山国家级自然保护区""胡杨林国家级自然保护区"专篇,目的是让读者看到阿拉善还有崇山峻岭、苍柏青松、金色胡杨、坚韧意志。不仅凸显了阿拉善盟林业和草原的产业特殊性,还彰显了阿拉善人顺应自然规律、因地制宜改造自然的智慧和精神;突破"人物简介"的限制,用最平实的文字书写植根于大漠戈壁、为改善阿拉善生态作出贡献的人物事迹,在"人物"中使用"人物事迹"标题,不仅是让他们青史留名,还在于激励后人,培育甘于奉献的乡土情怀。

《志书》还专门为森林公安设立专篇。森林公安虽然因机构改革转出林草系统,但是,森林公安为保护阿拉善脆弱的生态作出了不可磨灭的贡献,为记住他们的功绩,让后人牢记依法治林治草的重要性。《志书》其他章节内容均按常规惯例书写,在此不再赘述。

在新的起点上,阿拉善盟林业和草原事业立足当前,着眼长远,坚持保护和建设并重,走生态优先、绿色发展为导向的高质量发展新路子,全民动手、全社会办林业,着力建立以森林植被为主体、林草结合的国土生态安全体系,努力构筑祖国北方重要的生态安全屏障。全盟广大林草人,牢固树立创新、协调、绿色、开放、共享的新发展理念,坚守党中央、国务院确立的林业发展战略定位,全面落实盟委、盟行署的决策部署,以建设生态文明为总目标,以增绿增质增效为基本要求,为建设美丽阿拉善作出新的更大贡献!

大事记

2006 年

3 月 10 日　全国防沙治沙综合示范区揭牌仪式在巴彦浩特举行，阿拉善盟政协主席蔡铁木尔巴图、盟委副书记杨继业、盟委副秘书长侯子平、盟行署副秘书长李东亮参加仪式。

是日　全盟林业工作会议召开。

3 月 12 日　盟林业局会同阿左旗林业局、贺兰山管理局及盟森警大队官兵共 200 人在新世纪广场举行植树造林宣传活动。

3 月 15 日　额济纳旗林业局局长李德平在参加完内蒙古自治区湿地保护会回家途中因车祸不幸遇难。

4 月 10 日　盟绿化委员会、阿左旗绿化委员会在乌巴公路北寺路口绿化基地举办义务植树周启动大会暨义务植树活动。从 2006 年起，每年 4 月 10—16 日为内蒙古自治区全民义务植树周。

8 月 15 日　国家林业局直属机关党委常务副书记张希武一行赴额济纳旗慰问李德平同志遗属，送去国家林业局干部职工捐款 8.16 万元；盟林业局送去阿拉善盟、阿左旗、阿右旗林业系统干部职工捐款 1.62 万元。

10 月 28 日　贺兰山保护区被国家林业局列为全国 51 个示范自然保护区建设单位之一。

11 月 12 日　盟林业局局长范布和到国家林业局汇报工作。

2007 年

1 月 15 日　盟林业局局长范布和到自治区参加全区农村牧区工作会议及全区林业厅局长会议。

1 月 16 日　盟行署盟长助理张小由到盟林业局就沙产业问题进行调研。

3 月 19 日　全盟林业工作会议召开。

3 月 22—23 日　新华社、《人民日报》、中央电视台等中央媒体集中报道李德平先进事迹。

3 月 27 日　国务院总理温家宝在全国防沙治沙会议上对李德平予以高度赞扬。

3 月 29 日　内蒙古自治区绿化委员会以文件转发全国绿化委员会、国家林业局《关于开展向模范公务员李德平同志学习的决定》。

5 月 28 日　自治区林业厅造林处杨正正一行到阿拉善盟实地调研生态建设。

6 月 29 日　全国人大常委会副委员长布赫到贺兰山保护区视察工作。

7 月 24 日　全国政协委员、国家林业局副局长蔡延松、中国绿化基金会秘书长王九渊、国家林业局"三北"防护林建设局局长陈风学一行到阿拉善盟考察生态建设情况，盟林业局局长范布和陪同。

9 月 19 日　自治区林业厅党组成员、纪检组长李树平、办公室主任张爱军一行参加第二十四次宁夏、内蒙古防火联席会议，盟林业局局长范布和参加。

10 月 18 日 自治区林业厅副厅长曹文仲一行到阿拉善盟，就额济纳黑河林业生态建设进行调研。

10 月 21 日 国家林业局资源司副司长张松旦，国家林业局驻内蒙古专员办专员谭光明、副专员冯树清、监督处处长王增田，自治区林业厅副厅长呼群、驻呼和浩特专员办专员焦俊清一行到阿拉善盟调研贺兰山防火建设。

10 月 22 日—11 月 6 日 盟林业局局长范布和应澳大利亚和新西兰邀请，到澳大利亚和新西兰等国家就森林草原防火进行考察。

11 月 14—17 日 自治区林业厅计划统计处副处长马利华一行 6 人对贺兰山管理局重点防火区、阿左旗、盟森防站、盟森林公安防火储备等项目进行验收；对额济纳旗林业局、胡杨林管理局等项目进行验收。

12 月 19 日 自治区党委书记、人大常委会主任储波到贺兰山国家森林公园视察工作。

12 月 28 日 《阿拉善盟林业志》首发式暨迎新年联欢会在阿左旗龙信酒店举行，盟行署副盟长龚家栋、盟政协副主席陈文斌、盟行署副秘书长刘晓东、盟委宣传部副部长白志毅及相关部门领导出席。

2008 年

1 月 24 日 盟林业局局长范布和参加内蒙古自治区计划与财务会议。

2 月 1 日 盟林业局局长范布和到额济纳旗慰问李德平、徐新军家属，送上慰问金 20 万元。

3 月 5 日 自治区林业厅副巡视员云岚一行 4 人到阿拉善盟检查森林防火工作。

3 月 20 日 自治区林业厅调研室王艳华、刘博、刘林福一行 4 人到阿拉善盟，就营造林综合检查问题进行专题调研。

3 月 23 日 自治区西部专员办专员邬向明到阿拉善盟检查森林防火工作。

4 月 22 日 全盟林业工作会议召开。

6 月 25 日 国家林业局规划设计院、自治区林业厅资源林政处副处长白景贤一行到阿拉善盟检查林业一类清查工作。

6 月 26 日 盟林业局局长范布和到二连浩特参加内蒙古自治区林权制度改革工作会议。

6 月 30 日 国家林业局驻内蒙古资源监督办副专员冯树清到阿拉善盟，就征占用林地、资源林政管理等工作进行检查指导。

7 月 15 日—8 月 5 日 盟林业系统干部职工分两批赴西藏学习考察林业生态建设情况。

7 月 16—18 日 自治区林业厅森林公安局局长肖文武、自治区天保办主任郭忠一行到阿拉善盟，就 2008 年各项林业生产任务进行调研。

7 月 27 日 国家林业局治沙办主任刘拓、综合处处长王进中，自治区林业厅副厅长曹文仲、造林处处长武来才到阿拉善盟调研。

7 月 自治区人民政府党组成员、副主席布小林深入贺兰山看望森林公安民警。

8 月 15 日 自治区林业厅天然林保护工程中心主任郭忠一行 6 人到阿拉善盟调研天保工程进展情况。

8 月 27 日 自治区林业厅科教处处长张博文一行到阿拉善盟检查指导工作。

10 月 10 日 电视剧《大漠之子》在额济纳旗开拍。

11 月 1 日 国家林业局办公室副主任李世东带队到阿拉善盟开展"落实科学发展观，加快推进西部地区现代化林业建设"主题考察调研。

11 月 9 日 自治区林业厅原厅长王家祥一行到阿拉善盟，就肉苁蓉种植与产业发展进行调研。

2009 年

2 月 16 日 盟委、盟行署印发《阿拉善盟集体林权制度改革实施方案》。

4 月 6 日 自治区林业厅厅长高锡林陪同自治区人民政府副主席郭启俊一行到阿拉善盟考察。

4 月 20 日 阿拉善盟集体林权制度改革暨林业工作视频会议在巴彦浩特召开。

5 月 17 日 自治区林业厅纪检组长李树平、林改办主任焦俊清、政策研究室主任郝永富一行到阿拉善盟，就集体林权制度改革进展情况进行调研。

6 月 6 日 国家林业局对外联络处处长金旻到中日合资项目（小原基金）阿拉善盟项目区调研，盟林业局局长王维东等陪同。

8 月 8 日 国家林业局副局长李育才、造林司副司长黎云昆、计资司副司长高玉英、科技司副司长杨林、退耕办副主任张秀斌、治沙办副主任罗斌、造林司副处长蒋三乃、"三北"局局长潘迎珍到阿拉善盟，就森林抚育、防沙治沙、退耕还林及造林进展进行调研。自治区林业厅厅长高锡林、副厅长田选明，盟委委员、秘书长魏国权，盟行署副盟长龚家栋，盟林业局局长王维东等陪同。

9 月 4 日 全国政协提案委员会调研组一行 20 人到阿拉善盟，就"关于建设生态补偿长效机制的提案"进行调研。

9 月 30 日 国家林业局《中国绿色时报》党委书记丁付林、国家林业局国际合作中心处长施德纯，自治区林业厅纪检组长李树平一行到阿左旗、额济纳旗，就林业生态建设进行考察。

10 月 20 日 自治区森林公安执法规范化暨"三基"建设现场会在阿拉善盟召开。

10 月 28 日 盟行署副盟长龚家栋带领盟集体林权制度改革领导小组成员赴福建、江西考察集体林权制度改革。

11 月 13 日 阿拉善盟森林资源二类清查工作会议召开。

2010 年

2 月 26 日 自治区林业监测规划院 14 名技术人员抵达阿拉善盟，展开国家级公益林补充区划界定调查工作。

3 月 10 日 盟行署主办，盟林业局和阿左旗人民政府共同承办的全盟集体商品林林权证颁发现场会在巴润别立镇召开，标志着全盟集体商品林主体改革基本完成，林改工作取得阶段性成果。

4 月 1 日 额济纳旗获"中国绿色名旗"称号。

4 月 2 日 自治区林业厅总工程师高桂英率督查调研组到阿拉善盟，就造林绿化、森林草原防火、林业产业和集体林权制度改革四项重点工作进行检查调研。

4 月 15 日 《阿拉善盟重点城镇营造防护林优惠政策》出台。

4 月 21—25 日 国家林业局森林资源管理司司长汪绚一行到阿拉善盟实地调研重点公益林管理工作。

5 月 24 日 阿左旗举行 50 万亩飞播造林工程启动仪式，2010 年度飞播造林计划于 7 月 15 日完成。

5 月 30 日 阿左旗举行百万亩梭梭-肉苁蓉产业基地启动仪式。

6 月 26 日　盟林业局发布阿拉善治沙速度首次超过沙化速度。

7 月 27 日　阿拉善盟集体所有的国家级公益林补偿基金全面提标，每亩补偿标准由原来的 5元提至 10 元，2010 年 1 月 1 日起实施新补偿标准。

9 月 17 日　中国林学会森林经理分会东北内蒙古研究会第十四次学术研讨会在巴彦浩特召开。

9 月 18 日　阿拉善沙漠植物园一期工程完成，盟委副书记、盟长鲍常青，自治区林业厅总工程师高桂英等参加开园仪式。

9 月 26 日　阿左旗、阿右旗、阿拉善经济开发区、孪井滩示范区森林资源二类调查工作正式展开。

10 月 27 日　国家林业局、发改委、水利部、农业部、环境保护部、中国气象局联合下发《关于编制〈易灾地区生态环境综合治理专项规划〉的通知》，阿左旗被纳入治理范围。

2011 年

1 月 26 日　盟林业局编制完成"十二五"发展规划，确定"十二五"发展目标。计划完成林业生态建设 1000 万亩。

2 月 17 日　北京林业大学、中国林业科学研究院、盟林业治沙研究所联合完成的"中国北方森林退化机理与适应性恢复技术研究示范"研究项目获 2010 年国家科学技术进步奖二等奖。

是日　阿拉善生态基金会创立暨揭幕仪式在深圳证交所三楼大厅举行。

4 月 8 日　盟林研所申报"腾格里沙漠飞播种子大粒化新技术及植物生长调查研究"飞播造林示范推广项目被自治区林业厅、财政厅批准立项。

4 月 22—23 日　自治区林业厅副厅长龚家栋带领林改调研组到阿拉善盟，调研集体林权制度改革工作。

5 月 6 日　临策铁路（阿拉善盟段）防沙治沙治理工程启动实施。

5 月 16 日　盟委、盟行署召开全盟林改电视电话会议。

7 月 1 日　盟林业局参赛选手获自治区林业厅举办庆祝中国共产党成立 90 周年全区林业系统"北疆生态党旗红"演讲比赛一等奖。

截至 7 月 5 日　阿拉善盟完成飞播造林 50 万亩。

8 月 29—30 日　盟林业局与乌海市林业局就黄河西岸即乌海湖西岸治理进行实地考察，达成共同治理协议。

10 月 13—14 日　全区森林资源管理和监督工作会议在巴彦浩特召开。

11 月 1—4 日　国家林业局和浙江省人民政府在浙江省义乌市共同主办的第二届中国国际林业产业博览会暨第四届中国义乌森林产品博览会上，阿拉善肉苁蓉养生酒获博览会金奖产品、金沙臻堡干红葡萄酒和阿拉善七味肉苁蓉酒获优质奖产品。

11 月 9—13 日　自治区林业厅、监察厅组成联合检查组，对阿拉善盟林业生态建设质量、林业建设资金使用管理开展专项检查。

12 月 7—9 日　自治区党委督查组组长、林业厅副巡视员杨俊平一行到阿拉善盟督查集体林权制度改革。

2012 年

2 月 8 日　盟委、盟行署决定 2012 年全面启动黄河西岸乌兰布和沙漠 1000 平方公里综合治理一期工程。

3 月 19 日 盟行署、盟林业局、贺兰山管理局、阿左旗林业局及防火成员单位组成森林防火工作检查组对贺兰山重点林区进行防火检查。

3 月 20 日 全盟春季造林工作启动。

4 月 10 日 阿拉善盟党政领导参加阿左旗巴彦浩特南外环路义务植树活动。

5 月 10 日 居延海发现罕见鱼类黄鳝。

5 月 30 日 盟森林公安局决定从即日起至 7 月 15 日在全盟范围内开展打击非法捕捉、收购、贩卖、运输野生百灵鸟专项行动。

6 月 4—19 日 自治区林业厅、财政厅委派检查组对阿拉善盟 2012 年公益林生态效益补偿实施情况进行专项检查。

6 月 18 日 盟森林公安成立 20 周年表彰大会在巴彦浩特举行。

10 月 10 日 阿拉善盟被中国野生植物保护协会授予"中国肉苁蓉之乡"称号。

12 月 3 日 在呼和浩特市召开的林木品种审定会议上，"阿拉善梭梭"和"额济纳胡杨"2 个品种通过审定会议良种认定，结束阿拉善盟没有林木良种历史。

2013 年

1 月 自治区提前下达阿拉善盟 2013 年中央森林生态效益补偿基金 1.92 亿元，重点公益林纳入中央财政森林生态效益补偿面积达 2280.25 万亩。其中，国有公益林补偿基金 2900 万元，补偿面积 610.62 万亩；集体和个人补偿基金 1.63 亿元，公益林补偿面积 1669.63 万亩。

2 月 27 日 全盟林业工作会议在巴彦浩特召开。

是日 全盟农村牧区工作会议召开。会议提出，2013 年，全盟将新建梭梭-肉苁蓉基地 10 万亩，种植沙地葡萄 2 万亩、文冠果 2.3 万亩，并力求在蓖麻试种和疯草开发利用研究上取得新进展。全盟农牧业工作将把沙生植物产业化作为重大生态工程来建设，作为促进农牧民增收致富的主要载体来培育。制定出台扶持沙产业发展的政策措施，有效整合政府、企业、科研院所的力量，推广"企业+基地+农牧户"和"市场+专业合作社+农牧户"的沙产业发展模式，建立产业基地，培育龙头企业，开发认证知名品牌。

2 月 全盟确定十大领域实施重点建设项目 104 个。农牧林水方面，除乌兰布和生态沙产业示范区治理工程、巴彦浩特供水工程和水权置换 3 个续建项目外，2013 年新启动实施六大项目，主要涉及生态、扶贫、节水、分洪及沙产业发展等，年内计划完成投资 25.7 亿元。其中，2012 年退牧还草工程将投资 7900 万元完成休牧 375 万亩、补播 87 万亩、人工饲草地建设 1 万亩；全盟天然林保护工程将投资 3350 万元完成飞播 20 万亩、人工造林 5 万亩、封育 5 万亩；东风镇马莲井肉苁蓉种植项目将投资 1.5 亿元，于 3 年内完成肉苁蓉种植 10 万亩，进一步壮大全盟沙产业发展规模。

3 月 6 日 内蒙古自治区林业厅副巡视员肖文武一行到阿左旗调研天保工程一次性安置职工社会保险工作。

3 月 14 日 北京林业大学野生动物研究所研究助理王君专程赶到阿拉善，协助保护阿拉善盟捕获到的雪豹，在对雪豹进行全身体检后，为雪豹安装 GPS 全球定位系统项圈，并通过嵌入式的卫星连接传输位置坐标，每天传送数次雪豹的具体位置。是国内首次对捕获到的雪豹安装项圈跟踪。该雪豹在吉兰泰镇巴彦温德日嘎查哈日根希草原放归。

4 月 1 日 盟党政军领导到巴彦浩特东城区南外环义务植树基地参加义务植树。

是日 全盟国家级公益林落界工作展开。

4月17日 盟科技局组织林业、农牧等方面的专家召开座谈会，对由中国科学院编制的《阿拉善沙生植物产业化发展总体规划》进行讨论。此次由中国科学院编制的《阿拉善沙生植物产业化发展总体规划》，分为阿拉善沙生资源植物综合评价与SWOT分析、总体战略、阿拉善沙生资源植物产业总体布局、阿拉善沙生植物产业与产业链发展等10个方面的内容。规划期限为2013—2030年，规划分为三期实施。

截至5月20日 全盟造林工作接近尾声，共完成人工造林30.1万亩，首次突破30万亩，较上年增长了6.6万亩。其中，全盟建成了一批集中连片和高标准的工程项目。阿左旗在巴彦诺日公、宗别立和吉兰泰共集中连片种植了9.3万亩梭梭林，阿右旗在阿拉腾朝克和曼德拉集中连片种植了12万亩梭梭林。

5月2日 中国绿化基金会常务副秘书长陈蓬、企业合作处处长陈美娜、对外联络处副处长周伯洁一行与盟领导洽谈，启动"绿色阿拉善专项基金"。

5月8日 盟林业局编制《阿拉善盟林沙产业发展规划（2013—2020年）》。

是日 第七次森林资源清查和生态状况综合监测工作在阿拉善盟展开。

6月1—2日 由中央电视台10套科学教育频道《走进科学》栏目组拍摄的专题片《大漠豹影》在央视10套黄金时段播出。该专题片分上下集，讲述了被誉为"雪山隐士"的国家一级保护动物雪豹的分布与生存环境及一只雪豹在阿左旗大漠深处被救助，放归3个星期后，4月15日又在阿右旗巴丹吉林沙漠中被发现，并再次被救后放归的过程。

7月12日 阿拉善盟特聘中国科学院兰州寒区旱区研究所专家、教授肖洪浪一行11人，到阿拉善盟开展国家重点基础研究项目"荒漠植物水分利用循环机制研究"野外试验工作。

7月26日 阿拉善盟额尔克哈什哈沙化土地封禁保护区和曼德拉沙化土地封禁保护区被国家列入沙化土地封禁保护补助试点旗县范围区。

8月6日 阿拉善盟2357.81万亩公益林被纳入森林保险范围。

9月20日 国家质量技术监督局批准《阿拉善盟肉苁蓉种植技术规程》，批准地方标准编号DB15/T 559—2013、备案号38144—2013，2013年9月20日起实施。

10月21日 阿拉善盟提高集体和个人权属国家级公益林补偿标准，每年每亩提高到15元。

11月3日 中国林业工程建设协会和自治区监管部门正式核发阿拉善盟林业调查规划设计队国家乙级林业调查规划资质证书。

11月23日 盟森林公安局与甘肃省白银市森林公安局签订"林区跨区域警务合作协议书"，建立长期警务合作关系。

12月3日 阿拉善盟地方标准《梭梭育苗技术规程》通过自治区种苗审定委员会审定。

2014 年

2月24—26日 盟林业局组织各旗（区）网络骨干参加国家林业局市县林业网站群系统培训班。

2月28日 盟林业局与阿拉善SEE生态协会就1亿棵梭梭项目签订合作意向书，计划10年内在阿拉善地区营造以梭梭为主的荒漠植被200万亩。

2月 全国保护母亲河行动解放军青年林"内蒙古阿拉善项目"通过审核，成为全国12个审核立项的项目之一。该项目预计总投资202.12万元。其中项目支持200万元，地方配套2.12万元。利用4年时间，在阿拉善右旗阿拉腾朝格苏木呼和乌拉嘎查人工种植梭梭4000亩。

4月2日 自治区林业厅专家组到阿左旗巴彦诺日公苏木苏海图嘎查，对盟林研所承担的内蒙古自治区 2013 年度中央财政林业科技推广示范资金项目——梭梭行带式造林接种肉苁蓉综合配套技术推广示范项目造林现场进行查定。

4 月 14 日 盟党政军主要领导在巴彦浩特镇乌巴路口义务植树基地现场参加义务植树劳动。

4 月 29 日 中国绿化基金会与希捷科技有限公司在阿左旗通古淖尔启动"希捷内蒙古阿拉善生态示范林"项目。

4 月 阿左旗启动公益林区补植补造及肉苁蓉锁阳劳务支出补贴政策，计划投入 3800 万元，用三年的时间，完成公益林区人工补植补造梭梭林 15 万亩，接种肉苁蓉 24 万亩、锁阳 9.3 万亩。这项国家级科技计划的实施，标志着阿拉善盟沙生资源植物研发与产业化关键技术攻关和高端产品研发方面实现了重大突破。

5 月 14 日 2013 年内蒙古自治区林木品种审定委员会审定通过旺业甸实验林场日本落叶松种子园种子等 18 个品种和阿拉善盟蒙古扁桃优良种源区种子 1 个品种作为林木良种。其中阿拉善盟沙冬青、青海云杉、多枝柽柳 3 个品种通过自治区良种审定；阿拉善盟蒙古扁桃通过自治区良种认定。

6 月 5—7 日 国家林业局党组成员、司长彭有冬一行到阿拉善盟考察调研额济纳旗黑城生态治理区、胡杨林保护区、居延海湿地、阿右旗巴丹吉林沙漠湿地和地质公园。自治区林业厅副厅长龚家栋及盟、旗相关领导陪同。

7 月 31 日 阿拉善盟《梭梭育苗技术规程》（DB15/T 689—2014）获自治区质量技术监督局批准，2014 年 7 月 30 日起实施。

截至 8 月 7 日 阿拉善盟完成飞播造林 32.6 万亩，补播造林 15 万亩。

8 月 20 日 自治区林木种苗站站长王生军、副站长宁明世一行到阿拉善盟调研，对额济纳旗黑果枸杞自然分布等情况进行了实地考察。

9 月 20 日 阿拉善盟"阿拉善左旗苏海图肉苁蓉锁阳专业合作社"入选首批国家级林业专业合作社示范社。

10 月 6 日 阿拉善 SEE 生态协会组织 300 名企业家徒步穿越贺兰山，宣布"倡导生态公益活动"开始。

11 月 20 日 自治区林业厅党组成员、副厅长龚家栋带领调研督查组到阿拉善盟，就重大林业生态破坏问题整治工作进行调研督查。

2015 年

1 月 15 日 盟林业治沙研究所与中国科学院寒区旱区环境与工程研究所等科研单位共同参与完成的"干旱内陆河流域生态恢复的水调控机理、关键技术及应用"项目获国家科学技术进步奖二等奖。

1 月 20 日 贺兰山保护区列入全国首批林业信息化示范基地，成为内蒙古首个信息化建设示范自然保护区。

1 月 29 日 受自治区林木种苗站委托，盟林业局承办的自治区林木种苗质量监督检验员（阿拉善盟、乌海地区）培训班在巴彦浩特举办。

2 月 2—3 日 国家林业局、自治区林业厅相关领导赴阿拉善慰问"时代楷模"苏和。

2 月 2—10 日 阿拉善盟林业、农牧业、水务部门考察组到新疆红枣主产区和田市、巴音郭楞蒙古自治州若羌县、哈密市和甘肃敦煌等地，实地考察学习红枣种植技术、管理模式和产业发展。

3 月 31 日 额济纳旗发生强沙尘暴天气。盟林业局启动沙尘暴应急管理平台、KC-1000 型

TSP（PM10）采样器和SC-1型沙尘暴采样器，将数据上报国家林业局。

4月13日　阿拉善盟四大班子领导参加巴彦浩特义务植树活动。

4月15日　阿拉善生态基金会在巴通公路生态林基地举行"阿拉善盟军民2015年治沙造林誓师大会"。

4月22日　国信证券公司在巴通公路生态林基地举行揭牌仪式，创建国信证券生态林基地，规划面积5000亩。

4月30日　中国内蒙古自治区阿拉善盟与蒙古国南戈壁省签订绿化援助项目协议。

5月1日　阿拉善SEE生态协会和盟林业局联合举办的"拯救10平方米"1亿棵梭梭春种活动在阿拉善盟启动。

5月3—10日　中央电视台七套节目《绿色时空》栏目组编导李姣、摄像李志一行到阿拉善盟，制作"梭梭-肉苁蓉"产业发展节目。

6月6日　中国绿化基金会与三菱商事在阿拉善盟启动"三菱商事2015年内蒙古阿拉善防沙造林志愿者活动"。

7月4—15日　中央电视台少儿频道《绿野寻踪》栏目摄制组120人先后到阿拉善盟巴丹吉林沙漠腹地、梭梭林基地、飞播造林地拍摄。

7月21日　自治区林业厅在兴安盟乌兰浩特市召开五大沙漠、五大沙地界线认定会议，涉及阿拉善盟巴丹吉林、腾格里、乌兰布和、巴音温都尔四大沙漠。

7月31日　阿拉善盟申报的胡杨良种苗木种植培育及盐碱地造林技术推广、多枝柽柳良种苗木种植培育及戈壁造林技术推广和阿拉善盟重点公益林区柽柳平茬复壮更新技术推广3个项目入选自治区项目库。

7月　国家林业局公布2014—2015年国家林下经济示范基地名单，阿右旗位列其中。

8月26日　阿拉善盟荒漠肉苁蓉申报新食品原料通过国家卫生计划生育委员会专家组答辩评审。

8月　国家森林病虫害防治检疫总站编纂的《中华人文古树名录》发布。内蒙古有3棵古树入选，其中，阿拉善盟额济纳旗的胡杨神树获此殊荣。

9月11日　额济纳旗航天路绿色通道百万亩造林项目启动。

10月22日　中央纪委监察部驻国家林业局纪检组到阿拉善盟对"绿剑"专项行动进行监督检查。

10月22—24日　国家林业局局长张建龙率调研组到阿拉善盟调研林业生态保护与建设。自治区人民政府副主席王玉明陪同。

11月2日　居延海湿地发现国家二级保护鸟类灰鹤。

12月　自治区林木品种审定委员会在呼和浩特市召开2015年林木品种审定会议。阿拉善盟黑果枸杞种源区种子被认定为优良种源，获林木良种认定，有效期限5年。

2016 年

1月20日　盟林业局召开全盟林地变更调查会议。

2月29日　自治区万名干部下乡驻阿拉善盟调研督导组组长、自治区林业厅厅长呼群一行到乌兰布和生态沙产业示范区调研。盟委农工部部长双喜、盟林业局局长陈君来、示范区管委会副主任巴格那等陪同。

3月17日　盟林业局与银川市林业局、石嘴山市园林和生态建设局、中卫市林业生态建设局签署生态保护建设合作协议。

4月1日　盟林业局、盟森林公安局、贺兰山管理局、贺兰山森林公安局、阿左旗林业局组成的春防清明节前森林防火工作督查组到贺兰山保护区基层一线管护站开展森林防火督查。

4月15日　盟四大班子领导到阿左旗通古淖尔义务植树基地参加植树活动。

4月18日　内蒙古林业厅科技处处长白彤一行深入阿拉善盟格灵滩考察"园丰枣引种及沙地矮化密植丰产栽培技术"试验研究引种项目，对阿拉善黑果枸杞种植进行现场调研。

4月　额济纳旗全面启动百万亩梭梭种植基地建设项目，与北京浩林生态环保科技有限公司协作，采用"公司+农牧户+基地"的合作模式在航天路东西两侧营造人工梭梭林137万亩。项目建设期为5年到10年，营造人工梭梭林314.82万亩，预计投资9.8亿元。

5月1日　200名热心公益人士参加阿拉善SEE公益机构（企业家环保基金会）、盟林业局、诺亚财富、北京维喜、秀域、日立主办的"拯救10平方米"梭梭大战荒漠2016给绿在传递活动。

5月3—4日　国家林业局"三北"防护林建设局副局长熊善松一行3人到阿拉善盟调研飞播治沙造林及梭梭人工造林。

5月10日　盟林木种苗站在阿左旗锡林高勒苏木开展不同种源黑果枸杞、梭梭、花棒、蒙古扁桃、沙拐枣5种沙生植物抗旱性试验。试验通过控制灌水量和次数分为7个不同梯度，共栽植植物样品1344株。

5月20日　阿拉善盟自然资源资产实物量变动表编制工作启动。

6月15日　盟林业局举办全盟林业系统迎"七·一""党旗在我心中　我为林业增光彩""两学一做"演讲活动。

6月25—28日　国家林业局"三北"防护林建设局主办，盟林业局承办的"三北"防护林工程飞播造林现场座谈交流会在巴彦浩特召开。

7月31日—8月1日　宁夏回族自治区中卫市林业生态建设局一行16人到阿拉善盟考察学习。

8月26日　第八届中国生态文化高峰论坛在广西北海举行，额济纳旗巴彦陶来苏木乌苏荣贵嘎查获"全国生态文化村"称号。

10月11日　自治区人社厅副厅长林丛虎、留学人员与专家服务中心主任乌力吉孟和、人才开发处副处长李冬一行，为阿拉善林业治沙专家服务基地揭牌，全盟共成立5个专家服务基地示范区。

10月18—19日　国家林业局森防总站处长常国彬、副处长董晓波，自治区森防站副站长赵胜国到阿拉善盟检查指导鼠害飞机防治工作。

10月25日　国家森防总站和自治区森防站在阿左旗巴彦诺日公苏木苏海图嘎查选定的"航空投药防治大沙鼠试验"项目结束，试验面积3万亩，每亩用药200克。是阿拉善盟首次利用飞机防治灌木虫鼠害试验。

11月12日　内蒙古西部林业科研院所合作交流座谈会在阿拉善盟举办。

2017 年

1月4日　盟林业局遴选国营额济纳旗经营林场、阿右旗雅布赖治沙站、阿左旗头道湖治沙站3个国有林场站开展森林可持续经营试点工作。

1月10日　国家林业局北方航空护林总站在阿拉善盟召开2017年春季航空护林租机协调会。

1月19日　中国印钞造币总公司无偿捐助支持的公益性人工造林项目在阿右旗落成。投资150万元，人工造林5000亩，人工接种肉苁蓉2000亩。

2月9日 阿拉善盟"梭梭行带式造林——肉苁蓉接种综合配套技术推广示范"项目获自治区 2016 年农牧业丰收奖一等奖。

2月 额济纳旗神舟药业的 3 万亩肉苁蓉种植及深加工项目被列入国家工业和信息化部重点任务项目,是阿拉善盟唯一一个被列入此次重点任务的项目。

3月14日 盟四大班子主要领导到巴彦浩特镇丁香生态公园参加义务植树活动。

3月21日 陕西省林业治沙研究所专家学者到阿拉善盟考察沙产业发展情况。

3月28日 阿拉善盟野生动植物、自然保护区和湿地保护管理工作会议召开。

3月30日 自治区党委常委、组织部部长曾一春深入贺兰山保护区调研生态环保工作。

4月1日 盟行署副盟长徐景春深入贺兰山保护区检查指导春季森林防火工作。

4月3—7日 自治区林业厅总工程师东淑华、造林处处长郝永富、退耕办主任王海一行到阿拉善盟督查春防春造工作。

4月7日 盟林业局对"蚂蚁森林"项目合作伙伴阿拉善 SEE 基金会进行调研,对梭梭种植地块进行核实,形成调研报告上报盟委办公厅。

5月4日 盟委书记包钢到贺兰山保护区调研森林防火工作。

5月 盟林木种苗质量监督检疫站获自治区质量技术监督局"检验检测机构认定证书"。10月,盟林木种苗质量监督检疫站通过自治区林业厅检验资质和检验能力双重认定。

6月2—3日 内蒙古林业厅治沙造林处处长郝永富一行到阿拉善盟,就《阿拉善荒漠化治理效益评估报告》撰写工作进行专题研讨和部署。

6月3日 国家林业局防沙治沙办公室主任潘迎珍、总工程师屠志方、治沙处处长张德平和自治区林业厅总工程师东淑华、治沙造林处处长郝永富组成的调研组一行到乌兰布和示范区,开展防沙治沙工作调研。

6月9日 中国印钞造币总公司阿右旗公益性造林基地揭牌仪式在阿右旗雅布赖治沙站举行。

6月10—11日 贺兰山管理局在保护区古拉本辖区首次利用直升机喷洒药物防治虫害。

6月15—17日 科技部副部长徐南平对阿拉善生态沙产业科技创新情况进行调研,社会发展科技司司长吴远彬参加调研。

6月23日 盟林业治沙研究所、中国科学院过程工程研究所承担的自治区科技厅科技计划项目"肉苁蓉功能成分提取分离工艺研究"在北京中国科学院通过验收。

7月24日 盟林业局林业治沙专家服务基地项目"梭梭-肉苁蓉良种繁育技术服务项目"列入国家"万名专家服务基层行动计划"重点服务项目。

8月11日 内蒙古自治区专业扑火队队长培训班在阿拉善盟召开。

8月22日 贺兰山余脉再次发现国家二级保护植物半日花。

9月4日 阿左旗不动产登记中心向权利人颁发了阿拉善盟首本记载着国有林场林权的"中华人民共和国不动产权证书",标志着阿拉善盟在确保房产、土地统一登记平稳过渡前提下,又将林权登记正式纳入不动产统一登记体系。该产权证也是自治区首本林权类不动产权证书,为全区进一步加快不动产统一登记提供了参考范本。

9月5日 自治区 2017 年度肉苁蓉物种监测评估会在巴彦浩特召开。

9月7日 央视老故事频道《生态中国》栏目大型改革专题纪录片《生态树》摄制组专程到贺兰山保护区进行深度采访拍摄。

9月14日 由自治区人力资源和社会保障厅主办,盟林业治沙研究所承办的"国家万名专家服务基层行动计划"——阿拉善梭梭-肉苁蓉良种繁育技术服务项目在阿拉善盟正式启动。

10月11日 中国森林认证标准宣传贯彻会议在阿拉善盟召开。

10 月 12 日　内蒙古、辽宁、吉林、黑龙江四省区按照《东北四省区林业有害生物灾害防控合作协议》有关要求，在阿右旗召开了 2017 年东北四省区重大林业有害生物联防联治工作会议，共同商讨重大林业有害生物防控对策。

10 月 11—14 日　自治区林业厅防火专职副总指挥王才旺带领督查组一行到阿拉善盟督查秋季森林防火工作。

10 月 22—24 日　自治区人民政府副主席常军政到阿拉善盟调研指导贺兰山保护区生态环境整治。

11 月 10—13 日　2017 首届全国沙产业创新创业大赛在巴彦浩特举行。同步举行沙产业技术成果交易展示会、沙产业产品企业综合交易会、沙产业人才交流会等活动。大赛由科技部社发司指导，内蒙古、陕西、甘肃、宁夏、新疆、青海 6 个省（区）科技厅和盟行署共同主办，内蒙古火炬开发中心、盟科技局和阿左旗人民政府共同承办，共有近 200 支队伍报名参赛。

11 月 27 日　内蒙古、宁夏贺兰山第二十九次护林防火联防会议在宁夏贺兰山保护区召开。

11 月 30 日　阿拉善盟森林保险工作领导小组聘请专业审计机构对 2015—2016 年度森林保险灾后治理赔付资金使用情况进行专项审计。

12 月 11 日　贺兰山保护区首支森林专业消防队成立，并进行为期半个月封闭式军事化培训。

12 月 24 日　自治区保护发展森林资源目标责任制执行情况检查组对阿拉善盟开展检查。

2018 年

2 月 1—2 日　盟林业局检查组深入贺兰山、胡杨林区开展森林防火工作专项检查。

3 月 5 日　盟森林公安局召开"保护候鸟专项行动"动员部署会议，于 3 月 5 日—5 月 20 日在全盟范围内启动保护候鸟迁徙集中行动。

3 月 20 日　盟委书记包钢，盟委副书记、政法委书记李刚到贺兰山保护区一线指导森林防火工作。

3 月 28 日—4 月 1 日　自治区林业厅党组成员、驻厅纪检组长董虎胜、计资处处长罗洪文一行到阿拉善盟督查调研春防春造工作。

4 月 9 日　盟党政领导到巴彦浩特镇营盘山义务植树基地参加植树。

4 月 11 日　全盟林业工作会议在巴彦浩特召开。

4 月 12 日　居延海湿地鸟类数量首次突破 4 万只。

4 月 16—17 日　盟林业局党组书记、局长陈君来一行 3 人到内蒙古大兴安岭航空护林局，就航站建设与管理、人才队伍建设问题进行考察交流，委托驻站培训 2 名飞行观察员。

4 月 17 日　"'一带一路'胡杨林生态保护工程"绿森林硅藻泥造林项目启动仪式在额济纳旗达来呼布举行。中国绿化基金会、吉林省绿森林环保科技有限公司负责人及额济纳旗相关部门干部职工参加仪式。

4 月 27 日　"内蒙古干旱荒漠区沙化土地治理与沙产业技术研发与示范"专项研讨会在中国科学院过程工程研究所召开。盟林业治沙研究所受邀参加。

5 月 9 日　盟委副书记、盟长杨博率盟防范化解重大风险、污染防治和安全生产督查组对额济纳胡杨林保护区清理整顿情况进行实地核查。

5 月 18 日　盟委书记包钢带领盟国土、环保、安监、经信、交通等部门和阿左旗相关部门负责人深入贺兰山保护区，实地检查环境综合整治情况，盟委委员、阿左旗旗委书记王旺盛陪同。

5 月 22 日　盟行署副盟长秦艳、副秘书长田宏远一行到盟林业治沙研究所调研。

6月4—7日 自治区林业厅计划处副处长高妍岭一行 5 人对贺兰山保护区三期建设项目、内蒙古国家级森林防火物资储备建设项目、内蒙古中西部森林防火通信系统建设项目进行实地验收，对盟航空护林站项目建设进度及资金使用情况进行稽查。

6月11日 历时两年的"中国最美古树"遴选活动揭晓，额济纳旗"神树"以"最美胡杨"名列其中。

7月3日 阿右旗飞播造林工程启动，投资 960 万元，完成飞播造林 4000 公顷。

7月11—14日 内蒙古 G3F 项目北京大学城市与环境学院沈泽昊专家组对贺兰山保护区进行考察。

8月7—8日 国家林业和草原局项目绩效考评中心主任高玉英、内蒙古自治区林业厅计财处处长格日勒及北京林业大学经济管理学院教授、专家组成的考评组分别对阿拉善盟"内蒙古吉兰泰荒漠生态系统国家定位观测研究站运行补助项目""阿拉善盟国家级中心测报点补助项目"进行资金预算绩效考评。

8月8日 盟森林公安局与巴彦淖尔市森林公安局和乌海市森林公安局在阿拉善盟签署警务合作协议，召开座谈会。

9月11日 第二届全国沙产业创新创业大赛新闻发布会在北京科技会堂举行。科技部社发司资源与环境处处长康相武，内蒙古自治区科技厅副巡视员云涛，盟委委员、副盟长孙明泉及来自内蒙古、陕西、甘肃、新疆、青海等省（区）科技厅领导出席发布会，并共同启动大赛启动装置。第二届全国沙产业创新创业大赛定于 10 月 6—10 日在阿左旗举行。

9月11—14日 国家林业和草原局驻内蒙古森林资源监督专员办及自治区林业厅、国土资源厅、环境保护厅、住房和城乡建设厅、农牧业厅、水利厅联合督查组专员高广文一行 5 人到阿拉善盟对自然保护地工作进行专项督查。

9月12—13日 "一带一路"生态治理民间合作国际论坛在甘肃省武威市举办。内蒙古金沙苑生态集团公司等 11 家企业登上"福布斯中国荒漠化治理绿色企业榜"，全国政协原副主席、民进中央第一副主席罗富和为金沙苑生态集团颁奖。

9月19日 国家林业和草原局防治荒漠化管理中心组织国家开发银行、农业发展银行到阿拉善盟开展利用开发性和政策性金融支持防沙治沙和沙产业调研。

9月18—21日 国家林业和草原局"三北"局主办、国家林业和草原局管理干部学院承办、盟林业局协办的"三北"工程精准治沙技术与管理培训班在阿拉善盟举办。

9月27日 阿拉善盟沙产业商会成立大会在巴彦浩特召开。大会宣读了阿拉善盟沙产业商会第一次会员代表大会选举产生的常务理事、会长、副会长、秘书长、监事长名单，并向第一届领导班子成员及会员单位进行授牌。盟委委员、统战部部长萨仁图雅，副盟长王维东，内蒙古沙产业、草产业协会会长张卫东出席大会。

10月9日 首届沙产业创新博览会暨沙产业高峰论坛、第二届全国沙产业创新创业大赛在巴彦浩特开幕。

是日 国家林业和草原局党组书记、局长张建龙到阿拉善盟调研。

10月10日 自治区人大常委会党组副书记、副主任呼尔查一行到贺兰山保护区，就森林资源保护管理情况进行调研。

10月10—11日 国家林业和草原局森防总站副站长闫峻、防治处副处长张天栋，自治区森防站站长李国军、副站长赵胜国赴阿拉善盟督导美国白蛾防治及检查中心测报点工作。

10月12日 盟委副书记、盟长杨博一行到贺兰山保护区雪岭子，对森林防火、生态环境治理进行调研。

11月6—9日 盟林业局受国家濒危物种进出口管理办公室自治区办事处邀请，派员到广州参加"CITES公约与生计国际研讨会"。

11月29日 内蒙古非木质林产品认证与实践培训班在阿拉善盟举办。

12月11日 自治区创新引导奖励资金项目"阿拉善肉苁蓉产量测定及指纹图谱产地识别研究"启动会在盟林业局召开。

12月20日 自治区党委常委、政府常务副主席马学军一行到贺兰山保护区视察调研生态环境保护工作。

2019 年

1月9—11日 盟林业局"沙冬青良种推广示范"专题培训班在巴彦浩特举行。

1月28日 内蒙古、宁夏贺兰山保护区联合开展冬季森林火险隐患、禁牧、反盗猎及野生动物疫源疫病拉网式大排查集中整治专项行动。

1月31日 盟林业和草原局暨盟沙产业局举行揭牌仪式。

2月26日 自治区林业和草原局党组成员、副局长苏和一行到乌力吉边境线就围栏建设及野生动物保护进行调研。

3月9日 阿拉善盟林木良种繁育中心选育的"居延黑杞1号"和阿右旗雅布赖治沙站选育的"雅布赖治沙站梭梭母树林种子"列入2018年度自治区林木良种名录，通过类别审定。

3月17日 国家林业和草原局组织河北大学、河北师范学院、自治区林业和草原局专家对自治区林业监测规划院实施的全国第二次陆生野生动物资源2015—2017年度调查项目进行验收。

3月 巴丹吉林沙漠被联合国教科文组织纳入中国世界遗产预备名录。

4月2日 盟委副书记、盟长代钦，副盟长徐景春，盟政协副主席、阿左旗旗委副书记、旗长戈明一行到贺兰山保护区沿线检查指导春季森林防火工作。

4月5日 自治区防火督查组白锦贤一行到贺兰山保护区沿路沿线督导春季森林防火工作。

4月9—16日 盟林业和草原局一级调研员孔德荣带队到阿左旗、阿右旗、额济纳旗专项督导整改落实中央生态环保督察"回头看"、草原生态环境问题专项督察反馈意见暨草原保护与建设有关事项。

4月10日 盟党政领导在巴彦浩特镇城西外围生态修复项目现场参加义务植树活动。

4月15日 盟林业和草原局党组成员郝俊带领盟航空护林站人员到内蒙古大兴安岭航空护林局进行学习调研，了解航站建设及日常巡护工作具体做法。

4月19日 内蒙古自治区科技重大专项"巴丹吉林沙漠脆弱环境形成机理及安全保障体系"实施方案论证暨项目启动会在阿右旗创业孵化园召开。

4月22日 盟委副书记、政法委书记王旺盛带领全盟扫黑除恶专项斗争第一督导调研工作组到盟林业和草原局，就全盟林草系统扫黑除恶专项斗争进展情况进行督导。

4月22—27日 国家林业和草原局森防总站药剂药械处处长常国彬一行5人到阿拉善盟指导鼠害防治，调查药剂药械库建设管理情况及农药安全使用工作。

4月26日 西北地区建设林草种子专业化生产带研讨会在阿拉善盟召开。

5月9日 第十届国际肉苁蓉及沙生药用植物学术研讨会暨第二届肉苁蓉文化节（中国·阿拉善）在阿拉善沙生植物园开幕。

6月13日 阿拉善盟2019年全国大众创业万众创新活动周启动仪式在巴彦浩特举行。

6月20日 阿拉善宏魁肉苁蓉集团公司通过国家授权的云南国林森林认证公司审核获国家

"阿拉善荒漠肉苁蓉、锁阳产品非木质林产品"认证，在北京世界园艺博览会获中国森林认证证书。

8月1日 自治区"绿盾2019"暨保护区执法检查工作联合检查第6组一行5人对阿拉善盟工作情况进行检查督导。

8月2—3日 自治区林业和草原局局长牧远、人大锡林郭勒盟工委副主任贺希格布仁、自治区林业和草原局草原管理处处长陈永泉等一行5人对阿左旗荒漠草原生态保护修复工作情况进行调研，盟林业和草原局一级调研员孔德荣陪同。

8月4—7日 自治区党委书记、人大常委会主任李纪恒到阿拉善盟调研期间，深入了解贺兰山保护区环境综合整治工作。

8月21—22日 国家林业和草原局防治总站在阿左旗召开松材线虫病和林业鼠（兔）害防治示范工作总结与经验交流会。

8月21—22日 中国林业科学院博士高文强等一行3人到贺兰山保护区，就国家自然科学基金项目"半干旱区杜松生长和更新对气候变化的响应"课题中杜松生长及分布情况进行调研。

9月16日 盟林业和草原局召开"不忘初心、牢记使命"主题教育工作会议。

9月22日 国家林业和草原局驻西安专员办专员王洪波带领检查组到阿拉善盟，对"十三五"以来阿拉善盟防沙治沙目标责任中期情况进行督导检查。

9月29日 以"生态优先 绿色发展"为主题的第八届中国创新创业大赛沙产业大赛、第二届沙产业创新博览会暨沙产业创新高峰论坛在巴彦浩特开幕。

10月16日 全国第一处"林业英雄林"在贺兰山保护区落成。

10月18日 国家林业和草原局、文化和旅游部、江苏省人民政府联合主办的2019年中国森林旅游节在江苏省南通市开幕，内蒙古阿拉善巴丹吉林沙漠被评选为"中国森林旅游美景推介地——最美沙漠"；内蒙古贺兰山国家森林公园成功入选并现场授予"中国森林氧吧"牌匾。

10月21日 自治区草原监测技术培训班在巴彦浩特开班。

10月25—26日 国家林业和草原局科技司副司长黄发强一行5人到阿拉善盟开展林草科技"十四五"发展需求考察调研。

12月2—4日 阿左旗沙日布拉格飞播区沙拐枣母树林通过自治区林木品种审定。

12月3日 自治区党委书记、人大常委会主任石泰峰到贺兰山保护区调研。

12月6日 自治区人民政府副主席包钢到居延海湿地中心进行河湖长巡河及调研。

2020 年

1月4日 地质公园共商共建交流座谈会在巴彦浩特召开。

1月6日 盟委书记万超岐一行到胡杨林保护区调研。

1月19日 盟林业和草原局召开"不忘初心、牢记使命"主题教育总结会议。

3月5日 首架BELL-412中型直升机运抵阿左旗机场，重点对贺兰山保护区、胡杨林保护区和部分植被盖度较高的灌木林区和草原实施为期8个月的航空巡护。

3月22日 自治区党委副书记、政法委书记林少春到阿拉善贺兰山地区调研督导煤炭领域专项整治工作。

3月27日 盟委委员、常务副盟长崔景英调研贺兰山保护区森林防火工作。

3月30日 自治区林业和草原局副局长苏和率领督导组，重点就阿拉善盟春季草原鼠害防控工作进行督导，查看草原生态修复治理情况。

3月 首个由亚太森林恢复与可持续管理组织投资的"内蒙古阿拉善荒漠梭梭林–肉苁蓉培育示范项目"落户阿左旗。

4月7日 盟林木种苗站结合造林户和基层场站多年在沙漠地区造林实践经验，研发的"一种适用于沙漠造林的打坑机钻头"通过国家知识产权局审核，申报实用新型专利获批。

4月14日 盟党政领导在巴彦浩特镇哈伦能源绿化区参加义务植树活动。

4月16日 副盟长秦艳一行到盟林业和草原局对盟林草生态保护建设工作情况进行调研，并深入林业治沙研究所、森防站、公益林管理站等二级单位详细了解工作开展情况。

4月17日 由盟林业和草原局主办，盟林木种苗站和内蒙古曼德拉沙产业开发有限公司承办的"林草科技助力扶贫—梭梭育苗造林及人工接种肉苁蓉技术"现场培训班在阿左旗巴彦诺日公苏木苏海图嘎查举办。各旗（区）林沙产业与林木种苗相关的专业技术人员、管理人员、从事相关行业的农牧民专业合作社成员、企业代表、个体经营户代表以及苏海图嘎查农牧民和贫困户等200余人参加培训。

4月23日 自治区森林草原防灭火指挥部第六督查组何庆军处长一行对阿拉善盟春季森林草原防灭火工作开展情况进行督查。

5月1日 盟航空护林站直升机吊桶扑救火演练拉开序幕。

6月1日 盟科技局与盟林业和草原局召开科技创新工作协商联动会议，开展"十四五"科技创新规划、科技计划项目协商工作。

6月11日 国家林业和草原局驻内蒙古自治区森林资源监督专员办事处专项督查组张璐组长一行对阿拉善盟林地使用、草原征占用情况及草原禁牧和草畜平衡工作情况进行专项督查。

是日 《内蒙古自治区额济纳胡杨林保护条例》经自治区第十三届人大常委会第二十次会议表决通过，2020年9月1日起施行。

6月12日 盟林业和草原局局长陈君来赴甘肃农业大学调研指导内蒙古自治区重大专项"巴丹吉林沙漠脆弱环境形成机理及安全保障体系"项目开展情况。"巴丹吉林沙漠脆弱环境形成机理及安全保障体系"是内蒙古自治区科技重大专项项目，盟林业治沙研究所和阿右旗草原工作站共同承担该项目的子课题"巴丹吉林沙漠退化植被修复技术集成与示范"。

6月19日 国家林业和草原局委托自治区林业和草原局对阿左旗开展2020年森林资源督查工作。通过一套遥感数据，一次判读区划，一次验证核实，一次现地复核，全面掌握森林资源动态变化。

6月22日 盟林业和草原局联合盟应急管理局等单位，在贺兰山保护区大西沟举办2020年全盟森林草原防灭火实战演练，盟行署副盟长、盟森林草原防灭火指挥部常务副总指挥秦艳出席活动并讲话。

7月7日 盟委副书记、政法委书记苏和到盟林业和草原局调研。

7月9日 盟委书记万超岐深入贺兰山保护区调研生态环境保护治理情况。

7月18日 国家林业和草原局副局长刘东生一行到阿拉善盟督导调研飞播造林、围栏封育等生态建设工作。

7月21日 贺兰山管理局与北京大学环境学院联合在贺兰山主峰附近布设了1台小型气象站，是近3年来布设海拔最高，且具有实时传输功能的气象站。将为内蒙古贺兰山保护区生态环境监测研究提供重要气象数据，同时为更好地保护贺兰山提供了重要依据。

7月31日 盟林业和草原局牵头修订的《阿拉善盟营造防护林补助政策实施办法》印发实施。

8月1—15日 内蒙古大学生态与环境学院的环境生态学博士、硕士研究生在地质公园巴丹吉林园区、腾格里园区、居延园区进行沙漠湖泊及植被调查研究。

8月3日 盟森防站组织专家组对"宗别立梭梭-肉苁蓉示范基地架设招鹰架防控鼠害项目"进行验收工作。招鹰架防控鼠害项目选择人工梭梭林集中区、肉苁蓉重点接种区、鼠害危害严重的宗别立镇梭梭-肉苁蓉示范基地架设214个招鹰架，每个招鹰架控制1500亩人工梭梭林，生态控制鼠害保护梭梭林32万亩，保护5.1万亩肉苁蓉接种区域。

8月16—18日 中国地质大学（北京）党委书记、自然文化研究院院长马俊杰、副校长刘大锰等一行8人到地质公园考察，签订生态文明建设战略合作意向书。

8月24—26日 生态环境部委托中国环境科学研究院对贺兰山保护区保护成效进行现场评估。

8月 阿左旗"贺兰草原"成功入围首批39处国家草原自然公园建设试点之一。

截至8月末 阿拉善盟提前完成"十三五"规划的林业生态建设和自治区下达的防沙治沙目标任务。全盟"十三五"期间共完成林业生态建设和防沙治沙总任务854.66万亩，完成全盟林业生态建设规划总任务的117.88%，完成自治区下达的防沙治沙目标任务的113.95%。

9月3日 自治区林业和草原局派驻阿拉善盟执行森林草原航空巡护任务的专用直升机抵达阿左旗通勤机场，至此阿拉善盟共有2架专用直升机投入全盟森林草原航空巡护和应急救援。

9月10日 "国家万名专家服务基层行动计划"——肉苁蓉优质高产种子繁育技术集成服务培训会在阿拉善盟开班。

9月17日 自治区林业和草原局一级巡视员苏和，在副盟长秦艳、盟林业和草原局局长陈君来的陪同下，对阿拉善盟林草重点工作进行实地综合检查。

9月18日 额济纳旗人民政府与北京林业大学生态与自然保护学院共同筹建的北京林业大学生态与自然保护学院额济纳胡杨研究所揭牌仪式在胡杨林保护区举行。

9月21日 自治区人民政府副主席李秉荣到贺兰山保护区，就建设贺兰山国家公园进行实地调研。

9月23日 兰州大学、盟林业和草原局、盟气象局在巴彦浩特举行"兰州大学阿拉善荒漠——绿洲草地野外科学观测研究站""内蒙古荒漠生态气象观测研究站"共建签约揭牌仪式。

9月25日 《阿拉善盟生态保护修复情况调研报告》被国家林业和草原局定为"典型经验"学习推广。

10月17日 西北地区特色林业产业国家创新联盟成立大会在西安召开，阿拉善盟林业和草原局被聘为西北地区特色林业产业国家创新联盟第一届理事会理事单位。

10月20日 2020年内蒙古自治区草原学会年会暨草地生态保护与管理研讨会在巴彦浩特开幕。

10月21—22日 由国家林业和草原局"三北"防护林建设局主办，国家林业和草原局管理干部学院承办的"三北"防护林工程林草植被一体化修复技术培训班在阿拉善盟举办。

10月22日 内蒙古草原学会在巴彦浩特召开年会，南志标院士参会。

11月11日 副盟长秦艳深入阿左旗头道湖治沙站，对阿左旗人工种植梭柳造林项目进行调研，盟林业和草原局局长陈君来陪同。该项目位于腾格里沙漠东缘，人工种植梭柳13000亩，总投资456万元，为阿左旗沙产业开发管理有限公司和中国绿化基金会合作造林项目。

2021年

1月18日 兰州大学科学观测台站管理中心研究同意"阿拉善荒漠绿洲草地野外科学观测研究站"纳入兰州大学野外科学观测研究站建设序列，为工作实施提供保障。

3月5日 盟林业和草原局发布《关于在全盟开展破坏草原林地违规违法行为专项整治行动的公

告》，在全盟开展为期一年的破坏草原林地违规违法行为专项整治行动，全面整治2010年以来各类违规违法占用草原林地、违规违法开垦草原林地、乱排乱放乱埋污染草原林地，造成生态环境损害等问题。

3月6—7日 自治区林业和草原局二级巡视员东淑华一行到阿左旗项目区，对2021年造林计划任务地块落实、种苗储备和整地等营造林准备工作进行调研指导。

3月12日 "清风行动"联席会议在盟林业和草原局召开，盟委政法委、盟农牧局、公安局、交通运输局、互联网信息办公室、市场监督管理局、综合执法局等相关负责同志参加会议。会议就开展阿拉善盟"清风行动"做了详细的安排部署。24—29日，自治区"清风行动"第三督导检查组到阿拉善盟督查野生动物保护相关工作。督查组在对各旗的现场督导检查中未发现违规违纪情况，并对阿拉善盟的野生动物保护工作给予了肯定。

3月16日 盟林业和草原局召开党史学习教育动员会议。

3月25日 全盟林业和草原工作电视电话会议召开。盟行署副盟长秦艳，盟政协副主席、盟林业和草原局局长陈君来，盟行署副秘书长姜庆继，盟纪委监委驻盟自然资源局纪检监察组组长杨琳出席会议。

是日 盟林业和草原局举行森林草原防火物资发放仪式。盟行署副盟长秦艳，盟政协副主席、盟林业和草原局局长陈君来出席发放仪式。

4月1日 国家林业和草原局防火司司长周鸿升一行到阿拉善盟调研防火工作。

4月6日 阿拉善盟草原高火险区建设项目获批，总投资3126万元。

4月12日 由阿拉善盟生态基金会举办的2021年党政军民企春季义务植树造林活动启动仪式在阿左旗通古淖尔生态基金会育苗基地举行，盟林业和草原局、盟消防救援支队、盟电业局、军分区、边境管理支队等12个单位受邀参加启动仪式。

4月14日 盟党政领导在巴彦浩特镇新哈伦能源义务植树基地参加植树活动。

4月15日 阿左旗"阿拉善头道湖花棒母树林种子""浩坦淖日花棒母树林种子"通过自治区林木品种审定委员会审定。

4月21日 盟林业和草原局召开干部职工大会，通报所属事业单位机构改革和人员转隶情况。

4月29—30日 阿左旗第三届肉苁蓉文化节、阿拉善肉苁蓉评比大赛颁奖暨梭梭种植季启动仪式在阿拉善生态产业园区举办。

5月10—12日 国家林业和草原局草原司副司长宋中山一行对阿拉善盟全国防沙治沙综合示范区建设进行评估验收。

5月11日 "'一带一路'胡杨林生态修复计划"赛赋医药胡杨林计划启动仪式在额济纳旗举行。

5月21日 盟林业和草原局举办"庆祝中国共产党成立100周年 讲好阿拉善党建故事"主题演讲比赛。

5月27日 阿拉善盟"胡杨温室育苗方法"发明专利通过国家知识产权局审核，取得专利证书。

5月31日—6月4日 自治区政协副主席其其格一行到阿拉善盟，就国家和自治区重大生态工程实施情况和"西部沙区生态保护及产业发展"进行调研。

5月 额济纳旗2021年中国绿化基金会合作造林项目竣工，进入后期养护阶段。项目建设总面积2707亩，总投资570万元，栽植胡杨10万株。

6月1日 盟委书记代钦到贺兰山保护区调研生态环境治理项目。

5月6日 盟委副书记、盟长李中增到贺兰山地区实地查看矿山生态环境治理修复情况，现场主持召开盟长办公会议。

5月9日 自治区党委书记、人大常委会主任石泰峰到贺兰山保护区雪岭子调研生态修复情况。

7月1日 自治区农牧厅、林业和草原局、发改委、财政厅联合发布《关于认定内蒙古自治区特色农畜产品优势区（第三批）的通知》，认定阿拉善锁阳内蒙古特色农畜产品优势区。

7月9日 阿拉善盟"科技兴蒙"合作项目签约仪式上，盟林业和草原局现场签约合作项目3项，占签约总数的17.6%。

7月15日 盟林业和草原局党组书记、局长图布新一行到贺兰山地区开展生态环境治理调研。

7月28日 盟林业草原研究所与中国科学院西北高原生物研究所在西宁举行战略合作协议签订仪式。

8月18日 自治区林业和草原监测规划院完成阿左旗、阿右旗和阿拉善盟高新区四合木资源普查工作。

是日 盟林业和草原局党组书记、局长图布新一行检查孪井滩示范区破坏草原林地违法违规行为专项整治工作推进情况和2021年度林业和草原生产任务完成情况。

8月19日 自治区林业和草原局副局长陈永泉一行对阿拉善盟林草资源保护与生态修复情况进行考察调研。

8月31日 盟林业和草原部门申报的"黑果枸杞繁育栽培技术及产品研发"项目获自治区科学技术进步奖三等奖。

9月 盟林业和草原局成立质量核查组，到阿左旗、阿右旗、额济纳旗开展森林和草原火灾风险质量核查工作。

9月2日 自治区党委副书记、人民政府代主席王莉霞到阿拉善盟了解绿色矿山建设和矿区环境综合整治情况，实地查看四合木保护区建设和生态治理成果。

9月22日 国家林业和草原局野生动植物保护司处长肖红、自治区林业和草原局副局长娄伯君、行署副盟长刘德、国家林业和草原局专家团队、野生动物保护救助团队等20余人于21时50分，在贺兰山保护区哈拉乌北沟成功放归国家一级重点保护动物雪豹。

9月28日 盟林业草原研究所自主研究成果"一种肉苁蓉人工授粉控制器"，获国家知识产权局授权。

10月8日 《阿拉善荒漠肉苁蓉》《阿拉善荒漠肉苁蓉产地环境》《阿拉善荒漠肉苁蓉种子培育规程》《阿拉善荒漠肉苁蓉有害生物防控技术规程》《梭梭造林及管护技术规程》《阿拉善荒漠肉苁蓉产地初加工技术规程》《阿拉善荒漠肉苁蓉生态种植技术规程》7项阿拉善荒漠肉苁蓉高质量标准体系地方标准全部获批发布实施。

11月20—23日 自治区督导检查第四组对阿拉善盟自然保护地专项执法和"绿盾2021"自然保护地强化监督工作进行督导检查。

第一章　林业和草原机构

第一节　阿拉善盟林业和草原机构

一、阿拉善盟绿化委员会

1982 年 3 月，盟行署成立阿拉善盟绿化委员会及办事机构，各旗相继成立绿化委员会及其办事机构。盟绿化委员会成员单位主要有盟宣传部、盟计划生育委员会、盟经济工作委员会、盟教育局、盟基建局、盟畜牧局、盟水利局、盟交通局、盟工业局、盟二轻局、盟文化局、盟财政局、盟团委、盟妇联、盟工会、盟科委、盟广播事业局、盟林业治沙局。盟绿化委员会主任由盟行署副盟长苏德保扎木苏兼任，副主任由宝日勒岱、卜和、蔡础鲁、郑生有、原丹、马维荣兼任。按照《关于开展全民义务植树运动》决议开展工作。盟绿化委员会为常设议事机构，办公室设在盟林业治沙局，办公室主任由盟林业治沙局局长马维荣兼任。

盟绿化委员会主要通过全体成员会议，研究、协调、部署工作，印发文件并实施。盟绿化委员会全体会议由主任主持。出席会议人员为主任、副主任、各成员，必要时可扩大到各旗绿化委员会负责人等。列席会议人员根据工作需要确定。根据会议研究的结论性意见，整理形成会议纪要。会议纪要由盟绿化委员会主任签发，分发各成员单位，必要时可根据内容扩大印发范围。盟绿化委员会全体会议议题由成员单位和有关部门提出，盟绿化委员会办公室按程序报主任确定。盟绿化委员会会议主要听取成员单位工作情况报告、研究决定重大事项、部署国土绿化和全民义务植树工作。盟绿化委员会全体会议一般每年召开一次，如有重大事项可随时召开。盟绿化委员会组成人员根据人事变动情况进行不定期调整。

盟绿化委员会办公室主要工作任务是宣传国家、自治区、盟有关国土绿化的法律、法规、方针、政策；组织协调全民义务植树工作，负责城乡、机关、事业单位、企业、部队、学校等绿化活动的协调联系工作；负责国土绿化工作的宣传动员、督促检查、评比表彰工作；承办盟绿化委员会交办的工作。

2021 年 3 月，盟绿化委员会办公室上报关于调整盟绿化委员会组成人员的请示，2022 年 4 月盟行署批复同意调整如下。

主　任：刘　德（盟行署副盟长）
副主任：常晓斌（盟行署副秘书长）
　　　　图布新（盟林业和草原局局长）
　　　　范　俊（阿左旗政府副旗长）
委　员：杨　涛（盟委宣传部副部长）
　　　　墨孟军（盟发改委副主任）
　　　　嘎拉巴特尔（盟教体局副局长）

王　艳（盟科技局副局长）

唐宇天（盟司法局三级调研员）

任春红（盟工信局副局长）

许福善（盟财政局副局长）

张好文（盟人社局副局长）

王永学（盟自然资源局副局长）

达布希勒（盟生态环境局副局长）

王　斌（盟住建局副局长）

魏明年（盟交通局副局长）

刘宏民（盟水务局副局长）

爱　东（盟农牧局副局长）

侍国元（盟文旅局副局长）

黄庭国（盟统计局副局长）

潘竞军（盟林业和草原局副局长）

刘志宁（盟气象局二级调研员）

王　宇（阿拉善军分区保障处处长）

范永鸿（盟工会副主席）

许　蒙（盟团委副书记）

赵秀萍（盟妇联副主席）

二、阿拉善盟森林草原防火指挥部

1995 年 6 月，盟行署成立阿拉善盟森林防火指挥部。负责组织、协调和指导全盟森林防火工作，贯彻执行国家森林防火指挥部、国家林业部、内蒙古自治区党委政府、盟行署决策部署，指导全盟森林防火工作，协调有关部门解决森林防火工作中的问题，检查各旗（区）各部门贯彻执行森林防火有关方针政策、法律法规和重大措施情况，监督有关森林火灾案件查处和责任追究，决定森林防火的其他重大事项。盟森林防火指挥部实行盟行署领导下的总指挥负责制。总指挥负责全盟森林防火指挥部全面工作，各副总指挥协助总指挥组织、协调和指导军地森林防火工作。

2021 年 3 月盟行署批复，盟森林草原防火指挥部总指挥由盟行署常务副盟长担任；常务副总指挥由副盟长担任，副总指挥由盟行署副秘书长、盟应急管理局局长、盟林业和草原局局长、盟公安局局长、盟气象局局长、阿拉善军分区战备建设处处长、盟森林消防大队队长担任。盟森林草原防火指挥部成员单位在盟森林草原防火指挥部领导下按照职责开展工作，盟森林草原防火指挥部各成员单位是阿拉善森林草原防火组织领导体系重要组成部分，根据职责分工、各司其职、各负其责、密切协作，确保森林草原防火工作任务的完成。各成员单位职责如下。

盟应急管理局、盟林业和草原局负责全盟森林草原防火监督和管理，加强值班和火场跟踪监督，提出火灾扑救方案或建议，协调组织扑火力量调配、应急通信保障、人员和物资快速运输，协助做好后勤保障，开展损失评估等。

盟农牧局协助组织做好草原及林草接合部区域火灾扑救工作，保证人员、居民点设施和牲畜安全。

盟发改委、盟财政局、盟审计局负责解决扑火设施设备消耗和火灾扑救资金落实。

盟中级人民法院、盟检察分院、盟公安局、盟司法局指导地方及时查处森林草原火灾案件，加强灾区治安管理工作。

盟民政局、盟人社局、盟民委、盟市监局、盟投资促进中心协调地方及时设置避难场所和救灾物资供应点，紧急转移并妥善安置灾民，开展受灾群众救助工作。

盟委宣传部、盟文旅广电局按照新闻报道有关规定做好宣传报道工作，配合有关部门发布盟行署和盟森林草原防火指挥部审定的森林草原火灾信息和扑救情况。

盟卫计委指导地方及时做好医疗救护和卫生防疫工作。

盟交通局负责组织协调运力，及时组织和提供运输工具和场所服务，为人员疏散转运、扑火人员和救援物资快速运输提供保障。

盟行署外事办负责对外协调边境地区入境、出境森林草原火灾防范与扑救等相关事项。

盟气象局负责适时提供与火灾有关的各种气象资料、火情监测信息，适时开展人工增雨作业。做好火险气象等级预报和高火险天气警报制作发布工作。

盟通信办提供应急通信保障。

盟水务局负责森林草原防火用水供给，加强水利设施建设和维护。

盟自然资源局、盟生态环境局、盟工信局负责建立森林草原火灾相关国土资源、矿产资源和环境因素监测系统，做好环境影响分析评价。配合森林草原防火部门搞好森林防火宣传教育和监督管理。

盟住建局负责城区绿化用地及草地防火工作，协助森林草原防火部门做好城区重点工程区及周边森林草原防火宣传教育、野外火源管理等工作。

盟教体局配合森林草原防火部门做好学校、幼儿园森林草原防火宣传教育、野外火源管理等工作。

盟森林消防大队组织森林部队参与森林草原火灾预防和扑救工作，承担对地方半专业扑火队及护林员防扑火培训工作。

盟航空护林站负责林区巡逻、火情侦察、机降灭火、林区照相、资源勘探、森林病虫害防治、野生动物保护等。协调空域、飞机调运。

阿拉善军分区、武警阿拉善盟支队、盟消防支队根据扑火需要，组织力量开展扑救。

2006—2014年盟森林防火指挥部办公室设在盟森林公安局，办公室主任由盟森林公安局局长兼任，副主任由盟草原监督所所长兼任。2014—2019年3月设在盟林业局，办公室主任由盟林业局局长兼任。2019年3月，原盟森林防火指挥部调整为盟森林草原防灭火指挥部，办公室设在盟应急管理局。办公室主任由盟应急管理局局长兼任，副主任由盟林业和草原局局长兼任，为森林草原防灭火指挥部日常办事机构，负责森林草原防火指挥部日常工作。承担防火组织管理、预警监测、火源管控、宣传教育、督促检查、物资储备调度、基础设施建设、扑火队伍建设、火灾扑救及善后处置、信息管理等日常工作。防火预案启动后，盟森林草原防灭火指挥部办公室具体组织和协调有关部门实施。

2006—2019年3月为阿拉善盟森林防火指挥部，2019年3月更名为阿拉善盟森林草原防灭火指挥部。组成人员先后进行6次调整。

2009年2月10日，人员调整如下。

总　指　挥：龚家栋（盟行署副盟长）

副总指挥：梁万祥（盟行署副秘书长）

　　　　　王维东（盟林业局局长）

　　　　　宝金岱（盟农牧局局长）

　　　　　樊兵林（阿拉善军分区参谋长）

　　　　　陈晓鹏（盟森警大队大队长）

成　　　员：宝音那森（盟卫生局局长）

陈　杰（盟气象局局长）

杨　海（盟环保局局长）

霍幸福（盟民政局局长）

罗巴特尔（盟司法局局长）

孔德贵（盟发改委副主任）

张虎文（盟人劳局副局长）

陈　勇（盟财政局副局长）

甄学钢（盟公安局副局长）

高屹隆（盟国土局副局长）

苏龙嘎（盟旅游局副局长）

刘　涌（盟水务局副局长）

祁海波（盟法院副院长）

曾　勇（盟交通局副局长）

姚雪峰（盟农牧局副局长）

段金桃（盟检察分院副院长）

李东亮（盟审计局局长）

齐日麦拉图（盟监察局副局长）

许　林（盟粮食局副局长）

康凤吉（盟文广局副局长）

宿万德（盟经委主任）

胡金山（盟建设局纪检组长）

刘　勇（盟武警支队支队长）

毛树明（盟边防支队支队长）

闫占洋（盟消防支队支队长）

2015 年 5 月 5 日，人员调整如下。

总　指　挥：徐景春（盟行署副盟长）

副总指挥：刘　宏（盟行署副秘书长）

陈君来（盟林业局局长）

魏雄会（盟农牧局局长）

姜　桓（盟气象局局长）

李兴江（阿拉善军分区参谋长）

刘海宽（盟武警支队支队长）

阎　军（盟边防支队支队长）

黄　勇（盟消防支队支队长）

宫　杰（盟森警大队大队长）

成　　　员：李东亮（盟审计局局长）

黄永明（盟卫计委主任）

潘学敏（盟法院副院长）

甄学钢（盟检察分院副检察长）

革　命（盟司法局局长）

郝　俊（盟林业局总工程师）

王迎翔（盟民政局局长）

罗志铁（盟发改委主任）

刘挨枝（盟农牧局副局长）

刘冲霄（盟旅游局局长）

刘志宁（盟气象局副局长）

斯　琴（盟财政局局长）

张虎文（盟人社局局长）

于金华（盟公安局副局长）

包　金（盟文广局局长）

李发权（盟水务局局长）

任同学（盟经信委主任）

白咏昌（盟国土局局长）

黄巴特尔（盟交通局局长）

姚雪峰（盟环保局局长）

王　雄（盟建设局局长）

祁莲香（盟粮食局局长）

王　辉（盟委宣传部副部长）

郭绥生（盟市监局局长）

王国平（盟邮政局副局长）

徐开君（盟无线电管理处处长）

孙智德（盟森林公安局局长）

郭江洲（中国移动阿拉善分公司副总经理）

赵湖彦（中国电信阿拉善分公司副总经理）

2017 年 3 月 24 日，人员调整如下。

总　指　挥：徐景春（盟行署副盟长）

副总指挥：刘宏（盟行署副秘书长）

陈君来（盟林业局局长）

魏雄会（盟农牧局局长）

姜　恒（盟气象局局长）

兴　江（阿拉善军分区参谋长）

刘海宽（盟武警支队支队长）

阎　军（盟边防支队支队长）

黄　勇（盟消防支队支队长）

张廷玉（盟森警大队队长）

成　　员：李东亮（盟审计局局长）

黄永明（盟卫计委主任）

潘学敏（盟法院副院长）

甄学钢（盟检察分院副检察长）

革　命（盟司法局局长）

巴图扎雅（盟民委副主任）

王迎翔（盟民政局局长）

姚泽元（盟发改委主任）

刘挨枝（盟农牧局副局长）

双　喜（盟旅游局局长）

刘志宁（盟气象局副局长）

斯　琴（盟财政局局长）

张虎文（盟人社局局长）

刘海东（盟公安局局长）

包　金（盟文广局局长）

李发权（盟水务局局长）

任同学（盟经信委主任）

白咏昌（盟国土局局长）

黄巴特尔（盟交通局局长）

姚雪峰（盟环保局局长）

林录明（盟住建局局长）

祁莲香（盟粮食局局长）

王　辉（盟委宣传部副部长）

达兰太（盟市监局局长）

徐开君（盟无线电管理处处长）

刘　俊（中国石油阿拉善分公司副经理）

孙　冬（中国移动阿拉善分公司副总经理）

刘　闻（中国联通阿拉善分公司副总经理）

黄卫星（中国电信阿拉善分公司副总经理）

2019 年 3 月 28 日，人员调整如下。

总　指　挥：代　钦（盟委副书记、盟长）

常务副总指挥：徐景春（盟行署副盟长）

王维东（盟行署副盟长）

副　总　指　挥：王　兵（盟应急管理局局长）

陈君来（盟林业和草原局局长）

姜庆继（盟行政公署副秘书长）

李发荣（盟行署副秘书长）

张廷玉（盟森林消防大队长）

韩　波（盟气象局局长）

成　　　员：马克峰（盟委宣传部副部长）

哈斯乌拉（盟民委副调研员）

孟克吉雅（盟外事办主任）

王宏伟（盟发改委副主任）

李东亮（盟审计局局长）

白咏昌（盟自然资源局局长）

姚雪峰（盟生态环境局局长）

罗晓春（盟住建局局长）

冯颖尊（盟教体局副局长）

姚玉山（盟工信局党组书记）

于金华（盟公安局副局长）

王迎翔（盟民政局局长）

许　炜（盟司法局副局长）

魏巧灵（盟财政局局长）

达兰太（盟人社局局长）

阿其图（盟交通局局长）

魏雄会（盟农牧局局长）

李发全（盟水务局局长）

刘冲霄（盟市监局局长）

孙建军（盟文旅广电局局长）

黄永明（盟卫健委主任）

赵劲松（盟气象局副局长）

郝　俊（盟林业和草原局党组成员）

王　成（盟航空护林站站长）

布　和（阿拉善军分区战备处处长）

潘学敏（盟法院副院长）

骆文达（盟检察分院副检察长）

王树军（盟消防支队政委）

解伟礴（盟铁航办主任）

杨俊兵（中国石油阿拉善分公司副经理）

赵建东（中国移动阿拉善分公司副总经理）

吴学宾（中国联通阿拉善分公司副总经理）

2020 年 4 月 1 日，人员调整如下。

总　　指　　挥：代　钦（盟委副书记、盟长）

常务副总指挥：崔景英（盟行署副盟长）

秦　艳（盟行署副盟长）

副　总　指　挥：王　兵（盟应急局局长）

陈君来（盟林业和草原局局长）

姜庆继（盟行署副秘书长）

李晋贺（盟行署副秘书长）

尹训防（盟森林消防大队大队长）

韩　波（盟气象局局长）

成　　　　员：马克峰（盟委宣传部副部长）

毕　克（盟民委主任）

孟克吉雅（盟外事办主任）

罗志铁（盟发改委主任）

李东亮（盟审计局局长）

白咏昌（盟自然资源局局长）

姚雪峰（盟生态环境局局长）

罗晓春（盟住建局局长）

刘志强（盟教体局局长）

哈斯巴根（盟工信局局长）

于金华（盟公安局副局长）

王迎翔（盟民政局局长）

张晶文（盟司法局局长）

魏巧灵（盟财政局局长）

达兰太（盟人社局局长）

阿其图（盟交通局局长）

魏雄会（盟农牧局局长）

李发全（盟水务局局长）

刘冲霄（盟市监局局长）

孙建军（盟文旅广电局局长）

黄永明（盟卫健委主任）

赵劲松（盟气象局副局长）

毛增海（盟林业和草原局副局长）

王　成（盟航空护林站站长）

布　和（阿拉善军分区战备处处长）

潘学敏（盟法院副院长）

骆文达（盟检察分院副检察长）

雷　光（盟消防支队政委）

解伟磌（盟铁航办主任）

杨俊兵（中国石油阿拉善分公司副经理）

赵建东（中国移动阿拉善分公司副总经理）

吴学宾（中国联通阿拉善分公司副总经理）

2021年3月，人员调整如下。

总　指　挥：秦　艳（盟委委员、副盟长）

常务副总指挥：刘　德（盟行署副盟长）

副　总　指　挥：王　进（盟行署副秘书长）

常晓斌（盟行署副秘书长）

莫日根（盟应急局局长）

图布新（盟林业和草原局局长）

白国庆（盟公安局副局长）

郝德强（阿拉善军分区战备处处长）

尹训防（盟森林消防大队大队长）

韩　波（盟气象局局长）

成　　　员：马布仁（盟委宣传部副部长）

赵建忠（盟法院副院长）

白　菊（盟检察分院副检察长）

毕　克（盟民委主任）

孟克吉雅（盟外事办主任）

李　健（盟发改委副主任）

韩　燕（盟审计局局长）

姚玉山（盟自然资源局局长）

王　兵（盟生态环境局局长）

罗晓春（盟住建局局长）

冯颖尊（盟教体局局长）

任俊青（盟工信局局长）

于金华（盟公安局副局长）

王　雄（盟民政局局长）

彭胜利（盟司法局局长）

魏巧灵（盟财政局局长）

张晶文（盟人社局局长）

巴根那（盟交通局局长）

陈　勇（盟农牧局局长）

李发全（盟水务局局长）

罗志伟（盟市监局局长）

包凯峰（盟文旅广电局副局长）

黄永明（盟卫健委主任）

李天龙（盟应急局政治部主任）

谭志刚（盟林业和草原局副局长）

雷　光（盟消防支队政委）

阿拉腾乌拉（盟投资促进中心主任）

张斯莲（盟气象局副局长）

刘　军（盟通信办主任）

王　成（盟航空护林站站长）

兰　军（阿拉善军分区战备处参谋）

王艳成（盟武警支队副支队长）

三、阿拉善盟林业和草原局

（一）机构沿革

1980年5月，成立阿拉善盟林业治沙局。

1983年10月，更名为阿拉善盟林业治沙处。

1995年10月，更名为阿拉善盟林业治沙局。

2010年4月，更名为阿拉善盟林业局。

2019年3月，组建阿拉善盟林业和草原局，挂阿拉善盟沙产业局牌子。

（二）职能职责

2019年3月，阿拉善盟机构编制委员会办公室批复阿拉善盟林业和草原局职能职责如下。

（1）负责林业和草原及其生态保护建设修复的监督管理。拟订林业和草原及其生态保护建设修复的政策、规划、措施并组织实施，贯彻执行自治区有关地方性法规、规章。组织开展森林、草原、湿地、荒漠和陆生野生动植物资源动态监测与评价。

（2）组织开展林业和草原生态保护建设修复和造林种草绿化工作。组织实施全盟林业和草原重点生态保护建设修复工程，指导各类公益林、商品林的培育经营，指导、监督全民义务植树种草、城乡绿化和森林城市建设工作。指导组织、协调服务社会造林工作。指导林业和草原有害生物防治、检疫工作。承担林业和草原应对气候变化的相关工作。

（3）负责森林、草原、湿地资源的监督管理。组织编制并监督执行全盟森林采伐限额。负责林地管理，依规编制林地保护利用规划并组织实施，负责公益林划定和管理工作，管理重点国有林区的森林资源。负责草原禁牧、草畜平衡和草原生态修复治理工作，监督管理草原的开发利用。负责湿地生态保护修复工作，拟订全盟湿地保护规划和落实自治区相关地方标准，监督管理湿地的开发利用。

（4）负责监督管理荒漠化防治工作。组织开展荒漠调查，组织拟订防沙治沙、沙化土地封禁保护区建设规划和落实自治区相关地方标准，监督管理荒漠化和沙化土地的开发利用，组织沙尘暴灾害预测预报和应急处置。

（5）负责陆生野生动植物资源监督管理。组织开展陆生野生动植物资源调查，拟订及调整盟重点保护的陆生野生保护动植物名录，指导陆生野生动植物的救护繁育、栖息地恢复发展、疫源疫病监测，监督管理陆生野生动植物猎捕或采集、驯养繁殖或培植、经营利用，按分工监督管理野生动植物进出口。

（6）负责监督管理国家公园等各类自然保护地。拟订全盟各类自然保护地规划和落实自治区相关地方标准。负责各类国家级、自治区级和盟级自然保护地的自然资源资产管理和国土空间用途管制。提出新建、调整各类国家级、自治区级和盟级自然保护地的审核建议并按程序报批，组织审核自然遗产的申报，会同有关部门审核全盟自然与文化双重遗产的申报。负责生物多样性保护相关工作。负责对地质遗迹、地质公园进行保护监督管理。

（7）指导国有林场苗圃建设和发展，组织林木种子和草种种质资源普查，组织建立全盟林草种质资源库，负责良种选育推广，管理林木种苗、草种生产经营行为，监管林木种苗、草种质量。监督管理林业和草原生物种质资源、转基因生物安全、植物新品种保护。

（8）拟订全盟林业和草原资源优化配置及木材利用政策，监督实施自治区相关林草产业地方标准，组织、指导林草产品质量监督，指导林业草原生态扶贫相关工作。

（9）负责落实全盟综合防灾减灾规划相关要求，组织编制森林和草原火灾防治规划和组织指导实施相关防护标准，组织指导开展防火巡护、火源管理、防火设施建设等工作。组织指导开展森林和草原防火宣传教育、监测预警、督促检查等工作。负责指导协调航空护林工作。必要时，可以提请盟应急管理局，以盟应急指挥机构的名义，部署相关防治扑救工作。

（10）负责推进全盟林业和草原改革相关工作。拟订全盟集体林权制度、重点国有林区、国有林场、草原等改革意见并监督实施。拟订全盟农村牧区林业和草原发展及维护林业、草原经营者合法权益的政策措施，指导农村牧区林地、草原承包经营工作。组织开展退耕退牧还林还草和天然林保护工作。

（11）提出部门预算并组织实施，监督林业和草原资金的管理和使用。监督全盟林业和草原国有资产，按规定组织申报重点生态建设项目。参与拟订全盟林业和草原经济调节和投资政策，组织实施林业和草原生态补偿工作。编制全盟林业和草原生态建设年度生产计划。

（12）负责指导并组织实施林业和草原科技、宣传教育和对外交流与合作工作。负责指导林业和草原人才队伍建设。承担湿地、防治荒漠化、濒危野生动植物种等国际公约履约工作。

（13）指导全盟森林、草原相关行政执法工作。

（14）承担国有重点林区的相关管理职责。

（15）负责拟订全盟沙产业发展相关政策措施、规划编制并组织实施。负责沙产业项目储备、立项、实施，沙产业科研项目申报、实施、验收、推广和对外合作交流相关工作。负责沙产业对外宣传、招商引资、统筹协调等工作。

（16）完成盟委、行署交办的其他任务。

（17）职能转变。阿拉善盟林业和草原局应切实加大生态系统保护力度，实施重要生态系统保护和修复工程，加强森林、草原、湿地监督管理的统筹协调，大力推进国土绿化，维护生态安全。加快建立以国家公园为主体的自然保护地体系，统一推进各类自然保护地的清理规范和归并整合相关工作。积极推动全盟沙产业发展，统筹协调盟内外资源促进沙产业快速高效发展。

（三）内设机构

2006年，内设办公室、发展计划与资金管理科、森林资源林政管理科、治沙造林科4个科（室）。

2010年4月，行政编制13名，处级领导职数3名（1正2副），正科级领导职数6名，事业编制3名。内设办公室、治沙造林科、发展计划与资金管理科、森林资源林政管理科、自然保护区管理科、防火办公室6个科（室）。下设阿拉善盟森林公安局、阿拉善盟林业治沙研究所、阿拉善盟林业工作站、阿拉善盟森林病虫害防治检疫站、阿拉善盟公益林站、阿拉善盟种苗站6个二级单位。

2014年11月，核定行政编制15名，处级领导职数4名（1正3副），正科级领导职数6名，事业编制3名。内设办公室、发展计划与资金管理科、森林资源林政管理科、治沙造林科、自然保护区管理科、森林草原防火办公室6个科（室）。下设阿拉善盟森林公安局、阿拉善盟林业治沙研究所、阿拉善盟林业工作站、阿拉善盟森林病虫害防治检疫站、阿拉善盟公益林管理站、阿拉善盟林木种苗站6个二级单位。

2017年，增加阿拉善盟航空护林站计7个二级单位。

2019年3月，机构改革核定行政编制15名，局长1名，副局长3名，科级领导职数8名（7正1副）。内设办公室（党建办公室）、治沙造林科、规划财务科、森林资源管理科、野生动植物和自然保护地管理科、草原监督管理科、执法监督和改革发展科7个科（室）。下设阿拉善盟森林公安局、阿拉善盟林业治沙研究所、阿拉善盟航空护林站、阿拉善盟林木种苗站、阿拉善盟林业工作站、阿拉善盟森林病虫害防治检疫站、阿拉善盟生态公益林管理站、阿拉善沙漠世界地质公园管理局（转隶）、阿拉善盟草原监督管理所（转隶）、阿拉善盟草原工作站（转隶）、阿拉善盟沙产业发展规划中心（转隶）11个二级单位。

2020年，阿拉善盟森林公安局划转阿拉善盟公安局。

2021年2月，增设森林草原防火办公室，调整后内设办公室（党建办公室）、治沙造林科、规划财务科、森林资源管理科、野生动植物和自然保护地管理科、草原监督管理科、执法监督和改革发展科、森林草原防火办公室8个科（室），科级领导职数9名（8正1副）。下设阿拉善盟林业草原研究所、阿拉善盟航空护林站、阿拉善沙漠世界地质公园管理局、阿拉善盟林业和草原有害生物防治检疫站、阿拉善盟林业草原和种苗工作站、阿拉善盟林业和草原督查保障中心、阿拉善盟生态产业发展规划中心、阿拉善盟林业和草原保护站8个二级单位。

2006—2021年阿拉善盟林业和草原局领导名录如下。

党 组 书 记 、 局 长：范布和（蒙古族，2000年10月—2008年9月）

王维东（蒙古族，2008年9月—2011年12月）

陈君来（2011年12月—2021年6月）

图布新（蒙古族，2021年7月—）

党组成员、副局长：陈君来（2002年3月—2008年12月）

王新民（2006年1月—2021年3月）

徐世华（2008年11月—2013年12月）

陈　海（2009年11月—2012年1月）

乔永祥（2013年11月—2019年11月）

潘竞军（2016年5月—）

毛增海（2019年12月—2021年6月）

谭志刚（2021年7月—）

党组成员、纪检组长：马凤英（女，回族，2005年1月—2012年3月）

哈斯乌拉（蒙古族，2012年4月—2015年12月）

白俊梅（女，2016年8月—2019年12月）

纪　检　组　长：杨　琳（女，2020年10月—）

党组成员、三级调研员：乔永祥（2019年11月—2020年1月）

马　涛（女，2020年4月—）

党组成员、四级调研员：马　涛（女，2019年1月—2020年3月）

党组成员、总工程师：乔永祥（2012年3月—2013年11月）

郝　俊（2012年7月—2015年12月）

副　局　长：梁守华（2010年11月—2012年3月）

调　研　员：郭志强（2005年1月—2014年3月）

马凤英（女，回族，2013年3月—2015年12月）

一　级　调　研　员：孔德荣（2019年7月—）

二　级　调　研　员：乔永祥（2020年1月—）

副　调　研　员：乔永祥（2003年10月—2012年3月）

马　涛（女，2013年11月—2018年12月）

副调研员、阿拉善盟森林公安局局长：孙智德（2015年12月—2020年10月）

第二节　阿拉善盟林业和草原局所属行政事业单位

一、行政单位

阿拉善盟森林公安局

1992年8月，阿拉善盟林业治沙处成立林业公安科，为正科级单位。

1996年8月，更名为阿拉善盟公安局林业公安分局。

2008年11月，设阿拉善盟森林公安局，受阿拉善盟林业治沙局和阿拉善盟公安局双重管理，级别正科级。

2020年3月，阿拉善盟森林公安局整建制划转至阿拉善盟公安局，成立阿拉善盟公安局森林公安分局，机构规格、领导职数、人员编制、内设机构保持不变。

二、事业单位

（一）阿拉善盟林业草原研究所

1981年7月，成立阿拉善盟林业治沙研究所，挂阿拉善荒漠研究中心和阿拉善盟林业调查规划设计队牌子。

2021 年，更名为阿拉善盟林业草原研究所，为副处级事业单位。

2006—2020 年，核定事业编制 22 名，副处级领导职数 1 名，正科级职数 5 名。内设治沙研究室、办公室、试验站 3 个科（室），有格林滩实验基地 1 处。

2006—2021 年，阿拉善盟林业草原研究所领导名录如下。

所　长：田永祯（1995 年 9 月—2017 年 1 月）

　　　　孟和巴雅尔（蒙古族，2017 年 2 月—2021 年 4 月）

　　　　张斌武（满族，2021 年 5 月—）

副所长：王志勇（2006 年 9 月—2017 年 1 月）

　　　　赵菊英（女，2006 年 9 月—2013 年 11 月）

　　　　程业森（2013 年 11 月—2021 年 4 月）

　　　　武志博（2017 年 2 月—2021 年 4 月）

　　　　张　震（2021 年 5 月—）

　　　　赵晨光（俄罗斯族，2021 年 5 月—）

（二）阿拉善沙漠世界地质公园管理局

2006 年 4 月，成立阿拉善沙漠国家地质公园管理局，为副处级事业单位。

2008 年 12 月，内蒙古自治区人事厅纳入参照公务员管理序列（公益一类）。

2010 年 9 月，更名为阿拉善沙漠世界地质公园管理局。

2016 年 1 月，隶属关系从阿拉善盟国土资源局调整到阿拉善盟行署管理，为阿拉善盟行署副处级事业单位。

2017 年 4 月，与阿拉善盟旅游局合署办公，一套人马，两块牌子。

2019 年 1 月，整建制由阿拉善盟行署划转到阿拉善盟林业和草原局。

2021 年 2 月，阿拉善沙漠世界地质公园管理局加挂阿拉善盟自然保护地和野生动植物保护中心牌子。

（三）阿拉善盟航空护林站

2017 年 4 月，成立阿拉善盟航空护林站，挂阿拉善盟通用航空中心牌子，为副处级事业单位。核定事业编制 7 名，其中，管理人员 2 名，专业技术人员 5 名。

2021 年，人员编制调整为 9 名，其中，管理人员 3 名，专业技术人员 6 名。内设综合办公室、航护科和场务科 3 个科（室）。

2006—2021 年阿拉善盟航空护林站领导名录如下。

站　长：杨少春（2017 年 7 月—2019 年 3 月）

　　　　王　成（蒙古族，2019 年 3 月—）

副站长：叶国文（2019 年 6 月—）

　　　　武志博（2021 年 3 月—）

（四）阿拉善盟林业草原和种苗工作站

2021 年 2 月，将阿拉善盟林木种苗站、阿拉善盟林业工作站、阿拉善盟草原工作站整合为阿拉善盟林业草原和种苗工作站。核定编制 11 名，正科级事业单位，科级职数 1 正 2 副，加挂阿拉善盟林草种苗质量检验站牌子。

（1）阿拉善盟林木种苗站，前身为阿拉善盟中心苗圃。

主　任：王晓东（2006 年 3 月—2006 年 12 月）

张斌武（满族，2007 年 1 月—2008 年 11 月）

2008 年 11 月 18 日，更名为阿拉善盟林木种苗站，挂阿拉善盟林木种苗质量监督检验站和阿拉善盟林木良种繁育中心牌子，核定事业编制 7 名。

站　长：张斌武（满族，2008 年 11 月—2021 年 3 月）

副站长：潘建中（2013 年 11 月—2016 年 1 月）

　　　　谢宗才（2016 年 2 月—2019 年 6 月）

　　　　海　莲（女，蒙古族，2019 年 7 月—2021 年 3 月）

（2）阿拉善盟林业工作站，2010 年 10 月，批准为参照公务员法管理单位。

站　长：徐世华（1995 年 1 月—2009 年 7 月）

　　　　郝　俊（2009 年 8 月—2012 年 7 月）

　　　　许文军（2016 年 3 月—2021 年 3 月）

副站长：许文军（主持工作，2012 年 8 月—2016 年 2 月）

　　　　王雪芹（女，2018 年 3 月—2021 年 2 月）

（3）阿拉善盟草原工作站，2019 年 3 月，由阿拉善盟农牧业局转隶到阿拉善盟林业和草原局。

站　长：庄光辉（蒙古族，2006 年 4 月—2021 年 3 月）

副站长：庄光辉（蒙古族，2006 年 1 月—2006 年 4 月）

　　　　马　悦（女，回族，2019 年 12 月—2021 年 3 月）

（4）阿拉善盟林业草原和种苗工作站，2021 年 5 月，完成改革、人员转隶工作。

站　长：庄光辉（蒙古族，2021 年 3 月—）

副站长：谢　菲（女，2021 年 3 月—）

　　　　桂　翔（蒙古族，2021 年 3 月—）

（五）阿拉善盟生态产业发展规划中心

2017 年 1 月，成立阿拉善盟沙产业发展规划中心，隶属阿拉善盟行政公署，正科级全额拨款事业单位，核定编制 6 名。

2019 年 3 月，划转阿拉善盟林业和草原局。

2021 年，阿拉善盟沙产业发展规划中心更名为阿拉善盟生态产业发展规划中心。核定事业编制 9 名，科级领导职数 3 名（1 正 2 副）。

2006—2021 年阿拉善盟生态产业发展规划中心领导名录如下。

主　任：许文军（2021 年 4 月—）

副主任：张　晨（2019 年 12 月—2021 年 3 月）

　　　　郝　英（女，2021 年 4 月—）

　　　　许兆麟（2021 年 4 月—）

（六）阿拉善盟林业和草原保护站

2005 年 12 月，成立阿拉善盟生态公益林管理站。核定事业编制 3 名，正科级职数 1 名。

2010 年 10 月，批准为参照公务员法管理单位。

2021 年 2 月，由参照公务员法管理单位转为正科级公益一类事业单位，核定事业编制 9 名，科级领导职数 3 名（1 正 2 副）。

2006—2021 年阿拉善盟林业和草原保护站领导名录如下。

站　长：孟和巴雅尔（蒙古族，2006 年 3 月—2017 年 10 月）

　　　　赵　静（女，2017 年 4 月—）

（七）阿拉善盟林业和草原督查保障中心

2006年，成立阿拉善盟草原监督所，隶属阿拉善盟农牧业局。

2019年2月，转隶到阿拉善盟林业和草原局。

2021年2月，阿拉善盟草原监督所更名为阿拉善盟林业和草原督查保障中心，参公正科级事业单位，核定编制9名，科级职数3名（1正2副）。

2006—2021年阿拉善盟林业和草原督查保障中心领导名录如下。

所　长：青　松（蒙古族，2019年12月—2021年4月）

副所长：青　松（蒙古族，2019年2月—2019年12月，主持工作）

主　任：青　松（蒙古族，2021年4月—）

副主任：范振龙（2021年3月—）

（八）阿拉善盟林业和草原有害生物防治检疫站

2006年，成立阿拉善盟森林病虫害防治检疫站，挂阿拉善盟防止外来林业有害生物入侵管理中心和阿拉善盟野生动植物保护管理中心牌子。

2021年5月，重组为阿拉善盟林业和草原有害生物防治检疫站。核定事业编制9名，科级职数3名（1正2副）。

2006—2021年阿拉善盟林业和草原有害生物防治检疫站领导名录如下。

站　长：郝　俊（1991年6月—2009年8月）

　　　　潘竞军（2012年9月—2016年4月）

　　　　程业森（2021年3月—）

副站长：潘竞军（2009年8月—2012年9月）

　　　　赵成平（2015年1月—）

　　　　王　霞（女，2021年3月—）

第三节　内设机构干部配备

阿拉善盟林业和草原局内设机构干部配备见表1-1。

表1-1　阿拉善盟林业和草原局内设机构干部配备

	机构设置及沿革	职务	姓名	任期
1	办公室（党建办公室）	主任	李淑琴（女）	2004.01—2013.11
			王晓东	2016.09—2019.12
		副主任	赵　静（女）	2013.12—2017.04
			马兴中	2013.12—2016.04
			李晓军	2016.01—2021.11
			张　晨	2021.03—

（续表）

	机构设置及沿革	职务	姓名	任期
2	规划财务科（发展计划与资金管理科）	科长	赛　嘉（女，蒙古族）	2004.10—2015.01
			侍青文（蒙古族）	2018.01—
		副科长	赛　嘉（女，蒙古族）	2002.05—2004.10
			侍青文（蒙古族）	2015.01—2018.01
3	森林资源管理科（资源林政管理科）	科长	王晓东	2009.08—2015.07
			潘建中	2018.01—
		副科长	王晓东	2006.12—2009.08
			潘建中	2016.02—2018.01
4	治沙造林科	科长	王晓东	2015.07—2016.09
			高立平	2017.03—2021.12
5	野生动植物和自然保护地管理科（自然保护区管理科）	科长	赛　嘉（女，蒙古族）	2015.01—2020.02
		负责人	罗　炜	2020.02—
		副科长	牛立忠	2010.08—2014.10
			海　莲（女，蒙古族）	2013.03—
6	森林草原防火办公室	主任	何永东	2016.06—2019.03
		副主任	何永东	2014.06—2016.06
			马　悦（女，回族）	2021.03—
7	草原监督管理科	科长	王　斌	2019.12—
8	执法监督和改革发展科	科长	卢　娜（女）	2019.12—

第四节　旗（区）林业和草原机构

一、阿拉善左旗科学技术和林业草原局

2002年5月，设立阿拉善左旗林业治沙局。

2008年，更名为阿拉善左旗林业局。

2015年6月，设立阿拉善左旗林业局，为旗政府工作部门。

2019年3月，组建阿拉善左旗科学技术和林业草原局，挂阿拉善左旗沙产业局牌子，为旗政府工作部门，由阿拉善左旗自然资源局统一管理和协调。

二、阿拉善右旗林业和草原局

2001年6月，从阿拉善右旗农牧林业局分设阿拉善右旗林业治沙局。

2002年5月，更名为阿拉善右旗林业局。

2019年3月，组建阿拉善右旗林业和草原局，正科级单位，为阿拉善右旗人民政府工作部门。

三、额济纳旗林业和草原局

2006—2008 年，设额济纳旗林业局。

2019 年 2 月，组建额济纳旗林业和草原局，为额济纳旗人民政府工作部门。

四、孪井滩生态移民示范区农牧林水局

2009 年 3 月，成立孪井滩生态移民示范区农牧林业局。

2014 年 11 月，更名为腾格里经济技术开发区农牧林业局。

2021 年，更名为孪井滩生态移民示范区农牧林水局。

五、阿拉善高新技术产业开发区林业草原和水务局

2006 年 7 月，成立阿拉善经济开发区林业局，承担林业和园林双重职能。

2020 年 1 月，更名为阿拉善高新技术产业开发区林业草原和水务局。

六、乌兰布和生态沙产业示范区产业发展局

2014 年，成立乌兰布和生态沙产业示范区产业发展局。

七、内蒙古贺兰山国家级自然保护区管理局

1992 年 10 月，成立内蒙古贺兰山国家级自然保护区。

1993 年 4 月，阿拉善盟行政公署批准成立内蒙古贺兰山国家级自然保护区管理局，机构规格为准处级事业单位。

2013 年 10 月，贺兰山管理局调整为阿拉善左旗人民政府直属事业单位，机构规格为副处级。

2018 年，加挂内蒙古贺兰山国家级野生动物疫源疫病监测站牌子，一套人马，两块牌子。

八、内蒙古额济纳胡杨林国家级自然保护区管理局

2003 年 1 月，成立内蒙古额济纳胡杨林国家级自然保护区。

2006 年，组建内蒙古额济纳胡杨林国家级自然保护区管理局，隶属额济纳旗人民政府准处级事业单位。

第二章　森林草原湿地和野生动植物资源

第一节　森林草原资源

阿拉善盟位于内蒙古自治区最西部，地处呼包银经济带、陇海兰新经济带交汇处，东与巴彦淖尔市、乌海市相连，南与宁夏回族自治区毗邻，西与甘肃省接壤，北与蒙古国交界，边境线长734.572公里，地理坐标介于北纬 37°24′~42°47′，东经 97°10′~106°53′，东西长 831 公里，南北宽 598 公里，总面积 27 万平方公里，占内蒙古自治区总面积 22.8%。

一、林地分布及数量

2010 年，全区森林二类资源调查显示，全盟林业用地面积 516.22 万公顷，占全盟总土地面积 19.14%。其中，有林地面积 6.84 万公顷，占全盟林地面积 1.3%；疏林地面积 0.87 万公顷，占全盟林地面积 0.1%；灌木林地面积 199.6 万公顷，占全盟林地面积 38.7%；未成林造林地面积 10.13 万公顷，占全盟林地面积 2%；宜林地面积 293.93 万公顷，占全盟林地面积 56.9%；无立木林地 3.97 万公顷，占全盟林地面积 0.8%；苗圃地面积 0.007 万公顷，占全盟林地面积 0.001%；辅助生产林地 0.89 万公顷，占全盟林地面积 0.2%。森林面积 206.43 万公顷，全盟森林覆盖率 7.65%（表 2-1、表 2-2）。

国有林地总面积 118.53 万公顷，经自治区林业主管部门批准设立国有林场、治沙站 11 个，现有林业用地面积 118.53 万公顷。其中，额济纳旗经营林场受土地权属限制（绝大多数土地权属为国有，与集体草场基本重合），面积较大，现有林地 106.73 万公顷，占全盟国有林场林地面积的 93%。按立地类型划分：有林地面积 6.2 万公顷，疏林地 8667 公顷，灌木林地 44.07 万公顷，宜林地 67.93 万公顷，其他林地 1.53 万公顷，辅助生产用地 8867 公顷。按起源划分：天然林面积 49.92 万公顷，人工林面积 6600 公顷，森林总蓄积 599 万立方米，其中，天然林蓄积量 508 万立方米，人工林蓄积量 91 万立方米，占全盟森林蓄积量 89%。按林种划分：防护林 104.6 万公顷，特用林（自然保护区林）10.4 万公顷。

2020 年，森林资源管理 "一张图" 数据显示，全盟林业用地面积 464.34 万公顷。其中，有林地面积 6.38 万公顷，占全盟林地面积 1.4%；疏林地面积 1.07 万公顷，占全盟林地面积 0.2%；灌木林地面积 178.3 万公顷，占全盟林地面积 38.4%；未成林造林地面积 34.98 万公顷，占全盟林地面积 7%；无立木林地 7.71 万公顷，占全盟林地面积 1.7%；苗圃地面积 0.0074 万公顷，占全盟林地面积 1‰；其他地类 235.74 万公顷，占全盟林地面积 50.7%。森林面积 184.85 万公顷，全盟森林覆盖率 6.85%。

2021 年，第三次全国国土调查数据显示，全盟林业用地面积 202.43 万公顷。其中，乔木林地面积 4.36 万公顷，占全盟林地面积 2.15%；灌木林地 196.44 万公顷，占全盟林地面积 97.05%；其他林地 1.63 万公顷，占全盟林地面积 0.8%。森林面积 200.8 万公顷，全盟森林覆盖率 8.37%。

表 2-1　2010 年全盟各类土地面积统计　　　　　　　　　　　　　单位：万公顷

项目			全盟合计	阿左旗	阿右旗	额济纳旗
总计			2697.12	804.12	747	1146
林地	林地合计		516.22	243.43	137.51	135.28
	有林地	小计	6.84	3.68	0.1	3.06
		乔木林	6.84	3.68	0.1	3.06
		经济林	—	—	—	—
	疏林地		0.87	0.45	0.0082	0.41
	灌木林地	小计	199.6	96.75	56.68	46.16
		特灌林	199.6	96.75	56.68	46.16
		其他	—	—	—	—
	未成林地		10.13	8.18	1.89	0.054
	苗圃地		0.0074	0.0008	0.0055	0.0011
	无立木林地		3.97	2.42	0.077	1.47
	宜林地		293.93	131.09	78.71	84.13
	林业辅助用地		0.89	0.85	0.039	—
非林地合计			2180.9	560.69	609.49	1010.72
森林覆盖率（%）			7.65	12.5	7.6	4.29

表 2-2　2010 年全盟林业用地统计　　　　　　　　　　　　　　　单位：万公顷

土地权属	林地													森林覆盖率（%）
	林地合计	有林地			疏林地	灌木林地			未成林地	苗圃地	无立木林地	宜林地	林业辅助用地	
		小计	乔木林	经济林		小计	特灌林	其他						
合计	516.22	6.84	6.84	—	0.87	199.6	199.6	—	10.13	0.0074	3.97	293.93	0.89	7.65
国有	118.56	6.25	6.25	—	0.86	44.05	44.05	—	0.09	0.007	1.48	64.94	0.89	—
集体	397.66	0.59	0.59	—	0.01	155.55	155.55	—	10.04	0.0004	2.49	228.99	—	—

（一）林木蓄积量分布

2006 年，全盟活立木总蓄积量 6941462 立方米。活立木蓄积量中，有林地蓄积量 5074664 立方米，占活立木总蓄积量 73.1%；疏林地蓄积量 107652 立方米，占 1.55%；散生木蓄积量 1702238 立方米，占 24.53%；四旁树蓄积量 56908 立方米，占 0.82%。

2010 年，全盟活立木总蓄积量 5952412.6 立方米，活立木蓄积量中，有林地蓄积量 5432958.9 立方米，占活立木总蓄积量 91.3%；疏林地蓄积量 233492.1 立方米，占 3.9%；散生木蓄积量 259151.8 立方米，占 4.3%；四旁树蓄积量 26809.8 立方米，占 0.5%（表 2-3）。

表 2-3　2010 年全盟林木蓄积量统计

单位：立方米

统计单位	活立木总蓄积量						枯立木蓄积量
	合计	占比（%）	有林地	疏林地	散生木	四旁树	
合计	5952412.6	100.00	5432958.9	233492.1	259151.8	26809.8	9192.5
阿左旗	3258402.4	54.74	2925720.8	63691.5	258119.1	10871	8633.8
阿右旗	40313.2	0.68	33921.1	1762.6	786.7	3842.8	15.7
额济纳旗	2653697	44.58	2473317	168038	246	12096	543

（二）树种结构

乔木林主要由青海云杉、落叶松、樟子松、油松、杨树、杜松、榆树、沙枣等 16 个树种（组）构成，2006 年，乔木林面积 6.61 万公顷，蓄积量 5074664 立方米；2010 年，面积 6.84 万公顷，蓄积量 5432958.9 立方米。灌木林由白刺、梭梭、沙冬青、沙拐枣、柽柳、蒙古扁桃、霸王、绵刺、斑子麻黄、红砂、花棒等 24 个树种构成，2006 年灌木林面积 103.62 万公顷；2010 年面积 197.47 万公顷（表 2-4、表 2-5）。

表 2-4　2010 年全盟乔木林按优势树种（组）统计

树种	面积（公顷）	占比（%）	蓄积量（立方米）	占比（%）
合计	68403.6	100	5432958.9	100
青海云杉	20957.3	30.64	2125242.4	39.12
华北落叶松	1	—	59.6	—
樟子松	21.4	0.03	556.4	0.01
油松	5229	7.64	428109.6	7.87
侧柏	115.1	0.16	239	—
杜松	1049	1.53	29633.1	0.55
桧柏	1.2	—	36	—
杨树	2206.9	3.22	122884.9	2.26
胡杨	29631.3	43.33	2446780.5	45.04
槐树	328.4	0.48	2788.3	0.05
榆树	3843	5.62	86654.2	1.6
沙枣	4703	6.89	155691.3	2.87
柳树	206.5	0.3	34283.6	0.63
其他树种	110.5	0.16	—	—

表 2-5　2010 年全盟灌木林地按优势树种统计

树种	合计		特灌林		其他灌木林	
	面积（公顷）	占比（%）	面积（公顷）	占比（%）	面积（公顷）	占比（%）
合计	1974710.9	100.00	1974710.9	100.00	—	—
葡萄	150.1	0.01	150.1	0.01	—	—
枸杞	1503.2	0.08	1503.2	0.08	—	—
白刺	881370.6	44.64	881370.6	44.64	—	—
梭梭	307212.5	15.56	307212.5	15.57	—	—
柽柳	154128.9	7.8	154128.9	7.8	—	—
金露梅	1542.8	0.08	1542.8	0.08	—	—
绣线菊	11.9	—	11.9	—	—	—
丁香	215	0.01	215	0.01	—	—
沙柳	112.9	—	112.9	—	—	—
高山柳	1584.8	0.08	1584.8	0.08	—	—
叉子圆柏	3317.4	0.17	3317.4	0.17	—	—
红砂	121768.2	6.16	121768.2	6.16	—	—
花棒	13422.5	0.68	13422.5	0.68	—	—
霸王	37616.3	1.9	37616.3	1.9	—	—
沙冬青	83107.3	4.21	83107.3	4.21	—	—
灰枸子	88.2	—	88.2	—	—	—
蒙古扁桃	6760.2	0.34	6760.2	0.34	—	—
绵刺	308839.5	15.64	308839.5	15.64	—	—
四合木	276.5	0.02	276.5	0.02	—	—
小叶忍冬	78.8	—	78.8	—	—	—
猪毛菜	54.5	—	54.5	—	—	—
斑子麻黄	584	0.03	584	0.03	—	—
柠条锦鸡儿	41737	2.11	41737	2.11	—	—
木子麻黄	9227.8	0.47	9227.8	0.47	—	—

（三）林种结构

乔木林林种结构：2010 年，特用林占比最大，面积、蓄积量分别占乔木林面积 52.18% 和 53.95%。灌木林林种结构：2010 年，在 199.6 万公顷灌木林中，防护林占比最大，占 94.75%（表 2-6、表 2-7）。

表 2-6　2010 年全盟乔木林面积蓄积量按林种统计

单位	合计		防护林		特用林		用材林	
	面积（公顷）	蓄积量（立方米）	面积（公顷）	蓄积量（立方米）	面积（公顷）	蓄积量（立方米）	面积（公顷）	蓄积量（立方米）
全盟	68287.1	5433587.8	31756	2411272.6	35631.3	2931503.2	899.8	90182
占比（%）	100.0	100.0	46.5	44.38	52.18	53.95	1.32	1.67

表 2-7　2010 年全盟灌木林地面积林种统计

项目	合计	防护林	特用林	用材林
全盟合计（公顷）	1996000	1891066	104934	—
占比（%）	100.0	94.75	5.25	—
国家特别规定灌木林（公顷）	1996000	1891066	104934	—
其他灌木林	—	—	—	—

二、草原分布及数量

2010 年，内蒙古自治区草原普查结果显示，全盟草原面积 1840.75 万公顷，占全盟总面积 69.22%。其中，未退化草原面积 751.69 万公顷，占全盟草原面积 40.84%；未沙化草原面积 426.18 万公顷，占全盟草原面积 23.15%；三化草原面积 662.88 万公顷，占全盟草原面积 36.01%。草原植被盖度 23.68%（表 2-8、表 2-9）。

2016 年，全区草原资源资产分布状况普查数据显示，全盟草地面积 1867 万公顷。

2021 年，第三次全国国土调查数据显示，全盟草地面积 903.47 万公顷，其中天然牧草地 518.05 万公顷，占全盟草地面积 57.34%；人工牧草地 0.21 万公顷，占全盟草地面积 0.02%；其他草地面积 385.21 万公顷，占全盟草地面积 42.64%。

表 2-8　2010 年阿拉善盟草地类型统计　　　　　　　　　　　　单位：公顷

草地类型（类）	草地类型（亚类）	草地面积	可利用面积
草地面积合计	—	18407480	10768706.66
温性典型草原类	小计	6080	5473.33
	山地草原亚类	6080	5473.33
温性荒漠草原类	小计	183746.67	168900
	平原丘陵荒漠草原亚类	101966.67	96866.67
	山地荒漠草原亚类	62173.33	55953.33
	沙地荒漠草原亚类	19606.67	16080
温性草原化荒漠类	小计	1507180	1315700
	草原化荒漠亚类	1507180	1315700
温性荒漠类	小计	15845240	8480960
	土砾质荒漠亚类	7709900	4007440
	沙质荒漠亚类	7104886.67	3889726.67
	盐土质荒漠亚类	1030453.33	583793.33
低地草甸类	小计	828993.33	767973.33
	低湿地草甸亚类	150160	154653.33
	盐化低地草甸亚类	665540	602520
	沼泽化低地草甸亚类	13293.33	10800

（续表）

草地类型（类）	草地类型（亚类）	草地面积	可利用面积
温性山地草甸类	小计	8600	7586.67
	低中山山地草甸亚类	—	—
	亚高山山地草甸亚类	8600	7586.67
沼泽类	小计	27640	22113.33

表 2-9　2010 年阿拉善盟草地退化、沙化、盐渍化统计

阿拉善盟	面积（公顷）	占草地总面积（%）
未退化	7516873.33	40.84
轻度退化	1536920	8.35
中度退化	1008973.33	5.48
重度退化	262546.67	1.43
退化小计	2808440	15.26
未沙化	4261840	23.15
轻度沙化	1397153.33	7.59
中度沙化	981506.67	5.33
重度沙化	776126.67	4.22
沙化小计	3154786.67	17.14
轻度盐渍化	224400	1.22
中度盐渍化	182786.67	0.99
重度盐渍化	258353.33	1.40
盐渍化小计	665540	3.62
轻度"三化"合计	3158473.33	17.16
中度"三化"合计	2173266.67	11.81
重度"三化"合计	1297026.67	7.05
"三化"合计	6628766.67	36.01
草原面积合计	18407480	100.00

第二节　野生动物资源

阿拉善盟地域辽阔，生态环境类型多样，每种生态环境类型都有其典型代表野生动物，在内蒙古脊椎动物区系中占有特殊地位。根据《内蒙古动物志》记载阿拉善地区分布种、《阿拉善鸟类图鉴》收录物种、《内蒙古贺兰山国家级自然保护区综合科学考察报告》收录，截至2021年，全盟共记录到包括水生到陆生动物过渡类型在内的野生脊椎动物450种，分属于32目、91科、74属（表2-10）。

表 2-10　2021 年全盟野生脊椎动物种类数量

纲	目	科	属	种
鱼纲	1	2	7	13
两栖纲	1	2	2	3
爬行纲	2	8	12	15
鸟纲	21	62	—	350
哺乳纲	7	17	53	69
总计	32	91	74	450

一、地理区划

阿拉善盟野生脊椎动物在动物地理区划上属于古北界—中亚亚界—蒙新区—西部荒漠亚区和东部草原亚区过渡地带贺兰山及阿左旗、额济纳旗等西阿拉善戈壁荒漠区。阿拉善盟野生动物属温带荒漠、半荒漠动物群。阿拉善区生态系统极其脆弱，珍稀濒危动物较多，国家一级保护脊椎动物 19 种（兽类 5 种、鸟类 14 种），国家二级保护脊椎动物 68 种（兽类 14 种、鸟类 54 种），中国特有动物 13 种。列入《中国生物多样性红色名录：脊椎动物》（2021）珍稀濒危脊椎动物 37 种，其中"极危"动物 5 种、"濒危"动物 17 种、"易危"动物 15 种。

二、珍稀濒危动物

依据 2021 年发布的《国家重点保护野生动物名录》《阿拉善盟野生脊椎动物名录》收录动物，分布于阿拉善盟的 450 种野生脊椎动物中，属于国家一级重点保护的野生动物有 19 种。其中，鸟类有猎隼、白肩雕、草原雕、秃鹫、金雕、胡兀鹫、白尾海雕、玉带海雕、卷羽鹈鹕、黑鹳、遗鸥、波斑鸨、大鸨、青头潜鸭；兽类有雪豹、荒漠猫、蒙古野驴、野骆驼、马麝。

国家二级重点保护的野生动物有 68 种。其中，鸟类有暗腹雪鸡、蓝马鸡、鸿雁、白额雁、疣鼻天鹅、小天鹅、大天鹅、鸳鸯、棉凫、斑头秋沙鸭、黑颈䴙䴘、蓑羽鹤、灰鹤、白腰杓鹬、小杓鹬、半蹼鹬、翻石鹬、白琵鹭、鹗、白腹鹞、白尾鹞、鹊鹞、白头鹞、普通鵟、凤头蜂鹰、高山兀鹫、黑鸢、赤腹鹰、松雀鹰、日本松雀鹰、雀鹰、大鵟、毛脚鵟、短趾雕、棕尾鵟、靴隼雕、长耳鸮、雕鸮、短耳鸮、纵纹腹小鸮、红隼、红脚隼、燕隼、黄爪隼、游隼、灰背隼、黑尾地鸦、云雀、蒙古百灵、贺兰山红尾鸲、白喉石䳭、贺兰山岩鹨、北朱雀、红交嘴雀；兽类有狼、赤狐、沙狐、石貂、草原斑猫、兔狲、豹猫、猞猁、马鹿、鹅喉羚、北山羊、岩羊、盘羊、贺兰山鼠兔。

三、野生脊椎动物

依据 2021 年发布《阿拉善盟野生脊椎动物名录》，阿拉善地区有野生脊椎动物 450 种，其中鱼类 13 种、两栖类动物 3 种、爬行类动物 15 种、哺乳动物 69 种、鸟类 350 种。

（一）鱼纲（PISCES）

阿拉善盟有鱼类动物共 13 种，隶属 1 目 2 科（表 2-11）。

表 2-11　阿拉善盟鱼类动物情况

序号	物种	拉丁名	分布区域	保护等级	中国特有种
1	马口鱼	*Opsariichthys bidens*	额济纳旗（居延海）	—	—
2	麦穗鱼	*Pseudorasbora parva*	额济纳旗（居延海）	—	—
3	花斑裸鲤	*Gymnocypris eckloni*	额济纳旗（居延海）	—	是
4	鲫	*Carassius auratus*	额济纳旗（居延海）	—	—
5	梭形高原鳅	*Triplophysa leptosoma*	额济纳旗（居延海）	—	是
6	酒泉高原鳅	*Triplophysahsutschouensis*	额济纳旗（居延海）	—	是
7	短尾高原鳅	*Triplophysa brevicauda*	额济纳旗（居延海）	—	是
8	东方高原鳅	*Triplophysa orientalis*	额济纳旗（居延海）	—	是
9	长身高原鳅	*Triplophysa tenuis*	额济纳旗（居延海）	—	是
10	河西背斑高原鳅	*Triplophysadorsonotatus hexiensis*	额济纳旗（居延海）	—	—
11	乳突唇高原鳅	*Triplophysa papillosolabiata*	额济纳旗（居延海）	—	—
12	大鳍鼓鳔鳅（河西叶尔羌高原鳅）	*Hedinichthys yarkandensis macroptera*	额济纳旗（居延海）	—	是
13	泥鳅	*Misgurnus anguillicaudatus*	额济纳旗（居延海）	—	—

（二）两栖纲（AMPHIBIA）

阿拉善盟有两栖动物共 3 种，隶属 1 目 2 科（表 2-12）。

表 2-12　阿拉善盟两栖动物情况

序号	物种	拉丁名	分布区域	保护等级	中国特有
1	花背蟾蜍	*Strauchbufo raddei*	阿左旗（贺兰山）、额济纳旗（居延海）	—	—
2	中国林蛙	*Rana chensinensis*	阿左旗（贺兰山）	—	是
3	黑斑侧褶蛙	*Rana nigromaculatus*	阿左旗（贺兰山）	—	—

（三）爬行纲（REPTILIA）

阿拉善盟有爬行动物共 15 种，隶属 2 目 8 科（表 2-13）。

表 2-13　阿拉善盟爬行动物情况

序号	物种	拉丁名	分布区域	保护等级	中国特有
1	隐耳漠虎	*Alsophylax pipiens*	全盟	—	—
2	西域沙虎（新疆沙虎）	*Teratoscincus przewalskii*	额济纳旗	—	—
3	荒漠沙蜥	*Phrynocephalus przewalskii*	全盟	—	是
4	草原沙蜥	*Phrynocephalus frontalis*	阿左旗	—	—

（续表）

序号	物种	拉丁名	分布区域	保护等级	中国特有
5	变色沙蜥（无斑沙蜥）	*Phrynocephalus versicolor*（*Phrynocephalus immaculatus*）	全盟	—	—
6	丽斑麻蜥	*Eremias argus*	阿左旗	—	—
7	虫纹麻蜥	*Eremias vermiculata*	全盟	—	—
8	荒漠麻蜥	*Eremias przewalskii*	全盟	—	—
9	密点麻蜥	*Eremias multiocellata*	全盟	—	—
10	中介蝮	*Gloydius intermedius*	阿左旗（贺兰山）	—	—
11	沙蟒（红沙蟒）	*Eryx miliaris*	全盟	—	—
12	花条蛇	*Psammophis lineolatus*	全盟	—	—
13	黄脊鞭蛇（黄脊游蛇）	*Hierophis spinalis*（*Coluber spinalis*）	全盟	—	—
14	虎斑颈槽蛇	*Rhabdophis tigrinus*	阿左旗	—	—
15	白条锦蛇	*Elaphe dione*	全盟	—	—

（四）哺乳纲（MAMMALIA）

阿拉善盟有兽类共69种，隶属7目17科（表2-14）。

表2-14　阿拉善盟兽类情况

序号	物种	拉丁名	分布区域	保护等级	中国特有
1	大耳猬	*Hemiechinus auritus*	阿左旗、额济纳旗	—	—
2	达乌尔猬	*Mesechinusd auuricus*	阿左旗	—	—
3	小齿猬	*Mesechinus miodon*	阿左旗	—	—
4	山东小麝鼩	*Crocidurashantungensis*	阿左旗	—	—
5	格氏小麝鼩	*Crocidura gmelini*	阿左旗	—	—
6	北棕蝠	*Eptesicus nilssoni*	阿左旗	—	—
7	大棕蝠	*Eptesicus serotinus*	阿左旗	—	—
8	亚洲宽耳蝠	*Barbastella leucomelas*	阿左旗	—	—
9	大耳蝠	*Plecotus auritus*	阿左旗、额济纳旗	—	—
10	灰大耳蝠	*Plecotus austriacus*	阿左旗	—	—
11	阿拉善伏翼	*Hypsugo alaschanicus*	阿左旗	—	—
12	狼	*Canis lupus*	全盟	二级	—
13	赤狐	*Vulpes vulpes*	全盟	二级	—
14	沙狐	*Vulpes corsac*	阿左旗	二级	—
15	石貂	*Martes foina*	阿左旗	二级	—
16	香鼬	*Mustela altaica*	阿左旗	—	—
17	艾鼬	*Mustela eversmanni*	阿左旗	—	—

（续表1）

序号	物种	拉丁名	分布区域	保护等级	中国特有
18	虎鼬	*Vormela peregusna*	阿左旗	—	—
19	亚洲狗獾	*Meles leucurus*	阿左旗	—	—
20	猪獾	*Arctonyx collaris*	阿左旗	—	—
21	雪豹	*Panthera uncia*	贺兰山	一级	—
22	野猫（草原斑猫）	*Felis silvestris*	阿左旗	二级	—
23	荒漠猫	*Felis bieti*	全盟	一级	是
24	兔狲	*Otocolobus manul*	阿左旗	二级	—
25	豹猫	*Prionailurus bengalensis*	阿左旗	二级	—
26	猞猁	*Lynx lynx*	阿左旗、额济纳旗	二级	—
27	蒙古野驴	*Equus hemionus*	全盟	一级	—
28	野骆驼	*Camelus ferus*	额济纳旗	一级	—
29	马麝	*Moschus chrysogaster*	阿左旗（贺兰山）	一级	—
30	马鹿	*Cervus elaphus*	阿左旗	二级	—
31	鹅喉羚	*Gazella subgutturosa*	全盟	二级	—
32	北山羊	*Capra sibirica*	全盟	二级	—
33	岩羊	*Pseudois nayaur*	阿左旗	二级	—
34	盘羊	*Ovis ammon*	全盟	二级	—
35	花鼠（北花松鼠）	*Tamias sibiricus*	阿左旗	—	—
36	阿拉善黄鼠	*Spermophilus alaschanicus*	阿左旗	—	—
37	达乌尔黄鼠	*Spermophilus dauricus*	阿左旗	—	—
38	长尾黄鼠	*Spermophilus undulatus*	阿左旗	—	—
39	喜马拉雅旱獭	*Marmota himalayana*	阿右旗（龙首山）	—	—
40	黑线仓鼠	*Cricetulus barabensis*	全盟	—	—
41	灰仓鼠	*Cricetulus migratorius*	阿左旗、额济纳旗	—	—
42	长尾仓鼠	*Cricetulus longicaudatus*	阿左旗	—	—
43	大仓鼠	*Tscheskia triton*	阿左旗	—	—
44	无斑短尾仓鼠	*Allocricetulus curtatus*	阿左旗	—	—
45	小毛足鼠	*Phodopus roborovskii*	全盟	—	—
46	柽柳沙鼠	*Meriones tamariscinus*	阿右旗、额济纳旗	—	—
47	长爪沙鼠	*Meriones unguiculatus*	阿左旗	—	—
48	子午沙鼠	*Meriones meridianus*	阿左旗、额济纳旗	—	—
49	短耳沙鼠	*Brachiones przewalskii*	额济纳旗	—	—
50	大沙鼠	*Rhombomys opimus*	额济纳旗、阿左旗	—	—

（续表2）

序号	物种	拉丁名	分布区域	保护等级	中国特有
51	大林姬鼠	*Apodemus peninsulae*	阿左旗	—	—
52	黄胸鼠	*Rattus tanezumi*	阿左旗	—	—
53	褐家鼠	*Rattus norvegicus*	阿左旗	—	—
54	北社鼠	*Niviventer confucianus*	阿左旗	—	—
55	小家鼠	*Mus musculus*	阿左旗	—	—
56	五趾跳鼠	*Allactaga sibirica*	阿左旗	—	—
57	巨泡五趾跳鼠	*Allactaga bullata*	全盟	—	—
58	小地兔	*Pygeretmus pumilio*	阿左旗	—	—
59	五趾心颅跳鼠	*Cardiocranius paradoxus*	全盟	—	—
60	肥尾心颅跳鼠	Salpingotus crassicauda	额济纳旗	—	—
61	三趾跳鼠	*Dipus sagitta*	阿左旗、额济纳旗	—	—
62	蒙古羽尾跳鼠	*Stylodipus andrewsi*	阿左旗	—	—
63	长耳跳鼠	*Euchoreutes naso*	全盟	—	—
64	鼹形田鼠	*Ellobius talpinus*	阿左旗	—	—
65	蒙古兔尾鼠	*Eolagurus przewalskii*	额济纳旗	—	—
66	达乌尔鼠兔	*Ochotona dauurica*	阿左旗	—	—
67	宁夏鼠兔（贺兰山鼠兔）	*Ochotona argentata*	阿左旗	二级	是
68	蒙古兔	*Lepus tolai*	阿左旗	—	—
69	中亚兔	*Lepus tibetanus*	额济纳旗	—	—

（五）鸟纲（AVES）

阿拉善盟有鸟类共350种，隶属21目62科（表2-15）。

表2-15　阿拉善盟鸟类情况

序号	中文名	拉丁学名	居留型	分布	保护级别
1	暗腹雪鸡	*Tetraogallus himalayensis*	R	阿右旗	二级
2	石鸡	*Alectoris chukar*	R	全盟	—
3	斑翅山鹑	*Perdix dauurica*	R	阿左旗、阿右旗	
4	蓝马鸡	*Crossoptilon auritum*	R	阿左旗	二级
5	环颈雉	*Phasianus colchicus*	R	全盟	—
6	鸿雁	*Anser cygnoides*	P	全盟	二级
7	豆雁	*Anser fabalis*	P	全盟	—
8	灰雁	*Anser anser*	S	全盟	—
9	白额雁	*Anser albifrons*	P	阿左旗	二级

（续表1）

序号	中文名	拉丁学名	居留型	分布	保护级别
10	斑头雁	*Anser indicus*	S	阿左旗、额济纳旗	—
11	疣鼻天鹅	*Cygnus olor*	S	阿左旗、额济纳旗	二级
12	小天鹅	*Cygnus columbianus*	P	全盟	二级
13	大天鹅	*Cygnus cygnus*	P	全盟	二级
14	翘鼻麻鸭	*Tadorna tadorna*	S	全盟	—
15	赤麻鸭	*Tadorna ferruginea*	S	全盟	—
16	鸳鸯	*Aix galericulata*	P	阿左旗	二级
17	棉凫	*Nettapus coromandelianus*	S	阿左旗	二级
18	赤膀鸭	*Mareca strepera*	S	全盟	—
19	罗纹鸭	*Mareca falcata*	P、V	阿左旗	—
20	赤颈鸭	*Mareca penelope*	P	全盟	—
21	绿头鸭	*Anas platyrhynchos*	S	全盟	—
22	斑嘴鸭	*Anas zonorhyncha*	S	全盟	—
23	针尾鸭	*Anas acuta*	P	全盟	—
24	绿翅鸭	*Anas crecca*	P、S	全盟	—
25	琵嘴鸭	*Spatula clypeata*	S	全盟	—
26	白眉鸭	*Spatula querquedula*	P	阿左旗	—
27	赤嘴潜鸭	*Netta rufina*	S	全盟	—
28	红头潜鸭	*Aythya ferina*	P	全盟	—
29	青头潜鸭	*Aythya baeri*	P	阿左旗	一级
30	白眼潜鸭	*Aythya nyroca*	P、S	全盟	—
31	凤头潜鸭	*Aythya fuligula*	P	全盟	—
32	斑背潜鸭	*Aythya marila*	P	阿左旗	—
33	鹊鸭	*Bucephala clangula*	P	全盟	—
34	斑头秋沙鸭	*Mergellus albellus*	P	阿左旗	二级
35	普通秋沙鸭	*Mergus merganser*	P	全盟	—
36	小䴙䴘	*Tachybaptus ruficollis*	S	全盟	—
37	凤头䴙䴘	*Podiceps cristatus*	S	全盟	—
38	黑颈䴙䴘	*Podiceps nigricollis*	S	阿左旗	二级
39	大红鹳	*Phoenicopterus roseus*	P	阿左旗、额济纳旗	—
40	原鸽	*Columba livia*	R	全盟	—
41	岩鸽	*Columba rupestris*	R	全盟	—
42	欧鸽	*Columba oenas*	R	额济纳旗	—

（续表2）

序号	中文名	拉丁学名	居留型	分布	保护级别
43	山斑鸠	*Streptopelia orientalis*	R	全盟	—
44	灰斑鸠	*Streptopelia decaocto*	R	全盟	—
45	珠颈斑鸠	*Streptopelia chinensis*	R	阿左旗	—
46	毛腿沙鸡	*Syrrhaptes paradoxus*	R	全盟	—
47	普通夜鹰	*Caprimulgus indicus*	S	阿左旗	—
48	欧夜鹰	*Caprimulgus europaeus*	S	全盟	—
49	普通雨燕（楼燕）	*Apus apus*	S	全盟	—
50	白腰雨燕	*Apus pacificus*	S	全盟	—
51	中杜鹃	*Cuculus saturatus*	S	阿左旗	—
52	大杜鹃	*Cuculus canorus*	S	全盟	—
53	大鸨	*Otis tarda*	R	阿左旗、阿右旗	一级
54	波斑鸨	*Chlamydotis macqueenii*	S	额济纳旗	一级
55	普通秧鸡	*Rallus indicus*	S	阿左旗	—
56	小田鸡	*Zapornia pusilla*	S	阿左旗	—
57	白胸苦恶鸟	*Amaurornis phoenicurus*	P	阿左旗	—
58	黑水鸡	*Gallinula chloropus*	S	全盟	—
59	白骨顶	*Fulica atra*	S	全盟	—
60	蓑羽鹤	*Grus virgo*	S	全盟	二级
61	灰鹤	*Grus grus*	S	全盟	二级
62	黑翅长脚鹬	*Himantopus himantopus*	S	全盟	—
63	反嘴鹬	*Recurvirostra avosetta*	S	全盟	—
64	凤头麦鸡	*Vanellus vanellus*	S	全盟	—
65	灰头麦鸡	*Vanellus cinereus*	S	全盟	—
66	金鸻	*Pluvialis fulva*	P	全盟	—
67	灰鸻	*Pluvialis squatarola*	P	全盟	—
68	金眶鸻	*Charadrius dubius*	S	全盟	—
69	环颈鸻	*Charadrius alexandrinus*	S	全盟	—
70	蒙古沙鸻	*Charadrius mongolus*	P	全盟	—
71	铁嘴沙鸻	*Charadrius leschenaultii*	S	全盟	—
72	东方鸻	*Charadrius veredus*	P	额济纳旗	—
73	彩鹬	*Rostratula benghalensis*	S	阿左旗	—
74	丘鹬	*Scolopax rusticola*	S	阿左旗	—
75	孤沙锥	*Gallinago solitaria*	S	阿左旗	—

（续表3）

序号	中文名	拉丁学名	居留型	分布	保护级别
76	针尾沙锥	*Gallinago stenura*	P	阿左旗、阿右旗	—
77	大沙锥	*Gallinago megala*	P	阿左旗	—
78	扇尾沙锥	*Gallinago gallinago*	S	全盟	—
79	半蹼鹬	*Limnodromus semipalmatus*	P	阿左旗	二级
80	黑尾塍鹬	*Limosa limosa*	P	全盟	—
81	小杓鹬	*Numenius minutus*	P	阿左旗	二级
82	中杓鹬	*Numenius phaeopus*	P	阿左旗	—
83	白腰杓鹬	*Numenius arquata*	P	全盟	二级
84	鹤鹬	*Tringa erythropus*	P	全盟	—
85	红脚鹬	*Tringa totanus*	S	全盟	—
86	泽鹬	*Tringa stagnatilis*	P	全盟	—
87	青脚鹬	*Tringa nebularia*	P	阿左旗	—
88	白腰草鹬	*Tringa ochropus*	P	全盟	—
89	林鹬	*Tringa glareola*	P	全盟	—
90	翘嘴鹬	*Xenus cinereus*	P	阿左旗	—
91	矶鹬	*Actitis hypoleucos*	S	全盟	—
92	翻石鹬	*Arenaria interpres*	P	阿左旗	二级
93	红颈滨鹬	*Calidris ruficollis*	P	阿左旗	—
94	小滨鹬	*Calidris minuta*	P	阿左旗	—
95	青脚滨鹬	*Calidris temminckii*	P	全盟	—
96	长趾滨鹬	*Calidris subminuta*	P	全盟	—
97	尖尾滨鹬	*Calidris acuminata*	P	全盟	—
98	阔嘴鹬	*Calidris falcinellus*	P	额济纳旗	—
99	流苏鹬	*Calidris pugnax*	P	阿左旗、额济纳旗	—
100	弯嘴滨鹬	*Calidris ferruginea*	P	全盟	—
101	黑腹滨鹬	*Calidris alpina*	P	全盟	—
102	红颈瓣蹼鹬	*Phalaropus lobatus*	P	阿左旗	—
103	普通燕鸻	*Glareola maldivarum*	P	阿左旗	—
104	棕头鸥	*Chroicocephalus*	S	额济纳旗	—
105	红嘴鸥	*Chroicocephalus ridibundus*	S	全盟	—
106	遗鸥	*Ichthyaetus relictus*	P	阿左旗、额济纳旗	一级
107	渔鸥	*Ichthyaetus ichthyaetus*	S	全盟	—
108	黑尾鸥	*Larus crassirostris*	P	阿左旗	—

（续表4）

序号	中文名	拉丁学名	居留型	分布	保护级别
109	普通海鸥	*Larus canus*	P	阿左旗	—
110	小黑背银鸥	*Larus fuscus*	P	额济纳旗	—
111	西伯利亚银鸥	*Larus smithsonianus*	P	阿左旗	—
112	鸥嘴噪鸥	*Gelochelidon nilotica*	S	阿左旗、额济纳旗	—
113	红嘴巨燕鸥	*Hydroprogne caspia*	P、S	额济纳旗	—
114	白额燕鸥	*Sternula albifrons*	S	阿左旗	—
115	普通燕鸥	*Sterna hirundo*	S	全盟	—
116	灰翅浮鸥（须浮鸥）	*Chlidonias hybrida*	P、S	全盟	—
117	白翅浮鸥	*Chlidonias leucopterus*	S	全盟	—
118	黑鹳	*Ciconia nigra*	S	阿左旗、额济纳旗	一级
119	普通鸬鹚	*Phalacrocorax carbo*	P	全盟	—
120	白琵鹭	*Platalea leucorodia*	S	全盟	二级
121	大麻鳽	*Botaurus stellaris*	P	全盟	—
122	黄斑苇鳽	*Ixobrychus sinensis*	S	全盟	—
123	夜鹭	*Nycticorax nycticorax*	S	全盟	—
124	池鹭	*Ardeola bacchus*	S	全盟	—
125	牛背鹭	*Bubulcus ibis*	P	全盟	—
126	苍鹭	*Ardea cinerea*	S	全盟	—
127	草鹭	*Ardea purpurea*	S	全盟	—
128	大白鹭	*Ardea alba*	P	全盟	—
129	中白鹭	*Ardea intermedia*	S	阿左旗	—
130	白鹭	*Egretta garzetta*	S	全盟	—
131	卷羽鹈鹕	*Pelecanus crispus*	P	阿左旗	一级
132	鹗	*Pandion haliaetus*	R	全盟	二级
133	胡兀鹫	*Gypaetus barbatus*	R	阿左旗、阿右旗	一级
134	凤头蜂鹰	*Pernis ptilorhynchus*	P	全盟	二级
135	高山兀鹫	*Gyps himalayensis*	R	阿左旗	二级
136	秃鹫	*Aegypius monachus*	R	全盟	一级
137	短趾雕	*Circaetus gallicus*	P	阿左旗	二级
138	靴隼雕	*Hieraaetus pennatus*	R	阿左旗	二级
139	草原雕	*Aqutila nipalensis*	S	全盟	一级
140	白肩雕	*Aquila heliaca*	V	额济纳旗	一级
141	金雕	*Aquila chrysaetos*	R	全盟	一级

（续表5）

序号	中文名	拉丁学名	居留型	分布	保护级别
142	赤腹鹰	*Accipiter soloensis*	V	阿左旗	二级
143	日本松雀鹰	*Accipiter gularis*	V	阿左旗	二级
144	雀鹰	*Accipiter nisus*	R	全盟	二级
145	苍鹰	*Accipiter gentilis*	W	阿左旗	二级
146	白头鹞	*Circus aeruginosus*	P	阿左旗、阿右旗	二级
147	白腹鹞	*Circus spilonotus*	S	全盟	二级
148	白尾鹞	*Circus cyaneus*	W	全盟	二级
149	鹊鹞	*Circus melanoleucos*	P	全盟	二级
150	黑鸢	*Milvus migrans*	R	全盟	二级
151	白尾海雕	*Haliaeetus albicilla*	P	全盟	一级
152	玉带海雕	*Haliaeetus leucoryphus*	P	额济纳旗	一级
153	毛脚鵟	*Buteo lagopus*	P	阿左旗	二级
154	大鵟	*Buteo hemilasius*	S、R	全盟	二级
155	普通鵟	*Buteo japonicus*	R、P	全盟	二级
156	棕尾鵟	*Buteo rufinus*	R、S	全盟	二级
157	雕鸮	*Bubo bubo*	R	全盟	二级
158	纵纹腹小鸮	*Athene noctua*	R	全盟	二级
159	长耳鸮	*Asio otus*	R	全盟	二级
160	短耳鸮	*Asio flammeus*	W	阿左旗	二级
161	戴胜	*Upupa epops*	S	全盟	—
162	蓝翡翠	*Halcyon pileata*	S	阿左旗	—
163	普通翠鸟	*Alcedo atthis*	R	阿左旗	—
164	蚁䴕	*Jynx torquilla*	S	全盟	—
165	星头啄木鸟	*Dendrocopos canicapillus*	R	阿左旗	—
166	大斑啄木鸟	*Dendrocopos major*	R	全盟	—
167	灰头绿啄木鸟	*Picus canus*	R	阿左旗	—
168	黄爪隼	*Falco naumanni*	S	阿左旗、阿右旗	二级
169	红隼	*Falco tinnunculus*	R	全盟	二级
170	红脚隼	*Falco amurensis*	S	全盟	二级
171	灰背隼	*Falco columbarius*	P	阿左旗	二级
172	燕隼	*Falco subbuteo*	S	全盟	二级
173	猎隼	*Falco cherrug*	S	阿左旗	一级
174	游隼	*Falco peregrinus*	P	阿左旗、额济纳旗	二级

（续表6）

序号	中文名	拉丁学名	居留型	分布	保护级别
175	黑枕黄鹂	Oriolus chinensis	R	阿左旗	—
176	黑卷尾	Dicrurus macrocerus	S、R	阿左旗	—
177	发冠卷尾	Dicrurus hottentottus	S	阿左旗	—
178	虎纹伯劳	Lanius tigrinus	V	阿左旗	—
179	牛头伯劳	Lanius bucephalus	V	阿左旗	—
180	红尾伯劳	Lanius cristatus	S	全盟	—
181	荒漠伯劳	Lanius isabellinus	S	全盟	—
182	灰背伯劳	Lanius tephronotus	S	阿左旗	—
183	灰伯劳	Lanius excubitor	S	阿左旗	—
184	灰喜鹊	Cyanopica cyanus	R	阿左旗	—
185	喜鹊	Pica pica	R	全盟	—
186	黑尾地鸦	Podoces hendersoni	R	全盟	二级
187	红嘴山鸦	Pyrrhocorax pyrrhocorax	R	全盟	—
188	达乌里寒鸦	Corvus dauuricus	R	额济纳旗	—
189	秃鼻乌鸦	Corvus frugilegus	R	阿左旗	—
190	小嘴乌鸦	Corvus corone	R	全盟	—
191	大嘴乌鸦	Corvus macrorhynchos	R	全盟	—
192	渡鸦	Corvus corax	R	阿左旗、额济纳旗	—
193	煤山雀	Periparus ater	R	阿左旗	—
194	黄腹山雀	Pardaliparus	R	阿左旗	—
195	褐头山雀	Poecile montanus	R	阿左旗	—
196	地山雀	Pseudopodoces humilis	R	阿右旗	—
197	欧亚大山雀	Parus major	R	阿左旗	—
198	白冠攀雀	Remiz coronatus	S	阿左旗、额济纳旗	—
199	中华攀雀	Remiz consobrinus	P	阿左旗、额济纳旗	—
200	蒙古百灵	Melanocorypha mongolica	S	阿左旗	二级
201	大短趾百灵	Calandrella brachydactyla	S	全盟	—
202	细嘴短趾百灵	Calandrella acutirostris	S	阿左旗	—
203	短趾百灵	Alaudala cheleensis	R	全盟	—
204	凤头百灵	Galerida cristata	R	全盟	—
205	云雀	Alauda arvensis	S、R	全盟	二级
206	小云雀	Alauda gulgula	R	全盟	—
207	角百灵	Eremophila alpestris	S、R	全盟	—

（续表7）

序号	中文名	拉丁学名	居留型	分布	保护级别
208	文须雀	*Panurus biarmicus*	S	全盟	—
209	东方大苇莺	*Acrocephalus orientalis*	S	阿左旗、阿右旗	—
210	稻田苇莺	*Acrocephalus agricola*	S	阿左旗	—
211	厚嘴苇莺	*Arundinax aedon*	S	阿左旗	—
212	小蝗莺	*Locustella certhiola*	S	全盟	—
213	崖沙燕	*Riparia riparia*	S	全盟	—
214	家燕	*Hirundo rustica*	S	全盟	—
215	岩燕	*Ptyonoprogne rupestris*	R、S	阿左旗	—
216	毛脚燕	*Delichon urbicum*	S	阿左旗	—
217	金腰燕	*Cecropis daurica*	S	阿左旗	—
218	白头鹎	*Pycnonotus sinensis*	V	阿左旗	—
219	叽喳柳莺	*Phylloscopus collybita*	P	阿左旗	—
220	褐柳莺	*Phylloscopus fuscatus*	S	阿左旗、阿右旗	—
221	黄腹柳莺	*Phylloscopus affinis*	S	阿左旗	—
222	棕腹柳莺	*Phylloscopus subaffinis*	V	阿左旗、额济纳旗	—
223	棕眉柳莺	*Phylloscopus armandii*	S	全盟	—
224	巨嘴柳莺	*Phylloscopus schwarzi*	S	阿左旗	—
225	橙斑翅柳莺	*Phylloscopus pulcher*	R、P	阿左旗	—
226	黄腰柳莺	*Phylloscopus proregulus*	S、R	阿左旗、阿右旗	—
227	黄眉柳莺	*Phylloscopus inornatus*	P	阿左旗	—
228	淡眉柳莺	*Phylloscopus humei*	S	阿左旗	—
229	极北柳莺	*Phylloscopus borealis*	S、P	阿左旗	—
230	暗绿柳莺	*Phylloscopus trochiloides*	P	阿左旗	—
231	双斑绿柳莺	*Phylloscopus plumbeitarsus*	P	阿左旗	—
232	冕柳莺	*Phylloscopus*	S	阿左旗	—
233	北长尾山雀	*Aegithalos caudatus*	W	阿左旗	—
234	银喉长尾山雀	*Aegithalos glaucogularis*	R	阿左旗	—
235	凤头雀莺	*Leptopoecile elegans*	R	阿左旗	—
236	横斑林莺	*Sylvia nisoria*	S	阿左旗	—
237	白喉林莺	*Sylvia curruca*	P、S	阿左旗	—
238	漠白喉林莺	*Sylvia minula*	S	额济纳旗	—
239	荒漠林莺（亚洲漠地）	*Sylvia nana*	S	全盟	—
240	山鹛	*Rhopophilus pekinensis*	R	阿左旗	—

（续表8）

序号	中文名	拉丁学名	居留型	分布	保护级别
241	红胁绣眼鸟	*Zosterops erythropleurus*	V	阿左旗	—
242	暗绿绣眼鸟	*Zosterops japonicus*	V	阿左旗	—
243	山噪鹛	*Garrulax davidi*	R	阿左旗	—
244	黑头䴓	*Sitta villosa*	R	阿左旗	—
245	红翅旋壁雀	*Tichodroma muraria*	R	阿左旗	—
246	鹪鹩	*Troglodytes troglodytes*	R	阿左旗	—
247	褐河乌	*Cinclus pallasii*	R	阿左旗	—
248	丝光椋鸟	*Spodiopsar sericeus*	V	阿左旗	—
249	灰椋鸟	*Spodiopsar cineraceus*	S、R	全盟	—
250	北椋鸟	*Agropsar sturninus*	S	阿左旗	—
251	紫翅椋鸟	*Sturnus vulgaris*	PW	全盟	—
252	粉红椋鸟	*Pastor roseus*	P	阿左旗	—
253	白眉地鸫	*Geokichla sibirica*	P	阿左旗	—
254	虎斑地鸫	*Zoothera dauma*	P	全盟	—
255	白眉鸫	*Turdus obscurus*	P	阿左旗	—
256	白腹鸫	*Turdus pallidus*	P	阿左旗	—
257	黑喉鸫	*Turdus atrogularis*	W	全盟	—
258	赤颈鸫	*Turdus ruficollis*	W	全盟	—
259	红尾斑鸫	*Turdus naumanni*	W	全盟	—
260	斑鸫	*Turdus eunomus*	P	全盟	—
261	田鸫	*Turdus pilaris*	P、	阿左旗	—
262	槲鸫	*Turdus viscivorus*	V	额济纳旗	—
263	欧亚鸲	*Erithacus rubecula*	V	阿左旗	—
264	蓝歌鸲	*Larvivora cyane*	P	阿左旗	—
265	红喉歌鸲	*Calliope calliope*	P、W	阿左旗	—
266	蓝喉歌鸲	*Luscinia svecica*	P	阿左旗、额济纳旗	—
267	红胁蓝尾鸲	*Tarsiger cyanurus*	S、P	全盟	—
268	白喉红尾鸲	*Phoenicurus schisticeps*	R、S	阿左旗	—
269	蓝额红尾鸲	*Phoenicurus frontalis*	R、W	阿左旗	—
270	贺兰山红尾鸲	*Phoenicurus alaschanicus*	S	阿左旗	二级
271	赭红尾鸲	*Phoenicurus ochruros*	S	全盟	—
272	北红尾鸲	*Phoenicurus auroreus*	S、R	全盟	—
273	红腹红尾鸲	*Phoenicurus erythrogastrus*	S、W	全盟	—

（续表9）

序号	中文名	拉丁学名	居留型	分布	保护级别
274	红尾水鸲	*Rhyacornis*	R	阿左旗	—
275	白顶溪鸲	*Chaimarrornis leucocephalus*	R	阿左旗	—
276	白喉石鵖	*Saxicola insignis*	P	阿左旗、额济纳旗	二级
277	黑喉石鵖	*Saxicola maurus*	S	全盟	—
278	沙鵖	*Oenanthe isabellina*	S	全盟	—
279	穗鵖	*Oenanthe oenanthe*	P	全盟	—
280	白顶鵖	*Oenanthe pleschanka*	R	全盟	—
281	漠鵖	*Oenanthe deserti*	R	全盟	—
282	白背矶鸫	*Monticola saxatilis*	S、P	阿左旗	—
283	蓝矶鸫	*Monticola solitarius*	S	阿左旗、额济纳旗	—
284	乌鹟	*Muscicapa sibirica*	P	阿左旗	—
285	北灰鹟	*Muscicapa dauurica*	P	阿左旗	—
286	白眉姬鹟	*Ficedula zanthopygia*	V	阿左旗	—
287	鸲姬鹟	*Ficedula mugimaki*	P	阿左旗	—
288	红喉姬鹟	*Ficedula albsailla*	P	全盟	—
289	铜蓝鹟	*Eumyias thalassinus*	V	阿左旗	—
290	戴菊	*Regulus regulus*	W、R	阿左旗	—
291	太平鸟	*Bombycilla garrulus*	W	全盟	—
292	小太平鸟	*Bombycilla japonica*	P	全盟	—
293	领岩鹨	*Prunella collaris*	R	阿左旗	—
294	棕胸岩鹨	*Prunella strophiata*	R	阿左旗、阿右旗	—
295	棕眉山岩鹨	*Prunella montanella*	W	阿左旗	—
296	褐岩鹨	*Prunella fulvescens*	R	阿左旗、阿右旗	—
297	贺兰山岩鹨	*Prunella koslowi*	R、W	阿左旗、阿右旗	二级
298	黑顶麻雀	*Passer ammodendri*	R	全盟	—
299	家麻雀	*Passer domesticus*	R	全盟	—
300	黑胸麻雀	*Passer hispaniolensis*	W	阿左旗	—
301	麻雀	*Passer montanus*	R	全盟	—
302	石雀	*Petronia petronia*	R	阿右旗	—
303	黑喉雪雀	*Pyrgilaudadav idiana*	R、W	额济纳旗	—
304	山鹡鸰	*Dendronanthus indicus*	S	阿左旗	—
305	黄鹡鸰	*Motacilla tschutschensis*	S、P	阿左旗	—
306	黄头鹡鸰	*Motacilla citreola*	S	全盟	—

（续表10）

序号	中文名	拉丁学名	居留型	分布	保护级别
307	灰鹡鸰	*Motacilla cinerea*	S	全盟	—
308	白鹡鸰	*Motacilla alba*	P	全盟	—
309	田鹨	*Anthus richardi*	S	全盟	—
310	布氏鹨	*Anthus godlewskii*	S	全盟	—
311	平原鹨	*Anthus campestris*	S	阿左旗	—
312	草地鹨	*Anthus pratensis*	W	阿左旗	—
313	树鹨	*Anthus hodgsoni*	S、P	阿左旗	—
314	北鹨	*Anthus gustavi*	V	阿左旗	—
315	粉红胸鹨	*Anthus roseatus*	S	阿左旗	—
316	水鹨	*Anthus spinoletta*	R	全盟	—
317	苍头燕雀	*Fringilla coelebs*	W	阿左旗	—
318	燕雀	*Fringilla*	W	全盟	—
319	白斑翅拟蜡嘴雀	*Mycerobas carnipes*	R	阿左旗	—
320	锡嘴雀	*Coccothraustes coccothraustes*	P	全盟	—
321	黑尾蜡嘴雀	*Eophona migratoria*	P	阿左旗	—
322	黑头蜡嘴雀	*Eophona personata*	P	阿左旗	—
323	红腹灰雀	*Pyrrhula pyrrhula*	P	阿左旗、额济纳旗	—
324	蒙古沙雀	*Bucanetes mongolicus*	R	全盟	—
325	巨嘴沙雀	*Rhodospiza obsoleta*	R	全盟	—
326	普通朱雀	*Carpodacus erythrinus*	S	阿左旗	—
327	拟大朱雀	*Carpodacus rubicilloides*	R	阿右旗	—
328	红眉朱雀	*Carpodacus pulcherrimus*	R	阿左旗	—
329	长尾雀	*Carpodacus sibiricus*	S、P	阿左旗	—
330	北朱雀	*Carpodacus roseus*	W、R	阿左旗	二级
331	白眉朱雀	*Carpodacus dubius*	R	阿左旗	—
332	金翅雀	*Chloris sinica*	R	全盟	—
333	黄嘴朱顶雀	*Linaria flavirostris*	R、S	阿右旗	—
334	赤胸朱顶雀	*Linaria cannabina*	V	阿左旗	—
335	白腰朱顶雀	*Acanthis flammea*	W	全盟	—
336	红交嘴雀	*Loxia curvirostra*	P	阿左旗（贺兰山）	二级
337	红额金翅雀	*Carduelis carduelis*	V	额济纳旗	—
338	黄雀	*Spinus spinus*	P、W	全盟	—
339	铁爪鹀	*Calcarius lapponicus*	W	阿左旗	—

（续表 11）

序号	中文名	拉丁学名	居留型	分布	保护级别
340	白头鹀	*Emberiza leucocephalos*	P、W	阿左旗、阿右旗	—
341	田鹀	*Emberiza rustica*	W	阿左旗	—
342	灰眉岩鹀	*Emberiza godlewskii*	R	阿左旗	—
343	三道眉草鹀	*Emberiza cioides*	R	阿左旗、阿右旗	—
344	灰头鹀	*Emberiza spodocephala*	P	全盟	—
345	小鹀	*Emberiza pusilla*	P	全盟	—
346	圃鹀	*Emberiza hortulana*	V	阿左旗	—
347	黄喉鹀	*Emberiza elegans*	P	阿左旗	—
348	苇鹀	*Emberiza pallasi*	S	全盟	—
349	芦鹀	*Emberiza schoeniclus*	W	额济纳旗	—
350	灰鹀	*Emberiza variabilis*	V	阿左旗	—

第三节　野生植物资源

一、地理区系与分布

阿拉善地区为中国西北干旱区植物区系最复杂的地区之一。通过对阿拉善荒漠区植物区系地理成分分析，在科一级水平上，阿拉善荒漠区植物区系以世界分布为主，共有 38 科，其次是温带成分。

从种的角度上分析，阿拉善荒漠野生维管束植物种的分布区可划分为 42 个类型。其中，古地中海成分（古地中海种、中亚种、亚洲中部种、蒙古种、戈壁种）占绝对优势，有 420 种，占总物种数 40.12%；其次为东亚成分，有 197 种，占区域总物种 18.80%。

古地中海成分是阿拉善荒漠区重要组成成分，阿拉善荒漠区曾是古地中海海滨区和海浸区。因此，植物区系中有古地中海干热成分是十分自然的现象。这些古地中海成分的植物多为旱生植物，是阿拉善地区植物群落建群种和优势种。

东亚成分在阿拉善地区也占重要地位，主要集中在贺兰山和龙首山地区，这与阿拉善荒漠区处于东亚、古地中海、泛北极三大植物区系地理单元交汇处相吻合。

依据 2021 年发布的《阿拉善盟野生维管束植物名录》记载，全盟分布有野生维管束植物 1047 种，隶属 101 科 390 属（表 2-16）。

表 2-16　2021 年全盟植物分类统计　　　　　　　　　　　　　　　　单位：种

植物类群	科		属		种	
	野生	栽培	野生	栽培	野生	栽培
蕨类植物	17	—	14	—	18	—

（续表）

植物类群			科		属		种	
			野生	栽培	野生	栽培	野生	栽培
种子植物	裸子植物		3	—	7	—	14	—
	被子植物	双子叶植物	68	—	292	—	791	—
		单子叶植物	13	—	77	—	224	—
维管束植物			101	—	390	—	1047	—

阿拉善盟植物区系组成中，植物种数多于40种的大科有6个科：菊科（Asteraceae）、禾本科（Poaceae）、豆科（Fabaceae）、藜科（Chenopodiaceae）、蔷薇科（Rosaceae）、毛茛科（Ranunculaceae），其中100种以上的大科有2科：菊科（Asteraceae）、禾本科（Poaceae）；含有20种以上、40种以下的科有6科：十字花科（Brassicaceae）、石竹科（Caryophyllaceae）、莎草科（Cyperaceae）、百合科（Liliaceae）、蓼科（Polygonaceae）、紫草科（Boraginaceae）；10种以上、20种以下的科有9科：玄参科（Scrophulariaceae）、龙胆科（Gentianaceae）、柽柳科（Tamaricaceae）、唇形科（Lamiaceae）、杨柳科（Salicaceae）、伞形科（Apiaceae）、蒺藜科（Zygophyllaceae）、莎草科（Cyperaceae）、茜草科（Rubiaceae）；其余78科植物均少于10种。植物区系组成中，最丰富的属是蒿属（Artemisia）（35种）、黄芪属（Astragalus）（32种）、早熟禾属（Poa）（22种），它们也是地理分布较广的3属。其次含10种以上植物的属有12属：葱属（Allium）、薹草属（Carex）、委陵菜属（Potentilla）、绣线菊属（Spiraea）、针茅属（Stipa）、棘豆属（Oxytropis）、风毛菊属（Saussurea）、柽柳属（Tamarix）、木蓼属（Atraphaxis）、猪毛菜属（Salsola）、锦鸡儿属（Caragana）、柳属（Salix）等，其余375属均少于10种植物。

表 2-17　阿拉善盟野维管束植物名录

科	属	种名	学名	分布	红色名录等级	中国特有
石松科 Lycopodiaceae	石松属 *Lycopodium* L.	石松（东北石松）	*Lycopodium clavatum* L.	阿左旗、阿右旗	无危（LC）	
卷柏科 Selaginellaceae	卷柏属 *Selaginella* P. Beauv.	圆枝卷柏（红枝卷柏）	*Selaginella sanguinolenta* (L.) Spring	阿左旗	无危（LC）	
		中华卷柏	*Selaginella sinensis* (Desv.) Spring	阿左旗	无危（LC）	是
木贼科 Equisetaceae	问荆属 *Equisetum* L.	问荆	*Equisetum arvense* L.	阿左旗、阿右旗	无危（LC）	
		犬问荆	*Equisetumpalustre* L.	阿左旗	无危（LC）	
	木贼属 *Hippochaete* Milde	节节草	*Hippochaete ramosissima* (Desf.) Milde ex Bruhin	阿左旗、阿右旗	无危（LC）	是
		木贼	*Hippochaetehyemalis* (L.) Milde ex Bruhin	阿左旗	无危（LC）	是
阴地蕨科 Botrychiaceae	小阴地蕨属 *Botrychium* Sw.	扇羽小阴地蕨	*Botrychium lunaria* (L.) Sw.	阿左旗、阿右旗	无危（LC）	

（续表1）

科	属	种名	学名	分布	红色名录等级	中国特有
中国蕨科 Sinopteridaceae	粉背蕨属 Aleuritopteris Fee	银粉背蕨	*Aleuritopteris argentea* (Gmel.) Fee var. argentea	阿左旗	无危（LC）	是
蹄盖蕨科 Athyriaceae	冷蕨属 Cystopteris Bernh.	冷蕨	*Cystopteris fragilis* (L.) Bernh.	阿左旗、阿右旗	无危（LC）	是
		高山冷蕨	*Cystopterismontana* (Lam.) Bernh. ex Desv.	阿左旗	无危（LC）	
铁角蕨科 Aspleniaceae	铁角蕨属 Asplenium L.	北京铁角蕨	*Aspleniumpekinense* Hance	阿左旗	无危（LC）	
		西北铁角蕨	*Aspleniumnesii* Christ	阿左旗	无危（LC）	
岩蕨科 Woodsiaceae	岩蕨属 Woodsia R. Br.	光岩蕨	*Woodsia glabella* R. Br. ex Richards.	阿左旗	无危（LC）	
鳞毛蕨科 Dryopteridaceae	耳蕨属 Polystichum Roth	中华耳蕨	*Polystichum sinense* Christ.	阿左旗	无危（LC）	是
		毛叶耳蕨	*Polystichum mollissimum* Ching	阿左旗	数据缺乏（DD）	是
水龙骨科 Polypodiaceae	瓦韦属 Lepisorus (J. Sm.) Ching	小五台瓦韦（粗柄瓦韦）	*Lepisorus crassipes* Ching et Y. X. Lin	阿左旗	无危（LC）	是
槲蕨科 Drynariaceae	槲蕨属 Drynaria (Bory) J. Sm.	中华槲蕨	*Drynariabaronii* Diels	阿左旗	未予评估（NE）	
麻黄科 Ephedraceae	麻黄属 Ephedra L.	木贼麻黄	*Ephedramajor* Host	阿左旗、阿右旗	无危（LC）	
		斑子麻黄	*Ephedrarhytidosperma* Pachom.	阿左旗	濒危（EN）	是
		单子麻黄	*Ephedramonosperma* Gmel. ex C. A. Mey.	阿右旗	无危（LC）	
		膜果麻黄	*Ephedra przewalskii* Stapf	全盟	无危（LC）	
		中麻黄	*Ephedra intermedia* Schrenk ex C. A. Mey.	全盟	近危（NT）	
		蛇麻黄	*Ephedra distachya* L.	阿左旗	无危（LC）	
		草麻黄	*Ephedra sinica* Stapf	阿左旗	近危（NT）	
松科 Pinaceae	云杉属 Picea A. Dietr.	青扦	*Piceawilsonii* Mast.	阿左旗	无危（LC）	是
		青海云杉	*Picea crassifolia* Kom.	阿左旗、阿右旗	无危（LC）	是
	松属 Pinus L.	油松	*Pinus tabuliformis* Carr.	阿左旗	无危（LC）	是

（续表2）

科	属	种名	学名	分布	红色名录等级	中国特有
柏科 Cupressaceae	圆柏属 *Sabina* Mill.	祁连圆柏	*Sabina przewalskii* Kom. W. C. Cheng et L.	阿右旗	无危（LC）	是
		叉子圆柏	*Sabina vulgaris* Ant.	阿左旗、阿右旗	无危（LC）	
		圆柏	*Sabina chinensis*（L.）Ant.	阿左旗	无危（LC）	
	刺柏属 *Juniperus* L.	杜松	*Juniperusrigida* Sieb. et Zucc.	阿左旗	近危（NT）	
杨柳科 Salicaceae	杨属 *Populus* L.	胡杨	*Populus euphratica* Oliv.	全盟	无危（LC）	
		山杨	*Populus davidiana* Dode	阿左旗、阿右旗	无危（LC）	
		阿拉善杨	*Populus alachanica*Kom.	阿左旗、阿右旗	未予评估（NE）	
	柳属 *Salix* L.	白柳	*Salix alba* L.	阿左旗	无危（LC）	
		密齿柳	*Salix characta* C. K. Schneid.	阿左旗	未予评估（NE）	
		中国黄花柳	*Salixsinica*（K. S. Hao ex C. F. Fang et Skv.）G. Zhu	阿左旗	无危（LC）	是
		小红柳	*Salixmicrostachya* Turcz. ex Trautv var. *bordensis*（Nakai）C. F. Fang	阿左旗	无危（LC）	是
		毛蕊杯腺柳（山生柳）	*Salix oritrepha* C. K. Schneid.	阿左旗	无危（LC）	
		乌柳	*Salix cheilophila* C. K. Schneid.	阿左旗、阿右旗	无危（LC）	是
		线叶柳	*Salixwilhelmsiana* Bieb.	全盟	无危（LC）	
		北沙柳	*Salixpsammophila* C. Wang et Ch. Y. Yang	阿左旗	无危（LC）	是
		皂柳	*Salixwallichiana* Anderss.	阿左旗	未予评估（NE）	
		川滇柳	Salix rehderiana C. K. Schneid.	阿左旗、阿右旗	无危（LC）	是
桦木科 Betulaceae	桦木属 *Betula* L.	白桦	*Betula platyphylla* Suk.	阿左旗	无危（LC）	
	虎榛子属 *Ostryopsis* Decne.	虎榛子	*Ostryopsis davidiana* Decne.	阿左旗	无危（LC）	是

（续表3）

科	属	种名	学名	分布	红色名录等级	中国特有
榆科 Ulmaceae	榆属 Ulmus L.	旱榆	Ulmus glaucescens Franch. var. glaucescens	阿左旗、阿右旗	无危（LC）	是
		毛果旱榆	Ulmus glaucescens Franch. var. lasiocarpa Rehd.	阿左旗	无危（LC）	是
	朴属 Celtis L.	黑弹树（小叶朴）	Celtisbungeana Blume	阿左旗（贺兰山）		
大麻科 Cannabaceae	葎草属 Humulus L.	葎草	Humulus scandens (Lour.) Merr.	阿左旗（贺兰山）		
荨麻科 Urticaceae	荨麻属 Urtica L.	宽叶荨麻	Urtica laetevirens Maxim.	阿左旗、阿右旗	无危（LC）	
		贺兰山荨麻	Urticahelanshanica W. Z. Di et W. B. Liao	阿左旗、阿右旗	未予评估（NE）	
	墙草属 Parietaria L.	麻叶荨麻	Urtica cannabina L.	阿左旗、阿右旗	未予评估（NE）	
		小花墙草	Parietariamicrantha Ledeb.	阿左旗	无危（LC）	
蓼科 Polygonaceae	大黄属 Rheum L.	总序大黄	Rheumracemiferum Maxim.	阿左旗、阿右旗	未予评估（NE）	
		矮大黄	Rheumnanum Siev. ex Pall.	全盟	无危（LC）	
		单脉大黄	Rheumuninerve Maxim.	阿左旗、阿右旗	近危（NT）	
		华北大黄	Rheum franzenbachii Munt.	阿左旗	未予评估（NE）	
	酸模属 Rumex L.	皱叶酸模	Rumex crispus L.	阿左旗、阿右旗	未予评估（NE）	
		巴天酸模	Rumexpatientia L.	阿左旗	未予评估（NE）	
		长叶酸模	Rumex longifolius DC.	阿左旗	无危（LC）	
		蒙新酸模	Rumex similans K. H. Rechinger	额济纳旗	无危（LC）	
	沙拐枣属 Calligonum L.	阿拉善沙拐枣	Calligonum alaschanicum A. Los.	阿左旗	无危（LC）	是
		乔木状沙拐枣	Calligonum arborescens Litv.	阿左旗	无危（LC）	
		头状沙拐枣	Calligonum caput-medusae Schrenk	阿左旗	无危（LC）	
		沙拐枣	Calligonummongolicum Turcz.	全盟	无危（LC）	
		泡果沙拐枣	Calligonum calliphysa Bunge	额济纳旗	无危（LC）	

（续表4）

科	属	种名	学名	分布	红色名录等级	中国特有
蓼科 Polygonaceae	木蓼属 *Atraphaxis* L.	锐枝木蓼	*Atraphaxispungens*（M. B.）Jaub. et Spach.	阿左旗、阿右旗	无危（LC）	
		沙木蓼	*Atraphaxisbracteata* A. Los.	全盟	无危（LC）	
		木蓼	*Atraphaxis frutescens*（L.）Eversm.	阿右旗	无危（LC）	
		圆叶木蓼	*Atraphaxis tortuosa* A. Los.	阿左旗	未予评估（NE）	
		长枝木蓼	*Atraphaxis virgata*（Regel）Krassnov	额济纳旗	无危（LC）	
	蓼属 *Polygonum* L.	珠芽蓼	*Polygonumviviparum* L.	阿左旗	未予评估（NE）	
		圆穗蓼	*Polygonummacrophyllum* D. Don.	阿左旗	未予评估（NE）	
		习见蓼	*Polygonumplebeium* R. Br.	阿右旗	未予评估（NE）	
		萹蓄	*Polygonum aviculare* L.	全盟	未予评估（NE）	
		水蓼	*Polygonum hydropiper* L.	阿左旗	未予评估（NE）	
		酸模叶蓼	*Polygonum lapathifolium* L. var. *lapathifolium*	额济纳旗	未予评估（NE）	
		绵毛酸模叶蓼	*Polygonum lapathifolium* L. var. *salicifolium* Sibth.	额济纳旗	未予评估（NE）	
		西伯利亚蓼	*Polygonum sibiricum* Laxm. var. *sibiricum*	全盟	未予评估（NE）	
		细叶西伯利亚蓼	*Polygonum sibiricum* Laxm. var. *thomsonii* Meisn.	阿左旗、阿右旗	无危（LC）	
		头序蓼	*Polygonumnepalense* Meisn.	阿左旗	未予评估（NE）	
		拳蓼（拳参）	*Polygonumbistorta* L.	阿左旗	无危（LC）	
		箭叶蓼	*Polygonum sagittatum* L.	阿左旗	未予评估（NE）	
	首乌属 *Fallopia* Adanson	木藤首乌 （木藤蓼）	*Fallopia aubertii*（L. Henry）Holub	阿左旗	无危（LC）	是
		蔓首乌（卷茎蓼）	*Fallopia convolvulus*（L.）A. Love	阿左旗	未予评估（NE）	

（续表5）

科	属	种名	学名	分布	红色名录等级	中国特有
藜科 Chenopodiaceae	盐穗木属 *Halostachys* C. A. Mey. ex Schrenk	盐穗木	*Halostachys caspica* C. A. Mey.	额济纳旗	无危（LC）	
	假木贼属 *Anabasis* L.	短叶假木贼	*Anabasis brevifolia* C. A. Mey.	全盟	数据缺乏（DD）	
	梭梭属 *Haloxylon* Bunge	梭梭	*Haloxylon ammodendron* （C. A. Mey.）Bunge	全盟	无危（LC）	
	驼绒藜属 *Krascheninnikovia* Gueld	驼绒藜	*Krascheninnikovia ceratoides* （L.）Gueld.	全盟	未予评估（NE）	
		华北驼绒藜	*Krascheninnikovia* *arborescens* （Losina-Losinsk.） Czerep.	阿右旗	未予评估（NE）	
	滨藜属 *Atriplex* L.	中亚滨藜	*Atriplex centralasiatica* Iljin var. *centralasiatica*	全盟	未予评估（NE）	
		野榆钱菠菜	*Atriplex aucheri* Moq. -Tandon	额济纳旗	无危（LC）	
		角果野滨藜	*Atriplex fera*（L.）Bunge var. *commixta* H. C. Fu et Z. Y. Chu	阿右旗、 额济纳旗	未予评估（NE）	
		西伯利亚滨藜	*Atriplex sibirica* L.	全盟	未予评估（NE）	
		滨藜	*Atriplex patens*（Litv.） Iljin	阿左旗、阿右旗	未予评估（NE）	
		阿拉善滨藜	*Atriplex alaschanica* Y. Z. Zhao	阿左旗	未予评估（NE）	
	轴藜属 *Axyris* L.	杂配轴藜	*Axyris hybrida* L.	阿左旗、阿右旗	数据缺乏（DD）	
		平卧轴藜	*Axyris prostrata* L.	阿左旗、 额济纳旗	无危（LC）	
	雾冰藜属 *Bassia* All.	雾冰藜	*Bassia dasyphylla*（Fisch. et C. A.Mey.）Kuntze	全盟	未予评估（NE）	
		钩刺雾冰藜	*Bassia hyssopifolia*（Pall.） Kuntze	额济纳旗	无危（LC）	
		肉叶雾滨藜	*Bassia sedoides*（Schrad.） Asch.	额济纳旗	未予评估（NE）	
	藜属 *Chenopodium* L.	灰绿藜	*Chenopodium glaucum* L.	全盟	无危（LC）	
		红叶藜	*Chenopodium rubrum* L.	阿左旗、 额济纳旗	未予评估（NE）	

（续表6）

科	属	种名	学名	分布	红色名录等级	中国特有
藜科 Chenopodiaceae	藜属 *Chenopodium* L.	小白藜	*Chenopodium iljinii* Golosk.	阿左旗、阿右旗	无危（LC）	
		尖头叶藜	*Chenopodium acuminatum* Willd. subsp. *acuminatum*	阿左旗、阿右旗	无危（LC）	
		杂配藜	*Chenopodium hibridum* L.	阿左旗	无危（LC）	
		小藜	*Chenopodium ficifolium* Sm.	阿左旗	无危（LC）	
		藜	*Chenopodium album* L.	全盟	无危（LC）	
		平卧藜	*Chenopodium karoi*（Murr）Aellen	阿左旗	无危（LC）	
	刺藜属 *Dysphania* R. Br.	菊叶香藜	*Dysphania schraderiana*（Roemer et Schultes）Mosyakin et Clemants	阿左旗	未予评估（NE）	
		刺藜	*Dysphania aristata*（L.）Mosyakin et Clemants	阿左旗	无危（LC）	
	合头藜属 *Sympegma* Bunge	合头藜	*Sympegmaregelii* Bunge	全盟	无危（LC）	
	猪毛菜属 *Salsola* L.	松叶猪毛菜	*Salsola laricifolia* Turcz. ex Litv.	全盟	无危（LC）	
		珍珠猪毛菜	*Salsola passerina* Bunge	全盟	无危（LC）	
		木本猪毛菜	*Salsola arbuscula* Pall.	全盟	无危（LC）	
		蒿叶猪毛菜	*Salsola abrotanoides* Bunge	额济纳旗	无危（LC）	
		柴达木猪毛菜	*Salsola zaidamica* Iljin	全盟	无危（LC）	
		猪毛菜	*Salsola collina* Pall.	全盟	未予评估（NE）	
		单翅猪毛菜	*Salsolamonoptera* Bunge	额济纳旗	无危（LC）	
		薄翅猪毛菜	*Salsola pellucida* Litv.	全盟	无危（LC）	
		刺沙蓬	*Salsola tragus* L.	全盟	未予评估（NE）	
		蒙古猪毛菜	*Salsola ikonnikovii* Iljin	阿左旗	无危（LC）	
		糖紫猪毛菜	*Salsola beticolor* Iljin	阿左旗	未予评估（NE）	
	戈壁藜属 *Iljinia* Korov.	戈壁藜	*Iljinia regelii*（Bunge）Korov.	额济纳旗	近危（NT）	

（续表7）

科	属	种名	学名	分布	红色名录等级	中国特有
藜科 Chenopodiaceae	盐爪爪属 *Kalidium* Moq.	盐爪爪	*Kalidium foliatum* (Pall.) Moq. -Tandon	全盟	无危（LC）	
		细枝盐爪爪	*Kalidium gracile* Fenzl	全盟	未予评估（NE）	
		尖叶盐爪爪	*Kalidium cuspidatum* (Ung. -Sternb.) Grub. var. *cuspidatum*	全盟	无危（LC）	
		黄毛头	*Kalidium cuspidatum* (Ung. -Sternb.) Grub. var. *sinicum* A. J. Li	全盟	未予评估（NE）	
	碱蓬属 *Suaeda* Forsk. ex J. F. Gmelin	碱蓬	*Suaeda glauca* (Bunge) Bunge var. *glauca*	全盟	无危（LC）	
		密花碱蓬	*Suaeda glauca* (Bunge) Bunge var. *conferiflora* H.C. Fu et Z. Y. Chu	额济纳旗	未予评估（NE）	
		盘果碱蓬	*Suaedaheterophylla* (Kar. et Kir.) Bunge	额济纳旗	数据缺乏（DD）	
		星花碱蓬	*Suaeda stellatiflora* G. L. Chu	阿左旗、阿右旗	无危（LC）	是
		平卧碱蓬	*Suaedaprostrata* Pall.	全盟	无危（LC）	
		盐地碱蓬	*Suaedasalsa* (L.) Pall.	全盟	无危（LC）	
		茄叶碱蓬	*Suaeda przewalskii* Bunge	阿左旗、阿右旗	无危（LC）	
		肥叶碱蓬	*Suaeda kossinskyi* Iljin	全盟	无危（LC）	
		角果碱蓬	*Suaeda corniculata* (C. A. Mey.) Bunge	全盟	无危（LC）	
		镰叶碱蓬	*Suaeda crassifolia* Pall.	额济纳旗	无危（LC）	
	地肤属 *Kochia* Roth	黑翅地肤	*Kochiamelanoptera* Bunge	全盟	数据缺乏（DD）	
		木地肤	*Kochiaprostrata* (L.) Schrad. var. *prostrata*	阿左旗、阿右旗	无危（LC）	
		地肤	*Kochia scoparia* (L.) Schrad.	全盟	未予评估（NE）	
		碱地肤	*Kochia sieversiana* (Pall.) C. A. Mey.	全盟	无危（LC）	
		宽翅地肤	*Kochiamacroptera* Iljin	全盟	未予评估（NE）	
		毛花地肤	*Kochialaniflora* (S. G. Gmel.) Borb.	额济纳旗	无危（LC）	

（续表8）

科	属	种名	学名	分布	红色名录等级	中国特有
藜科 Chenopodiaceae	沙蓬属 Agriophyllum M. Bieb.	沙蓬	Agriophyllum squarrosum (L.) Moq. -Tandon	全盟	未予评估（NE）	
	虫实属 Corispermum L.	碟果虫实	Corispermum patelliforme Iljin	阿左旗、阿右旗	无危（LC）	
		毛果绳虫实	Corispermum declinatum Steph. ex Iljin var. tylo-carpum	阿左旗、额济纳旗	无危（LC）	
		蒙古虫实	Corispermum mongolicum Iljin	全盟	数据缺乏（DD）	
		中亚虫实	Corispermum heptapotamicum Iljin	全盟	无危（LC）	
		光果软毛虫实	Corispermum puberulum Iljin var. ellipsocarpum C. P. Tsien et C. G. Ma	阿左旗	未予评估（NE）	
	盐角草属 Salicornia L.	盐角草	Salicornia europaea L.	全盟	未予评估（NE）	
	单刺蓬属 Cornulaca Del.	阿拉善单刺蓬	Cornulaca alaschanica C. P. Tsien et G. L. Chu	阿左旗、阿右旗	近危（NT）	是
	盐生草属 Halogeton C. A. Mey.	盐生草	Halogeton glomeratus (M. Beib.) C. A. Mey.	全盟	未予评估（NE）	
	蛛丝蓬属 Micropeplis Bunge	蛛丝蓬	Micropeplis arachnoidea (Moq. -Tandon) Bunge	全盟	未予评估（NE）	
苋科 Amaranthaceae	苋属 Amaranthus L.	反枝苋	Amaranthusretroflexus L.	阿左旗、阿右旗	未予评估（NE）	
		北美苋	Amaranthusblitoides S. Watson	阿左旗	未予评估（NE）	
马齿苋科 Portulacaceae	马齿苋属 Portulaca L.	马齿苋	Portulaca oleracea L.	阿左旗、阿右旗	未予评估（NE）	
石竹科 Caryophyllaceae	牛膝姑草属 Spergularia (pers.) J. et C. Presl	牛膝姑草	Spergulariamarina (L.) Bess.	全盟	无危（LC）	
		缘翅牛膝姑草	Spergulariamedia (L.) C. Presl ex Griseb.	额济纳旗	无危（LC）	

（续表9）

科	属	种名	学名	分布	红色名录等级	中国特有
石竹科 Caryophyllaceae	裸果木属 *Gymnocarpos* Forsk.	裸果木	*Gymnocarpos przewalskii* Bunge ex Maxim.	全盟	无危（LC）	
	孩儿参属 *Pseudostellaria* Pax	贺兰山孩儿参	*Pseudostellaria helanshanensis* W. Z. Di et Y. Ren	阿左旗	未予评估（NE）	
		石生孩儿参	*Pseudostellaria rupestris* (Turcz.) Pax	阿左旗	未予评估（NE）	
		孩儿参	*Pseudostellaria heterophylla* (Miquel) Pax	阿左旗	无危（LC）	
		异花孩儿参	*Pseudostellaria heterantha* (Maxim.) Pax	阿左旗	无危（LC）	
	蚤缀属 *Arenaria* L.	高山蚤缀	*Arenaria meyeri* Fenzl	阿左旗	无危（LC）	
		点地梅蚤缀	*Arenaria androsacea* Grub.	阿左旗	无危（LC）	
	繁缕属 *Stellaria* L.	二柱繁缕	*Stellaria bistyla* Y. Z. Zhao	阿左旗、阿右旗	近危（NT）	是
		小伞花繁缕	*Stellaria parviumbellata* Y. Z. Zhao	阿左旗	未予评估（NE）	
		伞花繁缕	*Stellaria umbellata* Turcz.	阿左旗、阿右旗	未予评估（NE）	
		钝萼繁缕	*Stellaria amblyosepala* Schrank.	全盟	无危（LC）	
		贺兰山繁缕	*Stellaria alaschanica* Y. Z. Zhao	阿左旗	无危（LC）	是
		禾叶繁缕	*Stellaria graminea* L.	阿左旗	无危（LC）	
		沙地繁缕	*Stellaria gypsophyloides* Fenzl	阿左旗	未予评估（NE）	
		短瓣繁缕	*Stellaria brachypetala* Bunge	阿左旗、阿右旗	无危（LC）	
	卷耳属 *Cerastium* L.	簇生卷耳	*Cerastium fontanum* Baumg. subsp. *Vulgare* (Hartman) Greuter et Burdet	阿左旗	无危（LC）	
		山卷耳（小）	*Cerastium pusillum* Ser.	阿左旗、阿右旗	无危（LC）	
		卷耳	*Cerastium arvense* L. subsp. *Strictum* Gaudin	阿左旗	无危（LC）	

（续表10）

科	属	种名	学名	分布	红色名录等级	中国特有
石竹科 Caryophyllaceae	薄蒴草属 *Lepyrodiclis* Fenzl	薄蒴草	*Lepyrodiclis holosteoides* (C. A. Mey.) Fenzl ex Fisch. et C. A. Mey.	阿左旗	无危（LC）	
	女娄菜属 *Melandrium* Roehl.	耳瓣女娄菜	*Melandrium auritipetalum* Y. Z. Zhao et P. Ma	阿左旗	未予评估（NE）	
		瘤翅女娄菜	*Melandrium verrucoso-alatum* Y. Z. Zhao et P. Ma	阿左旗	未予评估（NE）	
		女娄菜	*Melandrium apricum* (Turcz. ex Fisch. Et C. A. Mey.) Rohrb. var. *apricum*	阿左旗、阿右旗	无危（LC）	
		长果女娄菜	*Melandrium longicarpum* Y. Z. Zhao et Z. Y. Chu	阿左旗	未予评估（NE）	
		贺兰山女娄菜	*Melandrium alaschanicum* (Maxim.) Y. Z. Zhao	阿左旗	未予评估（NE）	
		龙首山女娄菜	*Melandrium longshoushanicum* L. Q. Zhao et Y. Z. Zhao	阿右旗	未予评估（NE）	
	麦瓶草属 *Silene* L.	毛萼麦瓶草	*Silenerepens* Patr. var. *repens*	阿左旗、阿右旗	未予评估（NE）	
		宁夏麦瓶草	*Sileneningxiaensis* C. L. Tang	阿左旗	无危（LC）	是
		旱麦瓶草	*Silene jenisseensis* Willd. var. *jenisseensis*	阿左旗	未予评估（NE）	
		细麦瓶草	*Silene gracilicaulis* C. L. Tang	阿右旗	无危（LC）	是
	丝石竹属（石头花属） *Gypsophila* L.	荒漠丝石竹	*Gypsophila desertorum* (Bunge) Fenzl	阿左旗	无危（LC）	
		头花丝石竹	*Gypsophila capituliflora* Rupr.	全盟	无危（LC）	
		尖叶丝石竹	*Gypsophila licentiana* Hand. -Mazz.	阿左旗	无危（LC）	
	石竹属 *Dianthus* L.	瞿麦	*Dianthus superbus* L.	阿左旗	无危（LC）	
	王不留行属 *Vaccaria* Medic	王不留行	*Vaccariahispanica* (Mill.) Rausch.	阿左旗	无危（LC）	

（续表11）

科	属	种名	学名	分布	红色名录等级	中国特有
毛茛科 *Ranunculaceae*	类叶升麻属 *Actaea* L.	类叶升麻	*Actaea asiatica* Hara	阿左旗	无危（LC）	
	耧斗菜属 *Aquilegia* L.	耧斗菜	*Aquilegiaviridiflora* Pall. var. *vidiflora*	阿左旗、阿右旗	无危（LC）	
		紫花耧斗菜	*Aquilegiaviridiflora* Pall. var. *atropurpurea* (Willd.) Finet et Gagnep	阿左旗、阿右旗	无危（LC）	
	拟耧斗菜属 *Paraquilegia* Drumm. et Hutch.	乳突拟耧斗菜	*Paraquilegia anemonoides* (Willd.) Ulbr.	阿左旗	近危（NT）	
	蓝堇草属 *Leptopyrum* Rchb.	蓝堇草	*Leptopyrum fumarioides* (L.) Reichb.	阿左旗、阿右旗	未予评估（NE）	
	唐松草属 *Thalictrum* L.	高山唐松草	*Thalictrum alpinum* L.	阿左旗	无危（LC）	
		球果唐松草	*Thalictrumbaicalense* Turcz.	阿左旗	未予评估（NE）	
		瓣蕊唐松草	*Thalictrumpetaloideum* L. var. *petaloideum*	阿左旗	无危（LC）	
		细唐松草	*Thalictrum tenue* Franch.	阿左旗	无危（LC）	是
		香唐松草	*Thalictrum foetidum* L.	阿左旗、阿右旗	未予评估（NE）	
		欧亚唐松草	*Thalictrumminus* L. var. minus	阿左旗	无危（LC）	
		东亚唐松草	*Thalictrum minus* L. var. *hypoleucum* (Sieb. et Zucc.) Miq.	阿左旗	无危（LC）	
		箭头唐松草	*Thalictrum simplex* L. var. simplex	阿左旗	无危（LC）	
		短梗箭头唐松草	*Thalictrum simplex* L. var. brevipes H. Hara	阿左旗	数据缺乏（DD）	
	银莲花属 *Anemone* L.	疏齿银莲花	*Anemone geum* H. Leveille subsp. *ovalifolia* (Bruhl) R. P. Chaudhary	阿左旗	无危（LC）	
		卵裂银莲花	*Anemone sibirica* L.	阿左旗	未予评估（NE）	
		展毛银莲花	*Anemone demissa* J. D. Hook. et Thoms.	阿左旗	无危（LC）	
		阿拉善银莲花	*Anemone alaschanica* (Schipcz.) Borod. Grabovsk.	阿左旗	未予评估（NE）	

（续表12）

科	属	种名	学名	分布	红色名录等级	中国特有
毛茛科 *Ranunculaceae*	白头翁属 *Pulsatilla* Adans.	细叶白头翁	*Pulsatilla turczaninovii* Kryl. et Serg.	阿左旗	无危（LC）	
	侧金盏花属 *Adonis* L.	甘青侧金盏花	*Adonisbobroviana* Sim.	阿右旗	未予评估（NE）	
	水毛茛属 *Batrachium* S. F. Gray	小水毛茛	*Batrachium eradicatum* (Laest.) Freis	阿左旗	无危（LC）	
	水葫芦苗属（碱毛茛属）*Halerpestes* E. L. Greene	水葫芦苗（碱毛根）	*Halerpestes sarmentosa* (Adams) Kom. et Aliss.	阿左旗、阿右旗	未予评估（NE）	
		金戴戴（长叶碱毛根）	*Halerpestesruthenica*（Jacq.）Ovcz.	全盟	未予评估（NE）	
	毛茛属 *Ranunculus* L.	贺兰山毛茛	*Ranunculus alaschaninus* Y. Z. Zhao	阿左旗	未予评估（NE）	
		圆叶毛茛	*Ranunculus indivisus* (Maxim.) Hand. −Mazz.	阿左旗	无危（LC）	是
		栉裂毛茛	*Ranunculus pectinatilobus* W. T. Wang	阿左旗	近危（NT）	是
		鸟足毛茛	*Ranunculusbrotherusii* Freyn	阿左旗	无危（LC）	
		叉裂毛茛	*Ranunculus furcatifidus* W. T. Wang	阿左旗	无危（LC）	是
		裂叶毛茛	*Ranunculuspedatifidus* J. E. Smith.	阿左旗、阿右旗	无危（LC）	
		高原毛茛	*Ranunculus tanguticus* (Maxim.) Ovcz.	阿左旗	无危（LC）	
		天山毛茛	*Ranunculuspopovii* Ovcz.	阿右旗	无危（LC）	
		回回蒜	*Ranunculus chinensis* Bunge	阿左旗	未予评估（NE）	
	铁线莲属 *Clematis* L.	灌木铁线莲	*Clematis fruticosa* Turcz. var. fruticosa	阿左旗	无危（LC）	
		灰叶铁线莲	*Clematis tomentella* (Maxim.) W. T. Wang et L. Q. Li	全盟	无危（LC）	是

（续表13）

科	属	种名	学名	分布	红色名录等级	中国特有
毛茛科 *Ranunculaceae*	铁线莲属 *Clematis* L.	准噶尔铁线莲	*Clematis songorica* Bunge	额济纳旗	无危（LC）	
		短尾铁线莲	*Clematisbrevicaudata* DC.	阿左旗、阿右旗	无危（LC）	
		西伯利亚铁线莲	*Clematissibirica*（L.）Mill. var. *sibirica*	阿左旗	无危（LC）	
		小叶铁线莲	*Clematisnannophylla* Maxim.	阿左旗	无危（LC）	是
		半钟铁线莲	*Clematissibirica*（L.）Mill. var. *ochotensis*（Pall.）S. H. Li et Y. H. Huang	阿左旗	无危（LC）	
		长瓣铁线莲	*Clematismacropetala* Ledeb. var. *macropetala*	阿左旗	无危（LC）	
		紫红花大瓣铁线莲	*Clematismacropetala* Ledeb. var. *punicoflora* Y. Z. Zhao	阿左旗	未予评估（NE）	
		白花长瓣铁线莲	*Clematismacropetala* Ledeb. var. *albifolora*（Maxim. ex Kuntz.）Hand. –Mazz.	阿左旗	无危（LC）	是
		芹叶铁线莲	*Clematis aethusifolia* Turcz. var. aethusifolia	阿左旗、阿右旗	无危（LC）	
		宽芹叶铁线莲	*Clematis aethusifolia* Turcz. var. pratensis Y. Z. Zhao	阿左旗	无危（LC）	
		东方铁线莲	*Clematisorientalis* L.	额济纳旗	未予评估（NE）	
		黄花铁线莲	*Clematis intricata* Bunge var. *intricata*	全盟	无危（LC）	
		甘青铁线莲	*Clematis tangutica*（Maxim.）Korsh.	阿右旗	无危（LC）	
		甘川铁线莲	*Clematis akebioides*（Maxim.）Veitch.	阿左旗、阿右旗	无危（LC）	是
	翠雀属 *Delphinium* L.	白蓝翠雀花	*Delphinium albocoeruleum* Maxim. var. *albocoeruleum*	阿左旗	无危（LC）	是
		贺兰山翠雀	*Delphinium albocoeruleum* Maxim. var. *przewalskii*（Huth）W. T. Wang	阿左旗	无危（LC）	是
		宽裂白蓝翠雀	*Delphinium albocoeruleum* Maxim. var. *latilobum* Y. Z. Zhao	阿左旗	未予评估（NE）	
		软毛翠雀花	*Delphiniummollipilum* W. T. Wang	阿左旗	无危（LC）	是

（续表 14）

科	属	种名	学名	分布	红色名录等级	中国特有
小檗科 Berberidaceae	小檗属 *Berberis* L.	刺叶小檗	*Berberis sibirica* Pall.	阿左旗	无危（LC）	
		鄂尔多斯小檗	*Berberis caroli* C. K. Schneid.	阿右旗	未予评估（NE）	
		黄芦木	*Berberis amurensis* Rupr.	阿左旗	无危（LC）	
		置疑小檗	*Berberis dubia* C. K. Schneid.	阿左旗、阿右旗	无危（LC）	是
罂粟科 Papaveraceae	白屈菜属 *Chelidonium* L.	白屈菜	*Chelidoniummajus* L.	阿左旗	无危（LC）	
	角茴香属 *Hypecoum* L.	角茴香	*Hypecoum erectum* L.	阿左旗、阿右旗	未予评估（NE）	
		节裂角茴香（细果角茴香）	*Hypecoum leptocarpum* J. D. Hook. et Thoms.	阿左旗、阿右旗	未予评估（NE）	
紫堇科 Fumariaceae	紫堇属 *Corydalis* Vent.	红花紫堇	*Corydalis livida* Maxim.	阿右旗	无危（LC）	是
		贺兰山延胡索	*Corydalis alaschanica* (Maxim.) Peschkova	阿左旗	近危（NT）	是
		灰绿紫堇	*Corydalis adunca* Maxim.	阿左旗、阿右旗	未予评估（NE）	
		蛇果紫堇	*Corydalis ophiocarpa* J. D. Hook. et Thoms.	阿左旗	无危（LC）	
十字花科 Cruciferae	沙芥属 *Pugionium* Gaertn.	宽翅沙芥	*Pugionium dolabratum* Maxim.	阿左旗、阿右旗	无危（LC）	
	群心菜属 *Cardaria* Desv.	毛果群心菜	*Cardaria pubescens* (C. A. Mey.) Jarm.	额济纳旗	无危（LC）	
	四棱芥属 *Goldbachia* DC.	四棱芥	*Goldbachia laevigata* (M. Bieb.) DC.	阿左旗、阿右旗	无危（LC）	
	菥蓂属 *Thlaspi* L.	菥蓂	*Thlaspi arvense* L.	阿左旗	无危（LC）	
	独行菜属 *Lepidium* L.	抱茎独行菜	*Lepidiumperfoliatum*.	额济纳旗	无危（LC）	
		北方独行菜	*Lepidium cordatum* Willd. ex Stev.	全盟	无危（LC）	
		宽叶独行菜	*Lepidium latifolium* L.	全盟	无危（LC）	
		钝叶独行菜	*Lepidium obtusum* Basin.	阿左旗、额济纳旗	无危（LC）	
		独行菜	*Lepidium apetalum* Willd.	全盟	无危（LC）	
		阿拉善独行菜	*Lepidium alashanicum* H. L. Yang	全盟	未予评估（NE）	

（续表 15）

科	属	种名	学名	分布	红色名录等级	中国特有
十字花科 Cruciferae	阴山荠属 *Yinshania* Y. C. Ma & Y. Z. Zhao	阴山荠	*Yinshania acutangula* (O. E. Schulz) Y. H. Zhang	阿左旗	未予评估（NE）	
	荠属 *Capsella* Medik.	荠	*Capsella bursa-pastoris* (L.) Madik.	阿左旗	无危（LC）	
	葶苈属 *Draba* L.	葶苈	*Drabanemorosa* L.	阿左旗	无危（LC）	
		喜山葶苈	*Draba oreades* Schrenk	阿左旗	无危（LC）	
		蒙古葶苈	*Drabamongolica* Turcz.	阿左旗、阿右旗	无危（LC）	
		苞序葶苈	*Draba ladyginii* Pohle	阿左旗	无危（LC）	是
	燥原荠属 *Ptilotrichum* C. A. Mey.	燥原荠	*Ptilotrichum canescens* (DC.) C. A. Mey.	全盟	未予评估（NE）	
		薄叶燥原荠	*Ptilotrichum tenuifolium* (Steph. ex Willd.) C. A. Mey.	阿左旗、阿右旗	未予评估（NE）	
	爪花芥属 *Oreoloma* Botsch.	紫花棒果芥（紫爪花芥）	*Oreolomamatthioloides* (Franch.) Botsch.	阿左旗、阿右旗	无危（LC）	是
		黄花棒果芥（爪花芥）	*Oreoloma violaceum* Botsch.	阿右旗	无危（LC）	
	双棱荠属（小柱芥属、小柱荠属）*Microstigma* Trautv.	短果双棱荠	*Microstigma brachycarpum* Botsch.	阿右旗	无危（LC）	
		尤纳托夫双棱荠	*Microstigma junatovii* Grub.	阿左旗	未予评估（NE）	
	连蕊芥属 *Synstemon* Botsch	连蕊芥	*Synstemon petrovii* Botsch.	阿左旗、阿右旗	无危（LC）	是
	大蒜芥属 *Sisymbrium* L.	垂果大蒜芥	*Sisymbrium heteromallum* C. A. Mey.	阿左旗、阿右旗	无危（LC）	
	花旗杆属 *Dontostemon* Andrz. ex C. A. Mey.	扭果花旗杆	*Dontostemon elegans* Maxim.	阿右旗、额济纳旗	无危（LC）	
		白毛花旗杆	*Dontostemon senilis* Maxim.	阿左旗、阿右旗	无危（LC）	
		厚叶花旗杆	*Dontostemon crassifolius* (Bunge) Maxim.	阿左旗、阿右旗	无危（LC）	
		全缘叶花旗杆（无腺花旗杆）	*Dontostemon integrifolius* (L.) C. A. Mey.	阿左旗	无危（LC）	

（续表16）

科	属	种名	学名	分布	红色名录等级	中国特有
十字花科 Cruciferae	异果芥属 *Diptychocarpus* Trautv.	异果芥	*Diptychocarpus strictus* (Fisch. ex M. Bieb.) Trautv.	额济纳旗	无危（LC）	
	异蕊芥属 *Dimorphostemon* Kitag.	异蕊芥	*Dimorphostemon pinnatifitus* (Willd.) H. L. Yang	阿左旗	未予评估（NE）	
		腺异蕊芥	*Dimorphostemon glandulosus* (Kar. et Kir.) Golubk.	阿左旗	未予评估（NE）	
	糖芥属 *Erysimum* L.	小花糖芥	*Erysimum cheiranthoides* L.	阿左旗	无危（LC）	
		小糖芥	*Erysimum sisymbrioides* C. A. Mey.	额济纳旗	近危（NT）	
	念珠芥属 *Neotorularia* Hedge et J. Leonard	蚓果芥	*Neotorulariahumilis* (C. A. Mey.) Hedge et J. Leonord	阿左旗、阿右旗	无危（LC）	
	涩荠属（离蕊芥属） *Malcolmia* R. Br.	涩芥（离蕊芥）	*Malcolmia africana* (L.) R. Br.	阿右旗、额济纳旗	无危（LC）	
	南芥属 *Arabis* L	垂果南芥（粉绿垂果南芥）	*Arabispendula* L.	阿左旗	无危（LC）	
		硬毛南芥	*Arabis hirsuta* (L.) Scop.	阿左旗	无危（LC）	
	针喙芥属 *Acirostrum* Y. Z. Zao	针喙芥（贺兰山南芥）	*Acirostrum alaschanicum* (Maxim.) Y. Z. Zhao	阿左旗	无危（LC）	
景天科 Crassulaceae	瓦松属 *Orostachys* Fisch.	瓦松	*Orostachys fimbriata* (Turcz.) A. Berger	阿左旗、阿右旗	未予评估（NE）	
	红景天属 *Rhodiola* L.	小丛红景天	*Rhodiola dumulosa* (Franch.) S. H. Fu	阿左旗、阿右旗	无危（LC）	
	景天属 *Sedum* L.	阔叶景天	*Sedumroborowskii* Maxim.	阿左旗	无危（LC）	
	费菜属 *Phedimus* Rafin.	乳毛费菜	*Phedimus aizoon* (L.) 't Hart. var. *scabrus* (Maxim.) H. Ohba et al.	阿左旗、阿右旗	无危（LC）	是

（续表 17）

科	属	种名	学名	分布	红色名录等级	中国特有
虎耳草科 Saxifragaceae Ribes L.	虎耳草属 Saxifraga L.	点头虎耳草	*Saxifraga cernua* L.	阿左旗	无危（LC）	
		爪虎耳草	*Saxifragaunguiculata* Engl.	阿左旗	未予评估（NE）	
		挪威虎耳草	*Saxifraga oppositifolia* L.	阿左旗	无危（LC）	
	茶藨子属 Pibes L	小叶茶藨	*Ribes pulchellum* Turcz. var. *pulchellum*	阿左旗	未予评估（NE）	
		瘤糖茶藨	*Ribes himalense* Royle. ex Decne var. *verruculosum*（Rehd.）L. T. Lu	阿左旗、阿右旗	无危（LC）	是
蔷薇科 Rosaceae	绣线菊属 Spiraea L.	楼斗叶绣线菊	*Spiraea aquilegiifolia* Pall.	阿左旗、阿右旗	无危（LC）	
		三裂绣线菊	*Spiraea trilobata* L. var. *trilobata*	阿左旗	无危（LC）	
		金丝桃叶绣线菊	*Spiraeahypericifolia* L.	阿左旗	无危（LC）	
		蒙古绣线菊	*Spiraeamongolica* Maxim.	阿左旗、阿右旗	无危（LC）	是
		回折绣线菊	*Spiraeaningshiaensis* T. T. Yü et L. T. Lu	阿左旗	濒危（EN）	是
		阿拉善绣线菊	*Spiraea alaschanica*Y. Z. Zhao et T. J. Wang	阿左旗	无危（LC）	是
		石蚕叶绣线菊	*Spiraea chamaedryfolia* L.	阿左旗	未予评估（NE）	
	鲜卑花属 Sibiraea Maxim.	鲜卑花	*Sibiraea laevigata*（L.）Maxim.	阿右旗	无危（LC）	
	枸子属 Cotoneaster Medikus	水枸子	*Cotoneaster multiflorus* Bunge	阿左旗	无危（LC）	
		毛叶水枸子	*Cotoneaster submultiflorus* Popov	阿左旗	无危（LC）	
		蒙古枸子	*Cotoneaster mongolicus* Pojark.	全盟	无危（LC）	
		准噶尔枸子	*Cotoneaster soongoricus*（Regel et Herd.）Popov	阿左旗、阿右旗	无危（LC）	
		西北枸子	*Cotoneaster zabelii* C. K. Schneid.	阿左旗	无危（LC）	是
		细枝枸子	*Cotoneaster tenuipes* Rehd. Et E. H. Wilson	阿左旗	无危（LC）	是
		黑果枸子	*Cotoneaster melanocarpus* Lodd.	阿左旗、阿右旗	无危（LC）	
		灰枸子	*Cotoneaster acutifolius* Turcz.	阿左旗	未予评估（NE）	

（续表18）

科	属	种名	学名	分布	红色名录等级	中国特有
蔷薇科 Rosaceae	苹果属 *Malus* Mill.	花叶海棠	*Malus transitoria*（Batal.）C. K. Schneid.	阿左旗	无危（LC）	是
	蔷薇属 *Rosa* L.	黄刺玫	*Rosaxanthina* Lindl.	阿左旗	无危（LC）	是
		山刺玫	*Rosa davurica* Pall.	阿左旗	无危（LC）	
		美蔷薇	*Rosabella* Rehd. et E. H. Wilson	阿左旗	无危（LC）	是
		龙首山蔷薇	*Rosa longshoushanica* L. Q. Zhao et Y. Z. Zhao	阿右旗	未予评估（NE）	
		刺蔷薇	*Rosa acicularis* Lindl.	阿左旗、阿右旗	无危（LC）	
		疏花蔷薇	*Rosa laxa* Retz.	额济纳旗	无危（LC）	
	地榆属 *Sanguisorba* L.	高山地榆	*Sanguisorba alpina* Bunge	阿左旗	无危（LC）	
	悬钩子属 *Rubus* L.	库页悬钩子	*Rubus sachalinensis* Leveille	阿左旗	无危（LC）	
		多腺悬钩子	*Rubusphoenicolasius* Maxim.	阿左旗	无危（LC）	
	绵刺属 *Potaninia* Maxim	绵刺	*Potaniniamongolica* Maxim.	阿左旗、阿右旗	易危（VU）	
	金露梅属 *Pentaphylloides* Ducham.	金露梅	*Pentaphylloides fruticosa*（L.）O. Schwarz	阿左旗	无危（LC）	
		小叶金露梅	*Pentaphylloides parvifolia*（Fisch. ex Lehm.）Sojak.	阿左旗、阿右旗	未予评估（NE）	
		银露梅	*Pentaphylloides glabra*（Lodd.）Y. Z. Zhao var. *glabra*	阿左旗	未予评估（NE）	
		华西银露梅	*Pentaphylloides glabra*（Lodd.）Y. Z. Zhao var. *mandshurica*（Maxim.）Y. Z. Zhao	阿左旗	未予评估（NE）	

（续表19）

科	属	种名	学名	分布	红色名录等级	中国特有
蔷薇科 Rosaceae	委陵菜属 Potentilla L.	星毛委陵菜	Potentilla acaulis L.	阿左旗、阿右旗	无危（LC）	
		雪白委陵菜	Potentilla nivea L.	阿左旗	无危（LC）	
		密枝委陵菜	Potentilla virgata Lehm.	额济纳旗	数据缺乏（DD）	
		二裂委陵菜	Potentilla bifurca L. var. bifurca	阿左旗、阿右旗	无危（LC）	
		高二裂委陵菜	Potentilla bifurca L. var. major Ledeb.	阿左旗、阿右旗	无危（LC）	
		丛生钉柱委陵菜	Potentilla saundersiana Royle var. caespitosa (Lehm.) Th. Wolf	阿左旗	无危（LC）	是
		鹅绒委陵菜	Potentilla anserina L.	全盟	无危（LC）	
		朝天委陵菜（铺地委陵菜）	Potentilla supina L.	阿左旗	无危（LC）	
		华西委陵菜	Potentilla potaninii Th. Wolf	阿左旗、阿右旗	未予评估（NE）	
		绢毛委陵菜	Potentilla sericea L.	阿左旗、阿右旗	无危（LC）	
		多裂委陵菜	Potentilla multifida L. var. multifida	阿左旗	无危（LC）	
		矮生多裂委陵菜	Potentilla multifida L. var. nubigena Th. Wolf	阿左旗、阿右旗	无危（LC）	
		掌叶多裂委陵菜	Potentilla multifida L. var. ornithopoda (Tausch) Th. Wolf	阿左旗	无危（LC）	
		大萼委陵菜	Potentilla conferta Bunge	阿左旗	未予评估（NE）	
		多茎委陵菜	Potentilla multicaulis Bunge	阿左旗、阿右旗	未予评估（NE）	
		西山委陵菜	Potentilla sischanensis Bunge ex Lehm. var. sishanensis	阿左旗	未予评估（NE）	
		齿裂西山委陵菜	Potentilla sischanensis Bunge ex Lehm. var. peterae (Hand.-Mazz.) T. T. Yu et C. L. Li	阿左旗	无危（LC）	是
	沼委陵菜属 Comarum L.	西北沼委陵菜	Comarum salesovianum (Steph.) Asch. et Gr.	阿左旗	无危（LC）	
	山莓草属 Sibbaldia L.	伏毛山莓草	Sibbaldia adpressa Bunge	阿左旗、阿右旗	无危（LC）	

（续表 20）

科	属	种名	学名	分布	红色名录等级	中国特有
蔷薇科 Rosaceae	地蔷薇属 Chamaerhodos Bunge	地蔷薇	Chamaerhodos erecta（L.）Bunge	阿左旗	无危（LC）	
		砂生地蔷薇	Chamaerhodos sabulosa Bunge	阿左旗、阿右旗	无危（LC）	
	桃属 Amygdalus L.	蒙古扁桃	Amygdalusmongolica（Maxim.）Ricker	阿左旗、阿右旗	易危（VU）	
		毛樱桃	Cerasus tomentosa（Thunb.）Wall.	阿左旗	无危（LC）	
	杏属 Armeniaca Mill.	山杏	Armeniaca sibirica（L.）Lam.	阿左旗	无危（LC）	
豆科 Leguminosae	槐属 Styphnobbium Schott	苦豆子	Sophora alopecuroides L.	全盟	无危（LC）	
	沙冬青属 Ammopiptanthus S. H. Cheng	沙冬青	Ammopiptanthus mongolicus（Maxim. ex Kom.）S. H. Cheng	全盟	易危（VU）	
	黄华属 （野决明属） Thermopsis R. Br	披针叶黄华	Thermopsis lanceolata R. Br.	全盟	未予评估（NE）	
		青海黄华	Thermopsisprzewalskii Czefr.	阿左旗	无危（LC）	是
		高山黄华	Thermopsis alpina（Pall.）Ledeb.	阿左旗	未予评估（NE）	
		蒙古黄华	Thermopsismongolice Czefr.	阿左旗、额济纳旗	未予评估（NE）	
	扁蓿豆属 Melilotoides Heist. ex Fabr	扁蓿豆	Melilotoidesruthenica（L.）Sojak	阿左旗	未予评估（NE）	
	苜蓿属 Medicago L.	天蓝苜蓿	Medicago lupulina L.	阿左旗	未予评估（NE）	
		阿拉善苜蓿	Medicago alaschanica Vass.	阿左旗	未予评估（NE）	
		紫花苜蓿	Medicago sativa L.	全盟	未予评估（NE）	
	草木樨属 Melilotus（L.） Mill.	草木樨	Melilotus officinalis（L.）lam.	阿左旗、阿右旗	未予评估（NE）	
		细齿草木樨	Melilotus dentatus（Wald. et Kit.）Pers.	阿左旗	无危（LC）	
		白花草木樨	Melilotus albus Medik.	全盟	无危（LC）	

（续表21）

科	属	种名	学名	分布	红色名录等级	中国特有
豆科 Leguminosae	百脉根属 Lotus L.	细叶百脉根	Lotuskrylovii Schisachk. et Serg.	全盟	无危（LC）	
	苦马豆属 Sphaerophysa DC.	苦马豆	Sphaerophysa salsula（Pall.）DC.	全盟	未予评估（NE）	
	盐豆木属 Halimodendron Fisch. ex DC.	盐豆木	Halimodendron halodendron（Pall.）Druce	阿左旗、阿右旗	无危（LC）	
	锦鸡儿属 Caragana Fabr.	小叶锦鸡儿	Caraganamicrophylla Lam.	阿左旗	无危（LC）	
		短脚锦鸡儿	Caraganabrachypoda Pojark.	阿左旗、阿右旗	无危（LC）	
		狭叶锦鸡儿	Caragana stenophylla Pojark.	阿左旗	无危（LC）	
		甘蒙锦鸡儿	Caragana opulens Kom.	阿左旗、阿右旗	无危（LC）	是
		鬼箭锦鸡儿	Caragana jubata（Pall.）Poir.	阿左旗	无危（LC）	
		粉刺锦鸡儿	Caraganapruinosa Kom.	阿右旗	无危（LC）	
		卷叶锦鸡儿（垫状锦鸡儿）	Caraganaordosica Y. Z. Zhao, Zong Y. Zhu et L. Q. Zhao	阿左旗	未予评估（NE）	
		荒漠锦鸡儿	Caragana roborovskyi Kom.	阿左旗、阿右旗	无危（LC）	是
		白皮锦鸡儿	Caragana leucophloea Pojark.	全盟	无危（LC）	
		柠条锦鸡儿	Caraganakorshinskii Kom.	阿左旗、阿右旗	无危（LC）	
		昆仑锦鸡儿	Caraganapolourensis Franch.	阿右旗	无危（LC）	是
	旱雀豆属 Chesniella Boriss.	蒙古旱雀豆	Chesniellamongolica（Maxim.）Boriss.	全盟	无危（LC）	是
		戈壁旱雀豆	Chesniella ferganensis（Korsh.）Boriss.	阿右旗	易危（VU）	
	雀儿豆属 Chesneya Lindl. ex Endl.	大花雀儿豆	Chesneyamacrantha S. H. Cheng ex H. C. Fu	阿左旗、阿右旗	易危（VU）	
	米口袋属 Gueldenstaedtia Fisch.	米口袋	Gueldenstaedtia multiflora Bunge	阿左旗	未予评估（NE）	
		狭叶米口袋	Gueldenstaedtia stenophylla Bunge	阿左旗、阿右旗	未予评估（NE）	

（续表22）

科	属	种名	学名	分布	红色名录等级	中国特有
豆科 Leguminosae	甘草属 *Glycyrrhiza* L.	甘草	*Glycyrrhizauralensis* Fisch. ex DC.	全盟	无危（LC）	
		粗毛甘草	*Glycyrrhiza aspera* Pall.	阿左旗	无危（LC）	
		胀果甘草	*Glycyrrhiza inflata* Batalin	额济纳旗	无危（LC）	
	黄芪属 *Astragalus* L.	察哈尔黄芪 （皱黄芪）	*Astragalus zacharensis* Bunge	阿左旗	未予评估（NE）	
		阿拉善黄芪	*Astragalus alaschanus* Bunge	阿左旗	无危（LC）	
		马衔山黄芪	*Astragalus mahoschanicus* Hand. -Mazz.	阿右旗	未予评估（NE）	
		多枝黄芪	*Astragaluspolycladus* Bur.	阿左旗	无危（LC）	是
		粗壮黄芪	*Astragalushoantchy* Franch.	阿左旗	无危（LC）	
		了墩黄芪	*Astragalus pavlovii* B. Fedtsch. et Basil	全盟	未予评估（NE）	
		乳白花黄芪	*Astragalus galactites* Pall.	阿左旗	无危（LC）	
		长毛荚黄芪	*Astragalusmonophyllus* Maxim.	全盟	无危（LC）	
		玉门黄芪	*Astragalus yumenensis* S. B. Ho	阿右旗	无危（LC）	是
		中戈壁黄芪	*Astragalus centrali－gobicus* Z. Y. Chu et Y. Z. Zhao	额济纳旗	未予评估（NE）	
		灰叶黄芪	*Astragalus discolor* Bunge	阿左旗	无危（LC）	
		变异黄芪	*Astragalus variabilis* Bunge	全盟	无危（LC）	
		短龙骨黄芪	*Astragalus parvicarinatus* S. B. Ho	阿左旗、阿右旗	易危（VU）	是
		圆果黄芪	*Astragalus junatovii* Sanchir.	阿左旗、阿右旗	无危（LC）	

（续表 23）

科	属	种名	学名	分布	红色名录等级	中国特有
豆科 Leguminosae	黄芪属 Astragalus L.	卵果黄芪	Astragalus grubovii Sancz.	阿左旗、阿右旗	无危（LC）	
		荒漠黄芪	Astragalus alschanensis H. C. Fu	阿左旗、阿右旗	未予评估（NE）	
		胀萼黄芪	Astragalus ellipsoideus Ledeb.	阿左旗、额济纳旗	无危（LC）	
		斜茎黄芪	Astragalus laxmannii Jacq.	阿左旗、阿右旗	无危（LC）	
		草木樨状黄芪	Astragalus melilotoides Pall.	阿左旗	无危（LC）	
		糙叶黄芪	Astragalus scaberrimus Bunge	阿右旗	无危（LC）	
		酒泉黄芪	Astragalus jiuquanensis S. B. Ho	阿左旗、额济纳旗	濒危（EN）	是
		单小叶黄芪	Astragalus vallestris Kamelin	阿左旗	未予评估（NE）	
		环荚黄芪	Astragalus contortuplicatus L.	额济纳旗	无危（LC）	
		短叶黄芪	Astragalusbrevifolius Ledeb.	阿左旗	未予评估（NE）	
		莲山黄芪	Astragalus leansanicus Ulbr.	阿左旗	未予评估（NE）	
		哈拉乌黄芪	Astragalushalawuensis Y. Z. Zhao et L. Q. Zhao	阿左旗	未予评估（NE）	
		兰州黄芪	Astragalus lanzhouensis Podlech et L. R. Xu	阿左旗、阿右旗	近危（NT）	是
		乌拉山黄芪（中宁黄耆）	Astragalus ochrias Bunge	阿左旗	极危（CR）	
		库尔楚黄芪	Astragalus kurtschumensis Bunge	阿左旗	无危（LC）	
		阿卡尔黄芪	Astragalus arkalycensis Bunge	阿左旗	无危（LC）	
		西域黄芪	Astragalus pseudoborodinii S. B. Ho	阿右旗、额济纳旗	未予评估（NE）	
		单叶黄芪	Astragalus efoliolatus Hand. -Mazz.	阿左旗	无危（LC）	

（续表24）

科	属	种名	学名	分布	红色名录等级	中国特有
豆科 Leguminosae	棘豆属 Oxytropis DC.	刺叶柄棘豆	Oxytropis aciphylla Ledeb.	阿左旗、阿右旗	未予评估（NE）	
		胶黄芪状棘豆	Oxytropis tragacanthoides Fisch. ex DC.	阿左旗、阿右旗	无危（LC）	
		内蒙古棘豆	Oxytropis neimonggolica C. W. Zhang et Y. Z. Zhao	阿左旗	近危（NT）	是
		多枝棘豆	Oxytropisramosissima Kom.	阿左旗	无危（LC）	是
		贺兰山棘豆	Oxytropis holanshanensis H. C. Fu	阿左旗	无危（LC）	是
		宽苞棘豆	Oxytropis latibracteata Jurtz.	阿左旗、阿右旗	无危（LC）	是
		米尔克棘豆	Oxytropismerkensis Bunge	阿左旗、阿右旗	无危（LC）	
		小花棘豆	Oxytropis glabra DC. var. glabra	全盟	无危（LC）	
		急弯棘豆	Oxytropis deflexa（Pall.）DC.	阿左旗、阿右旗	无危（LC）	
		祁连山棘豆	Oxytropis qilianshanica C. W. Chang et C. L. Zhang	阿右旗	无危（LC）	是
		黄花棘豆	Oxytropis ochrocephala Bunge	阿右旗	未予评估（NE）	
		砂珍棘豆	Oxytropisracemosa Turcz.	阿左旗	无危（LC）	
		二色棘豆（地角儿苗）	Oxytropisbicolor Bunge	阿左旗	未予评估（NE）	
	山竹子属 Corethrodendron Fisch. et Basin.	红花岩黄芪（红花山竹子）	Corethrodendron multijugum（Maxim.）B. H. Choi et H. Ohashi	阿右旗	无危（LC）	是
		塔落岩黄芪（羊柴）	Corethrodendron fruticosum（Pall.）B. H. Choi et H. Ohashi var. lignosum（Trautv.）Y. Z. Zhao	阿左旗	未予评估（NE）	
		细枝岩黄芪（细枝山竹子）	Corethrodendron scoparium（Fisch. et C. A. Mey.）Fisch. et Basiner	全盟	无危（LC）	
	岩黄芪属 Hedysarum L.	宽叶岩黄芪	Hedysarum przewalskii Yakovl.	阿左旗	未予评估（NE）	
		短翼叶岩黄芪	Hedysarumbrachypterum Bunge	阿左旗	未予评估（NE）	
		贺兰山岩黄芪	Hedysarum petrovii Yakovl.	阿左旗	无危（LC）	是

（续表25）

科	属	种名	学名	分布	红色名录等级	中国特有
豆科 Leguminosae	胡枝子属 Lespedeza Michx.	牛枝子	*Lespedeza potaninii* V. N. Vassil.	阿左旗、阿右旗	无危（LC）	是
	骆驼刺属 Alhagi Gagneb.	骆驼刺	*Alhagi sparsifolia* Shap. ex Keller et Shap.	额济纳旗	无危（LC）	
	野豌豆属 Vicia L.	肋脉野豌豆	*Vicia costata* Ledeb.	阿左旗	无危（LC）	
牻牛儿苗科 Geraniaceae	牻牛儿苗属 Erodium L'Herit.	牻牛儿苗	*Erodium stephanianum* Willd.	阿左旗	未予评估（NE）	
		短喙牻牛儿苗	*Erodium tibetanum* Edgew.	全盟	无危（LC）	
	老鹳草属 Geranium L.	鼠掌老鹳草	*Geranium sibiricum* L.	阿左旗、阿右旗	未予评估（NE）	
亚麻科 Linaceae	亚麻科属 Linum L.	垂果亚麻	*Linumnutans* Maxim.	阿左旗、阿右旗	无危（LC）	
白刺科 Nitrariaceae	白刺属 Nitraria L.	小果白刺	*Nitraria sibirica* Pall.	全盟	无危（LC）	
		白刺	*Nitrariaroborowskii* Kom.	全盟	无危（LC）	是
		球果白刺	*Nitraria sphaerocarpa* Maxim.	全盟	无危（LC）	
骆驼蓬科 Peganaceae	骆驼蓬属 Peganum L.	骆驼蓬	*Peganumharmala* L.	阿左旗、额济纳旗	未予评估（NE）	
		多裂骆驼蓬	*Peganummultisectum* (Maxim.) Bobr.	阿左旗、阿右旗	无危（LC）	是
		匍根骆驼蓬	*Peganumnigellastrum* Bunge	阿左旗、阿右旗	无危（LC）	
蒺藜科 Zygophyllaceae	霸王属 Sarcozygium Bunge	霸王	*Sarcozygium xanthoxylon* Bunge	全盟	无危（LC）	
	四合木属 Tetraena Maxim.	四合木	*Tetraenamongolica* Maxim.	阿左旗	易危（VU）	是
	蒺藜属 Tribulus L.	蒺藜	*Tribulus terrestris* L.	全盟	无危（LC）	
	驼蹄瓣属 Zygophyllum L.	甘肃霸王（甘肃驼蹄瓣）	*Zygophyllumkansuense* Y. X. Liou	阿右旗	无危（LC）	是
		石生霸王	*Zygophyllum rosowii* Bunge	全盟	无危（LC）	
		骆驼蹄瓣	*Zygophyllum fabago* L.	阿右旗、额济纳旗	未予评估（NE）	

（续表26）

科	属	种名	学名	分布	红色名录等级	中国特有
蒺藜科 Zygophyllaceae	驼蹄瓣属 *Zygophyllum* L.	蝎虎霸王	*Zygophyllummucronatum* Maxim.	阿右旗、额济纳旗	无危（LC）	
		粗茎霸王	*Zygophyllum loczyi* Kanitz	全盟	无危（LC）	
		大花霸王	*Zygophyllum potaninii* Maxim.	全盟	无危（LC）	
		翼果霸王	*Zygophyllum pterocarpum* Bunge	全盟	无危（LC）	
		戈壁霸王	*Zygophyllum gobicum* Maxim.	额济纳旗	无危（LC）	
		伊犁驼蹄瓣	*Zygophyllum iliense* Popov	额济纳旗	无危（LC）	
芸香科 Rutaceae	拟芸香属 *Haplophyllum* Juss.	针枝芸香	*Haplophyllum tragacanthoides* Diels	阿左旗	无危（LC）	是
		北芸香	*Haplophyllum dauricum*（L.）G. Don	阿左旗、阿右旗	无危（LC）	
远志科 Polygalaceae	远志属 *Polygala* L.	细叶远志	*Polygala tenuifolia* Willd.	阿左旗、阿右旗	无危（LC）	
		卵叶远志	*Polygala sibirica* L.	阿左旗、阿右旗	未予评估（NE）	
大戟科 Euphorbiaceae	白饭树属 *Flueggea* Willd.	一叶萩	*Flueggea suffruticosa*（Pall.）Baill.	阿左旗	无危（LC）	
	大戟属 *Euphorbia* L.	乳浆大戟	*Euphorbia esula* L.	阿左旗	未予评估（NE）	
		地锦	*Euphorbiahumifusa* Willd.	全盟	无危（LC）	
		刘氏大戟	*Euphorbia lioui* C. Y. Wu et J. S. Ma	阿左旗	数据缺乏（DD）	是
		黑水大戟	*Euphorbiaheishuiensis* W. T. Wang.	阿左旗	无危（LC）	是
		沙生大戟	*Euphorbiakozlovii* Prokh.	阿左旗	近危（NT）	
卫矛科 Celastraceae	卫矛属 *Euonymus* L.	矮卫矛	*Euonymusnanus* M. Bieb.	阿左旗	无危（LC）	
槭树科 Aceraceae	槭属 *Acer* L.	细裂槭	*Acer stenolobum* Rehd.	阿左旗	未予评估（NE）	
无患子科 Sapindaceae	文冠果属 *Xanthoceras* Bunge	文冠果	*Xanthoceras sorbifolium* Bunge	阿左旗	无危（LC）	

（续表 27）

科	属	种名	学名	分布	红色名录等级	中国特有
鼠李科 Rhamnaceae	枣属 Ziziphus Mill.	酸枣	Ziziphus jujuba Mill. var. spinosa（Bunge）Hu ex H. F. Chow	阿左旗	无危（LC）	
	鼠李属 Rhamnus L.	柳叶鼠李	Rhamnus erythroxylon Pall.	阿左旗	无危（LC）	
		钝叶鼠李	Rhamnus maximovicziana J. J. Vass.	阿左旗、阿右旗	未予评估（NE）	
		小叶鼠李	Rhamnusparvifolia Bunge	阿左旗	无危（LC）	
葡萄科 Vitaceae	蛇葡萄属 Ampelopsis Michx.	乌头叶蛇葡萄	Ampelopsis aconitifolia Bunge var. aconitifolia	阿左旗	未予评估（NE）	
瓣鳞花科 Frankeniaceae	瓣鳞花属 Frankenia L.	瓣鳞花	Frankeniapulverulenta L.	额济纳旗	濒危（EN）	
柽柳科 Tamaricaceae	红砂属 Reaumuria L.	红砂	Reaumuria soongarica（Pall.）Maxim.	全盟	无危（LC）	
		长叶红砂	Reaumuria trigyna Maxim.	阿左旗	无危（LC）	是
	柽柳属 Tamarix L.	多枝柽柳（红柳）	Tamarixramosissima Ledeb.	全盟	无危（LC）	
		翠枝柽柳	Tamarix gracilis Willd.	阿左旗、阿右旗	无危（LC）	
		细穗柽柳	Tamarix leptostachya Bunge	全盟	无危（LC）	
		刚毛柽柳	Tamarixhispida Willd.	阿右旗、额济纳旗	无危（LC）	
		长穗柽柳	Tamarix elongata Ledeb.	全盟	无危（LC）	
		短穗柽柳	Tamarix laxa Willd.	全盟	无危（LC）	
		紫杆柽柳（白花柽柳）	Tamarix androssowii Litv.	全盟	无危（LC）	
		多花柽柳	Tamarixhohenackeri Bunge	全盟	无危（LC）	
		甘肃柽柳	Tamarix gansuensis H. Z. Zhang ex P. Y. Zhang et M. T. Liu	全盟	无危（LC）	是
		甘蒙柽柳	Tamarix austromongolica Nakai	全盟	无危（LC）	是
		密花柽柳	Tamarix arceuthoides Bunge	额济纳旗	无危（LC）	
		盐地柽柳	Tamarix karelinii Bunge	阿右旗、额济纳旗	无危（LC）	

（续表 28）

科	属	种名	学名	分布	红色名录等级	中国特有
柽柳科 Tamaricaceae	水柏枝属 Myricaria Desv.	河柏	Myricariabracteata Royle	阿左旗、阿右旗	未予评估（NE）	
		宽叶水柏枝	Myricariaplatyphylla Maxim.	阿左旗	无危（LC）	是
半日花科 Cistaceae	半日花属 Helianthemum Mill.	半日花	Helianthemum ordosicumY. Z. Zhao, R. Cao et Zong Y. Zhu	阿左旗	濒危（EN）	
堇菜科 Violaceae	堇菜属 Viola L.	双花堇菜	Violabiflora L.	阿左旗	无危（LC）	
		裂叶堇菜	Viola dissecta Ledeb.	阿左旗	无危（LC）	
		阴地堇菜	Viola yezoensis Maxim.	阿左旗	未予评估（NE）	
		石生堇菜	Violarupestris F. W. Schmidt.	阿右旗	无危（LC）	
		早开堇菜	Viola prionantha Bunge	阿左旗	未予评估（NE）	
瑞香科 Thymelaeaceae	草瑞香属 Diarthron Turcz.	草瑞香	Diarthron linifolium Turcz.	阿左旗	无危（LC）	
胡颓子科 Elaeagnaceae	胡颓子属 Elaeagnus L.	沙枣	Elaeagnus angustifolia L. var. angustifolia	全盟	无危（LC）	
		东方沙枣	Elaeagnus angustifolia L. var. orientalis（L.）Kuntze	全盟	未予评估（NE）	
柳叶菜科 Onagraceae	柳叶菜属 Epilobium L.	柳兰	Epilobium angustifolium L.	阿左旗	无危（LC）	
		沼生柳叶菜	Epilobiumpalustre L.	全盟	无危（LC）	
		细籽柳叶菜	Epilobium minutiflorum Hausskn.	阿左旗、阿右旗	无危（LC）	
小二仙草科 Haloragaceae	狐尾藻属 Myriophyllum L.	狐尾藻	Myriophyllum spicatum L.	全盟	未予评估（NE）	
杉叶藻科 Hippuridaceae	杉叶藻属 Hippuris L.	杉叶藻	Hippuris vulgaris L.	全盟	未予评估（NE）	
锁阳科 Cynomoriaceae	锁阳属 Cynomorium L.	锁阳	Cynomorium songaricum Rupr.	全盟	易危（VU）	

（续表29）

科	属	种名	学名	分布	红色名录等级	中国特有
伞形科 Umbelliferae	迷果芹属 *Sphallerocarpus* Bess. ex DC.	迷果芹	*Sphallerocarpus gracilis* (Bess. ex Trev.) K. -Pol.	阿左旗、阿右旗	未予评估（NE）	
	柴胡属 *Bupleurum* L.	短茎柴胡	*Bupleurumpusillum* Krylov	阿左旗	无危（LC）	
		小叶黑柴胡	*Bupleurum smithii* H. Wolff var. *parvifolium* R. H. Shan et Y. Li	阿左旗	无危（LC）	是
		兴安柴胡	*Bupleurum sibiricum* Vest ex Sprengel	阿左旗	数据缺乏（DD）	
		红柴胡	*Bupleurum scorzonerifolium* Willd. var. *scorzonerifolium*	阿左旗	无危（LC）	
	毒芹属 *Cicuta* L.	毒芹	*Cicuta virosa* L.	阿左旗	无危（LC）	
	绒果芹属 *Eriocycla* Lindl.	绒果芹	*Eriocycla albescens* (Franch.) H. Wolff	阿左旗、额济纳旗	无危（LC）	是
	葛缕子属 *Carum* L.	葛缕子	*Carum carvi* L.	阿左旗	未予评估（NE）	
	西风芹属 *Seseli* L.	内蒙古西风芹	*Seseli intramongolicum* Y. C. Ma	阿左旗	无危（LC）	是
	阿魏属 *Ferula* L.	沙茴香	*Ferulabungeana* Kitag.	阿左旗、阿右旗	未予评估（NE）	
	蛇床属 *Cnidium* Cuss.	碱蛇床	*Cnidium salinum* Turcz.	阿左旗	无危（LC）	
	古当归属 *Angelica* L.	下延叶古当归	*Archangelica decurrens* Ledeb.	阿左旗	无危（LC）	
	贺兰芹属 *Helania* L. Q. Zhao et Y. Z. Zhao	贺兰芹	*Helania radialipetala* L. Q. Zhao et Y. Z Zhao sp. Nov	阿左旗	未予评估（NE）	
鹿蹄草科 Pyrolaceae	鹿蹄草属 *Pyrola* L.	鹿蹄草	*Pyrolarotundifolia* L.	阿左旗	无危（LC）	是
		兴安鹿蹄草	*Pyrola dahurica* (Andr.) Kom.	阿左旗	无危（LC）	
	单侧花属 *Orthilia* Rafin.	钝叶单侧花	*Orthilia obtusata* (Turcz.) H. Hara	阿左旗	无危（LC）	
	独丽花属 *Moneses* Salisb. ex Gray	独丽花	*Monesesuniflora* (L.) A. Gray	阿左旗	无危（LC）	

（续表30）

科	属	种名	学名	分布	红色名录等级	中国特有
杜鹃花科 Ericaceae	天栌属（北极果属）*Arctous* (A. Gray) Nied.	天栌	*Arctousruber*（Rehd. et Wils.）Nakai	阿左旗	无危（LC）	
	越橘属 *Vaccinium* L.	越橘	*Vacciniumvitisidaea* L.	阿左旗	无危（LC）	
报春花科 Primulaceae	报春花属 *Primula* L.	粉报春	*Primula farinosa* L.	阿左旗	无危（LC）	
		冷地报春	*Primula algida* Adams	阿左旗	无危（LC）	
		翠南报春	*Primula sieboldii* E. Morren	阿左旗	近危（NT）	
	点地梅属 *Androsace* L.	北点地梅	*Androsace septentrionalis* L.	阿左旗、阿右旗	无危（LC）	
		大苞点地梅	*Androsacemaxima* L.	阿左旗、阿右旗	无危（LC）	
		西藏点地梅	*Androsacemariae* Kanitz	阿左旗、阿右旗	无危（LC）	是
		阿拉善点地梅	*Androsace alaschanica* Maxim.	阿左旗	近危（NT）	是
	假报春属 *Cortusa* L.	假报春	*Cortusamatthioli* L. subsp. *matthioli*	阿左旗	无危（LC）	
	海乳草属 *Glaux* L.	海乳草	*Glaux maritima* L. Glaux L.	全盟	未予评估（NE）	
白花丹科 Plumbaginaceae	补血草属 *Limonium* Mill.	黄花补血草	*Limonium aureum*（L.）Hill	全盟	无危（LC）	
		格鲁包夫补血草	*Limonium grubovii* Lincz.	阿左旗	未予评估（NE）	
		细枝补血草	*Limonium tenellum*（Turcz.）Kuntze	全盟	无危（LC）	
		二色补血草	*Limoniumbicolor*（Bunge）Kuntze	阿左旗、额济纳旗	数据缺乏（DD）	
		红根补血草	*Limonium erythrorrhizum* Ikonn. -Gal. ex Lincz.	额济纳旗	未予评估（NE）	
	鸡娃草属 *Plumbagella* Spach	鸡娃草	*Plumbagella micrantha*（Ledeb.）Spach	阿左旗	未予评估（NE）	
木犀科 Oleaceae	丁香属 *Syringa* L.	紫丁香	*Syringa oblata* Lindl.	阿左旗	未予评估（NE）	
		贺兰山丁香	*Syringapinnatifolia* Hemsl. var. *alashanensis* Y. C. Ma et S. Q. Zhou	阿左旗	未予评估（NE）	
马钱科 Loganiaceae	醉鱼草属 *Buddleja* L.	互叶醉鱼草	*Buddleja alternifolia* Maxim.	阿左旗	无危（LC）	是

（续表31）

科	属	种名	学名	分布	红色名录等级	中国特有
龙胆科 Gentianaceae	翼萼蔓属 Pterygocalyx Maxim.	翼萼蔓	Pterygocalyx volubilis Maxim.	阿左旗	无危（LC）	
	百金花属 Centaurium Hill	百金花	Centauriumpulchellum（Sw.）Druce var. altaicum（Griseb.）Kitag. et H. Hara	全盟	未予评估（NE）	
	龙胆属 Gentiana（Tourn.）L.	鳞叶龙胆	Gentiana squarrosa Ledeb.	阿左旗	无危（LC）	
		假水生龙胆	Gentiana pseudoaquatica Kusn.	阿左旗	无危（LC）	
		白条纹龙胆	Gentianaburkillii H. Smith.	阿左旗	无危（LC）	
		达乌里龙胆	Gentiana dahurica Fisch.	阿左旗、阿右旗	未予评估（NE）	
		秦艽	Gentianamacrophylla Pall.	阿左旗	无危（LC）	
	扁蕾属 Gentianopsis Y. C. Ma	湿生扁蕾	Gentianopsis paludosa（Munro ex J. D. Hook.）Y. C. Ma	阿左旗、阿右旗	无危（LC）	
		扁蕾	Gentianopsisbarbata（Froel.）Y. C. Ma	阿左旗	无危（LC）	
	假龙胆属 Gentianella Moench	尖叶假龙胆（黑边假龙胆）	Gentianella azurea（Bunge）Holub	阿左旗	无危（LC）	
	喉毛花属 Comastoma（Wettst.）Toyokuni	镰萼喉毛花	Comastoma falcatum（Turcz. ex Kar. et Kir.）Toyokuni	阿左旗	无危（LC）	
		皱萼喉毛花	Comastomapolycladum（Diels et Gilg）T. N. Ho	阿左旗	无危（LC）	是
		柔弱喉毛花	Comastoma tenellum（Rottb.）Toyokuni	阿左旗	无危（LC）	
		叶喉毛花	Comastoma acutum（Michx.）Y. Z. Zhao et X. Zhang	阿左旗	未予评估（NE）	
		阿拉善喉毛花	Comastoma alashanicum Z. Y. Zhao et Z. Y. Chu	阿左旗	未予评估（NE）	
	腺鳞草属 Anagallidium Griseb.	腺鳞草（岐伞獐牙菜）	Anagallidium dichotomum（L.）Griseb.	阿左旗	未予评估（NE）	

（续表 32）

科	属	种名	学名	分布	红色名录等级	中国特有
龙胆科 Gentianaceae	獐牙菜属 *Swertia* L.	四数獐牙菜	*Swertia tetraptera* Maxim.	阿左旗	无危（LC）	是
	花锚属 *Halenia* Borkh.	椭圆叶花锚	*Halenia elliptica* D. Don	阿左旗	未予评估（NE）	
夹竹桃科 Apocynaceae	罗布麻属 *Apocynum* L.	罗布麻	*Apocynum venetum* L.	阿右旗、 额济纳旗	无危（LC）	
		白麻	*Apocynum pictum* Schrenk	全盟	无危（LC）	
萝藦科 Asclepiadaceae	杠柳属 *Periploca* L.	杠柳	*Periploca sepium* Bunge	阿左旗	无危（LC）	是
	鹅绒藤属 *Cynanchum* L.	牛心朴子	*Cynanchum mongolicum*（Maxim.）Hemsl.	阿左旗	无危（LC）	是
		羊角子草	*Cynanchum cathayense* Tsiang et Zhang	阿左旗、阿右旗	未予评估（NE）	
		地梢瓜	*Cynanchum thesioides*（Freyn）K. Schum. var. *thesioides*	阿左旗、阿右旗	无危（LC）	
		戟叶鹅绒藤	*Cynanchum sibiricum* Willd.	阿左旗	无危（LC）	
		鹅绒藤	*Cynanchum chinense* R. Br.	阿左旗、 额济纳旗	无危（LC）	
		白首乌	*Cynanchum bungei* Decne.	阿左旗	数据缺乏（DD）	
旋花科 Convolvulaceae	旋花属 *Convolvulus* L.	田旋花	*Convolvulus arvensis* L.	阿左旗	未予评估（NE）	
		银灰旋花	*Convolvulus ammannii* Desr.	阿左旗	未予评估（NE）	
		刺旋花	*Convolvulus tragacanthoides* Turcz.	阿左旗	无危（LC）	
		鹰爪柴	*Convolvulus gortschakovii* Schrenk	阿左旗、阿右旗	无危（LC）	
菟丝子科 Cuscutaceae	菟丝子属 *Cuscuta* L.	大菟丝子	*Cuscuta europaea* L.	阿左旗	未予评估（NE）	
		菟丝子	*Cuscuta chinensis* Lam.	阿左旗、阿右旗	未予评估（NE）	
		原野菟丝子	*Cuscuta campestris* Yunck.	额济纳旗	未予评估（NE）	
紫草科 Boraginaceae	紫丹属 （砂引草属） *Tournefortia* L.	砂引草	*Tournefortia sibirica* L. var. *sibirica*	阿右旗	无危（LC）	
		细叶砂引草	*Tournefortia sibirica* L. var. *angustior*（A. DC.）G. L. Chu et M. G. Gilbert	全盟	无危（LC）	

（续表33）

科	属	种名	学名	分布	红色名录等级	中国特有
紫草科 Boraginaceae	琉璃苣属 Borago L.	琉璃苣	Borago officinalis L.	阿左旗、阿右旗	未予评估（NE）	
	紫筒草属 Stenosolenium Turcz.	紫筒草	Stenosolenium saxatile (Pall.) Turcz.	阿左旗	未予评估（NE）	
	软紫草属 Arnebia Forsk.	黄花软紫草	Arnebia guttata Bunge	全盟	易危（VU）	
		疏花软紫草	Arnebia szechenyi Kanitz	阿左旗、阿右旗	无危（LC）	是
		灰毛软紫草	Arnebia fimbriata Maxim.	全盟	无危（LC）	
	糙草属 Asperugo L.	糙草	Asperugo procumbens L.	阿左旗	无危（LC）	
	牛舌草属 （狼紫草属） Anchusa L.	狼紫草	Anchusa ovata Lehm.	全盟	无危（LC）	
	琉璃草属 Cynoglossum L.	大果琉璃草	Cynoglossum divaricatum Steph. ex Lehm.	阿左旗	未予评估（NE）	
	鹤虱属 Lappula Moench	沙生鹤虱	Lappula deserticola C. J. Wang	全盟	无危（LC）	是
		蒙古鹤虱	Lappula intermedia (Ledeb.) Popov	阿右旗	未予评估（NE）	
		劲直鹤虱	Lappula stricta (Ledeb.) Gurke	阿左旗、阿右旗	无危（LC）	
		鹤虱	Lappula myosotis Moench	阿左旗	未予评估（NE）	
		异刺鹤虱	Lappula heteracantha (Ledeb.) Gurke	阿右旗	未予评估（NE）	
		畸形果鹤虱	Lappula anocarpa C. J. Wang	额济纳旗	未予评估（NE）	
		两形果鹤虱	Lappula duplicicarpa N. Pavl.	额济纳旗	无危（LC）	
	齿缘草属 Eritrichium Schrad. ex Gaudin	少花齿缘草 （石生齿缘草）	Eritrichium pauciflorum (Ledeb.) A. DC.	阿左旗、阿右旗	未予评估（NE）	
		反折假鹤虱	Eritrichium deflexum (Wahl.) Lian et J. Q. Wang	阿右旗	未予评估（NE）	
		百里香叶齿缘草	Eritrichium thymifolium (A. DC.) Y. S. Lian et J. Q. Wang	阿左旗	数据缺乏（DD）	

（续表34）

科	属	种名	学名	分布	红色名录等级	中国特有
紫草科 Boraginaceae	斑种草属 *Bothriospermum* Bunge	狭苞斑种草	*Bothriospermum kusnezowii* Bunge	阿左旗	未予评估（NE）	
	附地菜属 *Trigonotis* Steven	附地菜	*Trigonotis peduncularis*（Trev.）Benth. ex S. Baker et Moore	阿左旗	未予评估（NE）	
马鞭草科 Verbenaceae	莸属 *Caryopteris* Bunge	蒙古莸	*Caryopterismongholica* Bunge	全盟	无危（LC）	
唇形科 Labiatae	黄芩属 *Scutellaria* L.	甘肃（阿拉善）黄芩	*Scutellariarehderiana* Diels	阿左旗	无危（LC）	是
		黄芩	*Scutellaria baicalensis* Georgi	阿左旗	无危（LC）	
	夏至草属 *Lagopsis*（Bunge ex Benth.）Bunge	夏至草	*Lagopsissupina*（Steph. ex Willd.）Ikoon. – Gal. ex Knorr.	阿左旗	未予评估（NE）	
	裂叶荆芥属 *Schizonepeta* Briq.	多裂叶荆芥	*Schizonepeta multifida*（L.）Briq.	阿左旗	无危（LC）	
		小裂叶荆芥	*Schizonepeta annua*（Pall.）Schischk.	阿左旗	无危（LC）	
	青兰属 *Dracocephalum* L.	白花枝子花	*Dracocephalum heterophyllum* Benth.	阿左旗、阿右旗	无危（LC）	
		大花毛建草	*Dracocephalum grandiflorum* L.	阿左旗、阿右旗	无危（LC）	
		灌木青兰	*Dracocephalum fruticulosum* Steph. ex Willd.	阿左旗	无危（LC）	
	荆芥属 *Nepeta* L.	大花荆芥	*Nepeta sibirica* L.	阿左旗	无危（LC）	
	糙苏属 *Phlomoides* Moench	尖齿糙苏	*Phlomis dentosa* Franch.	阿左旗、阿右旗	无危（LC）	是
	益母草属 *Leonurus* L.	细叶益母草	*Leonurus sibiricus* L.	阿左旗、阿右旗	无危（LC）	
	脓疮草属 *Panzerina* Sojak	脓疮草	*Panzerina lanata*（L.）Sojak	阿左旗	无危（LC）	

（续表35）

科	属	种名	学名	分布	红色名录等级	中国特有
唇形科 Labiatae	兔唇花属 *Lagochilus* Bunge	冬青叶兔唇花	*Lagochilus ilicifolius* Bunge ex Benth.	阿左旗	无危（LC）	
	百里香属 *Thymus* L.	百里香	*Thymus serpyllum* L.	阿左旗	无危（LC）	是
	香薷属 *Elsholtzia* Willd.	密花（细穗）香薷	*Elsholtzia densa* Benth.	阿左旗、阿右旗	未予评估（NE）	
茄科 Solanaceae	枸杞属 *Lycium* L.	黑果枸杞	*Lycium ruthenicum* Murr.	全盟	无危（LC）	
		新疆枸杞	*Lycium dasystemum* Pojark.	阿右旗	无危（LC）	
		截萼枸杞	*Lycium truncatum* Y. C. Wang	阿右旗	无危（LC）	
		宁夏枸杞	*Lyciumbarbarum* L.	全盟	无危（LC）	是
	茄属 *Solanum* L.	青杞	*Solanum septemlobum* Bunge	阿左旗	无危（LC）	
		龙葵	*Solanumnigrum* L.	阿左旗、阿右旗	无危（LC）	
	天仙子属 *Hyoscyamus* L.	天仙子	*Hyoscyamusniger* L.	阿左旗、阿右旗	无危（LC）	
玄参科 Scrophulariaceae	玄参属 *Scrophularia* L.	砾玄参	*Scrophularia incisa* Weinm.	阿左旗、阿右旗	无危（LC）	
		贺兰山玄参	*Scrophularia alaschanica* Batal.	阿左旗	无危（LC）	是
	地黄属 *Rehmannia* Libosch. ex Fisch. et C. A. Mey.	地黄	*Rehmannia glutinosa*（Gaert.）Libosch. ex Fisch. et C. A. Mey.	阿左旗、阿右旗	未予评估（NE）	
	野胡麻属 *Dodartia* L.	野胡麻	*Dodartia orientalis* L.	阿左旗、额济纳旗	未予评估（NE）	
	小米草属 *Euphrasia* L.	小米草	*Euphrasiapectinata* Ten. subsp. *pectinata*	阿左旗、阿右旗	无危（LC）	
	疗齿草属 *Odontites* Ludw.	疗齿草	*Odontitesvulgaris* Moench	阿左旗	无危（LC）	
	马先蒿属 *Pedicularis* L.	红纹马先蒿	*Pedicularis striata* Pall. subsp. *striata*	阿左旗	无危（LC）	
		藓生马先蒿	*Pedicularismuscicola* Maxim.	阿左旗	无危（LC）	是
		三叶马先蒿	*Pedicularis ternata* Maxim.	阿左旗	无危（LC）	是
		阿拉善马先蒿	*Pedicularis alaschanica* Maxim.	阿左旗、阿右旗	无危（LC）	是
		粗野马先蒿	*Pedicularisrudis* Maxim.	阿左旗	无危（LC）	是

（续表36）

科	属	种名	学名	分布	红色名录等级	中国特有
玄参科 Scrophulariaceae	芯芭属 *Cymbaria* L.	蒙古芯芭	*Cymbaria mongolica* Maxim.	阿左旗	未予评估（NE）	
	婆婆纳属 *Veronica* L.	密花婆婆纳	*Veronica densiflora* Ledeb.	阿左旗	无危（LC）	
		婆婆纳	*Veronicapolita* Fries	阿左旗	无危（LC）	
		长果婆婆纳	*Veronica ciliata* Fisch.	阿左旗	无危（LC）	
		长果水苦荬	*Veronica anagalloides* Guss.	阿左旗	无危（LC）	
		北水苦荬	*Veronica anagallis-aquatica* L.	阿左旗、阿右旗	未予评估（NE）	
		有柄水苦荬	*Veronicabeccabunga* L.	阿右旗（雅布赖山）	无危（LC）	
	兔耳草属 *Lagotis* Gaertn.	亚中兔耳草	*Lagotis integrifolia* (Willd.) Schischkin ex Vikulova	阿左旗	无危（LC）	
紫葳科 Bignoniaceae	角蒿属 *Incarvillea* Juss.	矮角蒿	*Incarvillea potaninii* Batal.	阿左旗、阿右旗	无危（LC）	
		角蒿	*Incarvillea sinensis* Lam. var. *sinensis*	阿左旗	未予评估（NE）	
列当科 Orobanchaceae	列当属 *Orobanche* L.	列当	*Orobanche coerulescens* Steph.	阿左旗、阿右旗	无危（LC）	
		毛药列当	*Orobanche ombrochares* Hance	阿左旗	无危（LC）	是
		弯管列当	*Orobanche cernua* Loefling	全盟	未予评估（NE）	
		黄花列当	*Orobanchepycnostachya* Hance	阿右旗	无危（LC）	
	肉苁蓉属 *Cistanche* Hoffmanns. et Link	肉苁蓉	*Cistanche deserticola* Y. C. Ma	全盟	濒危（EN）	
		盐生肉苁蓉	*Cistanche salsa* (C. A. Mey.) Beck	全盟	无危（LC）	
		沙苁蓉	*Cistanche sinensis* Beck	全盟	近危（NT）	是

（续表37）

科	属	种名	学名	分布	红色名录等级	中国特有
车前科 Plantaginaceae	车前属 Plantago L.	条叶车前	*Plantagominuta* Pall.	阿左旗、阿右旗	未予评估（NE）	
		翅柄车前	*Plantagokomarovii* Pavlov	阿左旗	未予评估（NE）	
		平车前	*Plantago depressa* Willd. subsp. *depressa*	全盟	未予评估（NE）	
		车前	*Plantago asiatica* L.	全盟	未予评估（NE）	
茜草科 Rubiaceae	拉拉藤属 Galium L.	四叶葎	*Galiumbungei* Steud.	阿左旗	未予评估（NE）	
		准噶尔拉拉藤	*Galium songaricum* Schrenk	阿左旗	无危（LC）	
		北方拉拉藤	*Galiumboreale* L. var. *boreale*	阿左旗	未予评估（NE）	
		硬毛拉拉藤	*Galiumboreale* L. var. *ciliatum* Nakai	阿左旗	无危（LC）	
		蓬子菜	*Galium verum* L. var. *verum*	阿左旗、阿右旗	未予评估（NE）	
		细毛拉拉藤	*Galiumpusillosetosum* H. Hara	阿左旗	无危（LC）	
		猪殃殃（拉拉藤）	*Galium spurium* L.	阿右旗	未予评估（NE）	
	茜草属 Rubia L.	茜草	*Rubia cordifolia* L. var. *cordifolia*	阿左旗、阿右旗	未予评估（NE）	
		黑果茜草（阿拉善）	*Rubia cordifolia* L. var. *pratensis* Maxim.	阿左旗	未予评估（NE）	
	野丁香属 Leptodermis Wall.	内蒙野丁香	*Leptodermis ordosica* H. C. Fu et E. W. Ma	阿左旗	易危（VU）	是
忍冬科 Caprifoliaceae	忍冬属 Lonicera L.	小叶忍冬	*Loniceramicrophylla* Willd. ex Schult.	阿左旗、阿右旗	无危（LC）	
		蓝靛果忍冬	*Lonicera caerulea* L.	阿左旗	未予评估（NE）	
		葱皮忍冬	*Lonicera ferdinandi* Franch.	阿左旗	无危（LC）	
		黄花忍冬	*Lonicera chrysantha* Turcz. ex Ledeb.	阿左旗	未予评估（NE）	
	荚蒾属 Viburnum L.	蒙古荚蒾	*Viburnummongolicum* (Pall.) Rehd.	阿左旗	无危（LC）	
败酱科 Valerianaceae	缬草属 Valeriana L.	西北缬草	*Valeriana tangutica* Batal.	阿左旗、阿右旗	无危（LC）	是

（续表 38）

科	属	种名	学名	分布	红色名录等级	中国特有
川续断科 Dipsacaceae	刺参属 Morina L.	刺参	Morinachinensis Y. Y. Pai	阿左旗	无危（LC）	是
葫芦科 Cucurbitaceae	赤瓟属 Thladiantha Bunge	赤瓟	Thladiantha dubia Bunge	阿左旗	无危（LC）	
桔梗科 Campanulaceae	沙参属 Adenophora Fisch.	宁夏沙参	Adenophoraningxianica D. Y. Hong ex S. Ge et D. Y. Hong	阿右旗	无危（LC）	是
		长柱沙参	Adenophora stenanthina（Ledeb.）Kitag. var. stenanthina	阿右旗	无危（LC）	
		皱叶沙参	Adenophora stenanthina（Ledeb.）Kitag. var. crispata（Korsh.）Y. Z. Zhao	阿右旗	未予评估（NE）	
菊科 Compositae	狗娃花属 Heteropappus Less.	阿尔泰狗娃花	Heteropappus altaicus（Willd.）Novopokr.	全盟	未予评估（NE）	
	紫菀属 Aster L.	三脉紫菀	Aster ageratoides Turcz.	阿左旗	未予评估（NE）	
	紫菀木属 Asterothamnus Novopokr.	中亚紫菀木	Asterothamnus centraliasiaticus Novopokr.	全盟	无危（LC）	
	碱菀属 Tripolium Nees	碱菀	Tripoliumpannonicum（Jacq.）Dobr.	阿左旗、阿右旗	未予评估（NE）	
	短星菊属 Brachyactis Ledeb.	短星菊	Brachyactis ciliata（Ledeb.）Ledeb.	全盟	未予评估（NE）	
	飞蓬属 Erigeron L.	绵苞飞蓬	Erigeron eriocalyx（Ledeb.）Vierh.	阿左旗	无危（LC）	
		长茎飞蓬	Erigeronpolitus Fr.	阿左旗	无危（LC）	
		飞蓬	Erigeron acris L.	阿左旗	无危（LC）	
	花花柴属 Karelinia Less.	花花柴	Karelinia caspia（Pall.）Less.	全盟	未予评估（NE）	
	火绒草属 Leontopodium R. Br.	矮火绒草	Leontopodiumnanum（Hook. f. et Thoms. ex C. B. Clarke）Hand. -Mazz.	阿左旗、阿右旗	无危（LC）	
		绢茸火绒草	Leontopodium smithianum Hand. -Mazz.	阿左旗	无危（LC）	是
		火绒草	Leontopodium leontopodioides（Willd.）Beauv.	阿左旗、阿右旗	无危（LC）	

（续表 39）

科	属	种名	学名	分布	红色名录等级	中国特有
菊科 Compositae	香青属 Anaphalis DC.	乳白香青	Anaphalis lactea Maxim.	阿右旗	未予评估（NE）	
	旋覆花属 Inula L.	蓼子朴	Inula salsoloides（Turcz.）Ostenf.	全盟	未予评估（NE）	
		欧亚旋覆花	Inulabritannica L.	阿左旗、阿右旗	无危（LC）	
		里海旋覆花（西藏旋覆花）	Inula caspica Blum.	额济纳旗	无危（LC）	
	苍耳属 Xanthium L.	苍耳	Xanthium strumarium L. var. strumarium	阿左旗、阿右旗	未予评估（NE）	
	短舌菊属 Brachanthemum DC.	星毛短舌菊	Brachanthemum pulvinatum（Hand.-Mazz.）C. Shih	阿左旗、阿右旗	无危（LC）	是
		戈壁短舌菊	Brachanthemum gobicum Krasch.	阿左旗	未予评估（NE）	
		蒙古短舌菊	Brachanthemum mongolicum Krasch.	额济纳旗	数据缺乏（DD）	
	菊属 Chrysanthemum L. —Dendranthema（DC.）Des Moul.	小红菊	Chrysanthemum chanetii H. Lev.	阿左旗	无危（LC）	
	女蒿属 Hippolytia Pojark.	贺兰山女蒿	Hippolytia alashanensis（Ling）C. Shih	阿左旗	数据缺乏（DD）	是
	百花蒿属 Stilpnolepis Krasch.	百花蒿	Stilpnolepis centiflora（Maxim.）Krasch.	阿左旗、阿右旗	无危（LC）	
	紊蒿属 Elachanthemum Ling et Y. R. Ling	紊蒿	Elachanthemum intricatum（Franch.）Ling et Y. R. Ling	阿左旗、阿右旗	无危（LC）	
		多头紊蒿	Elachanthemum polycephalum Zong Y. Zhu et C. Z. Liang	额济纳旗（公婆泉）	未予评估（NE）	
	小甘菊属 Cancrinia Kar. et Kir.	小甘菊	Cancrinia discoidea（Ledeb.）Poljak. ex Tzvel.	全盟	无危（LC）	
		灌木状小甘菊	Cancrinia maximowiczii C. Winkl.	阿右旗	无危（LC）	
		毛果小甘菊	Cancrinia lasiocarpa C. Winkl.	阿左旗、阿右旗	无危（LC）	

（续表 40）

科	属	种名	学名	分布	红色名录等级	中国特有
菊科 Compositae	亚菊属 Ajania Poljak.	蓍状亚菊	Ajania achilleoides（Turcz.）Poljak. ex Grub.	阿左旗、阿右旗	数据缺乏（DD）	
		灌木亚菊	Ajania fruticulosa（Ledeb.）Poljak.	全盟	无危（LC）	
		丝裂亚菊	Ajania nematoloba（Hand.-Mazz.）Y. Ling et C. Shih	阿右旗	数据缺乏（DD）	是
		细裂亚菊	Ajania przewalskii Poljak.	全盟	无危（LC）	是
		铺散亚菊	Ajania khartensis（Dunn）C. Shih	阿左旗	无危（LC）	
	蒿属 Artemisia L.	大籽蒿	Artemisia sieversiana Ehrhart ex Willd.	阿左旗、阿右旗	未予评估（NE）	
		碱蒿	Artemisia anethifolia Web. ex Stechm.	全盟	未予评估（NE）	
		莳萝蒿	Artemisia anethoides Mattf.	全盟	未予评估（NE）	
		阿尔泰香叶蒿	Artemisia rutifolia Steph. ex Spreng. var. altaica（Kryl.）Krasch.	阿右旗、额济纳旗	无危（LC）	
		冷蒿	Artemisia frigida Willd. var. frigida	全盟	无危（LC）	
		紫花冷蒿	Artemisia frigida Willd. var. atropurpurea Pamp.	阿左旗	无危（LC）	是
		内蒙古旱蒿	Artemisia xerophytica Krasch.	全盟	无危（LC）	
		阿克塞蒿	Artemisia aksaiensis Y. R. Ling	阿右旗	数据缺乏（DD）	是
		褐苞蒿	Artemisia phaeolepis Krasch.	阿左旗	无危（LC）	
		白莲蒿	Artemisia gmelinii Web. ex Stechm. var. gmelinii	阿左旗、阿右旗	无危（LC）	
		细裂叶蒿	Artemisia stechmanniana Bess.	阿左旗、阿右旗	未予评估（NE）	

（续表41）

科	属	种名	学名	分布	红色名录等级	中国特有
菊科 Compositae	蒿属 *Artemisia* L.	裂叶蒿	*Artemisia tanacetifolia* L.	阿左旗	无危（LC）	
		臭蒿	*Artemisiahedinii* Ostenf.	阿左旗、阿右旗	未予评估（NE）	
		黄花蒿	*Artemisia annua* L.	阿左旗、阿右旗	无危（LC）	
		米蒿	*Artemisia dalai-lamae* Krasch.	阿右旗	无危（LC）	是
		野艾蒿	*Artemisia codonocephala* Diels	阿左旗	未予评估（NE）	
		蒙古蒿	*Artemisiamongolica* (Fisch. ex Bess.) Nakai	阿左旗	未予评估（NE）	
		白叶蒿	*Artemisia leucophylla* (Turcz. ex Bess.) C. B. Clarke	阿左旗	无危（LC）	
		辽东蒿	*Artemisiaverbenacea* (Kom.) Kitag.	阿左旗	无危（LC）	是
		龙蒿	*Artemisia dracunculus* L.	全盟	无危（LC）	
		白沙蒿	*Artemisia sphaerocephala* Krasch.	全盟	无危（LC）	
		准噶尔沙蒿 （黄沙蒿）	*Artemisia songarica* Schrenk ex Fisch. et C. A. Mey.	全盟	无危（LC）	
		黑沙蒿	*Artemisia ordosica* Krasch.	阿左旗、阿右旗	未予评估（NE）	
		黄沙蒿	*Artemisiaxanthochroa* Krasch.	额济纳旗	未予评估（NE）	
		甘肃蒿	*Artemisia gansuensis* Y. Ling et Y. R. Ling var. *gansuensis*	阿左旗	无危（LC）	是
		猪毛蒿	*Artemisia scoparia* Waldst. et Kit.	全盟	未予评估（NE）	
		纤杆蒿	*Artemisia demissa* Krasch.	额济纳旗	无危（LC）	
		糜蒿	*Artemisia blepharolepis* Bunge	阿左旗、阿右旗	无危（LC）	
		中亚草原蒿	*Artemisia depauperata* Krasch.	阿右旗	无危（LC）	

（续表42）

科	属	种名	学名	分布	红色名录等级	中国特有
菊科 Compositae	蒿属 Artemisia L.	南牡蒿	Artemisia eriopoda Bunge var. eriopoda	阿左旗	未予评估（NE）	
		甘肃南牡	Artemisia eriopoda Bunge var. gansuensis Y. Ling et Y. R. Ling	阿左旗	无危（LC）	是
		牛尾蒿	Artemisia dubia Wall. ex Bess. var. dubia	阿右旗、额济纳旗	无危（LC）	
		无毛牛尾蒿	Artemisia dubia Wall. ex Bess. var. subdigitata (Mattf.) Y. R. ling	阿左旗、阿右旗	无危（LC）	
		华北米蒿	Artemisia giraldii Pamp. var. giraldii	阿左旗、额济纳旗	无危（LC）	是
		青藏蒿	Artemisia duthreuil-de-rhinsi Krasch.	阿右旗	无危（LC）	是
	绢蒿属 Seriphidium (Bess. ex Less.) Fourr.	蒙青绢蒿	Seriphidium mongolorum (Krasch.) Y. Ling et Y. R. Ling	额济纳旗	数据缺乏（DD）	
		戈壁绢蒿	Seriphidiumnitrosum (Web. ex Stechm.) Poljak. var. gobicum (Krasch.) Y. R. Ling	额济纳旗	无危（LC）	
		聚头绢蒿	Seriphidium compactum (Fisch. ex DC.) Poljak.	阿右旗、额济纳旗	无危（LC）	
	栉叶蒿属 Neopallasia Poljak.	栉叶蒿	Neopallasiapectinata (Pall.) Poljak.	阿左旗、阿右旗	无危（LC）	
	合耳菊属（尾药） Synotis (C. B. Clarke) C. Jeffrey et Y. L. Chen	术叶合耳菊	Synotis atractylidifolia (Y. Ling) C. Jeffrey et Y. L. Chen	阿左旗	数据缺乏（DD）	是
	千里光属 Senecio L.	北千里光	Senecio dubitabilis C. Jeffrey et Y. L. Chen	阿左旗、阿右旗	无危（LC）	
		天山千里光	Senecio tianschanicus Regel et Schmalh.	阿右旗	无危（LC）	
	橐吾属 Ligularia Cass.	掌叶橐吾	Ligularia przewalskii (Maxim.) Diels	阿左旗	无危（LC）	是
	蓝刺头属 Echinops L.	砂蓝刺头	Echinops gmelinii Turcz.	全盟	未予评估（NE）	
		火烙草	Echinopsprzewalskyi Iljin	阿左旗	无危（LC）	
		丝毛蓝刺头	Echinopsnanus Bunge	阿左旗	数据缺乏（DD）	

（续表43）

科	属	种名	学名	分布	红色名录等级	中国特有
菊科 Compositae	革苞菊属 *Tugarinovia* Iljin.	革苞菊	*Tugarinoviamongolica* Iljin	阿左旗、阿右旗	易危（VU）	
		卵叶革包菊	*Tugarinovia ovatifolia*（Ling et Y. C. Ma）Y. Z. Zhao— T. mongolica Iljin var. *ovatifolia* Ling et Y. C. Ma	阿左旗	未予评估（NE）	
	苓菊属 *Jurinea* Cass.	蒙新苓菊	*Jurineamongolica* Maxim.	阿左旗、阿右旗	无危（LC）	
	风毛菊属 *Saussurea* DC.	碱地风毛菊	*Saussurea runcinata* DC.	阿左旗、阿右旗	未予评估（NE）	
		裂叶风毛菊	*Saussurea laciniata* Ledeb.	阿左旗、阿右旗	无危（LC）	
		直苞（禾叶）风毛菊	*Saussurea ortholepis*（Hand. -Mazz.）Y. Z. Zhao et L. Q. Zhao	阿左旗	无危（LC）	
		翅茎风毛菊	*Saussurea alata* DC.	额济纳旗	无危（LC）	是
		羽裂风毛菊	*Saussurea pinnatidentata* Lipsch.	阿左旗	无危（LC）	是
		达乌里风毛菊	*Saussurea davurica* Adam.	阿左旗、阿右旗	无危（LC）	
		盐地风毛菊	*Saussureasalsa*（Pall.）Spreng.	全盟	未予评估（NE）	
		西北风毛菊	*Saussurea petrovii* Lipsch.	阿左旗	无危（LC）	是
		阿拉善风毛菊	*Saussurea alaschanica* Maxim.	阿左旗、阿右旗	数据缺乏（DD）	
		阿右风毛菊	*Saussurea jurineioides* H. C. Fu	阿左旗、阿右旗	未予评估（NE）	
		毓泉风毛菊	*Saussureamae* H. C. Fu	阿右旗	未予评估（NE）	
		雅布赖风毛菊	*Saussurea yabulaiensis* Y. Y. Yao	阿右旗	未予评估（NE）	
	牛蒡属 *Arctium* L.	牛蒡	*Arctium lappa* L.	阿左旗、阿右旗	未予评估（NE）	
	顶羽菊属 *Acroptilon* Cass.	顶羽菊	*Acroptilonrepens*（L.）DC.	全盟	未予评估（NE）	

（续表44）

科	属	种名	学名	分布	红色名录等级	中国特有
菊科 Compositae	黄缨菊属 *Xanthopappus* C. Winkl.	黄缨菊	*Xanthopappus subacaulis* C. Winkl.	阿右旗	数据缺乏（DD）	是
	蝟菊属 *Olgaea* Iljin.	蝟菊	*Olgaea lomonossowii*（Trautv.）Iljin	阿左旗	无危（LC）	
		鳍蓟	*Olgaea leucophylla*（Turcz.）Iljin	阿左旗、阿右旗	无危（LC）	
	蓟属 *Cirsium* Mill.	刺儿菜	*Cirsium integrifolium*（Wimm. et Grab.）L. Q. Zhao et Y. Z. Zhao	阿左旗	无危（LC）	
		大刺儿菜	*Cirsium setosum*（Willd.）Besser ex M. Bieb.	阿左旗、阿右旗	无危（LC）	
		丝路蓟	*Cirsium arvense*（L.）Scop. var. *arvense*	全盟	未予评估（NE）	
	飞廉属 *Carduus* L.	节毛飞廉	*Carduusacanthoides* L.	阿左旗	无危（LC）	
	漏芦属 *Rhaponticum* Vaill.	漏芦	*Rhaponticumuniflorum*（L.）DC.	阿左旗	无危（LC）	
	麻花头属 *Klasea* Cass.	麻花头	*Klasea centauroides*（L.）Cass. ex Kitag.	阿左旗	未予评估（NE）	
		缢苞麻花头	*Klasea strangulata*（Iljin）Kitag.	阿左旗	无危（LC）	
	大丁草属 *Leibnitzia* Cass.	大丁草	*Leibnitzia anandria*（L.）Turcz.	阿左旗	未予评估（NE）	
	鸦葱属 *Scorzonera* L.	拐轴鸦葱	*Scorzonera divaricata* Turcz. var. *divaricata*	全盟	无危（LC）	
		帚状鸦葱	*Scorzonera pseudodivaricata* Lipsch.	阿左旗、阿右旗	无危（LC）	
		蒙古鸦葱	*Scorzoneramongolica* Maxim.	全盟	无危（LC）	
		头序鸦葱	*Scorzonera capito* Maxim.	阿左旗、阿右旗	数据缺乏（DD）	
		鸦葱	*Scorzonera austriaca* Willd.	阿左旗、阿右旗	未予评估（NE）	

（续表 45）

科	属	种名	学名	分布	红色名录等级	中国特有
菊科 Compositae	蒲公英属 *Taraxacum* F. H. Wigg.	蒲公英	*Taraxacummongolicum* Hand. -Mazz.	全盟	未予评估（NE）	
		凸尖蒲公英	*Taraxacum sinomongolicum* Kitag.	阿左旗、阿右旗	未予评估（NE）	
		华蒲公英	*Taraxacum sinicum* Kitag.	全盟	未予评估（NE）	
		多裂蒲公英	*Taraxacum dissectum* （Ledeb.）Ledeb.	全盟	无危（LC）	
		亚洲蒲公英	*Taraxacum asiaticum* Dahlst.	全盟	无危（LC）	
		双角蒲公英	*Taraxacumbicorne* Dahlst.	全盟	无危（LC）	
		白缘蒲公英	*Taraxacumplatypecidum* Diels	阿左旗	无危（LC）	
	假小喙菊属 *Paramicrorhynchus* Kirp.	假小喙菊	*Paramicrorhynchus procumbens* （Roxb.）Kirp.	额济纳旗	无危（LC）	
	苦苣菜属 *Sonchus* L.	苣荬菜	*Sonchus brachyotus* DC.	全盟	无危（LC）	
		苦苣菜	*Sonchus oleraceus* L.	阿左旗、阿右旗	未予评估（NE）	
	岩参属 *Cicerbita* Wallr.	川甘岩参	*Cicerbitaroborowskii* （Maxim.）Beauv.	阿左旗	未予评估（NE）	
	莴苣属 *Lactuca* L.	乳苣	*Lactuca tatarica* （L.）C. A. Mey.	全盟	未予评估（NE）	
	小苦苣菜属 *Sonchella* Sennikov	碱小苦苣菜（碱黄鹌菜）	*Sonchella stenoma* （Turcz. ex DC.）Sennikov	阿左旗、额济纳旗	无危（LC）	
	还阳参属 *Crepis* L.	还阳参	*Crepis crocea* （Lam.）Babc.	阿左旗、阿右旗	无危（LC）	
		弯茎还阳参	*Crepis flexuosa* （Ledeb.）Benth. ex C. B. Clarke	阿右旗	无危（LC）	

（续表46）

科	属	种名	学名	分布	红色名录等级	中国特有
菊科 Compositae	黄鹌菜属 *Youngia* Cass.	细茎黄鹌菜	*Youngia akagii*（Kitag.）Kitag.	阿左旗、阿右旗	未予评估（NE）	
		细叶黄鹌菜	*Youngia tenuifolia*（Willd.）Babc. et Stebb.	阿左旗、阿右旗	未予评估（NE）	
		鄂尔多斯黄鹌菜	*Youngia ordosica* Y. Z. Zhao et L. Ma	阿左旗	未予评估（NE）	
		南寺黄鹌菜	*Youngia nansiensis* Y. Z. Zhao et L. Ma	阿左旗	未予评估（NE）	
	苦荬菜属 *Ixeris* Cass.	中华苦荬菜	*Ixeris chinensis*（Thunb.）Kitag. subsp. *Chinensis*	全盟	未予评估（NE）	
		丝叶山苦荬	*Ixeris chinensis*（Thunb.）Nakai subsp. var. *graminifolia*（Ledeb.）Kitam.	全盟	未予评估（NE）	
		抱茎苦荬菜	*Ixeris sonchifolia*（Maxim.）Hance	阿左旗	未予评估（NE）	
香蒲科 Typhaceae	香蒲属 *Typha* L.	水烛	*Typha angustifolia* L.	阿右旗、额济纳旗	未予评估（NE）	
		无苞香蒲	*Typha laxmannii* Lepech.	阿左旗	未予评估（NE）	
眼子菜科 Potamogetonaceae	篦齿眼子菜属 *Stuckenia* Borner	龙须眼子菜	*Stuckenia pectinata*（L.）Borner	全盟	未予评估（NE）	
	眼子菜属 *Potamogeton* L.	小眼子菜	*Potamogeton pusillus* L. — P. panormitanus Biv.	全盟	无危（LC）	
		穿叶眼子菜	*Potamogeton perfoliatus* L.	全盟	无危（LC）	
		菹草	*Potamogeton crispus* L.	阿左旗、阿右旗	无危（LC）	
角果藻科 Zannichelliaceae	角果藻属 *Zannichellia* L.	角果藻	*Zannichellia palustris* L.	全盟	无危（LC）	
水麦冬科 Juncaginaceae	水麦冬属 *Triglochin* L.	海韭菜	*Triglochin maritima* L.	全盟	无危（LC）	
		水麦冬	*Triglochin palustris* L.	全盟	无危（LC）	
泽泻科 Alismataceae	泽泻属 *Alisma* L.	草泽泻	*Alisma gramineum* Lejeune	阿左旗、额济纳旗	未予评估（NE）	
禾本科 Gramineae	芦苇属 *Phragmites* Adans.	芦苇	*Phragmites australis*（Cav.）Trin. ex Steud.	全盟	无危（LC）	
	三芒草属 *Aristida* L.	三芒草	*Aristida adscenionis* L.	全盟	无危（LC）	

（续表47）

科	属	种名	学名	分布	红色名录等级	中国特有
禾本科 Gramineae	臭草属 Melica L.	藏臭草	Melica tibetica Roshev.	阿右旗	无危（LC）	是
		臭草	Melica scabrosa Trin.	阿左旗	无危（LC）	
		细叶臭草	Melicaradula Franch.	阿左旗	无危（LC）	是
		抱草	Melica virgata Turcz. ex Trin.	阿左旗	无危（LC）	
	沿沟草属 Catabrosa P. Beauv.	沿沟草	Catabrosa aquatica（L.）P. Beauv. var. aquatica	阿左旗	无危（LC）	
	羊茅属 Festuca L.	远东羊茅	Festuca extermiorintalis Ohwi	阿左旗	无危（LC）	
		紫羊茅	Festucarubra L. subsp. rubra	阿左旗	无危（LC）	
		矮羊茅	Festuca coelestis（St. -Yves）V. I. Krecz. et Bobrow	阿左旗	无危（LC）	
		羊茅	Festuca ovina L.	阿左旗	无危（LC）	
	早熟禾属 Poa L.	希斯肯早熟禾	Poa schischkinii Tzvel.	阿左旗	无危（LC）	
		西藏早熟禾	Poa tibetica Munro ex Stapf	阿左旗	无危（LC）	
		阿拉套早熟禾	Poa albertii Regel	阿左旗	无危（LC）	
		光盘早熟禾	Poahylobates Bor	阿左旗	无危（LC）	
		硬叶早熟禾	Poa stereophylla Keng ex L. Liu	阿左旗	未予评估（NE）	
		唐氏早熟禾	Poa tangii Hitchc.	阿左旗、阿右旗	无危（LC）	是
		极地早熟禾	Poa arctica R. Br.	阿左旗	无危（LC）	
		粉绿早熟禾	Poapruinosa Korotky	阿左旗、阿右旗	无危（LC）	
		细叶早熟禾	Poa angustifolia L.	阿左旗	无危（LC）	
		高原早熟禾	Poa alpigena Lindm.	阿左旗	无危（LC）	
		草地早熟禾	Poapratensis L.	阿左旗、阿右旗	未予评估（NE）	
		垂枝早熟禾	Poa declinataKeng ex L. Liu	阿左旗	无危（LC）	是
		堇色早熟禾	Poa ianthina Keng ex Shan Chen	阿左旗	无危（LC）	是
		多变早熟禾	Poa variaKeng et L. Liu	阿左旗	未予评估（NE）	
		林地早熟禾	Poanemoralis L.	阿左旗	未予评估（NE）	

（续表48）

科	属	种名	学名	分布	红色名录等级	中国特有
禾本科 Gramineae	早熟禾属 Poa L.	灰早熟禾	Poa glauca Vahl	阿左旗	无危（LC）	
		硬质早熟禾	Poa sphondylodes Trin.	阿左旗	无危（LC）	
		柔软早熟禾	Poa leptaKeng ex L. Liu	阿左旗、阿右旗	未予评估（NE）	
		细长早熟禾	Poaprolixior Rendle	阿左旗	未予评估（NE）	
		渐狭早熟禾	Poa attenuata Trin.	阿左旗、阿右旗	未予评估（NE）	
		多叶早熟禾	Poa erikssonii（Melderis）Y. Z. Zhao	阿左旗	未予评估（NE）	
		少叶早熟禾	Poapaucifolia Keng ex Shan Chen	阿左旗	未予评估（NE）	
	碱茅属 Puccinellia Parl.	星星草	Puccinellia tenuiflora（Griseb.）Scribn. et Merr.	阿左旗、阿右旗	无危（LC）	
		狭序碱茅	Puccinellia schischkinii Tzvel.	阿左旗、额济纳旗	无危（LC）	
		鹤甫碱茅	Puccinelliahauptiana（Trin. ex V. I. Krecz.）Kitag.	阿左旗、阿右旗	无危（LC）	
		碱茅	Puccinellia distans（Jacq.）Parl.	阿左旗	无危（LC）	
	雀麦草属 Bromus L.	无芒雀麦	Bromus inermis Leyss.	阿左旗、阿右旗	无危（LC）	
		波申雀麦	Bromuspaulsenii Hack. ex Paulsen	阿左旗	无危（LC）	
	扇穗茅属 Littledalea Hemsl.	寡穗茅（泽沃扇穗茅）	Littledalea przevalskyi Tzvel	阿右旗	无危（LC）	是
	鹅观草属 Roegneria K. Koch.	毛盘鹅观草	Roegneriabarbicalla（Ohwi）Keng et S. L. Chen var. barbicalla	阿左旗、阿右旗	未予评估（NE）	
		中华鹅观草	Roegneria sinica Keng var. sinica	阿左旗	未予评估（NE）	
		狭叶鹅观草	Roegneria sinica Keng var. angustifolia C. P. Wang et H. L. Yang	阿左旗	未予评估（NE）	
		肃草（多变鹅观草）	Roegneria stricta Keng	阿左旗	无危（LC）	
		垂穗鹅观草	Roegneria burchan-buddae（Nevski）B. S. Sun	阿左旗	未予评估（NE）	
		阿拉善鹅观草	Roegneria alashanica Keng	阿左旗	未予评估（NE）	

（续表49）

科	属	种名	学名	分布	红色名录等级	中国特有
禾本科 Gramineae	冰草属 Agropyron Gaertn.	冰草	Agropyron cristatum（L.）Gaertn. var. cristatum	阿左旗、阿右旗	无危（LC）	
		沙芦草	Agropyronmongolicum Keng var. mongolicum	阿左旗	无危（LC）	是
		沙生冰草	Agropyron desertorum（Fisch.）Schult.	阿左旗	无危（LC）	
	披碱草属 Elymus L.	老芒麦	Elymus sibiricus L.	阿左旗	无危（LC）	
		垂穗披碱草	Elymusnutans Griseb.	阿左旗	未予评估（NE）	
		黑紫披碱草	Elymus atratus（Nevski）Hand.−Mazz.	阿左旗	无危（LC）	是
		披碱草	Elymus dahuricus Turcz. ex Griseb. var. dahuricus	阿左旗	无危（LC）	
		圆柱披碱草	Elymus dahuricus Turcz. ex Griseb. var. cylindricus Franch.	阿左旗	无危（LC）	是
	赖草属 Leymus Hochst.	赖草	Leymus secalinus（Georgi）Tzvel.	全盟	无危（LC）	
		天山赖草	Leymus tianschanicus（Drob.）Tzvel.	额济纳旗	无危（LC）	
		华北赖草	Leymushumilis（S. L. Chen et H. L. Yang）Y. Z. Zhao	阿左旗	未予评估（NE）	
	大麦属 Hordeum L.	小药大麦草	Hordeumroshevitzii Bowden	阿左旗	无危（LC）	
		布顿大麦草	Hordeumbogdanii Wilensky	阿右旗、额济纳旗	无危（LC）	
	新麦草属 Psathyrostachys Nevski	单花新麦草	Psathyrostachys kronenburgii（Hack.）Nevski	阿右旗	无危（LC）	
		新麦草	Psathyrostachys juncea（Fisch.）Nevski	阿右旗	无危（LC）	
	洽草属 Koeleria Pers.	洽草	Koeleriamacrantha（Ledeb.）Schult.	阿左旗、阿右旗	无危（LC）	
	三毛草属 Trisetum Pers.	穗三毛草	Trisetum spicatum（L.）K. Richt.	阿左旗	未予评估（NE）	

（续表50）

科	属	种名	学名	分布	红色名录等级	中国特有
禾本科 Gramineae	异燕麦属 *Helictotrichon* Besser ex Schult. et J. H. Schult.	藏异燕麦	*Helictotrichon tibeticum* （Roshev.）J. Holub	阿左旗	无危（LC）	是
		蒙古异燕麦	*Helictotrichon mongolicum* （Roshev.）Henrard.	阿左旗	无危（LC）	
	燕麦属 *Avena* L.	野燕麦	*Avena fatua* L.	阿左旗	无危（LC）	
	茅香属 *Anthoxanthum* L. –Hierochloe R. Br.	茅香	*Anthoxanthumnitens* （Weber）Y. Schouten et Veldkamp	阿右旗	无危（LC）	
	发草属 *Deschampsia* P. Beauv.	穗发草	*Deschampsia koelerioides* Regel	阿左旗、阿右旗	无危（LC）	
	拂子茅属 *Calamagrostis* Adans.	拂子茅	*Calamagrostis epigeios* （L.）Roth	阿左旗	无危（LC）	
		假苇拂子茅	*Calamagrostis pseudophragmites* （A. Hall.）Koeler	全盟	无危（LC）	
	野青茅属 *Deyeuxia* Clarion ex P. Beauv.	忽略野青茅	*Deyeuxianeglecta* （Ehrh.）Kunth	阿左旗、阿右旗	无危（LC）	
	剪股颖属 *Agrostis* L.	细弱剪股颖	*Agrostis capillaris* L.	阿左旗	无危（LC）	
		巨序剪股颖	*Agrostis gigantea* Roth	阿左旗	无危（LC）	
	棒头草属 *Polypogon* Desf.	长芒棒头草	*Polypogon monspeliensis* （L.）Desf.	全盟	无危（LC）	
	菵草属 *Beckmannia* Host	菵草	*Beckmannia syzigachne* （Steud.）Fernald	阿左旗	未予评估（NE）	
	落芒草属 *Piptatherum* P. Beauv.	中华落芒草	*Piptatherum helanshanense* L. Q. Zhao et Y. Z. Zhao comb. nov.	阿左旗	未予评估（NE）	
		藏落芒草	*Piptatherum tibeticum* Roshev.	阿左旗	无危（LC）	是
	针茅属 *Stipa* L.	长芒草	*Stipabungeana* Trin.	阿左旗	无危（LC）	
		甘青针茅	*Stipa przewalskyi* Roshev.	阿左旗	无危（LC）	是
		大针茅	*Stipa grandis* P. A. Smirn.	阿左旗	无危（LC）	

（续表 51）

科	属	种名	学名	分布	红色名录等级	中国特有
禾本科 Gramineae	针茅属 Stipa L.	贝加尔针茅	Stipabaicalensis Roshev.	阿左旗	无危（LC）	
		克氏针茅	Stipakrylovii Roshev.	阿左旗、阿右旗	未予评估（NE）	
		紫花针茅	Stipapurpurea Griseb.	阿右旗	无危（LC）	
		短花针茅	Stipabreviflora Griseb.	阿左旗、阿右旗	无危（LC）	
		异针茅	Stipa aliena Keng	阿右旗	无危（LC）	是
		小针茅	Stipa klemenzii Roshev.	阿左旗	未予评估（NE）	
		戈壁针茅	Stipa gobica Roshev.	全盟	无危（LC）	
		沙生针茅	Stipa glareosa P. A. Smirn.	全盟	无危（LC）	
		阿尔巴斯针茅	Stipaalbasiensis L. Q. Zhao et K. Guo	阿左旗、阿右旗	未予评估（NE）	
		疏花针茅	Stipapenicillata Hand.-Mazz.	阿右旗	无危（LC）	是
	芨芨草属 Achnatherum P. Beauv.	芨芨草	Achnatherum splendens（Trin.）Nevski	全盟	无危（LC）	
		紫花芨芨草	Achnatherum regelianum（Hack.）Tzvel.	阿左旗	未予评估（NE）	
		醉马草	Achnatherum inebrians（Hance）Keng ex Tzvel.	阿左旗、阿右旗	无危（LC）	
		羽茅	Achnatherum sibiricum（L.）Keng ex Tzvel.	阿左旗	无危（LC）	
		朝阳芨芨草	Achnatherumnakaii（Honda）Tatcoka ex Imzab	阿左旗	无危（LC）	
		远东芨芨草	Achnatherum extremiorientale（Hara）Keng	阿左旗	未予评估（NE）	
	细柄茅属 Ptilagrostis Griseb.	细柄茅	Ptilagrostis mongholica（Turcz. ex Trin.）Griseb.	阿左旗、额济纳旗	无危（LC）	
		双叉细柄茅	Ptilagrostis dichotoma Keng ex Tzvel.	阿左旗、阿右旗	无危（LC）	
		中亚细柄茅	Ptilagrostispelliotii（Danguy）Grub.	全盟	无危（LC）	

（续表52）

科	属	种名	学名	分布	红色名录等级	中国特有
禾本科 Gramineae	沙鞭属 *Psammochloa* Hitchc.	沙鞭	*Psammochloa villosa* （Trin.）Bor	全盟	无危（LC）	
	钝基草属 *Timouria* Roshev.	钝基草	*Timouria saposhnikowii* Roshev.	阿左旗、阿右旗	无危（LC）	
	冠毛草属 *Stephanachne* Keng	冠毛草	*Stephanachne pappophorea* （Hack.）Keng	阿左旗、阿右旗	无危（LC）	
	冠芒草属 *Enneapogon* Desv. ex P. Beauv.	冠芒草	*Enneapogon desvauxii* P. Beauv.	全盟	无危（LC）	
	獐毛属 *Aeluropus* Trin.	獐毛	*Aeluropus sinensis* （Debeaux）Tzvel.	全盟	无危（LC）	是
	画眉草属 *Eragrostis* Wolf	无毛画眉草	*Eragrostismulticaulis* Steudel	阿左旗	无危（LC）	
		小画眉草	*Eragrostisminor* Host	全盟	无危（LC）	
	隐子草属 *Cleistogenes* Keng	无芒隐子草	*Cleistogenes songorica* （Roshev.）Ohwi	全盟	无危（LC）	
		糙隐子草	*Cleistogenes squarrosa* （Trin.）Keng	阿左旗	无危（LC）	
		薄鞘隐子草	*Cleistogenes festucacea* Honda	阿左旗	无危（LC）	是
	草沙蚕属 *Tripogon* Roem. et Schult.	中华草沙蚕	*Tripogon chinensis* （Franch.）Hack.	阿左旗、阿右旗	无危（LC）	
	虎尾草属 *Chloris* Swartz	虎尾草	*Chloris virgata* Swartz	全盟	无危（LC）	
	扎股草属 *Crypsis* Ait.	扎股草	*Crypsis aculeata* （L.）Ait.	阿左旗、阿右旗	无危（LC）	
		蔺状隐花草	*Crypsis schoenoides* （L.）Lam.	全盟	无危（LC）	
	锋芒草属 *Tragus* Hall.	锋芒草	*Tragusmongolorum* Ohwi	阿左旗、阿右旗	未予评估（NE）	
	稗属 *Echinochloa* P. Beauv.	稗	*Echinochloa crusgalli* （L.）P. Beauv. var. *crusgalli*	全盟	无危（LC）	
		无芒稗	*Echinochloa crusgalli* （L.）P. Beauv. var. *mitis* （Pursh）Peterm.	全盟	无危（LC）	

（续表 53）

科	属	种名	学名	分布	红色名录等级	中国特有
禾本科 Gramineae	狗尾草属 Setaria P. Beauv.	狗尾草	Setaria viridis（L.）Beauv. var. viridis	全盟	无危（LC）	
		厚穗狗尾草	Setaria viridis（L.）P. Beauv. var. pachystachys（Franch. et Sav.）Makino et Nemoto	阿左旗	近危（NT）	
		断穗狗尾草	Setaria P. Beauv.	阿左旗	无危（LC）	
		短毛狗尾草	Setaria viridis（L.）Beauv. var. breviseta（Doell）Hichc.	阿左旗	未予评估（NE）	
		金色狗尾草	Setariapumila（Poirt）Roem. et Schult.	阿左旗、阿右旗	未予评估（NE）	
	狼尾草属 Pennisetum Rich.	白草	Pennisetum flaccidum Griseb.	阿左旗、阿右旗	无危（LC）	
	荩草属 Arthraxon P. Beauv.	荩草	Arthraxonhispidus（Thunb.）Makino	阿左旗	无危（LC）	
	孔颖草属 Bothriochloa Kuntze	白羊草	Bothriochloa ischaemum（L.）Keng	阿左旗	无危（LC）	
莎草科 Cyperaceae	三棱草属 Bolboschoenus（Asch.）Pall.	扁秆荆三棱	Bolboschoenus planiculmis（F. Schmidt）T. V. Egorova	全盟	无危（LC）	
		球穗荆三棱	Bolboschoenus affinis（Roth）Drobow	阿右旗、额济纳旗	无危（LC）	
	水葱属 Schoenoplectus（Rchb.）Pall.	三棱水葱（藨草）	Schoenoplectus triqueter（L.）Pall.	阿左旗	无危（LC）	
		水葱	Schoenoplectus tabernaemontani（C. C. Gmel.）Pall.	全盟	无危（LC）	
	扁穗草属 Blysmus Panz. ex Schult.	华扁穗草	Blysmus sinocompressus Tang et F. T. Wang var. sinocompressus	阿左旗、阿右旗	无危（LC）	
	荸荠属 Eleocharis R. Br.	单鳞苞荸荠	Eleocharisuniglumis（Link）Schult.	阿左旗	无危（LC）	
		沼泽荸荠	Eleocharispalustris（L.）Roem. et Schult.	阿左旗	无危（LC）	
	莎草属 Cyperus L.	褐穗莎草（密穗莎草）	Cyperus fuscus L.	阿左旗、阿右旗	无危（LC）	

（续表 54）

科	属	种名	学名	分布	红色名录等级	中国特有
莎草科 Cyperaceae	水莎草属 Juncellus (Griseb.) C. B. Clarke	水莎草	Juncellus serotinus (Rottb.) C. B. Clarke	阿左旗	无危（LC）	
		花穗水莎草	Juncelluspannonicus (Jacq.) C. B. Clarke	阿左旗、阿右旗	无危（LC）	
	扁莎属 Pycreus P. Beauv.	槽鳞扁莎	Pycreus sanguinolentus (Vahl) Nees ex C. B. Clarke	阿左旗	无危（LC）	
		球穗扁莎	Pycreus flavidus (Retz.) T. Koyama	全盟	无危（LC）	
	嵩草属 Kobresia Willd.	矮生嵩草	Kobresiahumilis (C. A. Mey. ex Trautv.) Serg.	阿左旗	无危（LC）	
		嵩草	Kobresiamyosuroides (Vill.) Fiori	阿左旗	无危（LC）	
		二蕊嵩草	Kobresiabistaminata W. Z. Di et M. J. Zhong	阿左旗	无危（LC）	是
		高山嵩草	Kobresia pygmaea (C. B. Clarke) C. B. Clarke	阿左旗	无危（LC）	
		高原嵩草（贺兰山嵩草）	Kobresia pusilla N. A. Ivanova	阿左旗	无危（LC）	
	薹草属 Carex L.	寸草薹	Carex duriuscula C. A. Mey. subsp. duriuscula	阿左旗	未予评估（NE）	
		砾薹草	Carex stenophylloides V. I. Krecz.	阿左旗、阿右旗	未予评估（NE）	
		无脉薹草	Carex enervis C. A. Mey.	阿左旗	无危（LC）	
		麻根薹草	Carex arnellii Christ ex Scheutz	阿左旗	无危（LC）	
		阿右薹草	Carex ayouensis X. Y. Mao et Y. C. Yang	阿右旗	未予评估（NE）	
		脚薹草	Carex pediformis C. A. Mey.	阿左旗、阿右旗	未予评估（NE）	
		祁连薹草	Carex allivescens V. I. Krecz.	阿左旗	未予评估（NE）	
		凸脉薹草	Carex lanceolata Boott var. lanceolata	阿左旗	无危（LC）	
		阿拉善凸脉薹草	Carex lanceolata Boott var. alaschanica T. V. Egor.	阿左旗、阿右旗	未予评估（NE）	

（续表55）

科	属	种名	学名	分布	红色名录等级	中国特有
莎草科 Cyperaceae	薹草属 Carex L.	青海薹草	*Carex ivanoviae* T. V. Egor.	阿右旗	近危（NT）	是
		黄囊薹草	*Carex korshinskyii* Kom.	阿左旗、阿右旗	无危（LC）	
		干生薹草	*Carex aridula* V. I. Krecz.	阿左旗、阿右旗	无危（LC）	是
		华北薹草	*Carex hancockiana* Maxim.	阿左旗	无危（LC）	
		紫鳞薹草	*Carex angarae* Steud.	阿左旗	近危（NT）	是
		紫喙薹草	*Carex serreana* Hand. –Mazz.	阿左旗	无危（LC）	是
		鹤果薹草	*Carex cranaocarpa* Nelmes	阿左旗	无危（LC）	是
		灰脉薹草	*Carex appendiculata* (Trautv.) Kuk. var. *appendiculata*	阿左旗	无危（LC）	
		圆囊薹草	*Carex orbicularis* Boott	阿左旗	无危（LC）	
天南星科 Araceae	菖蒲属 Acorus L.	菖蒲	*Acorus calamus* L.	全盟	未予评估（NE）	
浮萍科 Lemnaceae	浮萍属 Lemna L.	品藻	*Lemna trisulca* L.	全盟	未予评估（NE）	
		浮萍	*Lemnaminor* L.	全盟	未予评估（NE）	
灯心草科 Juncaceae	灯心草属 Juncus L.	小灯心草	*Juncusbufonius* L.	全盟	未予评估（NE）	
		细灯心草	*Juncus gracillimus* (Buch.) V. I. Krecz. et Gontsch.	全盟	未予评估（NE）	
		玛纳斯灯心草	*Juncus libanoticus* J. Thiebaut	额济纳旗	无危（LC）	
		栗花灯心草	*Juncus castaneus* Smith	阿左旗	无危（LC）	
		针灯心草	*Juncuswallichianus* J. Gay ex Laharpe	阿左旗	无危（LC）	
百合科 Liliaceae	葱属 Allium L.	野韭	*Alliumramosum* L.	阿左旗	无危（LC）	
		高山韭	*Allium sikkimense* Baker	阿左旗	无危（LC）	
		辉韭	*Allium strictum* Schrad.	阿右旗	无危（LC）	
		贺兰葱	*Allium eduardii* Stearn	阿左旗	无危（LC）	

（续表56）

科	属	种名	学名	分布	红色名录等级	中国特有
百合科 Liliaceae	葱属 Allium L.	青甘葱	Alliumprzewalskianum Regel	阿左旗、阿右旗	无危（LC）	
		蒙古葱	Alliummongolicum Regel	全盟	未予评估（NE）	
		碱葱	Alliumpolyrhizum Turcz. ex Regel	全盟	无危（LC）	
		矮葱	Allium anisopodium Ledeb. var. anisopodium	阿左旗	无危（LC）	
		糙葶葱	Allium anisopodium Ledeb.	阿左旗	未予评估（NE）	
		细叶葱	Allium tenuissimum L.	阿左旗	无危（LC）	
		砂葱	Alliumbidentatum Fisch. ex Prokh. et Ikonnikov−Galitzky	阿左旗、阿右旗	无危（LC）	
		甘肃葱（短梗葱）	Alliumkansuens Regel	阿左旗	未予评估（NE）	
		阿拉善葱	Allium alaschanicum Y. Z. Zhao	阿左旗	未予评估（NE）	
		雾灵韭	Allium stenodon Nakai et Kitag.	阿左旗、阿右旗	无危（LC）	是
		密囊葱	Allium subtilissimum Ledeb.	阿右旗	无危（LC）	
		镰叶韭	Allium carolinianum Redoute	阿右旗	无危（LC）	
		薤白	Alliummacrostemon Bunge	阿左旗	无危（LC）	
		毓泉薤	Allium yuchuanii Y. Z. Zhao et J. Y. Chao	阿左旗	未予评估（NE）	
		白花薤	Allium yanchienseJ. M. Xu	阿左旗	无危（LC）	是
	百合属 Lilium L.	山丹	Liliumpumilum Redoute var. pumilum	阿左旗、阿右旗	无危（LC）	
		球果山丹	Liliumpumilum Redoute var. potaninii（Vrishcz）Y. Z. Zhao	阿左旗、阿右旗	未予评估（NE）	
	顶冰花属 Gagea Salisb.	少花顶冰花	Gageapauciflora（Turcz. ex Trautv.）Ledeb.	阿左旗、阿右旗	无危（LC）	
		贺兰山顶冰花	Gagea alashanica Y. Z. Zhao et L. Q. Zhao	阿左旗	无危（LC）	是

（续表57）

科	属	种名	学名	分布	红色名录等级	中国特有
百合科 Liliaceae	洼瓣花属 *Lloydia* Salisb. ex Reich.	洼瓣花	*Lloydia serotina*（L.）Rchb.	阿左旗	无危（LC）	
	天门冬属 *Asparagus* L.	攀援天门冬	*Asparagus brachyphyllus* Turcz.	阿左旗	无危（LC）	
		戈壁天门冬	*Asparagusgobicus* N. A. Ivan. ex Grub.	阿左旗、阿右旗	无危（LC）	
		折枝天门冬	*Asparagus angulofractus* Iljin	阿右旗（雅布赖山）	无危（LC）	
		西北天门冬	*Asparagusbreslerianus* Schult. et J. H. Schult.	全盟	无危（LC）	
		新疆天门冬	*Asparagusneglectus* Kar. et Kir.	阿右旗（雅布赖山）	无危（LC）	
		青海天门冬	*Asparagusprzewalskyi* N. A. Ivan. ex Grub. et T. V. Egorova var. *przewalskyi*	阿左旗	未予评估（NE）	
	舞鹤草属 *Maianthemum* F. H. Wigg.	舞鹤草	*Maianthem-umbifolium*（L.）F. W. Schmidt	阿左旗	无危（LC）	
	黄精属 *Polygonatum* Mill.	玉竹	*Polygonatum odoratum*（Mill.）Druce	阿左旗	无危（LC）	
		热河黄精	*Polygonatummacropodum* Turcz.	阿左旗	无危（LC）	是
		黄精	*Polygonatum sibiricum* Redoute	阿左旗	无危（LC）	
鸢尾科 Iridaceae	鸢尾属 *Iris* L.	射干鸢尾	*Iris dichotoma* Pall.	阿左旗	无危（LC）	
		细叶鸢尾	*Iris tenuifolia* Pall.	阿左旗	无危（LC）	
		天山鸢尾	*Iris loczyi* Kanitz	阿左旗、阿右旗	无危（LC）	
		大苞鸢尾	*Irisbungei* Maxim.	阿左旗、阿右旗	无危（LC）	
		马蔺	*Irislactea* Pall. var. *chinensis*（Fisch.）Koidz.	全盟	未予评估（NE）	
		粗根鸢尾	*Iris tigridia* Bunge ex Ledeb.	阿右旗	无危（LC）	

（续表58）

科	属	种名	学名	分布	红色名录等级	中国特有
兰科 Orchidaceae	鸟巢兰属 *Neottia* Guett.	尖唇鸟巢兰	*Neottia acuminata* Schltr.	阿左旗	无危（LC）	
		北方鸟巢兰	*Neottia camtschatea* (L.) H. G. Reich.	阿左旗	无危（LC）	
	珊瑚兰属 *Corallorhiza* Gagnebin	珊瑚兰	*Corallorhiza trifida* Chat.	阿左旗	近危（NT）	
	掌裂兰属 *Dactylorhiza* Neck. ex Nevski	凹舌掌裂兰	*Dactylorhiza viridis* (L.) R. M. Bateman	阿左旗	无危（LC）	
	角盘兰属 *Herminium* L.	裂瓣角盘兰	*Herminium alaschanicum* Maxim.	阿左旗	近危（NT）	
	火烧兰属 *Epipactis* Zinn	火烧兰	*Epipactishelleborine* (L.) Crantz.	阿左旗	无危（LC）	

二、野生植物经济价值分类

（一）用材类树种

用材树种主要有油松、青海云杉、杜松等针叶树种。阔叶树种主要有白桦、山杨、小叶杨、胡杨、阿拉善杨、旱榆、毛果旱榆、旱柳、乌柳等。

（二）经济类植物

1. 纤维植物

纤维植物纤维较长、韧性和强度达到一定标准，可作为纤维板、编织业、纺织业、造纸、绳袋等原料。阿拉善纤维植物种类很多，且质量优良。主要有油松、青海云杉、白桦、山杨、北沙柳、小红柳、蓝靛果忍冬、黄花忍冬、金银花、蛇床、宽叶荨麻、麻叶荨麻、贺兰山荨麻、柳兰、宿根亚麻、羽茅、远东芨芨草、拂子茅、假苇拂子茅、芦苇等。

2. 鞣料植物

鞣科植物即栲胶植物，这类植物或根、或皮、茎（干）、叶、果实、总苞等器官组织中富含鞣质（单宁），宜作为浸提栲胶的植物资源。鞣科植物主要有兴安落叶松、华北落叶松、樟子松、油松、侧柏、青海云杉、红皮云杉、蒙古栎、辽东栎、白桦、黑桦、甜杨、山杨、香杨、中国白蜡树、白榆、稠李、杜香、山荆子、山刺玫、虎榛子、柳叶鼠李、乌苏里鼠李、小叶鼠李、榛、桲柳、河柏、皱叶酸模、叉分蓼、芍药、红升麻、鹅绒委陵菜、蚊子草、粗根老鹳草、狭叶荨麻、地榆、龙芽草、唐松草、地锦、盐角草等。

3. 药用植物

药用植物体全部或部分器官组织或其分泌物，可直接入药或经提炼后可制成医病药物。主要有孩儿参、地肤、沙参（所有种）、桔梗、地榆、黄耆、草麻黄、菖蒲、泽泻、茜草、艾、类叶升麻、乌头、白头翁、紫菀、红花、州漏芦、苍术、蓝刺头、曼陀罗、黄精、玉竹、拳参、枸杞、柴胡、肉苁蓉、地黄、列当、车前、远志、黄芩、甘草、锁阳、大黄、萹蓄、旱麦瓶草、瞿麦、石竹、葛缕子、达乌里龙胆、秦艽、龙胆、菟丝子、鹤虱、多裂叶荆芥、益母草、细叶益母草、薄荷、香薷、山牛蒡、细叶百合、射干鸢尾等。

农药类植物主要有白屈菜、播娘蒿、瓦松、披针叶黄华、皱叶酸模、卫矛、苍耳、马齿苋、苦参、骆驼蓬等。

4. 油料植物

种子或果实含油量达到20%以上，宜用作提取油脂原料的植物。主要有油松、白桦、旱榆、毛果旱榆、文冠果、矮卫矛、毛樱桃、山刺玫、苍术、地肤、稠李、益母草、宿根亚麻、碱蓬、骆驼蓬、皱叶酸模、大小菟丝子、酸枣、播娘蒿、蒙古荚蒾、柳叶鼠李、钝叶鼠李、小叶鼠李、葶苈等。

5. 淀粉、酿造类植物

富含淀粉、宜经济利用的一类植物。主要有越橘、稠李、地榆、蓝靛果忍冬、蕨、山刺玫、库叶悬钩子、苍术、黄精、玉竹、细叶百合、沙参、皱叶酸模、珠芽蓼、桔梗、毛樱桃、打碗花、柳叶鼠李、钝叶鼠李、小叶鼠李、旱榆、酸、山杏、欧李等。

6. 染料植物

主要有白桦、石松、鹅绒委陵菜、钝叶鼠李、蓬子菜、黄芩、越橘、稠李、山刺玫、柳叶鼠李、小叶鼠李、酸模、狭叶酸模、皱叶酸模、茜草等。

7. 橡胶植物

橡胶植物体内含有丰富乳汁，可提取橡胶。主要有蓬子菜、长柱沙参、地稍瓜、金银花忍冬、矮卫矛、鸦葱等。

8. 芳香油类植物

许多植物体的器官组织或分泌物中含有芳香油，其基本成分是醇、酮、醛、酚、酸、酯等化合物，是提取香精、香料的主要原料。主要有山刺玫、葛缕子、香青兰、丁香、薄荷、飞蓬、香薷、细穗香薷、裂叶荆芥、缬草、菖蒲、蒙古蒿、风毛菊、泽兰、黄芩、蒙古莸、大花荆芥、石竹等。

9. 食用植物

主要有蕨、薄荷、白桦、拳参、山楂、毛山楂、山刺玫、越橘、稠李、酸枣、沙参、桔梗、地榆、库叶悬钩子、百合、稠李、山杏、小果白刺、文冠果、蓝靛果忍冬、蒙桑、毛樱桃、香薷、甘草、玉竹、黄精、沙枣、天栌、黑果天栌等。

10. 观赏植物

主要有石竹、蒙古荚蒾、山刺玫、黄刺玫、大叶蔷薇、榆叶梅、丁香、瞿麦、翠雀花、耧斗菜、绣线菊、桔梗、金露梅、山桃、蒙古莸、樱草等。

11. 饲用植物

饲用植物资源主要为豆科、禾本科、菊科、莎草科、藜科的植物种类。其中，豆科主要饲用植物有粗壮黄耆、草木樨状黄耆、细枝岩黄耆、蒙古岩黄耆、小叶锦鸡儿、狭叶锦鸡儿、柠条锦鸡儿、达乌里胡枝子、牛枝子、尖叶胡枝子、草木樨、紫花苜蓿、天蓝苜蓿、新疆野豌豆、救荒野豌豆等。禾本科主要饲用植物有羊草、赖草、贝加尔针茅、大针茅、克氏针茅、长芒草、短花针茅、小针茅、沙生针茅、戈壁针茅、羊茅、紫羊茅、糙隐子草、无芒隐子草、中华隐子草、冰草、沙芦草、芦苇、垂穗披碱草、缘毛鹅观草、直穗鹅观草、星星草、菭草、无芒雀麦、苇状看麦娘、狗尾草、金狗尾草、虎尾草、白茅、稗、长芒稗、荩草、拂子茅、大拂子茅、假苇拂子茅、野青茅、林地早熟禾、硬质早熟禾、草地早熟禾、偃麦草等。莎草科主要饲用植物有灰脉薹草、脚薹草、披针薹草、薹草、寸薹草、高山嵩草、蔗草等。菊科主要饲用植物有冷蒿、籽蒿、白莲蒿、褐沙蒿、准格尔沙蒿、裂叶蒿、猪毛蒿、华北米蒿、漠蒿、旱蒿、女蒿、线叶菊、菁状亚菊、中亚紫菀木、花花柴、蓼子朴等。藜科主要饲用植物有驼绒藜、珍珠柴、松叶猪毛菜、猪毛菜、短叶假木贼、木地肤、合头藜、盐穗木、细枝盐爪爪、盐爪爪、尖叶盐爪爪、沙蓬、碱蓬等。其他科主要饲用植物有多枝柽柳、红砂、山杏、地榆、鹰爪柴、百里香、蒙古葱、碱韭、野韭、灰榆、沙芥、兔唇花、白刺、土庄绣线菊等。

第四节　珍稀濒危植物

根据《内蒙古自治区珍稀林木保护名录》《阿拉善盟野维管束植物名录》收录，截至 2021 年，阿拉善珍稀树种有：青海云杉（*Picea crassifolia*）、油松（*Pinus tabulaeformis*）、圆柏（*Sabina chinensis*）、叉子圆柏（*Sabina sabina*）、祁连圆柏（*Sabina przewalskii*）、杜松（*Juniperus rigida*）、斑子麻黄（*Ephedra rhytidosperma*）、旱榆（*Ulmus glaucescens* var. *glaucescens*）、圆叶木蓼（*Atraphaxis tortuosa*）、沙木蓼（*Atraphaxis bracteata*）、蒙桑（*Morus mongolica*）、裸果木（*Gymnocarpos przewalskii*）、细叶小檗（*Berberis poiretii*）、毛枝蒙古绣线菊（*Spiraea mongolica* var. *tomentulosa*）、花叶海棠（*Malus transitoria*）、小叶金露梅（*Potentilla parvifolia*）、银露梅（*Potentilla glabra*）、蒙古扁桃（*Amygdalus mongolica*）、柄扁桃（*Amygdalus peduncnlata*）、沙冬青（*Ammopiptanthus mongolicus*）、细枝岩黄芪（*Hedysarum scoparium*）、四合木（*Tetraena mongolica*）、细裂槭（*Acer stenolobum*）、大叶细裂槭（*Acer stenolobum* Rehd. var. *megalophyllum*）、文冠果（*Xanthoceras sorbifolium*）、柳叶鼠李（*Rhamnus erythroxylon*）、黄花红砂（*Reaumuria trigyna*）、宽叶水柏枝（*Myricaria platyphylla*）、鄂尔多斯半日花（*Helianthemum ordosicum*）、沙枣（*Elaeagnus angustifolia*）、沙梾（*Swida bretschneideri*）、越橘（*Vaccinium vitis – idaea*）、红北极果（*Arctous ruber*）、贺兰山丁香（*Syringa pinnatifolia* var. *alashanensis*）、互叶醉鱼草（*Buddleja alternifolia*）、蒙古莸（*Caryopteris mongholica*）、内蒙野丁香（*Leptodermis ordosica*）、紫菀木（*Asterothamnus alyssoides*）、中亚紫菀木（*Asterothamnus centraliasiaticus*）、贺兰山女蒿（*Hippolytia kaschgarica*）、青扦（*Picea wilsonii*）、胡杨（*Populus euphratica*）、阿拉善沙拐枣（*Calligonum alaschanicum*）、沙拐枣（*Calligonum mongolicum*）、绵刺（*Potaninia mongolica*）、沙冬青（*Ammopiptanthus mongolicus*）、梭梭（*Haloxylon ammodendron*）、肉苁蓉（*Cistanche deserticola*）、锁阳（*Cynomorium songaricum* Rupr）等。

第五节　古树名木

古树名木是森林资源中的瑰宝，是自然界和前人留下的珍贵遗产，客观记录和生动反映社会历史发展和自然变迁，承载中华民族悠久历史和灿烂文化。古树名木也是珍贵的基因资源、难得的旅游资源、独特的文化资源，具有十分重要的历史、文化、科研、生态和经济价值。

一、分布

2018 年内蒙古自治区绿化委员会开展全区古树名木资源普查工作，经普查统计显示，阿拉善盟有一级古树 13 株、二级古树 133 株、三级古树 544 株。共有古树群 138 个：一级 0 个、二级 3 个、三级 135 个。具体分布情况如下。

阿左旗有古树 7 科 11 属 360 株：一级古树 5 株，二级古树 61 株，三级古树 294 株。有古树群 12 个：一级 0 个、二级 3 个、三级 9 个。

阿右旗有古树 2 科 3 属 281 株：一级古树 7 株，二级古树 66 株，三级古树 208 株。有古树群 31 个：一级 0 个、二级 0 个、三级 31 个。

额济纳旗有古树 2 科 2 属 49 株：一级古树 1 株，二级古树 6 株，三级古树 42 株。有古树群 95 个：一级 0 个、二级 0 个、三级 95 个。2018 年，额济纳"神树"入选"中国最美古树"。

二、种类

2018 年，对全盟古树名木资源树种的科、属、种进行统计分析，全盟共有古树名木 7 科 12 属 13 种 690 株，古树主要树种有旱柳、圆柏、榆树、侧柏、杜松、胡杨、柳叶鼠李、文冠果、青海云杉等。

（一）旱榆

旱榆为落叶乔木或灌木，高可达 18 米，树皮浅纵裂；幼枝被疏毛，当年生枝无毛或有毛，二年生枝淡灰黄色、淡黄灰色或黄褐色，小枝无木栓翅及膨大的木栓层；冬芽卵圆形或近球形，内部芽鳞有毛，边缘密生锈褐色或锈黑色之长柔毛。叶卵形、菱状卵形、椭圆形、长卵形或椭圆状披针形，长 2.5~5 厘米，宽 1~2.5 厘米，先端渐尖至尾状渐尖，基部偏斜，楔形或圆，两面光滑无毛，稀叶背有极短之毛，脉腋无簇生毛，边缘具钝而整齐的单锯齿或近单锯齿，侧脉每边 6~12（~14）条；叶柄长 5~8 毫米，上面被短柔毛。花自混合芽抽出，散生于新枝基部或近基部，或自花芽抽出，3~5 数在二年生枝上呈簇生状。翅果椭圆形或宽椭圆形，稀倒卵形、长圆形或近圆形，长 2~2.5 厘米，宽 1.5~2 厘米，除顶端缺口柱头面有毛外，余处无毛，果翅较厚，果核部分较两侧之翅内宽，位于翅果中上部，上端接近或微接近缺口，宿存花被钟形，无毛，上端 4 浅裂，裂片边缘有毛，果梗长 2~4 毫米，密被短毛。花果期 3—5 月。生长于海拔 500~2400 米地带。主要分布于中国辽宁、河北、山东、河南、山西、内蒙古、陕西、甘肃及宁夏等省（区）。阿拉善分布旱榆古树 393 株，树龄 100~659 年，树高 4.5~15 米，胸围 85~611 厘米；分布旱榆古树群 30 个，树龄 129~310 年，共计 2956 株。

（二）胡杨

胡杨系古地中海成分，是第三纪残余古老树种，6000 多万年前就在地球上生存。在古地中海沿岸地区陆续出现，成为山地河谷小叶林的重要成分。第四纪早、中期，胡杨逐渐演变成荒漠河岸林最主要的建群种。主要分布在新疆南部、柴达木盆地西部，河西走廊等地。生在中国塔里木盆地的胡杨树，刚冒出幼芽就拼命扎根，在极其炎热干旱环境中，能长到 30 多米高。树龄开始老化时，它会逐渐自行断脱树顶枝杈和树干，最后降低到 3~4 米高，依然枝繁叶茂，直到老死枯干，仍旧矗立不倒。胡杨是被子植物门、双子叶植物纲、五桠果亚纲、杨柳目、杨柳科、杨属的一种植物，是落叶中型天然乔木，直径可达 1.5 米，树叶阔大清香。耐旱耐涝，生命顽强，是自然界稀有树种之一。胡杨树龄可达 200 年，树干通直，高 10~15 米，稀灌木状。

阿拉善分布胡杨古树 161 株，树龄 100~880 年，树高 4~27 米，胸围 56~850 厘米；分布胡杨古树群 101 个，树龄 110~258 年，计 101.74 万株。

（三）沙枣

沙枣在中国主要分布于西北各省（区）和内蒙古西部。也有少量分布在华北北部、东北西部。大致在北纬 34°以北地区。天然沙枣林集中在新疆塔里木河、玛纳斯河、甘肃疏勒河、内蒙古额济纳河两岸。内蒙古境内黄河的一些大三角洲（如李化中滩、大中滩）也有分布。内陆河岸的沙枣林，多呈疏林状态，面积较大。人工沙枣林则广布于新疆、甘肃、青海、宁夏、陕西和内蒙古等省（区）。尤其新疆南部、甘肃河西走廊、宁夏中卫、内蒙古巴彦淖尔市和阿拉善盟、陕西榆林等地，都有用沙枣营造的大面积农田防护林和防风固沙林。辽宁、河北、山西、河南、陕西、甘肃、内蒙古、宁夏、新疆、青海通常为栽培植物，也在沙荒地和盐碱地引种栽培，亦有野生。落叶乔木或小乔木，高5~10米，无刺或具刺，刺长30~40毫米，棕红色，发亮；叶薄纸质，矩圆状披针形至线状披针形，长3~7厘米，宽1~1.3厘米，顶端钝尖或钝形，基部楔形，全缘，侧脉不甚明显；叶柄纤细，银白色，长5~10毫米。阿拉善分布沙枣古树5株，树龄150~250年，树高5~8.5米，胸围160~300厘米。

（四）圆柏王

生长在内蒙古贺兰山国家级自然保护区西坡青塔吉沟，有圆柏古树28株，树龄107~410年，树高7~14米，胸围67~187厘米，有助于研究西北干旱区及荒漠区对圆柏生长及生存影响等。

（五）云杉王

贺兰山自然保护区林分是以青海云杉为主的天然次生纯林，森林资源生态价值就是保护当地人民赖以生存的水源及林下栖息生活的野生动物资源。云杉王生长在贺兰山保护区冰沟沟口，树龄210年，树高16米，胸围221厘米，在贺兰山分布青海云杉古树群3个，树龄125~145年，计16.45万株。

三、管理

（一）管理现状

古树名木是在特定地理条件下形成的生态景观，是绿色的文物、活的化石，也是生物多样性重要组成部分，为了加强阿拉善古树名木保护管理，2018年普查工作结束后，盟绿化委员会及各旗对辖区范围内古树名木及古树群建立完整的普查档案。古树名木纸质和电子档案各有690份，古树群纸质和电子档案各有138份，实行"一树（群）一档"管理。

（二）管理措施

在摸清古树名木资源的基础上，确定重点保护对象，结合地域实际采取挂牌、围封、复壮更新、病虫鼠害防治等保护管理措施，使全盟辖区内古树资源得到有效保护。古树名木管理方面，截至2021年，已挂牌古树385株：一级13株、二级122株、三级250株。拉设围栏保护19株：一级6株、二级6株、三级7株。实施复壮更新173株：一级6株、二级67株、三级100株。实施病虫害防治409株：一级6株、二级67株、三级336株。采取抢救性保护措施的有1株，为一级古树。古树群管理方面：截至2021年底，已立牌古树群95个，均为三级古树群；拉设网围栏保护81处，均为三级古树群；结合植树节、"世界防治荒漠化和干旱日"等重要节点宣传，发放宣传资料，让全体公民了解古树名木科学价值和文化价值，调动全社会力量，参与古树名木保护工作（表2-18）。

表2-18　阿拉善盟古树名木分类株数统计

单位：株

盟（市）	总计 计	古树名木 一级	二级	三级	名木	计	起源 天然	人工	计	权属 国有	集体	个人	其他	计	生长势 正常株	衰弱株	濒危株	计	生长场所 乡村	城区	计	生长环境 良	中	差	计
合计	690	13	133	544	0	690	686	4	690	265	410	15	0	690	437	238	15	690	649	41	690	216	474	0	690
阿拉善左旗	360	5	61	294	0	360	356	4	360	200	145	15	0	360	235	124	1	360	332	28	360	149	211	0	360
阿拉善右旗	281	7	66	208	0	281	281	0	281	16	265	0	0	281	179	98	4	281	281	0	281	56	225	0	281
额济纳旗	49	1	6	42	0	49	49	0	49	49	0	0	0	49	23	16	10	49	36	13	49	11	38	0	49

第六节　湿地资源

湿地具有丰富的生物多样性，是重要的生命支持系统之一。湿地具有巨大生态功能，在维持水资源安全、控制气候变暖、防治水土流失、减缓自然危害等方面发挥巨大作用。

2010年，阿拉善盟第二次湿地资源调查结果显示，8公顷以上的湖泊、沼泽、人工湿地及宽度10米以上、长度5公里以上的河流湿地总面积26.85万公顷，占全盟辖区面积0.96%。

2021年，阿拉善盟第三次国土调查数据显示，全盟现有湿地面积14.64万公顷，占全盟总面积0.5%。其中，灌丛沼泽1358.81公顷、沼泽草地7808.23公顷、内陆滩涂2.42万公顷、沼泽地6.9万公顷、河流水面1.82万公顷、湖泊水面1.59万公顷、水库水面1465.75公顷、坑塘水面5930.51公顷、沟渠2556.87公顷。湿地主要分布在阿左旗，占比湿地数的79.05%。

一、湿地类型及面积

阿拉善盟湿地类型多样，2010年湿地第二次调查，全盟有河流湿地、湖泊湿地、沼泽湿地和人工湿地4类，湿地总面积约26.85万公顷。其中，天然湿地有河流湿地、湖泊湿地、沼泽湿地3类，总面积约24.87万公顷，占全盟湿地总面积92.6%；人工湿地总面积1.98万公顷，占全盟湿地总面积7.4%（表2-19、表2-20）。

2021年，阿拉善盟第三次国土调查数据显示，全盟现有湿地面积14.64万公顷，占全盟总面积0.5%。其中，灌丛沼泽1358.81公顷、沼泽草地7808.23公顷、内陆滩涂2.42万公顷、沼泽地6.9万公顷、河流水面1.82万公顷、湖泊水面1.59万公顷、水库水面1465.75公顷、坑塘水面5930.51公顷、沟渠2556.87公顷。湿地主要分布在阿左旗，占比湿地数的79.05%。

（一）河流湿地

全盟有河流湿地1.85万公顷，占湿地总面积6.8%。

（二）湖泊湿地

全盟有湖泊湿地2.54万公顷，占湿地总面积9.5%。

（三）沼泽湿地

全盟有沼泽湿地20.48万公顷，占湿地总面积76.3%。

（四）人工湿地

全盟有人工湿地1.98万公顷，占湿地总面积7.4%。

表2-19　2010年全盟湿地类型面积统计

湿地类型	面积（公顷）	比例（%）
河流湿地	18463.94	6.8
湖泊湿地	25429.95	9.5
沼泽湿地	204818.81	76.3
人工湿地	19848.57	7.4

表 2-20　2010 年全盟各旗（区）湿地型面积统计　　　　　　　　　　　　单位：公顷

名称	河流湿地	湖泊湿地	沼泽湿地	人工湿地	合计
合计	18463.94	25429.95	204818.81	19848.57	268561.27
阿左旗	5382.47	10190.02	151441.73	17097.98	184112.2
阿右旗	128.62	7845.19	30138.38	1681.37	39793.56
额济纳旗	12952.85	7394.74	23238.7	1069.22	44655.51

二、湿地植物资源

2021 年发布的《阿拉善盟野维管束植物名录》，阿拉善盟湿地高等植物有 69 种，隶属 22 科 39 属。乔木、灌木仅有 2 种，占总种数 2.9%，集中在杨柳科（Salicaceae）中；草本植物占绝对优势，有 67 种，占总种数 97.1%。

淡水湿地分布的水生植物按照生活型划分为沉水植物、水生植物、湿中生植物和湿生植物。湿地植物分布受水分因素影响较大，尤其是水生湿地植物种类，有地带性、地域性、隐域性特点。常见植物种如下。

湿地沉水植物：菜属龙须眼子菜 [Stuckenia pectinata（L.）Borner]、小眼子菜（Potamogeton pusillus L.）、穿叶眼子菜（Potamogeton perfoliatus L.）、菹草（Potamogeton crispus L.）、茨藻（Najas marina L. var. marina）、短果茨藻（Najas marina L. var. brachycar）等。

湿地水生植物：小水毛茛 [Batrachium eradicatum（Laest）]、狐尾藻（Myriophyllum spicatum L.）、杉叶藻（Hippuris vulgaris L.）、水烛（Typha angustifolia L.）、无苞香蒲（Typha laxmannii Lepech.）、草泽泻（Alisma gramineum Lejeune）、野慈姑（Sagittaria trifolia L.）、菖蒲（Acorus calamus L.）、品藻（Lemna trisulca L.）、浮萍（Lemna minor L.）等。

湿地湿中生植物：长叶酸模（Rumex longifolius DC.）、酸模叶蓼（Polygonum lapathifolium L. var. lapathifolium）、绵毛酸模叶蓼（Polygonum lapathifolium L. va）、小伞花繁缕（Stellaria parviumbellata Y.Z.Z）、水葫芦苗（碱毛根）[Halerpestes sarmentosa（Adams）Kom. et Aliss.]、金戴戴（长叶碱毛根）[Halerpestes ruthenica（Jacq.）Ovcz.]、回回蒜（Ranunculus chinensis Bunge）、鹅绒委陵菜（Potentilla anserina L.）、翠南报春（Primula sieboldii E.Morren）、百金花 [Centaurium pulchellum（Sw.）]、狼杷草（Bidens tripartita L.）等。

湿地湿生植物：小红柳 [Salix microstachya Turcz. ex Trautv var. bordensis（Nakai）C.F.Fang]、乌柳（Salix cheilophila C.K.Schneid.）、碱蓬 [Suaeda glauca（Bunge）Bunge var. glauca]、密花碱蓬 [Suaeda glauca（Bunge）Bunge var. coneriflora H.C.Fu et Z.Y.Chu]、盘果碱蓬 [Suaeda heterophylla（Kar. et Kir.）Bunge]、星花碱蓬（Suaeda stellatiflora G.L.Chu）、平卧碱蓬（Suaeda prostrata Pall.）、盐地碱蓬 [Suaeda salsa（L.）Pall.]、茄叶碱蓬（Suaeda przewalskii Bunge）、肥叶碱蓬（Suaeda kossinskyi Iljin）、角果碱蓬 [Suaeda corniculata（C.A.Mey.）]、长果水苦荬（Veronica anagalloides Guss.）、北水苦荬（Veronica anagallis-aquatica L.）有柄水苦荬（Veronica beccabunga L.）、芦苇 [Phragmites australis（Cav.）Trin. ex Steud.]、沿沟草 [Catabrosa aquatica（L.）P.Beauv. var. aquatica]、穗发草（Deschampsia koelerioides Regel）、忽略野青茅 [Deyeuxia neglecta（Ehrh.）Kunth]、长芒棒头草 [Polypogon monspeliensis（L.）Desf.]、菵草 [Beckmannia syzigachne（Steud.）Fernald]、扁秆荆三棱 [Bolboschoenus planiculmis（F.Schmidt）T.V.Egorova]、球穗荆三棱 [Bolboschoenus affinis（Roth）Drobow]、三棱水葱（蔗草）[Schoenoplectus triqueter（L.）Pall.]、水葱 [Schoenoplectus tabernaemontani（C.C.Gmel.）Pall.]、华扁穗草（Blysmus sinocompressus Tang et F.T.Wang var. sinocompressus）、

单鳞苞荸荠 ［*Eleocharis uniglumis*（Link）Schult.］、沼泽荸荠 ［*Eleocharis palustris*（L.）Roem. et Schult.］、褐穗莎草（密穗莎草）（*Cyperus fuscus* L.）、水莎草 ［*Juncellus serotinus*（Rottb.）C. B. Clarke］、花穗水莎草 ［*Juncellus pannonicus*（Jacq.）C. B. Clarke］、槽鳞扁莎 ［*Pycreus sanguinolentus*（Vahl）Nees ex C. B. Clarke］、球穗扁莎 ［*Pycreus flavidus*（Retz.）T. Koyama］、无脉薹草（*Carex enervis* C.A.Mey.）、灰脉薹草 ［*Carex appendiculata*（Trautv.）Kuk.var.*appendiculata*］、圆囊薹草（*Carex orbicularis* Boott）、小灯芯草（*Juncus bufonius* L.）、细灯芯草 ［*Juncus gracillimus*（Buch.）V.I.Krecz.et Gontsch.］、玛纳斯灯芯草（*Juncus libanoticus* J.Thiebaut）、栗花灯芯草（*Juncus castaneus* Smith）、针灯芯草（*Juncus wallichianus* J.Gay ex L.）等。

三、湿地动物资源

2021 年发布的《阿拉善盟野生脊椎动物名录》，阿拉善盟湿地脊椎动物有 166 种，隶属 5 纲 22 目 39 科。鱼纲 1 目 2 科 13 种，两栖纲 1 目 2 科 3 种，爬行纲 1 目 1 科 1 种，鸟纲 17 目 29 科 143 种，哺乳纲 2 目 4 科 6 种。动物种类包括湿地兽类、湿地鸟类、湿地两栖类、湿地爬行类、湿地鱼类。

（一）湿地兽类

全盟记录在湿地和水域活动的兽类有 6 种，占全盟兽类总种数 8.7%，主要有鼹形田鼠、黑线仓鼠、赤狐、沙狐、狗獾、喜马拉雅旱獭。

（二）湿地鸟类

全盟记录的水鸟及湿地活动的鸟类有 143 种，隶属 17 目 29 科，占全盟鸟类总数 40.86%。湿地鸟类中，国家一级保护鸟类 7 种，国家二级保护鸟类 22 种。

（三）湿地两栖类

全盟记录的两栖类有 3 种：花背蟾蜍、黑斑侧褶蛙、中国林蛙。

（四）湿地爬行类

全盟记录的水生和在湿地附近活动的爬行动物有虎斑颈槽蛇 1 种。

（五）湿地鱼类

全盟记录的鱼类有 1 目 2 科 13 种，有鲤科的马口鱼、麦穗鱼、花斑裸鲤、鲫和鳅科的梭形高原鳅、酒泉高原鳅、短尾高原鳅、东方高原鳅、长身高原鳅、河西背斑高原鳅、乳突唇高原鳅、大鳍鼓鳔鳅（河西叶尔羌高原鳅）、泥鳅，全部分布于额济纳旗居延海。

四、湿地保护区建设

阿拉善盟坚持自然恢复为主、自然与人工修复相结合的方式，对集中连片、破碎化严重、功能退化的自然湿地进行保护和修复，共争取中央财政湿地保护修复补助资金 1 亿元，用于居延海国家重要湿地、内蒙古阿拉善黄河国家湿地公园等重要湿地设施设备维修维护、湿地防护林建设、鸟类救助站基础设施建设、监控设备购置及安装、监测设备采购、机电井及输水管道维修和湿地管护，提高湿地保护管理成效。

通过项目实施，完善湿地监测设施，加强对湿地动植物种类、数量组成、成分分析、植被分类系统、外来物种入侵等情况监测，全面、准确、及时掌握湿地野生动植物资源动态变化，分析变化原因，为有效保护、持续利用、科学保护湿地资源提供翔实依据，提高阿拉善盟湿地有效保护和科学管理水平。

（一）额济纳旗居延海湿地

居延海湿地位于额济纳旗苏泊淖尔苏木策克嘎查境内，地理坐标介于北纬 42°10′~42°20′，东经 101°12′~101°19′，湿地斑块 1 个。居延海湿地为自然湿地，含河流湿地（季节性或间歇性河流）、湖泊湿地（永久性淡水湖）、沼泽湿地（草本沼泽和内陆盐沼）3 类 4 型，总面积 5755.6 公顷。居延海湿地有丰富的动植物资源，维管束植物 133 种，野生动物 143 种。居延海湿地特殊地貌和气候特征，使其形成多样化荒漠景观类型，有植物景观、鸟类景观、湖泊资源、生态旅游资源等。

居延海国家重要湿地建设，中央财政下达国家湿地补助资金 3000 万元，修建湿地监测站、水质监测点、生态定位监测站三站合一管护站房 410.97 平方米、视频监控塔 5 座、监控网络技术信息平台，配置所需水质监测实验仪器、气体分析设备、生态监测设备等，密切监测湿地生物、水量、水质及湿地生物群落动态变化。

（二）内蒙古阿拉善黄河国家湿地公园

阿拉善黄河国家湿地公园东临黄河，西接 110 国道，北连乌海市，南与宁夏回族自治区交界，整个公园基地呈狭长形，地理坐标为北纬 39°22′27.35″~39°26′24.77″，东经 106°43′41.97″~106°44′55.19″，总面积 770.52 公顷。其中，水域面积 285.45 公顷，湿地率 37.07%，区内有丰富湿地野生动植物资源。根据布局原则，结合规划区内资源分布及资源特色，公园划分 5 个功能区：湿地恢复保育区、湿地科普教育区、湿地恢复示范区、湿地生态展示区、湿地服务管理区。湿地公园规划范围区是阿拉善高新区重要水源地，也是高新区河道仅存的生态缓冲带，有典型且原生态的黄河河漫滩，是种类较多的水禽良好栖息地，具有重要生态示范作用。

2009 年，国家林业局同意开展阿拉善黄河国家湿地公园试点建设。2011 年，盟发改委批准开工建设。投资 5.05 亿元，建设期 2011—2017 年。主要内容：湿地保护工程、恢复工程、湿地监测工程、宣教工程、管理局建设工程、基础设施工程及生态旅游工程。投资 7000 多万元，完成确界立标、巡护道路、重点节点园建、水生植物种植、清理渣堆覆土等工程。2018 年 12 月 29 日，通过国家林业和草原局验收，成为国家湿地公园。

2021 年，编制完成《内蒙古阿拉善黄河国家湿地公园二期建设项目可行性研究报告》，进入国家发改委项目库。项目区位于阿拉善黄河国家湿地公园原址，总面积 773.33 公顷，投资 2.63 亿元（中央 2.10 亿元，自筹 5252.55 万元），建设期 3 年。建设内容：湿地水性植物修复区、湿地陆生植物修复重建区和湿地智慧管理服务区。

建设湿地公园，加大区域外围生态环境治理与保护力度，扩大湿地面积，调节水域流量，控制洪水泛滥，保护岸堤，调节水循环，改善区域自然环境，使区域内湿地生态系统及野生动植物资源得到有效保护，生物物种不断丰富，生态系统得到更好恢复，最大限度地发挥湿地生态功能。

第三章 造林育林育草

2006 年是"十一五"开局之年,"十一五"期间,阿拉善盟坚持"保护与建设并重,保护优先"生态建设方针,围绕经济社会发展大局,创新营造林机制,推动全社会力量参与造林绿化,加快推进荒漠化防治和国土绿化进程。

2010 年,盟行署出台《阿拉善盟重点城镇营造防护林优惠政策(试行)》,形成"先造后补"、合同制造林、合作社造林、专业队伍造林等营造林生态治理新机制、新模式,营造林规模由过去每年不足万亩增加到 2014 年每年百万亩以上。

2012 年,盟林业局统筹规划推进建设贺兰山生态廊道、额济纳绿洲、以梭梭林为主体的天然灌草植被恢复治理区、沙漠边缘治理区、黄河西岸综合治理区及中心城镇、园区、村屯、交通干线六大区域点、线、面相结合的生态安全体系。

阿拉善盟位于祖国生态防线前沿,地处"一带一路"经济发展带,生态区位极为重要。境内黑河下游额济纳绿洲、东西 800 公里梭梭林带、贺兰山天然次生林在空间上呈"π"字形分布,与阿右旗雅布赖山脉一道构成阿拉善地区重要的生态屏障,有效阻挡巴丹吉林、腾格里、乌兰布和三大沙漠握手,直接影响西北、华北乃至京津冀广大地区生态安全。阿拉善盟围绕建设祖国北疆重要生态安全屏障,相继实施"三北"防护林、天然林保护、退耕还林、造林补贴、退牧还林(草)和野生动植物保护及自然保护区建设工程,统筹推进山水林田湖草沙综合治理。采取"以灌为主、灌乔草相结合和封飞造相结合"防沙治沙技术措施,形成围栏封育—飞播造林—人工造林"三位一体"生态治理格局。

第一节 造林育林

2006—2020 年,投资 6.7 亿元(中央 6.18 亿元,地方 5203.90 万元),完成"三北"防护林工程营造林 26.53 万公顷。其中,人工造林 15.11 万公顷,封山(沙)育林 5.92 万公顷,飞播造林 5.27 万公顷,退化林分修复 2266.67 公顷。

2006—2020 年,投资 6.19 亿元(中央 6.04 亿元,地方 1540 万元),完成天然林保护工程营造林 35.12 万公顷。其中,人工造林 5.32 万公顷,封山(沙)育林 6.01 万公顷,飞播造林 23.78 万公顷。

2002—2013 年,投资 6089.7 万元,完成退耕还林工程营造林 3.05 万公顷。其中,退耕地造林 1600 公顷,荒沙荒地造林 1.69 万公顷、封山(沙)育林 1.2 万公顷,涉及 23 个苏木(镇)、146 个嘎查(村),1151 户 5645 人。

2020 年 6 月,国家发改委和自然资源部印发《全国重要生态系统保护和修复重大工程总体规划(2021—2035 年)》(简称《"双重"规划》)。按《"双重"规划》要求,2021 年,全盟共完成生态保护和修复工程 3.44 万公顷。其中,人工灌木造林 1.47 万公顷、飞播造林 1.47 万公顷、封山(沙)育林 4666.67 公顷、退化林分修复 333.33 公顷。

2010—2021 年，投资 6.41 亿元，完成造林补贴项目营造林 21.69 万公顷。其中，人工造林 16.88 万公顷、木本药材种植 4800 公顷、低产林改造 2 万公顷、森林质量精准提升 2.34 万公顷。

第二节　义务植树

阿拉善盟义务植树运动始于 1982 年。截至 2021 年，参加人数累计 450 万人次，植树 2259 万株。义务植树尽责形式分为造林绿化、抚育管护、自然保护、认种认养、设施修建、捐资捐物、志愿服务、其他形式八大类。

2006—2021 年，每年春季开展义务植树活动，共植树 1518.2 万株（表 3-1）。

表 3-1　阿拉善盟义务植树历年完成统计

年份	完成情况（万株）	备注
2006	94.3	"十一五"完成义务植树 530.9 万株
2007	142.8	
2008	74	
2009	99.8	
2010	120	
2011	46.7	"十二五"完成义务植树 426.7 万株
2012	95	
2013	95	
2014	95	
2015	95	
2016	95	"十三五"完成义务植树 475 万株
2017	95	
2018	95	
2019	95	
2020	95	
2021	85.6	
合计	1518.2	

第三节　重点区域绿化

2013 年 2 月，阿拉善盟重点区域绿化启动，重点区域绿化和"美丽乡村"建设相结合，对公路两侧、村屯、园区厂矿、城镇周边、黄河两岸重点区域进行造林绿化。

2013—2021 年，投资 33.60 亿元，完成重点区域绿化 6.26 万公顷（表 3-2）。

截至 2021 年，开展人居环境整治乡村绿化美化行动的苏木（镇）30 个、嘎查（村）91 个〔其中示范嘎查（村）77 个〕，完成乡村绿化美化提升改造 3540 公顷，包括增加乡村生态绿地 93.33 公顷、提升乡村绿化质量 3446.67 公顷（低产低效改造 220 公顷、幼龄林抚育 3226.67 公顷）；

嘎查（村）村庄绿化平均覆盖率 27.97%。

表 3-2　2013—2021 年阿拉善盟重点区域绿化任务完成情况统计

| 年度 | 任务合计（公顷） | 公路 | | 村屯 | | 厂矿园区 | | 城镇周边 | | 黄河流域 | 投入资金（万元） |
		长度（公里）	面积（公顷）	个数（个）	面积（公顷）	个数（个）	面积（公顷）	个数（个）	面积（公顷）	面积（公顷）	
2013	2525.53	22.8	199.93	12	447.27	5	236	6	1309	333.33	40865.3
2014	8078.6	105.4	1694.13	31	377.93	13	2455.87	10	1809	1741.67	102962
2015	5526.2	56	3125	7	310.8	16	832.33	5	579	679.07	29413.12
2016	11682.62	156.7	5496	110	861.07	10	159.74	16	4139.87	1025.94	31605.94
2017	8528.35	97	6826	12	837.43	2	56.72	4	808.2	—	93870.69
2018	10833.53	116	10025.07	7	43.13	2	149.13	4	616.2	—	21884.58
2019	8180.6	11	2405	36	5648.66	4	13.87	6	113.07	—	9512.1
2020	5129.99	5	4280	83	452.53	1	1.13	2	396.33	—	3848
2021	2120.57	46.38	838.93	14	369.6	6	892.27	2	17.27	2.5	1590
合计	62605.99	616.28	34890.06	312	9348.42	59	4797.06	55	9787.94	3782.51	335551.73

一、公路绿化

公路绿化主要是在公路用地范围内、公路沿线区域、公路沿线视野范围第一层山脊线内宜林地段及服务区、收费站、出入口绿化。高速公路、国省干道、省际大通道在公路用地范围内和公路沿线区域内宜林地段，采取防护、景观兼顾绿化模式。

2013—2021 年，完成公路绿化长度 616.28 公里，绿化面积 3.49 万公顷。

二、嘎查（村）绿化

嘎查（村）绿化主要是在村旁、路旁、宅旁、水旁及主街道、公共绿地、嘎查（村）四周视野范围内宜林地绿化。嘎查（村）绿化与新农村新牧区建设相结合，突出地域特色、乡土风貌。房前屋后以乔木、林果木、灌木为主，配以地被花卉，形成立体植物群。

2013—2021 年，全盟嘎查（村）完成绿化 312 个，面积 9348.42 公顷。

三、厂矿园区绿化

矿区、园区绿化是在矿区、园区内及周边范围绿化。本着"谁开发、谁保护，谁破坏、谁恢复，谁治理、谁受益"原则，体现"以人为本、生态优先"绿化理念，与资源开发、企业生产相结合。

2013—2021 年，完成厂矿园区绿化 59 个，面积 4797.06 公顷。

四、城镇周边绿化

城镇周边绿化是在城镇周边道路、公共绿地、城乡接合部造林绿化，提升城镇周边环境绿化美化品质，加大城镇周边主要出入口及公路绿化。在具备条件的镇区实施环镇绿化工程，营造高质量人居生态环境。旗（区）人民政府所在地城镇绿化覆盖率不低于30%，苏木（镇）人民政府所在地绿化覆盖率不低于25%。城镇新增规划区绿化与城镇建设同步进行，绿地率不低于35%。

2013—2021年，完成城镇周边绿化55个，面积9787.94公顷。

第四节　城市园林绿化

阿拉善盟巴彦浩特镇绿化最早始于1981年，2000年后行道绿化初具规模，已形成"一核、一环、两轴、十三带、多绿园"绿地系统。

一核镶城：营盘山生态绿地区块作为巴彦浩特镇生态核心，提供休闲游憩场所。

一环萦城：环城绿道构建慢行系统提供轻松慢生活。

两轴穿城：一轴是生态景观轴，为南北向，连接营盘山—生态园—生态种植园，有水源涵养、防风固沙作用。另一轴是历史人文景观轴，为东西向，连接大漠奇石园—王府东花园—王陵公园—盟委原址公园—行政中心广场—博物馆。

绿带织城：13条带状绿地公园和道路附属绿地，连通环城绿道与各城镇节点，打造完美绿道体系。

绿园缀城：生态园湿地公园、九龙园、王陵公园、盟委原址公园、王府东花园、城市公园、滴翠园、翠波园、大漠奇石文化产业园、丁香生态公园、沙生植物园公共绿地完善了城市绿地系统，是城市规划中的点睛之笔。2020年，阿左旗被评为国家级园林县城。

一、道路绿化

2006—2021年，阿拉善盟加大巴彦浩特镇城市道路建设力度，投资10亿元，新建改造东城区安德街、腾飞路、土尔扈特路等44条主次干道，完成园林绿化面积276.4公顷，绿化达标道路41条，绿化率93%。其中：

2006年，投资230万元，完成巴彦浩特体育场、南出口和新区转盘绿化，以义务劳动形式完成额鲁特东路、雅布赖东路行道树绿化换土。

2007年，投资94万元。实施巴彦浩特镇新城区市政设施、园林绿化、环卫养护管护经费方案。

2009年，投资71.2万元，完成巴彦浩特镇土南路绿化。

2010年，投资458万元，完成巴彦浩特镇乌力吉路出口绿化、南外环高速路出口绿化、土南路东西绿化。

2011年，投资99万元，完成巴彦浩特镇额鲁特东路绿化灌溉、换土、街景提升工程。

2012年，完成巴彦浩特定远营周边绿化，土尔扈特大街、和硕特路补植补造。

2013年，投资755万元，完成巴彦浩特镇一级客运站北侧绿化、南外环义务植树；行政中心广场、腾飞路、安德街等48.2公顷街道景观游园补植补造。

2014年，投资6793万元，完成巴吉公路景观绿化、王府街景观提升工程及营盘山、生态园等区域新品种引种试验。

2015年，投资5.23亿元，完成巴彦浩特镇南北出口、通勤机场公路两侧、营盘山顶西侧和西坡绿化及综合环境整治。

2016年，投资823万元，完成安德街、南环路街道、英伦时光、民主路、和硕特路、王府南街等11项绿化工程。

2017年，投资1714万元，完成南环路、"一天浮雕"旁、王府街定远营对面、贺兰路绿化综合整治等12项工程。

2018年，投资2438万元，完成定远营景观改造提升、通古淖尔路节点绿化提升、西环路绿化整治、和硕特北路绿化提升等9项工程；投资7900万元，完成雅布赖路市政道路改造，绿化景观提升工程；投资800万元，完成腾飞大道绿化，行政广场绿化；投资400万元，完成城市外围阿左旗通勤机场航站楼站前景观工程。

2019年，投资144万元，完成园艺场周边绿化提升。

2020年，投资2084万元，完成丁香园与敖包公园交汇处景观节点提升、建成区绿地基础设施维护改造提升（路段包括团结路、祥云豪宸、天鹅湖路、月亮湖路、民主路等区块）。

2021年，以养护为主，未新增城市绿地。

二、公园绿化

2006—2021年，投资15亿元，完成巴彦浩特镇新增绿化720公顷。

1. 城市公园

位于新世纪广场南侧，占地9.56公顷，水体0.31公顷。

2. 营盘山生态公园

位于巴彦浩特镇核心区，占地139.2公顷。2008年开工建设，2016年提升改造，通过对西坡山体46公顷环境修复，恢复红沟水库东岸及山体自然风貌，与已建成的营盘山生态公园和谐统一。

3. 九龙公园

位于巴彦浩特镇东城区东环路以东，占地12公顷，绿化7.19公顷，2009年开工建设，2011年建成。2019年公园提升改造成少年儿童游憩场所。

4. 丁香生态公园

公园西靠巴彦浩特镇东环路，北、东、南三面紧邻绕城高速，南北长4700米，东西最宽处1300米，总规模260公顷，投资3.58亿元。2016年，重新规划建设，园内栽植紫丁香、白丁香、红丁香、小叶丁香、暴马丁香、北京丁香等12个品种。

5. 巴彦浩特城市生态湿地公园

位于巴彦浩特镇营盘山以南，面积136公顷，投资2.62亿元，绿化93公顷。公园有巴音湖、延福湖、南湖，东入口景观广场、北区休闲广场、九孔景观拱桥、木质电力水车、水系驳岸、溪谷风情等景观。

6. 阿拉善盟盟委原址公园

位于巴彦浩特镇标志性雕塑骆驼西北角，占地3.5公顷，绿化2.52公顷。园内有景观灯、草地、花圃、篮球场、健身等设施，是居民户外休闲活动场所。

7. 阿拉善沙生植物园

位于巴彦浩特镇东城北区，占地41公顷，栽植树木5.65万株。其中常绿乔木220株、落叶乔木1150株、花灌木150株、沙生植物5.5万株，有国槐、刺槐、胡杨、沙枣、樟子松等树种。

8. 那达慕大会会场游园

位于巴彦浩特镇西赛驼场，占地98.37公顷，园内有景观绿化、停车场、卫生间、道路工程、观景平台、人工湖、电照工程、灌溉管网等项目。

9. 敖包生态公园

位于巴彦浩特镇南环路以南，占地400公顷，2016年开工建设。种植乡土树木花草，整理原有河道，设置观景平台及木栈道。

三、单位和居住区附属绿化

2006—2021 年，巴彦浩特镇城区内 72 个小区及 139 个单位绿化 158.2 公顷，绿化率 60% 以上。

四、防护绿地

2008—2009 年，投资 1155.87 万元，完成巴彦浩特镇南北出口防护绿地绿化 29 公顷。

2017—2021 年，投资 15.4 亿元，以 PPP 模式（公共私营合作制模式）建设贺兰草原、丁香园、敖包沟生态公园、安德街绿化提升、机场航站楼周边、那达慕大会会场景观绿化工程，在城区外围建成 2500 公顷绿色屏障，合同养护期 15 年。

五、生产绿地

截至 2021 年，生产绿地用地 72.9 公顷，栽植各类绿化苗木上百种，总数量 100 万株以上。在巴彦浩特镇区周边建成祁成宏苗圃、蓝马公司花卉基地等大中型生产绿地，解决苗木育种繁殖和引种驯化难题，保证城市绿化用苗。

截至 2021 年，巴彦浩特镇规划建成区绿化 1537.3 公顷，绿地率 35.89%，绿化覆盖率 39.94%，人均公园绿地 43.03 平方米。

第五节　飞播造林

一、面积与效益

阿拉善盟飞播造林始于 1959 年，1982 年飞播牧草试验取得成功，1984 年开始飞播乡土灌木树种试验，经过 8 年努力取得成功，总结出一套适宜本地特定自然条件下飞播造林治沙实用技术，概括为"适地、适种、适时、适量、封禁"，打破国际学术界"降水量 200 毫米以下飞播禁区"论断，获林业部科学技术进步奖三等奖和自治区林业厅科学技术进步奖一等奖。

阿拉善盟飞播造林主要在阿左旗，位于西北和华北结合点，境内分布腾格里、乌兰布和两大沙漠，沙漠化土地占全旗总面积 79.3%，生态环境极其恶劣，是荒漠化问题严重突出地区。飞播造林具有规模大、速度快、成本低、成效好等优势。截至 2021 年，在腾格里沙漠、乌兰布和沙漠东南缘飞播造林 40.73 万公顷，成林面积 24.47 万公顷，占飞播总面积 60%。在腾格里沙漠东缘建成间隔长 350 公里，宽 3~20 公里生物治沙带，在乌兰布和沙漠南缘建成间隔长 110 公里，宽 3~10 公里生物治沙"锁边"带。使流动沙丘趋于固定和半固定，生态环境得到极大改善，有效阻挡两大沙漠前侵蔓延，确保黄河、贺兰山及宁夏平原、河套平原乃至华北平原生态和粮食生产安全。

2006—2021 年，完成飞播造林 30.51 万公顷，采购飞播种子 76.29 万千克。

2016 年 6 月 25—28 日，国家林业局"三北"防护林建设局飞播造林现场会在阿拉善盟召开，阿左旗飞播造林被树为全国典型。在生态效益方面飞播增加植物种类，提高植被盖度，削弱风力，增加地面粗糙度，减少输沙量，地表形成 0.1~1.0 厘米结皮，土壤有机质含量由 0.07% 提高到 0.23%。在经济效益方面飞播区成林后，林木种子和地上生物量明显增加，播区周边农牧民通过飞播给予农牧民用地补贴、增加护林就业岗位、成林播区采种适度利用增加收入。在社会效益方面通过飞播使全社会生态保护意识增强，全民参与生态建设积极性提高，保护森林资源、加强生态建设理念深入人心。

二、技术与措施

飞播造林采取"适地、适种、适时、适量、封禁、补播、卫星导航、飞播种子丸粒化"技术措施。播区选择水文条件相对较好、沙丘相对平缓低矮或具有沙质疏松宽广丘间地；飞播树种选择适宜本地区生长灌木沙拐枣、花棒和半灌木籽蒿，采用乡土灌木沙冬青、柠条、蒙古扁桃等进行播种试验，取得成功；飞播期选择在6月上旬—7月中旬雨季前；混播可发挥各树种生物、生态学特性，固定流沙。混播比例为沙拐枣200克+花棒250克+沙蒿50克；播区管护采用提前设置围栏和人工管护相结合，全面封禁；历年飞播区中达不到成效标准的播区和"无苗"地段进行补播、复播造林；飞播导航采用卫星定位导航和种子丸粒化技术，提高飞播落种质量。

第六节　育草

阿拉善盟总面积27万平方公里，拥有天然草地1853.33万公顷，人工草地17.25万公顷。退化草原面积1013.33万公顷，其中，轻度退化356.73万公顷、中度退化305.4万公顷、重度退化352.53万公顷。

一、人工种草

2019年，投资8595万元，人工种草2.33万公顷。

2020年，投资7222万元，人工种草1.13万公顷。

2021年，投资6216万元，建设围栏82万米、人工种草8666.67公顷。

二、补播补植

截至2021年，全盟完成补播补植草木7.42万公顷。其中：

阿左旗完成多年生牧草种植66.67公顷、补播种草4000公顷、饲用灌木种植1.76万公顷、一年生牧草种植1.34万公顷。

阿右旗完成补播种草5733.33公顷、饲用灌木种植1.6万公顷、一年生牧草种植200公顷。

额济纳旗完成多年生牧草种植120公顷、补播种草2000公顷、饲用灌木种植1.41万公顷、一年生牧草种植1000公顷。

三、草原改良

截至2020年11月30日，全盟完成草原改良12.51万公顷。其中：

阿左旗完成草原改良1.52万公顷。其中，围栏1.15万公顷、施肥333.33公顷、毒害草治理3333.33公顷。

阿右旗完成草原改良3.33万公顷。其中，围栏1万公顷、灌溉2万公顷、毒害草治理3333.33公顷。

额济纳旗完成草原改良7.66万公顷。其中，围栏3.59万公顷、灌溉4万公顷、毒害草治理666.67公顷。

四、退化草原修复

2019年，投资2341万元，退化草原修复1.18万公顷。

2020年，投资6686万元，退化草原修复3.47万公顷。

第七节　林木种苗

一、林木种苗生产

（一）林木种苗生产供应

2008年，采集林木种子10.2万千克，主要树种有花棒、拐枣、籽蒿、梭梭、沙枣；完成育苗34.93公顷，产苗量2505万株，出圃各类苗木1683.2万株。主要树种有新疆杨、沙枣、白榆、花棒、梭梭。完成容器育苗120万袋，主要树种有花棒、沙枣、沙拐枣、梭梭。

2009年，采集林木种子25万千克，主要树种有花棒、拐枣、籽蒿、梭梭、沙枣；完成育苗41.8公顷，产苗量3343.8万株，主要树种有新疆杨、沙枣、白榆、花棒、梭梭。完成容器育苗170万袋，主要树种有花棒、沙枣、沙拐枣、梭梭。

2010年，采集林木种子25万千克，主要树种有花棒、拐枣、籽蒿、梭梭、沙枣；完成育苗44.72公顷，产苗量4263.2万株，主要树种有新疆杨、沙枣、白榆、花棒、梭梭。完成容器育苗110万袋，主要树种有花棒、沙枣、沙拐枣、梭梭。

2011年，采集林木种子29万千克；完成育苗65.33公顷，其中新育苗26.67公顷，容器育苗50万袋。

2012年，采集林木种子21万千克；完成育苗76.67公顷，其中新育苗35.31公顷，容器育苗50万袋。

2013年，采集林木种子19.53万千克，其中，采种基地6处1020千克，造林树种有梭梭种子4910千克、沙枣种子3190千克、花棒种子3.62万千克、沙拐枣种子13万千克、柠条种子1.9万千克；育苗191.98公顷，其中新育118.8公顷，容器苗500万袋。

2014年，采集林木种子2.03万千克，其中，采种基地2处1000千克，造林树种有梭梭种子2100千克、沙枣种子100千克、花棒种子8030千克、沙拐枣种子5000千克、沙蒿种子4000千克；育苗208.13公顷，其中新育111.43公顷，容器育苗300万袋。

2015年，采集林木种子2.44万千克；完成育苗259.1公顷，其中新育苗95.85公顷，容器育苗300万袋。

2016年，采集林木种子10.8万千克；完成育苗194.49公顷，其中新育57.87公顷。

2017年，采集林木种子8.5万千克，主要树种有梭梭6000千克、花棒7900千克、沙拐枣5万千克、沙蒿2万千克。完成育苗265.51公顷，其中新育83.15公顷。出圃苗木1486.1万株，在圃苗木7386.1万株。

2018年，采集林木种子5.5万千克，主要树种有梭梭8100千克、花棒3.23万千克、沙拐枣8000千克、沙蒿3000千克、沙冬青3000千克。实际使用林木种子31.6万千克：飞播造林30万千克、播种育苗1.6万千克；完成育苗391.07公顷，其中新育102.61公顷，出圃苗木6861.3万株，在圃苗木13652.9万株。

2019年，采集林木种子20.25万千克；完成育苗297.8公顷，其中新育69.4公顷，出圃各类苗木6154万株。

2020年，实际用种量19.5万千克，飞播造林用种18.2万千克，造林用苗10855万株。

2021年，采集林木种子20万千克，主要树种有梭梭1.96万千克、花棒0.4万千克、沙拐枣7.5万千克、沙蒿0.3万千克、沙冬青0.3万千克。实际使用种子19.7万千克：飞播造林11.5万千克，直播造林和播种育苗8.1万千克。用于生态建设草种1.2万千克；完成育苗257.71公顷，其中新育 33.77 公顷，出圃各类苗木 4649 万株。总育苗 49 处，国有单位育苗 7 处，非国有单位育苗 42 处，持有林木种子生产经营许可证 49 本。

（二）林木良种繁育

1. 林木良种基地建设

2008 年，自治区下达盟林业局花棒、沙拐枣、梭梭、云杉杜松采种基地、盟林工站基础设施、盟直中心苗圃、阿左旗种苗站基础设施、阿右旗育苗基地、额济纳旗梭梭采种基地 9 项种苗工程，通过验收。

2009 年，良种基地建设项目重点是对盟林业局认定的国家重点林木良种基地改扩建和升级换代，集中力量选育乡土优良树种，营造集种子园、采穗圃于一体的良种基地。

2013 年 3 月，总投资 430 万元。新建胡杨采种基地 1 处 200 公顷，完成房屋建设 400 平方米，道路建设 3500 米、筑埂打坝土方 2 万立方米、架设围栏 8500 米、安装标志牌 2 块。

2014 年，阿拉善盟沙冬青优良种源区种子、内蒙古贺兰山青海云杉母树林种子、额济纳旗多枝怪柳优良种源区种子、阿拉善盟蒙古扁桃优良种源区种子、阿拉善梭梭、额济纳胡杨 6 个林木良种通过认定。

2015 年，完成黑果枸杞良种选育试验播种育苗、扦插育苗、区域栽培试验。

2016 年，申报 2 个自治区重点林木良种基地，阿右旗雅布赖治沙站梭梭良种基地成为第 3 批自治区级重点林木良种基地，是阿拉善盟第一个自治区级重点林木良种基地。

2017 年，阿右旗雅布赖治沙站国家梭梭良种基地成为全盟首个国家级林木良种基地。编制完成《阿拉善右旗雅布赖治沙站国家梭梭良种基地建设项目发展规划》。

2019 年，阿右旗雅布赖治沙站国家梭梭良种基地，完成母树林疏伐 313 公顷，整地、围堰及清除其他灌木杂草和非目的树种 33.33 公顷。完成 333.33 公顷母树林灌水 3 次，133.33 公顷良种示范林灌水 2 次。设置标志牌 3 块，更换、维修围栏 2680 米。

2020 年，阿右旗雅布赖治沙站国家梭梭良种基地编制完成生产作业设计。

2. 林木良种补贴

2012 年 9 月 4 日，自治区下达补贴资金 100 万元，用于额济纳旗国营林场苗圃培育梭梭良种苗木 500 万株。

2013 年，国营额济纳旗林场苗圃和阿右旗雅布赖治沙站苗圃，分别获得补贴胡杨良种试点 30 万元 150 万株和梭梭良种试点 30 万元 150 万株。

2014 年，阿拉善盟林木良种繁育中心申请到梭梭良种补贴 30 万元 150 万株；阿右旗雅布赖治沙站苗圃和阿左旗腾格里治沙站苗圃各申请到梭梭良种补贴 20 万元 100 万株。

2015 年，阿拉善盟林木良种繁育中心申请到蒙古扁桃良种苗木培育补贴 30 万元 150 万株；阿右旗雅布赖治沙站申请到沙冬青良种苗木培育补贴 20 万元 100 万株；国营额济纳经营林场申请到胡杨良种苗木培育补贴 20 万元 100 万株。

2016 年，阿右旗雅布赖治沙站和国营额济纳经营林场完成良种培育补贴 40 万元 200 万株。完成阿拉善盟林木良种繁育中心补贴 30 万元 150 万株。以下单位获 2016 年度林木良种补贴 120 万元：阿拉善盟林木良种繁育中心 30 万元，阿右旗雅布赖治沙站 30 万元，国营额济纳经营林场 20 万元，阿左旗吉兰泰治沙站 20 万元，阿左旗巴彦浩特治沙站 20 万元。

2017 年，两批林木良种补贴任务下达，申请补贴的国有育苗单位 7 家，补贴 160 万元。培育良种苗木 800 万株，梭梭 600 万株，黑果枸杞 100 万株，胡杨 100 万株。

2018 年，完成阿拉善盟林木良种繁育中心 2017 年良种培育补贴项目育苗，育黑果枸杞良种苗木 10 亩，生产合格苗木 100 万株。国家重点林木良种基地良种繁育补助 1 处 110 万元；申报良种苗木培育补助对象 6 处 170 万元。

2019 年，申请补助 180 万元（良种苗木培育 100 万元，国家重点林木良种繁育 80 万元）。

2020 年，申请补助 180 万元，良种补贴和资金提前下达，两年任务一并完成。

2021 年，申请补贴资金 250 万元，国家重点林木良种基地良种繁育 533.33 公顷，林木良种苗木培育 650 万株。良种苗木培育补贴 130 万元，培育良种苗木 650 万株（梭梭 615 万株、胡杨 5 万株、多枝柽柳 30 万株）。

（三）林木种苗工程项目审查验收

2008 年，完成阿拉善盟沙生灌木种质资源库开发建设项目、贺兰山青海云杉种质资源库保护项目、阿拉善林木种质资源保护与利用建设项目、额济纳旗胡杨良种繁育基地建设项目、阿拉善盟旗县级种苗站基础设施建设项目可研报告、项目申报书、项目评审报告编制、申报工作。完成阿拉善盟种质资源普查项目上报工作，建立种苗项目库，完成 10 个种苗工程项目编制、储备工作。

2009 年，完成阿拉善盟林木种质资源保护与利用建设项目、额济纳旗胡杨良种繁育基地建设项目、阿拉善盟旗县级种苗站基础设施建设项目可研报告、项目申报书、项目评审报告编制、申报工作。建立种苗项目库，完成阿拉善盟种质资源基地建设、阿拉善盟沙生灌木良种基地建设、阿拉善盟种苗站基础设施建设、阿拉善盟胡杨采种基地建设、阿拉善盟白刺采种基地 5 个种苗工程项目编制、储备工作。

2010 年，完成阿拉善盟林木种苗站基础设施及能力建设项目可研报告编制。

2011 年，阿拉善盟林木种苗质量监督检验项目可行性研究报告经自治区发改委批复，投资 120 万元（中央 96 万元，地方 24 万元），建设内容为办公场所建设及质检执法购置设备、仪器。"阿拉善盟沙生灌木采种基地建设""阿拉善盟种质资源保护工程建设""阿拉善盟旗县林木种苗质量监督检验项目建设""内蒙古阿拉善盟骨干苗圃建设"，录入阿拉善盟林业局项目库。

2014 年，向盟科技局申报黑果枸杞良种选育及繁殖技术研究、阿拉善特有濒危珍稀植物人工繁殖技术试验研究、阿拉善沙生植物良种选育及繁殖技术研究、阿拉善盟林木种质资源普查及野生植物扩繁试验研究 4 个科技项目。

2015 年，承担阿拉善（中科）适用新技术研究院科研项目沙生植物良种选育及繁殖技术研究和自治区林业厅科技支撑项目黑果枸杞良种选育及繁殖技术研究，申报 2015 年沙产业研究院黑果枸杞高效繁殖技术研究及良种采穗圃建设。

2016 年，申报 2 个林业科技推广示范项目。其中"黑果枸杞良种推广示范"立项签订合同。承担的阿拉善（中科）适用新技术研究院科研项目沙生植物良种选育及繁殖技术研究和自治区林业厅科技支撑项目黑果枸杞良种选育及繁殖技术研究，进行抗逆性试验，对采集样本进行脯氨酸测定。

2017 年，承担的 2016 年林业科技推广示范项目，完成 10 亩播种育苗及 26.67 公顷人工栽培。

2018 年，盟科技局组织专家对黑果枸杞高效繁殖技术及良种采穗圃建设、沙生植物良种选育及繁殖技术研究项目验收，取得证书。承担 2016 年林业科技推广示范项目，在额济纳旗和阿左旗锡林高勒希尼呼都格嘎查完成黑果枸杞扦插育苗 10 万株。自治区林业厅组织专家对项目现场查定出具意见，予以申请验收。承担的自治区科技支撑项目"黑果枸杞良种选育及繁育和栽培技术研究"通过验收。申报的中央财政林业科技推广示范项目"沙冬青优良种源区种子繁育及人工造林推广示范"获批并签订合同，完成地块踏查和落实。

2019 年，与额济纳旗国有林场共同承担的 2016 年中央财政林业科技推广示范项目"黑果枸杞良种推广示范"通过验收，生产黑果枸杞良种苗木 119 万株，完成 26.67 公顷人工栽培。承担的 2018 年中央财政林业科技推广示范项目"沙冬青优良种源区种子繁育及人工造林推广示范"，完成沙冬青容器育苗 11.4 万株，人工造林 33.33 公顷，容器育苗基质灌装 9 万穴。

2020 年，对 2018 年中央财政林业科技推广"沙冬青优良种源区种子繁育及人工造林推广示范"项目补植补种沙冬青 33.33 公顷，通过自治区林业和草原局现场查定；完成中央财政林业科技推广示范项目"梭梭良种育苗造林与肉苁蓉接种技术推广示范"合同签订，在阿左旗吉兰泰镇林业工作站苗圃完成梭梭良种育苗 12 亩，在盟种苗站育苗基地完成梭梭容器育苗 1 亩，出圃合格苗木 120 万株；与内蒙古曼德拉沙产业开发有限公司合作完成 33.33 公顷人工接种肉苁蓉；完成盟草原站基地防护林建设，栽植沙枣、国槐、新疆杨等乔木林 12.7 公顷；完成自治区科技成果登记 2 项，申报自治区科技成果转化项目 2 项，申请实用新型专利 1 项，发明专利 1 项，发表学术论文 3 篇。

2021 年，完成自治区林业技术推广示范项目"肉苁蓉种子优质高产及接种技术推广"（投资 30 万元，面积 100 亩）合同签订及实施方案编制。

（四）林木种质资源普查

2001 年，森林资源二类调查结果显示，阿拉善盟有林木种质资源 108.78 万公顷（乔木 6.53 万公顷，灌木 102.25 万公顷）。开发利用 1440 公顷，仅占全部资源 1.3‰（不包括自然保护区开发建设）。

2006—2008 年，对胡杨、云杉、沙生灌木等资源进行普查，建立胡杨、云杉优树收集区。

2009 年 3 月，启动种质资源普查，成立阿拉善盟种质资源普查领导小组。

2010 年，展开林木种质资源普查，制定林木种质资源管理、保护策略和资源整合计划，保存地项目建设规划，重点收集、保存优良林木（灌木）、乡土树种和珍稀濒危树种种质资源。

2012 年 8 月开始普查，2014 年 12 月结束。阿拉善盟普查办公室编写《阿拉善盟林木种质资源普查技术细则》，制定阿拉善盟林木种质资源普查实施方案、阿拉善盟林木种质资源普查技术细则。阿拉善盟林木种质资源普查各旗成立相应机构，组织普查队伍，普查队员培训和试点由盟林业局统一组织，2012 年 8 月集中培训，参训人员 226 人。设立 21 个普查点，布设 50 条线路，设置标准地 492 块。经普查，木本植物 36 科、74 属、188 种。其中乔木 12 科、17 属、47 种，灌木 22 科、55 属、130 种，木质藤本 2 科、2 属、11 种。全盟分布的珍稀濒危树种 22 种，未列入阿拉善盟林木种质资源普查初列树种名目的共 13 科 19 属 23 种。

2013 年，全盟完成 3 个旗、2 个区外业普查，拍摄照片 1000 张，采集标本 500 份。

2015 年，国家林业局《林木种苗工程项目建设标准》确定"林木种质资源库工程主要建设项目"，投资 130 万元（自治区拨付 18 万元、自筹 112 万元），开展全盟林木种质资源普查工作。

2021 年 9—10 月，投入种质资源普查资金 60 万元，开展设备购置、资料收集、技术咨询与服务、外业调查与收集、内业整理、数据录入与报送工作。

二、林木种苗管理

（一）管理组织与制度建设

2008 年，阿拉善盟中心苗圃更名为阿拉善盟林木种苗站。

2017 年，制定盟林木种苗质量监督检疫站天平室管理制度、化学药品管理制度、实验室管理制度、持证上岗考核制度及培育生产管理制度。

2019 年，制定盟林木种苗站关于编制 2019 年部门预算说明，核定编制 11 名，实有人员 11 名。

2020 年，制定盟林木种苗站政府采购内控制度；工作绩效考核计分标准、档案管理、干部人事管理；内部控制工作方案及实施办法、差旅费管理实施细则及公务卡管理、公务接待管理实施细则、国有资产管理、林业固定资产投资建设项目管理办法、收支业务管理和预算管理制度。

（二）林木种苗质量管理

1. 质检规制和种苗质量抽查

截至 2021 年阿拉善盟发放林木种子生产经营许可证 123 本。2015 年 10 月到期的有 14 家，2015 年发放种苗生产、经营许可证 95 本，其中苗木生产、经营 58 本，种子生产、经营 37 本。

2008 年，林业工程造林使用的林木种子、苗木 100% 进行质量检查。其中，苗木主要检查造林现地成品苗。共抽检苗木 24 个批次，种子 16 个批次。苗木批次合格率 91.5%，种子批次合格率 94.3%。

2009 年，春季重点工程造林严格落实种苗合格证、许可证和标签"二证一签"制度，使用率 100%。全盟完成 28 个种子样品和 15 个苗木批次抽检。苗木批次合格率 98.7%，种子样品批次合格率 81.2%。

2010 年，完成 36 个种子样品批次，抽检合格率 80.1%；14 个苗木批次抽检合格率 91.2%。

2011 年，完成 38 个苗木批次抽检，合格率 90%。主要树种：梭梭、沙枣、花棒、柠条、胡杨、怪柳、榆树、国槐。完成 22 个种子批次抽检，合格率 74.6%。主要树种：沙拐枣、沙冬青、沙蒿、柠条、花棒。

2012 年，完成 75 个苗木批次，1317 万株抽检合格率 90%；16 个种子样品 10017 万千克抽检，合格率 95%。

2013 年，对全盟主要飞播造林和造林种苗进行检验。其中，飞播造林 4 个树种 15 个种批 215393 万千克种子，花棒合格率 99%，柠条合格率 98%，达到一级；造林苗木 2 个树种 44 苗批共 2325 万株，合格率 90%。

2014 年，制定《阿拉善盟林业局春季林木种苗调运专项执法行动实施方案》，开展工程造林苗木自检。其中，阿左旗 745 批次，阿右旗 110 批次，额济纳旗 13 批次，李井滩示范区 6 批次，阿拉善经济开发区 3 批次，合格率 90%。工程造林苗木主要为梭梭，区域绿化、城镇绿化工程苗木主要为云杉、桧柏、国槐、刺槐、花灌木、沙生灌木。对全盟飞播造林 3 个树种种子进行抽检。

2015 年，开展工程造林苗木自检，自检率 80%。质检人员对重点工程造林苗木和飞播种子质量抽查，5 个旗（区）、7 个单位抽查苗木 41 批次，合格率 80%。抽查种子样品 21 个。林木种苗生产经营许可、标签制度执行情况：抽查 10 个单位（3 个林木种子、7 个苗木生产），都具备生产经营许可证和标签制度。对 7 个单位档案抽查，齐全率 100%。

2016 年，抽检全盟工程造林及重点区域绿化苗木 18 批次，合格率 85%。接受国家林业局对阿拉善盟工程飞播造林种子质量抽检，重点对阿左旗飞播造林内业档案严格检查和种子库现场查验、样品抽检。林木种苗试验仪器设备通过阿拉善盟产品质量计量检测所检定。

2017 年，根据《阿拉善盟林业局关于开展 2017 年全盟林木种苗质量抽查工作的通知》，派专人抽查三旗苗木质量。其中，阿左旗 10 个苗批，阿右旗 3 个苗批，额济纳旗 2 个苗批，合格率 100%。对阿拉善盟 2017 年飞播种子质量检验，随机抽检 78 个沙拐枣、花棒、沙冬青、柠条、沙蒿、沙米种子样品，出具 52 个种子样品林木种子质量检验报告，26 个种子样品林木种子质量检验证书，合格率 66.7%。

2018 年，完成抽检苗木 48 个批次，合格率 61%。工程造林树种主要为梭梭，花棒、柠条；区域绿化主要树种为国槐、樟子松、山杏、李子、桃、苹果。检验阿左旗、阿右旗、腾格里飞播造林种子 102 个样品。其中，随机抽检阿左旗 2 种批 49 个样品，代表 97 吨种子，合格率 100%；阿右旗 5 种批 25 个样品，代表 54 吨种子，合格率 100%；腾格里 4 种批 28 个样品，代表 60 吨种子，合格率 100%。

2019 年，对全盟林木种苗质量抽查，抽检苗木 9 个苗批，合格率 100%。抽检阿左旗飞播造林种子样品 4 个，合格率 100%。

2020 年，对造林地、苗圃地调进或调出苗木开展质量抽检，共抽检 4 个苗批，合格率 100%。对阿左旗、阿右旗、阿拉善腾格里经济技术开发区送检的花棒、沙蒿、沙拐枣、梭梭、小叶锦鸡儿、沙米、柠条锦鸡儿 7 种飞播、撒播造林种子质量检验，31 个批次均合格。

2021 年，对林草种子、苗木及林草种子、苗木生产经营或使用单位检验，落实林草种苗生产经营许可、质量检验、标签、档案等管理制度，做好自检工作，抽检阿左旗、阿右旗、孪井滩示范区、乌兰布和示范区飞播及人工撒播林草种子 35 个。

2. 林木品种审定

2012 年 12 月，阿拉善盟梭梭种源区种子、额济纳胡杨种源区种子通过自治区林木品种审定委员会认定。

2013 年，阿拉善盟蒙古扁桃优良种源区种子、沙冬青优良种源区种子、额济纳旗多枝柽柳优良种源区穗条和内蒙古贺兰山青海云杉母树林种子通过自治区林木品种审定委员会审定。

2014 年 5 月，阿拉善盟蒙古扁桃优良种源区种子、阿拉善盟沙冬青优良种源区种子、额济纳多枝柽柳优良种源区种子通过自治区林木品种审定委员会认定。

2018 年 2 月，古日乃梭梭优良种源区种子、赛汉陶来胡杨母树林种子、吉兰泰梭梭优良种源区种子、塔木素布拉格梭梭优良种源区种子通过自治区林木品种审定委员会审定。

2019 年 2 月，居延黑杞 1 号、雅布赖治沙站梭梭母树林种子通过自治区林木品种审定委员会审定。

2021 年 4 月，浩坦淖日花棒母树林种子、头道湖花棒母树林种子通过自治区林木品种审定委员会审定。

第四章 林业和草原产业及特色沙产业

阿拉善盟森林和草原资源较为丰富、独特。合理利用林草资源，是遵循自然规律、实现森林和草原生态系统良性循环与自然资产保值增值的内在要求；是推动产业兴旺、促进农牧民增收致富的有效途径；是满足社会对优质林草产品需求的重要举措；是激发社会力量参与生态建设的内生动力。诸多沙生植物经济及药用价值明显，在阿拉善盟形成独特的沙产业。

第一节 林业和草原产业发展

2006年，在国家宏观经济发展战略指导下，结合阿拉善盟经济及林业产业发展实际，坚持林业一二三产业协调发展，巩固提高第一产业，做大做强第二产业，积极发展第三产业。全盟林业一二三产业产值分别为1.10亿元、58万元、3501万元。全盟停止木材采伐、销售、加工，第二产业数字不再统计。

2021年，阿拉善盟林草一三产业产值分别达到3.54亿元、68.25亿元。第一产业产值15年来增长3.3倍，第三产业产值增长194.9倍。

创新林草产业发展模式和现代林草产业管理体制，依托全盟特色沙产业优势，完善产业体系结构，持续推进肉苁蓉、锁阳、沙葱、枸杞、沙枣、李子、杏树、西梅等百万亩产业基地建设，在生态环境改善基础上，林草特色沙产业高质量发展能力增强，提升产业附加值，促进增产增效增收。

一、林业和草原产业

阿拉善盟林下经济主要以梭梭–肉苁蓉、白刺–锁阳种植接种为主。

（一）梭梭–肉苁蓉发展情况

截至2021年，阿拉善盟共完成人工种植梭梭林52.34万公顷，接种肉苁蓉9.78万公顷，年产肉苁蓉5444吨。

（二）白刺–锁阳发展情况

截至2021年，阿拉善盟境内分布有天然白刺林120万公顷，人工接种锁阳面积2.07万公顷，年产锁阳4225吨。

（三）林果业发展情况

阿拉善盟经济林种植主要在阿左旗、阿右旗和额济纳旗。从2010年开始，阿拉善盟围绕"政策扶持、规划引导、科技支撑、龙头带动"思路，发挥地域优势，在生态保护优先前提下，培育林沙产业和精品林果业基地，不断扩大规模，提升质量。推动梭梭–肉苁蓉、白刺–锁阳、黑果枸杞、沙地葡萄等产业发展，启动实施农灌区节水枣树、樱桃李等引种示范项目，稳步推进精品林果业基地建设。

截至2021年底，林果业示范种植5200公顷。其中，沙地葡萄2000公顷、枣树1000公顷、黑果

146

枸杞853.33公顷、红果枸杞546.67公顷，樱、桃李、苹果、梨、桃、杏、核桃等800公顷。围封天然黑果枸杞5893.33公顷。建成特色林果业种植示范基地8处：阿左旗巴润别立镇、温都尔勒图镇、宗别立镇；阿右旗雅布赖镇、曼德拉苏木、巴音高勒苏木；额济纳旗达来呼布镇、东风镇。

二、林业和草原旅游服务业

（一）内蒙古贺兰山国家森林公园

2002年12月，内蒙古贺兰山国家森林公园经国家林业局批准成立，总面积3445.1公顷，贺兰山广宗寺（南寺）旅游景区和贺兰山福因寺（北寺）旅游景区是阿拉善盟依托森林资源开发旅游的重要场所。

（二）内蒙古额济纳胡杨林国家森林公园

2003年12月，内蒙古额济纳胡杨林国家森林公园经国家林业局批准成立，总面积5636公顷，拥有全球面积最大的胡杨林海，是历年金秋胡杨节及携程网评定的游客首选目的地，被"去哪儿网"评为最具影响力景区，被"央视财经频道"评为年度魅力生态景区。

第二节　特色沙产业

一、概述

（一）沙漠戈壁概述

阿拉善盟总面积27万平方公里，荒漠化土地面积16.41万平方公里，占全盟面积60.78%，沙化土地面积19.87万平方公里，占全盟面积73%，分布有巴丹吉林、腾格里、乌兰布和、巴音温都尔四大沙漠，面积11.03万平方公里，在阿拉善盟境内9.47万平方公里，占全盟面积35%，适宜人类生产生活面积仅占总面积6%（表4-1）。

表4-1　阿拉善沙漠面积及分布情况

沙漠名称	面积（万平方公里）	分布	阿拉善盟境内面积（万平方公里）
巴丹吉林	4.92	阿拉善左旗、阿拉善右旗、额济纳旗	4.92
腾格里	4.27	内蒙古阿拉善左旗、孪井滩示范区，甘肃武威，宁夏中卫市	3.2
乌兰布和	0.99	阿拉善左旗、阿拉善高新区、乌兰布和示范区、巴彦淖尔市、乌海市	0.88
巴音温都尔	0.85	阿拉善左旗、阿拉善右旗、巴彦淖尔市	0.47
合计	11.03	—	9.47

1. 巴丹吉林沙漠

位于阿拉善盟西部，是中国第三大沙漠，面积4.92万平方公里，相对高度200~300米，最高达500米，是中国乃至世界最高沙丘所在地，宝日陶勒盖的鸣沙山，高达200多米。沙漠东部和西南边缘，有形状怪异的风化石林、风蚀蘑菇石、蜂窝石、风蚀石柱、大峡谷等地貌。"世界沙漠第一高峰"必鲁图峰位于巴丹吉林沙漠腹地，地理坐标为北纬39°，东经102°，海拔高度1611.009米，相对高度500多米，比非洲撒哈拉沙漠的世界第二高沙峰高出70余米。

沙漠中有湖泊144个，淡水湖12个，总水面32.67平方公里。湖岸边的芦苇、芨芨草等植物可造纸；白刺、柠条、霸王、籽蒿、胡杨、骆驼刺可防风固沙；沙葱、沙芥、沙米、沙枣可食用；白刺的果实富含维生素，可提取果汁制作饮料、酿酒等；沙漠中有锁阳（寄生在白刺根部）、肉苁蓉（寄生在梭梭根部）等多种药用植物；丰富的动植物资源与硅、铝、铁、钙等矿物资源有着巨大的开发价值。

2. 腾格里沙漠

位于阿拉善盟东南部，是中国第四大沙漠，地理坐标为北纬38°~40°，东经103°~105°，面积4.27万平方公里，在阿拉善盟境内面积3.2万平方公里，海拔1200~1400米。行政区划主要分布在阿左旗，西部和东南边缘分布在甘肃省武威市民勤县和宁夏回族自治区中卫市。沙漠包括北部南吉岭和南部腾格里两部分，统称腾格里沙漠。

腾格里沙漠的沙丘、湖盆、山地、平地交错分布。其中，沙丘占71%、湖盆占7%、山地残丘及平地占22%。在沙丘中，流动沙丘占93%，为固定、半固定沙丘，高度一般为10~20米，主要为格状沙丘及格状沙丘链，新月形沙丘分布在边缘地区。高大复合型沙丘链见于沙漠东北部，高度50~100米。固定、半固定沙丘分布在沙漠外围与湖盆边缘，植物多为沙蒿和白刺。流动沙丘上有沙蒿、沙竹、芦苇、沙拐枣、花棒、柽柳、霸王等。沙漠西北和西南麻岗地区有大片麻黄，在梧桐树湖一带有天然胡杨次生林分布，头道湖、通湖等地有1949年后营造的人工林。沙漠中分布有大小湖盆422个，面积5034平方公里。

3. 乌兰布和沙漠

位于巴彦淖尔市和阿拉善盟境内，是中国八大沙漠之一。乌兰布和沙漠北至狼山，东北与河套平原相邻。东临黄河，南至贺兰山北麓，西至吉兰泰盐池。南北最长170公里，东西最宽110公里，面积0.99万平方公里，在阿拉善境内面积0.88万平方公里，海拔1028~1054米，地势由南偏西倾斜。

乌兰布和沙漠荒漠植被隶属亚非荒漠植物区，亚洲中部区，东阿拉善区。阿拉善荒漠东界在乌兰布和沙漠东缘，是亚洲中部荒漠区与草原区的分界线，是重要的植物地理学分界线。植物地理成分古老种类贫乏，以蒙古种、戈壁蒙古种、戈壁种以及古地中海区系荒漠成分占主导地位，世界种与泛北极区系成分贫乏。乌兰布和沙漠境内有种子植物312种，隶属49科169属，戈壁区系成分中一些地方性特有单种属优势作用显著。灌木、半灌木占绝对优势。乌兰布和沙漠植物主要由沙生、旱生、盐生类灌木和小灌木组成，对当地生境有极强适应性和抗逆性。

4. 巴音温都尔沙漠

位于巴彦淖尔市乌拉特后旗和阿左旗境内，狼山北部。由亚玛雷克、本巴台、海里斯及白音查干沙漠组成，面积0.85万平方公里，在阿拉善境内面积0.47万平方公里。地势由南向北降低，至边境成为丘陵地带。以带状、片状均匀分布在剥蚀残丘与干旱山间盆地中，以流动沙丘为主，亚玛雷克沙漠流动沙丘占83%，本巴台沙漠占40%，海里斯沙漠占64%，形态多属新月形沙丘链。东部白音查干沙漠以固定、半固定沙垄和白刺灌丛沙堆为主，占沙漠78%。流沙边缘和丘间低地分布梭梭林，植被覆盖度30%。巴音温都尔沙漠属典型中温带大陆性季风气候，冬季寒冷漫长，春秋季短，夏季炎热，干燥少雨，风大沙多。年均气温3.8~6.5℃，无霜期130天左右。年均降水量100~140毫米，集中在7—8月，持续时间短，强度大，占全年降水量70%。年均风速5米/秒，最大风速27米/秒，大风常引起沙尘暴，沙尘暴日数26天。

（二）沙漠资源概述

1. 沙生植物资源

阿拉善盟地表植被稀疏，各类型荒漠分布广泛，建群植物种主要有梭梭、红砂、珍珠猪毛菜、白刺、霸王、沙冬青、膜果麻黄、沙蒿、藏锦鸡儿等。阿拉善盟植被土壤呈带状分布，从东到西，主要分为山地荒漠草原与草原化荒漠—淡棕钙土、草原化荒漠—灰漠土、典型荒漠—灰棕漠土和极旱荒漠—石膏灰棕漠土 3 个带。

草原化荒漠带　分布在狼山余脉罕乌拉山，阿右旗雅布赖山以东。降水量在 100～200 毫米，土质为灰漠土。植物种类较多，草本植物有沙生针茅、戈壁针茅、无芒隐子草等发育较充分，优势植物为超旱生的灌木、半灌木，有珍珠猪毛菜、麻黄、红砂、沙冬青等。

典型荒漠带　分布在腾格里沙漠以北，乌兰布和沙漠以西的高平原地带，降水量 60～100 毫米。植被是典型的小半灌木和小灌木组成，草本植物稀少。建群灌木种有红砂、珍珠猪毛菜、白刺等。土质为灰棕漠土。

极旱荒漠带　位于阿拉善最西端，分布在居延低地—诺敏戈壁。气候极端干旱，年降水量小于50 毫米。砾石覆盖，土质为石膏灰棕漠土。植被以灌木、半灌木为主，植被稀疏，有大面积无植被裸地。

阿拉善盟是中国独特自然地理单元，由于特殊地理位置和自然条件，形成独特沙生植物资源，质地优良，经济和药用价值高，可开发研制医药产品、功能保健品及健康食品。主要有梭梭-肉苁蓉、白刺-锁阳、黑果枸杞、蒙古扁桃、沙枣、沙冬青、怪柳、花棒、沙拐枣、甘草、麻黄、沙葱、沙芥、沙米等。

（1）梭梭。别名梭梭柴、琐琐，属藜科，国家二级保护植物，亚乔木，在阿拉善盟境内分布广泛，从东到西横贯 800 公里，是阿拉善三大生态屏障之一。梭梭传统可治疗昆虫叮咬，植物灰烬对炎症有疗效，整株植物水煎剂可用于治疗各种神经紊乱。梭梭中的呱咤生物碱具有抗真菌和抑制胆碱酯酶的活性，备醇类化合物具有抑制胆碱酯酶和胰蛋白酶的活性；梭梭是营养丰富的饲料，可做建筑材料，用来修筑棚圈、砌水井，梭梭材质坚硬，能做优质薪碳材料，梭梭枝干是制取碳酸钾重要原料。梭梭是名贵中药肉苁蓉的寄主。

（2）肉苁蓉。肉苁蓉享有"沙漠人参"美誉，属寄生植物，主要寄生于梭梭根部，肉苁蓉可以提纯苯乙醇苷类、环烯醚萜类、木脂素类、多糖、挥发性成分、生物碱、酚苷、糖醇、甾醇等，具有免疫调节、抗衰老、抗氧化、保护肝脏、补肾壮阳、保护神经、通便、镇痛、消炎、保护心肌缺血、肿瘤辅助治疗、抗辐射等多种药理作用，开发成药品及保健品前景广阔。

（3）白刺。白刺属蒺藜科白刺属，白刺果汁中含有丰富的维生素、氨基酸、多糖、生物碱、甾醇、多肽木质素、黄酮类、萜类、果酸、果胶、胡萝卜素、类胡萝卜素、果红素及锌、硒、铬、锶、铜、铁、钾、钠、钙、镁、磷等丰富的营养活性成分。尤其是氨基酸，在果汁冻干粉中含量达10%，为游离氨基酸，易被人体吸收。白刺果种籽含油，油脂主要成分为不饱和脂肪酸，含量达97%，其中，亚油酸占 70%，有极高营养和药用价值，被国际命名为维生素 F。白刺枝叶中含有大量生物碱。《本草纲目》载：白刺，气味辛、寒、无毒，主治心绞痛，痛肿溃脓，补肾气，益精髓。《中国药物大辞典》载：白刺，健脾胃，调经活血，腰腹疼痛。白刺果可入蒙药。

（4）锁阳。锁阳属肉质寄生草本，寄生于白刺根部。锁阳含多种化学成分及药用有效成分，还含有多种营养成分，主要包括有机酸、黄酮类、三萜类、甾体类、挥发性成分、氨基酸类、糖和糖苷类、鞣质类、无机离子、淀粉、维生素、蛋白质等。锁阳具有增强免疫、清除自由基、抗氧化、抗衰老、抗应激、抗缺氧、润肠通便、调节生殖及肾脏等药理作用。还具有抗艾滋病病毒蛋白酶、抗癫痫、改善脾脏病理形态变化、保护肝线粒体、治疗肝性脑病等作用。锁阳富含鞣质，可提炼栲胶，含淀粉达 32%，可用于酿酒、作饲料。

（5）黑果枸杞。它是茄科枸杞属多年生灌木，具棘刺，浆果球形，皮薄，皮熟后呈紫黑色，果实含丰富紫红色素，极易溶于水，属天然水溶性花色甙黄酮类。藏医用于治疗心热病、心脏病、月经不调、停经等，药效显著。黑果枸杞分布于高山沙林、盐化沙地、河湖沿岸、干河床、荒漠河岸林中，是中国西部特有的沙漠药用植物品种。阿拉善盟分布野生黑果枸杞面积超过 10 万公顷，额济纳旗面积最大，主要集中在额济纳河沿河。额济纳旗拐子湖、古日乃湖、阿左旗巴彦诺日公苏木、阿右旗雅布赖镇、努日盖苏木零星分布。

（6）沙地葡萄。阿拉善盟位于北纬 39°带上，是国际上公认的种植酿酒葡萄最佳地域，当地葡萄品种是生产高档葡萄酒最佳原料，沙地葡萄具有较高经济价值和防风固沙、保持水土、缓解土地荒漠化等生态作用。葡萄是具有保健价值高营养果品，是酿制葡萄酒和制作蜜饯等食品原料。葡萄及其产品中含有抗癌成分，能抑制细胞癌变。鲜葡萄中提取出的白芦藜醇有软化血管作用。葡萄籽具有抗氧化、抗肿瘤、抗糖尿病、抗辐射、抗衰老、保护心脑血管、增强免疫力等诸多药理作用。

（7）枣树。鼠李科，落叶小乔木，抗旱，适合生长在贫瘠土壤，生长慢，木材坚硬细致，不易变形，适合制作雕刻品。果实富含维生素 C，鲜品维生素 C 含量 300~600 毫克/100 克，每只枣果（平均大小 15 克）提供 75 毫克维生素 C，可满足每个成年人每日需求量；果实含维生素 A、B 族维生素，高含糖量（鲜的重达 22%）及可溶性固体（达 38%）。

（8）蒙古扁桃。又名乌兰—布衣勒斯，山樱桃，蔷薇科，稀有种，国家二级保护植物。落叶灌木，高 1~2 米。生长在荒漠、荒漠草原区的山地、丘陵、石质坡地、山前洪积平原及干河床等地。富含无氮浸出物，灰分较高，蛋白质含量中等，9 种必需氨基酸含量偏低。综合评价为中等偏低饲用植物，为荒漠及荒漠草原山地和沙地羊的饲草料。此种为旱生灌木，种仁含油率 40%，油可食用，种仁可代"郁李仁"入药，能润肠通便，止咳化痰，主治咽喉干燥、干咳、支气管炎及阴虚便秘。

（9）沙枣。胡颓子科，落叶乔木或小乔木，高 5~10 米。果肉含糖分、淀粉、蛋白质、脂肪和维生素，可生食或熟食，新疆地区将果实打粉掺在面粉内代替主食，可酿酒、制醋酱、糕点等食品。果实和叶可作牲畜饲料。花可提芳香油，作调香原料，用于化妆、皂用香精中；亦是蜜源植物，木材坚韧细密，可制作家具、农具，是农村地区燃料的主要来源之一。沙枣根蘖性强，能保持水土，抗风沙，耐干旱，调节气候，改良土壤，常用来营造防护林、防沙林、用材林和风景林。果实、叶、根可入药，果汁可作泻药，果实与车前一同捣碎可治痔疮，根煎汁可洗恶疥疮和马的瘤疥，叶干燥后研细加水服用，对肺炎、气短有疗效。

（10）沙冬青。豆科，国家二级保护植物，是古老的第三纪残遗种，常绿灌木，高 1.5~2 米，生长在沙丘、河滩边台地，抗逆性强，根系发达，固沙保土性能好，为阿拉善荒漠区特有的建群植物。鲜茎、叶可入药祛除风湿，活血散瘀。根部有根瘤，改良土壤作用大。种子富含油脂，其脂肪酸组成中亚油酸含量达 87%以上，在食品、化工、医疗保健等方面有很大挖掘潜力。

（11）柽柳。柽柳科，乔木或灌木，高 3~8 米。柽柳是生长在荒漠、河滩或盐碱地等恶劣环境中的顽强植物，适应干旱沙漠和滨海盐土生存，是防风固沙、改造盐碱地、绿化环境的优良树种之一。枝条柔韧耐磨，用来编筐、编糖和农具柄把。枝叶可入药治疗痘疹透发不畅或疹毒内陷、感冒咳嗽、风湿骨痛。

（12）花棒。豆科蝶形花亚科，半灌木，高 80~300 厘米。花棒为沙生、耐旱、喜光树种，适于流沙环境，喜沙埋，抗风蚀，耐严寒酷热，枝叶茂盛，萌蘖力强，防风固沙作用大。主、侧根系发达。树龄可达 70 年以上。有很高的经济价值，西北地区普遍用作优良固沙树种，可直播或飞播造林；幼嫩枝叶是骆驼和马喜食的优良饲料；木材为经久耐燃的薪炭；花为优良蜜源；种子为优良精饲料和油料，含油约 10%，其主要脂肪酸成分为亚油酸、油酸、亚麻酸、棕榈酸、酸脂酸等。

（13）沙拐枣。蓼科灌木，高 50~150 厘米。分枝短，老枝灰白色；一年生枝草质，绿色。主要分布于干旱地区中的沙漠和砾质、土质戈壁上，种类较多，有 20 余种，多数为小灌木，为防风固沙植物，可直播或飞播造林；根及带果全株均可入药，种子富含油脂，可作榨油材料。沙拐枣中含粗蛋白质 6.25%，粗脂肪 2.35%，粗纤维 28.10%，无氮浸出物 58.35%，粗灰分 4.95%，钙 1.15%，磷 0.10%。夏秋季羊喜食嫩枝叶及果实，冬春采食较差。骆驼一年四季喜食，马与牛不喜食。沙拐枣味苦涩，性微温。根治小便混浊，全草治皮肤皲裂。

（14）文冠果。无患子科文冠果属植物，落叶灌木或小乔木。总状花序，花瓣白色，基部紫红色或黄色斑纹。蒴果多为球形，种子黑褐色，结实期可达数百年。文冠果种仁含油率高，用于生产食用油和生物柴油，可加工果汁露；花、叶可制茶；果壳可提取化工原料糠醛、皂苷等；枝、叶、果壳、油均可提取药用成分。文冠果木材坚硬，纹理美观，可制家具或用于雕刻。文冠果树姿优美，花朵繁茂，是生态绿化树种、观赏树种、油料树种、生物产业树种。

（15）甘草。蝶形花亚科，多年生草本。常生长在干旱沙地、河岸砂质地、山坡草地及盐渍化土壤中。甘草属补益中药，药用部位是根及根茎，功能主治清热解毒、祛痰止咳、脘腹疼痛等。梁外甘草，含有甘草甜素（甘草酸的钾钙盐）、甘草苦素、甘草苷、蔗糖、葡萄糖、天冬素等多种成分。入药味甘性平，补脾益气，润肺止咳，清热解毒，调和诸药，素有"中草药之王"美称。甘草含有甘草素，是一种类似激素的化合物，有助于平衡女性体内激素含量。所含次酸能阻断致癌物诱发肿瘤生长。甘草除其药用价值外，还含有高级抗氧化剂，用于食品业和化妆品业，是烟草、食品、糖工业的调味品和香料，可作纺织印染工业的辅料，石油开采工业的稳定剂等。

（16）麻黄。麻黄科，草本状灌木，高 20~40 厘米；见于山坡、平原、干燥荒地、河床及草原等处，常组成大面积的单纯群落。麻黄为重要的药用植物，生物碱含量丰富，仅次于木贼麻黄，在药用上数量多于木贼麻黄，是中国提制麻黄碱的主要植物。麻黄挥发油有发汗作用，麻黄碱能使高温环境下的人汗腺分泌增多加快。麻黄挥发油乳剂有解热作用。麻黄碱和伪麻黄碱均有缓解支气管平滑肌痉挛作用。伪麻黄碱有利尿作用。麻黄碱能兴奋心脏、收缩血管、升高血压；对中枢神经有明显兴奋作用，引起兴奋、失眠、不安。挥发油对流感病毒有抑制作用。其甲醇提取物有抗炎作用，煎剂有抗病原微生物作用。治疗偏头痛、老年性皮肤瘙痒、冻疮、过敏性鼻炎、睡眠呼吸暂停综合征，及窦性心动过缓、呃逆、上消化道出血、肾衰、坐骨神经痛、雷诺病、感染性、化脓性炎症、慢性咽炎、牙痛等。

（17）疯草。疯草属于有毒植物，抗寒、抗旱和抗逆性强，返青早，枯萎迟。通过合理种植并利用疯草具有防止水土流失，减少草场退化等生态作用。疯草中含有生物碱、黄酮、酚类化合物、鞣质、多糖、多肽等化学成分，其粗蛋白质含量高达 15.07%，是潜在牧草资源。疯草具有药用价值，提取物对大肠杆菌、枯草杆菌、金黄色葡萄球菌、酵母菌、青霉及黑曲霉都具有抑菌活性，用于消肿止痛、清热解毒以及腮腺炎和关节疼痛的治疗。苦马豆素是一种新抗癌药物，有杀伤肿瘤细胞作用，有免疫调节的双向作用，在国内已经应用到防治人类癌症的Ⅱ期试验阶段。

（18）苦豆子。苦豆子草为豆科植物，苦豆草茎呈圆柱形，上部分枝，长 30~80 厘米，苦豆子多与其他植物伴生，如苦豆子—甘草—披针叶黄花，苦豆子—沙蒿植物群落等，是一种极好的固沙先锋植物。苦豆子在沙质荒漠化地区，对于维护生态平衡、防治土地沙漠化、减少水土流失等方面具有良好的生态作用。苦豆子的化学成分主要是蛋白质、糖类、有机酸、黄酮类、色素和生物碱。从苦豆子中提取分离及鉴定的生物碱有 21 种，包括苦参碱、槐果碱、槐胺碱、新槐胺碱、槐定碱、苦豆碱、N-甲基苦豆碱、烯丙基苦豆碱、金雀花碱等。用于药物开发的苦豆子生物碱主要有 8 种：苦参碱、氧化苦参碱、槐果碱、氧化槐果碱、槐胺碱、槐定碱、莱曼碱、苦豆碱。临床应用苦豆碱治疗急性菌痢，槐果碱片治疗支气管哮喘，苦参碱治疗妇科炎症，槐定碱注射液用于治疗肿瘤。苦豆子营养丰富，具有较高饲用价值。苦豆碱已作为防治松材线虫病农药"杀线一号"原料。苦豆子花有利于蜜蜂繁殖，可作为重要蜜源植物。

（19）黄芪。豆科黄芪属植物，多年生草本，高50~80厘米。内蒙古黄芪又被称为正北芪，具有健脾补中、升阳举陷、益卫固表、利尿、托毒生肌的功效。主治脾气虚症、肺气虚症、气虚自汗症、气血亏虚、疮疡难溃难腐、溃久难敛等。

（20）沙蒿。菊科蒿属植物，多年生草本，主根明显，木质或半木质，高30~70厘米，是固沙的优良植物之一。沙蒿富含无氮浸出物，粗脂肪较高，粗蛋白质含量较低，粗纤维中等。沙蒿含有蛋白质以及多种人体必需的氨基酸、钙、钾、硅等无机元素。含有较多无氮化合物，对祛湿有一定帮助。白沙蒿用途广泛，叶可为骆驼、牛、羊等家畜饲料。白沙蒿籽含有多种多糖、氨基酸、维生素和矿物质等，可食用、榨油、制漆或制备食品改良剂。白沙蒿籽可入药，有消炎散肿等功效。沙蒿多糖具有降血糖、降血压、降低胆固醇等作用。

（21）沙葱。百合科，多年生草本，极耐干旱、耐瘠薄、耐风蚀。沙葱具有高营养价值和药用价值，其腌制品口感清爽，性醇味辣。沙葱具有抑菌、抗氧化作用，能抑制和逆转癌细胞异常增殖，富含多种维生素，对降血压有疗效。地上部分可以入药，主治消化不良、杀虫、秃疮、骨折、青腿病等。沙葱温、辛入肺、胃二经。有发汗、散寒、消肿功效。

（22）沙芥。十字花科。生长在草原地区沙地或半固定与流动沙丘上，荒漠和半荒漠地区。一年或二年生草本，高50~100厘米；根肉质，手指粗；茎直立，多分枝。主要产于内蒙古、陕西、宁夏。含有蛋白质、脂肪、碳水化合物、多种维生素和矿物质。嫩叶作蔬菜或饲料；全草有行气、消食、止痛、解毒、清肺功效。沙芥叶有解酒、解毒、助消化功效。根有止咳、清肺功效、治疗气管炎。

（23）沙米。藜科，一年生草本，高20~100厘米。耐寒、耐旱沙生植物，是流沙上的先锋植物。沙米是荒漠及荒漠草原地区重要饲用植物。沙米种子富含粗蛋白质、脂肪以及苏氨酸、蛋氨酸、赖氨酸等人体必需氨基酸和钾、镁、锌等矿物质元素，其中粗蛋白质和脂肪分别占风干物的21.5%和6.09%。沙米有助消化、健脾胃功效，是一种营养丰富的功能性食品。有清热解毒、治疗感冒发烧、肾炎等药用功效。

2. 沙生动物资源

阿拉善盟境内野生动物资源丰富，有蒙古野驴、野骆驼、北山羊、遗鸥、黑鹳、金雕、大鸨、荒漠猫、鹅喉羚、天鹅、猎隼、狼、戈壁盘羊、猞猁、狐狸等。

3. 沙漠旅游资源

（1）腾格里沙漠旅游区。

腾格里达来月亮湖景区　位于阿左旗巴彦浩特镇西南61公里处，腾格里沙漠腹地，2004年被评为国家4A级旅游景区。月亮湖是距离国内各大城市半径最短的沙漠探险营地，集大漠风光、戈壁神韵、原生态湖泊、承接服务于一体，有沙海冲浪、沙漠卡丁车、大漠驼队、徒步穿越、泛舟湖上等休闲项目。月亮湖有3个独特之处为形状酷似中国地图、天然药浴配方（富含钾盐、锰盐、少量芒硝、天然苏打、天然碱、氧化铁及其他微量元素）、天然浴场黑沙滩（长1公里，宽近百米）是天然泥疗宝物。

腾格里沙漠天鹅湖生态旅游景区　位于阿左旗巴彦浩特镇西20公里处，2016年被评为国家4A级旅游景区。集大漠风光、戈壁神韵、原生态湖泊和少数民族民俗风情一体，有大漠观光、沙漠探险、户外拓展、休闲度假等休闲项目。

腾格里额里森达来景区　位于孪井滩示范区，腾格里额里森达来旅游开发有限责任公司成立于

2015年1月，前身为阿左旗凯达化工有限责任公司。结合企业周边区位和资源优势，走生态旅游业绿色发展之路。公司投资3000万元改扩建原有设施，新建具有娱乐、餐饮和住宿等多项功能蒙古包及大型休息大厅15座。

腾格里通湖草原旅游景区 位于内蒙古和宁夏交界处腾格里沙漠腹地，孪井滩示范区乌兰哈达嘎查境内，东北距阿左旗巴彦浩特镇200公里，南离宁夏中卫市区26公里，西望甘肃河西走廊，与国家首批5A级旅游区沙坡头毗邻相连，直线穿越8.3公里即可到达，是国家4A级旅游景区，汇集沙漠、盐湖、湿地、草原、沙泉、森林、绿洲等多种自然景观。

阿拉善梦想沙漠汽车航天乐园景区 位于腾格里沙漠东部，距离阿左旗巴彦浩特镇西南51公里处。2013年景区确定为"阿拉善英雄会"永久举办地，2015年被评为国家4A级景区，2021年被评为首批国家体育旅游示范基地。成为集竞技运动、文化展示、沙漠探险、度假体验于一体的"百万级流量"国际旅游品牌赛事举办地。

（2）敖伦布拉格大峡谷景区。也称"西部梦幻大峡谷"，位于阿左旗敖伦布拉格镇境内，全长5公里，有七彩神山、人根峰、母门洞、石骆驼等多处奇特景观。

七彩神山 敖伦布拉格镇境内阴山，呈红、黄、灰、白等多种颜色，在夕阳映衬下，山体流光溢彩，如七彩哈达环绕。

人根峰 位于七彩神山山谷中，一根巨大石柱巍然屹立，直指苍天，高28米，十几人才能合抱，整体呈褐红色，最高处长有少许绿草。母门洞内常年温润。人根峰与母门洞一阳一阴，用于祈福人类繁衍，子孙绵长。

神水洞 原名"阿日仙神水洞"，系蒙古语，意为神水。位于西部梦幻峡谷向东2公里处，洞口向阳避风，拱形洞顶中心有一个形似漏斗水口，泉水从此处滴出，寓意造福后人、传宗接代、繁衍人类。

（3）巴丹吉林沙漠园区。位于阿右旗境内，由巴丹吉林沙漠、额日布盖峡谷、曼德拉山岩画、海森楚鲁风蚀地貌四大景区组成。其中额日布盖峡谷景区和海森楚鲁风蚀地貌景区为科普游览区，曼德拉山岩画景区为历史文化游览区，巴丹吉林沙漠景区为探险旅游区。

巴丹吉林沙漠景区 位于阿右旗雅布赖镇巴丹吉林嘎查，距离额肯呼都格镇97公里，面积340.6平方公里。高大沙山和沙漠湖泊相间分布，以"奇峰、鸣沙、群湖、古庙、神泉"五绝著称，集独特性、典型性、综合性于一体，对研究西北地区沙漠形成、发展和环境演变有重要意义。2014年被评为国家4A级旅游景区。

额日布盖峡谷景区 距阿右旗额肯呼都格镇50公里，面积10.12平方公里，又称"一线天峡谷"，发育有断层、重力堆积物、涡穴等地质遗迹景观。地壳多阶段、非均匀抬升，前期流水和后期风蚀外营力作用，形成典型丹霞峡谷地貌。由北向南呈"人"字形构造，长约5公里，峡谷两侧橙红色岩崖高耸，最高处达70~80米。2017年被评为国家2A级旅游景区。

曼德拉山岩画景区 位于阿右旗中部曼德拉苏木西南14公里，距阿右旗额肯呼都格镇248公里，面积28.79平方公里。曼德拉系蒙古语，意为"升起、兴旺、腾飞"。曼德拉山上遗存古人建筑遗迹，遗址为花岗岩岩块堆积而成，呈近圆形，直径2~4米，有大量石器。现有岩画4234幅。1996年5月成为第三批自治区级重点文物保护单位；2013年3月成为第七批全国重点文物保护单位。2021年被评为国家2A级旅游景区。

海森楚鲁风蚀地貌景区 位于阿右旗西北部阿拉腾朝克苏木境内，距阿右旗额肯呼都格镇180公里，西接甘肃省金塔县，北临巴丹吉林沙漠，距东风航天城80公里。面积31.16平方公里。是中国境内发育广泛的风蚀地貌区域，有"蘑菇云""卧驼""猪八戒""呐喊"和12生肖象形石等景观。2017年，被评为国家2A级旅游景区。

（4）额济纳胡杨林、居延海、黑城。

胡杨林旅游区　位于额济纳旗达来呼布镇东 1 公里，国家级自然保护区。2020 年被评为国家 5A 级旅游景区，是全区 6 家国家 5A 级旅游景区之一。

大漠胡杨生态旅游区　位于额济纳旗达来呼布镇南 1.2 公里，集科普教育、生态观光、文化体验、旅游集散、特色商业等功能于一体，有大漠田园观光区、水境胡杨观光区、民族风情体验区、弱水河畔观光区、沙漠娱乐体验区等景点。2016 年被评为国家 4A 级旅游景区，是胡杨、弱水、沙漠的交汇融合之地。

黑城·弱水胡杨风景区　位于额济纳旗达来呼布镇西南 18 公里，是集生态观光、休闲度假、文化体验、沙漠探险为一体的综合性文化主题旅游区。2018 年被评为国家 4A 级旅游景区。

居延海　位于额济纳旗苏泊淖尔苏木境内，湖泊水源补给主要来自南部的额济纳河，是东居延海，即苏泊诺尔，蒙古语意为"母鹿湖"。历史上居延海水草丰美，繁荣富庶。环境变化导致居延海逐渐干涸，西居延海 1961 年干涸，东居延海 1997 年干涸，造成大范围环境恶化。2000 年国务院规划协调落实黑河配水方案向居延海调水，生态环境得到显著改善。

二、沙产业发展

阿拉善沙产业涵盖沙生植物产业链（梭梭-肉苁蓉、白刺-锁阳、黑果枸杞等产业）、沙生动物产业链（阿拉善双峰驼、阿拉善白绒山羊、阿拉善小黄牛等）、沙漠旅游产业链。

（一）沙产业起源

科学家钱学森预言："农、林、沙、草、海"五大产业将在 21 世纪掀起第六次产业革命。1984 年，针对沙漠干旱地区首次提出"沙产业"理论，利用沙漠戈壁日照和温差等有利条件，推广节水生产技术，发展知识密集型现代化农业。沙产业是 21 世纪新兴产业，是干旱沙区农业发展必然选择。

（二）沙产业机构沿革

1. 阿拉善盟沙产业局

2013 年，阿拉善盟制定《阿拉善盟沙生资源植物研发与产业化总体规划》。

2014 年，成立阿拉善盟沙生植物产业化发展专项推进领导小组，盟长担任组长、各部门为成员单位。

2017 年，盟行署设立沙产业专职机构——阿拉善盟沙产业发展规划中心。

2019 年，阿拉善盟沙产业发展规划中心转隶至阿拉善盟林业和草原局，挂阿拉善盟沙产业局牌子。

2021 年，阿拉善盟沙产业发展规划中心更名为阿拉善盟生态产业发展规划中心，为阿拉善盟林业和草原局所属公益一类事业单位，核定编制 9 名，统筹履行阿拉善盟沙产业局职能职责。

2. 阿拉善左旗沙产业局

2016 年，阿左旗科学技术局对原巴彦浩特镇孵化创业园区规划进行修编，2017 年园区更名为阿拉善沙产业健康科技创业园，同步启动园区基础配套设施建设改造工作。

2017 年，阿左旗制定《阿拉善左旗沙产业投资发展优惠政策（试行）》《阿拉善左旗人才发展暂行办法》。

2018 年，阿左旗制定《阿拉善沙产业健康科技创业园项目入园管理暂行办法》。

2019 年，阿左旗科学技术和林业草原局挂阿拉善左旗沙产业局牌子。组建阿拉善左旗沙产业开发管理有限公司，阿左旗国资委负责监管，阿左旗科学技术和林业草原局行业指导。具体负责运营阿拉善沙产业健康科技创业园，园区更名阿拉善生态产业科技创业园。

2020 年，阿左旗科学技术和林业草原局修订《阿拉善生态产业科技创业园修建性详细规划》，依托阿拉善生态产业科技创业园，启动申报国家林业产业示范园区工作。

3. 阿拉善左旗科技沙产业推广服务中心

2016 年 7 月，设立阿左旗科技沙产业推广服务中心，为阿左旗科学技术局所属公益一类事业单位，股级，核定事业编制 8 名。

2019 年 2 月，根据《中共阿拉善左旗委员会机构编制委员会办公室关于调整机构隶属关系的通知》，阿左旗沙产业服务中心、阿左旗新能源技术推广站由原阿左旗科学技术和沙产业局管理调整为阿左旗科学技术和林业草原局管理。

2019 年 9 月，阿左旗新能源技术推广站职责并入阿左旗沙产业服务中心，组建阿左旗科技沙产业推广服务中心，为阿左旗科学技术和林业草原局所属公益一类事业单位，机构规格相当于股级。

2021 年 3 月，根据《阿拉善左旗机构编制委员会办公室关于阿拉善左旗科学技术和林业草原局所属事业单位机构职能编制的批复》，核定事业编制 10 名。

（三）沙产业发展状况

截至 2021 年底，阿拉善盟打造肉苁蓉、锁阳、双峰驼、白绒山羊等特色沙生动植物品牌，全盟登记国家地理标志产品 8 个：阿拉善白绒山羊、双峰驼、蒙古牛、蒙古羊、肉苁蓉、锁阳、沙葱和额济纳蜜瓜，有"中国肉苁蓉之乡""中国骆驼之乡"称号。阿左旗、阿右旗被评为"国家级林下经济示范基地"。

1. 种植业

截至 2021 年，阿拉善盟有梭梭-肉苁蓉、白刺-锁阳等种植基地 36 处，2015—2021 年种植业总产值 40.20 亿元。

梭梭-肉苁蓉　天然梭梭林分布面积 95.53 万公顷，截至 2021 年人工种植梭梭 52.34 万公顷，接种肉苁蓉 9.78 万公顷，年产肉苁蓉 5444 吨。在人工梭梭林和天然梭梭林成林条件、灌溉条件较好区域，亩均产肉苁蓉 35 千克以上。形成多个规模化集约化肉苁蓉产业基地，建成 5.33 万公顷以上规模的人工梭梭-肉苁蓉产业基地 1 处（阿左旗吉兰泰镇）；3.33 万公顷规模 1 处（阿右旗曼德拉苏木）；2.67 万公顷以上规模 4 处（阿左旗苏海图镇、宗别立镇、乌力吉苏木、阿右旗巴丹吉林镇）；1.33 万公顷规模 1 处（阿左旗巴彦浩特镇），6666.67 公顷规模 2 处（阿左旗额尔克哈什哈苏木、阿右旗雅布赖镇）。

白刺-锁阳　有天然白刺林 120 万公顷，封育保护面积 20.6 万公顷，截至 2021 年人工接种锁阳面积 2.07 万公顷，年产锁阳 4225 吨。锁阳接种主要分布在阿左旗额尔克哈什哈苏木、温都尔勒图镇、巴润别立镇、超格图呼热苏木、吉兰泰镇。

文冠果　人工种植文冠果基地 8 处，面积 100 公顷。主要在阿右旗巴音高勒苏木、阿拉腾敖包镇，额济纳旗纳林高勒新区，阿左旗巴彦浩特镇、巴润别立镇。

甘草　野生甘草分布面积 4.17 万公顷，人工甘草种植基地 8 处，面积 633.33 公顷，主要分布在阿左旗温都尔勒图镇、巴彦木仁苏木。阿右旗巴丹吉林镇、曼德拉苏木。

黄芪　人工种植黄芪基地 1 处，面积 13.33 公顷，年产量 16 吨，主要在阿左旗温都尔勒图镇。

沙葱　沙葱人工围封 4 万亩，人工种植基地 2 处，大棚 292 座面积 19.47 公顷，大田种植面积 126 亩。主要在阿左旗巴彦浩特镇和巴润别立镇。

沙芥　沙芥分布面积 33.33 公顷，人工种植沙芥基地 1 处，面积 20 亩。主要在阿左旗巴彦诺日公苏木阿日呼都格嘎查。

枸杞　分布野生黑果枸杞 10 万余公顷，人工种植黑果枸杞基地 2 处，总面积 26.67 公顷；人工种植红果枸杞基地 2 处，总面积 234.4 公顷；主要在额济纳旗东风镇、达来呼布镇，阿右旗阿拉腾敖包镇，阿左旗嘉尔格勒赛汉镇。

苦豆子　分布野生苦豆子 20 万公顷，人工种植苦豆子基地 1 处，面积 150 亩。主要在阿右旗巴彦高勒苏木巴音宝格德嘎查。

沙地葡萄　人工种植沙地葡萄基地 4 处，总面积 2000 公顷。主要在乌斯太镇、阿右旗巴音高勒管委会、阿左旗吉兰泰镇、李井滩示范区嘉尔嘎勒赛汉镇。

2. 养殖业

截至 2021 年，阿拉善盟牛、驼奶全产业链产值 8 亿元，羊、驼绒产值 4.20 亿元，牛、羊、驼肉产值 10.10 亿元。

（1）骆驼产业。阿拉善双峰驼经历长期生物进化和人工选育形成独特生理机能，抗逆性强，适应荒漠草原生存。1990 年，内蒙古自治区人民政府命名阿拉善双峰驼品种；2000 年，农业部将阿拉善双峰驼列入国家级 78 种畜禽品种资源保护名录，在阿左旗设立阿拉善双峰驼国家级保种区和保种场。

阿拉善盟是全国双峰驼主产地。2003 年，全盟骆驼存栏量 5.59 万峰。2014 年，存栏量恢复到 10 万峰。阿拉善盟是高端、纯天然驼奶生产加工基地。驼奶产业坚持规模化、品牌化和高端化发展方向，以骆驼科研为支撑，以驼乳产品研发为重点，形成以龙头企业带动为主导、骆驼良种繁育基地为示范、骆驼专业合作社和农牧民生产为基础的驼奶全产业链。

2016 年，盟行署制定《关于推进农牧区经济结构调整加快农牧业优势特色产业化发展的指导意见》，配套制定 6 个扶持政策（简称 1+6），全盟骆驼产业开发首先以驼奶产业为动力，促进传统养驼业转型升级，带动骆驼保护与发展。

截至 2021 年，全盟有阿拉善双峰驼良种繁育基地 1 个，保护性养殖区 4 个，扩建保种群 30 个，双峰驼 15 万峰。全盟建成骆驼科技产业园区 1 个，有骆驼科研机构 3 家，养驼专业合作社 60 家，驼绒龙头企业 2 家，骆驼奶业龙头企业 3 家，养驼基地 33 个，奶站 52 个，发展挤驼奶户 440 户，带动骆驼散养户 935 户、农牧民从业人员达到 2500 人，年产驼鲜奶 0.4 万吨，全盟骆驼乳年产值 1.6 亿元。

（2）肉羊产业。全盟肉羊品种有阿拉善白绒山羊和阿拉善蒙古羊，羊肉无公害、无污染，肉质细嫩鲜美、无膻味，是高端有机食品。阿拉善盟坚持生态优先、绿色发展理念，加快传统畜牧业向生态效益畜牧业转变。在草原牧区，加强阿拉善白绒山羊品种保护、保种和选育工作；在农区和半农半牧区，推进"优良畜种、优质饲草、养殖技术、屠宰加工、品牌运营、统一销售、肥料还田"等生产要素集成配套的产业化发展。

截至 2021 年 12 月末，全盟羊存栏 79.18 万只。其中，阿拉善白绒山羊和阿拉善蒙古羊 70 万只、"阿杜"肉羊 3.2 万只、其他杂交改良羊近 6 万只。

（3）肉牛产业。依托阿拉善蒙古牛资源优势，在沙漠湖泊地区重点打造阿拉善小黄牛（阿拉善蒙古牛）产业，培育"哈牛牛"小黄牛品牌，截至 2021 年 12 月末，阿拉善蒙古牛存栏 3.2 万头。依托农牧交错优质，引进西门塔尔、安格斯、海福特、和牛优质肉牛品种，全盟建成规模养殖场 12 家，存栏肉牛 3.1 万头，全盟肉牛总规模 6.59 万头。

3. 加工业

（1）肉苁蓉、锁阳加工。肉苁蓉、锁阳是阿拉善盟传统大宗土特产品，全盟共有上游种植基地及中游初加工企业 7 家，初加工产品有肉苁蓉鲜品、肉苁蓉干品、锁阳、肉苁蓉片等。加工工艺基本为清洗、筛选、烘烤、切片、晾晒、发酵、提取。有研发能力企业 4 家，肉苁蓉、锁阳深加工企业 13 家，深加工产品有苁蓉干红葡萄酒、苁蓉酒系列、苁蓉酵素、固体饮料、中药饮片、提取物、中成药、保健食品、压片糖果、苁蓉膏、苁蓉茶。阿拉善盟每年为御苁蓉口服液、肾宝合剂、红芸口服液提供肉苁蓉 1700 吨。其他以肉苁蓉、锁阳为主要原料的中药，二类新药肉苁蓉甙注射液、复方锁阳口服液、锁阳补肾胶囊、锁阳咖啡、肉苁蓉养生液、锁阳清酒的市场需求量在 500 吨以上。

下游流通和销售主要依靠物流企业，实体销售环节已打开 8 个省市市场，线下销售方式有商超、直营、经销代理、实体店代理。线上销售方式采用电商平台销售，平台有淘宝、有赞、京东、1688、国铁等。

（2）黑果枸杞加工。额济纳旗天润泽生态技术有限公司委托青海大学进行花青素测定：样品中青海诺木洪黑果枸杞成熟后花青素含量 7.75 毫克/克；额济纳旗成熟的黑果枸杞花青素含量 7.92 毫克/克，成熟后期花青素含量达 10.46 毫克/克。

野生黑枸杞分布于荒漠戈壁，生长条件艰苦，10 粒枸杞中只能选出 1 粒合格枸杞，每亩产 150~300 千克黑果枸杞干果。2013—2016 年，亩产值 6 万元，每亩纯收 2.85 万元。

（3）沙地葡萄加工。葡萄产业由内蒙古金沙苑生态集团有限公司等企业牵头，扩大建设原料基地和葡萄酒加工基地。建成 3 万吨葡萄酒生产线，在乌兰布示范区、阿右旗巴音高勒管委会、阿左旗吉兰泰镇、李井滩示范区等地栽植葡萄 1733.33 公顷，"金沙臻堡"葡萄酒被评为内蒙古第十二届昭君文化节唯一指定葡萄酒。

（4）沙葱加工。2014 年，成立阿左旗腾格里绿滩生态牧民专业合作社。2016 年，投入生产。2019 年，建设 1249 平方米集加工、包装、储存于一体的沙葱加工厂，与内蒙古农业大学合作研发沙葱深加工、保鲜技术等。开展沙生植物种植及野生沙葱围封保护工作，对沙葱、沙芥等进行深加工及对外销售，主要加工各种口味的沙葱榨菜、沙葱酱和沙芥等产品。截至 2021 年，建设固定野生沙葱生长地 2333.33 公顷，种植沙葱 100 亩、沙芥 100 亩，年产量达 10 万~15 万千克，深加工沙葱 10 万千克。

2009 年，成立阿左旗华颖沙生菜业农民专业合作社。位于阿左旗巴彦霍德嘎查农牧业科技园区，有种植基地 2 处，温棚 200 座，保鲜库 768 立方米，冷链配送车 3 台，总投资 3000 万元。合作社年产沙葱蔬菜 600 吨，产值 500 万元，产品主要销往北京、银川、杭州、呼和浩特、西安、兰州等地。

（5）沙芥加工。阿左旗有沙芥加工企业、合作社 2 家，年产沙芥罐头 2 万瓶。

（6）苦豆子加工。阿左旗傲伦布拉格镇有苦豆子加工企业 1 家，建设苦参碱生产线 1 条，年产苦参碱 200 吨。

（7）黄芪加工。阿左旗温都尔勒图镇有黄芪加工厂 1 家，以切片初加工为主，年产量 16 吨。

（8）甘草加工。阿拉善盟有甘草加工合作社 1 家，位于温都尔勒图镇中药材产业园，主要以初加工为主，产品为切片。阿拉善生态产业科技创业园区入驻内蒙古康越药业有限公司深加工企业 1 家，有年产加工肉苁蓉 1500 吨、锁阳 1000 吨、甘草 3000 吨的沙生中药材饮片加工生产线各 1 条。使用尊古炮炙与滤框压榨、常温分离、冷冻干燥等现代工艺相结合制取方法进行精深加工。

4. 沙漠旅游产业

截至 2021 年 12 月，阿拉善盟有 A 级景区 24 家。其中，4A 级 1 家、3A 级 12 家、2A 级 11 家。全盟形成乡村（牧区）旅游接待户 210 家（其中自治区级星级接待户 105 家），旅游专业村和旅游示范点 12 个，吸纳农牧民参与旅游及相关行业就业 1.7 万人，占全盟农牧民总人数 38%（表 4-2）。

表 4-2　阿拉善盟沙漠生态旅游景区情况

类别	旅游区名称	区域
4A	腾格里沙漠天鹅湖生态旅游区	阿左旗
3A	腾格里达来月亮湖沙漠生态旅游区	阿左旗
	定远营古城旅游区	阿左旗
	阿拉善梦想沙漠汽车航空乐园景区	阿左旗
	金沙堡地生态旅游区	阿左旗
	通湖草原旅游区	阿左旗
	巴丹吉林沙漠景区	阿右旗
	大漠胡杨生态旅游区	额济纳旗
	东风航天城旅游区（酒泉卫星发射中心）	额济纳旗
	额济纳黑城·弱水胡杨风景区	额济纳旗
	阿拉善大漠奇石文化产业园	阿左旗
	策克口岸国际文化旅游区	额济纳旗
	居延海景区	额济纳旗
2A	阿拉善和彤池盐湖生态旅游区	阿左旗
	金沙蒙古大营度假区	阿左旗
	内蒙古蒙草阿拉善本土植物教育研究基地	阿左旗
	和硕特婚礼雕塑公园（贺兰草原）旅游区	阿左旗
	敖包山旅游区	阿右旗
	额日布盖峡谷旅游区	阿右旗
	海森楚鲁怪石旅游区	阿右旗
	阿拉腾特布希庙旅游区	阿右旗
	雅布赖镇九棵树旅游景区	阿右旗
	万泉湖旅游区	阿左旗
	曼德拉山岩画景区	阿右旗

　　旅游业成为阿拉善沙产业发展的热点，依托大漠、森林、湿地，将阿拉善胡杨林、巴丹吉林沙漠湖泊、腾格里沙漠等资源打造成国内知名旅游品牌。以发展"旅游+节会"为着力点，成功举办"阿拉善文化旅游节""越野 e 族·阿拉善英雄会""阿拉善玉·观赏石暨交易博览会""阿拉善右旗巴丹吉林沙漠文化旅游节""额济纳金秋胡杨生态旅游节"、骆驼那达慕等一系列文化旅游节庆赛事活动，为旅游爱好者提供丰盛旅游大餐，为展示阿拉善旅游文化资源、招商引资搭建平台。通过国家级自然保护区、国家森林公园、湿地公园项目以及沙漠世界地质公园建设，额济纳胡杨林、贺兰山保护区、居延湿地等基础设施建设逐步完善，为打造"苍天般的阿拉善"旅游品牌提供有力支撑。

（四）沙产业成效

1. 产业基础

阿拉善盟立足特色资源禀赋，遵循自然规律和生态优先、绿色发展根本要求，将沙区生态治理与特色沙产业发展协同推进，在荒漠化防治、防沙治沙同时，聚焦优势特色产业，利用沙漠资源，培育发展梭梭-肉苁蓉等特色沙产业，大力推动"企业+基地+科研+农牧民合作社"的发展模式，鼓励企业规模化发展沙生动植物人工种养殖基地，建立梭梭-肉苁蓉、白刺-锁阳、黑果枸杞、沙地葡萄、双峰驼、白绒山羊等23个基地，形成乌兰布和生态沙产业示范区、沙地葡萄产业基地、阿拉善生态产业科技创业园和白绒山羊产业科技园、阿拉善右旗骆驼产业科技园、额济纳旗黑果枸杞产业基地等为主产业园区。充足原料生产能力和完整产业链，辐射带动周边地区产业发展。

依托国家林草重点工程，打造梭梭-肉苁蓉、白刺-锁阳等百万亩特色生态产业基地，累计完成梭梭人工种植52.34万公顷，接种肉苁蓉9.78万公顷，年产肉苁蓉5444余吨；封育保护恢复白刺20.6万公顷，接种锁阳2.07万公顷，年产锁阳4225吨；围封保护黑果枸杞5893.93公顷；种植沙地葡萄、黑果枸杞等精品林果5200公顷；种植苜蓿2000公顷建设高产优质旱生牧草种子试验示范基地133.33公顷。养殖双峰驼种群数量达15万峰，白绒山羊110万头（只）。

2. 产业技术创新、科研

2013年起，全盟各级财政投入资金5000万元，争取国家重点研发计划、国家"863计划"、自治区科技重大专项等专项资金1.6亿元，撬动企业等创新主体自主研发投入4.5亿元，实施沙产业科技项目175个，加快突破肉苁蓉、锁阳等沙生动植物领域关键核心技术，产生一批技术含量高、市场前景好的成熟技术和成果，推动科技成果实现产业化，加快推进沙产业全产业链健康发展。

盟行署与中国科学院北京分院签署全面战略合作协议，联合成立沙产业研究院，与所属10家研究所开展科技项目研发合作；与自治区科技厅建立厅盟会商机制，引导和推动一批沙产业企业与国内外53家科研院所和高校开展科研合作，全盟各企业与科研院校合作研出110款产品，取得50个中试成果，获得37项专利，研发食品、药品、保健品、化妆品等肉苁蓉中高端产品。建设各类创新平台载体，成立阿拉善沙产业研究院、沙产业技术创新战略联盟；创建各类科技创新平台载体42家，其中，国家高新技术企业3家、科技型中小企业4家、国家级星创天地1家。

2013年起，阿拉善盟启动荒漠肉苁蓉新食品原料申报工作，2020年1月6日，国家卫生健康委员会、市场监督管理总局同意阿拉善荒漠肉苁蓉开展按照传统既是食品又是中药材的物质管理生产经营试点工作，经自治区市场监督管理局审核，有13家企业开展食药物质管理生产经营试点。13家试点生产企业与5家科研院所、4所高校、2家企业开展合作，实施科研项目20项获批专项资金3383万元，自主研发产品42款，合作研发产品67款。

3. 产业规模发展成果

阿拉善盟从事肉苁蓉、锁阳为主的沙生动植物资源加工、研发、销售的规模企业44家，农牧民各类专业合作社208家，特产销售店铺百余家。成立林业专业合作社28个，2个被评为国家级示范合作社，7个被评为自治区级示范合作社，扶持内蒙古阿拉善苁蓉集团有限责任公司、内蒙古曼德拉生物科技有限公司、内蒙古巴丹吉林沙产业有限责任公司和内蒙古金沙苑生态集团有限公司等多家沙生产品加工龙头企业，研制开发出肉苁蓉酒、肉苁蓉茶、肉苁蓉养生液、肉苁蓉膏、胶囊、口服液等20多种系列保健产品和"金沙臻堡""沙恩"等系列葡萄酒产品，以曼德拉公司、肉苁蓉集团、尚容源、大漠魂等企业为代表，树立"宏魁""曼德拉""尚容源"等多个肉苁蓉产品品牌，涉及药品、保健品、食品和日化品四大类别。形成种植、加工、生产、销售于一体的产业链。

4. 资质认定和宣传成果

2012年1月，国家工商总局批准注册"阿拉善肉苁蓉""阿拉善锁阳"地理标志商标；8月，农业部批准对"阿拉善肉苁蓉""阿拉善锁阳"实施农产品地理标志登记保护；10月，内蒙古阿拉善被中国野生植物保护协会授予"中国肉苁蓉之乡"称号。

2013年起，阿拉善肉苁蓉获得有机认证、7S道地保真管理体系认证、道地药材认证、中国森林认证、生态原产地保护产品认证、"三无一全"基地认证、国家林下经济示范基地。正在开展阿拉善肉苁蓉"蒙字标"认证，建立《阿拉善荒漠肉苁蓉》《阿拉善荒漠肉苁蓉产地环境》《梭梭造林及管护技术规程》《阿拉善荒漠肉苁蓉有害生物防控技术规程》《阿拉善荒漠肉苁蓉种子培育规程》《阿拉善荒漠肉苁蓉生态种植技术规程》《阿拉善荒漠肉苁蓉产地初加工技术规程》7项地方标准。阿拉善左旗肉苁蓉和阿拉善锁阳获内蒙古特色农畜产品优势区认定，列入《国家沙产业发展指南》《林草中药材产业发展指南》重点扶持地区。

2020年1月，国家卫生健康委员会、市场监督管理总局同意对肉苁蓉（荒漠）开展食药物质管理生产经营试点。

2021年，阿拉善盟开展肉苁蓉（荒漠）食药物质管理生产经营试点工作。

阿拉善双峰驼、白绒山羊、蒙古牛、蒙古羊是阿拉善盟优势畜种，中国珍贵的畜禽遗传资源，获国家地理标志产品认证。阿拉善白绒山羊被评为国家级优势区特色农畜产品，被誉为"纤维宝石"。绒毛细度、白度、光度列世界同类产品之首，1981年获意大利第三届国际"柴格那羊绒奖"；1995年获第二届中国农业博览会金奖。阿拉善双峰驼入选内蒙古自治区农畜产品优势区名单，驼绒纤维长、强度好，是毛纺织品高档原料，1990年获美国"阿米卡"优质驼绒奖；1995年获第二届中国农业博览会铜奖。阿拉善盟有阿拉善白绒山羊、阿拉善双峰驼、阿拉善蒙古牛3个国家级保种场和阿拉善白绒山羊、阿拉善双峰驼2个保护区。阿拉善双峰驼数量占全国总量1/3，2012年被中国畜牧业协会命名为"中国驼乡·阿拉善"。

（五）沙产业机构、企业、合作社、社会团体组织

1. 阿拉善生态产业科技创业园区

（1）园区简介。阿拉善生态产业科技创业园于2016年建设，位于巴彦浩特镇高速公路南出口西侧，占地71.07公顷，总投资3.03亿元，建设内容包括科研中心、展览馆、科普馆、园区入口大门、中心广场、道路、绿化、硬化、亮化、换热站及水电暖管网等配套设施。科研中心大楼2017年10月完工，占地50亩、建筑面积18418平方米，共11层，阿拉善生态产业展览馆和阿拉善沙漠世界地质公园展览馆面积3560平方米。科研中心全面创建公共服务平台、研发平台、众创空间、电子商务平台等园区综合服务；沙产业展览馆全面系统展示阿拉善沙产业发展基础、成就及未来产业规划，开展科普教育培训。

园区集肉苁蓉、锁阳等沙生植物高值化产品、中蒙药数字智能生产、生态产业交易智能物流、中蒙医养、科技企业孵化等功能为一体的园区，是阿拉善生态产业科技研发和科技成果转化的重要平台，以生态产业全产业链、优化产业结构、促进经济转型升级为突破口，打造全国生态产业发展总部基地。园区规划布局采用"一核心、五板块、两个园中园"模式。一核心即生态产业博览园核心，结合现有生态产业科研中心，打造一个高新技术研发及展示、文化宣传、产品生产及交易等一体化的生态产业综合服务核心，包括生态产业科研中心、生态产业会展中心、生态产业蒙医文华街和生态产业康养小院；五板块即全产业链龙头板块、沙生植物保健品产业板块、沙生中药材产业板块、沙生植物营养食品产业板块、骆驼乳肉制品板块；两个园中园即文化创意园中园和扶贫产业园中园。

2020年10月，园区被认定为阿拉善盟农牧业科技园区。

（2）园区建设成效。

科普宣传教育　园区科研中心及展览馆接待游客7万人次，其中中小学生师生3500人次，公益服务和科普教育功能突出。

赛事活动服务 园区举办三届沙产业创新创业大赛、两届沙产业创新博览会和三届苁蓉文化节暨阿拉善肉苁蓉评比大赛。

院企合作、专利及商标注册 截至 2021 年，曼德拉生物科技有限公司、尚容源生物科技有限公司、大漠魂生物科技有限公司分别与上海交通大学、北京大学、北京中医药大学、河南大学、北方民族大学、中国科学院兰州化学物质研究所等科研院所合作项目 20 个，研发产品 20 余款。获专利 12 个，拥有注册商标 5 个，制定地方标准 2 个。

综合服务 开展肉苁蓉（荒漠）食药物质管理生产经营试点工作，4 家入园企业获批。完成阿拉善荒漠肉苁蓉高质量标准体系建设工作，对肉苁蓉产地环境、梭梭营造林技术规程、肉苁蓉种子培育等 7 项标准进行论证并通过，为阿拉善推动"蒙字标"认证工作奠定良好标准化基础。

（3）入园企业建设。截至 2021 底，园区入驻企业 8 家，投资 3.6 亿元，占地 18.33 公顷。

阿拉善盟明昇食品饮料有限公司 2016 年入园。投资 3261 万元，项目占地 55.96 亩，建筑面积 1.05 万平方米。公司注册产品商标"蒙福乐"，主要生产酸梅发酵型饮品、酸枣发酵型饮品及阿拉善特色沙生植物发酵型饮品。项目一期、二期全部建成，年可生产发酵型果蔬汁饮品 1 万吨，阿拉善特色沙生植物饮品 8000 吨，年产值 2.40 亿元。

阿拉善盟尚容源生物科技有限公司 2017 年入园。投资 8341.93 万元，项目占地 75 亩，建筑面积 2.99 万平方米，其中一期建设完成 1.31 万平方米，建设内容为特色产业创业孵化中心 4004 平方米、肉苁蓉博物馆 3134 平方米、游客服务中心 1181 平方米、特色产品研发中心 2640 平方米、生产加工与仓储物流车间 2068 平方米，完成园区内水、电、网、管基础设施。二期建设 2023 年完成。主要有肉苁蓉普洱茶、切片、金酒、原浆、化妆品等系列产品。

内蒙古康越药业有限公司（原内蒙古东汇生物科技有限公司） 2017 年入园。投资 1 亿元，中药材研发深加工项目占地 56.6 亩，建筑面积 6.03 万平方米，分三期实施。主要从事锁阳饮片、甘草饮片加工、食品零售批发、医用喷雾剂消毒剂、医药及医疗器械批发等销售、批发。

内蒙古曼德拉生物科技有限公司 2020 年入园。投资 5148.38 万元，项目占地 22.49 亩，建筑面积 9981 平方米。主要从事沙生植物的综合开发利用及高效荒漠肉苁蓉接种块、生药材、饮片、浸膏、肉苁蓉酒、肉苁蓉酵素饮品、肉苁蓉组合茶等产品研发、生产、加工和销售。

阿拉善盟仓源食品有限公司（原阿拉善盟达尔登菊芋食品研发加工项目） 2020 年入园。投资 1902.80 万元，牛肉、驼奶加工及冷链物流项目占地 14 亩，建筑面积 6139 平方米。利用本地丰富牛肉资源打造内蒙古牛肉品牌，每年分割肉牛 1.5 万头、分割加工销售优质牛肉 1.13 万吨及驼奶加工系列产品。

阿拉善盟大漠魂特产商贸有限责任公司和内蒙古大漠魂生物科技有限公司 两家公司同一法人，2020 年入园。投资 2012.80 万元，一期占地 14.87 亩，主要从事肉苁蓉锁阳、风干驼肉、牛肉及沙生植物资源产品的高值化研发和阿拉善特色产品生产与销售。年可生产加工肉苁蓉（干货）和锁阳（干货）沙生中药材饮片各 500 吨，年产值 1.47 亿元。肉苁蓉酒、切片、压片、固体饮料、速溶茶、酵素饮品、纯粉、代泡茶、泡酒料等产品研发、生产、加工和销售。

阿拉善盟游牧天地牧业发展有限公司 2020 年入园。投资 2700 万元，阿拉善骆驼乳业产业一体化项目占地 26.95 亩，建筑面积 1.8 万平方米，主要生产加工销售低温鲜驼奶、驼酸奶、驼乳粉、益生菌驼乳片、驼乳冰激凌、驼乳乳清饮料、驼乳酪等。

内蒙古阿荣德吉实业有限责任公司 2020 年入园。投资 2300 万元，肉干绿色农畜特产加工基地项目占地 22.91 亩，建筑面积 1.03 万平方米，主要生产加工销售风干牛肉系列、风干驼肉系列、奶茶系列及肉苁蓉锁阳系列等名特产品。

2. 龙头企业

（1）内蒙古阿拉善苁蓉集团有限责任公司。1996年5月1日成立，是国内首家肉苁蓉产品研制开发和梭梭-肉苁蓉人工栽培的民营企业，是国家级高新技术企业、自治区林业产业化重点龙头企业、优秀私营企业、大众创业万众创新示范基地、农牧业产业化龙头企业。

公司综合厂区面积建筑7.6万平方米，有以肉苁蓉清洗、冷藏、烘干、切片、切段等初级加工品到以肉苁蓉为主要原料的口服液、酒剂、胶囊剂、颗粒剂、片剂5个剂型的高科技精深加工品的全产业链生产车间，肉苁蓉（干品）处理能力300吨/年，药品、保健品、中药饮片生产车间全部通过国家药品生产质量管理规范（GMP）认证。

苁蓉集团下设宏魁沙产业开发有限责任公司、宏魁食品有限公司、宏魁生物制药有限责任公司、科研中心。主要由沙产业公司负责，由"一园、一会、一社、三基地"构成。

"一园"即阿拉善沙生植物试验示范园（简称"阿拉善沙生植物园"），位于巴彦浩特镇城西11公里处，占地137.07公顷，分南北2个区域。主要从事肉苁蓉接种科研，沙生植物引种驯化、科学研究、试验示范、技术推广、科普教育和旅游观光等功能为一体的综合性园区。其中，神舟四号、神舟八号飞船搭载肉苁蓉种子分别接种50亩和80亩。

"一会"即阿左旗肉苁蓉行业协会，2009年成立，制定肉苁蓉行业标准、建立肉苁蓉追溯体系，推动行业健康快速发展。发挥协会联结政府与企业、农户之间的桥梁作用，为企业农户提供技术培训、市场信息、促进销售开展技术交流、提供物资等服务工作。

"一社"即阿拉善盟宏魁沙产业专业合作社，2011年组建。社员由4个嘎查83户牧民发展至8个嘎查118户牧民，梭梭林面积6.67万公顷。

"三基地"即分别位于吉兰泰镇扎海布鲁格嘎查、巴彦浩特镇巴彦霍德嘎查和特莫图嘎查，基地面积4933.33公顷，主要从事规模化梭梭-肉苁蓉种植。

食品产业 2013年形成，由食品公司负责，以礼品市场、旅游市场和休闲食品市场为目标市场，对以阿拉善肉苁蓉、锁阳为主的沙生资源植物进行加工生产和销售。

药业产业 2009年形成，药业公司投资1.20亿元，建成以肉苁蓉为主要原料提取、液体、固体车间3座，原料、成品仓库2座，建筑面积4万平方米，配套系列产品生产线7条，形成中药材提取300吨/年、饮剂2000吨/年、胶囊剂3000万粒/年、颗粒剂1000万袋/年、片剂1亿片/年的生产能力。2015年销售额超过8000万元，2019—2021年累计完成销售1.94亿元。

科研中心 是集沙产业新产品新工艺研究开发、企业技术创新体系建设、进行产学研合作和对外合作交流、企业技术创新人才培训四大职能于一体的企业科研机构。2013年阿拉善盟以科研中心为班底，联合中国科学院多家院所成立阿拉善沙产业研究院，集团公司董事长祁成宏出任研究院理事长。科研中心有研究开发中心办公及实验室1200平方米，有各类设备和试验检验仪器100台（套），价值1300万元。研究院是自治区政府与中国科学院院区合作"126战略"重点建设的2个研发中心。

（2）内蒙古曼德拉生物科技有限公司。2010年4月成立，6月取得1133.33公顷林权，8月成立合作社，是中国沙漠绿色生态健康产业引领者。

承担重点项目：

2010年10月，承担阿左旗科技局计划项目"不同品种、产地肉苁蓉的比较研究"。

2011年1月，承担阿左旗应用技术研究与开发资金项目计划"肉苁蓉增加骨密度研究及相关保健品开发"。

2012年1月，承担阿左旗应用技术研究与开发资金项目计划"干燥工艺对肉苁蓉物质基础影响"；11月，承担阿拉善盟应用技术研究与开发资金项目计划"荒漠肉苁蓉产地加工及炮制工艺优化研究"。

2014 年，公司负责"肉苁蓉作为新食品原料的研究及申报"，推动肉苁蓉（荒漠）食药物质管理经营试点工作。1 月，承担阿左旗应用技术研究与开发资金项目计划"阿拉善白刺果酒的开发"；6 月，承担阿拉善沙产业研究院科技项目计划"阿拉善白刺果饮料的开发"。

2015 年 1 月，承担阿左旗应用技术研究与开发资金项目计划"肉苁蓉作为新食品原料的研究及申报"；6 月，承担内蒙古自治区科技创新引导项目计划"阿拉善肉苁蓉饮片产业化加工技术研究及产业化"。

2017 年，公司承担国家重点研发计划"中医药现代化—中药肉苁蓉大品种开发与产业化"项目，北京大学、上海交通大学、北京中医药大学、汇仁药业、康缘药业和劲牌公司等科研机构和知名药企参与；6 月，承担内蒙古自治区应用技术研究与开发资金计划"基于梭梭固沙生态环境建立的阿拉善肉苁蓉规范化培育体系（GAP）研究"。

2018 年 12 月，承担阿拉善盟科学技术局项目"肉苁蓉增力抗衰、便秘克、养血原生液（颗粒）产品研究开发"。

2019 年 1 月，承担阿拉善盟应用技术研究与开发资金项目计划"阿拉善道地药材肉苁蓉标准化产业链建设的关键技术与标准"；11 月，承担内蒙古自治区科技成果转化专项资金预算计划"肉苁蓉增力抗衰、便秘克产品研究开发"。

2020 年 1 月，承担内蒙古自治区科技成果转化专项资金项目计划"阿拉善荒漠肉苁蓉食药物质试生产创新产业化平台建设"。

2021 年 5 月，获首批肉苁蓉（荒漠）食药物质生产经营试点企业、牵头内蒙古重大研究计划"基于梭梭固沙生态环境建立的荒漠肉苁蓉规范化培育体系（GAP）研究"；6 月，承担阿拉善盟应用技术研究与开发项目计划"基于新食品原料肉苁蓉的系列产品开发成果转移转化"、承担内蒙古科技兴蒙项目"阿拉善荒漠肉苁蓉食药物质试生产创新产业化平台建设"。

获得发明专利：

2012 年，授权发明专利 2 项。其中，"一种为肉苁蓉保健酒及其制备方法"（ZL201110068114.6 已获专利证书）、"一种为肉苁蓉饮料加工方法"（ZL201310477250.X 已获专利证书）；实用新型专利 12 项。其中，"一种肉苁蓉规范化种植用补水设备"（ZL202021530100.2）、"一种肉苁蓉规范化种植用接种工具"（ZL202021508075.8）、"一种肉苁蓉规范化种植用刨挖收获工具"（ZL202021508074.3）、"一种肉苁蓉规范化种植用清洁处理装置"（ZL202021508073.9）、"一种肉苁蓉规范化种植用种子接种机"（ZL202021530099.3）、"一种肉苁蓉种子筛选机"（ZL202021488225.3）、"一种用于肉苁蓉接种的种子营养块"（ZL202021488224.9）、"一种用于肉苁蓉种子营养块的接种枪"（ZL202021488223.4）、"一种防尘且粉碎效率高的药用粉碎机"（ZL201720612686.9）、"一种阿拉善锁阳加工用切片装置"（ZL201720978918.2）、"一种沙漠地区灌溉用节水装置"（ZL201721006173.X）、"一种阿拉善锁阳预加工烘干装置"（ZL201721040638.3）获专利证书。

制定各类标准：

2020 年 5 月，制定《荒漠肉苁蓉药材规格等级要求》（T/ALBCIA 001-2020），《荒漠肉苁蓉产地加工技术规范》（T/ALBCIA 002-2020）。

2021 年 10 月，制定《阿拉善荒漠肉苁蓉》《阿拉善荒漠肉苁蓉产地初加工技术规程》2 项地方标准。

发表学术论文：

2012 年，在辽宁中医药大学学报发表《采籽前后荒漠肉苁蓉不同部位中有效成分含量测定》《肉苁蓉多糖含量测定》，在吉林中医药刊物发表《荒漠肉苁蓉多糖的研究》。

2015 年，在光谱学与光谱分析刊物发表《HPLC-ESI-MS 和 FTIR 方法鉴别不同产地中药肉苁蓉的研究》。

2016 年，在中草药刊物（英文版）发表《Chemical Constituents from Stems of Cistanches deserticola》。

2017 年，在中草药刊物发表《不同采收期肉苁蓉中松果菊苷、毛蕊花糖苷、半乳糖醇、甜菜碱及可溶性多糖量的测定及其道地性研究》。

2021 年，在现代中药研究与实践刊物发表《肉苁蓉寄生对梭梭矿质元素吸收与转移的影响》；在农业与技术刊物发表《荒漠肉苁蓉接种盘制备研究》。

获得荣誉成果：

2012 年，被内蒙古自治区林业厅评定为内蒙古林业产业化重点龙头企业；2013 年公司控股合作社被农业农村部评定为国家农民合作社示范社；2014 年获天津市科学技术进步二等奖；2015 年被内蒙古自治区扶贫办评定为内蒙古扶贫重点龙头企业；2016 年获阿拉善盟农牧业特色科技产业化基地；2019 年被国家林业和草原局评定为国家林下经济示范基地；2020 年被科技部认定国家科技型中小企业；2021 年被科技部认定国家高新技术企业、被自治区工业和信息化厅认定为创新型中小企业；申报国家林业重点龙头企业。

（3）内蒙古金沙苑生态集团有限公司。2015 年成立，是以沙漠生态综合治理、农林牧业综合开发加工为主的产业化生态集团公司。建设规模 6666.67 公顷，主要以现代高效葡萄种植、种草种树、产业化养殖、葡萄酒酿造及牛羊肉冷冻加工销售、葡萄酒销售、生态观光旅游作为项目建设主要内容和载体。属国家级农业产业化重点龙头企业、自治区优秀民营企业、自治区扶贫龙头企业、自治区林业龙头企业、第二批全国农产品加工业示范企业。

3. 沙产业重点企业

（1）阿拉善盟尚容源生物科技有限公司。公司 2014 年 1 月成立，从事肉苁蓉研究与开发，打造国际肉苁蓉健康品牌。有肉苁蓉原浆系列普洱茶、发酵酒、降糖饮料、植物饮品、金酒、益智饮糖、葡萄酒等多款独创系列产品及相关技术专利。

2015 年，公司被认定为自治区级扶贫龙头企业。

2016 年，建成 2000 公顷肉苁蓉野外仿生抚育种植基地和国内首家多功能肉苁蓉博物馆以及集特色生态公益、旅游文创、品牌营销为一体的 3A 级肉苁蓉文化产业园。参与国家"十三五"重点科技项目 2 项。通过互联网微电商、新媒体及线下连锁体验店等渠道初步建立销售网络。

2017 年，在新加坡注册商标设立营销分公司，开启国际品牌营销战略，产品进入中国的港澳台地区、东南亚及日韩市场，受到广泛认可。"尚容源"商标被认定为阿拉善盟知名商标。

（2）内蒙古华洪生态科技有限公司。公司 2010 年成立，被认定为国家林下经济示范基地、内蒙古自治区阿拉善盟特色科技产业化基地、阿拉善盟企业研究开发中心、阿拉善盟沙产业商会会长单位、沙产业技术创新战略联盟（全国）副理事长单位。

2014—2019 年为内蒙古自治区"三区科技人才""科技特派员"单位服务于阿拉善盟并获奖。

申报阿拉善沙产业研究院理事长单位。企业及产品推荐参加"2019 中国北京世界园艺博览会—内蒙古馆部分陈列"、首届"内蒙古香港绿色农畜产品推介会"及多届深圳高交会。

承担完成"十三五"国家重点研究计划项目"内蒙古干旱荒漠区沙化土地治理与沙产业技术研发与示范-课题-沙生植物种质资源保护与繁育关键技术与示范"及自治区、盟、旗多项相关科研项目；参与论证起草国家林业草原局《全国沙产业发展规划纲要（2019—2030）》《全国沙产业发展指南》（2022 年 2 月颁布）；参与论证、起草和评审内蒙古自治区地方标准《阿拉善肉苁蓉高质量标准体系》工作；参与并研讨起草《"蒙"字标农产品认证要求〈阿拉善荒漠肉苁蓉〉》团体标准的论证及相关工作。2019 年，获第四届中国林业产业突出贡献奖、第一届中国林业产业创新英才奖。

2021 年 5 月，获首批肉苁蓉（荒漠）食药物质生产经营试点企业，有梭梭-肉苁蓉科研种植生产基地 729.2 公顷、白刺-锁阳多种沙生植物种植基地 5933.33 公顷、肉苁蓉种植牧民定向收购与技术合作基地 800 公顷。

国家项目课题研究与示范合作基地 23 处。其中，肉苁蓉基地 8 处，分布在阿左旗、阿右旗、额济纳旗。

（3）内蒙古大漠魂生物科技有限公司。2011 年成立阿拉善盟大漠魂特产商贸有限责任公司，2020 年成立内蒙古大漠魂生物科技有限公司，属同一法人两家公司。生产基地位于阿左旗环保型工业园区，占地 9 亩。

2013 年，投资 2400 万元，建成生产车间、办公、研发等配套设施 3000 平方米。主要从事阿拉善地区特色动植物资源的初加工及深加工，注册"大漠魂""甄蓉阳"商标，有肉苁蓉多糖片、肉苁蓉多酚片、肉苁蓉酒、肉苁蓉切片等 50 款产品推向市场，在全国有 76 家销售网点，北京、上海、广州等国内一线城市均建立稳定销售网络。

2019 年，公司资产总额 721 万元，营业收入 5153 万元、利税总额 408 万元、上缴税款 15.60 万元。

2020 年 10 月，与中国科学院兰州化学物理研究所协议转化开发以肉苁蓉为主要原料研制的肉苁蓉多糖片和肉苁蓉多酚片；8 月 3 日，成立阿右旗大漠魂生态种植专业合作社，在塔木素布拉格苏木建成集清洗、分选、切片、烘干为一体的肉苁蓉饮片生产车间，种植专业合作社与塔木素布拉格苏木阿拉腾图雅嘎查以壮大集体经济为目标协商承包嘎查梭梭林 733.33 公顷。公司资产总额 1442 万元、营业收入 5411 万元、利税总额 327 万元、上缴税款 14 万元。

2021 年 3—5 月，种植专业合作社对承包的肉苁蓉种植基地进行梭梭林围封及肉苁蓉嫁接、人工补种梭梭树 200 公顷。合作社与嘎查 35 户农牧民建立稳定利益连接合作机制，2021 年辐射带动农牧户 20 户，户均增收 1.6 万元。被列为肉苁蓉（荒漠）食药物质生产经营试点企业，取得生产许可证等相关证件。产品有肉苁蓉多糖抗疲劳片、多酚抗氧化片、蜜片、固体饮料、速溶茶、泡酒料等。

截至 2021 年，线上销售收入突破 1000 万元。

2015 年被评为"阿拉善盟农牧产业化龙头企业"、2017 年被评为"阿拉善盟知名商标"、2018 年被评为"自治区级消费者信得过产品""白绒山羊、双峰驼标准化加工示范企业"、2020 年入选内蒙古农牧业品牌目录企业品牌、2021 年被授予内蒙古自治区示范联合体。

（4）阿拉善盟浩润生态农业有限责任公司。2001 年，公司创始人在阿左旗吉兰泰镇哈图呼都格嘎查承包荒地 625 公顷，种植梭梭 30 万株接种肉苁蓉。2009 年 8 月，注册成立阿拉善盟浩润生态农业有限责任公司，位于阿左旗吉兰泰镇哈图呼都格嘎查，主营肉苁蓉人工种植、肉苁蓉产地初加工、肉苁蓉产品科技研发及深加工、肉苁蓉标准化服务。

2015 年，开发肉苁蓉鲜干片和肉苁蓉鲜干颗粒等产品。

2019 年，销售收入 78 万元，实现利润 51 万元。

2020 年 1 月，公司被阿拉善盟市场监督管理局选为肉苁蓉（荒漠）食药物质生产经营试点企业。与广东工业大学、内蒙古大学合作，完成肉苁蓉深加工产品技术、配方、工艺、数据检验、客户体验、市场调研等。实现销售收入 152 万元，实现利润 89 万元。

2021 年，肉苁蓉（荒漠）食药物质试点产品上市，实现销售收入 5000 万元。

（5）内蒙古至臻沙生药用植物科技开发有限公司。公司 2016 年 12 月成立，位于阿右旗创业孵化园，建有2500平方米生产、办公及仓储。

2017年1月，公司与阿右旗板滩井肉苁蓉专业合作社、格日勒图嘎查兴旺生态治理农牧民专业合作社签订合作协议，建设梭梭-肉苁蓉基地2万公顷，带动曼德拉苏木、塔木素苏木9个嘎查450户牧民从事肉苁蓉接种、采收、初级加工、系列产品研发、生产及销售的完整生态产业链。每户年增加收入3万~4万元。8月，成立内蒙古至臻沙生药用植物研究院，与天津中医药大学、中药创新中心合作，参加内蒙古卫生厅组织的内蒙古特色食品标准制定工作招标，成功中标。

2021年4月，与中药创新中心签署科技战略合作协议，编制肉苁蓉膏企业标准；5月，获批肉苁蓉（荒漠）食药物质生产经营试点企业；10月，"优苁阳"牌肉苁蓉膏获批肉苁蓉（荒漠）食药物质试点产品，取得生产许可证。

公司年处理干品荒漠肉苁蓉50吨，肉苁蓉膏年生产量50吨，以线上和线下多种销售平台面向全国销售。

（6）阿拉善右旗祥惠农牧业科技有限责任公司。公司2011年5月成立，位于阿右旗巴音高勒苏木，占地30亩，资产总额2260万元（其中固定资产560万元，流动资产1700万元）。以农作物、饲草、沙生植物种植、林木种苗种子培育生产、造林绿化、林区道路建设、围栏铺设安装为主，兼营畜禽养殖、农畜产品和农业生产资料购销、农牧业科技信息和技术服务为主的现代私营科技企业和农业产业化重点龙头企业。

建成林木种苗种植培育基地20公顷，种植沙枣、梭梭、柽柳、槐树、榆树等；建成肉牛养殖场1个，存栏肉牛150头；建成种羊养殖场2个，存栏种公羊、基础母羊、育肥羊2560只；建成标准化葡萄暖棚42座，带动周边农牧民建成现代化养殖场30个、标准化葡萄暖棚200座，农牧民年户均增收1万元。

2017年，实施阿右旗林业局雅布赖治沙站荒漠肉苁蓉种植项目，接种肉苁蓉133.33公顷；实施阿右旗阿朝西部风沙区治沙生态林建设项目，种植梭梭400公顷；公司有留床优质紫花苜蓿100公顷，苦豆子133.33公顷；生产各类饲草料5000吨，购销各类农牧产品3000吨、林木苗木10万株，出栏肉牛50头、优质羊仔畜1800只，实现销售收入9630万元，实现利税356万元。

（7）阿拉善盟圣杞源生态农业开发有限公司。公司2016年3月成立，位于腾格里经济技术开发区嘉尔嘎勒赛汉镇乌兰恩格嘎查。以有机枸杞种植、加工、销售、农业培训为主。流转承包26户嘎查牧民土地80公顷，种植红果枸杞50.67公顷、黑果枸杞30亩、农作物种植33.33公顷。

2018年，"宁嘉圣杞"自主商标获国家商标局发证；枸杞产品被中国绿色中心评为中国绿色农产品；圣杞源公司被评为盟级农业龙头企业。

2020年，生产枸杞干果39.8吨，销售额183万元。枸杞产品经农业农村部、中国绿色产业中心、自治区农产品检验检测中心的权威检测认定为中国绿色农产品。与当地19户建档立卡贫困户构建一对一精准扶贫和精准脱贫机制，实现利益分享，为19户贫困户每年分红2万元。

（8）内蒙古沙漠之神生物科技有限公司。公司2014年5月成立，位于阿右旗巴丹吉林镇骆驼产业园，注册资金3000万元。主要从事骆驼系列产品开发、研制、生产和销售。主营产品有液态奶系列、驼乳奶粉系列、驼奶片系列、驼奶皂系列等。

2017年1月，产品试产成功。8月获食品生产许可证，投入生产。

2018年3月，成立市场服务部，销售骆驼奶系列产品。

2020年，在全国46个城市设立品牌专卖店，打造"龙头企业+专业合作社+养殖基地+农牧户"经营模式，建立奶源收购站8家，与10家养驼专业合作社签订鲜奶收购协议，带动200户牧民发展养驼业。

2021年，收购鲜驼奶706.04吨，生产液态奶47万罐、驼奶粉95.81吨，实现产值9000万元、销售收入7580万元，上缴税金1248万元。

建立健全管理制度、质量安全体系，获 SC 认证、有机认证，企业信用为 A 级。取得专利 10 项，其中发明专利 1 项，外观专利 2 项，实用新型专利 7 项。获自治区扶贫龙头企业、优秀民营企业、自治区重点龙头企业、自治区脱贫攻坚优秀扶贫龙头企业、第二届全国沙产业创新创业大赛优秀奖、自治区示范联合体、消费者信得过产品、民族团结进步模范集体、高新技术企业、中国农产品百强标志性品牌、全国产品和服务质量诚信领先品牌、全国产品和服务质量诚信示范企业、全国质量检验稳定合格产品、全国质量检验信誉保障产品、全国乳制品行业质量领先企业称号。

（9）内蒙古沙漠驼妈妈实业有限公司。公司 2016 年成立，位于阿左旗巴彦浩特镇，主要从事骆驼奶系列产品研发、生产、销售。

2018 年 11 月，"驼妈妈"骆驼奶投放市场，驼妈妈公司独立运营。秉持"生态环保、绿色有机"理念，选用优质驼奶资源，采用低温加工工艺和冷冻干燥技术生产，最大限度保留驼奶中原有营养物质和活性物质，为广大消费者提供"纯""真"高品质驼奶产品。推出"驼妈妈"品牌纯骆驼奶、纯驼乳粉、儿童纯驼乳粉、驼初乳和全脂发酵驼乳粉等 6 类 10 款无添加有机驼奶产品及驼乳沙米饼干等特色产品。

2019 年，驼妈妈公司与沁恩驼乳康养基地合作，开展驼奶康养。

2021 年，是驼妈妈骆驼奶品牌建设年，在央视 CCTV-1、CCTV-7、CCTV-17、内蒙古卫视等主流媒体进行宣传，"驼妈妈"骆驼奶在北上广一线城市销售；5 月，内蒙古沙漠驼妈妈实业有限公司与内蒙古阿拉善盟蒙医院"英根苏疗法标准化"项目达成战略合作。与合作伙伴缴纳税收 1200 万元。

（10）阿拉善盟源辉林牧有限公司。公司 2011 年 7 月成立。截至 2021 年，投入公益治沙造林资金 3400 万元，造林 9500 公顷。利用沙漠自然条件种植出沙漠银耳。每年季节性用工 1000 人次，支付农牧民造林人工工资 80 万元；为当地农牧民捐赠树苗 10 万株；每年向村集体和农牧民支付土地租佣金 60 万元，每年支付造林地管护工资 50 万元。

（11）驼中王绒毛制品有限责任公司。公司 1996 年成立，主要经营驼绒针纺织品、驼绒被及分梳驼绒制造销售。2021 年，收购驼毛 300 吨、占阿拉善驼毛总产量 65%，实现销售额 4300 万元。主打产品 400 支驼绒水洗绒围巾、驼绒毯、驼绒披肩等，50% 的产品出口日本、意大利、德国等国家和地区。

2011 年被自治区人民政府评为"自治区农牧业产业化重点龙头企业"、2016 年 8 月被内蒙古自治区农牧业厅评为"农企利益联结实效突出龙头企业"、2016 年 12 月被国家民委认定为阿拉善盟唯一一家"全国民族贸易和民族特需商品生产百强企业"。2020 年 10 月"驼中王"品牌入选内蒙古农牧业品牌目录企业品牌。获"内蒙古自治区著名商标""内蒙古诚信品牌""内蒙古老字号品牌""阿拉善盟盟长质量奖"荣誉。

（12）阿拉善左旗嘉利绒毛有限责任公司。公司 2005 年成立，主要从事农畜产品收购、加工、绒毛进出口贸易，有自营进出口权，是阿拉善盟地区最大一家绒毛加工企业，获"自治区级龙头企业"称号。

公司与意大利 Loro Piana S. P. A.（"Loro Piana"）共同成立阿拉善盟铭远白绒山羊种业有限公司，由意大利卡梅里诺大学（"UNICAM"）与意大利国家新技术、能源和可持续经济发展署、阿拉善盟畜牧研究所以及内蒙古农牧业科学院合作，开展阿拉善白绒山羊的研究和选育项目。

4. 合作社

（1）巴彦乌拉生态种植专业合作社。2014 年 10 月成立，由 10 户牧民组成。2021 年，有社员 102 人，其中原嘎查建档立卡贫困户 8 户全部脱贫，带动非成员户 350 户。

在阿拉善 SEE 生态协会、北京市企业家环保基金会等单位支持下，巴彦乌拉生态种植专业合作社种植梭梭 1.33 万公顷，接种肉苁蓉 2000 公顷、锁阳 666.67 公顷。2021 年，生产肉苁蓉 200 吨、锁阳 50 吨、肉苁蓉种子 20 千克、锁阳种子 20 千克，通过销售肉苁蓉、锁阳及其附加产品，收入达到 105.77 万元，成员社内年均收入 3.2 万元。

（2）阿左旗华颖沙生菜业农民专业合作社。2011 年 9 月成立，投资 3000 万元，种植基地 2 处，温棚 200 座，保鲜库 768 立方米，冷链配送车 3 台。年产沙葱蔬菜 600 吨，实现产值 500 万元，产品主要销往北京、银川、杭州、呼和浩特、西安、兰州等地。

2016 年，投资 2500 万元，与巴彦浩特镇红石头嘎查合作流转嘎查集体土地 33.33 公顷，建成首个阿拉善盟沙葱产业种植示范园，形成集温棚、拱棚种植加工一体化的产业园。吸纳园区内转产农牧民 20 户，安置转移搬迁农牧民 50 人就业。

（3）阿拉善右旗蓉鑫沙产业农民专业合作社。2018 年 6 月，流转牧户何西格太草场 923.33 公顷土地经营使用权，7 月成立合作社。位于阿拉腾朝格苏木瑙滚布拉格嘎查，入社成员 8 人。主要从事肉苁蓉、锁阳、梭梭等沙生植物种植、收购、加工销售以及畜禽养殖等业务，10 月投入生产。

2018 年 6 月至 2019 年 7 月，投资 350 万元，新建生产用房 190 平方米、草料库 200 平方米，购置四轮打坑机、挖沟机、浇水车辆、发电机组、维修等机械设备 15 台（辆），购买生产资料肉苁蓉籽种、锁阳籽种 20 千克，累计发放务工人员工资 41 万元。完成肉苁蓉、锁阳接种 600 公顷，其中肉苁蓉接种 533.33 公顷，锁阳接种 66.67 公顷。

2019 年，被阿右旗林业和草原局命名为"阿拉善右旗万亩肉苁蓉示范种植基地"，注册"大漠芸""荒漠蓉鑫"2 个商标。

（4）额济纳旗浩林生态种植专业合作社。2015 年 12 月成立，注册地为额济纳旗，种植梭梭林和接种肉苁蓉、锁阳。

2015—2016 年，与额济纳旗东风镇农牧民签署 20 年土地租赁合同。基地位于额济纳旗东风镇航天路两侧。

截至 2021 年，自筹资金 1 亿元，投入设备 356 台，打灌溉机井 209 眼，建设光伏发电设备 113 套，种植梭梭林 2.07 万公顷，安装滴灌设施 8000 公顷。造林保存率达到 90%以上。累计采集肉苁蓉种子 700 千克，产值 1400 万元，初步选出肉苁蓉优良品种 2 个，接种 2~3 年鲜肉苁蓉 5 千克以上。基地内有野生锁阳分布面积 20 公顷，年产锁阳 50 吨；苗圃 262.67 公顷，培育梭梭苗 2000 万株。

5. 食药物质管理生产经营试点企业

阿拉善盟有广阔沙漠戈壁，孕育着种类多样、分布广泛、品质上乘的沙生植物资源，是全国最大荒漠肉苁蓉主产地和集散地，"阿拉善肉苁蓉"被原农业部批准实施农产品地理标志登记保护、国家工商行政管理总局注册为地理标志商标，被中国野生植物保护协会授予"中国肉苁蓉之乡"称号。

2013 年，肉苁蓉新食品原料申报项目立项，承担单位内蒙古曼德拉生物科技有限公司与天津中医药大学开展研究和申报准备工作，完成肉苁蓉新食品原料相关研究工作和安全性评价，挖掘和整理国内外研究利用情况和肉苁蓉食用历史。

2014 年，阿拉善盟启动荒漠肉苁蓉申报新食品原料项目，授权内蒙古曼德拉沙产业开发有限公司为申报主体。

2015 年 7 月，国家卫生计生委受理行政许可申请。8 月 26 日，国家卫生计生委卫生计生监督中心评审中心召开阿拉善荒漠肉苁蓉申报新食品原料评审答辩会。10 月，国家卫生计生委卫生计生监督中心组织专家组对阿拉善盟肉苁蓉申报新食品原料项目再次现场核查。

2016 年 4 月，国家卫生计生委食品安全风险评估中心完成评审。8 月，受国家卫生计生委委托，国家卫生计生委食品安全风险评估中心发布公告，荒漠肉苁蓉通过专家评审委员会技术审查，公开征求意见。12月29日，国家卫生计生委食品安全标准与监测评估司组织召开2016年第6次新食品原料专家评审会，阿拉善荒漠肉苁蓉申报新食品原料项目通过评审。

2017年11月，国家卫生计生委食品安全标准司向内蒙古自治区卫生计生委发函征求党参等12种物质作为按照传统既是食品又是中药材物质开展试生产征求意见，阿拉善盟荒漠肉苁蓉列入增补目录。

2018年7月，肉苁蓉列入食药物质目录印证材料通过国家食品安全风险评估中心评审。

2019年3月12日，盟行署副盟长秦艳一行到自治区卫生健康委员会，就阿拉善盟肉苁蓉及锁阳申请列入国家食药物质目录相关情况向自治区卫生健康委员会党组书记、主任许宏智进行专题汇报。3月14日，内蒙古自治区政府副主席欧阳晓晖主持召开专题会议研究解决阿拉善沙产业发展有关问题。3月27—29日，盟行署副盟长秦艳、自治区卫生健康委员会副主任张小勤一行到北京，就推进阿拉善盟肉苁蓉列入国家食药物质目录、锁阳制定地方特色食品标准等事宜向国家卫生健康委进行专题汇报。国家卫生健康委员会副主任李斌赴国家市场监督管理总局协调肉苁蓉列入食药物质目录有关事宜，国家卫生健康委继续依法支持将肉苁蓉列入食药物质目录。5月15—17日，2019中国"阿拉善荒漠肉苁蓉产业绿色发展研讨会"在阿右旗巴丹吉林镇开幕。

2020年1月6日，国家卫生健康委员会、国家市场监督管理总局发布公告，对肉苁蓉（荒漠）等9种物质开展食药物质管理生产经营试点工作，要求自治区卫生健康委会同自治区市场监督局制定具体试点方案报请自治区人民政府同意，报国家卫生健康委员会、国家市场监督管理总局核定后方可进行生产经营试点工作。

阿拉善盟制定《肉苁蓉（荒漠）按照传统既是食品又是中药材的物质管理试点工作方案》，2021年5月25日，盟卫健委、市监局联合发布通知《关于印发阿拉善盟肉苁蓉（荒漠）按照传统既是食品又是中药材的物质管理首批试点产品名单的通知》，公布13家首批试点企业名单如下。

阿拉善盟尚容源生物科技有限公司
内蒙古曼德拉生物科技有限公司
内蒙古阿拉善宏魁苁蓉产业股份有限公司
内蒙古沙漠肉苁蓉有限公司
内蒙古至臻沙生药用植物科技开发有限公司
阿拉善盟浩润生态农业有限责任公司
阿拉善盟苁阳酒业有限责任公司
内蒙古大漠魂生物科技有限公司
内蒙古胡杨王酒业有限公司
内蒙古蓉泰生物科技开发有限公司
内蒙古容天下生物科技有限公司
内蒙古华洪生态科技有限公司
阿拉善盟明昇食品饮料有限公司

6. 沙产业社会团体组织

（1）阿拉善左旗苁蓉行业协会。2009年成立，协会主要负责管理"阿拉善肉苁蓉""阿拉善锁阳"2个地理标志的授权和使用，制定肉苁蓉行业标准、建立肉苁蓉追溯体系，推动行业健康快速发展。发挥协会联结政府与企业、农户之间的桥梁作用，为企业农户提供技术培训、市场信息、促进销售、开展技术交流、提供物资等服务工作。会长：祁成宏（内蒙古阿拉善肉苁蓉集团有限公司董事长），有20个成员单位。

（2）沙产业技术创新战略联盟。2018年成立，对联盟备案所需资料进行收集备案，为成员单位合作提供交流平台，满足企业产品研发与科研院所成果转化的需求。通过各地展会资源，帮助各企业进行产品推广、品牌宣传，打造阿拉善沙产业区域公共品牌。会长：艾路明（阿拉善SEE生态协会会长、武汉当代集团董事长），有63个成员单位。

（3）阿拉善盟沙产业商会（协会）。2019年成立，普及宣传、学科研究、技术发展、经验总结、规范推动和名牌创建，开展阿拉善盟沙产业方面的信息汇集、政策咨询、决策建议和论坛交流、产业化运作的市场分析及试点示范、组织专家学者起草相应标准规范等。会长：潘晓明（内蒙古华洪生态科技有限公司董事长），有97个成员单位。

（六）沙产业大赛

1. 沙产业创新创业大赛

沙产业创新创业大赛是中国西北地区发展特色经济，宣传推介沙产业成果重要平台，吸引全国各地各具产业化前景参赛项目。

2017—2019年，举办三届沙产业创新创业大赛，地点均在阿左旗巴彦浩特。三届大赛吸引全国各地数百家企业和优秀团队参赛，通过产品展示（包括生物技术、可再生能源、医疗、创新食品、沙漠治理、文化旅游领域众多特色沙产业创新创业和多元化发展的最新成果）、论坛研讨、观摩交流、签约合作等活动，为沙产业发展搭建集聚高端技术、集中专家经验、深化交流合作的重要平台，展现沙产业发展广阔前景。

2017年11月9—13日，以"科技创新，成就大业"为主题的"2017首届沙产业创新创业大赛"在阿拉善盟举办。在科技部和内蒙古、宁夏、甘肃、青海、新疆、陕西6省（区）科技厅大力支持下，吸引全国各地178支队伍参赛，内蒙古、陕西、甘肃、青海、宁夏、新疆、北京等省（区）41家企业参展，展品种类达70种，新技术6项，累计达成科技合作协议15项，协议金额109.70亿元。

2018年10月9—12日，以"科技创新，成就大业"为主题的"2018沙产业创新博览会暨沙产业高峰论坛·第二届全国沙产业创新创业大赛"在阿拉善盟举办。全国14个省（区、市）290支队伍报名参赛，203家国内外知名沙产业企业参加博览会。

2019年4月，沙产业创新创业大赛列入"中国创新创业大赛专业赛"序列，为中国科技部仅设的7个专业赛之一，是沙产业领域"国"字头赛事。9月28—30日，以"科技创新、成就大业、生态优先、绿色发展"为主题的"第八届中国创新创业大赛沙产业大赛·第二届沙产业创新博览会暨沙产业创新高峰论坛"在阿拉善举办，大赛有19个省（区、市）200个项目参与，涵盖沙区特种经济作物种植技术、养殖业技术、资源开发利用技术、生物技术、沙产业文化旅游、新能源及节能环保等领域。

2. 阿拉善肉苁蓉评比大赛

2018年5月11—13日，阿左旗首届苁蓉文化节暨阿拉善肉苁蓉评比大赛在阿拉善沙生植物园举办。阿拉善盟30家企业、合作社、农牧民的120根作品进行评比，选出一等奖1名，二等奖2名，三等奖3名，优胜奖20名。同步开展肉苁蓉花观赏、种植和采挖肉苁蓉现场培训体验、沙产业产品展示交易会、拍卖大会等活动。

2019年5月9—11日，第十届国际肉苁蓉及沙生药用植物学术研讨会暨第二届苁蓉文化节（中国·阿拉善）在阿拉善沙生植物园举办。国家中医药管理局、中国中药协会以及中药界、林业界专家，国内外高等院校和科研院所专家学者，有关生态环保和药业企业负责人，沙产业技术创新战略联盟代表，盟旗相关部门等出席活动，在阿拉善盟宾馆召开第十届国际肉苁蓉及沙生药用植物学术研讨会。活动现场，阿拉善盟20家企业、150名农牧民带来115个作品参加肉苁蓉评比大赛。

2021年4月29—30日，阿拉善左旗第三届苁蓉文化节、阿拉善肉苁蓉评比大赛颁奖暨梭梭种植季在阿拉善生态产业科技创业园区举办。全盟28家企业120名农牧民共计118个产品参赛。评选出一等奖1名，二等奖2名，三等奖3名，优胜奖10名。同步在园区举办生态产业专题讲座，在阿拉善沙生植物园举办梭梭种植、肉苁蓉接种和采挖流程培训，企业、合作社、农牧民以及政府、部门工作人员102人参加培训。

三、沙产业效益

（一）经济效益

1.农牧民收益

截至2021年底，全盟农牧户共28401户75016人。其中，阿左旗17276户46060人；阿右旗3429户10372人；额济纳旗2427户6100人；阿拉善高新区188户658人；孪井滩示范区3725户8748人；乌兰布示范区1356户3078人。

阿拉善农牧民收入中，沙产业收入占农牧民人均收入的比例逐年提高，成为农牧民增收新经济增长点。

以阿左旗常住农牧民经营肉苁蓉、锁阳为例：阿左旗共接种肉苁蓉3.55万公顷，农牧民人口30598人，人均占肉苁蓉接种地19.2亩，按平均亩产20~50千克、鲜重销售价30~35元/千克，实现人均收入1.15万~3.36万元；部分牧户通过参与养殖业、生态旅游业，年收入达15万元以上。

2.合作社收益

截至2021年底，全盟农牧民专业合作社（市监部门注册）共879家，根据经营种类划分，养殖业380家，占43%；种植业139家，占16%；种养结合113家，占13%；其他247家，占28%。评定四级示范合作社241家，占注册总数27%。根据《2021年度内蒙古自治区农牧民林业专业合作社基本情况调查表》，在139家种植业中从事林业种植专业合作社有44家，其中阿左旗13家，阿右旗14家，额济纳旗17家，均为生产类经营，主要经营林下种植、植树造林、林产品、肉苁蓉、锁阳、红枸杞等。有成员788人，其中低收入人口127人；经营林业面积11.51万公顷。2021年，经营收入1349.10万元，人均种植收入1.71万元。

3.企业效益

阿拉善盟以肉苁蓉、锁阳接种、加工、科研、销售为主的产业化企业20家，以养殖为主的产业化企业52家。2021年，全盟规模以上产业化龙头企业实现销售收入15.50亿元，同比增长9.9%，其中产业化加工企业销售收入11.80亿元，同比增长6.3%。

以肉苁蓉产业代表的内蒙古阿拉善苁蓉集团有限责任公司为例，通过"企业+基地+牧户"经营模式，每年带动周围500户农牧民参与梭梭-肉苁蓉产业建设。企业与当地牧户签订肉苁蓉收购合同，年平均收购干肉苁蓉20吨，为当地牧民增收400万元，年处理干肉苁蓉300吨，年均产值8000万元。

（二）社会效益

通过林草沙产业实施，改善当地人居生产生活环境，作为"退耕还林""退牧还草"后续主导产业，把生态建设、农牧民增收与地区经济发展结合起来。林草沙经济产业发展可为贫困荒漠区农牧民找到新的、持久经济增长点。研制开发沙生植物产品，形成具有地方特色种植、深加工、产品营销可持续发展产业链。地方资源优势转化为经济优势，拓展发展空间，为农牧民增收、企业增效、国家增税、大地增绿起到积极作用。促进全社会力量参与生态保护建设，产业发展逆向拉动生态保护建设。

（三）生态效益

通过林草沙产业实施和可持续发展，梭梭、白刺、葡萄等沙生植被得到保护，沙化土地得到治理，植被覆盖度、森林面积、森林蓄积量增加，降低风蚀强度，阻止沙漠前移，减轻沙尘暴发生强度，在防沙治沙、减少水土流失、减轻风沙危害、净化大气、减灾增收等方面发挥巨大生态效益，使自然环境向利于人类生产、生活和土地资源更新方向发展。

（四）沙产业发展前景

中共十九大报告指出，统筹推进山水林田湖草沙一体化系统治理，首次把治沙问题纳入生态治理体系。沙产业是生态产业发展方向，在改善生态环境，提升居民收入，为区域可持续发展注入动力，是荒漠化地区经济转型发展重要举措，是实现"沙漠增绿、农牧民增收、企业增效、产业增值"的有效途径。

第三节　林业和草原产业与扶贫脱贫

一、概况

阿拉善盟阿左旗、阿右旗为自治区扶贫开发工作重点旗。

20世纪70年代，阿拉善盟开始扶贫工作，主要由民政部门给生活困难的贫困农牧民发放一定数量救济款、救济粮和其他救济物资，帮助贫困农牧民开展生产自救，属于"输血"式扶贫，起到"雪中送炭"缓解贫困的救急作用。1978年改革开放后，国家加强对老、少、边、穷等特殊贫困地区的建设扶持力度，特别是在广大农村牧区实行家庭联产承包责任制，极大地促进生产力发展，农牧业生产水平稳步提高，农牧民收入持续增加，农牧区"普遍贫困"的状况得到根本改变，贫困人口大幅度减少。1986年，国务院扶贫开发领导小组及办公室成立后，国家有组织、有计划、大规模扶贫开发工作的序幕全面拉开。阿拉善盟的扶贫开发工作进入新阶段。

"十五"末，阿拉善盟理清农牧业产业化发展思路，确立绿色肉羊、有机蔬菜、特色沙产业3个主导产业，通过制定农牧业产业化发展规划、增加投入、扶持龙头、壮大基地、培育市场，使贫困农牧户直接介入产业化经营，促进农牧民增收长效机制建立，推动农牧业经济快速发展。

2005—2012年，全盟共实施39个产业化扶贫项目，投资3892.14万元。其中，自治区财政扶贫资金1500万元，地方配套及农牧民自筹资金2392.14万元，受益贫困农牧民5012人。

2013年开始，阿拉善盟以经济结构调整为主线，以提高人民群众生活水平为根本出发点，不断深化改革、扩大开放、自加压力、扎实工作，全盟呈现出经济繁荣、社会发展、民族团结、边疆稳固的大好局面。2013—2020年，全盟农村牧区常住居民人均可支配收入从12869元增长至23144元，增长率为79.8%。其中，建档立卡贫困户人均可支配收入从9299.83元增长至26587.23元，增长率为186%。农村牧区基础设施条件得到改善，农牧民生产生活水平进一步提高，脱贫攻坚工作顺利收官。

2014年，全盟共识别建档立卡贫困户3514户10137人，全部录入全国扶贫开发信息系统中进行管理。按照致贫原因来看，致贫原因占比较高的分别为因病、因残、缺技术，分别占总人数28.29%、16.24%和15.86%。按照健康状况来看，残疾人口占总建档立卡贫困人口12%，患大病及长期慢性病人口占总建档立卡贫困人口16%。按照劳动技能来看，无劳动能力、弱劳动能力以及丧失劳动能力的建档立卡贫困人口占总建档立卡贫困人口41.83%。

2016年，全盟39个贫困嘎查（村）全部出列。

2018 年，全盟 2 个自治区级贫困旗阿左旗、阿右旗全部摘帽，全盟建档立卡贫困人口全部脱贫。

2020 年是脱贫攻坚收官之年，回顾全盟脱贫史，贫困户进入依托产业脱贫阶段，也就是进入"造血式"产业化扶贫脱贫阶段。至年末全盟共有建档立卡人口 3906 户 9461 人。

产业化扶贫是调整贫困地区经济结构，增强"造血功能"促进贫困地区脱贫和农牧民增收的重要途径，也是促进社会主义新农村新牧区建设的迫切需要。阿拉善盟产业化扶贫项目主要依托资源优势，结合移民搬迁和整村推进项目的实施，把特色产业作为农牧业和农牧区经济的发展重点。以市场为导向，围绕农牧民增收，调整优化种植业和养殖业结构，引导农牧民转变生产经营方式，重点发展周期短、见效快的绿色、特色、优质农产品。

"有机农业、高端畜牧业、特色沙产业、精品林果业、休闲农牧业"五大特色产业的发展，成为全盟农牧民脱贫致富重要支撑。发展龙头企业，以合作社为骨干，家庭农牧场为基础的农牧业标准化生产基地，形成结构合理、产出高效、多点支撑、有效供给的特色产业体系，做优做强特色优势产业，形成驼奶养殖、肉苁蓉锁阳加工、畜产品加工等一批特色产业和沙漠之神、宏魁、曼德拉、驼中王、阿荣德吉等一批特色品牌，打牢产业扶贫基础。特色沙产业在全盟脱贫攻坚战中起到中流砥柱作用。

二、政策扶持

根据《内蒙古自治区林业生态扶贫三年规划（2018—2020 年）》《阿拉善盟脱贫攻坚结对帮扶工程 2018—2020 年实施方案》，结合阿拉善盟林业生态扶贫工作实际，制定《阿拉善盟林业生态扶贫三年规划（2018—2020 年）》。通过"抓林业工程建设、抓林业政策落实、抓林业产业发展"的"三抓"扶贫攻坚计划，提高农牧民收入比例中林业的工资性收入和政策性收入比重，通过扶贫攻坚结对帮扶，引导、协调推进基础建设和帮助购置生产资料、进行扶困救济等措施，改善嘎查农牧民生产生活条件，实现贫困户脱贫致富。坚持扶贫开发与生态保护并重，发挥林草行业优势，通过实施重大生态工程建设、聘用生态护林员、实施林业产业项目和定点帮扶等措施，改善贫困地区生态环境，促进贫困人口持续增收。阿拉善盟以"两补偿、两带动"即生态护林员补偿、森林草原生态补偿，生态工程带动、绿色产业带动为措施，生态扶贫取得显著成效。

"十三五"期间完成林业生态建设任务 33.33 万公顷，林业重点工程生态建设任务总量的 70% 重点向贫困地区倾斜，完成贫困地区林业生态建设任务 20 万公顷；为贫困人口提供生态护林员岗位 1200 个以上；落实中央财政森林生态效益补偿资金 30687 万元/年；重点发展梭梭-肉苁蓉、白刺-锁阳、黑果枸杞、精品林果业、林下经济和森林观光、沙漠生态旅游等产业，带动贫困人口增收。加大林业科研成果和沙产业适用技术推广力度，提升生态建设和林业产业的科技含量，走生态建设与林业产业扶贫高质量发展道路。

（一）乡村绿化美化

实施新农村建设、美丽乡村建设项目，绿化美化基础设施建设，改善嘎查群众生活条件、提升人居环境水平。对建档立卡中有危漏房安全隐患的贫困户，通过实施危房改造、促使贫困户住有所居、安居乐业。

1. 对嘎查环境卫生进行清理整治

嘎查环境卫生明显改观。

2. 指导和协调嘎查开展村屯绿化美化工作

在呼和陶勒盖嘎查种植杨树、旱柳、槐树等 4000 株 60 亩，种植精品林果业枣树、果树 2500 株 30 亩。为希尼套海嘎查周边完成绿化面积 26.67 公顷，种植花棒 2800 株，沙拐枣 3000 株；种植绿化树木 800 棵，其中山杏、山桃 600 棵，国槐 200 棵。

截至 2021 年底，全盟共开展人居环境整治乡村绿化美化行动的苏木（镇）30 个，嘎查（村）91 个［其中示范嘎查（村）77 个］，乡村绿化美化提升改造总面积 3535.58 公顷。其中，增加乡村生态绿量 90.29 公顷（防护林建设）；提升乡村绿化质量 3445.29 公顷（低产低效改造 220.67 公顷、幼龄林抚育 3224.62 公顷）。

（二）林业和草原政策红利

按照精准扶贫、精准脱贫基本方略，采取嘎查建设脱贫、产业扶持脱贫、岗位开发脱贫、教育保障脱贫、供养脱贫等措施，改善嘎查农牧民生产生活条件，实现贫困户脱贫致富，嘎查经济实力增强、农牧民群众摆脱贫困、生活质量提高的目标。

1. 生态公益林补偿政策扶贫

依托森林生态效益补偿建档立卡贫困户 635 户 1700 人，年人均受益 1.8 万元。"十一五"期间，全盟国家级公益林补偿面积 131.47 万公顷，纳入补偿范围农牧民 4227 户 14000 人，享受政策农牧民年人均受益 0.6 万元；"十二五"期间，国家级公益林补偿面积 152.6 万公顷，森林生态效益年补偿基金 2.82 亿元，争取中央财政补偿基金 11.01 亿元，公益林补偿政策惠及全盟 26 个苏木（镇）、94 个嘎查，5096 户 15413 人，较"十一五"增加 869 户 1413 人。补偿性收入由 2010 年的人均 1 万元提高到 1.50 万元，公益林补偿占农牧民年收入的 34%；"十三五"期间，国家级公益林补偿面积 171.42 万公顷，补偿基金 16.42 亿元，补偿资金涉及农牧民 6491 户 16916 人，较"十二五"增加 1395 户 1503 人。

2. 天然林资源保护工程政策扶贫

"十三五"期间，天保工程区聘用护林员 3000 人，建档立卡贫困户 187 人，护林员年人均工资 2.3 万元/年。

3. 造林补贴项目政策扶贫

按照《阿拉善盟重点城镇营造防护林优惠政策》《阿拉善盟营造防护林补助政策实施办法》对农牧民、贫困户、农民专业合作社集中连片造林规模达到 500 亩以上、建设质量达到重点林业工程建设标准的给予补助，对发展生态产业、达到一定规模的，按照国家、自治区、盟、旗产业政策，在项目上给予重点扶持，截至 2021 年底，累计实施造林补贴项目 21.69 万公顷，总补贴 6.4 亿元。

4. 退耕还林项目政策扶贫

实施退耕还林工程总面积 3.05 万公顷。"十一五"期间，退耕还林工程退耕户人均获得退耕政策补助 0.34 万元；"十二五"期间，巩固退耕还林成果项目惠及退耕户 2625 户 8000 人，补贴资金 2129.53 万元。

5. 森林保险制度扶贫

截至 2021 年，全盟累计森林投保面积 2324.97 万公顷，投入保费 3.38 亿元，获理赔资金 1.46 亿元，总赔面积 26.16 万公顷，采取鼠害防治、毒草治理等方式，266.67 万公顷荒漠植被得到有效保护，使灾区农牧民损失降低到最低程度，促使农村牧区特别是贫困群众积极参与生产自救，提高生活水平。

6. 林业科技服务扶贫

组织有丰富经验的专业技术人员成立林业行业专家服务团，通过编制技术手册，深入农牧区开展政策宣传、技术培训，为林沙产业、林业工程项目提供技术支持和服务。多年来，以阿拉善盟林业治沙研究所专业技术人员为主的各级专家、技术人员深入农牧区、贫困户开展扶贫帮困及技术指导、培训，年均培训农牧民 4100 人次。

三、产业扶持

阿拉善盟坚持统筹山水林田湖草沙系统一体化综合治理，将特色沙产业发展与脱贫攻坚有机结合，按照"生态产业化、产业生态化"思路，夯实林草产业发展基础，发挥脱贫攻坚林草产业支撑主导作用。

（一）特色沙产业规模发展带动农牧民致富脱贫

阿拉善盟利用本地独特沙生植物资源优势，培育梭梭-肉苁蓉、白刺-锁阳优势特色林沙产业助力精准扶贫。完成梭梭人工林种植 52.34 万公顷，建成 10 万~80 万亩规模人工梭梭-肉苁蓉产业基地 9 处，接种肉苁蓉 9.78 万万公顷，年产肉苁蓉 5444 吨；封育保护恢复白刺 206 万公顷，接种锁阳 2.07 万公顷，年产锁阳 4225 吨以上；花棒人工林种植 2.72 万公顷；围封保护黑果枸杞 5893.33 公顷；种植黑果枸杞、沙漠葡萄等精品林果 5200 公顷，3 万吨葡萄酒加工生产线投产，建成特色林果业种植示范基地 8 处；种植苜蓿 2000 公顷。全盟以梭梭-肉苁蓉、白刺-锁阳、花棒采种基地等为主的沙生植物产业基地建设初具规模，形成集种植、加工、生产、销售于一体产业链，加工转化率达到 68%。探索丰富梭梭造林、肉苁蓉接种技术，梭梭造林成活率达到 85%，肉苁蓉接种成活率由 30% 提高到 75% 以上，提高肉苁蓉单位面积产量。截至 2021 年底，全盟成功开发研制沙产业产品 110 种，其中包括梭梭-肉苁蓉、白刺-锁阳在内的新产品 60 种，申请发明专利 37 项，制定产品技术标准 48 项，为大规模开发沙产业提供技术保障。

随着特色沙产业规模发展，14 家林业产业化龙头企业、沙产业重点企业承担社会责任，发挥扶贫龙头企业带动作用，投入脱贫攻坚战中，引导当地农牧民参与企业经营，企业与建档立卡贫困户构建一对一精准扶贫和精准脱贫机制，按时每年为贫困户分红。全盟 44 家林草专业合作社，经营面积 18.2 万公顷；登记家庭林场 283 户，经营面积 4.6 万公顷；人均种植收入 17120 元，吸纳建档立卡贫困户参与经营，社内贫困户全部按期脱贫。"十二五"期间，为涉林企业及农牧户申报落实贴息贷款 2.02 亿元，补贴利息 605 万元。"十三五"期间，申请林业贴息贷款 2.17 亿元，发放贴息资金 554 万元，惠及农牧民 422 户，林草业企业 8 家。

"十三五"期间，通过土地流转、入股分红、合作经营、劳动就业、自主创业等方式，以"企业+合作社+基地+农牧户"为利益联结机制，拓宽贫困人口增收渠道，全盟直接或间接从事林草沙产业农牧民达 3 万人，林沙产业产值达 199.5 亿元，户均年收入 3 万~5 万元，部分牧户达到 10 万~30 万元，单户收入在 50 万元以上的逐年增加。禁牧区 70% 牧户从事沙产业生产经营，沙产业收入占纯收入的 1/3，实现农牧民转移转产、治沙致富。特色林草生态产业发展有力促进全社会力量参与生态保护建设积极性，产业发展逆向拉动生态保护建设，为重点生态保护治理区、禁牧退牧区及沙区农牧民长期持续稳定增产增收奠定坚实基础。

（二）畜牧业产业化快速发展引领农牧民增收脱贫

阿拉善盟立足全国双峰驼主产地实际，充分挖掘骆驼资源优势，在脱贫攻坚工作中将驼产业作为农牧民脱贫致富支柱产业抓紧抓实，通过打造"公司+科研+良种繁育+奶源基地+专业合作社+贫困户""党组织+合作社+贫困户"驼产业发展模式，建成骆驼科技产业园 1 家、骆驼科研机构 3 个、养驼专业合作社 60 家、养驼基地 33 个、250 个双峰驼生态牧场和 213.33 万公顷双峰驼保护区，年产驼奶 0.4 万吨，建成培育品牌效益企业 13 家，开发系列产品 20 种。农牧民从业人员达到 2500 人，全盟骆驼乳年产值 1.6 亿元，人均年收入 6.4 万元，骆驼产业让一大批农牧民及贫困户走上致富路。

加强优势畜种保护，建立阿拉善双峰驼、阿拉善白绒山羊、阿拉善小黄牛 3 个国家级保种场和

2个保护区。全盟建成规模养殖场12家、蒙古牛存栏3.2万头、存栏肉牛3.1万头，肉牛总规模达6.59万头。阿拉善白绒山羊和阿拉善蒙古羊70万只、培育"阿杜"肉羊3.2万只、其他杂交改良羊6万只。

截至2021年，阿拉善盟优势特色养殖产业稳步发展。其中，牛、驼奶全产业链产值8亿元，羊、驼绒4.2亿元，牛、羊、驼肉产值10.1亿元。

（三）沙漠旅游产业稳步发展吸纳农牧民就业脱贫

阿拉善盟依托沙漠、森林、湿地资源，走全域旅游与脱贫攻坚有效衔接路子，将阿拉善胡杨林、巴丹吉林沙漠湖泊、腾格里沙漠等资源打造为国内多个知名旅游品牌。截至2021年，全盟共有A级景区24家。其中，4A级景区1家，3A级景区12家，2A级景区11家。形成乡村（牧区）旅游接待户200余家（其中自治区级星级接待户105家），旅游专业村和旅游示范点12个，吸纳农牧民参与旅游相关行业就业人数达1.7万人，占全盟农牧民总数38%。

2015—2021年，全盟林业草原产业总产值达到292.64亿元。其中，2015年7.89亿元，2016年15.42亿元，2017年25.32亿元，2018年32.61亿万元，2019年56.23亿元，2020年75.03亿元，2021年80.14亿元。农村牧区常住居民人均可支配收入林草产业贡献率逐年提高。

第五章　公益及社会化造林

第一节　公益造林

一、公益造林概述

公益造林是指为生态建设通过自我投入、募集资金等方式进行的公益活动。特别是在生态恶化地区以基金会、公司、项目、合作社等形式组织社会资金进行防风治沙的造林、植绿活动。显著特征是绝大部分资金来源于社会资金，社会资金先投入，林草部门对符合项目要求的给予验收，之后给予补贴。体现公益、奉献的特点。

参与阿拉善盟公益造林的人物、机构大多是国内外企业家、慈善家和公益组织，资金主要来源于阿拉善盟以外的企业或公益组织。

（一）公益造林简介

阿拉善盟公益造林有目标、有规模起始于 2000 年，启幕者是时任阿拉善军分区司令员李旦生。军分区主要任务是戍边卫国，部队戍边哨所、连队驻防地均为沙漠、戈壁，生态环境极其恶劣，生存条件特别艰难。李旦生组织部队官兵利用休整时间参加地方政府组织的沙漠绿化活动，首次在腾格里沙漠营造人工林 100 公顷，命名为"青年世纪林"，开启了阿拉善公益造林的序幕。

2004 年 6 月 5 日，近百名企业家在阿拉善腾格里沙漠发起成立阿拉善 SEE 生态协会，阿拉善公益造林迈入新阶段，社会参与度逐年提高。治理荒漠、建设祖国北疆生态安全屏障被广大仁人志士认同。

2000—2010 年，公益造林从资金募集、探索实践、技术创新、技术成熟，实现公益造林规模扩大、队伍壮大，管理方法日臻完善。

2011—2021 年，是公益造林的鼎盛时期，公益造林不断增加，防风治沙成果备受关注。到 2021 年底，公益机构累积在阿拉善盟投入资金 11.2 亿元，造林绿化 19.32 万公顷。

阿拉善盟公益造林具备一定规模机构有 8 家，参与公益造林的典型有农牧民、企业家、公益人士、慈善家、退休老干部、退役军人等，尤其以黄高成为代表的退役将军，放弃安逸的退休生活，奔波在茫茫沙海之中，目的就是让沙漠早日绿起来，让生态早日好起来。

公益造林扩大了生态建设规模，在技术创新上表现突出。梭梭植苗造林、荒漠太阳能滴灌、肉苁蓉注水接种等技术的创新应用，极大地提高了造林成活率、保存率，降低造林成本，使极干旱地区绿化造林由不可能到成功。

（二）公益造林模式

公益造林模式很多，主要是通过政府引导帮助，获得造林地片；通过林草部门技术支持，选择树种；通过自我组织劳动力（当地农牧民），开展造林活动或者跟当地合作社合作，完成造林任务，资金支付均按照一定比例分三年补贴合作社，合作社承担后期管护经营；通过第三方机构进行评估验收。公益造林一般有 3~5 年林木养护期。每年春秋季造林期间，公益造林机构邀请资金投入者及其机构的中青年干部参加植树造绿活动，邀请高校学生到基地体验。

公益造林模式主要体现在给农牧民草场补偿、劳务工资，关键是公益组织的造林，最终成为农牧民发展沙产业的基地，为乡村振兴打下坚实基础。

二、公益造林机构

（一）阿拉善 SEE 生态协会

2004 年 6 月 5 日，百名企业家在内蒙古阿拉善腾格里沙漠发起成立的阿拉善 SEE 生态协会，是中国首家以社会责任（Society）为己任，以企业家（Entrepreneur）为主体，以保护生态（Ecology）为目标社会团体。

为推动环保公益行业发展，构建立体多元环保组织架构，截至 2021 年底，阿拉善 SEE 生态协会及会员先后发起成立基金会 7 家、民非企业 6 家、社会团体 3 家、社会企业 2 家共 18 家机构，业务领域聚焦荒漠化防治、气候变化与商业可持续、滨海湿地保护、生物多样性保护、自然教育、长江大保护、绿色供应链、行业发展支持等环保议题。

2008 年，阿拉善 SEE 生态协会发起成立北京市企业家环保基金会，基金会深耕包括荒漠化防治的"1 亿棵梭梭"、培育民间环保公益力量的"创绿家""劲草同行"等多个环保项目。

2012 年，发起成立深圳市红树林湿地保护基金会，是中国首家由民间发起的环保公募基金会，打造中国滨海湿地保护可借鉴范本。

2014 年，北京市企业家环保基金会升级为公募基金会。

2016 年，发起成立湖北省长江生态保护基金会，助力"长江大保护"国家战略。

2017 年，发起成立西安市企业家环保公益慈善基金会，守护秦岭生态。

2018 年，发起成立深圳市阿乐善公益基金会，发挥企业家优势资源和创新精神，为公益组织和项目提供持续性支持力量。

截至 2021 年底，阿拉善 SEE 生态协会企业家会员近 700 名，历任会长有刘晓光、王石、韩家寰、钱晓华、艾路明、孙莉莉等。先后设立 31 个环保项目中心，推动企业家、环保公益组织、公众深度参与当地环保事业；直接或间接支持超 900 家中国民间环保公益机构或个人的工作，累计带动 8 亿人次公众成为环保参与者和支持者；机构及项目先后获民政部颁发的"全国先进社会组织""北京市社会组织示范基地""中欧十佳绿荫基金会奖""中国社会组织评估等级 5A 级""福特汽车环保奖""保尔森可持续发展奖"和共青团中央"母亲河奖"等荣誉。

（二）阿拉善生态基金会

2011 年 2 月 15 日，经内蒙古自治区民间组织管理局登记批准创立阿拉善生态基金会（以下简称"基金会"）。基金会由深圳证券交易所及其下属通信、信息、行政服务公司和中证结算、安信证券组成，筹集资金1000万元。

基金会是一个公益性慈善组织，是一个企业履行社会责任平台，主体由退役军人组成，包括内蒙古军区原司令员黄高成，总装备部后勤部部长苏明兴，阿拉善军分区三任原司令员，共 15 名退休退役军人。

基金会以发起人出资为基础，携手行业，打造资本市场履行社会责任共享平台，以沙漠绿化兼顾国情教育军民融合为形式，共建国家生态安全屏障。自成立起，得到内蒙古自治区政府、内蒙古军区、中国上市公司协会、中国证券业协会大力支持，证券市场核心机构五所一司、上市企业、行业媒体等多家单位先后加盟或增资，拥有 24 家理事成员单位，吸纳社会资金 1.2 亿元，接受物资捐赠折合人民币 886.94 万元。

第一届理事会。2011 年 2 月—2016 年 1 月，任期 5 年；理事长（会长）李旦生，副理事长苏明兴、张新华、苏和，副理事长兼秘书长李罗娅，副秘书长蔡远彬、白玉廷。下设阿拉善、深圳、北京、上海 4 个办公室。

第二届理事会。2016 年 2 月—2021 年 1 月，任期 5 年；理事长（会长）李旦生，副理事长李罗娅、张新华、李德海、胡家夫、刘志强，秘书长吴永权，副秘书长蔡远彬、白玉廷、张旺。下设阿拉善、深圳、北京、呼和浩特 4 个办公室。成立阿拉善润源生态有限责任公司，董事长兼总经理蔡远彬。

第三届理事会。2021 年 2 月成立，理事长（会长）李德海，副理事长张颖、刘志强、梅云波、董荣生，秘书长龚静远。下设阿拉善、深圳、北京 3 个办公室。润源生态有限责任公司实行董事长、总经理分工负责制，董事长白玉廷，总经理杨生旺、包长命。

（三）阿拉善锁边生态协力中心

1997 年，吴向荣（阿拉善留日学生）陪同大泽俊夫到访阿拉善，与吴精忠见面，此时正值阿拉善荒漠化治理艰难阶段，两人达成发动中日民间力量致力于阿拉善荒漠化治理公益活动意愿。归国后，大泽俊夫在吴向荣帮助下发起成立日本国绿化世界沙漠协会，旨在发动组织中日民间团体和个人作为志愿者到阿拉善开展植树造林、学校访问、家庭结对等公益环保活动。

1998 年，中日两家机构在贺兰山西麓腾格里沙漠东缘开始锁边治沙行动。

2017 年，在民政部门登记成立阿拉善锁边生态协力中心，属于民办非企业单位。由阿拉善盟黄河文化和经济发展促进会（常务副会长吴精忠）与日本国世界沙漠绿化协会合作成立。阿拉善盟黄河文化和经济发展促进会后更名为阿拉善盟生态文明黄河文化经济沙产业研究会。

（四）中国绿化基金会

中国绿化基金会（China Green Foundation）是根据中共中央、国务院《关于深入扎实地开展绿化祖国运动的指示》精神中，由乌兰夫等国家领导人支持，联合社会各界共同发起，经国务院常务会议批准成立，1985 年 9 月 27 日召开第一届理事大会。属于全国性公募基金会，在民政部登记注册，业务主管单位是国家林业和草原局。

第二届、第三届、第四届理事会全体会议，分别于 1990 年 6 月 13 日、1995 年 6 月 8 日、1999 年 6 月 22 日在北京举行。乌兰夫、万里、李瑞环先后担任中国绿化基金会名誉主席，雍文涛、陈慕华、王丙乾先后担任主席。中国绿化基金会第五届理事会 2005 年 6 月 3 日召开，中共中央政治局常委、全国政协主席贾庆林担任名誉主席，全国政协委员、原国家林业局局长王志宝担任主席。

（五）阿拉善盟源辉林牧有限公司

2011 年，成立阿拉善盟源辉林牧有限公司。

2014 年，公司成立董事会，成员有广东省政协委员、深圳青谷投资公司董事长王文清，同济大学教授、博士生导师、规划设计师辛向阳，青年企业家孙轶，爱心大使、治沙模范、源辉公司总经理叶惠平。

2020 年，源辉公司董事长、法人原树华发起成立阿拉善马莲湖生态基金会。理事长 1 人，副理事长 2 人，理事 6 人，工作人员 3 人。

（六）额济纳旗浩林生态种植专业合作社

2015 年 8 月，额济纳旗浩林生态种植专业合作社成立，法人王建刚，注册资金 1000 万元，注册地为阿拉善盟额济纳旗。业务范围为种植和养殖，致力于种植梭梭林和接种肉苁蓉。王建刚在北京注册春风得意种植专业合作社，主要业务为种植和养殖。投入1300万元承包额济纳旗东风镇戈壁滩3466.67公顷，开始试种梭梭。

2016—2017年，在额济纳旗东风镇和达来呼布镇承包戈壁滩荒地1.13万公顷，承包期20年。

2018年，春风得意种植专业合作社被评为北京市优秀农民专业合作社。

2019年，合作社与额济纳旗政府签订20万公顷梭梭林种植合同。

2020年，在额济纳旗东风镇承包戈壁滩荒地8000公顷。

2021年，被评定为国家级林下经济示范基地。

（七）阿拉善左旗腾格里绿滩生态牧民专业合作社

2014年8月，成立阿拉善左旗腾格里绿滩生态牧民专业合作社。注册资金232.40万元，有14户牧民集资组成，合作社位于腾格里额里斯镇特莫乌拉嘎查，法人孟克巴雅尔，合作社实际负责人乌兰图雅。主业是围封、种植沙葱和沙芥，加工沙葱、沙芥系列食品。

三、公益造林主要品牌

（一）蚂蚁森林项目

2016年8月，支付宝正式上线公益项目——蚂蚁森林。

2018年10月，全国绿化委员会办公室和中国绿化基金会将蚂蚁森林"手机种树"模式正式纳入国家义务植树体系，为每年参与种一定数量真树的蚂蚁森林参与者发放"全民义务植树尽责证书"；10月23日，全国绿化委员会办公室、中国绿化基金会与蚂蚁金服集团签署"互联网+全民义务植树"战略合作协议，支付宝蚂蚁森林种树模式被正式纳入国家义务植树体系。

2019年1月，蚂蚁森林上线"全民义务植树尽责证书"；4月，蚂蚁森林参与者超过5亿，累计种植和养护真树1亿棵；8月27日，支付宝蚂蚁森林上线3周年，根据《互联网平台背景下公众低碳生活方式研究报告》显示，蚂蚁森林5亿用户累计碳减排792万吨，在地球上种下1.22亿棵真树，面积相当于1.5个新加坡；9月，获联合国环保领域最高奖项"地球卫士奖"与应对气候变化最高奖项"灯塔奖"。

截至2020年5月底，蚂蚁森林参与者已超5.5亿，累计种植和养护真树超过2亿棵，种植面积超过18.27万公顷，相当于2.5个新加坡；9月，蚂蚁森林作为中国全社会广泛参与生物多样性保护案例写入外交部发布的《联合国生物多样性峰会中方立场文件》。

2021年2月，蚂蚁森林在联合国《生物多样性公约》第十五次缔约方大会（COP15）筹备工作执委会办公室指导下，完成"人人一平米 共同守护生物多样性"活动。旨在保护"中华水塔"三江源地区生态公益活动，历时300天累计吸引超1亿中国人参与。全球生物多样性保护"绿色答卷"，再次添上亿人参与的中国案例。是月，生态环境部部长黄润秋在第五届联合国环境大会续会发表视频讲话表示：中国在推进生态文明建设、加强生物多样性保护工作中，注重发挥企业、民间组织和公众力量，已有5亿人坚持"手机种树"。标志蚂蚁森林"手机种树"方式改善远方生态，创造更多的生态效益已获得广泛认可，成为中国带动社会公众参与环境治理的典型案例。

3月，中国科学院生态环境研究中心与世界自然保护联盟IUCN联合发布《蚂蚁森林2016—2020年造林项目生态系统生产总值（GEP）核算报告》。经统计评估，蚂蚁森林生态系统生产总值GEP已超113亿元，创造生态效益和生态价值（包括防风固沙、气候调节、水源涵养、沙产业兴起等方面）。

7月，蚂蚁森林在COP15（《联合国生物多样性公约》第十五次缔约方会议）执委办指导下，与中华环境保护基金会共同启动"支持COP15，带动公众参与生物多样性保护活动"，在支付宝推出小程序"神奇物种"，每天向社会公众推介一个珍稀物种的科普故事，倡导大众通过低碳生活积攒"绿色能量"支持并参与生物多样性保护。

8 月，蚂蚁森林正式启动"绿色能量行动"。海尔、肯德基、一汽大众、无印良品、饿了么等首批 100 多家企业参与，共同以蚂蚁森林"绿色能量"作为积分式奖励，推动消费者更多地选择节能降耗、低碳减排的产品服务，参与"绿色能量行动"的企业覆盖日常生活"衣、食、住、行、用"等多个方面，以促进全社会形成节约适度、绿色低碳生活方式和环保风尚。

（二）阿拉善 SEE 生态协会"一亿棵梭梭"项目

2014 年，阿拉善 SEE 启动"一亿棵梭梭"项目，在阿拉善盟相关部门支持下，合作社、牧民群众大力参与，民间环保组织、企业家、公众多方参与，用 10 年时间（2014—2023 年）在阿拉善关键生态区种植一亿棵以梭梭为代表的沙生植物，恢复 13.33 万公顷荒漠植被，促进阿拉善荒漠生态系统恢复与改善，遏制荒漠化蔓延，借助梭梭衍生经济价值提升农牧民生活水平。

四、公益造林成果

（一）阿拉善 SEE 生态协会

1. 工作业绩

阿拉善 SEE 生态协会成立初期从乌兰布和沙漠 13.33 万公顷梭梭林保护入手，与政府部门、相关企业、科研机构及其他民间环保组织合作，开展梭梭林保护、生物多样性调查、草原环境治理、能源替代、社区发展、教育培训等一系列项目。

2009 年，阿拉善 SEE 生态协会将项目拓展到乌兰布和沙漠周边，在推动梭梭林营造与保护工作同时，引导当地农牧民提高保护生态环境意识，逐步实现"生态产业化，产业生态化"长远目标。

2012 年，阿拉善 SEE 生态协会与阿左旗巴彦诺日公苏海图嘎查农牧民共同开展梭梭种植。历经 2 年探索与实践，推行"自我种植、自我验收、相互监督"机制，实现共同发展目的。在合作期间，阿拉善 SEE 生态协会始终坚持"三个不断和一个关键"原则：即对项目管理进行不断优化，对项目开展模式进行不断创新，对牧民种植技术培训不断加强；在项目推进中找准牧民关键需求，解决农牧民遇到的新问题、新困难。组织种植户去外地考察学习先进理念、经验。苏海图嘎查草场退化严重，许多地方已经沙化，畜牧业严重萎缩，贫困户大量涌现。苏海图嘎查确立了"转产不转移，修复是前提"的发展思路，依托生态恢复成果，引导农牧民就地转产，发展特色沙产业，助力乡村振兴。"苏海图模式"的成功实施，为接下来实现的"一亿棵梭梭"项目实施奠定基础。

2012—2013 年，阿拉善 SEE 生态协会与政府部门共同开展梭梭人工种植 4228.93 公顷。

2014—2018 年，"1 亿棵梭梭"项目在阿拉善关键生态区域累计种植 7512.28 万棵（10.65 万公顷）以梭梭为代表的沙生植物，其中 5597.71 万棵（7.68 万公顷）已通过项目周期内验收，其余仍在项目执行周期中。

截至 2021 年，阿拉善 SEE 生态协会已累计投入超 3 亿元，用于植被恢复。

2. 愿景

阿拉善 SEE 生态协会所开展的植被恢复项目立足于阿拉善当地的荒漠化问题，基于社区发展，坚持以农牧民为直接受益的核心理念，结合"互联网+"的项目思维，将各方资源整合至项目实施的全过程中，打造出一个互联网时代下全民参与荒漠化防治的平台，从多维度实现项目的生态、经济、社会价值，并以此为案例将项目模式推广至更多的荒漠化地区。

（二）阿拉善生态基金会

1. 工作业绩

基金会成立后，提出三个"一百年"奋斗目标：中国共产党成立 100 周年实现荒漠绿化面积

1.33万公顷、中国人民解放军建军100周年实现荒漠绿化面积2万公顷、中华人民共和国成立100周年实现绿化面积2.67万公顷。规划并建立第一绿化基地——青年世纪林、第二绿化基地——上市公司生态林、第三绿化基地——边防军民林、第四绿化基地——国信与投资基金业协会林、第五绿化基地——种苗基地、第六绿化基地——公益认养林共6个绿化品牌基地和巴彦浩特镇、额尔克哈什哈苏木、额济纳旗、乌兰布和、马莲湖五大生态绿化种植区，采取逐年组织力量开展大规模种植方式，有效实施人工造林6461.93公顷，承接蚂蚁森林项目完成造林2万公顷，累计实施荒漠造林绿化2.67万公顷和栽植胡杨2.8万棵。

阿拉善生态基金会始终坚持生态文明建设与生态保护并重相结合、生态理念宣传与治理资源注入相结合、种树与育人相结合、发挥自身力量与动员社会力量相结合的理念，在吸引社会力量加入阿拉善生态保护建设事业中发挥积极作用。

开展植树造林和国情教育活动。每年春季开展植树造林活动，组织来自全国证券业、基金业、期货业、投资业协会和上市公司协会员工百余名到阿拉善盟，与驻地军警部队开展植树造林和以队列训练、军事体操、轻武器射击、军营生活体验、参观驻地建设、了解社情民情等为主要内容国情教育，走出一条军民共建融合发展之路，十年共组织开展20批次春季植树造林活动，集结理事单位、资本市场和当地军警部队、民兵预备役人员、社会团体等近万人次参与治沙植树，把植树与育人有机统一起来，收到双重效果。

举办"生态文明·阿拉善对话"活动。自2012年始，每年9月，组织理事成员单位、资本市场企业、中国各大上市公司及社会团体等举办一次"生态文明·阿拉善对话"活动。每届对话活动确定一个主题，每个主题都结合公益治沙的主旨，使与会者在社会责任、可持续发展、绿色发展、建设美丽中国等方面形成共识，使基金会以公益治沙为主旨的事业，得到社会各界认同与支持，产生影响深远的社会效益和生态效益。2012—2019年，共举办"生态文明·阿拉善对话"活动8届，千余人参加，最大程度宣传绿色发展理念，形成治沙植绿共识，引导资本市场主动履行社会责任和义务。

举办"绿色行走·公益长征"活动。活动以"牵手、握手、联手"方式，建立阿拉善生态基金会网络平台，在北京、上海、杭州、深圳、大连、阿拉善等地进行线上线下联动。线上通过"跑步社交软件——约跑App"模拟绿色行走，发动员工开展健身锻炼；线下以组队形式，奔赴阿拉善沙漠进行挑战赛和半程马拉松赛，引导人们进入绿色低碳生活方式，扩大阿拉善生态基金会社会影响力，将绿色运动与公益治沙结合起来，让更多人关注荒漠治理，关注人类生存环境，增强环保意识，倡导健康生活理念。自2016年组织第一届活动后，共举办4届"绿色行走-公益长征"活动，线上线下参与人数20万人次，引领社会力量以实际行动传播生态环保理念，支持绿色公益事业发展。

基金会在北京、深圳和阿拉善三地设置办事机构、三地共建服务平台、三地同谋生态绿化工作局面。经过发展，基金会建设初具规模，走上健康发展的创业、创新之路，实现治沙植绿与国情教育深度融合，取得显著成效，得到地方党委政府、社会各界、国际组织广泛认可。

2015年，被自治区民政厅评为"5A级中国社会组织"；2016年，荣获巴黎气候大会首届"十佳绿茵基金会"奖；2017年，荣膺"全球影响力投资创新典范"奖；2019年，被内蒙古自治区政府评为5A级公益基金会。

"四位领头司令员"被阿拉善盟授予"治沙英雄"称号，被内蒙古自治区第七届感动内蒙古人物组委会评为"感动内蒙古人物"，所在基金会获得"特别奖群体"，被蚂蚁森林评为年度最佳公益机构合作伙伴奖。

2. 愿景

发挥理事单位优势，吸纳环保有识人士。利用北京、深圳两地区位优势，主动向理事成员单位推送基金会开展生态绿化项目，协调并配合相关理事单位做好宣传；用好理事单位与理事的社会资源，扩大绿色低碳发展与生态环境治理方面的宣传，充分吸纳证券界、金融界及资本市场企业公益爱心人士，参与到环境治理、公益认养队伍中来。每年利用暑期组织一次绿色生态亲子考察活动，组织理事成员单位和参与认领认养活动的家庭及子女到沙漠实地体验生活、接受锻炼与教育，扩大宣传面、影响面。

运用新成果新技术，探索创新发展模式。制定创新发展思路，本着"先实验，后推广"原则，先期在通古勒格淖尔种苗基地开展"沙漠土壤化"生态恢复技术和石墨烯复合肥应用沙生植物效果试验，在扩大苗木培育面积、增加苗木培育种类、提高苗木育种质量基础上，试种油莎豆、翅果油等经济作物，不断总结经验，确保成果向社会转化推广。

科学选定目标，联手推动乡村振兴。借助中国证券业协会倡导开展"证券行业促进乡村振兴公益行动"活动平台，携手各家券商，配合当地政府先期在 1~2 个苏木（镇）、3~5 个嘎查、5~10 户农牧民中开展助困助残助乡村振兴帮扶活动，运用石墨烯复合肥、沙漠土壤化技术等资源，扶持农牧民科学种植油莎豆、翅果油等经济作物，拓宽农牧民致富道路。联手相关理事单位组织开展乡村振兴和助学、助残、助企活动，帮助小学解决教学与学生生活中的困难，在深圳证券交易所捐资 100 万元援建第一蒙古族实验小学的基础上，传承助学精神，推进阿拉善乡村振兴战略逐步向前发展。

（三）阿拉善锁边生态协力中心

2002 年 8 月，中日两个民间社会团体在贺兰山西麓、腾格里沙漠东缘，南接腰坝滩、北邻格灵滩 20 平方公里荒漠戈壁开启"治理沙漠，保护生态"中日友好合作防沙治沙生态基地建设，持续种树 20 年。

2002—2012 年，依托国际援助项目，以国际援助为主，政府支持、基金合作为辅。板井昭宝、大泽俊夫先后担任会长，日本国绿化世界沙漠协会先后争取到"日本大使馆无偿利民项目""小渊基金""JICA 基层合作援助项目"等日本国对中国造林绿化项目援助资金。吴向荣负责项目具体实施。吴精忠以"阿拉善盟黄河文化和经济发展促进会"名义争取各级政府及部门支持，协同"日本国世界沙漠绿化协会"建起 20 平方公里防沙治沙基地，建设锁边生态林1300公顷。

2007 年，宁夏大学农学院、宁夏农林科学院等科研院所与锁边生态基地开展科技合作，在区域生态演替基本规律、生物多样性、植物保护、昆虫群落、土壤覆盖变化、地下水资源利用、沙尘暴成因、地方生态环境建设、现代农业及农牧民培养等方面进行了基础性研究和合作，探索性开展面向志愿者实践参与活动和中小学生环境教育活动。

2011 年，提出"种树植心"在每个人心里种下一棵树的实践教育理念。

2012—2016 年，重点争取政府支持项目。国家、自治区和地方相关部门对基地建设给予大力支持，交通运输部两期路域生态修复专项资金支持使整个锁边生态基地水、电、路、管、网等基础条件建设和种植规模、数量、质量等得到提高，完成锁边生态林造林 7 平方公里。

2016—2021 年，着力推动基金合作项目。中国绿化基金会对"百万森林"项目面向社会公募资金，支持阿拉善腾格里沙漠锁边生态公益项目，在腾格里沙漠区域造林 3633.33 公顷。

2018 年，登记成立"阿拉善种树植心生态文明实践教育中心"，提出面向阿拉善当地中小学生"种树植心立德树人"教育实践活动，面向家庭和社会"种一棵树植一颗心"实践参与活动，面向企事业单位团体"锁边生态•种树植心"企业社会责任三大主题活动，涌现出"中国纺织服装锁边生态林"、人大校友"星光灿烂林""民进青年林"等主题林建设以及众多家庭和个人实践参与，凝聚社会力量，创办社会教育。

阿拉善锁边生态协力中心是阿拉善盟唯一一家由日本人参与的公益造林机构，通过营造沙生植物，在腾格里沙漠东缘形成一条绿带，阻止腾格里沙漠东移，保护贺兰山不受沙漠侵害。"种树植心、立德树人"意义深远。

（四）中国绿化基金会

1. 地位及作用

基金会是筹集民间绿化资金的重要组织。在林业发展中发挥着筹集民间绿化资金主渠道的作用；在发动全社会参与林业生态建设和环境保护中发挥着重要的桥梁作用；在国际民间绿化合作中发挥着积极对外友好交往的纽带作用。2002 年，获联合国经济及社会理事会特别咨商地位。享有国家税务总局规定的企业所得税纳税人向中国绿化基金会捐赠的优惠政策。

2. 宗旨

推进国土绿化、维护生态平衡、促进人与自然和谐发展；依法募集、管理、使用绿化基金；满足捐赠者意愿和合理要求；发动全社会参与林业生态保护和建设；加强国际交流与合作。

3. 基金筹措及使用

基金主要来源如下。

（1）国内外自然人、法人或其他组织的捐赠。

（2）政府资助。

（3）法律和政策允许的基金增值。

（4）其他合法收入。

4. 基金主要筹集方式

开展主题募捐活动、社会公众劝募、国际合作援助、申请政府资助等。基金主要使用方向如下。

（1）全民义务植树，公众生态绿化意识和环境伦理道德及碳汇事业的宣传教育。

（2）长江、黄河等大江大河流域水土流失治理。

（3）荒漠化、沙化重点区生态治理。

（4）濒危野生动植物保护及保护区建设。

（5）湿地保护与建设。

（6）希望工程、生态扶贫等绿化公益项目。

（7）各类纪念林、城市绿化和部门绿化等。

5. 在阿拉善盟投资及业绩情况

自 2017 年始，在阿拉善盟阿左旗、阿右旗、额济纳旗、乌兰布和示范区共投资 1 亿元，栽种花棒、梭梭、柽柳、胡杨 2.63 万公顷。

中国绿化基金会根据阿拉善盟防沙治沙、生态治理的具体需求，加大投入，实施一批科技含量高、生态效益好的项目。

中国绿化基金会在阿拉善盟实施蚂蚁森林项目表如下（表 5-1）。

表 5-1　内蒙古蚂蚁森林造林项目实施情况（2017—2021 年）

盟	旗	项目合作基金会名称	造林地情况			组织实施情况		造林完成情况			资金使用情况	
			项目地块	土地权属	实施年份	实施单位	监管单位	主要栽植树种	协议栽植面积（公顷）	实际栽植面积（公顷）	协议资金（万元）	已到位资金（万元）
阿拉善盟	阿左旗	中国绿化基金会	银根苏木查干扎德盖嘎查和巴彦诺日公苏木苏海图嘎查	集体	2018	阿拉善盟族苗生态种养殖专业合作社	内蒙古自治区绿化工作站 阿左旗科学技术和林业草原局	梭梭	2074.13	2074.13	665	631.75

（续表1）

盟	旗	项目合作基金会名称	造林地情况		实施年份	组织实施情况		造林完成情况			资金使用情况	
			项目地块	土地权属		实施单位	监管单位	主要栽植树种	协议栽植面积（公顷）	实际栽植面积（公顷）	协议资金（万元）	已到位资金（万元）
阿拉善盟	阿左旗	中国绿化基金会	巴彦诺日公苏木哈木尔格台嘎查、通格图嘎查和苏海图嘎查	集体	2018	阿拉善左旗布兰乡种养殖专业合作社	内蒙古自治区绿化工作站阿左旗科学技术和林业草原局	梭梭	1229.6	1229.6	394.25	374.54
阿拉善盟	阿左旗	中国绿化基金会	吉兰泰镇呼和温都尔嘎查	集体	2018	阿拉善左旗巴彦乌拉生态种植专业合作社	内蒙古自治区绿化工作站阿左旗科学技术和林业草原局	梭梭	251.87	251.87	80.75	76.71
阿拉善盟	阿左旗	中国绿化基金会	吉兰泰镇巴彦乌拉嘎查、呼和温都尔嘎查、希勃图嘎查	集体	2018	阿拉善左旗巴彦乌拉生态种植专业合作社	内蒙古自治区绿化工作站阿左旗科学技术和林业草原局	梭梭	888.93	888.93	285	270.75
阿拉善盟	阿左旗	中国绿化基金会	吉兰泰镇哈图呼都格嘎查	集体	2018	阿拉善左旗吉兰泰镇绿丰源农民专业合作社	内蒙古自治区绿化工作站阿左旗科学技术和林业草原局	梭梭	363.67	363	142.5	135.38
阿拉善盟	阿左旗	中国绿化基金会	吉兰泰镇瑙干陶力嘎查	集体	2019	阿拉善盟博润生态科技有限公司	内蒙古自治区绿化工作站阿左旗科学技术和林业草原局	梭梭	222.27	222.27	71.25	49.875
阿拉善盟	阿左旗	中国绿化基金会	吉兰泰镇呼和温都尔、敖日格呼嘎查	集体	2019	阿拉善左旗吉兰泰镇福森种苗专业合作社	内蒙古自治区绿化工作站阿左旗科学技术和林业草原局	梭梭	518.53	518.53	166.25	116.375
阿拉善盟	阿左旗	中国绿化基金会	吉兰泰镇庆格勒图、召素陶勒盖、希勃图嘎查	集体	2019	阿拉善左旗巴彦乌拉生态种植专业合作社	内蒙古自治区绿化工作站阿左旗科学技术和林业草原局	梭梭	1066.67	1066.67	342	324.9
阿拉善盟	阿左旗	中国绿化基金会	吉兰泰镇敖日格呼、哈图陶勒盖嘎查	集体	2019	阿拉善左旗吉兰泰镇绿丰源农民专业合作社	内蒙古自治区绿化工作站阿左旗科学技术和林业草原局	梭梭	933.33	933.33	299.25	209.475

（续表 2）

盟	旗	项目合作基金会名称	造林地情况		实施年份	组织实施情况		造林完成情况			资金使用情况	
			项目地块	土地权属		实施单位	监管单位	主要栽植树种	协议栽植面积（公顷）	实际栽植面积（公顷）	协议资金（万元）	已到位资金（万元）
阿拉善盟	阿左旗	中国绿化基金会	额尔克哈什哈苏木乌尼格图嘎查	集体	2019	阿左旗骉骉种养殖专业合作社	内蒙古自治区绿化工作站 阿左旗科学技术和林业草原局	花棒	918.53	918.53	294.5	196.15
阿拉善盟	阿左旗	中国绿化基金会	额尔克哈什哈苏木乌日图霍勒嘎查	集体	2019	阿左旗哈什哈苏木志强专业农牧民合作社	内蒙古自治区绿化工作站 阿左旗科学技术和林业草原局	花棒	296.33	296.33	95	66.5
阿拉善盟	阿左旗	中国绿化基金会	额尔克哈什哈苏木乌尼格图嘎查	集体	2019	阿拉善左旗绿光森林种植专业合作社	内蒙古自治区绿化工作站 阿左旗科学技术和林业草原局	花棒	266.67	266.67	85.5	59.85
阿拉善盟	阿左旗	中国绿化基金会	头道湖治沙站	国有	2020	阿左旗沙产业开发管理有限公司	内蒙古自治区绿化工作站 阿左旗科学技术和林业草原局	柽柳	866.67	866.67	456	319.2
小计	—	—	—	—	—	—	—	—	9897.2	9896.53	3377.25	2831.455
阿拉善盟	阿右旗	中国绿化基金会	阿拉善右旗塔木素布拉格苏木恩格日乌素嘎查	集体	2017	阿拉善右旗戈壁情沙产业农牧民专业合作社	内蒙古自治区绿化工作站	梭梭	1333.33	1110	460.00	368.00
阿拉善盟	阿右旗	中国绿化基金会	阿拉善右旗雅布赖镇新呼都格嘎查	集体	2017	阿拉善右旗雅山沙草产业开发农牧民专业合作社	内蒙古自治区绿化工作站	梭梭	813.33	813.33	230.00	184.00
阿拉善盟	阿右旗	中国绿化基金会	阿拉善右旗雅布赖镇新呼都格嘎查、曼德拉苏木沙林呼都格嘎查	集体	2017	阿拉善右旗大漠驼铃农牧业生态治理专业合作社	内蒙古自治区绿化工作站	梭梭	1333.33	1333.33	460.00	368.00
阿拉善盟	阿右旗	中国绿化基金会	阿拉善右旗雅布赖镇努日盖嘎查	集体	2018	阿拉善右旗祥惠农牧业科技有限责任公司	内蒙古自治区绿化工作站 阿右旗林业和草原局	梭梭	733.33	733.33	332.50	315.88
阿拉善盟	阿右旗	中国绿化基金会	阿拉善右旗雅布赖镇努日盖嘎查	集体	2018	内蒙古益林园林绿化工程有限责任公司	内蒙古自治区绿化工作站 阿右旗林业和草原局	梭梭	1066.67	1066.67	475.00	451.25

（续表3）

盟	旗	项目合作基金会名称	造林地情况		实施年份	组织实施情况		造林完成情况			资金使用情况	
			项目地块	土地权属		实施单位	监管单位	主要栽植树种	协议栽植面积（公顷）	实际栽植面积（公顷）	协议资金（万元）	已到位资金（万元）
阿拉善盟	阿右旗	中国绿化基金会	阿拉善右旗雅布赖镇新呼都格嘎查	集体	2018	阿拉善盟沐原绿化有限责任公司	内蒙古自治区绿化工作站 阿右旗林业和草原局	梭梭	1200	1200	475.00	451.00
阿拉善盟	阿右旗	中国绿化基金会	阿拉善右旗雅布赖镇新呼都格嘎查	集体	2018	阿拉善盟和沐绿化有限责任公司	内蒙古自治区绿化工作站 阿右旗林业和草原局	梭梭	933.330	933.33	475.00	451.25
阿拉善盟	阿右旗	中国绿化基金会	阿拉善右旗曼德拉苏木固日班呼都格嘎查	集体	2019	阿拉善右旗新绿洲沙草产业农牧民专业合作社	内蒙古自治区绿化工作站 阿右旗林业和草原局	梭梭	963	963	308.75	293.32
阿拉善盟	阿右旗	中国绿化基金会	阿拉善右旗阿拉腾朝格苏木瑙滚布拉格嘎查	集体	2019	阿拉善右旗优沐园林绿化有限责任公司	内蒙古自治区绿化工作站 阿右旗林业和草原局	梭梭	740.8	740.8	237.50	225.63
阿拉善盟	阿右旗	中国绿化基金会	阿拉善右旗阿拉腾朝格苏木查干德日斯嘎查	集体	2019	阿拉善右旗沙拉钦沙产业农牧民专业合作社	内蒙古自治区绿化工作站 阿右旗林业和草原局	梭梭	740.8	740.8	237.50	225.63
阿拉善盟	阿右旗	中国绿化基金会	阿拉善右旗阿拉腾朝格苏木呼和乌拉嘎查	集体	2019	阿拉善右旗杭盖绿化生态环境治理有限公司	内蒙古自治区绿化工作站 阿右旗林业和草原局	梭梭	740.8	740.8	237.50	225.63
阿拉善盟	阿右旗	中国绿化基金会	阿拉善右旗阿拉腾朝格苏木呼和乌拉嘎查	集体	2019	阿拉善盟和沐绿化有限责任公司	内蒙古自治区绿化工作站 阿右旗林业和草原局	梭梭	1481.53	1481.53	475.00	451.25
小计	—	—	—	—	—	—	—	—	12080.25	11856.92	4403.75	4010.84
阿拉善盟	额济纳旗	中国绿化基金会	东风镇额很查干嘎查	国有	2020	阿拉善左旗吉兰泰镇福森种苗专业合作社	额济纳旗林业和草原局	柽柳	676	676	356.25	249.375
阿拉善盟	额济纳旗	中国绿化基金会	赛汉陶来苏木赛汉陶来嘎查	国有	2020	额济纳旗绿草地荒漠治理工程有限责任公司	额济纳旗林业和草原局	柽柳	676	676	356.25	249.375
阿拉善盟	额济纳旗	中国绿化基金会	赛汉陶来苏木赛汉陶来嘎查	国有	2020	内蒙古新佳园林建设工程有限公司额济纳旗园林绿化工程部	额济纳旗林业和草原局	柽柳	676	676	356.25	249.375

（续表4）

盟	旗	项目合作基金会名称	造林地情况			组织实施情况		造林完成情况			资金使用情况	
			项目地块	土地权属	实施年份	实施单位	监管单位	主要栽植树种	协议栽植面积（公顷）	实际栽植面积（公顷）	协议资金（万元）	已到位资金（万元）
阿拉善盟	额济纳旗	中国绿化基金会	赛汉陶来苏木赛汉陶来嘎查	国有	2020	内蒙古阿米拉绿化工程有限责任公司	额济纳旗林业和草原局	柽柳	1612.67	1612.67	850.25	595.175
阿拉善盟	额济纳旗	中国绿化基金会	巴彦陶来苏木乌苏荣贵嘎查	国有	2020	宁夏宁苗生态园林（集团）股份有限公司乌斯太分公司	额济纳旗林业和草原局	柽柳	266.67	266.67	665	465.5
阿拉善盟	额济纳旗	中国绿化基金会	巴彦陶来苏木乌苏荣贵嘎查	国有	2020	宁夏宁苗生态园林（集团）股份有限公司乌斯太分公司	额济纳旗林业和草原局	柽柳	114.27	114.27	270	199
阿拉善盟	额济纳旗	中国绿化基金会	巴彦陶来苏木乌苏荣贵嘎查	国有	2020	宁夏宁苗生态园林（集团）股份有限公司乌斯太分公司	额济纳旗林业和草原局	柽柳	190.47	190.47	450	315
阿拉善盟	额济纳旗	中国绿化基金会	达来呼布镇乌兰格日勒嘎查	国有	2021	阿拉善左旗吉兰泰镇福淼种苗专业合作社	额济纳旗林业和草原局	胡杨	36.04	36.04	114	57
阿拉善盟	额济纳旗	中国绿化基金会	达来呼布镇乌兰格日勒嘎查	国有	2021	内蒙古鼎腾建设有限公司	额济纳旗林业和草原局	胡杨	72.13	72.13	228	114
阿拉善盟	额济纳旗	中国绿化基金会	巴音陶海苏木玛尔兹嘎查	国有	2021	额济纳旗伊和陶海农牧业专业合作社	额济纳旗林业和草原局	胡杨	72.2	72.2	228	114
小计	—	—	—		—	—	—	—	4392.45	4392.45	3874	2607.8
阿拉善盟	乌兰布和	中国绿化基金会	乌兰布和沙产业示范区巴彦木仁苏木乌兰布和嘎查	集体	2021	阿拉善盟绿圣生态沙产业示范区	乌兰布和沙产业示范区	胡杨	66.67	66.67	285	124.5
阿拉善盟	乌兰布和	中国绿化基金会	乌兰布和沙产业示范区巴彦木仁苏木乌兰布和嘎查	集体	2021	阿拉善盟沐源绿化有限责任公司	乌兰布和沙产业示范区	胡杨	66.67	66.67	285	124.5
小计	—	—	—		—	—	—	—	133.34	133.34	570	249
总计	—	—	—		—	—	—	—	26503.24	26279.24	12225	9699.095

注：实际种植面积比协议面积少223.33公顷，为阿右旗戈壁情沙产业农牧民专业合作社，原因为初植密度大，总株数达到要求。资金支付率79.3%。

（五）阿拉善盟源辉林牧有限公司

1. 工作业绩

因地制宜，在实践中大胆创新，总结出利用沙漠微量水分、风沙种植沙柳的方法，提高造林效率与成活率，此项植树技术已申报国家发明专利。经过5年不懈努力，马莲湖北边2000公顷黄沙披上绿装，区域生态环境明显改善，大雁、野鸭、灰鹤等鸟类逐年回归，蓝马鸡、野兔、獾、狐狸等野生动物明显增多。看着日渐好转的生态环境，当地群众保护生态环境意识明显增强，主动配合、积极加入造林治沙、改善生态环境的队伍中来。

马莲湖处于沙漠腹地，具有光照充足、环境清净、气候干燥、通风条件好、蚊虫少的特点，源辉公司从福建引进银耳种植技术，经过3年反复试验，最终取得成功。沙漠银耳虽然产量低，主要理化指标优于福建银耳，价格好，市场潜力大。源辉公司通过公司+农户的模式，无偿为农户提供资金和技术服务，农户生产的沙漠银耳由公司统一回收包销，增加农牧民收益。银耳的培养基，过去一直使用棉籽壳生产，源辉公司几经试验，利用沙生植物平茬后的枝条作原料生产培养基，节约成本。培育银耳的废旧菌棒有机质含量高，可直接施入育苗基地，改善土质结构。沙漠银耳在马莲湖形成循环产业，马莲湖沙漠银耳填补了阿拉善沙产业的空白。

公司种，牧民管，持续不间断开展补植补造和管护工作，确保造一片，成活一片，增绿一片。通常的造林项目3年结束，后续的管护与项目实施单位无关。源辉公司实施所有项目时，都要签订5年的土地承包期限，延长造林管护期2年，每年多支出土地承包费和管护费100万元。公司每年季节性用工1000多人次，每年支付工资80万元；为当地农牧民捐赠树苗10万株；每年向嘎查集体和农牧民支付土地租佣金60万元，总计200万元；截至2021年长期参与造林地围栏管护工作的农牧民有7人，临时工有4人，每年支付管护工工资50万元。

引导当地农牧民发展生态旅游业，开展牧家游、沙漠沉浸式体验，每年接待团散客500多人次，增加农牧民和集体经济收入。

建设采种基地，增加集体个人收入。源辉公司在额尔克哈什哈苏木营造5000公顷花棒林，已经纳入当地政府花棒系列产业发展基地，成为采种基地。哈什哈花棒种子质量上乘，价格好。牧民有收益、嘎查有收入，采种基地就是嘎查集体和农牧民的绿色银行。

源辉公司每年举办联谊会，邀请国内外企业家、知名人士到马莲湖参观、交流。2011—2021年，共接待国际友人、各界人士100多批次。从社会面扩大防沙治沙的影响，吸引更多人投入到阿拉善生态建设中来。

节约种苗成本，提高种苗适应能力。公司投资建设育种育苗基地，自建苗圃13.33公顷，繁育并移种乡土树种702万株。其中，种植新疆杨3.5万株，梭梭238万株，沙枣27万株，花棒422万株，白刺7万株，胡杨0.8万株，黑枸杞2万株，柽柳1.7万株；插枝330万株。其中，沙柳329.8万株，柽柳0.2万株，收集并撒播种子2955千克。

公司投资100万元，自2018年开始，举办3届马兰杯文学摄影大奖赛；举办4期沙漠治理论坛和沙漠利用发展设计大赛；举办2届沙滩排球赛、徒步穿越沙漠赛，吸引内地企业参与；举办首届腾格里马莲湖沙漠音乐会；组织沙漠教育体验课堂、各类团建活动和义务植树活动，宣传防治荒漠化意义和作用，传递公益防沙治沙思想理念，引起社会各界对沙漠治理强烈反响和深切关注，特别是源辉公司治沙团队的奋斗历程，给广大社会青年留下深刻影响，形成广大爱心人士关注沙漠、自愿投身沙漠、群策群力防治沙漠新局面。

截至2021年，共投入公益治沙造林资金3400万元，使马莲湖2000公顷沙漠披上绿装。在额尔克哈什哈苏木沙日呼鲁斯嘎查治沙造林4866.67公顷，在马莲湖南侧治沙造林500公顷，在腾格里额里斯镇治沙林场提升改造、修复造林600公顷，在腾格里臊羊湖、超格图呼热苏木敖努图嘎查和辉图高勒嘎查治沙造林1533.33公顷。

2019年，李井滩示范区农牧林水局授予阿拉善盟源辉林牧有限公司"治沙造林先进集体"；9月获全国沙产业创新创业大赛"第八届中国创新创业大赛沙产业大赛成长企业组优秀奖"。

2. 愿景

以治沙造林为根本，以生态文旅为引领，以绿色可持续发展为目标，把马莲湖建设成绿色家园，成为阿拉善地区有文化、有故事、有特色、有新意、有温度、有深度，综合力量强，发展潜力大的3A级生态旅游目的地，带动周边农牧民增收致富，推动当地经济社会发展。

（六）额济纳旗浩林生态种植专业合作社

1. 工作业绩

截至2021年底，在额济纳旗东风镇自筹投入资金1亿元，种植梭梭林2.07万公顷，成活率达到国家验收标准，接种肉苁蓉8000公顷。

在额济纳旗种植梭梭存在成本高、存活率低、成林难的问题，合作社摸索出一套在戈壁滩低成本种植和养护梭梭成林新模式。利用当地日照强烈、时间长的优势，采用光伏发电滴灌技术在戈壁滩种植和养护梭梭。结合实际对光伏发电设备进行革新，自筹经费建设滴灌管道生产线，实现滴灌各种规格管道自给自足，管道使用年限从3年延长到10年以上。技术创新、先进设备的运用降低生产成本，实现节能、节水、节工目标。过去浇灌一次一坑0.8~1元（小坑成本）降低至2021年的0.2~0.3元。光伏发电滴灌设备不易损坏，符合在戈壁滩上大规模种植和长期养护要求，成为在极干旱戈壁大规模植树样板。

合作社采用光伏滴灌后，开始自采种子，实验点种梭梭，取得成功。改变传统种植模式，免去、育苗购苗、移栽、挖坑环节，省时省工，保证成活率，种植成本降低40%；点种梭梭可保留原种抗病虫害强、生长性好的特点。实验数据表明，当年6月点种发芽的梭梭苗，10月能长到50~70厘米；点种法在4—9月可种植，延长梭梭种植时间段，期间随时可补种。点种法突破植树季节性强、补种隔年的传统模式，灵活性、自由度提高，解决传统造林存在的诸多问题。

2021年底，合作社建设光伏发电设备113套，种植梭梭2.07万公顷，其中铺设滴灌8000公顷，存活率85%以上。特别是有集中连片的3333.33公顷梭梭平均株高达1.5米以上，已经成林，成为各类动物栖息觅食之地，生物多样性逐步恢复。

合作社采取"合作社+基地+农牧民"合作模式，接种肉苁蓉发展沙产业。戈壁土壤跟沙漠比透气性差、黏性高、贫瘠石多。合作社多次试验，在戈壁梭梭树根部接种肉苁蓉取得成功，在额济纳属于首创。合作社发明在极端干旱区戈壁肉苁蓉规模化生产技术。包括梭梭造林和肉苁蓉接种两部分。采用挖掘机挖大坑整地，原土做挡风墙，风沙自然回填；点种造林，大坑底部点种，随着梭梭苗长大，大坑也被风沙填平，实现自然换土；滴管浇水方法，勤滴勤灌，确保梭梭生长所需水分。肉苁蓉接种后，出土年限由3年以上缩短为2年；采用机械打坑接种，改变肉苁蓉接种方式和肉苁蓉产品形状，提高肉苁蓉产量和质量，达到一次投资多年收获的效果，经济和社会效益明显。合作社已申请发明专利"一种戈壁梭梭造林接种肉苁蓉的方法"。

合作社把已接种肉苁蓉的3333.33公顷梭梭林作为荒漠肉苁蓉采种园，用于梭梭再接种。累计采集肉苁蓉种子700千克，产值1400万元，节约资金，保留额济纳旗肉苁蓉优良品质。

合作社在2.07万公顷梭梭林中接种肉苁蓉8000公顷，接种面积38.71%，肉苁蓉接种成功率72%，初步选出肉苁蓉优良品种2个，接种2~3年的鲜肉苁蓉单根重量在1千克以上。实现嘎查、农牧民双增收。

2. 愿景

合作社计划在"十四五"期间，建设额济纳旗浩林生态产业基地项目和额济纳旗浩林肉苁蓉加工产业园区项目，开发肉苁蓉、锁阳相关产品20个，建成西部最大的荒漠肉苁蓉锁阳林下经济示范基地。

（1）额济纳旗浩林生态产业基地建设项目。到2026年，建成7.33万公顷优质肉苁蓉生产基地，增加6666.67公顷风景优美的胡杨林景区；项目区年产肉苁蓉5万吨以上，改变当地和周边人口贫困问题。

（2）额济纳旗浩林肉苁蓉加工产业园区项目。总投资6200万元人民币，新建年精深加工肉苁蓉鲜品1万吨的肉苁蓉初加工、精深加工生产车间及配套保鲜冷链仓储和肉苁蓉研发与检测中心。项目总占地38.53亩，项目正式运营后，年产值3亿元，年均利润7500万元。以沙产业促进当地农牧民种植梭梭保护生态的积极性和主动性，带动沙产业和生态保护的良性发展。

（七）阿拉善左旗腾格里绿滩生态牧民专业合作社

合作社主要开展沙生植物的种植及野生沙葱围封保护工作，对沙葱、沙芥等沙产品进行深加工销售。腾格里额里斯镇牧民孟柯巴雅尔家的草场在腾格里沙漠腹地，盛产野生沙葱。

孟柯巴雅尔在自家草场内拉设围栏，安装喷灌设备，实验种植沙葱、沙芥成功后，开始大面积推广，成为嘎查致富带头人。2014年，联络14户有草场的牧户成立合作社。截至2021年，绿滩无公害沙葱种植示范基地种植沙葱100亩、沙芥100亩，安装种植沙葱喷灌设施100亩、野生沙葱喷灌设施50亩。基地年产量10万~15万千克，拥有固定野生沙葱生长地2333.33公顷，深加工沙葱10万千克。合作社专注于沙生蔬菜采割与销售，致力于沙生蔬菜产品的深加工试验研究。2016年4月，合作社正式投入生产，产品为"绿野沙葱"酱腌菜系列。

合作社投资300万元，建成1249平方米集加工、包装、储存于一体的沙葱加工厂，注册商标取得食品生产许可证。委托内蒙古农业大学对沙葱深加工产品研发，包括保鲜技术、罐装技术、腌制技术等，以提高沙葱保鲜期，实现10~20天贮藏期间无冻害、病害、萎蔫等问题发生，建保鲜库300平方米，投入83.5万元购买沙葱深加工设备、灭菌锅等，在专家指导和技术培训下，以野生或人工种植的沙葱为原料，添加食用盐，经分选、清洗、漂烫、冷浸、腌制、抽气密封、杀菌或不杀菌等工艺腌制，有酸甜味、酸辣味、微辣味等多种口味的绿野沙葱小菜。

2019年，合作社纯收益40万元。

截至2021年，合作社带领14户贫困户和周边80户牧民种植沙葱、沙芥，采摘野生沙葱、沙芥共30万千克，牧民收入80万元。合作社成员14人，直接带动14户牧民30人就业，人均每天工资185元，人均年收入2.7万元。沙葱每年收购37.5万千克，沙芥每年收购3.75万千克，合作社可间接带动70~80户150人就业。牧民沙葱年收入97.5万元，沙芥年收入15万元，牧户增收112.5万元，户均增收1.5万元，人均增收0.5万元。加工厂安排30人就业、年度工资总额82.5万元。在合作社的带动下，当地沙葱实现从种植到就地加工的产业化发展，合作社牧民率先脱贫。

（八）品牌项目

1. 蚂蚁森林项目

蚂蚁森林是一项以生态环保和绿色发展为目标，旨在带动公众低碳减排公益项目。2016年8月，蚂蚁森林在支付宝上线。每个人的低碳行为在蚂蚁森林可计为"绿色能量"积分，日常低碳行为积累的"绿色能量"汇聚起来就会成为改变环境的力量。目前接入蚂蚁森林的低碳场景超过40种，涵盖绿色出行、减纸减塑、线上办事、循环利用等多个方面。

当参与者的"绿色能量"积累到一定程度，可以在蚂蚁森林里提出申请，为生态亟须修复的地区种下一棵真树，或者在生物多样性亟须保护的地区"认领"一平方米保护地。这些生态环保项目，主要由蚂蚁集团向公益机构捐赠资金，再由各公益机构组织各地实施单位负责种植、养护、巡护等具体生态环保项目，由当地林业部门、生态环境部门进行业务监管。

蚂蚁森林本质上是通过企业捐资并联合公益机构创造"看得见的绿色"，以激励社会公众践行低碳生活，创造更多"看不见的绿色"。其中，"生态项目实施"是激励手段，"低碳生活倡导"是根本目标，形成"互为激励"的公益模式，产生"双重效果"共同为生态文明建设发挥作用（图5-1）。

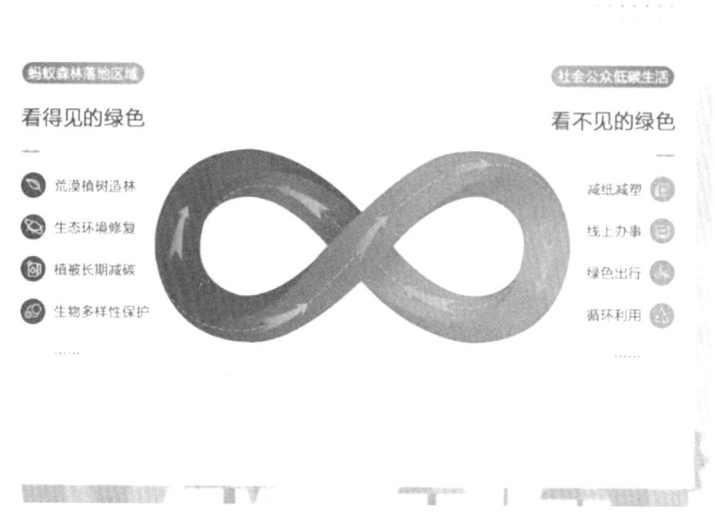

图5-1　公益模式

截至2021年8月，蚂蚁森林项目累计带动超过6亿人的低碳生活，2016—2021年累计产生"绿色能量"2000多万吨。

这些"绿色能量"记录着普通中国人在日常生活点滴中，为减少碳排放做出的努力，意味着企业的社会责任——在蚂蚁森林的"公益激励机制"里，社会公众在低碳生活里产生的"绿色能量"越多，企业就会捐出更多资金，支持公益机构的生态环保项目，去创造更多"看得见的绿色"。作为一项社会承诺，蚂蚁集团持续捐资并联合公益机构，重点支持了两方面的生态环保项目。

生态修复：截至2021年8月，蚂蚁森林联合中国绿化基金会、中国扶贫基金会、中华环境保护基金会、中国绿色碳汇基金会等8家公益合作伙伴，在内蒙古、甘肃、青海、宁夏、陕西、山西、河北、云南、湖北、四川、浙江共11个省份种下3.26亿棵树（其中，在甘肃、内蒙古种植均超1亿棵），种植总面积超过26.47万公顷。

生物多样性保护：截至2021年8月，蚂蚁森林联合大自然保护协会（TNC）、国际野生生物保护学会（WCS）、山水自然保护中心、桃花源生态保护基金会等16家公益合作伙伴，在北京、青海、陕西、内蒙古、吉林、云南、四川、安徽、海南、广东共10个省市设立18个公益保护地，面积超过2000平方公里，守护着1500多种野生动植物，其中国家一级、二级保护动物超过120种。

2019年，世界环境日的主题是"蓝天保卫战，我是行动者"。支付宝蚂蚁森林官方表推出以来，5亿人共同在地球上种下1亿棵真树，在阿拉善、鄂尔多斯、通辽、兰州等土地荒漠化严重的地区种植面积达9.33万公顷。在世界环境日当天发起"公益林"绿色联合行动，倡导"周三浇水日"，目的是唤起更多的人用实际行动去支持环保。希望更多企事业单位、热爱环保的个人加入公益林种植行动中。

蚂蚁森林为各地群众累计创造238万人次种植、养护、巡护等绿色就业岗位。在改善家乡环境的同时，老百姓通过蚂蚁森林劳动增收超过3.5亿元。蚂蚁森林公益项目的第一棵树——梭梭树种在内蒙古阿拉善盟。截至2021年8月，蚂蚁集团与中国绿化基金会、北京市企业家环保基金会、阿拉善生态基金会、亿利公益基金会合作共在阿拉善种植梭梭、花棒、柽柳、胡杨总计6000万棵树，捐赠资金3.4亿元人民币。

未来，蚂蚁森林公益项目将带动广泛的公众参与，继续支持国家荒漠化防治与生态修复工作，由蚂蚁森林项目做支撑，阿拉善的生态治理工作更加完善。

2. "一亿棵梭梭"项目

截至2021年，在阿拉善关键生态区种植以梭梭为代表的沙生植物11.15万公顷，完成投资3.06亿元。

阿拉善SEE生态协会"一亿棵梭梭"项目的实施，植被盖度提高、多样性指数上升、地表粗糙度增加、风速降低，起到防风固沙的作用。农牧民在实践和发展中认识到保护生态的重要性，从保护与恢复生态中得到实在利益。

有趣、便捷的互联网+公益的玩法，项目受到亿万网友的喜欢和青睐，为阿拉善SEE生态协会带来了数千万级捐赠，迅速提升"一亿棵梭梭"的品牌价值。项目在蚂蚁金服公益、腾讯公益、阿里巴巴公益等互联网公开募捐平台均有上线，累计2亿多人次参与，成为蚂蚁森林首个公益合作伙伴。同时与三棵树、诺亚财富、周大福等大额捐赠企业联动，拓展捐赠人群，吸引更多企业及公众支持"一亿棵梭梭"项目，加入荒漠化防治的行列中。

"一亿棵梭梭"项目成为中国乃至全世界的环保典范。项目的生态财富价值体现在生态、经济和社会效益方面。梭梭接种肉苁蓉产生直接经济效益、梭梭人工林作为防护林直接产生防风固沙生态效益，项目实施过程中带动了当地科教文化、旅游、就业等多元产业社会效益。

第二节　社会化造林

社会化造林主要特征是个人或者社会组织依托政府项目、资金，有目标、有组织、有规模地开展防风治沙、植树造绿活动。社会化造林按照政府造林规划实施，接受相关部门技术指导并通过验收。社会化造林实行政府激励、项目支撑、社会组织（个人）参与、要素整合、效益显著管理创新机制，适合生态恶化、地域辽阔、地区造林实际。

参与社会化造林人物、机构主要是盟内农牧民（草场承包者）和嘎查合作社，还有盟外企业、造林大户参与社会化造林，造林资金主要来源于政府项目。

一、概述

社会化造林是阿拉善盟生态建设的重要举措，社会参与度高，推进速度快。谁造林谁管护，谁造林谁受益，是生态脆弱地区造林植绿的有效途径。

（一）简介

社会化造林克服了以往以林业部门为主，各级林场（站）承担主要造林绿化任务，存在造林机制不活、创新不够，造林主体积极性不高，造林成活率、保存率偏低，造林规模小，造林质量不高等问题。

2010年在实施造林补贴试点项目基础上，盟行署出台《阿拉善盟重点城镇营造防护林优惠政策》，各旗（区）相继出台实施细则，阿拉善盟社会化造林拉开序幕。

2012年开始，阿拉善盟将生态保护建设、防沙治沙与特色沙产业发展、农牧民脱贫致富有机融合，实现生态效益、社会效益、经济效益多赢局面。

（二）原则

盟行署制定相应扶持政策，提出社会化造林原则如下。

1. 政府主导原则

发挥政府主导作用，制定造林绿化规划，坚持整体调控、分步实施，推动工作平稳、有序进行，提高重点区位森林资源质量和生态服务功能，维护林权所有者合法权益。

2. 自愿公开原则

全盟营造防护林补助执行统一标准，对外公布造林补助政策，做到家喻户晓，接受财政、审计、纪检、监察部门及社会各界的监督。尊重造林主体意愿，营造防护林必须自愿申请，按规定程序和相关标准完成造林，进行公开公示，兑现造林补助，做到自愿、公开、公平、公正。

3. 谁造补谁原则

营造防护林补助资金实行直补政策，坚持"谁造谁有，谁经营谁受益"，凡纳入营造林补助范围和年度计划的造林主体，造林验收合格后均可享受补助资金。造林主体包括农牧民、造林大户、林农合作组织等，农牧民可以自愿与合作社、造林专业队伍、造林大户、个人等合作造林。

4. 作业前置原则

造林主体在作业前，必须按照申报程序经所辖旗（区）林草主管部门审核符合造林补助条件，纳入造林规划和年度计划，方可组织实施造林，未经审核的不予补助。

5. 统一监管原则

旗（区）、苏木（镇）、基层林草管理机构负责辖区营造防护林的统一申报；旗（区）林草主管部门负责辖区造林规划、年度计划、任务分解、组织实施、检查验收、造林全程监管和补助资金的统一兑现。

6. 以水定林、量水而行原则

旗（区）林草主管部门，根据不同区域自然降水和地下水位情况，充分考虑自然水分平衡，在优先保护好原有植被的前提下，以资源环境承载能力为基准，以水资源保障程度为限，进行营造林规划，确定科学合理的营造林密度，严格实行低密度的近自然造林，采取各种措施节约地下水，造林后主要依靠自然雨养，保护和巩固好生态建设成果。

二、社会化造林机制及模式

《阿拉善盟重点城镇营造防护林优惠政策》实施的10年，是全盟社会化造林实践和探索的10年，营造林大力推广"先造后补"机制，坚持走社会化、产业化、高质量建设发展的路子，全面推广应用乡土树种、良种壮苗、机械打坑、泥浆蘸根、两行一带等抗旱造林技术，提高成活率和工程质量，引导特色沙产业发展，调动非公主体参与生态保护建设的积极性。

（一）机制

1. "先造后补"营造林机制

在生态保护建设中，国家、自治区及社会公益营造林项目安排的造林绿化资金下达到旗（区）后，造林主体按照各旗（区）造林规划范围纳入年度造林计划先行组织实施造林，再经过林草部门造林质量验收达标后领取造林补助资金的营造林管理模式。"先造后补"的目的是加快推进全盟生态保护建设步伐，改善人居环境，创建"宜居旅游城市"。

2. 全民参与机制

引导、鼓励盟内外自然人、法人及其他经济组织参与城镇外围防护林体系建设，调动全社会力量参与营造防护林积极性，加快造林进程和提高造林质量，引导农牧民转变经营方式，增加农牧民收入。

（二）模式

1. 个体造林模式

造林主体为个体散户。特点为规模小，土地所有人在自己的土地上造林且进行管护，自由灵活。对所造林的权益由林权人所有，实行自主经营。

2. 大户联营造林模式

由造林大户带头承包经营、流转荒沙荒地等方式，采用规模经营、利益共享的原则进行造林绿化，负责前 3 年的造林以及管护，后期管护由土地所有人负责。

3. 合作社造林模式

合作社是一个自行组织成立的民间集体经济组织，由专业的造林者带头，通过投标的方式向旗（区）林草部门承包造林项目。从土地来源看，合作社造林土地可以是本合作社成员的闲置土地，也可以是承包的土地。从造林方式来看，承包回来的造林项目可以由合作社成员自行组织实施，也可以承包给专业造林队实施。所造林的权益及后期管护，合作社与土地所有者进行商讨，确定经营权和管护责任。在整个工程期间，林草部门对合作社的造林项目进行质量监督，提供技术培训，项目结束时验收检查。合作社造林具有"抱团取暖"、资金实力可观、抗风险能力较强等特点。

三、社会化造林成果

2011—2021 年，个体造林、大户造林、合作社造林、社会公益造林取得丰硕成果，遏制生态恶化趋势。全盟实施社会化造林 58.57 万公顷，其中，国家重点工程项目造林 39.25 万公顷、社会公益造林 19.32 万公顷；社会化造林总投资 22.45 亿元，其中，国家重点工程项目投资 11.25 亿元、社会公益投资 11.2 亿元。

通过社会化造林，提高了营造林成活率、保存率和工程质量，推进了特色林草沙产业的发展，调动了非公主体参与生态保护建设和防沙治沙的积极性，形成了以国家重点生态建设为主，社会公益造林为补充的多渠道、多领域荒漠化治理和生态保护建设体系，走出了一条"政府搭台、社会参与、绿效共享"的生态保护建设之路（表 5-2）。

表 5-2　阿拉善盟社会化造林主要机构情况　　　　　　　　　　　　　　单位：公顷

机构	造林地点	造林面积
阿拉善左旗沙产业、草产业协会	阿左旗	2333.33
阿拉善盟恒旺种苗绿化有限公司	阿左旗	1200
阿拉善左旗吉兰泰镇福淼农牧民专业合作社	阿左旗	4333.33
阿拉善左旗额尔可哈什哈苏木禅腾园农民专业合作社	阿左旗	2000
阿拉善左旗吉兰泰镇绿丰源农民专业合作社	阿左旗	3333.33
阿拉善左旗羴矗种养殖专业合作社	阿左旗	2000
阿拉善左旗额尔克哈什哈苏木志强专业农牧民合作社	阿左旗	1333.33
额济纳旗森益农牧业专业合作社	额济纳旗	8666.67
额济纳旗伊和陶海农牧业专业合作社	额济纳旗	2000

（续表）

机构	造林地点	造林面积
阿拉善右旗大漠驼铃农牧业生态治理专业合作社	阿右旗	3333.33
阿拉善右旗戈壁情沙产业专业合作社	阿右旗	2000
阿拉善盟和沐绿化有限责任公司	阿右旗	5333.33

第六章　防沙治沙

第一节　荒漠化和沙化土地状况

阿拉善盟境内分布有巴丹吉林、腾格里、乌兰布和、巴音温都尔沙漠，面积9.47万平方公里，是重要沙尘源区和沙尘暴移动路径区。沙化土地分布阿拉善盟全境，全盟荒漠化和沙化土地面积居全区第一位。

一、荒漠化土地现状

（一）荒漠化类型

阿拉善盟荒漠化土地类型有风蚀、水蚀和盐渍化3种，以风蚀为主、水蚀和盐渍化为辅的特点。

（二）荒漠化土地现状

截至2014年，阿拉善盟荒漠化土地面积16.41万平方公里。其中，风蚀荒漠化土地15.65万平方公里，占全盟荒漠化土地面积95.36%；水蚀荒漠化土地4310平方公里，占全盟荒漠化土地面积2.62%；盐渍化荒漠化土地3292平方公里，占全盟荒漠化土地面积2.02%。

二、沙化土地现状

（一）沙化土地类型

阿拉善盟沙化土地类型有流动沙地（丘）、半固定沙地（丘）、固定沙地（丘）、露沙地、沙化耕地、戈壁、风蚀劣地。有明显沙化趋势的土地是介于沙化土地和非沙化土地之间的一种土地类型，是预警土地。

（二）沙化土地现状

截至2014年，阿拉善盟沙化土地面积19.87万平方公里。其中，流动沙地（丘）6.62万平方公里，占全盟沙化土地面积33.32%；半固定沙地（丘）3.12万平方公里，占全盟沙化土地面积15.68%；固定沙地（丘）沙化土地1.8万平方公里，占全盟沙化土地面积9.05%；露沙地沙化土地7376平方公里，占全盟沙化土地面积3.71%；沙化耕地沙化土地0.05万公顷，占全盟沙化土地面积0.003%；戈壁沙化土地6.75万平方公里，占全盟沙化土地面积34%；风蚀劣地沙化土地8381平方公里，占全盟沙化土地面积4.22%。

第二节　荒漠化和沙化土地监测

1959—1960年内蒙古自治区开始荒漠化和沙化土地监测工作。1994年国家林业局进行第一次荒漠化土地监测。1999年以省为单位，每隔5年在全国范围内定期开展荒漠化和沙化土地监测工作。2021年阿拉善盟开展第六次荒漠化和沙化土地监测工作（监测结果尚未公布）。

一、第四次全国荒漠化和沙化土地监测

阿拉善盟位于内蒙古自治区最西部，面积27万平方公里。降水量少不均衡，年均降水量由东向西223.4~35.6毫米，年均蒸发量1203.5~2339.4毫米，气候干旱、土壤贫瘠，生态环境极端脆弱，生态系统极易受损，是内蒙古自治区沙漠最多、土地沙化最严重的地区，是中国沙尘暴西北路径的主要通道和重要策源地，是全国防沙治沙的前沿阵地和构筑中国北方重要生态安全屏障的重点治理区域。

（一）荒漠化土地监测结果

阿拉善盟荒漠化土地16.8万平方公里，占全盟总面积62.3%，占全区荒漠化土地27.2%。其中，阿左旗荒漠化土地6.69平方公里，占全盟总面积39.8%；阿右旗荒漠化土地6.79平方公里，占全盟总面积40.4%；额济纳旗荒漠化土地3.33平方公里，占全盟总面积19.8%。

监测结果表明，荒漠化土地面积由2004年的16.83万平方公里减少至16.8万平方公里，5年减少300平方公里，年均减少60平方公里，年减率0.036%。

（二）沙化土地监测结果

阿拉善盟沙化土地20.43万平方公里，占全盟总面积75.6%，占全区沙化土地49.26%。其中，阿左旗沙化土地6.39万平方公里，占全盟总面积31.4%；阿右旗沙化土地7.31万平方公里，占全盟总面积35.7%；额济纳旗沙化土地6.74万平方公里，占全盟总面积32.9%。

监测结果表明，阿拉善盟沙化土地面积由2004年的20.45万平方公里减少至20.43万平方公里，5年减少200平方公里，年均减少40平方公里，年减率0.02%。

（三）监测成果

第四次监测提交的主要成果：内蒙古自治区荒漠化和沙化监测遥感解译标志库；内蒙古自治区分盟（市）荒漠化和沙化土地面积统计表；内蒙古自治区分盟（市）荒漠化和沙化土地分布图以及E00、shape或coverage格式的地理信息数据；内蒙古自治区防治荒漠化、气象及社会经济情况调查数据和《内蒙古自治区荒漠化、沙化土地监测报告》《内蒙古自治区荒漠化、沙化土地监测质量检查报告》《内蒙古自治区荒漠化、沙化土地监测工作总结报告》《内蒙古自治区荒漠化、沙化土地监测成果评审意见》。

二、第五次全国荒漠化和沙化土地监测

（一）荒漠化土地监测结果

阿拉善盟荒漠化土地16.41万平方公里，占全盟总面积的60.78%，占全区荒漠化土地26.94%。其中，阿左旗荒漠化土地6.94万平方公里，占全盟总面积25.68%；阿右旗荒漠化土地6.04万平方公里，占全盟总面积22.37%；额济纳旗荒漠化土地3.44万平方公里，占全盟总面积12.72%。

监测结果表明，荒漠化土地面积由2009年的16.8万平方公里减少至16.41万平方公里，5年减少3900平方公里，年均减少780平方公里，年减率0.46%。

（二）沙化土地监测结果

阿拉善盟沙化土地19.87万平方公里，占全盟总面积73.58%，占全区沙化土地48.71%。其中，阿左旗沙化土地 6.11 万平方公里，占全盟总面积 22.62%；阿右旗沙化土地 6.44 万平方公里，占全盟总面积 23.84%；额济纳旗沙化土地 7.32 万平方公里，占全盟总面积 27.11%。

监测结果表明，阿拉善盟沙化土地面积由 2009 年的 20.43 万平方公里减少至 19.87 万平方公里，5 年减少 5600 平方公里，年均减少 1120 平方公里，年减率 0.54%。

（三）监测成果

第五次全国荒漠化和沙化监测提交的主要成果：内蒙古自治区荒漠化和沙化监测遥感解译标志库；内蒙古自治区分盟（市）荒漠化和沙化土地面积统计表；内蒙古自治区分盟（市）荒漠化和沙化土地分布图以及 Shape 或 Geodatabase 格式的地理信息数据；内蒙古自治区防治荒漠化、气象及社会经济情况调查数据；《内蒙古自治区荒漠化、沙化土地监测报告》《内蒙古自治区荒漠化、沙化土地监测质量检查报告》《内蒙古自治区荒漠化、沙化土地监测工作总结报告》《内蒙古自治区荒漠化、沙化土地监测成果评审意见》。

第三节　荒漠化和沙化土地治理

阿拉善盟在"保护与建设并重，以保护为主"的方针指导下，抓好"三北"防护林、天然林保护、造林补贴、退牧还林还草、公益林补偿、草原生态保护补助奖励机制等为主的生态修复工程建设和生态保护政策落实，加强农牧区基础设施建设，推行节水灌溉。发展特色沙产业，确保农牧民收入稳定增加，助力精准扶贫和乡村振兴。2006—2021 年，阿拉善盟荣获"全国防沙治沙先进集体""全国绿化先进集体""全国生态建设突出贡献先进集体""全国林业系统先进集体""'三北'防护林体系建设工程先进集体"称号。

一、治理举措

（一）沙区林草植被保护

2006—2021 年，阿拉善盟制定一系列退牧禁牧相关政策。建立沙区自然资源管理、沙区林草植被保护利用等相关制度，推行禁牧、休牧、轮牧，全面实行草畜平衡制度。贺兰山林区、重点公益林区、重点生态项目区全部实行禁牧；做好执法检查，加强执法监督，规范执法行为；切实加强森林公安、草原监理、林政执法队伍建设，加大执法力度，严厉打击各种破坏林草植被的违法行为，全盟未发生重特大森林草原火灾案件和重特大毁林毁草案件。

严格落实沙化土地封禁保护修复制度，设立额尔克哈什哈、扎格图、曼德拉、阿拉腾朝格、雅布赖、温图高勒和古日乃 7 个国家沙化土地封禁保护区，封禁区域有重要沙尘源区和沙尘暴路径区。

（二）政策扶持

创新补贴方式，人工造林实行先造林后补贴机制；鼓励社会团体、农牧民接种肉苁蓉锁阳；扶持龙头企业，推行"企业+基地+科研+合作社+农牧民"的产业化模式，发展特色沙产业。

二、治理做法及经验

（一）项目任务重点向沙漠锁边倾斜

阿拉善盟采取"乔灌草相结合，以灌为主；封飞造相结合，以封为主"的林草治沙技术措施，形成围栏封育—飞播造林—人工造林"三位一体"的治沙格局。

（二）探索开展社会化造林治沙

2010—2021年，阿拉善盟出台一系列支持社会造林政策，调动非公主体参与生态保护建设和防沙治沙的积极性，逐步形成先造后补、合同制造林、合作社造林、专业队伍造林等营造林生态治理新机制、新模式，全盟营造林规模由过去每年不足万亩增加到2014年每年百万亩以上。

（三）发展沙产业

阿拉善盟坚持"生态产业化，产业生态化"发展思路，将发展特色沙产业与防沙治沙、生态保护建设、林权制度改革及牧民的转移安置和养老统筹等保障体系建立有机结合起来，让人民群众成为生态建设的最大受益者和积极参与者。在规模化发展特色沙产业同时，保护沙区水资源、涵养梭梭、白刺为主的沙漠植被，形成资源开发—高效利用—防沙治沙的技术体系，以产业发展推动沙漠化治理。当地农牧民、相关企业和社会组织积极投入到梭梭、白刺、沙地葡萄的营造和保护当中。

（四）生态治理加快脱贫攻坚步伐

依托天然林保护工程、重点防护林工程、退耕还林还草工程、造林补贴、林业产业项目等国家重点工程项目支撑，重点扶持龙头企业和产业基地建设；林权确定、治沙贷款贴息、技术支撑、龙头企业带动等措施，为特色沙产业发展提供保障和服务。全盟从事沙产业的规模企业44家，种养殖专业合作社879家，在推动特色沙产业方面发挥示范带动作用，形成以林木培育、特色经济林、灌木原料林、中蒙药材、森林食品、森林旅游、沙漠旅游等沙产业为主导，以"企业+合作社+基地+农牧户"为利益联结机制的特色沙产业发展格局。肉苁蓉、锁阳、沙地葡萄等为主的种植、养殖、加工、生产、销售于一体的优势产业链，加工转化率达到68%。

（五）科技创新推动沙产业高质量发展

现有科技成果和适用技术在重点项目建设中转化、推广应用。结合生态保护建设、特色林草生态产业建设的技术"瓶颈"，组织林草科研团队有针对性开展科研攻关和基础研究，解决制约和影响生态保护工程建设质量效益的技术难题，生态保护建设的科技含量和技术支撑的能力水平得到提升。在生产实践中，开展科技合作，建设各类科技创新平台载体，打造高新技术产业园区，聚积沙产业高端人才，建设互联网平台，发展数字科技，推动沙产业基地规模化、集约化高标准建设，通过科学技术进步推动产业发展。

2017—2019年，举办3届全国沙产业创新创业大赛、2届沙产业创新博览会和高峰论坛，成立沙产业技术创新战略联盟，对外宣传阿拉善沙产业，为多种形式科技合作交流、品牌建设创造条件，提升阿拉善沙产业知名度。

三、防治成效

（一）林草重点工程项目建设任务完成情况

20世纪，受恶劣的自然条件和过度放牧、乱砍滥伐等人为因素影响，阿拉善生态系统遭到严重破坏，境内乌兰布和、巴丹吉林、腾格里三大沙漠呈"握手"之势。盟委、盟行署先后提出转移发展战略、阿拉善国家重要生态功能示范区、国家重要沙产业示范基地发展思路。推进防沙治沙和国土绿化，统筹规划建设贺兰山生态廊道、额济纳绿洲、以梭梭为主体的荒漠灌草植被恢复治理区、沙漠锁边治理区、黄河西岸综合治理区及城镇乡村周边、重要交通干线六大区域点、线、面相结合的生态安全体系，生态保护建设事业得到发展。

截至2021年末，全盟累计完成荒漠化治理595.55万公顷。其中，营造林148.26万公顷（飞播造林 45.05 万公顷、封沙育林 29.72 万公顷、人工造林 60.61 万公顷、森林质量精准提升 12.88 万公顷），防沙治沙示范区建设 5646.67 公顷，规模化防沙治沙 1333.33 公顷，退牧还草 440.34 万公顷、重点区域绿化 6.26 万公顷、全民义务植树 2263.42 万株；天然林保护工程森林管护 92.4 万公顷，保护国家级公益林 171.42 万公顷；实施草原生态保护补助奖励政策，禁牧 891.53 万公顷、草畜平衡 817.53 万公顷；整合优化各类自然保护地 16 个，总面积 328 万公顷，占全盟总面积 12.15%。全盟森林覆盖率由建盟初 2.96% 增加到 8.14%，草原植被覆盖度由不足 15% 达到 23.18%，全盟 1866.67 万公顷荒漠乔灌木林和草原植被得到休养生息、更新复壮和保护。在腾格里、巴丹吉林、乌兰布和三大沙漠周边基本形成防沙阻沙锁边林草防护带，全盟沙化土地面积较 2009 年减少 1974 平方公里，阻挡三大沙漠"握手"之势。全盟沙尘暴发生次数由 2001 年的 27 次递减到近几年的 3~4 次，全盟长期严重受损的生态状况得以改善，草原退化、沙化现象初步遏制。

（二）国家沙化土地封禁保护区建设

2013 年，国家启动实施沙化土地封禁保护区试点，阿左旗列入首批补助试点旗县；2014 年，阿右旗和额济纳旗沙化土地封禁保护区被国家列入沙化土地封禁保护补助试点旗县范围区。阿拉善盟 3 个沙化土地封禁保护区面积 3 万公顷，投资 6000 万元。2020 年，下达实施的阿左旗扎格图苏木、阿右旗阿拉腾朝格苏木、阿右旗雅布赖镇、额济纳旗古日乃苏木 4 个国家沙化土地封禁保护区建设项目，投资 7740 万元，建设规模 4.04 万公顷。

（三）防沙治沙综合示范区项目实施情况

2003 年，阿拉善盟被国家林业局确定为第一批地级全国防沙治沙示范区。建设类型为荒漠化综合治理与特色沙产业发展，示范方向为"两行一带"造林模式、抗旱造林技术、秋季造林技术及梭梭-肉苁蓉等特色沙产业技术示范。2003—2021 年，阿拉善盟坚持"科技治沙，依法治沙，全面推进，综合治理"指导思想，坚持"因地制宜，因害设防，集中连片，规模治理"原则，将沙漠锁边及交汇地带综合治理作为工程建设重中之重，落实各级政府有关防沙治沙决定，加快阿拉善盟沙化土地治理进程。截至 2021 年底，投资 2323 万元，累计完成防沙治沙综合示范区建设项目 0.56 万公顷。其中，人工造林 4840 公顷，封沙育林 793.33 公顷，工程固沙 13.33 公顷。2021 年，国家林业和草原局按照《全国防沙治沙综合示范区考核验收管理办法》对全国防沙治沙综合示范区开展评估验收，国家保留 6 个地级市和 35 个县级示范区，阿左旗列为县级示范区。

（四）规模化防沙治沙试点项目实施

规模化防沙治沙试点项目建设地点位于阿拉善高新区乌斯太镇巴音敖包嘎查、巴彦木仁苏木乌兰布和嘎查，采取封禁保护、工程固沙、生物修复综合措施治理沙化土地 1333.33 公顷，黄河西岸沙化土地得到有效控制，巩固保护现有生态建设成果，遏制乌兰布和沙漠东侵入黄。2021 年 9 月项目开工建设，截至 2021 年底，完成网围栏建设 28.5 公里、草方格沙障工程固沙 400 公顷，投资 2500 万元。

（五）社会公益造林治沙及管护

阿拉善盟吸纳中国绿化基金会、阿拉善 SEE 生态协会、阿拉善生态基金会、农牧民专业合作社、专业造林队伍等社会团体、社会资本参与阿拉善生态保护建设，将生态保护建设与沙产业发展有机结合，推广"先造后补"给予造林主体补贴资金营造林模式，调动地方政府、农牧民群众、社会组织参与生态建设和产业发展积极性，企业、社会团体、基金会、驻军部队、农牧民参与生态建设热情高涨，由被动"要我造林"转变为"我要造林"的局面，提高全民生态保护意识，促进生态建设产业化、社会化，产业发展逆向拉动生态保护建设和成果巩固，为重点生态保护治理区、禁牧退牧区及沙区农牧民长期持续稳定增产增收脱贫致富奠定基础，形成"多赢"生态保护建设局面。截至 2021 年底，投资 11.2 亿元，全盟社会公益造林治沙及管护总规模达到 19.32 万公顷。

（六）特色沙产业发展情况

打造梭梭-肉苁蓉、白刺-锁阳、花棒采种基地等百万亩沙产业基地，特色沙产业累计完成梭梭人工林种植 52.34 万公顷，建成 10 万~80 万亩规模人工梭梭-肉苁蓉产业基地 9 处，接种肉苁蓉 9.78 万公顷，年产肉苁蓉5444吨；封育保护恢复白刺 20.6 万公顷，接种锁阳 2.07 万公顷，年产锁阳4225吨；花棒人工林种植 2.72 万公顷；围封保护黑果枸杞5893.33公顷；种植黑果枸杞、沙漠葡萄等精品林果5200公顷，3 万吨葡萄酒加工生产线全面投产，建成特色林果业种植示范基地 8 处；种植苜蓿2000公顷；以梭梭-肉苁蓉、白刺-锁阳、花棒采种基地等为主的沙生植物产业基地建设初具规模。阿左旗、阿右旗被评为"国家级林下经济示范基地"。打造肉苁蓉、锁阳等特色沙生植物品牌，拥有"阿拉善肉苁蓉""阿拉善锁阳"农产品地理标志和"中国肉苁蓉之乡"称号。"阿拉善荒漠肉苁蓉、锁阳非木质林产品"获中国森林认证，"阿拉善盟阿左旗肉苁蓉"获第一批内蒙古特色农畜产品优势区认定。"十三五"期间，全盟林草产业年产值 199.5 亿元，直接和间接从事林草产业的农牧民 3 万多人，户均年收入 3 万~5 万元，部分牧户达到 10 万~30 万元。

第七章 林业和草原重点项目工程

1983年开始，"三北"防护林建设工程、天然林资源保护工程、退耕还林工程、天然草原退牧还草工程、造林补贴项目等国家林业草原重点工程陆续启动实施；2021年，内蒙古高原生态保护和修复工程启动实施。

2006—2021年，投资22.22亿元，全盟共完成"三北"防护林建设工程、天然林资源保护工程、退耕还林工程、造林补贴项目等林草重点工程营造林100.46万公顷。其中，人工造林52.32万公顷、飞播造28.6万公顷、封山（沙）育林13.27万公顷、退化林分修复1.46万公顷、木本药材种植4800公顷、低质低效林改造2万公顷、森林质量精准提升2.34万公顷。

2006—2021年，实施退牧还草工程15期，国家总投资13.39亿元，建设规模339.44万公顷。其中，休（轮）牧292.93万公顷、退化草原改良39.65万公顷、棚圈5814座、人工饲草地建设5963.33公顷、人工种草4.33万公顷、毒害草治理1.93万公顷。

第一节 "三北"防护林建设工程

一、工程概况

按照"三北"防护林工程建设总体规划，建设期限1978—2050年，分3个阶段，8期工程，涉及阿左旗、阿右旗、额济纳旗、阿拉善高新区、孪井滩示范区、乌兰布和示范区。

阿拉善盟"三北"防护林建设工程起始于1983年，2006—2020年，投资6.7亿元（中央6.18亿元、地方5203.85万元），完成造林26.53万公顷。其中，人工造林15.11万公顷、封山（沙）育林5.92万公顷、飞播造林5.27万公顷、退化林分修复2266.67公顷（表7-1）。

2021年起，"三北"防护林建设工程纳入内蒙古高原生态保护和修复工程天然林保护与营造林项目。

表7-1 阿拉善盟"三北"防护林工程统计

年份	任务合计（公顷）	人工造林（公顷）	封山育林（公顷）	飞播造林（公顷）	退化林分修复（公顷）	总投资（万元）	中央投资（万元）	地方配套（万元）
2006	666.67	666.67	—	—	—	125	100	25
2007	2533.33	2533.33	—	—	—	475	380	95
2008	4733.33	4733.33	—	—	—	860	710	150
2009	4666.67	4666.67	—	—	—	1050	840	210
2010	9000	3333.33	5666.67	—	—	1593.75	1275	318.75

（续表）

年份	任务合计（公顷）	人工造林（公顷）	封山育林（公顷）	飞播造林（公顷）	退化林分修复（公顷）	总投资（万元）	中央投资（万元）	地方配套（万元）
2011	5000	5000	—	—	—	1462.5	1170	292.5
2012	10000	4666.67	4000	1333.33	—	1875	1500	375
2013	17666.67	6333.33	8666.67	2666.67	—	3162.5	2530	632.5
2014	39000	19000	12000	8000	—	7762.6	6210	1552.6
2015	39866.67	23000	12866.67	4000	—	7762.5	6210	1552.5
2016	22533.33	16533.33	2000	4000	—	7420	7420	—
2017	26666.67	14000	—	12666.67	—	8080	8080	—
2018	23333.33	8666.67	3333.33	11333.33	—	6340	6340	—
2019	27333.33	20000	3333.33	4000	—	8660	8660	—
2020	32266.67	18000	7333.33	4666.67	2266.67	10400	10400	—
合计	265266.67	151133.33	59200	52666.67	2266.67	67028.85	61825	5203.85

二、旗（区）实施情况

（一）阿左旗

2006—2010年，"三北"防护林建设四期工程，投资1632.50万元，完成营造林8266.67公顷。其中，人工灌木造林6266.67公顷、封山（沙）育林2000公顷。

2011—2020年，"三北"防护林建设五期工程，投资1.73亿元，完成营造林6.76万公顷。其中，人工灌木造林4.56万公顷、人工乔木造林333.33公顷、飞播造林1.13万公顷、封山（沙）育林1.03万公顷。

（二）阿右旗

2006—2010年，"三北"防护林建设四期工程，投资1260.30万元，完成营造林8973.33公顷。其中，人工灌木造林6400公顷、封山（沙）育林2573.33公顷。

2011—2020年，"三北"防护林建设五期工程，投资2.23亿元，完成营造林9.95万公顷。其中，人工灌木造林4.67万公顷、人工乔木造林300公顷、飞播造林2.6万公顷、封山（沙）育林2.65万公顷。

（三）额济纳旗

2006—2010年，"三北"防护林建设四期工程，投资678万元，完成营造林5933.33公顷。其中，人工灌木造林2600公顷、乔木造林1333.33公顷、封山（沙）育林2000公顷。

2011—2020年，"三北"防护林建设五期工程，投资1.39亿元，完成营造林4.65万公顷。其中，人工灌木造林3.07万公顷、乔木造林133.33公顷、封山（沙）育林1.37万公顷、退化林修复2000公顷。

（四）阿拉善高新区

2008—2010年，"三北"防护林建设四期工程，投资212.50万元，完成营造林1333.33公顷。

其中，人工灌木造林 666.67 公顷、封山（沙）育林 666.67 公顷。

2011—2020 年，"三北"防护林建设五期工程，投资 1463 万元，完成营造林 5266.67公顷。其中，人工灌木造林4266.67公顷、封山（沙）育林333.33 公顷、飞播造林666.67公顷。

（五）孪井滩示范区

2006—2010 年，"三北"防护林建设四期工程，投资 250 万元，完成人工乔木造林 666.67 公顷。

2011—2020 年，"三北"防护林建设五期工程，投资4340万元，完成营造林1.61 万公顷。其中，人工灌木造林1000公顷、人工乔木造林 866.67 公顷、飞播造林1.33 万公顷、封山（沙）育林 666.67 公顷、退化林修复 266.67 公顷。

第二节 天然林资源保护工程

一、工程概况

内蒙古自治区自1998 年起，实施天然林资源保护试点工程，2000 年 10 月，国家正式启动天然林资源保护工程，简称天保工程。按照工程建设总体规划，分 2 个阶段：2000—2010 年为第一阶段，2010—2020 年为第二阶段。

阿拉善盟天保工程于 2000 年启动，2006—2020 年，投资 6.19 亿元，完成营造林 35.11 万公顷，其中，飞播造林 23.78 万公顷、封山（沙）育林 6.01 万公顷、人工造林 5.32 万公顷（表7-2）。

2006—2020 年，全盟投入森林管护资金 2.38 亿元，聘用管护人员 644 人；社会保险补助 403 万元，纳入社会保险补助人员 287 人，职工参保率 100%。

2021 年起，天然林资源保护工程纳入内蒙古高原生态保护和修复工程天然林保护与营造林项目。

表 7-2 阿拉善盟天然林保护工程建设统计

年份	投资（万元）			任务合计（公顷）	人工造林（公顷）	封山育林（公顷）	飞播造林（公顷）
	总投资	中央投资	地方配套				
2006	720	576	144	9333.34	—	666.67	8666.67
2007	1020	816	204	10666.66	—	7333.33	3333.33
2008	2160	1728	432	25333.34	—	8666.67	16666.67
2009	1880	1504	376	24000	—	2666.67	21333.33
2010	1920	1536	384	24000	—	4000	20000
2011	3830	3830	—	22666.67	2666.67	3333.33	16666.67
2012	4080	4080	—	24133.33	3666.67	7133.33	13333.33
2013	5058	5058	—	32266.67	5600	10000	16666.67
2014	5490	5490	—	33333.34	6666.67	8000	18666.67
2015	5198	5198	—	30800	8000	7000	15800
2016	5760	5760	—	22666.67	2666.67	—	20000

（续表）

年份	投资（万元）			任务合计（公顷）	人工造林（公顷）	封山育林（公顷）	飞播造林（公顷）
	总投资	中央投资	地方配套				
2017	6260	6260	—	25166.66	1833.33	—	23333.33
2018	6448	6448	—	24133.34	5466.67	—	18666.67
2019	7320	7320	—	26000	10000	1333.33	14666.67
2020	4800	4800	—	16666.67	6666.67	—	10000
合计	61944	60404	1540	351166.69	53233.35	60133.33	237800.01

二、旗（区）实施情况

（一）阿左旗

阿左旗天然林资源保护工程于2000年启动。

1. 公益林建设

（1）2000—2010年，天保工程一期。2006—2010年投资6510万元，完成营造林8.07万公顷。

（2）2011—2020年，天保工程二期，投资4.98亿元，完成营造林23.26万公顷。

2. 森林管护项目

截至2020年，下达森林管护资金2.22亿元，天保工程区森林资源管护81.06万公顷，其中，国有林3160公顷，集体地方公益林80.74万公顷。

3. 社会保险补助资金

截至2021年，下达社会保险补助3525.77万元。

（二）内蒙古贺兰山国家级自然保护区

2012年启动实施，截至2020年，下达森林管护资金2158.08万元，森林资源管护6.04万公顷，封山育林2000公顷。

（三）阿拉善高新区

2008年启动实施。

1. 公益林建设

2008—2010年，天保工程一期，投资210万元，完成营造林2000公顷。

2011—2020年，天保工程二期，投资2606万元，完成营造林1.14万公顷。

2. 森林管护项目

截至2020年，投资1386万元，完成森林资源管护3.6万公顷。

第三节　退耕还林工程

一、工程概况

阿拉善盟退耕还林工程于2002年启动，2013年结束。2007年8月，《国务院关于完善退耕还林政策的通知》明确退耕还林目标和任务，巩固退耕还林成果。加强林木后期管护，搞好补植补造，提高造林成活率和保存率，杜绝砍树复耕现象发生；确保退耕还林成果和退耕农户长远生计，按照退耕地造林每亩70元标准，原退耕地每年补助20元生活费标准，继续补助给退耕户，与管护挂钩，补助期为还草补助2年，还经济林补助5年，还生态林补助8年。根据国家阶段验收结果兑现完善政策补助和巩固退耕还林成果专项资金。全盟按旗（区）退耕地造林工程总量核定巩固退耕还林成果专项资金，2008年起，按8年集中安排，用于退耕农户基本口粮田建设、农村能源建设、生态移民、补植补造及退耕农户后续产业建设。

2008年，种苗造林补助费提高至每亩100元、封山（沙）育林每亩70元。

2009年，种苗造林补助费提高至乔木林每亩200元、灌木林每亩120元。

2010年，乔木林种苗造林补助提高至300元。

2006—2013年，投资4124.7万元，完成退耕还林20266.62公顷。其中，退耕地造林66.67公顷、荒山荒地造林11533.33公顷、封山（沙）育林8666.67公顷，涉及全盟5个旗（区）、23个苏木（镇）、146个嘎查（村）、1151户5645人。

2017年、2018年，完善退耕还林政策补助和退耕还生态林纳入森林抚育补助范围。

截至2020年，累计下达政策补助资金1722.60万元；累计下达退耕还生态林森林抚育补助资金149万元。

表7-3　阿拉善盟退耕还林工程建设统计

年份	总投资（万元）	任务合计（公顷）	退耕地造林（公顷）	荒山荒地造林（公顷）	封山育林（公顷）
2006	389	66.67	66.67	—	—
2007	433.9	666.67	—	666.67	—
2008	451.8	666.67	—	—	666.67
2009	280	2666.67	—	—	2666.67
2010	740	4666.6	—	3333.33	1333.33
2011	570	4000	—	2000	2000
2012	430	2666.67	—	2000	666.67
2013	830	4866.67	—	3533.33	1333.33
总计	4124.7	20266.62	66.67	11533.33	8666.67

二、旗（区）实施情况

（一）阿左旗

1. 荒山荒地造林

阿左旗退耕还林工程于2002年启动。2006—2013年，投资970万元，完成荒山荒地造林6133.33公顷。其中，人工造林4000公顷、封山（沙）育林2133.33公顷。

2. 巩固退耕还林成果

2009—2015年，投资898.55万元，完成梭梭造林及接种肉苁蓉40公顷、药材基地建设60公顷、基本口粮田建设480公顷、补植补造1340公顷、安装太阳能热水器307台、沼气池建设66座、电热水器18台、建设舍饲棚圈900平方米、技能培训216人，涉及退耕户976户。

（二）阿右旗

1. 荒山荒地造林

阿右旗退耕还林工程于2002年启动，包括退耕地还林、荒山荒地造林、以封代造。2006—

2013 年，投资 909.60 万元，完成退耕地还林 293.33 公顷，涉及 4 个苏木（镇）、7 个嘎查 231 户农牧民；投资 1029 万元，完成荒山荒地造林 6333.33 公顷；投资 274 万元，完成封山（沙）育林 3133.33 公顷。

2. 巩固退耕还林成果

2009—2015 年，投资 287.60 万元，完成补植补造 326.67 公顷、安装太阳能热水器 138 台、沼气池 49 座、梭梭药材基地建设 506.67 公顷、种植肉苁蓉 86.67 公顷、建设舍饲棚圈 1350 平方米、技能培训 176 人，涉及退耕户 283 户。

（三）额济纳旗

1. 荒山荒地造林

额济纳旗退耕还林工程于 2002 年启动。2006—2020 年，投资 1430.89 万元。其中，政策补助资金 789.89 万元、荒山荒地造林投资 317 万元、以封代造投资 324 万元，完成荒山荒地造林 2733.33 公顷、以封代造 3466.67 公顷、发放粮食直补 60 万千克，涉及 5 个苏木（镇）、217 户退耕户。

2. 巩固退耕还林成果

2008—2015 年，投资 429.77 万元，完成退耕户创业就业技能培训 120 人次、补植补造 700 公顷、肉苁蓉接种 440 公顷。

（四）阿拉善高新区

2008—2012 年，投资 218 万元，完成造林 1600 公顷，涉及 1 个嘎查、44 户退耕户。

（五）孪井滩示范区

1. 荒山荒地造林

孪井滩生态移民示范区退耕还林工程于 2002 年启动。2006—2013 年，投资 120.30 万元，完成荒山荒地造林 360 公顷，涉及 1 个苏木（镇）、9 个嘎查、131 户退耕户。

2. 巩固退耕还林成果

2014—2015 年，投资 278.02 万元。其中，中央投资 248.45 万元、基本口粮田建设投工投劳 5.13 万元、其他投资 24.44 万元，完成基本口粮田建设 126.67 公顷、补植补造 113.33 公顷。

第四节　天然草原退牧还草工程

一、工程概况

阿拉善盟天然草原退牧还草工程于 2003 年启动，初期用于围封飞播牧草项目区和牧区封育草场。2005 年以后，随着中央对退牧还草工程项目投入增加，每年建设面积稳定在 33.33 万公顷以上，用于围封禁牧和休牧草场，实施公益林保护建设工程围封保护林地和宜林地，实施移民搬迁工程保护重点生态脆弱区域，封育严重退化草场，建设重点生态保护区及牧区划区轮牧围栏建设。

阿拉善盟拥有天然草地 1853.33 万公顷，人工草地 17.25 万公顷，退化草原 1014.67 万公顷。其中，轻度退化 356.73 万公顷、中度退化 305.4 万公顷、重度退化 352.53 万公顷。

2006 年，投资 1.1 亿元（中央 7700 万元，地方投工投劳 3300 万元），完成禁（休）牧 36.67 万公顷、舍饲棚圈 310 座、人工饲草地 600 公顷。

2007 年，投资 6033 万元（中央 4233 万元，地方投工投劳 1800 万元），完成禁（休）牧 20 万公顷、舍饲棚圈 200 座、人工饲草地 163.33 公顷。

2008 年，投资 5400 万元（中央 3780 万元，地方投工投劳 1620 万元），完成禁（休）牧 11.33 万公顷、舍饲棚圈 40 座、人工饲草地 40 公顷。

2009 年，投资 6240 万元（中央 4440 万元，地方投工投劳 1800 万元），完成禁（休）牧 20 万公顷、退化草原改良 1.33 万公顷、人工饲草地 160 公顷。

2010 年，投资 1.17 亿元（中央 8530 万元，地方投工投劳 3120 万元），完成禁（休）牧 34.67 公顷、退化草原改良 7.33 万公顷、舍饲棚圈 6 座、人工饲草地 266.67 公顷。

2011 年，投资 9600 万元（中央 8000 万元，地方投工投劳 1600 万元），完成禁（休）牧 26.67 公顷、退化草原改良 5.33 万公顷、人工饲草地 66.67 公顷。

2012 年，投资 9550 万元（中央 8000 万元，地方投工投劳 1550 万元），完成禁（休）牧 25 万公顷、退化草原改良 5.8 万公顷、人工饲草地 666.67 公顷。

2013 年，投资 1.09 亿元（中央 9050 万元，地方投工投劳 1880 万元），完成禁（休）牧 31.33 万公顷、退化草原改良 4.8 万公顷。

2014 年，投资 1.08 亿元（中央 8835 万元，地方投工投劳 1990 万元），完成禁（休）牧 23.93 万公顷、退化草原改良 7.33 万公顷、舍饲棚圈 1987 座、人工饲草地 1333.33 公顷。

2015 年，投资 7248.50 万元（中央 6016 万元，地方投工投劳 1232.50 万元），完成禁（休）牧 18.33 万公顷、退化草原改良 3 万公顷、舍饲棚圈 766 座、人工饲草地 1333.33 公顷。

2016 年，投资 1.14 亿元（中央 9149 万元，地方投工投劳 2242.50 万元），完成禁（休）牧 16.53 万公顷、退化草原改良 2.33 万公顷、舍饲棚圈 911 座。

2017 年，投资 8382 万元（中央 8165 万元，地方投工投劳 217 万元），完成禁（休）牧 15.4 万公顷、退化草原改良 1.67 万公顷、舍饲棚圈 424 座、人工饲草地 1333.33 公顷。

2018 年，投资 9254 万元（中央 8672 万元，地方投工投劳 582 万元），完成禁（休）牧 13.07 万公顷、舍饲棚圈 1170 座、退化草原改良 7333.33 公顷、毒害草治理 3333.33 公顷。

2019 年，投资 8595 万元，完成人工种草 2.33 万公顷、毒害草治理 4000 公顷。

2020 年，投资 7222 万元，完成人工种草 1.13 万公顷、毒害草治理 8000 公顷。

2021 年起，天然草原退牧还草工程列入内蒙古高原生态保护和修复工程退化草原治理项目。

经自治区统一监测，2012 年天然草原平均盖度 18.12%，2017 年、2018 年天然草原平均盖度 23.26%，较 2012 年增长率 28.36%；2021 年，天然草原平均盖度 22.85%，可食饲草储量 204.86 万吨、平均干草产量 20.21 千克/亩，全盟天然草原面积除征占用面积，较 2010 年净增 26.29 万公顷，达到 1867.02 万公顷。

二、旗（区）实施情况

（一）阿左旗

阿左旗天然草原退牧还草工程 2003 年启动。2006—2020 年，实施退牧还草工程 15 期，投资 5.82 亿元，完成建设草原围栏 169.6 万公顷，涉及 11 个苏木（镇）8130 户牧民。

（二）阿右旗

阿右旗天然草原退牧还草工程 2004 年启动。2006—2020 年，投资 4.16 亿元，实施退牧还草工程 15 期，完成建设草原 142.4 万公顷，涉及 7 个苏木（镇）5123 户牧民。

（三）额济纳旗

额济纳旗天然草原退牧还草工程 2004 年启动。2006—2020 年，投资 2.27 亿元，实施退牧还草工程 19 期，完成建设草原 83.51 万公顷、建设围栏 94 处，工程涉及 8 个苏木（镇）6254 户牧民。

(四) 阿拉善高新区

阿拉善高新区天然草原退牧还草工程 2012 年启动。2012—2016 年,投资 749 万元,实施退牧还草工程 5 期,完成退牧还草 8733.33 公顷,工程涉及 1 个苏木 (镇) 28 户牧民。

(五) 孪井滩示范区

孪井滩示范区天然草原退牧还草工程 2009 年启动。2009—2020 年,投资 7623.06 万元,实施退牧还草工程 11 期,完成建设草原 23.22 万公顷,涉及 2 个苏木 (镇) 57 户牧民。

第五节　造林补贴项目

一、项目概况

阿拉善盟造林补贴项目 2010 年启动。2010—2021 年,总补贴资金 6.41 亿元 (直接补贴 6.09 亿元、间接补贴 3231.55 万元),完成营造林 21.69 万公顷。其中,人工造林 16.88 万公顷、木本药材种植 4800 公顷、低产林改造 2 万公顷、森林质量精准提升 2.34 万公顷 (表 7-4)。

表 7-4　阿拉善盟造林补贴项目建设统计表

期限	投资 (万元)			任务合计 (公顷)	人工造林 (公顷)	木本药材种植 (公顷)	低产低效林改造 (公顷)	森林质量精准提升 (公顷)
	合计	直接	间接					
2010 年	947.4	900	47.4	5000	5000	—	—	—
2011 年	472.5	450	22.5	2500	2500	—	—	—
2012 年	1011	960	51	5333.33	5333.33	—	—	—
2013 年	1279	1190	89	5666.67	5666.67	—	—	—
2014 年	1262	1200	62	4666.67	3333.33	1333.33	—	—
2015 年	2474	2350	124	8000	7666.67	333.33	—	—
2016 年	4482	4255	227	14416.67	13950	466.67	—	—
2017 年 (第一批)	3158	3000	158	12000	8000	—	4000	—
2017 年 (第二批)	8921	8475	446	29583.33	26916.67	2666.67	—	—
2018 年	9921	9425	496	31416.67	31416.67	—	—	—
2019 年 (第一批)	4600	4370	230	17333.33	13333.33	—	—	4000
2019 年 (第二批)	6400	6080	320	21333.33	21333.33	—	—	—
2020 年 (第一批)	7468	7094.6	373.4	39053.33	7666.67	—	13333.33	18053.33
2020 年 (第二批)	588	559	29	1633.33	1633.33	—	—	—
2021 年 (第一批)	10725	10188.75	536.25	17666.67	15000	—	2666.67	—
2021 年 (第二批)	400	380	20	1333.33	—	—	—	1333.33
合计	64108.9	60877.35	3231.55	216936.67	168750	4800	20000	23386.67

二、旗（区）实施情况

（一）阿左旗

2011—2021 年，投资 1.51 亿元，完成造林 5.47 万公顷。其中，人工灌木造林 4.77 万公顷、木本药材 3000 公顷、森林质量精准提升 2666.67 公顷、低产低效林改造 1333.33 公顷。

（二）阿右旗

2011—2021 年，投资 1.62 亿元，完成造林 5.53 万公顷。其中，人工灌木造林 3.73 万公顷、木本药材种植 1333.33 公顷、森林质量精准提升 6666.67 公顷、低产低效林改造 1 万公顷。

（三）额济纳旗

2011—2021 年，投资 2.66 亿元，完成造林 8.59 万公顷。其中，人工灌木造林 6.74 万公顷、木本药材种植 466.67 公顷、森林质量精准提升 1.01 万公顷、低质低效林改造 8000 公顷。

（四）阿拉善高新区

2012—2021 年，投资 2456 万元，完成造林 8000 公顷。其中，人工灌木造林 6666.67 公顷、森林质量精准提升 1333.33 公顷。

（五）孪井滩示范区

2011—2021 年，投资 4140 万元，完成造林 1.59 万公顷。其中，人工乔木造林 1533.33 公顷、灌木造林 333.33 公顷、低产低效林改造 666.67 公顷、飞播造林 1.33 万公顷。

三、"先造后补"生态治理模式制定及意义

（一）政策制定

2010 年，盟行署出台《阿拉善盟重点城镇营造防护林优惠政策（试行）》。2020 年，盟行署修订出台《阿拉善盟营造防护林补助政策实施办法》（以下简称《办法》）。

（二）目的作用

通过出台营造防护林优惠补助政策，全盟依托功能独特的沙生植物资源优势，将生态保护建设与林草特色生态产业发展有机结合，坚持"生态产业化，产业生态化"发展思路，推广"先造后补"、合同制造林、合作社造林、专业队伍造林新机制、新模式，向飞播造林、封沙育林、退化林分修复工程项目试点推广，为沙区农牧民长期持续稳定增产增收脱贫致富奠定基础，产业发展逆向拉动生态保护建设和成果巩固，调动非公有制主体参与生态保护建设和防沙治沙的积极性，企业、社会团体、农牧民参与生态保护建设热情高涨，实现由部门造林向社会造林转变。形成"先造后补"营造林生态治理模式，全盟营造林规模由过去每年不足万亩增到 2014 年后每年百万亩以上。

"先造后补"生态治理模式，创新资金管理体制，保证造林成活率、保存率和造林工程质量，提高生态建设资金使用效益和运行安全，形成了"多赢"的生态保护建设格局。

第六节　内蒙古高原生态保护和修复工程

阿拉善盟是《全国主体功能区规划》确定的"两屏三带"全国生态安全战略格局中的北方防沙带。2020 年 6 月，国家发改委和自然资源部印发《全国重要生态系统保护和修复重大工程总体规划（2021—2035 年）》（简称《"双重"规划》），含天然林保护与营造林项目、退化草原修复、湿地保护修复和荒漠化防治及小型水保设施建设 4 个子项目，2021 年阿拉善盟涉及天然林保

护与营造林和退化草原修复 2 个子项目。

《"双重"规划》是中共十九大以来生态保护和修复领域第一个综合性规划，围绕全面提升国家生态安全屏障质量、促进生态系统良性循环和永续利用，以统筹山水林田湖草沙一体化保护和修复为主线，明确到 2035 年全国生态保护和修复的主要目标，细化 2020 年底前、2021—2025 年、2026—2035 年 3 个时间节点的重点任务。在《"双重"规划》中，阿拉善盟涉及黄河重点生态区的"贺兰山生态保护和修复工程""黄河重点生态区矿山修复工程"和"北方防沙带"的内蒙古高原生态保护和修复工程。

一、工程概况

（一）天然林保护与营造林项目

2021 年，中央下达项目资金 2.51 亿元，建设营造林 5.03 万公顷。其中，灌木造林 1.87 万公顷、飞播造林 1.47 万公顷、封山育林 4666.67 公顷、退化林修复 1.23 万公顷。

截至 2021 年 12 月，完成营造林 3.43 万公顷。其中，灌木造林 1.47 万公顷、飞播造林 1.47 万公顷、封沙育林 4666.67 公顷、退化林分修复 333.33 公顷。建设地点为阿左旗（含阿拉善高新区）、阿右旗、额济纳旗、孪井滩示范区、乌兰布和示范区。

（二）退化草原修复项目

2021 年，中央下达项目资金 6216 万元。建设任务为草原围栏 82 万米、人工种草 8666.67 公顷、毒害草治理 4000 公顷。截至 2021 年 12 月，完成草原围栏 23 万米、人工种草 8666.67 公顷、毒害草治理 4000 公顷。建设地点为阿左旗、阿右旗和孪井滩示范区。

二、旗（区）实施情况

（一）阿左旗

2021 年，投资 6000 万元（含阿拉善高新区），完成营造林 1.87 万公顷。其中，人工灌木造林 5333.33 公顷、飞播造林 1.33 万公顷。

2021 年，投资 1933.94 万元（含阿拉善高新区），建设任务为草原围栏 16.33 万米、人工种草 3333.33 公顷、毒害草治理 666.67 公顷。截至 12 月，完成草原围栏 14 万米、人工种草 3333.33 公顷、毒害草治理 666.67 公顷。

（二）阿右旗

2021 年，投资 2600 万元，完成营造林 7333.33 公顷。其中，人工灌木造林 4000 公顷、封沙育林 3333.33 公顷。

2021 年，投资 3658 万元，建设任务为草原围栏 31 万米、人工种草 5333.33 公顷、毒害草治理 3333.33 公顷。截至 12 月，完成草原围栏 9 万米、人工种草 5333.33 公顷、毒害草治理 3333.33 公顷。

（三）额济纳旗

2021 年，投资 1.24 亿元，建设任务为人工灌木造林 2666.67 公顷、封沙育林 1333.33 公顷、退化林分修复 1.2 万公顷。截至 12 月，完成人工灌木造林 2666.67 公顷、封沙育林 1333.33 公顷。

（四）孪井滩示范区

2021 年，投资 300 万元，完成退化防护林修复 333.33 公顷。截至 12 月，投资 624.06 万元，完成草原围栏 34.67 万米。

（五）乌兰布和示范区

2021年，投资3820万元，建设任务为人工灌木造林6666.67公顷、飞播造林1333.33公顷。截至12月，完成人工灌木造林2666.67公顷、飞播造林1333.33公顷。

第七节 生态保护和修复工作成效

一、生态效益

通过"三北"防护林建设工程、天然林资源保护工程、退耕还林工程、天然草原退牧还草工程、造林补贴项目、内蒙古高原生态保护和修复工程等国家林业和草原重点工程实施，阿拉善盟自然生态环境得到改善，生物多样性得以保护，水土流失得到一定控制，风沙危害状况逐年下降，局部地区林草植被恢复较快，围栏封育区围栏保存完好，荒漠化发展得到有效遏制，优化土地利用结构，促进自然生态环境持续向好发展，对广大农牧民参与造林有积极引导示范作用。

（一）森林资源总量持续快速增长

2014—2021年，每年完成营造林任务超过百万亩，森林资源总面积238.69万公顷，森林覆盖率由2003年的4.04%增加到8.4%。形成辐射全盟防护林网"乔灌草"相结合，"封飞造"三位一体的生态治理格局，达到较好的防风固沙效果，有效遏制沙漠化土地蔓延。采取网围栏封禁方式，对天然胡杨林、柽柳林和梭梭林进行封育保护，依靠自然恢复功能，封育区内林草植被明显恢复，主要建群种逐渐复壮更新，起到良好的天然屏障作用。

（二）草原生态系统恶化趋势得到遏制

通过退牧还草等工程建设，推动舍饲养殖业发展，减轻天然草地放牧强度。随着植被不断恢复，草群盖度提高，降低风速，与裸地相比，地面湿度提高20%，夏季地表温度降低3~5℃，有效防止地面蒸发，减缓旱情。随着土壤根系量不断增加，有效减少地表径流，地表受冲刷程度减轻10%~20%，有效控制水土流失，提高土壤有机质含量，改善土壤结构，增强土壤涵养水源功能，草地生态系统逐步实现动态平衡，增强草地生态系统抗干扰能力，遏制天然草原生态环境恶化。

（三）荒漠化防治效果显著

全盟草原植被覆盖度由建盟初的不足15%达到23.18%，1866.67万公顷荒漠乔灌林木和草原植被得到休养生息、更新复壮和有效保护。腾格里、巴丹吉林、乌兰布和三大沙漠周边形成防沙阻沙锁边林草防护带，沙化土地面积较2009年减少1974平方公里，沙尘暴发生次数由2001年的27次递减到2021年的3~4次。

二、社会效益

2006年后，出台了一系列生态保护政策，调动了农牧民造林积极性，实现农牧民增收、国土增绿的双赢目标。通过广泛宣传和重点林草工程实施，为推进乡村振兴建设、增强农牧户自我发展能力、农村牧区产业结构调整和劳动力转移提供良好的契机和平台，全民生态保护意识明显增强。

三、经济效益

随着各项重点生态工程建设投入和政策扶持，公益林生态效益补偿惠及全盟30个苏木（镇）、108个嘎查、0.65万户1.69万人，公益林区牧民人均直接受益1.8万元；造林补贴项目累计补贴

6.41亿元，项目区内农牧民收入稳步增长，提前完成脱贫攻坚任务。

阿拉善农牧民收入中，沙产业收入占农牧民人均收入比例明显提高，部分牧户通过种植、采种、养殖、生态旅游，年收入达到15万元以上。2021年，全盟规模以上产业化龙头企业实现销售收入15.5亿元，同比增长9.9%。其中，产业化加工企业销售收入达到11.8亿元，同比增长6.3%，成为拉动全盟经济和农牧民增收新的经济增长点。

第八章　林业和草原资源保护

第一节　林业和草原有害生物防控

阿拉善盟林业和草原有害生物防治检疫站（简称盟防检站）。职能职责是宣传贯彻执行《森林病虫害防治条例》《植物检疫条例》《植物检疫条例实施细则（林业部分）》等相关法律法规；负责制定林草有害生物预测预报、防治、检疫工作的总体规划和计划，开展林草有害生物的监测调查、预测预报和防治技术指导，发布主要林草有害生物发生危害的生产性预报和中长期趋势预测，协助各级政府组织开展重大危险性林草有害生物防治工作，协助各级地方政府处置重大危险性及外来林草有害生物灾害；按照国家有关法律法规的规定，开展产地检疫、调运检疫和复检，向地方政府提出省级森林植物检疫对象名单。

2006 年，自治区政府办公厅《关于公布行政执法机构的通知》明确，森林病虫害防治检疫站是由法律、法规授权，依据法律、法规的规定行使行政处罚权的执法机构。

2018 年，国家林业局森林病虫害预测预报中心根据森林资源状况、林业有害生物发生规律、防治情况，结合当年有害生物越冬前基数调查、春季气候预测，发布全国主要林业有害生物发生趋势预测，内蒙古自治区阿拉善盟等荒漠植被区局部将偏重发生林业鼠（兔）害危害。

2019 年，国家林业和草原局完成第三次全国林业有害生物普查，调查记录各类林业有害生物 6201 种。制定和修订《森林植物检疫技术规程》《全国林业检疫性有害生物疫区管理办法》《松材线虫病疫区和疫木管理办法》。

2020 年，盟森防站编制《阿拉善盟林业有害生物防控技术手册》，按照内部资料印刷出版。

一、防疫检疫组织

截至 2021 年，全盟有阿拉善盟、阿左旗、阿右旗、额济纳旗林业草原有害生物防治检疫机构 4 个。有专、兼职测报人员 39 人，以现有测报点为基础，以国家、自治区级测报点和苏木（镇）监测点为重点，依托基层场站，在林业有害生物重点发生区，建立专群结合的监测预警体系，构建以旗森防站为中心测报站，以各基层站为框架，各嘎查为测报单元的三级测报网络体系。

（一）阿拉善盟林业和草原有害生物防治检疫站

2002 年，设立阿拉善盟森林病虫害防治检疫站（简称盟森防站），挂阿拉善盟防止外来林业有害生物入侵管理中心、阿拉善盟野生动植物保护管理中心牌子。

2021 年 5 月，更名为阿拉善盟林业和草原有害生物防治检疫站。核定编制 9 名，科级职数 3 名（1 正 2 副）。

（二）阿拉善左旗林业和草原病虫害防治检疫站

2007 年，设立阿拉善左旗森林病虫害防治检疫站（简称阿左旗森防站）。

2021 年，更名为阿拉善左旗林业和草原病虫害防治检疫站（简称阿左旗防检站），核定编制 12 名。

（三）阿拉善右旗林业和草原病虫害防治检疫站

2003 年 3 月，成立阿拉善右旗森林病虫害防治检疫站（简称阿右旗森防站）。

2021 年 4 月，更名为阿拉善右旗林业和草原有害生物防治检疫站（简称阿右旗防检站）。有专职检疫员 6 名，兼职检疫员 2 名，专职测报员 1 名。

（四）额济纳旗林业工作站

2003 年 5 月，成立额济纳旗森林病虫鼠害防治检疫站（简称额济纳旗森防站），挂国家级森林病虫鼠害中心测报点牌子。

2021 年 2 月，额济纳旗林业工作站、森林病虫害防治检疫站合并成立林业工作站。有专职检疫和测报人员 5 名，防治专业服务队 1 个。

二、监测调查及报送

以各旗国家级中心测报点为重点，各苏木（镇）为一般监测点，开展监测调查工作。

2006—2021 年，全盟产地检疫苗木 9596.81 万株、种子 12.44 吨；调运检疫苗木 1927.38 万株、木材 0.27 万立方米、花卉 43.89 万株、种子 7.5 吨、药材 24 吨；复检种子 2237.31 吨、苗木 68106 万株、木材 2.22 万立方米、花卉 1.2 万株；补检苗木 54.5348 万株。

2006—2021 年，阿左旗完成调运检疫苗木 1200.84 万株、木材 0.22 万立方米、花卉 43.89 万株；复检林木种子 191.41 万千克、苗木 25721.63 万株、木材 1.02 万立方米、花卉 674.8 万株；发现带疫种苗 49 批次，处理案件 47 起。种苗产地检疫率由 2006 年的 96% 提高到 100%。

2006—2021 年，阿右旗完成产地检疫苗木 9596.14 万株，产地检疫种子 5.43 吨。复检各类苗木 28214.26 万株，种子 323.61 吨，木材 1600 立方米。调运检疫苗木 97.23 万株，调运检疫种子 7.5 吨，调运检疫药材 24 吨。种苗产地检疫率 100%。

2006—2021 年，额济纳旗产地检疫林木种子 7010 千克，苗木 0.67 万株；调运检疫苗木 629.31 万株，木材 682.4 立方米；复检苗木 14167.07 万株，木材 10352.24 立方米，花卉 1255 株，补检苗木 54.53 万株。

根据测报管理规定，2006—2016 年，4—9 月月报表各旗通过国家林业局“林业有害生物防治信息系统”，逐级每月报送 1 次；2017—2021 年，4—9 月月报表各旗通过国家林业局“林业有害生物防治信息系统”直报国家。虫情动态通过国家林业局“林业有害生物防治信息系统”上报。

2006—2021 年，全盟苏木（镇）护林员监测防治技术培训 5020 人次。全盟测报准确率由 85% 提高到 95.8%。

三、林业和草原有害生物

2013 年 1 月 9 日，国家林业局发布“全国林业检疫性有害生物名单”“全国林业危险性有害生物名单”（国家林业局 2013 年第 4 号公告）。

（一）全国林业检疫性有害生物名单

1. 松材线虫 *Bursaphelenchus xylophilus*（Steineret Buhrer）Nickle

2. 美国白蛾 *Hyphantria cunea*（Drury）

3. 苹果蠹蛾 *Cydia pomonella*（L.）

4. 红脂大小蠹 *Dendroctonus valens* LeConte

5. 双钩异翅长蠹 *Heterobostrychus aequalis*（Waterhouse）

6. 杨干象 *Cryptorrhynchus lapathi* L.

7. 锈色棕榈象 *Rhynchophorus ferrugineus*（Olivier）

8. 青杨脊虎天牛 *Xylotrechus rusticus* L.

9. 扶桑绵粉蚧 *Phenacoccus solenopsis* Tinsley

10. 红火蚁 *Solenopsis invicta* Buren

11. 枣实蝇 *Carpomya vesuviana* Costa

12. 落叶松枯梢病菌 *Botryosphaeria laricina*（Sawada）Shang

13. 松疱锈病菌 *Cronartium ribicola* J. C. Fischer ex Rabenhorst

14. 薇甘菊 *Mikania micrantha* H. B. K.

（二）全国林业危险性有害生物名单

1. 落叶松球蚜 *Adelges laricis laricis* Vall.

2. 苹果绵蚜 *Eriosoma lanigerum*（Hausmann）

3. 板栗大蚜 *Lachnus tropicalis*（Van der Goot）

4. 葡萄根瘤蚜 *Viteus vitifolii*（Fitch）

5. 栗链蚧 *Asterolecanium castaneae* Russell

6. 法桐角蜡蚧 *Ceroplastes ceriferus* Anderson

7. 紫薇绒蚧 *Eriococcus lagerostroemiae* Kuwana

8. 枣大球蚧 *Eulecanium gigantea*（Shinji）

9. 槐花球蚧 *Eulecanium kuwanai*（Kanda）

10. 松针蚧 *Fiorinia jaonica* Kuwana

11. 松突圆蚧 *Hemiberlesia pitysophila* Takagi

12. 吹绵蚧 *Icerya purchasi* Maskell

13. 栗红蚧 *Kermes nawae* Kuwana

14. 柳蛎盾蚧 *Lepidosaphes salicina* Borchsenius

15. 杨齿盾蚧 *Quadraspidiotus slavonicus*（Green）

16. 日本松干蚧 *Matsucoccus matsumurae*（Kuwana）

17. 云南松干蚧 *Matsucoccus yunnanensis* Ferris

18. 栗新链蚧 *Neoasterodiaspis castaneae*（Russell）

19. 竹巢粉蚧 *Nesticoccus sinensis* Tang

20. 湿地松粉蚧 *Oracella acuta*（Lobdell）

21. 白蜡绵粉蚧 *Phenacoccus fraxinus* Tang

22. 桑白蚧 *Pseudaulacaspis pentagona*（Targioni−Tozzetti）

23. 杨圆蚧 *Quadraspidiotus gigas*（Thiem et Gerneck）

24. 梨圆蚧 *Quadraspidiotus perniciosus*（Comstock）

25. 中华松梢蚧 *Sonsaucoccus sinensis*（Chen）

26. 卫矛矢尖蚧 *Unaspis euonymi*（Comstock）

27. 温室白粉 *Trialeurodes vaporariorum*（Westwood）

28. 沙枣木虱 *Trioza magnisetosa* Log.

29. 悬铃木方翅网蝽 *Corythucha ciliata*（Say）

30. 西花蓟马 *Frankliniella occidentalis*（Pergande）

31. 苹果小吉丁虫 *Agrilus mali* Matsumura

32. 花曲柳窄吉丁 *Agrilus marcopoli* Obenberger

33. 花椒窄吉丁 *Agrilus zanthoxylumi* Hou

34. 杨十斑吉丁 *Melanophila picta* Pallas

35. 杨锦纹吉丁 *Poecilonota variolosa*（Paykull）

36. 双斑锦天牛 *Acalolepta sublusca*（Thomson）

37. 星天牛 *Anoplophora chinensis*（Foerster）

38. 光肩星天牛 *Anoplophora glabripennis*（Motsch.）

39. 黑星天牛 *Anoplophora leechi*（Gahan）

40. 皱绿柄天牛 *Aphrodisium gibbicolle*（White）

41. 栎旋木柄天牛 *Aphrodisium sauteri* Matsushita

42. 桑天牛 *Apriona germari*（Hope）

43. 锈色粒肩天牛 *Apriona swainsoni*（Hope）

44. 红缘天牛 *Asias halodendri*（Pallas）

45. 云斑白条天牛 *Batocera horsfieldi*（Hope）

46. 花椒虎天牛 *Clytus validus* Fairmaire

47. 麻点豹天牛 *Coscinesthes salicis* Gressitt

48. 栗山天牛 *Massicus raddei*（Blessig）

49. 四点象天牛 *Mesosa myops*（Dalman）

50. 松褐天牛 *Monochamus alternatus* Hope

51. 锈斑楔天牛 *Saperda balsamifera* Motschulsky

52. 山杨楔天牛 *Saperda carcharias*（Linnaeus）

53. 青杨天牛 *Saperda populnea*（L.）

54. 双条杉天牛 *Semanotus bifasciatus*（Motschulsky）

55. 粗鞘双条杉天牛 *Semanotus sinoauster* Gressitt

56. 光胸断眼天牛 *Tetropium castaneum*（L.）

57. 家茸天牛 *Trichoferus campestris*（Faldermann）

58. 柳脊虎天牛 *Xylotrechus namanganensis* Heydel.

59. 紫穗槐豆象 *Acanthoscelides pallidipennis* Motschulsky

60. 柠条豆象 *Kytorhinus immixtus* Motschulsky

61. 椰心叶甲 *Brontispa longissima*（Gestro）

62. 水椰八角铁甲 *Octodonta nipae*（Maulik）

63. 油茶象 *Curculio chinensis* Chevrolat

64. 榛实象 *Curculio dieckmanni*（Faust）

65. 麻栎象 *Curculio robustus* Roelofs

66. 剪枝栎实象 *Cyllorhynchites ursulus*（Roelofs）

67. 长足大竹象 *Cyrtotrachelus buqueti* Guer

68. 大竹象 *Cyrtotrachelus longimanus* Fabricius

69. 核桃横沟象 *Dyscerus juglans* Chao

70. 臭椿沟眶象 *Eucryptorrhynchus brandti*（Harold）

71. 沟眶象 *Eucryptorrhynchus chinensis*（Olivier）

72. 萧氏松茎象 *Hylobitelus xiaoi* Zhang

73. 杨黄星象 *Lepyrus japonicus* Roelofs

74. 一字竹象 *Otidognathus davidis* Fabricuius

75. 松黄星象 *Pissodes nitidus* Roel.

76. 榆跳象 *Rhynchaenus alini* Linnaeus

77. 褐纹甘蔗象 *Rhabdoscelus lineaticollis* （Heller）

78. 华山松木蠹象 *Pissodes punctatus* Langor et Zhang

79. 云南木蠹象 *Pissodes yunnanensis* Langor et Zhang

80. 华山松大小蠹 *Dendroctonus armandi* Tsai et Li

81. 云杉大小蠹 *Dendroctonus micans* Kugelann

82. 光臀八齿小蠹 *Ips nitidus* Eggers

83. 十二齿小蠹 *Ips sexdentatus* Borner

84. 落叶松八齿小蠹 *Ips subelongatus* Motschulsky

85. 云杉八齿小蠹 *Ips typographus* L.

86. 柏肤小蠹 *Phloeosinus aubei* Perris

87. 杉肤小蠹 *Phloeosinus sinensis* Schedl

88. 横坑切梢小蠹 *Tomicus minor* Hartig

89. 纵坑切梢小蠹 *Tomicus piniperda* L.

90. 日本双棘长蠹 *Sinoxylon japonicus* Lesne

91. 橘大实蝇 *Bactrocera minax* （Enderlein）

92. 蜜柑大实蝇 *Bactrocera tsuneonis* （Miyake）

93. 美洲斑潜蝇 *Liriomyza sativae* Blanchard

94. 刺槐叶瘿蚊 *Obolodiplosis robiniae* （Haldemann）

95. 水竹突胸瘿蚊 *Planetella conesta* Jiang

96. 柳瘿蚊 *Rhabdophaga salicis* Schrank

97. 杨大透翅蛾 *Aegeria apiformis* （Clerck）

98. 苹果透翅蛾 *Conopia hector* Butler

99. 白杨透翅蛾 *Parathrene tabaniformis* Rottenberg

100. 杨干透翅蛾 *Sesia siningensis* （Hsu）

101. 茶藨子透翅蛾 *Synanthedon tipuliformis* （Clerk）

102. 核桃举肢蛾 *Atrijuglans hitauhei* Yang

103. 曲纹紫灰蝶 *Chilades pandava* （Horsfield）

104. 兴安落叶松鞘蛾 *Coleophora obducta* （Meyrick）

105. 华北落叶松鞘蛾 *Coleophora sinensis* Yang

106. 芳香木蠹蛾东方亚种 *Cossus cossus orientalis* Gaede

107. 蒙古木蠹蛾 *Cossus mongolicus* Erschoff

108. 沙棘木蠹蛾 *Holcocerus hippophaecolus* Hua，Chou，Fang et Chen

109. 小木蠹蛾 *Holcocerus insularis* Staudinger

110. 咖啡木蠹蛾 *Zeuzera coffeae* Nietner

111. 六星黑点豹蠹蛾 *Zeuzera leuconotum* Butler

112. 木麻黄豹蠹蛾 *Zeuzera multistrigata* Moore

113. 舞毒蛾 *Lymantria dispar* L.

114. 广州小斑螟 *Oligochroa cantonella* Caradja

115. 蔗扁蛾 *Opogona sacchari*（Bojer）

116. 银杏超小卷蛾 *Pammene ginkgoicola* Liu

117. 云南松梢小卷蛾 *Rhyacionia insulariana* Liu

118. 苹果顶芽小卷蛾 *Spilonota lechriaspis* Meyrick

119. 柳蝙蛾 *Phassus excrescens* Butler

120. 柠条广肩小蜂 *Bruchophagus neocaraganae*（Liao）

121. 槐树种子小蜂 *Bruchophagus onois*（Mayr）

122. 刺槐种子小蜂 *Bruchophagus philorobiniae* Liao

123. 落叶松种子小蜂 *Eurytoma laricis* Yano

124. 黄连木种子小蜂 *Eurytoma plotnikovi* Nikolkaya

125. 鞭角华扁叶蜂 *Chinolyda flagellicornis*（F. Smith）

126. 栗瘿蜂 *Dryocosmus kuriphilus* Yasumatsu

127. 桃仁蜂 *Eurytoma maslovskii* Nikoiskaya

128. 杏仁蜂 *Eurytoma samsonoui* Wass

129. 桉树枝瘿姬小蜂 *Leptocybe invasa* Fisher et La Salle

130. 刺桐姬小蜂 *Quadrastichus erythrinae* Kim

131. 泰加大树蜂 *Urocerus gigas taiganus* Beson

132. 大痣小蜂 *Megastigmus* spp.

133. 小黄家蚁 *Monomorium pharaonis*（Linnaeus）

134. 尖唇散白蚁 *Reticulitermes aculabialis* Tsai et Hwang

135. 枸杞瘿螨 *Aceria macrodonis* Keifer.

136. 菊花叶枯线虫 *Aphelenchoides ritzemabosi*（Schwartz）Steiner

137. 南方根结线虫 *Meloidogyne incognita*（Kofoid et White）

138. 油茶软腐病菌 *Agaricodochium camelliae* Liu

139. 圆柏叶枯病菌 *Alternaria tenuis* Nees

140. 冬枣黑斑病菌 *Alternaria tenuissima*（Fr.）Wiltsh

141. 杜仲种腐病菌 *Ashbya gossypii*（Ashby et Now.）Guill.

142. 毛竹枯梢病菌 *Ceratosphaeria phyllostachydis* Zhang

143. 松苗叶枯病菌 *Cercospora pini-densiflorae* Hari. et Nambu

144. 云杉锈病菌 *Chrysomyxa deformans*（Diet.）Jacz.

145. 青海云杉叶锈病菌 *Chrysomyxa qilianensis* Wang，Wu et Li

146. 红皮云杉叶锈病菌 *Chrysomyxa rhododendri* De Bary

147. 落叶松芽枯病菌 *Cladosporium tenuissimum* Cooke

148. 炭疽病菌 *Colletotrichum gloeosporioides* Penz.

149. 二针松疱锈病菌 *Cronartium flaccidum*（Alb. Et Schw.）Wint.

150. 松瘤锈病菌 *Cronartium quercuum*（Berk.）Miyabe

151. 板栗疫病菌 *Cryptonectria parasitica*（Murr.）Barr.

152. 桉树焦枯病菌 *Cylindrocladium quinqueseptatum* Morgan Hodges

153. 杨树溃疡病菌 *Dothiorella gregaria* Sacc.

154. 松针红斑病菌 *Dothistroma pini* Hulbary

155. 枯萎病菌 *Fusarium oxysporum* Schlecht.

156. 国槐腐烂病菌 *Fusarium tricinatum* （Cord.） Sacc.

157. 马尾松赤落叶病菌 *Hypoderma desmazierii* Duby

158. 落叶松癌肿病菌 *Lachnellula willkommii* （Hartig） Dennis

159. 肉桂枝枯病菌 *Lasiodiplodia theobromae* （Pat.） Griff. et Maubl

160. 松针褐斑病菌 *Lecanosticta acicola* （Thum.） Sydow

161. 梭梭白粉病菌 *Leveillula saxaouli* （SoroK.） Golov.

162. 落叶松落叶病菌 *Mycosphaerella larici−leptolepis* Ito et al.

163. 杨树灰斑病菌 *Mycosphaerella mandshurica* M. Miura

164. 罗汉松叶枯病菌 *Pestalotia podocarpi* Laughton

165. 杉木缩顶病菌 *Pestalotiopsis guepinii* （Desm.） Stey

166. 葡萄蔓割病菌 *Phomopsis viticola* （Saccardo） Saccardo

167. 木菠萝果腐病菌 *Physalospora rhodina* Berk. et Curt.

168. 板栗溃疡病菌 *Pseudovalsella modonia* （Tul.） Kobayashi

169. 合欢锈病菌 *Ravenelia japonica* Diet. et Syd.

170. 草坪草褐斑病菌 *Rhizoctonia solani* K··1hn

171. 木菠萝软腐病菌 *Rhizopus artocarpi* Racib.

172. 葡萄黑痘病菌 *Sphaceloma ampelinum* de Bary

173. 竹黑粉病菌 *Ustilago shiraiana* P. Henn

174. 杨树黑星病菌 *Venturia populina* （Vuill.） Fabr.

175. 冠瘿病菌 *Agrobacterium tumefaciens* （Smith et Townsend） Conn

176. 柑橘黄龙病菌 *Candidatus liberobacter asiaticum* Jagoueix et al.

177. 杨树细菌性溃疡病菌 *Erwinia herbicola* （Lohnis） Dye.

178. 油橄榄肿瘤病菌 *Pseudomonas savastanoi* （E. F. smith） Stevens

179. 猕猴桃细菌性溃疡病菌 *Pseudomonas syringae pv. actinidiae* Takikawa et al.

180. 桉树青枯病菌 *Ralstonia solanacearum* （E. F. Smith） Yabuuch

181. 柑橘溃疡病菌 *Xanthomonas axonopodis pv. citri* （Hasse） Vauterin et al.

182. 杨树花叶病毒 *Poplar Mosaic Virus*

183. 竹子（泡桐）丛枝病菌 *Ca. Phytoplasm astris*

184. 枣疯病 *Ca. Phytoplasm ziziphi*

185. 无根藤 *Cassytha filiformis* L.

186. 菟丝子类 *Cuscuta* spp.

187. 紫茎泽兰 *Eupatorium adenophorum* Spreng.

188. 五爪金龙 *Ipomoea cairica* （Linn.） Sweet

189. 金钟藤 *Merremia boisiana* （Gagnep.） Oostr.

190. 加拿大一枝黄花 *Solidago canadens*

（三）内蒙古自治区补充检疫对象

1. 光肩星天牛 *Anoplophora glabripennis* Motschulsky

2. 白杨透翅蛾 *Parathrene tabaniformis*

3. 青杨天牛 *Saperda populnea*

4. 杨十斑吉丁虫 *Melanophila picta* Pallas

5. 双条杉天牛 *Semanotus bifasciatus*

6. 加拿大一枝黄花 *Solidago canadensis* L

阿拉善盟在近几年的普查中发现有以下几种全国林业危险性有害生物。锈色粒肩天牛 *Apriona swainsoni*、臭椿勾眶象 *Eucryptorrhynchus brandti*、桑天牛 *Apriona germari*、小木蠹蛾 *Cossidae*。

（四）阿拉善盟主要林业和草原有害生物名录

昆虫类：

1. 大青叶蝉（沙棘叶蝉）*Cicadella viridis*（Linnaeus）

2. 沙冬青木虱 *Psylla mongolicus* Loginova

3. 无斑滑头木虱 *Homalocephala uncolor*（Loginova）

4. 纤细真胡杨个木虱 *Evegeirotrioza gracilis*

5. 蔡氏胡杨个木虱（胡杨木虱、异叶胡杨木虱、异叶胡杨个木虱）*Egeirotrioza ceardi* Bergevin

6. 沙枣个木虱（沙枣木虱）*Trioza magnisetosa* Log.

7. 枸杞木虱（枸杞个木虱）*Paratrioza sinica* Yang et Li Lo C A

8. 洋槐蚜（刺槐蚜）*Aphis robiniae* Macchiati

9. 柏大蚜（侧柏大蚜）*Cinara tujafilina*（delGuercio）

10. 朝鲜球坚蜡蚧（朝鲜球坚蚧、杏球坚蚧、桃球坚蚧、槐球）*Didesmococcus koreanus* Borchsenius

11. 梨圆蚧（梨齿圆盾蚧、梨笠圆盾蚧、梨笠盾蚧、梨圆蚧）*Quadraspidiotus*（Diaspidiotus）*perniciosus*（comstock）

12. 突笠圆盾蚧（杨齿盾蚧、杨盾蚧）*Quadraspidiotus*（Diaspidiotus）*slavonicus*（Green）

13. 沙枣蛎盾蚧（沙枣牡蛎盾蚧）*Lepidosaphes turanica* Archangelakaya

14. 柽柳原盾蚧（红柳盾蚧）*Prodiaspis tamaricicola* Young T

15. 吹绵蚧（国槐吹绵蚧、绵团蚧、棉籽蚧、白条蚧）*ooruonurchasi* Naskell

16. 巨膜长蝽 *Jakowleffia setulosa* Jakovlev

17. 小板网蝽 *Monostira unicostata*（Mulsant et Rey）

18. 东方码绢金龟（东方玛金龟、东方绒鳃金龟、黑绒金龟、黑绒绢金龟、黑绒鳃金龟、东方金龟子、赤绒鳃金龟）*Maladera orientalis*（Motschulsky）

19. 杨十斑吉丁 *Trachypteris picta*（Pallas）

20. 光肩星天牛（黄斑星天牛）*Anoplophora glabripennis*（Motschulsky）

21. 青杨天牛（山杨天牛、青杨楔天牛、杨枝天牛）*Saperda populnea*（Linnaeus）

22. 家茸天牛 *Trichoferus campestris*（Faldermann）

23. 纳曼干脊虎天牛（柳脊虎天牛）*uranoclytus namanganensis*（Heyden）

24. 柠条豆象 *Kytorhinus imixtus* Motsehuisky

25. 沙蒿金叶甲（漠金叶甲）*Chrysolina aeruginosa* Fald

26. 红柳粗角萤叶甲（柽柳条叶甲）*Diorhabda elongata deserticola* Chen

27. 白刺萤叶甲（白茨粗角萤叶甲）*Diorhabda rybakowi* Weise

28. 枸杞负泥虫 *Lema decempunctata* Gebler

29. 臭椿沟眶象（椿小象）*ucryptorrhynchus brandti*（Harold）

30. 大灰象（大灰象甲、云杉大灰象甲）*Sy mpie zomias velatus*（Chevrolat）

31. 多毛小蠹 *Scolytus seulensis* Murayama

32. 异色卷蛾（云杉异色卷蛾）*Choristoneura diversana*（Hubner）

33. 苹果小卷蛾（苹果蠹蛾）*Cydia pomonella* Linnaeus

34. 苦香木蠹蛾东方亚种 *Cossus cossus orientalis* Gaede

35. 黄翅缀叶野螟（杨黄卷叶螟）*Botyodes diniasalis* Walker

36. 草地螟（网锥额野螟）*Loxostege sticticalis* Linneaus

37. 春尺蠖（春尺蛾）*Apocheima cinerarius* Erschoff

38. 棕色天幕毛虫 *Malacosoma dentata* Mell

39. 黄褐天幕毛虫（天幕枯叶蛾、顶针虫）*Malacosoma neustria testacea* Motachulaky

40. 沙枣白眉天蛾 *Celerio hippophaes*（Esper）

41. 杨二尾舟蛾（杨双尾天社蛾）*Cerura menciana* Moore

42. 小地老虎（土蚕、地蚕）*Agrotis ipsilon*（Rottemberg）

43. 褛裳夜蛾 *Catocala remissa* Staudinger

44. 白刺夜蛾（白刺毛虫）*Leiometopon simyrides* Staudinger

45. 黄古毒蛾 *Orgyia dubia*（Tauscher）

46. 灰斑古毒蛾 *Teia ericae*（Germar）

47. 绢粉蝶（山楂粉蝶、树粉蝶）*Aporia crataegi*（Linnaeus）

48. 枸杞实蝇 *Neoceratitis asiatica*（Becker）

49. 毛尾怪瘿蚊（柽柳瘿蚊、柽柳毛茸瘿蚊）*Psectrosema barbatus* Mar.

50. 柠条种子小蜂 *Bruchophagus neocaraganae*（Liao）

51. 贺兰腮扁叶蜂 *Cephalcia alashanica* Gussakovskij

52. 白蜡哈氏茎蜂（沟额哈茎蜂）*Hartigia viatrix* Smith

53. 枸杞刺皮瘿螨（枸杞锈螨）*Aculops lycii* Kuang

病害类：

1. 胡杨锈病 *Melampsora pruinosae* Tranz.

2. 杨树煤污病 *Fumago vagans* Pers.

3. 杨树溃疡病（胡杨溃疡病、毛白杨水泡溃疡病）*Dothiorellagre gar ia Sacc*；*Botryospha eria ribis*（Tode）Gross. et Dugg.

4. 柳树烂皮病（杨树腐烂病、毛白杨腐烂病）*Valsa sordida* Nit. ［*Cytospora chrysosperma*（Pers.）Fr.］

5. 柳树烂皮病 *Valsa salicina*；*Valsa sordida* Nits.

6. 梭梭白粉病 *Valsa salicina*；*Valsa sordida* Nits.

7. 梭梭瘤锈病 *Uromyces sydowii* Liu et Gao

8. 杨树花叶病毒病 *Poplar mosaic virus*（PMV）

（五）林业和草原主要有害生物发生面积

阿左旗林业有害生物主要有黄褐天幕毛虫、春尺蠖、光肩星天牛、灰斑古毒蛾、云杉异色卷蛾、云杉梢斑螟、烟翅腮扁蜂、白刺萤叶甲、白刺夜蛾、大沙鼠等。

2006—2021 年，阿左旗年均发生各类林业有害生物面积 5.58 万公顷。

阿右旗林业有害生物主要有梭梭大沙鼠、柠条种子小蜂、柠条豆象、蒙古扁桃天幕毛虫、白刺毛虫、梭梭白粉病等天然灌木林病虫鼠害。

2006—2021 年，阿右旗发生林业有害生物面积 21.25 万公顷，完成防治 20.13 万公顷，有效防治 19.67 万公顷。

额济纳旗林业有害生物主要有黄褐天幕毛虫、楼裳夜蛾、柳脊虎天牛、十斑吉丁、杨齿盾蚧、胡杨木虱、网蟌、柽柳条叶甲、沙枣木虱、胡杨锈病、大沙鼠等。

2006—2021年，额济纳旗发生林业有害生物面积77.81万公顷。其中，病害发生面积2.47万公顷，虫害发生面积28.94万公顷，鼠害发生面积46.27万公顷（表8-1）。

表8-1　2006—2021年阿拉善盟林业有害生物发生面积统计　　　　　单位：万公顷

年度	有害生物发生	虫害	鼠害
2006	10.61	3.34	7.27
2007	16.35	4.79	11.56
2008	12.96	5.33	7.63
2009	11.72	4.42	7.3
2010	11.72	4.59	7.13
2011	11.4	3.63	7.77
2012	11.56	3.97	7.59
2013	11.52	3.95	7.57
2014	10.52	3.17	7.35
2015	11.89	3.64	8.25
2016	12.2	3.65	8.55
2017	12.6	5.11	7.49
2018	12.24	5.29	6.95
2019	13.39	6.34	7.05
2020	12.3	5.01	7.29
2021	11.47	3.58	7.89

2006—2021年，阿拉善盟年均发生各类林业有害生物灾害面积12.15万公顷。其中，虫害年均发生4.36万公顷，鼠害年均发生7.79万公顷。

2006—2014年，阿拉善盟发生草原鼠、虫害面积3351.03万公顷，年均发生372.34万公顷。其中，草原鼠害发生1122万公顷，年均发生124.67万公顷；虫害发生2229.03万公顷，年均发生247.67万公顷。

四、林业和草原有害生物防治

（一）目标管理

2007年，自治区党委将林业有害生物成灾率纳入盟（市）、厅（局）绩效考核。

2008 年，自治区森防站出台《内蒙古林业有害生物综合目标管理工作绩效考核办法（试行）》。

2010—2011 年，自治区对阿拉善盟林业有害生物成灾率进行目标管理大检查。

2011 年，国家林业局与自治区政府签订"2011—2013 年松材线虫病等重大林业有害生物防控目标责任书"。11 月 17 日，自治区政府在呼和浩特市召开全区林业有害生物防治工作会议。自治区林业厅代表自治区政府与各盟行署、市人民政府签订"2011—2013 年松材线虫病等重大林业有害生物防控目标责任书"。盟行署召开林业有害生物防治工作会议，与各旗（区）签订"2011—2013 年松材线虫病等重大林业有害生物防控目标责任书"。

2015 年，阿拉善盟林业局与阿左旗、阿右旗、额济纳旗人民政府签订"2015—2017 年重大林业有害生物防治目标责任状"。

2018 年，阿左旗森防站获准办理省际间林业植物调运检疫业务。

2019 年，盟森防站制定的《大沙鼠防治技术规程》列入内蒙古自治区地方标准修订项目计划。《阿拉善盟林业有害生物发生及成灾标准》，指导全盟林业有害生物防控工作。

（二）绿色防治

2006 年起，阿拉善盟林业有害生物防治推广使用灭幼脲、苦参碱、阿维菌素、绿色威雷、噻虫啉、吡虫啉、桉油精、白僵菌、世双鼠靶、雷公藤甲素、莪术醇、CO 灭鼠烟包等无公害药剂和生物制剂，辅助灯诱、色诱、性诱、植物源诱杀以及天敌招引、围栏封育等生态控制措施，无公害防治率由 2006 年 94.2% 提高到 2021 年 97.49%。

2008 年，阿左旗采取设置招鹰架控制大沙鼠。

2012 年，贺兰山管理局安置太阳能黑光灯防控云杉异色卷蛾。

2016 年，阿左旗首次利用飞防技术，进行鼠害防治，承担国家林业局"鼠（兔）害防治示范项目"。

2016—2021 年，阿左旗采用筑巢引鸟方法防治贺兰山云杉异色卷蛾。

（三）社会化防治

2012 年，额济纳旗和鄂尔多斯市伊金霍洛旗成立林业有害生物防治公司，是内蒙古自治区首个规模性林业有害生物防治专业服务队。

2015 年，阿拉善盟启动政府购买防治服务试点工作，在额济纳旗进行飞机防治胡杨食叶害虫，并启动地面机动喷雾社会化防治试点，实现防治区全面防治。

（四）区域性联防联治

2015 年 12 月，阿拉善盟所辖三旗签订"2015—2017 年开展重大林业有害生物联防联治联检协议书"。

2018 年，盟森防站、乌海市森防站共同签订"林业有害生物防控合作协议"。

（五）技术合作研究

"十一五"期间，全盟草原系统与区内、外科研单位、大专院所合作开展典型荒漠特色的草原研究。与内蒙古农业大学生态环境学院合作实施国家自然科学基金项目；与内蒙古农业大学合作开展"阿拉善荒漠啮齿动物人为干扰下群落格局——过程敏感性反应机制及其人工神经网络预测研究"课题；与内蒙古林研所合作开展"大沙鼠动态监测研究"项目；与内蒙古农业大学、德国斯图加特大学协同开展啮齿动物生态学研究；与中国科学院动物研究所和 SEE 生态协会合作实施"阿拉善草原鼠类群落结构调查与鼠害治理研究"项目；与中国农业科学院草原研究所合作实施"牧鸡灭蝗"项目。

"十二五"期间，全盟草原系统与西北大学生态毒理研究所合作开展农业部"十二五"公益性行业（农业）科研专项"草原主要毒害草发生规律与防控技术研究"项目；在阿左旗腾格里额里斯镇建立内蒙古毒草防除示范基地；研发应用"疯草灵"解毒丸，牲畜疯草中毒预防率达90%；与中山大学生命科学院合作，开展水枪式肉苁蓉接种技术试验。

2018年，盟森防站承担"肉苁蓉蛀蝇生活史及生物学特性与防治技术研究"科技项目通过盟科技局验收。

2019年，盟森防站开展肉苁蓉蛀蝇物理防治试验。

2020年，盟森防站制定《阿拉善荒漠肉苁蓉有害生物防控技术规程》列入内蒙古自治区地方标准修订项目计划。

2021年，《阿拉善荒漠肉苁蓉有害生物防控技术规程》通过自治区市场监督局终审。

（六）重大危险性林业和草原有害生物灾害应急处理

2007年，内蒙古自治区政府办公厅印发《内蒙古自治区处置重大林业有害生物灾害应急预案》。

2006—2021年，全盟防治各类林业有害生物灾害面积67.48万公顷，年均防治4.5万公顷，林草有害生物成灾率由"十一五"末的5.3‰下降至"十三五"末的0.6‰。

2019—2020年，全盟完成草原虫害防治面积37.29万公顷、草原鼠害防治34.41万公顷。

五、检疫执法

2006年开始，阿拉善盟加大林业有害生物检疫执法工作力度。

2012年，根据国家林业局"绿盾2012"林业植物检疫执法检查行动统一部署，自治区林业厅成立"绿盾2012"林业植物检疫执法检查行动领导小组，印发《内蒙古自治区"绿盾2012"林业植物检疫执法检查行动实施方案》，在全区启动检查行动。国家、自治区、盟电视台共播报视频新闻25次，阿拉善盟电台播报14次，《内蒙古日报》《阿拉善日报》刊发宣传稿件15篇，中国森防信息网、内蒙古森防信息网采用信息108条；发放宣传单4750份；全盟实施产地检疫苗木88.13公顷，种苗产地检疫率100%；签发检疫要求书166份，检疫证书42份，检疫苗木1349.6万株、花卉0.07万株、药材8吨；复检木材3437.5立方米、苗木2602万株、种子172吨；处理带疫苗木5万株、木材36立方米、查处违章案件9起。

2014年10月，自治区林业厅印发《关于开展全区林木种苗调运专项执法行动的通知》，启动全区林木种苗调运专项执法行动。阿拉善盟各级森防、种苗和森林公安联合查处违法调运林木种苗行为。

2019年，阿拉善盟机构改革，全盟各级森林病虫害防治检疫站行政执法权力移交。

2011—2021年，阿左旗开展检疫检查执法专项行动31次，检查涉林企业71家，查处带疫种苗49批次，查处行政执法案件47起，涉案金额1.98万元。

2006—2021年，阿右旗开展检疫检查执法专项行动22次，检查涉林涉木企业68家，发现带疫种苗6批次，处理带疫苗木234株，带疫木材8根。

2006—2021年，额济纳旗产地检疫处理带疫苗木38批次，销毁带疫木材44立方米，查获假证2份。

2006—2021年全盟林业有害生物防治目标管理指标完成情况。（表8-2）

表 8-2　阿拉善盟林业有害生物防治目标管理指标完成情况

年份	现有林+未成林面积（公顷）	成灾面积（公顷）	总防治面积（公顷）	无公害防治面积（公顷）	预测发生面积（公顷）	实际发生面积（公顷）	应实施种苗产地检疫面积（公顷）	实施产地检疫面积（公顷）	成灾率下达指标（‰）	成灾率完成指标（%）	无公害防治率下达指标（%）	无公害防治率完成指标（%）	预报准确率下达指标（%）	测报准确率完成指标（%）	种苗产地检疫率下达指标（%）	种苗产地检疫率完成指标（%）
2006	1105400	8666.67	55933.33	57533.33	116666.67	106000	27.87	27.4	10	7.8	80	96.6	70	97.1	95	98.3
2007	1178666.67	8133.33	62960	61626.67	115626.67	100000	15.13	14.8	10	6.9	80	97.8	70	86.5	95	97.8
2008	1192933.33	7533.33	65133.33	61733.33	129533.33	120000	16.6	16.6	8	6.3	85	95	85	92.6	100	100
2009	1192933.33	3333.33	58666.67	55333.33	120666.67	117200	22.73	22.73	7	2.8	80	94	85	97	100	100
2010	1192933.33	4046.67	56800	56800	115800	112866.67	35.59	35.59	5	3.4	90	100	90	97.5	100	100
2011	1192933.33	3620	53266.67	48800	116666.67	114000	48.27	48.27	6	3.05	80	91.6	85	97	99	100
2012	1197133.33	3933.33	43066.67	39666.67	114666.67	111666.67	88.16	88.16	6	3.28	80	92	85	97.3	99	100
2013	1212933.33	4533.33	54933.33	52933.33	110000	115200	100.27	100.27	5.5	3.74	80	94	85	95	99	100
2014	1228600	5000	49333.33	46666.67	113333.33	105200	153.67	153.67	5.5	4.08	80	96	85	92	99	100
2015	1228533.33	5000	64266.67	62266.67	115333.33	118933.33	226.67	226.67	5	4.07	80	94	85	96	99	100
2016	2064666.67	2000	68253.33	65333.33	115333.33	121933.33	216.47	216.47	4.5	1	92	96	90	91	99	100
2017	2113066.67	2526.67	59832.53	57833.33	128000	126047.8	305.47	305.47	4	1.2	92	96.6	90	98.4	99	100
2018	2113433.33	1666.67	58833.33	56833.33	125533.33	123733.33	286.67	286.67	4	1.05	92	97.17	90	98.7	99	100
2019	2113406.67	1000	72580	70886.67	125333.33	136160	355.53	355.53	3.5	0.63	92	98.59	92	92.05	100	100
2020	2113406.67	0	59620	4826.67	125866.66	125400	321.2	321.2	3.5	0	93	98.88	92	99.5	100	100
2021	2386666.67	0	52617.27	51296.6	117466.67	114701.27	271.47	271.47	3.5	0	92	97.49	92	97.58	100	100

第二节　野生动植物保护

一、野生动物救护

2017 年，全盟救助野生动物 25 种 1837 只。

2018 年，全盟救助野生动物 21 种 37 只。

2019 年，全盟救助野生动物 10 种 23 只。

2020 年，全盟救助野生动物 24 种 72 只。

二、野生植物培植

2006 年，阿拉善盟梭梭-肉苁蓉接种成功。

2013 年，阿拉善盟被授予"中国肉苁蓉之乡"称号。

2019 年 11 月，国家卫生健康委员会、国家市场监督管理总局《关于对党参等 9 种物质开展按照传统既是食品又是中药材的物质管理试点工作的通知》，阿拉善荒漠肉苁蓉名列其中。

2021 年 4 月，阿拉善盟确定 13 家企业为肉苁蓉（荒漠）食药物质生产经营试点企业。10 月，《阿拉善荒漠肉苁蓉产地环境》《阿拉善荒漠肉苁蓉种子培育规程》《阿拉善荒漠肉苁蓉有害生物防控技术规程》《阿拉善荒漠肉苁蓉》《梭梭造林及管护技术规程》《阿拉善荒漠肉苁蓉产地初加工技术规程》《阿拉善荒漠肉苁蓉生态种植技术规程》发布实施。

截至 2021 年，全盟有天然梭梭林 96.2 万公顷，人工培植梭梭林 52.34 万公顷，人工接种肉苁蓉 9.78 万公顷。

三、陆生野生动物疫源疫病监测

陆生野生动物疫源疫病监测是野生动物保护的一项重要工作，主要任务是对野生动物疫源疫病进行严密监测，及时准确掌握野生动物疫源，在监测野生动物种群中发现行为异常或不正常死亡的，要记录信息、科学取样、检验检测、报告结果、应急处理、发布疫情等全过程。

2005 年，阿右旗巴丹吉林国家级陆生野生动物疫源疫病监测站成立，重点对巴丹吉林沙漠腹地有水域的各种候鸟和雅布赖山地国家二级保护动物盘羊、岩羊及其他野生动物疫源疫病发生发展情况进行监测。2018 年，国家林业和草原局在巴丹吉林自然保护区加挂国家级野生动物疫源疫病监测站牌子。

2018 年，内蒙古贺兰山国家级陆生野生动物疫源疫病监测站成立。承担监测内蒙古贺兰山陆生野生动物疫源疫病工作职责，将职能职责纳入相关科室，制定工作制度、监测方案、应急预案等。

2018 年，内蒙古额济纳胡杨林国家级野生动物疫源疫病监测站成立。承担监测额济纳胡杨林陆生野生动物疫源疫病工作职责，将职能职责纳入五苏木管理站、七道桥管理站日常巡护工作范畴，制定野生动物疫源疫病监测应急预案和工作制度，保护胡杨林自然保护区资源。

截至 2021 年，全盟有国家级疫源疫病监测站 3 个：内蒙古贺兰山国家级陆生野生动物疫源疫病监测站、阿右旗巴丹吉林自然保护区国家级陆生野生动物疫源疫病监测站、内蒙古额济纳胡杨林国家级野生动物疫源疫病监测站。各疫源疫病监测站实行 24 小时值班制度，全面巡护。

第三节　森林生态效益补偿

一、公益林补偿政策

2004 年，国家林业局、财政部印发《重点公益林区划界定办法》。阿拉善盟启动中央森林生态效益补偿基金制度。

2006 年 10 月，全盟各旗（区）结合纳入公益林补偿面积、人口数量、人均占有草场面积不同等实际，制定相应实施办法，采取以户和人为单位进行补偿，得到国家、自治区相关部门认可，生态效益补偿基金制度得以顺利实施。

2007 年，自治区修订《内蒙古自治区财政森林生态效益补偿基金管理办法》，颁布《内蒙古自治区公益林管理办法》。

2009 年，国家林业局、财政部对《重点公益林区划界定办法》进行了修订，印发《国家级公益林区划界定办法》。

国家提高集体（个人）所有的国家级公益林森林生态效益补偿标准，自治区相应修订《内蒙古自治区财政森林生态效益补偿基金管理实施细则》。

2010 年，内蒙古自治区财政厅、林业厅印发《内蒙古自治区财政森林生态效益补偿基金管理实施细则》。

2011 年，内蒙古自治区财政厅、林业厅印发《内蒙古自治区森林抚育补贴资金管理办法》。

2012 年，内蒙古自治区林业厅、财政厅印发《内蒙古自治区森林生态效益补偿基金检查验收办法》。

2013 年，国家林业局、财政部印发《国家级公益林管理办法》。

2014 年，国家财政部、林业局联合制定《中央财政林业补助资金管理办法》。

2017 年，国家财政部、林业局印发《林业改革发展资金管理办法》《林业改革发展资金预算绩效管理暂行办法》。

国家林业局、财政部印发《国家级公益林区划界定办法》《国家级公益林管理办法》。

2018 年，国家财政部、林业和草原局印发《林业生态保护恢复资金管理办法》。

2019 年，财政部、林业和草原局印发关于《林业生态保护恢复资金管理办法》《林业改革发展资金管理办法》的补充通知。

国家林业和草原局办公室、财政部办公厅印发关于做好 2019 年度中央财政林业转移支付有关工作的通知。

2020 年，财政部、国家林业和草原局印发《林业改革发展资金管理办法》。

二、公益林区划界定

根据阿拉善盟森林资源二类调查结果，全盟区划界定重点公益林面积 154.67 万公顷。

2004 年纳入 117.87 万公顷，2006 年增加 8.93 万公顷，列入中央森林生态效益补偿的重点公益林 126.8 万公顷。按旗（县）划分，阿左旗 43.73 万公顷；阿右旗 52.17 万公顷；额济纳旗 21.98 万公顷。按权属分，国有林 30.23 万公顷；集体林 86.99 万公顷；其他林 6600 公顷。按地类分，有林地 3.14 万公顷；疏林地 1867 公顷；灌木林地 75.77 万公顷；灌丛地 38.79 万公顷。按生态区位分，江河两岸 1.77 万公顷；自然保护区 1.07 万公顷；荒漠化严重地区 115.05 万公顷。

2009 年，增加公益林 4.02 万公顷，纳入中央森林生态效益补偿公益林 130.8 万公顷。按旗

（县）划分，阿左旗 45.60 万公顷，阿右旗 52.30 万公顷，额济纳旗 29.85 万公顷，贺兰山保护区 3.09 万公顷。按权属划分，国有 41.31 万公顷，集体 89.52 万公顷。按地类划分，有林地 5.75 万公顷，疏林地 8067 公顷，灌木林地 124.28 万公顷。按林种划分，水源涵养林 120 公顷，防风固沙林 114.37 万公顷，水土保持林 1093 公顷，护岸林 2.64 万公顷，自然保护区林 12.46 万公顷，国防林 1.19 万公顷，其他 507 公顷。按生态区位划分，江河两岸 7.53 万公顷，自然保护区 5.75 万公顷，国境线 1.34 万公顷，荒漠化和水土流失严重地区 116.21 万公顷。

2012 年，增加公益林 21.18 万公顷，纳入中央森林生态效益补偿公益林 152.02 万公顷。按旗（县）划分，阿左旗 54.01 万公顷，阿右旗 56.61 万公顷（另有 4.85 万公顷国有林变更为集体林），额济纳旗 38.30 万公顷，贺兰山保护区 3.09 万公顷。按权属划分，国有 45.56 万公顷，集体 106.45 万公顷。按地类划分，有林地 5.75 万公顷，疏林地 8067 公顷，灌木林地 145.46 万公顷。按林种划分，水源涵养林 120 公顷，防风固沙林 135.56 万公顷，水土保持林 1093 公顷，护岸林 2.64 万公顷，自然保护区林 12.46 万公顷，国防林 1.19 万公顷，其他 507 公顷。按生态区位划分，江河两岸 7.53 万公顷，自然保护区 5.75 万公顷，国境线 1.34 万公顷，荒漠化和水土流失严重地区 137.39 万公顷。

2014 年，增加公益林 6160 公顷，纳入中央森林生态效益补偿公益林 152.63 万公顷。按旗（县）划分，阿左旗 54.63 万公顷，阿右旗 56.61 万公顷，额济纳旗 38.30 万公顷，贺兰山保护区 3.09 万公顷。按权属划分，国有 41.09 万公顷，集体 111.54 万公顷。按地类划分，有林地 5.60 万公顷，疏林地 4627 公顷，灌木林地 146.33 万公顷，宜林地 2387 公顷。按林种划分，防风固沙林 130.06 万公顷，水源涵养林 9.15 万公顷，护路林 33 公顷，国防林 2.76 万公顷，自然保护区林 10.64 万公顷，环境保护林 100 公顷，风景林 1.8 公顷。按生态区位划分，荒漠化和水土流失严重地区 139.76 万公顷，江河两岸 6.53 万公顷，国境线 1.3 万公顷，自然保护区 5.04 万公顷。

2018 年，全盟各旗公益林区划落界工作完成，10 月份通过国家公益林区划落界核查。

2019 年，增加公益林 18.78 万公顷，纳入中央森林生态效益补偿公益林 171.42 万公顷。按旗（县）划分，阿左旗 60.60 万公顷，阿右旗 56.66 万公顷，额济纳旗 41.42 万公顷，贺兰山保护区 4.15 万公顷，阿拉善经济开发区 1.08 万公顷，腾格里开发区 7.50 万公顷。按权属划分，国有 42.07 万公顷，集体 129.34 万公顷。按地类划分，有林地 5.67 万公顷，疏林地 1.02 万公顷，灌木林地 164.18 万公顷，未成林地 5460 公顷。按林种划分，防风固沙林 136.47 万公顷，水源涵养林 8.52 万公顷，护路林 2567 公顷，国防林 2.25 万公顷，自然保护区林 23.89 万公顷，农田牧场 40 公顷，其他 120 公顷。按生态区位划分，荒漠化和水土流失严重地区 154.95 万公顷，江河两岸 8.66 万公顷，国境线 1.26 万公顷，自然保护区 6.08 万公顷，湿地 4587 公顷。

2021 年，阿拉善盟国家级公益林落界面积 171.34 万公顷。按旗（县）划分，阿左旗 60.53 万公顷，阿右旗 56.66 万公顷，额济纳旗 41.42 万公顷，阿拉善高新区 1.08 万公顷，李井滩示范区 7.50 万公顷，贺兰山保护区 4.15 万公顷。按权属划分，国有 41.99 万公顷，集体 129.35 万公顷。按地类划分，有林地 5.67 万公顷，疏林地 1.02 万公顷，灌木林地 164.11 万公顷，未成林地 5460 公顷。按林种划分，防风固沙林 136.40 万公顷，水源涵养林 8.52 万公顷，护路林 2567 公顷，国防林 2.25 万公顷，自然保护区林 23.89 万公顷，农田牧场防护林 40 公顷，其他 120 公顷。按生态区位划分，荒漠化和水土流失严重地区 154.88 万公顷，江河两岸 8.66 万公顷，国境线 1.26 万公顷，自然保护区 6.08 万公顷，湿地 4587 公顷。

三、公益林效益补偿

2010 年，集体所有国家级公益林补偿标准由每年每亩 5 元提高至 10 元，补偿面积 130.67 万公顷，补偿资金 15941 万元。

2013 年，集体所有国家级公益林补偿标准由每年每亩 10 元提高至 15 元，补偿资金 19179 万元。

2014 年，国有国家级公益林补偿标准由每年每亩 5 元提高至 6 元，补偿资金 27606 万元。

2016 年，国有国家级公益林补偿标准由每年每亩 6 元提高至 8 元，补偿资金 29455 万元。

2017 年，国有国家级公益林补偿标准再次提高，由每年每亩 8 元提高至 10 元，补偿资金 30688 万元。

2019 年，集体个人所有的国家级公益林提标 1 元，达到 16 元/亩，补偿资金 36710 万元。

"十一五"期间，阿拉善盟国家级公益林补偿面积由 117.87 万公顷增加到 130.67 万公顷，增加 12.8 万公顷，补助资金由 7957 万元增加到 1.59 亿元，资金量占全区 17%，通过围栏封禁、补植、补播、抚育等保护管理措施，共 154.6 万公顷公益林得到有效保护。全盟纳入国家级森林生态效益补偿范围的农牧民 4227 户 14000 人，享受政策农牧民年人均受益 0.60 万元。

"十二五"期间，阿拉善盟国家级公益林年补偿基金 2.82 亿元，累计落实中央财政补偿基金 11.01 亿元，较"十一五"增加 5.78 亿元，增长 110%。公益林补偿政策惠及全盟 26 个苏木（镇），94 个嘎查，5096 户 15413 人。

"十三五"期间，阿拉善盟国家级公益林补偿面积 171.42 万公顷，获得补偿基金 16.42 亿元，补偿资金涉及农牧民 6491 户 16916 人，人均年受益 1.80 万元。草原生态保护面积 1709.07 万公顷，惠及全盟 30 个苏木（镇）、179 个嘎查、19189 户 55611 人。

2021 年，全盟纳入中央财政补贴范围的国家级公益林补偿面积 171.34 万公顷，补偿资金 3.67 亿元。森林生态效益补偿涉及全盟 30 个苏木（镇）、108 个嘎查、惠及 6556 户牧民 16482 人，公益林区牧民人均直接受益 1.80 万元以上。共聘用专（兼）职护林员 2464 人，人均工资 3 万元/年。

四、公益林管护

管护责任区划分。根据国家级公益林权属、分布特点、生态区位和管护的难易程度，采取集中连片，林班、小班完整，就地就近、便于管护管理原则，划分管护责任区。每名管护人员管护面积在 200~2000 公顷。管护责任区采用 GPS 定位，明确四至界线，确定位置、面积、资源情况，并按 1∶50000 比例尺绘制管护责任区分布图。截至 2021 年，全盟国家级公益林共划定管护责任区 879 个，其中，阿左旗 419 个，阿右旗 42 个，额济纳旗 252 个，贺兰山保护区 104 个，阿拉善高新区 21 个，孪井滩示范区 41 个。国有林场、治沙站、自然保护区的国家级公益林，由经营单位组织专业队伍进行管护。集体所有国家级公益林以嘎查为单位，按管护责任区确定管护人员，实行护林员联户管护或独立管护。

管护机构建设。阿拉善盟各级人民政府均成立了由政府主要领导任组长，林业、财政、人事、农牧、国土、监察、审计等部门领导组成的森林生态效益补偿工作领导小组，负责森林生态效益补偿的组织协调、安排部署、检查督促等工作。各级林业部门设立公益林管理专门机构（保护站或公益林中心），负责本辖区内公益林管护管理的日常工作，并履行相应的职能。各旗在公益林分布相对集中的主要苏木（镇）设立公益林管理站，配备人员和设备，加大管护管理力度。并层层签订目标责任状和管护协议，明确责任和义务，形成党委政府统筹领导，林业部门组织实施，基层公益林管理站监督服务，护林员队伍负责管护的责任落实体系。

管护队伍建设。全盟共聘用护林员 2131 名，护林员实行属地管理、动态管理。由基层公益林管理站负责辖区内护林员监督管理，旗（区）林业局或基层公益林管理站组织护林员培训，制定相关制度和办法，与护林员签订管护协议，明确管护任务和职责，把护林员职责义务履行同管护效果、管护劳务补助挂起钩来。护林员工资 20% 作为年终考核基金，考核称职的予以发放并继续聘用，考核不称职的不予发放并予以解聘，考核优秀的给予一定的奖励。护林员社会保险（主要包括养老、医疗）按照各旗（区）《农牧民基本养老、医疗保险实施办法》进行缴纳。

管护责任落实。阿拉善盟推行护林员 GPS 定位巡护模式，切实落实管护责任，使护林员队伍履职尽责。阿拉善盟公益林分布不均，面广、线长，管护难度大，GPS 定位巡护模式的应用实现了对管护人员规范化、科学化管理，对各旗公益林管理站巡护情况进行实时监控，确保巡查线路和巡查时段的精准管理。

五、公益林监测

阿拉善盟于 2010 年实施"国家级公益林监测"项目，截至 2021 年，已连续开展 11 年，监测工作主要依据内蒙古自治区林业厅、财政厅批复的《森林生态效益补偿基金年度实施方案》进行。每年对监测林分因子调查一次，以小班调查、固定样地及典型样地调查、生态定位观测为主，专项调查、社会调查为补充，根据不同的监测内容，采取不同的监测方法。重点对全盟纳入国家级公益林的胡杨、梭梭、柽柳、柠条、花棒、沙拐枣、沙冬青、蒙古扁桃、绵刺、霸王、白刺 11 个树种进行监测，并于每年年底形成监测报告。揭示阿拉善盟公益林保护建设情况、资源状况、群落特征、土壤状况和公益林生产力、防风固沙等综合效益动态变化规律和发展趋势，为加强公益林保护管理，科学制定发展规划提供基础数据支撑和理论依据。

第四节　森林保险

森林保险是针对森林资源、林业生产中面临的火灾、暴雨、暴风、洪水、泥石流、冰雹、霜冻、暴雪、旱灾、病虫鼠（兔）害等多种灾害的专项保险。保险期限为一年，实行一年一投保，一年一签单；保险责任范围以人力无法抗拒的自然灾害为主；保险标的为生长和管理正常的公益林、商品林，公益林乔木和灌木林地，森林保险统一采取森林综合保险。

2013 年，阿拉善盟森林保险工作全面展开。全盟政策性森林保险参保总面积 157.19 万公顷，全部为公益林（表 8-3）。

一、投保情况

2013—2021 年，阿左旗森林保险累计投保面积 765.66 万公顷，累计投保总额 1.46 亿元。

2013—2021 年，阿右旗森林保险累计投保面积 576.71 万公顷，累计投保金额 1.07 亿元。

2013—2021 年，额济纳旗森林保险累计投保面积 556.29 万公顷，累计投保金额 1.06 亿元。

二、理赔情况

2018—2019 年，全盟共完成森林保险灾害理赔案件 44 起。其中，鼠虫害 38 起，旱灾 6 起，涉及林地 4.06 万公顷，已决赔款 2200.04 万元。

表8-3　2013—2021年阿拉善盟森林保险参保情况

年份	参保面积（万公项）			参保金额（万元）			森林保险补贴说明
	总面积	乔木林地	灌木林地	总金额	乔木林地	灌木林地	
2013	157.19	7.79	149.39	2922.91	233.84	2689.07	全盟政策性森林保险参保全部为公益林。公益林保额及费率为乔木林地 500 元/亩，灌木林地 300 元/亩，保险费率均为 0.4%；森林保险补贴比例：中央 50%，自治区 40%，盟级 5%，旗级 5%
2014	269.89	7.79	262.09	4951.54	233.84	4717.7	全盟政策性森林保险参保全部为公益林。灌木林地投保面积增加 1690.53万亩，公益林保额及费率为乔木林地 500 元/亩，灌木林地 300 元/亩，保险费率均为 0.4%；森林保险补贴比例：中央 50%，自治区 40%，盟级 5%，旗级 5%
2015	269.89	7.79	262.09	5148.12	233.84	4914.28	全盟政策性森林保险及费率进行了调整。公益林项下乔木林地调整为 800 元/亩，灌木林地调整为 500 元/亩，保险费率为 0.25%；森林保险补贴比例为：中央 50%，自治区 40%，盟级 5%，旗级 5%
2016	269.89	7.79	262.09	5148.12	233.84	4914.28	自治区对保费补贴比例进行了调整。公益林保额及费率为乔木林地为 800 元/亩，灌木林地为 500 元/亩，保险费率为 0.25%；森林保险补贴比例为：中央 50%，自治区 32%，盟级 7.2%，旗级 10.8%
2017	269.89	7.79	262.09	5148.12	233.84	4914.28	自治区对保费补贴比例进行了调整。全盟政策性森林保险参保全部为公益林。公益林保额及费率为乔木林地为 800 元/亩，灌水林地为 500 元/亩，保险费率为 0.25%；森林保险补贴比例为：中央 50%，自治区 32%，盟级 7.2%，旗级 10.8%

（续表）

年份	参保总面积（万公顷）			参保金额（万元）			森林保险补贴说明
	总面积	乔木林地	灌木林地	总金额	乔木林地	灌木林地	
2018	269.89	7.79	262.09	5148.12	233.84	4914.28	全盟政策性森林保险参保全部为公益林。公益林保险参保率为乔木林地为800元/亩，灌木林地为500元/亩，保险费率为0.25%；森林保险补贴比例为：中央50%，自治区32%，盟级7.2%，旗级10.8%
2019	269.89	7.79	262.09	5148.12	233.84	4914.28	全盟政策性森林保险参保全部为公益林。公益林保险参保率为乔木林地为800元/亩，灌木林地为500元/亩，保险费率为0.25%；森林保险补贴比例为：中央50%，自治区32%，盟级7.2%，旗级10.8%
2020	274.22	7.79	公益林：262.09 商品林：4.33	5245.54	公益林：233.84	公益林：4914.28 商品林：97.42	全盟政策性森林保险增加了商品林投保，现参保林有公益林和商品林。森林保险补贴比例为：公益林，中央50%，自治区32%，盟级7.2%，旗级10.8%；商品林，中央30%，林业经营者30%，旗级12%，盟级3%，自治区25%
2021	274.22	7.79	公益林：262.09 商品林：4.33	5245.54	公益林：233.84	公益林：4914.28 商品林：97.42	全盟政策性森林保险参保有公益林与商品林。森林保险补贴比例为：公益林，中央50%，自治区32%，盟级7.2%，旗级10.8%；商品林，中央30%，林业经营者30%，旗级12%，盟级3%，自治区25%

2019—2020 年，全盟共完成森林保险灾害理赔案件 18 起。其中，鼠虫害 16 起，旱灾 2 起，涉及林地面积 2.6 万公顷，已决赔款 1365 万元。

2020—2021 年，全盟共完成森林保险灾害理赔案件 21 起。其中，鼠虫害 20 起，旱灾 1 起，涉及林地面积 3.38 万公顷，已决赔款 2047.65 万元。

第五节　林长制

2021 年 1 月，中共中央办公厅、国务院办公厅印发《关于全面推行林长制的意见》，明确指出"在全国全面推行林长制，明确地方党政领导干部保护发展森林草原资源目标责任"。6 月，内蒙古自治区党委办公厅、自治区人民政府办公厅印发《关于全面推行林长制的实施意见》。10 月，盟委办、盟行署办印发《阿拉善盟全面推行林长制实施方案》（简称《方案》），全面推行林长制。

一、总体要求

2021 年 12 月底，建立以党政领导负责制为核心，盟级、旗（区）、苏木（镇）、嘎查（村）一级抓一级、层层抓落实的四级林长制责任体系；到 2022 年 6 月，全盟各级全面建立林长制，形成责任明确、协调有序、监管严格、保护有力的森林草原湿地资源保护发展机制。

二、组织体系

（一）组织形式

盟级设立林长、副林长，林长由盟委书记、盟长担任，副林长由盟委副书记、盟行署副盟长担任。根据全盟森林草原湿地资源分布特点和行政区划情况，落实分区划片责任，将全盟分为 5 个林长责任区域，每个区域分别由 1 名副林长负责。

（二）林长职责

主要明确盟级、旗（区）、苏木（镇）、嘎查（村）四级林长的主要职能和责任。

（三）设立林长制办公室

盟级、旗（区）级设置相应的林长制办公室，承担林长制组织实施的具体工作，落实林长确定的事项。盟级林长制办公室设在盟林业和草原局，主任由局长担任。设置副主任，由盟林业和草原局 1 名处级领导担任，主持林长制办公室日常工作。盟直各有关部门为推行林长制的责任单位，确定 1 名处级干部为成员、1 名科级干部为联络员。

三、主要任务

涉及资源保护、生态修复、沙化土地治理、林草产业发展、灾害防控、林草领域改革、完善监测监管体系、保护执法能力建设 8 个方面。其中，沙化土地治理和林草产业发展是自治区根据实际需要新增加的任务。鉴于阿拉善盟拥有森林、草原、湿地、荒漠等多种生态系统，在全区生态保护修复中占有重要位置，《方案》在制定过程中，根据阿拉善盟实际情况将森林、草原、湿地、荒漠四大生态系统全部纳入林长制责任体系，充分体现山水林田湖草沙系统治理理念。

四、保障措施

包括加强组织领导、健全管理机制、加大资金投入、强化督导考核、强化社会监督 5 项措施。

第九章 自然保护地体系建设

第一节 自然保护地概况

阿拉善盟有自然保护地 16 个。其中，自然保护区 9 个：内蒙古贺兰山国家级自然保护区、内蒙古额济纳胡杨林国家级自然保护区、内蒙古东阿拉善自治区级自然保护区、内蒙古腾格里沙漠自治区级自然保护区、内蒙古自治区阿拉善左旗恐龙化石自治区级自然保护区、内蒙古巴丹吉林自治区级自然保护区、内蒙古巴丹吉林沙漠湖泊自治区级自然保护区、额济纳旗马鬃山古生物化石地质遗迹自治区级自然保护区、额济纳旗梭梭林旗级自然保护区；自然公园 7 个：阿拉善沙漠世界地质公园、内蒙古贺兰山国家森林公园、内蒙古额济纳胡杨林国家森林公园、内蒙古阿拉善黄河国家湿地公园、内蒙古巴丹吉林沙漠风景名胜区、内蒙古阿拉善右旗九棵树国家沙漠公园、内蒙古贺兰草原国家草原自然公园。

2019 年机构改革后，转隶到林草部门管理保护区 4 个（原环保部门管理 2 个：内蒙古巴丹吉林沙漠湖泊自治区级自然保护区、额济纳旗梭梭林旗级自然保护区；原国土资源部门管理 2 个：内蒙古自治区阿拉善左旗恐龙化石自治区级自然保护区、额济纳旗马鬃山古生物化石地质遗迹自治区级保护区）。9 个自然保护区面积 289.7 万公顷，7 个自然公园面积 37.97 万公顷。阿拉善盟自然保护地总面积 327.67 万公顷，占全盟面积 12.1%。

第二节 自然保护地体系建设

自然保护地是生态建设核心载体、中华民族宝贵财富、美丽中国重要象征，在维护国家生态安全中居于首要地位。

建立以国家公园为主体、自然保护区为基础、各类自然公园为补充的自然保护地体系，是贯彻习近平生态文明思想重大举措，是中共十九大提出的重大改革任务。建立以国家公园为主体自然保护地体系，紧紧围绕统筹推进"五位一体"总体布局和协调推进"四个全面"战略布局，牢固树立新发展理念，以保护自然、服务人民、永续发展为目标，加强顶层设计，理顺管理体制，创新运行机制，强化监督管理，完善政策支持，建立分类科学、布局合理、保护有力、管理有效的以国家公园为主体的自然保护地体系，确保重要自然生态系统、自然遗迹、自然景观和生物多样性得到系统性保护，提升生态产品供给能力，维护国家生态安全，为建设美丽中国、实现中华民族永续发展提供生态支撑。

一、国家公园

国家公园是指以保护具有国家代表性自然生态系统为主要目的，实现自然资源科学保护和合理利用特定陆域或海域，是我国自然生态系统中最重要、自然景观最独特、自然遗产最精华、生物多样性最富集的部分，保护范围大，生态过程完整，具有全球价值、国家象征意义，国民认同度高。

（一）贺兰山国家公园建立背景

2017年9月，中共中央办公厅、国务院办公厅印发《建立国家公园体制总体方案》，明确十大国家公园体制试点主要目标是建成统一规范高效的中国特色国家公园体制，交叉重叠、多头管理的碎片化问题得到有效解决，国家重要自然生态系统原真性、完整性得到有效保护，形成自然生态系统保护的新体制新模式，促进生态环境治理体系和治理能力现代化，保障国家生态安全，实现人与自然和谐共生。

2018年，根据盟委、盟行署要求，盟林业局、贺兰山管理局委托内蒙古自治区林业监测规划设计院开展贺兰山国家公园体制前期调研和总体规划编制工作。在十三届全国人大一次会议上，阿左旗人民政府旗长戈明提交《关于申请建立贺兰山国家公园的建议》提案，依据《国家林业和草原局对十三届全国人大一次会议第2812号建议的答复》中提到的根据《建立国家公园体制总体方案》有关内容，认为建立贺兰山国家公园有其必要性和可行性。按照《国家林业和草原局关于印发国家林业和草原局2019年工作要点的通知》要求，国家林业和草原局启动编制国家公园总体规划，编制或完善相关专项规划等工作，将内蒙古贺兰山国家级自然保护区与宁夏贺兰山国家级自然保护区整体纳入全国国家公园空间布局和发展规划，统一编制总体规划。

（二）贺兰山国家公园申报情况

贺兰山位于内蒙古自治区与宁夏回族自治区交界处，是中国西北重要的生态安全屏障，在防风固沙、涵养水源、生物多样性维护等方面发挥着重要作用。自2017年在全国开展国家公园改革试点开始，自治区林业和草原局、盟行署多次与国家林业和草原局沟通协调拟建贺兰山国家公园相关事宜。经各级主管部门共同努力，贺兰山国家公园列入国家林业和草原局"十四五"发展规划。

2020年，国家林业和草原局委托国家林业草原规划院完成贺兰山保护区界限、自然资源等基础性资料收集工作，编制完成贺兰山国家公园体制规划建设《社会经济评价报告》《自然资源调研报告》《设立国家公园方案》3个报告。

2021年2月，盟委（扩大）会议提出，加强生态环境保护，坚持共抓大保护、不搞大开发，统筹推进山水林田湖草沙系统综合治理，大力加强黄河流域、黑河流域和自然保护区生态保护修复，扎实推进贺兰山生态廊道和国家公园建设。7月，内蒙古自治区林业和草原局、宁夏回族自治区林业草原局、盟行署、盟林业和草原局、阿左旗人民政府、内蒙古贺兰山管理局和宁夏贺兰山管理局在宁夏银川市召开贺兰山生态保护管理工作会商会议，就贺兰山生态保护管理及贺兰山国家公园体制建设问题达成共识，协商成立贺兰山生态保护部门联合工作领导小组，建立贺兰山生态保护共建共管机制，推进贺兰山国家公园体制建设和贺兰山协同监管联合执法等工作。签署内蒙古自治区林业和草原局、宁夏回族自治区林业和草原局《共同推进贺兰山国家级自然保护区生态保护工作框架协议》，常态化开展蒙宁贺兰山国家级自然保护区护林防火联防互查机制。

二、自然保护区

自然保护区是指保护典型自然生态系统、珍稀濒危野生动植物种的天然集中分布区、有特殊意义自然遗迹的区域。确保主要保护对象安全，维持和恢复珍稀濒危野生动植物种群数量及赖以生存的栖息环境。截至2021年底，阿拉善盟共建立自然保护区9个，包括国家级自然保护区2个、省级自然保护区6个、旗级自然保护区1个。

（一）内蒙古贺兰山国家级自然保护区

内蒙古贺兰山国家级自然保护区位于阿左旗境内，1992年，经国务院（国函〔1992〕166

号）批准列为森林和野生动物类型自然保护区，主要保护对象为青海云杉和野生动植物资源。以分水岭为界，东坡归宁夏回族自治区管理，西坡归内蒙古自治区管理。保护区南起关头，北至小松山，东以分水岭为界与宁夏回族自治区相毗邻，西至贺兰山山麓。地理坐标为北纬38°20′48.48″~39°08′08.88″，东经105°44′45.60″~106°05′01.68″，保护区总面积6.77万公顷。其中，核心区2.02万公顷、缓冲区1.08万公顷、实验区3.67万公顷。保护区南北长125公里，东西宽8~30公里，是南北走向山脉，平均海拔2700米，最高峰为中部达郎浩绕，海拔3556.1米，是内蒙古最高峰。保护区森林面积3.88万公顷，森林覆盖率57.3%；树种以青海云杉、油松等为主，保护区有维管束植物788种，是内蒙古、东北、青藏高原及其他植物相互渗透汇集地，有脊椎动物352种、大型真菌262种、昆虫1914种、苔藓180种，是天然种质资源宝库和重要模式标本产地，被誉为天然"基因库"。

（二）内蒙古额济纳胡杨林国家级自然保护区

内蒙古额济纳胡杨林国家级自然保护区属荒漠生态类型，主要保护对象为胡杨林及其生境，1992年，经内蒙古自治区人民政府批准成立额济纳旗七道桥胡杨林自然保护区，1999年更名为额济纳旗胡杨林自然保护区，2003年1月，经国务院批准，额济纳旗胡杨林自然保护区晋升为国家级自然保护区，更名为内蒙古额济纳胡杨林国家级自然保护区。

内蒙古额济纳胡杨林国家级自然保护区位于额济纳旗中心位置——额济纳绿洲，西邻额济纳旗达来呼布镇，北临居延海。地理坐标为北纬41°30′~42°07′，东经101°03′~101°17′，地质属于天山、阴山地槽。地形成扇状，总势西南高，东北低，呈中间低平状。按其地貌形态和物质组成，主要分为洪积平原及部分风力沉积半固定、固定沙丘和戈壁地貌。地域大部海拔高度850~950米，平均海拔900米，属野生植物类型自然保护区。保护区内分为森林植被、荒漠植被、盐化草甸植被、草本沼泽植被4个植被类型，主要植被类型是以胡杨和柽柳为主要成分的森林林分。保护区总面积2.63万公顷。其中，核心区8774公顷、缓冲区1万公顷、实验区7461公顷。是以保护天然胡杨林为主体绿洲生态系统、物种基因库和戈壁绿洲景观的国家级自然保护区。

（三）内蒙古东阿拉善自治区级自然保护区

内蒙古东阿拉善自治区级自然保护区位于阿左旗境内，行政区域包括敖伦布拉格镇、吉兰泰镇、乌力吉苏木、巴彦诺日公苏木部分区域。地理坐标为北纬39°42′40″~40°52′33″，东经104°24′50″~105°58′29″，东西最大跨度117公里，南北最长132公里，保护区总面积67.78万公顷。

1996年，经阿左旗人民政府批准成立，2003年，经内蒙古自治区人民政府批准晋升为自治区级保护区，成立内蒙古东阿拉善自治区级自然保护区，保护区面积107.15万公顷。为便于保护区管理和建设工作顺利进行，经自治区人民政府批准，2010年、2014年分别对内蒙古腾格里沙漠自治区级自然保护区进行调整，保护区面积调整为67.78万公顷，其中，核心区21.47万公顷，占保护区总面积31.7%；缓冲区11.31万公顷，占保护区总面积16.7%；实验区35万公顷，占保护区总面积51.6%。保护区荒漠珍稀濒危植物群落以白刺、绵刺、霸王、红砂、柠条锦鸡儿、沙冬青、蒙古扁桃、梭梭、盐爪爪等荒漠灌丛为主，面积59.13万公顷，沙地面积8.52万公顷，沙枣林1261公顷。

保护区属荒漠生态类型，主要保护对象为荒漠生态系统。根据调查及有关文献记载，保护区内有维管束植物171种、脊椎动物93种。

（四）内蒙古腾格里沙漠自治区级自然保护区

内蒙古腾格里沙漠自治区级自然保护区位于内蒙古自治区西部的腾格里沙漠东南缘，行政区域包括腾格里额里斯镇、温都尔勒图镇、巴润别立镇和嘉尔嘎勒赛汉镇部分区域，地理坐标为北纬

37°31′18″～38°26′48″，东经 103°55′14″～105°41′18″，平均海拔1500米，最高海拔点位于黑山南部的一座山峰，海拔高度1863.5米。保护区总面积72.17万公顷，保护区类型为自然生态系统类的荒漠生态类型自然保护区。

1996 年，经阿左旗人民政府批准成立，2003 年，经内蒙古自治区人民政府批准晋升为自治区级保护区，成立内蒙古腾格里沙漠自治区级自然保护区，保护区面积100.65万公顷。为便于保护区保护管理工作的开展和保护区的建设，经自治区人民政府批准，2010年、2014年分别对内蒙古腾格里沙漠自治区级自然保护区进行调整，保护区面积调整为72.17万公顷，其中，核心区30.47万公顷，占保护区总面积42.2%；缓冲区7.47万公顷，占保护区总面积10.4%；实验区34.23万公顷，占保护区总面积47.4%（2个核心区、2个缓冲区、1个实验区）。按照各类土地类型分灌木林地2.59万公顷、草原8.52万公顷、沙漠61.03万公顷、水域216.5公顷、其他72.2公顷。

保护区主要保护对象以沙冬青、霸王为代表的荒漠珍稀植物，以鹅喉羚、荒漠猫、金雕、大天鹅为代表的珍稀野生动物及其栖息生境以及沙漠湖泊湿地生态系统，保护区内有维管束植物142种、野生脊椎动物144种。

（五）内蒙古自治区阿拉善左旗恐龙化石自治区级自然保护区

保护区属古生物遗迹类型，主要保护对象为恐龙化石。1999年，由阿左旗人民政府批准正式成立阿拉善左旗恐龙化石保护区。2003年经内蒙古自治区人民政府批准晋升为自治区级保护区，更名为内蒙古自治区阿拉善左旗恐龙化石自治区级自然保护区。

保护区位于阿左旗乌力吉苏木、吉兰泰镇和阿右旗塔木素布拉格苏木界内。保护区原总面积9.06万公顷，根据保护对象和分布区的不同分为乌力吉和罕乌拉2个分区。

乌力吉分区位于阿左旗乌力吉苏木和阿右旗塔木素布拉格苏木境内，地理坐标为北纬40°48′～41°20′，东经103°45′～104°18′。总面积8.88万公顷。其中，核心区357公顷、缓冲实验区8.85万公顷。

罕乌拉分区位于阿左旗吉兰泰镇境内，地理坐标为北纬40°09′～40°19′，东经105°40′～105°53′。总面积1735公顷。其中，核心区117公顷、缓冲实验区1618公顷。

（六）内蒙古巴丹吉林自治区级自然保护区

内蒙古巴丹吉林自治区级自然保护区属荒漠生态类型，主要保护对象为荒漠生态系统及盘羊、梭梭等野生动植物。1997年，经阿右旗人民政府批准，成立内蒙古雅布赖盘羊旗级自然保护区和内蒙古塔木素梭梭林旗级自然保护区；2000年，经内蒙古自治区人民政府批准，将内蒙古雅布赖盘羊旗级自然保护区和内蒙古塔木素梭梭林旗级自然保护区晋升为自治区级自然保护区；2005年，经内蒙古自治区人民政府批准，将内蒙古雅布赖盘羊自治区级自然保护区和内蒙古塔木素梭梭林自治区级自然保护区合并，更名为内蒙古巴丹吉林自治区级自然保护区，合并后自然保护区总面积48.9万公顷；2012年，内蒙古自治区人民政府批准对内蒙古巴丹吉林自治区级自然保护区范围及功能区进行调整，调整后自然保护区总面积47.62万公顷。

内蒙古巴丹吉林自然保护区位于阿右旗塔木素布拉格苏木和雅布赖镇境内，地理坐标为北纬39°25′～40°38′，东经102°42′～103°59′，总面积47.62万公顷。保护区内有大片原始梭梭林，塔木素梭梭林是内蒙古西部十大天然梭梭林之一，区内盛产珍贵中药材肉苁蓉，是内蒙古西部梭梭林采种基地，是国家二级保护动物鹅喉羚、盘羊重要栖息地。

（七）内蒙古巴丹吉林沙漠湖泊自治区级自然保护区

内蒙古巴丹吉林沙漠湖泊自治区级自然保护区属荒漠生态类型，主要保护对象为荒漠生态系统及湖泊湿地。1999年，经阿右旗人民政府批准，成立内蒙古巴丹吉林沙漠湖泊旗级自然保护区；

2003 年，经内蒙古自治区人民政府批准晋升为自治区级自然保护区，更名为内蒙古巴丹吉林沙漠湖泊自治区级自然保护区。

巴丹吉林沙漠湖泊自然保护区位于阿右旗境内巴丹吉林沙漠东南部，地理坐标为北纬 39°26′~40°05′，东经 101°40′~102°44′。总面积 71.71 万公顷。巴丹吉林沙漠湖泊自然保护区是一个以保护巴丹吉林沙漠自然景观及其赖以生存的珍稀物种以及古地质、古生物化石为主要对象的综合性自然保护区。分布着世界最高的沙山必鲁图峰，海拔 1611.009 米。在保护区内有珍稀动物野驴、鹅喉羚、盘羊、岩羊以及大天鹅、雁、鸭类、猛禽；珍贵植物有梭梭、麻黄、甘草、锁阳、肉苁蓉等。

（八）额济纳旗马鬃山古生物化石地质遗迹自治区级自然保护区

额济纳旗马鬃山古生物化石地质遗迹自治区级自然保护区属古生物遗迹类型，主要保护对象为恐龙骨骼、蛋化石、龟鳖类。1998 年 12 月，额济纳旗人民政府批准建立额济纳旗马鬃山古生物化石地质遗迹旗县级自然保护区，同时批准成立额济纳旗马鬃山古生物化石地质遗迹旗县级自然保护区管理委员会；2003 年 4 月，经自治区人民政府批准，晋升为自治区级自然保护区，更名为额济纳旗马鬃山古生物化石地质遗迹自治区级自然保护区。保护区面积 5.27 万公顷。

（九）额济纳旗梭梭林旗级自然保护区

额济纳旗梭梭林旗级自然保护区属荒漠生态类型，主要保护对象为荒漠生态系统及梭梭林、肉苁蓉等野生动植物。1998 年 12 月，额济纳旗人民政府批准建立额济纳旗梭梭林旗级自然保护区。保护区面积 6.67 万公顷。

三、自然公园

自然公园是指保护重要的自然生态系统、自然遗迹和自然景观，具有生态、观赏、文化和科学价值，可持续利用的区域。确保森林、海洋、湿地、水域、冰川、草原、生物等珍贵自然资源，以及所承载的景观、地质地貌和文化多样性得到有效保护。包括森林公园、地质公园、海洋公园、湿地公园、沙漠公园、草原公园等各类自然公园。截至 2021 年底，阿拉善盟共建自然公园 7 个，包括国家森林公园 2 个、湿地公园 1 个、沙漠地质公园 1 个、风景名胜区 1 个、沙漠公园 1 个、草原公园 1 个。

（一）阿拉善沙漠世界地质公园

2004 年 11 月，阿拉善沙漠地质公园经内蒙古自治区国土资源厅批准建立；2005 年 9 月，经国土资源部批准晋升为国家级地质公园，更名为内蒙古阿拉善沙漠国家地质公园，总面积 6.30 万公顷；2010 年 1 月经国土资源部批准，晋升为世界级地质公园。范围以阿拉善盟 27 万平方公里辖区面积划定，由巴丹吉林、腾格里和居延 3 个园区及其所属 10 个景区组成。

（二）内蒙古贺兰山国家森林公园

内蒙古贺兰山国家森林公园属森林生态类型，主要保护对象为水源涵养林、野生动植物，2002 年 12 月，经国家林业局批准建立贺兰山国家森林公园。森林公园面积 3455.1 公顷（包括南寺、北寺旅游区），南寺、北寺距阿拉善盟盟府所在地巴彦浩特镇均在 30 公里范围内。

森林公园内有国家稀有、珍贵、濒危动植物，包括许多属于贺兰山独有植物。2019 年 10 月，入选"中国森林氧吧"榜。

1. 阿拉善广宗寺旅游区（南寺旅游小区）

1998 年 5 月，内蒙古自治区林业局《关于贺兰山自然保护区开设南寺旅游小区的批复》，批准"鉴于贺兰山自然保护区南寺的历史和现状，在贺兰山自然保护区开设南寺旅游小区"。该区位于贺兰山西麓，在巴彦浩特镇东南 30 公里处，东西长 8.5 公里，南北宽 5.4 公里，总面积 2355.1

公顷。

2. 贺兰山福因寺旅游区（贺兰山北寺旅游小区）

1993 年 5 月，内蒙古自治区林业局《关于贺兰山自然保护区开设旅游小区的批复》，批准"在贺兰山国家级自然保护区内开设旅游小区"。该区位于贺兰山麓中部，距巴彦浩特镇 25 公里，乌巴公路南侧，东西长 5.7 公里，南北宽 3.7 公里，总面积 1100 公顷。

（三）内蒙古额济纳胡杨林国家森林公园

内蒙古额济纳胡杨林国家森林公园属荒漠生态类型，主要保护对象为胡杨林及其生境。2003 年 12 月，经国家林业局批准建立内蒙古额济纳胡杨林国家森林公园。总面积 5636 公顷。

内蒙古额济纳胡杨林国家森林公园位于内蒙古额济纳旗，有天然胡杨林 2.96 万公顷，是世界仅存三大胡杨林之一，被誉为"植物活化石"。

额济纳旗兆通禾天下胡杨林旅游区，2012 年开发建设，2014 年 11 月，被评定为国家 4A 级景区；2020 年 1 月，被文化和旅游部评为国家 5A 级旅游景区。

（四）内蒙古阿拉善黄河国家湿地公园

内蒙古阿拉善黄河国家湿地公园属内陆湿地类型，主要保护对象为湿地生态系统，东临黄河，西接 110 国道，北连乌海市，南与宁夏回族自治区交界，整个公园基地呈狭长形，地理坐标为北纬 39°22′27″~39°26′24″，东经 106°43′41″~106°44′55″，总面积 770.52 公顷。其中，水域 285.45 公顷，湿地率 37.07%，区内有丰富的湿地野生动植物资源。公园划分为湿地恢复保育区、湿地科普教育区、湿地恢复示范区、湿地生态展示区、湿地服务管理区 5 个功能区。湿地公园规划范围是阿拉善高新区重要的水源地，也是阿拉善高新区河道仅存的生态缓冲带，有典型原生态的黄河河漫滩，是较多种类水禽的良好栖息地，具有重要的生态示范作用。

2009 年，国家林业局批准开展阿拉善黄河国家湿地公园试点建设。2018 年 12 月，经国家林业和草原局验收授牌。

（五）内蒙古巴丹吉林沙漠风景名胜区

内蒙古巴丹吉林沙漠风景名胜区属荒漠生态类型，主要保护对象为荒漠生态系统及湖泊湿地，2019 年，经内蒙古自治区人民政府批准设立巴丹吉林自治区级风景名胜区，保护区面积 30.17 万公顷。

（六）内蒙古阿拉善右旗九棵树国家沙漠公园

2020 年，国家林业和草原局批准建设内蒙古阿拉善右旗九棵树国家沙漠公园，位于阿右旗雅布赖镇境内，地处内蒙古高平原—阿拉善高平原—巴丹吉林沙漠和腾格里沙漠过渡地带。地理坐标为北纬 39°15′13″~39°16′42″，东经 102°38′57″~102°40′52″，总面积 325.10 公顷，分为生态保育、宣教展示、沙漠体验和管理服务 4 个功能区。

（七）内蒙古贺兰草原国家草原自然公园

内蒙古贺兰草原国家草原自然公园位于银巴高速公路以东，贺兰山以西，哈拉乌沟南北延伸两条平整山脉之间，总面积 4000 公顷。2016 年 7 月开工建设，2017 年 7 月建成。融入草原元素，建设蒙古大帐、敖包恢复、贺兰湖、观光环路 13.8 公里、人行木栈道 6.4 公里，自然恢复植被 2000 公顷，补播花草 2000 公顷。2020 年 9 月，《国家林业和草原局关于公布首批国家草原自然公园试点建设名单的通知》文件，批准贺兰草原开展国家草原自然公园试点建设。

第三节　自然保护地监督管理

一、管理机构

阿拉善盟自然保护地主要由盟林业和草原局管理。2010年，盟林业局成立自然保护区管理科，2019年，更名为野生动植物和自然保护地管理科，职能职责是负责全盟自然保护区、湿地和野生动植物保护工作。全盟自然保护地拥有专门管理机构3个，为贺兰山管理局、额济纳胡杨林管理局和世界地质公园管理局，均为副处级单位，经费实行全额拨款，由当地政府承担。阿左旗、阿右旗和额济纳旗自然保护地由当地林业和草原局、沙漠地质公园管理局管理。

二、执法监督

绿剑行动。自2015年4月"绿剑行动"开展后，盟行署、阿左旗人民政府及盟林业和草原局高度重视《国家林业局办公室关于国家级自然保护区"绿剑行动"监督检查结果的通报》和自治区党委第一巡视组关于自然保护区有关问题的反馈意见，严格落实对自然保护区检查管理，组织对贺兰山保护区项目建设情况进行详细自查，针对排查出来的17处违规建设项目采取积极有效整改，开展清理整治工作。2020年，国家林业和草原局内蒙古专员办对贺兰山保护区再次进行现场整改核查，11月，国家林业和草原局自然保护地管理司对贺兰山保护区下达验收销号的函，同意内蒙古贺兰山国家级自然保护区"绿剑行动"的整改通过验收，予以销号。

绿盾行动。2017—2019年，自治区林业和草原局向阿拉善盟下发"绿盾"点位193个。2021年，盟生态环境局、林业和草原局、自然资源局、工业和信息化局4部门联合下发《阿拉善盟"绿盾2020"自然保护区强化监督工作任务分解方案》《阿拉善盟"绿盾"专项行动反馈问题整改销号制度（试行）》，继续安排部署强化监督工作，各旗（区）对照2017年、2018年、2019年193个遥感监测点和整改台账进行再梳理、再核查。2020年10月—2021年4月，盟生态环境局、工信局、自然资源局、水务局、农牧局、文旅广电局、林业和草原局7部门按照阿拉善盟"绿盾"行动反馈问题整改销号制度要求，对阿左旗政府、阿右旗政府和额济纳旗政府申请销号的自然保护区内点位逐一开展现场核查工作，现场核查率100%。经过阿拉善盟自然保护区强化监督工作协调小组各成员单位研判分析，对193个问题中177个问题予以销号，销号率91.7%，将"绿盾"自然保护地强化监督工作向纵深推进。2020年，下发"绿盾2019"和国家林业和草原局保护地监管平台点位核查，盟林业和草原局对国家级自然保护区2019年"绿盾行动"发现的9个问题点位和国家林业和草原局全国自然保护地监督检查管理平台3个批次下发的3个问题点位整改情况进行再次核实。其中，胡杨林保护区共下发问题点位11个（重复问题点位1个，无需整改3个，纳入常态化管理4个，责令恢复原状3个），贺兰山保护区问题点位1个，为军事基地。按照《自治区生态环境厅 自治区林业和草原局关于开展自治区级自然保护区人类活动变化遥感监测线索核查整改工作的通知》，2021年，下发人类活动遥感监测线索4790个。其中，涉及阿拉善盟322个，各旗（区）正在通过自然保护地人类活动监管系统向自治区反馈和国家反馈监测线索。

2016年中央生态环保督察和2018年中央生态环保督察"回头看"及草原生态环境问题专项督察。按照《内蒙古自治区贯彻落实中央环境保护督察"回头看"及草原生态环境问题专项督察反馈意见整改方案》中涉及阿拉善盟的"自然保护区内工矿企业无序开发问题突出、自然保护区主管部门履职不到位，未承担起自然保护区的管理责任"问题，由各旗（区）开展自查，盟林业和草原局进行实地督察。按照谁审批、谁牵头、谁破坏、谁治理原则，在全盟自然保护区启动实施自然保护区环境整治专项行动和生态环境隐患集中整治攻坚战。通过建立问题整改台账、约谈企业负责人，下发工矿企业关闭和拆除通知、拆除供电线路断电断水、限期拆除各类生产生活设备设施、永久封闭窑口和井口、拉设围栏封闭矿区进出道路、加强长效监管以及采取矿权注销、调整置换矿权、关停、补偿退出等方式，对全盟保护区内 51 个工矿企业生态环境问题进行全面整改，坚决遏制保护区内违法违规破坏生态和污染环境行为。2020 年，完成整改销号。

三、巡护检查

依托《天保公益林管护员岗位责任制度》《天保公益林管护员管理办法》《天保公益林管护员考核办法》，加强保护区天保、公益林资源管护及重点林业生态项目管理；依托森林生态效益补偿、草原奖补和重点生态工程项目区管护人员开展日常巡护，管护范围涵盖保护区；编制环境保护与污染防治长效监管机制实施方案、资源监督管理制度和巡护管理制度；持续开展保护区开发建设项目监督检查。各自然保护区日常巡护用车主要使用基层场站、森林公安派出所车辆，保障日常巡护、执法和保护管理，重点对保护区内企业进行长效监督检查。

四、制度建设

制定完善阿拉善盟自然保护区监督管理制度。制定印发《阿拉善盟自然保护区管理办法（试行）》《阿左旗林业自然资源类自治区级自然保护区资源监督管理制度》《阿左旗林业自然资源类自治区级自然保护区资源巡护管理制度》《阿拉善右旗自然保护区监管制度》《阿拉善右旗自然保护区资源巡护管理制度》《内蒙古额济纳胡杨林国家级自然保护区巡护管理制度》《内蒙古额济纳胡杨林国家级自然保护区监管制度》《内蒙古贺兰山国家级自然保护区资源巡护管理制度》《内蒙古贺兰山国家级自然保护区监督管理制度》；落实"一区一法"工作，编制上报《内蒙古贺兰山国家级自然保护区条例》《内蒙古自治区巴丹吉林沙漠沙山湖泊群保护条例》，依法推进自然保护区建设管理。

五、整合优化

根据《关于建立以国家公园为主体的自然保护地体系的指导意见》《关于在国土空间规划中统筹划定落实三条控制线的指导意见》《自然资源部　国家林业和草原局关于做好自然保护区范围及功能分区优化调整前期有关工作的函》，按照科学评估、合理调整、应划尽划、应保尽保等原则，开展阿拉善盟自然保护地整合优化工作。

截至 2021 年底，阿拉善盟对全盟自然保护地进行再次勘界并开展整合优化工作。阿拉善盟整合优化后有自然保护地 15 个。其中，国家级自然保护区 2 个、自治区级自然保护区 8 个、地质公园 1 个、沙漠（荒漠）公园 3 个、湿地公园 1 个。按照"相同区域内不再保留低级别的自然保护地"要求，整合归并内蒙古贺兰山国家森林公园和内蒙古额济纳国家森林公园，新建内蒙古宝日乌拉胡杨林自治区级自然保护区、阿拉善右旗九棵树国家沙漠公园。

按自然保护地类型划分，具体情况如下：

（一）自然保护区 9 个

其中，国家级 2 个，自治区级 6 个，旗级 1 个。

（二）自然公园 4 个

其中，沙漠世界地质公园 1 个（国家级）；国家级湿地公园 1 个；国家级沙漠（荒漠）自然公园 2 个。

　　按照国家、自治区关于自然保护地整合优化总面积保持不减的总体要求，阿拉善盟根据自然保护地实际及保护所需，总调出面积20.99万公顷（阿左旗17.21万公顷、阿右旗3.4万公顷、额济纳旗3787.97公顷），调入补进面积34.51万公顷（阿左旗15.27万公顷、阿右旗9.39万公顷、额济纳旗9.86万公顷）。全盟自然保护地整合优化后勘界总面积为328.22万公顷，占阿拉善盟总面积12.15%。

　　经过整合优化，阿拉善盟自然保护地存在现实冲突矛盾和历史遗留问题得到解决。整合优化后自然保护地内城镇建成区较优化前减少28.39公顷；村庄建设用地面积较优化前减少95.02公顷；永久基本农田较优化前减少76.85公顷；非永久基本农田较优化前减少1364.37公顷；集体人工商品林较优化前减少43.91公顷，总计调出面积1608.54公顷。不涉及矿权及开发建设区调出情况。人口较优化前减少10420人。由于自然保护地设置初期调研勘察工作不细致，保护地与地方经济发展、基础设施建设、农牧民生产生活依然存在矛盾，下一步需要做更多细致耐心的工作，逐步化解矛盾。

　　2025年前，国家公园为主体自然保护地体系初步建成，自然保护地整合优化工作预计完成。

第十章　林业和草原行政管理　法治建设

第一节　林业和草原行政管理

一、林地草原权属管理

（一）林地确权登记发证

2006年，阿拉善盟加快林权证发放工作，各旗林权登记申请表全部收回。截至2008年，林权登记发证工作完成总任务量90%以上，共核发林权证3077本，发证面积335.6万公顷。其中，阿左旗核发2317本，发证面积138.13万公顷；阿右旗核发312本，发证面积96.2万公顷；额济纳旗核发448本，发证面积101.27万公顷。

2009年至2012年6月，阿拉善盟集体林权制度主体改革全面完成，涉及林地364.41万公顷。其中，公益林364.25万公顷，商品林1540公顷。涉及全盟26个苏木（镇）、176个嘎查、11414户农牧民。宗地数41054宗，发放林权证11743本。阿右旗涉及林地131.6万公顷，发放林权证2167本；额济纳旗涉及林地1182.93万公顷，林改农牧户184户，划分宗地289宗，签订承包合同736份，发放林权证186本；贺兰山保护区权属为国有，面积6.77万公顷，核发林权证1本。

2012年，全盟林业工作会议结束后，各旗（区）按照"申请、审查、勘查、公示、颁证、建档"6个步骤进行林权登记发证工作。不动产登记改革后，各旗（区）林业部门相关档案移交不动产登记部门，由于涉及"一地两证"，新造林地暂停发证，日常工作依据森林资源管理一张图划定林地范围。国有林场改革中，阿左旗5个国有林场、治沙站土地办理不动产登记证。

2014年，各旗（区）林权登记发证工作完成总任务量90%以上，共核发林权证3421本。其中，阿左旗核发2317本，发证面积138.13万公顷；阿右旗核发312本，发证面积96.20万公顷；额济纳旗核发623本，发证面积102.67万公顷；阿拉善高新区发放林权证38本，面积6.62万公顷；孪井滩示范区发放林权证131本，面积357.03公顷；乌兰布和示范区林地确权10万公顷，集体确权登记65个，个人确权登记16个，均未发证。全盟各类森林、林木和林地权属的林权登记发证工作完成，实现林权登记发证工作规范化和信息化，纳入森林资源日常管理轨道。

（二）草原确权登记发证

阿拉善盟有天然草原1840.75万公顷（2010年草原普查数据），占全盟辖区面积68.17%。

据2019年12月末统计，阿拉善盟草原面积1808.44万公顷，已落实草原所有权面积1805.65万公顷，占草原面积99.85%，10.14万公顷因矛盾纠纷尚未确权，占总草原面积0.56%，机动草原面积180.36万公顷，占草原面积9.97%；已落实草原承包经营权面积1525.31万公顷，占草原总面积84.34%，占落实所有权面积84.5%；应发草原所有权证172本，已发171本，占应发总数99.4%；应发草原承包经营权证15259本，已发14715本，占应发总数96.4%。

阿左旗草原面积 473.32 万公顷，已落实所有权草原面积 473.32 万公顷（其中机动草原面积 60.98 万公顷），占全旗草原面积的 100%；已落实草原承包经营权面积 412.34 万公顷，占草原面积 87.1%，占落实所有权面积 87.1%。有 4 万公顷因矛盾纠纷尚未确权，占草原总面积 0.84%。草原确权涉及 11 个苏木（镇）92 个嘎查 9189 户 31622 人，目前 92 个嘎查的所有权证已全部发放，占应发总数 100%；应发草原承包经营权证约 7861 本，已发放草原承包经营权证 7664 本，占应发总数 97.5%。

阿右旗草原面积 492.48 万公顷，已落实所有权草原面积 492.48 万公顷（其中机动草原面积 14.13 万公顷），占全旗草原面积 100%；已落实草原承包经营权面积 478.35 万公顷，占草原面积 97.13%，占落实所有权面积 97.13%。有 14.13 万公顷因矛盾纠纷尚未确权，占草原总面积 2.87%。草原确权涉及 7 个苏木（镇）37 个嘎查 3237 户 9923 人，37 个嘎查的所有权证已发放，占应发总数 100%；应发草原承包经营权证 3237 本，已发放草原承包经营权证 3159 本，占应发总数 97.6%。

额济纳旗草原面积 763.33 万公顷，已落实所有权草原面积 763.33 万公顷（其中机动草原面积 194.66 万公顷），占全旗草原面积 100%；已落实草原承包经营权面积 568.67 万公顷，占草原面积 74.5%，占已落实所有权面积 74.5%，占应落实面积 74.5%；草原确权涉及 8 个苏木（镇）19 个嘎查 2269 户 3581 人；应发放草原承包经营权证 1602 本，已发放 1581 本，占应发总数 98.69%。

阿拉善高新区草原面积 14.6 万公顷，现已落实草原所有权面积 14.6 万公顷（其中机动草原面积为 0.47 万公顷），完成 100%；落实承包经营权面积 14.13 万公顷，完成 100%；涉及 1 个苏木（镇）2 个嘎查 151 户 587 人，所有权证均已发放；应发放草原承包经营权证 155 本，已发 152 本，占应发总数 98.06%。

孪井滩示范区草原总面积 52 万公顷，已落实所有权面 50.92 万公顷，（其中机动草场 10.13 万公顷），占草原总面积 97.92%，有 1.08 万公顷因矛盾纠纷尚未确权，占总面积 2.08%；涉及 2 个苏木（镇）17 个嘎查 1426 户 5898 人；应落实草原承包经营权面积 40.79 万公顷，实际已落实面积 40.79 万公顷，占草原面积 78.44%，占已落实所有权面积 100%；应发放草原承包经营权证 1467 本，已发放 1426 本，占应发总数 97.21%。

乌兰布和示范区草原面积 12.72 万公顷，已落实草原所有权面积 11.05 万亩，占草原面积的 86.87%；草原承包经营权面积 11.05 万亩，占已落实所有权面积 100%；涉及 1 个苏木（镇）5 个嘎查 937 户 2767 人；应发所有权证 5 本，实际发放 5 本；应发草原承包经营权证 937 本，实际发放 733 本，占应发总数 78.23%。

（三）集体林权使用流转

2006—2010 年，全盟林地流转 4666.67 公顷。其中，阿左旗结合天保工程实施，一次性安置场（站）富余职工 311 人，采取移交、承包、划拨方式，将 2313.33 公顷林地和辅助生产用地使用权移交安置职工。国家、自治区重点工程征占用林地，总面积 2666.67 公顷。其中，海勃湾水利枢纽工程坝区和库区占用林地 860 公顷，征占用林地面积最大。

（四）林业企业、专业合作社、家庭林场

2016 年 8 月，《阿拉善盟林业局关于促进家庭林场发展的实施意见》（试行）下发，截至 2018 年，阿拉善盟共登记成立家庭林场 283 户，经营面积 4.6 万公顷；林业专业合作社 40 个，总经营面积 18.2 万公顷。其中，国家级示范社 2 个、自治区级示范社 7 个；采取"企业+合作组织+农牧户+基地"模式林业企业 9 家。

二、林地草原管理

(一) 林地保护管理政策法规

2006 年，按照内蒙古自治区政府法制办要求，盟林业治沙局对林业系统行政执法行为和现行有效法律、法规、规章及部门"三定"规定全面梳理。厘清全盟林业系统实施行政处罚、行政许可、行政确认、行政征收、行政给付、行政强制、行政裁决执法项目。

2007 年 5 月，盟林业治沙局转发《内蒙古自治区政府关于切实加强林地保护管理工作的通知》《内蒙古自治区林业厅关于加强林地保护管理的紧急通知》，完善征占用林地管理、加强国有林场林地保护管理、依法打击违法占用林地行为。

2008 年，内蒙古自治区林业厅建立健全林地保护管理规章制度。建立林地用途管制、征占用林地总量控制定额管理、征占用林地分级管理、征占用林地专家评审和征占用林地跟踪监管制度 5 项林地保护管理制度；建立"占一补二"、恢复森林植被作业设计专家评审、旗县级森林植被恢复费实行"先申请、后返还"、恢复森林植被质量年度核查制度 4 项恢复森林植被管理制度。

2009 年，盟林业治沙局转发《国家林业局关于加强对勘查、开采矿藏占用东北、内蒙古重点国有林区林地审核监督管理的通知》《内蒙古自治区征占用林地核查实施细则》，对征占用林地核查和森林植被恢复检查进行规范。

2010 年，盟林业局转发内蒙古自治区政府办公厅《关于编制自治区级和旗县级林地保护利用规划的通知》，安排全盟林地保护利用规划编制工作。

2014 年 4 月，内蒙古自治区政府批复《内蒙古自治区林地保护利用规划（2010—2020 年）》，是全区编制实施的第一个中长期林地保护利用规划。

2014 年，内蒙古自治区林业厅启动《内蒙古自治区占用征用林地收费标准和管理使用规定》修订。实行建设项目使用林地审核审批《全国建设项目使用林地审核审批管理系统》网上申报。

2015 年，国家财政部和国家林业局《关于调整森林植被恢复费征收标准引导节约集约利用林地的通知》；内蒙古自治区林业厅转发国家林业局《建设项目使用林地审核审批管理办法》《建设项目使用林地审核审批管理规范》《关于加强临时占用林地监督管理的通知》；内蒙古自治区林业厅与财政厅印发《内蒙古自治区森林植被恢复费征收使用管理实施办法》。

2016 年，《财政部国家林业局关于调整森林植被恢复费征收标准引导节约集约利用林地的通知》（财税〔2015〕122 号），调整内蒙古自治区森林植被恢复费征收标准。

2019 年 1 月 22 日，内蒙古自治区林业和草原局印发《内蒙古自治区林业和草原局关于规范和加强建设项目使用林地行政许可申请材料审查有关事项的通知》；国家林业和草原局印发《国家林业和草原局关于规范风电场项目建设使用林地的通知》。

2020 年，国家林业和草原局印发《国家林业和草原局关于统筹推进新冠肺炎疫情防控和经济社会发展做好建设项目使用林地工作的通知》；内蒙古自治区第十三届人民代表大会常务委员会第二十次会议通过《内蒙古自治区额济纳旗胡杨林保护条例》。

2021 年，国家林业和草原局制定《建设项目使用林地审核审批管理规范》。

(二) 草原保护管理政策法规

《中华人民共和国草原法》是保护、建设和合理利用草原，改善生态环境，维护生物多样性，发展现代畜牧业，促进经济和社会可持续发展的法律。

1984 年 6 月 7 日，内蒙古自治区第六届人民代表大会第二次会议通过《内蒙古自治区草原管理条例》。1991 年 8 月 31 日，自治区第七届人大常委会第二十二次会议进行修改。2004 年 11 月 26 日，内蒙古自治区第十届人民代表大会常务委员会第十二次会议修订，2005 年 1 月 1 日起施行。

1985 年 6 月 18 日，第六届全国人民代表大会常务委员会第十一次会议通过《中华人民共和国草原法》。2002 年 12 月 28 日，第九届全国人民代表大会常务委员会第三十一次会议修订；2009 年 8 月 27 日，第十一届全国人民代表大会常务委员会第十次会议《关于修改部分法律的决定》第一次修正；2013 年 6 月 29 日，第十二届全国人民代表大会常务委员会第三次会议第二次修正；2021 年 4 月 29 日，第十三届全国人民代表大会常务委员会第二十八次会议第三次修订。

1998 年 6 月 17 日，内蒙古自治区人民政府第五次常务会议通过《内蒙古自治区草原管理条例实施细则》。1998 年 8 月 4 日，内蒙古自治区人民政府令 86 号发布；2006 年 1 月 12 日，内蒙古自治区人民政府第二次常务会议修订，2006 年 3 月 21 日，内蒙古自治区人民政府令 145 号公布，2006 年 5 月 1 日起施行。

2008 年 12 月 19 日，内蒙古自治区人民政府第十四次常务会议审议通过《内蒙古自治区草原野生植物采集收购管理办法》。2008 年 12 月 31 日，内蒙古自治区人民政府令 163 号公布，2009 年 3 月 1 日起施行；2017 年 11 月 29 日，内蒙古自治区人民政府第十八次常务会修订。

2011 年 9 月 28 日，内蒙古自治区第十一届人民代表大会常务委员会第二十四次会议通过《内蒙古自治区基本草原保护条例》。

2016 年 3 月 30 日，内蒙古自治区第十二届人民代表大会常务委员会第二十一次会议《关于修改〈内蒙古自治区基本草原保护条例〉的决定》修正。

2021 年 7 月 29 日，内蒙古自治区第十三届人民代表大会常务委员会第二十七次会议通过《内蒙古自治区草畜平衡和禁牧休牧条例》，2021 年 10 月 1 日起施行。

（三）建设项目使用林地

2006 年，办理征占用林地手续 1 项，阿左旗腾格里额里斯镇碱滩门道路建设工程使用通湖治沙站国有林地 66.43 亩。

2007 年，办理征占用林地手续 2 项，临策铁路阿拉善盟段重点和控制工程征占用林地、阿左旗林业局林业培训中心及其附属设施征占用林地。

2008 年，全盟申报获批准征占用林地项目 6 项，征占用林地 547.91 公顷，上缴森林植被恢复费 1870 万元。主要是阿左旗苏海图至诺日公一级公路、阿右旗雅布赖至山丹一级公路、额济纳旗至哈密铁路等国家和自治区重点工程使用林地。

2012 年，办理宗别立至查哈尔滩高速公路、策达一级公路、哈苏一级公路、鑫凯沙漠生态园综合服务区 4 项征占用林地事项，依法办理征占用林地 150 公顷。

（四）依法打击违法占用林地

2006 年，国家林业局开展"绿盾行动"。

2007 年，内蒙古自治区林业厅在全区范围内开展"绿盾二号"林业执法和治理整顿专项行动。

2008 年开始，内蒙古自治区林业厅与监察厅每年联合开展林业专项检查行动，对全区林业生态建设质量、征占用林地和森林采伐管理及林业建设资金使用进行专项检查。

2011 年，内蒙古自治区政府办公厅在全区范围内开展打击违法占用林地专项行动，《内蒙古自治区政府关于切实加强林地保护管理工作的通知》印发后，全盟发生未能依法查处或查处不到位的各类工程项目违法占用林地、国家和内蒙古自治区领导批办、信访部门批转案件 16 起。

2014 年，在全盟范围内开展清理整治破坏和非法占用林地专项行动。

2015 年，查处毁林案件 17 起、擅自改变林地用途案件 12 起，案件查处率 100%。

2016—2020 年，全盟查处违规占用林地案件 66 起，处罚违法占用林地 39.59 公顷，行政处罚 366.34 万元。其中，阿左旗查处违规占用林地案件 31 起，处罚违法占用林地 22.35 公顷，行政处罚 135.69 万元；阿右旗查处违规占用林地案件 3 起，处罚违法占用林地 9.6 亩，行政处罚 5.33 万元；额济纳旗查处违规占用林地案件 18 起，处罚违法占用林地 84.3 亩，行政处罚 85.89 万元；腾格里开发区查处违规占用林地案件 14 起，处罚违法占用林地 42.15 亩，行政处罚 28.69 万元。

2021 年未发生违法占用林地案件。

（五）依法打击违法占用草原行为

2019 年，盟林业和草原局摸排草原问题线索及草原领域问题线索 1286 项。征占用草原线索 657 项（中央生态环保督察台账 396 项、草原生态环境问题专项督查矿山企业占用草原 261 项）。其中，完成整改 623 项没有发现可疑线索；34 项中属于公路、机场公益性重点项目 9 项、建立矿山企业占用草原台账 25 项。补交草原植被恢复费 3219 万元。完成中央生态环保督察反馈问题整改，全盟"草原部门未有效行使审核监管职责问题"整改台账 396 项，涉及 5.39 万公顷，全部上报自治区；完成中央生态环保督察"回头看"及草原生态环境问题专项督察反馈意见整改；开展草原征占用审核审批和现场勘验。将各旗（区）上报各类征用草原审核项目 107 起上报自治区林业和草原局。54 个整改和新建项目现场查验结果报自治区林业和草原局。全盟办理草原保护和畜牧业生产服务工程设施审批 4 起（阿左旗 3 起，阿右旗 1 起）；办理各类临时占用草原审批事项 15 起（阿左旗 7 起，阿右旗 3 起，额济纳旗 5 起），涉及草原 41.91 公顷，收缴草原植被恢复费 110.16 万元；查处各类草原违法案件 134 起，立案 128 起，结案 125 起，移交 6 起。

截至 2020 年，摸排草原领域问题线索 1823 起（征占用草原 657 起、各类草原行政违法案件 1166 起）。

2020 年，完成整改项目 8 起（"回头看" 1 起、草原生态环境问题 7 起），材料上报自治区林业和草原局，予以销号；开展煤炭领域专项整治，摸排草原领域涉煤企业 12 处，核对盟公安局转办涉煤企业和灭火工程征占用草原手续 101 项；开展征占用审核、现场勘验和审批，上报自治区林业和草原局征用草原项目 54 项，完成现场查验 45 起。全盟收到国家林业和草原局、自治区人大、自治区林业和草原局及扫黑办转办的信访举报案件 16 起。其中，核实完毕 3 起，已答复，转办至相关旗（区）核实上报 13 起。

2021 年，开展草原林地专项整治，上报草原林地案件问题台账 124 项（草原 105 项、林地 19 项）、疑似图斑问题台账 284 个（草原 259 个、林地 25 个）；完成案件问题台账 90 起，完成图斑问题台账 202 起；受理转办各类信访案件 17 起，全部核实。全盟审查上报各类征用草原项目 89 起（新建项目 60 起、整改项目 29 起），现场查验 57 起。

三、林木采伐管理

（一）森林采伐限额

"十一五"期间，阿拉善盟执行森林限额采伐和凭证采伐制度，采伐限额由内蒙古自治区政府审定下发。

2006 年，自治区下达阿拉善盟采伐计划 1200 立方米（阿左旗 700 立方米、阿右旗 200 立方米、额济纳旗 300 立方米）。截至 2006 年底，共采伐林木 700 立方米（国有 200 立方米、集体和个人 500 立方米），凭证采伐率 100%，全部为阿左旗采伐。

按采伐类型分：主伐 531 立方米（国有 70 立方米，集体和个人 461 立方米）；抚育间伐 69 立方米（国有 30 立方米，集体和个人 39 立方米）；其他采伐 100 立方米，全部为国有林场更新采伐。

按消耗去向和木材用途分：商品材消耗量500立方米（自销300立方米，企事业单位自用200立方米）；农民自用材消耗量200立方米。

计划采伐的林木均为人工林。额济纳旗、阿右旗以保护为主，未进行采伐。

2007年，下达采伐计划2160立方米（阿左旗900立方米、阿右旗270立方米、额济纳旗990立方米）。截至2007年底，共采伐林木936.16立方米，凭证采伐率100%。

按采伐类型分：主伐570立方米（国有70立方米，集体和个人500立方米）；抚育采伐230立方米（国有30立方米，集体和个人200立方米）；更新采伐100立方米，全部为国有林场采伐。

按消耗结构分：商品材消耗量700立方米，非商品材消耗量200立方米，全部为集体林。

计划采伐的林木均为人工林。额济纳旗采伐39.16立方米，全部为征占用林地消耗。阿右旗以保护为主，未进行采伐。

2008年，下达采伐计划1385立方米（阿左旗900立方米、阿右旗110立方米、额济纳旗375立方米）。截至2008年底，共采伐林木900立方米，凭证采伐率100%。全部为阿左旗采伐，额济纳旗、阿右旗未进行采伐。

按采伐类型分：主伐223.6立方米（国有27.4立方米，集体和个人196.2立方米）；抚育采伐676.4立方米（国有22立方米，集体和个人654.4立方米）。

按消耗结构分商品材消耗量568.9立方米，非商品材消耗量331.1立方米。以上采伐均为人工林，全部更新。

2009年，下达采伐计划1385立方米（阿左旗900立方米，阿右旗110立方米，额济纳旗375立方米）。

2010年，下达采伐计划1350立方米。阿右旗、额济纳旗以保护建设为主，全面禁伐；阿左旗采伐活动控制在人工林农民自用材范围内。全盟实际采伐量均未超过采伐限额和采伐计划，无串项和挪项使用现象，林木按计划凭证采伐率达100%。

2012年，林木采伐限额1.33万立方米，商品林主伐8924立方米（全部为阿左旗）。阿右旗、额济纳旗以保护建设为主，全面禁伐。

2013年，下达采伐计划3667立方米（阿左旗3467立方米、乌兰布和示范区150立方米、阿拉善经济开发区50立方米）。截至6月20日，完成采伐量91立方米（乌兰布和示范区55立方米、阿左旗36立方米、阿右旗、额济纳旗未进行采伐），凭证采伐率100%。

2011—2014年，全盟采伐实际消耗量3105立方米，年均776立方米，占采伐限额5.8%，全部为人工林采伐。其中，年均商品林主伐426立方米，占采伐限额5.2%，更新、抚育采伐350立方米，占采伐限额6.8%。阿右旗和额济纳旗以保护、建设为主，全面禁伐。

2016年，盟林业局下发《关于部署编制阿拉善盟"十三五"期间年森林采伐限额工作的通知》，明确"十三五"年森林采伐限额编制方案，8月11日，召开"十三五"限额编制会议，确定编制工作指导思想、基础数据、编限单位和工作计划。根据国家林业局《"十三五"期间年森林采伐限额编制技术规定》，农村牧区居民自留地、房前屋后个人所有零星林木，未编制年森林采伐限额；阿拉善盟境内所有公益林中天然林未编制采伐限额，实行禁伐；国家法律法规禁止采伐的森林和林木未编制年森林采伐限额。除上述不编制年森林采伐限额外，胸径5.0厘米（含5.0厘米）以上的林木和按照技术规程计算调查蓄积量的林木，均编制年森林采伐限额。

"十三五"期间，阿拉善盟活立木总蓄积363.92万立方米，比"十二五"增长31.67万立方米，年增长6.33万立方米。"十三五"采伐量与"十二五"采伐量相比，总采伐量增加1295立方米，增加2%。其中主伐减少1614立方米，减少13%；抚育采伐增加235立方米，增加35%；更新采伐减少6343立方米，减少23%；其他采伐量增加9016立方米，增加40%。

2021 年，下达年采伐限额 3341 立方米，实际采伐 635.8 立方米。

（二）森林采伐管理与改革

阿拉善盟执行森林限额采伐和凭证采伐制度，抓好林木采伐管理，采伐量均未突破年采伐限额和采伐计划，无发生串项和挪项使用现象，凭证采伐率 100%。

2010—2021 年，审核发放林木采伐许可证 501 本，共采伐 35.82 万株、蓄积量 1.59 万立方米，采伐证办理如下。

2010 年，办理林木采伐许可证 67 本，合计采伐 6.34 万株、蓄积量 98.19 立方米，林木权属国有 7 件、集体 11 件、个人 47 件、其他 2 件。

2011 年，办理林木采伐许可证 67 本，合计采伐 4335 株、蓄积量 624.56 立方米。

2012 年，办理林木采伐许可证 53 本，合计采伐 4947 株、蓄积量 491.37 立方米，林木权属国有 52 件、个人 1 件。

2013 年，办理林木采伐许可证 43 本，合计采伐 4829 株、蓄积量 884.44 立方米，林木权属国有 3 件、集体 6 件、个人 34 件。

2014 年，办理林木采伐许可证 50 本，合计采伐 7782 株、蓄积量 760.06 立方米，林木权属国有 3 件、集体 4 件、个人 43 件。

2015 年，办理林木采伐许可证 47 本，合计采伐 1.27 万株、蓄积量 2718.78 立方米，林木权属国有 3 件、非林系统 12 件、个人 32 件。

2016 年，办理林木采伐许可证 24 本，合计采伐 2.45 万株、蓄积量 6196.17 立方米，林木权属集体 11 件、个人 13 件。

2017 年，办理林木采伐许可证 49 本，合计采伐 6673 株、蓄积量 636.63 立方米，林木权属国有 1 件、集体 24 件、个人 24 件。

2018 年，办理林木采伐许可证 19 本，合计采伐 6715 株、蓄积量 656.02 立方米，林木权属国有 1 件、集体 3 件、个人 15 件。

2019 年，办理林木采伐许可证 27 本，合计采伐 2076 株、蓄积量 417.21 立方米，林木权属集体 2 件、个人 25 件。

2020 年，办理林木采伐许可证 19 本，合计采伐 7883 株、蓄积量 1771.68 立方米，林木权属国有 1 件、集体 3 件、个人 15 件。

2021 年，办理林木采伐许可证 33 本，合计采伐 21.25 万株、采伐蓄积 635.80 立方米，林木权属集体 5 件、个人 25 件、其他 3 件。

四、木材流通

（一）木材运输检查

2008 年，内蒙古自治区林业厅印发《关于全区林政执法人员统一穿着工作服上岗执法事宜的通知》，经内蒙古自治区政府批准设立木材检查站，在编人员全部统一着装。

2011 年，经内蒙古自治区政府批准，自治区林业厅对原 342 处木材检查站采取保留、迁址、新建和撤销。

2012 年，全盟有木材检查站 6 个。其中，阿左旗保留 2 个、阿右旗变更 1 个、额济纳旗变更 1 个、阿拉善经济开发区和李井滩示范区各新设 1 个，全部位于省道、省境交通路口。阿拉善盟自天然林禁伐以来，木材年产量不到 1500 立方米，绝大部分为农民自用材，出盟、旗（区）境运输木材情况极少，检查站工作主要针对甘肃省、宁夏回族自治区、内蒙古巴彦淖尔市、乌海市入境木材检查。

2013年，受人员编制限制，各检查站专职机构未成立。阿左旗、阿右旗、额济纳旗木材检查站由森防部门兼职，人员由内部调剂，主要工作是防止有害生物进入林区。阿拉善经济开发区、孪井滩示范区、乌兰布和示范区森防部门尚未设立，由森林公安派出所负责。除额济纳旗木材检查站房建成外，其余站房尚未建设。案件查处依靠交通部门、交警及群众举报，森防、森林公安流动检查方式开展。查处案件主要为无证运输，因木材商贩从周边地区收购零散木材，无法提供"三证"。

截至2021年，除额济纳旗外，其他旗（区）木材检查工作由森防、森林公安承担。

（二）木材经营加工管理

2006—2021年，坚持木材经营加工许可制度，实行木材凭证加工，打击违法经营加工木材行为。

2006年，全盟共有木材经营加工厂48家（阿左旗41家，额济纳旗7家），全部为私营企业。盟林业治沙局建立经营加工单位原料来源和产品检查制度。组织林政、森林公安对木材经营加工单位原料来源不定期检查，发现有无证经营或违规经营加工木材企业，给予经济处罚，吊销"木材经营加工许可证"。

2008年，各旗林业局对本地区木材经营加工单位进行清理。木材加工企业主要分布在巴彦浩特镇，年木材加工量不到1万立方米。2万立方米以下木材经营许可权由各旗林业主管部门发放。木材输入大部分为成品和半成品，原木进入量很少。木材加工企业主要产品为板皮、小木板、回收旧木、工艺品、观赏石底座。

2015年，内蒙古自治区林业厅落实国家林业局《关于进一步加强木材经营加工监督管理的通知》，印发《关于开展木材经营加工单位清理整顿工作的通知》，在全区开展木材经营加工单位清理整顿。企业木材经营加工资格经旗（县）级以上林业行政主管部门认定，向工商部门申请登记注册，实行年检制度，对经营管理不规范，产、销、存台账不清，木材来源无正常渠道，私收滥购原料的木材经营加工单位一律予以取缔。全盟木材经营加工由阿拉善盟市监局管理。

（三）木材运输

2010年1月1日，内蒙古自治区使用国家林业局统一"木材运输证"。7月1日，原"出省木材运输证""内蒙古自治区区内木材运输证"停止使用，全区范围内启用全国木材运输管理系统，对木材运输统一动态管理。

2014年，按内蒙古自治区政府简政放权要求，核发木材运输证下放盟（市）林业主管部门。阿拉善盟木材生产计划量、运出木材量较少，重点对过路或运入木材加大检查监管力度，执行木材凭证运输制度，严查无证运输。

五、林木种苗行政执法

2008年，阿拉善盟林木种苗站（简称盟种苗站）成立。职能职责是林木种苗政策及法律法规宣传落实和执行、林木种苗行政执法、行政许可，林木种苗质量监督检验，林木种质资源保护利用，林木良种选育推广，林木种苗基地和市场监管，林木种苗信息收集发布。3月，内蒙古自治区林业厅印发《关于开展依法取缔无证生产经营林木种苗专项执法行动的通知》，制订《全区取缔无证生产经营林木种苗违法行为专项执法行动方案》，依法取缔无证生产经营林木种苗违法行为专项执法行动。5月16—18日，依法取缔无证生产经营林木种苗专项执法，自治区种苗站在呼和浩特市举办全区林木种苗行政执法专题培训。培训内容是《林业行政处罚程序规定》《林业行政处罚文书制作》，涉及调查取证、行政处罚、强制执行林木种苗行政执法环节。5—9月，出动检查人员23人次，检查城镇所在地各类种苗生产经营网点、门市部21个（办理许可证网点、门市部11家，以观赏树种、花卉经营为主未办理经营许可证店铺10家）。种苗执法行动重点区域：阿左旗吉兰泰镇、嘉尔嘎勒赛汉镇、巴润别立镇、巴彦木仁苏木；阿右旗巴彦高勒林场、雅布赖镇、沙林呼都格嘎查；额济纳旗达来呼布镇。举办"种苗违法行为专项执法行动"和《中华人民共和国种子法》专题培训班，受训人员35人。

2009年，阿拉善盟种苗工作岗位有执法证件24人。其中，盟种苗站8人、阿左旗9人、阿右旗4人、额济纳旗3人。阿拉善盟有林木种苗生产经营总户数14个，核发"林木种子生产许可证"9份、"林木种子经营许可证"10份。

2010年，重点对种苗个体户进行《中华人民共和国种子法》宣传教育。利用"3·12"植树节、"世界荒漠化日"、集体林权改革培训，对《中华人民共和国种子法》及种苗相关法律重点宣传，出动宣传车辆5台次，在城镇街道广告栏张贴标语100份，散发传单2000份。

盟种苗站对无证或非法从事苗生产经营种苗户进行检查，无违法乱纪行为。

2011年，阿拉善盟林木种苗行政执法工作岗位持证执法人员共10人。其中，盟种苗站1人、阿左旗2人、阿右旗4人、额济纳旗3人。

制定《阿拉善盟打击制售假劣林木种苗和保护植物新品种权专项行动实施方案》，对阿左旗吉兰泰镇、嘉尔嘎勒赛汉镇、巴润别立镇、巴彦木仁苏木，阿右旗巴音高勒林场、雅布赖镇、沙林呼都格嘎查，额济纳旗达来呼布镇种苗生产和经营单位是否具有生产许可证和经营许可证、调入或调出辖区种苗是否具有合格证以及标签进行摸底调查，发现不符合规定2个、品种经营未备案1个，未发现其他违法问题。

推行持证生产经营和"两证一签"制度，办理林木种苗经营许可证8本、林木种苗生产许可证6本、林木种子经营许可证7本、林木种子生产许可证2本。

2012年，盟林业局将林木种子生产经营许可证核发权下放各旗（区）林业行政主管部门，共发放生产许可证11本、经营许可证22本。

制定《阿拉善盟林业局春季林木种苗调运专项执法行动实施方案》，成立专项行动领导小组，各旗（区）成立相应组织机构，对工程造林苗木进行自检。阿左旗自检苗木745批次，阿右旗自检苗木110批次，额济纳旗自检苗木13批次，孪井滩示范区自检苗木6批次，阿拉善经济开发区自检苗木3批次，苗木合格率90%。自检苗木主要为梭梭、云杉、桧柏、国槐、刺槐、花灌木、沙生灌木等。盟林研所和盟种苗站共同制定《梭梭育苗技术规程》（DB15/T 689—2014），2014年4月30日，获内蒙古自治区质量技术监督局批准，7月30日起实施。

2014年，根据《内蒙古自治区林业厅关于开展全区春季林木种苗调运专项执法行动的通知》，盟林业局制定《阿拉善盟林业局春季林木种苗调运专项执法行动实施方案》，组织开展专项行动，未查出生产经营假劣林木种苗违法案件，无证无签生产、经营、调运、使用林木种苗的违法行为，无伪造、变造、买卖、租借林木种苗生产经营许可证的行为；未违反林业植物有害生物传播蔓延、调运、使用、销售林木种苗违法行为；无未经批准从林地采挖大树的行为。查出无证生产育苗户2家。

2015年，承办内蒙古自治区林木种苗质量检验员（阿拉善盟、乌海地区）培训班，300人参加。全年共发放生产经营许可证63本。其中，生产许可证32本、经营许可证31本。

2016年，制定《阿拉善盟林业局学习宣传贯彻新〈种子法〉工作实施方案》，在全盟范围开展宣传、执行新《中华人民共和国种子法》《内蒙古自治区种苗条例》法律、法规和方针政策。印制林木种苗法律法规知识手册2200份，向各旗（区）发放1100份。发放苗木生产经营许可证20

本、种子生产经营许可证 23 本。

2017 年，发放《内蒙古自治区林木种苗工作手册》《林木种苗法律、法规知识手册》350 份。发放林木种苗生产经营许可证 31 本，盟种苗站统一向内蒙古自治区林业厅办理林木良种生产经营许可证 8 本。

2018 年，制定《阿拉善盟 2018 年林木种苗行政执法年活动实施方案》，补录办理核发林木种子生产经营许可证 91 本。其中，经营种子和苗木 57 本、苗木生产 28 本、种子生产 6 本。

2019 年，开展扫黑除恶专项斗争线索摸排林木种苗生产经营企业和个体 44 家，不存在生产、经营土地权属和用途不清问题。

2020 年，根据《关于组织开展全区种苗市场乱象整治情况摸底调查工作的通知》，盟林业和草原局组织对全盟范围内林木种苗市场乱象整治摸底调查，对全盟范围内持证林木种苗生产经营户问卷调查，未发现应招投标而未采取招投标，或通过围标等不正当手段获取中标资格现象；未发现使用不合格种子和苗木造林的情况；未发现制售、调运侵权假冒伪劣种子违法行为；未发现种苗生产经营主体和种苗交易市场存在强买强卖、欺行霸市、涉黑涉恶、官商勾结、充当"保护伞"现象；未发现各级主管部门不作为、乱作为或以权谋私、徇私舞弊现象。

2021 年，组织种苗基地、苗圃、造林地开展打击侵权假冒伪劣种苗摸底检查，未发现以次充好、以非良种冒充良种、无证生产经营林木种苗以及侵犯植物新品种权违法行为。

第二节　林业和草原法治建设

一、法规建设

（一）林业法规建设

2007 年 5 月 31 日，内蒙古自治区第十届人民代表大会常务委员会第二十八次会议通过《内蒙古自治区湿地保护管理条例》。9 月 27 日，内蒙古自治区政府第八次常务会议审议通过《内蒙古自治区退耕还林管理办法》《内蒙古自治区公益林管理办法》。

2009 年 7 月 30 日，内蒙古自治区第十一届人民代表大会常务委员会第九次会议通过《内蒙古自治区实施中华人民共和国农村土地承包法办法》。11 月 27 日，内蒙古自治区第十一届人民代表大会常务委员会第十一次会议通过《内蒙古自治区义务植树条例》。

2010 年 7 月 8 日，内蒙古自治区政府印发《内蒙古自治区珍稀林木保护名录》。

2012 年 3 月 31 日，内蒙古自治区第十一届人民代表大会常务委员会修订《内蒙古自治区珍稀林木保护条例》；6 月 19 日，内蒙古自治区政府第六次常务会议审议通过《内蒙古自治区森林公园管理办法》。

2006—2015 年，内蒙古自治区出台涉林地方性法规 5 部、政府规章 4 件。

2020 年 6 月 11 日，内蒙古自治区第十三届人民代表大会常务委员会第二十次会议审议并通过《内蒙古自治区额济纳胡杨林保护条例》，9 月 1 日起施行。

（二）草原法规建设

1985 年 10 月 1 日，《中华人民共和国草原法》施行。

1998 年 6 月 17 日，内蒙古自治区人民政府第五次常务会议通过《内蒙古自治区草原管理条例实施细则》。

2004 年 11 月 26 日，内蒙古自治区第十届人民代表大会常务委员会第十二次会议修订通过

《内蒙古自治区草原管理条例》，2005 年 1 月 1 日起施行。

2008 年 12 月 19 日，内蒙古自治区人民政府第十四次常务会议审议通过《内蒙古自治区草原野生植物采集收购管理办法》，2009 年 3 月 1 日起施行。

2011 年 9 月 28 日，《内蒙古自治区基本草原保护条例》施行。

2021 年 10 月 1 日，《内蒙古自治区草畜平衡和禁牧休牧条例》施行。

二、普法工作

2006 年，宣传"四五"普法依法治理，启动"五五"普法依法治理规划。"12·4"全国法制宣传日，盟林业治沙局组织全盟林业系统年度普法考试。

2007 年，制定《阿拉善盟林业治沙局法制宣传教育第五个五年规划》，成立"五五"普法和依法治理工作领导小组，指定专人负责普法宣传。

2011 年，"五五"普法工作总结验收年。盟林业局"五五"普法工作通过内蒙古自治区检查验收。

2012 年，按照国家林业局和内蒙古自治区政府《"六五"普法依法治理工作规划》要求，自治区林业厅印发《内蒙古自治区林业系统法制宣传教育第六个五年规划》，阿拉善盟林业局启动"六五"普法。

2013 年，盟林业局落实"六五"普法规划，推进依法治理。按照《林业系统"六五"普法中期抽查督导标准》，普法工作通过内蒙古自治区检查组中期检查考核。

2015 年，盟林业局落实《内蒙古自治区林业厅"谁执法谁普法"责任制实施方案》《内蒙古自治区全面推进依法治区 2015 年重点工作责任分工方案涉及林业厅相关内容责任分解意见》。

2016—2020 年，根据《盟委宣传部、盟司法局关于深入开展法制宣传教育第七个五年规划（2016—2020 年）》要求，盟林业和草原局成立"七五"普法领导小组，印发《阿拉善盟林业系统法制宣传教育第七个五年规划》。在地方广播电台开设"林业之声"公众参与访谈栏目；在《阿拉善日报》开辟"打造生态文明、建设美好家园"专栏，"弘扬阿拉善林业精神"专版；在盟林业和草原局网站、森林公安局系统网、微信公众号报道林业和草原法律法规、刑事案件查处、林草行业建设，推送普法信息。

2021 年，盟林业和草原局启动"八五"普法。根据《中共阿拉善盟委员会宣传部、阿拉善盟司法局关于开展法治宣传教育的第八个五年规划（2021—2025 年）》，制定《阿拉善盟林业和草原系统法治宣传教育第八个五年规划》，印制草原法律法规、草原征占用、禁牧草畜平衡等法律、法规和规章制度宣传册，发放 1700 份。

三、依法行政

全盟林业和草原行政执法涉及《中华人民共和国森林法》《中华人民共和国草原法》《中华人民共和国野生动物保护法》《中华人民共和国种子法》《中华人民共和国防沙治沙法》《中华人民共和国自然保护区条例》《植物检疫条例》《森林防火条例》法律法规及相关地方条例。

（一）林业依法行政

2010 年，按照《关于开展全盟行政执法机构清理工作的通知》，盟林业局对 4 个科室、6 个二级单位执法权力进行清理，在盟林业局门户网站公布结果，接受社会监督。制定《阿拉善盟林业局机关工作制度汇编》，梳理确定行政权力 50 项，优化编制权力运行流程图 33 个；梳理资源科和盟森林公安局、盟林工站、盟森防站 4 个行政执法机构执行的法律、法规、规章 52 部。根据《阿拉善盟行署办公厅关于行政审批项目后续清理的通知》，对本级林业行政许可事项进行后续清理，取消行政许可事项 1 项。制定《阿拉善盟重点城镇营造防护林优惠政策》，经盟法制办审核备案发布；制定《阿拉善盟林业局"三重一大"事项若干规定实施意见》，盟林业局与盟监察局组成专项检查组，对全盟林业生态建设、林地保护管理、林木采伐管理、林业建设资金使用管理专项检查，规范各级林业部门行政执法行为。全盟各级森林公安机关共出动警力 6560 人次，受理林业行政案件 123 起，查处率 100%，为国家挽回经济损失 33 万元。

2012 年，成立依法行政工作领导小组。把《全面推进依法行政实施纲要》《中华人民共和国行政强制法》《中华人民共和国行政许可法》《中华人民共和国行政处罚法》作为学习、培训、教育重点。开展专题培训 3 期，为 127 名林业执法人员换证，新增执法人员 55 名并发放林业行政执法证。

2013 年，查处毁林案件 23 起、擅自改变林地用途案件 10 起、野生动物案件 4 起。处罚 298 人次，为国家挽回经济损失 7.2 万元，案件查处率 100%。

2014 年，开展保护过境候鸟和保护野生动物"天网行动"，受理各类案件 229 起。其中，已查结行政案件 222 起、在侦办刑事案件 7 起，为国家挽回经济损失 40 万元。

2015 年，盟林业局开展"清理整顿破坏和非法占用林地""绿剑"专项行动，对 19 处厂矿单位分别做出处理。共受理查结各类案件 389 起，处罚 372 人次，为国家挽回经济损失 60 万元。开展"科学发展隐患排查化解年"活动，共排查涉林隐患问题 106 条，排除 105 条。审核上报京新高速阿拉善盟段、巴彦诺日公至雅布赖一级公路重点基础设施建设工程使用林地 14 项，征占用林地 3640 公顷，上缴植被恢复费 1.31 亿元；根据《阿拉善盟行政公署法制办公室关于转发内蒙古自治区法制办开展 2015 年度行政复议案卷评查活动的通知》，盟林业局受理行政处罚复议案件 1 件，处理完结；编制《阿拉善盟林业局行政权力初级清单》，通过盟行署法制办审核公示，盟林业局共有行政权力事项 156 项。其中，行政许可 3 项、行政处罚 123 项、行政强制措施 7 项、行政强制执行 9 项、行政奖励 4 项、行政监督检查 4 项、行政征收 1 项、其他行政权力 5 项。按照《阿拉善盟行政公署办公厅关于进一步精简盟本级保留行政许可事项、承接内蒙古自治区下放和实施分级审批行政许可事项征求意见的通知》，盟林业局保留行政许可事项 1 项。

2016 年，按照《内蒙古自治区林业厅关于贯彻落实〈建设项目使用林地审批管理办法〉的通知》规定，临时占用防护林林地或者特种用途林林地 75 亩以下，其他林地 150 亩以上 300 亩以下的，由盟（市）人民政府林业主管部门审批。根据《阿拉善盟行政公署办公厅关于进一步梳理行政权力工作的通知》，盟林业局保留行政权力事项 19 项。其中，行政许可 1 项、行政处罚 5 项、行政强制措施 6 项、行政强制执行 3 项、行政奖励 1 项、行政征收 3 项。盟本级办理临时使用林地行政许可 5 项，没有办理行政处罚事项。建立林业系统双随机抽查制度，公示盟林业局"双随机、一公开"实施细则。建立检查对象名录库 5 个和执法检查人员名录库 18 人。盟林业局"双随机、一公开""两库一单一细则"报盟行署法制办，在本部门门户网站公示。根据《阿拉善盟行政公署办公厅转发内蒙古自治区推进智能转变协调小组办公室关于提供简化优化公共服务流程方便基层群众办事创业相关情况的通知》，按照盟林业局行政权力清单，对行政许可 1 项、其他行政权力 5 项制定办事服务指南，在本部门门户网站公示。

2017 年，全盟各级森林公安机关共查处林业行政案件 127 起，立刑事案件 15 起，行政罚款 31.70 万元，处罚 159 人次。

2019 年，全盟各级森林公安和草原监督管理机构共查处各类违法案件 448 起。其中，刑事案件 8 起（已侦办结束 3 起）、各类行政案件 440 起（已查结 425 起），处罚 243 人次。盟林业和草原局开展"绿卫 2019"森林草原执法专项行动，打击各类破坏森林和草原资源违建别墅、高尔夫球场、豪华墓地、矿产开发及私搭乱建蒙古包等违法行为。

2020年1月，盟森林公安局整体划转盟公安局管理，盟林业和草原局将涉及《中华人民共和国治安管理处罚法》《中华人民共和国人民警察法》授权公安机关31项行政处罚、行政强制措施移交至盟公安局。新修订的《中华人民共和国森林法》规定的行政处罚由森林公安执行。

（二）草原依法行政

2011—2021年，全盟共查处各类破坏草原违法案件1650起。其中，非法开垦草原案件60起、非法征收征用使用草原案件377起、非法采集草原野生植物案件71起、非法临时占用草原案件41起、违反草原禁牧休牧规定案件901起、违反草畜平衡规定案件97起、违反草原防火法律规章案件3起、其他案件65起、涉刑案件35起。

截至2021年，全盟上报自治区办理各类草原征用项目516个。其中，工矿类100个、基础设施和民生工程227个、旅游类17个、水利工程4个、风光电20个、其他148个。

四、执法队伍建设

2015年，根据《阿拉善盟行政公署办公厅关于开展行政执法主体资格清理和确认工作的通知》，对盟本级林业系统执法主体资格全面清理，有盟林业局、盟森林公安局、盟森防站、盟种苗站行政执法机构4个。

2020年，各旗（区）进行农牧业综合行政执法和推进基层整合审批服务执法力量改革，行政执法职能由公安部门、农执部门、苏木（镇）实施。行政执法机关只保留盟林业和草原局，各旗（区）林草部门无专职执法机构和执法人员。

截至2021年，盟直行政执法机构共3个：盟林业和草原局（法定）、盟林草防检站（授权）、盟林草督保中心（授权）。持证执法人员19名。其中，行政编制8人，参公事业编制7人，事业编制4人。依照《中华人民共和国森林法》《中华人民共和国草原法》《中华人民共和国野生动物保护法》法律法规开展林业和草原行政执法监督检查。

五、执法监督

（一）林业执法监督

2007年，自治区林业厅配合内蒙古自治区人大开展《中华人民共和国野生动物保护法》执法检查。

2008年，自治区林业厅开展《森林草原防火条例》执法检查。按照《内蒙古自治区行政执法监督条例》，自治区林业厅在全区开展林业行政执法大检查，抽检6个盟（市）、15个旗县资源林政管理、森林公安、野生动物保护、森林防火、林业有害生物检疫、林木种苗等行政执法，规范各项林业执法行为。按照《内蒙古自治区行政机关行政许可案卷评查内容和标准》《内蒙古自治区行政机关行政处罚案卷内容和标准》，对全区林业行业2007年作出的行政许可（审批）和行政处罚案卷评查。

2009年，自治区林业厅配合自治区人大农牧委，赴呼和浩特市、呼伦贝尔市、兴安盟、阿拉善盟4个盟（市）8个旗县进行《中华人民共和国森林法》《内蒙古自治区实施〈中华人民共和国森林法〉办法》执法调研。

2010年，为落实好《中华人民共和国种子法》《林木种子生产经营许可证管理办法》，自治区林业厅印发《关于注销无效生产经营许可证的通知》，规范内蒙古自治区林木种苗"两证"管理和林木种苗生产经营市场，盟种苗站开展林木种苗生产经营执法检查。

2012年，按照内蒙古自治区政府法制办《关于开展2012年度案卷评查工作的通知》，自治区林业厅印发《关于开展行政许可案卷评查工作的通知》，盟林业局开展行政许可案卷自查工作。

2013 年，自治区林业厅配合自治区人大赴呼伦贝尔市、兴安盟、阿拉善盟、鄂尔多斯市、巴彦淖尔市开展《内蒙古自治区珍稀林木保护条例》执法检查。自治区林业厅印发《内蒙古自治区林业行政处罚裁量适用规则》《内蒙古自治区林业行政处罚裁量标准》，对 10 种处罚行为、24 部法律法规、292 项违法行为明确规定具体条件、处罚标准，严格行使行政处罚幅度，为全区涉林行政处罚提供执法准则。

2014 年，全区范围内开展《内蒙古自治区实施〈中华人民共和国防沙治沙法〉办法》执法检查，对阿拉善盟实地检查；盟林业局转发国家林业局驻内蒙古自治区专员办《关于野生动物保护执法监督检查的通知》，各旗（区）加强对野生动物保护管理和执法工作监督检查。发放宣传单、册2700份，受教群众3400人。出动警力1783人次、车辆596台次；查破野生动物案件4起（刑事案件1起、行政案件3起）。

2020 年，盟林业和草原局制定《阿拉善盟营造防护林补助政策实施办法》，盟行署完成合法性审查，颁布实施。

2021 年，盟林业和草原局开展行政执法监督检查工作自查、监督检查及案卷评查，对发现问题及时整改。

（二）草原执法监督

2002—2016 年，阿拉善盟未经草原主管部门审核同意征占用草原项目 396 项。其中，阿左旗213 项、阿右旗 86 项、额济纳旗 56 项、阿拉善经济开发区 15 项、孪井滩示范区 24 项、乌兰布和示范区 2 项，涉及草原面积 5.38 万公顷。

内蒙古自治区公布阿拉善盟 2010—2015 年累计破坏草原案件 143 起，涉及草原 163.02 公顷。其中，阿左旗 2 起，涉及 6.1 亩，其他破坏草原案件 72 起；阿右旗 2 起，涉及 52 亩；额济纳旗 64起，涉及 69.70 公顷；孪井滩示范区 3 起，涉及 91.71 公顷。对未经草原主管部门审核同意征占用草原项目，制定《阿拉善盟行政公署关于加强草原征占用审核审批工作的实施意见》，草原征占用设置为审批前置。制定《阿拉善盟草原保护建设利用"十三五"规划》，明确草原保护建设利用原则要求和范围。

截至 2019 年底，全盟完成中央生态环境保护督察反馈意见整改落实台账内 396 项整改。其中，取得未审已批项目审核批准文件 28 项、取得审核同意书 76 项、属于 2003 年 3 月 1 日前项目 19项、未开工建设 6 项、不属于草原项目 199 项、公告取缔拆除项目 5 项、其他 63 项（包括农村道路、新村建设、清退治理、设施农用地）。

对 2010—2015 年期间依法立案和按程序结案以及执行行政处罚恢复植被的，或者依法办理草原征占用审核审批手续的，组织专家对植被恢复情况现场查验，形成专家审核意见予以销号；对没有恢复植被的责令恢复植被；对期间开垦草原已办结的案件 2015 年以后又进行复垦，只要重新立案并有处理意见和相关处理措施的予以销号。

对内蒙古自治区反馈阿拉善盟 2010—2015 年破坏草原 143 起，涉及草原 163.02 公顷的案件，阿拉善盟根据草原法律法规相关规定和自治区有关要求，开展整改销号。截至 2018 年底，破坏草原案件 143 起全部整改，通过自治区销号。

第十一章　林业和草原改革

第一节　集体林权制度改革

根据《中共中央　国务院关于全面推进集体林权制度改革的意见》（中发〔2008〕10 号）、《内蒙古自治区党委、政府关于深化集体林权制度改革的意见》《内蒙古自治区党委办公厅、政府办公厅关于印发〈内蒙古自治区集体林权制度改革工作方案〉的通知》《内蒙古自治区林业厅关于加强集体林权制度改革工作的通知》文件要求，2009 年 2 月 16 日，盟委、盟行署印发《阿拉善盟集体林权制度改革实施方案》，明确集体林权制度改革工作的基本原则、改革范围、工作目标、主要内容、方法步骤和保障措施，为集体林权制度改革实施提供政策保障，阿拉善盟集体林权制度改革工作启动。

2008—2012 年，集体林权制度改革主要内容是明晰集体林地使用权和林木所有权，依法实行集体林地承包经营制度，以家庭承包的方式明晰集体林地、林木的产权，确立本集体经济组织的农牧户作为林地承包经营权人和林木所有权人的主体地位，这一时期称为"主体改革"。

2013 年开始，集体林权制度改革的主要内容是放活经营权、落实处置权、保障收益权，依照《中华人民共和国物权法》《中华人民共和国农村土地承包法》《中华人民共和国森林法》等法律规定，完善制度建设和深化集体林业体制机制改革，保障农牧民和林业经营者依法占有、使用、收益、处分林地林木的权利，这一时期称为"配套改革"或"深化改革"。

一、集体林权制度改革内容

（一）改革范围

集体林权制度改革范围是农村牧区集体所有的商品林、各旗（区）规划的集体宜林地以及部分具备林改条件的公益林。各旗（区）根据生态状况和林业资源条件，坚持分类指导、分区施策，因地制宜确定林权制度改革范围、改革重点。国有林（农）场经营管理的集体林地、林木和自然保护区、森林公园、风景名胜区、河道湖泊、生态移民迁出区、拟划定的沙化土地封禁保护区以及距离国境线 30~50 公里范围等区域不列入本次改革范围，但要明晰权属关系，依法维护上述区域的稳定和林权权利人的合法权益。

（二）改革主要任务

1. 明晰产权

在保持集体林地所有权和林地用途不变前提下，明晰集体林地使用权和林木所有权，落实和完善以家庭承包经营为主体、多种形式并存的集体林业经营机制，确立农牧民经营主体地位，依法维护农牧民承包权利。

对尚未承包到户的集体林地和林木，采取以下方式明晰产权。

（1）家庭承包经营。明晰产权方式，能承包到户的都要到户，将林地使用权和林木所有权采取家庭承包经营方式落实到本集体经济组织的农牧户。本集体经济组织成员平等享有承包权，按人口折算人均林地面积，以户为单位进行承包经营。对已承包到户和流转的集体林地和林木，进一步稳定和完善"三定"以来的承包经营关系；对以家庭承包方式承包到户的集体林地和林木，上一轮承包到期后，可直接续包，完善承包手续；对以其他方式承包的，凡符合法律规定、程序合法、合同规范、合同双方依法履行的，要予以维护；对承包合同不规范的，本集体经济组织多数成员没有意见且合同双方愿意继续履行合同的，可在协商基础上，依法完善合同；对程序不合法、合同权利义务不对等、群众反映强烈、双方协商不成的，或承包方没有履行合同的，应依法修改或终止合同，重新确定承包经营关系。

完善有偿流转经营关系。对通过招标、拍卖、公开协商等方式有偿流转的集体林地和林木，凡符合法律法规和政策规定，流转程序合法、合同规范并依法履行的，要予以维护。对不符合法律法规和政策规定，严重侵害集体和农牧民利益，多数群众有意见的，可依照有关法律规定，调整原流转合同或通过司法程序妥善处理。

（2）联户合作经营。对不宜实行家庭承包经营的集体林地和林木，依法经本集体经济组织成员同意，可将林地和林木评估作价，由本集体经济组织成员联户承包经营。

（3）股份合作经营。对不宜实行家庭承包经营的集体林地和林木，依法经本集体经济组织成员同意，将现有林地、林木折股分配给本集体经济组织成员均等持有，确定经营主体，实行股份合作经营，收益按股分配。

（4）其他承包经营方式。对不宜实行家庭承包经营的集体林地和林木，依法经本集体经济组织成员同意，将林地和林木评估作价，采取招标、拍卖、公开协商等方式承包，本集体经济组织成员依法享有优先承包权。

（5）集体统一经营。对于生态区位重要或有重点保护物种的地区，嘎查集体经济组织可保留一定集体林地和林木，由本集体经济组织依法实行民主经营管理。

林地承包经营期限为70年。承包期内允许继承，承包期届满，可以由林地承包经营权人按照国家有关规定继续承包。无论采用何种形式改革，都要制定承包方案，经嘎查村民会议2/3以上成员同意后实施。妥善解决有争议的林地和林木。按照分级负责、依法调处原则，对权属不清及有争议的集体林地和林木，积极调处解决，纠纷解决后再落实经营主体。

2. 登记发证

产权明晰后，依法依规进行勘验登记，按照林权证发放程序和方法，核发全国统一样式的林权证，做到登记发证内容齐全规范，数据准确无误，图、表、册一致，人、地、证相符，建立林权档案。核发和换发新林权证后，原有权属证书依法变更或注销，确保一地一证。各旗（区）加强资源林政管理机构和队伍建设，强化林权管理工作，承办同级人民政府交办的林权登记造册、核发证书、档案管理、流转管理、林地承包争议仲裁、林权纠纷调处等工作。

3. 放活经营权

实行公益林、商品林分类经营管理。对商品林，农牧民可依法自主决定经营方向和经营模式，生产的木材自主销售，开发林下种养业。对公益林，在保障生态功能前提下，允许依法合理开发利用林地资源，利用森林景观发展森林旅游业等。

4. 落实处置权

在不改变林地用途前提下，林地承包经营权人可依法对拥有的林地承包经营权和林木所有权进行转包、出租、转让、入股、抵押、担保或作为合资、合作的条件，对承包的林地、林木可依法开发利用。

5. 保障收益权

农牧户承包经营林地的收益，一律归农牧户所有。征收集体所有的林地，用地单位要依照国家有关规定足额支付林地、林木补偿费、安置补助费和地上附着物补偿费，安排被征收林地农牧民的社会保障费用。经政府划定为公益林的集体林，已承包到农牧户的，森林生态效益补偿费要落实到户。集体宜林地落实经营主体后，可按当地林业发展规划纳入国家重点林业工程和地方造林绿化工程项目。依法制止和查处乱收费、乱摊派行为，减轻农牧户负担，切实保障承包经营权人的收益权。

6. 落实责任

严格依照农村、牧区土地承包法有关规定，依法规范承包行为。产权落实后，签订书面承包合同，明确宜林地造林和迹地更新责任，限期造林和更新；落实造林育林、保护管理、森林防火、病虫害防治等责任，促进森林资源可持续经营。各旗（区）林业主管部门加强对集体林地和林木承包合同的规范化管理。

（三）改革工作程序

1. 成立机构

2009 年 2 月，成立阿拉善盟集体林权制度改革工作领导小组，由盟委书记任组长，盟长、副盟长任副组长，办公室设在盟林业治沙局，盟林业治沙局局长兼任办公室主任。把林改工作列入全盟各级党委、政府重要议事日程，各旗（区）成立由一把手任组长的领导小组，林改工作列入年度实绩考评（图 11-1）。

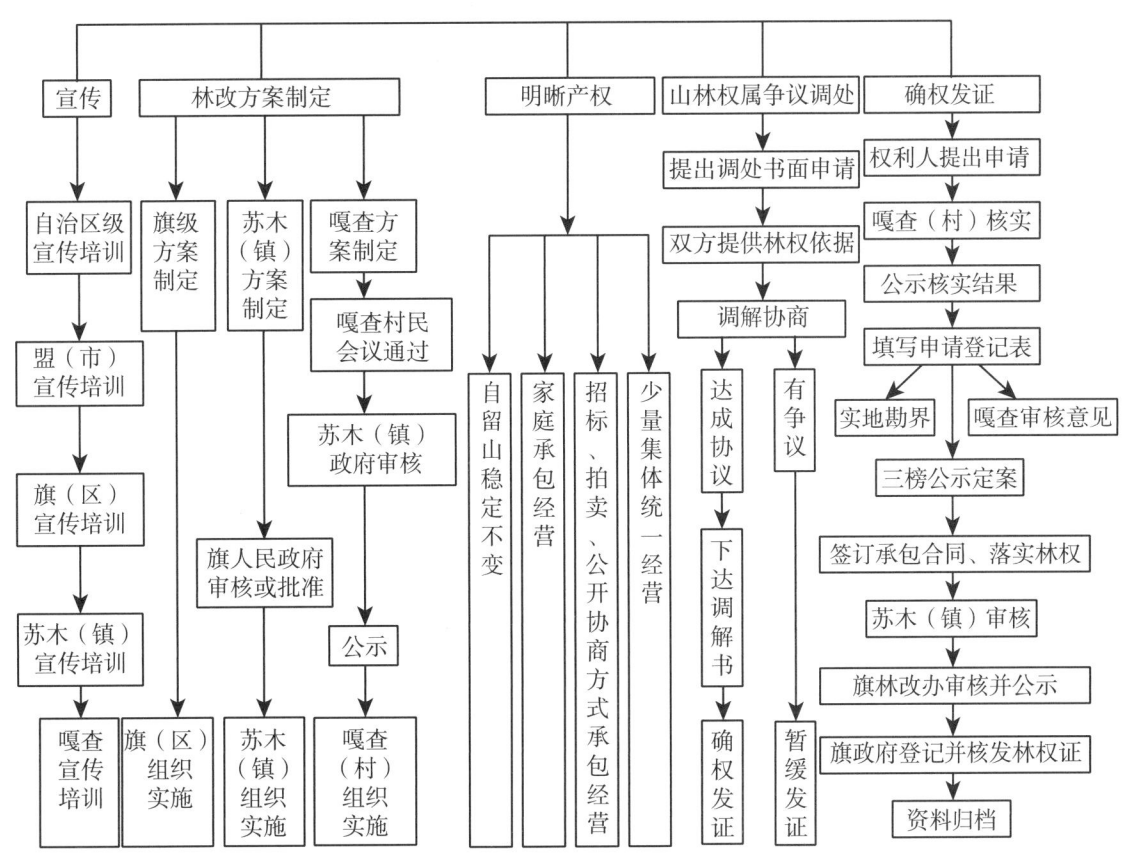

图 11-1　阿拉善盟集体林权制度改革工作流程

（1）2009 年阿拉善盟集体林权制度改革领导小组成员名单如下。

组　　长：王玉明（盟委书记）

副组长：鲍常青（盟委副书记、盟长）

　　　　龚家栋（盟行署副盟长）

成　　员：梁万祥（盟行署副秘书长）

　　　　王维东（盟林业治沙局局长）

　　　　白志毅（盟委宣传部副部长）

　　　　韩义明（盟监察局局长）

　　　　王　东（盟发改委主任）

　　　　薛思勤（盟财政局局长）

　　　　宝金岱（盟农牧业局局长）

　　　　赵　勤（盟水务局局长）

　　　　杨德峰（盟国土资源局局长）

　　　　霍幸福（盟民政局局长）

　　　　魏雄会（盟扶贫办主任）

　　　　高国霞（盟档案史志局局长）

　　　　陈　杰（盟气象局局长）

　　　　乌达木（盟工商局局长）

　　　　全江波（中国人民银行阿拉善盟中心支行行长）

　　　　韩林冲（中国农业发展银行阿拉善盟支行行长）

　　　　章　斌（中国人保财险阿拉善盟分公司经理）

　　　　严利群（盟地税局局长）

办公室设在盟林业治沙局，办公室主任由王维东兼任。

2011 年 5 月 4 日，根据盟集体林权制度改革工作需要和领导小组成员工作发生变动实际，对盟集体林权制度改革领导小组成员进行调整。

（2）2011 年阿拉善盟集体林权制度改革领导小组成员名单如下。

组　　长：王玉明（盟委书记）

副组长：云喜顺（盟委副书记、盟长）

　　　　谭景峰（盟委副书记、组织部部长）

　　　　徐景春（盟行署副盟长）

成　　员：王　东（盟政协副主席、发改委主任）

　　　　薛思勤（盟政协副主席、财政局局长）

　　　　靳生瑞（盟行署秘书长）

　　　　韩义明（盟监察局局长）

　　　　张瑞青（盟委副秘书长）

　　　　李发全（盟行署副秘书长）

　　　　田爱国（盟委宣传部副部长）

　　　　全江波（盟行署盟长助理、盟人民银行行长）

　　　　王维东（盟林业局局长）

　　　　戈　明（盟农牧局局长）

　　　　赵　勤（盟水利局局长）

　　高屹隆（盟国土资源局局长）

　　霍幸福（盟民政局局长）

　　魏雄会（盟扶贫办主任）

　　金　山（盟档案史志局局长）

　　陈　杰（盟气象局局长）

　　乌达木（盟工商局局长）

　　卢志华（盟农业发展银行行长）

　　章　斌（盟人保财险公司总经理）

　　严利群（盟地税局局长）

办公室设在盟林业局，办公室主任由王维东兼任。

2. 制定方案

2009 年 2 月 16 日，盟委、盟行署印发《阿拉善盟集体林权制度改革实施方案》，明确林改工作目标任务、主要内容、方法步骤和保障措施。各旗（区）制定《集体林权制度改革实施方案》，涉及林改的苏木（镇）制定各自工作方案，林改工作全面落实。

各旗（区）针对不同地域、经济社会条件、森林资源状况，研究制定林改工作方案，工作方案报上一级林改领导小组办公室备案。各苏木（镇）、嘎查（村）制定的林改方案报旗政府批准，各集体经济组织制定的具体实施方案，嘎查村民会议或嘎查代表会议 2/3 以上讨论票决通过后，经苏木（镇）政府审核，报旗政府批准。嘎查村民会议或嘎查代表会议实行"四签两不准"：会议通知签收、开会签到、林改方案签字、票决签名；不准请人代签、不准用圆珠笔或铅笔签字。

3. 动员部署

2009 年 4 月 20 日，盟行署召开全盟集体林权制度改革工作会议，各旗（区）分管领导、林业局局长、林改领导小组成员单位领导参加会议，分管副盟长安排部署林改工作。

4. 宣传发动

制定《阿拉善盟林改宣传方案》，全盟林改工作会议期间，开展宣传活动 2 次，盟林改办领导多次接受盟电视台、电台、阿拉善日报采访，与盟委宣传部协调将林改宣传纳入重点宣传范围，做到全方位、多形式、深层次宣传报道。各旗（区）、苏木（镇）制定宣传计划和方案，作为林改工作重要内容先行实施。充分利用广播电视、报纸杂志、网站等多种宣传媒体，采取丰富多样宣传形式宣传改革政策，贯穿于林改全过程，做到家喻户晓。通过宣传动员解决改革中思想认识问题，让广大干部群众了解、支持和踊跃参与改革。各旗（区）、苏木（镇）、嘎查（村）召开改革动员大会，对本地区林改工作进行动员部署。

5. 组织培训

制定《阿拉善盟林改培训方案》，征订国家林业局林改培训材料，各级林改办自行编制培训教材，开展培训工作。2009 年 8 月 4 日，盟林改办举办全盟林改培训班，邀请北京林业大学教授到会讲课，自治区林业厅林改办主任到会指导、讲课，各旗（区）分管领导、全盟所有苏木（镇）分管领导和工作人员及试点嘎查（村）负责人共 80 人参加培训；9 月 19—26 日，盟林改办组织各旗（区）林业局分管领导，各苏木（镇）林改负责人和试点嘎查（村）负责人共 39 人赴赤峰、通辽参观学习；10 月 27 日至 11 月 7 日，由分管副盟长带队，各旗（区）分管副旗长、林业局局长及盟林改办领导赴福建、江西考察学习。

各旗（区）、苏木（镇）制定培训计划和方案，通过集中培训、以会代训、现场培训方式，按照盟培训到旗（区）、苏木（镇），旗（区）培训到苏木（镇）、嘎查（村）的原则，自上而下、逐级开展培训，使领导干部、林改工作人员及牧区基层干部、农牧民掌握有关政策法规、改革方法和操作程序。10—12月各旗（区）相继举办林改工作培训班，所有苏木（镇）、嘎查（村）负责人和林改工作人员，计385人参加培训。

6. 试点工作

阿拉善盟土地总面积2696.53万公顷，林业用地337.67万公顷，有林地6.67万公顷，灌木林地102.27万公顷，宜林地226.27万公顷。其中，集体林地222.31万公顷（有林地0.32万公顷，灌木林地70.03万公顷，宜林地150.43万公顷，其他1.53万公顷）。全盟集体林地基本为公益林地，商品林只有1333.33公顷。全盟各旗（区）分别确定一个苏木（镇）为试点，对集体公益林进行试点。盟、旗（区）林改办从宣传发动、方案制定、基础数据核实、座谈等方面全程参与试点工作，掌握第一手资料。阿拉善经济开发区乌斯太镇，在试点工作中与北京林业大学和阿拉善SEE生态协会开展合作，对巴音敖包嘎查进行详细摸底调查，形成巴音敖包嘎查集体林权制度改革方案，为林改工作推进提供科学基础数据和实施方案。

7. 组织实施

建立旗（区）直接领导、苏木（镇）组织实施、嘎查（村）具体操作、部门搞好服务的工作机制。各旗（区）林改领导小组组织工作组，深入改革一线，协助各苏木（镇）、嘎查（村）、集体经济组织开展明晰林地权属、签订合同、发放林权证书工作。对行政区域内集体林地，及集体林地上的森林和林木所有权、使用权全面发（换）林权证。发（换）林权证统一使用国家林业局制定的全国统一式样林权证书，统一实行计算机登记、打印、建档、统计、查询，统一按照"摸底调查现有林权、第一榜公示、制定通过林改方案、勘界、第二榜公示、签订（完善）合同、林权权利人申请发证、审核、输机、发证前第三榜公示、颁证、建档"12个步骤实施，统一采用1：2.5万或1：5万比例尺清绘成果图作为林权证附图，统一建立证书图表资料与计算机储存数据资料相结合的林权档案。承包合同和流转合同按自治区林业厅提供的示范文本，根据各旗（区）实际修改后，形成规范文本。合同文本由各旗（区）印制，印制费用由各旗（区）财政承担，不准向农牧民收取。

8. 检查验收

林改工作完成后，制定标准进行验收，认真研究和总结，巩固林改成果，对验收中发现的问题，认真进行整改和完善。

9. 加强督导

各旗（区）组织督导组，配合盟督导组对林改实施全过程进行督促检查，建立定期汇报制度，编印林改简报，盟、旗（区）林改领导小组适时召开林改经验交流会，及时掌握各地工作进度，交流工作经验，推动林改工作。建立健全林农负担监测、信访举报、检查监督、案件查处等各项制度。清理整顿涉林税费项目，清理后向社会公布保留的各类税费项目、标准、收取办法。各旗（区）设置林改公开投诉举报电话，保证林改工作公开、公正、公平、依法开展。

10. 档案管理

通过档案设施、档案管理、文件材料及实物检查，各旗（区）专门设立林改档案室，集体林权制度改革档案专档专柜存放，林改档案按照综合类、林权类、纠纷调处类、声像类档案分类组卷，档案装订规范，排列有序，编目规范。制订档案管理制度和档案查阅制度，专人管理，配备林权制度改革档案目录管理用电脑、电子版档案和纸质版档案分别分类建档。全盟抽到的12个苏木（镇）、24个嘎查共抽取林改档案1520件，全部达到合格标准，档案管理合格率100%。

二、集体林权制度工作改革成效

阿拉善盟集体林权制度改革自2009年启动，至2012年6月结束。根据《阿拉善盟集体林权制度改革实施方案》要求，完成明晰产权、登记发证、放活经营权、落实处置权、保障收益权、落实责任等主体改革、配套改革任务。改革林地总面积364.41万公顷（公益林面积364.25万公顷、商品林面积1540公顷）。涉及全盟26个苏木（镇）、176个嘎查、11414户农牧民，完成林地确权发证面积364.41万公顷，宗地数41054宗，发放林权证11743本，发证率100%。

（一）阿左旗

2009年，阿左旗林改工作启动。2012年12月，完成集体林权制度改革，落实产权207.59万公顷，发放林权证7797本。

（二）阿右旗

2009年5月，阿右旗林改工作启动。2012年5月完成集体林权制度改革，涉及5个苏木（镇）、1个管委会、39个嘎查、2167户9953人，涉及林地131.59万公顷，发放林权证2167本。其中，家庭承包林地87.85万公顷，发放林权证1696本；联户承包林地5.29万公顷，发放林权证435本；嘎查集体经营林地38.46万公顷，发放林权证36本。

（三）额济纳旗

2009年5月，额济纳旗集体林权制度改革工作启动，2012年结束。范围是全旗农牧区集体所有的商品林、公益林、旗人民政府规划的集体宜林荒山荒地，计1180公顷。截至2012年6月30日，全旗1180公顷集体林地中，明晰产权面积1180公顷，确权率达100%；完成林权发证面积1180公顷，发放林权证186本，发证率100%。

（四）阿拉善高新区

完成林权发证面积6.62万公顷，发放林权证38本。

（五）孪井滩示范区

完成林权发证面积357.03公顷，发放林权证131本。

（六）乌兰布和示范区

完成林权发证面积100公顷，个人确权登记16个，集体确权登记65个，均未发证。

第二节　国有林场（站）改革

一、国有林场现状及建设

（一）基本情况

2006年，阿拉善盟有11个国有林场（治沙站）。其中，阿左旗7个（头道湖治沙站、腰坝治沙站、巴彦浩特治沙站、吉兰泰治沙站、巴彦诺日公园林场、巴彦树贵治沙站、贺兰山林场）；阿右旗2个（雅布赖治沙站林场、巴音高勒林场）；额济纳旗1个（国营额济纳旗经营林场）；孪井滩示范区1个（通湖治沙站）。国有林场（治沙站）均位于极度干旱区，年降水量不足200毫米，是风沙危害严重地区，自然灾害频繁，巴丹吉林、腾格里、乌兰布和三大沙漠将10个国有林场（治沙站）包围其中，因特殊地理位置和森林资源分布状况，是本地区集管护、造林、围封为一体的公益生态型林场（治沙站），国有林场（站）参与封育、飞播、人工造林等工作，凸显国有林场（站）在全盟林业工作和生态建设中的重要地位。

2021年，全盟有国有林场（治沙站）11个。其中，阿左旗6个（头道湖治沙站、腰坝治沙站、巴彦浩特治沙站、吉兰泰治沙站、巴彦诺日公园林场、贺兰山林场）；阿右旗2个（雅布赖治沙站林场、巴音高勒林场）；额济纳旗1个（额济纳旗国有林场）；乌兰布和示范区1个（巴彦树贵治沙站）；孪井滩示范区1个（通湖治沙站），全部为旗（区）属林场。除贺兰山林场（贺兰山管理局）行政级别为副处级、阿左旗政府直属外，其他场站均为副科级，由林草部门管理，全部定性为生态公益一类事业单位，共确定编制211人，在职职工按规定全部纳入相应社会保险范围，购买"五险一金"，做到应保尽保。

（二）人员情况

2006年，阿拉善盟国有林场（站）在职人员202人，离退休人员533人。

2009年，阿拉善盟国有林场（站）在职人员333人，离退休人员578人。

2014年，阿拉善盟国有林场（站）总户数780户，总人口1773人、全额拨款事业单位10个、差额拨款事业单位（国营额济纳旗经营林场）1个、林场分场数7个、管护站30个、派出所11个、公安干警66人、国有林场（站）行政级别副处级单位1个、正科级单位3个、副科级单位7个。其中，阿左旗国有林场（站）总户数576户、总人口1207人、全额拨款事业单位8个、林场分场数7个、管护站26个、派出所9个、公安干警57人、国有林场行政级别副处级单位1个、副科级单位7个；阿右旗国有林场总户数105户、总人口322人、全额拨款事业单位2个、管护站4个、派出所2个、公安干警9人、国有林场行政级别正科级单位2个；额济纳旗国有林场总户数99户、总人口244人、差额拨款事业单位1个、国有林场行政级别副科级单位1个。国有林场（站）在职职工参加基本养老保险108人，占在职职工总数35.6%，单位缴纳金额99.02万元，个人缴纳金额45.2万元；参加基本医疗保险303人，占在职职工总数100%，单位缴纳金额122.66万元，个人缴纳金额38.80万元；参加失业保险303人，占在职职工总数100%，单位缴纳金额32.87万元，个人缴纳金额16.5万元；参加工伤保险264人，占在职职工总数87.1%，单位缴纳金额15.03万元，个人缴纳金额0.06万元；参加生育保险303人，占在职职工总数100%，单位缴纳金额3.67万元。

2015年，国有林场（站）职工总人数770人。其中，在职职工人数250人、退休职工520人。在职职工人均工资收入5.5万元以上，社会参保率100%。

2018年，国有林场（站）职工总人数740人，在职职工211人。其中，阿左旗7个国有林场（站）定编122人、阿右旗2个国有林场定编46人、额济纳旗1个国有林场定编39人、孪井滩示范区1个国有林场定编4人。人员和机构经费纳入旗（区）财政预算，实现全额拨款，在职职工人均工资收入7.8万元，地方财政对国有林场（站）的投入主要为职工工资和五险一金，国有林场（站）退休人员仍按原渠道、原办法保障其退休待遇，按国家和自治区有关规定逐步提高退休待遇水平。

（三）基础设施建设

2009—2011年，全盟国有林场（站）改造棚户区危房（新建）面积6.39万平方米，工程涉及全盟3个旗国有林场站11个，项目区总投资9163.2万元。其中，中央专项投资1270.5万元（每户1.5万元）、省级配套投资847万元（每户1万元）、职工自筹资金7045.7万元。

截至2014年，阿拉善盟国有林场（站）房屋建筑总面积10.77万平方米。包括办公用房6079平方米，其中危房241平方米；生产用房1.56万平方米，其中危房560平方米；职工住宅8.61万平方米。有林区公路89公里，林道43.7公里，通电话护林站34个，未通电话护林站1个，通电护林站31个，未通电护林站15个。

2017年，自治区发改委、林业厅联合下达国有林场管护用房建设试点，中央预算内投资75万元。其中，中央投资60万元、地方配套15万元。专项用于全盟3个国有林场管护站点管护用房建设，分别为阿左旗头道湖林场管护站、阿右旗巴音高勒林场管护站、额济纳旗国有林场管护站。

2018年，自治区下达阿拉善盟国有林场（站）管护用房试点建设项目2个，由贺兰山国有林场进行管护用房维修加固，项目总投资60万元（中央预算内投资50万元，地方投资10万元）。

2021年，自治区下达国有林场改革巩固提升资金100万元，分别在额济纳旗国有林场、阿右旗雅布赖治沙站实施产业示范和基础设施建设项目。

截至2021年，国有林场（站）11个场部50个管护站点，共有办公用房6079平方米，生产用房1.56万平方米。11个场部水、电、路、通信全部贯通，林区公路139公里，三、四级林道73公里；有34个管护站点接通固定电话；接通电网的站点31处，未通15处；有6个场站的场部实现自来水供给，其余场站使用自备井水。其中，16个护林站点饮水困难或水质不达标。通过国有林场基础设施建设，11个国有林场、治沙站场部水、电、路全部贯通。

（四）国有林场（站）经济状况及经营情况

1. 林场经济状况

2006年，阿拉善盟国有林场（站）深化内部体制改革，走"以林为主，多业并举，综合开发，合理利用"生态经济型林业发展道路。完成森林资源采伐计划200立方米、人工植树造林1040公顷、中幼林抚育326.67公顷、林地管护及围栏封育施工34.33万公顷、育苗33.33公顷、采伐迹地更新10亩、全年完成营业收入15万元。其中，木材收入1万元，种植业收入14万元。

2007年，完成育苗26.67公顷。其中，新育苗13.33公顷，容器育苗100万穴。采集林木种子3620千克，人工造林1093.33公顷，采伐迹地更新100亩，中幼林抚育1020公顷，完成"三北"四期工程围栏封育18公里，公益林围栏封育100公里。

2012年，总资产2.06亿元，其中固定资产889万元。年度财政总投入6380万元，大部分为财政事业费投入，共4551万元，主要用于支付工资，其他收入以造林和种苗生产为主，森林旅游（贺兰山、胡杨林国家森林公园）收入上缴旗财政。

2014年，总收入6380.11万元。其中，营业总收入1279.62万元，占20.06%，包括种植业收入43.62万元，旅游业收入820万元，其他收入416万元；承包户上缴净收入45万元，占0.7%；财政事业费投入4551.49万元，占71.34%，包括全额拨款3943.49万元，差额拨款608万元；林业工程投入504万元，占7.9%。

各旗（区）国有林场（站）收入情况：阿左旗国有林场（站）收入4140.49万元，占总收入64.9%；阿右旗国有林场（站）收入1215.62万元，占总收入19.05%；国营额济纳旗经营林场收入1024万元，占总收入16.05%。

2017年，总经营面积115.13万公顷（林业用地115.13万公顷，森林4.46万公顷，中幼林2.31万公顷），总收入1137万元（上级政府投资654万元，营业总收入16万元，其他收入467万元）。

2. 生产任务完成情况

2008年，阿拉善盟国有林场（站）完成育苗34.67公顷（新育苗23.33公顷，容器育苗100万袋），采集林木种子4210千克；完成人工造林3666.67公顷，采伐迹地更新33亩；全年完成围栏封育5333.33公顷。

2012年，阿拉善盟国有林场（站）完成人工造林1.35万公顷、飞播造林3980公顷、封山育林2133.33公顷、人工林抚育采伐6亩（蓄积量0.02立方米）、迹地人工更新13.33公顷、育苗25.07公顷。其中，阿左旗完成人工造林1860公顷、飞播造林3980公顷、封山育林1466.67公顷、人工林抚育采伐6亩（蓄积量0.02立方米）、迹地人工更新13.33公顷、育苗18.27公顷；阿右旗完成人工造林11266.67公顷、封山育林666.67公顷、育苗60亩；额济纳旗完成人工造林333.33公顷、育苗60亩。

2013年，阿拉善盟国有林场（站）完成人工造林7320公顷、飞播造林3466.67公顷、封山育林9693.33公顷、人工林抚育采伐40亩0.009立方米、迹地人工更新22亩、育苗42.53公顷。其中，阿左旗国有林场（站）完成人工造林2653.33公顷、飞播造林3466.67公顷、封山育林7693.33公顷、人工林抚育采伐4亩0.009立方米、迹地人工更新22亩、育苗18.07公顷；阿右旗国有林场（站）完成人工造林4133.33公顷、封山育林1000公顷、育苗50亩；国营额济纳旗经营林场完成人工造林533.33公顷、封山育林1000公顷、育苗47亩。

2014年，阿拉善盟国有林场（站）完成人工造林1.85万公顷、飞播造林2.02万公顷、封山育林4406.67公顷、育苗35.53万公顷。其中，阿左旗完成人工造林6846.67公顷、飞播造林2.02万公顷、封山育林1073.33公顷、育苗25.53公顷；阿右旗完成人工造林1.15万公顷、封山育林666.67公顷、育苗50亩；额济纳旗完成人工造林133.33公顷、封山育林2666.67公顷、育苗100亩。

2015年，阿拉善盟国有林场（站）参与封、飞、造等林业生产4.33万公顷。

2017年，阿拉善盟国有林场与林业工作站（自然保护区）合署办公，除经营国有林地外，承担145.87万公顷集体森林资源保护和林业生态建设及4个自然保护区管理工作。国有林场组织、指导所在苏木（镇）完成人工造林2.42万公顷，林沙产业接种肉苁蓉、锁阳5673.33公顷，林果产业233.33公顷。

2019—2020年，阿拉善盟国有林场（站）完成人工造林（含精准提升）1.23万公顷、森林抚育733.33公顷、低产低效林改造6666.67公顷。

（五）国有林场（站）林权

1. 国有林场（站）资源流转、流失情况

资源流转、流失林地类别：宜林地、林业辅助生产用地、灌木林地、苗圃地、耕地、有林地，流转林种为防护林。

（1）国有林场（站）资源流转情况。阿左旗国有林场（站）资源流转34702.4亩。2002年，国有林场改制转为一次性安置职工生产资料；承包给有实力的企业发展森林旅游业；由于国有林场（站）所在位置立地条件差，资金投入不足，原有林木老化、枯死，为确保国有森林资源得到有效保护和利用，将一部分林地承包给有经济实力的企业或个人经营管理。

（2）国有林场（站）资源流失情况。2014年，经国家林业局和内蒙古自治区林业厅审核审批阿左旗工程项目占用林地总面积1.32万亩。其中，黄河海勃湾水利枢纽工程坝区工程项目占用林地面积5585.34亩、黄河海勃湾水利枢纽工程库区工程项目占用林地面积7346.85亩、巴彦浩特一级客运站占用林地面积47.59亩、土尔扈特路棚户区占用林地面积113.81亩、鑫凯沙漠生态园占用林地面积143.68亩。以上5个占用林地项目属合法占用。

2. 林权证发证

阿拉善盟国有林场（站）建场规划经营总面积110.95万公顷，实际经营面积115.01万公顷，林权登记发证115.08万公顷，核发林权证646本，单份林权证登记115.08万公顷，未登记发证193.33公顷。

阿左旗建场规划经营总面积3.23万公顷，实际经营面积7.29万公顷，林权登记发证7.36万公顷，核发林权7本，未登记发证193.33公顷。

阿右旗建场规划经营总面积9780公顷，实际经营面积9780公顷，林权登记发证9780公顷，核发林权证2本。

额济纳旗建场规划经营总面积106.75万公顷，实际经营面积106.75万公顷，林权登记发证106.75万公顷，核发林权证612本。

二、国有林场（站）管理及改革

2002 年，根据阿拉善盟国有林场（站）改革方案要求，按照"保留机构，转变职能，分流安置富余人员"原则，对阿左旗贺兰山林场等 7 个国有林场（治沙站）进行改革，主要内容是保留机构、精简人员、安置富余职工（分配生产资料，发放工龄补助费，纳入社会保险），共安置职工 335 人，全部纳入社会保险统筹范围。

2007 年，阿拉善盟国有林场（站）结合森林生态效益补偿工作开展、基层林工站建设，对 9 个国有林场（站）进行改制。其中，阿左旗 7 个场（站），机构、人员不变，加挂基层林工站牌子，行使林政、公益林管理部分职责；阿右旗 2 个场（站），巴音高勒林场、雅布赖治沙站分别与巴丹吉林自然保护区管理局所属自然保护区塔木素管理站和自然保护区雅布赖管理站合并，行使 2 个自然保护区管理站职能职责，国有林场（站）机构职能予以保留，人员安置工作全部结束，国有林场（站）改制后职能发生转变，增加政策宣传、森林资源监测、动植物保护与救治、森林防火等工作。

2015 年，根据《中共中央　国务院关于印发〈国有林场改革方案〉和〈国有林区改革指导意见〉的通知》《内蒙古自治区党委、自治区人民政府关于印发〈内蒙古大兴安岭重点国有林区改革总体方案〉和〈内蒙古自治区国有林场改革方案〉的通知》要求，阿拉善盟启动深化国有林场（站）改革。盟林业局对阿拉善盟国有林场（站）进行综合调研，涉及 11 个国有林场（站），土地总经营面积 115.01 万公顷，其中有林地 6.17 万公顷，森林蓄积量 606.26 万立方米。各旗（区）禁止国有林场森林资源非法流转，严格控制建设项目占用国有林场林地，尽量少占或不占国有林地。编制和实施国有林场森林经营方案，促进森林科学经营，实现国有林场（站）森林资源可持续发展。各级森林公安机关加大执法力度，严厉打击破坏国有森林资源行为。

2016 年 3 月 4 日，盟行署成立阿拉善盟国有林场（站）改革工作领导小组，制定下发《阿拉善盟行政公署关于推进国有林场、治沙站改革的实施意见》，各旗（区）根据本地区实际情况，编制上报国有林场（站）改革实施方案。明确国有林场（站）属性，将阿拉善盟 11 个国有林场（站）主要功能明确定位保护培育森林资源、维护国家生态安全的生态公益性林场，全部定性为公益一类事业单位，人员和机构经费纳入同级政府财政预算，实现财政全额拨款，安置国有林场（站）富余职工，通过发放工龄补助金、分配生产资料和代缴养老统筹金等措施，解除原有劳动合同，转换身份，移交当地苏木（镇）就近划归嘎查管理，因地制宜转变工作职能，国有林场（站）的主要职能由以生产为主，转变为监督管理实施林业生态建设工程和保护森林资源职责。

2018 年，阿拉善盟国有林场（站）改革全部完成，编制经营方案，对辖区内国有森林资源资产有偿使用执行情况开展年度自查和评估。

改革后，阿左旗贺兰山林场、额济纳旗国有林场经营面积较大，主要是对贺兰山和胡杨林的天然林进行保护和管理。其他国有林场（站）主要职能为宣传贯彻执行森林和野生动植物资源保护等法律、法规及林业方针、政策；造林检查、验收林业统计和森林资源档案管理工作；承担公益林实施和技术资源管理工作；配合林业行政主管部门和苏木（镇）人民政府做好辖区内森林防火，森林病虫害防治工作；推广林业科学及沙产业技术，开展林业技术培训，技术咨询和技术服务等林业社会化服务。

2019 年，阿左旗、腾格里开发区 6 个国有林场（站）与基层林工站合署办公，一套人马两块牌子。根据《阿拉善左旗关于深化苏木（镇）和街道改革推进基层整合审批服务执法力量的实施方案》，不再保留基层林工站，林工站职能职责和林工站（国有林场）编制及人员一并划归苏木（镇）综合保障和技术推广中心，国有林场站只保留牌子。

（一）阿左旗国有林场（站）改革

2006—2021 年，阿左旗国有林场（站）改革全部完成，头道湖治沙站、腰坝治沙站、巴彦浩特治沙站、吉兰泰治沙站、巴彦诺日公园林场 5 个国有林场（站），职能职责划归阿左旗公益林服务中心，巴彦树贵治沙站划归乌兰布和示范区管理，国有林场森林资源资产统一由阿左旗公益林服务中心管理。

（二）阿右旗国有林场（站）改革

2006—2021 年，阿右旗国有林场（站）改革全部完成，根据盟委机构编制委员会批准《阿拉善右旗深化事业单位改革试点实施方案》《阿拉善右旗深化事业单位改革试点工作的实施意见》，内蒙古巴丹吉林自然保护区雅布赖工作站，加挂阿拉善右旗雅布赖治沙站牌子，为旗林业和草原局所属公益一类事业单位，巴音高勒林场机构撤销。将内蒙古巴丹吉林自然保护区塔木素管理站独立设置，为旗林业和草原局所属事业单位，机构规格为股级。

（三）额济纳旗国有林场改革情况

2006—2021 年，额济纳旗国有林场改革全部完成。2021 年，额济纳旗机构编制委员会印发《关于额济纳旗国有林场机构职能编制的批复的通知》文件，核定额济纳旗国有林场为公益一类事业单位，经费为财政全额拨款，林场事业编制 22 人（管理岗 2 人、专业技术人才 4 人、工勤人员 16 人）。设场长 1 名（副科级）。

（四）阿左旗贺兰山林场改革

2006—2021 年，贺兰山国有林场改革全部完成。

第三节　森林资源资产负债表编制

编制自然资源资产负债表是以资产核算账户形式，对一个地区主要自然资源资产存量及增减变化进行分类核算。客观评估当期自然资源资产实物量和价值量变化，摸清某一时点上自然资源资产"家底"，准确把握经济主体对自然资源资产占有、使用、消耗、恢复和增值情况，全面反映经济发展资源消耗、环境代价和生态效益，为环境与发展综合决策、政府生态环境绩效评估考核、生态环境补偿等提供重要依据。

建立林业自然资源资产负债表，就是要核算林业自然资源资产存量及变动情况，全面记录当期自然和各经济主体对林业自然资产占有、使用、消耗、恢复和增值活动，评估当期林业自然资源资产实物量和价值量变化，编制森林经营方案，强化森林资源管理。

一、编制原则

依据《中华人民共和国森林法》《中华人民共和国会计法》《中华人民共和国预算法》《中华人民共和国价格法》《中华人民共和国野生动物保护法》《中华人民共和国种子法》《中华人民共和国防沙治沙法》《中华人民共和国农业法》《中华人民共和国农业技术推广法》《森林防火条例》等相关法律法规编制。

依据《国有林场（苗圃）财务制度（暂行）》《国有林场与苗圃会计制度（暂行）》《林业行政执法监督办法》《林业行政处罚程序规定》等相关会计准则、内部控制制度及林业办法、规定编制。

二、林业资源实物量变动表编制

2016 年 5 月 12 日，召开内蒙古自然资源实物量变动表编制工作部署及培训会议，阿拉善盟林木资源实物量编制工作启动。20 日，召开阿拉善盟林木资源实物量变动表工作部署会议，成立阿拉善盟林木资源实物量编制领导小组，组长由盟林业局局长担任，副组长由分管副局长担任，要求各旗（区）收集整理基础数据，在自治区林业厅指导下，开展相关林业资源普查工作，印发《阿拉善盟林木资源实物量编制工作方案》，要求各旗（区）按时报送《林木资源实物量变动表》。填报数据包括：《林木资源实物量存量及变动表》《林木资源质量及变动表》《土地存量变动表》，建立健全全盟林木湿地资源资产数据库。

三、编制成果

采用资源、财务网络信息化相结合手段，资源数据与财务数据共享，强化森林资源管理，实现按年度编制森林资源资产负债表。在完成林木资源实物量变动表基础上，充实和完善各项基础数据，建立阿拉善盟湿地资源普查数据库和森林资源数据库。

通过建立数据模型，使资源数据可持续核算，保障森林资源资产负债表编报连续性。完成阿拉善盟林木资源实物量变动表编制工作（表11-1至表11-5），建立完善自然资源统计调查工作制度和建立健全全盟自然资源监测体系，解决森林资源资产化靠评估核算的技术手段，实现森林资源资产化动态管理。

表 11-1　土地资源存量及变动（2017 年）　　　　　　　计量单位：公顷

指标名称	代码	合计	湿地	耕地	园地	林地	草地	城镇村及工矿用地	交通运输用地	水域及水利设施用地	其他土地
甲	乙	1	2	3	4	5	6	7	8	9	10
年初存量	01	—	268561	—	—	4891115	—	—	—	—	—
存量增加	02	—	0	—	—	213	—	—	—	—	—
存量减少	03	—	0	—	—	102	—	—	—	—	—
年末存量	04	—	268561	—	—	4891226	—	—	—	—	—

注：1. 表中数据来源于国土资源部门，湿地数据来源于林业部门。

2. 表中数据取整数。

3. 审核关系：

①年末存量（04）＝年初存量（01）＋存量增加（02）－存量减少（03）。

②合计（1）＝耕地（3）＋园地（4）＋林地（5）＋草地（6）＋城镇村及工矿用地（7）＋交通运输用地（8）＋水域及水利设施用地（9）＋其他土地（10）。

表 11-2　林木资源期末（期初）存量及变动（2017 年）

项目	代码	森林							竹林		特殊灌木林		其他林木
		合计	乔木林						天然	人工	天然	人工	
			合计		天然		人工						
		面积（公顷）	面积（公顷）	蓄积（立方米）	面积（公顷）	蓄积（立方米）	面积（公顷）	蓄积（立方米）	面积（公顷）		面积（公顷）		蓄积（立方米）
甲	乙	1	2	3	4	5	6	7	8	9	10	11	12
期初存量	01	2158912	69820	5745500	60741	5365700	9079	379800			1951073	138019	554300
存量增加	02	40405	0	87600	0	52600	0	35000				40436	7647

（续表）

项目	代码	森林											其他林木
		合计	乔木林						竹林		特殊灌木林		
			合计		天然		人工		天然	人工	天然	人工	
		面积（公顷）	面积（公顷）	蓄积（立方米）	面积（公顷）	蓄积（立方米）	面积（公顷）	蓄积（立方米）	面积（公顷）		面积（公顷）		蓄积（立方米）
存量减少	03	0		3760	0	0	0	3760			31		
期末存量	04	2199317	69820	5829340	60741	5418300	9079	411040			1951042	178455	561947

补充资料：林地总面积4891226公顷。

说明：

1. 本表反映定期国家森林资源清查或地方森林资源监测期末（期初）存量及变化情况。

2. 本表指标一律取整数。

3. 表中数据来源于林业部门。

4. 审核关系：①森林面积（1）=乔木林面积（2）+竹林面积（8、9）+特殊灌木林面积（10、11）

②乔木林面积（2）=天然林面积（4）+人工林面积（6）

③乔木林蓄积（3）=天然林蓄积（5）+人工林蓄积（7）

④期末存量（04）=期初存量（01）+存量增加（02）-存量减少（03）

表11-3　林木资源年度变动（2017年）

项目		代码	面积（公顷）	蓄积（立方米）
甲		乙	1	2
存量增加	人工造林	01	33617	—
	人工更新	02	0	—
	飞播造林	03	24000	—
	封山育林	04	2000	—
存量减少	合法采伐	05	—	3760
	非法采伐	06	—	—
	灾害损失	07	—	—

说明：1. 本表反映定期国家森林资源清查或地方森林资源监测期间各年度林木和未来能够形成林木资源的变化情况。

2. 本表指标一律取整数。

3. "—"代表不需要填报。

4. 表中数据来源于林业部门。

表 11-4　森林资源期末（期初）质量及变动（2017 年）　　　　单位：立方米/公顷

指标名称	代码	天然乔木林 单位面积蓄积量	人工乔木林 单位面积蓄积量	乔木林 单位面积蓄积量
甲	乙	1	2	3
期初水平	01	88	55	84
期内变动	02	0	2	0
期末水平	03	88	57	84

说明：1. 表中数据来源于林业部门。

　　　2. 审核关系：期末水平（03）＝期初水平（01）+期内变动（02）。

表 11-5　2021 年阿拉善盟资源环境情况

名称	总面积 （万平方公里）	耕地 （万亩）	林地 （公顷）	草原 （公顷）
阿拉善盟	27	76.73	2112698.09	9252379.37
阿拉善左旗	6.5	57	685297.31	3653939.47
阿拉善右旗	7.3	4.98	649613.34	2738431.97
额济纳旗	11.46	4.97	682060.76	2442276.93
阿拉善高新区	0.18	0.06	10793	145333
孪井滩示范区	0.56	8.83	84899.89	272155
乌兰布和	1	0.89	33.79	243

第十二章　森林草原防火

第一节　防火组织和队伍建设

一、全盟防火指挥系统

2002年12月，成立阿拉善盟森林公安森林防火信息中心，阿拉善盟森林防火指挥部办公室设在盟森林公安局。

2010年，盟林业局设立防火指挥部办公室，职能职责由盟森林公安局承担。

2014年，盟林业局设立防火办，指导全盟森林防火工作。

2019年，将森林草原防火职能职责划转盟应急管理局，盟森林公安局整体划转盟公安局。盟林业和草原局资源科和盟航空护林站配合开展森林草原防火工作。

2021年2月，盟林业和草原局增设森林草原防火办公室。

阿左旗、阿右旗、额济纳旗分别设立森林草原防火指挥部，各级森林草原防火指挥部设立办事机构（森林草原防火办公室）3个。

二、防火联防组织

（一）防火联防机制

1980年12月，第一次贺兰山前后山防火联防工作会议在银川市召开，成立联防委员会，商定轮流主持召开一年一次的护林联防工作会议及时交流情况，共同做好贺兰山护林防火工作。

1982年9月，第三次护林防火会议在阿左旗召开，修改完善"贺兰山林区前后山护林防火协议"并实施。

1985年10月，贺兰山林区第六次联防会议确定每季度会哨一次的联防会哨制度。

1999年10月，第二十次护林防火联防会议在阿左旗召开。此后贺兰山保护区前后山护林防火联防会议每两年召开一次。

2010年7月，与宁夏贺兰山管理局共同制定《宁、蒙贺兰山国家级自然保护区处置重特大森林火灾应急预案》。

2017年11月，宁夏回族自治区林业厅与盟行署在宁夏贺兰山国家级自然保护区管理局召开"宁夏·内蒙古贺兰山第二十九次护林防火联防工作会议"，签订"宁夏·内蒙古贺兰山国家级自然保护区合作共管协议"。

2019年12月，"内蒙古·宁夏贺兰山保护区第三十次护林防火联防工作会议"在阿左旗召开。截至2021年12月31日，共召开30次护林防火联防工作会议。

（二）防火协防机制

2003年，建立盟、旗单位森林防火协防机制，旨在与基层护林站共同承担森林防灭火责任，检查指导工作，帮助基层护林站人员解决工作、生活中遇到的困难和问题。2006—2021 年，贺兰山保护区共有 58 家盟、旗防火协防单位：盟文旅广电局、盟市监局、盟航空护林站、盟发改委、盟民政局、盟委宣传部、盟住建局、盟扶贫办、盟无线电管理处、盟供销社、盟教体局、盟水务局、盟电业局、盟气象局、盟财政局、盟人社局、盟公安局、盟民委、盟工信局、盟农牧局、盟交通局、盟外事办、盟自然资源局、中国石油阿拉善销售分公司、盟生态环境局、盟林业和草原局、盟卫健委、盟检察分院、盟司法局、盟法院、盟审计局 31 家；阿左旗财政局、阿左旗工信局、阿左旗城市综合执法局、阿左旗水务局、阿左旗审计局、阿左旗公安局、阿左旗科技和林业草原局、阿左旗农牧局、阿左旗卫健委、阿左旗生态环境分局、阿左旗教体局、阿左旗自然资源局、阿左旗气象局、阿左旗武装部、阿左旗退役军人事务局、阿左旗市监局、阿左旗统计局、阿左旗交通局、阿左旗应急局、阿左旗住建局、阿左旗司法局、阿左旗发改委、阿左旗民政局、阿左旗文旅局、阿左旗农牧区综合执法局、阿左旗人社局、阿左旗民委 27 家。

三、防火预警监控系统

2006 年开始，建设防火预警监控系统。采取地面巡护、瞭望塔观测、视频高清监控、飞机巡航、卫星监测等陆空结合手段，形成对森林草原火灾立体的监测网络。扩大森林草原防火监控管理范围、深度和广度，提升森林草原防火日常管理、应急指挥管理和服务水平，有效控制和提高森林草原火灾的预防和扑救能力，实现全盟智能高端森林防火监控系统可持续发展的良性循环。截至2021 年，共建成林火监控预警系统 39 套、安防监控系统 26 套、通信基站 19 处。

四、防火队伍建设

专业、半专业森林草原防火队伍由各级森林消防队伍、森林公安队伍、护林员队伍组成。

（一）航空护林站

1952 年，国家林业部在东北、内蒙古林区成立航空护林基地。2017 年 4 月，成立阿拉善盟航空护林站。

盟航空护林站是依托阿左旗通勤机场建设的依托型航站。根据盟林业局关于"阿拉善盟航空护林站建设项目"申请，2016 年 12 月至 2017 年 1 月，盟航空护林站获国家林业局和内蒙古自治区林业厅批准建设专业航空消防机构。项目总投资1430万元（中央投资1144万元，地方配套 286 万元）。建设内容：新建航站业务用房2338.52平方米，配套建设场区相关辅助工程，购置森林航空消防指挥系统、航护、办公和生活等保障装备 158 台（套）。项目建设期 2 年（2017—2018 年）。项目实施期间，盟行署向国家申报阿左旗通勤机场升级改造项目。2018 年 5月，盟行署常务会议决定盟航空护林站综合业务用房与阿左旗通勤机场升级改造项目捆绑建设、统一实施。

航空巡护对象为森林草原，主要任务是火情日常巡护侦察和初期火应急处置。巡护工作由自治区林业和草原局统一安排调度，盟航空护林站具体组织实施。

1. 项目实施

截至 2021 年底，按照盟行署常务会"以购代建"决定，加快办理航站综合业务楼划拨手续。已完成阿左旗通勤机场航站楼资产评估工作，开始办理划拨手续；分批次开展设备采购。专用车辆、通信指挥及办公设施购置工作基本完成；培训专业技术人员，1 人通过外派学习取得 3 级飞行观察员资格，4 人列为飞行观察学员。先后组织 6 次培训考察活动，赴应急管理部北方航空护林总站、南方航空护林总站及大兴安岭航空护林局、海拉尔航空护林站开展交流学习，为航空巡护储备专业人才。

2. 防火工作

2019 年 3 月，机构改革，全盟森林草原防火工作任务暂交盟航空护林站承担。2019—2021 年，盟航空护林站加强工作部署、强化责任落实、深化宣传教育、加强监督检查，特别是春季、秋季及春节、清明、国庆等重点时段防火工作；加大工作力度，突出抓好火源管控、防灭火队伍建设、基础设施建设项目和安全生产风险防控等重点工作。推广应用"防火码"和"互联网+森林草原防火督查"信息系统，推进基础设施建设项目。招录基层护林员 23 人；举办森林草原防灭火知识培训班、经验交流会及防灭火演练 2 期；组织直升机吊桶灭火演练 2 次；以安全生产专项整治三年行动为手段，推进森林草原防火、林草危化品管理、汛期安全防范等领域隐患排查和整治工作，组织编报阿拉善盟草原高风险区建设项目可研报告和初步设计。

3. 开航巡护

2020 年 3 月，首次开航，利用 3 架专用直升机，通过 5 条航线，在贺兰山、额济纳胡杨林区和阿左旗重点飞播区、梭梭林区累计飞行巡护作业 83 架次、163 小时，巡护范围达 6.5 万平方公里；开展吊桶洒水灭火演练 2 次、空中宣传 2 次。

2021 年，首次开启冬季森林草原航空巡护试点。累计巡护作业 196 架次、519 小时 31 分钟，巡护里程 9.35 万公里，巡护面积 141.74 万平方公里，居全区中西部各盟（市）之首。

4. 疫情防控

2021 年 10 月，承担额济纳旗抗疫和抗寒物资空运工作。累计运送急需防疫防寒物资 6 批、452 箱（袋）、2800 件，缓解当地物资紧缺的局面。

（二）专业防灭火队伍

阿拉善盟森林消防大队组建于 1981 年 9 月，建队初期为内蒙古自治区武装森林警察总队阿拉善盟直属中队。1982 年 9 月，扩编为大队。

1985 年 3 月，额济纳旗森林中队成立。

1999 年 2 月，森林部队由武警部队实施统一领导，实行军事系统管理体制，部队名称改为中国人民武装警察部队阿拉善盟森林大队，承担森林防火、灭火，保护森林资源，维护社会稳定和处置突发事件任务，部队实行新编制，下辖阿左旗中队、额济纳旗中队。

2018 年 10 月 1 日，转隶为盟森林消防大队，承担防范化解重大安全风险、应对处置各类灾害事故的重要任务，担负森林（草原）防火灭火、地震（地质）灾害救援、山岳（水域）灾害救援以及冰雪灾害救援等综合性救援任务。

（三）半专业防灭火队伍

2021 年阿拉善盟成立森林草原扑火队伍，阿左旗 70 人，阿右旗 20 人，额济纳旗 20 人，贺兰山保护区 80 人。配备单兵装备、风力灭火机等装备，统一管理。

（四）义务防灭火队伍

各旗（区）分别建立苏木（镇）工作人员组成的人数不等义务扑火队；贺兰山保护区在古拉本地区、沿山苏木（镇）、南北寺旅游区成立 20 人义务扑火队。

第二节　火灾隐患及成因

阿拉善地处亚洲大陆腹地，为内陆高原，典型的大陆性气候。干旱少雨，风大沙多，冬寒夏热，四季气候明显，昼夜温差大。年平均气温 6~8.5℃，年平均无霜期 130~165 天。由于受东南季风影响，雨季多集中在 7—9 月。降雨量从东南部的 200 毫米，向西北部递减至 40 毫米以下。年日照时数达2600~3500小时，年太阳总辐射量147~165千卡/平方厘米。多西北风，平均风速每秒2.9~5米，年均风日70天左右。

阿拉善盟是国家重要生态功能区，降水稀少，大风日数多，气候极端干旱，植被可燃等级高，极易引发火灾。由于生态保护和建设力度不断加大，地表植被恢复明显，林区和草原地表可燃物逐年增加，导致森林草原火险等级越来越高。贺兰山保护区，山高坡陡，地形复杂，外围直接与草原连接，旅游、农事、宗教及工矿企业生产等人为活动十分频繁；胡杨林保护区地势平坦，同样面临人为活动影响，目前保护区内尚有农牧民居住，直接从事农业生产。随着旅游业高速发展，每年进入贺兰山国家森林公园、胡杨林的游客达数十万人。加之清明节上坟祭祀，"五一""十一"旅游人员逐年增多，野外用火量和火险隐患增大，极易引发火灾。阿拉善盟森林草原防灭火基础设施建设相对滞后，森林草原防火形势非常严峻。

根据《内蒙古自治区森林草原防火条例》，每年3月15日至6月15日、9月15日至11月15日为防火期。根据气候条件，每年阿拉善盟森林草原防火指挥部发布防火戒严令。按照全国森林防火重点区域划分，阿左旗和额济纳旗为国家森林火灾高风险区，按照全国草原火险区划分，阿左旗、阿右旗、额济纳旗为草原高火险区。重点防火区域布局情况具体如下。

阿左旗：行政区域内的森林草原、自然保护区、国有林区、公益林林区、经济林地、荒山荒坡、退耕还林地、有林地共划定87处一级火险区、其余林地草原划定为二级火险区，标注出防火区内道路70条，水库、涝坝、机井等可用于扑救火灾水源地107处。

阿右旗：划定塔木素天然梭梭林区、孟根柠条林区、曼德拉、雅布赖人工造林区、阿拉腾朝格苏木朝东大山天然云杉林区4个一般火险森林草原防火区。

额济纳旗：行政区域内的森林草原、自然保护区、国有林区、公益林林区、经济林地、荒山荒坡、退耕还林地、有林地及边缘直线100米范围内均划定为森林草原防火区，共划定额济纳旗胡杨林国家级自然保护区等7处森林草原高火险区，其余有林地及灌木林地划定为一般森林草原防火区。

贺兰山保护区：将保护区及保护区外围已架设网围栏禁牧区8.85万公顷森林草原划定为森林草原防火区。

火灾发生多为人为火源，主要是由群众生活、生产用火所引起，如烧荒、烧炭、电路老化、乱丢烟头、野炊取暖、上坟烧纸等，具有地域性和季节性特点，主要集中在额济纳旗和阿左旗，发生于4—7月。自然火源为雷击火。

第三节　火灾预防

一、制度建设

修订完善《阿拉善盟林业和草原局一般森林草原火灾应急预案》《森林草原防火制度汇编》。各旗（区）、自然保护区按照盟委、盟行署统一部署和要求，逐步建立和完善森林草原防火工作各个环节规章制度，特别是在火源管理和依法治火方面加大查处力度。

二、责任落实

盟林业和草原局与旗（区）林业和草原部门、旗（区）林业和草原部门与苏木（镇）及管护单位、各管护单位与辖区内工矿旅游企业、基层管护站与护林员层层签订防火责任状，确保职责明确，责任到人。通过信息简报、阶段性工作总结和火情零报告制度，对春、秋季防火期防火工作进行跟踪监测，防火期内每10日报送一次进展情况，每天报告一次火情信息。联合相关部门组成督查组先后开展督查，对贺兰山、胡杨林景区开展防火督查工作，确保各经营单位切实履行森林草原防火主体责任。

三、宣传教育

全面谋划森林草原防火宣传工作，开展防火宣传活动。利用网站、微信公众平台等网络媒体，及时发布森林草原防火政策法规和宣传信息，如《森林草原防火戒严令》《森林草原防火倡议书》等，在自然保护区等重点区域和重要场所悬挂防火宣传横幅、设置宣传警示牌，通过MAS信息发布端口发送防火宣传短信，组织开展森林防火进社区、进景区、进校园、进嘎查等主题宣传活动，提高社会各界、广大居民防火意识，营造防火安全舆论氛围。

四、火源管控

每年开展专项行动，对辖区火灾隐患和违规用火行为开展排查，抽调精干力量组成森林草原防火巡护组，重点对城镇周边及林区沿路沿线进行巡护。严格执行生产性用火审批管理，在防火期内森林防火区野外用火活动等审批权限下放到各旗林草主管部门，在行政服务大厅窗口办理。强化重点管控措施，防火期前各旗（区）和保护区举办业务培训班，开展业务技能训练，适时开展防火实战演练。防火戒严期内各旗（区）及保护区一线管护人员全员上岗，靠前驻防，对重点的区域、地段、人群进行全面检查，重要时段设立祭祀点安排专人看守，对野外坟头等重点部位组织专人蹲守，杜绝人为火灾发生。开展联防联治，与盟、旗防火成员单位密切联系，积极开展协防工作；贺兰山管理局与宁夏贺兰山管理局对口站点在联防区域和边界进行互查和工作交流，深化森林防火联防会哨机制；防火期内盟森林消防大队驻守南寺、北寺景区协助防火，实现"防火就是防人"理念，确保森林草原资源安全。

五、火情监测

火情监测分为5个空间层次：地面巡护、瞭望台观测、视频高清监控、飞机巡护和卫星视频监测。各级林业和草原部门实行24小时值班制度，明确值班领导、值班人员及时间安排，按照巡护制度、巡护路线、巡护次数以及巡护方案、GPS打点进行野外巡护。利用瞭望台和远程电子监控，随时监测辖区人员出入和火情信息。充分发挥航空巡护技术优势，对贺兰山林区、额济纳胡杨林区、重点飞播区实现空中巡护全覆盖。

六、打烧防火隔离带、计划烧除

利用交通干线、林区道路、牧区公路作为人为或天然防火隔离带阻隔火的蔓延。在林草结合区域采用机耕和人工割除方式开设20~50米隔离带，阻止草原火蔓延。

在人为活动频繁地区对地表植被、道路两旁杂草进行计划烧除，最大限度降低火灾隐患。烧除方式采用点烧和人工割除。

七、森林草原火灾风险普查

2020年阿拉善盟森林和草原火灾风险普查工作启动，2021年完成野外普查任务。召开普查工作调度会，印发《阿拉善盟林业和草原局关于做好森林和草原火灾风险普查工作的通知》，明确时间节点，定期通报进度；制定《阿拉善盟森林和草原火灾风险普查工作方案》，成立领导小组，明确任务分工和流程；将可燃物样地调查、野外火源调查、历史灾害调查、综合减灾能力调查数据提交自治区。阿拉善盟森林和草原火灾风险普查共有可燃物标准样地 356 个，可燃物大样地 19 个，总计 375 个样地，野外火源数据调查面积 487.6 万公顷；成立盟级质量检查组，由盟林业草原研究所承担技术服务，对各旗（区）调查样地进行核查，确保普查工作高质量完成。

第四节　火灾情况及扑救

历年森林火灾情况和历年草原火灾情况见表 12-1、表 12-2。

表 12-1　全盟历年森林火灾统计

时间	发生地	火场面积（公顷）	受害林地面积（公顷）
2011 年 3 月 26 日	阿左旗贺兰山古拉本"3·26"较大森林火灾	7.2	7.2
2018 年 5 月 12 日	额济纳旗巴彦陶来苏木推日木音陶来嘎查"5·12"一般森林火灾	0.67	0.67
2018 年 9 月 23 日	额济纳旗苏泊淖尔苏木策克嘎查富泉队"9·23"一般森林火灾	0.94	0.6
2018 年 10 月 7 日	额济纳旗苏泊淖尔苏木策克嘎查富泉队"10·7"一般森林火灾	47.7	0.8
2020 年 5 月 12 日	额济纳旗苏泊淖尔国有林场"5·12"一般森林火灾	0.16	0.16
2020 年 7 月 2 日	阿左旗巴彦诺日公苏木浩坦淖日嘎查"7·2"一般森林火灾	0.04	0.03

表 12-2　全盟历年草原火灾统计

时间	发生地	火场面积（公顷）
2001 年 5 月 12 日	贺兰山火警	0.2
2002 年 3 月 31 日	贺兰山火警	0.74
2002 年 4 月 24 日	贺兰山火警	0.06
2002 年 8 月 18 日	贺兰山林区火警	0.2
2002 年 10 月 16 日	贺兰山火警	0.18
2002 年 11 月 4 日	贺兰山火警	0.96
2002 年 11 月 17 日	火警	0.3
2003 年 2 月 15 日	古拉本火警	0.38
2003 年 2 月 27 日	贺兰山火警	0.02
2003 年 3 月 3 日	贺兰山火警	0.04
2003 年 3 月 25 日	贺兰山火警	0.41
2003 年 3 月 30 日	贺兰山火警	0.25
2003 年 5 月 10 日	贺兰山火警	0.1
2003 年 5 月 19 日	阿左旗巴彦树贵治沙站	0.77

（续表）

时间	发生地	火场面积（公顷）
2004 年 3 月 7 日	贺兰山南寺植物园火警	0.25
2004 年 3 月 15 日	贺兰山古拉本火炬井沟火警	0.31
2004 年 3 月 21 日	贺兰山腰坝管理站辖区火警	0.38
2004 年 3 月 23 日	贺兰山哈拉乌南沟火警	1.33
2011 年 5 月 15 日	阿左旗"5·15"贺兰山哈拉乌草原火灾	4.6

第五节　高新技术应用及防火项目

一、高新技术应用

在宣传教育方面，充分利用"两微一端"、手机短信平台等新媒体推送防火宣传信息，利用电视台开展专题报道及防火字幕滚动宣传，在城镇主要 LED 大屏循环滚动播放森林防火宣传短片，利用出租车 LED 显示屏滚动宣传森林防火宣传标语。

在预警监测方面，2006 年，配备防火指挥车、巡护车、运兵车、水罐车共 19 辆，隔离带开设铲车 3 台，风力灭火机、割灌机、组合工具、野外生存装备等设备。依托森林草原防火项目，建设防火指挥中心、视频指挥中心、安防监控系统、防火监控塔、防火预警系统、数字通信基站，逐步实现森林草原防火人防+技防相结合，有效扩大巡护巡查覆盖面。

2021 年，自治区分配阿拉善盟北斗项目相关设备，包括应急指挥终端 3 套，手持巡护型终端 200 台，手持智能型终端 2 台，车载终端 1 台，逐步投入使用。推广使用"防火码""互联网+森林草原防火督查"系统，"防火码"在贺兰山保护区、额济纳胡杨林保护区、飞播区等重点防火区域的 12 个卡口得到应用，"互联网+森林草原防火督查"系统在盟、旗两级林业和草原部门及保护区管理局推行应用，数据填报率达 50% 以上。将卫星遥感、卫星通信、航空消防、重型机械、信息网络、3S 等现代技术广泛应用于森林草原火灾预防和扑救过程中。

二、防火项目建设

（一）阿拉善盟森林重点火险区综合治理项目

2005 年，根据国家林业局《关于内蒙古阿拉善盟森林重点火险区综合治理项目可行性研究报告的批复》，项目总投资 776 万元。建设地点：阿左旗、贺兰山保护区、重点火险区有林地 6.99 公顷。建设内容：新建瞭望塔 14 座、林火气象站 80 平方米（1 座）、专业队营房 300 平方米、物资储备库 160 平方米、车库 100 平方米、防火外站 6 座、检查站 11 座等。

（二）内蒙古自治区国家级森林防火物资储备建设项目

根据《国家林业局关于内蒙古呼伦贝尔市等国家级森林防火物资储备建设项目可行性研究报告的批复》，投资 10 万元，购买森林防火设备。

（三）内蒙古自治区阿拉善盟重点火险区综合治理工程建设项目

根据《国家林业局关于下达森林防火项目 2012 年中央预算内投资计划的通知》。项目总投资 1163.40 万元（中央投资 942 万元，地方配套 378.40 万元），建设内容：新建防火检查站 6 处、物资储备库 600 平方米、车库 300 平方米（3 处）、新建林火视频监控系统 33 套（30 个视频监测前端）、购置交通运输和扑火机具等设施设备，同时还建设基础通信网络系统、应急通信系统、购置常规补充设备。

（四）阿拉善盟森林火灾高风险区综合治理项目

根据内蒙古自治区林业和草原局《关于对阿拉善盟森林火灾高风险区综合治理项目初步设计的批复》及"阿拉善盟森林火灾高风险区综合治理项目初步设计"项目设计书，项目总投资 2383 万元（中央投资 1900 万元，地方配套 483 万元）。建设地点：贺兰山保护区、阿左旗、额济纳旗。建设单位：贺兰山管理局、阿左旗科技和林业草原局、额济纳旗林业和草原局。建设内容：新建扑火队营房 300 平方米；购置风力灭火机 136 台、油锯 97 台、割灌机 78 台、手提式消防泵 20 台、个人防护装备 311 套、小型发电机 39 套，水泵 21 套，急救箱 39 个，油桶 39 个，帐篷 20 个；购置运兵车 6 辆、消防水车 6 辆、应急通信车 2 辆；新建监控塔及视频监控系统 15 套；购置 20 辆巡护摩托车，42 架望远镜；新建数字对讲基站 8 处，配套附属设施；购置便携式中继台 6 台，数字对讲机 118 部，建立相应综合调度系统。

（五）阿拉善草原防火基础设施建设项目

阿拉善草原防火基础设施建设项目是原盟农牧局申报项目，机构改革后转到盟林业和草原局继续实施，由盟草原监督所负责，尚未验收。根据农业部《关于内蒙古自治区锡林郭勒盟草原防火基础设施建设等 6 个项目可行性研究报告的批复》和内蒙古自治区农牧业厅《关于对草原防火基础设施建设项目初步设计的批复》，项目总投资 1183 万元（中央投资 1075 万元、地方配套 108 万元）。建设内容：阿拉善盟草原防火物资储备库和阿左旗、阿右旗、额济纳旗 3 个草原防火站。工程招标工作于 2020 年 7 月 22 日全部完成；草原防火仪器设备招标已完成，所有仪器设备采购均通过政府采购系统公开招标，截至 2021 年全部采购完毕，经验收合格后入库。

（六）阿拉善盟草原高火险区建设项目

根据《内蒙古自治区林业和草原局关于阿拉善盟草原高火险区建设项目初步设计的批复》，2021 年 11 月自治区下达中央预算内投资计划和专项资金。项目总投资 3126 万元（中央预算内投资 2841 万元，地方配套 285 万元）。建设地点：阿左旗、阿右旗、额济纳旗。建设内容：新建防火站 1 处，防火瞭望塔 4 座，前端视频采集系统 27 套、配套四角监控塔 27 座，升级改造视频监控 6 套，新建以水灭火水源点 10 处，购置必要的防扑火机具装备等。

（七）其他项目

2018 年，盟林业局对原有森林防火系统进行改造，主要把各旗（区）已建成前端林火监控点通过多级联网方式接到盟防火指挥部办公室，实现在地图上调用视频功能，与旗（区）进行视频会议功能，护林员管理功能等。

第十三章　林业和草原调查监测 规划设计

　　林业草原调查规划设计是林业草原生产在前期的一种前瞻性计划，对促进森林资源可持续发展具有一定指导意义，提高林业草原资源功能和价值，满足林业草原可持续发展多样化需求。阿拉善盟现阶段的林业草原规划设计与调查工作肩负着环境保护和生产经营双重任务，加快林业草原现代化步伐，引进先进技术和设备，合理利用和开发林业草原资源，通过林业草原规划设计和调查工作加强对林业草原生态环境保护。

第一节　林业和草原规划设计组织与调查监测

　　2021 年 2 月，按照盟委机构编制委员会《关于阿拉善盟林业草原研究所机构职能编制的批复》，内蒙古自治区阿拉善盟林业治沙研究所更名为阿拉善盟林业草原研究所，为盟林业和草原局管理公益一类事业单位，机构规格相当于副处级（挂阿拉善盟林业调查规划中心、阿拉善荒漠研究中心牌子）。核定单位事业编制 20 名，副处级领导职数 1 名，正科级职数 7 名，核定领导职数 3 名（1 正 2 副）。内设办公室、林业研究室、草原研究室、生态监测室、技术应用推广室 5 个科室。主要职责是承担林草行业各类大、中、小型项目规划、可行性研究报告、实施方案、作业设计等编制工作，以及林业治沙技术研究与林业科研成果推广应用、地方林业标准制定，开展林学、园艺学、生物多样性保护、森林资源监测、荒漠化普查、防治荒漠化、沙产业开发应用研究和技术推广等工作。有格林滩实验基地 1 处，面积 300 公顷；国家级荒漠生态系统定位站 1 处。

第二节　林业和草原监测规划资质与业绩

一、阿拉善盟林业调查规划机构资质

　　2010 年 10 月经内蒙古自治区林业厅核准，林业调查规划设计资质升为乙级，证书编号：乙 05-010，此前为丙级资质。

二、业务范围

　　森林资源规划设计调查、作业设计调查；林业专业调查；森林资源建档和数据更新；盟、旗（区）林业区划、工程规划和森林分类经营区划；林业生态工程实施方案编制，苏木（镇）和国有林场森林经营方案编制；营造林、林木采伐和绿化设计；盟、旗（区）核准、备案建设项目使用林地。

三、业绩与成果

(一) 科技推广应用

2006—2021 年，盟林草研究所与区内外大专院校、科研院所、企事业单位进行科技合作，联合攻关，在飞播造林、工程固沙、资源保护利用等方面取得一定成就。具体在沙漠边缘飞播固沙造林技术、天然残次林围栏封育复壮更新技术、抗旱造林技术、肉苁蓉接种技术、经济林丰产栽培技术、病虫害鼠害防治技术、飞播种子包衣及种子大粒化技术、沙漠地区公路边坡防护及防风固沙技术等，解决林业生产和生态建设中许多重大技术难题，部分成果已推广应用。

(二) 科技成果

2006—2021 年，承担国家、自治区、盟级科研课题和推广项目 30 项，17 个科研成果获 21 项国家、自治区、盟（市）科技奖项。其中，获国家科学技术进步奖一等奖 1 项；获国家科学技术进步奖二等奖 2 项；获内蒙古自治区林业科技贡献一等奖 2 项；获内蒙古自治区林业科技贡献二等奖 1 项；获内蒙古自治区林业科技贡献三等奖 2 项；获内蒙古自治区科学技术进步三等奖 1 项；获内蒙古自治区农牧业丰收奖一等奖 2 项、获内蒙古自治区农牧业丰收奖二等奖 1 项；获阿拉善盟科学技术进步奖二、三等奖共 9 项。

联合出版《贺兰山西坡——腾格里沙漠东缘生态恢复与重建研究》《荒漠肉苁蓉及其寄主梭梭栽培技术》《管花肉苁蓉及其寄主柽柳栽培技术》《内蒙古自治区森林资源价值核算研究》《内蒙古林业生态建设技术与模式》《沙漠资源学》《中国西部地区林业生态建设理论与实践》《荒漠化防治理论与实践》《干旱、半干旱区林农（草）复合原理与模式》学术专著 9 部，国家及省级刊物上发表论文 30 篇。

(三) 制定地方技术标准

起草《梭梭育苗技术规程》（DB15/T 689—2014）《肉苁蓉种植技术规程》（DB15/T 559—2013）《阿拉善荒漠肉苁蓉种子培育规程》（DB15/T 2332-202）《梭梭造林及管护技术规程》（DB15/T 2335-202）地方标准 4 个。

(四) 技术专利

与中国科学院、中国农业大学、内蒙古农业大学、甘肃农业大学、上海交通大学等多家科研院所合作申请国家新型实用技术专利 10 项。

（1）土工编织袋沙障专利。

（2）一种降雨量控制下的飞播花棒种子丸粒化方法。

（3）一种降雨量控制下的飞播沙拐枣种子丸粒化方法。

（4）风沙地区道路风沙防护体系动物通道以及道路风沙防护体系。

（5）一种光谱模型法快速测定锁阳中鞣质含量的方法。

（6）适用于风沙地区的高等级公路路基系统及其施工方法。

（7）一种锁阳籽油的超临界萃取工艺。

（8）一种锁阳油的超临界萃取工艺。

（9）一种肉苁蓉复合接种方法。

（10）一种锁阳产地的鉴别方法。

第三节　林业区划

一、内蒙古自治区林业发展区划

2007 年 3 月，根据《全国林业发展区划大纲》《全国林业发展区划一级分区方案》《全国林业发展区划二级分区方案》《全国林业发展区划三级分区区划办法》文件要求，内蒙古自治区林业厅成立全国林业发展区划内蒙古三级区划工作领导小组，在自治区林业厅资源林政处设领导小组办公室。

在全区 11 个二级区控制下，全区（不含内蒙古大兴安岭森工集团）共划分 29 个三级区。

二、阿拉善盟林业发展区划

（一）三级区划

三级区划是林业发展区划的重要组成部分，做好三级区划是保障完成林业发展区划基础和关键。反映在不同区域林区林业生态产品、物质产品和生态文化产品生产力的差异性，实现林业生态功能和生产力的区域落实，是实现林业宏观控制基础。

2007 年 9 月，成立阿拉善盟林业发展区划工作领导小组，盟林业局局长任组长，副局长任副组长，各科室及二级单位负责人为成员，领导小组办公室设在盟林业局。

在二级区划范围和林业主导功能框架下，根据地域差异、区域林业发展潜力和林业主导功能，进行林业生态功能和林业生产力布局，提出森林经营、保护和治理措施及优化模式，分析区域优势和发展潜力，完善区域林业政策和措施，明确林业发展科技需求。2007 年底完成区划工作，向内蒙古自治区林业监测规划院报送图表文成果材料。

（二）区划结果

在内蒙古自治区 11 个二级区控制下，阿拉善盟划分为 4 个三级区。

1. 贺兰山西麓山地水源涵养自然保护林区

（1）地理位置。本区域所属一级区是蒙宁青森林草原治理区，二级区是黄河河套防护用材林区，位于阿左旗境内。

地理位置介于北纬 38°20′50″~39°12′13″，东经 105°41′54″~106°05′03″。

（2）划分依据。贺兰山西麓山地水源涵养自然保护林区为国家级自然保护区，生态区位重要性极为重要；贺兰山保护林区内的植被群落属于天然次生群落，有着明显人为干扰痕迹，依据生态敏感性等级划分标准，生态敏感性等级为亚脆弱区；经测算，现实生产力级数为 12，期望生产力级数为 19；非木材资源包括已开发的森林生态旅游、贺兰山紫红丝膜菌 2 项和未开发利用的野生动物资源和 7 类野生植物资源：药用植物、食用植物、观赏植物、香料植物、油脂植物、饲料植物、其他类经济植物（如纤维，染料等）。

（3）界线走向。贺兰山西麓山地水源涵养自然保护林区呈东北—西南走向，南北长 125 公里，东西宽 8~30 公里。

（4）区域范围和面积。贺兰山西麓山地水源涵养自然保护林区涉及 1 个省（区）（内蒙古自治区）、1 个盟（阿拉善盟）、1 个旗（阿左旗），面积 6.77 万公顷。

2. 阿拉善高原荒漠灌丛封禁保护区

（1）地理位置。本区域所属一级区是西北荒漠灌草恢复治理区，二级区是阿拉善高原荒漠恢复区。地理位置介于北纬 37°36′~42°50′，东经 97°10′~106°51′。

（2）划分依据和界线走向。划分本三级区主要依据有生态区位、森林生产力级数、非木材资源等。本区域东与巴彦淖尔市乌拉特后旗、杭锦后旗、磴口县相连，东南与宁夏回族自治区毗邻，西和西南与甘肃省接壤，北与蒙古国交界，国境线长 233.53 公里。

（3）区域范围和面积。本三级区涉及阿左旗部分地区、阿右旗全境、额济纳旗部分地区，总面积2083.35万公顷。

3. 弱水流域额济纳绿洲自然保护林区

（1）地理位置。其所属一级区为西北荒漠灌草恢复治理区，二级区为阿拉善高原荒漠恢复区。

地理位置介于北纬 41°14′18″，东经 101°24′14″；北纬 40°54′13″，东经 100°07′41″；北纬 41°17′56″，东经 97°59′57″；北纬 42°19′40″，东经 101°00′53″。

（2）划分依据和界线走向。本区域属生态区位重要、生态环境脆弱区。东至额济纳旗达来呼布镇温图高勒嘎查，南与甘肃省金塔县交界，西至额济纳旗马鬃山苏木，北与蒙古国交界，国境线长 507.15 公里。

（3）区域范围和面积。本区域包括额济纳旗达来呼布镇吉日格朗图嘎查、乌苏荣贵嘎查，苏泊淖尔苏木的策克嘎查、乌兰图格嘎查、伊布图嘎查，赛汉陶来苏木的赛汉陶来嘎查、孟克图嘎查，东风镇的额很查干嘎查、宝日乌拉嘎查 9 个嘎查，土地总面积558.65 万公顷。

4. 乌兰布和沙漠东缘防风固沙护岸林区

（1）地理位置。所属一级区为西北荒漠灌草恢复治理区，二级区为阿拉善高原荒漠恢复区。

地理位置介于北纬 39°21′~40°22′，东经 105°54′~106°53′。

（2）划分依据和界线走向。本区域位于黄河北岸、乌兰布和沙漠东缘，黄河在区域内有 85 公里流程，乌兰布和沙漠 34.7%在本区域内。自然植被稀疏，水土流失严重，沙尘暴频繁发生。区域内分布高大沙丘、沙垄，流动性大，每年有 0.97 亿吨流沙侵入黄河。根据以上划分因子确定生态区位为重要，生态敏感性等级为脆弱区。

（3）区域范围和面积。本区域包括黄河沿岸的阿左旗巴彦木仁苏木、乌斯太镇 2 个苏木（镇），总面积 45.68 公顷。

第四节　林业和草原发展规划

一、"十一五"林业发展规划（2006—2010 年）

（一）林业发展总体目标

截至 2010 年，新增森林面积 27 万公顷，森林覆盖率达到 5%以上。林业重点工程区、重点城镇、工矿、工业园区、绿洲地区的生态状况好转。生态环境整体恶化趋势得到缓解，沙产业发展步伐加快，林业产业结构趋于合理。

（二）林业发展总体布局

通过实施四大林业重点工程和落实公益林生态效益补偿制度，保护和恢复天然林草植被，构筑阿拉善西部（额济纳居延绿洲生态防线）、中部（西起阿右旗阿拉腾朝格苏木、努日盖苏木，横穿雅布赖镇、孟根苏木、阿拉腾敖包镇、塔木素布拉格苏木，阿左旗诺日公苏木、乌力吉苏木、银根苏木，东至阿左旗图克木苏木的天然灌草绿色植被带）、东部（主要是贺兰山以及北起阿左旗敖伦布拉格镇，横穿吉兰泰镇、锡林高勒苏木、巴彦浩特镇、巴润别立镇、李井滩示范区，南至超格图呼热苏木、腾格里一线的天然人工乔灌木绿色植被带）三大生态防线。

坚持"全面保护、区域治理、重点突破、整体推进"，按照因地制宜、因害设防、先易后难、分类施策、分区治理原则，集中现有各项重点工程优先解决影响和制约全盟经济、社会发展、危及广大人民群众生存、生活和生产的重点区域、重点地段生态问题，为全盟经济建设、社会发展提供保障。

以保护和复壮更新重点公益林为突破口，以六大生态区建设（贺兰山自然保护区，额济纳绿洲生态恢复保护建设区，梭梭及荒漠林草植被恢复保护建设区，黄河沿岸综合治理区，主要镇区生态环境监测保护治理，巴丹吉林、腾格里、乌兰布和沙漠边缘综合治理区）为重点，全面实施三大沙漠周边天然林草植被围封保护和飞播、人工等治沙造林锁边工程，遏制三大沙漠握手之势，加强野生动植物保护和自然保护区建设，强化提高依法治林和科教兴林水平，稳步推进以生态旅游、沙产业开发为主体林业产业建设，为全盟林业实现跨越式发展奠定坚实物质基础。

（三）林业发展主要建设任务

1. 林业生态体系建设

依托国家重点生态公益林保护建设项目、黄河上中游天然林资源保护工程、退耕还林工程、"三北"四期防护林建设工程、自然保护区建设工程、防沙治沙封禁保护区建设等项目，完成林业生态综合治理总面积149.71万公顷。按治理措施分：新增人工造林3.77万公顷（以封代造3.33万公顷），封山育林15万公顷，飞播造林10.67万公顷，国家重点生态公益林保护建设120.27万公顷；按工程项目分：黄河上中游天然林资源保护工程建设13.33万公顷，退耕还林工程以封代造3.33万公顷，"三北"四期防护林建设工程10.33万公顷，国家重点生态公益林保护建设120.27万公顷，防沙治沙工程2.44万公顷。通过综合治理林草植被覆盖率达到35%，森林覆盖率增长1%，森林覆盖率达到5%。减缓腾格里、乌兰布和、巴丹吉林沙漠东侵南移速度，减少输入黄河的流沙量，改善生态环境。以市场为导向，调整林区产业结构，培育林区后续产业及新的经济增长点。

2. 森林资源管理

成立公益林保护与管理机构，建立健全盟、旗、苏木（镇）三级管护网络。制定管护办法，实行森林资源保护措施，落实管护监管区、责任区、管护人员、管护措施、管护责任制，完善森林生态效益补偿制度，对重点公益林采取封禁保护措施，注重培育建设，提高森林资源质量和生态功能等级；启动综合监测体系建设工作，对公益林实行定期定点动态监测；建立和完善森林资源林政管理、调查监测、监督体系、木材运输检查体系和林政稽查体系；做好森林资源、林权档案管理。做好林木限额采伐管理，坚持采伐审批制度、凭证采伐制度、抚育间伐采伐规程，严格执行"十一五"采伐限额，加大监督检查力度，严禁挤占、挪用抚育间伐采伐限额，严禁对中幼林以外林木实施抚育间伐，坚决制止以抚育间伐为名，加大林木采伐量；严格控制森林资源消耗，加强森林资源经营管理制度建设，规范征占用林地行为，杜绝未经林业部门审核、审批乱占用林地，严格控制林地流失；强化对木材流通监管，加大林业执法力度，严厉打击各类破坏森林资源违法犯罪行为。

3. 自然保护区建设

建立和完善野生动植物保护监管体系，落实贺兰山和额济纳胡杨林2个国家级保护区建设资金。将4个自治区级保护区提高档次，争取申报建立国家级居延海湿地保护区。新建阿右旗39.33万公顷绵刺和额济纳旗10万公顷马鬃山蒙古野驴、野骆驼、北山羊2个自治区级自然保护区。开展科学监测与科学研究，查清保护区内动植物资源情况和环境质量状况，掌握生态环境变化情况，最大限度拯救、保护一批国家及自治区重点保护的野生动植物，促进生物多样性，防止资源退化。

4. 森林防火

以"不着火、少发案、保资源、保平安"为目标，建立、健全防火预测预报系统、信息指挥系统、巡护监测网络体系，完善森林防火通信建设、林火阻隔网络建设。新增管理站、防火检查站、航空护林站、微波监测站、气象站 80 处；设立防火瞭望塔 18 座，特殊管理区防火观测面积达到 90%以上；新建防火物资储备仓库、车库、扑火队营房 600 平方米；新建防火道路 120 公里，防火隔离带320 公里；配备必要扑火装备，购置防火指挥车、运兵车、消防车、宣传车等 52 辆。风力灭火机、二号三号工具、灭火水枪、点火器、水泵、全球定位测量仪、风力发电机、野外生存装备、风向仪等机具、仪器3655台（把，套）；购置短波电台、超短波电台、海事卫星电话、超短波中继、超短波车载台、基地台等防火通信设备 90 台（套）；强化防火队伍建设，组建专业扑火队伍 2 支，人员 125 人；半专业防扑火队伍 17 支，人员 1700人，基本实现林火预测预报、报警接、扑火指挥等现代化手段，防火部门办公自动化、通信网络化、扑火机具现代化、扑火队伍专业化。

5. 森林有害生物治理

加强林业有害生物监测预警、检疫御灾、防治减灾、应急反应和防治法规五大体系建设。按照突出重点、分步实施原则，根据国家投资计划，逐步把天然次生林、灌木林、荒漠植被有害生物纳入监测范围。建成完备测报、检疫、防治信息传递网络，测报准确率达到 85%以上。争取将"阿拉善盟荒漠生态灌木林病虫鼠害工程治理"项目纳入国家级工程治理范围。由一般防治向工程防治转变，由化学防治向生物防治转变。使主要林业有害生物发生范围和危害程度大幅度下降，检疫对象疫区范围缩小。

2010 年常发性林业有害生物、森林病虫害成灾率控制在 6‰以下，种苗产地检疫率 100%；推广使用低毒低残留及防治制剂，无公害防治率达到 80%以上；危险性有害生物扩散蔓延趋势得到一定缓解，初步实现林业有害生物可持续控制，建成国家级森林病虫害防治检疫站 4 个。

6. 林木种苗

推进种苗"许可证"制度。建立阿拉善盟 333.33 公顷梭梭、花棒、沙拐枣、沙冬青、蒙古扁桃等特有沙生灌木种质资源库。建成以梭梭、新疆杨、怪柳、花棒、沙拐枣等为主的良繁基地66.67 公顷，花棒、沙拐枣、梭梭、沙冬青、蒙古扁桃、柠条采种基地 4 处 913.33 公顷，林木种苗生产基地 4 处 66.67 公顷。年生产合格苗木2100万株，种子 6.2 万千克，合格梭梭容器苗 100 万株，优质穗条 60 万穗。到 2010 年种苗合格率 95%以上，基地供种率 50%以上，良种使用率 40%以上，合格苗使用率 100%，容器苗推广使用率 20%，种子储备能力达到当年用种量 15%。配备种子加工和贮备设备 2 套。截至 2010 年全盟实现林木种苗管理微机网络化，建成种检室、配置主要检验仪器设备，初步建立起盟、旗两级种苗质量检验体系。

7. 森林公安队伍建设

扩增森林公安机构和警力，加强盟级 1 个、旗级 3 个、11 个基层森林公安派出所装备、办公基础设施建设。购置望远镜、全球卫星定位测量仪、警用器械等 905 部（套）、超短波基地电台、超短波车载电台等 45 台（个）、警用越野车 15 台，购置电脑、网络交换机、照相机等 205 台（套）；建办公室 4 个，土建面积5480平方米；重特大森林刑事案件明显减少，有效保护森林和珍稀野生动植物资源。

8. 科技支撑

坚持科技与林业生产紧密结合，开展居延绿洲生态恢复重建技术研究、重点公益林森林资源动态监测研究等 8 项重点科技攻关和专题研究项目。鼓励和支持林业科技人员带头参与林业科技开发和中介社会化服务，开展有偿科技承包、技术转让和技术咨询，联合开发、创办经济实体等科技推广服务活动，形成全盟林业科技示范网络；建成科技示范园、示范基地 1~2 处，重点引进、推广飞播林草固沙及飞播种子大粒化技术、肉苁蓉、锁阳人工接种技术等 12 项先进科研成果和实用技术。林业科技成果转化率达 50%，林业科技贡献率达 40%；重点工程林业科技成果推广率 50% 以上，全盟林业科技综合水平跨入全区先进行列。

9. 项目建设工程

发展沙产业。提高完善现有林区、沙区旅游、绿色食品加工、场站种植业、养殖业基地建设和质量效益，建立肉苁蓉、锁阳、甘草、苦豆子产业化生产基地，经济林、速生丰产林基地等各类基地 6 处 12 万公顷。探索灌木平茬材料加工利用。巩固和提高贺兰山、巴丹吉林沙漠旅游区，新建额济纳旗七道桥森林旅游区，解决缆车、索道等游览工具，培育新的经济增长点。

10. 投资概算

"十一五"规划总投资 11.34 亿元。其中，国家投资 9.87 亿元，招商引资 6000 万元，项目单位自筹及投工投劳 8654.7 万元。国家投资部分按投资用途分：生产性投资 7.88 亿元，基础设施投资 1.99 亿元；按工程项目分：天然林资源保护工程 1.2 亿元、退耕还林工程 2500 万元、"三北"防护林工程 1 亿元、防沙治沙工程 5490 万元、自然保护区建设 9336 万元、公益林建设 4.1 亿元、科研推广 2365 万元、林木种苗 1264 万元、有害生物防治 5595 万元、森林资源监测 1396 万元、森林防火 4312 万元、林业公安 1126.8 万元、林业产业 780 万元。

二、"十二五"林业发展规划（2011—2015 年）

（一）林业发展总体目标

截至 2015 年，全盟林业生态体系逐步完善，天然植被得到有效保护，林业生态建设面积 53.33 万公顷，森林覆盖率提高到 9% 以上，森林蓄积量增加 30 万立方米，三大沙漠周边治理区框架基本形成，重点城镇外围形成封闭式的防护林体系。林业产业体系初步形成，来自林业收入占农牧民人均纯收入的 1/4 以上。

（二）林业发展总体布局

林业生态保护与建设围绕贺兰山、居延绿洲、横贯全盟荒漠植被三条生态防线和沙漠锁边、城镇护城进行布局，通过实施国家重点林业生态工程和以身边增绿为重点的城镇绿化建设，完善全盟以点、线、面为框架的生态安全体系，改善人居环境，构筑祖国北方生态屏障。

林业产业发展主要围绕特有沙生植物资源、贺兰山和胡杨林两个国家级自然保护区及沙漠湿地资源进行布局，以公益林区、农业绿洲区、黄河、黑河流域为林特产品种植及加工基地，以国家级自然保护区、国家级森林公园和沙漠湖泊区为森林、沙漠旅游业基地。

（三）林业发展主要建设任务

1. 林业生态体系建设

（1）主要建设任务。"十二五"期间，全盟林业生态建设主要依托国家林业重点工程完成林业生态建设任务 53.34 万公顷。其中，封山（沙）育林 29.67 万公顷、飞播造林 16.67 万公顷、人工造林 7 万公顷，通过实施森林经营工程提高森林质量（表 13-1）。

重点包括：实施"锁边护城"工程，构建三大沙漠外缘治理的基本框架和主要城镇外围及农灌区完备的防护林体系。实施重要交通干线防沙治沙，有效阻止风沙对交通干线的危害，确保畅通。实施野生动植物保护及自然保护区工程，争取湿地保护恢复项目，申报国家级、自治区级自然保护区和湿地公园，力争 10% 的辖区面积纳入保护范围，80% 的自然湿地得到有效保护。实施国家级沙化土地封禁保护区项目，建设额济纳旗两湖地区封禁保护区、巴丹吉林沙漠南缘封禁保护区等

7 个沙化土地封禁保护区，促进植被自然恢复。

（2）依托的重点项目。实施天然林保护工程、"三北"防护林工程、退耕还林工程、国家级公益林生态效益补偿、野生动植物保护和国家级自然保护区建设工程、湿地保护恢复工程、国家防沙治沙示范工程等国家林业重点生态项目；启动实施国家级沙化土地封禁保护区建设工程、乌兰布和沙漠生态保护建设一期工程、巴丹吉林沙漠东南缘（雅布赖山段）生态综合治理项目和森林经营工程。

表 13-1　"十二五"林业生态建设任务分配（按重点项目）　　　　　　单位：万公顷

项目	小计	封沙育林	飞播造林	人工造林
合计	53.36	29.68	16.67	7.01
年平均	10.67	5.94	3.33	1.4
天然林保护二期	18.34	7.67	10	0.67
"三北"防护林五期	15.01	5.67	6.67	2.67
退耕还林	5	4	0	1
防沙治沙示范	2.34	1.67	0	0.67
巴丹吉林沙漠东缘（雅布赖山段）综合治理	12.67	10.67	0	2

2. 林业产业

（1）主要建设任务。立足本地特有沙生资源，发展以沙生中药材种植加工为主的沙产业（表13-2）。

利用绿洲的水、土、光、热及森林资源，发展以绿洲经济林及林下产品种植加工为主的特色经济林产业。结合节水农业发展和产业结构调整，促进经济生态型防护林改造和商品林基地建设，开展"林粮间作"，建设葡萄、枣树等名优特新经济林基地。

表 13-2　"十二五"林业产业种植基地规模　　　　　　单位：万公顷

项目	肉苁蓉	锁阳	苦豆子	甘草	麻黄	经济林
规模	6.67	6.67	6.67	0.67	0.67	0.67

利用全盟森林生态系统、荒漠生态系统和湿地生态系统，发展绿色低碳的森林旅游业。强化贺兰山、额济纳胡杨林国家级森林公园基础设施建设。

（2）依托的重点项目。以林业生态建设及农业综合开发林业项目为基础，重点实施林业产业基地建设、产品加工项目、国家级森林公园建设项目，通过治沙贷款贴息等政策措施，支持林业产业业体系建设。

3. 生态文化体系建设

实施身边增绿工程。推动全民义务植树、四旁植树、门前绿化、绿地认养等方式改善身边生态环境，推进部门造林绿化进程，义务植树 450 万株以上，打造城市宜居环境。

选择有条件的自然保护区、湿地、森林公园、植物园，作为生态文化教育示范基地，提高公众的生态意识和生态素质；支持和鼓励创造摄影、书画、文学作品、展板等形式多样的生态文化产品，通过植树节、湿地日、世界防治荒漠化与干旱日等纪念活动、举办涉及林业生态的各类文化节活动的开展，做好生态文化宣传工作。

4. 基础支撑保障能力

（1）主要建设任务。加强国有林场、林工站、森林公安、种苗站等林业部门基础设施建设和队伍建设，改善林业部门工作条件，提高林业工作效率；加强集体林权制度改革工作。确保2012年完成主体改革全部任务，完善采伐管理、林地流转、资产评估、抵押贷款、林业保险等后续改革政策，实现生态得保护、农牧民得实惠的目标；加强林业科技基础研究、林业科技推广及实用技术转化，提升林业科技支撑能力，提高林业建设的质量和效益；加强森林草原防火、林业有害生物防治、林木种苗建设，保障林业工作成效。2015年，森林草原不发生大的人为火灾、林业有害生物成灾率控制在4.5‰以下、无公害防治率达到85%以上、灾害测报准确率达到85%以上、种苗产地检疫率达到100%、林木种苗自给率达到70%以上；建设数字林业。以全盟林业资源数据为基础，建立盟级森林资源基础数据平台。

（2）依托的重点项目。重点火险区综合治理工程、阿左旗航空护林站建设工程、生态脆弱区林业有害生物综合治理工程、林木种苗工程、国有林场站基础设施建设工程、森林公安基层基础设施建设工程、林业工作站建设工程、种苗标准站基础设施建设工程、林业科技基础研究和林业适用技术推广项目。

5. 投资估算

"十二五"期间，全盟林业建设重点项目规划投资50.71亿元。其中，林业生态建设重点项目投资47.43亿元，林业产业化建设重点项目投资6400万元，林业基础支撑保障重点项目投资2.63亿元。

三、"十三五"林业和草原发展规划（2016—2020年）

（一）林业发展总体目标

"十三五"期间，依托国家林业重点工程完成林业生态建设任务33.33万公顷，森林覆盖率增长1.2个百分点，211万公顷国家级公益林得到有效保护，森林质量显著提升，重点城镇外围基本形成完备防护林体系。创新林业发展模式和现代林业管理体制，建成肉苁蓉、锁阳、黑果枸杞"三个百万亩"产业基地，产业体系框架基本建成。城乡人居生态环境明显改善，林业可持续发展能力显著增强。

（二）林业发展总体布局

1. 林业生态保护与建设空间布局

围绕贺兰山、居延绿洲、荒漠植被、三大沙漠周边、黄河西岸以及中心城镇实施生态保护与综合治理，抓好重点区域绿化及林沙产业基地建设，完善森林生态效益补偿制度，推进沙化土地封禁保护区建设，构筑点、线、面结合的生态安全体系，改善人居环境，构筑内蒙古西部生态屏障。

2. 林业产业发展布局

打造"三个百万亩"特有沙生植物资源中药材基地，扩大原材料基础规模，为林沙产业发展创造保障条件；黄河西岸、农灌区、退牧禁牧区发展沙地葡萄、节水枣树等特色精品林果业及林下经济；以森林、大漠、湿地保护建设为着力点，助力阿拉善旅游发展。

（三）林业发展主要建设任务

1. 林业生态体系建设

（1）完成林业生态建设33.34万公顷（其中封沙育林13.33万公顷、飞播造林10.01万公顷、人工造林10万公顷），中幼林抚育3.33万公顷，退化防护林、低效灌木林改造6.67万公顷，灌木林平茬5万公顷。森林覆盖率增长1.2个百分点（表13-3）。

（2）重点区域绿化8000公顷。其中，村屯绿化200公顷，厂矿、园区绿化133.33公顷，城镇周边绿化2533.33公顷，黄河西岸绿化5133.33公顷。

表13-3　"十三五"期间生产任务分配计划　　　　　　　　　　单位：万公顷

序号	旗（区）	林业生产任务			
		合 计	人工造林	飞播造林	封沙育林
1	阿左旗	20.67	5.33	8.67	6.67
2	阿右旗	6.67	3.33	—	3.34
3	额济纳旗	2.33	0.67	—	1.66
4	阿拉善经济开发区	0.5	0.17	—	0.33
5	腾格里开发区	1.5	0.17	0.67	0.66
6	乌兰布和示范区	1.67	0.33	0.67	0.67
7	合计	33.34	10.00	10.01	13.33

2. 资源保护

（1）森林草原防火。建设阿拉善盟森林防火航空护林站，新建林内蓄水池10座3.2万立方米，直升机机降点3个（贺兰山2个，额济纳旗1个）。

森林火险预警监测体系建设。构建电子监控、空中巡护、高山瞭望、地面巡护"四位一体"的林火监测系统，消除林火监测盲区。建设旗级火险预警中心2处（阿左旗1处，额济纳旗1处）；森林火险要素监测站2处，可燃物因子采集站2处；新增瞭望塔28座（贺兰山20座，额济纳旗8座），视频监测系统68套（贺兰山48套，额济纳旗20套）；建设森林防火检查站35个（贺兰山15个，胡杨林10个，飞播区、重点公益林区10个）。

防火道路与阻隔体系建设。在贺兰山建设防火道路150公里，胡杨林区建设防火隔离带150公里，提高重点防火区内部防火道路网密度。

森林防火通信和信息指挥系统建设。建成数字基础通信网络，加强应急移动通信指挥系统，全盟森林防火通信覆盖率达到90%以上，火场到前线指挥部的语音通信覆盖率达到95%以上；新增旗级指挥系统2处，实现信息系统集成和网络地理信息系统应用，确保盟、旗两级指挥系统信息互联互通。

森林防火扑救体系建设。新建专业消防队伍2支40人，建设营房及训练基地；新建物资储备库2处；购置防扑火机具与装备450套（台），满足防扑火需求。

（2）森林生态效益补偿制度。争取落实国家级公益林补偿面积，使未纳入中央财政补偿的58.4万公顷（国有15.07万公顷、集体43.33万公顷）国家级公益林纳入中央财政森林生态效益补偿范围。扩大地方公益林补偿保护面积，补偿面积由2.4万公顷扩大到33.33公顷。

（3）自然保护区。实施贺兰山国家级自然保护区森林防火基础设施建设与示范保护区建设项目，胡杨林国家级自然保护区三期保护工程与防火监测及基础设施建设。推进贺兰山国家森林公园建设项目。

（4）湿地。申报建设居延湿地国家级自然保护区，开展湿地公园、湿地保护与恢复补助资金项目及可持续利用示范基地项目；推动阿拉善黄河国家湿地公园保护恢复建设，开展湿地保护、恢复与科普宣教工程。加大对腾格里、乌兰布和、巴丹吉林沙漠等 2.53 万公顷沙漠湖泊湿地保护力度，争取将全盟 26.8 万公顷湿地纳入生态效益补偿试点范围。

（5）沙化土地封禁保护区。建立 15 个沙化土地封禁保护区，通过禁牧、沙障、补播等技术措施封禁、恢复 16.67 万公顷沙化土地生态功能。建设封禁保护区管护站、封禁设施、购置交通通信仪器等设备，完善管护功能。

（6）林业有害生物防治。年发生面积控制在 13.33 万公顷以内，年治理面积 6.67 万公顷，成灾率控制在 3.5‰ 以下，无公害防治率 90% 以上，灾害测报准确率 85% 以上，种苗产地检疫率 100%。监测预警体系新建基层测报点 10 个；应急防治体系建立专业化防治队伍 3~5 个，逐步形成防治公司、专业队等多种形式并存的防治模式；检疫预灾体系新建检疫检查站 3 个，重点建设全盟检疫网络信息系统，实现对检疫性生物远程诊断；建设国家级无检疫对象苗圃 1 个；建设药剂药械库 300 平方米，年储备药剂 20 吨；申请中央财政预算内资金，争取无公害防治及天敌保护与招引措施综合除治虫（鼠）害 6.67 万公顷。

（7）林木种苗工作。完成育苗 1333.33 公顷，其中新育面积 533.33 公顷，容器育苗 1000 万穴，采收林木种子 100 万千克。建成梭梭、花棒、沙冬青、沙拐枣、黑果枸杞良种基地 5 个，黑果枸杞种质资源库 1 个，黑果枸杞种质资源功能保护区 1 个，林木种子加工贮藏库 1 个。种苗自给率 90% 以上。

3. 林业产业

（1）发展以肉苁蓉、锁阳等沙生植物资源为代表的沙生中药材种植加工产业，推进梭梭-肉苁蓉、白刺-锁阳、黑果枸杞"三个百万亩"产业基地建设，每年接种肉苁蓉 1.33 万公顷，接种锁阳 1.33 万公顷，黑果枸杞围封保护 2.67 万公顷、复壮更新 4 万公顷、人工种植 6666.67 公顷。发展精品林果业，培育 2000 公顷红枣、3333.33 公顷沙地葡萄。加强林业专业合作社建设。扶持龙头企业，林产品产值在"十二五"基础上提升 50%。

（2）打造森林、大漠、湿地生态系统、生物多样性为主题的森林观光、沙漠探险、生态休闲旅游产业。

4. 基础支撑保障能力

建设基层林工站标准站 10 个、基层技术推广站 10 个。完成国有林场改革任务，实施贫困场站扶贫及危旧房改造 11 个，水电路等基础设施建设。开展林业基础研究 11 项，推广低覆盖度造林、柽柳平茬等实用技术 8 项，提升林业科技支撑能力。"十三五"期间，新建局 3 个、派出所办公业务用房 14 个。

5. 生态文化

推进生态文明宣传建设主阵地，贺兰山和胡杨林国家级示范保护区基础设施建设，打造居延湿地、沿黄湿地沙漠湖泊湿地作为生态文化教育示范基地。支持和鼓励摄影、书画、文学作品、展板等形式多样的生态文化作品创作。通过植树节、湿地日、世界防治沙漠化与干旱日等节日，普及生态知识。

6. 投资估算

林业建设重点项目规划总投资 47.34 亿元。其中，重点工程项目投资 10.29 亿元，资源保护项目投资 32.15 亿元，产业化建设重点项目投资 3 亿元，发展保障服务能力投资 1.89 亿元。

四、"十四五"林业和草原发展规划（2021—2025 年）

（一）林业和草原发展总体目标

林业和草原面积分别达到 249.73 万公顷和 1866.67 万公顷，森林覆盖率增长 0.4 个百分点，达到 9.25%，草原植被覆盖度稳定在 22.5% 以上。公益林和基本草原得到有效保护，草原"三化"（退化、沙漠化、盐碱化）面积减少 33.33 万公顷以上，湿地保有量保持在 9000 公顷以上，自然保护地占全盟辖区面积 12% 以上。森林草原火灾发生率、有害生物成灾率控制在自治区下达的指标内。丰富优质生态特色产品，生态特色产业产值达到 400 亿元。依法治林治草效能明显提升，生态环境明显改善，林业高质量、创新发展能力显著增强，大力推行生态文明制度建设，林草相关制度体系更加完善，实现林草资源有保护、农牧民得实惠的双赢局面。

(二) 林业和草原发展总体布局

打造山水林田湖草沙一体化综合生态保护体系，构建沙漠戈壁为域、绿点绿廊镶嵌的生态空间格局，重点开发区域、城镇、交通廊道、重点湖泊、绿洲农业区、农牧区居民点、旅游服务点等重点区域坚持点-线-面相结合，乔-灌-草相统一的营林植草生态建设工程，形成绿色保护带（区）。构建以贺兰山保护区、额济纳绿洲、荒漠林草植被带、沙漠锁边带、黄河西岸综合治理区、城镇乡村周边及重要交通干线绿化美化带为框架的生态保护建设布局。巩固以人工造林区、天然林和荒漠草原保护修复区为主的阿拉善盟重要生态屏障。

贺兰山保护区：以构建生态屏障和生物多样性保护为重点，完善基础设施建设，提升防火控灾能力建设，有序推进贺兰山国家公园创建。

额济纳绿洲：强化森林、草原和湿地一体化生态修复。着力构建额济纳策克口岸至空军试验训练基地绿化长廊防护林带，东西纳林河两岸胡杨林保护与修复，稳步推进额济纳胡杨林国家级自然保护区基础设施建设和能力建设。

荒漠林草植被带：落实公益林补偿、草原奖补政策和生态保护修复治理工程，全力推进生态保护建设高质量发展，打造国家重要生态功能示范区和国家重要林草产业示范基地。

沙漠锁边带：采取"封、飞、造"生态建设措施，科学治理、突出重点、精准施策，遏制沙漠扩展，巩固和扩大生态保护建设成果。

黄河西岸综合治理区：加快防护林体系建设，建立集约化生态修复新模式，遏制乌兰布和沙漠东移入黄。引导企业发展生态特色产业，全面推进黄河西岸生态保护建设和生态特色产业绿色发展、高质量发展。

城镇乡村周边及重要交通干线绿化美化带：打造生态保护综合体，改善森林草原景观质量，丰富生态文化内涵，构建森林、草原、大漠、湿地生态系统多样性景观，提供优质生态产品和服务，推进乡村振兴，使人民群众的获得感和幸福感不断增强。

(三) 林业和草原发展主要建设任务

1. 林业和草原生态体系建设

"十四五"期间营造林 33.33 万公顷。其中，人工造林 6.66 万公顷、飞播造林 6.67 万公顷、封沙育林 1.65 万公顷、森林质量精准提升 18.35 万公顷，全民义务植树计划任务 428 万株，义务植树基地 27 个（其中新建 11 个）。重点区域绿化 1 万公顷，其中，公路绿化 6000 公顷、村屯绿化 1253.33 公顷、厂矿园区绿化 440 公顷、城镇周边绿化 306.67 公顷、黄河两岸绿化 2000 公顷。建设沙化土地封禁保护区 4 个，面积达到 4 万公顷（表 13-4）。

"十四五"期间，草原保护建设总规模达到 333.33 万公顷，其中草原建设总规模 166.67 万公顷，草原保护总规模 166.67 万公顷。草原禁牧总面积保持在 666.67 万公顷。对于中度以上退化沙化草原实施休牧 66.67 万公顷，每年实施休牧 13.33 万公顷。

表 13-4　阿拉善盟"十四五"林业和草原生态建设任务统计　　　　单位：万公顷

年度	小计	林业生态建设任务				草原生态建设任务		
		人工造林	飞播造林	封沙育林	森林质量提升	人工种植	围栏建设	草地改良
2021	40.09	1.35	1.4	0.33	3.67	6.67	20	6.67
2022	40.05	1.32	1.4	0.33	3.67	7.33	18.67	7.33
2023	40.06	1.33	1.4	0.33	3.67	8	17.33	8
2024	40.07	1.33	1.4	0.33	3.67	8.67	16	8.67
2025	39.73	1.33	1.07	0.33	3.67	9.33	14.67	9.33
总计	200	6.66	6.67	1.65	18.35	40	86.67	40

2. 资源保护

（1）森林草原防火。森林草原防火，坚持"预防为主、积极消灭、科学扑救、以人为本、属地管理"原则，加强重点林区和森林草原高火险区预防、扑救和保障三大森林草原防火体系和基础设施建设，提高人防+技防能力，构建电子监控、空中巡护、地面巡护"三位一体"的林业草原火灾立体监测体系。争取森林草原火灾高风险区综合治理二期工程项目落地实施。新建航空护林站3处，地面指挥系统1套。建设旗级火险预警中心2处，监测系统61套，森林草原防火检查站35个，重点林区建立专业、半专业防火队伍。

（2）林业和草原有害生物防治。林业有害生物成灾率控制在3.5‰以下、无公害防治率92%以上，测报准确率92%以上，种苗产地检疫率100%；草原有害生物年发生面积控制在133.33万公顷以内，年治理面积33.33万公顷。

（3）林业和草原生态效益补偿。实施国家级公益林的保护和管理171.4万公顷，落实天然林保护和修复任务；草原禁牧面积保持在666.67万公顷以上，实施草畜平衡1000万公顷。

（4）自然保护地建设与管理。推进贺兰山国家公园申报创建与巴丹吉林沙漠申遗工作。完善贺兰山、胡杨林环境监测设施、公众教育培训设施、生态旅游工程以及信息化建设。在完成自然保护地优化整合调整和勘界立标基础上，完善6个自治区级保护区机构和基础设施建设。阿拉善沙漠世界地质公园重点开展地质遗迹资源调查与评价，完善地质遗迹保护设施设备、地质公园标识系统建设，开展地质学科普宣传教育和交流学习培训，做好联合国教科文组织4年一度的验收工作。

（5）湿地与野生动植物保护。建设野生动植物保护站点4处，开展野生动物种群调查、疫源疫病监测、科普教育、收容救护等方面的能力建设。建设野生动植物保护宣教展示馆3处，增强民众野生动植物保护意识。

（6）林业和草原种苗。林草良种使用率50%以上，林草种苗自给率70%以上，选育林草良种3～5种，新建国家级林草良种基地或种质资源库1处，自治区级林草良种基地或种质资源库1处。新建育苗基地66.67公顷，新建乡土草种基地6666.67公顷，旱生灌草种子基地666.67公顷。

3. 林业和草原产业

接种肉苁蓉3.33万公顷，接种锁阳1.67万公顷，黑果枸杞品种优化及产业发展8666.67公顷。新建、扩建规模化产业基地16个，新建具有灌溉条件的草业基地1.67万公顷。扶持壮大林业专业合作社建设，完善提升国家级林下经济示范基地建设5个。依托森林、草原、沙漠、湿地特色资源发展生态旅游产业，林草产业产值达到400亿元。

4. 林业和草原科技

推进林业和草原创新科研推广平台建设，实施以林业和草原植被监测、大数据分析、效能评估等为主导的科研创新和技术研发，构建以平台引导项目，以项目促进平台发展新格局。建立生态定位观测站点 3 处。开展林业和草原基础科研和适用技术推广 30 项，其中，集约化生态保护建设新技术研发 10 项，新品种引入、新品种选育 4 项，开展科技支撑项目 16 项。

5. 投资估算

"十四五"期间规划投资 69.74 亿元。其中，林业和草原生态修复投资 26.55 亿元、林业和草原生态保护投资 37.05 亿元、林业和草原特色产业投资 5.34 亿元、林业和草原科技支撑投资 0.8 亿元。

第五节　林业和草原发展成效

一、"十一五"期间取得成效

（一）森林资源

全盟森林资源面积增加 27 万公顷，森林覆盖率达到 5.04%，增长 1 个百分点；活立木总蓄积量达 578 万立方米。

（二）人工造林

完成人工造林 2.5 万公顷，飞播造林 7 万公顷，封沙（山）育林 3.37 万公顷，总面积 12.87 万公顷；完成全民义务植树 530.9 万株。

国家级自然保护区 2 个、国家级森林公园 2 个、自治区级自然保护区 3 个，总面积 266.09 万公顷，占全盟总面积 9.85%；居延湿地保护恢复项目开工建设，阿拉善黄河湿地公园列入国家试点范围。

在腾格里沙漠东南缘、乌兰布和沙漠西南缘累计飞播造林 23.33 万公顷，覆盖度在 30% 以上的保存面积 17.33 万公顷，形成长 280 公里、宽 3~10 公里的生物固沙带。巴丹吉林沙漠东南缘（雅布赖山段）综合治理项目 2010 年启动，三大沙漠"握手"治理工程进入实质性阶段。沙尘暴发生的频度和强度逐年减弱。国家级防沙治沙示范区项目完成治沙 3233.33 公顷，在沙漠锁边、公路防沙、沙生植物种质资源保护等方面取得重要成果和宝贵经验。

天然林全面禁伐，农民自用材采伐量大幅度调减。森林公安、林政、森检、种苗等执法部门共查处各类森林案件 1737 起，处理违法人员 1932 人，挽回经济损失 1752 万元。林业有害生物防治 30.31 万公顷，成灾率控制在 6‰，种苗产地检疫率 100%。

贺兰山和额济纳胡杨林两大林区实现 61 年无较大森林火灾。

（三）林业产业稳步发展

建设梭梭-肉苁蓉基地 2 万公顷，白刺-锁阳基地 2 万公顷。肉苁蓉接种 1 万公顷，锁阳接种 1333.33 公顷。年产肉苁蓉 1200 吨、锁阳 3600 吨。

林业产业龙头企业初具规模。全盟年销售收入 500 万元以上的林业产业企业 5 家；以贺兰山、额济纳胡杨林、巴丹吉林沙漠、腾格里沙漠为代表的景点初步形成森林观光、沙漠探险等旅游产业。

（四）中央及自治区下达资金 8.42 亿元，地方政府、社会团体、企业投资林业生态建设资金 10.38 亿元

编报《阿拉善盟生态综合治理规划》《乌兰布和沙漠生态保护建设一期工程规划》《巴丹吉林沙漠东南缘（雅布赖山段）生态综合治理可行性研究报告》《阿拉善黄河湿地公园总体规划》通过自治区评审。2009 年中央林业工作会议上，7 位中国科学院院士联名上报国务院的《阿拉善生态困局与对策》得到温家宝总理亲笔批示。

开展林业课题研究与推广项目 21 项，承担国家科研项目 4 项、取得科研成果 14 项、获国家科学技术进步奖二等奖 1 项、教育部科学技术进步奖一等奖 1 项、自治区及盟（市）科学技术进步奖 12 项、自治区科技先进个人 5 人、获得全盟唯一科技贡献特别奖 1 人。推广林业新技术、新品种 10 项，营建示范林 3.33 万公顷，辐射推广 13.33 万公顷。

（五）国家级公益林

国家级公益林补偿面积由 117.87 万公顷增加到 130.67 万公顷，增加 12.8 万公顷，补助资金由 7957 万元增加到 1.59 亿元，翻了一番，资金量占全区 17%，通过围栏封禁、补植、补播、抚育等保护管理措施，154.67 万公顷公益林得到保护。全盟纳入国家级森林生态效益补偿范围的农牧民 4227 户 1.4 万人，享受政策农牧民年人均受益 0.6 万元；退耕还林工程退耕户人均获得退耕政策补助 0.34 万元。

二、"十二五"期间取得成效

（一）森林面积、资源总量实现双增长

"十二五"期间，全盟森林资源总面积 206.43 万公顷，比"十一五"末增加 70.47 万公顷，森林覆盖率 7.65%，增长 2.61%；活立木总蓄积量 595 万立方米，蓄积量增加 2.92%。

（二）生态建设与资源保护

通过天然林保护、退耕还林（草）、"三北"重点防护林和野生动植物保护及自然保护区建设四大工程及造林补贴试点项目实施，"十二五"期间全盟完成林业生产任务 29.08 万公顷。其中，人工造林 11.66 万公顷、飞播造林 9.71 万公顷、封沙育林 7.7 万公顷、完成义务植树 426.7 万株。与"十一五"相比生态建设任务量增长 233%，投资增长 332%。

实施贺兰山国家级自然保护区三期工程、额济纳胡杨林国家级自然保护区二期工程；居延湿地保护与恢复建设项目、阿拉善黄河湿地公园被列入国家试点项目，按期完成项目全部建设内容，基础设施及保护保障能力得到全面提升；自然保护区总面积 196.96 万公顷，占全盟总面积 7.29%。

阿拉善盟首批列入国家级沙化土地封禁保护区试点范围，三旗相继启动实施，在三大沙漠周边通过封禁、沙障布设、撒播、监测等技术措施，3 万公顷沙化土地得到封禁保护。

集体林权制度主体改革全面完成，完成确权面积 364.41 万公顷，发放林权证 11743 本，发证率 100%。

森林保险工作在全区率先开展，"十二五"累计投保面积 493.74 万公顷，投入保费 7874.4 万元，获理赔资金 3933.1 万元，266.67 万公顷荒漠植被得到有效保护。

查处各类涉林案件 1173 起。其中，刑事案件 11 起，挽回直接经济损失 200 万元。林业有害生物防治 26.47 万公顷，成灾率控制在 4‰，无公害防治率 94% 以上，种苗产地检疫率 100%。

（三）林业和草原产业

阿左旗、阿右旗评选为"国家级林下经济示范基地"；自治区级林业专业合作示范社 7 个，阿

拉善左旗苏海图肉苁蓉锁阳专业合作社评选为国家级示范社。

金沙苑生态集团有限公司、内蒙古巴丹吉林沙产业有限责任公司和曼德拉沙产业开发有限公司被自治区人民政府确定为自治区级林业产业龙头企业。

贺兰山、胡杨林、巴丹吉林沙漠、腾格里沙漠成为阿拉善盟旅游标志性品牌。

梭梭基地规模 15.67 万公顷，接种肉苁蓉 3.07 万公顷，白刺围封复壮 8 万公顷，接种锁阳 1 万公顷。

种植完成沙地葡萄 1333.33 公顷，红枣 333.33 公顷，文冠果 66.67 公顷，黑果枸杞 400 公顷。为涉林企业及农牧户申报落实贴息贷款 2.02 亿元，补贴利息 605 万元。

（四）基础支撑保障能力

争取中央、自治区资金 21.65 亿元，吸纳各类产业扶持资金 197 万元。国内外社会团体、非政府生态公益组织投资 2383 万元。

新建森林公安派出所 6 个，增加编制 52 名。基层林工站 19 个，成立旗（区）种苗站 3 个，湿地保护管理站 1 个，公益林管理站 2 个，新建、改扩建保护区防火护林站 21 个，贺兰山和额济纳胡杨林两大林区实现 66 年无较大森林火灾。

排查工矿企业及工程项目 130 处，办理建设项目使用林地 25 项，使用林地 4160 公顷，保障京新高速公路、额哈铁路、海勃湾水利枢纽等国家重点工程的顺利实施。

开展保护过境候鸟、"天网行动""利剑行动"等专项整治行动，遏制涉林违法案件发生。

开展科研项目 11 项，中央财政推广项目 2 项，获国家科学技术进步奖二等奖 1 项，自治区林业"十一五"科技贡献一等奖 1 项。

飞播及人工造林全部推广应用抗旱造林技术，林业科技贡献率达到 50% 以上。

实施全盟重点火险区综合二期治理工程，建设监控探头 17 个、新建通信系统基站 11 个、新增中继站 11 套、新建气象增雨烟炉 5 座。西部生态脆弱区有害生物综合治理项目建设地级监测站 1 个，森林植物检疫检查站 2 个，配套盟、旗检验室及检疫用车 4 台。

完成全盟林木种质资源普查工作，年均育苗 133.33 公顷，年产各类合格苗量 2000 万株。建成胡杨采种基地 1 处，年采收林木种子 10 万千克，占全盟林业建设总用种的 50%。阿拉善盟梭梭种源区种子、额济纳旗胡杨种源区种子等 6 个林木良种通过自治区认定。

制作《大漠豹影》等专题片 2 部，出版《内蒙古贺兰山地区昆虫》，在《中国绿色时报》《中国林业》《阿拉善日报》等报纸杂志刊发专版，信息工作跃升全盟前列。全盟共建沙漠植物园 3 处。

（五）惠民惠林政策

通过落实《重点城镇营造防护林优惠政策》，启动实施造林补贴项目，社会化造林 4.27 万公顷，造林比重占比 36%，直接补贴造林资金 2.74 亿元。巩固退耕还林成果项目惠及退耕户 2625 户 8000 人，补贴资金 2129.53 万元。完成国有林场（站）危旧房改造 1233 套。

国家级公益林补偿面积 152.6 万公顷，较"十一五"增加 21.13 万公顷，森林生态效益年补偿基金 2.82 亿元，争取中央财政补偿基金 11.01 亿元，较"十一五"增加 5.78 亿元，增长 110%。公益林补偿政策惠及全盟 26 个苏木（镇）、94 个嘎查 5096 户 15413 人，较"十一五"增加 849 户 1413 人。补偿性收入由 2010 年人均 1 万元提高到 1.5 万元，公益林补偿占农牧民年收入的 34%。

（六）重点区域绿化

投资 17.32 亿元。区域绿化 7733.33 公顷，完成计划任务 126%。其中，公路绿化 1600 公顷、村屯绿化 31 个 400 公顷、城镇及周边绿化 10 个 1600 公顷、厂矿园区绿化 13 个 2400 公顷、黄河西岸绿化1733.33公顷。

三、"十三五"期间取得的成效

（一）森林草原面积、资源总量实现双增长

全盟森林资源和草原总面积分别达到238.69万公顷和1866.67万公顷，较"十二五"末森林面积增加33.33万公顷，森林覆盖率8.85%，草原资源面积增加26.3万公顷，天然草原植被覆盖度23.18%。

（二）生态建设与资源保护

完成林业和草原建设573.12万公顷。其中，完成林业生态建设60.55万公顷（新造林44.84万公顷，中幼林抚育、退化防护林修复等森林质量精准提升12.71万公顷，沙化土地封禁保护3万公顷），完成规划任务125.28%。完成草原保护和建设512.57万公顷（人工种草、退化草原改良等草原建设任务266.7万公顷；防治毒草、病虫害等草原保护任务245.87万公顷），完成规划任务102.51%（表13-5）。

表13-5 阿拉善盟"十三五"期间生态建设成果对比 　　　　　　　单位：万公顷

序号	项目	"十三五"期间	"十二五"期间
1	飞播造林	12.33	9.71
2	封沙育林	1.73	7.7
3	人工造林	22.81	11.66
4	退化林分及森林抚育	12.71	—
5	沙化土地封禁保护区	3	3
6	人工种草、退化草原改良	266.7	160.02
7	毒草、病虫害防治	245.87	147.52
8	合计	565.15	339.61

建立健全林业和草原管护体系，3941名林业和草原管护员对全盟林业和草原资源实行全面管护。清理整治破坏和非法占用林业和草原用地、查处森林和野生动物等案件1647起。自然保护区总面积达到263.33万公顷，占全盟总面积9.75%。《阿拉善盟自然保护区管理办法》《内蒙古额济纳胡杨林保护条例》颁布实施。

对森林和草原火情实施全方位、全天候监测，森林草原火灾受害率控制在0.3‰以下，一般火灾24小时扑灭率100%，形成人防与技防相结合，地面监控与空中巡护相配合的立体化防护体系。重点林区启动森林防火预警监测设施建设工程，连续71年无较大森林草原火灾。

林业有害生物监测211.33万公顷，病虫害发生63.33万公顷，防治31.91万公顷，无公害防治29.92万公顷，无公害防治率97.45%，平均成灾率0.78‰。平均测报准确率95.93%以上。产地检疫率100%。草原有害生物监测1866.67万公顷，围栏封育148.78万公顷，防治草原鼠害、虫害和毒害草治理245.87万公顷，绿色防控率86.77%。

（三）林业和草原产业

依托"三个百万亩"林业和草原产业基地建设，接种肉苁蓉6.26万公顷，接种锁阳9013.33公顷，精品林果种植3600公顷，高产苜蓿种植2000公顷，围封天然黑果枸杞5893.33公顷，建设高

产优质旱生牧草种子试验示范基地133.33公顷，建成国家林下经济示范基地5处，特色沙产业产值199.5亿元。

（四）基础支撑保障能力

林业和草原生态保护专项资金44.96亿元。其中，中央、自治区投资41.94亿元、地方投资0.28亿元、社会公益投资2.74亿元。

组建阿拉善盟航空护林站，建成国家级疫源疫病监测站3个、国家级林木良种基地1处、草原有害生物监测预警中心1处、阿拉善沙漠世界地质公园重要地质遗迹点远程监控系统1套。建成内蒙古贺兰草原国家草原自然公园、内蒙古阿拉善右旗九棵树国家沙漠公园、吉兰泰荒漠生态系统定位观测研究站。

投入科研经费2000万元，开展"梭梭行带式造林-肉苁蓉接种配套技术推广示范""阿拉善盟产地锁阳品质特征研究及白刺资源调查"等实用技术研究和推广项目25项，培训农牧民及企业技术人员2万人次。"黑果枸杞繁育栽培技术和产品研发"项目获得内蒙古自治区科学技术进步奖三等奖。发表专利2项，在期刊发表论文7篇。

接受新闻媒体采访40次，自治区级报纸杂志发表文章4篇，盟级报纸杂志发表宣传文章39篇。拍摄微电影1部，配合央视《直播黄河》栏目拍摄纪录片1集。

（五）落实惠林（民）政策

国家级公益林补偿面积171.42万公顷，补偿基金16.42亿元，补偿资金涉及农牧民6491户16916人，人均年受益1.8万元。草原生态保护面积1706.67万公顷，惠及全盟30个苏木（镇）、179个嘎查农牧民19189户55611人。全盟登记家庭林场283户，经营面积4.6万公顷；林业专业合作社40个，经营面积18.2万公顷。申请林业贴息贷款2.17亿元，发放贴息资金554万元，惠及农牧民422户，林业和草原企业8家。

依托天然林资源管护、生态效益补偿制度，建档立卡贫困户635户1700人，年人均受益1.8万元。草原生态保护补助奖励覆盖全盟30个苏木（镇）、179个嘎查农牧民2.1万户5.5万人，建档立卡贫困户2791户0.8万人。户均增收5万元以上。从事林业和草原特色沙产业农牧民3万人，人均年收入3万~5万元，部分牧户达到10万~30万元。

四、"十四五"规划建设

2021年是"十四五"规划开局之年，盟林业和草原局将习近平生态文明思想落实到全盟生态文明建设、荒漠化修复治理、林业和草原改革创新之中。

（一）生态保护建设任务完成情况

2021年，争取林业和草原专项资金11.82亿元。其中，中央10.05亿元、自治区1.03亿元、地方配套7192万元、盟本级项目149万元。

2021年，全盟林业和草原生态保护建设计划任务77.34万公顷。其中，草原保护和建设任务66.67公顷（草原保护30万公顷、草原建设36.67万公顷）；营造林生产任务6.67万公顷（人工造林3.51万公顷、飞播造林1.47万公顷、封沙育林1866.67公顷、退化林分修复1.5万公顷）；4个国家沙化土地封禁保护区一期建设任务4万公顷。完成重点区域绿化2000公顷、全民义务植树85.6万株。

2021年，全盟共完成林业和草原生态保护建设任务77.66万公顷，完成年度计划任务的100.43%。其中，草原保护和建设任务66.93万公顷（人工种草、围栏建设等草原建设任务36.86万公顷；草原虫害、鼠害防治等草原保护任务30.07万公顷）；营造林生产任务6.69万公顷

（人工造林 4.46 万公顷、飞播造林 1.47 万公顷、封沙育林 4666.67 公顷、退化林修复 1666.67 公顷、规模化防沙治沙修复项目 1333.33 公顷）；4 个国家沙化土地封禁保护区建设任务 4.04 万公顷。重点区域绿化 2120 公顷，完成计划任务的 106.03%。其中，公路绿化 46.38 公里 840 公顷、村屯绿化 14 个 369.6 公顷、城镇周边绿化 2 个 17.27 公顷、厂矿园区绿化 6 个 893.33 公顷、黄河西岸绿化 37.5 亩。完成全民义务植树 85.6 万株，完成计划任务的 100%。

（二）林业和草原资源保护管理

1. 天保工程区天然林管护

2021 年全盟天然林保护地方公益林森林管护面积 92.4 万公顷，下达国有林森林管护资金 208 万元，聘用管护人员 644 人。自治区下达全盟天保工程社会保险补助费 426 万元，纳入社会保险补助人员 287 人，职工参保率 100%。

2. 落实国家级公益林森林生态效益补偿基金

2021 年全盟纳入中央财政补贴范围的国家级公益林补偿面积 171.43 万公顷，补偿资金 3.67 亿元。森林生态效益补偿涉及全盟 30 个苏木（镇）、108 个嘎查、嘎查惠及 6556 户牧民 16482 人，公益林区牧民人均直接受益 1.8 万元以上。聘用专（兼）职护林员 2464 人（2131 人），人均工资 3 万元/年。

3. 林业和草原资源保护管理工作

开展破坏草原林地违法违规行为专项整治。排查出草原林地问题案件 124 项，核查问题图斑 284 项，问题案件（图斑）408 项，整改完成率 100%。

推行林长制。盟委办、盟行署办下发《阿拉善盟全面推行林长制实施方案》，成立林长制办公室，办公室设在盟林业和草原局，配备专人保证日常工作。盟林长制办公室出台《阿拉善盟林长会议制度等五项制度》（试行），初步形成以《阿拉善盟全面推行林长制实施意见》为主体，若干配套制度为支撑的"1+N"制度体系，建立林长制长治长效组织架构。

落实"放管服"改革措施，规范建设项目使用林地草原审核审批流程，全盟 22 个重点项目已办理林草手续 19 项，正在办理手续 3 项。

部署 2021 年森林督查工作，国家林业和草原局下发阿拉善盟 2021 年疑似问题图斑 843 个，核查率 100%。

4. 野生动植物和自然保护地管理

（1）疫源疫病监测，全盟共有国家级疫源疫病监测站 3 个，实行 24 小时值班制度，加强巡护巡查。全年共巡查 550 次，出动车辆 364 车次，组织发动人员 850 人次，巡护巡查发现死亡麻鸭 11 只，正常死亡。死亡天鹅 30 只，已取样，因疫情未能送检。

（2）联合"清风行动"和野生动物保护专项整治行动，专项检查集（农）贸市场 115 人次、各类经营户 128 户次、客运站 16 次，出动人员 800 人次。

（3）抽查网络交易平台、自建网站、电商个体户 122 户次，检查中未发现销售野生动物及制品的行为。

（4）开展打击破坏野生动植物资源违法犯罪、保护过境候鸟等专项行动，出动人员 1900 人次，排查重点区域运输交易 200 次，检查野生动物栖息地 40 处，未发现野生动植物资源破坏、交易等违法犯罪行为；开展宣传活动 7 次、设立通告警示牌 20 块、悬挂横幅及宣传标语 20 条、发放宣传彩页 2600 份。

（5）开展"绿盾"2017—2019 年遥感监测，销号 187 个，实地核查 2018—2019 年自治区级自然保护区人类活动变化遥感监测 322 个线索和 2020 年国家级自然保护区人类活动变化遥感监测 30 个线索，核查率 100%。

（6）开展自然保护地整合优化工作，自然保护地内的城镇建成区调出 193.43 公顷，村庄建设用地面积调出 148.15 公顷，永久基本农田调出 126 公顷，集体人工商品林调出 22 公顷，不涉及矿业权及开发建设区调出情况。人口较优化前减少 1139 人。

5. 森林草原防火和安全生产

2021 年，全盟组织防火宣传活动 97 次，出动人员 1900 人次，发放各类防火宣传资料 2 万份、挂宣传条幅 230 幅、发送短信 20 万条；开展野外火源治理和查处违规用火行为专项行动，派出检查组 36 个，排查火灾隐患 440 处，整改火灾隐患 440 处。重要时段设立祭祀点专人看守，设置卡站 34 个，出动巡护人员 1.6 万人次，检查各类车辆 1000 台，检查人员 1 万人次；做好"防火码""互联网+森林草原防火督查"系统推广工作，上报管理人员信息 20 个，系统数据填报率 100%；开展森林和草原火灾风险普查工作，全盟森林和草原火灾风险普查有可燃物标准样地 356 个，可燃物大样地 19 个，总计 375 个样地，野外火源数据调查面积 487.6 万公顷。调查数据上传国家数据采集平台。

6. 森林草原有害生物防治

林业有害生物发生面积 11.47 万公顷（森林鼠害 7.89 万公顷、森林虫害 3.58 万公顷），完成有效防治 5.26 万公顷，成灾率为 0，测报准确率 97.58%，无公害防治率 97.49%；草原有害生物发生面积 126.33 万公顷，严重危害 63.8 万公顷，完成有效防治 30.07 万公顷，完成自治区下达任务 100.2%；完成春季、秋季松林监测 2.69 万公顷，松林检测率 100%。对从外省调入松科苗木全部复检，检疫松科植物共 24.26 万株，均为合格苗木，检疫检查率 100%。

7. 森林保险

完成森林保险查勘定损案件 17 起，赔款金额 1127.16 万元，执行紧急处置程序案件 5 起，防治 9353.33 公顷。在李井滩示范区开展试点，投保牧户数 49 户，投保 9880 公顷，保费 14.82 万元。

8. 阿拉善沙漠世界地质公园建设与管理

编报《阿拉善沙漠世界地质公园中期评估工作实施方案》，争取盟内补助资金 85 万元；对地质遗迹保护进行巡查，年内组织开展景区、景点动态巡查 57 次，维护更新园区标识标牌 171 块；对腾格里园区陈列馆、巴丹吉林园区地质博物馆进行改造；编制完成 2021 年度阿拉善盟地质遗迹等保护区建设补助项目实施方案；积极开展科普"五进"活动，园区内组织开展形式多样的科普活动 8 次，利用"五一"、世界地球日、环境日、博物馆日等节假日为契机组织开展地质公园宣传活动 22 次，发放宣传资料 5200 份；与脚爬客团队合作编制完成阿拉善沙漠世界地质公园《沙漠之舟》《中小学生野外生存技能指南》科普读物 2 种；开展巴丹吉林景区研学教育科普活动 2 次，居延园区建成研学科普教育基地 1 处；在深入考察和研究的基础上，公园内新增研学科普线路 3 条。

（三）特色沙产业

推进梭梭-肉苁蓉、白刺-锁阳等百万亩林沙产业基地建设，2021 年，新增梭梭人工种植 4.38 万公顷，肉苁蓉接种 8400 公顷，锁阳接种 1600 公顷；争取自治区林业产业化项目资金 200 万元，主要对沙产业重点企业进行资金扶持；"阿拉善锁阳"成功申报第三批内蒙古特色农畜产品优势区；协助阿拉善盟贸易促进会举办中国（额济纳）口岸国际商品博览会。举办第三届肉苁蓉文化节暨阿拉善肉苁蓉评比大赛，128 个产品参加评比。推荐 13 家企业 36 款产品入驻"国家林业和草原局—中国建设银行 林特产品馆"电商展销公益平台。

（四）林业和草原发展保障服务能力

1. 林业和草原种苗生产建设

检验飞播和人工撒播林草种子样品 26 个、退化草原生态修复项目使用种子样品 9 个，均为合格；阿拉善头道湖花棒母树林种子、浩坦淖日花棒母树林种子2个品种通过自治区林木品种审定委员会审定；阿拉善右旗雅布赖治沙站国家梭梭良种基地编制《2021年度生产作业设计》，获自治区林业和草原局批复；2021年良种苗木培育补贴资金80万元，培育良种苗木400万株（梭梭365万株，胡杨5万株，多枝柽柳30万株）。

2. 林业和草原科技创新推广

2021年开展在研项目10项。其中，林业科技推广项目2项、内蒙古自治区科技创新引导计划项目1项、中央引导地方科技发展资金项目1项、盟科技计划项目3项、自选项目3项。新立项科技项目3项，新申报科技项目3项；《阿拉善荒漠肉苁蓉产地环境》《阿拉善荒漠肉苁蓉种子培育规程》《阿拉善荒漠肉苁蓉有害生物防控技术规程》《阿拉善荒漠肉苁蓉》《梭梭造林及管护技术规程》《阿拉善荒漠肉苁蓉产地初加工技术规程》《阿拉善荒漠肉苁蓉生态种植技术规程》7项阿拉善荒漠肉苁蓉高质量标准体系地方标准全部获批发布，2021年10月8日正式实施。

制定《万名专家服务基层工作方案》，下派正高级专家12人、副高级专家14人，服务基层4次；向农牧民发放林业和草原科技宣传材料2000份，科技下乡现场技术指导和深入实地解决问题50起。开展科研监测课题8项，科技推广示范项目5项，荒漠生态系统定位观测研究站1项。"重点公益林区柽柳平茬复壮更新技术推广示范"项目获自治区2020年度农牧业丰收奖二等奖。发表科研论文2篇：《腾格里沙漠东北缘人工植被恢复区土地利用植被变化及其驱动因素分析》发表于《干旱区资源与环境》；《亚玛雷克沙漠主要沙生植物与防风固沙效果研究》发表于《种子科技》。发表专利1项"一种肉苁蓉人工授粉控制器"。

第十四章 林业和草原科技 交流合作 宣传教育

第一节 林业和草原科学技术

一、科研组织

阿拉善盟林业草原研究所，是一个集林业科研、技术推广、技术培训与技术服务为一体的基层科研所，是全盟唯一林业草原科研机构。业务范围涉及林学研究、园艺学研究、园林学研究、植物保护研究、荒漠化普查、防治荒漠化技术推广与人员培训。

二、阿拉善盟林业和草原技术标准（表14-1）

表14-1 2006—2021年阿拉善盟发布实施林业和草原地方标准

标准（计划）号	标准名称	起草单位	发布日期
DB15/T 559—2013	肉苁蓉种植技术规程	阿拉善盟林业治沙研究所	2013年
DB15/T 689—2014	梭梭育苗技术规程	阿拉善盟林业治沙研究所、阿拉善盟林木种苗站	2014年
DB15/T 1289—2017	黑果枸杞育苗技术规程	内蒙古自治区林业科学研究院、阿拉善盟林木种苗站、中国科学院南京土壤研究所	2017年
DB15/T 2331—2021	阿拉善荒漠肉苁蓉产地环境	阿拉善盟林业草原和种苗工作站、阿拉善盟林业草原研究所、阿拉善盟浩润生态农业有限责任公司、内蒙古自治区质量和标准化研究院	2021年
DB15/T 2335—2021	梭梭造林及管护技术规程	阿拉善盟林业草原研究所	2021年
DB15/T 2354—2021	大沙鼠防治技术规程	阿拉善盟林业和草原有害生物防治检疫站	2021年
DB15/T 2332—2021	阿拉善荒漠肉苁蓉种子培育规程	阿拉善盟林业草原研究所、内蒙古华洪生态科技有限公司、阿拉善盟浩润生态农业有限责任公司	2021年
DB15/T 2435—2021	黑果枸杞栽培技术规程	内蒙古自治区林业科学研究院，内蒙古自治区林业科学研究院，阿拉善盟林业草原和种苗工作站，阿拉善盟林业草原研究所	2021年

三、科学研究成果

围绕防沙治沙、林沙产业、抗逆性树种选育、经济林丰产栽培等，阿拉善盟林业和草原科研部门组织开展科研攻关，取得一定科研成果。

2006年，阿拉善干旱荒漠区石质荒山造林技术试验示范研究项目通过7年试验研究，探索出适宜阿拉善干旱荒漠地区石质荒山生态治理模式，有效防治生态治理区土壤侵蚀危害的发生、发展，保持水土，使治理区地表植被覆盖度达到75%以上，植物种由原来10种提高到现在50种。总结出一套适宜干旱地区石质荒山造林的配套技术，使造林地平均保存率达到99.2%，造林7年后，风速降低55.7%~68.5%。该项目获内蒙古自治区林业厅科技贡献奖三等奖。

阿左旗沙化土地梭梭造林及接种肉苁蓉技术试验示范项目属国家退耕（牧）还林（草）科技支撑项目，通过2年实施，完善梭梭造林和肉苁蓉接种技术，当年造林成活率85.6%，第二年保存率92.1%，平均生长量31.9厘米，肉苁蓉接种成功率72%。造林地土壤含水率明显提高，林地内0.5米和2米处风速比空旷地降低55.3%和29.6%。11月该项目通过自治区林业厅竣工验收。

荒漠地区梭梭造林技术更新及肉苁蓉接种技术项目属国家林业局林业新技术、新产品中间试验项目，通过3年研究，在理论和实践两个方面有所突破。采用两行一带造林，成活率91.5%，保存率95.45%。成功总结出肉苁蓉接种最佳模式：选用一、二级种子，生根粉浸泡30分钟，营养诱导法接种，接种垂直深度和水平距离40~60厘米，接种时间为4—5月，每株梭梭接种1~2穴。11月该项目通过自治区林业厅竣工验收。

2007年，腾格里沙漠长中线马莲湖段公路沙害综合防治技术研究项目，在对沙害成因、危害方式、沙害现状等进行调查研究基础上，应用生态学、风沙学原理，公路固沙与生物固沙相结合，开展多种模式配置试验，初步研究出本地区沙丘运动规律、土壤水分动态变化，分析总结出围栏封育对植被的影响。总结出一套适宜于本地区机械固沙措施与生物固沙措施相结合的公路沙害治理模式。该项目获阿拉善盟科学技术进步奖三等奖。

2010年，阿拉善盟造林立地类型划分、质量评价及适地适树研究项目对阿拉善地区立地类型、质量评价及适地适树等方面运用科学、系统理论进行综合评价，划分出阿拉善地区平原区立地类型组4个、立地类型14种和沙区立地类型组6个、立地类型12种，编制出阿拉善地区主要造林树种新疆杨、梭梭、柠条、花棒地位指数表对其做出综合评价。

2015年，阿拉善盟森林资源价值核算研究在充分调查研究基础上，借鉴先进科研成果和研究方法，以全盟2005年末森林资源总量为基础，用量化和货币化核算方法对森林资源所创造的生态、经济和社会价值进行核算，做出综合核算评价。制定出一套核算森林资源实物量和价值量的核算技术方法，全面客观反映阿拉善盟森林资源有形实物价值和无形生态价值，准确反映地区社会经济发展与森林资源的相互影响。

2016年，阿拉善沙生植物资源现状调查肉苁蓉、锁阳资源分布规律及保护利用对策研究，课题通过对梭梭-肉苁蓉、白刺-锁阳沙生植物资源在阿拉善盟分布范围、面积、产量、开发利用现状、开发利用技术水平、人工繁育、接种等基本情况的详细调查，摸清全盟范围内沙生植物资源实际情况、实际产量、实际利用量、产品研发及市场需求状况、消化能力进行全面系统实地调查和统计，为促进沙生植物引种驯化、育种繁殖和沙产业开发、沙产业基地建立奠定基础，为保护和利用沙生植物资源提供科学依据和技术支撑。

2017年，重点公益林区柽柳平茬复壮更新技术研究项目通过实验研究，取得额济纳绿洲分布规律、不同平茬方式和留茬高度对柽柳平茬后萌发效果和生长量影响等研究成果，总结出一套成熟的适宜于生产应用柽柳平茬技术措施，为柽柳保护及开发利用提供理论依据，在适合同类地区进行技术推广应用。

2020年4月7日，阿拉善盟林木种苗站研发专利"一种适用于沙漠造林的打坑机钻头"通过国家知识产权局审核，申报实用新型专利获批。

2021年，盟林业草原研究所申报自主研究成果"一种肉苁蓉人工授粉控制器"，获得国家知识产权局授权。有效解决在不影响肉苁蓉花序正常生长前提下隔离肉苁蓉自然授粉、控制和促进优质肉苁蓉人工授粉技术难题，是提升肉苁蓉种子质量，做好优质肉苁蓉种子筛选，推进肉苁蓉规模化种植的关键技术环节。

（一）科技推广状况

盟林业和草原局每年组织各级林草部门开展科技培训和送科技下乡活动，指导各旗（区）利用冬春农闲季节，针对基层林业草原管理人员和技术人员、专业造林队伍、林业合作社、专业大户和农牧民开展以抗旱造林系列技术、经济林培育和林下经济等实用技术为主要内容的分类培训。

阿拉善盟重点推广控根苗、生根粉、保水剂等节水抗旱造林系列技术和沙地飞播造林、植物再生沙障、经济林丰产栽培等一批技术成熟、适应性强、见效快的林业和草原科技成果。

（二）技术培训教育

2014年，盟林业局举办3期梭梭行带式造林接种肉苁蓉综合配套技术推广示范项目培训班。采取理论与实操相结合的培训模式，分别在接种肉苁蓉综合配套技术推广示范基地、相关旗（区）开展"肉苁蓉人工接种技术"培训，累计培训农牧民900人次，累计发放技术手册1000册。5月16日，腾格里开发区农牧林业局举办沙产业实用技术培训班。进行白刺接种锁阳、梭梭接种肉苁蓉技术以及肉苁蓉种植技术规程专题讲座及实地操作培训。参加培训人员63人，其中农牧民49人。

2015—2016年，盟林业局举办2期干旱荒漠区肉苁蓉人工接种综合配套技术推广示范项目培训班。通过理论授课、实地参观、现场操作等方式为林业和草原工作者及农牧民讲解干旱荒漠区肉苁蓉人工接种综合配套技术，累计培训人次500人，发放宣传手册600册。

2017年，在阿左旗举办中国森林认证标准培训班。由国家林业局科技发展中心和全国森林可持续经营与森林认证标准化技术委员会主办，中国林科院林业科技信息研究所和内蒙古自治区林业科学研究院承办。邀请中国林科院、北京林业大学、河北农业大学和黑龙江野生动物研究所5位专家担任培训主讲教师。内蒙古各盟（市）林业部门、科研机构、相关企业90名学员参训。

2019年1月9—11日，阿拉善盟沙冬青良种推广示范专题培训班在阿左旗举办，各旗（区）林业局及基层场站管理人员、专业技术人员，种苗生产经营和沙产业企业、合作社、农牧民80人参加培训。8月27—30日，阿拉善盟草原监督管理暨草原有害生物防治技术培训班在阿右旗举办，全盟林业和草原系统54名工作人员参训。10月23日，阿拉善盟沙冬青良种育苗及造林技术培训班在阿右旗举办，各旗（区）林业和草原局及基层场站管理人员、专业技术人员，良种育苗生产经营和沙产业企业、合作社、农牧民105人参训。

2019年，盟林业和草原局共组织科技下乡活动50次，下派林业和草原专家55人次，服务地点涉及阿左旗敖伦布拉格镇、吉兰泰镇、温都尔勒图镇、宗别立镇、乌斯太镇、腾格里镇，阿右旗巴丹吉林镇、阿拉腾敖包镇、雅布赖镇，额济纳旗东风镇、达来呼布镇等20个苏木（镇）。其中，以精准脱贫千名专家服务基层3年行动计划和基层农技推广体系科技示范户培育为主题的苏木（镇）培训班及公益林、天然林资源保护工程护林员培训、林业科技专题讲座培训等培训班30次，参训人员3100人次。向农牧民累计发放林业和草原科技宣传材料4280份，科技下乡现场技术指导和深入实地解决问题100个，活动参与总人数4700人次。

2020 年 10 月 21 日，国家林业和草原局"三北"防护林建设局主办，国家林业和草原局管理干部学院承办的"三北"工程林草植被一体化修复技术培训班在阿拉善盟开班。全国各省（区、市）林业和草原部门相关负责人、领域专家等 90 人参训。

2019—2021 年，盟林业和草原局举办梭梭造林及田间管护技术、肉苁蓉高产人工接种技术、肉苁蓉优质高产种子生产技术培训班三期。采取集中授课、现场指导和深入生产一线进行技术培训等方式，培训人员3000人次，发放《梭梭育苗及人工造林技术手册》《肉苁蓉高产人工技术手册》《肉苁蓉优质高产种子生产技术手册》3000册。项目组制作电子版技术手册，形成二维码、网页形式进行推广与发放。

2020—2021 年，举办 2 期梭梭优树种子园营建技术推广示范项目培训班，第一期培训由内蒙古自治区林业科学研究院研究员季蒙、研究员郭永盛授课，内容主要涉及荒漠化地区苗木培育技术、经济林及林下产品监管政策及标准体系等方面。第二期培训邀请内蒙古大学生命科学院植物学专业博士生导师陈贵林和内蒙古自治区林业科学研究院林木与花卉引种繁育中心主任、研究员刘平生授课，以强化科技培训、助力脱贫攻坚—梭梭优树种子园营建技术及阿拉善特色沙生植物资源保护和利用为主题，针对加强特色沙生植物资源（锁阳、白刺）的保护及综合利用、种子园建设等相关内容进行专题授课培训，在阿左旗宏魁肉苁蓉基地进行现场教学，共 2 期，培训人员 1000 人次，向林业和草原行业专业技术人员、企业、农牧民发放《实生苗基地育苗手册》《梭梭种子园营建技术手册》技术手册2000册。

2021 年，盟林业和草原局组织开展阿拉善盟宜林地资源及退化林分调查，实施基层实用人才素质提升工程，开展梭梭抗旱造林技术指导、退化林地调查技术培训等共 11 期，培训专业技术人员、农牧民 800 人次。4 月 14—15 日，盟草原工作站在阿左旗苏海图嘎查举办草原鼠虫害监测预警与绿色防控技术培训班。来自盟、旗、苏木（镇）草原生态保护技术骨干和嘎查牧民 60 人参训。4 月 20—23 日，盟林业和草原局举办全盟退化林地调查现场技术培训班，邀请内蒙古林业草原监测规划院专家技术指导。各旗（区）林业和草原系统、贺兰山管理局、胡杨林管理局相关管理人员、专业技术人员 40 人参训。盟林业草原研究所联合党支部邀请自治区林业和草原局、改革发展和科技处党支部在巴彦浩特镇举办科技下基层服务践初心主题党日"学党史 悟思想 开新局 办实事 我为群众办实事"实践活动。以梭梭-肉苁蓉产业提质增效培训班为载体，面向广大基层和农牧民群众，送技术、送服务。邀请专家授课，从事肉苁蓉种植农牧民、企业及林草系统基层场站 120 人参加培训，发放技术丛书和技术宣传手册 300 本，技术培训电子版的阅读和转发量累计超1000次。

（三）技术推广项目

2006 年 3 月，投资 350 万元，实施腾格里、巴丹吉林沙漠交汇处综合治沙技术集成试验示范项目。在巴丹吉林沙漠与腾格里沙漠交汇处开展技术攻关课题：在两大沙漠交汇处建设固、阻、输防沙体系示范区、沙生植物繁育示范基地及咸水灌溉造林示范基地。2011 年 12 月 30 日完成。开展国家科技"十一五"攻关计划防沙治沙关键技术的研究与示范子项目"梭梭优异种质资源选育与快速扩繁技术研究"。在梭梭天然林和人工林区，选取梭梭生长状况优异区域划定样方，调查样方内每株梭梭的株高生长、冠幅、新梢生长量、节间长度、生物量测定。在外部形态特征和生长状况比较的基础上，分别在天然林区和人工林区各选定 20 株优树，运用 L-6400 等仪器测定植株对水分等环境胁迫性因素反映生理生态指标，通过抗旱、抗盐、生长特性和抗病虫害能力检测比较，秋季采种后，翌年春季采用大田和容器育种方式进行快速繁育，筛选抗性较强的梭梭优良种质资源。开展"人工接种管花肉苁蓉、锁阳技术研究"项目，在额济纳旗赛汉陶来苏木、阿右旗雅布赖治沙站和阿左旗巴彦诺日公苏木 3 个试验地分别进行接种试验，接种管花肉苁蓉 50 亩2360穴、接种锁阳 13.33 公顷 16800 穴。

2007 年，开展自治区林业厅科技项目"阿拉善盟造林立地类型划分、质量评价及适地适树研究"，通过对内蒙古造林立地进行分类和评价，为选择和提出适宜的造林树种、森林结构及造林技术提供技术基础，以达到理想造林效果；对于生长不同林分，根据立地类型差别，制定相应营林措施。开展阿拉善盟科技局项目"阿拉善盟重点公益林区植被群落动态变化监测与恢复技术研究"。选择重点公益林区具有代表性地段进行监测和试验，地面调查和定位监测相结合，通过对重点公益林区土地沙化程度、植被消长情况监测，准确掌握公益林区土地沙化状况、植被分布、密度、覆盖度、数量与种类变化情况。利用结果分析研究阿拉善盟地区重点公益林森林生态效益补偿制度实施效果，探索重点公益林区合理利用途径。在阿右旗、额济纳旗建立植被恢复监测定位点 5 个，重点监测公益林区梭梭、柠条、绵刺、白刺，完成样方植被生长状况初步调查。

2009 年，投资 85.44 万元，实施干旱荒漠区肉苁蓉人工接种综合配套技术推广示范项目，建设推广示范基地 200 公顷。2010 年完成。

2013 年，中央财政林业科技推广示范资金项目绩效评价会在呼和浩特市召开。盟林研所"梭梭行带式造林接种肉苁蓉综合配套技术推广示范项目"通过验收。在阿左旗巴彦诺尔公苏木苏海图嘎查选择适合梭梭生长，推广"两行一带式"行带式梭梭造林 133.33 公顷、接种肉苁蓉 133.33 公顷。7 月，投资 100 万元，实施"梭梭行带式造林接种肉苁蓉综合配套技术推广示范"项目，在成林标准林地内建设肉苁蓉接种示范基地 133.33 公顷。2015 年 12 月完成。

2017 年，投资 566 万元，在阿右旗实施农业综合开发肉苁蓉标准化示范基地建设项目。12 月，投资 100 万元，在腾格里、巴丹吉林沙漠交汇处，实施综合治沙技术集成试验示范推广项目。

2018 年，投资 100 万元，盟林研所在阿左旗巴彦浩特镇巴彦霍德嘎查，实施梭梭优树种子园营建技术推广示范项目，总规模 26.8 公顷。其中，建立实生苗基地 2 亩、营建梭梭优质种子园 26.67 公顷。7 月，投资 700 万元，实施巴丹吉林沙漠脆弱环境形成机理及安全保障体系项目，计划 3 年时间完成。由中国科学院西北生态环境资源研究院、盟科技局、盟林业局、巴丹吉林自然保护区雅布赖管理站、阿右旗草原工作站协同攻关。对正确评价巴丹吉林沙漠脆弱环境安全状况、解读沙漠湖泊群和高大沙山形成过程、推进集成沙漠退化植被修复技术、面向生态的防风固沙技术等体系、加快研发沙漠脆弱环境下生态旅游开发模式，推进巴丹吉林沙漠脆弱环境可持续发展提供重要科学依据。10 月，投资 100 万元，盟种苗站实施中央财政林业和草原科技推广示范项目"沙冬青优良种源区种子繁育及人工造林推广示范"，培育沙冬青容器苗 15.1 万株，建设阿左旗朝格图呼热苏木、阿右旗雅布赖镇良种苗木造林示范基地 2 处，完成沙冬青良种苗木人工造林 33.33 公顷。2020 年 12 月完成。

2019 年，盟林业和草原局向盟发改委申报"十四五"规划重大工程项目 9 项：阿拉善特色林沙产业基地建设项目、额济纳旗策克口岸空军试验训练基地绿化长廊项目、内蒙古贺兰山国家级自然保护区基础设施建设项目、额济纳旗胡杨林国家级自然保护区基础设施建设项目、内蒙古贺兰山国家公园基础设施建设项目、内蒙古巴丹吉林国家公园基础设施建设项目、阿拉善沙漠世界地质公园升级改造建设项目、巴丹吉林沙漠世界自然遗产基础设施建设项目、内蒙古阿拉善盟森林火灾高风险区综合治理工程（二期）。10 月，投资 300 万元，盟林业和草原研究所在阿左旗巴彦浩特镇巴彦霍德嘎查和特莫图嘎查实施"荒漠肉苁蓉优质高产繁育技术推广与示范项目"，推广规模 213.33 公顷。其中，梭梭造林、肉苁蓉高产示范区 200 公顷，高标准肉苁蓉种子生产示范区 100 亩，肉苁蓉优质种源选育示范区 100 亩。2021 年 12 月完成。

2020 年，盟林业和草原研究所申报的"荒漠肉苁蓉优质稳产新品种选育研究与示范"项目，获得中央引导地方科技发展专项资金支持 20 万元，执行期 3 年（2020—2022 年）。1 月，投资 150

万元，盟种苗站实施中央财政林业和草原科技推广示范项目"梭梭良种育苗造林与肉苁蓉接种技术推广示范"，推广规模为采集梭梭良种 300 千克、培育梭梭良种苗 15 亩、营造梭梭良种林 133.33 公顷、人工接种肉苁蓉 33.33 公顷。2021 年 12 月完成。7 月 9 日，实施阿左旗宗别立镇"百万亩梭梭-肉苁蓉基地实施招鹰架防控鼠害项目"。架设招鹰架 214 个，控制人工梭梭林 2.13 万公顷，保护 3400 公顷肉苁蓉接种区域。

2020—2021 年，投资 150 万元，实施内蒙古自治区科技成果转化项目，降水量控制下的飞播种子丸粒化技术中试、推广应用飞播科技成果转化项目由盟绿圣生态沙产业科技有限公司承担，搭建 240 平方米种子丸粒化加工车间、仓库，900 平方米晾晒场地硬化。

2021 年 7 月 9 日，阿拉善盟"科技兴蒙"合作项目签约仪式在巴彦浩特举行，盟林业草原研究所签约合作项目 3 项，占签约总数 17.6%。

（四）科技推广成果（表 14-2 至表 14-6）

表 14-2　2006—2021 年中央财政及自治区下拨阿拉善盟林业和草原科技推广示范项目统计

项目名称	承担单位	建设规模（公顷）	投资规模（万元）	起止时间（年）
干旱荒漠区肉苁蓉人工接种综合配套技术	阿拉善盟林业治沙研究所	160	50	2010
"腾格里沙漠飞播种子大粒化新技术及植物生长调查研究"飞播造林示范推广	阿拉善盟林业治沙研究所	666.67	50	2011—2013
梭梭行带式造林接种肉苁蓉综合配套技术推广示范	阿拉善盟林业治沙研究所	266.67	100	2013—2015
重点公益林区柽柳平茬复壮更新技术推广示范	阿拉善盟林业治沙研究所	133.33	100	2015—2017
沙冬青优良种源区种子繁育及人工造林推广示范	阿拉善盟林木种苗站	33.33	100	2018—2020
梭梭良种育苗造林与肉苁蓉接种技术推广示范	阿拉善盟林木种苗站	166.67	150	2020—2021
加强东西部科技合作 深化实施"科技兴蒙"工程	阿拉善盟林业草原研究所	——	249	2021—2025

表 14-3　2006—2021 年阿拉善盟财政投资林业和草原技术推广项目

项目名称	推广单位	推广时间
阿拉善盟飞播种子大粒化示范	阿拉善盟林业工作站	2006 年
沙冬青封育复壮技术示范	阿拉善盟林业工作站	2007 年
白刺人工接种锁阳技术示范	阿拉善盟林业工作站	2008 年
干旱区飞播造林技术推广	阿拉善盟林业工作站	2011 年
飞播种子丸粒化技术推广	阿拉善盟林业工作站	2012 年
白刺接种锁阳技术推广	阿拉善盟林业工作站	2013—2014 年
黑果枸杞引种繁育示范推广	阿拉善盟种苗站	2015—2017 年
阿拉善盟生态公益林效益监测	国家林业局西北林业调查规划设计院	2017 年

（续表）

项目名称	推广单位	推广时间
阿拉善盟国家公益林调查与综合效益评估	阿拉善盟林业治沙研究所	2018 年
黑果枸杞良种推广示范	阿拉善盟种苗站	2016—2018 年
阿拉善盟国家级公益林监测	国家林业和草原局调查规划设计院	2021 年

表 14-4　2006—2021 年阿拉善盟林草系统获国家级和自治区科研成果统计

序号	项目名称	项目完成单位	主要完成人员	获奖等级	获奖时间
1	沙漠地区飞播种子大粒化新技术及植物生长调查研究	中国科学院兰州化学物理研究所 阿拉善盟林业治沙研究所	田永祯、张斌武、程业森、高立平、谢宗才、杨贵祯等	自治区林业厅"十五"林业科技贡献奖二等奖	2006 年
2	阿拉善干旱荒漠地区肉苁蓉人工接种综合配套技术研究	阿拉善盟林研所 阿右旗治沙站 阿左旗林业局 额济纳旗林业局	田永祯、程业森、赵登林、谢宗才、张斌武、赵菊英、梁守华、刘宏义等	内蒙古自治区林业厅"十五"林业科技贡献奖一等奖	2006 年 4 月
3	腾格里沙漠飞播种子大粒化新技术及植物生长调查研究	阿拉善盟林研所 中国科学院兰州化学物理研究所	田永祯、王爱勤、彭家中、梁守华、张斌武、程业森、白　莹、谢宗才等	内蒙古自治区林业厅"十五"林业科技贡献奖二等奖	2006 年 4 月
4	阿拉善干旱荒漠区石质荒山造林技术试验示范研究	阿拉善盟林研所	高立平、田永祯、张斌武、白　莹、庞德胜、赵菊英、杨贵祯	内蒙古自治区林业厅"十五"林业科技贡献奖三等奖	2007 年
5	中国北方草地退化与恢复机制及其健康评价	阿拉善盟草原工作站	陈善科、庄光辉、张宝林、塔拉腾、黄　强、周志刚	国家科学技术进步奖二等奖	2008 年 12 月
6	中药肉苁蓉的栽培、加工技术研究与应用	北京大学 中国农业大学 阿拉善盟林研所 和田地区管花肉苁蓉产业发展研究课题组	屠鹏飞、郭玉海、田永祯、李晓波、翟志席等	国家教育部科学技术进步奖一等奖	2009 年 1 月
7	我国北方几种典型退化森林的恢复技术研究与示范	中国林科院 阿拉善盟林研所 北京林业大学 东北林业大学	李俊青、卢　琦、田永祯、刘艳红、宋国华、武志博、杨雪芹	国家科学技术进步奖二等奖	2010 年 11 月
8	肉苁蓉寄生生物学特性与生长发育调控机制研究	阿左旗林业工作站	盛晋华、张雄杰、刘宏义	内蒙古自治区科学技术奖	2011 年 12 月
9	阿拉善盟沙生植物资源现状调查及肉苁蓉锁阳资源分布规律及保护利用对策研究	阿拉善盟林研所	田永祯、高立平、武志博、程业森、庞德胜、杨贵祯	内蒙古林业"十一五"科技贡献奖三等奖	2012 年 3 月

（续表）

序号	项目名称	项目完成单位	主要完成人员	获奖等级	获奖时间
10	肉苁蓉人工接种综合配套技术推广-干旱荒漠区肉苁蓉人工接种综合配套技术	阿拉善盟林研所	田永祯、徐建华、程业森、赵菊英、陈国泽、高立平	内蒙古自治区林业厅"十一五"林业科技贡献奖一等奖	2012年3月
11	干旱内陆河流域生态恢复的水调控机理、关键技术及应用	中国科学院阿拉善盟林研所甘肃水利科学院新疆水文资源局新疆师范大学	冯起、邓铭江、田永祯、海米提、司建华等	国家科学技术进步奖二等奖	2014年12月
12	梭梭行带式造林-肉苁蓉接种综合配套技术推广示范	阿拉善盟林研所阿拉善盟林工站阿左旗、阿右旗、额济纳旗林工站	田永祯、张斌武、程业森、武志博、高立平、谢宗才、白莹、桂翔、谢菲、刘宏义、徐生智、王海蓉、杨雪芹、李禄章	内蒙古自治区农牧业丰收奖一等奖	2016年12月
13	腾格里、巴丹吉林沙漠交汇处综合治沙技术集成试验示范	阿拉善盟林研所	田永祯、谢宗才、程业森、高立平、武志博、白生明、聂振军、徐建华、李宝山	内蒙古自治区科学技术进步奖三等奖	2016年12月
14	草原有害生物持续治理技术推广与应用	阿左旗林业有害生物防治检疫站	张金宝等	农业技术推广成果一等奖	2019年12月
15	枸杞高效栽培经营技术推广	内蒙古林科院阿拉善盟林研所阿拉善盟种苗工作站内蒙古天润泽生态技术有限公司	郭永盛、郭中、杨阳、刘俊良、马悦等	2018年度内蒙古自治区农牧业丰收奖一等奖	2020年12月
16	重点公益林区柽柳平茬复壮更新技术推广示范项目	阿拉善盟林研所额济纳国营经营林场	孟和巴雅尔、高立平、武志博、程业森、谢宗才、王文舒、李慧瑛、王霞、赵晨光、武喜灵、刘雪娟、白莹、庞德胜、马扎雅泰、马磊、甘红军、王海蓉、魏新成、吕慧、杨卫超、陈利俊	2018年度内蒙古自治区农牧业丰收奖二等奖	2020年12月
17	内蒙古荒漠草原及荒漠区害鼠不育控制示范与推广项目	阿拉善盟草原站	庄光辉、甘红军等	内蒙古自治区农牧业丰收奖二等奖	2020年12月
18	黑果枸杞繁育栽培技术及产品研发	阿拉善盟林木种苗站	张斌武、桂翔、杨阳、谢菲、杨宏伟、刘俊良	内蒙古自治区科学技术进步奖三等奖	2020年

表 14-5　2006—2021 年阿拉善盟林草系统获盟级科研成果统计

序号	项目名称	项目完成单位	主要完成人员	获奖等级	获奖时间
1	阿拉善干旱荒漠地区肉苁蓉人工接种综合配套技术研究	阿拉善盟林研所 阿右旗治沙站 阿左旗林业局 额济纳旗林业局	田永祯、程业森、赵登林、谢宗才、张斌武、赵菊英、梁守华、刘宏义等	阿拉善盟科学技术奖三等奖	2007 年 6 月
2	腾格里沙漠飞播种子大粒化新技术及植物生长调查研究	阿拉善盟林研所 中国科学院兰州化学物理研究所	田永祯、王爱勤、彭家中、梁守华、张斌武、程业森、白　莹、谢宗才等	阿拉善盟科学技术进步奖二等奖	2007 年 12 月
3	阿拉善干旱荒漠区石质荒山造林技术试验示范研究	阿拉善盟林研所	田永祯、张斌武、高立平、白　莹、程业森、庞德胜	阿拉善盟科学技术奖三等奖	2007 年 6 月
4	贺兰山退牧还林对动植物种群变化及水源涵养功能影响的研究	阿拉善盟林研所 贺兰山管理局	田永祯、陈君来、赵登海、张斌武、徐建国、庞德胜、胡成业、孟和巴雅尔等	阿拉善盟科学技术奖二等奖	2007 年 6 月
5	腾格里沙漠长中线马蔺湖段公路沙害综合防治技术研究	阿拉善盟交通局 阿拉善盟林研所 阿拉善盟公路管理局	周　庆、田永祯、乌兰巴根、郭　峰、程业森、谢宗才等	阿拉善盟科学技术奖三等奖	2007 年 6 月
6	阿拉善盟森林资源价值核算	阿拉善盟林研所	田永祯、陈君来、潘建中、程业森、王晓东、杨贵祯	阿拉善盟科学技术奖二等奖	2010 年 8 月
7	阿拉善盟沙生植物资源现状调查及肉苁蓉锁阳资源分布规律及保护利用对策研究	阿拉善盟林研所	田永祯、杨贵祯、高立平、武志博、程业森、庞德胜、杨贵祯	阿拉善盟科学技术奖二等奖	2010 年 8 月
8	阿拉善盟造林立地类型划分、质量评价及适地适树研究	阿拉善盟林研所	田永祯、杨贵祯、程业森、谢宗才、高立平、武志博、庞德胜	阿拉善盟科学技术奖三等奖	2013 年 12 月
9	阿拉善盟地产锁阳品质特征研究及白刺资源调查	阿拉善盟林研所	田永祯等	阿拉善盟科学技术进步奖二等奖	2016 年 7 月
10	贺兰山退牧还林对动植物种群变化及水源涵养功能影响的研究	贺兰山管理局	赵登海、徐建国、王兆锭、胡成业	阿拉善盟科学技术进步奖二等奖	2007 年 6 月
11	内蒙古贺兰山西坡濒危植物保护与研究	贺兰山管理局	赵登海、贾金山、徐建国、王兆锭、胡成业、苏　云、王晓勤	阿拉善盟科学技术奖一等奖	2010 年 8 月

表 14-6　2006—2021 年阿拉善盟林草系统发表科技论文统计

序号	论文名称	撰写人员	发表刊物	发表时间	获奖等级	获奖时间
1	阿拉善干旱荒漠区石质荒山造林技术研究	高立平、王惠芳	《防护林科技》	2006 年	—	—
2	现代城市绿地系统规划特点	王慧芳、高立平	《防护林科技》	2006 年	—	—
3	阿拉善地区荒漠生态灌木林有害生物发生状况及其控制对策	郝　俊	《中国森林病虫》	2006 年	—	—
4	松材线虫入侵前后黑松真菌区系的初步研究	郝　俊	《林业科学研究》	2006 年	—	—
5	阿拉善沙漠化防治及沙产业开发	孙　萍、赵玉兰、王晓红、周兴强	《内蒙古林业调查设计》	2006 年	—	—
6	内蒙古贺兰山国家森林公园建设条件与效益浅析	赵玉山、王梅兰、常桂芳、曹燕丽、盛晋华	《内蒙古科技与经济》	2006 年	—	—
7	贺兰山高山草甸的群落生态学研究	康慕谊、朱　源、刘全儒、苏　云、江　源	《中国草地学报》	2007 年		
8	贺兰山针叶林结构特征与种类组成的比较	朱　源、康慕谊、刘全儒、苏　云、江　源	《地理研究》	2007 年		
9	退牧还林对贺兰山保护区森林植被及生态环境的影响	赵登海、徐建国、王兆锭、苏　云、胡成业	《内蒙古林业》	2007 年		
10	内蒙古贺兰山国家级自然保护区南、北寺旅游景区实现电子监控	赵登海、任振强	《森林防火》	2007 年		
11	西北地区的生态屏障——贺兰山国家级自然保护区	马振山、任振强	《内蒙古林业》	2007 年		
12	贺兰山针叶林物种密度的通径分析	朱　源、康慕谊、刘全儒、江　源、苏　云、赵登海、和克俭、陶　岩、朱恒峰、徐广才、王聪锐	《山地学报》	2007 年		
13	贺兰山紫蘑菇的资源现状及保护对策	胡天华、苏　云	《农业科学研究》	2007 年		
14	贺兰山高山草甸生物多样性和地上生物量的关系	朱　源、康慕谊、刘全儒、苏　云、江　源、和克俭、徐广才、王耿锐、陶　岩、朱恒峰	《应用与环境生物学报》	2007 年		

（续表 1）

序号	论文名称	撰写人员	发表刊物	发表时间	获奖等级	获奖时间
15	贺兰山西坡岩羊种群现状调查研究	赵登海、贾金闪、张保红、王兆锭、徐建国、苏　云、梁来柃等	《内蒙古石油化工》	2008 年	—	—
16	贺兰山生态系统保护中潜在问题与对策探讨	赵登海	《内蒙古林业》	2008 年	—	—
17	围封条件下贺兰山西坡植被恢复生态效益研究	郑敬刚、殷学永、赵登海、徐建国、苏　云、李新荣	《安徽农业科学》	2008 年	—	—
18	贺兰山生态系统保护中潜在问题与对策探讨	赵登海	《内蒙古林业科技》	2008 年	—	—
19	走进贺兰山——内蒙古贺兰山国家级自然保护区	赵登海、斯　琴	《内蒙古画报》	2009 年	—	—
20	内蒙古贺兰山国家级自然保护区的现状及保护对策	沈学芳、张保红、娜布其玛、苏　云、贾金山等	《中国科技博览》	2009 年	—	—
21	内蒙古贺兰山自然资源的合理利用与保护	苏　云、张保红、周兴强、张战文、陈中秋等	《内蒙古高原及其邻近地区资源环境与可持续发展研究》	2009 年	阿拉善盟自然科学优秀论文三等奖	2012 年
22	贺兰山森林防火形势分析和应对策略建议	任振强、孔芳毅、孙　萍	《自然科学学术年会》	2009 年	阿拉善盟自然科学学术年会优秀论文三等奖	2009 年
23	内蒙古贺兰山国家级自然保护区野生水果资源及其保护	张保红、赵登海、王兆锭、哈斯巴根等	《内蒙古师范大学学报》	2010 年	—	—
24	褛裳夜蛾生物特性与防治研究	李晓华	—	2010 年	阿拉善盟自然科学优秀论文三等奖	—
25	贺兰山毛翅目两新种记述（毛翅目，幻沼石蛾科，沼石蛾科）	杨莲芳、陶苏门高、贾金山	《动物分类学报》	2011 年	—	—
26	金色蝗属的分类研究及一新种记述（直翅目：剑角蝗科）	郑哲民、张红利、曾慧花、苏　云	《昆虫学报》	2011 年	—	—
27	中国西北贺兰山区原尾虫首记（六足总纲，原尾纲），英文	卜　云、苏　云、尹文英	《动物分类学报》	2011 年	—	—
28	贺兰山野化牦牛冬季昼间行为的时间分配	赵宠南、郭文德、滕丽微、孔芳毅、王晓勤、刘振生	《野生动物》	2011 年	—	—
29	内蒙古贺兰山自然保护区蝗虫的调查（直翅目）	郑哲民、曾慧花、张红利、陶苏门高、苏　云	《陕西师范大学学报》	2011 年	—	—

（续表2）

序号	论文名称	撰写人员	发表刊物	发表时间	获奖等级	获奖时间
30	阿拉善荒漠地区肉苁蓉人工栽培技术	刘宏义、王 强、聂金婵	—	—	内蒙古自治区第六届自然科学学术年会优秀论文一等奖	2011 年 12 月
31	贺兰山 阿拉善的圣山	徐世华、梁来柁、赵登海、斯 琴、袁丽丽、王晓勤	《内蒙古画报》	2012 年	—	—
32	中国内蒙古贺兰山地区拟埃蝗属二新种（直翅目，剑角蝗科）	张红利、曾慧花、郑哲民、杨云天	《动物分类学报》	2012 年	—	—
33	贺兰山国家重点保护野生动物的现状及分析	胡天华、李元刚、王兆锭	《农业科学研究》	2012 年	—	—
34	贺兰山国家级自然保护区寄蝇科昆虫区系调查	赵 喆、王诗迪、林 海、侯 鹏、苏 云、张春田	《中国媒介生物学及控制杂志》	2012 年	—	—
35	西北地区城市绿化的景观配置和树种选择	赵玉兰、沈学芳、赵玉山、贾金山、周会玉、何永东、王 亮	《现代园艺》	2012 年	—	—
36	简述文冠果的生物特征、经济价值及发展前景	孙 萍、南 定、金廷文、赵玉山、赵玉兰	《农业科技与信息》	2012 年	—	—
37	内蒙古贺兰山国家森林公园建设条件与效益浅析	孙 萍、陶苏门高、赵玉山、王 亮	《内蒙古林业》	2013 年	—	—
38	转基因技术应用对保护生物多样性的影响	任振强、白晓栓	《内蒙古石油化工》	2013 年	—	—
39	阿拉善左旗沙漠治理及取得的成效	赵玉山、贾金山、沈学芳、孙 萍、周兴强	《内蒙古林业调查设计》	2013 年	—	—
40	内蒙古贺兰山国家级自然保护区环境评价	贾金山、沈学芳	《内蒙古石油化工》	2013 年	—	—
41	关于内蒙古贺兰山天然次生林区可持续发展的思考	袁丽丽、哈斯朝格图、王 亮、张雅丽、赵玉兰	《内蒙古石油化工》	2013 年	—	—
42	贺兰山西坡马麝生存现状研究	陈立杰、丁玉森、杨云天、王兆锭、苏 云、徐建国、胡成业	—	2013 年	—	2017 年
43	内蒙古贺兰山紫蘑菇生态管理的对策	苏 云、王晓勤	《内蒙古石油化工》	2013 年	阿拉善盟自然科学优秀论文二等奖	2013 年
44	基于 MAXENT 模型的贺兰山岩羊生境适宜性评价	刘振生、高 惠、滕丽微、苏 云、王晓勤、孔芳毅	《生态学报》	2013 年	—	—

（续表3）

序号	论文名称	撰写人员	发表刊物	发表时间	获奖等级	获奖时间
45	贺兰山封山育林工程的生态恢复功能与作用分析	徐　皓、郝淑香	《中国科技博览》	2013 年	第九届内蒙古自治区自然科学学术年会优秀论文三等奖、阿拉善盟自然科学优秀论文三等奖	2014 年
46	啮齿动物消化器官长度研究进展	燕永彬、刘振生、滕丽微、杨云天、王晓勤、苏　云、王　亮	《安徽农业科学》	2014 年	—	—
47	额济纳旗珍贵树种——胡杨抚育成效分析	王海蓉	—	2014 年	阿拉善盟自然科学优秀论文二等奖	2014 年
48	浅谈额济纳旗公益林建设	王海蓉	—	2014 年	阿拉善盟自然科学优秀论文三等奖	2014 年
49	贺兰山林区油松种群结构与空间分布特征研究	杨跃文、段玉玺、季　蒙、曾　宇、李银祥、任建民、周兴强、张凤鹤	《林业资源管理》	2014 年	—	—
50	林业生态保护的可持续发展分析	多海英	《北京农业》	2014 年	—	—
51	贺兰山紫蘑开发利用初探	胡成业、孙　萍、任振强、赵永文、赵玉山	《内蒙古林业》	2014 年	中国科学发展与人文社会科学优秀创新三等奖	2014 年
52	内蒙古贺兰山：野生物种基因库	周兴强、袁丽丽	《森林与人类》	2014 年	—	—
53	小议胡杨大棚育苗技术	吕　慧	《内蒙古林业》	2014 年	阿拉善盟自然科学优秀论文三等奖	2014 年
54	贺兰山西坡珍稀濒危植物资源简介	孔芳毅、苏　云、王晓勤、白晓栓	《内蒙古林业》	2014 年	第十届内蒙古自治区自然科学学术年会优秀论文二等奖、阿拉善盟自然科学优秀论文一等奖	2015 年
55	额济纳旗珍贵树种——胡杨抚育成效分析	王海蓉	—	2015 年	第十届内蒙古自治区自然科学学术年会优秀论文三等奖	2015 年
56	浅析草原退化的治理措施及管理对策	额尔登、娜荷芽	《科学种养》	2015 年	—	—

（续表4）

序号	论文名称	撰写人员	发表刊物	发表时间	获奖等级	获奖时间
57	森林病虫害防治技术体系研究分析	杨玉萍	《中国科技博览》	2015 年	—	—
58	探讨自然保护区的森林防火工作	杨玉萍、袁丽丽、哈斯朝格图	《农业与技术》	2015 年	—	—
59	提高林业技术创新促进林业快速发展步伐	袁丽丽、哈斯朝格图、杨玉萍、袁奋兰	《农业与技术》	2015 年	—	—
60	基于传统形态分类学和DNA条形码技术确定东方田鼠在贺兰山的新分布	庞博、侯志军、柴洪亮、滕丽微、刘振生、杨云天、王晓勤、王亮	《经济动物学报》	2015 年	—	—
61	谈贺兰山大安全观的构建	胡成业	《同行》	2016 年	—	—
62	小议胡杨（雄性）嫁接技术	武喜灵、陈利俊、李晓华、吕慧	—	2016 年	阿拉善盟2015 年度自然科学优秀学术论文一等奖、第十一届内蒙古自治区自然科学学术年会优秀论文三等奖	—
63	黑河配水后额济纳绿洲核心区景观格局变化	包海梅、阿木古郎、赵红军	《林业调查规划》	2016 年	—	2017 年
64	危害青海云杉的腮扁蜂属（膜翅目：扁蜂科）一新种	陈立杰、丁玉森、杨云天、王晓勤、王兆锭、徐建国、苏云	—	2016 年	—	2018 年
65	不同种源黑果枸杞种子萌发特性研究	唐琼、德永军、张斌武、桂翔、王海龙	《林业科技通讯》	2016 年 12 月	—	—
66	不同地域云杉表面蜡质的润滑性能研究	马婧雯、夏延秋、冯欣、孙萍	《机械工程学报》	2017 年	—	—
67	贺兰山西坡马麝生存现状研究	杨云天、杨玉萍、娜荷芽、额尔登、袁丽丽	《农业与技术》	2017 年	—	—
68	野生动植物保护工作的现状、问题及对策研究	多海英	《山西农经》	2018 年	—	—
69	危害青海云杉的腮扁蜂属（膜翅目：扁蜂科）一新种	张宁、杨云天、王晓勤、刘萌萌、魏美才	《林业科学》	2018 年	—	—
70	自然保护区林业资源保护利用及可持续发展对策研究	多海英	《山西农经》	2018 年	—	—
71	林业资源保护和森林防火技术的思考	袁丽丽	《农业与技术》	2018 年	—	—

（续表5）

序号	论文名称	撰写人员	发表刊物	发表时间	获奖等级	获奖时间
72	土壤水肥作用对胡杨幼苗生长特性的影响研究	吕　慧、张　楠、王建铭、王文娟、雷善清	《林业调查规划》	2018年4月	第十五届内蒙古自治区自然科学学术年会优秀论文二等奖、2019年度阿拉善盟自然科学优秀论文	2020年
73	内蒙古贺兰山马鹿的种群数量及种群结构	孙　萍、刘振生、苏　云、王兆锭、徐建国、王晓勤、高　惠、姚绪新、朱泽宇	—	2018年	—	—
74	内蒙古贺兰山半翅目昆虫区系组成分析	王旭娜、白晓栓、赵永文	《内蒙古大学学报》	2018年	—	—
75	贺兰山西坡主要山地灌丛群落的基本特征	苏　闯、马文红、张芯毓、苏　云、闫永恩、张晋元、赵利清、梁存柱	《植物生态学报》	2018年	—	—
76	内蒙古贺兰山半翅目昆虫区系组成分析	王旭娜、白晓拴、赵永文	《内蒙古大学学报》	2018年	—	—
77	不同生长调节剂对黑果枸杞嫩枝扦插育苗的影响	桂　翔、张斌武、杨宏伟、谢　菲、杨　阳、刘俊良	《内蒙古林业科技》	2018年9月	—	—
78	不同水分梯度对阿拉善盟地区4种沙生植物幼苗生长的影响	谢　菲、席海洋、张斌武、桂　翔、杨　阳、刘俊良	《安徽农业科学》	2018年12月	—	—
79	不同盐碱胁迫下阿拉善荒漠区3种沙生植物幼苗体内脯氨酸变化规律的研究	王　丽、张斌武、桂　翔、杨　阳、谢　菲、刘俊良、马　悦	《西部林业科学》	2018年12月	—	—
80	盐碱胁迫下阿拉善荒漠区2种沙生灌木幼苗体内脯氨酸变化规律的研究	张斌武、谢　菲、桂　翔、杨　阳、刘俊良、海　莲	《内蒙古林业科技》	2018年12月	—	—
81	灌溉量对不同种源区黑果枸杞幼苗生长的影响	谢　菲、肖生春、张斌武、桂　翔、杨　阳、刘俊良	《黑龙江农业科学》	2019年1月	—	—
82	胡杨异形叶性状与其个体发育的关系	王文娟、吕　慧、钟悦鸣、陈利俊、李景文、马　青	《北京林业大学学报》	2019年2月		
83	不同干燥处理对黑果枸杞果实原花青素含量的影响	杨　阳、蓝登明、张斌武、谢　菲、桂　翔、刘俊良	《山东林业科技》	2019年5月	—	—

（续表6）

序号	论文名称	撰写人员	发表刊物	发表时间	获奖等级	获奖时间
84	黑果枸杞果实原花青素含量分析	杨　阳、张斌武、蓝登明、司建华、谢　菲、桂　翔、刘俊良	《中国农学通报》	2019年8月	—	—
85	加强林业自然保护区野生动植物保护区的对策	娜荷芽、额尔登、徐　皓	《防护工程》	2019年	—	—
86	自然保护区林业资源保护及利用对策	额尔登、娜荷芽	《防护工程》	2019年	—	—
87	关于林业自然保护区发展状况的探究	娜荷芽、额尔登、张雅丽	《基层建设》	2019年	—	—
88	贺兰山动物的优雅身影	唐荣尧、李建平、王晓勤	《森林与人类》	2020年	—	—
89	林区护林防火措施及成效研究	杨玉萍、袁丽丽	《魅力中国》	2020年	—	—
90	对新形势下森林防火预防问题的探讨	王　亮、孔芳毅、张雅丽、王继忠	《农家科技》	2020年	—	—
91	贺兰山自然保护区生态环境保护成效及存在问题与对策建议	袁丽丽、杨玉萍	《内蒙古林业》	2020年	—	—
92	额济纳绿洲不同龄级胡杨林群落多样性分析	王海蓉	—	2020年	阿拉善盟2020年度自然科学优秀论文二等奖	2020年
93	额济纳旗森林生态效益补偿资金补偿标准的探讨	王海蓉	—	2020年	阿拉善盟2020年度自然科学优秀论文三等奖	2020年
94	内蒙古贺兰山保护区岩羊、马鹿种群数量及观察者对其行为影响	黄师梅	《东北林业大学》	2020年	—	—
95	森林资源管理与生态林业的发展分析	杨玉萍	《农村科学实验》	2021年	—	—
96	内蒙古贺兰山马鹿的种群数量及种群结构	孙　萍、黄师梅、苏　云、孟德怀、张致荣、滕丽微、刘振生	《野生动物学报》	2021年	—	—
97	内蒙古贺兰山林区筑牢森林防火防线	杨玉萍、袁丽丽、邬金爱、王　亮、多海英	《内蒙古林业》	2021年	—	—
98	自然保护区可持续发展策略探讨	杨玉萍	《农业开发与装备》	2021年	—	—
99	内蒙古贺兰山自然保护区古毒蛾危害规律调查	唐汉尧、苏　云、王晓勤、郝淑香、王义哲	《林业科技通讯》	2021年	—	—

（续表7）

序号	论文名称	撰写人员	发表刊物	发表时间	获奖等级	获奖时间
100	腾格里沙漠飞播种子大粒化技术	程业森	《内蒙古林业》	2007年第3期	—	—
101	额济纳绿洲退化生态系统综合整治对策	田永祯、程业森、白　莹、谢宗才	《防护林科技》	2009年第2期	—	—
102	浅议俄罗斯饲料菜的切根繁殖技术	朱国胜、任文华、刘挨枝	《内蒙古林业调查设计》	2009年第3期	—	—
103	贺兰山自然保护区西坡退牧封育效果分析	田永祯、张斌武、程业森	《干旱区资源与环境》	2007年第7期	—	—
104	太空诱变梭梭光合特性的研究	田永祯、肖洪浪、司建华	《干旱区研究》	2008年第3期	—	—
105	荒漠河谷胡杨残林复壮更新试验研究	田永祯、司建华、程业森、赵菊英、白　莹	《干旱区资源与环境》	2009年第9期	—	—
106	阿拉善沙区飞播造林试验研究初探	田永祯、司建华、程业森、庞得胜、谢宗才	《干旱区资源与环境》	2010年第7期	—	—
107	丝棉木在阿拉善干旱荒漠地区的引种栽培试验	高立平、王惠芳、巴　根	《防护林科技》	2011年第4期	—	—
108	平茬高度对柽柳萌条生长影响的研究	赵菊英、武志博、谢宗才、张斌武、李万政	《内蒙古林业科技》	2013年第1期	—	—
109	阿拉善地区天然梭梭优树选择研究	武志博、田永祯、赵菊英、谢宗才、薛　旺、程业森、李季梅	《干旱区资源与环境》	2013年第6期	—	—
110	额济纳绿洲重盐地多枝柽柳分布格局研究	武志博、田永祯、赵菊英、高立平、白　莹、程业森	《中国沙漠》	2013年第1期	—	—
111	紫花地丁开花习性及种子生产特性研究	赵晨光、李　龙、李慧瑛、杨卫超	《草原与草业》	2016年第3期	—	—
112	毛乌素沙地生态承载力研究	赵晨光、李青丰	《草原与草业》	2016年第4期	—	—
113	阿拉善白刺生长季叶片尺度耗水特性	赵晨光、孟和巴雅尔、丁积禄	《防护林科技》	2017年第10期	—	—
114	阿拉善白刺蒸腾速率的影响因子分析	赵晨光、孟和巴雅尔、程业森	《防护林科技》	2017年第9期	—	—
115	阿拉善地区不同立地条件下白刺需水量差异	赵晨光、程业森	《防护林科技》	2017年第8期	—	—
116	浅谈阿拉善国家级公益林综合效益监测评价技术指标体系的确定	程业森	《防护林科技》	2017年第2期	—	—
117	额济纳旗公益林动态监测及效益评价	程业森、赵晨光、高立平	《防护林科技》	2017年第1期	—	—

（续表8）

序号	论文名称	撰写人员	发表刊物	发表时间	获奖等级	获奖时间
118	白皮松种子最佳引发条件的筛选	王文舒、孟和巴雅尔、郭素娟	《防护林科技》	2017年第12期	—	—
119	阿拉善地区梭梭秋季造林试验	王文舒、马扎雅泰、张鹏飞、刘宏义、武志博	《防护林科技》	2017年第7期	—	—
120	额济纳森林虫害发生趋势与防控对策	庞德胜、钱宏革、白晓拴	《防护林科技》	2018年第9期	—	—
121	阿拉善盟梭梭-肉苁蓉产业发展现状	王文舒、孟和巴雅尔、段志鸿、王霞、刘雪娟、武志博	《内蒙古林业》	2018年第8期	—	—
122	阿拉善白刺生长季光合速率及蒸腾速率特征研究	程业森、赵晨光、高立平	《干旱区资源与环境》	2017年第11期	—	—
123	飞播沙拐枣成苗降雨量及基于该降雨量下的种子丸粒化技术探讨	武志博、刘宏义、白莹、郝小雯、王文舒、马扎雅泰、薛旺	《干旱区资源与环境》	2017年第10期	—	—
124	四种白刺属植物叶饲用品质分析及评价	武志博、邓娟、田永祯、王旭、袁园园、王劼、周玉碧	《甘肃农业大学学报》	2017年第6期	—	—
125	不同平茬方式对退化白刺生长的影响	王霞、李慧瑛、武志博、王文舒、孟和巴雅尔	《防护林科技》	2020年第5期	—	—
126	阿拉善左旗公益林植被群落动态监测研究	马扎雅泰、赵晨光、李慧瑛、刘俊良	《防护林科技》	2020年第3期	—	—
127	内蒙古阿拉善左旗沙蒿尖翅吉丁生物学特性初步研究	胡晨阳、周会玉、张翠华、姚艳芳、杨芹、刘丽伟、李琳	《内蒙古林业科技》	2009年	—	—
128	阿拉善左旗种子苗木产业发展策略	胡晨阳、周会玉、李胜德、彭磊	《内蒙古林业》	2014年	阿拉善自然科学优秀论文二等奖	2014
129	人工投放地芬·硫酸钡饵剂防治梭梭林大沙鼠试验初报	白鸿岩、常国彬、胡晨阳、张静、彭磊、刘超	《中国森林病虫》	2020年	—	—
130	蒙古扁桃的人工繁殖育苗及栽培技术初步研究	姚艳芳、郭海岩、杨芹、徐利锋	《内蒙古林业调查设计》	2008年	—	—
131	危害沙蒿的两种蛀干害虫调查	姚艳芳、杨芹、郭海岩、李琳	《内蒙古林业调查设计》	2009年	—	—
132	阿拉善左旗园林树木有害生物调查及发生形势分析	姚艳芳、杨芹、萨日娜、常桂霞	《内蒙古林业调查设计》	2016年	阿拉善自然科学优秀论文三等奖	2018年

（续表9）

序号	论文名称	撰写人员	发表刊物	发表时间	获奖等级	获奖时间
133	枣树嫁接育苗与栽植技术在阿拉善左旗的实际应用	常桂霞、巴依尔、姚艳芳	《内蒙古林业调查设计》	2017 年	—	—
134	危害青海云杉的烟翅腮扁蜂初步观察	姚艳芳、萨日娜	《中国森林病虫》	2017 年	—	—
135	浅析阿拉善左旗林业有害生物防治现状及应对措施	姚艳芳、杨 芹、巴依尔、王晓勤、常桂霞、郝淑香、达来夫	《内蒙古林业调查设计》	2019 年	阿拉善自然科学优秀论文二等奖	2020 年
136	阿拉善左旗灌木林主要林业有害生物危害及防治研究	姚艳芳、巴依尔、常桂霞、郝淑香、达来夫	《内蒙古林业调查设计》	2019 年	—	—
137	阿拉善左旗贺兰山青海云杉常发性害虫危害及防治	姚艳芳、巴依尔、许 静、侍月华、达来夫、王晓勤、郝淑香	《内蒙古林业调查设计》	2020 年	—	—
138	阿拉善左旗发现细颚姬蜂属-两种新记录2	李 琳、刘春林、格根朝勒孟、李 鹏、邱燕萍	《农业与技术期刊》	2019 年	阿拉善盟自然科学优秀论文二等奖	2021 年
139	阿左旗荒漠灌木林天敌昆虫种类及其分布	李 琳、周会玉、牛春花、胡晨阳、姚艳芳、徐利锋	《绿色科技》	2015 年	—	—
140	内蒙古阿拉善左旗梭梭林大沙鼠危害风险分析	李 琳、胡晨阳、彭 磊、李 琦、达来夫、刘 静	《中国森林病虫》	2019 年	阿拉善盟自然科学优秀论文一等奖	2021 年
141	2种生物灭鼠剂防治林业害鼠药效试验的研究	李 琳、胡晨阳、彭 磊、许 静、李 鹏	《林业科技通讯》	2020 年	内蒙古自治区自然科学优秀论文二等奖	2021 年
142	东阿拉善地区油松、樟子松病害种类及其症状识别	李 琳、李 鹏、李 娜、李 琦、侍月华、詹雅丽	《中国森林病虫》	2021 年	阿拉善盟自然科学优秀论文一等奖	2021 年
143	炔雌醚对长爪沙鼠种群数量和性比的影响	张金宝、王长命、庄光辉	《四川动物》	2016 年	—	—
144	阿拉善荒漠人工释放银狐的存活力观察	王长命、张金宝、庄光辉	《野生动物学报》	2017 年	—	—

四、林业和草原信息化建设

2014 年 3 月 24—26 日，盟林业局组织各旗（区）网络骨干参加国家林业局市县林业网站群系统培训班。采取集中封闭式培训方式，向参训人员讲解建立国家林业局市县林业网站使用方法和维护办法，进行上机操作。网站内容初拟由政府信息公开、政策法规、资源保护、生态建设、林业产业和信息动态 6 个板块构成，全面公布各林业局概况和各项工作开展情况，网站还设立行风政风评议投票系统、网上咨询、局长信箱和建议留言 4 个互动模块。

2020 年，盟林业和草原局制定《阿拉善盟林业和草原局 2020 年宣传工作方案》《阿拉善盟林业和草原局迎接建盟 40 周年宣传工作方案》，运用政府网站、微信公众号、抖音短视频等政务新媒体开展网络宣传工作，发布、解读相关重大政策。

第二节　林业和草原交流合作

盟林业草原研究所一直与中国科学院、中国林科院、内蒙古农业大学等科研院所开展技术交流合作。与中国科学院西北生态环境资源研究院冯起院士团队合作，共同开展中央引导地方科技发展资金项目"荒漠肉苁蓉优质稳产新品种选育研究与示范"、内蒙古自治区关键技术攻关项目"阿拉善飞播造林植物优选与成效提升技术集成与示范"、科技兴蒙合作引导项目"黄河乌兰布和沙漠段生态屏障功能提升与可持续发展"、阿拉善盟科技计划项目"阿拉善人工种植梭梭林对区域生态环境影响研究""阿拉善飞播花棒群落演替过程及退化机理研究"等项目。合作发表 CSCD（中国科学引文数据库）论文 4 篇、SCI（科学引文索引）文章 4 篇；合作申报发明专利 2 项，获得授权实用新型专利 3 项；获得计算机软件著作权 17 项；完成全盟人工林数据库和飞播林地数据库。通过和中国科学院等科研院所的技术合作，培养高级工程师 4 人。

2019 年 9 月 6—10 日，中华人民共和国商务部、蒙古国农牧业和轻工业部、中华人民共和国内蒙古自治区人民政府联合主办的第三届中国——蒙古国博览会在中华人民共和国内蒙古自治区乌兰察布市、呼和浩特市举行，博览会主题为"建设中蒙俄经济走廊，推进东北亚区域合作"，聚焦科技、经贸、农业、医药、文化等领域，举办投资贸易推介、展览展示和文化交流等四大板块 21 项主题活动。盟林业和草原局组织盟荒漠双峰驼专业合作社、盟沙漠王绒毛制品有限公司携智能放牧系统、多功能家畜自动饮水设备等畜牧业网络技术设备，骆驼挤奶机、冷藏罐、保温运输桶等畜牧业机械设备及驼绒制品参加博览会，展示在科技推动现代农牧业发展方面取得成果。由中国地质大学（北京）、嵩山世界地质公园、中国地质科学院联合主办的"第五届联合国教科文组织世界地质公园管理和发展国际培训班"在北京召开，应沙特阿拉伯拟申报世界地质公园官方代表团提议和会务组的安排，10 月 30 日，阿拉善沙漠世界地质公园管理局负责人与沙特阿拉伯官方代表团深入交流，协助沙特阿拉伯申报世界地质公园工作给予技术支持、分享经验做法等方面达成意向。

第三节　林业和草原宣传

一、队伍建设

2021 年，盟林业和草原局确定 2 名信息宣传员，在各旗（区）、局属各科室、二级单位分别明确 1~2 名信息宣传员，盟林业和草原系统共有网络宣传员 20 名；按盟委宣传部要求盟林业和草原局确定 1 名新闻发言人及 1 名新闻联络员；选任 2 名网评工作负责人建立网评工作队伍，选拔行业队伍网评员 5 名，基干队伍网评员 2 名，正能量队伍网络志愿者 5 名。

二、宣传工作

（一）对内宣传

2006 年，开展"3·12"植树节、"6·17"世界荒漠化日专题宣传活动，以报刊、电视、广播为载体宣传人与自然和谐相处、创建绿色家园。采取新闻、专题等形式播报生态宣传信息 20 条，散发传单 6000 份。

2019 年，林业和草原宣传工作通过报纸、新闻、微信等方式共宣传报道 25 次。9 月 28—30

日，第三届沙产业创新博览会在阿左旗巴彦浩特镇召开，展示沙产业领域前沿技术和创新成果，博览会展示中国、内蒙古及阿拉善盟沙产业发展所取得的成效。

2020年，各类媒体宣传报道：国家级24次、自治区级8次、盟级23次、旗级65次。《中国绿色时报》刊发《内蒙古沙漠治理汇聚财富》《阿拉善沙漠如此多彩》；《经济日报》刊发《激发群众保护生态的内生动力》；《内蒙古日报》刊发《阿拉善呈现绿带锁黄龙壮丽景观》。

2021年6月10日，盟林业和草原局、阿拉善沙漠地质公园管理局和阿右旗林业和草原局在阿右旗开展"文化和自然遗产日"系列宣传活动。活动现场悬挂条幅4条，设置宣传展板12块，发放宣传折页、物品300份，集中展示阿拉善盟自然和文化遗产，300人参加活动。6月11—13日，在巴丹吉林沙漠景区和阿拉善沙漠世界地质公园博物馆开展展演、展示宣传活动。现场悬挂条幅6条，设置宣传展板6块，依托阿拉善沙漠世界地质公园博物馆和巴丹吉林沙漠景区，免费向1500名游客和当地群众介绍、展示阿拉善盟自然保护地自然风景、自然保护地相关法律法规、地质遗迹资源等内容。12月24日，开展以"大力植树造林，禁止乱砍滥伐"为主题的普法宣传活动。向农牧民发放《中华人民共和国森林采伐更新管理办法》《中华人民共和国森林法》《内蒙古自治区珍稀林木保护条例》宣传册和宣传单，对林木采伐、公益林保护、天然林禁伐等森林资源管理相关政策、法规、办理流程等内容向农牧民进行现场讲解。发放宣传资料100份，涉及农牧民150人。

截至2021年6月底，盟林业和草原局编辑上报自治区林业和草原局、盟委、盟行署、电台、电视台、报社等18个媒体部门241条信息。其中，自治区林业和草原局采用86条；自治区级报刊采用8条，自治区电视台采用12条；《阿拉善政讯》采用50条；《阿拉善日报》采用66条、广播电视台采编18条；《走近》栏目1期，《林业短片》宣传2期。

（二）对外宣传

2006年，通过大连市晨报记者在大连晨报报道，阿左旗生态发展得到大连市人民关注，继大连市高中生捐款50元后，大连市姜吉禹个人和大连实德公司分别为阿左旗捐种子10吨和节水器1000套。

2013年3月，阿左旗吉兰泰镇发现一只国家Ⅰ级保护动物雪豹，森林公安局开展雪豹救护，在吉兰泰镇巴彦温德日嘎查哈日根希勒草原放归大自然。4月，CCTV-13、科教频道播出救助雪豹全过程。CCTV-13播发2条消息，新华网、人民网、新浪网、凤凰网等网站转发消息。《中国绿色时报》报道：阿拉善盟生态建设投入资金累计超过20亿元，森林覆盖率由建盟初不足2.95%提高到7.65%；全盟直接受益农牧民达5115户1.5万人。其中，公益林区农牧民每年直接受益1.1亿元。阿左旗1984年开始在腾格里沙漠实施飞播造林，30年飞播造林27万公顷，在腾格里、乌兰布和两大沙漠建成两条绿色林带，形成绿带锁黄龙的壮丽景观。

2014年，《中国绿色时报》《内蒙古日报》、内蒙古电台、电视台对苏和事迹进行专题报道。

2017年，新闻媒体宣传报道：CCTV-13《述说内蒙古数十年飞播造林，如今沙漠现绿洲》；焦点访谈《砥砺奋进的五年　阿拉善：神奇的背后》；人民日报《"世界防治荒漠化和干旱日"，我们带您看看西北沙尘源》《防沙治沙为家园添绿，砥砺奋进的五年，全面深化改革》；新华社《让绿色成为美丽中国最动人的底色》；《中国绿色时报》报道：阿左旗巴彦诺日公苏木浩坦淖尔嘎查经过25年飞播，植被覆盖不足5%的不毛之地，变为沙漠绿洲。这一飞播造林成果打破"年降水量200毫米以下沙区不能飞播"的国际定论，被联合国治沙代表称为"中国治沙典范"。

2018年，新闻媒体宣传报道：CCTV-7《空军运输搜救航空兵某团再赴内蒙古飞播造林》；《军事纪实》播出《空中"播种机"，他们将36年的"青春"都种在了这里》；时代楷模杂志《让沙漠披上绿装》；《解放军报》刊登《青春种荒漠，绿色伴航程》《西部战区空军某团36载飞播造林再造秀美山川》《追寻，西部上空那群播绿的"鹰"》；《内蒙古日报》刊登文章《漠上屏障锁沙龙》，引起广泛关注。

2019年，新闻媒体宣传报道：中国新闻网《生态文明之路—阿拉善：坚持人与自然和谐共生，天蓝地绿入画来》；CCTV-4《走遍中国》专题片《〈沙漠方舟〉（下）绿色屏障》；空军新闻《蒙古族飞播老兵的播绿青春》；中国影像方志《飞播造林》；湖南卫视《赞赞我的国（花棒花节）》；新华社《阳光照耀奋飞的航程——党中央、中央军委和习主席关心人民空军建设发展纪实》；《内蒙古林业》刊登《誓让荒漠披绿装—记阿拉善左旗林业工作站站长刘宏义》；创新内蒙古《进展阿拉善：智慧种子进沙地精准"感知"降雨量》；内蒙古经济生活频道《祖国我是你的骄傲·阿拉善》；内蒙古广播电视台《不忘初心再出发，牢记使命勇担当，扎根大漠让家乡更美好》。

2020年，新闻媒体宣传报道：CCTV-13《直播黄河内蒙古段·黄河几字弯绿带锁黄龙，与黄沙搏斗人们从未停止过探索步伐》；新华网《西部战区空军运输搜救航空兵某团在阿拉善地区飞播造林》；《中国绿色时报》刊登《阿拉善沙漠如此多彩》；西部天空微信公众号《芳华岁月：他们用青春戍守空防线》；航空工业《64年了，为什么中国飞机总要定期前往沙漠》；学习强国《生态治理，中国给世界带来了什么》《阿左旗顺利完成本年度20万亩飞播造林任务》；中国新闻网《阿拉善20年变迁记：从"风吹石头跑"到"如诗如画"》；《内蒙古日报》刊登《"三位一体"生态治理成效凸显 阿拉善在沙海筑起"绿色长廊"》；《中国退役军人》杂志《全国拥政爱民模范单位代表说——西部战区空军运输搜救航空兵某团辛嘉乘：我们是西部上空的"飞播员"》；《森林与人类》杂志《花棒的芬芳》；《内蒙古日报》刊登《一颗有智慧的种子》《能感知湿度找位扎根的飞播种子》。

2021年，新闻媒体宣传报道：CCTV-7《空军某运输搜救团一大队：西部上空播撒绿色的"神鹰"》《我为祖国去飞播》；CCTV-13《播撒绿色的人〈总书记与我们在一起〉书写内蒙古发展新篇章》；央视新闻《开飞机去播种！他们在沙漠创造奇迹!》；空军新闻《新时代，崇尚什么样的"中国牛"》《请跟随"空军蓝"的足迹，感受这场美丽蜕变!》；《时代楷模发布厅》的《开着飞机去播种！这群扎根西部39年的空军官兵，创造了人类治沙史上的奇迹!》；BTV新闻《空军某运输搜救团一大队：让沙漠变绿洲》；《中国日报》刊登《Longtime PLA seed sowers earn 'role model' title》；新华社《用无私无我，播春光春色》《"飞播绿鹰"矢志生态扶贫引发共鸣共情——军地各界人士点赞空军某运输搜救团一大队》；《解放军报》刊登《播绿飞鹰——空军某运输搜救团一大队三十九年飞播造林助力脱贫攻坚纪实》《中央宣传部授予空军某运输搜救团一大队"时代楷模"称号》；《人民日报》刊登《执行飞播任务39年，作业2600多万亩，空军某运输搜救团一大队——播撒无边的绿色》；中国林业和草原网《绿色发展要闻——执行飞播任务39年，作业2600多万亩，空军某运输搜救团一大队——播撒无边的绿色》；中国甘肃网《飞播为人民 造林助脱贫 "时代楷模"空军某运输搜救团一大队先进事迹引发热烈反响》；中国林业和草原网《绿色发展要闻：飞播为人民造林助脱贫——"时代楷模"空军某运输搜救团一大队先进事迹引发热烈反响》；《光明日报》刊登《每日一星空军某运输搜救团一大队：飞播造林，助力脱贫攻坚》；学习强国《阿拉善顺利完成2021年飞播造林任务》；空军党委《求是》刊文《飞遍沙海荒山播出绿水青山》；《新闻联播》播出《飞播造林播撒绿色助脱贫》；CCTV-7《国防军事》播出《空军某运输搜救团一大队：西部上空播撒绿色的神鹰》；中央广播电视总台《焦点访谈》播出《播撒绿色的人》；《逐梦山水间——最美林草推广员先进事迹》集册《戈壁扎根大漠植绿——记内蒙古自治区阿拉善左旗林业工作站站长刘宏义》。

2021年，盟林业和草原局下派科技特派员79人开展"科技活动周""12396星火科技"等各类技术指导和宣传活动53次，培训农牧民3200人次，下乡400次，服务对象1300人，发放宣传资料1万份。国家级各类报刊刊发报道15次；自治区级报刊及网络平台刊发报道15次；盟级、旗级各类报刊、网络平台共刊发报道63次。

第十五章 林业和草原计划 统计 财务

第一节 林业和草原计划

一、林业和草原项目管理

阿拉善盟林业和草原项目主要包括：中央基本建设资金项目、林业草原生态保护恢复资金项目、林业草原改革发展资金项目。

中央基本建设资金项目包括：天然林资源保护工程、退化草原修复项目（以上2项2021年合并为重点区域生态保护和修复项目）、退耕还林、退耕还草、"三北"防护林工程、棚户区改造项目、森林草原防火项目、林业有害生物防治能力提升项目、防沙治沙项目、国家森林公园保护设施建设等项目。

林业草原生态保护恢复资金项目（含中央、自治区）包括：天然林保护社会保险补助、天然林保护政策性社会性支出、天然林保护停止商业性采伐补助、退耕还林补助、草原生态修复补助、草原有害生物防治补助、草原生态管护员补助。

林业草原改革发展资金项目（含中央、自治区）包括：天然林管护补助、森林生态效益补偿、良种补贴、造林补助、森林抚育补助、沙化土地封禁保护补助、规模化防沙治沙补助、自然保护区补助、湿地保护补助、珍稀濒危野生动植物保护补助、森林防火补助、林草有害生物防治补助、林草技术推广补助、自治区森林植被恢复费、重点区域绿化财政奖补资金、风景名胜区建设补助、地质遗迹保护补助、林草产业化补助项目。

2006—2021年，国家林业和草原局、自治区林业和草原局、自治区发改委安排下达林业草原建设项目及补助类项目总投资79.47亿元。其中，中央投资72.79亿元、自治区及地方投资6.68亿元。

2006年，国家林业局相继印发《林业固定资产投资建设项目管理办法》《林业建设项目可行性研究报告编制规定》《林业建设项目初步设计编制规定》《林业建设项目可行性研究报告审查规定》《林业建设项目初步设计审查规定》。对林业建设项目前期工作管理、项目审批管理、项目建设内容及概算变更管理、项目招标管理、项目建设监理、项目监督管理、项目竣工验收、项目后评价、责任追究作出明确规定。

2009年7月，国家发改委、国家林业局印发《关于做好2009年油茶产业发展等有关工作的通知》，对林木种苗和林业湿地项目审批问题作出规定，林木种苗和林业湿地项目由各省级发展和改革委商林业部门审批，各地发展改革委按基本建设项目程序审批项目前，需征求本级林业部门书面意见，意见不一致的项目，暂缓审批。各地申报年度计划时，要将申报项目批复文件及项目可行性研究报告报国家林业局审查。

2013年12月，国家林业局修订印发《林业固定资产投资建设项目管理办法》。对林业项目建设程序和行为作出规定，以提高林业项目建设质量和投资效益。新发布《林业固定资产投资建设项目管理办法》规定，中央投资3000万元以上建设项目，必须编制项目建议书，投资3000万元以下项目可直接编制项目可行性研究报告。项目建设单位根据项目申报指南，委托具有相应资质的设计单位咨询开展项目前期工作，按程序上报省级林业主管部门。项目按批准设计建成后，建设单位应于3个月内编制完成工程结算和竣工财务决算，按照国家林业局《林业建设项目竣工验收细则》要求组织竣工验收。

2014年，国家林业局发布《森林火险区综合治理工程项目建设标准》《林业有害生物防治工程项目建设标准》《林木种苗工程项目建设标准》《森林航空消防工程建设标准》《林火阻隔系统建设标准》《森林消防专业队伍建设标准》。

2015年3月，国家林业局第（36号）令发布新修订的《林业固定资产投资建设项目管理办法》。

2016年3月30日，内蒙古自治区第十二届人民代表大会常务委员会第二十一次会议通过《关于修订〈内蒙古自治区基本草原保护条例〉的决定》。

2018年3月5日，国家林业局第（50号）令根据《中华人民共和国自然保护区条例》《森林和野生动物类型自然保护区管理办法》等法律法规和国务院有关规定，制定《在国家级自然保护区修筑设施审批管理暂行办法》。

2019年7月11日，自然资源部、财政部、生态环境部、水利部、国家林业和草原局印发《自然资源统一确权登记暂行办法》（自然资发〔2019〕116号）。

2021年5月26日，盟财政局印发《阿拉善盟项目支出绩效评价管理办法》的通知。6月4日，财政部、国家林业和草原局修订《林业改革发展资金管理办法》（财资环〔2021〕39号）。7月30日，财政部、国家林业和草原修订《林业草原生态保护恢复资金管理办法》（财资环〔2021〕76号）。11月28日，国家发改委印发《生态保护和修复支撑体系中央预算内投资专项管理办法》《重点区域生态保护和修复中央预算内投资专项管理办法》（发改农经规〔2021〕1728号）。

二、林业和草原年度计划

（一）年度计划内容

林业和草原年度计划是根据林业和草原中长期发展规划总体目标和工程项目布局，结合林业和草原规划安排的年度造林、种草生产投资计划。林业和草原年度计划分为年度营造林生产计划、年度草原生态保护修复计划、年度中央预算内基本建设投资计划。

年度营造林生产计划是林业中长期发展规划分年度各项生产指标任务计划，是国家指导性计划，有相应的中央投资。年度营造林生产计划包括：造林面积、人工造林面积、飞播造林面积、封山育林面积、育苗、林木种子采集、中幼林抚育等指导性计划。

年度草原生态保护修复计划有相应的中央及自治区投资。年度草原生态保护修复计划包括：退化草原生态修复治理面积、固定监测点建设任务、草原生物灾害防治面积等指导性计划。

年度中央预算内基本建设投资计划是根据国家年度林业草原生产建设任务、林业草原重点生态建设工程规划、林业草原重点项目规划等安排下达的投资计划，通过计划将国家林业草原资金安排下达各盟（市）或旗（县），结合地方配套资金共同实施，保证林业草原生产计划和基建项目的完成。中央预算内基本建设投资计划主要包括林业草原重点生态建设工程和林业草原重点生态项目。林业草原重点生态建设工程包括：天然林资源保护工程、退耕还林（还草）工程、重点防护林工程（"三北"工程）、退牧还草工程。林业草原重点生态项目包括：湿地保护工程、林草种苗工程、国家级自然保护区项目、森林草原防火项目、林业草原有害生物防控体系基础设施建设项目、生态保护和修复支撑体系专项等。

(二) 年度计划安排原则

1. 生态优先原则

国家投资是以生态效益为主的公益性项目。禁止建设楼堂馆所和办公用房。

2. 部分重点工程不重叠原则

从 2013 年开始，国家林业局要求，"三北"防护林工程和京津风沙源治理工程安排区域不得重叠。

3. 突出重点原则

抓住当前林业草原生态建设关键，围绕林业草原重点生态建设工程，集中投入。

4. 程序管理原则

拟列入年度计划新开工项目必须履行基本建设程序，项目要完成可行性研究报告和初步设计审批，并且具备开工条件。

5. 保在建、保收尾原则

优先安排已开工项目，重点做好在建项目收尾工作。为确保盟委、盟行署确定的林业草原发展目标顺利实现，必须科学确定年度生产建设任务，合理安排年度建设项目，按项目落实年度建设资金，科学调整林草建设资金投放结构和投放方式，确保重点工程和重点项目保质、保量、按时完成。

凡列入年度基本建设计划的项目，必须纳入有关工程规划以及履行必要的基本建设前期审批程序。年度计划应包括建设地点、建设任务、年度投资量等细化指标，明确资金来源渠道。中央预算内基本建设投资计划集中体现国家政策导向，属指令计划，必须严格予以执行。其调整也必须按规定履行审批手续。审计部门每年对有关单位根据以往年度投资计划执行情况进行审计，国家有关部门据此对投资计划安排进行监督和稽查。

(三) 年度计划运行流程

（1）国家林业和草原局下达《关于做好中央预算内林业投资计划草案编报工作的通知》，自治区林业和草原局转发下达盟（市），盟（市）转发下达各旗（区）。

（2）旗（区）级林业和草原主管部门接通知后，根据上一年度和本年度工程项目实施情况、现有宜林地面积、林业和草原重点生态工程规划、当地林业和草原发展需求等，向盟林业和草原局报下一年度建议计划。

（3）盟林业和草原局汇总旗（区）建议计划后上报自治区林业和草原局，自治区林业和草原局根据林业和草原重点生态建设工程规划、国家年度项目申报指南，围绕当前自治区林业和草原发展方向、建设重点和资金结构，在综合平衡基础上，拟定年度生产建议计划和中央预算内基本建设投资建议计划，上报国家林业和草原局。

建议计划内容包括：本年度和上一年度生产计划完成情况、林业和草原重点生态工程完成情况、中央预算内投资计划执行情况、工程项目建设进展情况、中央投资安排使用情况、地方配套投资落实情况、工程项目建设效益分析及存在的主要问题和建议、下一年度生产计划和中央预算内基本建设投资的规模和内容。

（4）国家发改委、国家林业和草原局联合下达各林业草原生态重点工程和部分林业草原重点生态项目计划，自治区林业和草原局提出初步分解意见；国家下达种苗和湿地项目计划是由发改委牵头，以"发改投资"文号与国家林业和草原局联合下达；林业有害生物防治、森林草原防火、国家级自然保护区是由国家林业和草原局以"林规发"文号下达，自治区林业和草原局直接分解转发下达，不需要盟（市）再次分解下达。

（5）自治区林业和草原局提出初步计划意见后，会同自治区发改委商定，形成一致意见后分盟（市）印发计划草案。

（6）盟（市）发改委、林业和草原局提出分解旗县任务意见，并以正式文件联合上报自治区发展改革委、林业和草原局。

（7）自治区发改委与林业和草原局对盟（市）申报文件进行汇总，达成一致意见后，由自治区发改委牵头，联合林业和草原局以"内发改投字"文号形成正式投资计划下达盟（市）。沙源工程还需联合其他厅局会商下达。

计划下达主要依据：林业草原重点生态工程规划、国家下达的年度营造林生产计划、中央预算内基本建设投资计划、自治区相关政策和规划、项目可行性研究报告的批复、盟（市）林业和草原主管部门上报自治区的年度计划、建设方案。

（四）年度计划编制原则

（1）处理好与行业发展战略规划、中长期计划、全国性或区域性发展规划、专项规划等关系。

（2）处理好与地方经济发展和社会发展规划的关系，特别是乡村振兴规划。

（3）处理好与前期工作的关系，抓好工程项目建设全过程管理，抓好各项前期建设审批基础工作，审批程序不完整的，不得下达投资计划。

（4）处理好与业务部门的关系。在坚持原则前提下，充分结合业务部门意见建议，增加计划编制透明度和开放度。

（5）处理好中央预算内基本建设投资与中央财政资金的关系。合理确定预算内投资和中央财政资金的重点投入领域，适时调整中央预算内投资结构。

（五）年度计划管理原则

（1）增强计划宏观性和战略性。贯彻落实新时期林业和草原发展新思路，为林业和草原重点生态工程建设提供资金保障，更好发挥计划管理宏观调控职能。

（2）增强计划安排前瞻性。研究国家和自治区投资政策，结合国家经济体制改革方向，开展调查研究，了解生产建设基本情况，提高计划前瞻性，提高计划执行结果对林业和草原重点工作影响的预见能力，适时提出对策建议。

（3）增强计划安排的科学性和民主性。增强计划编制参与度和透明度。与盟相关职能部门和旗（区）林业和草原局多沟通，了解基层实际需求；与自治区发改委及自治区林业和草原局相关业务处室单位多沟通，科学民主决策。

（4）加强计划执行监督检查，强化过程管理。确保投资用在重要领域，确保投资能够落实到基层单位。坚持完善计划执行情况定期报送制度，随时掌握工程进度。

（5）维护计划严肃性。严禁任何单位擅自调减生产任务和中央预算内基本建设投资计划。确需调整的，经审核批准后，酌情调整造林方式或转入下一年度实施。对擅自调整计划的单位或部门，将视情节轻重，在投资安排和项目审批方面给予调控。

第二节　林业和草原统计

一、林业和草原统计管理办法

依据《中华人民共和国统计法》《中华人民共和国统计法实施细则》，国家林业局于2005年印发《林业统计管理办法》（草原数据统计从2019年开始），明确从事林业统计调查、统计分析，提供林业统计资料和统计咨询意见，进行林业统计监督等活动的要求、规范及责任。

二、林业和草原统计主要指标

（一）林业重点工程总体情况

2006 年，完成造林 1.017 万公顷。其中，人工造林 770 公顷，飞播造林 8700 公顷，无林地和疏林地新封山育林 700 公顷。

2007 年，完成造林 1.38 万公顷。其中，人工造林 3200 公顷，飞播造林 3300 公顷，无林地和疏林地新封山育林 7300 公顷。

2008 年，完成造林 2.01 万公顷。其中，人工造林 4700 公顷，飞播造林 1.2 万公顷，无林地和疏林地新封山育林 3400 公顷。

2009 年，完成造林 3.07 万公顷。其中，人工造林 4700 公顷，飞播造林 2.13 万公顷，无林地和疏林地新封山育林 4700 公顷。

2010 年，完成造林 3.63 万公顷。其中，人工造林 6600 公顷，飞播造林 2 万公顷，无林地和疏林地新封山育林 9700 公顷。

2011 年，完成造林 3.02 万公顷。其中，人工造林 8530 公顷，飞播造林 1.7 万公顷，无林地和疏林地新封山育林 4700 公顷。

2012 年，完成造林 3.35 万公顷。其中，人工造林 9400 万公顷，飞播造林 1.46 万公顷，无林地和疏林地新封山育林 9500 公顷。

2013 年，完成造林 4.88 万公顷。其中，人工造林 1.47 万公顷，飞播造林 1.94 万公顷，无林地和疏林地新封山育林 1.47 万公顷。

2014 年，完成造林 6.7 万公顷。其中，人工造林 2.5 万公顷，飞播造林 2.67 万公顷，无林地和疏林地新封山育林 1.53 万公顷。

2015 年，完成造林 6.57 万公顷。其中，人工造林 2.913 万公顷，飞播造林 1.87 万公顷，无林地和疏林地新封山育林 1.79 万公顷。

2016 年，完成造林 4.52 万公顷。其中，人工造林 1.92 万公顷，飞播造林 2.4 万公顷，无林地和疏林地新封山育林 2000 公顷。

2017 年，完成造林 5.14 万公顷。其中，人工造林 1.54 万公顷，飞播造林 3.6 万公顷。

2018 年，完成造林 4.68 万公顷。其中，人工造林 1.35 万公顷，飞播造林 3 万公顷，无林地和疏林地新封山育林 3300 公顷。

2019 年，完成造林 4.87 万公顷。其中，人工造林 2.67 万公顷，飞播造林 1.87 万公顷，无林地和疏林地新封山育林 3300 公顷。

2020 年，完成造林 4.9 万公顷。其中，人工造林 2.47 万公顷，飞播造林 1.47 万公顷，无林地和疏林地新封山（沙）育林 7300 公顷，退化林分修复 2300 公顷。

2021 年，完成造林 5.04 万公顷。其中，人工造林 1.87 万公顷，飞播造林 1.47 万公顷，封山（沙）育林 0.47 万公顷，退化林分修复 1.23 万公顷。

2006—2021 年，阿拉善盟累计完成造林 64.78 万公顷。其中，人工造林 22.49 万公顷，飞播造林 29.98 万公顷，无林地和疏林地新封山（沙）育林 10.85 万公顷，退化林分修复 1.46 万公顷。

（二）林业重点工程完成情况

1. 天然林资源保护工程

2006 年，完成造林 9400 公顷。其中，飞播造林 8700 公顷，无林地和疏林地新封山育林 700 公顷。

2007年，完成造林1.06万公顷。其中，飞播造林3300公顷，无林地和疏林地新封山育林7300公顷。

2008年，完成造林1.47万公顷。其中，飞播造林1.2万公顷，无林地和疏林地新封山育林2700公顷。

2009年，完成造林2.33万公顷。其中，飞播造林2.13万公顷，无林地和疏林地新封山育林2000公顷。

2010年，完成造林2.27万公顷。其中，飞播造林2万公顷，无林地和疏林地新封山育林2700公顷。

2011年，完成造林2.12万公顷。其中，人工造林1530万公顷，飞播造林1.7万公顷，无林地和疏林地新封山育林2700公顷。

2012年，完成造林2.08万公顷。其中，人工造林2700公顷，飞播造林1.33万公顷，无林地和疏林地新封山育林4800公顷。

2013年，完成造林2.63万公顷。其中，人工造林4900公顷，飞播造林1.67万公顷，无林地和疏林地新封山育林4700公顷。

2014年，完成造林2.8万公顷。其中，人工造林6000公顷，飞播造林1.87万公顷，无林地和疏林地新封山育林3300公顷。

2015年，完成造林2.58万公顷。其中，人工造林6130万公顷，飞播造林1.47万公顷，无林地和疏林地新封山育林5000公顷。

2016年，完成造林2.27万公顷。其中，人工造林2700公顷，飞播造林2万公顷。

2017年，完成造林2.47万公顷。其中，人工造林1400公顷，飞播造林2.33万公顷。

2018年，完成造林2.35万公顷。其中，人工造林4800公顷，飞播造林1.87万公顷。

2019年，完成造林2.14万公顷。其中，人工造林6700公顷，飞播造林1.47万公顷。

2020年，完成造林1.67万公顷。其中，人工造林6700公顷，飞播造林1万公顷。

2006—2020年，阿拉善盟累计完成天然林资源保护工程造林31.186万公顷。其中，人工造林4.356万公顷，飞播造林23.24万公顷，无林地和疏林地新封山育林3.59万公顷。

2021年，天然林资源保护工程纳入内蒙古高原生态保护和修复工程，即"双重"工程。

2. 退耕还林工程

2006年，完成退耕地造林70公顷。

2007年，完成荒山荒地造林70公顷。

2008年，完成封山（沙）育林70公顷。

2009年，完成封山（沙）育林2700公顷。

2010年，完成造林4600公顷。其中，荒山荒地造林3300公顷，封山（沙）育林1300公顷。

2011年，完成造林4000公顷。其中，荒山荒地造林2000公顷，封山（沙）育林2000公顷。

2012年，完成造林2700公顷。其中，荒山荒地造林2000公顷，封山（沙）育林700公顷。

2013年，完成造林4800公顷。其中，荒山荒地造林3500公顷，封山（沙）育林1300公顷。

2006—2013年，累计完成退耕还林工程造林2.027万公顷。其中，退耕地造林70公顷，荒山荒地造林1.15万公顷，封山（沙）育林8700公顷。

3. "三北"防护林建设工程

2006—2009年，完成人工造林7900公顷。

2010年，完成造林9000公顷。其中，人工造林3300公顷，无林地和疏林地封山（沙）育林5700公顷。

2011 年，完成人工造林 5000 公顷。

2012 年，完成造林 1 万公顷。其中，人工造林 4700 公顷，飞播造林 1300 公顷，无林地和疏林地封山（沙）育林 4000 公顷。

2013 年，完成造林 1.77 万公顷。其中，人工造林 6300 公顷，飞播造林 2700 公顷，无林地和疏林地封山（沙）育林 8700 公顷。

2014 年，完成造林 3.9 万公顷。其中，人工造林 1.9 万公顷，飞播造林 8000 公顷，无林地和疏林地封山（沙）育林 1.2 万公顷。

2015 年，完成造林 3.99 万公顷。其中，人工造林 2.3 万公顷，无林地和疏林地封山（沙）育林 1.29 万公顷，飞播造林 4000 公顷。

2016 年，完成造林 2.25 万公顷。其中，人工造林 1.65 万公顷，无林地和疏林地封山（沙）育林 2000 公顷，飞播造林 4000 公顷。

2017 年，完成造林 2.67 万公顷。其中，人工造林 1.4 万公顷，飞播造林 1.27 万公顷。

2018 年，完成造林 2.33 万公顷。其中，人工造林 8700 公顷，飞播造林 1.13 万公顷，无林地和疏林地封山育林 3300 公顷。

2019 年，完成造林 2.73 万公顷。其中，人工造林 2 万公顷，飞播造林 4000 公顷，无林地和疏林地封山育林 3300 公顷。

2020 年，完成造林 3.23 万公顷。其中，人工造林 1.8 万公顷，飞播造林 4700 公顷，无林地和疏林地封山（沙）育林 7300 公顷，退化林分修复 2300 公顷。

2021 年，完成阿拉善盟内蒙古高原生态保护和修复工程 5.04 万公顷。其中，天然林保护与营造林灌木造林 1.87 万公顷，飞播造林 1.47 万公顷，封山育林 4700 公顷，退化林分修复 1.23 万公顷（包含"三北"防护林工程及天然林保护工程）。

2006—2021 年，阿拉善盟累计完成"三北"防护林体系建设工程 31.57 万公顷。其中，人工造林 16.98 万公顷，飞播造林 6.74 万公顷，无林地和疏林地封山（沙）育林 6.39 万公顷，退化林分修复 1.46 万公顷。

（三）天然草原退牧还草工程完成情况

阿拉善盟天然草原退牧还草工程始于 2003 年。

2006 年，总投资 1.1 亿元（中央 7700 万元，地方投工投劳 3300 万元）。建设任务：禁（休）牧 36.67 万公顷，舍饲棚圈 310 座，人工饲草地 600 公顷，全部完成。

2007 年，总投资 6033 万元（中央 4233 万元，地方投工投劳 1800 万元）。建设任务：禁（休）牧 20 万公顷，舍饲棚圈 200 座，人工饲草地 200 公顷，全部完成。

2008 年，总投资 5400 万元（中央 3780 万元，地方投工投劳 1620 万元）。建设任务：禁（休）牧 11.33 万公顷，舍饲棚圈 40 座，人工饲草地 40 公顷，全部完成。

2009 年，总投资 6240 万元（中央 4440 万元，地方投工投劳 1800 万元）。建设任务：禁（休）牧 20 万公顷，退化草原改良 1.33 万公顷，人工饲草地 200 公顷，全部完成。

2010 年，总投资 1.17 亿元（中央 8530 万元，地方投工投劳 3120 万元）。建设任务：禁（休）牧 34.67 万公顷，退化草原改良 7.33 万公顷，舍饲棚圈 6 座，人工饲草地 300 公顷，全部完成。

2011 年，总投资 9600 万元（中央 8000 万元，地方投工投劳 1600 万元）。建设任务：禁（休）牧 26.67 万公顷，退化草原改良 5.33 万公顷，人工饲草地 70 公顷，全部完成。

2012 年，总投资 9550 万元（中央 8000 万元，地方投工投劳 1550 万元）。建设任务：禁（休）牧 25 万公顷，退化草原改良 5.8 万公顷，人工饲草地 670 公顷，全部完成。

2013 年，总投资 1.09 亿元（中央 9050 万元，地方投工投劳 1880 万元）。建设任务：禁

（休）牧 31.33 万公顷，退化草原改良 4.8 万公顷，全部完成。

2014 年，总投资 1.08 亿元（中央 8835 万元，地方投工投劳 1990 万元）。建设任务：禁（休）牧 23.93 万公顷，退化草原改良 7.33 万公顷，舍饲棚圈 1987 座，人工饲草地 13.33 万公顷，全部完成。

2015 年，总投资 7248.50 万元（中央 6016 万元，地方投工投劳 1232.50 万元）。建设任务：禁（休）牧 18.33 万公顷，退化草原改良 3 万公顷，舍饲棚圈 766 座，人工饲草地 13.33 万公顷，全部完成。

2016 年，总投资 1.14 亿元（中央 9149 万元，地方投工投劳 2242.50 万元）。建设任务：禁（休）牧 16.53 万公顷，退化草原改良 2.33 万公顷，舍饲棚圈 911 座，全部完成。

2017 年，总投资 8382 万元（中央 8165 万元，地方投工投劳 217 万元）。建设任务：禁（休）牧 15.4 万公顷，退化草原改良 1.67 万公顷，舍饲棚圈 424 座，人工饲草地 13.33 万公顷，全部完成。

2018 年，总投资 9254 万元（中央 8672 万元，地方投工投劳 582 万元）。建设任务：禁（休）牧 13.07 万公顷，舍饲棚圈 1170 座，退化草原改良 7300 公顷，毒害草治理 3300 公顷，全部完成。

2019 年，中央总投资 8601 万元。建设任务：季节性休牧网围栏建设 1.6 万公顷，人工种草 2.3 万公顷，全部完成。

2020 年，中央总投资 7222 万元。建设任务：季节性休牧网围栏建设 5.3 万公顷；人工种草 1.1 万公顷；毒害草治理 8000 公顷，全部完成。

2021 年，中央总投资 6216 万元。建设任务：季节性休牧网围栏建设 2.73 万公顷；人工种草 8600 公顷；毒害草治理 4000 公顷。

（四）林业和草原投资

林业投资指用于林业生态建设与保护、林业支撑与保障、林业产业发展、林业民生工程等全部投资。草原投资指用于保护草原重点生态脆弱区域、封育严重退化草场，建设重点生态保护区及牧区用于划区轮牧围栏建设的全部投资。阿拉善盟林业和草原投资主要依靠中央投资、地方投资。地方投资包括自治区财政投资、盟财政投资、旗（区）财政投资。

2006 年，林业投资 1.17 亿元（中央 1.14 亿元，地方 270.1 万元）。

2007 年，林业投资 1.27 亿元（中央 1.15 亿元，地方 1245 万元）。

2008 年，林业投资 1.19 亿元（中央 1.13 亿元，地方 616 万元）。

2009 年，林业投资 2.09 亿元（中央 2.01 亿元，地方 778 万元）。

2010 年，林业投资 2.77 亿元（中央 2.59 亿元，地方 1828 万元）。

2011 年，林业投资 2.84 亿元（中央 2.69 亿元，地方 1463.5 万元）。

2012 年，林业投资 3.48 亿元（中央 3.16 亿元，地方 3234.4 万元）。

2013 年，林业投资 4.8 亿元（中央 4.29 亿元，地方 5082 万元）。

2014 年，林业投资 5.26 亿元（中央 4.73 亿元，地方 5291.3 万元）。

2015 年，林业投资 5.87 亿元（中央 5.01 亿元，地方 8625 万元）。

2016 年，林业投资 5.98 亿元（中央 5.67 亿元，地方 3053.50 万元）。

2017 年，林业投资 6.99 亿元（中央 6.3 亿元，地方 6899 万元）。

2018 年，林业投资 6 亿元（中央 5.96 亿元，地方 443 万元）。

2019 年，林业和草原投资 9.36 亿元（中央 8.37 亿元，地方 9911 万元）。

2020 年，林业和草原投资 9.71 亿元（中央 8.79 亿元，地方 9245 万元）。

2021 年，林业和草原投资 10.69 亿元（中央 9.81 亿元，地方 8824 万元）。

2006—2021 年，林业和草原投资 79.48 亿元（中央 72.8 亿元，地方 6.68 亿元）。

2011—2021 年林业和草原专项资金投资安排情况详见表 15-1 至表 15-11。

单位：万元

表15-1 2011年阿拉善盟林业系统投资情况

项目	上级计划 文号	发文时间	发文机关	项目单位	资金渠道	资金额度 合计	中央	自治区	地方配套	分项计划及建设内容	盟直 合计	中央	地方	阿左旗 合计	中央	地方	阿右旗 合计	中央	地方	额济纳旗 合计	中央	地方	经济开发区 合计	中央	地方	孪井滩示范区 合计	中央	地方
1.关于拨付2011年林业专项补助资金的通知	内财农〔2011〕296号	2011年3月31日	财政厅	盟直、额济纳旗	自治区	88	—	88	—	林业有害生物防治33万元、干旱区飞播造林科技推广15万元、地方公益林30万元、林缘防火及隔离带开设10万元	58	58	—	—			—			30	30	—	—			—		
2.关于下达2010年成品油价格改革财政补贴情况资金的通知	阿财工〔2011〕222号	2011年6月15日	财政局	盟直、三旗、两区	中央专项	154.6	154.6	—	—	燃油补贴	11	11	—	60	60	—	27.6	27.6	—	34	34	—	11	11	—	11	11	—
3.关于拨付2011年天然林保护工程财政资金的通知	内财农〔2011〕71号	—	财政厅	阿左旗	中央专项	166.1	166.1	—	—	社会保险改革费	—			166.1	166.1	—	—			—			—			—		
4.关于下达林业（危旧房户区）改造工程2011年中央预算内投资计划的通知	内发改投字〔2011〕1074号	2011年4月30日	阿财工	三旗	中央专项	1766	883	883	—	改造883户建筑面积44150平方米	—			1148	574	574	420	210	210	198	99	99	—			—		
5.关于预拨2011年成品油价格改革财政资金的通知	阿财工〔2010〕570号	2011年7月10日	财政局	盟直、三旗、两区	中央专项	100.3	100.3	—	—	燃油补贴	7	7	—	39.1	39.1	—	18.1	18.1	—	22.1	22.1	—	7	7	—	7	—	7
6.关于下达2010年成品油价格改革财政补贴资金的通知	阿财工〔2011〕332号	—	财政局	盟直、三旗、两区	中央专项	80	80	—	—	燃油补贴	5.6	5.6	—	31.2	31.2	—	14.4	14.4	—	17.6	17.6	—	5.6	5.6	—	5.6	5.6	—
7.关于拨付2011年集体林权制度改革工作补助费的通知	内财农〔2011〕1155号	2011年8月17日	财政厅	盟直、阿左旗、阿右旗	中央专项	290	90	200	—	—	270	70	200	10	10	—	10	10	—	—			—			—		
8.关于拨付2010年林业贷款中央财政贴息资金的通知	阿财农〔2011〕329号	2011年8月12日	财政局	开发区	中央专项	133.4	133.4	—	—	—	—			—			—			—			133.4	133.4	—	—		

（续表 1）

项目	文号	发文时间	发文机关	项目单位	资金渠道	资金额度 合计	中央	自治区	地方配套	分项计划及建设内容	盟直 合计	中央	地方	阿左旗 合计	中央	地方	阿右旗 合计	中央	地方	额济纳旗 合计	中央	地方	经济开发区 合计	中央	地方	孪井滩示范区 合计	中央	地方
9. 关于下达防护林工程2011年中央预算内投资计划的通知	内发改投字〔2011〕2188号	2011年11月16日	发改委	三旗、两区	中央专项	1462.5	1170	292.5	—	灌木造林6万亩，乔木造林1.5万亩	—	—	—	390	390	—	240	240	—	60	60	—	120	120	—	360	360	—
10. 关于下达退耕还林荒山荒地造林2011年中央预算内的通知	内发改投字〔2011〕2369号	2011年11月16日	发改委	三旗、两区	中央专项	570	570	—	—	灌木造林3万亩，封育3万亩，飞播20万亩	—	—	—	180	180	—	190	190	—	130	130	—	35	35	—	35	35	—
11. 2011年中央财政林业科技推广示范资金	内林财发〔2011〕99号	2011年4月8日	林业厅	盟直	中央专项	50	50	—	—	—	50	50	—	—	—	—	—	—	—	—	—	—	—	—	—	—	—	—
12. 关于自治区本级部门预算专项资金的通知	内林财发〔2011〕174号	—	林业厅	盟直	中央专项	5	5	—	—	—	5	5	—	—	—	—	—	—	—	—	—	—	—	—	—	—	—	—
13. 关于下达森林资源管护补助经费的通知	内林财发〔2010〕410号	—	林业厅	盟直	中央专项	15	15	—	—	—	15	15	—	—	—	—	—	—	—	—	—	—	—	—	—	—	—	—
14. 关于拨付2011年森林生态效益补偿基金的通知	内财农〔2011〕1133号	2011年8月10日	财政厅	盟直、三旗、两区	中央专项	16036	16036	—	—	—	283	283	—	6259.8	6259.8	—	7020.8	7020.8	—	2069.4	2069.4	—	69.6	69.6	—	333.4	333.4	—
15. 关于下达天然林资源保护工程2011年中央预算内投资计划的通知	内发改投字〔2011〕2195号	2011年8月28日	内发改委	阿左旗、两区	中央专项	4010	4010	—	—	—	—	—	—	3610	3610	—	—	—	—	—	—	—	185	185	—	215	215	—
16. 关于下达自治区预算内基本建设西部地区森林火警系统建设项目投资计划的通知	内发改投字〔2011〕1085号	2011年8月10日	发改委	盟直、阿左旗	中央专项	100	—	100	—	—	15	15	—	85	85	—	—	—	—	—	—	—	—	—	—	—	—	—

（续表 2）

项目	文号	上级计划发文时间	发文机关	项目单位	资金渠道	资金额度合计	中央	自治区	地方配套	分项计划及建设内容	盟直合计	盟直中央	盟直地方	阿左旗合计	阿左旗中央	阿左旗地方	阿右旗合计	阿右旗中央	阿右旗地方	额济纳旗合计	额济纳旗中央	额济纳旗地方	经济开发区合计	经济开发区中央	经济开发区地方	李井滩示范区合计	李井滩示范区中央	李井滩示范区地方
17. 关于拨付 2011 年天保工程森林管护事业费的通知	内财农〔2011〕1035 号	2011 年 8 月 3 日	财政厅	阿左旗、额济纳旗、开发区	中央专项	1799.5	1799.5	—	—		—	—	—	1430.45	1430.45	—	—	—	—	—	—	—	150	150	—	219.05	219.05	—
18. 关于林业有害生物防控体系基础设施建设项目中中央预算内投资计划的通知	内林计发〔2011〕311 号	2011 年 9 月 7 日	林业厅	盟直	中央专项	25.6	25.6	—	—		25.6	25.6	—															
19. 关于下达 2011 年森林植被恢复费的通知	内财农〔2011〕1331 号	2011 年 9 月 13 日	财政厅	盟直	中央专项	200	—	100	100	阿拉善植物园 2011 年项目植树造林区 100 万元 自治区级 100 万元，盟（市）级 100 万元	200	200	—															
20. 关于下达 2011 年中央预算基本建设投资计划的通知	内林计发〔2011〕386 号	—	林业厅	盟直	中央专项	194	194	—	—	治沙造林6000亩（防沙治沙）180 万元（林研所）公安单警装备 14 万元（森林公安）	194	194	—															
21. 关于拨付 2011 年湿地保护补助资金的通知	内财农〔2011〕1036 号	—	财政厅	开发区	中央专项	200	200	—	—		—	—	—										200	200	—			
22. 关于拨付 2011 年造林补贴试点资金的通知	内财农〔2011〕1580 号	—	财政厅	阿左旗、开发区	中央专项	247.5	247.5	—	—		—	—	—	181.5	181.5	—							66	66	—			
23. 关于下达森林生态效益补偿基金的通知	内财农〔2011〕2086 号	—	财政厅	盟直、额济纳旗	中央专项	125	125	—	—	森林生态效益公共管护支出	85	85	—							40	40	—						
24. 关于下达 2011 年森林公安财政专项资金的通知	内财农〔2011〕1894 号	—	财政厅	盟直、三旗	中央专项	148	148	—	—		38	38	—	60	60	—	25	25	—	25	25	—						
25. 关于拨付林地保护利用规划编制资金的通知	内财农〔2011〕2058 号	—	财政厅	盟直	中央专项	30	30	—	—		30	30	—															

（续表3）

项目	上级计划 文号	发文时间	发文机关	项目单位	资金渠道	资金额度 合计	中央	自治区	地方配套	分项计划及建设内容	盟直 合计	中央	地方	阿左旗 合计	中央	地方	阿右旗 合计	中央	地方	额济纳旗 合计	中央	地方	经济开发区 合计	中央	地方	李井滩示范区 合计	中央	地方
26. 关于下达2011年林业产业化项目资金的通知	内财农[2011]2060号	—	财政厅	阿右旗	中央专项	60	60	—	—	阿右旗雅布赖治沙站、阿右旗雅布赖中药材基地建设项目，人工接种肉苁蓉5000亩，防治鼠害、天敌支出等	—	—	—	—	—	—	60	60	—	—	—	—	—	—	—	—	—	—
27. 关于下达2011年林业有害生物防治补助费的通知	内财农[2011]2087号	—	财政厅	盟直、阿左旗、阿右旗、开发区	中央专项	40	40	—	—	—	28	28	—	7	7	—	3	3	—	—	—	—	2	2	—	—	—	—
28. 关于下达2011年天然林保护工程森林公安公务派出所标准化点经费的通知	内财农[2011]2088号	—	财政厅	盟直、阿左旗	中央专项	126	126	—	—	阿左旗森林公安局70万元，分别立派出所28万元、吉兰泰派出所28万元	28	28	—	98	98	—	—	—	—	—	—	—	—	—	—	—	—	—
29. 关于下达2011年林业专项补助资金的通知	内财农[2011]2215号	—	财政厅	盟直、阿左旗	中央专项	40	40	—	—	—	30	30	—	10	10	—	—	—	—	—	—	—	—	—	—	—	—	—
30. 关于下达2011年自治区本级林业荒漠化土地监测点经费的通知	内林财发[2011]380号	—	林业厅	盟直	中央专项	2	2	—	—	—	2	2	—	—	—	—	—	—	—	—	—	—	—	—	—	—	—	—
31. 关于拨付2011年农村牧区文化以奖代补专项资金的通知		—	财政厅	盟直	中央专项	40	40	—	—	林业宣传	40	40	—	—	—	—	—	—	—	—	—	—	—	—	—	—	—	—
32. 关于下达2011年自治区本级预算全生野生动植物保护补助经费的通知	内林财发[2011]381号	—	林业厅	盟直	中央专项	10	10	—	—	—	10	10	—	—	—	—	—	—	—	—	—	—	—	—	—	—	—	—
33. 关于下达2011年国家林业局部门预算中心测报点补助经费的通知		—		阿左旗、额济纳旗	中央专项	4	4	—	—	—	—	—	—	2	2	—	—	—	—	2	2	—	—	—	—	—	—	—
34. 阿右旗鼠害防治技术推广		—		阿右旗	中央专项	20	20	—	—	—	—	—	—	—	—	—	20	20	—	—	—	—	—	—	—	—	—	—

（续表4）

项目	上级计划				资金渠道	资金额度				分项计划及建设内容	盟直			阿左旗			阿右旗			额济纳旗			经济开发区			孪井滩示范区		
	文号	发文时间	发文机关	项目单位		合计	中央	自治区	地方配套		合计	中央	地方	合计	中央	地方	合计	中央	地方	合计	中央	地方	合计	中央	地方	合计	中央	地方
35. 珍稀濒危野外救护与繁育的通知	内林财[2010]187号	—	林业厅	盟直	中央专项	10	10	—	—	—	10	10	—	—	—	—	—	—	—	—	—	—	—	—	—	—	—	—

注：盟直为盟林业和草原原局及所属二级单位。

　　三旗为阿右旗、阿左旗、额济纳旗。

　　两区为阿拉善善经济开发区、孪井滩生态移民示范区。

　　开发区为阿拉善善经济开发区。

　　争取自治区区以上资金28348.5万元。

表15-2　2012年阿拉善盟林业系统投资情况

单位：万元

项目	上级计划				资金渠道	资金额度				分项计划及建设内容	盟直			阿左旗			阿右旗			额济纳旗			经济开发区			孪井滩示范区		
	文号	发文时间	发文机关	项目单位		合计	中央	自治区	地方配套		合计	中央	地方	合计	中央	地方	合计	中央	地方	合计	中央	地方	合计	中央	地方	合计	中央	地方
1. 关于下达2012年天然林保护工程财政资金的通知	内财农[2011]2178号	2011年12月9日	财政厅	阿左旗、两区	中央专项	1965.6	1965.6	—	—	森林管护费1799.5万元，其中，国有104.1万元，集体1695.4万元；社会保险补助，其中，基本养老110.6万元，其中大病33.22万元，失业11.1万元，工伤5.6万元，生育5.6万元	—			1592.75	1592.75	—	—			—			150	150	—	222.85	222.85	—
2. 关于下达2012年森林生态效益补偿基金的通知	内财农[2011]2179号	2011年12月9日	财政厅	三旗、两区	中央专项	11569	11569	—	—	预拨70%（按2011年基数）	—			4581.46	4581.46	—	5129.4	5129.4	—	1568.69	1568.69	—	49.82	49.82	—	239.63	239.63	—
3. 关于拨付2012年退耕还林资金的通知	内财农[2011]2181号	2011年12月9日	财政厅	三旗、示范区	中央专项	221.5	221.5	—	—	粮食补助27.8万元，补助面积1985亩，现金4万元，完善政策189.7万元（2011年预拨8万元还有197.7万元，补助生态林21861.2亩经济林110亩合计21971.2亩）	—			92.7	92.7	—	37.6	37.6	—	42	42	—	—			49.2	49.2	—

（续表1）

项目	上级计划 文号	发文时间	发文机关	项目单位	资金渠道	资金额度 合计	中央	自治区	地方配套	分项计划及建设内容	盟直 合计	中央	地方	阿左旗 合计	中央	地方	阿右旗 合计	中央	地方	额济纳旗 合计	中央	地方	经济开发区 合计	中央	地方	孪井滩示范区 合计	中央	地方
4. 关于下达拨付2012年巩固退耕还林成果专项资金的通知	内发改投字[2011]2180号	2011年12月9日	财政厅	三旗	中央专项	168	168	—	—	—	—	—	—	105.7	105.7	—	30.8	30.8	—	31.5	31.5	—	—	—	—	—	—	—
5. 关于下达2011年度成品油价格改革中央财政补贴资金的通知	阿财工[2012]734号	2012年8月31日	财政局	盟直、三旗、两区	中央专项	60	60	—	—	燃油补贴	4	4	—	24	24	—	11	11	—	13	13	—	4	4	—	4	4	—
6. 关于下达2012年自治区预算内基本建设项目投资计划的通知	内林计发[2011]332号	2011年3月31日	林业厅	阿左旗	中央专项	100	—	100	—	—	—	—	—	100	—	100	—	—	—	—	—	—	—	—	—	—	—	—
7. 关于下达2012年森林植被恢复费的通知	内财农[2012]29号	2012年1月16日	财政厅	盟直、阿左旗	中央专项	1863	—	1863	—	自治区本级200万元，盟直本级100万元，返还旗（区）1563万元；盟局300万元用于巴彦浩特镇东城区绿化基地建设	300	—	300	813	—	813	—	—	—	—	—	—	—	—	—	—	—	—
8. 关于下达森林防火项目2012年中央预算内投资计划的通知	内林计发[2012]148号	2012年5月10日	林业厅	盟直	中央专项	1028	822	—	206	防火检查站6处，物资储备库600平方米，车库300平方米，视频监视系统33套，交通运输和扑火机具等	1028	822	206	—	—	—	—	—	—	—	—	—	—	—	—	—	—	—
9. 自治区财政厅关于下达2012年林业专项补助的通知	内财农[2012]326号	2012年3月27日	财政厅	盟直、三旗	中央专项	197	—	197	—	种苗站种质资源普查8万元，林工站飞播种子大粒化技术推广费15万元，地方公益林30万元，防火设备费10万元，防治有害生物34万元，集体林权制度改革工作经费100万元	127	—	127	3	—	3	3	—	3	64	—	64	—	—	—	—	—	—

（续表2）

项目	上级计划 文号	发文时间	发文机关	项目单位	资金渠道	资金额度 合计	中央	自治区	地方配套	分项计划及建设内容	盟直 合计	中央	地方	阿左旗 合计	中央	地方	阿右旗 合计	中央	地方	额济纳旗 合计	中央	地方	经济开发区 合计	中央	地方	李井滩示范区 合计	中央	地方
10. 关于下达保障性安居工程基础设施配套2012年中央预算内投资计划的通知	内发改投字〔2012〕428号	2012年3月13日	发改委	三旗	中央专项	157	157	—	—		—	—	—	—	—	—	—	—	—	—	—	—	—	—	—	—	—	—
11. 中国绿化基金会造林补助	—	—	—	阿左旗	中央专项	45	45	—	—		—	—	—	45	45	—	—	—	—	—	—	—	—	—	—	—	—	—
12. 关于下达部门预算2012年中央级项目支出预算的通知	内林财发〔2012〕152号	2012年5月6日	林业厅	阿左旗、额济纳旗	中央专项	6	6	—	—	国家森林病虫害防治疫报国家级中心测报点补助	—	—	—	3	3	—	—	—	—	3	3	—	—	—	—	—	—	—
13. 关于下达2012年农业综合开发林业生态示范和名优经济林等示范项目计划的通知	内林计发〔2012〕199号	2012年6月11日	林业厅	示范区	中央专项	150	100	32	18	李井滩封山育林150万元	—	—	—	—	—	—	—	—	—	—	—	—	—	—	—	150	132	18
14. 关于下达林业有害生物防控体系基础设施项目2012年中央预算内投资计划的通知	内林计发〔2012〕214号	2012年6月25日	林业厅	盟直	中央专项	62	50	—	12	测报点、中心测报点、实验室、检疫、除害处理室、药剂药械库等相关仪器和设施设备	62	50	12	—	—	—	—	—	—	—	—	—	—	—	—	—	—	—
15. 关于下达天然林资源护工程二期2012年中央预算内投资计划的通知	内发改投字〔2012〕1307号	2012年5月25日	发改委、林业厅	阿左旗、两区	中央专项	4080	4080	—	—	人工造林5.5万亩，飞播20万亩，封育10.7万亩	—	—	—	3565	3565	—	—	—	—	—	—	—	155	155	—	360	360	—
16. 关于下达防护林工程2012年中央预算内投资计划的通知	内发改投字〔2012〕1712号	2012年7月26日	发改委、林业厅	三旗、示范区	中央专项	1875	1500	—	375	人工造林7万亩，飞播造林2万亩，封育6万亩	—	—	—	859	859	—	405	405	—	201	201	—	—	—	—	35	35	—
17. 关于下达退耕还林工程配套荒山荒地造林2012年中央预算内投资计划的通知	内发改投字〔2012〕2011号	2012年8月30日	发改委、林业厅	阿左旗、阿右旗、开发区	中央专项	430	430	—	—	灌木造林3万亩，封育1万亩	—	—	—	166	166	—	204	204	—	—	—	—	60	60	—	—	—	—

（续表3）

项目	上级计划 文号	上级计划 发文时间	发文机关	项目单位	资金渠道	资金额度 合计	资金额度 中央	资金额度 自治区	地方配套	分项计划及建设内容	盟直 合计	盟直 中央	盟直 地方	阿左旗 合计	阿左旗 中央	阿左旗 地方	阿右旗 合计	阿右旗 中央	阿右旗 地方	额济纳旗 合计	额济纳旗 中央	额济纳旗 地方	经济开发区 合计	经济开发区 中央	经济开发区 地方	孪井滩示范区 合计	孪井滩示范区 中央	孪井滩示范区 地方
18.内蒙古自治区中西部森林防火通信系统建设项目	内林计发〔2012〕148号	2012年5月10日	林业厅	盟直	中央专项	135.4	120	—	15.4	—	120	120	—	—	—	—	—	—	—	—	—	—	—	—	—	—	—	—
19.2012年中央预算内林业基本建设投资计划的通知	内林计发〔2012〕356号	2012年10月22日	林业厅	盟直、阿左旗、开发区	中央专项	368	300		68	阿拉善盟造林1000亩30万元,防沙治沙示范林533万亩160万元,标准化林工站30万元（阿左旗）,阿左旗推广站10万元,贺兰山大叶细裂槭极度濒危动植物拯救设施60万元,盟森林公安局10万元警物资设备	200	200	—	100	100	—	—	—	—	—	—	—						
20.关于下达2012年野生动植物保护和湿地保护监测补助经费的通知	内林财发〔2012〕360号	2012年10月23日	林业厅	盟直	中央专项	10	10	—	—		10	—	10	—	—	—	—	—	—	—	—	—						
21.关于下达2012年造林补贴试点资金的通知	内财农〔2012〕1561号	2012年9月24日	财政厅	阿左旗、阿右旗	中央专项	1173	1173			2012年项目450万元,2012年项目723万元（直接补贴672万元,间接补贴51万元）				542	542	—	631	631	—	—								
22.关于下达林木种苗工程2012年中央预算内投资计划的通知	内发改投字〔2012〕1627号	2012年7月20日	发改委、林业厅	额济纳旗	中央专项	120	100		20	内蒙古额济纳旗胡杨林种苗基地建设,总规模2000公顷,总投资430万元,国投344万元,地投86万元,实验室、种子加工车间										100	100	—						
23.关于下达2012年森林公安财政专项实物经费的通知	内财农〔2012〕1584号	2012年8月20日	财政厅	盟直、三旗	中央专项	158	158	—		其中办案经费62万元,装备经费96万元	38	38	—	64	64	—	26	26	—	30	30	—						

（续表4）

项目	上级计划 文号	发文时间	发文机关	项目单位	资金渠道	资金额度 合计	中央	自治区	地方配套	分项计划及建设内容	盟直 合计	中央	地方	阿左旗 合计	中央	地方	阿右旗 合计	中央	地方	额济纳旗 合计	中央	地方	经济开发区 合计	中央	地方	孪井滩示范区 合计	中央	地方
24. 关于下达2012年森林生态效益补偿基金的通知	内财农[2012]1149号	2012年8月22日	财政厅	盟直	中央专项	4467	4467	—	—		—	—	—	1791.41	1791.41	—	2001.35	2001.35	—	560.65	560.65	—	19.78	19.78	—	93.81	93.81	—
25. 关于发付2012年林木良种补贴试点资金的通知	内财农[2012]1443号	2012年9月13日	财政厅	额济纳旗	中央专项	100	100	—	—	额济纳旗国营林场苗圃育苗500万株（梭梭）补贴标准0.2	—	—	—	—	—	—	—	—	—	100	100	—	—	—	—	—	—	—
26. 关于返还2012年森林植被恢复费的通知	内财农[2012]1385号	2012年9月10日	财政厅	阿左旗	中央专项	78	—	78	—		—	—	—	78	—	78	—	—	—	—	—	—	—	—	—	—	—	—
27. 关于下达2012年森林植被恢复费的通知	内财农[2012]1723号	2012年10月25日	财政厅	盟直	中央专项	200	—	200	—	阿左旗吉兰泰镇苏力图嘎查森林封植被恢复围栏封育项目	—	—	—	200	—	200	—	—	—	—	—	—	—	—	—	—	—	—
28. 关于下达2012年国有贫困林场扶贫资金的通知	内财农[2012]1807号	2012年11月9日	财政厅	盟直	中央专项	46	46	—	—	阿左旗贺兰山林场、林区办公用房和一维修改造房屋600平米及供暖供水系统改造	—	—	—	46	46	—	—	—	—	—	—	—	—	—	—	—	—	—
29. 关于下达2012年林业化项目资金的通知	内财农[2012]2076号	—	—	盟直	中央专项	55	55	—	—		—	—	—	—	—	—	—	—	—	—	—	—	55	55	—	—	—	—
30. 关于下达2012年自治区本级部门预算退耕还林及沙化土地效益监测点补助经费的通知	内林财发[2012]359号	2012年10月23日	林业厅	盟直	中央专项	2	—	2	—		2	—	2	—	—	—	—	—	—	—	—	—	—	—	—	—	—	—
31. 关于下达重大森林火灾扑救储备金的通知	内林财发[2012]398号	—	林业厅	盟直	中央专项	20	—	20	—		20	—	20	—	—	—	—	—	—	—	—	—	—	—	—	—	—	—
32. 关于下达盟重点项目建设前期项目投资计划的通知	阿发改字[2012]605号	—	发改委	盟直	地方专项	10	—	—	10	阿拉善盟特色林沙产业发展总体规划总投资1860万元，398万亩	10	—	10	—	—	—	—	—	—	—	—	—	—	—	—	—	—	—

（续表5）

项目	上级计划				资金渠道	资金额度				分项计划及建设内容	盟直			阿左旗			阿右旗			额济纳旗			经济开发区			孪井滩示范区		
	文号	发文时间	发文机关	项目单位		合计	中央	自治区	地方配套		合计	中央	地方	合计	中央	地方	合计	中央	地方	合计	中央	地方	合计	中央	地方	合计	中央	地方
33.关于拨付森林公安表彰奖励经费的通知	内林财发[2012]373号	—	林业厅	盟直、阿左旗	中央专项	3	—	3	—	盟森林公安局2万元，阿左旗、贺兰山0.5万元	2	—	2	1	—	1	—	—	—	—	—	—	—	—	—	—	—	—
34.关于拨付森林公安经费的通知	内林财发[2012]190号	—	林业厅	盟直	中央专项	15	—	15	—		15	—	15	—	—	—	—	—	—	—	—	—	—	—	—	—	—	—
35.关于下达2012年林业有害生物防治补助费的通知	内财农[2012]1903号	2012年11月21日	财政厅	盟直、额济纳旗	中央专项	40	40			防治鼠害、柳条叶甲、天幕毛虫等5万亩，其中，天幕毛虫等1.5万亩，阿右旗防治鼠害，额济纳旗防治柳甲虫天牛5000亩	37	37	—	—	—	—	—	—	—	3	3	—	—	—	—	—	—	—
36.关于下达2012年天保工程区公安派出所标准化资金的通知	内财农[2012]1892号	2012年11月21日	财政厅	盟直	中央专项	182	182	—			28	28	—	154	154	—	—	—	—	—	—	—	—	—	—	—	—	—
37.关于拨付林权制度改革工作补助费的通知	内财农[2012]1644号	2012年10月20日	财政厅	阿左旗、阿右旗、额济纳旗	中央专项	40	40	—		阿左旗20万元为阿右旗经济发展示范，其余为主体改革工作经费	—	—	—	10	10	—	20	20	—	10	10	—	—	—	—	—	—	—
38.关于拨付2012年成品油价格改革财政补贴资金的通知	内财工阿财工[2012]645号 [2012]1275号	—	财政厅	盟直	中央专项	174.28	174.28	—			5.28	5.28	—	82	82	—	29	29	—	16	16	—	16	16	—	26	26	—
39.关于新增中央财政森林生态效益补偿的通知	内财农[2012]2077号	2012年12月12日	财政厅	三旗、两区	中央专项	3143	3143	—		补偿资金国有303万元，集体2840万元	—	—	—	1072.5	1072.5	—	994.3	994.3	—	918	918	—	9.8	9.8	—	148.4	148.4	—
40.关于下达森林生态效益补偿基金公共管护支出的通知	内财农[2012]2103号	—	财政厅	盟直、阿左旗、阿右旗	中央专项	195	195	—			125	125	—	40	40	—	30	30	—	—	—	—	—	—	—	—	—	—

（续表6）

项目	上级计划 文号	上级计划 发文时间	上级计划 发文机关	项目单位	资金渠道	资金额度 合计	资金额度 中央	资金额度 自治区	资金额度 地方配套	分项计划及建设内容	盟直 合计	盟直 中央	盟直 地方	阿左旗 合计	阿左旗 中央	阿左旗 地方	阿右旗 合计	阿右旗 中央	阿右旗 地方	额济纳旗 合计	额济纳旗 中央	额济纳旗 地方	经济开发区 合计	经济开发区 中央	经济开发区 地方	孛井滩示范区 合计	孛井滩示范区 中央	孛井滩示范区 地方
41. 关于拨付2012年成品油价格改革财政补贴资金的通知	内财工〔2012〕645号 阿财工〔2012〕684号	—	财政厅	盟直、三旗、两区	中央专项	89.96	89.96	—	—		6	6	—	35	35	—	16.96	16.96	—	20	20	—	6	6	—	6	6	—

注：争取自治区以上资金34077.34万元。

表15-3　2013年阿拉善盟林业系统投资情况

单位：万元

项目	上级计划 文号	上级计划 发文时间	上级计划 发文机关	项目单位	资金渠道	资金额度 合计	资金额度 中央	资金额度 自治区	资金额度 地方配套	分项计划及建设内容	盟直 合计	盟直 中央	盟直 地方	阿左旗 合计	阿左旗 中央	阿左旗 地方	阿右旗 合计	阿右旗 中央	阿右旗 地方	额济纳旗 合计	额济纳旗 中央	额济纳旗 地方	经济开发区 合计	经济开发区 中央	经济开发区 地方	孛井滩示范区 合计	孛井滩示范区 中央	孛井滩示范区 地方
1. 关于下达2013年天然林保护工程财政资金的通知	内财农〔2012〕2339号	2012年12月20日	财政厅	阿左旗、两区	中央专项	1965.6	1965.6	—	—	森林管护费1799.5万元，其中，国有104.1万元，集体1695.4万元；社会保险补助，其中，基本养老110.6万元，其中大病33.22万元，失业11.1万元，工伤5.6万元，生育5.6万元				1592.75	1592.75	—										222.85	222.85	—
2. 关于下达防火经费的通知	内林财〔2013〕90号	—	林业厅	阿右旗	财政专项	30	30	—	—	（阿右旗防火）							30	—	30									
3. 关于拨付2013年林业专项补助资金的通知	内财农〔2013〕336号	—	财政厅	—	中央专项	184	—	184	—	盟林工站白刺接种锁阳技术推广示范15万元，额济纳旗地方公益林补偿30万元，盟森林公安野生动植物保护50万元，林缘防火5万元，林业有害生物防治34万元，林改50万元	154		154							30		30						

（续表 1）

项目（目）	文号	发文时间	发文机关	项目单位	资金渠道	资金额度 合计	中央	自治区	地方配套	分项计划及建设内容	盟直 合计	盟直 中央	盟直 地方	阿左旗 合计	阿左旗 中央	阿左旗 地方	阿右旗 合计	阿右旗 中央	阿右旗 地方	额济纳旗 合计	额济纳旗 中央	额济纳旗 地方	经济开发区 合计	经济开发区 中央	经济开发区 地方	孪井滩示范区 合计	孪井滩示范区 中央	孪井滩示范区 地方
4. 关于下达2013年野生动物致害性畜损失补助资金的通知	内财农〔2013〕315号	—	财政厅	三旗	—	67	—	67	—	—	—	—	—	10	—	10	10	—	10	47	—	47	—	—	—	—	—	—
5. 关于下达2013年森林生态效益补偿资金的通知	内财农〔2012〕2281号	—	财政厅	三旗、两区	中央专项	19179	19179	—	—	（阿右旗7380.5万元、贺兰山220.2万元）	—	—	—	7600.7	7600.7	—	8125.06	8125.06	—	3007.34	3007.34	—	79.3	79.3	—	326.6	326.6	—
6. 关于下达2013年退耕还林资金的通知	内财农〔2012〕2340号	—	林业厅	三旗、示范区	中央专项	389.8	389.8	—	—	—	—	—	—	199.2	199.2	—	70.4	70.4	—	72	72	—	—	—	—	48.2	48.2	—
7. 关于下达2012年森林植被恢复费的通知	内财农〔2013〕404号	—	财政厅	阿左旗、额济纳旗	自治区	450	—	450	—	临策铁路沿线防风固沙200万元，S315策克口岸至达来呼布镇绿色通道150万元，贺兰山香池子沟封育100万元	200	—	200	100	—	100	—	—	—	150	—	150	—	—	—	—	—	—
8. 关于下达2012年森林植被恢复费的通知	内财农〔2013〕272号	—	财政厅	阿左旗、额济纳旗	自治区	954	—	954	—	—	—	—	—	322	—	322	—	—	—	632	—	632	—	—	—	—	—	—
9. 关于拨付2013年中央财政林业科技推广示范资金的通知	内财农〔2013〕902号	—	财政厅	盟直	中央专项	100	100	—	—	梭梭造林肉苁蓉接种综合配套技术推广	100	100	—	—	—	—	—	—	—	—	—	—	—	—	—	—	—	—
10. 关于下达天然林资源保护工程二期2013年中央预算内投资计划的通知	内发改投字〔2013〕1815号	—	发改委	阿左旗、两区	—	5058	5058	—	—	人工造林8.4万亩、飞播25万亩、封育15万亩	—	—	—	4568	4568	—	—	—	—	—	—	—	140	140	—	350	350	—
11. 自治区财政厅关于下拨造林补贴资金的通知	内财农〔2013〕1155号	2012年8月27日	财政厅	阿左旗、阿右旗、开发区	中央专项	1504	1504	—	—	2013年第一次（阿左旗1279万元、阿右旗376万元）人工造林8.5万亩；2013年第二次（阿左旗225万元、阿右旗165万元；开发区60万元）灌木造林903万亩	—	—	—	541	541	—	903	903	—	—	—	—	60	60	—	—	—	—

（续表 2）

项目	上级计划					资金额度				分项计划及建设内容	盟直			阿左旗			阿右旗			额济纳旗			经济开发区			孪井滩示范区		
	文号	发文时间	发文机关	项目单位	资金渠道	合计	中央	自治区	地方配套		合计	中央	地方	合计	中央	地方	合计	中央	地方	合计	中央	地方	合计	中央	地方	合计	中央	地方
12. 自治区财政厅关于拨付 2013 年林业国家级自然保护区补助资金的通知	内财农 [2013] 1159 号	—	财政厅	贺兰山、胡杨林	中央专项	300	300	—	—	—	—	—	—	150	150	—	—	—	—	150	150	—	—	—	—	—	—	—
13. 自治区财政厅关于拨付湿地保护的资金补贴通知	内财农 [2013] 1158 号	—	财政厅	额济纳旗	中央专项	200	200	—	—	—	—	—	—	—	—	—	—	—	—	200	200	—	—	—	—	—	—	—
14. 自治区财政厅关于拨付 2013 年良种补贴资金的通知	内财农 [2013] 1221 号	—	财政厅	额济纳旗、阿右旗	中央专项	60	60	—	—	—	—	—	—	—	—	—	30	30	—	30	30	—	—	—	—	—	—	—
15. 自治区财政厅关于拨付 2013 年巩固退耕还林成果专项资金的通知	内财农 [2013] 1222 号	—	财政厅	阿左旗	中央专项	26	26	—	—	—	—	—	—	26	26	—	—	—	—	—	—	—	—	—	—	—	—	—
16. 自治区财政厅关于拨付林业有害生物美国白蛾防治专项经费的通知	内财农 [2013] 1160 号	—	财政厅	盟森防站	中央专项	5	5	—	—	—	5	5	—	—	—	—	—	—	—	—	—	—	—	—	—	—	—	—
17. 阿拉善盟发改委关于下达 2013 年全盟基本建设前期项目投资计划的通知	阿发改投字 [2013] 493 号	—	盟发改委	盟直	地方财政	20	—	—	20	—	20	—	20	—	—	—	—	—	—	—	—	—	—	—	—	—	—	—
18. 自治区财政厅关于下达 2013 年森林生态效益补偿基金的通知	内财农 [2013] 1374 号	—	财政厅	三旗、两区	中央专项	8348	8348	—	—	新增森林生态效益补偿非天保区 1669.63 万亩	—	—	—	3729.95	3729.95	—	4091.65	4091.65	—	318.3	318.3	—	40.7	40.7	—	167.5	167.5	—
19. 自治区财政厅关于拨付天然林资源保护工程职工一次性安置社会保险补贴资金的通知	内财农 [2013] 1371 号	—	财政厅	阿左旗	中央专项	824.3	824.3	—	—	—	—	—	—	824.3	824.3	—	—	—	—	—	—	—	—	—	—	—	—	—

（续表3）

项目	文号	发文时间	发文机关	项目单位	资金渠道	资金额度 合计	中央	自治区	地方配套	分项计划及建设内容	盟直 合计	中央	地方	阿左旗 合计	中央	地方	阿右旗 合计	中央	地方	额济纳旗 合计	中央	地方	经济开发区 合计	中央	地方	孪井滩示范区 合计	中央	地方
20.内蒙古自治区林业改革委员会关于下达退耕还林工程配套荒山荒地造林2013年中央预算内投资计划的通知	内发改投字〔2013〕1874号	—	发改委、财政厅	三旗、两区	中央专项	830	830	—		人工造林5.3万亩，封山育林2万亩（阿左旗人工造林、乔木林0.3万亩，灌木林1万亩；阿右旗人工造林、灌木林2.8万亩，封育1万亩；额济纳旗灌木林0.7万亩，封育1万亩；孪井滩人工造林灌木林0.5万亩）	—			210	210		406	406		154	154		—	—	—	60	60	—
21.内蒙古自治区财政厅关于下拨2013年中央财政沙化土地封禁保护补助试点资金的通知	内财农〔2013〕1493号	—	财政厅	阿左旗	中央专项	1000	1000	—			—			1000	1000													
22.内蒙古自治区财政厅关于下达中央财政森林公安特转支付经费的通知	内财农〔2013〕1604号	2012年11月1日	财政厅	盟森局、左森局、额森局、右森局、贺森局	中央专项	141	141		—	办案业务费84.6万元（阿盟19.8万，阿左旗15万，额济纳旗16.8万元，阿右旗14.4万元，贺兰山18.6万元）；业务装备费56.4万元（阿盟13.2万元，额济纳旗10万元，阿左旗11.2万元，阿右旗9.6万元，贺兰山12.4万元）	33	33		56	56		24	24		28	28		—		—			
23.自治区发改委、林业厅下达防护林工程2013年中央预算内投资计划的通知	内发改投字〔2013〕2324号	2012年11月20日	发改委、林业厅	三旗、两区	中央专项	3162.5	2530	—	632.5		—			1238	1238		820	820		234	234		203	203	—	35	35	—

346

（续表 4）

项目	上级计划 文号	上级计划 发文时间	发文机关	项目单位	资金渠道	资金额度 合计	资金额度 中央	资金额度 自治区	资金额度 地方配套	分项计划及建设内容	盟直 合计	盟直 中央	盟直 地方	阿左旗 合计	阿左旗 中央	阿左旗 地方	阿右旗 合计	阿右旗 中央	阿右旗 地方	额济纳旗 合计	额济纳旗 中央	额济纳旗 地方	经济开发区 合计	经济开发区 中央	经济开发区 地方	李井滩示范区 合计	李井滩示范区 中央	李井滩示范区 地方
24. 关于下达林木种苗工程2013年中央预算内投资计划的通知	内发投资字〔2013〕1629号	—	发改委 林业厅	额济纳旗	中央专项	166	120	—	46		—	—	—	—	—	—	—	—	—	120	120	—	—	—	—	—	—	—
25. 关于下达省2013年有害生物防控体系基础设施建设项目中央预算内投资计划的通知	内林计发〔2013〕179号	—	林业厅	盟森防站	中央专项	50	50	—	—	—	50	50	—	—	—	—	—	—	—	—	—	—	—	—	—	—	—	—
26. 内蒙古自治区财政厅关于下拨2013年中央财政森林生态效益补偿公共管护支出项目经费的通知	内财农〔2013〕1619号	—	财政厅		中央专项	175	175	—	—	盟林业局85万元、盟森防站45万元、阿左旗20万元、阿右旗10万元、额济纳旗10万元、开发区5万元	130	130	—	20	20	—	10	10	—	10	10	—	5	5	—	—	—	—
27. 内蒙古自治区财政厅关于下达2013年产业化项目资金的通知	内财农〔2013〕1618号	—	财政厅		中央专项	40	40	—	—	—	40	40	—	—	—	—	—	—	—	—	—	—	—	—	—	—	—	—
28. 内蒙古自治区财政厅关于天保2013年森林公安局及派出所标准化资金的通知	内财农〔2013〕1605号	—	财政厅		中央专项	210	210	—	—	—	70	70	—	140	140	—	—	—	—	—	—	—	—	—	—	—	—	—
29. 内蒙古自治区财政厅关于下拨石油价格补贴资金的通知	内财农〔2013〕994号	—	财政厅	盟种苗站、三旗、两区	中央专项	187.71	187.71	—	—	—	7.5	7.5	—	122.01	122.01	—	21.6	21.6	—	21.6	21.6	—	7.5	7.5	—	7.5	7.5	—
30. 内蒙古自治区财政厅关于林业专项补助资金的通知	内财农〔2013〕1686号	—	财政厅	盟直、额济纳旗	中央专项	12	12	—	—	—	10	10	—	—	—	—	—	—	—	2	2	—	—	—	—	—	—	—

（续表5）

项目	上级计划					资金额度				分项计划及建设内容	盟直			阿左旗			阿右旗			额济纳旗			经济开发区			孪井滩示范区		
	发文时间	文号	发文机关	项目单位	资金渠道	合计	中央	自治区	地方配套		合计	中央	地方	合计	中央	地方	合计	中央	地方	合计	中央	地方	合计	中央	地方	合计	中央	地方
31. 内蒙古自治区财政厅关于下达2013年集体林权制度改革工作补助费的通知	—	内财农〔2013〕1687号	财政厅	盟直、三旗	中央专项	160	160	—	—	—	50	50	—	40	40	—	40	40	—	30	30	—	—	—	—	—	—	—
32. 内蒙古自治区财政厅关于下达区域绿化财政奖补资金的通知	—	内财农〔2013〕1669号	财政厅	三旗、两区	中央专项	1800	1800	—	—	—	—	—	—	1060	1060	—	260	260	—	440	440	—	10	10	—	30	30	—
33. 内蒙古自治区财政厅关于下达2013年国有贫困林场扶贫资金的通知	—	内财农〔2013〕1859号	财政厅	阿左旗	中央专项	45	45	—	—	阿左旗巴彦诺日公园林场：场部建设400平方米，库房改造及庭院绿化等工程建设	—	—	—	45	45	—	—	—	—	—	—	—	—	—	—	—	—	—
34. 内蒙古自治区财政厅关于下达2013年林业有害生物防治的通知	—	内财农〔2013〕1957号	财政厅	盟直、三旗、两区	中央专项	40	40	—	—	防治鼠害、树柳条叶虫、天幕毛虫等5万亩	15	15	—	5	5	—	5	5	—	5	5	—	10	10	—	—	—	—
35. 内蒙古自治区财政厅关于下达2013年森林植被恢复费的通知	—	内财农〔2013〕2278号	财政厅	盟直、阿左旗	自治区	922	—	922	—	盟（市）级400万元、旗县级522万元	400	—	400	522	—	522	—	—	—	—	—	—	—	—	—	—	—	—
36. 内蒙古自治区财政厅关于下达2013年林业专项补助资金的通知	—	内财农〔2013〕2023号	财政厅	阿右旗	中央专项	20	20	—	—	—	—	—	—	—	—	—	20	20	—	—	—	—	—	—	—	—	—	—

注：争取自治区以上资金48008.31万元。

表15-4　2014年阿拉善盟林业系统投资情况

单位：万元

项目	上级计划			项目单位	资金渠道	资金额度				分项计划及建设内容	盟直			阿左旗			阿右旗		额济纳旗		经济开发区			腾格里经济技术开发区			乌兰布和生态沙产业示范区		
	文号	发文时间	发文机关			合计	中央	自治区	地方配套		合计	中央	地方	合计	中央	地方	合计	中央	合计	中央	合计	中央	地方	合计	中央	地方	合计	中央	地方
1. 关于上报2013年农业综合开发林业项目实施计划的通知	内林造函〔2013〕211号	2013年6月7日	林业厅、农开办公室	阿左旗	中央财政专项	132	100	32	—	温都尔勒图镇巴润霍德嘎查，封山育林5000亩。新增有林地面积0.5万亩，提高森林覆盖率0.1%	—	—	—	132	100	32	—	—	—	—	—	—	—	—	—	—	—	—	—
2. 2013年中央基本建设投资计划	内林计发〔2013〕316号	2013年11月5日	林业厅	盟直、三旗	中央财政专项	140	140	—	—	盟林工站100万元，新造示范林3333亩；阿右旗沙治沙25万元，阿右旗重点旗县林业站设备建设；额济纳旗10万元，额济纳旗科技推广站基本设施；阿左旗5万元，森林公安局，信息采集室等建设	100	100	—	5	5	—	25	25	10	10	—	—	—	—	—	—	—	—	—
3. 内蒙古自治区财政厅关于提前下达2014年天然林保护工程财政资金的通知	内财农〔2013〕2205号	2013年12月20日	财政厅	盟直	中央财政专项	1965.6	1965.6	—	—	森林管护费1799.5万元，其中，国有104.1万元，集体1695.4万元；社会保险565.15万元，其中，基本医疗33.2万元，养老110.6万元，基本养老166.1万元，失业11.1万元，工伤5.6万元，生育5.6万元，人数265人	1592.8（其中贺管局161.4）	—	—	—	—	—	—	—	—	—	150	150	—	222.8	222.8	—	—	—	—

(续表1)

项目	上级计划				资金渠道	资金额度				分项计划及建设内容	盟直			阿左旗			阿右旗			额济纳旗			经济开发区			腾格里经济技术开发区			乌兰布和生态沙产业示范区		
	文号	发文时间	发文机关	项目单位		合计	中央	自治区	地方配套		合计	中央	地方	合计	中央	地方	合计	中央	地方	合计	中央	地方	合计	中央	地方	合计	中央	地方	合计	中央	地方
4. 内蒙古自治区财政厅关于提前下达2014年退耕还林资金的通知	内财农〔2013〕2206号	2013年12月20日	财政厅	盟直	中央财政专项	412.5	412.5	—		完善政策补助资金214.5万元，补助面积合计23861.2亩，其中生态林23807.7亩，经济林15.0亩；巩固成果专项资金198万元，其中新增专项资金30万元，原专项资金168万元	—			109.5	109.5	—	70.35	70.35	—	72.25	72.25	—	—			160.4	160.4	—	—		
5. 内蒙古自治区财政厅关于提前下达2014年森林生态效益补偿基金的通知	内财农〔2013〕2231号	2013年12月23日	财政厅	盟直	中央财政专项	27606	27606	—		补偿资金合计27606万元，其中国有2928万元；集体（个人）24678万元。补偿面积合计2289.49万亩，其中国有616.41万亩，集体（个人）1673.08万亩。其中天保区合计66.27万亩，其中国有62.82万亩，集体（个人）3.45万亩。非天保区合计2223.22万亩，其中国有553.59万亩，集体（个人）1669.63万亩	260	260	—	1309.1（贺管局220.2）	1309.1	—	12217.1	12217.1	—	3305.6	3305.6	—	120.1	120.1	—	494.1	494.1	—	—		
6. 内蒙古自治区财政厅关于下达森林公安重大要案专项业务费的通知	内财农〔2013〕2078号	2013年12月13日	财政厅	盟直、阿右旗	自治区财政专项	20		20	—	盟森林公安10万元，阿右旗森林公安10万元	10	—	10	—			10	—	10	—			—			—			—		

（续表 2）

项目	上级计划 文号	发文时间	发文机关	项目单位	资金渠道	资金额度 合计	中央	自治区	地方配套	分项计划及建设内容	盟直 合计	中央	地方	阿左旗 合计	中央	地方	阿右旗 合计	中央	地方	额济纳旗 合计	中央	地方	经济开发区 合计	中央	地方	腾格里经济技术开发区 合计	中央	地方	乌兰布和生态沙产业示范区 合计	中央	地方
7. 内蒙古自治区财政厅关于拨付2014年林业专项补助资金的通知	内财农〔2014〕408号	2014年4月21日	财政厅	盟直、额济纳旗财政局	自治区财政专项	240	—	240		盟林业局野生动植物资源调查补助5万元，林业适用技术研究30万元，盟森防站林业有害生物防治补助35万元，盟林工站建设补助10万元，额济纳旗示范造林建设20万元。地方公益林生态效益补偿30万元，居延海湿地资源监测补助10万元，额济纳旗胡杨林建设补助100万元	80	—	80	—			—			160	—	160				—			—		
8. 内蒙古自治区财政厅关于拨付2014年森林防火专项补助资金的通知	内财农〔2014〕357号	2014年4月10日	财政厅	盟直	自治区财政专项	15	—	15	—	林缘防火及防火隔离带开设补助	15	—	15	—			—			—			—			—			—		
9. 内蒙古自治区财政厅下达2014年森林生态效益基金公共管护支出资金的通知	内财农〔2014〕837号	2014年2月2日	财政厅	盟直、三旗、经济开发区、腾格里开发区	中央财政专项	145	145	—	—	盟林业局55万元，包括森林防火20万元及检查验收35万元；有害生物防治资金90万元，包括盟森防站55万元，防治站5万元，用于鼠害防治3万亩；阿左旗森防站0.5万元、鼠害防治0.25万元；阿右旗森防站5万元、鼠害防治0.25万元；额济纳旗森防站5万元、鼠害防治0.25万元；经济开发区5万元、鼠害防治0.25万元；腾格里5万元、鼠害防治0.25万元	110	110		15（贺管局5）	15		5	5		5	5		5	5		5	5		—		

（续表3）

项目 目	上级计划				资金渠道	资金额度				分项计划及建设内容	盟直			阿左旗			阿右旗			额济纳旗			经济开发区			腾格里经济技术开发区			乌兰布和生态沙产业示范区		
	文号	发文时间	发文机关	项目单位		合计	中央	自治区	地方配套		合计	中央	地方	合计	中央	地方	合计	中央	地方	合计	中央	地方	合计	中央	地方	合计	中央	地方	合计	中央	地方
10. 内蒙古自治区财政厅关于拨付2014年中央财政林业科技推广项目资金的通知	内财农〔2014〕1089号	2014年8月7日	财政厅	额济纳旗	中央财政专项	100	100	—		额济纳旗经营林场分配100万元，进行额济纳旗支墕人工造林技术推广	—	—	—	—	—	—	—	—	—	100	100	—	—	—	—	—	—	—	—	—	—
11. 内蒙古自治区财政厅关于拨付2014年林业专项补助资金的通知	内财农〔2014〕856号	2014年7月2日	财政厅	盟直	自治区财政专项	140	—	140	—	盟林业局140万元，其中用于完善林木良种基地建设经费70万元、示范社合作社扶持经费70万元	140	—	140	—	—	—	—	—	—	—	—	—	—	—	—	—	—	—	—	—	—
12. 内蒙古自治区关于拨付中央财政造林补贴资金的通知	内计农〔2014〕122号	2014年8月27日	财政厅	三旗、经济开发区	中央财政专项	1553	1553	—		2014年中央财政造林补贴资金包括阿左旗人工造林473万元，用于人工造林300万元，试点用于1.5万亩，木本药材种植150万元，试点任务1.5万亩；阿右旗23万元，其中人工造林400万元，木本药材2万亩，试点任务0.5万亩；额济纳旗211万元，用于人工造林200万元，间接费用11万元；经济开发区105万元，其中人工造林100万元，间接费用5万元。2012年阿左旗完成造林216万元，完成林6万元，阿右旗完成林75万元，完成造林2万亩	—	—	—	689	689	—	548	548	—	211	211	—	105	105	—	—	—	—	—	—	—

（续表 4）

项目	上级计划 文号	发文时间	发文机关	项目单位	资金渠道	资金额度 合计	中央	自治区	地方配套	分项计划及建设内容	盟直 合计	中央	地方	阿左旗 合计	中央	地方	阿右旗 合计	中央	地方	额济纳旗 合计	中央	地方	经济开发区 合计	中央	地方	腾格里经济技术开发区 合计	中央	地方	乌兰布和生态沙产业示范区 合计	中央	地方
13. 内蒙古自治区财政厅关于下拨付2014年林木良种培育补贴资金的通知	内财农〔2014〕1528号	—	财政厅	盟直、阿左旗、阿右旗	中央财政专项	70	70	—		盟直30万元，阿拉善林木良种繁育中心盟种苗站完成梭育苗150万株；阿左旗腾格里治成梭梭苗圃完成100万株；阿右旗治沙站梭育苗20万元，阿右旗雅布赖治沙站完成梭梭育苗圃完成育苗100万株	30	30	—	20	20	—	20	20	—												
14. 内蒙古自治区财政厅关于下拨付2014年中央财政湿地国家级自然保护区补助资金的通知	内财农〔2014〕1169号	2014年8月18日	财政厅	阿左旗、额济纳旗	中央财政专项	400	400	—		林业国家级自然保护区补贴：贺兰山200万元，胡杨林200万元				200	200	—				200	200	—									
15. 内蒙古自治区财政厅关于下达林业有害生物防治补助费的通知	内财农〔2014〕1171号	2014年8月15日	财政厅	盟直、三旗、两区	中央财政专项	120	120	—		盟森防站80万元，完成鼠害防治2万亩，普查及预防美国白蛾；阿左旗国家级森防站15万元，实现灌木林病害防治1万元，经济开发区农牧林业局10万元，实现灌木林病害防治2万元；腾格里5万元，实现灌木害虫防治1万元	80	80	—	15	15	—	5	5	—	5	5	—	10	10	—	5	5	—			

（续表5）

项目	上级计划				资金渠道	资金额度				分项计划及建设内容	盟直		阿左旗			阿右旗			额济纳旗			经济开发区			腾格里经济技术开发区			乌兰布和生态沙产业示范区		
	文号	发文时间	发文机关	项目单位		合计	中央	自治区	地方配套		合计	中央	合计	中央	地方	合计	中央	地方	合计	中央	地方	合计	中央	地方	合计	中央	地方	合计	中央	地方
16. 内蒙古自治区发展和改革委、林业厅关于下达林业防护林工程2014年中央预算内投资计划的通知	内发改投字〔2014〕1180号	2014年8月25日	自治区发改委、林业厅	三旗、三区	中央基建	7762.6	6210	—	1552.6	阿左旗投资2825万元，完成人工造林12.5万亩，飞播造林4万亩，封山育林4万亩；阿右旗投资2956.5万元，完成人工造林10.35万亩，飞播育林3万亩，封山育林10万亩；经济开发区投资150万元，飞播造林1万亩；腾格里经济技术开发区投资337.5万元，飞播造林2万亩，人工造林0.1万亩；乌兰布和生态沙产业示范区投资975万元，完成人工造林4.5万亩，飞播造林2万亩；额济纳旗投资518.6万元，人工造林1.05万亩，封山育林4万亩	—	—	2260		—	2365		—	45		—	120		—	270		—	780		—

（续表6）

项目	上级计划 文号	发文时间	发文机关	项目单位	资金渠道	资金额度 合计	中央	自治区	地方配套	分项计划及建设内容	盟直 合计	中央	地方	阿左旗 合计	中央	地方	阿右旗 合计	中央	地方	额济纳旗 合计	中央	地方	经济开发区 合计	中央	地方	腾格里经济技术开发区 合计	中央	地方	乌兰布和生态沙产业示范区 合计	中央	地方
17. 内蒙古自治区发展和改革委、林业厅关于下达天然林资源保护工程二期2014年中央预算内投资计划的通知	内发改投字〔2014〕1181号	2014年8月25日	自治区发改委、林业厅	阿左旗三区	中央基建	5490	5490	—		盟直投资5490万元，其中人工造林10万元，飞播造林28万元，封山育林12万元；阿左旗投资4860万元，人工造林9万元，飞播28万元，封山育林6万元；经济开发区140万元，封山育林2万元；腾格里经济技术开发区290万元，其中人工造林0.5万元，封山育林2万元；乌兰布和投资200万元，其中人工造林0.5万元，封山育林2万元				4860	4860	—		—					140	140	—	290	290	—	200	200	—
18. 内蒙古自治区发展和改革委、林业厅关于下达林木种苗工程2014年中央预算内投资计划的通知	内发改投字〔2014〕910号	2014年7月7日	自治区发改委、林业厅	额济纳旗	中央基建	144	124	—	20	内蒙古额济纳旗明杨采种基地建设项目，子代测定区等，采集生产，子代测定区建设，种子加工车间等设备				—			—			124	124	—	—			—			—		
19. 内蒙古财政厅关于拨付2014年中央财政沙化土地封禁保护区补贴资金的通知	内财农〔2014〕1273号	2014年8月27日	财政厅	阿右旗、额济纳旗	中央财政专项	2000	2000	—	—	支出范围：固沙压沙等生态修复与治理，管护站点和必要的配套设施修建和维护，围栏、界桩和界牌修建，机构聘用临时管护人员所需的劳务费，阿右旗1000万元，额济纳旗1000万元				—			1000	1000	—	1000	1000	—	—			—			—		

（续表7）

项目	上级计划				资金渠道	资金额度				分项计划及建设内容	盟直			阿左旗			阿右旗			额济纳旗			经济开发区			腾格里经济技术开发区			乌兰布和生态沙产业示范区		
	文号	发文时间	发文机关	项目单位		合计	中央	自治区	地方配套		合计	中央	地方	合计	中央	地方	合计	中央	地方	合计	中央	地方	合计	中央	地方	合计	中央	地方	合计	中央	地方
20. 内蒙古自治区财政厅关于下拨付天然林资源保护工程职工社会保险和基本养老医疗缴费补助一次性补贴资金的通知	内财农〔2014〕1114号	2014年8月8日	财政厅	阿左旗	自治区财政专项	534.3	—	534.3	—	资金用于对天然林工程职工基本养老保险和基本医疗缴费给予一次性补贴	—			534.3	—	534.3	—	—		—	—		—	—		—	—		—	—	
21. 内蒙古自治区林业厅关于下达2014年林业有害生物防控体系基础设施建设项目中央预算内投资计划的通知	内林计发〔2014〕166号	2014年6月24日	林业厅	盟直	中央基建	152.85	152.85	—	76.7	内蒙古西部区生态脆弱区林业综合治理基础设施有害生物综合治理项目120.65万元；内蒙古林业有害生物检疫御灾林系基础设施建设项目32.2万元		152.85	76.7		—			—			—			—			—			—		
22. 内蒙古自治区林业厅关于下达2014年中央预算内林业基本建设投资计划的通知	内林计发〔2014〕341号	2014年11月18日	林业厅	盟直	中央基建	213	170	—	43	防沙治沙示范建设：阿拉善盟治沙示范林5667亩，其中林工站4000亩，额济纳旗1667亩	—	120	—		—			—			50			—			—			—		
23. 关于下拨付林业贷款中央财政贴息资金的通知	内财农〔2014〕1687号	2014年11月4日	财政厅	阿左旗、阿右旗	中央财政专项	196	196	—	—	阿左旗153万元，其中肉苁蓉集团60万元、驼中王30万元、哈河牧场63万元，阿右旗43万元；阿右旗林业小额贷款2013年余额16.2万元，2014年新增26.8万元	—			153	153	—	43	43	—	—			—			—			—		

（续表 8）

项目	上级计划 文号	发文时间	发文机关	项目单位	资金渠道	资金额度 合计	中央	自治区	地方配套	分项计划及建设内容	盟直 合计	盟直 中央	盟直 地方	阿左旗 合计	阿左旗 中央	阿左旗 地方	阿右旗 合计	阿右旗 中央	阿右旗 地方	额济纳旗 合计	额济纳旗 中央	额济纳旗 地方	经济开发区 合计	经济开发区 中央	经济开发区 地方	腾格里经济技术开发区 合计	腾格里 中央	腾格里 地方	乌兰布和生态沙产业示范区 合计	乌兰布和 地方
24. 关于下达2014年国有贫困林场扶贫资金的通知	内财农〔2014〕1943号	2014年12月4日	财政厅	阿右旗、额济纳旗	中央财政专项	85	85	—		阿右旗赖布拉布治沙站45万元、场部危房改造项目，业务用房维修改造450平方米；额济纳旗森营林场旅游建设项目40万元、维修引水渠5千米，维修林区道路1.1千米，打井1眼及配套	—			—	—	—	45	45	—	40	40	—	—	—	—	—	—	—	—	—
25. 2014年天保工程区森林公安派出所标准化所的通知	内财农〔2014〕1944号	2014年12月4日	财政厅	盟直、阿左旗	中央财政专项	174	—	174		阿拉善盟森林公安局40万元、李井滩派出所；阿拉善右旗温都尔勒派出所28万元、乌斯太派出所28万元；阿左旗森林公安、贺兰山森林公安25万元	96		96	78（贺兰山25）	—	78	—	—	—	—	—	—	—	—	—	—	—	—	—	—
26. 2014年森林公安业务费专项资金的通知	内财农〔2014〕1945号	—	财政厅	盟直、三旗	财政专项中央、自治区	212	152	60		办案业务经费93万元、业务装备经费59万元、大要案件补助60万元	34	34	—	56（贺兰山31）	56	—	59	29	30	63	33	30	—	—	—	—	—	—	—	—
27. 关于下达重点区域绿化财政奖补资金的通知	内财农〔2014〕1881号	2014年11月28日	财政厅	三旗	自治区财政专项	800	—	800		奖出旗县800万元、奖补面积16000亩	—			300	—	300	200	—	200	300	—	300	—	—	—	—	—	—	—	—
28. 内蒙古自治区财政厅关于下拨2014年林业救灾专项经费的通知	内财农〔2014〕1947号	2014年12月5日	财政厅	阿右旗、额济纳旗、盟直	阿右旗、自治区财政专项	130	—	130		阿右旗林业局30万元、额济纳旗林业局50万元、盟直林业局50万元	50		50	—	—	—	30	—	30	50	—	50	—	—	—	—	—	—	—	—
29. 内蒙古自治区财政厅关于下拨2014年林业专项补助资金的通知	内财农〔2014〕1946号	2014年12月4日	财政厅	盟直、腾格里	自治区财政专项	65	—	65		腾格里示范造林补助50万元、盟种苗站种质资源普查补助15万元	15		15	—	—	—	—	—	—	—	—	—	—	—	—	50	—	50	—	—

（续表9）

项目	文号	发文时间	发文机关	项目单位	资金渠道	资金额度 合计	中央	自治区	地方配套	分项计划及建设内容	盟直 合计	中央	地方	阿左旗 合计	中央	地方	阿右旗 合计	中央	地方	额济纳旗 合计	中央	地方	经济开发区 合计	中央	地方	腾格里经济技术开发区 合计	中央	地方	乌兰布和生态沙产业示范区 合计	中央	地方
30. 内蒙古自治区林业厅关于下达2014年林业产业化资金的通知	内财农〔2014〕2264号	2014年12月17日	财政厅	阿左旗、阿右旗	自治区财政专项	80	—	80	—	阿右旗肉苁蓉人工接种示范项目基地建设项目肉苁蓉接种2500亩、沙化土地梭梭人工造林接种肉苁蓉项目，新增人工林1000亩，接种500亩	40		40	—	—	—	40	—	40							—			—		
31. 内蒙古自治区财政厅关于下达2014年森林植被恢复费的通知	内财农〔2014〕2349号	2014年12月29日	财政厅	三旗、盟直	中央、自治区、盟级	2836	—	2836	—	2014年安排退还旗县级森林植被恢复费1336万元，其中阿左旗493万元、阿右旗516万元、额济纳旗327万元；2014年自治区、盟（市）级森林植被恢复费用临策铁路600万元，自治区200万元、盟（市）本级400万元、阿拉善治沙造林项目50万元、阿左旗阿拉善区域绿化重点旗阿左旗绿化300万元、额济纳旗黑城遗址周边绿化50万元、额济纳旗重点区域绿化500万元	650	—	650	793	—	793	516	—	516	877	—	877				—			—		

（续表10）

项目	上级计划 文号	发文时间	发文机关	项目单位	资金渠道	资金额度 合计	中央	自治区	地方配套	分项计划及建设内容	盟直 合计	中央	阿左旗 合计	中央	地方	额济纳旗 合计	中央	地方	阿右旗 合计	中央	地方	经济开发区 合计	中央	地方	腾格里经济技术开发区 合计	中央	地方	乌兰布和生态沙产业示范区 合计	中央	地方
32. 内蒙古自治区林业厅关于下达2015年中央本级项目支出预算的通知	内林财发〔2014〕106号	2014年4月21日	林业厅	盟直	中央	6	6	—	—	国家级中心测报点补助，其中阿左旗、额济纳旗森防站各3万元	6	6	3	3	—	3	3	—	—	—	—	—	—	—	—	—	—	—	—	—

注：争取自治区以上资金52324.25万元。

表15-5　2015年阿拉善盟林业系统投资情况

单位：万元

项目	功能分类科目	上级计划 文号	发文时间	发文机关	项目单位	资金渠道	资金额度 合计	中央	自治区	地方配套	分项计划及建设内容	盟直 合计	中央	自治区	阿左旗 合计	中央	自治区	阿右旗 合计	中央	自治区	额济纳旗 合计	中央	自治区	阿拉善经济开发区 合计	中央	自治区	腾格里经济技术开发区 合计	中央	自治区	乌兰布和生态沙产业示范区 合计	中央	自治区
1. 内蒙古自治区财政厅关于提前下达2015年天然林保护政策资金的通知	211节能环保支出	内财农〔2014〕2186号	2014年12月12日	财政厅	阿左旗、乌斯太、李井滩	中央财政	1966	1966	—	—	森林管护费1799万元，社会保险补助费167万元	—			1592.7（其中贺兰山161.4）	1592.7		—			—			150	150		223.3	223.3		—		
2. 内蒙古自治区财政厅关于天然林工程补助资金的通知	211节能环保支出	内林财〔2015〕1316号 内林办发〔2015〕357号 阿财函〔2016〕131号	2015年9月11日	—	—	—	119	119	—	—	森林管护费21万元，社会保险补助费98万元	—			114.64（贺管局14.28）	114.64		—			—			—			4.36	4.36		—		
3. 内蒙古自治区财政厅关于提前下达2015年退耕还林财政资金的通知	211节能环保支出	内财农〔2014〕2330号	2014年12月26日	财政厅	三旗、李井滩	中央财政	382.6	382.6	—	—	2015年退耕还林完善补助资金214.6万元，补助面积23807.7亩；巩固成果168万元	—			101.3	101.3		70.4	70.4		72	72		—			138.9	138.9		—		
4. 内蒙古自治区财政厅关于下达2015年巩固退耕还林成果的通知	211节能环保支出	内财农〔2015〕841号	2015年6月25日	财政厅	腾里	中央财政	31	31	—	—	腾格里追加巩固退耕还林成果专项资金	—			—			—			—			—			31	31		—		

（续表1）

项目	上级计划 功能分类科目	上级计划 文号	上级计划 发文时间	上级计划 发文机关	上级计划 项目单位	资金渠道	资金额度 合计	资金额度 中央	资金额度 自治区	资金额度 地方配套	分项计划及建设内容	盟直 合计	盟直 中央	盟直 自治区	阿左旗 合计	阿左旗 中央	阿左旗 自治区	阿右旗 合计	阿右旗 中央	阿右旗 自治区	额济纳旗 合计	额济纳旗 中央	额济纳旗 自治区	阿拉善经济开发区 合计	阿拉善经济开发区 中央	阿拉善经济开发区 自治区	腾格里经济技术开发区 合计	腾格里经济技术开发区 中央	腾格里经济技术开发区 自治区	乌兰布和生态沙产业示范区 合计	乌兰布和生态沙产业示范区 中央	乌兰布和生态沙产业示范区 自治区
5. 内蒙古自治区财政厅关于提前下达2015年森林生态效益补偿基金的通知	2130209 森林生态效益补偿	内财农〔2014〕2187号 阿财农〔2015〕411号	2014年12月12日	财政厅	三旗、腾格里经济开发区、盟直	中央财政	27606	27606	—		国有公益林2928万元，补偿面积616.41万亩；集体和个人公益林24678万元，补偿面积1673.08万亩	240	240		1339.06（贺兰山220.16）	1339.06	—	1227.04	1227.04	—	305.58	305.58	—	120.2	120.2	—	12494.12	12494.12	—	—	—	—
6. 内蒙古自治区财政厅关于拨付2015年中央财政森林生态效益补偿资金的通知	2130209 森林生态效益补偿	内财农〔2015〕1317号 内林办发〔2015〕359号 阿财农〔2016〕130号	2015年9月11日	财政厅	三旗、贺兰山	中央财政	616	616			补偿面积616.41万亩，补偿标准由5元提高到6元提标追加6元的追加部分	—	—		74（贺兰山46）	74	—	31	31		511	511								—	—	—
7. 内蒙古自治区财政厅关于拨付2015年林业专项补助资金的通知	2130234 林业救灾 2130211 湿地保护 2130299 其他 2130206	内财农〔2015〕280号 阿财农〔2015〕714号	2015年3月27日	财政厅	盟直、三旗、开发区	—	195	—	195		盟林业局林缘防火10万元，野生动植物保护和湿地保护10万元；盟苗站黑果种苗良种选育30万元，盟林工站检测执法10万元，盟林工站黑果枸杞繁育推广示范30万元，林工建设补助40万元；盟森防站助5万元，额济纳旗森防10万元，地方公益林补偿30万元；阿左旗森防10万元，阿右旗森防10万元	135	—	135	10	—	10	10	—	10	40	—	40							—	—	—

（续表 2）

| 项目 | 功能分类科目 | 上级计划 | | | | 资金渠道 | 资金额度 | | | | 分项计划及建设内容 | 盟直 | | | 阿左旗 | | | 阿右旗 | | | 额济纳旗 | | | 阿拉善经济开发区 | | | 腾格里经济技术开发区 | | | 乌兰布和生态沙产业示范区 | |
		文号	发文时间	发文机关	项目单位		合计	中央	自治区	地方配套		合计	中央	自治区	合计	中央	自治区	合计	中央	自治区	合计	中央	自治区	合计	中央	自治区	合计	中央	自治区	合计	中央	自治区
8. 内蒙古自治区林业厅关于下达 2015 年中央本级项目支出预算的通知	中心测报点 2130234	内林财发〔2015〕137 号	2015 年 5 月 10 日	林业厅	阿左旗、额济纳旗、林研所	—	12	12	—		2015 年 12 月 20 日报 林业厅审计处 财务预 算报告和资 金使用情 况。林研所 吉兰泰生态定 位站 6 万 元、阿 左旗、额济纳 旗森林防站中 心测报点各 3 万元	6	6	—	3	3	—	—	—	—	3	3	—	—	—	—	—	—	—	—	—	—
9. 内蒙古自治区林业厅关于下达 2015 年林业有害生物防控体系基础设施建设项目中央预算内投资计划的通知	—	内林计发〔2015〕233 号 内财办〔2015〕1464 号	2015 年 7 月 24 日	林业厅	阿右旗、经济开发区、腾格里	—	24	24	—	0	旗县级检疫器 和普查仪器 设备购置 24 万元，包括 阿右旗、李 井滩、乌斯太 经济开发区 购置林式显 微镜、纤维 成像系统、 照相机、检 疫工具箱等	24	24	—	—	—	—	—	—	—	—	—	—	—	—	—	—	—	—	—	—	—
10. 内蒙古自治区林业厅关于下达 2015 年中央预算内基本建设投资计划的通知	—	内林计发〔2015〕263 号 阿财发〔2015〕199 号 内财投〔2015〕26 号 内财办发〔2015〕1811 号	2015 年 8 月 16 日	林业厅	盟直、额济纳旗	中央财政	300	240	—	60	林工站建设 100 万元、 阿右旗塔木 素镇、雅布 赖、阿左旗 诺尔公、吉 兰泰、额济 纳旗东风镇 标准化建 设；沙示范区 2667 亩，实 施地点乌兰 布和，投资 80 万元， 梭梭防风固 沙综合造林 技术示范， 投资 60 万元， 实施地点额 济纳旗	80	80	—	40	40	—	40	40	—	80	80	—	—	—	—	—	—	—	—	—	—

（续表3）

项目	功能分类科目	上级计划 文号	发文机关	发文时间	项目单位	资金渠道	资金额度 合计	中央	自治区	地方配套	分项计划及建设内容	盟直 合计	中央	自治区	阿左旗 合计	中央	自治区	阿右旗 合计	中央	自治区	额济纳旗 合计	中央	自治区	阿拉善经济开发区 合计	中央	自治区	腾格里经济技术开发区 合计	中央	自治区	乌兰布和生态沙产业示范区 合计	中央	自治区
11. 内蒙古自治区林业厅关于拨付森林公安专项补助的通知	—	内林财发〔2015〕268号	林业厅	2015年8月19日	森林公安	自治区财政	2	—	2		森林公安专项补助经费2万元	2	—	2	—			—			—			—			—			—		
12. 关于表彰全区县级森林公安局、派出所优秀森林公安局长、派出所所长和优秀人民警察的决定	—	内林公发〔2015〕266号	林业厅	2015年8月24日	森林公安	自治区财政					阿拉善盟额济纳旗森林公安局七道桥派出所获"全区优秀森林公安派出所"称号，奖励1万元；"优秀人民警察"阿右旗雅布赖森林公安派出所所长岳丰元奖励0.5万元；"全区优秀森林公安派出所所长"阿左旗乌力吉派出所所长马力布和奖励0.5万元	—			—			—			—			—			—			—		
13. 内蒙古自治区财政厅关于拨付2015年中央财政林业补助资金的通知	213 农林水支出	内财农〔2015〕1037号 阿财农〔2015〕1344号	财政厅	2015年7月31日	三旗、经济开发区、乌兰布和、盟林研所	—	4256	4256	—	—	2015年造林补贴：阿左旗843万元，阿右旗1105万元，乌兰布和421万元，经济开发区105万元；2013年造林补贴阿左旗150万元，阿右旗362万元，阿左旗良种补贴：种苗站30万元，额济纳20万元，阿右旗20万元；沙化土地封禁1000万元，林业科技推广示范100万元，研所100万元，额济纳种苗站100万元	130	130	—	1993	1993	—	1487	1487	—	120	120	—	105	105	—	—			421	421	—

（续表4）

项目	功能分类科目	上级计划 文号	上级计划 发文时间	上级计划 发文机关	项目单位	资金渠道	资金额度 合计	资金额度 中央	资金额度 自治区	地方配套	分项计划及建设内容	盟直 合计	盟直 中央	盟直 自治区	阿左旗 合计	阿左旗 中央	阿左旗 自治区	阿右旗 合计	阿右旗 中央	阿右旗 自治区	额济纳旗 合计	额济纳旗 中央	额济纳旗 自治区	阿拉善经济开发区 合计	阿拉善经济开发区 中央	阿拉善经济开发区 自治区	腾格里经济技术开发区 合计	腾格里经济技术开发区 中央	腾格里经济技术开发区 自治区	乌兰布和生态沙产业示范区 合计	乌兰布和生态沙产业示范区 中央	乌兰布和生态沙产业示范区 自治区
14. 内蒙古自治区发改委、林业厅关于下达防护林工程2015年中央预算内投资计划的通知	2130217 防沙治沙	内发改投字〔2015〕1177号 阿发改投字〔2015〕321号 阿财办〔2015〕1385号	2015年9月1日	发改委、林业厅	三旗、腾格里、乌兰布和	中央财政	7762.5	6210	—	1552.5	6月中旬、12月中旬报展项目进展情况。资金人工造林34.5万亩，飞播造林6万亩，封山育林19.3万亩				3170	2536	634	3537.5	2830	707.5	500	400	100	—	—	—	375	300	75	180	144	36
15. 内蒙古自治区发改委、林业厅关于下达天然林资源保护工程二期2015年中央预算内投资计划的通知	—	发改投资〔2015〕1363号 内发改投字〔2015〕1162号 阿发改投字〔2015〕320号 阿财办〔2015〕1386号		发改委、林业厅	阿左旗、经济开发区、腾格里、乌兰布和	中央财政	5198	5198	—	—	人工造林乔木1万亩，灌木11万亩，飞播23.7万亩，封育10.5万亩。6月中旬、12月中旬项目进展情况	—	—		4358	4358		—	—		—	—		190	190		300	300		350	350	
16. 内蒙古自治区财政厅关于下拨2015年中央和自治区森林公安专项补助资金的通知	2130213 林业执法与监督	内财农〔2015〕1239号 阿财农〔2015〕1343号	2015年8月28日	财政厅	盟直、三旗、贺兰山	中央财政、自治区财政	394	172	222	—	中央财政森林公安补助经费172万元：盟森林公安51万元，阿左旗22万元，额济纳旗45万元，阿右旗26万元，天保区贺兰山28万元；标准化建设182万元：贺兰山70万元，贺兰山28万元，阿南寺28万元，盟森林公安乌斯太28万元，阿左旗28万元，阿左旗巴音树贵28万元，阿左旗巴音28万元，阿泰28万元；自治区本级森林公安补助：阿右旗40万元	147	107	40	176（贺兰山126）	176		26	26		45	45		—			—			—		

（续表5）

项目	功能分类科目	上级计划				资金渠道	资金额度				分项计划及建设内容	盟直			阿左旗			阿右旗			额济纳旗			阿拉善经济开发区			腾格里经济技术开发区			乌兰布和生态沙产业示范区		
		文号	发文时间	发文机关	项目单位		合计	中央	自治区	地方配套		合计	中央	自治区	合计	中央	自治区	合计	中央	自治区	合计	中央	自治区	合计	中央	自治区	合计	中央	自治区	合计	中央	自治区
17. 内蒙古自治区财政厅关于下达2015年中央财政湿地保护和国家级自然保护区补贴的通知	2130210 林业自然保护区、2130211 湿地保护	内财农〔2015〕1117号、阿财农〔2015〕1352号	2015年8月6日	财政厅	开发区、贺兰山、胡杨林	中央财政	700	700	—		贺兰山国家级保护区 200万元，黄河湿地公园 300万元，胡杨林国家级保护区 200万元	—	—	—	—	—	—	—	—	—	—	—	—	300	300	—	—	—	—	—	—	—
18. 内蒙古财政厅关于下达2015年林业专项资金的通知	2130299 其他林业支出	内财农〔2015〕1105号、阿财农〔2015〕1351号	2015年8月10日	财政厅	盟本级、阿右旗	自治区财政	170	—	170		生态红线保护补助 150万元，集体林权制度改革阿右旗 20万元	150	—	150	—	—	—	20	—	20	—	—	—	—	—	—	—	—	—	—	—	—
19. 内蒙古自治区财政厅关于下达2015年中央财政林业有害生物防治补助经费的通知	2130234 林业救灾	内财农〔2015〕1104号、阿财农〔2015〕1345号	2015年8月11日	财政厅	三旗、盟森防站	中央财政	50	50	—		防治胡杨木虱、叶蜂虫害 4 万亩以及鼠害普查	15	15	—	10	10	—	10	10	—	10	10	—	—	—	—	5	5	—	—	—	—
20. 内蒙古自治区财政厅关于下达2015年国有林场扶贫资金的通知	1100203 革命老区及民族地区和边境地区转移支付收入	内财农〔2015〕1633号、内林办函〔2015〕441号、阿财农〔2016〕132号	2015年10月16日	财政厅	腾格里	中央财政	82	82	—		通湖治沙站基础设施建设项目	—	—	—	—	—	—	—	—	—	—	—	—	—	—	—	82	82	—	—	—	—
21. 内蒙古自治区财政厅关于下达2015年林业产业化项目资金的通知	2130221	内财农〔2015〕1486号、内林产发〔2015〕373号、阿财农〔2016〕129号	2015年9月30日	财政厅	盟种苗站、阿左旗	自治区财政	80	80	—		盟种苗站：阿拉善盟黑果枸杞良种选育及区域栽培试验，阿左旗巴彦浩特治沙站：阿拉善阿右旗肉苁蓉接种试验基地建设项目	40	—	40	40	—	40	—	—	—	—	—	—	—	—	—	—	—	—	—	—	—

（续表6）

项目	功能分类科目	上级计划 文号	上级计划 发文时间	上级计划 发文机关	上级计划 项目单位	资金渠道	资金额度 合计	资金额度 中央	资金额度 自治区	资金额度 地方配套	分项计划及建设内容	盟直 合计	盟直 中央	盟直 自治区	阿左旗 合计	阿左旗 中央	阿左旗 自治区	阿右旗 合计	阿右旗 中央	阿右旗 自治区	额济纳旗 合计	额济纳旗 中央	额济纳旗 自治区	阿拉善经济开发区 合计	阿拉善经济开发区 中央	阿拉善经济开发区 自治区	腾格里经济技术开发区 合计	腾格里经济技术开发区 中央	腾格里经济技术开发区 自治区	乌兰布和生态沙产业护示范区 合计	乌兰布和生态沙产业护示范区 中央	乌兰布和生态沙产业护示范区 自治区
22. 2015年林业油品成价格补贴	—	内财投〔2015〕1543号 阿财投〔2015〕1630号	—	—	—	—	245.8	245.8	—	—	盟种苗站25.8万元，额济纳旗国营林场20万元，阿右旗巴音勒各20万元，阿左旗巴彦诺日公、巴吉、查苏木、腰坝、头道湖各20万元共120万元，贺兰山林场20万元，腾格里通湖20万元	25.8	25.8	—	140（贺兰山20）	140	—	40	40	—	20	20	—				20	20	—			—
23. 关于下达2015年森林生态效益补偿基金公共管护支出项目经费的通知	2130209	内财农〔2015〕1488号	—	—	—	自治区财政	200	200	—	—	监测费110万元，检查验收费90万元	200	200	—			—			—			—			—			—			—
24. 关于下达2015年森林植被恢复费（返还旗县部分）的通知	2130299	内财农〔2015〕1691号 阿财农〔2015〕1786号	—	—	—	自治区财政	5009	—	5009	—	额济纳旗2482万元，阿右旗169万元，阿左旗2014年2万元、2015年2356万元			—	2358		2358	169		169	2482		2482			—			—			—
25. 关于2015年农业综合开发林业生态示范和名优经济林等项目的批复	—	内林造函〔2015〕473号	—	—	—	—	168	120	38	10	额济纳旗林业生态示范项目：赛汉桃来苏木，封育5000亩，中央投资120万元，省级配套38万元，地级配套5万元，县级配套5万元			—			—			—		120	38			—			—			—

（续表7）

项目	功能分类科目	发文文号	发文时间	发文机关	项目单位	资金渠道	资金额度合计	中央	自治区	地方配套	分项计划及建设内容	盟直合计	盟直中央	盟直自治区	阿左旗合计	阿左旗中央	阿左旗自治区	阿右旗合计	阿右旗中央	阿右旗自治区	额济纳旗合计	额济纳旗中央	额济纳旗自治区	阿拉善经济开发区合计	阿拉善经济开发区中央	阿拉善经济开发区自治区	腾格里经济技术开发区合计	腾格里经济技术开发区中央	腾格里经济技术开发区自治区	乌兰布和生态沙产业示范区合计	乌兰布和生态沙产业示范区中央	乌兰布和生态沙产业示范区自治区
26. 2015年植被恢复费的通知	—	内财农〔2015〕2022号 阿财农〔2016〕221号	—	—	—	—	2100	—	2100	—	腾格里植被恢复费2000万元，沙冬青平茬复壮技术研究100万元	100	—	100	—	—	—	—	—	—	—	—	—	—	—	—	—	—	2000	—	—	—
27. 内蒙古自治区财政厅关于下达绿化重点区域奖补资金的通知	2130205 森林培育	内财农〔2015〕2023号 内重绿办发〔2015〕5号 阿财农〔2015〕133号	—	—	—	—	670	—	670	—	一般奖补500万元，村屯绿化170万元，其中阿右旗100万元，阿左旗30万元，额济纳旗20万元，腾格里20万元	—	—	—	—	—	400	—	—	130	—	—	120	—	—	—	—	—	20	—	—	—
28. 自治区林业救灾补助	—	—	—	—	—	—	50	—	50	—	林业局干旱救灾补助50万元	50	—	50	—	—	—	—	—	—	—	—	—	—	—	—	—	—	—	—	—	—
29. 肉苁蓉物种监测评估项目	—	—	—	国家林业局驻内蒙古自治区森林资源监督专员办事处	—	—	2.5	2.5	—	—	肉苁蓉物种监测评估项目2.5万元	2.5	—	—	—	—	—	—	—	—	—	—	—	—	—	—	—	—	—	—	—	—
30. 国有林场改革经费	—	—	—	—	—	—	9	—	9	—	国有林场改革经费9万元	9	—	—	—	—	—	—	—	—	—	—	—	—	—	—	—	—	—	—	—	—

表 15-6　2016 年度中央和自治区林业投资安排下达情况表

单位：万元

项　目	拨款文号	预算款项	阿拉善盟	阿左旗	其中，贺兰山	阿右旗	额济纳旗	阿拉善经济开发区	腾格里经济技术开发区	乌兰布和生态沙产业示范区	盟林业局	盟森林公安局	盟林研所	盟林工站	盟森防站	盟种苗站	盟公益林站
转移支付资金总计（中央+自治区）	—	—	56665.00	26406.02	705.62	19661.60	8120.50	501.00	975.38	248.50	400.00	79.00	7.00	116.00	20.00	130.00	0.00
中央资金合计（各级总汇总数不包含森林保费）	—	—	56665.00	8750.00	0.00	3750.00	730.00	0.00	0.00	0.00	0.00	0.00	0.00	116.00	0.00	0.00	0.00
中央基本建设资金合计	—	—	13346.00	8750.00	—	3750.00	730.00	0.00	0.00	0.00	—	0.00	0.00	116.00	0.00	0.00	0.00
一、天然林保护工程	—	2110506	5760.00	5760.00	—	—	—	—	—	—	—	—	—	—	—	—	—
天然林资源保护工程二期	内发改投字[2016]589号 阿发改投字[2016]173号 阿财投[2016]579号	—	5760.00	5760.00	—	—	—	—	—	—	—	—	—	—	—	—	—
四、"三北"防护林工程	—	2130217	7420.00	2990.00	—	3750.00	680.00	—	—	—	—	—	—	—	—	—	—
防护林工程	内发改投字[2016]591号 阿发改投字[2016]174号 阿财投[2016]580号	—	7420.00	2990.00	—	3750.00	680.00	—	—	—	—	—	—	—	—	—	—
十二、其他项目 中央预算内林业基本建设投资计划	—	—	166.00	—	—	—	50.00	—	—	—	—	—	—	116.00	—	—	—
防沙治沙项目	—	2130217	150.00	—	—	—	50.00	—	—	—	—	—	—	100.00	—	—	—
林业工作站建设项目	—	2130299	16.00	—	—	—	—	—	—	—	—	—	—	16.00	—	—	—
自治区基本建设资金合计	—	—	—	—	—	—	—	—	—	—	—	—	—	—	—	—	—

（续表1）

项目	拨款文号	预算款项	阿拉善盟	阿左旗	其中，贺兰山	阿右旗	额济纳旗	阿拉善经济开发区	腾格里经济技术开发区	乌兰布和生态沙产业示范区	盟林业局	盟森林公安局	盟林研所	盟林工站	盟森防站	盟种苗站	盟公益林站
自治区预算内基建项目	—	—	—	—	—	—	—	—	—	—	—	—	—	—	—	—	—
财政专项经费合计	—	—	43319.00	17656.02	705.62	15911.60	7390.50	501.00	975.38	248.50	400.00	79.00	7.00	0.00	20.00	130.00	0.00
中央财政专项经费	—	—	43319.00	17656.02	705.62	15911.60	7390.50	501.00	975.38	248.50	400.00	79.00	7.00	0.00	20.00	130.00	0.00
一、天然林保护	财政专项资金	—	2737.00	2056.62	175.62	125.00	150.00	160.00	235.38	10.00	—	—	—	—	—	—	—
1. 森林管护费（国有和集体）	内财农[2015]1963号 阿财[2016]134号	2110501	1820.00	1454.90	175.62	—	—	150.00	215.10	—	—	—	—	—	—	—	—
调标	内财农[2016]1421号	2110501	42.00	32.62	—	—	—	—	9.38	—	—	—	—	—	—	—	—
2. 社会保险补助 天然林保护工程财政资金	内财农[2015]1963号	2110502	263.00	257.10	—	—	—	—	5.90	—	—	—	—	—	—	—	—
3. 政策性支出补助 天保工程区森林公安派出所标准化资金	内财农[2016]835号 阿财[2016]859号	2110503	112.00	112.00	112.00	—	—	—	—	—	—	—	—	—	—	—	—
政策性奖补资金	内财农[2016]1699号	—	500.00	200.00	—	125.00	150.00	10.00	5.00	10.00	—	—	—	—	—	—	—
二、退耕还林	—	—	214.00	85.90	—	39.60	40.50	—	48.00	—	—	—	—	—	—	—	—
完善退耕还林政策补助资金	内财农[2015]1948号	2110602	214.00	85.90	—	39.60	40.50	—	48.00	—	—	—	—	—	—	—	—
三、森林培育	—	—	4599.00	1814.00	—	1766.00	673.00	211.00	—	105.00	—	—	—	—	—	30.00	—

（续表 2）

项　目	拨款文号	预算款项	阿拉善盟	阿左旗	其中,贺兰山	阿右旗	额济纳旗	阿拉善经济开发区	腾格里经济技术开发区	乌兰布和生态沙产业示范区	盟林业局	盟森林公安局	盟林研所	盟林工站	盟森防站	盟种苗站	盟公益林站
其中,造林补贴试点	内财农〔2016〕816号 阿财农〔2016〕562号	2130205	4406.00	1774.00	—	1684.00	632.00	211.00	—	105.00	—	—	—	—	—	—	—
— 2016年第二批造林补贴	内财农〔2016〕1421号	2130205	73.00	—	—	52.00	21.00	—	—	—	—	—	—	—	—	—	—
良种补贴 林木良种补贴资金	内财农〔2015〕963号	2130205	50.00	20.00	—	—	—	—	—	—	—	—	—	—	—	30.00	—
— 林木良种补贴资金第二批	内财农〔2016〕1421号	2130205	70.00	20.00	—	30.00	20.00	—	—	—	—	—	—	—	—	—	—
森林抚育	—	—	—	—	—	—	—	—	—	—	—	—	—	—	—	—	—
四,森林生态效益补偿	—	—	29675.00	11594.00	360.00	12269.00	4858.00	120.00	494.00	—	340.00	—	—	—	—	—	—
— 年森林生态效益补偿基金	内财农〔2015〕1949号 阿财农〔2016〕141号	2130209	28222.00	11445.00	267.00	12207.00	3836.00	120.00	494.00	—	120.00	—	—	—	—	—	—
— 调标	内财农〔2016〕1421号	2130209	1233.00	149.00	93.00	62.00	1022.00	—	—	—	—	—	—	—	—	—	—
— 森林生态效益补偿基金公共管护支出经费	内财农〔2016〕1699号	2130209	220.00	—	—	—	—	—	—	—	220.00	—	—	—	—	—	—
五,林业技术推广	—	2130206	100.00	—	—	—	—	—	—	—	—	—	—	—	—	100.00	—
— 林业技术推广示范项目	内财农〔2016〕1421号	2130206	100.00	—	—	—	—	—	—	—	—	—	—	—	—	100.00	—

（续表3）

项目	拨款文号	预算款项	阿拉善盟	阿左旗	其中，贺兰山	阿右旗	额济纳旗	阿拉善经济开发区	腾格里经济技术开发区	乌兰布和生态沙产业示范区	盟林业局	盟森林公安局	盟林研所	盟林工站	盟森防站	盟种苗站	盟公益林站
六、森林保险费补贴	—	2130233	2574.06	977.74	—	697.53	709.03	56.78	132.75	—	—	—	—	—	—	—	—
七、林业自然保护区	—	—	100	100	100	—	—	—	—	—	—	—	—	—	—	—	—
中央财政林业国家自然保护区补助资金	内财农〔2016〕1421号	2130210	100.00	100.00	100.00	—	—	—	—	—	—	—	—	—	—	—	—
八、湿地保护补助资金　中央财政湿地保护补贴资金	内财农〔2016〕1421号	2130212	200.00	—	—	—	200.00	—	—	—	—	—	—	—	—	—	—
九、林业有害生物防治	—	—	80.00	30.00	10.00	10.00	10.00	10.00	10.00	—	—	—	—	—	10.00	—	—
林业有害生物防治补助费	内财农〔2016〕1421号	2130234	80.00	30.00	10.00	10.00	10.00	10.00	10.00	—	—	—	—	—	10.00	—	—
十、防沙治沙	—	2130217	2000.00	—	—	1000.00	1000.00	—	—	—	—	—	—	—	—	—	—
中央财政沙化土地封禁保护区补助资金	内财农〔2016〕1421号	2130217	2000.00	—	—	1000.00	1000.00	—	—	—	—	—	—	—	—	—	—
十一、林业产业化	—	2130221	—	—	—	—	—	—	—	—	—	—	—	—	—	—	—
十二、石油价格改革对林业补贴	—	—	—	—	—	—	—	—	—	—	—	—	—	—	—	—	—
十三、国有困林场扶贫资金	国有贫困林场扶贫资金的通知 内财农〔2016〕1183号 阿财农〔2016〕846号	1100203	100.00	—	—	100.00	—	—	—	—	—	—	—	—	—	—	—
十四、林业贴息贷款	内财农〔2016〕1421号	213	213.00	63.50	—	16.00	—	—	—	133.50	—	—	—	—	—	—	—

（续表4）

项　目	拨款文号	预算款项	阿拉善盟	阿左旗	其中,贺兰山	阿右旗	额济纳旗	阿拉善经济开发区	腾格里经济技术开发区	乌兰布和生态沙产业示范区	盟林业局	盟森林公安局	盟林研所	盟林工站	盟森防站	盟种苗站	盟公益林站
十五、森林公安财政专项资金	—	2130213	184.00	44.00	—	22.00	39.00	—	—	—	—	79.00	—	—	—	—	—
— 森林公安财政专项转移支付资金	内财农[2016]834号 阿财农[2016]860号	—	134.00	34.00	—	16.00	30.00	—	—	—	—	54.00	—	—	—	—	—
— 第二批中央财政森林公安专项资金	内财农[2016]1421号	—	50.00	10.00	—	6.00	9.00	—	—	—	—	25.00	—	—	—	—	—
十六、育林基金改革减收财政转移支付	—	—	—	—	—	—	—	—	—	—	—	—	—	—	—	—	—
十七、中央农业综合开发林业项目合计	内林造发[2016]196号	此项资金在农开办、原属财政、现属农牧局	400.00	200.00	—	200.00	—	—	—	—	—	—	—	—	—	—	—
十八、国有林场财政改革补助 中央财政专项国有林场改革补助经费	内财农[2016]1421号	2130299	3100.00	1868.00	60.00	564.00	420.00	—	188.00	—	60.00	—	—	—	—	—	—
十九、中央部门预算（国家林业局专项）	—	—	—	—	—	—	—	—	—	—	—	—	—	—	—	—	—
二十、国家林业部门预算小专项	内林财发[2016]324号	—	17.00	—	—	—	—	—	—	—	—	—	7.00	—	10.00	—	—
— 荒漠化监测	—	2130217	—	—	—	—	—	—	—	—	—	—	—	—	—	—	—
— 湿地监测与管理	—	2130212	—	—	—	—	—	—	—	—	—	—	—	—	—	—	—
— 野生动物疫病监测	—	2130211	—	—	—	—	—	—	—	—	—	—	—	—	—	—	—

（续表5）

	项目	拨款文号	预算款项	阿拉善盟	阿左旗	其中:贺兰山	阿右旗	额济纳旗	阿拉善经济开发区	腾格里经济技术开发区	乌兰布和生态沙产业示范区	盟林业局	盟森林公安局	盟林研所	盟林工站	盟森防站	盟种苗站	盟公益林站
—	珍稀濒危物种野外救护与人工繁育	—	2130211	—	—	—	—	—	—	—	—	—	—	—	—	—	—	—
—	国家森林资源动态监测	—	2130208	—	—	—	—	—	—	—	—	—	—	—	—	—	—	—
—	国际先进技术引进	—	2130206	—	—	—	—	—	—	—	—	—	—	—	—	—	—	—
—	公益性行业科研专项经费	—	2130206	—	—	—	—	—	—	—	—	—	—	—	—	—	—	—
—	林业生态等监测运行	—	2130206	—	—	—	—	—	—	—	—	—	—	7.00	—	—	—	—
—	新品种测试及转基因安全管理	—	2130206	—	—	—	—	—	—	—	—	—	—	—	—	—	—	—
—	森林病虫害预测预报补助费	—	2130234	—	—	—	—	—	—	—	—	—	—	—	—	10.00	—	—
—	林业站本地调查与管理	—	2130299	—	—	—	—	—	—	—	—	—	—	—	—	—	—	—
	自治区财政专项资金合计（包括农业综合开发）	—	—	3053.50	1204.00	0.00	897.00	253.00	10.00	0.00	10.00	565.00	10.00	2.50	58.00	5.00	39.00	0.00
	自治区财政专项经费（部门预算）																	
—	森林防火补助：林缘防火	内财农〔2016〕268号 阿财农〔2016〕438号	2130234	10.00	—	—	—	—	—	—	—	10.00	—	—	—	—	—	—

（续表 6）

项目	拨款文号	预算款项	阿拉善盟	阿左旗	其中,贺兰山	阿右旗	额济纳旗	阿拉善经济开发区	腾格里经济技术开发区	乌兰布和生态沙业示范区	盟林业局	盟森林公安局	盟林研所	盟林工站	盟森防站	盟种苗站	盟公益林站
野生动植物保护和湿地保护补助	内财农[2016]268号 阿财农[2016]438号	2130211	10.00	—	—	—	—	—	—	—	10.00	—	—	—	—	—	—
林业综合改革示范	内财农[2016]268号 阿财农[2016]438号	2130299	10.00	—	—	10.00	—	—	—	—	—	—	—	—	—	—	—
生态红线补助	内财农[2016]1699号	2130299	15.00	—	—	—	—	—	—	—	15.00	—	—	—	—	—	—
救灾补助	内财农[2016]1699号	—	30.00	—	—	—	—	—	—	—	30.00	—	—	—	—	—	—
林业有害生物防治补助	内财农[2016]268号 阿财农[2016]438号	2130234	35.00	10.00	—	10.00	10.00	—	—	—	—	—	—	—	5.00	—	—
地方公益林生态效益补偿	内财农[2016]268号 阿财农[2016]438号	2130209	30.00	—	—	—	30.00	—	—	—	—	—	—	—	—	—	—
阿左旗黑果枸杞示范基地建设	内财农[2016]268号 阿财农[2016]438号	2130206	50.00	50.00	—	—	—	—	—	—	—	—	—	—	—	—	—
盟林工站建设补助	内财农[2016]268号 阿财农[2016]438号	2130299	38.00	—	—	—	—	—	—	—	—	—	—	38.00	—	—	—

（续表7）

项目	拨款文号	预算款项	阿拉善盟	阿左旗	其中,贺兰山	阿右旗	额济纳旗	阿拉善经济开发区	腾格里经济技术开发区	乌兰布和生态沙产业示范区	盟林业局	盟森林公安局	盟林研所	盟林工站	盟森防站	盟种苗站	盟公益林站
梭梭造林配套技术推广	内财农[2016]268号 阿财农[2016]438号	—	20.00	—	—	—	—	—	—	—	—	—	—	20.00	—	—	—
种苗检测执法	内财农[2016]268号 阿财农[2016]438号	—	15.00	—	—	3.00	3.00	—	—	—	—	—	—	—	—	9.00	—
种苗站黑果枸杞良种无性系繁育及栽培技术	内财农[2016]268号 阿财农[2016]438号	—	30.00	—	—	—	—	—	—	—	—	—	—	—	—	30.00	—
自治区森林公安专项（大要案办案业务费）	内财农[2016]834号 阿财农[2016]860号	2130213	30.00	—	—	10.00	10.00	—	—	—	—	10.00	—	—	—	—	—
重点区域绿化奖补（第一批）	内财农[2016]268号 阿财农[2016]438号	2130205	700.00	330.00	—	250.00	100.00	10.00	—	10.00	—	—	—	—	—	—	—
肉苁蓉种子丰产技术标准	内林财发[2016]427号	—	2.50	—	—	—	—	—	—	—	—	—	2.50	—	—	—	—
林业产业化项目	内财农[2016]268号 阿财农[2016]438号	2130221	100.00	50.00	—	50.00	—	—	—	—	—	—	—	—	—	—	—
农业综合开发林业生态示范和名优经济林示范项目	内林造发[2016]196号	—	128.00	64.00	—	64.00	—	—	—	—	—	—	—	—	—	—	—

(续表 8)

项　目	拨款文号	预算款项	阿拉善盟	阿左旗	其中,贺兰山	阿右旗	额济纳旗	阿拉善经济开发区	腾格里经济技术开发区	乌兰布和生态沙产业示范区	盟林业局	盟森林公安局	盟林研所	盟林工站	盟森防站	盟种苗站	盟公益林站
2016年自治区森林植被恢复费	—	—	1800.00	700.00	—	500.00	100.00	—	—	—	500.00	—	—	—	—	—	—
自治区、盟(市)级森林植被恢复费植树造林	内财农[2016]268号 阿财农[2016]438号	2130299	1800.00	700.00	—	500.00	100.00	—	—	—	500.00	—	—	—	—	—	—
返还旗县森林植被恢复费	内财农[2016]1699号	—	—	—	—	—	—	—	—	—	—	—	—	—	—	—	—
自治区森林保险保费补贴	—	2130233	1647.40	625.76	—	446.42	453.93	36.34	84.96	—	—	—	—	—	—	—	—
盟本级财政专项资金合计	—	—	566.00	8.00	0.00	8.00	30.00	0.00	0.00	0.00	520.00	—	—	—	0.00	0.00	0.00
盟本级财政专项资金	—	—	550.00	8.00	0.00	8.00	30.00	0.00	0.00	0.00	520.00	—	—	—	—	—	—
地方公益林配套	阿财农[2016]853号	2130209	30.00	8.00	—	8.00	30.00	—	—	—	—	—	—	—	—	—	—
银川绿博园阿拉善展区设计布展经费	阿财预[2016]292号	2130299	320.00	—	—	—	—	—	—	—	320.00	—	—	—	—	—	—
沙生植物园正常维护管理费	阿财预[2016]292号	2130211	150.00	—	—	—	—	—	—	—	150.00	—	—	—	—	—	—
义务植树基地补助	阿财预[2016]292号	2130299	50.00	—	—	—	—	—	—	—	50.00	—	—	—	—	—	—
机构运行支出	—	—	—	—	—	—	—	—	—	—	—	—	—	—	—	—	—
行政单位基本支出	—	2130201	—	—	—	—	—	—	—	—	—	—	—	—	—	—	—
事业单位基本支出	—	2130204	—	—	—	—	—	—	—	—	—	—	—	—	—	—	—

（续表9）

项目	拨款文号	预算款项	阿拉善盟	阿左旗	其中,贺兰山	阿右旗	额济纳旗	阿拉善经济开发区	腾格里经济技术开发区	乌兰布和生态沙产业示范区	盟林业局	盟森林公安局	盟林研所	盟林工站	盟森防站	盟种苗站	盟公益林站
农业综合开发林业生态示范和名优经济示范林项目	内林造发〔2016〕196号	—	16.00	8.00	—	8.00	—	—	—	—	—	—	—	—	—	—	—
森林保险保费补贴	—	—	370.66	140.79	—	100.44	102.13	8.18	19.12	—	—	—	—	—	—	—	—
全盟基本建设前期项目投资	—	—	—	—	—	—	—	0.00	0.00	0.00	0.00	0.00	0.00	0.00	0.00	0.00	0.00
旗县级财政专项资金合计	—	—	—	—	—	—	—	—	—	—	—	—	—	—	—	—	—
农业综合开发林业生态示范和名优经济示范林项目	内林造发〔2016〕196号	—	16.00	8.00	—	8.00	—	—	—	—	—	—	—	—	—	—	—
森林保险保费补贴	—	—	556.00	211.19	—	150.67	153.20	12.26	28.67	—	—	—	—	—	—	—	—
机构运行支出	—	—	—	—	—	—	—	—	—	—	—	—	—	—	—	—	—
行政单位基本支出	—	—	—	—	—	—	—	—	—	—	—	—	—	—	—	—	—
事业单位基本支出	—	—	—	—	—	—	—	—	—	—	—	—	—	—	—	—	—

表15-7　2017年度中央和自治区林业投资安排下达情况统计

单位：万元

项目	拨款文号	预算款项	阿拉善盟	阿左旗	其中,贺兰山	阿右旗	额济纳旗	阿拉善经济开发区	腾格里经济技术开发区	乌兰布和生态沙产业示范区	盟林业局	盟森林公安局	盟林研所	盟林工站	盟森防站	盟种苗站	盟公益林站
转移支付资金总计（中央+自治区）	—	—	69942.00	32092.20	830.74	20802.10	13134.50	637.00	1398.20	250.00	1164.00	144.00	—	125.00	35.00	30.00	85.00
中央资金合计（各级汇总数不包含森林保费）	—	—	63043.00	27667.20	800.74	19848.10	11964.50	637.00	1373.20	—	1144.00	144.00	—	80.00	35.00	20.00	85.00
中央基本建设资金合计	—	—	15858.00	8089.50	80.00	4038.50	1825.00	156.00	480.00	—	1144.00	—	—	80.00	—	—	—

（续表 1）

项　目	拨款文号	预算款项	阿拉善盟	阿左旗	其中，贺兰山	阿右旗	额济纳旗	阿拉善经济开发区	腾格里经济技术开发区	乌兰布和生态沙产业示范区	盟林业局	盟森林公安局	盟林研所	盟林工站	盟森防站	盟种苗站	盟公益林站
一、天然林保护工程	内发改投字[2017]449号 阿发改投字[2017]109号 阿财投[2017]548号	2110506	6260.00	6104.00	—	—	—	156.00	—	—	—	—	—	—	—	—	—
二、退耕还林（前一轮）	—	—	—	—	—	—	—	—	—	—	—	—	—	—	—	—	—
三、退耕还林（新一轮）	—	—	45.00	—	—	—	—	—	—	—	—	—	—	—	—	—	—
退耕还林	内发改投字[2017]915号	—	—	—	—	—	—	—	—	—	—	—	—	—	—	—	—
退耕还草	内发改投字[2017]915号	—	45.00	—	—	—	—	—	—	—	—	—	—	—	—	—	—
四、京津风沙源治理项目	内发改投字[2017]640号	—	—	—	—	—	—	—	—	—	—	—	—	—	—	—	—
五、"三北"防护林工程	内发改投字[2017]711号 阿发改投字[2017]170号	2130205	8080.00	1800.00	—	4000.00	1800.00	—	480.00	—	—	—	—	—	—	—	—
六、野生动植物及自然保护区	—	—	—	—	—	—	—	—	—	—	—	—	—	—	—	—	—
自然保护区	内林计发[2017]149号	—	—	—	—	—	—	—	—	—	—	—	—	—	—	—	—
极小种群野生动植物资源抢救项目	—	—	—	—	—	—	—	—	—	—	—	—	—	—	—	—	—

（续表2）

项 目		拨款文号	预算款项	阿拉善盟	阿左旗	其中，贺兰山	阿右旗	额济纳旗	阿拉善经济开发区	腾格里经济技术开发区	乌兰布和生态沙产业示范区	盟林业局	盟森林公安局	盟林研所	盟林工站	盟森防站	盟种苗站	盟公益林站
七、湿地保护工程	—	内发改投字〔2017〕611号	—	—	一	一	一	一	一	一	一	一	一	一	一	一	一	一
八、棚户区（危旧房）改造项目	—	内发改投字〔2017〕1262号阿财投〔2017〕1311号	—	60.00	10.00	一	25.00	25.00	一	一	一	一	一	一	一	一	一	一
	国有林场	一	一	60.00	10.00	一	25.00	25.00	一	一	一	一	一	一	一	一	一	一
	国有林区	内发改投字〔2017〕1262号阿财投〔2017〕1311号	一	一	一	一	一	一	一	一	一	一	一	一	一	一	一	一
九、森林防火	一	内林计发〔2017〕147号	一	1144.00	一	一	一	一	一	一	一	1144.00	一	一	一	一	一	一
十、林业有害生物防治	国家级中心测报点能力建设项目	一	一	一	一	一	一	一	一	一	一	一	一	一	一	一	一	一
十一、森工非经营项目	一	一	一	一	一	一	一	一	一	一	一	一	一	一	一	一	一	一
十二、其他项目	中央预算内林业基本建设投资	内林计发〔2017〕269号	2130217	269.00	175.50	80.00	13.50	一	一	一	一	一	一	一	80.00	一	一	一
	防沙治沙项目	一	一	135.00	55.00	一	一	一	一	一	一	一	一	一	80.00	一	一	一
	林业工作站建设项目	一	一	54.00	40.50	一	13.50	一	一	一	一	一	一	一	一	一	一	一
	一级木材检查站建设项目	一	一	一	一	一	一	一	一	一	一	一	一	一	一	一	一	一
	国家级生态定位站建设项目	一	一	一	一	一	一	一	一	一	一	一	一	一	一	一	一	一

(续表 3)

项目	拨款文号	预算款项	阿拉善盟	阿左旗	其中:贺兰山	阿右旗	额济纳旗	阿拉善经济开发区	腾格里经济技术开发区	乌兰布和生态沙产业示范区	盟林业局	盟森林公安局	盟林研所	盟林工站	盟森防站	盟种苗站	盟公益林站
珍贵及特殊树种培育项目	—	2130299	80.00	80.00	80.00	—	—	—	—	—	—	—	—	—	—	—	—
科技推广及质监站建设项目	—	—	—	—	—	—	—	—	—	—	—	—	—	—	—	—	—
国家森林公园保护设施建设	内发改投字[2017]541号	—	—	—	—	—	—	—	—	—	—	—	—	—	—	—	—
自治区基本建设资金合计	—	—	—	—	—	—	—	—	—	—	—	—	—	—	—	—	—
自治区预算内基建项目	内发改综字[2016]276号	—	—	—	—	—	—	—	—	—	—	—	—	—	—	—	—
财政专项经费合计	—	—	54084.00	24002.70	750.74	16763.60	11309.50	481.00	918.20	250.00	20.00	144.00	—	45.00	35.00	30.00	85.00
中央财政专项经费	—	—	47185.00	19577.70	720.74	15809.60	10139.50	481.00	893.20	—	—	144.00	—	—	35.00	20.00	85.00
一、林业生态保护恢复	—	—	886.00	652.18	—	39.60	40.50	—	55.72	—	—	98.00	—	—	—	—	—
(一)天然林保护	—	2110502	537.00	431.28	—	—	—	—	7.72	—	—	98.00	—	—	—	—	—
1.社会保险补助	—	—	327.00	319.28	—	—	—	—	7.72	—	—	—	—	—	—	—	—
	财农[2017]68号 内财农[2017]1645号	—	76.00	74.28	—	—	—	—	1.72	—	—	—	—	—	—	—	—
	财农[2016]186号 内财农[2017]298号	—	251.00	245.00	—	—	—	—	6.00	—	—	—	—	—	—	—	—
2.政策性社会性支出	—	2110503	210.00	112.00	—	—	—	—	—	—	—	98.00	—	—	—	—	—

（续表4）

项 目	拨款文号	预算款项	阿拉善盟	阿左旗	其中，贺兰山	阿右旗	额济纳旗	阿拉善经济开发区	腾格里经济技术开发区	乌兰布和生态沙产业示范区	盟林业局	盟森林公安局	盟林研所	盟林工站	盟森防站	盟种苗站	盟公益林站
工程区公安派出所标准化建设	财农〔2016〕186号 内财农〔2017〕298号	—	210.00	112.00	—	—	—	—	—	—	—	98.00	—	—	—	—	—
教育、医疗、社会公益等支出	财农〔2016〕186号 内财农〔2017〕298号	—	—	—	—	—	—	—	—	—	—	—	—	—	—	—	—
支持奖励补助资金	财农〔2016〕186号 内财农〔2017〕1466号	—	—	—	—	—	—	—	—	—	—	—	—	—	—	—	—
3. 停止商业性采伐	—	—	—	—	—	—	—	—	—	—	—	—	—	—	—	—	—
天保区停伐补助（停伐）	财农〔2016〕186号 内财农〔2017〕298号	—	—	—	—	—	—	—	—	—	—	—	—	—	—	—	—
天保区停伐补助（社会运行）	财农〔2016〕186号 内财农〔2017〕298号	—	—	—	—	—	—	—	—	—	—	—	—	—	—	—	—
天保区外停伐补助	财农〔2017〕68号 内财农〔2017〕1645号	—	—	—	—	—	—	—	—	—	—	—	—	—	—	—	—
重点国有林区金融债务贴息	财农〔2016〕186号 内财农〔2017〕298号	—	—	—	—	—	—	—	—	—	—	—	—	—	—	—	—

（续表 5）

项 目	拨款文号	预算款项	阿拉善盟	阿左旗	其中,贺兰山	阿右旗	额济纳旗	阿拉善经济开发区	腾格里经济技术开发区	乌兰布和生态沙产业示范区	盟林业局	盟森林公安局	盟林研所	盟林工站	盟森防站	盟种苗站	盟公益林站
（二）退耕还林	—	—	349.00	220.90	—	39.60	40.50	—	48.00	—	—	—	—	—	—	—	—
— 完善政策补助资金	财农〔2016〕186号 内财农〔2017〕298号	2110699	214.00	85.90	—	39.60	40.50	—	48.00	—	—	—	—	—	—	—	—
— 新一轮退耕还林	—	—	135.00	135.00	—	—	—	—	—	—	—	—	—	—	—	—	—
— 新一轮退耕还林（2017年任务）	财农〔2017〕68号 内财农〔2017〕1645号	—	135.00	135.00	阿左旗退耕还草3000亩,农牧局分配	—	—	—	—	—	—	—	—	—	—	—	—
— 新一轮退耕还林（2015年任务）	财农〔2016〕186号 内财农〔2017〕298号	—	—	—	—	—	—	—	—	—	—	—	—	—	—	—	—
二、林业改革发展资金	—	—	45992.00	18823.52	720.74	15570.00	10094.00	481.00	837.48	—	—	46.00	—	—	35.00	20.00	85.00
（一）森林资源管护支出	—	—	32832.00	13383.52	710.74	12401.00	5970.00	270.00	722.48	—	—	—	—	—	—	—	85.00
— 1.天然林管护补助	—	—	1904.00	1525.52	232.74	—	—	150.00	228.48	—	—	—	—	—	—	—	—
— 森林管护费（天保）	财农〔2017〕67号 内财农〔2017〕1645号	2130209	1904.00	1525.52	232.74	—	—	150.00	228.48	—	—	—	—	—	—	—	—
—	—	—	42.00	38.02	28.54	—	—	—	3.98	—	—	—	—	—	—	—	—

（续表6）

项目	拨款文号	预算款项	阿拉善盟	阿左旗	其中，贺兰山	阿右旗	额济纳旗	阿拉善经济开发区	腾格里经济技术开发区	乌兰布和生态沙产业示范区	盟林业局	盟森林公安局	盟林研所	盟林工站	盟森防站	盟种苗站	盟公益林站
天保工程区外国有天然商品林管护补助	财农[2016]188号 内财农[2017]298号	—	1862.00	1487.50	204.20	—	—	150.00	224.50	—	—	—	—	—	—	—	—
—	—	—	—	—	—	—	—	—	—	—	—	—	—	—	—	—	—
—	财农[2017]67号 内财农[2017]1645号	—	—	—	—	—	—	—	—	—	—	—	—	—	—	—	—
—	财农[2016]188号 内财农[2017]298号	—	—	—	—	—	—	—	—	—	—	—	—	—	—	—	—
建档立卡贫困林业人口管护费	财农[2016]105号 内财农[2016]1421号	—	—	—	—	—	—	—	—	—	—	—	—	—	—	—	—
2.森林生态效益补偿	—	2130209	30928.00	11858.00	478.00	12401.00	5970.00	120.00	494.00	—	—	—	—	—	85.00	—	—
2017年森林生态效益补偿（一批）	财农[2016]188号 内财农[2017]298号	—	29455.00	11624.00	360.00	12299.00	4888.00	120.00	494.00	—	—	—	—	—	30.00	—	—
2017年森林生态效益基金（调标）	财农[2017]67号 内财农[2017]1645号	—	1233.00	149.00	93.00	62.00	1022.00	—	—	—	—	—	—	—	—	—	—

(续表7)

项 目	拨款文号	预算款项	阿拉善盟	阿左旗	其中,贺兰山	阿右旗	额济纳旗	阿拉善经济开发区	腾格里经济技术开发区	乌兰布和生态沙产业示范区	盟林业局	盟森林公安局	盟林研所	盟林工站	盟森防站	盟种苗站	盟公益林站
2017年森林生态效益补偿基金(管护费)	财农[2016]186号 内财农[2017]1466号	—	240.00	85.00	25.00	40.00	60.00	—	—	—	—	—	—	—	—	—	55
(二)森林资源培育支出	—	—	12239.00	5307.00	—	2945.00	3651.00	211.00	105.00	—	—	—	—	—	—	20.00	—
1. 良种补贴	—	2130205	160.00	70.00	—	50.00	20.00	—	—	—	—	—	—	—	—	20.00	—
2017年林木良种补贴资金(二)	财农[2017]67号 内财农[2017]1645号	—	100.00	70.00	—	30.00	—	—	—	—	—	—	—	—	—	—	—
2017年林木良种补贴资金(一)	财农[2016]188号 内财农[2017]298号	—	60.00	—	—	20.00	20.00	—	—	—	—	—	—	—	—	20.00	—
2. 造林补助	—	2130299	12079.00	5237.00	—	2895.00	3631.00	211.00	105.00	—	—	—	—	—	—	—	—
2017年造林补贴试点补助资金	财农[2016]188号 内财农[2017]298号	—	3158.00	1263.00	—	526.00	1053.00	211.00	105.00	—	—	—	—	—	—	—	—
2017年造林补贴试点补助资金	财农[2017]67号 内财农[2017]1645号	—	8921.00	3974.00	—	2369.00	2578.00	—	—	—	—	—	—	—	—	—	—
3. 森林抚育补助	—	—	—	—	—	—	—	—	—	—	—	—	—	—	—	—	—

（续表8）

项目	拨款文号	预算款项	阿拉善盟	阿左旗	其中，贺兰山	阿右旗	额济纳旗	阿拉善经济开发区	腾格里经济技术开发区	乌兰布和生态沙产业示范区	盟林业局	盟森林公安局	盟林研所	盟林工站	盟森防站	盟种苗站	盟公益林站
2017年森林抚育补贴试点资金（第一次）	财农[2016]188号 内财农[2017]298号	—	—	—	—	—	—	—	—	—	—	—	—	—	—	—	—
2017年森林抚育补贴试点资金（第二次）	财农[2017]67号 内财农[2017]1645号	—	—	—	—	—	—	—	—	—	—	—	—	—	—	—	—
（三）生态保护体系支出	—	—	635.00	53.00	—	48.00	453.00	—	—	—	—	46.00	—	—	35.00	—	—
1.湿地保护补助	财农[2017]67号 内财农[2017]1645号	2130211	300.00	—	—	—	300.00	—	—	—	—	—	—	—	—	—	—
2.林业自然保护区补助	财农[2017]67号 内财农[2017]1645号	2130210	100.00	—	—	—	100.00	—	—	—	—	—	—	—	—	—	—
3.沙化封禁保护区补助	财农[2017]67号 内财农[2017]1645号	—	—	—	—	—	—	—	—	—	—	—	—	—	—	—	—
4.森林防火补助	—	2130234	—	—	—	—	—	—	—	—	—	—	—	—	—	—	—
边境森林防火隔离带补助	财农[2017]67号 内财农[2017]1645号	—	—	—	—	—	—	—	—	—	—	—	—	—	—	—	—

(续表9)

项　目	拨款文号	预算款项	阿拉善盟	阿左旗	其中，贺兰山	阿右旗	额济纳旗	阿拉善经济开发区	腾格里经济技术开发区	乌兰布和生态沙产业示范区	盟林业局	盟森林公安局	盟林研所	盟林工站	盟森防站	盟种苗站	盟公益林站
防火救灾补助	内财农〔2017〕597号	—	—	—	—	—	—	—	—	—	—	—	—	—	—	—	—
航空消防补助	财农〔2016〕188号 内财农〔2017〕298号	—	—	—	—	—	—	—	—	—	—	—	—	—	—	—	—
5.林业有害生物防治补助	—	2130234	35.00	—	—	—	—	—	—	—	—	—	—	—	35.00	—	—
—	财农〔2016〕188号 内财农〔2017〕298号	—	35.00	—	—	—	—	—	—	—	—	—	—	—	35.00	—	—
—	财农〔2017〕67号 内财农〔2017〕1645号	—	—	—	—	—	—	—	—	—	—	—	—	—	—	—	—
6.林业生产救灾补助		—	—	—	—	—	—	—	—	—	—	—	—	—	—	—	—
7.森林公安补助	—	2130213	200.00	53.00	—	48.00	53.00	—	—	—	—	46.00	—	—	—	—	—
森林公安中央财政转移支付资金（一批）	财农〔2016〕188号 内财农〔2017〕298号	—	135.00	26.00	—	36.00	40.00	—	—	—	—	33.00	—	—	0.00	0.00	0.00
森林公安中央财政转移支付资金（二批）	财农〔2017〕67号 内财农〔2017〕1645号	—	65.00	27.00	—	12.00	13.00	—	—	—	—	13.00	—	—	—	—	—

（续表10）

项　目	拨款文号	预算款项	阿拉善盟	阿左旗	其中，贺兰山	阿右旗	额济纳旗	阿拉善经济开发区	腾格里经济技术开发区	乌兰布和生态沙产业示范区	盟林业局	盟森林公安局	盟林研所	盟林工站	盟森防站	盟种苗站	盟公益林站
（四）国有林场改革支出	—	—	—	—	—	—	—	—	—	—	—	—	—	—	—	—	—
中央财政国有林场改革补助	财农〔2016〕188号 内财农〔2017〕298号	—	140.00	80.00	10.00	30.00	20.00	—	10.00	—	—	—	—	—	—	—	—
（五）林业产业发展支出	—	—	146.00	—	—	146.00	—	—	—	—	—	—	—	—	—	—	—
1. 林业技术推广补助	财农〔2017〕67号 内财农〔2017〕1645号	2130206	100.00	—	—	100.00	—	—	—	—	—	—	—	—	—	—	—
2. 林业贷款贴息补助	财农〔2017〕67号 内财农〔2017〕1645号	2130227	46.00	—	—	46.00	—	—	—	—	—	—	—	—	—	—	—
3. 林业产业化补助	—	—	—	—	—	—	—	—	—	—	—	—	—	—	—	—	—
4. 其他	—	—	—	—	—	—	—	—	—	—	—	—	—	—	—	—	—
三、森林保险费补贴	—	—	2573.83	977.74	—	697.53	709.03	56.78	132.75	0.00	0.00	0.00	0.00	0.00	0.00	0.00	0.00
四、国有贫困林场扶贫资金	财农〔2016〕163号 内财农〔2016〕2138号	1100203	90.00	90.00	—	—	—	—	—	—	—	—	—	—	—	—	—
国有贫困林场扶贫资金	—	—	90.00	90.00	90.00	—	—	—	—	—	—	—	—	—	—	—	—
五、育林基金改革减收财政转移支付	—	—	—	—	—	—	—	—	—	—	—	—	—	—	—	—	—

（续表11）

项　目	拨款文号	预算款项	阿拉善盟	阿左旗	其中,贺兰山	阿右旗	额济纳旗	阿拉善经济开发区	腾格里经济技术开发区	乌兰布和生态沙产业示范区	盟林业局	盟森林公安局	盟林研所	盟林工站	盟森防站	盟种苗站	盟公益林站
六、中央农业综合开发　农业综合开发林业生态示范	内林造发〔2017〕254号	—	200.00	—	—	200.00	—	—	—	—	—	—	—	—	—	—	—
七、中央部门预算（国家林业局专项）　2017年国家林业局部门预算	林规发〔2017〕32号　内林财发〔2017〕274号	—	17.00	12.00	—	—	5.00	—	—	—	—	—	—	—	—	—	—
—　森林病虫害预测预报补助	—	2130234	10.00	5.00	—	—	5.00	—	—	—	—	—	—	—	—	—	—
—　生态定位站	—	2130206	7.00	7.00	—	—	—	—	—	—	—	—	—	—	—	—	—
八、其他专项	—	—	—	—	—	—	—	—	—	—	—	—	—	—	—	—	—
自治区本级财政专项资金合计	—	—	6899.00	4425.00	30.00	954.00	1170.00	—	25.00	250.00	20.00	—	—	45.00	—	10.00	—
（部门预算）	—	—	6835.00	4425.00	30.00	890.00	1170.00	—	25.00	250.00	20.00	—	—	45.00	—	10.00	—
一、森林防火　1. 森林防火补助	内财农〔2017〕934号　内林财发〔2017〕245号	2130234	20.00	20	20	—	—	—	—	—	—	—	—	—	—	—	—
二、林业技术推广　2. 林业技术推广	内财农〔2017〕934号　内林财发〔2017〕245号	2130206	40.00	—	—	—	—	—	—	—	—	—	—	40	—	—	—

（续表12）

项目	拨款文号	预算款项	阿拉善盟	阿左旗	其中,贺兰山	阿右旗	额济纳旗	阿拉善经济开发区	腾格里经济技术开发区	乌兰布和生态沙产业示范区	盟林业局	盟森林公安局	盟林研所	盟林工站	盟森防站	盟种苗站	盟公益林站
3. 林木种苗质量检与选育补助	内财农〔2017〕934号 内林财发〔2017〕245号	2130205	10.00	—	—	—	—	—	—	—	—	—	—	—	—	10	—
4. 示范造林补助	内财农〔2017〕934号 内林财发〔2017〕245号	2130205	70.00	—	—	—	70	—	—	—	—	—	—	—	—	—	—
5. 林业生态红线划定补助	内财农〔2017〕934号 内林财发〔2017〕245号	—	—	—	—	—	—	—	—	—	—	—	—	—	—	—	—
6. 经济林建设补助	内财农〔2017〕934号 内林财发〔2017〕245号	—	—	—	—	—	—	—	—	—	—	—	—	—	—	—	—
7. 自治区森林植被恢复费	—	2130205	5850.00	4000.00	0.00	650.00	1000.00	0.00	0.00	200.00	0.00	—	—	—	—	—	—
第一批	内财农〔2017〕934号 内林财发〔2017〕245号	—	2850.00	2000.00	—	550.00	300.00	—	—	—	—	—	—	—	—	—	—
第二批	内财农〔2017〕529号	—	3000.00	2000.00	—	100.00	700.00	—	—	200.00	—	—	—	—	—	—	—
8. 重点区域绿化财政奖补资金	内财农〔2017〕934号 内林财发〔2017〕245号	2130205	570.00	300.00	—	150.00	50.00	—	20.00	50.00	—	—	—	—	—	—	—

三、森林培育

（续表 13）

项目	项目（科目）	拨款文号	预算款项	阿拉善盟	阿左旗	其中，贺兰山	阿右旗	额济纳旗	阿拉善经济开发区	腾格里经济技术开发区	乌兰布和生态沙产业示范区	盟林业局	盟森林公安局	盟林研所	盟林工站	盟森防站	盟种苗站	盟公益林站
四、湿地保护	9.湿地和野生动植物调查	内财农〔2017〕934号 内林财发〔2017〕245号	2130211	10.00	—	—	—	—	—	—	—	10.00	—	—	—	—	—	—
五、林业自然保护区	10.自然保护区补助	内财农〔2017〕934号 内林财发〔2017〕245号	2130210	10.00	—	—	10.00	—	—	—	—	—	—	—	—	—	—	—
六、有害生物防治	11.有害生物防治	内财农〔2017〕934号 内林财发〔2017〕245号	2130234	35.00	25.00	10.00	10.00	—	—	—	—	—	—	—	—	—	—	—
七、公益林补偿	12.地方公益林补偿	内财农〔2017〕934号 内林财发〔2017〕245号	2130209	30.00	—	—	—	30.00	—	—	—	—	—	—	—	—	—	—
八、森林公安补助	13.森林公安专项经费	内财农〔2017〕934号 内林财发〔2017〕245号	2130213	50.00	—	—	30.00	20.00	—	—	—	—	—	—	—	—	—	—
九、林业产业化	14.林业产业化	内财农〔2017〕934号 内林财发〔2017〕245号	2130221	100.00	60.00	—	40.00	—	—	—	—	—	—	—	—	—	—	—

(续表14)

项目		拨款文号	预算款项	阿拉善盟	阿左旗	其中，贺兰山	阿右旗	额济纳旗	阿拉善经济开发区	腾格里经济技术开发区	乌兰布和生态沙产业示范区	盟林业局	盟森林公安局	盟林研所	盟林工站	盟森防站	盟种苗站	盟公益林站
十、其他	15. 林工站建设	内财农〔2017〕934号 内林财发〔2017〕245号	2130299	30.00	20.00	—	—	—	—	5.00	—	—	—	—	5	—	—	—
	16. 集体林改	内财农〔2017〕934号 内林财发〔2017〕245号	2130299	10.00	—	—	—	—	—	—	—	10.00	—	—	—	—	—	—
	17. 重点工程效益监测补助	内财农〔2017〕934号 内林财发〔2017〕245号	—	—	—	—	—	—	—	—	—	—	—	—	—	—	—	—
	18. 退耕还林工作经费	内财农〔2017〕934号 内林财发〔2017〕245号	—	—	—	—	—	—	—	—	—	—	—	—	—	—	—	—
	19. 林业工程前期工作经费	内财农〔2017〕934号 内林财发〔2017〕245号	—	—	—	—	—	—	—	—	—	—	—	—	—	—	—	—
	20. 其他业务费	内财农〔2017〕934号 内林财发〔2017〕245号	—	64.00	—	—	64.00	—	—	—	—	—	—	—	—	—	—	—
—	自治区本级财政专项经费（部门预算外安排）	—	—	—	—	—	—	—	—	—	—	—	—	—	—	—	—	—

（续表15）

项目	项　目	拨款文号	预算款项	阿拉善盟	阿左旗	其中,贺兰山	阿右旗	额济纳旗	阿拉善经济开发区	腾格里经济技术开发区	乌兰布和生态沙产业示范区	盟林业局	盟森林公安局	盟林研所	盟林工站	盟森防站	盟种苗站	盟公益林站
十、其他	21.林业重大科技项目	内财科〔2017〕1001号	—	—	—		—	—	—	—	—	—	—	—	—	—	—	—
十一、农业综合开发	22.农业综合开发林业生态示范	内林造发〔2017〕254号	此项资金在农开办,原属财政局,现属农牧局	64.00	—		64.00	—	—	—	—	—	—	—	—	—	—	—
十二、森林保险保费补贴	23.自治区森林保险费补贴	—	—	1647.41	625.76		446.42	453.93	36.34	84.96	—	—	—	—	—	—	—	—
—	盟本级财政专项资金合计	—	—	764.66	140.79	0.00	108.44	132.13	8.18	19.12	0.00	356.00	—	—	—	0.00	0.00	0.00
—	盟本级财政专项资金	—	—	386.00	0.00	0.00	0.00	0.00	0.00	0.00	0.00	356.00	—	—	—	—	—	—
—	地方公益林配套资金	阿财农〔2017〕936号	2130209	30.00	—		—	30.00	—	—	—	—	—	—	—	—	—	—
—	阿拉善盟航空护林站建设项目地方配套	阿财农〔2017〕936号	2130299	286.00	—		—	—	—	—	—	286.00	—	—	—	—	—	—
—	野生动植物、自然保护区和湿地保护管理经费	阿财农〔2017〕936号	2130211	20.00	—		—	—	—	—	—	20.00	—	—	—	—	—	—
—	义务植树基地补助	阿财农〔2017〕936号	2130299	50.00	—		—	—	—	—	—	50.00	—	—	—	—	—	—

（续表16）

项　目	拨款文号	预算款项	阿拉善盟	阿左旗	其中,贺兰山	阿右旗	额济纳旗	阿拉善经济开发区	腾格里经济技术开发区	乌兰布和生态沙产业示范区	盟林业局	盟森林公安局	盟林研所	盟林工站	盟森防站	盟种苗站	盟公益林站
机构运行支出	—	—	—	—	—	—	—	—	—	—	—	—	—	—	—	—	—
行政单位基本支出	—	2130201	—	—	—	—	—	—	—	—	—	—	—	—	—	—	—
事业单位基本支出	—	2130204	—	—	—	—	—	—	—	—	—	—	—	—	—	—	—
农业综合开发林业生态示范和名优经济林示范项目	内林造发〔2017〕254号	—	8.00	—	—	8.00	—	—	—	—	—	—	—	—	—	—	—
森林保险保费补贴	—	—	370.66	140.79	—	100.44	102.13	8.18	19.12	—	—	—	—	—	—	—	—
全盟基本建设前期项目投资	—	—	—	—	—	—	—	—	—	—	—	—	—	—	—	—	—
旗县级财政专项资金合计	—	—	—	—	—	—	—	0.00	0.00	0.00	0.00	0.00	0.00	0.00	0.00	0.00	0.00
农业综合开发林业生态示范和名优经济林示范项目	内林造发〔2017〕254号	—	8.00	—	—	8.00	—	—	—	—	—	—	—	—	—	—	—
森林保险保费补贴	—	—	556.00	211.19	—	150.67	153.20	12.26	28.67	—	—	—	—	—	—	—	—
机构运行支出	—	—	—	—	—	—	—	—	—	—	—	—	—	—	—	—	—
行政单位基本支出	—	—	—	—	—	—	—	—	—	—	—	—	—	—	—	—	—
事业单位基本支出	—	—	—	—	—	—	—	—	—	—	—	—	—	—	—	—	—

表15-8　2018年度中央和自治区林业投资安排下达情况统计

单位：万元

项　目	拨款文号	预算款项	阿拉善盟	阿左旗	其中，贺兰山	阿右旗	额济纳旗	阿拉善经济开发区	腾格里经济技术开发区	乌兰布和生态沙产业示范区	盟林业局	盟森林公安局	盟林研所	盟林工站	盟森防站	盟种苗站	盟公益林站
转移支付资金总计（中央+自治区）	—	—	6028.70	28746.62	2645.00	15483.88	12076.40	1012.00	2383.80	40.00	110.00	89.00	107.00	—	20.00	120.00	90.00
中央资金合计（各级汇总数不包含森林保费）	—	—	59847.70	28707.62	2625.00	15315.88	12042.40	1012.00	2303.80	40.00	60.00	49.00	107.00	—	—	120.00	90.00
中央基本建设资金合计	—	14838.7	15057.70	9937.60	1810.00	1600.00	1280.10	720.00	1520.00	—	—	—	—	—	—	—	—
一、天然林保护工程	内发改投字[2018]215号 阿发改投[2018]105号 阿财投[2018]640号	2110506	6448.00	6208.00	—	—	—	240.00	—	—	—	—	—	—	—	—	—
二、退耕还林（前一轮）	—	—	—	—	—	—	—	—	—	—	—	—	—	—	—	—	—
三、退耕还草（新一轮）	—	—	—	—	—	—	—	—	—	—	—	—	—	—	—	—	—
四、京津风沙源治理林业项目	—	—	—	—	—	—	—	—	—	—	—	—	—	—	—	—	—
五、"三北"防护林工程	内发改投字[2018]311号 阿发改投[2018]100号 阿财投[2018]384号	2130205	6340.00	1720.00	—	1600.00	1020.00	480.00	1520.00	—	—	—	—	—	—	—	—
六、野生动植物及自然保护区	—	—	—	—	—	—	—	—	—	—	—	—	—	—	—	—	—
动植物保护能力提升	—	—	—	—	—	—	—	—	—	—	—	—	—	—	—	—	—
自然保护区	—	—	—	—	—	—	—	—	—	—	—	—	—	—	—	—	—

393

（续表1）

项目	拨款文号	预算款项	阿拉善盟	阿左旗	其中，贺兰山	阿右旗	额济纳旗	阿拉善经济开发区	腾格里经济技术开发区	乌兰布和生态沙产业示范区	盟林业局	盟森林公安局	盟林研所	盟林工站	盟森防站	盟种苗站	盟公益林站
七、湿地保护工程 —— 极小种群野生动植物资源拯救项目	—	—	—	—	—	—	—	—	—	—	—	—	—	—	—	—	—
八、棚户区（危旧房）改造项目	—	—	—	—	—	—	—	—	—	—	—	—	—	—	—	—	—
国有林场	内发改投字[2018]237号 阿发改投字[2018]101号 阿财投[2018]254号	—	50.00 50.00	50.00 50.00	50.00 50.00	—	—	—	—	—	—	—	—	—	—	—	—
国有林区	—	—	—	—	—	—	—	—	—	—	—	—	—	—	—	—	—
九、森林防火	内林计发[2018]68号 阿财投[2018]612号	2130234	800.00	800.00	800.00	—	—	—	—	—	—	—	—	—	—	—	—
十、林业有害生物防治 —— 有害生物防治能力提升	阿发改投字[2018]94号 阿财投[2018]397号	—	83.20	41.60	—	—	41.60	—	—	—	—	—	—	—	—	—	—
十一、森工非经营项目	—	—	—	—	—	—	—	—	—	—	—	—	—	—	—	—	—
十二、其他项目 —— 中央预算内林业基本建设投资	内林计发[2018]91号 阿财投[2018]498号	—	1336.50	1118.00	960.00	—	218.50	—	—	—	—	—	—	—	—	—	—

（续表 2）

项　目	拨款文号	预算款项	阿拉善盟	阿左旗	其中，贺兰山	阿右旗	额济纳旗	阿拉善经济开发区	腾格里经济技术开发区	乌兰布和生态沙产业示范区	盟林业局	盟森林公安局	盟林研所	盟林工站	盟森防站	盟种苗站	盟公益林站
防沙治沙项目	—	2130217	137.50	—	—	—	137.50	—	—	—	—	—	—	—	—	—	—
林业工作站建设项目	—	—	20.00	20.00	—	—	—	—	—	—	—	—	—	—	—	—	—
森林公安派出所基础设施建设	—	—	219.00	138.00	—	—	81.00	—	—	—	—	—	—	—	—	—	—
国家级生态定位站建设项目	—	—	—	—	—	—	—	—	—	—	—	—	—	—	—	—	—
珍贵及特殊树种培育项目	—	2130299	—	—	—	—	—	—	—	—	—	—	—	—	—	—	—
科技推广及质监站建设项目	—	—	—	—	—	—	—	—	—	—	—	—	—	—	—	—	—
国家森林公园保护设施建设项目	阿发改投字[2018]82号 阿财投[2018]257号	—	960.00	960.00	960.00	—	—	—	—	—	—	—	—	—	—	—	—
自治区基本建设资金合计	—	—	—	—	—	—	—	—	—	—	—	—	—	—	—	—	—
自治区预算内基建项目	—	—	—	—	—	—	—	—	—	—	—	—	—	—	—	—	—
财政专项经费合计	—	—	—	—	—	—	—	—	—	—	—	—	—	—	—	—	—
中央财政专项经费	—	—	44790.00	18770.02	815.00	13715.88	10762.30	292.00	783.80	40.00	60.00	49.00	107.00	—	—	120.00	90.00

（续表3）

项　目	拨款文号	预算款项	阿拉善盟	阿左旗	其中，贺兰山	阿右旗	额济纳旗	阿拉善经济开发区	腾格里经济技术开发区	乌兰布和生态沙产业示范区	盟林业局	盟森林公安局	盟林研所	盟林工站	盟森防站	盟种苗站	盟公益林站
一、林业生态保护恢复	—	—	962.00	853.60	—	21.60	22.50	17.00	47.30		—	—	—	—	—	—	—
（一）天然林保护	—	—	427.00	391.00	—	—	—	17.00	19.00	—	—	—	—	—	—	—	—
1. 社会保险补助	—	2110502	427.00	391.00	—	—	—	17.00	19.00	—	—	—	—	—	—	—	—
	内财农〔2017〕2165号〔2018〕127号	—	261.00	254.00	—	—	—	—	7.00	—	—	—	—	—	—	—	—
	内财农〔2018〕1012号 阿财农〔2018〕976号	—	166.00	137.00	—	—	—	17.00	12.00	—	—	—	—	—	—	—	—
2. 政策性社会性支出	—	2110503	—	—	—	—	—	—	—	—	—	—	—	—	—	—	—
工程区公安派出所标准化建设	—	—	—	—	—	—	—	—	—	—	—	—	—	—	—	—	—
教育、医疗、社会公益等支出	—	—	—	—	—	—	—	—	—	—	—	—	—	—	—	—	—
支持奖励补助资金	—	—	—	—	—	—	—	—	—	—	—	—	—	—	—	—	—
3. 停止商业性采伐	—	—	—	—	—	—	—	—	—	—	—	—	—	—	—	—	—
天保区停伐补助（停伐）	—	—	—	—	—	—	—	—	—	—	—	—	—	—	—	—	—
天保区停伐补助（社会运行）	—	—	—	—	—	—	—	—	—	—	—	—	—	—	—	—	—

（续表4）

项	项 目	拨款文号	预算款项	阿拉善盟	阿左旗	其中，贺兰山	阿右旗	额济纳旗	阿拉善经济开发区	腾格里经济技术开发区	乌兰布和生态沙产业示范区	盟林业局	盟森林公安局	盟林研所	盟林工站	盟森防站	盟种苗站	盟公益林站
一	天保区外停伐补助	—	—	—	—	—	—	—	—	—	—	—	—	—	—	—	—	—
一	重点国有林区金融债务贴息	—	—	—	—	—	—	—	—	—	—	—	—	—	—	—	—	—
一	（二）退耕还林	—	—	535.00	462.60	—	21.60	22.50	—	28.30	—	—	—	—	—	—	—	—
一	完善政策补助资金	内财农〔2017〕2165号 阿财农〔2018〕127号	2110699	125.00	52.60	—	21.60	22.50	—	28.30	—	—	—	—	—	—	—	—
一	退耕还林纳入抚育范围	—	—	—	—	—	—	—	—	—	—	—	—	—	—	—	—	—
一	新一轮退耕还草	—	—	—	—	—	—	—	—	—	—	—	—	—	—	—	—	—
一	新一轮退耕还林草（2017年任务）	内财农〔2017〕2165号 阿财农〔2018〕127号	—	320.00	320.00	此320万元资金盟农牧局划分阿左旗草原站	—	—	—	—	—	—	—	—	—	—	—	—
一	新一轮退耕还林草（2017年任务）	内财农〔2018〕1012号 阿财农〔2018〕976号	—	90.00	90.00	此90万元资金盟农牧局划分额济纳旗农牧局	—	—	—	—	—	—	—	—	—	—	—	—
一	新一轮退耕还林（2015年任务）	—	—	—	—	—	—	—	—	—	—	—	—	—	—	—	—	—

（续表5）

项目	拨款文号	预算款项	阿拉善盟	阿左旗	其中，贺兰山	阿右旗	额济纳旗	阿拉善经济开发区	腾格里经济技术开发区	乌兰布和生态沙产业示范区	盟林业局	盟林业公安局	盟林研所	盟林工站	盟森防站	盟种苗站	盟公益林站
二、林业改革发展资金	—	—	43801.00	17901.42	805.00	13694.28	10734.80	275.00	736.50	40.00	60.00	49.00	100.00	—	—	120.00	90.00
（一）森林资源管护支出	—	—	32851.00	13378.00	695.00	12411.00	5940.00	275.00	727.00	—	30.00	—	—	—	—	—	90.00
1. 天然林管护补助	—	—	1904.00	1526.00	233.00	—	—	150.00	228.00	—	—	—	—	—	—	—	—
森林管护费（天保）	—	—	—	—	—	—	—	—	—	—	—	—	—	—	—	—	—
天保工程区外国有天然商品林管护补助	内财农[2017]2165号 阿财农[2018]127号	2130209	1904.00	1526.00	233.00	—	—	150.00	228.00	—	—	—	—	—	—	—	—
建档立卡贫困林业人口管护费	—	—	—	—	—	—	—	—	—	—	—	—	—	—	—	—	—
2. 森林生态效益补偿	—	2130209	30947.00	11852.00	462.00	12411.00	5940.00	125.00	499.00	—	30.00	—	—	—	—	—	90.00
2018年森林生态效益补偿	内财农[2017]2165号 阿财农[2018]127号	—	30687.00	11782.00	452.00	12371.00	5920.00	120.00	494.00	—	—	—	—	—	—	—	—
2017年森林生态效益补偿基金（管护费）	内财农[2018]1012号 阿财农[2018]976号	—	260.00	70.00	10.00	40.00	20.00	5.00	5.00	—	30.00	—	—	—	—	—	90.00

（续表6）

项　目	拨款文号	预算款项	阿拉善盟	阿左旗	其中，贺兰山	阿右旗	额济纳旗	阿拉善经济开发区	腾格里经济技术开发区	乌兰布和生态沙产业示范区	盟林业局	盟森林公安局	盟林研所	盟林工站	盟森防站	盟种苗站	盟公益林站
（二）森林资源培育支出	—	—	10181.00	4268.00	—	1196.70	4691.80	—	4.50	—	—	—	—	—	—	—	—
1. 良种补贴	—	2130205	240.00	50.00	—	140.00	30.00	—	—	—	—	—	—	—	—	20.00	—
良种繁育补助	—	—	70.00	—	—	70.00	—	—	—	—	—	—	—	—	—	20.00	—
良种苗木培育	—	—	170.00	50.00	—	70.00	30.00	—	—	—	—	—	—	—	—	20.00	—
2. 造林补助	—	2130299	9921.00	4210.00	—	1053.00	4658.00	—	—	—	—	—	—	—	—	—	—
2018年造林补贴试点补助资金	内财农〔2017〕2165号 阿财农〔2018〕127号	—	9921.00	4210.00	—	1053.00	4658.00	—	—	—	—	—	—	—	—	—	—
3. 森林抚育补助	—	—	20.00	8.00	—	3.70	3.80	—	4.50	—	—	—	—	—	—	—	—
2017年森林抚育补贴试点资金（第一次）	内财农〔2018〕1012号 阿财农〔2018〕976号	—	20.00	8.00	—	3.70	3.80	—	4.50	—	—	—	—	—	—	—	—
2017年森林抚育补贴试点资金（第二次）	—	—	—	—	—	—	—	—	—	—	—	—	—	—	—	—	—
（三）生态保护体系支出	—	—	349.00	180.00	105.00	52.00	68.00	—	—	—	—	49.00	—	—	—	—	—
1. 湿地保护补助	—	2130211	—	—	—	—	—	—	—	—	—	—	—	—	—	—	—
2. 林业自然保护区补助	内财农〔2018〕1012号 阿财农〔2018〕976号	2130210	100.00	100.00	100.00	—	—	—	—	—	—	—	—	—	—	—	—

（续表 7）

项　目	拨款文号	预算款项	阿拉善盟	阿左旗	其中，贺兰山	阿右旗	额济纳旗	阿拉善经济开发区	腾格里经济技术开发区	乌兰布和生态沙产业示范区	盟林业局	盟森林公安局	盟林研所	盟林工站	盟森防站	盟种苗站	盟公益林站
3. 沙化封禁区保护补助	—	—	—	—	—	—	—	—	—	—	—	—	—	—	—	—	—
4. 森林防火补助	—	2130234	—	—	—	—	—	—	—	—	—	—	—	—	—	—	—
边境森林防火隔离带补助	—	—	—	—	—	—	—	—	—	—	—	—	—	—	—	—	—
防火救灾补助	—	—	—	—	—	—	—	—	—	—	—	—	—	—	—	—	—
航空消防补助	—	—	—	—	—	—	—	—	—	—	—	—	—	—	—	—	—
5. 林业有害生物防治补助	—	2130234	55.00	23.00	5.00	15.00	17.00	—	—	—	—	—	—	—	—	—	—
	内财农〔2017〕2165号 阿财农〔2018〕127号	—	25.00	8.00	—	10.00	7.00	—	—	—	—	—	—	—	—	—	—
	内财农〔2018〕1012号 阿财农〔2018〕976号	—	30.00	15.00	5.00	5.00	10.00	—	—	—	—	—	—	—	—	—	—
6. 林业生产救灾补助	—	—	—	—	—	—	—	—	—	—	—	—	—	—	—	—	—
7. 森林公安补助	—	2130213	194.00	57.00	—	37.00	51.00	—	—	—	—	49.00	—	—	—	—	—
森林公安中央财政转移支付资金（一批）	内财农〔2017〕2165号 阿财农〔2018〕127号	—	157.00	46.00	—	30.00	41.00	—	—	—	—	40.00	—	—	—	—	—

（续表 8）

项目		拨款文号	预算款项	阿拉善盟	阿左旗	其中:贺兰山	阿右旗	额济纳旗	阿拉善经济开发区	腾格里经济技术开发区	乌兰布和生态沙产业示范区	盟林业局	盟森林公安局	盟林研所	盟林工站	盟森防站	盟种苗站	盟公益林站
—	森林公安中央财政转移支付资金（二批）	内财农[2018]1012号 阿财农[2018]976号	—	37.00	11.00	—	7.00	10.00	—	—	—	—	9.00	—	—	—	—	—
（四）国有林场改革支出	中央财政国有林场改革补助	内财农[2018]1012号 阿财农[2018]976号	—	100.00	45.00	5.00	10.00	10.00	—	5.00	—	30.00	—	—	—	—	—	—
（五）林业产业发展支出	—	—	—	320.00	30.42	—	24.58	25.00	—	—	40.00	—	—	100.00	—	—	100.00	—
—	1.林业技术推广补助	内财农[2018]1012号 阿财农[2018]976号	2130206	200.00	—	—	—	—	—	—	—	—	—	100.00	—	—	100.00	—
—	2.林业贷款贴息补助	内财农[2018]1012号 阿财农[2018]976号	2130227	120.00	30.42	—	24.58	25.00	—	—	40.00	—	—	—	—	—	—	—
—	3.林业产业化补助	—	—	—	—	—	—	—	—	—	—	—	—	—	—	—	—	—
—	4.其他	—	—	—	—	—	—	—	—	—	—	—	—	—	—	—	—	—
三、森林保险费补贴	—	—	—	2574.07	977.74	—	697.53	709.27	56.78	132.75	—	—	—	—	—	—	—	—
四、国有贫困林场扶贫资金	国有贫困林场扶贫资金	—	1100203	—	—	—	—	—	—	—	—	—	—	—	—	—	—	—
五、育林基金改革减收财政转移支付	—	—	—	—	—	—	—	—	—	—	—	—	—	—	—	—	—	—

（续表9）

项 目	拨款文号	预算款项	阿拉善盟	阿左旗	其中，贺兰山	阿右旗	额济纳旗	阿拉善经济开发区	腾格里经济技术开发区	乌兰布和生态沙产业示范区	盟林业局	盟森林公安局	盟林研所	盟林工站	盟森防站	盟种苗站	盟公益林站
六、中央农业综合开发	农业综合开发林业生态示范	此项资金在农开办，原属财政局，现属农牧局	内林造发〔2018〕108号 阿林发〔2018〕84号 阿财农综〔2018〕528号 300.00	—	—	300.00	—	—	—	—	—	—	—	—	—	—	—
七、中央部门预算（国家林业局专项）	2018年国家林业部门预算	内林计发〔2018〕222号	27.00	15.00	10.00	—	5.00	—	—	—	—	—	7.00	—	—	—	—
—	森林病虫害预测预报补助	2130234	10.00	5.00	—	—	5.00	—	—	—	—	—	—	—	—	—	—
—	珍稀濒危物种和野外救助与繁育	—	10.00	10.00	10.00	—	—	—	—	—	—	—	—	—	—	—	—
—	生态定位站	2130206	7.00	—	—	—	—	—	—	—	—	—	7.00	—	—	—	—
八、其他专项	—	—	—	—	—	—	—	—	—	—	—	—	—	—	—	—	—
	自治区本级财政专项经费（部门预算）	—	431.00	39.00	20.00	168.00	34.00	—	80.00	—	50.00	40.00	—	—	20.00	—	—
一、森林防火	1. 森林防火补助	内财农〔2018〕700号 阿财农〔2018〕537号 2130234	50.00	20.00	20.00	—	—	—	—	—	30.00	—	—	—	—	—	—
二、林业技术推广	2. 林业技术推广	内财农〔2018〕700号 阿财农〔2018〕537号 2130206	50.00	—	—	—	—	—	50.00	—	—	—	—	—	—	—	—

(续表10)

项　　目	拨款文号	预算款项	阿拉善盟	阿左旗	其中,贺兰山	阿右旗	额济纳旗	阿拉善经济开发区	腾格里经济技术开发区	乌兰布和生态沙产业示范区	盟林业局	盟森林公安局	盟林研所	盟林工站	盟森防站	盟种苗站	盟公益林站
3. 林木种苗质检与选育补助	内财农[2018] 700 号阿财农[2018] 537 号	2130205	—	—	—	—	—	—	—	—	—	—	—	—	—	—	—
4. 示范造林补助	内财农[2018] 700 号阿财农[2018] 537 号	2130205	—	—	—	—	—	—	—	—	—	—	—	—	—	—	—
5. 林业生态红线划定补助	内财农[2018] 700 号阿财农[2018] 537 号	—	—	—	—	—	—	—	—	—	—	—	—	—	—	—	—
6. 经济林建设补助	内财农[2018] 700 号阿财农[2018] 537 号	—	—	—	—	—	—	—	—	—	—	—	—	—	—	—	—
7. 自治区森林植被恢复费	内财农[2018] 700 号阿财农[2018] 537 号	2130205	—	—	—	—	—	—	—	—	—	—	—	—	—	—	—
三、森林培育 第一批	内财农[2018] 700 号阿财农[2018] 537 号	—	—	—	—	—	—	—	—	—	—	—	—	—	—	—	—

（续表 11）

项目	拨款文号	预算款项	阿拉善盟	阿左旗	其中，贺兰山	阿右旗	额济纳旗	阿拉善经济开发区	腾格里经济技术开发区	乌兰布和生态沙产业示范区	盟林业局	盟森林公安局	盟林研所	盟林工站	盟森防站	盟种苗站	盟公益林站
三、森林培育　第二批	内财农[2018]700号 阿财农[2018]537号	—	—	—	—	—	—	—	—	—	—	—	—	—	—	—	—
8.重点区域绿化财政奖补资金	内财农[2018]700号 阿财农[2018]537号	2130205	—	—	—	—	—	—	—	—	—	—	—	—	—	—	—
四、湿地保护　9.湿地和野生动植物调查	内财农[2018]700号 阿财农[2018]537号	2130211	20.00	—	—	—	—	—	—	—	20.00	—	—	—	—	—	—
五、自然保护区　10.自然保护区补助	—	2130210	20.00	12.00	—	8.00	—	—	—	—	—	—	—	—	—	—	—
六、有害生物防治　11.有害生物防治	—	2130234	35.00	7.00	—	4.00	4.00	—	—	—	—	—	—	—	—	—	—
七、公益林补偿　12.地方公益林补偿	—	2130209	30.00	—	—	—	30.00	—	—	—	—	—	—	—	—	—	—
八、森林公安补助　13.森林公安专项经费	—	2130213	40.00	—	—	—	—	—	—	—	—	40	—	—	—	—	—
九、林业产业化　14.林业产业化	—	2130221	90.00	—	—	60.00	—	—	30.00	—	—	—	—	—	—	—	—
十、其他　15.林工站建设	—	2130299	—	—	—	—	—	—	—	—	—	—	—	—	20	—	—
16.集体林改	—	2130299	—	—	—	—	—	—	—	—	—	—	—	—	—	—	—
17.重点工程效益监测补助	—	—	—	—	—	—	—	—	—	—	—	—	—	—	—	—	—
18.退耕还林工作经费	—	—	—	—	—	—	—	—	—	—	—	—	—	—	—	—	—
19.林业工程前期工作经费	—	—	—	—	—	—	—	—	—	—	—	—	—	—	—	—	—

（续表12）

盟本级财政专项资金合计

项 目	拨款文号	预算款项	阿拉善盟	阿左旗	其中,贺兰山	阿右旗	额济纳旗	阿拉善经济开发区	腾格里经济技术开发区	乌兰布和生态沙产业示范区	盟林业局	盟森林公安局	盟林研所	盟林工站	盟森防站	盟种苗站	盟公益林站
十、其他　20. 其他业务费	—	—	—	—	—	—	—	—	—	—	—	—	—	—	—	—	—
自治区本级财政专项经费（部门预算外安排）	—	—	—	—	—	—	—	—	—	—	—	—	—	—	—	—	—
21. 林业重大科技项目	—	此项资金在农开办,原属财政局,现属农牧局	—	—	—	—	—	—	—	—	—	—	—	—	—	—	—
十一、农业综合开发　22. 农业综合开发林业生态示范	内林造发〔2018〕108 号　阿林发〔2018〕84 号　阿财农综〔2018〕528 号	—	96.00	—	—	96.00	—	—	—	—	—	—	—	—	—	—	—
十二、森林保险费补贴　23. 自治区森林保险费补贴费补贴合计	—	—	1647.39	625.76	—	446.42	453.92	36.34	84.96	—	—	—	—	—	—	—	—
盟本级财政专项资金合计	—	—	30.00	—	—	—	—	—	—	—	—	—	—	—	—	—	—
盟本级财政专项资金	—	2130209	—	—	—	—	—	—	—	—	—	—	—	—	—	—	—
地方公益林配套	—	2130299	—	—	—	—	30.00	—	—	—	—	—	—	—	—	—	—
阿拉善盟航空护林站建设项目地方配套	阿财农〔2018〕1062 号	—	—	—	—	—	—	—	—	—	—	—	—	—	—	—	—
野生动植物、自然保护区和湿地保护管理经费	—	2130211	—	—	—	—	—	—	—	—	—	—	—	—	—	—	—

（续表13）

项　目	拨款文号	预算款项	阿拉善盟	阿左旗	其中,贺兰山	阿右旗	额济纳旗	阿拉善经济开发区	腾格里经济技术开发区	乌兰布和生态沙产业示范区	盟林业局	盟森林公安局	盟林研所	盟林工站	盟森防站	盟种苗站	盟公益林站
义务植树基地补助	—	2130299	—	—	—	—	—	—	—	—	—	—	—	—	—	—	—
机构运行支出	—	—	—	—	—	—	—	—	—	—	—	—	—	—	—	—	—
行政单位基本支出	—	2130201	—	—	—	—	—	—	—	—	—	—	—	—	—	—	—
事业单位基本支出	—	2130204	—	—	—	—	—	—	—	—	—	—	—	—	—	—	—
农业综合开发林业生态示范和名经济林示范项目	内林造发〔2018〕108号 阿林发〔2018〕84号 阿财农综〔2018〕528号	—	12.00	—	—	12.00	—	—	—	—	—	—	—	—	—	—	—
森林保险保费补贴	—	—	370.67	140.79	—	100.45	102.13	8.18	19.12	—	—	—	—	—	—	—	—
全盟基本建设前期项目投资	—	—	—	—	—	—	—	—	—	—	—	—	—	—	—	—	—
旗县级财政专项资金合计																	
农业综合开发林业生态示范和名经济林示范项目	内林造发〔2018〕108号 阿林发〔2018〕84号 阿财农综〔2018〕528号	—	12.00	—	—	12.00	—	—	—	—	—	—	—	—	—	—	—
森林保险保费补贴	—	—	556.00	211.19	—	150.67	153.20	12.26	28.67	—	—	—	—	—	—	—	—
机构运行支出	—	—	—	—	—	—	—	—	—	—	—	—	—	—	—	—	—
行政单位基本支出	—	—	—	—	—	—	—	—	—	—	—	—	—	—	—	—	—
事业单位基本支出	—	—	—	—	—	—	—	—	—	—	—	—	—	—	—	—	—

单位：万元

表15-9　2019年度中央和自治区林业投资安排下达情况统计

项目	拨款文号	预算款项	阿拉善盟	阿左旗	其中,贺兰山	阿右旗	额济纳旗	阿拉善高新技术开发区	腾格里经济技术开发区	乌兰布和生态沙产业示范区	盟林草局	盟森林公安局	盟林研所	盟林工站	盟森防站	盟种苗站	盟公益林站	盟草原站	盟草监所
转移支付资金总计	—	—	92576.00	39358.64	1185.52	24294.90	20668.26	4014.00	2614.20	55.00	75.00	153.00	300.00	140.00	45.00	—	70.00	749.00	29.00
中央资金合计（各级汇总数不包含森林保费）	—	—	83673.00	34033.64	1145.52	22623.90	19409.26	3501.00	2593.20	35.00	40.00	113.00	300.00	140.00	35.00	—	70.00	740.00	29.00
中央基本建设资金合计	—	—	25861.00	12454.44	180.52	7214.00	3922.56	1640.00	480.00	—	—	—	—	140.00	—	—	—	—	—
一、天然林保护工程	内发改投字[2019]237号 阿发改投字[2019]82号	2110506	7320.00	5920.00	—	—	—	1400.00	—	—	—	—	—	—	—	—	—	—	—
二、退牧还草	内发改投字[2019]322号 阿发改投字[2019]88号	2110804	8601.00	4534.00	—	3414.00	653.00	—	—	—	—	—	—	—	—	—	—	—	—
三、退耕还林还草	—	—	—	—	—	—	—	—	—	—	—	—	—	—	—	—	—	—	—
第一批	—	—	—	—	—	—	—	—	—	—	—	—	—	—	—	—	—	—	—
第二批	—	—	—	—	—	—	—	—	—	—	—	—	—	—	—	—	—	—	—
四、京津风沙源治理林业项目	—	—	—	—	—	—	—	—	—	—	—	—	—	—	—	—	—	—	—
五、"三北"防护林工程	内发改投字[2019]237号 阿发改投字[2019]82号	2130205	8660.00	1440.00	—	3800.00	2700.00	240.00	480.00	—	—	—	—	—	—	—	—	—	—
六、野生动植物保护及自然保护区	—	—	—	—	—	—	—	—	—	—	—	—	—	—	—	—	—	—	—
动植物保护能力提升	—	—	—	—	—	—	—	—	—	—	—	—	—	—	—	—	—	—	—
自然保护区	—	—	—	—	—	—	—	—	—	—	—	—	—	—	—	—	—	—	—
极小种群野生动植物资源拯救项目	—	—	—	—	—	—	—	—	—	—	—	—	—	—	—	—	—	—	—
七、湿地保护工程	—	—	—	—	—	—	—	—	—	—	—	—	—	—	—	—	—	—	—
八、棚户区（危旧房）改造项目	—	—	—	—	—	—	—	—	—	—	—	—	—	—	—	—	—	—	—
国有林场	—	—	—	—	—	—	—	—	—	—	—	—	—	—	—	—	—	—	—
国有林区	—	—	—	—	—	—	—	—	—	—	—	—	—	—	—	—	—	—	—
九、森林防火	—	—	—	—	—	—	—	—	—	—	—	—	—	—	—	—	—	—	—
高风险火险区建设	内林草规发[2019]140号 阿财建[2019]484号	2130234	1100.00	540.44	170.52	—	559.56	—	—	—	—	—	—	—	—	—	—	—	—

（续表 1）

项　目	拨款文号	预算款项	阿拉善盟	阿左旗	其中，贺兰山	阿右旗	额济纳旗	阿拉善高新技术开发区	腾格里经济技术开发区	乌兰布和生态沙产业示范区	盟林草局	盟森林公安局	盟林研所	盟林工站	盟森防站	盟种苗站	盟公益林站	盟草原站	盟草监所
十、林业有害生物防治	—	—	—	—	—	—	—	—	—	—	—	—	—	—	—	—	—	—	—
有害生物防治能力提升	—	—	—	—	—	—	—	—	—	—	—	—	—	—	—	—	—	—	—
十一、森工非经营项目	—	—	—	—	—	—	—	—	—	—	—	—	—	—	—	—	—	—	—
十二、其他项目	—	—	180.00	—	—	—	—	—	—	—	—	—	—	—	—	—	—	—	—
中央预算内林业基本建设投资	—	—	140.00	20.00	10.00	—	10.00	—	—	—	—	—	—	140.00	—	—	—	—	—
防沙治沙项目	—	—	—	—	—	—	—	—	—	—	—	—	—	140.00	—	—	—	—	—
林业工作站建设项目	—	—	20.00	20.00	—	—	—	—	—	—	—	—	—	—	—	—	—	—	—
极小种群野生动植物资源拯救项目	—	—	—	—	—	—	—	—	—	—	—	—	—	—	—	—	—	—	—
一级木材检查站建设项目	—	—	—	—	—	—	—	—	—	—	—	—	—	—	—	—	—	—	—
国家级生态定位站建设项目	—	—	10.00	—	10.00	—	10.00	—	—	—	—	—	—	—	—	—	—	—	—
珍贵及特殊树种种育项目	—	—	—	—	—	—	—	—	—	—	—	—	—	—	—	—	—	—	—
科技推广及质监站建设项目	—	—	—	—	—	—	—	—	—	—	—	—	—	—	—	—	—	—	—
国家森林公园保护设施建设	—	—	—	—	—	—	—	—	—	—	—	—	—	—	—	—	—	—	—
自治区基本建设资金合计	—	—	—	—	—	—	—	—	—	—	—	—	—	—	—	—	—	—	—
自治区预算内基建项目	—	—	—	—	—	—	—	—	—	—	—	—	—	—	—	—	—	—	—
财政专项经费合计	—	—	—	—	—	—	—	—	—	—	—	—	—	—	—	—	—	—	—
中央财政专项经费	—	—	57812.00	21579.20	965.00	15409.90	15486.70	1861.00	2113.20	35.00	40.00	113.00	300.00	—	35.00	—	70.00	740.00	29.00
一、林业生态保护恢复	—	—	4099.00	1878.00	—	198.60	229.50	832.00	90.90	35.00	10.00	56.00	—	—	—	—	—	740.00	29.00
（一）天然林保护	—	—	612.00	475.00	—	10.00	35.00	17.00	19.00	—	—	56.00	—	—	—	—	—	—	—
1. 天保社会保险补助	内财农[2018]1886号 阿财农[2019]224号	2110502	427.00	391.00	—	—	—	17.00	19.00	—	—	—	—	—	—	—	—	—	—
2. 天保政策性社会性支出	—	—	140.00	84.00	—	—	—	17.00	19.00	—	—	56.00	—	—	—	—	—	—	—

（续表 2）

项　目	拨款文号	预算款项	阿拉善盟	阿左旗	其中,贺兰山	阿右旗	额济纳旗	阿拉善高新技术开发区	腾格里经济技术开发区	乌兰布和生态沙产业示范区	盟林草局	盟森林公安局	盟林研所	盟林工站	盟森防站	盟种苗站	盟公益林站	盟草原站	盟草监所
工程区公安派出所标准化建设	内财农[2018]1886号 阿财农[2019]224号	2110503	140.00	84.00	其中,贺公28	—	—	—	—	—	—	56.00	—	—	—	—	—	—	—
教育、医疗、社会公益等支出	—	—	—	—	—	—	—	—	—	—	—	—	—	—	—	—	—	—	—
支持奖励补助资金	—	—	—	—	—	—	—	—	—	—	—	—	—	—	—	—	—	—	—
3. 停止商业性采伐	—	—	45.00	—	—	10.00	35.00	—	—	—	—	—	—	—	—	—	—	—	—
天保区停伐补助（停伐）	—	—	—	—	—	—	—	—	—	—	—	—	—	—	—	—	—	—	—
天保区停伐补助（社会运行）	—	—	—	—	—	—	—	—	—	—	—	—	—	—	—	—	—	—	—
天保区外停伐补助（提前）	内财农[2018]1886号 阿财农[2019]224号	2110507	41.00	—	—	10.00	31.00	—	—	—	—	—	—	—	—	—	—	—	—
天保区外停伐补助（二地）	内财资环[2019]1016号 内财资环[2019]839号	—	4.00	—	—	—	4.00	—	—	—	—	—	—	—	—	—	—	—	—
重点国有林区金融债务贴息	—	—	—	—	—	—	—	—	—	—	—	—	—	—	—	—	—	—	—
（二）退耕还林			156.00	141.00	—	3.60	4.50	—	6.90	—	—	—	—	—	—	—	—	—	—
完善政策补助资金	内财农[2018]1886号 阿财农[2019]224号	2110699	36.00	21.00	—	3.60	4.50	—	6.90	—	—	—	—	—	—	—	—	—	—
退耕还林纳入抚育范围	—	—	—	—	—	—	—	—	—	—	—	—	—	—	—	—	—	—	—
新一轮退耕还林还草	—	—	—	—	—	—	—	—	—	—	—	—	—	—	—	—	—	—	—
新一轮退耕还林还草（提前）	内财农[2018]1886号 阿财农[2019]224号	2110699	120.00	120.00	此120万元由农牧局划分至阿左旗	—	—	—	—	—	—	—	—	—	—	—	—	—	—
新一轮退耕还林还草（第二批）	—	—	—	—	—	—	—	—	—	—	—	—	—	—	—				
新一轮退耕还林（第三批）	—	—	—	—	—	—	—	—	—	—	—	—	—	—	—				

（续表3）

项目	拨款文号	预算款项	阿拉善盟	阿左旗	其中,贺兰山	阿右旗	额济纳旗	阿拉善高新技术开发区	腾格里经济技术开发区	乌兰布和生态沙产业示范区	盟林草局	盟森林公安局	盟林研所	盟林工站	盟森防站	盟种苗站	盟公益林站	盟草原站	盟草监所
(三)草原生态修复补助	—	—	3331.00	1262.00	—	185.00	190.00	815.00	65.00	35.00	10.00	—	—	—	—	—	—	740.00	29.00
国家试点	—	—	—	—	—	—	—	—	—	—	—	—	—	—	—	—	—	—	—
生态修复治理	内财资环〔2019〕1016号 阿财资环〔2019〕839号	2119901	2341.00	1001.00	—	20.00	20.00	780.00	—	—	—	—	—	—	—	—	—	520.00	29.00
草原管护补助	内财资环〔2019〕1016号 阿财资环〔2019〕839号	2119901	390.00	141.00	—	75.00	90.00	15.00	15.00	15.00	10.00	—	—	—	—	—	—	—	—
有害生物防治	内财资环〔2019〕1016号 阿财资环〔2019〕839号	2119901	600.00	120.00	—	90.00	80.00	20.00	50.00	20.00	—	—	—	—	—	—	—	220.00	—
防火隔离带	—	—	—	—	—	—	—	—	—	—	—	—	—	—	—	—	—	—	—
二、林业改革发展资金	—	53713	53713.20	19701.20	965.00	15211.30	15257.20	1029.00	2022.30	—	30.00	57.00	300.00	—	35.00	—	70.00	—	—
(一)森林资源管护支出	—	—	41313.00	18903.00	860.00	13409.00	6463.00	427.00	2011.00	—	30.00	—	—	—	—	—	70.00	—	—
1.天然林管护补助	—	—	4303.00	3913.00	233.00	—	—	162.00	228.00	—	—	—	—	—	—	—	—	—	—
天保工程区森林管护费（提前）	内财农〔2018〕1886号 阿财农〔2019〕224号	2130207	4043.00	3653.00	233.00	—	—	162.00	228.00	—	—	—	—	—	—	—	—	—	—
天保工程区森林管护费	内财农〔2019〕394号 阿财农〔2019〕696号	2130299	260.00	260.00	—	—	—	—	—	—	—	—	—	—	—	—	—	—	—
天保工程区外国有天然商品林管护补助			—	—	—	—	—	—	—	—	—	—	—	—	—	—	—	—	—
2.森林生态效益补偿	—	—	37010.00	14990.00	627.00	13409.00	6463.00	265.00	1783.00	—	30.00	—	—	—	—	—	70.00	—	—

（续表 4）

项	目	拨款文号	预算款项	阿拉善盟	阿左旗	其中:贺兰山	阿右旗	额济纳旗	阿拉善高新技术开发区	腾格里经济技术开发区	乌兰布和生态沙产业示范区	盟林草局	盟森林公安局	盟林研所	盟林工站	盟森防站	盟种苗站	盟公益林站	盟草原站	盟草监所
—	2019 年森林生态效益补偿	内财农[2018]1886号 阿财农[2019]224号	2130209	31658.00	11959.00	627.00	12564.00	6401.00	130.00	504.00	—	30.00	—	—	—	—	—	70.00	—	—
—	2020 年森林生态效益补偿（第二批）	内财资环[2019]1016号 阿财资环[2019]839号	2130209	5352.00	3031.00	—	845.00	62.00	135.00	1279.00	—	—	—	—	—	—	—	—	—	—
（二）森林资源培育支出	—	—	—	11330.00	614.20	—	1758.30	8348.20	600.00	9.30	—	—	—	—	—	—	—	—	—	—
—	1. 良种补贴	—	—	180.00	—	—	150.00	30.00	—	—	—	—	—	—	—	—	—	—	—	—
—	良种繁育补助	内财资环[2019]1016号 阿财资环[2019]839号	2130205	80.00	—	—	80.00	—	—	—	—	—	—	—	—	—	—	—	—	—
—	良种苗木培育	内财资环[2019]1016号 阿财资环[2019]839号	2130205	100.00	—	—	70.00	30.00	—	—	—	—	—	—	—	—	—	—	—	—
—	2. 造林补助	—	—	11000.00	600.00	—	1600.00	8200.00	600.00	—	—	—	—	—	—	—	—	—	—	—
—	2019 年造林补助资金（第一批）	内财农[2018]1886号 阿财农[2019]224号	2130205	4600.00	600.00	—	1600.00	2200.00	200.00	—	—	—	—	—	—	—	—	—	—	—
—	2019 年造林补助资金（第二批）	内财资环[2019]1016号 阿财资环[2019]839号	2130205	6400.00	—	—	—	6000.00	400.00	—	—	—	—	—	—	—	—	—	—	—
—	3. 森林抚育补助	—	—	150.00	14.20	—	8.30	118.20	—	9.30	—	—	—	—	—	—	—	—	—	—
—	退耕还生态林抚育补助（第一次）	内财农[2018]1886号 阿财农[2019]224号	2130206	20.00	7.50	—	4.00	4.00	—	4.50	—	—	—	—	—	—	—	—	—	—
—	退耕还生态林抚育补助（第二次）	内财资环[2019]1016号 阿财资环[2019]839号	2130205	20.00	6.70	—	4.30	4.20	—	4.80	—	—	—	—	—	—	—	—	—	—
—	森林抚育补贴试点资金	内财资环[2019]1016号 阿财资环[2019]839号	2130205	110.00	—	—	—	110.00	—	—	—	—	—	—	—	—	—	—	—	—

（续表5）

项目	拨款文号	预算款项	阿拉善盟	阿左旗	其中，贺兰山	阿右旗	额济纳旗	阿拉善高新技术开发区	腾格里经济技术开发区	乌兰布和生态沙产业示范区	盟林草局	盟森林公安局	盟林研所	盟林工站	盟森防站	盟种苗站	盟公益林站	盟草原站	盟草监所
（三）生态保护体系支出	—	—	—	—	—	—	—	—	—	—	—	—	—	—	—	—	—	—	—
1. 湿地保护补助	内财资环〔2019〕1016号 阿财资环〔2019〕839号	2130211	770.00	184.00	105.00	44.00	446.00	2.00	2.00	—	—	57.00	—	—	35.00	—	—	—	—
2. 林业自然保护区补助	内财资环〔2019〕1016号 阿财资环〔2019〕839号	213210	300.00	—	—	—	300.00	—	—	—	—	—	—	—	—	—	—	—	—
3. 沙化封禁保护区保护补助	—	—	190.00	100.00	100.00	—	90.00	—	—	—	—	—	—	—	—	—	—	—	—
4. 森林防火补助	—	—	—	—	—	—	—	—	—	—	—	—	—	—	—	—	—	—	—
边境森林防火隔离带补助	—	—	—	—	—	—	—	—	—	—	—	—	—	—	—	—	—	—	—
防火救灾补助	—	—	—	—	—	—	—	—	—	—	—	—	—	—	—	—	—	—	—
航空消防补助	—	—	—	—	—	—	—	—	—	—	—	—	—	—	—	—	—	—	—
5. 林业有害生物防治补助	—	—	100.00	25.00	5.00	18.00	18.00	2.00	2.00	—	—	—	—	—	35.00	—	—	—	—
第一批	内财农〔2018〕1886号 阿财农〔2019〕224号	2130234	40.00	10.00	—	8.00	8.00	2.00	2.00	—	—	—	—	—	10.00	—	—	—	—
第二批	内财资环〔2019〕1016号 阿财资环〔2019〕839号	2130234	60.00	15.00	5.00	10.00	10.00	—	—	—	—	—	—	—	25.00	—	—	—	—
6. 林业生产救灾补助	—	—	—	—	—	—	—	—	—	—	—	—	—	—	—	—	—	—	—
7. 森林公安补助	—	—	180.00	59.00	—	26.00	38.00	—	—	—	—	57.00	—	—	—	—	—	—	—
森林公安中央财政转移支付资金（一批）	内财农〔2018〕1886号 阿财农〔2019〕224号	2130213	150.00	50.00	其中贺公25	20.00	30.00	—	—	—	—	50.00	—	—	—	—	—	—	—
森林公安中央财政转移支付资金（二批）	内财资环〔2019〕1016号 阿财资环〔2019〕839号	2130213	30.00	9.00	其中贺公5	6.00	8.00	—	—	—	—	7.00	—	—	—	—	—	—	—
（四）国有林场改革支出	—	—	—	—	—	—	—	—	—	—	—	—	—	—	—	—	—	—	—
中央财政国有林场改革补助	—	—	—	—	—	—	—	—	—	—	—	—	—	—	—	—	—	—	—

（续表6）

项　目	拨款文号	预算款项	阿拉善盟	阿左旗	其中，贺兰山	阿右旗	额济纳旗	阿拉善高新技术开发区	腾格里经济技术开发区	乌兰布和生态沙产业示范区	盟林草局	盟森林公安局	盟林研所	盟林工站	盟森防站	盟种苗站	盟公益林站	盟草原站	盟草监所
（五）林业产业发展支出	—	—	300.00	—	—	—	—	—	—	—	—	—	300.00	—	—	—	—	—	—
1. 林业技术推广补助	内财资环〔2019〕1016号 阿财资环〔2019〕839号	2130206	300.00	—	—	—	—	—	—	—	—	—	300.00	—	—	—	—	—	—
2. 林业贷款贴息补助	—	—	—	—	—	—	—	—	—	—	—	—	—	—	—	—	—	—	—
3. 林业产业化补助	—	—	—	—	—	—	—	—	—	—	—	—	—	—	—	—	—	—	—
4. 其他	—	—	—	—	—	—	—	—	—	—	—	—	—	—	—	—	—	—	—
三、森林保险保费补贴	—	—	2574.07	977.74	—	697.53	709.27	56.78	132.75	—	—	—	—	—	—	—	—	—	—
四、国有贫困林场扶贫资金 国有贫困林场扶贫资金	—	—	—	—	—	—	—	—	—	—	—	—	—	—	—	—	—	—	—
五、育林基金改革减收财政转移支付	—	—	—	—	—	—	—	—	—	—	—	—	—	—	—	—	—	—	—
六、中央农业综合开发 农业综合开发林业生态示范	—	—	—	—	—	—	—	—	—	—	—	—	—	—	—	—	—	—	—
七、中央部门预算（国家林业局专项） 2018年国家林业局部门预算	—	—	—	—	—	—	—	—	—	—	—	—	—	—	—	—	—	—	—
森林病虫害预测预报补助	—	—	—	—	—	—	—	—	—	—	—	—	—	—	—	—	—	—	—
珍稀濒危物种野外救助与繁育	—	—	—	—	—	—	—	—	—	—	—	—	—	—	—	—	—	—	—
生态定位站	—	—	—	—	—	—	—	—	—	—	—	—	—	—	—	—	—	—	—
八、其他专项	—	—	—	—	—	—	—	—	—	—	—	—	—	—	—	—	—	—	—
自治区本级财政专项经费合计	—	8903	8903.00	5325.00	40.00	1671.00	1259.00	513.00	21.00	20.00	35.00	40.00	—	—	10.00	—	—	9.00	—
自治区本级财政专项经费（部门预算）	—	—	—	—	—	—	—	—	—	—	—	—	—	—	—	—	—	—	—

（续表7）

项目		拨款文号	预算款项	阿拉善盟	阿左旗	其中，贺兰山	阿右旗	额济纳旗	阿拉善高新技术开发区	腾格里经济技术开发区	乌兰布和生态沙产业示范区	盟林草局	盟森林公安局	盟林研所	盟林工站	盟森防站	盟种苗站	盟公益林站	盟草原站	盟草监所
一、森林防火	1. 森林防火补助（阿左旗5万元是贺兰山森林公安的）	内财农[2019]460号 阿财办[2019]384号	2130234	80.00	45.00	40.00	—	20.00	—	—	—	15.00	—	—	—	—	—	—	—	—
二、林业技术推广	2. 林业技术推广	—	—	—	—	—	—	—	—	—	—	—	—	—	—	—	—	—	—	—
	3. 林木种苗质检与选育补助	—	—	—	—	—	—	—	—	—	—	—	—	—	—	—	—	—	—	—
	4. 示范造林补助	—	—	—	—	—	—	—	—	—	—	—	—	—	—	—	—	—	—	—
	5. 林业生态红线划定补助	—	—	—	—	—	—	—	—	—	—	—	—	—	—	—	—	—	—	—
	6. 经济林建设补助	—	—	—	—	—	—	—	—	—	—	—	—	—	—	—	—	—	—	—
三、森林培育	7. 自治区森林植被恢复费	内财农[2019]803号 阿财资环[2019]496号	213	8000.00	5000.00	—	1400.00	1100.00	500.00	—	—	—	—	—	—	—	—	—	—	—
	第一批	—	—	—	—	—	—	—	—	—	—	—	—	—	—	—	—	—	—	—
	第二批	—	—	—	—	—	—	—	—	—	—	—	—	—	—	—	—	—	—	—
	8. 重点区域绿化财政奖补资金	内财农[2019]803号 阿财资环[2019]496号	213	290.00	50.00	—	180.00	30.00	10.00	—	20.00	—	—	—	—	—	—	—	—	—
四、湿地保护	9. 湿地和野生动植物保护	内财农[2019]460号 阿财办[2019]384号	2130211	20.00	—	—	—	—	—	—	—	20.00	—	—	—	—	—	—	—	—
五、林业自然保护区	10. 自然保护区补助	内财农[2019]460号 阿财办[2019]384号	2130210	30.00	20.00	—	10.00	—	—	—	—	—	—	—	—	—	—	—	—	—
六、有害生物防治	11. 有害生物防治	内财农[2019]460号 阿财办[2019]384号	2130234	25.00	5.00	—	5.00	5.00	—	—	—	—	—	—	—	10.00	—	—	—	—

(续表8)

项目		拨款文号	预算款项	阿拉善盟	阿左旗	其中，贺兰山	阿右旗	额济纳旗	阿拉善高新技术开发区	腾格里经济技术开发区	乌兰布和生态沙产业示范区	盟林草局	盟森林公安局	盟林研所	盟林工站	盟森防站	盟种苗站	盟公益林站	盟草原站	盟草监所
七、公益林补偿	12.地方公益林补偿	内财农[2019]460号 阿财办[2019]384号	2130209	30.00	—	—	—	30.00	—	—	—	—	—	—	—	—	—	—	—	—
八、森林公安补助	13.森林公安专项经费	内财农[2019]460号 阿财办[2019]384号	2130213	40.00	—	—	—	—	—	—	—	—	40.00	—	—	—	—	—	—	—
九、林业产业化	14.林业产业化	内财农[2019]460号 阿财办[2019]384号	2130221	50.00	50.00	—	—	—	—	—	—	—	—	—	—	—	—	—	—	—
十、其他	15.林工站建设	—	—	—	—	—	—	—	—	—	—	—	—	—	—	—	—	—	—	—
	16.集体林改	内财农[2019]460号 阿财办[2019]384号	2130299	15.00	5.00	—	10.00	—	—	—	—	—	—	—	—	—	—	—	—	—
	17.重点工程效益监测补助	—	—	—	—	—	—	—	—	—	—	—	—	—	—	—	—	—	—	—
	18.退耕还林工作经费	—	—	—	—	—	—	—	—	—	—	—	—	—	—	—	—	—	—	—
	19.林业工程前期工作经费	—	—	—	—	—	—	—	—	—	—	—	—	—	—	—	—	—	—	—
	20.其他业务费	—	—	—	—	—	—	—	—	—	—	—	—	—	—	—	—	—	—	—
	自治区本级财政专项经费（部门预算外安排）	—	—	—	—	—	—	—	—	—	—	—	—	—	—	—	—	—	—	—
	21.林业重大科技项目	—	—	—	—	—	—	—	—	—	—	—	—	—	—	—	—	—	—	—
十一、草原生态监测	22.草原生态监测	内财农[2019]460号 阿财办[2019]384号	2130110	16.00	3.00	—	2.00	2.00	—	—	—	—	—	—	—	—	—	—	9.00	—

（续表9）

项　目	拨款文号	预算款项	阿拉善盟	阿左旗	其中，贺兰山	阿右旗	额济纳旗	阿拉善高新技术开发区	腾格里经济技术开发区	乌兰布和生态沙产业示范区	盟林草局	盟森林公安局	盟林研所	盟林工站	盟森防站	盟种苗站	盟公益林站	盟草原站	盟草监所
十二、草原生态管护员补助																			
23. 草原生态管护员补助	内财农〔2019〕460号 阿财办〔2019〕384号	2130135	307.00	147.00	—	64.00	72.00	3.00	21.00	—	—	—	—	—	—	—	—	—	—
十三、农业综合开发																			
24. 农业综合开发林业生态示范	—	—	—	—	—	—	—	—	—	—	—	—	—	—	—	—	—	—	—
十四、森林保险保费补贴																			
25. 自治区森林保险费补贴			1647.39	625.76	—	446.42	453.92	36.34	84.96	—	—	—	—	—	—	—	—	—	—
盟本级财政专项资金合计	—	—	1008.00	848.00	—	64.00	73.00	2.00	21.00	—	—	—	—	—	—	—	—	—	—
盟本级财政专项资金																			
地方公益林配套																			
新一轮草原补奖	阿署发〔2016〕180号	2130299	308.00	148.00	—	64.00	73.00	2.00	21.00	—	—	—	—	—	—	—	—	—	—
产业化管理（沙产大赛活动经费）	阿财资环〔2019〕713号	2130221	500.00	500.00	—	—	—	—	—	—	—	—	—	—	—	—	—	—	—
植被恢复（营盘山绿化）	阿财资环〔2019〕710号	2130135	200.00	200.00	—	—	—	—	—	—	—	—	—	—	—	—	—	—	—
阿拉善盟航空护林站建设项目地方配套																			
野生动植物、自然保护区和湿地保护管理经费																			
义务植树基地补助																			
机构运行支出																			
行政单位基本支出																			
事业单位基本支出																			

（续表10）

项目	拨款文号	预算款项	阿拉善盟	阿左旗	其中,贺兰山	阿右旗	额济纳旗	阿拉善高新技术开发区	腾格里经济技术开发区	乌兰布和生态沙产业示范区	盟林草局	森林公安局	盟林研所	盟林工站	盟森防站	盟种苗站	盟公益林站	盟草原站	盟草监所
农业综合开发林业生态示范和名优经济林示范项目	—	—			—			—	—	—		—		—		—		—	—
森林保险保费补贴[包括盟（市）、旗县]	—		926.67	351.99	—	251.11	255.34	20.44	47.79										—
全盟基本建设前期项目投资	—																		
旗县级财政专项资金合计																			
农业综合开发林业生态示范和名优经济林示范项目	—	—			—			—	—	—		—		—		—		—	—
森林保险保费补贴	—	—			—			—	—	—		—		—		—		—	—
机构运行支出	—	—			—			—	—	—		—		—		—		—	—
行政单位基本支出	—	—			—			—	—	—		—		—		—		—	—
事业单位基本支出	—	—			—			—	—	—		—		—		—		—	—

表15-10　2020年度中央和自治区林业投资安排下达情况统计

单位：万元

项目	拨款文号	预算款项	阿左旗	其中,贺兰山	阿右旗	额济纳旗	额济纳旗-胡杨林管理局	阿拉善高新技术开发区	腾格里经济技术开发区	乌兰布和生态沙产业示范区	盟林草局	森林公安局	盟林研所	盟林工站	盟森防站	盟种苗站	盟航空护林站	盟公益林站	盟草原站	沙漠地质公园管理局
总计（各级汇总数不包含森林保费）	此栏包含盟本级	97174.80	33102.20	1454.00	27844.39	22142.66	100.00	5876.50	4046.05	747.00	45.00	340.00	180.00	24.00	481.00	46.00	20.00		636.00	90.00
基本建设资金合计	—	22896.80	7590.80	0.00	5472.00	7461.00	0.00	240.00	1683.00	0.00	0.00	300.00	150.00	0.00	0.00	0.00	0.00	0.00	0.00	0.00
中央基本建设资金合计	—	22896.80	7590.80	0.00	5472.00	7461.00	0.00	240.00	1683.00	0.00	0.00	300.00	150.00	0.00	0.00	0.00	0.00	0.00	0.00	0.00
一、天然林保护工程	—	4800	4800	—																—
后备资源培育	内政改投字[2020]802号 阿发改投字[2020]193号 内财建[2020]1159号 阿财建[2020]655号	4800	4800	—																—

（续表1）

项目	拨款文号	预算款项	阿左旗	其中，贺兰山	阿右旗	额济纳旗	额济纳旗-胡杨林管理局	阿拉善高新技术开发区	腾格里经济技术开发区	乌兰布和生态沙产业示范区	盟林草局	盟林研所	盟林工站	盟森防站	盟种苗站	盟航空护林站	盟公益林站	盟草原站	沙漠地质公园管理局
二、新一轮退耕还林还草																			
2020年第二批退耕还林还草工程建设任务	阿发改授字〔2020〕265号阿财建〔2020〕748号	1.8	1.8	—	—	—	—	—	—	—	—	—	—	—	—	—	—	—	—
三、退牧还草	内发改授字〔2020〕801号阿财建字〔2020〕194号内财建〔2020〕1159号阿财建〔2020〕655号	7222	1989	—	3009	1061	—	—	1163	—	—	—	—	—	—	—	—	—	—
五、"三北"防护林工程	—	10400	800	—	2440	6400	—	240	520	—	—	—	—	—	—	—	—	—	—
	内发改授字〔2020〕804号阿发改授字〔2020〕195号内财建〔2020〕1159号阿财建〔2020〕655号	10400	800	—	2440	6400	—	240	520	—	—	—	—	—	—	—	—	—	—
中央预算内林业基本建设投资		473.00	—	—	23.00	—	—	—	—	—	—	300	150	—	—	—	—	—	—
六、林业小专项	内财建〔2020〕1388号阿财建〔2021〕17号	23	—	—	23	—	—	—	—	—	—	—	—	—	—	—	—	—	—
		150	—	—	—	—	—	—	—	—	—	—	150	—	—	—	—	—	—
		300	—	—	—	—	—	—	—	—	—	300	—	—	—	—	—	—	—
自治区基本建设资金合计	—	—	—	—	—	—	—	—	—	—	—	—	—	—	—	—	—	—	—
财政专项经费合计	—	73970.00	25363.40	1454.00	22308.39	14608.66	100.00	5634.50	2342.05	747.00	45.00	40.00	30.00	24.00	481.00	46.00	20.00	636.00	90.00
中央财政专项经费	—	65033.00	23457.40	1430.00	18950.39	12064.66	80.00	5424.50	2187.05	605.00	30.00	40.00	0.00	24.00	150.00	10.00	20.00	560.00	0.00
一、林业生态保护恢复	—	8000.00	3709.88	60.00	880.54	994.00	0.00	1702.50	166.09	17.00	0.00	0.00	0.00	0.00	0.00	0.00	0.00	560.00	0.00
（一）天然林保护	—	461	397	0	6	24	0	15.5	18.5	0	0	0	0	0	0	0	0	0	0
1.社会保险补助	—	403	369	0	0	0	0	15.5	18.5	0	0	0	0	0	0	0	0	0	0

（续表2）

项目	拨款文号	预算款项	阿左旗	其中,贺兰山	阿右旗	额济纳旗	额济纳旗一胡杨林管理局	阿拉善高新技术开发区	腾格里经济技术开发区	乌兰布和生态沙产业示范区	盟林草局	盟林研所	盟林工站	盟森防站	盟种苗站	盟航空护林站	盟公益林站	盟草原站	沙漠地质公园管理局
提前下达	2020年中央财政林业专项资金（第一批）内财资环〔2019〕1615号 阿财资环〔2020〕145号	341	312	—	—	—	—	—	15	—	—	—	—	—	—	—	—	—	—
第二批	内财资环〔2020〕1111号 阿财资环〔2020〕659号	62	57.00	—	—	—	—	1.5	3.5	—	—	—	—	—	—	—	—	—	—
2.政策性社会支出		28	28	—	—	—	—	—	—	—	—	—	—	—	—	—	—	—	—
工程区公安派出所标准化建设（提前）	内财资环〔2019〕1615号 阿财资环〔2020〕145号	28	28	—	—	—	—	—	—	—	—	—	—	—	—	—	—	—	—
3.停止商业性采伐		30	—	—	6	24	—	—	—	—	—	—	—	—	—	—	—	—	—
天保区外停伐补助（提前）	2020年中央财政林业专项资金（第一批）内财资环〔2019〕1615号 阿财资环〔2020〕145号	46	—	—	6	40	—	—	—	—	—	—	—	—	—	—	—	—	—
天保区外停伐补助（二批）	内财资环〔2020〕1111号	-16	—	—	—	-16	—	—	—	—	—	—	—	—	—	—	—	—	—
国有林区改革完成	内财资环〔2020〕1111号 阿财资环〔2020〕659号	—	—	—	—	—	—	—	—	—	—	—	—	—	—	—	—	—	—
重点国有林区金融债务贴息（提前）	内财资环〔2019〕1615号 阿财资环〔2020〕145号	80	—	—	—	80（额济纳旗农牧局）	—	—	—	—	—	—	—	—	—	—	—	—	—
（二）退耕还林		103.00	15.88	0.00	4.535	80.00	0.00	0.00	2.585	0.00	0.00	0.00	0.00	0.00	0.00	0.00	0.00	0.00	0.00
完善政策补助资金（提前）	内财资环〔2020〕1111号 阿财资环〔2020〕659号	18	10.88	—	4.535	—	—	—	2.585	—	—	—	—	—	—	—	—	—	—
新一轮退耕还林		—	—	—	—	—	—	—	—	—	—	—	—	—	—	—	—	—	—
新一轮退耕还林（提前）	内财资环〔2019〕1615号 阿财资环〔2020〕145号																		
新一轮退耕还草（提前）																			

（续表3）

项目	拨款文号	预算款项	阿左旗	其中，贺兰山	阿右旗	额济纳旗	额济纳旗-胡杨林管理局	阿拉善高新技术开发区	腾格里经济技术开发区	乌兰布和生态沙产业示范区	盟林草局	盟林研所	盟林工站	盟森防站	盟种苗站	盟航空护林站	盟公益林站	盟草原站	沙漠地质公园管理局
新一轮退耕还林（第三批）	内财资环[2020]1453号 阿财资环[2020]802号	5	5	—	—	—	—	—	—	—	—	—	—	—	—	—	—	—	—
（三）草原生态修复补助	—	7526.00	3297.00	60.00	870.00	890.00	0.00	1687.00	145.00	17.00	0.00	0.00	0.00	0.00	0.00	0.00	0.00	560.00	0.00
生态修复治理（提前）	内财资环[2019]1615号 阿财资环[2020]145号	3699	1390	—	275	275	—	1669	90	—	—	—	—	—	—	—	—	265	—
生态修复治理（二批）	内财资环[2020]1111号 阿财资环[2020]659号	2987	1717	60	465	465	—	3	10	2	—	—	—	—	—	—	—	—	—
草原虫害防治（提前）	内财资环[2019]1615号 阿财资环[2020]145号	140	30	—	20	30	—	5	5	5	—	—	—	—	—	—	—	45	—
草原虫害防治（二批）	内财资环[2020]1111号 阿财资环[2020]659号	260	60	—	40	50	—	—	10	—	—	—	—	—	—	—	—	100	—
草原鼠害防治（提前）	内财资环[2019]1615号 阿财资环[2020]145号	200	40	—	30	30	—	5	10	5	—	—	—	—	—	—	—	80	—
草原鼠害防治（二批）	内财资环[2020]1111号 阿财资环[2020]659号	240	60	—	40	40	—	5	20	5	—	—	—	—	—	—	—	70	—
防火隔离带（提前）	内财资环[2020]1111号 阿财资环[2020]659号	—	—	—	—	—	—	—	—	—	—	—	—	—	—	—	—	—	—
建档立卡生态护林员补助																			
（四）生态护林员	—	56943.00	19747.52	1370.00	18069.86	11070.66	80.00	3722.00	2020.97	588.00	30.00	40.00	0.00	24.00	150.00	10.00	20.00	0.00	0.00
二、林业改革发展资金	—	41284.00	18028.00	860.00	13399.00	6469.00	5.00	422.00	2011.00	0.00	30.00	40.00	0.00	0.00	0.00	0.00	20.00	0.00	0.00
（一）森林资源管护支出	—	4304.00	3681.00	233.00	0.00	0.00	0.00	162.00	228.00	0.00	0.00	0.00	0.00	0.00	0.00	0.00	0.00	0.00	0.00
1. 天然林管护补助																			

（续表 4）

项　目	拨款文号	预算款项	阿左旗	其中，贺兰山	阿右旗	额济纳旗	额济纳旗-胡杨林管理局	阿拉善高新技术开发区	腾格里经济技术开发区	乌兰布和生态沙产业示范区	盟林草局	盟林研所	盟林工站	盟森防站	盟种苗站	盟航空护林站	盟公益林站	盟草原站	沙漠地质公园管理局
天保工程区森林管护费（提前）	内财资环[2019]1615号 阿财资环[2020]145号	4304	3681	233	—	—	—	162	228		—	—	—	—	—	—	—	—	—
天保工程区森林管护费（二批）	—	—	—	—	—	—	—	—	—	—	—	—	—	—	—	—	—	—	—
2. 森林生态效益补偿	内财资环[2019]1615号 阿财资环[2020]145号	36980.00	14347	627	13399	6469	5	260	1783	—	30	40	—	—	—	—	20	—	—
森林生态效益补偿（提前）	阿财资环[2020]145号	36980	14347	627	13399	6469	5	260	1783	—	30	40	—	—	—	—	20	—	—
森林生态效益补偿基金（二批）	—	—	—	—	—	—	—	—	—	—	—	—	—	—	—	—	—	—	—
（二）国土绿化支出	—	14779.00	1696.52	0.00	4637.86	4546.66	0.00	3300.00	9.97	588.00	0.00	0.00	0.00	0.00	0.00	0.00	0.00	0.00	0.00
1. 良种补贴	内财资环[2019]1615号 阿财资环[2020]145号	180	—	—	150	30	—	—	—	—	—	—	—	—	—	—	—	—	—
林木良种补贴资金（提前）	阿财资环[2020]145号	180	—	—	150	30	—	—	—	—	—	—	—	—	—	—	—	—	—
2. 造林补助	内财资环[2019]1615号 阿财资环[2020]145号	8056	680	0	2480	3508	—	800	0	588	0	—	—	—	—	—	—	—	—
造林补贴试点补助资金（提前）	阿财资环[2020]145号	7468	680	—	2480	3508	—	560	—	240	—	—	—	—	—	—	—	—	—
造林补贴试点补助资金（二批）	内财资环[2020]1112号 阿财资环[2020]659号	588	—	—	—	—	—	240	348	—	—	—	—	—	—	—	—	—	—
3. 森林抚育补助		43	16.52	0	7.856	8.656	—	0	9.968	0	—	—	—	—	—	—	—	—	—
退耕森林抚育补贴试点资金（提前）	内财资环[2019]1615号 阿财资环[2020]145号	39	14.27	—	7.856	7.856	—	—	9.018	—	—	—	—	—	—	—	—	—	—
退耕森林抚育补贴试点资金（二批）	内财资环[2020]1112号 阿财资环[2020]659号	4	2.25	—	—	0.8	—	—	1	—	—	—	—	—	—	—	—	—	—

（续表5）

项　目	拨款文号	预算款项	阿左旗	其中、贺兰山	阿右旗	额济纳旗	额济纳旗-胡杨林管理局	阿拉善高新技术开发区	腾格里经济技术开发区	乌兰布和生态沙产业示范区	盟林草局	盟林研所	盟林工站	盟森防站	盟种苗站	盟航空护林站	盟公益林站	盟草原站	沙漠地质公园管理局
4. 沙化土地封禁保护补助	内财环资[2020]1112号 阿财资环[2020]659号	4000	1000	—	2000	1000	—	—	—	—	—	—	—	—	—	—	—	—	—
5. 规模化防治沙	内财环资[2020]1112号 阿财资环[2020]659号	2500	—	—	—	—	—	2500	—	—	—	—	—	—	—	—	—	—	—
（三）自然保护区	自然保护区	240.00	0.00	165.00	0.00	0.00	75.00	0.00	0.00	0.00	0.00	0.00	0.00	0.00	0.00	0.00	0.00	0.00	0.00
自然保护区补助（提前）	内财环资[2020]1112号 阿财资环[2020]659号	120	—	100	—	—	20	—	—	—	—	—	—	—	—	—	—	—	—
自然保护区补助（二批）	内财资环[2019]1615号	120	—	65	—	—	55	—	—	—	—	—	—	—	—	—	—	—	—
（四）生态保护体系支出	—	640	23	345	33	55	0	0	0	0	0	0	0	24	150	10	0	0	0
1. 湿地	—	0	0	0	0	0	0	0	0	0	0	0	0	0	0	0	0	0	0
湿地保护（提前）	—	—	—	—	—	—	—	—	—	—	—	—	—	—	—	—	—	—	—
2. 珍稀濒危野生动植物保护补助	内财环资[2020]1112号 阿财资环[2020]659号	60.00	—	30	10	20	—	—	—	—	—	—	—	—	—	—	—	—	—
3. 森林防火补助	内财环资[2020]1112号 阿财资环[2020]659号	290	—	270	0	10	0	—	—	—	—	—	—	—	—	10	—	—	—
航空消防补助	内财环资[2020]1112号 阿财资环[2020]659号	290	—	270	0	10	0	—	—	—	—	—	—	—	—	10	—	—	—
4. 林业有害生物防治补助		140	23	45	23	25	0	—	—	—	—	—	—	24	—	—	—	—	—
提前下达	内财资环[2019]1615号 阿财资环[2020]145号	60	11	5	10	10	0	—	—	—	—	—	—	24	—	—	—	—	—

(续表6)

项目	拨款文号	预算款项	阿左旗	其中: 贺兰山	阿右旗	额济纳旗	额济纳旗-胡杨林管理局	阿拉善高新技术开发区	腾格里经济技术开发区	乌兰布和生态沙产业示范区	盟林草局	盟林研所	盟林工站	盟森防站	盟种苗站	盟航空护林站	盟公益林站	盟草原站	沙漠地质公园管理局
第二批	内财环资[2020]1112号 阿财环资[2020]659号	80	12	40	13	15	—	—	—	—	—	—	—	—	—	—	—	—	—
5. 林业技术推广补助		150	—	—	—	—	—	—	—	—	—	—	—	—	150	—	—	—	—
林业技术推广补助(提前)	内财资环[2019]1615号 阿财资环[2020]145号	150	—	—	—	—	—	—	—	—	—	—	—	—	150	—	—	—	—
林业技术推广补助(二批)	—	—	—	—	—	—	—	—	—	—	—	—	—	—	—	—	—	—	—
三、森林保险保费补贴	—	2574	977.74	—	697.53	709.27	—	56.78	132.75	—	—	—	—	—	—	—	—	—	—
四、国家贫困林场扶贫资金	—	—	—	—	—	—	—	—	—	—	—	—	—	—	—	—	—	—	—
自治区财政专项资金合计	—	8937.00	1906.00	24.00	3358.00	2544.00	20.00	210.00	155.00	142.00	15.00	0.00	30.00	0.00	331.00	36.00	0.00	76.00	90.00
一、林草生态保护恢复合计	—	667	269	0	141	149	0	5	25	2	0	0	0	0	0	0	0	76	0
林草生态保护恢复治理 1. 草原生态监测	内财资环[2020]193号 阿财资环[2020]241号	12	2	—	2	2	—	—	25	2	—	—	—	—	—	—	—	—	—
林草生态保护恢复治理 2. 草原生态管护员补助	内财资环[2020]193号 阿财资环[2020]241号	307	147	—	64	72	—	3	21	—	—	—	—	—	—	—	—	6	—
林草生态保护恢复治理 3. 草原鼠害防治补助	阿财资环[2020]243号 阿财资环[2020]311号	348	120	—	75	75	—	2	4	2	—	—	—	—	—	—	—	70	—
二、林业改革发展合计	—	8245	1637	24	3217	2395	20	205	130	140	15	0	30	0	306	36	0	0	90
林业改革发展-森林资源管护 4. 地方公益林补偿	内财资环[2020]193号 阿财资环[2020]241号	30	—	—	—	30	—	—	—	—	—	—	—	—	—	—	—	—	—

（续表7）

项目		拨款文号	预算款项	阿左旗	其中贺兰山	阿右旗	额济纳旗	额济纳旗-胡杨林管理局	阿拉善高新技术开发区	腾格里经济技术开发区	乌兰布和生态沙产业示范区	盟林草局	盟林研所	盟林工站	盟森防站	盟种苗站	盟航空护林站	盟公益林站	盟草原站	沙漠地质公园管理局
林业改革发展—森林资源培育	5. 自治区森林植被恢复费	内财资环[2020]193号 阿财资环[2020]241号	6606	1300	—	2600	2000	—	200	100	100	—	—	—	—	306	—	—	—	—
林业改革发展—森林资源培育	6. 重点区域绿化财政奖补资金	内财资环[2020]193号 阿财资环[2020]241号	914	214	—	400	240	—	—	20	40	—	—	—	—	—	—	—	—	—
林业改革发展—自然保护区	7. 自然保护区补助	内财资环[2020]193号 阿财资环[2020]241号	40	15	—	10	10	—	—	5	—	—	—	—	—	—	—	—	—	—
林业改革发展—自然保护区	8. 风景名胜区建设补助	内财资环[2020]193号 阿财资环[2020]241号	160	—	—	160	—	—	—	—	—	—	—	—	—	—	—	—	—	—
林业改革发展—自然保护区	9. 地质遗迹保护	内财资环[2020]193号 阿财资环[2020]241号	250	70	10	20	40	10	—	—	—	10	—	—	—	—	—	—	—	90.00
林业改革发展—生态保护体系建设	10. 禁食野生动物处置补偿资金	内财资环[2020]1099号 阿财资环[2020]591号	5	3	—	2	—	—	3	3	—	—	—	—	—	—	—	—	—	—
林业改革发展—生态保护体系建设	11. 林业有害生物防治	内财资环[2020]193号 阿财资环[2020]241号	80.00	30.00	4.00	20.00	20	10	—	—	—	—	—	—	—	—	—	—	—	—
林业改革发展—生态保护体系建设	12. 森林防火补助	内财资环[2020]193号 阿财资环[2020]241号	80.00	5.00	10.00	5.00	5.00	10.00	2.00	2.00	—	5.00	—	—	—	—	36	—	—	—
林业改革发展—生态保护体系建设	13. 林业技术推广（标准化）	内财资环[2020]193号 阿财资环[2020]241号	30	—	—	—	—	—	—	—	—	—	—	30	—	—	—	—	—	—

（续表8）

项目		拨款文号	预算款项	阿左旗	其中:贺兰山	阿右旗	额济纳旗	额济纳旗—胡杨林管理局	阿拉善高新技术开发区	腾格里经济技术开发区	乌兰布和生态沙产业示范区	盟林草局	盟林草研究所	盟林工站	盟森防站	盟种苗站	盟航空护林站	盟公益林站	盟草原站	沙漠地质公园管理局
林业改革发展—生态保护体系建设	14. 林业产业化	内财资环[2020]193号 阿财资环[2020]241号	50	—	—	—	50	—	—	—	—	—	—	—	—	—	—	—	—	—
三、其他	—		25	0	0	0	0	0	0	0	0	0	0	0	0	25	0	0	0	0
其他	15. 林木种苗质检与选育补助、种苗普查	内财资环[2020]193号 阿财资环[2020]241号	25	—	—	—	—	—	—	—	—	—	—	—	—	25	—	—	—	—
四、森林保险保费补贴	自治区森林保险保费补贴		1648.00	626.00	—	447.00	453.00	—	37.00	85.00	—	—	—	—	—	—	—	—	—	—
盟本级财政专项资金合计		—	308	148	—	64	73	—	2	21	—	—	—	—	—	—	—	—	—	—
盟本级财政专项资金	地方公益林配套		—	—	—	—	—	—	—	—	—	—	—	—	—	—	—	—	—	—
	新一轮草原补奖	阿财资环[2020]494号	308	148	—	64	73	—	2	21	—	—	—	—	—	—	—	—	—	—
	森林保险保费补贴[包括盟(市)、旗县]		—	—	—	—	—	—	—	—	—	—	—	—	—	—	—	—	—	—
旗县级财政专项资金合计			—	—	—	—	—	—	—	—	—	—	—	—	—	—	—	—	—	—
	森林保险保费补贴		—	—	—	—	—	—	—	—	—	—	—	—	—	—	—	—	—	—

单位：万元

表15-11　2021年度中央和自治区林业投资安排下达情况统计

项目	拨款文号	预算款项	阿左旗	贺兰山	阿右旗	额济纳旗	额济纳旗-胡杨林管理局	阿拉善高新技术开发区	腾格里经济技术开发区	乌兰布和生态沙产业示范区	盟林草局	盟林草研究所	盟检疫站	盟林种苗站	盟航空护林站	盟草公益保护站	盟督保中心	沙漠地质公园管理局
总计（各级汇总数不包含森林保费）	—	106755.00	31963.09	1721.60	30440.98	31023.96	83.00	1033.00	4223.84	4535.00	352.53	222.00	421.00	423.00	45.00	67.00	0.00	200.00
基本建设资金合计	—	3379.00	8828.79	693.60	6477.12	13197.90	0.00	0.00	924.06	3820.00	265.53	172.00	0.00	0.00	0.00	0.00	0.00	0.00
中央基本建设资金合计	—	3379.00	8828.79	693.60	6477.12	13197.90	0.00	0.00	924.06	3820.00	265.53	172.00	0.00	0.00	0.00	0.00	0.00	0.00

（续表 1）

项目	拨款文号	预算款项	阿左旗	贺兰山	阿右旗	额济纳旗	额济纳旗—胡杨林管理局	阿拉善高新技术开发区	腾格里经济技术开发区	乌兰布和生态沙产业示范区	盟林草局	盟林研所	盟检疫站	盟草种苗站	盟航空护林站	盟林草保护站	盟草督保中心	沙漠地质公园管理局
一、重点区域生态保护和修复	内发改投字[2021]614号 阿发改投字[2021]146号 阿财建[2021]453号	31336.00	7933.94	—	6258.00	12400.00	—	—	924.06	3820.00	—	—	—	—	—	—	—	—
1. 天然林保护与营造林	内发改投字[2021]614号 阿发改投字[2021]146号 阿财建[2021]453号	25120.00	6000.00	—	2600.00	12400.00	—	—	300.00	3820.00	—	—	—	—	—	—	—	—
2. 退化草原修复	内发改投字[2021]614号 阿发改投字[2021]146号 阿财建[2021]453号	6216.00	1933.94	—	3658.00	—	—	—	624.06	—	—	—	—	—	—	—	—	—
3. 湿地保护修复	—	—	—	—	—	—	—	—	—	—	—	—	—	—	—	—	—	—
4. 荒漠化治理	—	—	—	—	—	—	—	—	—	—	—	—	—	—	—	—	—	—
二、草原防火等其他项目	—	3043.00	894.85	693.60	219.12	797.90	—	—	—	—	265.53	172.00	—	—	—	—	—	—
1. 草原防火项目	内林草规发[2021]227号 阿财建[2021]705号（备注：地方投资285.00）	2841.00	864.85	693.60	219.12	797.90	—	—	—	—	265.53	—	—	—	—	—	—	—
2. 国有林区基础设施建设项目	—	—	—	—	—	—	—	—	—	—	—	—	—	—	—	—	—	—
3. 特殊及珍稀林木等小专项	内林草规发[2021]227号 阿财建[2021]705号（备注：地方投资285.00）	202.00	30.00	—	—	—	—	—	—	—	—	172.00	—	—	—	—	—	—

（续表2）

项　目	拨款文号	预算款项	阿左旗	贺兰山	阿右旗	额济纳旗	额济纳旗-胡杨林管理局	阿拉善高新技术开发区	腾格里经济技术开发区	乌兰布和生态沙产业示范区	盟林草局	盟林研所	盟检疫站	盟林草种苗站	盟航空护林站	盟林草保护站	盟督保中心	沙漠地质公园管理局
自治区基本建设资金合计	—	—	—	—	—	—	—	—	—	—	—	—	—	—	—	—	—	—
自治区预算内基建项目　治安管理	—	—	—	—	—	—	—	—	—	—	—	—	—	—	—	—	—	—
大数据	—	—	—	—	—	—	—	—	—	—	—	—	—	—	—	—	—	—
财政专项经费合计	—	7376.00	23134.30	1028.00	23963.86	17826.06	83.00	1033.00	3299.78	715.00	87.00	50.00	421.00	423.00	45.00	67.00	0.00	200.00
中央财政专项经费	—	6701.00	21900.30	963.00	20737.86	15309.06	78.00	1025.00	2298.78	710.00	62.00	50.00	108.00	362.00	0.00	67.00	0.00	30.00
一、林业生态保护恢复	—	6710.00	2372.00	—	1815.00	1800.00	—	26.00	270.00	5.00	—	—	60.00	362.00	—	—	—	—
（一）天然林保护	—	426.00	390.00	—	—	—	—	16.00	20.00	—	—	—	—	—	—	—	—	—
1. 社会保险补助（提前）	内财资环〔2020〕1660号　阿财资环〔2021〕74号	366.00	335.00	—	—	—	—	14.00	17.00	—	—	—	—	—	—	—	—	—
社会保险补助（二批）	内财资环〔2021〕1098号　阿财资环〔2021〕666号	60.00	55.00	—	—	—	—	2.00	3.00	—	—	—	—	—	—	—	—	—
2. 政策性社会性支出	—	—	—	—	—	—	—	—	—	—	—	—	—	—	—	—	—	—
教育、医疗、社会公益等支出（提前）	—	—	—	—	—	—	—	—	—	—	—	—	—	—	—	—	—	—
教育、医疗、社会公益等支出（二批）	—	—	—	—	—	—	—	—	—	—	—	—	—	—	—	—	—	—
支持奖励补助资金	—	—	—	—	—	—	—	—	—	—	—	—	—	—	—	—	—	—
3. 停止商业性采伐	—	—	—	—	—	—	—	—	—	—	—	—	—	—	—	—	—	—

（续表3）

项目	拨款文号	预算款项	阿左旗	贺兰山	阿右旗	额济纳旗	额济纳旗－胡杨林场管理局	阿拉善高新技术开发区	腾格里经济技术开发区	乌兰布和生态沙产业示范区	盟林草局	盟林研所	盟检疫站	盟林草种苗站	盟航空护林站	盟林草保护站	盟督保中心	沙漠地质公园管理局
（1）天保区停伐补助	—	—	—	—	—	—	—	—	—	—	—	—	—	—	—	—	—	—
天保区停伐补助（提前）	—	—	—	—	—	—	—	—	—	—	—	—	—	—	—	—	—	—
天保区停伐补助（二批）	—	—	—	—	—	—	—	—	—	—	—	—	—	—	—	—	—	—
（2）天保区外停伐补助	—	—	—	—	—	—	—	—	—	—	—	—	—	—	—	—	—	—
天保区外停伐补助（提前）	—	—	—	—	—	—	—	—	—	—	—	—	—	—	—	—	—	—
天保区外停伐补助（二批）	—	—	—	—	—	—	—	—	—	—	—	—	—	—	—	—	—	—
（3）重点国有林区金融债务贴息（提前）	—	—	—	—	—	—	—	—	—	—	—	—	—	—	—	—	—	—
（二）退耕还林	—	9.00	9.00	—	—	—	—	—	—	—	—	—	—	—	—	—	—	—
完善政策补助资金（提前）	内财资环〔2020〕1660号 阿财资环〔2021〕74号	9.00	9.00	—	—	—	—	—	—	—	—	—	—	—	—	—	—	—
新一轮退耕还林	—	—	—	—	—	—	—	—	—	—	—	—	—	—	—	—	—	—
新一轮退耕还林（提前）	—	—	—	—	—	—	—	—	—	—	—	—	—	—	—	—	—	—
新一轮退耕还草（提前）	—	—	—	—	—	—	—	—	—	—	—	—	—	—	—	—	—	—
新一轮退耕还林	—	—	—	—	—	—	—	—	—	—	—	—	—	—	—	—	—	—
（三）草原生态修复补助	—	6275.00	1973.00	—	1815.00	1800.00	—	10.00	250.00	5.00	—	—	60.00	362.00	—	—	—	—

（续表4）

项目	拨款文号	预算款项	阿左旗	贺兰山	阿右旗	额济纳旗	额济纳旗-胡杨旗林管理局	阿拉善高新技木开发区	腾格里经济技木开发区	乌兰布和生态沙产业示范区	盟林草局	盟林研所	盟检疫站	盟林草种苗站	盟航空护林站	盟林草保护站	盟草原督保中心	沙漠地质公园管理局
生态修复治理（提前）	内财资环[2020]1660号 阿财资环[2021]74号	4928.00	1775.00	—	1450.00	1450.00	—	—	225.00	—	—	—	—	28.00	—	—	—	—
生态修复治理（二批）	内财资环[2021]1098号 阿财资环[2021]666号	765.00	70.00	—	260.00	260.00	—	—	—	—	—	—	—	175.00	—	—	—	—
草原生物灾害防控（提前）	内财资环[2020]1660号 阿财资环[2021]74号	449.00	100.00	—	75.00	75.00	—	10.00	25.00	5.00	—	—	—	159.00	—	—	—	—
草原虫害防治（二批）	内财资环[2021]1098号 阿财资环[2021]666号	133.00	28.00	—	30.00	15.00	—	—	—	—	—	—	60.00	—	—	—	—	—
防火隔离带（提前）	—	—	—	—	—	—	—	—	—	—	—	—	—	—	—	—	—	—
防火隔离带（二批）	—	—	—	—	—	—	—	—	—	—	—	—	—	—	—	—	—	—
（四）生态护林员	—	—	—	—	—	—	—	—	—	—	—	—	—	—	—	—	—	—
建档立卡生态护林员补助（提前）	—	—	—	—	—	—	—	—	—	—	—	—	—	—	—	—	—	—
建档立卡生态护林员补助（二批）	—	—	—	—	—	—	—	—	—	—	—	—	—	—	—	—	—	—
二、林业改革发展资金	—	56891.00	19528.30	963.00	18872.86	13459.06	78.00	999.00	2028.78	705.00	62.00	50.00	48.00	—	—	67.00	—	30.00
（一）森林资源管护支出	—	41304.00	18002.00	850.00	13409.00	6473.00	10.00	422.00	2006.00	5.00	10.00	50.00	—	—	—	67.00	—	—
1. 天然林管护补助	—	4304.00	3681.00	233.00	—	—	—	162.00	228.00	—	—	—	—	—	—	—	—	—

（续表5）

项目	拨款文号	预算款项	阿左旗	贺兰山	阿右旗	额济纳旗	额济纳旗-胡杨林场管理局	阿拉善高新技术开发区	腾格里经济技术开发区	乌兰布和生态沙产业示范区	盟林草局	盟林研所	盟检疫站	盟林草种苗站	盟航空护林站	盟林草保护站	盟督保中心	沙漠地质公园管理局
天保工程区森林管护费（提前）	内财资环[2020]1657号 阿财资环[2020]73号	208.00	47.00	143.00	—	—	—	—	18.00	—	—	—	—	—	—	—	—	—
天保工程区森林管护费（二批）	内财资环[2021]1245号 阿财资环[2022]143号	4096.00	3634.00	90.00	—	—	—	162.00	210.00	—	—	—	—	—	—	—	—	—
天保工程区外国有天然商品林补助（提前）		—	—	—	—	—	—	—	—	—	—	—	—	—	—	—	—	—
天保工程区外国有天然商品林补助（二批）	—	—	—	—	—	—	—	—	—	—	—	—	—	—	—	—	—	—
2. 森林生态效益补偿	—	37000.00	14321.00	617.00	13409.00	6473.00	10.00	260.00	1778.00	5.00	10.00	50.00	—	—	—	67.00	—	—
(1) 森林生态效益补偿	—	37000.00	14321.00	617.00	13409.00	6473.00	10.00	260.00	1778.00	5.00	10.00	50.00	—	—	—	67.00	—	—
森林生态效益基金（提前）	内财资环[2020]1657号 阿财资环[2020]73号	37012.00	14333.00	617.00	13409.00	6473.00	10.00	260.00	1778.00	5.00	10.00	50.00	—	—	—	67.00	—	—
森林生态效益基金（二批）	内财资环[2021]1245号 阿财资环[2022]143号	-12.00	-12.00	—	—	—	—	—	—	—	—	—	—	—	—	—	—	—
(2) 退耕森林生态益补偿	—	—	—	—	—	—	—	—	—	—	—	—	—	—	—	—	—	—
退耕森林生态益补偿（提前）	—	—	—	—	—	—	—	—	—	—	—	—	—	—	—	—	—	—
退耕森林生态益补偿（二批）	—	—	—	—	—	—	—	—	—	—	—	—	—	—	—	—	—	—

（续表6）

（二）支出

国土绿化

项　目	拨款文号	预算款项	阿左旗	贺兰山	阿右旗	额济纳旗	额济纳旗-胡杨林管理局	阿拉善高新技术开发区	腾格里经济技术开发区	乌兰布和生态沙产业示范区	盟林草局	盟林研所	盟检疫站	盟林草种苗站	盟航空护林站	盟林草保护站	盟督查中心	沙漠地质公园管理局
—	—	14621.00	1352.30	—	5298.86	6734.06	—	525.00	10.78	700.00	—	—	—	—	—	—	—	—
1. 良种补贴	—	160.00	—	—	120.00	40.00	—	—	—	—	—	—	—	—	—	—	—	—
林木良种繁育补助（提前）	内财资环[2020]1657号 阿财资环[2020]73号	80.00	—	—	80.00	—	—	—	—	—	—	—	—	—	—	—	—	—
林木良种苗木培育补助（提前）	内财资环[2020]1657号 阿财资环[2020]73号	60.00	—	—	30.00	30.00	—	—	—	—	—	—	—	—	—	—	—	—
林木良种苗木培育补助（二批）	内财资环[2021]1245号 阿财资环[2022]143号	20.00	—	—	10.00	10.00	—	—	—	—	—	—	—	—	—	—	—	—
2. 造林补助	—	10675.00	400.00	—	3300.00	5750.00	—	525.00	—	700.00	—	—	—	—	—	—	—	—
造林补贴试点补助资金（提前）	内财资环[2020]1657号 阿财资环[2020]73号	7400.00	—	—	2440.00	4120.00	—	360.00	—	480.00	—	—	—	—	—	—	—	—
造林补贴试点补助资金（二批）	内财资环[2021]1245号 阿财资环[2022]143号	3275.00	400.00	—	860.00	1630.00	—	165.00	—	220.00	—	—	—	—	—	—	—	—
国土绿化试点示范项目	—	—	—	—	—	—	—	—	—	—	—	—	—	—	—	—	—	—
3. 森林抚育补助	—	46.00	17.30	—	8.86	9.06	—	—	10.78	—	—	—	—	—	—	—	—	—
(1) 森林抚育补助	—	—	—	—	—	—	—	—	—	—	—	—	—	—	—	—	—	—
森林抚育补助（提前）	—	—	—	—	—	—	—	—	—	—	—	—	—	—	—	—	—	—
森林抚育补助（二批）	—	—	—	—	—	—	—	—	—	—	—	—	—	—	—	—	—	—

（续表7）

项目	拨款文号	预算款项	阿左旗	贺兰山	阿右旗	额济纳旗	额济纳旗-胡杨林管理局	阿拉善高新技术开发区	腾格里经济技术开发区	乌兰布和生态沙产业示范区	盟林草局	盟林研所	盟检疫站	盟草种苗站	盟航空护林站	盟林草保护站	盟督保中心	沙漠地质公园管理局
（2）退耕森林抚育补助	—	46.00	17.30	—	8.86	9.06	—	—	10.78	—	—	—	—	—	—	—	—	—
退耕森林抚育补助（提前）	内财资环[2020]1657号 阿财资环[2020]73号	36.00	13.54	—	6.93	7.09	—	—	8.44	—	—	—	—	—	—	—	—	—
退耕森林抚育补助（二批）	内财资环[2021]1245号 阿财资环[2022]143号	10.00	3.76	—	1.93	1.97	—	—	2.34	—	—	—	—	—	—	—	—	—
4.沙化土地封禁保护补助	内财资环[2021]1245号 阿财资环[2022]143号	3740.00	935.00	—	1870.00	935.00	—	—	—	—	—	—	—	—	—	—	—	—
5.规模化防沙治沙	—	—	—	—	—	—	—	—	—	—	—	—	—	—	—	—	—	—
（三）自然保护区	—	348.00	40.00	88.00	40.00	40.00	68.00	52.00	10.00	—	32.00	—	—	—	—	—	—	30.00
自然保护区补助（提前）	内财资环[2020]1657号 阿财资环[2020]73号	200.00	40.00	20.00	40.00	40.00	—	50.00	10.00	—	20.00	—	—	—	—	—	—	30.00
自然保护区补助（二批）	内财资环[2021]1245号 阿财资环[2022]143号	148.00	—	68.00	40.00	—	68.00	50.00	—	—	12.00	—	—	—	—	—	—	—
（四）生态保护体系支出	—	618.00	134.00	25.00	125.00	212.00	—	52.00	2.00	—	20.00	—	48.00	—	—	—	—	—
1.湿地	—	300.00	50.00	—	50.00	150.00	—	50.00	—	—	—	—	—	—	—	—	—	—
湿地保护（提前）	内财资环[2020]1657号 阿财资环[2020]73号	300.00	50.00	—	50.00	150.00	—	50.00	—	—	—	—	—	—	—	—	—	—
湿地保护（二批）	—	—	—	—	—	—	—	—	—	—	—	—	—	—	—	—	—	—

（续表 8）

项　目	拨款文号	预算款项	阿左旗	贺兰山	阿右旗	额济纳旗	额济纳旗-胡杨林管理局	阿拉善高新技术开发区	腾格里经济技术开发区	乌兰布和生态沙产业示范区	盟林草局	盟林研所	盟检疫站	盟林草种种苗站	盟航空护林站	盟林草保护站	盟督保中心	沙漠地质公园管理局
2. 野生动植物保护补助	—	80.00	10.00	25.00	15.00	10.00	—	—	—	—	20.00	—	—	—	—	—	—	—
野生动植物保护补助（提前）	内财资环〔2020〕1657号 阿财资环〔2020〕73号	80.00	10.00	25.00	15.00	10.00	—	—	—	—	20.00	—	—	—	—	—	—	—
野生动植物保护补助（二批）	—	—	—	—	—	—	—	—	—	—	—	—	—	—	—	—	—	—
3. 森林防火补助	—	—	—	—	—	—	—	—	—	—	—	—	—	—	—	—	—	—
边境森林防火隔离带补助	—	—	—	—	—	—	—	—	—	—	—	—	—	—	—	—	—	—
防火及航空消防补助（提前）	—	—	—	—	—	—	—	—	—	—	—	—	—	—	—	—	—	—
防火及航空消防补助（二批）	—	—	—	—	—	—	—	—	—	—	—	—	—	—	—	—	—	—
4. 林业有害生物防治补助	—	238.00	74.00	—	60.00	52.00	—	2.00	2.00	—	—	—	48.00	—	—	—	—	—
林业有害生物防治（提前）	内财资环〔2020〕1657号 阿财资环〔2020〕73号	90.00	24.00	—	20.00	22.00	—	2.00	2.00	—	—	—	20.00	—	—	—	—	—
林业有害生物防治（二批）	内财资环〔2022〕47号 阿财资环〔2022〕87号	148.00	50.00	—	40.00	30.00	—	—	—	—	—	—	28.00	—	—	—	—	—
5. 林业技术推广补助	—	—	—	—	—	—	—	—	—	—	—	—	—	—	—	—	—	—
林业技术推广补助（提前）	—	—	—	—	—	—	—	—	—	—	—	—	—	—	—	—	—	—
林业技术推广补助（二批）	—	—	—	—	—	—	—	—	—	—	—	—	—	—	—	—	—	—

（续表9）

项　目	拨款文号	预算款项	阿左旗	贺兰山	阿右旗	额济纳旗	额济纳旗-胡杨林管理局	阿拉善高新技术开发区	腾格里经济技术开发区	乌兰布和生态沙产业示范区	盟林草局	盟林研所	盟检疫站	盟林草种苗站	盟航空护林站	盟林草保护站	盟督保中心	沙漠地质公园管理局
三、森林保险保费补贴	—	2574.07	950.48	—	697.53	709.27	—	56.78	132.75	27.26	—	—	—	—	—	—	—	—
四、国有贫困林场扶贫资金	—	100.00	—	—	50.00	50.00	—	—	—	—	—	—	—	—	—	—	—	—
国有贫困林场扶贫资金（提前）	—	—	—	—	—	—	—	—	—	—	—	—	—	—	—	—	—	—
衔接推进乡村振兴补助资金（二批）	内财资环〔2021〕575号 阿财资环〔2021〕439号	100.00	—	—	50.00	50.00	—	—	—	—	—	—	—	—	—	—	—	—
自治区财政专项资金合计	—	8675.00	1234.00	65.00	3226.00	2517.00	5.00	8.00	1001.00	5.00	25.00	0.00	313.00	61.00	45.00	0.00	0.00	170.00
一、林草生态保护恢复合计	—	557.00	174.00	—	86.00	84.00	—	8.00	61.00	5.00	—	—	133.00	6.00	—	—	—	—
1. 草原生态监测	内财资环〔2021〕360号 阿财资环〔2021〕293号	12.00	2.00	—	2.00	2.00	—	—	—	—	—	—	—	6.00	—	—	—	—
2. 草原生态管护员补助	内财资环〔2021〕360号 阿财资环〔2021〕293号	307.00	147.00	—	64.00	72.00	—	3.00	21.00	—	—	—	—	—	—	—	—	—
3. 草原鼠害防治补助	内财资环〔2021〕360号 阿财资环〔2021〕293号	233.00	20.00	—	20.00	10.00	—	5.00	40.00	5.00	—	—	133.00	—	—	—	—	—
4. 退耕还林工程工作经费	内财资环〔2021〕360号 阿财资环〔2021〕293号	5.00	5.00	—	—	—	—	—	—	—	—	—	—	—	—	—	—	—
5. 大兴安岭及周边地区已垦林地草原退耕	内财资环〔2021〕360号 阿财资环〔2021〕293号	0.00	—	—	—	—	—	—	—	—	—	—	—	—	—	—	—	—
二、林业改革发展合计	—	8118.00	1060.00	65.00	3140.00	2433.00	5.00	—	940.00	—	25.00	—	180.00	55.00	45.00	—	—	170.00

（续表10）

项目	拨款文号	预算款项	阿左旗	贺兰山	阿右旗	额济纳旗	额济纳旗-胡杨林管理局	阿拉善高新技术开发区	腾格里经济技术开发区	乌兰布和生态沙产业示范区	盟林草局	盟林研所	盟检疫站	盟林草种苗站	盟航空护林站	盟林草保护站	盟督查保中心	沙漠地质公园管理局
—	—	—	—	—	—	—	—	—	—	—	—	—	—	—	—	—	—	—
1. 地方公益林补偿	内财资环〔2021〕360号 阿财资环〔2021〕293号	30.00	—	—	—	30.00	—	—	—	—	—	—	—	—	—	—	—	—
2. 自治区森林植被恢复费	内财资环〔2021〕360号 阿财资环〔2021〕293号	6000.00	750.00	—	2500.00	1900.00	—	—	700.00	—	—	—	150.00	—	—	—	—	—
3. 重点区域绿化财政奖补资金	内财资环〔2021〕360号 阿财资环〔2021〕293号	1043.00	160.00	—	360.00	393.00	—	—	130.00	—	—	—	—	—	—	—	—	—
4. 经济林建设补助	内财资环〔2021〕360号 阿财资环〔2021〕293号	0.00	—	—	—	—	—	—	—	—	—	—	—	—	—	—	—	—
5. 种质资源普查	内财资环〔2021〕360号 阿财资环〔2021〕293号	35.00	—	—	—	—	—	—	—	—	—	—	—	35.00	—	—	—	—
6. 自然保护区补助	内财资环〔2021〕360号 阿财资环〔2021〕293号	40.00	10.00	—	10.00	10.00	—	—	10.00	—	—	—	—	—	—	—	—	—
7. 大青山保护区	内财资环〔2021〕360号 阿财资环〔2021〕293号	0.00	—	—	—	—	—	—	—	—	—	—	—	—	—	—	—	—
8. 风景名胜区建设补助	内财资环〔2021〕360号 阿财资环〔2021〕293号	120.00	—	—	120.00	—	—	—	—	—	—	—	—	—	—	—	—	—
9. 地质遗迹保护	内财资环〔2021〕360号 阿财资环〔2021〕293号	400.00	50.00	50.00	50.00	70.00	—	—	—	—	10.00	—	—	—	—	—	—	170.00

（续表11）

项目	拨款文号	预算款项	阿左旗	贺兰山	阿右旗	额济纳旗	额济纳旗—胡杨场林管理局	阿拉善高新技术开发区	腾格里经济技术开发区	乌兰布和生态沙产业示范区	盟林草局	盟林研所	盟检疫站	盟林草种苗站	盟航空护林站	盟林草保护站	盟督保中心	沙漠地质公园管理局
10. 自然保护地整合优化	内财资环[2021]360号 阿财资环[2021]293号	0.00	—	—	—	—	—	—	—	—	—	—	—	—	—	—	—	—
11. 湿地保护	内财资环[2021]360号 阿财资环[2021]293号	0.00	—	—	—	—	—	—	—	—	—	—	—	—	—	—	—	—
12. 野生动植物保护	内财资环[2021]360号 阿财资环[2021]293号	0.00	—	—	—	—	—	—	—	—	—	—	—	—	—	—	—	—
13. 林业有害生物防治	内财资环[2021]360号 阿财资环[2021]293号	150.00	30.00	10.00	30.00	30.00	—	—	20.00	—	—	—	30.00	—	—	—	—	—
14. 森林防火及林缘防火隔离带补助	内财资环[2021]360号 阿财资环[2021]293号	60.00	—	5.00	—	—	5.00	—	—	—	5.00	—	—	—	45.00	—	—	—
15. 森林技术推广（标准化）	内财资环[2021]360号 阿财资环[2021]293号	30.00	—	—	—	—	—	—	—	—	10.00	—	—	20.00	—	—	—	—
16. 林业技术推广（能力提升，林草发展）	内财资环[2021]360号 阿财资环[2021]293号	0.00	—	—	—	—	—	—	—	—	—	—	—	—	—	—	—	—
17. 林业产业化	内财资环[2021]360号 阿财资环[2021]293号	200.00	60.00	—	60.00	—	—	—	80.00	—	—	—	—	—	—	—	—	—
18. 集体林权制度改革	内财资环[2021]360号 阿财资环[2021]293号	10.00	—	—	10.00	—	—	—	—	—	—	—	—	—	—	—	—	—

（续表12）

项　目	拨款文号	预算款项	阿左旗	贺兰山	阿右旗	额济纳旗	额济纳旗-胡杨林管理局	阿拉善高新技术开发区	腾格里经济技术开发区	乌兰布和生态沙产业示范区	盟林草局	盟林研所	盟检疫站	盟林草种苗站	盟航空护林站	盟林草保护站	盟督保中心	沙漠地质公园管理局
四、森林保险保费补贴 自治区森林保险保费补贴	—	1647.41	608.31	—	446.42	453.93	—	36.34	84.96	17.45	—	—	—	—	—	—	—	—
盟级财政专项合计	—	149.00	—								25.00	—	10.00		19.00	—		85.00
1. 林草生态文明建设	阿财预〔2021〕241号	25.00	—	—	—	—	—	—	—	—	25.00	—	—	—	—	—	—	—
2. 林业有害生物防治补助		10.00	—	—	—	—	—	—	—	—	—	—	10.00	—	—	—	—	—
3. 地质遗迹保护		85.00	—	—	—	—	—	—	—	—	—	—	—	—	—	—	—	85.00
4. 特种设备车辆保障经费		9.00	—	—	—	—	—	—	—	—	—	—	—	—	9.00	—	—	
5. 森林草原防火日常工作及宣传教育经费		10.00	—	—	—	—	—	—	—	—	—	—	—	—	10.00	—	—	—
6. 草原防火		5.00	—	—	—	—	—	—	—	—	—	—	—	—	—	—	5.00	—
7. 草原执法监督		5.00	—	—	—	—	—	—	—	—	—	—	—	—	—	—	5.00	—

（五）林业和草原系统从业人员和劳动报酬

2011 年，林业系统有单位 53 个：机关单位 13 个，事业单位 40 个。在册人员 765 人，在岗职工年平均工资 7.57 万元。

2012 年，林业系统有单位 52 个：机关单位 13 个，事业单位 39 个。在册人员 755 人，在岗职工年平均工资 7.99 万元。

2013 年，林业系统有单位 51 个：机关单位 12 个，事业单位 39 个。在册人员 745 人，在岗职工年平均工资 7.99 万元。

2014 年，林业系统有单位 53 个：机关单位 13 个，事业单位 40 个。在册人员 749 人，在岗职工年平均工资 8.1 万元。

2015 年，林业系统有单位 52 个：机关单位 15 个，事业单位 37 个。在册人员 752 人，在岗职工年平均工资 8.23 万元。

2016 年，林业系统有单位 51 个：机关单位 15 个，事业单位 36 个。在册人员 744 人，在岗职工年平均工资 8.94 万元。

2017 年，林业系统有单位 53 个：机关单位 15 个，事业单位 38 个。在册人员 809 人，在岗职工年平均工资 9.82 万元。

2018 年，林业系统有单位 55 个：机关单位 17 个，事业单位 38 个。在册人员 816 人，在岗职工年平均工资 11.95 万元。

2019 年，林业和草原系统有单位 46 个：机关单位 10 个，事业单位 36 个。在册人员 812 人，在岗职工年平均工资 10.78 万元。

2020 年，林业和草原系统有单位 42 个：机关单位 11 个，事业单位 31 个。在册人员 744 人，在岗职工年平均工资 11.01 万元。

2021 年，林业和草原系统有单位 32 个：机关单位 6 个，事业单位 26 个。在册人员 846 人，在岗职工年平均工资 11.27 万元。

第三节　林业和草原财务

一、资金投入

林业和草原资金主要包括中央和自治区、盟（市）、旗（县、区）各级财政安排的行政事业经费和专项资金。行政事业经费包括各级行政事业单位的人员经费、公用经费和专项业务费等；专项资金包括基本建设资金和财政补助资金，基本建设资金主要来自天然林保护工程、"三北"防护林工程、退耕还林还草工程、林木种苗工程、自然保护区和湿地保护工程、森林防火和林业有害生物防治基础设施建设工程、棚户区（危旧房）改造等；财政补助资金主要有天然林保护补助、退耕还林补助、森林抚育补助、造林补助、自然保护区补助、森林救灾补助、林业技术推广示范补助。

二、资金政策

（一）天然林资源保护补助

1. 天保工程一期（2000—2010 年）

森林管护费　按照每人管护面积 380 公顷、每年补助 1 万元的标准核定；政策性社会性支出补助费中教育经费每人每年补助 1.2 万元，医疗卫生经费补助东北及内蒙古重点国有林区每人每年补助 0.25 万元。

下岗职工一次性安置补助费 按不高于森工企业所在地企业职工上年平均工资收入的 3 倍计算，进入再就业中心的下岗职工基本生活保障，按自治区规定的 1998 年最低生活保障标准核定。

基本养老保险补助费 按自治区下岗分流后在职职工人数、职工应发工资和自治区规定的基本养老保险统筹比例确定。

2006 年起，中央财政对天保工程专项政策做了以下调整。

下岗职工一次性安置补助费、进入再就业中心的下岗职工基本生活保障费随着政策执行到期而停止安排；每年对实施单位负担的在职职工参加医疗、失业、工伤、生育 4 项基本保险给予缴费补助；分 3 年对混岗职工和进入再就业中心协议期满下岗职工安置给予适当补助；2006—2010 年每年安排职工培训费补助。

基本建设政策 封山（沙）育林（草）补助 70 元/亩，飞播造林补助 50 元/亩，人工造林补助 200~300 元/亩。

税收金融优惠政策 对实施单位用于天保工程的房产、土地和车船，分别免征房产税、城镇土地使用税和车船税；对木材采伐企业无力偿还的金融机构债务，经债权金融机构核实确认后予以免除，按实际免除额转增免债务企业的国有资本金。

2. 天保工程二期（2011—2020 年）

继续实施森林管护补助政策，国有林森林管护费 5 元/（亩·年），2016 年提高至 8 元/（亩·年），2017 年提高至 10 元/（亩·年），非国有地方公益林森林管护费 3 元/（亩·年）。

完善社会保险补助政策，天保工程实施单位负担在职职工基本养老、基本医疗、失业、工伤、生育 5 项社会保险补助，按照天保工程实施单位人员数量和缴费基数及缴费比例分配，缴费基数为天保工程实施单位当地相关年份城镇单位就业人员中在岗职工平均工资的 80%，缴费比例为 30%。2011 年缴费基数为 2008 年当地城镇在岗职工平均工资的 80%，2015 年提高到 2011 年的 80%。

完善政策性社会性支出补助政策，中央财政继续对国有林业单位承担的公检法司、政府事务、教育、医疗卫生等政府职能，消防、环卫、街道等社会公益事业予以补助，并相应提高补助标准。根据核定的天保工程实施单位政策性社会性岗位职工人数，教育每人每年补助 3 万元、医疗卫生每人每年补助 1 万元、政府事务每人每年补助 3 万元、社会公益事业（消防、环卫、街道）按照 2008 年当地城镇单位在岗职工平均工资的 80%，公检法司经费按天保工程一期基数。

天保区内森林抚育补助政策，中央财政对天保区国有中幼林抚育补助 120 元/亩。

2011 年，根据财政部、国家林业局印发的《天然林保护工程财政专项资金管理办法》，自治区财政厅、林业厅联合印发《内蒙古自治区天然林资源保护工程财政专项资金管理实施细则》，对天然林资源保护工程财政专项资金的使用管理进行规范。

基本建设政策，人工造林补助 300 元/亩、封山育林补助 70 元/亩、飞播造林补助 120 元/亩、内蒙古重点国有林区后备资源培育中的森林培育补助 200 元/亩。

3. 全面停止天然林商业性采伐

2015 年起，增加停止天然林商业性采伐试点补助。自 2016 年起，全面停止天然林商业性采伐，用于停止国有天然商品林采伐后，保障国有经营管理单位职工基本生活和社会正常运转等补助，包括天保工程区天然林停伐补助、天保工程区外天然林停伐补助和重点国有林区金融机构债务贴息补助。

（二）退耕还林补助

粮食和现金补助政策，向退耕户无偿提供现金补助。从 2004 年起，粮食补助由实物折为现金发放，补助 160 元/亩，补助期限为还草补助 2 年、还经济林补助 5 年、还生态林补助 8 年。政策执行期为 2000—2013 年。

完善退耕还林政策补助，黄河流域及北方地区退耕地每年补助 90 元/亩。该项政策在粮食和现金补助政策到期后的第二年开始启动，补助年限为还草补助 2 年、还经济林补助 5 年、还生态林补助 8 年。政策执行期限为 2007—2021 年。

巩固退耕还林成果补助，中央财政安排资金，由各地发改委统筹使用，每亩每年补助 70 元主要用于西部地区、京津风沙源治理区退耕农户的基本口粮田建设、农村能源建设、生态移民及补植补造，中央财政按照退耕地还林面积核定各地巩固退耕还林成果专项资金总量。该项政策执行年限与巩固退耕还林成果专项规划（2008—2015 年）实施期限一致。

（三）退耕还草补助

新一轮退耕还草项目 2014 年启动，退耕还草补助 800 元/亩，其中，财政部通过专项资金安排现金补助 680 元/亩、国家发改委通过中央预算内投资安排种苗种草费 120 元/亩。退耕还草补助资金分 2 次下达，第一年 500 元/亩（种苗种草费 120 元/亩）、第三年 300 元/亩。从 2016 年起，国家按退耕还草补助 1000 元/亩（中央财政专项资金安排现金补助 850 元/亩、国家发改委安排种苗种草费 150 元/亩）。退耕还草补助资金分 2 次下达，第一年 600 元/亩（种苗种草费 150 元/亩）、第三年 400 元/亩。

（四）退牧还草补助

天然草原退牧还草工程始于 2003 年，初期主要用于围封飞播牧草项目区和牧区封育打草场。

2005 年，随着中央对退牧还草工程项目投入增加，国家每年建设面积稳定在 33.33 万公顷以上，主要用于围封禁牧和休牧草场、实施公益林保护建设工程围封保护林地和宜林地、实施移民搬迁工程保护重点生态脆弱区域、封育严重退化草场、建设重点生态保护区，及牧区用于划区轮牧围栏建设。禁牧、休牧、划区轮牧围栏建设 20 元/亩，草场补播 10 元/亩。

2011 年，围栏建设中央投资补助比例由现行 70% 提高到 80%，地方配套由 30% 调整为 20%，取消县及县以下资金配套。围栏建设中央投资补助由 14 元/亩提高到 16 元/亩。补播草种费中央投资补助由 10 元/亩提高到 20 元/亩。人工饲草地建设中央投资补助 160 元/亩，主要用于草种购置、草地整理、机械设备购置及贮草设施建设等。舍饲棚圈建设每户中央投资补助 0.3 万元，主要用于建筑材料购置等。按照围栏建设、补播草种费、人工饲草地和舍饲棚圈建设中央投资总额的 2% 安排退牧还草工程前期工作费。

2016 年，围栏建设由 16 元/亩提高到 25 元/亩；退化草原改良补助从 20 元/亩提高到 60 元/亩；人工饲草地补助由 160 元/亩提高到 200 元/亩；舍饲棚圈（含储草棚、青贮窖）补助由每户 0.3 万元提高到 0.6 万元；毒害草退化草地治理补助由 100 元/亩提高到 140 元/亩。

2021 年，围栏建设由 25 元/亩调整为 18 元/米；人工种草补助由 200 元/亩提高到 300 元/亩。

（五）森林资源管护补助

1. 天然林保护管理补助政策

天然林保护管理补助包括天保工程区管护补助和天然林停伐管护补助。天保工程区管护补助是指天然林资源保护工程二期实施方案确定的国有林管护、集体和个人所有地方公益林管护所发生的支出。天然林停伐管护补助是指全面停止天然商品林采伐后安排的管护支出。

2. 森林生态效益补偿政策

2004 年，国家正式建立中央财政森林生态效益补偿基金，用于国家级公益林管护者发生的营造、抚育、保护和管理支出补助。自治区于 2004 年开始实施国家级公益林生态效益补偿，补偿标准每年 5 元/亩。

2005 年，启动地方公益林生态效益补偿，补偿标准为每年 3 元/亩。

2010 年，非国有国家级公益林补偿标准从每年 5 元/亩提高到 10 元/亩。

2013 年，非国有国家级公益林补偿标准从每年 10 元/亩提高到 15 元/亩。

2014 年，国有国家级公益林补偿标准从每年 5 元/亩提高到 6 元/亩。

2016 年，国有国家级公益林补偿标准从每年 6 元/亩提高到 8 元/亩。

2017 年，国有国家级公益林补偿标准从 8 元/亩提高到 10 元/亩。

2019 年，非国有国家级公益林补偿标准从 15 元/亩提高到 16 元/亩。

（六）森林资源培育补助

1. 林木良种培育补助政策

国家从 2010 年起开展林木良种补贴试点工作，2012 年起，正式建立林木良种补贴制度，2014 年并入林业补助资金。2010 年，自治区林业局根据财政部、国家林业局《关于开展 2010 年林木良种补贴试点工作的意见》，印发《内蒙古自治区林木良种补贴试点管理暂行办法》，自治区林木良种补贴试点工作正式实施。补贴资金主要包括良种繁育补贴和林木良种苗木培育补贴。良种繁育补贴主要用于对良种生产、采集、处理、检验、贮藏等方面的人工费、材料费、简易设施设备购置和维护费，以及调查设计、技术支撑、档案管理、人员培训等管理费用和必要的设备购置费用补贴；补贴对象为国家重点林木良种基地和国家林木种质资源库；补贴标准：种子园、种质资源库补贴 600 元/亩，采穗圃补贴 300 元/亩，母树林、试验林补贴 100 元/亩。林木良种苗木培育补贴主要用于对因使用良种，采用组织培养、轻型基质、无纺布和穴盘容器育苗、幼化处理等先进技术培育良种苗木所增加成本的补贴；补贴对象为国有育苗单位；补助标准：除有特殊要求的良种苗木外，每株良种苗木平均补贴 0.2 元。

2. 造林补助政策

国家 2010 年起开展造林补贴试点工作，2012 年正式建立造林补贴制度。自治区 2010 年开始试点实施，根据财政部、国家林业局《关于开展 2010 年造林补贴试点工作的意见》，印发《内蒙古自治区造林补贴试点工作及资金使用管理实施办法》。造林补贴资金包括造林直接补贴和间接费用补贴。直接补贴是指对造林主体造林所需费用的补贴，补贴标准为：人工营造灌木林补贴 200 元/亩（2020 年补贴 240 元/亩、2021 年补贴 350 元/亩），水果、木本药材等其他林补贴 100 元/亩，迹地人工更新、低产低效林改造 100 元/亩（2021 年补贴 600 元/亩）。间接费用补贴是指对享受造林补贴的县、局、场林业部门组织开展造林有关的作业设计、技术指导所需费用补贴。

（七）湿地补助

从 2010 年起，国家设立湿地保护补助资金，主要用于湿地保护与恢复的相关支出，自治区同年启动实施。湿地生态效益补偿主要用于候鸟迁飞路线上的重要湿地因鸟类等野生动物保护造成损失给予补偿支出；退耕还湿用于对退耕湿地补偿，一次性补偿 0.1 万元/亩；湿地保护奖励用于经考核确认对湿地保护成绩突出的县级人民政府相关部门奖励支出，每个县奖励 500 万元；湿地保护恢复补助用于国际重要湿地、国家重要湿地、湿地自然保护区及国家湿地公园开展湿地保护与恢复发生的监测监控设施维护、设备购置、退化湿地恢复及湿地保护管理机构聘用临时管护人员所需的劳务支出等。

（八）沙化土地封禁保护区补助

从 2013 年，国家启动实施沙化土地封禁保护区建设补助试点工作。补助资金主要用于对暂不具备治理条件和因保护生态需要不宜开发利用的连片沙化土地实施封禁保护的补助支出，包括固沙压沙等生态修复与治理，管护站点和必要的配套设施修建和维护，必要的巡护和小型监测监控设施设备购置，巡护道路维护、围栏、界碑界桩和警示标牌修建，保护管理机构聘用临时管护人员所需的劳务补助等支出。

（九）国有林场改革补助

2011年，国家印发《关于开展国有林场改革试点的指导意见》，提出选择部分省区先行开展改革试点。

2014年12月，国务院印发《国有林场改革方案》。

2015年，自治区国有林场改革工作正式启动，中央财政安排国有林场改革补助。国有林场改革补助作为一次性补助，主要用于补缴国有林场拖欠职工基本养老保险和基本医疗保险费用、国有林场分离场办学校和医院等社会职能费用、对先行自主推进国有林场改革的奖励补助等。国有林场改革补助按照国有林场职工人数（包括在职职工和离退休职工）和林地面积两个因素分配，每名职工补助2万元，林地补助1.15元/亩。

（十）林业防灾减灾补助

林业防灾减灾补助包括林业有害生物防治补助、森林防火补助（边境防火隔离带补助和森林航空消防补助）和林业生产救灾补助。林业防灾减灾补助对象为承担林业防灾减灾任务的基层林业单位。

林业有害生物防治补助，始于20世纪80年代。

2005年，财政部会同国家林业局修订出台《林业有害生物防治补助费管理办法》，明确林业有害生物防治补助用于对危害森林、林木、种苗正常生长的病、虫、鼠（兔）等重大灾害和有害植物的预防和治理等相关支出。

自治区从1994年设立边境森林防火隔离带补助。2015年起，为支持地方森林航空消防工作，将中央森林航空消防补助专列为中央补助地方专款。森林防火补助用于预防和扑救突发性重特大森林火灾支出，包括开设边境森林防火隔离带、购置扑救工具和器械、物资设备、租用防火所需交通工具、租用森林航空消防飞机、航站地面保障以及重点国有林区防火道路建设与维护等支出。

（十一）森林公安补助

2010年，中央财政初步建立森林公安经费保障机制，2011年出台《中央财政森林公安转移支付资金管理暂行办法》。森林公安补助包括森林公安办案补助和业务装备补助。森林公安办案补助是指用于森林公安机关开展案件侦办查处、森林资源保护、林区治安管理、维护社会稳定、处置突发事件、禁种铲毒、民警教育培训等支出。业务装备补助是指用于森林公安机关购置指挥通信、刑侦技术、执法勤务（含警用交通工具）、信息化建设、处置突发事件、派出所和监管场所所需各类警用业务装备的支出。

2006—2021年共获得补助资金3677.1万元。

（十二）林业科技推广示范补助

2008年，国家设立林业科技推广示范补助，2009年，下发《中央财政林业科技推广示范资金管理暂行办法》，将部分科技推广示范项目审批权限下放到各省林业主管部门。林业科技推广示范补助用于承担林业科技成果推广与示范任务的林业技术推广站（中心）、科研院所、大专院校、国有林场和国有苗圃等单位，开展林木优良品种繁育、先进实用技术与标准应用示范、相关基础设施建设、专用材料及小型仪器设备购置、技术培训、技术咨询等支出。

2006—2021年共获得补助资金1670万元。

（十三）林业贷款贴息补助

2002年，国家出台《林业治沙贷款财政贴息资金管理规定》，从2003年起，对速生丰产林、经济林和沙区种植业及其综合利用贷款项目予以贴息。

2005 年，国家出台《林业贷款中央财政贴息资金管理规定》，打破对非公有制企业林业贷款不予贴息的限制，将天然林保护、退耕还林等重点生态工程后续产业项目纳入贴息范围。

2009 年，国家修订出台《林业贷款中央财政贴息资金管理办法》，将小额贷款公司发放的林业贷款纳入贴息范围。林业贷款贴息采取一年一贴、据实贴息的方式，年贴息率为 3%。

2006—2021 年，共获得补助资金 789.3 万元。

三、资金督查审计

2006 年，盟林业治沙局内部审计职能明确，由计划资金与财务管理科承担，主要工作内容包括：审计检查单位成本情况，检查单位费用列支情况，检查专项资金使用情况，检查财务收支、上缴、截留、利润情况，核查财务账表、账账、账实相符与否，检查会计工作规范化工作；审计基本建设程序，有无违反基本建设管理规定搞计划外工程；审计向基层摊派费用，将本级支出转移到下级单位情况；设置"小金库"情况，检查出租、出借银行账号情况、多头开户，公款私存情况；"账外账"情况，审计化公为私、低价变卖和转移固定资产情况；审计流动资金使用情况，审计乱发"奖金、红包"现象，非法占用国家资产情况，其他财务日常支出不合理情况、公款吃喝、公款送礼情况。

四、资产

（一）固定资产

2006 年底，盟林业治沙局本级部门固定资产累计账面价值为 83.51 万元。截至 2021 年底，盟林业和草原局本级部门资产总额 1.09 亿元，负债总额 339.83 万元，净资产 1.06 亿元。其中，行政单位国有资产 7724.88 万元，占 70.67%；事业单位国有资产 3205.86 万元，占 29.33%。从分布来看，流动资产 2263.02 万元，固定资产 8329.72 万元，在建工程 210 万元，无形资产 128 万元。

1. 固定资产构成情况

土地、房屋及构筑物 7084.48 万元，占固定资产 85.05%；通用设备 728.39 万元，占 8.74%；专用设备 354.85 万元，占 4.26%；文物和陈列品、图书档案 3.81 万元，占 0.04%；家具、用具、装具及动植物 158.19 万元，占 1.90%。

2. 重点资产情况

（1）土地资产情况。截至 2021 年底，土地账面面积 333.5 公顷，账面原值 5 万元。

（2）房屋资产情况。截至 2021 年底，房屋账面面积 2.37 万平方米，账面价值 7321.66 万元。

（3）车辆资产情况。截至 2021 年 12 月底，车辆账面数量 30 辆，账面原值 925.57 万元，账面净值 263.28 万元。

（4）在建工程情况。截至 2021 年 12 月底，账面在建工程 210 万元。

（二）收费政策

根据《财政部 国家发展和改革委员会关于印发 2008 年全国性及中央部门和单位行政事业性收费项目目录的通知》，涉及林业的收费项目有野生动植物进出口管理费、森林植物检疫费、绿化费、陆生野生动物资源保护管理费、林权勘测费、植物新品种保护权收费、证书工本费 7 项。

根据《财政部 国家发展和改革委员会关于印发 2009 年全国性及中央部门和单位行政事业性收费项目目录的通知》，涉及林业的收费项目有野生动植物进出口管理费、森林植物检疫费、绿化费、陆生野生动物资源保护管理费、林权勘测费、植物新品种保护权收费、林权证工本费、林地补偿费 8 项。

根据《财政部 国家发展和改革委员会关于公布取消和免征一批行政事业性收费的通知》，2013年 8 月 1 日，取消绿化费和林地补偿费，对陆生野生动物资源保护管理费予以免征，林地补偿费不作为行政事业性收费管理，林地补偿金由征占用林地单位按规定支付给被征占用林地单位和个人。

根据《财政部 国家发展和改革委员会关于取消、停征和免征一批行政事业性收费的通知》，2015 年 1 月 1 日，取消森林植物检疫费、林权勘测费和林权证工本费。

根据《财政部 国家发展和改革委员会关于同意收取草原植被恢复费有关问题的通知》，进行矿藏勘查开采和工程建设征用或使用草原的单位和个人，应向相关省、自治区、直辖市草原行政主管部门或其委托的草原监理站（所）缴纳草原植被恢复费；因工程建设、勘查、旅游等活动需要临时占用草原且未履行恢复义务的单位和个人，应向县级以上地方草原行政主管部门或其委托的草原监理站（所）缴纳草原植被恢复费。2010 年 4 月 27 日下发通知。

根据《国家发展和改革委员会 财政部关于草原植被恢复费收费标准及有关问题的通知》，进行矿藏勘查开采和工程建设征用或使用草原的单位和个人，向相关省、自治区、直辖市草原行政主管部门或其委托的草原监理站（所）缴纳草原植被恢复费的收费标准，以及因工程建设、勘查、旅游等活动需要临时占用草原且未履行恢复义务的单位和个人，向县级以上地方草原行政主管部门或其委托的草原监理站（所）缴纳草原植被恢复费的收费标准，由所在地省、自治区、直辖市价格主管部门会同财政部门核定，并报国家发展和改革委员会、财政部备案。2010 年 6 月 7 日起执行。

（三）收入资金政策

涉及林业和草原收入共有 2 项。

1. 非税收入

森林植被恢复费。2014 年，根据财政部、国家林业局关于印发《森林植被恢复费征收使用管理暂行办法》的通知规定，凡勘查、开采矿藏和修建道路、水利、电力、通信等各项建设工程需要占用、征用或临时使用林地，经县级以上人民政府林业主管部门审核同意或者批准的，用地单位应按照规定向县级以上林业主管部门预缴森林植被恢复费。

2014 年 8 月 26 日，自治区财政厅、林业厅联合印发《内蒙古自治区森林植被恢复费征收使用管理实施办法》。

2015 年 1 月 1 日，森林植被恢复费由政府性基金列入一般公共预算，不再作为政府性基金项目管理。

2015 年 11 月 19 日，财政部、国家林业局印发《关于调整森林植被恢复费征收标准引导节约利用林地的通知》，规定森林植被恢复费征收标准应当按照恢复不少于被占用征收林地面积的森林植被所需要的调查规划设计、造林培育、保护管理等费用进行核定。

2. 行政事业性收费收入

草原植被恢复费。2012 年，根据内蒙古自治区人民政府关于印发《自治区草原植被恢复费征收使用管理办法》的通知规定，凡在自治区行政区域内权属明确的草原上进行工程建设和矿藏开采征用或者使用草原的；在草原上进行勘探、钻井、修筑地上地下工程、采土、采砂、采石、开采矿产资源、开展经营性旅游活动、车辆行驶、影视拍摄等临时占用草原占用期已满，未按要求履行草原植被恢复义务的；采集（收购）草原野生植物的，经旗县级以上人民政府草原行政主管部门的同级草原监督管理机构负责收取。

五、会计制度

林业和草原会计制度是国家会计体制的一部分。2005 年以前，国家颁布《国有林场与苗圃财务会计制度》《天然林保护经费会计核算暂行办法》《天然林保护工程财政资金会计核算处理规定》《天然林保护工程财政资金会计核算操作规程》《林业重点生态工程建设资金会计核算办法》等一系列有关林业的会计规章制度。

2012年，财政部颁布《事业单位会计总则》《事业单位财务规则》，林业系统相关部门以此作为会计核算依据。

2015年，中共中央、国务院印发《国有林场改革方案》《国有林区改革指导意见》，推进林业会计制度改革的进程。

2017年1月1日，财政部下达第78号令，机关及二级单位实行《政府会计准则——基本准则》。

第十六章 党群工作

第一节 党组织机构及换届、发展党员

一、阿拉善盟林业和草原局党组

1983年12月，成立中共阿拉善盟林业治沙处党组。

2006—2021年阿拉善盟林业和草原局党组领导名录如下。

党 组 书 记：范布和（蒙古族，2005年1月—2008年9月）

王维东（蒙古族，2008年9月—2012年1月）

陈君来（2012年1月—2021年6月）

图布新（蒙古族，2021年7月—）

党 组 成 员：陈君来（2002年3月—2008年12月）

王新民（2006年1月—2021年3月）

徐世华（2008年11月—2013年12月）

陈 海（2009年11月—2012年1月）

乔永祥（2012年3月—2019年11月）

郝 俊（2012年7月—2015年12月）

潘竞军（2016年5月—）

毛增海（2019年12月—2021年6月）

谭志刚（2021年7月—）

马 涛（女，2019年1月—）

党组成员、纪检组长：马凤英（女，回族，2005年1月—2013年3月）

哈斯乌拉（蒙古族，2012年4月—2015年12月）

白俊梅（女，2016年8月—2019年12月）

纪 检 组 长：杨 琳（女，2020年10月—）

二、中共阿拉善盟林业和草原局总支部委员会及所属支部委员会

（一）机构沿革

2006年12月30日，盟林业治沙局机关党支部召开支部党员大会，选举确定新一届支部委员会组成人员。

2007年3月，成立中共阿拉善盟林业治沙局总支部委员会，通过全体党员大会选举产生党总支部委员会组成人员。

2012年6月，盟林业局党总支部召开支部党员大会，对党总支部委员会进行改选，选举产生

新一届总支部委员会。

2014 年，按照组织程序，对盟林业局党总支部及下属 3 个党支部委员会进行换届选举，产生新一届委员会组成人员，共有党员 42 名。

2016—2018 年，盟林业局党总支部下设 3 个党支部：盟林业局机关党支部、盟林业治沙研究所党支部、盟森林公安局党支部，共有党员 54 名。

2017 年 4 月，盟林业局党总支部及下设 3 个党支部分别召开党员大会选举产生新一届支部委员。

2019 年，机构改革后，盟林业局党总支部与盟直机关工委对接，做好新转隶党组织、党员关系的转接和党支部合并、更名等工作。调整后，设阿拉善盟林业和草原局党总支部 1 个，下设阿拉善盟林业和草原局机关党支部、阿拉善盟森林公安局党支部、阿拉善盟林业治沙研究所党支部 3 个党支部。

2020 年 3 月，成立阿拉善沙漠世界地质公园管理局党支部。撤销阿拉善盟林业治沙研究所党支部，成立阿拉善盟林业治沙研究所联合党支部。5 月，成立阿拉善生态基金会党支部，阿拉善盟森林公安局党支部转隶阿拉善盟公安局党委管理。6 月 8 日，阿拉善盟林业和草原局党总支部召开党员大会，对党总支部委员会进行换届，选举产生新一届总支委员会。

2021 年 11 月，成立阿拉善盟林业和草原局额济纳旗疫情防控临时党支部，设书记 1 名、副书记 1 名、委员 3 名，党支部书记黄天兵，党支部副书记侍青文。临时党支部在完成额济纳旗疫情防控工作返回后自然撤销。12 月，盟林业和草原局所属 5 个二级单位成立中共阿拉善盟林业和草原局联合党支部委员会；原中共阿拉善盟林业治沙研究所联合党支部委员会更名为中共阿拉善盟林业草原研究所党支部委员会；盟航空护林站成立不设支部委员会的党支部。

（二）领导名录

1. 阿拉善盟林业和草原局党总支部

书　　记：马凤英（女，回族，2007 年 3 月—2010 年）

陈　海（2011 年 5 月—2012 年 6 月）

哈斯乌拉（蒙古族，2012 年 6 月—2017 年 4 月）

王新民（2017 年 4 月—2020 年 6 月）

陈君来（2020 年 6 月—2021 年 6 月）

图布新（蒙古族，2021 年 12 月—）

副 书 记：孙智德（2017 年 4 月—2020 年 6 月）

王新民（2020 年 6 月—2021 年 3 月）

谭志刚（2021 年 12 月—）

组织委员：李淑琴（女，2007 年 3 月—2011 年 5 月）

王晓东（2011 年 5 月—2012 年 6 月，2017 年 4 月—2018 年 11 月）

张秀敏（女，2012 年 6 月—2017 年 4 月）

吴淑改（女，2018 年 11 月—）

宣传委员：王晓东（2007 年 3 月—2011 年 5 月）

马兴中（2012 年 6 月—2016 年 1 月）

孟和巴雅尔（蒙古族，2017 年 4 月—2020 年 6 月）

黄天兵（蒙古族，2020 年 6 月—）

纪检委员：马兴中（2016 年 1 月—2016 年 8 月）

吴淑改（女，2016 年 8 月—2017 年 4 月）

刘治国（2017 年 4 月—2020 年 6 月）

孟和巴雅尔（蒙古族，2020 年 6 月—）

保密委员：海　莲（女，蒙古族，2017 年 4 月—2020 年 6 月）

彭　涛（2020 年 6 月—）

青年委员：谢　菲（女，2017 年 4 月—2020 年 6 月）

杨　阳（女，2020 年 6 月—）

2. 阿拉善盟林业和草原局机关党支部

书　　记：马凤英（女，回族，2006 年 12 月—2012 年 3 月）

赵　静（女，2014 年 12 月—2017 年 4 月）

王晓东（2017 年 4 月—2019 年 12 月）

王新民（2020 年 4 月—2021 年 5 月）

谭志刚（2021 年 12 月—）

副 书 记：高立平（2017 年 4 月—2020 年 5 月）

海　莲（女，蒙古族，2020 年 4 月—）

组织委员：李淑琴（女，2006 年 12 月—2013 年 11 月）

海　莲（女，蒙古族，2014 年 12 月—2017 年 4 月）

谢　菲（女，2017 年 4 月—2019 年 5 月）

卢　娜（女，2020 年 4 月—）

宣传委员：王晓东（2006 年 12 月—2012 年 6 月）

张　晨（2014 年 12 月—2017 年 4 月）

郝佳辰（2017 年 4 月—2020 年 5 月）

王　斌（2020 年 5 月—）

纪检委员：王　丽（女，2014 年 4 月—2019 年 12 月）

张　晨（2020 年 5 月—）

3. 阿拉善盟森林公安局党支部

书　　记：孙智德（2017 年 4 月—2020 年 5 月）

副 书 记：张秀敏（女，2017 年 4 月—2020 年 5 月）

组织委员：袁文平（2017 年 4 月—2020 年 5 月）

宣传委员：黄　薇（女，2017 年 4 月—2020 年 5 月）

纪检委员：丽　星（女，蒙古族，2017 年 4 月—2020 年 5 月）

4. 阿拉善盟林业草原研究所联合党支部

书　　记：田永祯（2006—2017 年 4 月）

孟和巴雅尔（蒙古族，2017 年 4 月—2021 年 8 月）

张　震（2021 年 8 月—）

副 书 记：王文舒（女，蒙古族，2017 年 4 月—2020 年 5 月）

程业森（2020 年 5 月—2021 年 8 月）

孟和巴雅尔（蒙古族，2021 年 8 月—）

组织委员：李慧瑛（女，2017 年 4 月—2020 年 5 月）

王　霞（女，2020 年 5 月—2021 年 8 月）

杨　阳（女，2021 年 8 月—）

宣传委员：王　霞（女，2017 年 4 月—2020 年 5 月）

李慧瑛（女，2020 年 5 月—）

纪检委员：程业森（2017 年 4 月—2020 年 5 月）

王文舒（女，蒙古族，2020 年 5 月—）

5. 阿拉善沙漠世界地质公园管理局党支部

书　　记：黄天兵（蒙古族，2020 年 5 月—）

三、发展党员

2006 年，接收预备党员 2 名，列为重点培养对象 3 名。

2007 年，吸收入党积极分子 11 名、重点培养对象 3 名、接收预备党员 2 名。

2008 年，收到入党申请书 12 份，列为重点培养对象 3 名，预备党员转为正式党员 2 名。

2009 年，接收预备党员 2 名，列为重点培养对象 4 名。

2010 年，列为重点培养对象 3 名，接收预备党员 2 名，预备党员转为正式党员 2 名。党总支部共有党员 37 人，其中在职党员 34 人，退休党员 3 人。

2011 年，列为重点培养对象 2 名，接收预备党员 2 名，预备党员转为正式党员 2 名。

2012 年，收到入党申请书 1 份，列为重点培养对象 1 名，接收预备党员 2 名，预备党员转为正式党员 1 名。

2014 年，按照发展党员“票决制”“公示制”，重点培养对象转为预备党员 1 名。

2018 年，收到入党申请书 1 份，确定入党积极分子 2 名，入党积极分子列为重点培养对象 4 名，预备党员转为正式党员 2 名。

2019 年，吸收入党积极分子 2 名，重点培养对象人 4 名、接收预备党员 1 名。

2020 年，收到入党申请书 1 份，入党积极分子列为重点培养对象 3 名，重点培养对象发展为预备党员 3 名。

2021 年，确定发展对象 1 名，重点培养对象发展为预备党员 3 名，预备党员转正为正式党员 3 名，全局共有党员 58 人。党员信息统计和党员管理信息系统及时更新完善，杜绝“口袋”党员、失联党员问题发生。党总支部、党支部信息完整度 100%，党员信息完整度 100%。

第二节　思想政治教育

一、理论学习中心组

2006 年，学习贯彻《江泽民文选》《中国共产党章程》，“三个代表”重要思想，中共十六届六中全会精神，《新时期党和国家领导人论林业与生态建设》《中共中央关于构建社会主义和谐社会若干重大问题的决定》《阿拉善盟盟委行署关于加快林业发展的意见》，当前林业建设的方针政策、林业专业法律知识，李德平先进事迹等。

2007 年，学习贯彻中共十七大精神，《中国共产党章程》《中国共产党党内监督条例（试行）》《中国共产党纪律处分条例》《预防涉林渎职犯罪手册》《共产党员“十要十不要”》，组织观看专题片《职责与犯罪》等。

2008 年，学习贯彻中共十七届三中全会精神，十七届中央纪委二次全会精神，《中国共产党章程（修正案）》《公民道德建设实施纲要》等。

2009 年，学习贯彻胡锦涛在中共十七届三中全会上的讲话精神，胡锦涛在纪念中共十一届三中全会召开 30 周年大会上重要讲话精神，习近平在中央学习实践科学发展观活动领导小组第七次会议上的讲话精神，《党政领导干部选拔任用工作条例》等。

2010年，学习贯彻中共十七届四中全会精神，十七届中央纪委五次全会精神，内蒙古自治区八届纪委五次全会精神，《中国共产党党内监督条例》《中国共产党党员领导干部廉洁从政若干准则》《中国共产党纪律处分条例》，组织观看《中国共产党党员领导干部廉洁从政若干准则辅导报告》《笑脸背后的罪恶》（徐国元受贿案警示录）、《欲之祸》（济南市人大常委会原主任段义和案件警示录）等警示教育片。

2011年，学习贯彻中共十七届五中、六中全会精神，全国两会精神，胡锦涛在庆祝中国共产党成立90周年大会上讲话精神，党中央、自治区党委、盟委重要会议精神等。

2012年，学习贯彻中共十八大精神、《建立健全教育、制度、监督并重的惩治和预防腐败体系实施纲要》《建立健全惩治和预防腐败体系2008—2012年工作规划》《中国共产党党和国家机关基层组织工作条例》，阿拉善盟直属机关工委《关于建设学习型党组织的意见》精神等。

2013年，学习贯彻中共十八届二中全会精神，全国两会精神，中共中央一号文件，十八届中央纪委二次全会精神，习近平系列重要讲话精神，自治区及盟委重要会议精神，《中国共产党党员权利保障条例》等。党组理论学习中心组集中学习12次。

2014年，学习贯彻中共十八届三中全会精神，习近平在内蒙古考察时的重要讲话指示精神，习近平在兰考调研时重要讲话精神，马克思主义民族理论和党的民族政策，党的群众路线教育实践活动材料，修订版《党政领导干部选拔任用工作条例》，组织观看《廉政中国》宣教片等。党组理论学习中心组集中学习12次。

2015年，学习贯彻十八届中央纪委五次全会精神、《习近平总书记系列重要讲话读本》《领导干部"三严三实"学习读本》《"四个全面"党员干部读本》《习近平系列重要讲话精神辅导材料汇编》《领导干部违纪违法典型案例警示录》等。党组理论学习中心组集中学习12次。

2016年，学习贯彻十八届中央纪委六次会议精神，自治区九届纪委七次会议精神，中央八项规定、自治区28项配套规定和盟委27项配套要求，《中国共产党纪律处分条例》《中国共产党廉洁自律准则》《习近平谈治国理政》《习近平关于党风廉政建设和反腐败斗争论述摘编》等。党组理论学习中心组集中学习13次。

2017年，学习贯彻中共十八届六中全会精神、中共十九大精神、全国两会和全区两会精神、内蒙古自治区第十次党代会精神、《中国共产党问责条例》《中国共产党党内监督条例》等。党组理论学习中心组集中学习15次。

2018年，学习贯彻中共十九届三中全会精神，中央农村工作会议精神，全国两会和自治区两会精神，十九届中央纪委二次全会精神，习近平关于文化自信的重要论述，新时代中国共产党的初心和使命是"为中国人民谋幸福，为中华民族谋复兴"的重要论断，习近平参加十三届全国人民代表大会第一次会议内蒙古代表团审议时的重要讲话精神等，习近平新时代中国特色社会主义经济思想。党组理论学习中心组集中学习12次。

2019年，学习贯彻习近平新时代中国特色社会主义思想的科学理论体系，中共十九届四中全会精神《习近平关于全面从严治党论述摘编》，习近平关于增强忧患意识、防范风险挑战的重要论述，《习近平关于全面深化改革论述摘编》，习近平关于民主集中制重要论述，习近平关于意识形态工作重要论述，习近平在庆祝中华人民共和国成立70周年大会上的重要讲话精神，习近平参加十三届全国人民代表大会第二次会议内蒙古代表团审议时的重要讲话精神等。党组理论学习中心组集中学习14次。

2020年，学习贯彻中共十九届五中全会精神，习近平新时代中国特色社会主义思想，习近平关于贯彻新发展理念、做好经济工作的重要论述，习近平关于坚持和完善中国特色社会主义制度、推进国家治理体系和治理能力现代化的论述，习近平关于新冠肺炎疫情防控和经济社会发展工作的重要论述，习近平关于脱贫攻坚、全面建成小康社会重要论述，习近平关于意识形态工作重要论述，习近平关于百年未有之大变局重要论述，习近平参加十三届全国人大第三次会议内蒙古代表团审议时重要讲话精神，《中国共产党党组工作条例》《中国共产党支部工作条例（试行）》《中国共产党纪律处分条例（试行）》《中国共产党廉洁自律准则》。党组理论学习中心组集中学习18次。

2021年，学习贯彻中共十九届六中全会精神，习近平关于党的政治建设重要论述，习近平新时代中国特色社会主义思想，习近平关于学习党史的重要论述，习近平关于民族工作重要论述，习近平在庆祝中国共产党成立100周年大会上重要讲话精神，习近平关于党史、新中国史、改革开放史、社会主义发展史重要论述，习近平关于意识形态工作重要论述，习近平关于发扬斗争精神和防范风险挑战重要论述，习近平法治思想，习近平关于优化营商环境的重要论述，习近平参加十三届全国人大第四次会议内蒙古代表团审议时的重要讲话精神等。党组中心组集中学习22次。

二、政治学习教育活动

2006年，开展"一心为民，科学发展"培训教育活动，转变观念，增强加快发展、科学发展主动性和创造性。以开展"三创一落实"活动为载体推进机关党建工作长效机制建设，围绕全盟林业工作大局，以创建党建工作先进机关为载体，健全和加强机关党的建设领导责任制；以创建学习型党支部活动为载体，加强基层党组织建设；以争创"党的好干部、人民的贴心人"活动为载体，提高党员素质；以落实党员权利保障条例为载体，强化机关党组织的监督职能。学习李德平先进事迹，展开"学英雄、见行动"讨论，真正从学习英雄过程中找差距。

2007年，开展"迎接党的十七大召开、弘扬阿拉善精神、创建'五个好'支部"活动，以构建和谐阿拉善为目标，按照"五个好"支部的创建标准，加强基层党组织建设。在机关倡导爱岗敬业精神，转变干部形象，打造"学习型、竞争型、创新型、服务型、廉洁型"机关。

2008年，开展"支部建设年"活动，推进机关党的思想、组织、制度、作风建设。开展"四个一"活动，3月，举办学习贯彻中共十七大精神集中培训班，把党员干部职工思想统一到中共十七大精神上来，把力量凝聚到实现中共十七大确立的各项任务上来。

2009年3月，开展深入学习实践科学发展观活动。5月下旬，转入分析检查阶段，重点是召开领导班子专题民主生活会、撰写分析检查报告、开展群众评议3个环节。通过深入基层调研、走访相关部门、发放征求意见表、召开座谈会等广泛征求意见和建议。梳理汇总对领导班子意见3条、建议6项，对班子成员意见4条，针对意见和建议，明确整改思路和措施，完成调研报告5份。6月5日，召开局领导班子民主生活会，6月24日，局党组召开评议大会，组织机关全体干部职工和二级单位领导班子成员对局领导班子分析检查报告进行评议。

2010—2012年，开展创先争优活动，目标是"推动科学发展、促进社会和谐、服务人民群众、加强基层组织"，主题为"发展现代林业、建设生态文明、推动科学发展、实现兴林富民"。

2010年7月7日，盟林业局召开创先争优活动动员大会，制定印发《阿拉善盟林业局深入开展创先争优活动2010年工作方案》，对照"五个好""五带头"目标要求，加强党组织和党员队伍管理。组织集中学习28次，召开座谈会9次。以践行承诺为载体，深入开展评议和选树典型工作，全局各级党组织向群众做出公开承诺事项18项，党员向群众做出公开承诺事项160项，培育贺兰山管理局等9个典型样板。

2012年，落实党员干部"挂单位包嘎查联户"制度，领导干部每年下基层不少于20天，直接联系群众不少于1户，一般党员干部每年下基层不少于5天。结合"领导干部下基层办实事转作风活动""基层组织建设年活动"开展服务型党组织建设。

2013 年，推进社会主义核心价值体系建设，开展"德润阿拉善·文明之行"主题实践活动，主要内容为做"身边好人"道德实践活动、开展志愿服务活动、推进公民道德讲堂建设、开展"我们的节日"主题活动和丰富机关文化生活。

2014 年，开展以"为民、务实、清廉"为主要内容党的群众路线教育实践活动。2 月 28 日，盟林业局召开党的群众路线教育实践活动动员会议。全系统 3 个党支部、37 名党员（其中处级干部 8 名）按照活动步骤，开展"学习教育、听取意见，查摆问题、开展批评，整改落实、建章立制"三个环节工作。3 月 31 日至 4 月 1 日，开展"我是谁，依靠谁，为了谁"主题大讨论活动；4 月 9 日，组织党员干部学习"四风"问题的 25 种具体表现和党员干部在作风方面存在的 22 种突出问题，针对各自在工作中存在的"四风"表现进行研讨；8 月 5 日，局党组召开专题民主生活会，班子成员聚焦"四风"，开展批评和自我批评，班子成员相互提出批评意见 150 条。通过百日大调研，形成《关于加快发展特色林沙产业促进农牧区生态良好、生产发展与生活富裕协调发展的调查研究》等 12 篇调研报告，征集到意见建议 44 条。

2015 年 2 月 22 日，盟林业局召开党组会议，研究部署"三严三实"专题教育。在处级以上领导干部中开展以"既严以修身、严以用权、严以律己；又谋事要实、创业要实、做人要实"为主要内容的"三严三实"专题教育。6 月 30 日，盟林业局机关党支部以严以修身、加强党性修养、坚定理想信念、把牢思想和行动"总开关"为主题，召开学习研讨会。

2016 年，在全体党员中开展"两学一做"学习教育，以"学党章党规、学系列讲话，做合格党员"为内容，以"三会一课"等党组织生活为基本形式，以落实党员教育管理制度为基本依托，针对领导班子和党员干部、普通党员不同情况作出安排。向党员领导干部发放《知之深、爱之切》书籍 8 本，向支部委员发放《党史、党章、党规学习手册》12 本，向党员发放《"两学一做"学习教育党员学习手册》54 本。4 月 26 日，召开"两学一做"学习教育工作座谈会。

2017 年，持续深入学习党章党规、习近平系列重要讲话，学习贯彻中共十九大精神，落实中共中央关于"两学一做"学习教育常态化制度化要求，推动学习教育融入日常、抓在经常、取得实效。把严明政治纪律和政治规矩摆在首位，在全盟林业系统牢固树立"四个意识"。

2018 年，以落实"六大专项行动"为基本载体，推进"两学一做"学习教育常态化制度化，通过召开"两学一做"教育专题、巡察回头看整改专题、巡察整改专题等专题民主生活会，及时查找和解决问题，列出问题清单，持之以恒整改落实。广大党员坚持学做结合，直面问题、自我革命，通过查找和解决问题方式，依靠自身力量修正错误、改进提高。深化"阿拉善先锋行动"，开展以"五级示范引领、五项任务落实、五位一体考核"为载体的"为基层办实事，为百姓服好务"主题实践活动。选派政治素质高、技术过硬党员干部深入各旗（区）、苏木（镇）和嘎查，开展林业技术服务和技术咨询 300 人次；邀请各高校、科研院所专家围绕《梭梭-肉苁蓉种植接种》《黑果枸杞栽培》《工程治沙》等开展系列专题讲座、现场服务和技术指导。加强意识形态工作，制定落实意识形态工作责任制实施细则和分工方案，明确新形势下宣传思想工作主要任务和工作机制。2018 年 5 月至 2019 年 5 月，在盟林业局科级以上领导干部中深入开展正确发展观政绩观专题教育，科级以下干部参加专题教育。

2019 年，按照《中国共产党党和国家机关基层组织工作条例》规定和盟委组织部党建工作部署，盟林业和草原局设立党建办公室，确定党建办主任 1 名、工作人员 1 名。开展基层党组织意识形态领域工作，把意识形态工作与重点工作同安排、同部署，加强干部队伍意识形态建设，牢固树立"四个意识"，坚定"四个自信"，坚决做到"两个维护"，提高党员干部理论素质，增强党性修养。盟林业和草原局党组和各责任单位签订《全盟林业和草原系统 2019 年意识形态工作目标责任书》，将意识形态工作列入年终考核目标。盟林业和草原局开展"不忘初心、牢记使命"主题教育活动，贯彻"守初心、担使命、找差距、抓落实"总要求，落实"学习教育、调查研究、检视问题、整改落实"措施，实现"理论学习有收获、思想政治受洗礼、干事创业敢担当、为民服务解难题、清正廉洁作表率"目标。3个所属党支部集中学习53次，开展主题党日活动40次，研讨15次，开设学习讲堂4次，开展志愿服务活动20次，党支部书记讲党课3人次，参加党员670人次。向党员发放必读书籍资料142本，学习笔记70余本，党员撰写心得体会文章410篇。

2020年，深入落实新时代党的建设总要求和新时代党的组织路线，建立健全"不忘初心、牢记使命"长效机制，开展实施"三项机制"推进"五化协同、大抓基层"工作。坚持"三年打基础、五年争优先"工作目标，坚持系统化谋划、制度化规范、标准化建设、项目化推进、信息化支撑，推动形成基层党建"五化协同"发展机制，推动基层党组织建设全面进步、全面过硬。落实中共中央关于"两学一做"学习教育常态化制度化要求，推动学习教育融入日常、抓在经常、取得实效。推进党支部标准化规范化建设，开展"双创双建"和"活力党建"活动。为所属3个党支部发放《习近平在宁德》《新中国成立70周年》《习近平新时代中国特色社会主义思想学习纲要》等书籍40本。开展专题读书活动，投入5800元为党员购买《习近平谈治国理政》第三卷《中华人民共和国民法典》等书籍95本。注重党员推优工作，向盟委组织部推荐"北疆百年先锋"先进集体2个和优秀共产党员10名。

2021年，在全体党员中开展党史学习教育，对照"学史明理、学史增信、学史崇德、学史力行"总要求和"六个进一步"主要任务，以加强和改进党员队伍教育为切入点，学党史、悟思想、办实事、开新局。把党史学习教育与学习贯彻习近平新时代中国特色社会主义思想、习近平重要讲话精神和全国、全区林草工作会议精神、林业和草原生态保护建设业务工作、庆祝中国共产党成立100周年系列活动结合起来，因需施教，统筹推进。所属3个党支部开展党史学习教育集中学习122次，开展"五个专题"和"铸牢中华民族共同体意识"研讨24次、理论测试18次，理论学习中心组集中学习22次、研讨8次，举办读书班2次；盟委讲师团老师讲课2次，开展"铸牢中华民族共同体意识"专题讲座1次。组织观看《建党伟业》《建国大业》《建军大业》《抗疫精神》，改革开放史专题片5部。学习贯彻《党支部工作条例（试行）》《党和国家机关基层组织工作条例》《关于新形势下党内政治生活的若干准则》等党纪党规。落实"三会一课"、主题党日、三级述职述廉、民主生活会、组织生活会、谈心谈话、党员领导干部参加双重组织生活会等制度。结合"干部基层办实事、部门包联惠民生、村企结对促振兴"活动，开展"我为群众办实事"活动，完成为民办实事项目17项。以实际行动践行"我为群众办实事"，局党组派出15名党员和群众组成疫情防控先锋队支援额济纳旗疫情防控、深入苁蓉集团种植基地开展"学史明理促提升、生态共建话初心"活动、深入塔木素布拉格苏木乌仁图雅嘎查开展"实事合民心、科技惠民生"活动。

第三节　廉政建设

2006年，学习贯彻《建立健全教育、制度、监督并重的惩治和预防腐败体系实施纲要》，中共内蒙古自治区林业厅党组关于贯彻落实《建立健全教育、制度、监督并重的惩治和预防腐败体系实施纲要细则》。开展"深入学习贯彻党章　牢固树立社会主义荣辱观"主题教育活动，切实开展党风廉政教育，引导树立正确权力观、地位观、利益观，牢记全心全意为人民服务的宗旨，坚决维护人民群众切身利益。5—12月，分4个阶段开展纠风和民主评议政风行风工作，贯彻落实中央、自治区有关党风廉政建设、纠正部门和行业不正之风精神。

2007 年，制定《阿拉善盟林业治沙局 2007 年民主评议政风行风工作实施方案》，印发《阿拉善盟林业治沙局林业宣传工作安排》《阿拉善盟林业治沙局林业纪检监察工作安排》，全系统深入学习宣传《中共中央纪委关于严格禁止利用职务上的便利谋取不正当利益若干规定》。坚持以建设"廉洁、勤政、务实、高效"工作机制为目标，以"加强作风建设，构建和谐林业"为主题，紧紧围绕政务公开，依法行政，勤政廉洁，为群众办好事、办实事、解难事为主要内容开展政风行风评议活动。

2008 年，贯彻落实十七届中央纪委二次全会、自治区八届纪委三次全会精神，落实党组抓党建工作责任制，加强对人、财、物管理使用、关键岗位监督，健全并执行领导班子议事规则，落实"三重一大"决策制度。开展以清理违规创收、乱收费、私设"账外账"和"小金库"为主要内容的自查自纠和监督检查工作。3 月，召开全盟林业系统党风廉政建设工作会议。

2009 年，学习贯彻十七届中央纪委三次全会、自治区八届纪委四次全会和全盟党风廉政建设及反腐败工作视频会议精神，开展以"七个一"为主要内容的"加强作风建设，提高行政效能，优化发展环境"主题实践活动。4—8 月，开展盟林业治沙局专项治理领导干部违反规定收送礼金问题工作，制定行政办公、财务、项目管理、计算机使用、党务、人事、廉政建设等 34 个方面的管理制度和《阿拉善盟林业治沙局目标管理考核办法》。印发《阿拉善盟林业治沙局 2009 年党风廉政建设和反腐败工作安排》、制定《阿拉善盟林业治沙局 2009 年党风廉政建设和反腐败各项任务分解意见》《阿拉善盟林业治沙局党风廉政建设考核办法》。

2010 年，在全盟林业系统开展廉政风险防范管理试点工作。全局领导干部、各科室、单位编制权力运行流程图 33 个，查找单位风险点 59 个、科室风险点 38 个、个人思想道德风险点 149 个、岗位职责风险点 177 个。针对查找的风险点，对现行各项制度进行全面清理分类和修订完善，完成《廉政风险防控措施表》。制定《关于进一步加强机关效能建设严肃工作纪律的规定》《关于加强机关作风纪律建设工作效能监察方案》等防范措施。5—6 月，对全盟惠农惠牧政策落实情况专项检查工作进行回头看，组成督查组对各旗退耕还林工程政策落实情况进行督查。8 月 20 日，1 名分管领导和盟公益林站负责人坐客阿拉善广播电台"行风热线"节目，就阿拉善盟公益林项目实施、管理、项目资金补偿等情况进行解读。

2011 年，开展创建廉政文化进机关示范点活动，以培育良好工作作风、生活作风为目标，开展廉政文化建设工作，树立"建设廉政文化，共创和谐林业"廉政理念，规范推进廉政文化进机关工作。制定《阿拉善盟林业局民主评议政风行风工作实施方案》《阿拉善盟林业局"三重一大"事项若干规定实施意见》《阿拉善盟林业局关于进一步加强机关效能建设严肃工作纪律"七不准"规定》。制定和完善盟林业局政务公开制、岗位责任制、服务承诺制、首问负责制、限时办结制和行政问责制 6 项制度。

2012 年，制定《阿拉善盟林业局 2012 年党风廉政建设和反腐败工作安排》《阿拉善盟林业局 2012 年党风廉政建设和反腐败各项任务分解意见》《阿拉善盟林业局党风廉政建设考核办法》《阿拉善盟林业局"三重一大"事项若干规定实施意见》，健全完善领导班子民主集中制，推行"一把手"不直接分管财务、人事和工程项目制度。开展廉政风险防范管理回头看工作，对确定的行政权力、权力运行流程图、查找的风险点及防控措施，重新进行一次梳理。推进廉政文化进机关工作，营造"为民、务实、清廉"廉政文化氛围，增强党员干部"敬廉尚廉、知廉守廉"意识，树立"建设廉政文化，共创和谐林业"廉政理念。

2013 年，坚持标本兼治、综合治理、惩防并举、注重预防方针，把党风廉政建设贯穿于林业工作全过程，做到党风廉政建设和惩防体系建设与业务工作同部署、同落实、同检查、同考核。局党组召开专门会议研究部署党风廉政建设工作，印发《阿拉善盟林业局 2013 年党风廉政建设和反腐败工作分解方案》，细化党风廉政建设责任制任务，将责任落实到分管领导和科室、二级单位。领导班子在指导林业生产工作的同时，负责抓好政风行风建设，各科室、二级单位从依法行政、纠正不正之风等方面进行自查自纠，通过简化和公开办事程序、公开民生项目落实情况、畅通群众诉求渠道等措施，提高依法行政效率和群众满意度。落实中央八项规定、自治区和盟配套规定，制定《阿拉善盟林业局厉行勤俭节约 反对铺张浪费实施办法》《阿拉善盟林业局公务接待规定》。

2014 年，制定《阿拉善盟林业局 2014 年党风廉政建设和反腐败工作安排》《阿拉善盟林业局建立健全惩治和预防腐败体系 2013—2017 年工作规划》，修订阿拉善盟林业局《公务接待制度》《厉行勤俭节约 反对铺张浪费的规定》等 14 项制度，全局三公经费同比减少 36%。成立林业重点工程建设监督管理领导小组和内部招投标、采购工作监督管理领导小组，加强全盟林业生态建设各项工程各个环节的监督管理。8 月，盟林业局被确定为全盟开展廉政风险信息化防控系统工作重点推进部门，制定《阿拉善盟林业局廉政风险信息化防控工作实施方案》，建设廉政风险信息化防控系统。组织廉政学习 25 次、观看《拒腐防变每月一课》《廉政微电影》《廉政中国》等警示教育片 4 次、发放学习资料 80 册。

2015 年，经盟林业局党组研究，成立盟林业局纪检监察室，主任由办公室主任兼任，确定纪检员 2 名负责纪检工作。根据《阿拉善盟纪委办公厅关于印发〈开展党政机关派驻机构全覆盖改革试点的工作方案〉等方案的通知》精神，在总结过去"三重一大"事项决策经验基础上，按照上级要求，结合廉政风险防范试点工作，制定《阿拉善盟林业局"三重一大"事项决策实施意见》，对"三重一大"事项的范围和内容、执行"三重一大"事项的做法明确规定，在制度层面界定林业系统"三重一大"事项、决策程序、决策内容。6 月，2 人参加中央纪委驻国家林业局纪检组举办的林业系统纪检监察干部案件查办业务培训班。林业系统参加阿拉善广播电台"行风热线"节目 20 期。

2016 年，学习十八届中央纪委六次全会精神、《中国共产党问责条例》《习近平总书记系列重要讲话读本》。5 月，开展"守住道德高线和从严治党的纪律底线"专题讲座。9 月，制定《阿拉善盟林业局党组履行党风廉政建设责任清单和负面清单》。盟林业局党组专题研究党风廉政建设工作 2 次，班子成员严格执行党风廉政建设"一岗双责"制度，制定党风廉政建设责任清单、负面清单。盟森林公安局党支部与 20 位民警家属签订《家庭助廉承诺书》。

2017 年，制定《阿拉善盟林业局工作人员守则》《阿拉善盟林业局领导工作制度》《阿拉善盟林业局党风廉政建设责任制实施办法》《阿拉善盟林业局党风廉政建设责任制追究实施细则（试行）》《阿拉善盟林业局落实中央八项规定细则》《阿拉善盟林业局人事管理制度》等相关制度。开展集中整治"雁过拔毛"式腐败问题专项行动，按照"个个项目有交代，笔笔资金有去向"要求，分动员部署、自查自纠、督查问责、总结规范 4 个阶段，将 2013 年起全盟林业 7 项涉民项目和资金管理发放情况及执法情况进行全面摸底，建立台账，组织开展清查核实整改工作。

2018 年，推进整治"雁过拔毛"式腐败问题专项行动，盟林业局 4 个督查组分 3 次对全盟林业系统进行全面督查。持续推进作风问题专项整治工作，开展形式主义、官僚主义 10 种表现集中整治工作，重点围绕 4 个领域和 4 种行为开展自查自纠。修订《阿拉善盟林业局机关管理制度》，健全完善请销假、上下班、会议、学习、外出报备、廉洁自律等一系列制度。

2019 年，制定《阿拉善盟林业和草原局党的建设领域防范化解重大风险工作方案》《阿拉善盟林业和草原局净化政治生态三年实施方案》，建立盟林业和草原局党的建设领域防范化解重大风险工作台账和政治建设责任清单。将党风廉政建设和林草重点工作同部署、同落实、同检查、同考核，落实落细党风廉政建设责任制。印发《阿拉善盟林业和草原局关于开展民生领域专项整治工作方案》，明确工作任务、要求，对照时间节点，加强宣传和线索排查，就 2018 年起涉及民生领域的重点生态工程项目等相关工作存在的突出问题进行逐项排查，建立问题清单，逐项整改，查遗补缺。印发《阿拉善盟林业和草原局扫黑除恶专项斗争实施方案》，针对林业和草原系统乱占林地草地、乱挖滥采野生植物、乱捕滥猎野生动物、偷牧放牧等破坏森林草原生态环境的乱点乱象行为，加大查处打击力度，深挖背后保护伞，结合打伞破网、基层拍蝇，有黑扫黑、无黑除恶、无恶治乱。局领导班子成员带队，深入全盟对扫黑除恶及违法占用林草地整改情况进行专项督查。3 次开展整治"四官"问题、净化机关政治生态工作，聚焦形式主义、官僚主义等 5 个方面 28 条问题，对照"懒官、庸官、乖官、巧官"问题表现形式，强化整治力度，努力营造林草行业风清气正的良好政治生态。组织参观盟委党校廉政教育基地，观看警示教育片《初心的蜕化》《叩问初心》《迷失初心的代价》。

2020 年，落实全面从严治党各领域各方面各环节全覆盖要求，坚持全方位领导、全过程推进，成立盟林业和草原局党风廉政建设和党建工作领导小组。盟林业和草原局党组与旗（区）林草部门、各科室、二级单位签订《党风廉政建设目标责任书》，班子成员根据职责分工，严格落实"一岗双责"，对分管范围内的党风廉政建设和党建工作进行督查落实，专题调研 2 次，每个季度听取分管领域党风廉政建设汇报 1 次。持之以恒抓好作风建设，深入开展形式主义、官僚主义、"四官"问题专项整治。开展煤炭资源领域违规违法问题专项整治，对煤炭资源领域突出问题进行自查，共排查 2000 年起征占用林地涉煤企业 6 个，未发现欠缴、减收等违法违规行为。开展扶贫领域腐败和作风问题治理，完成中央脱贫攻坚专项巡视反馈意见整改涉及林业和草原行业的 4 个问题。深入开展扫黑除恶专项斗争，持续开展深挖彻查、依法依规治理行业乱象，分管领导带队对各旗（区）扫黑除恶专项斗争推进情况、行业乱象整改销号情况等督导检查 5 次。全力推进民生领域专项整治工作，就涉及民生领域重点生态工程项目等存在的突出问题进行排查，未新发现民生领域存在的腐败问题和作风问题。持续抓好优化营商环境工作专项整治，坚持以问题为导向，认真查找与营商环境建设有关突出问题，全面改进机关作风、提高工作效能，针对"草原征占用手续办理周期长"问题，将林草部门初审和复审时间由 10 个工作日压缩到 5 个工作日。全面防范化解意识形态领域重大风险防控，林草舆情管控、处置突发性舆情能力得到提升。盟林业和草原局党组专题研究全面从严治党工作 2 次，开展党组书记抓基层党建述职评议考核工作 1 次，向盟委党建办书面报告党组书记抓党建工作情况 1 次，班子成员进行个别廉政谈话 59 人次。约谈二级单位负责人 6 次 18 人。

2021 年，学习贯彻落实《中共中央关于加强党的政治建设的意见》《党委（党组）落实全面从严治党主体责任规定》，制定盟林业和草原局党组、党组书记、班子成员党风廉政建设责任清单、党组政治责任清单。制定《阿拉善盟林业和草原局全面从严治党制度手册》，梳理党建、党风廉政建设制度 51 项。制定《党建党风廉政建设应知应会知识手册》口袋书，党员人手 1 本。制定《阿拉善盟林业和草原局党组书记及班子成员党建工作联系点制度》，党组书记和班子成员每人选择 1 个分管科室或二级单位作为党建工作联系点，联系 1 个基层党支部。党组书记履行全面从严治党第一责任人职责，班子成员按照"一岗双责"要求，定期研究、部署、检查和报告分管范围内党建、党风廉政建设工作情况，注重日常监管，抓好廉政风险防控，将主体责任压力传导基层。全年共接受盟纪委节日期间工作纪律、作风检查 5 次；开展系统内部工作纪律、公车使用情况监督检查 4 次；开展疫情防控工作监督检查 3 次；接受盟纪委交叉互查 1 次；办理派驻纪检监察组《履责提示函》1 次。领导班子成员廉政谈话 36 次，党组集体约谈 1 次 4 人，对新提拔任职集体廉政谈话 1 次 21 人，理论测试 1 次 21 人，签订廉洁自律责任书 21 人。严格落实中央八项规定及其实施细则精神，召开中秋、国庆"双节"廉政警示教育会。9 月 24 日，盟林业和草原局党组召开 2021 年度全面从严治党工作专题会议，印发《中共阿拉善盟林业和草原局党组关于调整全面从严治党和党建领导小组的通知》、学习《阿拉善盟委关于推动落实党委（党组）全面从严治党主体责任和优化改进党建工作考核的若干措施》、听取各二级单位 2021 年度全面从严治党工作推进情况汇报。

第四节　工会工作

一、工会组织

（一）第一届工会组织

2014 年 8 月，盟林业局工会委员会召开会员大会选举产生盟林业局第一届工会委员会。

（二）第二届工会组织

2017 年 3 月 7 日盟林业局工会委员会召开会员大会，选举产生第二届工会委员会、经费审查委员会和女职工委员会。

1. 工会委员会

主　席：王新民

委　员：马　涛　孙智德　王晓东　卢　娜　白　莹　张秀敏　赵　静　张春霞

2. 经费审查委员会

主　任：王晓东

委　员：卢　娜　白　莹

3. 女职工委员会

主　任：张春霞

委　员：张秀敏　赵　静

（三）第三届工会组织

2018 年 10 月 22 日，按照《阿拉善盟工会关于阿拉善盟林业局工会第二届"三委会"换届的批复》，召开局机关会员大会，选举产生工会委员会、经费审查委员会和女职工委员会。

1. 工会委员会

主　席：王新民

委　员：马　涛　孙智德　张春霞　张秀敏

2. 经费审查委员会

主　任：王晓东

委　员：卢　娜　白　莹

3. 女职工委员会

主　任：张春霞

委　员：张秀敏　赵　静

本届"三委会"任期 5 年。

盟林业和草原局工会认真落实职工福利待遇，每逢春节、端午节、中秋节等传统节日，在工会经费使用范围内，向会员发放节日慰问品，在元旦、"七一"建党节等节日看望慰问困难职工、离退休党员干部职工等。对干部职工身患严重疾病、遇有重大挫折、经历重大自然灾害或事故、家庭发生重大变故时，及时上门看望慰问，为生活困难职工提供多种形式的帮助。

二、文体活动

2008年9月，组织干部职工参加由盟纪委、盟直机关工委组织的廉政文艺演出，参演的节目《德平颂》得到广大观众一致好评。

2010年，利用节假日，组织全系统职工开展排球、乒乓球、拔河等体育比赛活动、团体下基层调研和联谊活动。

2011年，以中国共产党成立90周年为契机，组织职工参加"全盟廉政建设知识竞赛""阿拉善盟直属机关工作委员会第四届广场文体运动会"，开展排球、长跑、短跑、接力跑、拔河等多项小型运动会。开展"林业警察文明礼仪用语""献爱心进家庭""植树光荣"等主题教育宣传活动。

2012年，参加自治区林业厅举办的乒乓球比赛，取得1冠1亚优异成绩。中国共产党成立91周年纪念日，组织全体干部职工开展徒步穿越贺兰山活动，参加全盟迎接中共十八大红歌比赛。

2013年，开展歌咏比赛、书画摄影展、体育运动会、才艺大比拼、演讲比赛等党员群众喜闻乐见的活动。参加盟直机关工委第六届广场文体运动会。

2016年6月，为庆祝中国共产党成立95周年，深入推进"两学一做"学习教育开展，举办全盟林业系统"迎七一""党旗在我心中，我为林业增光彩""两学一做"演讲活动。

2018年2月，举办"迎新春——贯彻中共十九大精神"趣味知识竞赛。5月，盟林业局1名干部参加盟工会举办的"草原职工心向党 建功亮丽内蒙古——学习宣传贯彻习近平新时代中国特色社会主义思想和中共十九大精神"全盟职工主题演讲比赛获得第3名。组织参加全盟党建知识竞赛和歌咏比赛。

2019年，结合庆祝中国共产党成立98周年和中华人民共和国成立70周年，开展志愿者服务活动20次，开展"立足本职、防风固沙，我为家乡添绿色"植树活动。纪念"五四"运动100周年，开展"激情飞扬红五月，保护野生动植物，青春献身林草业"主题活动。结合"爱鸟周"开展"人人爱鸟护林，处处山清水秀"主题活动。

2020年4月，在贺兰山自然保护区组织开展"爱鸟新时代，共建好生态"主题活动，悬挂鸟巢箱200个。5月，开展"种花养花、美化庭院"主题活动，栽植花卉3000株。7月，盟林业和草原局选派2名干部参加盟委宣传部、盟妇联、盟扶贫办组织的"时代新人说——人民的小康"主题演讲比赛、由盟工会举办的"中国梦劳动美——决胜小康奋斗有我"主题演讲比赛。

2021年，在全盟林业和草原系统举办"中国共产党成立100周年、讲好阿拉善故事"主题演讲比赛，共有10名选手参赛，评出一、二、三等奖及优秀奖，第一名被选送参加盟直机关工委、自治区林业和草原局组织的演讲比赛，分别取得二等奖、优秀奖的好成绩。开展"铸牢中华民族共同体意识、参观阿拉善历史文物"活动。

第五节　脱贫帮扶

2006年，为帮扶对象杨吉玛、王维清2户牧民，帮扶现金各4000元。为李德平家庭捐款1.62万元；为阿左旗实验三小肾病综合征患者蔡梦茹捐款1400元；为阿左旗四中贫困学生张海涛捐款850元。开展处级干部"一帮一"救助活动，全局6名处级领导，分别为6名受助人员捐助资金200元。

2008年9月，盟林业治沙局组织对口帮扶的阿左旗巴彦诺日公苏木查干敖包嘎查11位嘎查致富带头人赴锡林郭勒盟所属镶黄旗、正蓝旗、西乌旗和锡林浩特市考察学习当地农牧民信息化建设、手工艺制作、奶食品加工、花岗岩板材开采及牧民联户经营模式等先进经验和生产技术；为帮扶对象杨吉玛、王维清 2 户牧民子女上学，分别帮扶现金 5000 元；开展"送温暖、献爱心"捐款捐物救助贫困活动，共捐款 160 元、捐物 111 件。

2010 年，根据帮扶联系点阿左旗吉兰泰镇召素陶勒盖嘎查创业难的问题，采取"项目出点子、政策找口子、措施寻路子、产品订单子"模式，帮扶资金 1 万元，帮助联系公益项目 4 个。

2011 年，帮助对口扶贫嘎查协调解决嘎查通公路问题，为 3 户贫困户提供帮扶资金 7000 元、为嘎查购买旋耕机 1 台；开展社区共驻共建，为梅桂苑社区提供帮扶资金 3000 元；根据《阿拉善盟营造林优惠政策》，为阿拉善盟内 4 家涉林企业申报自治区级龙头企业，争取企业贴息贷款。

2012 年，协调盟交通局为对口扶贫嘎查铺设通嘎查柏油路，协调电力公司为嘎查拉设高压线路，解决帮扶嘎查交通和生产生活用电问题；协调阿左旗政府将帮扶嘎查内符合条件未纳入公益林补偿的牧户全部纳入补偿范围，帮扶嘎查资金 1.5 万元。

2014 年 3 月 27 日，盟林业局领导班子成员、林业专家、企业负责人到帮扶联系点阿左旗巴彦诺尔公苏木苏海图嘎查调研，帮助嘎查解决春季梭梭补植补贴和水费补贴，免费提供可接种 2000 公顷梭梭的肉苁蓉种子；4 月，盟林业系统 50 名职工分 5 个组到嘎查蹲点，开展技术指导。

2015 年，落实中央、自治区党委、阿拉善盟委《关于加强和改进新形势下民族工作的意见》，在政策支持、发展特色现代农牧业上下功夫，围绕沙生植物产业化、实施退牧还草、公益林生态效益补偿等生态工程，争取更多生态项目进入国家、自治区规划，通过推进沙生植物产业化逆向拉动生态建设，动员社会各方面力量参与支持生态建设。

2016—2017 年，按照《阿拉善盟脱贫攻坚结对帮扶工程（2016—2017 年）实施方案》，落实精准扶贫责任，根据帮扶对象阿左旗吉兰泰镇呼和陶勒盖嘎查、呼和温都尔嘎查 20 户 43 人的实际情况，制定《阿拉善盟林业局精准扶贫、精准脱贫工作实施方案》《阿拉善盟林业局 2017 年脱贫攻坚因人因户帮扶计划》，每户明确和落实帮扶领导、联络员，7 名处级领导干部因人因户结对帮扶。立足行业特点与实际，主动对接安排帮扶工作内容和频次，组织盟林业系统干部职工集中时间、集中力量对嘎查环境卫生进行清理整治；指导嘎查开展村屯绿化美化工作，在呼和陶勒盖嘎查种植杨树、旱柳、槐树等 4000 株 60 亩，种植枣树、果树 2500 株 30 亩。对 20 户贫困家庭实施一户一策、因人因户精准扶贫；对 12 户居住农区的贫困户，免费送种苗并上门技术指导鼓励发展精品林果业；对 11 户因病因残致贫、1 户因家境贫困上大学的贫困户，协调卫生、民政、教育部门落实社会保障政策；对符合条件贫困牧户，协调阿左旗农牧、林业部门享受草原补奖、公益林补偿政策。走村入户 20 次，送慰问品及慰问金 4 万元。

2018 年，以"大宣讲、扶贫困、助春耕"为主题，在巴润别立镇开展春耕助农服务活动，宣传惠农政策、开展信息服务、走访慰问贫困户，引导农民群众积极投入春耕生产；处级党员领导干部深入联系点走访帮扶困难群众 2 次，帮助解决问题 2 个。

2019 年，盟林业和草原局成立脱贫攻坚专项整改推进工作组，党组书记、局长为组长，党组成员、副局长为副组长，各科室、二级单位负责人为成员，制定《阿拉善盟林业局 2018—2020 年生态扶贫三年规划》、盟林业和草原局 2019 年林业生态扶贫工作安排、实施方案，在制定工作计划、落实项目、资金安排等方面，统筹协调，优先考虑贫困嘎查及贫困户。盟林草系统共派出驻村工作队 9 个，驻村干部 27 人，深入 5 个苏木（镇）、9 个嘎查实施精准扶贫。

2020 年，抓好中央脱贫攻坚专项巡视反馈问题整改落实，完成中央脱贫攻坚专项巡视反馈意见整改涉及林业和草原行业的 4 个问题。制定《阿拉善盟林业和草原生态扶贫 2020 年实施方案》，在天然林保护、生态公益林管护、护林防火等森林资源管护用工中，完善以购买服务为主的公益林管护机制，增加护林员或其他公益性岗位，优先聘用当地有劳动能力的贫困人口，具备条件的转为半专业管护员，共聘用建档立卡贫困护林员 187 人，人均年收入 3 万元；在重点生态工程和资金安排上继续向贫困旗倾斜，安排贫困旗林业生态工程建设任务不低于任务总量的 70%；开展"林草科技助力扶贫——梭梭育苗造林及人工接种肉苁蓉技术""梭梭优树种子园营建技术及阿拉善特色沙生植物资源保护和利用""草原英才"工程助力产业发展沙产业人才培训班，共培训农牧民 1200人；投资 20 万元完成希尼套海嘎查周边绿化 26.67 公顷，项目实施中优先雇用贫困户；投资 100万元为宗别立敖敦格日勒嘎查营建温棚防护林带；投资 50 万元帮扶额济纳旗古日乃嘎查发展梭梭-肉苁蓉产业、落实 2666.67 公顷围栏封育工程，投资 100 万元扶持该嘎查发展养驴产业；为 156户农村牧区家庭发放草原牧鸡 3 万只，其中贫困户 28 户，每户年均增收 9600 元。

2021 年，根据盟委农牧区工作领导小组办公室《关于转发〈2021 年内蒙古自治区实施乡村振兴战略考核细则〉的通知》《关于印发〈2021 年阿拉善盟实施乡村振兴战略考核评价旗（区）指标体系〉的通知》确定的目标任务，由各旗（区）林草部门牵头，根据年度建设计划制定嘎查（村）绿化美化实施方案并组织实施。各级林草部门与各苏木（镇）、嘎查（村）相互配合、明确责任，按各自职责完成绿化任务、古树名木挂牌保护和绿化日常管护。全盟开展人居环境整治提升绿化美化行动的苏木（镇）30 个、嘎查（村）91 个（其中，示范村 77 个），争取到自治区财政资金 1043 万元，完成乡村绿化美化提升改造总面积 3533.33 公顷。其中，增加乡村生态绿量 93.33 公顷（防护林建设）、提升乡村绿化质量 3446.67 公顷（低产低效改造 220 公顷、中幼龄林抚育3226.67 公顷）。全盟嘎查（村）"村庄绿化覆盖率"平均达到 27.97%，对标《2021 年内蒙古自治区实施乡村振兴战略考核细则》《2021 年阿拉善盟实施乡村振兴战略考核评价旗（区）指标体系》"嘎查（村）绿化覆盖率"考核指标 5 项内容，嘎查（村）绿化建设任务全部完成，实现大地增绿，群众得利的良好成效。

第六节　精神文明

2006 年，开展"我为阿拉善添风采"百名征文、摄影、书法、演讲比赛和庆祝中国共产党成立 85 周年纪念活动。

2007 年，开展广场宣传、举办"林业系统消夏晚会"活动。

2008 年，开展"迎奥运、讲文明、树新风"活动，评选文明科室 1 个。林业系统干部职工 81人为四川汶川地震灾区捐款 1.36 万元；全系统 36 名党员交纳"特殊党费"9500 元；"博爱一日捐"活动捐款 6100 元。

2010 年，发扬"人道、博爱、奉献"精神，70 名干部职工为云南旱灾、玉树地震、红十字会等共募集善款 2.66 万元。

2011 年，"博爱一日捐"募集 2 万元，为困难党员帮扶捐款 2300 元，为贫困学生捐款 5000元，为 1 名重病学生捐款 1.4 万元，为患重病民警捐款 1.39 万元。

2012 年，全体干部职工募集善款 1.2 万元，为困难职工捐款 9800 元，为贫困学生捐款5000 元。

2013 年，开展"提炼和实践行业精神活动"，总结提炼出以"吃苦耐劳，崇尚科学，忠于职守，争创一流"为主的林业行业精神。

2014 年 3 月，全系统干部职工集中参加《苏和同志先进事迹》学习讨论。中国共产党成立 93周年纪念日，全体党员开展野外拓展训练和"怀念革命先烈、重温入党誓词"以及徒步穿越贺兰山主题实践活动。

2015—2016 年，按照"生产发展、生活宽裕、乡风文明、村容整洁、管理民主"的要求，开展"十个全覆盖"工程。全体干部职工分组、分批深入帮扶对象阿左旗吉兰泰镇呼和陶勒盖嘎查帮助群众打扫街道和院内院外卫生、整理农具、柴火、秸秆等物品，拆除新建猪舍羊圈、平整嘎查道路、绿化美化嘎查周边环境，推进新农村新牧区建设。

2016年4月，将"两学一做"学习教育与全民义务植树、林业沙产业基地建设结合起来，组织78名党员及干部职工在阿左旗锡林高勒黑果枸杞沙产业示范基地完成义务植树造林30亩、栽植黑果枸杞6000株。5月，局机关全体干部职工在阿左旗三道湖沙漠湿地开展"亲近自然 保护湿地"徒步实践活动。

2018年，以"传承雷锋精神 深化志愿服务"为载体，开展志愿服务活动15次。清明节与盟保密局联合开展纪念革命烈士扫墓活动。5月，8名党员参加盟直机关工委和盟红十字会举办的爱心献血活动。与盟水务局联合组队参加歌咏比赛。选派3名党员参加盟直机关工委举办的机关办公室技能比赛。按照创城办要求，制定工作方案，帮助帮扶小区开展文明城市创建工作200人次。推进"书香阿拉善"活动开展，打造"机关书屋"。盟林业局制作的《推进绿色发展，构筑生态屏障》宣传片在盟直机关党组织和党员中展播。

2019年，盟林业和草原局与盟纪委监委开展"不忘初心 关爱母亲山 亲近大自然"生态环境保护主题活动、"不忘初心 凝心聚力""学雷锋志愿者""我为驼乡添绿"义务植树活动、红十字博爱宣传月活动、"传承优良中华民族好美德——分享家风家训好故事以及奉献在社区"等主题活动。盟林业和草原局与盟直机关工委在额尔克哈什哈苏木联合开展"倡议我响应 志愿我行动 为民服务办实事"志愿服务活动，接种肉苁蓉60穴。

2020年3月，在疫情防控一线学苑东社区开展"牢记疫情之殇 保护野生动植物 维护全球生命共同体"主题宣传活动。4月，开展"党员树先锋 植树添新绿"主题活动，种植新疆杨、沙枣、云杉、国槐等700株。6月，在东城区新华书店开展"颂党恩 永远跟党走"庆"七一"读书活动，庆祝中国共产党成立99周年。9月，开展以"勿忘庚子 砥砺奋进"为主题的讲党课活动。12月，开展以"深入学习宣传习近平法治思想 大力弘扬宪法精神"为主题的"12·4"宪法宣誓活动，观摩阿拉善宪法教育馆，了解宪法发展历程并宣誓。

2021年，加强民族团结、铸牢中华民族共同体意识教育。落实有关民族语言文字统编教材工作要求，加强党员干部统编教材政策宣传教育，对全系统民族干部子女受教育情况进行摸排，确保民族干部子女应学就学。党组中心组每次学习均安排"中华民族共同体意识"专题学习内容，学习《中国共产党统一战线工作条例》《内蒙古自治区民族区域自治条例》等法规及习近平关于民族团结工作重要讲话、论述精神。各支部开展"铸牢中华民族共同体意识"主题研讨3次、理论学习中心组研讨1次、专题讲座1次。开展民族团结"一家亲"结对帮扶和慰问活动，6名处级干部帮扶6户贫困户，一对一进行帮扶慰问、解决问题。清明节，开展"学习百年党史 缅怀革命先烈"党史学习教育。5月，开展"学党史 强信念 保护野生动物暨我为群众办实事"保护野生动物活动、"保护鸟类资源 守护绿水青山"爱鸟周活动。

第十七章　旗（区）林业和草原　自然保护区　森林公安　地质公园

第一节　阿拉善左旗林业和草原

一、林业和草原机构

（一）机构沿革

2002 年 4 月，阿拉善左旗林业局更名为阿拉善左旗林业治沙局，核定行政编制 13 名、工勤事业编制 3 名。其中，科级领导职数 4 名。11 月，加挂天然林资源保护办公室牌子。

2008 年 2 月，更名为阿拉善左旗林业局。

2010 年 10 月，核定行政编制 10 名。其中，领导职数 4 名（1 正 3 副）。

2015 年 6 月，核定行政编制 11 名、事业编制 8 名。其中，科级领导职数 4 名（1 正 3 副）。

2019 年 3 月，组建阿拉善左旗科学技术和林业草原局，挂阿拉善左旗沙产业局牌子，为旗政府工作部门，由阿拉善左旗自然资源局统一管理和协调。核定行政编制 16 名。其中，科级领导职数 5 名（1 正 4 副）。

2006—2021 年阿拉善左旗科学技术和林业草原局领导名录如下。

局　　　　　长：杨生宝（回族，1995 年 11 月—2008 年 2 月）

　　　　　　　陈立杰（2008 年 2 月—2012 年 4 月）

　　　　　　　刘文德（2012 年 4 月—2013 年 6 月）

　　　　　　　王鸣飞（2021 年 3 月—）

党组书记、局长：段志鸿（2014 年 12 月—2017 年 1 月）

　　　　　　　周永明（蒙古族，2017 年 6 月—2021 年 3 月）

党　组　书　记：魏桂霞（女，2021 年 3 月—）

党总支书记、副局长：石社彦（2003 年 9 月—2009 年 3 月）

　　　　　　　斯琴巴图（蒙古族，2009 年 5 月—2012 年 12 月）

党　委　书　记：斯琴巴图（蒙古族，2012 年 12 月—2014 年 12 月）

纪　检　组　长：谢忠德（2009 年 4 月—2011 年 5 月）

纪　检　书　记：邓永刚（2011 年 4 月—2012 年 11 月）

　　　　　　　张翠华（女，蒙古族，2012 年 12 月—2014 年 12 月）

党　委　委　员：郭建勇（2013 年 10 月—2013 年 12 月）

党组成员、纪检组长：李成辉（2014 年 12 月—2015 年 3 月）

党组成员、副局长：张翠华（女，蒙古族，2014 年 12 月—2016 年 8 月）

　　　　　　　庆格勒（蒙古族，2014 年 12 月—2016 年 4 月）

　　　　　　　许小珊（女，蒙古族，2016 年 8 月—2019 年 6 月，2020 年 9 月—）
　　　　　　　胡胜德（2018 年 5 月—）
党 组 成 员：孙多亮（2014 年 12 月—2016 年 8 月）
　　　　　　　胡胜德（2015 年 5 月—2018 年 5 月）
　　　　　　　赵文翰（2016 年 10 月—2018 年 4 月）
　　　　　　　代　瑞（女，2018 年 5 月—2019 年 2 月）
　　　　　　　许小珊（女，蒙古族，2019 年 6 月—）
　　　　　　　南　定（蒙古族，2019 年 7 月—2021 年 9 月）
副 局 长：梁守华（1999 年 11 月—2008 年 2 月）
　　　　　　　张翠华（女，蒙古族，2003 年 1 月—2013 年 1 月）
　　　　　　　赵　军（2006 年 5 月—2008 年 2 月）
　　　　　　　刘占军（2007 年 9 月—2013 年 3 月）
　　　　　　　杨晓军（2013 年 1 月—2017 年 10 月）
　　　　　　　包海涛（蒙古族，2016 年 5 月—2017 年 6 月）
　　　　　　　杨利民（2018 年 5 月—）
　　　　　　　包腾和（蒙古族，2019 年 2 月—）

（二）职能职责

　　贯彻执行国家、自治区关于科学技术、林业、草原工作的方针政策，落实旗委、旗政府相关决策部署，在履行职责过程中坚持和加强党对科学技术、林业、草原工作的集中统一领导。

　　（1）拟订全旗科学技术，林业和草原生态保护建设修复，沙产业发展政策、规划、标准并组织实施和监督检查。组织开展森林、草原、湿地、荒漠和陆生野生动植物资源动态监测与评价。

　　（2）负责编制和申报全旗科技示范基地、科技示范园区工程技术研究开发中心等科技基地建设规划、计划，推动企业自主创新。负责组织全旗科技成果申报及管理、科技奖励、科技保密、技术市场监管等工作。负责组织科技重大项目方案论证、综合平衡、评估验收和制定相关配套政策。

　　（3）负责组织拟订科技促进农村牧区和社会工作发展相关措施和办法，促进以发展民生为重点的农村牧区建设和社会建设，促进技术市场、科技中介组织发展，负责组织协调全旗科学技术培训、科技人才培养、实用技术推广服务和科技特派员队伍管理工作；负责组织可再生能源利用技术推广应用、服务等工作。

　　（4）组织开展森林、草原、湿地生态保护建设修复治理和造林种草绿化工作。制定全旗造林种草绿化计划；组织实施全旗林业和草原重点生态保护建设工程；指导各类公益林、商品林培育经营，组织实施公益林建设、保护和管理工作；负责全民义务植树种草、造林绿化工作；负责林业和草原有害生物防治、测报、检疫工作；负责旗绿化委员会具体工作；负责林业和草原应对气候变化相关工作。指导全旗森林公安工作，监督管理森林公安队伍，指导全旗林业重大违法案件的查处。

　　（5）负责森林、草原、湿地资源监督管理。组织编制并监督执行全旗森林采伐限额；负责林地管理，拟订林地保护利用规划并组织实施；负责公益林、基本草原划定和管理；落实公益林补偿政策；负责草原禁牧、草畜平衡、草原载畜量核定复核的行政确认、草原植被恢复费行政征收、临时征占用草原许可及重点保护草原野生植物采集许可等工作；监督管理森林、草原、湿地开发利用；负责全旗森林、草原、湿地等相关行政执法工作。

（6）负责监督管理荒漠化防治工作。配合开展荒漠调查，组织拟订防沙治沙、沙化土地封禁保护区建设规划和相关地方标准，监督管理荒漠化和沙化土地开发利用。

（7）负责陆生野生动植物资源监督管理。配合开展陆生野生动植物资源调查，负责陆生野生动植物救护繁育、栖息地恢复发展，疫源疫病监测，监督管理陆生野生动植物猎捕或采集、驯养繁殖或培植、经营利用，按分工监督管理野生动植物进出口。

（8）负责各类自然保护地监督管理。拟订全旗各类自然保护地规划和相关地方标准；负责各级各类自然保护地、风景名胜区自然资源资产管理，提出新建、调整各级各类自然保护地、风景名胜区建议并按程序申报；组织审核自然遗产申报，会同有关部门审核全旗自然与文化双重遗产申报；负责生物多样性保护相关工作。

（9）负责种苗监督管理工作。组织林木种子和草种种质资源普查；负责苗圃建设和良种选育推广；管理林木种苗、草种生产经营行为；监管林木种苗、草种质量；监督管理林业和草原生物种质资源、转基因生物安全、植物新品种保护。

（10）负责推进全旗科学技术、林业和草原改革相关工作。拟订全旗集体林权制度，国有林场、草原等改革意见并监督实施。拟订全旗农村牧区林业和草原发展及维护林业、草原经营者合法权益的政策措施，指导农村牧区林地、草原承包经营工作。组织开展退耕退牧还林还草和天然林保护工作。

（11）负责科学技术、林业、草原、沙产业项目论证审批、审核上报和组织实施；争取并承接国家、自治区、盟、旗重点研发计划项目；负责项目收集、整理、汇总及信息统计上报工作。

（12）负责全旗沙产业发展管理工作。拟订全旗沙产业资源优化配置政策；策划沙产业品牌发展战略，拟订相关沙产业地方标准并监督实施；组织指导沙产品质量监督；负责全旗林草产业、沙产业基地建设、新技术推广运用、科研成果产业化等职能，指导协调苏木（镇）、部门科技和沙产业管理工作；负责科技、生态、产业扶贫相关工作。

（13）负责沙产业园区规划发展、运营管理和基础设施建设。做好园区项目管理和沙产业企业综合服务；推进沙生动植物基地布局与建设；加强沙产业行业管理，指导、协调、服务沙产业商会、协会、合作社等组织，引导社会资本参与沙产业发展建设；协调指导重要民间科技合作交流活动，促进科技咨询、评估等社会中介组织发展；负责沙产业相关赛事及论坛筹备工作。

（14）负责提出部门预算并组织实施，监督全旗科学技术、林业、草原、沙产业资金管理和使用。监督全旗科学技术、林业、草原、沙产业国有资产管理；按规定组织申报科技和重点生态建设项目；参与拟订全旗科学技术、林业、草原、沙产业经济调节和投资政策；组织实施林业和草原生态补偿工作；负责研究多渠道增加投入措施，协调国家、自治区计划项目地方配套资金的筹集。

（15）指导并组织实施科学技术、林业、草原、沙产业宣传教育、对外交流与合作以及人才队伍建设，负责湿地、防治荒漠化、濒危野生动植物种等国际公约履约工作。

（16）负责做好本领域重大风险防范排查、化解，保密机要，意识形态等工作。

（17）完成旗委、政府交办的其他任务。

（18）有关职责分工。与阿左旗应急管理局有关职责分工。阿左旗科学技术和林业草原局负责落实全旗综合防灾减灾管理工作，组织编制森林和草原火灾防治规划和防护标准并指导实施；组织开展防火巡护、火源管理、防火设施建设等工作；组织开展森林、草原防火和沙尘暴预防的宣传教育、监测预警、督促检查等工作。阿左旗应急管理局负责灾害发生后的部署和防治工作。

（三）内设机构

2002年4月，阿左旗林业治沙局，内设办公室、业务股、财务股、森林公安分局4个机构。

2010年7月，阿左旗林业局内设办公室、造林绿化室、林政管理室、天保工程管理室、防火办、计划财务室 6 个机构。

2012 年 4 月，增加稽查办公室，内设办公室、造林绿化室、林政管理室、天保工程管理室、防火办、计划财务室、稽查办公室 7 个机构。

2015 年 6 月，内设办公室、计划财务室、稽查法制室、造林绿化室、天保工程室、林政资源室、防火办 7 个机构。

2019 年 3 月，机构改革，内设党政综合办公室、计划财务室、科技综合办公室、产业化办公室、治沙造林室（天保室）、森林资源管理室、草原监督管理室、自然保护地管理室、湿地和野生动植物保护管理室 9 个机构。

2020 年 12 月，增设森林草原防火办公室，有 10 个内设机构。

（四）所属二级单位

2021 年 2 月，根据《阿拉善左旗深化事业单位改革试点实施方案》，阿拉善左旗科学技术和林业草原局下辖二级单位 6 个。其中，副科级 5 个，股级 1 个。分别为阿拉善左旗林业工作站、阿拉善左旗草原工作站、阿拉善左旗公益林服务中心、阿拉善左旗林业和草原病虫害防治检疫站、阿拉善沙漠世界地质公园阿拉善左旗管理局和阿拉善左旗科技沙产业推广服务中心。

1. 阿拉善左旗林业工作站

1981 年 5 月，成立阿拉善左旗林业工作站。

2015 年 3 月，阿拉善左旗林业工作站，加挂阿拉善左旗林木种苗站牌子，核定编制 22 名。其中，副科级领导职数 1 名。

2. 阿拉善左旗林业和草原病虫害防治检疫站

2007 年，成立阿拉善左旗森林病虫害防治检疫站，核定事业编制 15 名，副科级领导职数 2 名。

2021 年 2 月，阿拉善左旗森林病虫害防治检疫站更名为阿拉善左旗林业和草原病虫害防治检疫站，加挂国家级林业有害生物中心测报点牌子，核定编制 16 名。其中，副科级领导职数 1 名。

3. 阿拉善左旗公益林服务中心

2006 年 12 月，成立阿左旗公益林管理办公室，加挂阿左旗天然林保护办公室、阿左旗退耕还林办公室牌子。核定事业编制 12 名。其中，副科级领导职数 2 名。

2010 年 10 月，将公益林管理办公室 6 名工作人员连人带编调剂到阿拉善左旗林业局，核减公益林管理办公室事业编制 6 名。

2015 年 4 月，更名为阿拉善左旗公益林管理站。6 月，核定事业编制 7 名。其中，副科级领导职数 1 名（站长 1 名）。核定专业技术人员 5 名，行政后勤人员 2 名。

2021 年 3 月，更名为阿拉善左旗公益林服务中心。

4. 阿拉善左旗草原工作站

2019 年 3 月，阿拉善左旗草原工作站由阿拉善左旗农牧业局划转至阿拉善左旗科学技术和林业草原局管理，核定事业编制 19 名。其中，副科级领导职数 1 名。

5. 阿拉善左旗科技沙产业推广服务中心

2019 年 3 月，阿拉善左旗新能源技术推广站、阿拉善左旗沙产业服务中心由阿拉善左旗科学技术和沙产业经济发展局划转至阿拉善左旗科学技术和林业草原局。9 月，阿拉善左旗新能源技术推广站职责并入阿拉善左旗沙产业服务中心，组建阿拉善左旗科技沙产业推广服务中心，机构规格相当于股级。

2021 年 3 月，核定事业编制 10 名。

6. 基层林业工作站

2007 年 4 月，成立巴彦浩特林业工作站、吉兰泰林业工作站、巴彦诺日公林业工作站、巴润别立林业工作站、嘉尔嘎勒赛汉林业工作站、腾格里林业工作站、巴彦木仁林业工作站（以上均为副科级），保留阿拉善左旗巴彦浩特治沙站、吉兰泰治沙站、巴彦诺日公园林场、腰坝治沙站、头道湖治沙站、通湖治沙站、巴彦树贵治沙站国营林场（站）牌子。共7个基层林业工作站。

2008年，成立敖伦布拉格林业工作站、温都尔勒图林业工作站（股级），共9个基层林业工作站。

2012年8月，成立超格图呼热林业工作站、乌力吉林业工作站（股级），共11个基层林业工作站。

2015年6月，腾格里林工站、嘉尔嘎勒赛汉林业工作站划归腾格里经济技术开发区，共9个基层林业工作站。

2016年6月，成立宗别立林业工作站、额尔克哈什哈林业工作站（股级），共11个基层林业工作站。

2019年8月，巴彦木仁林业工作站划归乌兰布和生态产业示范区，共10个基层林业工作站。

2019年12月，根据《阿拉善左旗关于深化苏木（镇）和街道改革推进基层整合审批服务执法力量的实施方案》，将所属10个基层林业工作站划转属地苏木（镇）管理。

7. 阿拉善沙漠世界地质公园阿左旗管理局

2006年12月，成立内蒙古阿拉善沙漠国家地质公园阿左旗管理局。

2009年8月，更名为内蒙古阿拉善沙漠世界地质公园阿左旗管理局。

2021年3月，更名为阿拉善沙漠世界地质公园阿左旗管理局，加挂阿拉善左旗自然保护地和野生动植物保护中心牌子。

8. 森林公安局

1992年8月，成立阿左旗林业局林业公安股。

1996年7月，更名为阿拉善左旗公安局林业公安分局。

1998年10月，更名为阿拉善左旗森林公安分局。

2009年5月，更名为阿拉善左旗森林公安局。

2020年6月，整建制划转至阿拉善左旗公安局。

二、自然环境与社会经济概况

阿左旗是内蒙古自治区19个少数民族边境旗之一，总面积80412平方公里，占全盟总面积30%，总人口15万，辖11个苏木（镇）、4个街道办事处、114个嘎查（村）。地势东南高、西北低，平均海拔800~1500米，最高海拔3556.1米；有天然草原面积553.33万公顷，可利用草场460万公顷，主要为荒漠、半荒漠草原；耕地3.8万公顷；境内沙漠面积3.4万平方公里，腾格里、乌兰布和两大沙漠横贯全境，沙漠沙地面积占全旗总面积2/3。

（一）位置境域

阿左旗位于内蒙古自治区西部、贺兰山西麓，属阿拉善盟东部地区。地理坐标为北纬37°24′~41°52′，东经103°21′~106°51′。东北与巴彦淖尔市乌拉特后旗、磴口县相连，东与鄂尔多斯市鄂托克旗、乌海市为邻，东南与宁夏回族自治区石嘴山市、平罗县、银川市、永宁县、青铜峡市相望，南与宁夏回族自治区中卫市、中宁县，甘肃省景泰县、古浪县接壤，西与甘肃省武威市、民勤县，阿右旗毗邻，北与蒙古国交界。边境线长188.68千米，全旗南北长495千米，东西宽214千米。

（二）地质地貌

阿左旗主要为荒漠半荒漠草原，按地形、地貌特点分为山区、高原、山前倾斜平原和沙漠湖盆地 4 个类型区。

（三）气候

阿左旗属暖温带大陆性季风气候区，具有高原寒暑剧变特点，昼夜温差大、气候干燥、风沙大、日照时间长、太阳辐射强、热能及风能资源丰富。年降水量 80~220 毫米，年蒸发量 2900~3300 毫米，日照时间 3316 小时，年平均气温 7.2℃，无霜期 120~180 天；最热 7 月，平均最高气温 29℃，极端最高气温 36.7℃；平均最低气温 -17℃，极端最低气温 -35.7℃。太阳总辐射量为 142.16 千卡[①]/平方厘米，年平均辐射总量为 69.7 千卡/平方厘米。

降水量年内分配极不均匀，多集中于 6—9 月，占全年降水量 71%~81%，12 月至翌年 3 月雨量最少，占 1%~3%。降水量年际变幅大，最大年降水量南部 250.4 毫米、北部 198.4 毫米；最小年降水量南部 69.2 毫米、北部 37.5 毫米，极值比为 3.1~5.3。年降水量低于多年平均值的年份偏多，等于或大于多年平均值的年份偏少，有十年九旱、十年一大旱之说。

年平均风速在 3.2 米/秒。历年瞬间最大风速 32 米/秒，大于等于 7 级的大风日数 36.2 天，最多年达 95 天（1963 年）。大风一般集中在冬、春两季，春季居多，以西风、西北风为主。夏秋季以南风、东南风为主。主要气象灾害有大风、沙尘暴、高温和干旱等，气象灾害存在明显时空分布特征，大风和沙尘暴发生日数主要集中在春季，夏季次之；近 50 年发生日数呈下降趋势，高温呈上升趋势。

（四）矿产资源

阿左旗发现矿产 61 种，矿产地 333 处，探明储量矿产 35 种 119 处，开发利用矿产资源 27 种。煤、盐、硝、石膏、石灰岩、铁、铜、金、石墨、大理石、膨润土、白云岩、花岗岩等储量可观，开发潜力巨大。其中，被称为"两白一黑"的湖盐、芒硝、煤炭是具有优势和地方特色的矿种，煤炭保有储量 35.5 亿吨、湖盐储量 1.3 亿吨、花岗岩储量 2.6 亿立方米、芒硝总储量 0.6 亿吨、风能储量 0.6 亿千瓦、太阳能资源储量 2.06 亿千瓦。风光、太阳能发电总装机容量 75.5 万千瓦。

（五）动植物资源

2010 年，内蒙古自治区林业监测规划院对阿左旗开展森林资源二类调查。

1. 植被

（1）山地植被。主要分布于贺兰山山区。

（2）丘陵荒漠植被。灌木丛生禾草（草原化荒漠），分布于阿左旗境内丘陵区，代表植物有珍珠、红砂、戈壁针茅，伴生植物有刺旋花、合头藜、木本猪毛菜、蒙古扁桃等，覆盖度 7%~15%。灌木草原（荒漠草原），代表植物有红砂、珍珠，分布于北部石质丘陵区，伴生灌木有泡泡刺、霸王、绵刺等，覆盖度 2%。

（3）高平原荒漠植被。有草原化荒漠植物和荒漠草原植物。草原化荒漠植物有戈壁针茅、短花针茅、沙生针茅、无芒隐子草、多根葱、蒙古葱、骆驼蓬、狗娃花、藏锦鸡儿、红砂、珍珠、柠条、猫头刺、沙冬青、锦刺等；荒漠草原植物有霸王、红砂、泡泡刺、优若藜、膜果麻黄等。

（4）沙生植被。植物以超旱生和沙生灌木、半灌木为主，主要分布于腾格里、乌兰布和沙漠及北部沙带。植物有沙蒿、沙冬青、梭梭、霸王、沙竹、白刺、猫头刺、红砂、沙拐枣等，一年生植物有沙米、沙蓬、猪毛菜等。

（5）湖盆低地植被。主要分布于腾格里沙漠中湖盆低地。轻度盐化草甸植被有拂子茅、芦苇、

---

① 1 千卡约为 4185.85 焦耳，全书同。

杂类草（披碱草、羊草、薹草），分布于沙漠边缘；湖盆低湿地的植物有芦苇、芨芨草、杂类草。

（6）典型荒漠植被。多分布于阿左旗北部灰棕漠土类型区，年降水量小于 100 毫米，植物有珍珠、红砂等。

2. 野生植物资源

有野生维管植物 695 种，隶属 80 科、324 属。种子植物 683 种、药用植物 310 种。国家级重点保护植物沙冬青、野大豆、蒙古扁桃、羽叶丁香、四合木、梭梭、绵刺、肉苁蓉、沙芦草 9 种。

3. 野生经济植物资源

有野生经济植物资源按用途可划分药用植物资源、食用类植物资源、观赏类植物资源、油脂植物资源、饲料植物资源、纤维类植物资源和其他植物资源 7 类。包括麻黄、甘草、肉苁蓉、沙葱、黄刺玫、叶百合、山杏、蒙古扁桃、芦苇、沙蓬、芨芨草、骆驼蓬、梭梭、锦鸡儿、白刺、沙冬青等。分布于吉兰泰镇、敖伦布拉格镇、温都尔勒图镇、腾格里镇、嘉尔嘎勒赛汉镇等。

4. 野生动物资源

有脊椎动物 5 纲 24 目 56 科 140 属 232 种。鱼纲 1 目 2 科 2 属 2 种，两栖纲 1 目 2 科 2 属 3 种，爬行纲 2 目 6 科 9 属 14 种，鸟纲 14 目 31 科 82 属 151 种，哺乳纲 6 目 15 科 45 属 62 种。其中，国家一级保护动物有马麝、黑鹳、金雕、大鸨、胡兀鹫等 8 种，国家二级保护动物有马鹿、岩羊、苍鹰、猎隼、蓝马鸡等 32 种。

（六）水资源

2021 年，阿左旗有小型水库 18 座，总库容 1252.24 万立方米；塘坝 92 处，总库容 435.46 万立方米，全旗列入"河长制"管理的季节性河流 192 条，列入"湖长制"管理自然湖泊 63 座。

根据《内蒙古自治区第三次水资源调查评价》，阿左旗水资源总量 38814 万立方米。其中，地表水 2559 万立方米，地下水 36255 万立方米。水资源可利用总量 25162 万立方米（不含外调引入黄河水量）。其中，地表水可利用量 876 万立方米，地下水可开采量 24286 万立方米。

（七）人口民族

2021 年，阿左旗有蒙古族、汉族、回族、满族、达斡尔族等 35 个民族，总人口 17.6 万人。其中，汉族人口 12.8 万人，占 72.8%；蒙古族人口 3.67 万人，占 20.79%；其他少数民族人口为 1.13 万人，占 6.41%。

（八）社会经济状况

2021 年，阿左旗完成财政收支预算目标，一般公共预算收入（含上划盟级收入）12.75 亿元，完成年初预算目标的 100.01%，同比增长 5.01%。其中，旗级一般公共预算收入完成 7.56 亿元，同比增长 2.75%。财政保障能力进一步提高，支出结构更加优化，一般公共预算支出完成 18.69 亿元。其中，民生支出占一般公共预算支出的 72.6%，为阿左旗社会经济发展提供坚实的财力保障。

1. 第一产业

2021 年，阿左旗农作物总播面积控制在 1.92 万公顷。其中，粮食播种 1.45 万公顷。巴润别立镇入选 2021 年国家农业产业强镇，阿左旗绿森种牛场确定为国家蒙古牛保种场。全旗牲畜总头数 76.8 万头（只）。其中，白绒山羊 30.4 万只、骆驼 4.6 万峰、蒙古牛 1.8 万头、海兰种鸡 40 万只。建立骆驼选育核心群 40 群、蒙古马核心群 20 群，建成驼奶示范基地 4 处、规模养牛基地 10 处。年销售收入 500 万元以上农牧业产业化龙头企业 38 家，实现销售收入 9.9 亿元，增加值 2.6 亿元。培育自治区和盟级产业化联合体 15 家。建设 30 个乡村振兴示范点，巴彦浩特镇希尼套海嘎查获评首批自治区乡村旅游重点村。

2. 第二产业

2021年，新兴产业持续成长。利用沙漠、戈壁、荒地建设风电光伏发电基地，上海庙至山东直流特高压输电通道配套阿拉善160万千瓦，可再生能源基地项目完成投资11.35亿元，浩雅500千伏输变电工程获自治区能源局核准。金宝利格晶质石墨矿采选及深加工、益婴美年产2万吨有机婴幼儿奶粉项目试生产。曼德拉阿拉善肉苁蓉全产业链标准化示范项目、大漠魂沙生中药饮片深加工项目建设顺利推进。吉兰泰油田勘探开发生产建设一体化项目2021年生产原油27.25万吨，联合站及基础设施已建成。珠拉金矿已弃废石再回收贵金属技术改造、润升油气田废弃物集中处理厂、驼中王阿拉善双峰驼绒加工、游牧天地骆驼乳和冷鲜肉品精细化生产加工基地建设投产。

3. 第三产业

2021年，举办阿拉善英雄会·爱卡戈壁天堂、第十届亚沙赛和第十七届阿拉善玉·观赏石文化旅游节等活动。定远营、贺兰山南寺被评为"2021年内蒙古网红打卡地"，定远营古城旅游休闲街区获评首批内蒙古自治区级旅游休闲街区，漠北牧歌获评内蒙古自治区五星级乡村（旅游）接待户。建成阿拉善红色文化教育基地及定远营往事、电影展览馆等红色文化系列展览馆，引入"我是中国人民的儿子——邓小平故居陈列（阿拉善）巡展"。打造定远营至当铺驿站遗址红色教育精品线路，利用红色文化资源开展教育活动。与上海、深圳、重庆、宁夏等地130家旅行社搭建交流平台，举办旅游推介、文化文艺展示活动。6家商贸零售企业累计零售额1967万元，汽车销售企业累计销售额750万元。

2016—2021年，阿左旗累计接待游客1445.77万人次，实现旅游收入132.89亿元。

（九）交通

1. 公路

截至2021年，阿左旗通车里程5303.1公里，按公路技术等级划分，各等级里程分别为高速公路419.8公里、一级公路567.7公里、二级公路353.6公里、三级公路2009.6公里、四级公路1952.3公里。按使用性质划分，各等级公路里程分别为国道785.6公里、省道1449.5公里、县道978.4公里、乡道674.4公里、村道1414.9公里。公路网密度6.6公里/百平方公里，全旗139个嘎查（村）全部通油路，通畅率达100%。

2. 机场

2012年8月，阿左旗机场开工建设，2013年12月正式通航运营，飞行区指标均采用3C标准，先后开通运营阿左旗至西安、天津、重庆、兰州、银川、中卫、呼和浩特、包头、鄂尔多斯、阿右旗、额济纳旗等航线。

3. 铁路

阿左旗有运行铁路4条。其中，乌吉线货运铁路全长131.7公里，阿左旗境内130公里；平汝线客货专线全长82公里，阿左旗境内23公里；临策线客货运铁路全长756公里，阿拉善盟境内631公里，阿左旗境内350公里；干武线途经铁路全长172.2公里，阿左旗境内58公里。

2015年，包头—银川高铁、银川—巴彦浩特支线启动建设，正线全长114.9公里，阿左旗境内74.4公里。

4. 航空

2011年2月，国务院、中央军委批准阿拉善通勤航空试点工作。2013年12月，阿左旗、阿右旗、额济纳旗通勤机场正式通航。已开通阿左旗至呼和浩特、鄂尔多斯、西安、天津、重庆、银川、阿右旗、额济纳旗等航线。

三、造林绿化

按照"因地制宜、适地适树、保护优先、自然恢复"为主的原则，采取"飞、封、造、管"相结合措施，坚持政府主导、社会参与、多元投入，拓宽造林绿化资金渠道，调动社会力量参与。

阿左旗人民政府先后制定《阿拉善左旗加快林业发展的意见》《阿拉善左旗营造防护林补助资金使用方案》等优惠政策，落实"谁造林、谁所有、谁经营、谁受益"机制，激发企业、农牧民群众和社会团体参与造林绿化积极性。

（一）人工造林

2006—2021年，完成人工造林20.24万公顷，启动"百万亩梭梭-肉苁蓉产业基地""百万亩花棒采种基地"建设。其中，以巴彦浩特镇（周边）、吉兰泰镇（金三角）、巴彦诺日公苏木（苏海图嘎查）和宗别立镇（芒来嘎查）为主的"百万亩梭梭-肉苁蓉产业基地"形成规模，全旗从事梭梭接种肉苁蓉产业农牧民900户、户均年收入3万~10万元；以额尔克哈什哈苏木、超格图呼热苏木为主的"百万亩花棒采种基地"，每年采种60吨，产值240万元，涉及农户70户，户均年收入3万元以上。

（二）飞播造林

2006—2021年，在腾格里、乌兰布和沙漠边缘完成飞播造林26.13万公顷。播区林草植被盖度由播前的5%~10%提高到30%~40%，植被长势良好，植物种类增多，流动沙丘趋于固定和半固定，形成"绿带锁黄龙"壮丽景观。

依托全旗26.13万公顷飞播区，当地农牧民年均采收花棒、沙拐枣、籽蒿100吨，增收300万元，为农牧民脱贫致富、解决全旗飞播部分种源起到积极作用。

（三）封山（沙）育林

2006—2021年，在梭梭-肉苁蓉、白刺-锁阳产区完成封山（沙）育林5.69万公顷，封育区灌木植被盖度由8%提高到22%~45%，地上部分生物量显著增加，奠定特色林沙产业发展基础。

（四）重点区域绿化

2013年，阿左旗重点区域绿化建设项目启动，绿化886.67公顷。其中，村屯绿化13.33公顷、园区绿化60公顷、城镇及周边绿化813.33公顷。

2014年，绿化1340公顷。其中，村屯13.33公顷、厂矿园区60公顷、城镇及周边1160公顷、公路106.67公顷。

2015年，绿化2194.86公顷。其中，村屯33.33公顷、厂矿园区1.53公顷、城镇及周边200公顷、公路1960公顷。

2016年，结合"十个全覆盖"工程，出台《重点区域绿化后期管护办法》，绿化4046.67公顷。其中，村屯673.33公顷、公路3373.33公顷。

2017年，绿化3440公顷。其中，村屯6.67公顷、城镇周边40公顷、公路3393.33公顷。

2018年，绿化7822.07公顷。其中，村屯2.07公顷、公路7820公顷。

2019年，绿化1693.33公顷。其中，村屯66.67公顷、厂矿园区6.67公顷、城镇及周边20公顷、公路1600公顷。

2020年，绿化814.47公顷。其中，村屯46.67公顷、公路766.67公顷、厂矿园区1.13公顷。

2021年，绿化331.07公顷。其中，村屯2.47公顷、公路326.67公顷、厂矿园区1.93公顷。

2013—2021年，全旗共完成重点区域绿化2.26万公顷。

（五）义务植树

2006—2010年，完成义务植树239.4万株。其中，2006年15万株、2007年44.4万株、2008年44.8万株、2009年67.2万株、2010年68万株。

2011—2015年，完成义务植树250.2万株。其中，2011年50万株、2012年50万株、2013年50万株、2014年50万株、2015年50.2万株。

2016—2021年，完成义务植树306.67万株。其中，2016年50万株、2017年50万株、2018年52.25万株、2019年50万株、2020年54.42万株、2021年50万株。

2006—2021年，全旗共完成义务植树796.27万株。

四、防沙治沙

阿左旗境内有腾格里沙漠、乌兰布和沙漠、巴丹吉林沙漠、亚玛雷克沙漠、本巴台沙漠，总面积3.4万平方公里，是重要沙尘源区和沙尘暴移动路径区。2014年全国第五次荒漠化和沙化土地监测结果显示，荒漠化土地627.34万公顷，占全旗总面积85.6%，沙化土地553万公顷，占全旗总面积68.8%。

（一）荒漠化土地类型

1. 荒漠化土地按类型分布

阿左旗荒漠化土地类型主要有风蚀、水蚀和盐渍化3种。呈现出以风蚀为主、水蚀和盐渍化为辅的特点。全旗荒漠化土地627.34万公顷。其中，风蚀荒漠化土地560.07万公顷，占荒漠化土地总面积89.28%；水蚀荒漠化土地40.14万公顷，占荒漠化土地总面积6.4%；盐渍化荒漠化土地27.13万公顷，占荒漠化土地总面积4.32%（表17-1、图17-1）。

表17-1　阿拉善左旗荒漠化土地按荒漠化类型分布统计

土地类型	合计	风蚀	水蚀	盐渍化
面积（万公顷）	627.34	560.07	40.14	27.13
百分比（%）	100	89.28	6.4	4.32

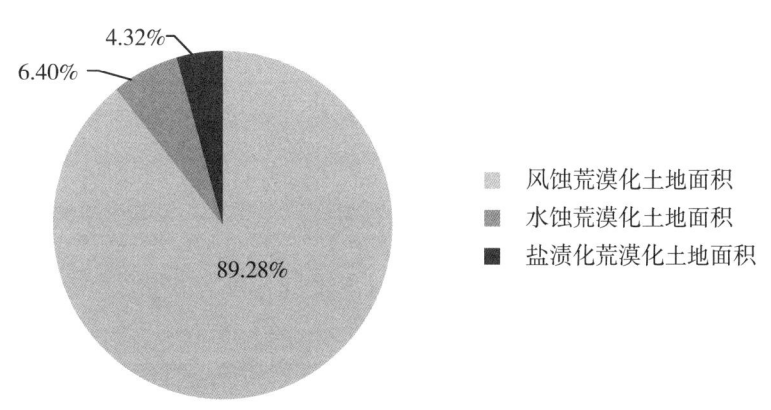

图17-1　阿拉善左旗荒漠化土地监测区土地类型比例

2. 荒漠化土地按程度分布

2014年第五次全国荒漠化和沙化监测结果，阿左旗荒漠化土地程度分为轻度、中度、重度、极重度4种（表17-2）。

表 17-2 阿拉善左旗荒漠化土地按程度分布

荒漠化程度	面积（万公顷）	百分比（%）
轻度	33.57	5.35
中度	171.63	27.36
重度	162.43	25.89
极重度	259.71	41.4
合计	627.34	100.00

（二）沙化土地状况

1. 沙化类型分布

2014 年第五次全国荒漠化和沙化监测结果显示，阿左旗沙化土地监测区总面积 727.3 万公顷（含嘉尔嘎勒赛汉镇）。其中，沙化土地 553 万公顷，占监测区总面积 76.03%；有明显沙化趋势的土地 61.51 万公顷，占监测区总面积 8.46%；非沙化土地 112.79 万公顷，占监测区总面积 15.51%（图 17-2、表 17-3）。

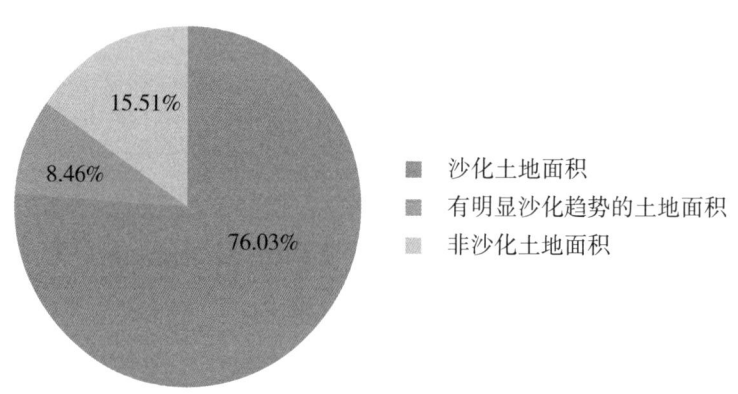

图 17-2 阿拉善左旗沙化土地监测区土地类型比例

表 17-3 阿拉善左旗沙化土地分布状况统计

类型	面积（万公顷）	占监测区面积比例（%）	占沙化土地面积比例（%）
沙化土地监测区总面积合计	727.3	100	—
一、沙化土地面积	553.0	76.03	100
1. 流动沙地（丘）	243.26	33.45	43.99
2. 半固定沙地（丘）	105.34	14.48	19.05
（1）人工半固定	1.48	0.2	0.27
（2）天然半固定	103.86	14.28	18.78
3. 固定沙地	84.55	11.62	15.29
（1）人工固定	9.85	1.35	1.78

（续表）

类型	面积（万公顷）	占监测区面积 比例（%）	占沙化土地面积 比例（%）
（2）天然固定	74.7	10.27	13.51
4. 露沙地	1.01	0.14	0.18
5. 沙化耕地	0.01	0.001	0.001
6. 风蚀残丘	0.05	0.007	0.009
7. 风蚀劣地	40.22	5.53	7.27
8. 戈壁	78.56	10.802	14.21
二、有明显沙化趋势的土地面积	61.51	8.46	—
三、非沙化土地面积	112.79	15.51	—

2. 沙化土地程度分布

2014 年第五次全国荒漠化和沙化监测结果显示，阿左旗沙化土地中，极重度 317.19 万公顷，占沙化土地面积 57.36%；轻度 11.95 万公顷，占沙化土地面积 2.16%（表 17-4）。

表 17-4　阿拉善左旗沙化土地按程度分布

荒漠化程度	面积（万公顷）	百分比（%）
轻度	11.95	2.16
中度	129.52	23.42
重度	94.34	17.06
极重度	317.19	57.36
合计	553	100

（三）荒漠化和沙化土地治理

1. 重点生态工程实施

（1）林业生态建设。

"十一五"期间，完成营造林 10.51 万公顷。其中，人工造林 1.03 万公顷、飞播造林 7 万公顷、封山（沙）育林 2.48 万公顷。

"十二五"期间，完成营造林 18.80 万公顷。其中，人工造林 6.41 万公顷、飞播造林 8.67 万公顷、封山（沙）育林 3.72 万公顷。

"十三五"期间，完成营造林 18.82 万公顷。其中，人工造林 8.35 万公顷、飞播造林 9.13 万公顷、封山（沙）育林 7333.33 公顷、低效林改造 1333.33 公顷、木本药材 2000 公顷、森林精准提升 2666.67 公顷。

（2）草原生态建设。

"十一五"期间，架设网围栏 498.7 万米，建成青储窖 4.1 万立方米、棚圈 16 万平方米、暖棚 317 座、购置饲草料加工机械 732 台（套）、开发置换饲草料基地 620 公顷；建成路边经济用房 886

平方米、移民住房7500平方米；修引水管道5200米、草场补播改良3333.33公顷。

"十二五"期间，完成季节性休牧网围栏建设43.87万公顷、草地补播补植6.4万公顷、养殖棚圈及日光暖棚2493座、草原鼠虫害防治16.83万公顷、人工饲草地800公顷、饲草料地节水灌溉建设346.67公顷、风光互补发电动力设备179台（套）、阿拉善双峰驼保种场基础设施4处、阿拉善白绒山羊保种场基础设施改扩建6处、草料棚1栋、保种场网围栏更新与梭梭林基地网围栏围封10.2万米。

"十三五"期间，完成季节性休牧网围栏11.53万公顷、划区轮牧网围栏5.67万公顷、人工种草2.47万公顷、草地补植6666.67公顷、毒害草防治3333.33公顷、人工饲草地建设1000公顷、棚圈及储草棚900座、沙化草原生态修复1.28万公顷、草种抚育333.33公顷。

（3）水土保持。

"十一五"期间，完成阿左旗邵布来沟、付家湾小流域治理面积2500公顷；建设贺兰山区骨干坝7座、中型淤地坝13座、小型淤地坝3座；新增水土流失治理6860公顷、水保林4500公顷、种草2633.33公顷。

"十二五"期间，实施阿左旗巴润别立镇覆膜滴灌高效节水灌溉工程、温都尔勒图镇漫水滩灌区塔布呼都格嘎查小型农田水利专项工程建设项目、吉兰泰镇哈图陶勒盖嘎查小型农田水及牧区节水灌溉饲草料地建设项目等8个节水灌溉工程，新增节水灌溉1.04万公顷；实施水土保持及中小河流治理工程、扎干乌苏项目区小流域综合治理水土保持3个建设项目，完成水土流失治理2433.33公顷。

"十二五"后，阿左旗再未实施水土保持项目。

2. 沙区林草植被保护

2006年起，阿左旗制定《阿拉善左旗公益林生态效益补偿实施办法》《阿拉善左旗退还牧草禁牧区管理办法（试行）》《阿拉善左旗禁牧区管理规定》《阿拉善左旗草畜平衡落实工作的实施方案》《阿拉善左旗林业自然资源类自治区级保护区资源巡护管理制度》《阿拉善左旗草原生态保护补助奖励机制实施办法》《阿拉善左旗新一轮草原生态保护补助奖励机制实施办法2016—2020年》《严格执行禁牧与草畜平衡政策告知书》《阿拉善左旗2020年退牧还草工程项目管理要求的通知》，颁布《阿拉善左旗人民政府禁牧令》，建立沙区自然资源管理、沙区林草植被保护利用等相关制度，推行禁牧、休牧、轮牧、草畜平衡制度。

实施《阿拉善左旗沙化土地封禁保护修复制度方案》，2013年，设立阿左旗额尔克哈什哈国家沙化土地封禁保护区；2018年，设立阿左旗扎格图国家沙化土地封禁保护区。

3. 水资源管理

阿左旗严格控制地下水开采，推广节水灌溉技术，保障沙区生态用水。严格执行取水许可制度，实行总量控制，加大灌区巡查力度，规范农户用水，采取安装远程监控计量设备措施，推进超采区综合治理。

4. 保障措施

2018年，阿左旗人民政府制定《阿拉善左旗营造防护林补助资金使用方案》，人工造林社会参与度逐年提高，实行先造后补机制，提高造林绿化质量；制定《阿拉善左旗百万亩梭梭-肉苁蓉产业基地建设方案》《阿拉善左旗公益林区护林员补植补造及接种肉苁蓉锁阳劳务支出使用方案》，鼓励社会组织、农牧民接种肉苁蓉、锁阳，资金扶持巴彦诺日公苏木、吉兰泰镇、额尔克哈什哈苏木等农牧民就地转产发展特色沙产业，通过生态产业化，产业生态化，保障荒漠化和沙化土地治理成效的稳定性和可持续性。

五、林业和草原重点工程

（一）"三北"防护林工程

"三北"防护林建设四期工程（2006—2010年），投资1632.5万元，完成营造林8266.67公顷。其中，人工灌木造林6266.67公顷，地点巴彦浩特镇、乌素图镇、巴彦木仁苏木、敖伦布拉格镇、吉兰泰镇、腾格里额里斯镇、巴彦诺日公苏木、嘉尔嘎勒赛汉镇、巴润别立镇、宗别立镇、额尔克哈什哈苏木；封山（沙）育林2000公顷，地点巴彦木仁苏木、巴彦诺日公苏木。

"三北"防护林建设五期工程（2011—2020年），投资1.73亿元，完成营造林5.36万公顷。其中，人工灌木造林4.56万公顷，乔木造林333.33公顷，地点巴彦浩特镇、吉兰泰镇、巴润别立镇、巴彦诺日公苏木、巴彦木仁苏木、温都尔勒图镇、腾格里额里斯镇、额尔克哈什哈苏木、敖伦布拉格镇、宗别立镇、银根苏木、乌力吉苏木、超格图呼热苏木；飞播造林1.13万公顷，地点吉兰泰镇、巴彦诺日公苏木、银根苏木；封山（沙）育林1.03万公顷，地点吉兰泰镇、温都尔勒图镇、乌力吉苏木、敖伦布拉格镇、银根苏木、巴彦浩特镇、贺兰山自然保护区。

2021年起，"三北"防护林工程纳入内蒙古高原生态保护和修复工程。

（二）天然林资源保护工程

1. 公益林建设

天然林资源保护工程一期（2006—2010年），投资6510万元，完成营造林8.07万公顷。其中，飞播造林6.53万公顷，地点巴彦浩特镇、巴彦诺日公苏木、吉兰泰镇、腾格里额里斯镇、嘉尔嘎勒赛汉镇、巴彦木仁苏木、巴润别立镇；封山（沙）育林1.53万公顷，地点巴润别立镇、嘉尔嘎勒赛汉镇、吉兰泰镇、巴彦诺日公苏木。

天然林资源保护工程二期（2011—2020年），投资4.98亿元。完成营造林23.26万公顷。其中，人工灌木造林4.29万公顷、人工乔木造林1200公顷，地点巴彦木仁苏木、宗别立镇、巴彦浩特镇、巴润别立镇、腾格里额里斯镇、温都尔勒图镇、银根苏木、乌力吉苏木、巴彦诺日公苏木、吉兰泰镇、额尔克哈什哈苏木、超格图呼热苏木、敖伦布拉格镇；飞播造林16.67公顷，地点乌力吉苏木、吉兰泰镇、巴彦木仁苏木、巴彦浩特镇、巴润别立镇、敖伦布拉格镇、巴彦诺日公苏木、宗别立镇、超格图呼热苏木、额尔克哈什哈苏木、银根苏木；封山（沙）育林2.18万公顷，地点巴彦诺日公苏木、温都尔勒图镇、腾格里额里斯镇、巴彦浩特镇、巴润别立镇、银根苏木、乌力吉苏木、敖伦布拉格镇。

2021年起，天然林资源保护工程纳入内蒙古高原生态保护和修复工程。

2. 森林管护项目

截至2021年，投资2.22亿元，完成森林资源管护81.06万公顷。其中，国有林3160公顷，集体地方公益林80.74万公顷。

3. 社会保险补助资金

截至2021年，上级下达财政专项资金社会保险补助费3525.77万元，参保职工4645人次。

（三）内蒙古高原生态保护和修复工程（简称"双重"规划）

2021年，总投资6000万元，阿左旗（含高新技术产业开发区）完成内蒙古高原生态保护和修复工程天然林保护与营造林项目1.87万公顷。其中，人工灌木造林5333.33公顷、飞播造林1.33万公顷。

内蒙古高原生态保护和修复工程退化草原治理项目下达阿左旗总投资1933.94万元。建设任务：草原围栏16.33万米、人工种草3333.33公顷、毒害草治理666.67公顷。截至2021年12月，完成人工种草3333.33公顷。

（四）退耕还林工程

1. 荒山荒地造林

阿左旗退耕还林工程（2002—2013年），投资970万元，完成荒山荒地造林6133.33公顷。其中，人工造林4000公顷，地点敖伦布拉格镇、巴润别立镇、巴彦浩特镇、巴彦诺日公苏木、额尔克哈什哈苏木、吉兰泰镇、宗别立镇；封山（沙）育林2133.33公顷，地点巴润别立镇、吉兰泰镇、敖伦布拉格镇、腾格里额里斯镇。

2. 巩固退耕还林成果

巩固退耕还林成果（2009—2014年），投资898.55万元，完成基本口粮田建设480公顷、补植补造1340公顷、安装太阳能热水器307台和电热水器18台、梭梭人工造林及接种肉苁蓉后续产业40公顷、药材基地建设60公顷、建设舍饲养殖棚圈900平方米、沼气池66座、技能培训216人，覆盖退耕户976户。

（五）造林补贴项目

阿左旗造林补贴项目（2011—2021年），投资1.51亿元，完成造林补贴5.47万公顷。其中，人工灌木造林4.77万公顷、木本药材种植3000公顷、森林质量精准提升2666.67公顷、低产低效林改造1333.33公顷，地点巴彦浩特镇、吉兰泰镇、巴彦诺日公苏木、巴彦木仁苏木、温都尔勒图镇、巴润别立镇、腾格里额里斯镇、宗别立镇、超格图呼热苏木、敖伦布拉格镇、银根苏木、乌力吉苏木、额尔克哈什哈苏木。

（六）天然草原退牧还草工程

2002年阿左旗列入退牧还草工程项目区，2003年启动实施。截至2020年，投资5.82亿元，先后实施19期退牧还草工程，涉及乌力吉苏木、银根苏木、敖伦布拉格镇、巴彦诺日公苏木、吉兰泰镇、巴彦浩特镇、宗别立镇、额尔克哈什哈苏木、巴润别立镇、温都尔勒图镇、超格图呼热苏木11个苏木（镇）、8130户牧民27267人。截至2021年，完成草原围栏建设169.6万公顷、禁牧和休牧167.27万公顷、划区轮牧13.67万公顷、补播12.47公顷、建设饲草料基地573.33公顷、人工饲草地2466.67公顷、青贮窖4.87万立方米、棚圈21.55万平方米。

（七）退化草原治理项目生态修复

2019年，投资941万元，治理面积4960公顷，项目区3处。其中，严重沙化草原生态修复（含沙地治理）666.67公顷，地点巴润别立镇科泊那木格嘎查；中度退化草原生态修复3960公顷，地点巴彦诺日公苏木浩坦淖日嘎查；优良乡土草种抚育333.33公顷，地点巴彦诺日公苏木浩坦淖日嘎查，抚育主要草种为花棒，平均亩产牧草种子2.5千克，采集乡土优良草种1.25万千克。

2020年，投资1380万元，治理面积4840公顷，项目区2处。其中，严重沙化草原生态修复（含沙地治理）1780公顷，地点巴润别立镇科泊那木格嘎查；中度退化草原生态修复3060公顷，地点巴彦诺日公苏木浩坦淖日嘎查。第二批退化草原生态修复治理项目，投资617万元，治理面积3333.33公顷，项目区2处。其中，严重沙化草原生态修复（含沙地治理）800公顷，地点超格图呼热苏木查汉布拉格嘎查；中度退化草原生态修复2533.33公顷，地点巴彦诺日公苏木浩垣淖日嘎查。第二批草原生态修复金融创新示范区项目，投资1000万元，治理面积3333.33公顷，项目区1处，地点巴彦浩特镇特莫图嘎查。

2021年，投资1680万元，治理面积4206.67公顷，项目区2处。其中，严重沙化草原生态修复（含沙地治理）2526.67公顷，地点巴润别立镇沙日霍德嘎查；中度退化草原生态修复1680公顷，地点巴彦诺日公苏木浩坦淖日嘎查、巴润别立镇沙日霍德嘎查。

六、林业和草原资源保护

（一）林业有害生物防控

1. 林业主要有害生物

2006—2021 年，阿左旗主要林业有害生物有黄褐天幕毛虫、春尺蠖、光肩星天牛、灰斑古毒蛾、云杉异色卷蛾、云杉梢斑螟、烟翅腮扁蜂、白刺萤叶甲、白刺夜蛾、大沙鼠等。其中，云杉异色卷蛾、云杉梢斑螟、烟翅腮扁蜂发生区为贺兰山林区；其余林业有害生物主要发生为梭梭、白刺等灌木林区（表 17-5）。

表 17-5　2006—2021 年全旗林业有害生物发生情况　　　　单位：公顷

年度	危害程度面积				发生面积		
	合计	轻度发生	中度发生	重度发生	合计	虫害	鼠害
2006	37100	24033.33	13066.67	—	37100	10433.33	26666.67
2007	51466.67	36533.34	8800	6133.33	51466.67	26400	25066.67
2008	62933.34	48066.67	10666.67	4200	62933.34	31000	31933.34
2009	56933.33	44000	12933.33	—	56933.33	22400	34533.33
2010	55933.33	44733.33	11200	—	55933.33	20600	35333.33
2011	54000	46573.33	7426.67	—	54000	16666.67	37333.33
2012	51266.66	42133.33	9133.33	—	51266.66	13333.33	37933.33
2013	50333.34	38686.67	11646.67	—	50333.34	14600	35733.34
2014	54466.67	37266.67	17200	—	54466.67	14000	40466.67
2015	59933.34	37320	16013.34	6600	59933.34	17466.67	42466.67
2016	58360	37673.33	19686.67	1000	58360	14560	43800
2017	58713.34	38566.67	13900	6246.67	58713.34	19513.34	39200
2018	55740	33080	21613.33	1046.67	55740	21386.67	34353.33
2019	67626.67	34473.33	30746.67	2406.67	67626.67	31160	36466.67
2020	58366.67	38720	19580	66.67	58366.67	20266.67	38100
2021	59100	32840	24540	1720	59100	14340	44760

2. 监测调查

2001 年 4 月，阿左旗森林病虫害防治检疫站被列为国家级中心测报点，制定监测预报和调查方案，形成国家级中心测报点为重点、各苏木（镇）综合保障和技术推广服务中心一般监测点为主、林农查虫报虫为辅的测报网络体系，开展监测调查工作。

2006—2021 年，累计完成调运检疫苗木 1200.84 万株、木材 0.22 万立方米、花卉 43.89 万株；复检林木种子 191.41 万千克、苗木 25721.63 万株、木材 1.02 万立方米、花卉 674.8 万株；发现带疫苗木 49 批次，处理违章案件 47 起。种苗产地检疫率由 2006 年 96% 提高至 2021 年 100%。

3. 监测结果报送

2006—2021 年，累计开展各苏木（镇）护林员监测防治技术培训班 22 次，培训护林员 5000 人次，定期向国家森防总站、自治区及盟森防站直接报送林业有害生物发生防治情况报表，全旗测报准确率由2006年85%提高至2021年95.8%。

4. 有害生物防治

（1）绿色防治。

2006年，防治总面积8133.33公顷。其中，采用CO烟炮防治吉兰泰镇和乌力吉苏木鼠害4200公顷。

2007年，防治总面积9400公顷。其中，采用CO烟炮防治吉兰泰镇、召素陶勒盖嘎查和哈图呼都格嘎查大沙鼠9400公顷。

2008年，防治总面积7486.67公顷。其中，采用生物制剂防治柠条尺蠖533.33公顷、黄褐天幕毛虫466.67公顷；采用CO烟炮防治鼠害6486.67公顷。

2009年，防治总面积4200公顷。其中，采用生物制剂防治腾格里镇查拉格日嘎查白刺萤叶甲1666.67公顷；CO烟炮防治乌力吉苏木达兰图如嘎查鼠害2533.33公顷。

2010年，防治总面积4593.33公顷。其中，采用生物制剂防治巴彦浩特镇扎哈乌素嘎查灰斑古毒蛾593.33公顷、腾格里苏木特莫乌拉嘎查灰斑古毒蛾2000公顷、吉兰泰镇哈图呼都格嘎查鼠害2000公顷。

2011年，防治总面积2666.67公顷。采用化学制剂防治乌力吉苏木达兰图如嘎查鼠害2666.67公顷。

2012年，防治总面积7333.33公顷。采用化学制剂防治鼠害2666.67公顷、生物制剂森得保防治虫害4666.66公顷。

2013年，防治总面积9666.67公顷。采用生物制剂防治虫害6333.33公顷。其中，国家级公益林区食叶害虫2733.33公顷、巴润别立镇春尺蠖3000公顷、巴彦浩特扎哈乌素嘎查灰斑古毒蛾600公顷；化学制剂防治巴彦木仁苏木巴彦树贵嘎查、吉兰泰镇召素陶勒盖嘎查鼠害3333.33公顷。

2014年，防治总面积12693.33公顷。其中，机动喷雾防治虫害3200公顷、化学制剂防治鼠害9493.33公顷。

2015年，防治总面积2.26万公顷，公益林区防治7493.33公顷，森林保险灾害防治1.51万公顷。

2016年，防治总面积1.79万公顷。其中，采用生物制剂、化学制剂防治虫害5566.67公顷、鼠害1.23万公顷。

2017年，防治总面积8713.33公顷。采用化学制剂、生物制剂防治虫鼠害8713.33公顷。

2018年，防治鼠（兔）害533.33公顷。其中，物理防治200公顷、不育剂防治333.33公顷。

2019年，防治总面积3.31公顷。采用不育剂、CO烟包、肠梗阻地芬诺酯硫酸钡防治鼠害2.27万公顷，地点巴彦诺日公苏木、巴彦木仁苏木、银根苏木、温都尔勒图镇；采用苦参碱防治虫害1.04万公顷，地点巴润别立镇、温都尔勒图镇、超格图呼热苏木、额尔克哈什哈、宗别立镇、巴彦诺日公苏木。主要防治措施为人工防治和飞机防治。

2020年，防治总面积1.89万公顷。采用CO烟包、肠梗阻地芬诺酯硫酸钡防治鼠害9433.33公顷，地点银根苏木、宗别立镇、吉兰泰镇；苦参碱防治虫害9513.33公顷，地点巴彦诺日公苏木、超格图呼热苏木、敖伦布拉格镇、贺兰山。主要防治措施为人工防治和飞机防治。

2021年，防治总面积2.92万公顷。采用素不育剂、不育剂、肠梗阻地芬诺酯硫酸钡，CO烟包防治鼠害1.32万公顷，地点银根苏木、宗别立镇、吉兰泰镇、阿拉善高新区、乌素布和示范区、腾格里镇；桉油精、苦参碱微囊悬浮剂防治虫害1.60万公顷，地点温都尔勒图镇、巴润别立镇、腾格里镇、贺兰山，主要防治措施为人工防治和飞机防治。

（2）社会化防治。

2017年，采用生物制剂防治梭梭林巨膜长蝽3.87万公顷，地点吉兰泰镇、巴彦诺日公苏木苏海图嘎喳、敖伦布拉格镇和巴彦浩特镇义务植树造林区。

2018年，完成鼠害防治8973.33公顷，地点巴彦诺日公苏木、银根苏木、宗别立镇、吉兰泰镇，主要防治措施为人工防治和飞机防治。

2019年，完成虫鼠害防治1.01万公顷，地点巴彦诺日公苏木、巴彦木仁苏木、银根苏木、温都尔勒图镇、巴润别立镇、超格图呼热苏木、额尔克哈什哈苏木、宗别立镇。主要防治措施为人工防治和飞机防治。

2020年，完成虫鼠害防治6100公顷。其中，鼠害2213.33公顷、虫害3886.67公顷，地点吉兰泰镇召素陶勒盖嘎查、巴彦浩特镇苏海图嘎查、乌力吉苏木。

2021年，完成虫鼠害防治5373.33公顷。其中，鼠害953.33公顷、虫害4420公顷。

（二）森林保险

2013年，启动森林保险试点工作。公益林乔木林地保险金额800元/亩，灌木林地保险金额500元/亩。截至2021年，阿左旗98.79万公顷生态公益林纳入森林保险范围。其中，乔木林4.32万公顷、灌木林94.49万公顷，涉及11个苏木（镇）、6个国有林场和贺兰山自然保护区。累计发生森林保险灾害理赔案件124起，公益林受灾理赔面积1.13万公顷，理赔资金5242.79万元，全部用于灾后治理及植被恢复。

2013年，参保面积54.08万公顷，发生虫害、鼠害理赔案件11起，受灾面积1.40万公顷，理赔资金570.53万元。

2014年，参保面积107.20万公顷，发生虫害、鼠害理赔案件19起，受灾面积2.46万公顷，理赔资金1019.63万元。

2015年，参保面积101.7万公顷，发生虫害、鼠害理赔案件20起，受灾面积1.4万公顷，理赔资金872.25万元。

2016年，参保面积101.70万公顷，发生虫害、鼠害理赔案件19起，受灾面积1.12万公顷，理赔资金567.87万元。

2017年，参保面积101.7万公顷，发生虫害、鼠害理赔案件16起，受灾面积1.06万公顷，理赔资金513.55万元。

2018年，森林保险参保面积101.7万公顷，发生虫害、鼠害理赔案件30起，受灾面积2.8万公顷，理赔资金1247.34万元。

2019年，参保面积101.7万公顷，发生虫害、鼠害理赔案件8起，受灾面积8633.33公顷，理赔资金337.91万元。

2020—2021年，参保面积98.79万公顷，发生虫害、鼠害理赔案件9起，受灾面积1.06万公顷，理赔资金451.61万元。

（三）野生动植物保护

保护宣传。利用"爱鸟周""湿地日""生物多样性保护日"等重要节点到景区、校区、社区采取悬挂横幅、宣讲、发放资料等方式开展宣传活动；发布《阿拉善左旗陆生野生动物禁猎区、禁猎期公告》，将全旗行政区域列入禁猎区、全年列为禁猎期。

专项行动。联合公安局、市监局、农执局执法检查，开展"绿网行动""春秋季过境候鸟保护""天网行动""禁种铲毒""打击破坏野生动植物资源违法犯罪"专项行动，查破涉林行政、刑事案件942起。

监测监管。联合 11 个苏木（镇）开展春秋季过境候鸟保护、疫源疫病监测防控工作，实行月报告制；针对巴彦浩特镇小天鹅湖发生 2 起 H5N8 禽流感疫情，联合动物检疫站、疾控中心进行实地调查，无公害化处理死亡天鹅 82 只，2019—2021 年，救助野生动物 45 只。

（四）湿地资源管理

资源调查。2010 年自治区第二次湿地资源调查结果显示，湿地面积 16.49 万公顷。其中，河流湿地 2601.94 公顷、湖泊湿地 1.02 万公顷、沼泽湿地 14.83 万公顷、人工湿地 3829.83 公顷；2019 年 11 月，开展全旗小微湿地调查工作，涉及 8 个苏木（镇），统计小微湿地面积 0.38 万公顷；2021 年 2 月，按照第三次国土资源调查结果，湿地面积 8.29 万公顷。其中，盐田 4855.73 公顷、内陆滩涂 1.45 万公顷、沼泽地 6.35 万公顷，落实湿地现状范围界限，完善全旗湿地资源库。

监督管理。利用"世界湿地日""爱鸟周""生物多样性日"等主题活动开展湿地宣传。开展"清四乱"治理，制止肆意侵占和非法破坏湿地行为。

（五）自然保护区

阿左旗现有 3 个自治区级自然保护区，分别为内蒙古东阿拉善自治区级自然保护区、内蒙古腾格里沙漠自治区级自然保护区和内蒙古自治区阿拉善左旗恐龙化石地质遗迹自治区级自然保护区。

1. 基本情况

1996 年，阿左旗人民政府批准成立乌兰布和自然保护区。2003 年，晋级为自治区级自然保护区，更名为内蒙古东阿拉善自治区级自然保护区，位于阿左旗北部，涉及敖伦布拉格镇、吉兰泰镇、乌力吉苏木、巴彦诺日公苏木部分区域。保护区总面积 67.78 万公顷，为荒漠生态系统类型自然保护区。

1996 年，阿左旗人民政府批准成立腾格里自然保护区。2003 年，晋级为自治区级自然保护区，更名为内蒙古腾格里沙漠自治区级自然保护区，位于腾格里沙漠东南缘，涉及巴润别立镇、腾格里额里斯镇、温都尔勒图镇、嘉尔嘎勒赛汉镇、超格图呼热苏木以及额尔克哈什哈苏木部分区域。保护区总面积 72.17 万公顷，为荒漠生态系统类型自然保护区。

1999 年，阿左旗人民政府批准成立阿左旗恐龙化石地质遗迹自然保护区。2003 年，晋级为自治区级自然保护区，更名为内蒙古自治区阿拉善左旗恐龙化石自治区级自然保护区，位于阿左旗乌力吉苏木和巴彦洪格日苏木境内，总面积 9.05 万公顷，根据保护对象和分布区不同分为乌力吉和罕乌拉 2 个分区，乌力吉分区总面积 8.88 万公顷、罕乌拉分区面积 1735 公顷。其中，罕乌拉分区全部位于东阿拉善自治区级自然保护区内。

2020 年 3 月，内蒙古自治区阿拉善左旗恐龙化石自治区级自然保护区由阿左旗自然资源局移交阿左旗科学技术和林业草原局管理。

2. 保护管理

国家、自治区环保督察问题整改。2016—2019 年，对东阿拉善和腾格里沙漠自然保护区实施自然保护区环境整治专项行动和生态环境隐患集中整治攻坚战。对 31 个违法违规工矿类开发建设项目全面清理整顿。组织 6 家生产矿山企业投资 1025.45 万元，累计出动作业人员 9079 人次、工程作业机械 3055 班次，拆除全部生产生活设施，对采坑、渣台、工业广场进行环境集中整治，由阿左旗国土局组织环境集中整治验收，出具《内蒙古自治区矿山地质环境分期治理（保护区退出）工程验收意见书》；注销未开工建设 3 家企业矿权；14 个商业探矿项目通过注销探矿权、调整置换探矿范围完成整改；8 个自治区基金探矿项目，自治区国土资源厅批复注销，完成环境治理。

"绿盾"暨保护区执法检查专项问题整改。2017—2021 年，对东阿拉善和腾格里沙漠自然保护区内 377 个人类活动变化遥感监测点位、违法违规建筑和违建别墅开展实地核查、整改销号。

完善制度加强监管。2019 年，阿左旗人民政府制定《阿拉善左旗林业自然资源类自治区级自然保护区资源巡护管理制度》《阿拉善左旗林业自然资源类自治区级自然保护区监督管理制度》。

勘界立标优化整合。在东阿拉善、腾格里沙漠自治级自然保护区内国道、省道及乡村道路等重点路口、地段设立区牌及指示性、限制性标牌 20 个，开展自然保护区勘界立标前期工作。2020—2021 年，按照国家、自治区自然保护地整合优化工作安排部署，对东阿拉善、腾格里沙漠和阿拉善左旗恐龙化石 3 个自治区级自然保护区及阿拉善沙漠世界地质公园腾格里园区开展自然保护地整合优化工作，完成自然保护地整合优化分述报告，通过国家林业和草原局初审，继续开展优化完善工作。

（六）国家沙化土地封禁保护区

阿左旗有国家沙化土地封禁区 2 处，分别为阿左旗额尔克哈什哈国家沙化土地封禁保护区和阿左旗扎格图国家沙化土地封禁保护区。

1. 阿左旗额尔克哈什哈国家沙化土地封禁保护区

2013 年启动国家林业局国家沙化土地封禁保护项目试点工作，阿左旗作为试点旗（县）之一，实施"腾格里沙漠西南缘沙化土地封禁保护补助试点项目"，2016 年，被国家林业局命名为"内蒙古自治区阿拉善左旗额尔克哈什哈国家沙化土地封禁保护区"。封禁区位于阿左旗额尔克哈什哈苏木乌尼格图嘎查，西与甘肃省民勤县交界，面积 1 万公顷，沿穿沙公路分为南北两部分，地处腾格里沙漠腹地，以流动沙地为主，属典型内陆干旱区。植被以旱生、超旱生沙生植物为主，平均盖度不到 5%。

项目总投资 2000 万元，封禁期 10 年（2013—2023 年），分 2 期实施。截至 2021 年，完成各项建设任务，进入后续常态化管理。制定《阿拉善左旗沙化土地封禁保护区护林员管理办法》等 5 项管理规章制度。

封禁区外围安装机械网围栏 103.8 公里、设立固定界碑 127 座，在路口及重要地段设置封禁区警示标牌 20 个；设置固沙压沙 632.7 公顷，完成配套生物措施 400 公顷，主要树种为花棒、沙拐枣、沙蒿和梭梭；封禁区南北区各建设管护站 1 处，配套水井、风电互补设备。划定管护责任区，聘用当地牧民管护员 8 人，购置皮卡车、摩托车及望远镜等巡护工具。完成固沙压沙草方格修护 98.3 公顷、网围栏设施维护 103.8 公里、补植补造 85.6 公顷；购置风蚀环境监测系统和小气候自动气候观测系统设备、航拍无人机 3 架及电脑等监测设备。在封禁区内流动、半固定和固定沙地上各选择具有代表性的地段设置成效监测样地 12 个。其中，封禁区内 6 个、封禁区外 6 个。封禁区成效监测工作开展正常，工程档案内容完整、准确，档案保管和使用规范。

2. 阿拉善左旗扎格图国家沙化土地封禁保护区

2018 年，国家林业局批准设立内蒙古自治区阿拉善左旗扎格图国家沙化土地封禁保护区。封禁区位于阿拉善左旗超格图呼热苏木扎格图嘎查境内通额穿沙公路南侧，总面积 1 万公顷，周边分布数量众多的沙漠湖泊、沼泽湿地，生态系统脆弱，为重要沙尘源区和沙尘暴路径区，生态区位重要。

扎格图国家沙化土地封禁保护区建设项目计划总投资 2000 万元，封禁期 10 年（2021—2030 年），全部为中央财政专项资金。建设内容包括设置机械围栏、固沙压沙及配套生态修复、管护站房和生态监测、人工管护等。按照国家统一安排，项目分 2 期实施。其中，2020 年底国家下达阿左旗扎格图国家沙化土地封禁保护区建设项目中央财政专项资金 1000 万元，2021 年底国家下达续建中央财政专项资金 935 万元。

（七）森林生态效益补偿

2004 年，启动森林生态效益补偿基金制度。

2006 年 10 月，出台《阿拉善左旗公益林生态效益补偿实施办法》。第一批列入补偿重点公益林面积 43.73 万公顷。其中，国有公益林 7900 公顷、集体公益林 42.94 万公顷。第二批列入补偿重点公益林面积 1.19 万公顷，全部为集体公益林。

2012 年，新增列入补偿范围的国家级公益林面积 7.33 万公顷，全部为集体公益林。

2013 年，列入补偿范围的国家级公益林面积 51.85 万公顷。其中，国有 1.89 万公顷、集体 49.96 万公顷。

2019 年，列入补偿范围的国家级公益林面积 60.6 万公顷。其中，国有 3733.33 公顷、集体 60.23 万公顷。

2021 年，列入补偿范围的国家级公益林面积调整为 60.53 万公顷。其中，国有调整为 2900 公顷，集体调整为 60.24 万公顷。

森林生态效益补偿面积由 2006 年 44.91 万公顷增加至 2021 年 60.53 万公顷，国有、集体公益林补偿标准由 2006 年 4.5 元/（年·亩）提高至 2021 年国有 9.75 元/（年·亩）、集体 15.75 元/（年·亩），补偿资金由 2006 年 3031.65 万元增加至 2021 年 1.43 亿元。2006—2021 年，累计下达补偿资金 14.28 亿元，涉及 11 个苏木（镇）、6 个国有林场（站）。截至 2021 年，全旗 11 个苏木（镇）、59 个嘎查、2163 户 8332 人享受公益林生态效益补偿政策。

（八）草原资源保护

2019—2021 年，草原鼠害发生面积 113.73 万公顷。其中，严重危害 26.93 万公顷，主要为大沙鼠、子午沙鼠等。通过机械喷洒和人工撒投，防治鼠害 24.7 万公顷，生物防治 90%。

2019—2021 年，草原虫害发生面积 145.8 万公顷。其中，严重危害 51.2 万公顷，主要为蝗虫、沙蒿金叶甲、白刺叶甲、白刺僧夜蛾、春尺蠖、天幕毛虫、灰斑古毒蛾、沙蒿圆吉丁虫、草地螟等。防治虫害 23.2 万公顷，生物防治率 95%。

七、林业和草原产业

（一）发展历程

1984 年，开始对梭梭、白刺林进行围栏封育。

2001 年，实施梭梭-肉苁蓉产业化工程，制定保护肉苁蓉相关政策，鼓励人工围封接种梭梭-肉苁蓉。

2010 年，制定《阿拉善左旗百万亩梭梭-肉苁蓉基地建设方案》《阿拉善左旗营造生态防护林优惠政策》梭梭造林补贴 100~120 元/亩。

2013 年，制定《阿拉善左旗公益林区护林员补植补造及接种肉苁蓉锁阳劳务支出使用方案》接种肉苁蓉、锁阳每亩补贴 60 元。

2015 年，补贴资金 40 万元，实施阿左旗肉苁蓉接种试验基地建设项目。

2016 年，根据国家"三北"防护林工程和天然林资源保护工程造林补贴规定，将梭梭造林补贴提升为 200 元/亩；制定《阿拉善左旗 2016 年林果业发展实施方案》，补贴资金 918.35 万元；实施阿左旗吉兰泰镇人工封育梭梭林特色禽鸡散养产业化示范项目，补贴资金 45 万元。

2017 年，补贴资金 60 万元，实施阿左旗精品林果业种植基地建设项目，制定《阿拉善左旗

2017 年林果业建设实施方案》，对符合休闲观光、采摘示范点建设标准和一般种植户建设标准的分别每亩补贴资金 3500 元、1500 元，枸杞按照林业重点工程灌木林补助标准每亩补贴 200 元，零星种植户沿路沿线、房前屋后种植果树的，由阿左旗林业局提供苗木，不予资金补助。

2019 年，补贴资金 50 万元，实施阿拉善荒漠肉苁蓉森林认证非木质林产品原料基地建设项目。

2021 年，补贴资金 60 万元，实施阿拉善肉苁蓉 800 吨/年产地初加工生产线改扩建项目。

（二）产业成效

全旗坚持"因地制宜、市场导向、创新驱动、政府引导"原则，通过完善总体规划、规划建设生态产业科技创业园、举办赛事活动逐步形成以梭梭-肉苁蓉、白刺-锁阳为主导系列产品研发、生产、加工、销售，辐射农畜产品精深加工、沙区经济林果种植以及药浴、盐浴、特色沙疗等沙产业发展格局。

1. 产业规模扩大

2021 年，全旗有适宜接种梭梭-肉苁蓉 42 万公顷。其中，天然梭梭林 23.33 万公顷、人工梭梭林 18.67 万公顷，接种肉苁蓉 3.55 万公顷，年产鲜肉苁蓉 1200～1500 吨；天然白刺林 48.27 万公顷、围封白刺林 6.5 万公顷，接种锁阳 1.33 万公顷，年产鲜锁阳 2400～3000 吨；栽植大枣、桃、杏、李等精品林果 1067 公顷。在巴彦浩特镇、宗别立镇、巴彦诺日公苏木、吉兰泰镇建成 10 万～80 万亩人工梭梭-肉苁蓉产业基地 4 处，在阿左旗巴润别立镇、温都尔勒图镇、宗别立镇建成特色林果业种植示范基地 3 处。全旗从事特色沙产业经营企业 20 家、林业专业合作社 21 家、挂牌家庭林场 147 家、获批国家林下经济示范基地 4 个、国家级重点农民合作社示范社 1 家、自治区级林业产业化重点龙头企业 2 家。从事梭梭-肉苁蓉、白刺-锁阳产业农牧民 1 万人，户均年收入 3 万～10 万元，年花棒采种 60 吨，经营农牧民 70 人，产值 240 万元，户均年收入 3 万元，形成以肉苁蓉、锁阳、沙葱、沙芥为重点的沙区特色产业，研发出药品、保健品、食品、饮料、果品等一大批产品，全旗沙产业企业销售收入达到 1.94 亿元。

2. 沙产业创新创业大赛

举办三届沙产业创新创业大赛、沙产业创新博览会和沙产业高峰论坛等系列活动。

2017 年，首届沙产业创新创业大赛参展产品 100 种、新技术 6 项，签订科技合作协议 15 项。

2018 年，沙产业创新创业大赛参展产品九大类 560 款，成立沙产业商会、组建沙产业创新创业学院、成立沙产业战略联盟。

2019 年，沙产业创新创业大赛纳入国赛序列，展出九大类 1300 款产品。

3. 食药物质生产经营试点

2013 年，阿左旗启动荒漠肉苁蓉新食品原料申报工作。

2020 年 1 月，国家卫生健康委员会、国家市场监督管理总局批复，同意阿拉善肉苁蓉（荒漠）开展食药物质管理生产经营试点工作。

2021 年 2 月，内蒙古自治区卫生健康委员会批复《阿拉善盟肉苁蓉（荒漠）按照传统既是食品又是中药材的物质管理试点工作方案》，内蒙古曼德拉生物科技有限公司、内蒙古阿拉善宏魁苁蓉产业股份有限公司、内蒙古沙漠肉苁蓉有限公司、阿拉善盟浩润生态农业有限责任公司、内蒙古大漠魂生物科技有限公司、内蒙古华洪生态科技有限公司、阿拉善尚容源生物科技股份有限公司、阿拉善盟明昇食品饮料有限公司 8 家企业入选。

4. 肉苁蓉高质量标准体系

2021 年 7 月，阿拉善盟市场监督管理局、阿拉善盟林业和草原局、阿拉善盟卫生健康委员会启动阿拉善荒漠肉苁蓉高质量标准体系建设项目。9 月，内蒙古自治区市场监督管理局对《阿拉善荒漠肉苁蓉》《阿拉善荒漠肉苁蓉产地环境》《梭梭造林及管护技术规程》《阿拉善荒漠肉苁蓉有害生物防控技术规程》《阿拉善荒漠肉苁蓉种子培育规程》《阿拉善荒漠肉苁蓉生态种植技术规程》《阿拉善荒漠肉苁蓉产地初加工技术规程》7 项地方标准审批发布，为推动"蒙字标"认证工作奠定基础。

5. 沙产业品牌建设、研发专利成果

2012 年 1 月，国家工商总局批准注册"阿拉善肉苁蓉""阿拉善锁阳"地理标志商标；8 月，中华人民共和国农业部批准对"阿拉善肉苁蓉""阿拉善锁阳"实施农产品地理标志登记保护；10 月，内蒙古阿拉善被中国野生植物保护协会授予"中国肉苁蓉之乡"称号。

2013 年起，阿拉善肉苁蓉获得有机认证、7S 道地保真管理体系认证、道地药材认证、非木质林产品获中国森林认证、生态原产地保护产品认证、"三无一全"基地认证、国家林下经济示范基地。开展阿拉善肉苁蓉"蒙字标"认证，阿左旗被认定为肉苁蓉、锁阳内蒙古特色农畜产品优势区。

截至 2021 年，阿左旗争取国家、自治区、盟本级科研项目 34 项，投资 3918 万元，鼓励企业、研究院所与区内外知名高校、科研院所、企业开展产学研联合攻关，研发食品、药品、保健品、化妆品等肉苁蓉中高端产品。8 家试生产企业与 5 家科研院所，4 所高校、2 家企业开展合作，实施科研项目 20 项获批专项资金 3383 万元，自主研发产品 42 款，合作研发产品 67 款，获专利 12 个，拥有注册商标 5 个，制定地方标准 2 个。以曼德拉公司、肉苁蓉集团、尚容源、大漠魂等企业为代表，树立"宏魁""蒙·曼德拉""尚容源"等多个肉苁蓉产品品牌。

6. 阿拉善生态产业科技创业园建设

阿拉善生态产业科技创业园面积 73.33 公顷，园区规划布局为"一核心、五板块、两个园中园"，建成集肉苁蓉、锁阳、驼奶等沙生动植物高值化产品、中蒙药数字智能生产、综合检测服务、生态产业交易智能物流、中蒙医养、科技企业孵化等功能为一体的综合性园区。

2016 年，对巴彦浩特镇孵化创业园区规划进行修编，同步启动园区基础配套设施建设改造工作。

2017 年，更名为阿拉善沙产业健康科技创业园。制定《阿拉善左旗沙产业投资发展优惠政策（试行）》《阿拉善左旗人才发展暂行办法》。

2018 年，制定《阿拉善沙产业健康科技创业园项目入园管理暂行办法》。投资 1.1 亿元，建成科研中心 1.84 万平方米。

2020 年，更名为阿拉善生态产业科技创业园，修订《阿拉善生态产业科技创业园修建性详细规划》，申报国家林业产业示范园区工作。被阿拉善盟科技局认定为盟级农牧业科技园区。

截至 2021 年，投资 3.6 亿元，园区入驻企业 8 家，占地 18.33 公顷。

八、林业改革

（一）国有林场林权情况

1. 国有林场（站）资源流转

阿左旗国有林场（站）资源流转 2313.33 公顷。流转林地地类为宜林地、林业辅助生产用地、灌木林地、苗圃地、耕地、有林地，林种为防护林。流转原因为 2002 年国有林场（站）改革转为一次性安置生产资料、企业承包发展森林旅游业、原有林木老化枯死。

2. 国有林场（站）林地流失

2014 年，国家林业局、内蒙古自治区林业厅审核审批，全旗工程项目占用林地 880 公顷。其中，黄河海勃湾水利枢纽工程坝区占用林地 373.33 公顷、库区占用林地 493.33 公顷、巴彦浩特一级客运站占用林地48亩，土尔扈特路棚户区占用林地100亩，鑫凯沙漠生态园占用林地100亩。

3. 林权证发证

阿左旗国有林场（站）建场规划经营面积110.95万公顷，实际经营115.01万公顷，林权登记发证114.99万公顷，核发林权证646本。单份林权证登记114.99万公顷，未登记发证193.33公顷。

（二）集体林权制度改革

全旗林地面积218.08万公顷。其中，国有林地10.49万公顷、集体林地207.59万公顷。2009—2012年，开展集体林权主体改革，涉及12个苏木（镇）、117个嘎查，改革集体林207.59万公顷。其中，家庭承包114.32万公顷、联户承包49.75万公顷、集体统一经营43.13万公顷、其他方式3893.33公顷；核发全国统一式样林权证7797本，29965宗地，涉及农户7338户。

2009年，成立集体林权制度改革领导小组，制定实施方案，形成"旗县直接领导、苏木（镇）组织实施、嘎查具体操作、部门搞好服务"工作机制。确定巴润别立镇阿拉腾塔拉嘎查为商品集体林权制度改革试点嘎查，完成全旗集体商品林主体改革，涉及10个苏木（镇）、70个嘎查，完成明晰产权1313.33公顷，发放林权证1495本，3131宗地。

2010年4月，确定吉兰泰镇哈图呼都格嘎查和巴彦诺日公苏木浩坦淖日嘎查为集体公益林改革试点，通过嘎查林改实施方案。

2011年7月，集体公益林改革在试点基础上出具《阿拉善左旗集体林权制度改革实施意见》，推进全旗集体公益林改革全面开展。

2012年1月，集体公益林在确权的基础上开始林权登记申请、电脑录入、审核、输机打证、存档。12月，完成公益林宗地划分、实地勘界、承包合同签订等工作，集体公益林确权全面完成。

（三）国有林场改革

2002年，结合天然林保护工程实施，制定《阿拉善左旗国有林场（站）改革实施方案》，对阿左旗头道湖、腰坝、巴彦浩特、吉兰泰、巴彦诺日公、巴彦树贵、通湖、贺兰山8个国有林场（站）进行改革，采取保留机构、分配生产资料、发放工龄补助费、纳入社会保险措施，安置富余职工335人。

2009年，将阿左旗国有林场（站）改制安置职工聘用为公益林区护林员，发放护林工资、缴纳社会保险。

2017年，根据《内蒙古自治区国有林场改革方案》《阿拉善盟关于推进国有林场改革的实施意见》《阿拉善左旗国有林场改革实施方案》要求，阿左旗7个国有林场（站）完成公益性一类事业单位定性，核定事业编制123名（贺兰山林场94名、其他国有林场29名），实行人员机构经费保障、职工社会保障；完成国有林场林地不动产登记、森林经营方案编制、国有林场备案、国有林场森林资源资产认定等改革任务。

2019年，根据《阿拉善左旗深化苏木（镇）和街道改革推进基层整合审批服务执法力量方案》，基层林业工作站职能职责和编制内人员划归各苏木（镇）综合保障和技术推广中心。国有林场（站）职能职责根据国家和自治区相关规定未划转，除贺兰山林场外，其他国有林场（站）继续保留机构牌子，无编制和人员。

2021年，按照《阿拉善左旗关于公益林服务中心机构职能编制的批复》，将头道湖、腰坝、巴彦浩特、吉兰泰、巴彦诺日公5个国有林场（治沙站）职能职责、森林资源资产划归阿左旗公益林服务中心统一管理。

（四）林长制

2021年1月，制定《阿拉善左旗全面推进林长制工作方案》。10月，成立阿左旗林长制办公室，构建旗、苏木（镇）、嘎查（村）三级林长制组织体系。11月，阿左旗11个苏木（镇）、内蒙古国家级贺兰山自然保护区管理局、阿左旗公益林服务中心挂牌成立林长制办公室，制定《阿拉善左旗林长会议制度》《阿拉善左旗林长制信息公开制度（试行）》《阿拉善左旗林长制部门协作制度》《阿拉善左旗林长制工作督察制度》《阿拉善左旗林长制巡查工作制度》5项配套制度。

1. 组织机构

（1）分级设立林长。旗级设立林长、副林长。林长实行双领导制度，由旗委书记、旗长担任旗级林长，旗委副书记、政府副旗长担任旗级副林长。旗级林长7名、苏木（镇）级林长24名（包括贺兰山自然保护区林长、阿左旗公益林服务中心林长）、苏木（镇）级副林长84名、嘎查（村）级林长109名，护林员610名，草管员12名，全旗基本形成林草资源网格化管理体系。

各苏木（镇）根据实际情况，设立苏木（镇）级林长，实行双领导，由苏木（镇）党委书记，苏木达（镇长）分别担任；副林长由党委副书记和政府副苏木达（副镇长）担任。

嘎查（村）级林长由嘎查（村）党支部书记和嘎查（村）委员会主任担任。

贺兰山国家级自然保护区由贺兰山管理局设立林长；头道湖、腰坝、巴彦浩特、吉兰泰、巴彦诺日公5个国有林场由阿左旗公益林服务中心设立林长，接受旗级林长监督管理。

（2）工作机构。旗级设置林长制办公室，承担林长制组织实施的具体工作，落实林长确定事项，定期向本级林长报告本责任区域森林草原湿地资源保护发展情况；制订实施年度工作计划，督促、协调、指导有关部门和下级林长制办公室抓好各项工作，开展林长制落实情况督查、检查；拟定本级林长制配套制度，组织实施林长制督导考核工作。林长制办公室设在阿左旗科学技术和林业草原局，主任由局长担任；副主任由分管副局长担任，工作人员2名，负责林长制办公室日常工作。旗直各有关部门为推行林长制的责任单位，确定1名科级干部为成员、1名工作人员为联络员。

2. 主要任务

加强森林草原湿地资源保护、森林草原湿地生态修复、沙化土地治理、林草产业发展、森林草原资源灾害防控、深化森林草原领域改革、完善森林草原湿地监测监管体系。

九、森林草原防火

（一）防火组织及队伍建设

2004年，阿左旗林业局加挂阿拉善左旗森林公安防火信息中心牌子。

2006年，阿左旗森林公安分局加挂阿拉善左旗森林草原公安防火信息中心牌子。

2010年，阿左旗林业局内设森林草原防火办公室，成立应急救援队伍，包括阿左旗森林公安局、阿左旗森防站、贺兰山管理局、11个苏木（镇）森林公安派出所。

2019年，旗森林防火指挥部办公室由阿左旗科学技术和林业草原局划归阿左旗应急管理局。

2021年，阿左旗机构编制委员会办公室同意在阿左旗科学技术和林业草原局设立森林草原防火办公室，组建森林草原扑火队伍。

（二）防火设施设备

2015年，建防火物资储备库1座220平方米，配备部分防火装备。

2021年，配备防火专用车2辆（运兵车1辆、铲车1辆）和扑火机具929台（把、套）（风力灭火机179台、割灌机56台、油锯27台、灭火水枪86部、二号工具100把）。

（三）火灾预防及扑救

1. 落实防火责任

修订《阿拉善左旗防火指挥部森林草原防火预案》《阿拉善左旗科学技术和林业草原局森林草原防火预案》。结合安全生产三年行动专项整治工作，成立检查小组，不定期进行监督检查。

2. 加强防火宣传教育

牢固树立管火先管人理念，利用微信公众号平台发布并转发森林草原防火宣传信息，对辖区内飞播区、重点区域发放宣传资料、悬挂宣传标语，普及森林草原防火相关法律法规、防火知识，提高宣传覆盖面。

3. 强化野外火源管控

重点对巴彦浩特镇周边及贺兰山沿路沿线进行森林草原防火巡护巡查。各苏木（镇）对本辖区内公益林、飞播区、重点林区进行巡护。管控野外火源，严厉查处违规用火行为。

4. 提高应急处置能力

组织系统内干部职工参加森林草原防灭火演练，提高扑火队伍机具操作技能。定期维护、保养防火物资，严格执行有火必报、报扑同步机制和零报告制度，保证遇有火情在第一时间控制，实现"打早、打小、打了"。

5. 提升基础设施建设

实施森林草原防火建设项目，建立森林草原防火视频监控网络体系，完善扑火物资，确保快速处置火情。

（四）火灾隐患及成因调查

火灾隐患主要集中在城区周边坟墓、农牧区居民点、农田地等。2021年，开展自然灾害风险普查，完成灌木林标准地112处、乔木林标准地13处、大样地可燃物9处外业调查工作。

（五）高新技术应用

2020年，实施森林高火险区综合治理项目，建设视频监控塔4座，重点监控飞播区12.57万公顷。通过前端视频采集、林火自动识别系统预警分析，及时发现火情并组织扑救，当日火当日灭。

2006—2021年，阿左旗未发生较大森林草原火灾案件。

十、森林公安

（一）机构沿革

1992年8月，成立阿拉善左旗林业局林业公安股。

1993年9月，列入阿左旗公安局业务序列，实行双重领导，行政上由阿左旗林业局领导，业务上由阿左旗公安局领导。

1996年7月，更名为阿拉善左旗公安局林业公安分局。

1998年10月，更名为阿拉善左旗森林公安分局。

2009年5月，更名为阿拉善左旗森林公安局，机构规格为副科级行政机构，核定副科级领导职数3名，批准成立6个内设机构、4个基层森林公安派出所。

2009—2010年，核定阿拉善左旗森林公安局政法专项编制46名。

2020年6月，阿拉善左旗森林公安局整建制划转至阿拉善左旗公安局，52名森林公安民警、辅警随所在单位划转。

2006—2021年阿拉善左旗森林公安局领导名录如下。

政　　委：杨生宝（回族，2006 年 5 月—2009 年 3 月）

　　　　　陈立杰（2009 年 3 月—2012 年 7 月）

　　　　　刘文德（2012 年 7 月—2013 年 6 月）

　　　　　段志鸿（2015 年 4 月—2017 年 3 月）

　　　　　周永明（蒙古族，2017 年 4 月—2020 年 4 月）

副政委：王晓荣（2009 年 11 月—2020 年 12 月）

局　　长：朱新荣（2006 年 5 月—2017 年 6 月）

　　　　　蒋雁云（2018 年 4 月—2020 年 12 月）

副局长：蒋雁云（2009 年 12 月—2018 年 4 月）

（二）专项行动

2006 年，开展"打击破坏森林资源专项行动""绿盾行动"等各类专项行动，查破涉林行政案件 72 起，罚款 5.15 万元，挽回经济损失 4.13 万元。

2007 年，开展"绿网行动""绿盾二号行动""打击破坏森林和野生动植物资源违法犯罪专项行动"等各类专项行动，查破涉林案件 47 起，罚款 6.11 万元，挽回经济损失 1.48 万元。

2008 年，开展"雪原二号""飞鹰行动""保护候鸟"等各类专项行动，查破涉林行政案件 11 起、涉林刑事案件 2 起，罚款 7.5 万元，挽回经济损失 1.85 万元。

2009 年，开展"冬季行动""保护候鸟""春季行动""绿盾三号"等各类专项行动，查破涉林行政案件 45 起，涉林刑事案件 2 起，罚款 2.87 万元，挽回经济损失 2.13 万元。

2010 年，开展"冬季行动""春季行动""绿网三号""保护过境候鸟专项行动""雪原三号"等专项行动，查破涉林行政案件 66 起，罚款 6.95 万元，挽回经济损失 6.95 万元。

2011 年，开展"猎豹一号冬季行动""亮剑行动""春季行动""夏季攻势""保护过境候鸟专项行动""亮剑行动"等各类专项行动，查破涉林行政案件 92 起，罚款 4.12 万元，挽回经济损失 2.01 万元。

2012 年，开展"春季行动""打击野生动物及其制品网络犯罪和非法贸易活动专项行动""保护过境候鸟专项行动""保护百灵鸟专项行动""打击违法占用林地专项行动"等各类专项行动。查破涉林行政案件 97 起，罚款 5.35 万元，挽回经济损失 5.6 万余元。

2013 年，开展"保护过境候鸟行动""天网行动""打击违法征占用林地"等专项行动，查破涉林行政案件 51 起，罚款 17.35 万元，挽回经济损失 14.25 万元。

2014 年，开展"天网行动""利剑行动""禁种铲毒""缉枪治爆"等专项行动，查破涉林行政案件 108 起，罚款 7.13 万元，挽回经济损失 7.85 万元。

2015 年，开展"清理整治破坏和非法占用林地专项行动""保护过境候鸟专项行动""缉枪治爆"等专项行动，查破涉林行政案件 24 起，罚款 17.84 万元，挽回经济损失 23.31 万元。

2016 年，开展"保护过境候鸟专项行动""禁种铲毒""缉枪治爆""保护野生动植物""清理整治非法侵占国有林地"等各类专项行动，查破涉林业行政案件 29 起、涉林刑事案件 5 起，罚款 15.99 万元，挽回经济损失 20.7 万元。

2017 年，开展"保护过境候鸟专项行动""利剑行动""清理整治非法征占用林地专项行动"等各类专项行动，查破涉林行政案件 45 起、涉林刑事案件 3 起，罚款 18.93 万元，挽回经济损失 22.35 万元。

2018 年，开展"保护过境候鸟专项行动""春雷 2018""绿剑行动"等专项行动，查破涉林行政案件 100 起，罚款 17.37 万元，挽回经济损失 12.03 万元。

2019 年，开展"保护过境候鸟专项行动""绿卫 2019""破坏森林资源乱象整治专项行动"等专项行动，查处涉林行政案件 139 起、涉林刑事案件 2 起，罚款 27.62 万元，挽回经济损失 25.88 万元。

（三）荣誉

1. 集体荣誉（表 17-6）

表 17-6　集体荣誉统计

序号	奖项名称	获奖单位	授奖单位	获奖时间
1	自治区一级达标派出所	巴彦木仁森林公安派出所	内蒙古自治区森林公安局	2006 年
	国家二级达标派出所		国家森林公安局	2008 年
	"三基"先进单位		内蒙古自治区林业厅	2009 年
	集体三等功		内蒙古自治区森林公安局	2010 年
	集体三等功		内蒙古自治区森林公安局	2015 年
2	集体嘉奖	吉兰泰森林公安派出所	国家森林公安局	2007 年
	国家二级达标派出所		国家森林公安局	2008 年
3	集体三等功	巴润别立森林公安派出所	内蒙古自治区森林公安局	2007 年
	自治区一级达标派出所		内蒙古自治区森林公安局	2008 年
4	自治区一级达标派出所	巴彦诺日公森林公安派出所	内蒙古自治区森林公安局	2007 年
5	集体三等功	敖伦布拉格森林公安派出所	内蒙古自治区森林公安局	2011 年
	集体嘉奖	温都尔勒图森林公安派出所	内蒙古自治区森林公安局	2016 年
	集体三等功	乌力吉森林公安派出所	内蒙古自治区森林公安局	2016 年

2. 个人荣誉（表 17-7）

表 17-7　个人荣誉统计

序号	姓名	授奖单位	获奖名称	获奖时间
1	朱新荣	自治区森林公安局	个人嘉奖	2007 年
		自治区森林公安局	三等功	2011 年
		自治区森林公安局	个人三等功	2006 年
		阿拉善盟公安局	"建盟 30 周年"先进个人	2010 年
2	谢 玲	自治区森林公安局	个人嘉奖	2007 年
		阿拉善盟森林公安局	全盟森林公安优秀人民警察	2012 年
3	贺永强	自治区森林公安局	个人嘉奖	2010—2012 年
		自治区森林公安局	个人三等功	2013 年
		阿拉善左旗人民政府	个人三等功	2014 年
4	马布和	自治区森林公安局	个人三等功	2012 年
		自治区森林公安局	全区优秀森林公安派出所所长	2015 年

（续表）

序号	姓名	授奖单位	获奖名称	获奖时间
5	王建祖	自治区森林公安局	个人三等功	2008 年
		阿拉善左旗人民政府	先进个人	2011 年
		阿拉善盟公安局	先进个人	2013 年
6	张立明	自治区森林公安局	个人三等功	2009 年
		阿拉善盟森林公安局	全盟森林公安优秀人民警察	2012 年
7	聂振忠	自治区森林公安局	个人三等功	2010 年
		阿拉善左旗公安局	全旗公安系统先进个人	2011 年
		阿拉善盟森林公安局	全盟森林公安优秀人民警察	2012 年
8	刘大海	自治区森林公安局	个人三等功	2007 年
		自治区森林公安局	全区优秀森林公安派出所所长	2015 年
9	王红飞	自治区森林公安局	个人嘉奖	2010 年
		阿拉善左旗公安局	先进个人	2012 年
		阿拉善左旗人民政府	个人三等功	2013 年
10	香建军	自治区森林公安局	个人三等功	2014 年
11	刑彦明	自治区森林公安局	个人嘉奖	2010 年
		自治区森林公安局	个人三等功	2017 年
12	宫志勇	自治区森林公安局	个人嘉奖	2018 年
13	王传福	自治区森林公安局	个人嘉奖	2018 年
14	吴玉花	自治区森林公安局	个人三等功	2019 年
15	聂振华	自治区森林公安局	个人三等功	2018 年
16	敖云其其格	自治区森林公安局	个人嘉奖	2016 年

十一、阿拉善沙漠世界地质公园阿左旗管理局

（一）机构沿革

2006 年 12 月，成立内蒙古阿拉善沙漠国家地质公园阿左旗管理局，为阿拉善左旗国土资源局所属公益一类事业单位。

2009 年 8 月，更名为内蒙古阿拉善沙漠世界地质公园阿左旗管理局。

2019 年 6 月，整建制划转至阿左旗科学技术和林业草原局，机构规格副科级。

2021 年，阿左旗科学技术和林业草原局自然保护区管理和野生动植物保护职能划入阿拉善沙漠世界地质公园阿左旗管理局，加挂阿拉善左旗自然保护地和野生动植物保护中心牌子。

2006—2021 年阿拉善沙漠世界地质公园阿左旗管理局领导名录如下。

局　长：刘风兰（女，2007 年 1 月—2007 年 9 月）

张建强（2007 年 9 月—2015 年 12 月）

马忠强（2015年12月—2018年7月）

孔维亮（2019年8月—）

副局长：田　源（女，2007年1月—2007年9月）

彭家俊（2007年1月—2013年3月）

宝勒德（蒙古族，2007年9月—2013年3月）

孙晓瑜（女，2016年8月—2018年9月）

（二）职能职责

承担阿拉善沙漠世界地质公园腾格里园区内地质遗迹保护、资源开发建设、科学研究、科普宣传，保护管理全旗陆生野生动植物、湿地、自然保护地等工作，组织实施地质公园、湿地、自然保护地、陆生野生动植物动态巡查、调查评价、监测及资源保护、开发建设、经营服务等。

（三）主要业绩

1. 基础设施建设

2007年，在广宗寺路口建阿拉善沙漠国家地质公园主碑1座。2011年，在巴彦浩特镇营盘山生态公园建阿拉善沙漠世界地质公园主碑1座。在广宗寺高速路口出口、乌巴高速路口建设配套广场各1处；在南寺月亮湖高速路口及乌巴路北大门停车场建设园区大门石碑2座；在月亮湖景区、通湖景区建设地质公园标识碑2座；在阿拉善沙产业健康科技创业园沙产业展览馆建设阿拉善沙漠世界地质公园陈列馆1座；在巴润别立镇、巴彦诺日公苏木及3个景区（月亮湖、通湖草原、敖伦布拉格）建设游客信息中心5处。在阿拉善沙漠世界地质公园腾格里园区内建设陈列馆、游客信息中心、停车场，设置道路指示、地质遗迹解说、安全警示、大型广告宣传等标识牌150块，国家及世界地质公园界碑和界桩126块、架设网围栏2处，建立巡查台账，定期维护和更新标识牌。

2. 科研科普工作

编印《沙漠胜景 地质奇葩》《珍稀的生命物种 顽强的生命礼赞》《地质公园科普知识100问》及宣传折页、画册等系列科普读物6万份。开展科普活动，地质公园被批准为"国土资源科普基地""中国地质大学教学与科研基地""中国科学院寒区旱区环境与工程研究所科研基地""内蒙古自治区科普教育基地""阿拉善青少年科普教育示范基地""阿拉善左旗环境教育基地"科普基地。

3. 地质遗迹调查

（1）工作开展情况。地质遗迹调查，可查清阿拉善沙漠世界地质公园腾格里园区范围内已发现地质遗迹现状，还可发现新的地质遗迹，挖掘地质遗迹潜在价值，使地质公园地质遗迹更加丰富、多样，展现地质公园价值和魅力。提高地质公园知名度，发挥地质公园在科学研究、科学普及、旅游开发等方面作用。

2020—2021年12月，阿拉善沙漠世界地质公园阿左旗管理局与中国地质大学（北京）合作，开展腾格里园区范围内地质遗迹调查。设路线21条，长度1528.48公里，野外观察点165个，地质遗迹调查面积8.04万平方公里。对调查区内主要地质遗迹进行类型、特征、规模、分布、价值、现状、保护等调查，建立地质遗迹卡片，对地质遗迹进行分类。调查重点地区是贺兰山（阿左旗境内）、腾格里沙漠（阿左旗境内）、乌兰布和沙漠、敖伦布拉格峡谷。

腾格里园区地质遗迹分类统计见表17-8。

表 17-8 腾格里园区地质遗迹分类统计

地质遗迹大类	类	数量	遗迹点编号	遗迹点名称
地质构造	构造形迹	23	TGDZ001	北寺构造剖面
			TGDZ002	乌巴公路 S14 褶皱（远观）
			TGDZ003	小松山飞来峰
			TGDZ004	岗影子沟向斜
			TGDZ014	寒武纪陶思沟组逆断层
			TGDZ016	蓟县系王全口组正断层
			TGDZ017	寒武纪呼鲁斯台组阶梯状断层
			TGDZ019	三叠纪大风沟组推覆构造
			TGDZ039	上海嘎查断层
			TGDZ054	火石峡逆断层
			TGDZ072	查干础鲁构造带
			TGDZ073	查干础鲁正断层
			TGDZ078	巴彦温都尔构造带
			TGDZ080	新太古-古元古二道凹群斜长角闪岩与二叠纪花岗岩断层接触
			TGDZ081	庆格勒图红谷尔玉林构造带
			TGDZ502	贺兰山山前断裂带
			TGDZ507	乌巴公路 S14 褶皱
			TGDZ510	古近系渐新统乌兰布拉格组砂砾岩与华力西晚期花岗岩沉积接触
			TGDZ514	古近系渐新统乌兰布拉格组砂砾岩与华力西晚期花岗岩沉积接触
			TGDZ517	古近系渐新统乌兰布拉格组砂砾岩与阿拉善群迭布斯格组黑云斜长片麻岩沉积接触
			TGDZ519	华力西晚期花岗岩断裂
			TGDZ530	古近系渐新统乌兰布拉格组砂砾岩与华力西晚期花岗岩沉积接触
			TGDZ532	古近系渐新统乌兰布拉格组砂砾岩与华力西晚期花岗岩沉积接触
	接触关系	4	TGDZ534	阿拉善群迭布斯格组黑云斜长片麻岩层间柔皱
			TGDZ011	古元古代宗别立岩组和长城系黄旗口组角度不整合
			TGDZ013	寒武纪陶思沟组和蓟县系王全口组平行不整合
			TGDZ018	寒武纪阿布切亥组和石炭纪靖远组角度不整合
地质剖面	沉积剖面	6	TGDZ023	三叠纪二马营组和三叠纪大风沟组地层接触
			TGDZ024	三叠纪和尚沟组和三叠纪二马营组地层接触
			TGDZ503	二叠纪下石盒子组与二叠纪山西组整合接触界线
			TGDZ504	二叠纪上石盒子组与二叠纪下石盒子组整合接触界线
			TGDZ505	二叠纪孙家沟组与二叠纪上石盒子组整合接触界线
			TGDZ506	三叠纪刘家沟组与二叠纪上石盒子组整合接触界线
沉积构造	波痕	1	TGDZ015	寒武纪陶思沟组波痕

（续表 1）

地质遗迹大类	类	数量	遗迹点编号	遗迹点名称
地貌景观	沙漠地貌	9	TGDZ025	新月形沙丘观察点
			TGDZ026	沙波纹及沙丘观察点
			TGDZ029	蚊子湖沙丘观察点
			TGDZ043	腾格里沙漠二道湖与红盐湖之间的沙丘地貌
			TGDZ050	塔本陶勒盖沙地
			TGDZ077	亚玛雷克沙漠
			TGDZ538	图克木响沙
			TGDZ542	乌兰布和沙漠（边缘）
			TGDZ544	乌兰布和沙漠
	戈壁地貌	1	TGDZ063	戈壁滩
	风蚀地貌	9	TGDZ009	雅玛乌苏花岗岩风蚀壁龛
			TGDZ057	印支期花岗岩风蚀地貌
			TGDZ065	阿尔斯楞特格雅丹地貌及奇石滩
			TGDZ067	赛罕沙巴日雅丹地貌及奇石滩
			TGDZ083	二叠纪花岗岩风蚀地貌
			TGDZ511	蘑菇石
			TGDZ512	雏鸡象形石
			TGDZ526	博士论坛
			TGDZ537	古近系渐新统乌兰布拉格组砂砾岩石柱（人根峰）
	冰川地貌	4	TGDZ035	贺兰山主峰（角峰）
			TGDZ036	贺兰山冰斗群
			TGDZ037	贺兰山冰斗及侧碛垄、终碛垄
			TGDZ038	贺兰山冰川堆积物
	流水地貌	25	TGDZ005	朱河洪积物
			TGDZ008	库布额肯乌龙瀑布
			TGDZ022	小井子沟河流阶地
			TGDZ032	哈拉坞沟山前洪积扇
			TGDZ033	哈拉坞沟山前洪积台地
			TGDZ034	毡帽山剥蚀台地
			TGDZ055	河流台地
			TGDZ064	北银根盆地第二级剥夷面及奇石滩
			TGDZ066	北银根盆地第三级剥夷面及奇石滩
			TGDZ070	白垩纪苏宏图组玄武岩峡谷
			TGDZ074	陶来玄武岩石拱门
			TGDZ075	白垩纪苏宏图组玄武岩石洞
			TGDZ508	珠哈高勒峡谷（阿拉善峡谷）入口
			TGDZ513	峡谷汇合口
			TGDZ515	神水洞峡谷入口
			TGDZ516	神水洞（圣泉峪）
			TGDZ518	裂点
			TGDZ520	神水洞峡谷尽头
			TGDZ523	西部梦幻峡谷入口
			TGDZ524	峡谷谷壁洞穴
			TGDZ525	母门洞
			TGDZ527	世纪之吻
			TGDZ528	归愿谷
			TGDZ531	丹格勒高勒峡谷入口
			TGDZ540	骆驼瀑

（续表2）

地质遗迹大类	类	数量	遗迹点编号	遗迹点名称
地貌景观	湖泊地貌	15	TGDZ006	朱河湖积台地
			TGDZ027	黄草湖
			TGDZ028	月亮湖
			TGDZ030	蚊子湖
			TGDZ031	硝湖
			TGDZ041	头道湖
			TGDZ042	二道湖
			TGDZ044	红盐湖
			TGDZ045	三道湖
			TGDZ046	诺尔图湖
			TGDZ049	臊羊湖
			TGDZ053	通湖
			TGDZ086	诺尔公硝湖
			TGDZ535	万泉湖
			TGDZ545	吉兰泰盐湖
水体景观	泉	1	TGDZ085	沙巴尔呼都格自流井
岩石	沉积岩	3	TGDZ058	白垩纪庙山湖群红色砂砾岩
			TGDZ501	骡子山奥陶纪天景山组灰岩采石场
			TGDZ509	神字岩
	变质岩	3	TGDZ007	徐五房古元古代长城构造期白花岗岩侵入古元古代宾不勒岩组黑云斜长片麻岩
			TGDZ010	古元古代宗别立岩组片麻岩
			TGDZ020	古元古代宾不勒岩组与白色花岗岩分界观测点
	侵入岩	4	TGDZ007	徐五房古元古代宾不勒岩组白花岗岩侵入宾不勒岩组黑云斜长片麻岩
			TGDZ020	古元古代宾不勒岩组与古元古代长城构造期白色花岗岩分界观测点
			TGDZ084	贝林呼都格二叠纪花岗岩采石场
			TGDZ536	大汗神石
	火山岩	2	TGDZ062	白垩纪苏宏图组玛瑙山玄武岩石柱
			TGDZ069	图拉嘎沟白垩纪苏宏图组玄武岩岩柱

（续表3）

地质遗迹大类	类	数量	遗迹点编号	遗迹点名称
古生物化石	实体化石	4	TGDZ056	新近纪哺乳动物化石发掘地
			TGDZ059	苏宏图恐龙化石发掘地1
			TGDZ060	苏宏图恐龙化石发掘地2以及奇石滩
			TGDZ541	恐龙化石自然保护区
	遗迹化石	1	TGDZ012	蓟县系王全口组叠层石
矿床	沉积矿床	6	TGDZ040	罗子山采石场奥陶纪天景山组灰岩
			TGDZ047	查干池盐场
			TGDZ048	黑盐湖
			TGDZ087	和屯盐池
			TGDZ539	图克木小盐湖
			TGDZ543	吉兰泰盐厂
	其他	7	TGDZ051	本坑井铁矿矿坑
			TGDZ052	闫地拉图铁矿矿山
			TGDZ071	铁木尔陶勒盖铁矿
			TGDZ079	脑木洪铜矿
			TGDZ082	珠拉金矿
			TGDZ521	中石油吉兰泰油田
			TGDZ522	石墨矿矿山
矿物、观赏石	特殊意义矿物	2	TGDZ021	宾不勒岩组石榴子石观测点
			TGDZ533	阿拉善群迭布斯格组黑云斜长片麻岩磁铁矿
	观赏石	8	TGDZ060	苏宏图恐龙化石发掘地2以及奇石滩
			TGDZ061	阿拉善左旗神山天然葡萄玛瑙
			TGDZ064	北银根盆地第二级剥夷面及奇石滩
			TGDZ065	阿尔斯楞特格雅丹地貌及奇石滩
			TGDZ066	北银根盆地第三级剥夷面及奇石滩
			TGDZ067	赛罕沙巴日雅丹地貌及奇石滩
			TGDZ068	眼睛石、翻花石产地
			TGDZ076	阿勒陶勒奇石滩
环境地质遗迹景观	地质灾害	1	TGDZ529	崩塌错落石

（续表4）

地质遗迹大类	类	数量	遗迹点编号	遗迹点名称
人文遗迹		28	TGRW001	水磨沟岩画
			TGRW002	阿旺丹德尔拉然巴纪念馆
			TGRW003	南寺
			TGRW004	八卦泉
			TGRW005	营盘山
			TGRW006	鹿圈山
			TGRW007	定远营
			TGRW008	王爷府（四合院及博物馆）
			TGRW009	延福寺
			TGRW010	苏木图石窟
			TGRW011	贺兰山亲和营地
			TGRW012	贺兰山牧人遗址
			TGRW013	达尔吉诺门汉尊胜塔
			TGRW014	昭化寺
			TGRW015	承庆寺
			TGRW016	吉祥法雨寺
			TGRW017	苏宏图新石器遗址
			TGRW018	孟根乌拉岩画
			TGRW019	汉至西夏长城-图勒根高勒城址
			TGRW020	阿左旗岩画群-乌日图音萨格勒尔岩画
			TGRW021	王爷骆驼敖包
			TGRW022	达里克庙
			TGRW023	哈奴满都拉王府遗址
			TGRW501	三关口明长城遗址
			TGRW502	红塔寺
			TGRW503	妙华寺
			TGRW504	庆德门敖包
			TGRW505	秦汉古长城遗址
自然景观		5	TGZR001	乌力吉乌木沙日扎嘎神树
			TGZR002	阿拉善盟海拔最低点
			TGZR003	查干扎德盖古榆树
			TGZR004	天然梭梭林
			TGZR501	图克木草地

新发现地质遗迹如下。

玄武岩拱门位于银根苏木查干扎德盖嘎查，周围有流水侵蚀地貌，岩性为玄武岩。年代推测为白垩纪，存在部分节理，为后期流水作用和重力作用而形成的石拱门。拱门高8米，宽6米，厚3米（体积约为144立方米），是世界第一个玄武岩岩性的拱门，在全球范围内十分稀有，具有很高科普和美学价值。

重要地质遗迹如下。

贺兰山构造地貌。贺兰山位于内蒙古自治区和宁夏回族自治区交界处，北起巴彦敖包，南边到毛土坑敖包及青铜峡。地处银川平原和阿拉善高原之间，呈北东—南西走向，绵延250公里，东西宽20~40公里，海拔平均2000~3000米，主峰达郎浩绕，海拔为3556.1米。

贺兰山北段位于阴山地块与鄂尔多斯地块陆-陆碰撞缝合带西段，自古元古代开始，由于受到贺兰山地区北侧洋壳长期俯冲的影响，鄂尔多斯地块北缘活动强烈，发育一系列岛弧岩浆，在北缘沉积一套碎屑沉积岩。随着洋壳消减闭合，北部阴山地块与南部鄂尔多斯地块发生陆—陆碰撞，陆壳的持续俯冲引起上述沉积岩发生强烈的变质作用，普遍达到麻粒岩相，形成了在贺兰山地区广泛出露的一套变质杂岩——贺兰山群。随着阴山地块和鄂尔多斯地块的碰撞拼合，变质杂岩的部分发生熔融形成不同期次的S型花岗岩，伴有不同时代基性脉岩的侵位，共同构成了古元古代结晶基底单元。随着造山后垮塌伸展作用，基底之上形成了中元古界至晚古生界的连续沉积盖层。晚古生代-早中生代，受北部古亚洲洋的消亡和南部杨子板块与华北克拉通碰撞共同作用影响，阿拉善地块和鄂尔多斯地块发生相对运动，控制了贺兰山及邻区中生代的构造-岩浆演化。晚期由于阿拉善地块受西部侧向挤压作用而发生向东运动，引起贺兰山地区强烈的推覆作用和强烈隆升剥蚀，形成一系列褶皱和断裂构造。

贺兰山地区构造现象非常复杂，后期改造强烈，褶皱断裂发育，与六盘山、龙门山以及康滇地轴共同构成了现在分隔中国东西部地理和地质的南北向巨型构造带。在贺兰山地区内，地层年代的时间跨域尺度较长，能够看到古元古界贺兰山岩群和赵池沟岩群的出露，广泛发育有新近系和第四系地层。区内古生代地层发育，沉积了一套以海相碳酸盐岩夹碎屑岩为主的沉积建造，在这套岩层之上，还可以看到海陆交互相、河流相以及河湖相的碎屑岩沉积。对于古生代地层的地层层序、岩性组合、古生物、古构造以及沉积建造特征的研究，具有重要的科研价值和科普价值。

贺兰山冰川地貌。贺兰山冰川地貌主要为角峰、冰斗、刃脊、冰石海、冰缘石柱、侧碛垄、终碛垄等。贺兰山主峰附近海拔2800米以上地区保存着良好的冰川侵蚀与堆积地貌，保存完好的冰斗、冰碛垄及侧碛堤等显示该区在末次冰期存在冰川作用。通过对冰碛物进行年代测定，结合野外冰川地貌特征分析，确定贺兰山地区只在末次冰盛期时发生过一次冰川作用。

贺兰山属于青藏高原外部边缘，是中国季风气候与非季风气候和荒漠与荒漠草原的分界线，研究贺兰山第四纪冰川地貌，对于检验青藏高原东缘冰期历史具有重要意义。

湖泊地貌。阿左旗湖泊地貌主要有腾格里沙漠的黄草湖、月亮湖、蚊子湖、硝湖；木仁高勒苏木的朱河湖积台地；巴润别立镇的头道湖、二道湖、红盐湖、三道湖、诺尔图湖；超格图呼热苏木的臊羊湖、通湖；巴彦诺尔公的诺尔公硝湖；敖伦布拉格镇的万泉湖；吉兰泰镇的吉兰泰盐湖。

沙漠腹地的湖泊多为咸水或卤水，多数湖泊湖水的pH值很高，呈碱性。就水的化学成分而言，盐度不同，湖水的化学性质差别也很大。盐度高的湖泊Na^+含量较高，而Ca^{2+}、Mg^{2+}的相对含量则在盐度相对较低的湖泊中比较高，湖泊中阴离子以Cl^-、SO_4^{2-}、CO_3^{2-}、HCO_3^-为主。研究湖泊面积的变化以及湖水化学性质的变化对于研究该地区气候的演化具有重要意义。

峡谷地貌。地球上的各个地方都分布有峡谷，不论是陆地还是海洋中，其中最负盛名的是美国亚利桑那州的科罗拉多大峡谷和中国的雅鲁藏布江大峡谷。除此以外，在中国西北干旱半干旱地区还分布着一种干涸的峡谷，它色彩红艳、没有常年流水、峡谷形态变化奇特。阿拉善沙漠世界地质公园的峡谷地貌景观就是这样一种干涸的峡谷，它以敖伦布拉格峡谷群为代表。敖伦布拉格峡谷群位于乌兰布和沙漠边缘。这种红色峡谷不仅发育在阿拉善，还分布在中国西北干旱区的其他地区，虽然无常年流水的侵蚀，但却形成了深切峡谷。另外银根苏木的白垩纪苏宏图组玄武岩峡谷也是比较罕见的峡谷遗迹。

地壳上升和气候干燥是形成峡谷地貌景观的2个重要因素。向源侵蚀和河流袭夺也是峡谷形成的重要因素，鉴于此处河流为季节性水流，流量在短时间内聚集，运行速度也更为迅猛。红色砂砾岩峡谷形成不仅仅是水流侵蚀的结果，还有构造运动、岩性差异、气候等因素的作用。

构造对地貌的形成具有明显的控制作用。由于古老的地貌已经被剥蚀殆尽，所以现代地貌反映的是新构造运动的结果。在河流地貌中河流阶地、深切河曲等就是反映地壳垂直运动的常见地貌。在地壳运动相对稳定时期，河流以侧蚀作用为主，河谷不断侧向迁移，形成宽阔的河谷，河谷中形成由冲积物构成的河漫滩。如果地壳运动使该区处于上升状态，则河流侵蚀基准面下降，河流的下蚀作用重新加强，使河床降低，原有的河漫滩相对升高。

奇石产地。阿拉善戈壁石大多数属未成熟性玛瑙，质地坚硬、造型生动、图文美丽、色泽斑斓。奇石表面粗细有别，有的皱褶不平，有的则经过长期的风沙磨砺形成了多个栩栩如生的形状，有的似人物、有的类山水、有的像鸟兽，神韵飘逸，每一个都是无法重复的杰作。其中葡萄玛瑙是戈壁石中的珍品，由于其坚硬如玉、晶莹剔透、色彩绚丽、造型奇特、非常稀少，因此很贵重。

在距今1.37亿年之前的侏罗纪晚期，沿蒙古弧形构造深断裂有大规模的玄武岩岩浆喷发和溢出，形成规模浩大的火山熔岩流。岩浆喷出地表后，由于温度和压力骤然降低，熔浆中所含的二氧化碳、水蒸气等气体迅速向空中逸散，冷凝后便在岩石中留下许多大小不等、奇形怪状的气孔或空洞。火山活动的后期，饱含二氧化硅胶体的热液从深部入侵，无孔不入，一旦钻入岩石的气孔之中，冷凝后便成为玛瑙、碧玉、蛋白石、石英等个体，多为球形、椭圆形和不规则状。葡萄玛瑙的形成环境相对较宽松，主要发育于火山口附近的大型空洞中。硅胶热液无法充满整个空间，类似喀斯特溶洞中的化学沉淀作用，硅胶以某一质点如砂粒、泥块、水滴凝聚成珠状球状或水滴状，物以类聚，后来者附着于先期形成的珠体上，无论是悬于洞顶，长于洞底或挂于洞壁，越长越大，最后成为串串葡萄状。在以后的岁月里，岩洞又为红色黏土所充填，因此葡萄玛瑙多埋于红泥中，起到很好的保护作用。遗迹出产的玛瑙质量高，十分稀少，具有极高科普和美学价值，定级为国家级地质遗迹，已经得到保护。

（2）取得突破成效。基本查清了腾格里园区重要的地质遗迹类型、数量和分布情况，摸清了家底；重要的地质（人文）遗迹共192处。其中，地质遗迹点153处、人文遗迹点34处、自然景观5处；新发现1处世界级地质遗迹，确定3处世界级、53处国家级、103处自治区级地质遗迹。调查成果丰富了地质公园的地质遗迹类型，提升了地质公园地位和影响力，加强了科学研究；调查成果为地质公园建设、中期评估、开发利用奠定了坚实的基础，为服务社会、乡村振兴提供资源保障。

（四）中期评估

2013年8月、2017年6月，先后接受联合国教科文组织专家组中期评估检查，通过验收。

十二、科技宣传

（一）科技项目

2015年2月，投资30万元，阿左旗红枣引种试验项目，建设期限2015—2017年。5月，投资15万元，保育基盘法造林技术推广应用项目实施。

2016年，投资185万元，阿左旗森防站承担林业鼠（兔）害防治示范项目，完成防治面积6.5万亩。投资737.8万元，内蒙古阿拉善苁蓉集团有限责任公司实施"肉苁蓉产业化种植与深加工"项目；内蒙古华洪生态科技有限公司实施"黑果枸杞健康相关食品关键技术研究及超微细果粉开发"项目；阿左旗农技推广中心实施"内蒙古干旱农林业建设节水综合示范技术"项目；内蒙古宏魁生物药业有限公司实施"7S产地溯源技术在阿拉善肉苁蓉和锁阳产业的示范应用"项目、阿拉善尚容源生物科技有限公司实施"肉苁蓉治疗生殖障碍的有效成分的分离与应用"项目；内蒙古中兴华冠生物工程有限公司实施"肉苁蓉多肽抗老年痴呆的研究"项目；阿左旗林工站实施"阿拉善左旗红枣引种试验"项目。

2017年，投资28万元，内蒙古曼德拉沙产业开发有限公司实施"阿拉善肉苁蓉饮片产业化加工技术研究与产业化"项目。投资55万元，阿左旗实施科技示范林建设项目，建设期限2017—2019年。

2018年，投资370万元，内蒙古阿拉善苁蓉集团有限责任公司实施"荒漠资源植物种质库和种植圃项目的开发"项目；内蒙古宏魁生物药业有限公司实施"肉苁蓉深加工产品宏魁怡志胶囊中试"项目；阿左旗林工站实施"降雨量控制下的飞播种子丸粒化技术中试、推广应用及后评价"项目；内蒙古曼德拉沙产业开发有限公司实施"肉苁蓉增力抗衰、便秘克、养血原生液（颗粒）产品研究开发"项目。

2019年，投资440万元，内蒙古华洪生态科技有限公司实施"荒漠区浆果（白刺果、枸杞、黑果枸杞、沙地葡萄等）高值化开发利用关键技术研究"项目；阿拉善尚容源生物科技有限公司实施"肉苁蓉糖脂代谢平衡营养饮料"项目；内蒙古百合生态科技有限公司实施"柽柳植物新品种盐松（1号、2号）标准化栽培技术研究与示范"项目；内蒙古宏魁生物药业有限公司实施"肉苁蓉粉体饮片产业化"项目；内蒙古曼德拉沙产业开发有限公司实施"肉苁蓉增力抗衰、便秘克产品研究开发""阿拉善道地药材肉苁蓉标准化产业链建设的关键技术与标准"项目。

2020年，投资140万元，内蒙古中兴华冠生物工程有限公司实施"基于推动沙产业的肉苁蓉系列健康产品的研究与开发"项目；内蒙古华洪生态科技有限公司实施"肉苁蓉健康相关食品关键技术研究及超微粉产品开发"项目；内蒙古宏魁生物药业有限公司实施"基于过程工程的低温快速肉苁蓉新型饮片加工技术及应用"项目；内蒙古曼德拉生物科技有限公司实施"基于新食品原料肉苁蓉的系列产品开发成果转移转化"项目。投资150万元，实施"降雨量控制下的飞播种子丸粒化中试、推广应用及后评价"项目。

2021年，投资789万元，内蒙古曼德拉生物科技有限公司实施阿拉善荒漠肉苁蓉药食同源创新产业化平台建设"中药肉苁蓉大品种开发与产业化"项目；阿拉善盟大漠魂特产商贸有限责任公司实施"双杞因子片"高值化关键技术的研发及产业化——阿拉善特色沙生动植物资源系列研发产品转移转化项目。

（二）科技研究

投资208万元，开展科技研究6项。其中，降水量控制下的飞播种子丸粒化技术研究项目投资35万元；阿拉善飞播造林地群落演替过程、调控机理及防风固沙效益评估研究项目投资79万元；阿左旗飞播区水——植被生态系统动态观测研究项目投资40万元；阿左旗飞播区土壤结皮分布规律及影响因素研究项目投资20万元；气象条件对阿左旗飞播造林成效影响研究项目投资20万元；秋冬季造林试验项目投资8万元；油用牡丹引种试验项目投资6万元。

（三）宣传培训

2017年，CCTV-13报道《述说内蒙古数十年飞播造林 如今沙漠现绿洲》；《焦点访谈》报道《砥砺奋进的五年 阿拉善神奇的背后》；《人民日报》报道《"世界防治荒漠化和干旱日"我们带您看看西北沙尘源》《防沙治沙为家园添绿 砥砺奋进的五年》；《中国绿色时报》报道《阿拉善曾为沙所困 今以沙为金》；新华社报道《让绿色成为美丽中国最动人的底色》。

2018年，CCTV-7报道《空军运输搜救航空兵某团再赴内蒙古飞播造林》；军事纪实报道

《空中"播种机"，他们将36年的青春都种在了这里》；《时代楷模》杂志刊登《让沙漠披上绿装》；《解放军报》刊登《青春种荒漠 绿色伴航程》《西部战区空军某团36载飞播造林再造秀美山川》。

2019年，中央电视台直播第二届沙产业创新博览会。CCTV-4报道《生态文明之路——阿拉善坚持人与自然和谐共生 天蓝地绿入画来》《沙漠方舟（下）——绿色屏障》；《中国影像方志》报道《飞播造林》；湖南卫视报道《赞赞我的国（花棒花节）》；新华社报道《阳光照耀奋飞的航程——党中央、中央军委和习主席关心人民空军建设发展纪实》；《内蒙古林业》报道《誓让荒漠披绿装——记阿拉善左旗林业工作站站长刘宏义》；《创新内蒙古》报道《进展阿拉善——智慧种子进沙地 精准"感知"降雨量》；内蒙古经济生活频道报道《祖国 我是你的骄傲·阿拉善》；内蒙古广播电视台报道《全媒体行动——祖国我是你的骄傲》《不忘初心再出发 牢记使命勇担当 扎根大漠 让家乡更美好》。

2020年，CCTV-13报道《直播黄河——内蒙古段·黄河几字弯 绿带锁黄龙 与黄沙搏斗 人们从未停止过探索步伐》；新华网报道《西部战区空运输搜救航空兵某团在阿拉善地区飞播造林》；《中国绿色时报》报道《阿拉善沙漠如此多彩》；学习强国发布《生态治理——中国给世界带来了什么》《阿拉善左旗顺利完成2020年13.33万公顷飞播造林任务》；中国新闻网刊登《阿拉善20年变迁记——从"风吹石头跑"到"如诗如画"》；《内蒙古日报》刊登《"三位一体"生态治理成效凸显 阿拉善在沙海筑起"绿色长廊"》；《森林与人类》杂志刊登《花棒的芬芳》。

2021年，CCTV-1报道《飞播造林 播撒绿色助脱贫》；CCTV-7报道《空军某运输搜救团一大队——西部上空播撒绿色的"神鹰"》；CCTV-1《焦点访谈》栏目报道《播撒绿色的人》；CCTV-13报道《播撒绿色的人》《总书记与我们在一起 书写内蒙古发展新篇章》；CCTV-1报道《开飞机去播种 他们在沙漠创造奇迹》；时代楷模发布厅报道《开着飞机去播种 这群扎根西部39年的空军官兵 创造了人类治沙史上的奇迹》；BTV北京卫视报道《空军某运输搜救团一大队 让沙漠变绿洲》；新华社报道《用无私无我 播春光春色》；《人民日报》、中国林业网刊登《执行飞播任务39年 作业173.33万公顷空军某运输搜救团一大队播撒无边的绿色》；中国林业网发布《绿色发展要闻——飞播为人民 造林助脱贫 "时代楷模"空军某运输搜救团一大队先进事迹引发热烈反响》；中国军事网发布《奋斗强军故事会》第4集；《光明日报》刊登《每日一星空军某运输搜救团一大队飞播造林 助力脱贫攻坚》；学习强国发布《阿拉善顺利完成2021年飞播造林任务》；《求是》杂志刊文《飞遍沙海荒山 播出绿水青山》。

中国林草生物灾害防控网发布《阿拉善左旗林业和草原病虫害防治检疫站开展草原蝗虫调查工作》；内蒙古晚间新闻、新闻天天看报道《阿拉善多措并举为林防害》；内蒙古新闻综合频道草原晨曲报道《阿拉善多措并举为林防害》《阿拉善左旗林业和草原病虫害防治检疫站全面完成2021年春季产地检疫工作》《阿拉善左旗林业和草原病虫害防治检疫站全面展开2021年春季有害生物防治工作8》《阿拉善左旗林业和草原病虫害防治检疫站全面完成2021年春季松材线虫病疫情隐患排查工作》《阿拉善左旗林业和草原病虫害防治检疫站完成大沙鼠系统观测调查》《阿拉善左旗林业和草原病虫害防治检疫站全面完成2021年春季林业有害生物防治工作》《阿拉善左旗林业和草原病虫害防治检疫站对巴润别立镇开展春尺蠖虫害飞机防治工作》。

2006—2021年，累计举办各类培训班200次、培训农牧民1730人次、实地技术指导2015次、技术咨询11253人次、远程技术指导1380次、发放宣传资料26125份、刊发文章512篇。各级媒体宣传报道202次。其中，国家级39次、自治区级23次、盟级45次、旗级95次。

第二节　阿拉善右旗林业和草原

一、林业机构

（一）机构沿革

2001年6月，从阿拉善右旗农牧林业局分离，成立阿拉善右旗林业治沙局。

2002年5月，更名为阿拉善右旗林业局。

2019年3月，根据《阿拉善右旗机构改革方案》《阿拉善右旗机构改革实施意见》，组建阿拉善右旗林业和草原局，为阿右旗人民政府工作部门，正科级。内设办公室（党建办公室）、规划项目办、资源股3个机构，下设阿拉善右旗林业和草原保护站、阿拉善右旗林业和草原工作站、阿拉善右旗林业和草原有害生物防治检疫站、阿拉善沙漠世界地质公园阿右旗管理局、内蒙古巴丹吉林自然保护区雅布赖工作站、内蒙古巴丹吉林自然保护区塔木素工作站6个二级事业单位。核定编制78名。其中，机关行政编制6名〔科级领导职数4名（1正3副）〕，在岗干部职工72名。

2006—2021年阿拉善右旗林业和草原局领导名录如下。

局　　长：张宓柱（2001年6月—2008年2月）

　　　　　彭胜利（2008年2月—2010年1月）

　　　　　武佳元（2010年1月—2012年6月）

党组书记、局长：乌力吉莫日根（蒙古族，2012年6月—2018年3月）

　　　　　　　　付元年（2018年3月—2019年12月）

　　　　　　　　王宏己（2019年12月—2021年11月）

　　　　　　　　白生明（2021年11月—）

副局长：冯军玉（2001年11月—2008年2月）

　　　　侍明禄（2003年4月—2006年5月）

　　　　巴图扎雅（蒙古族，2006年4月—2007年6月）

　　　　永　忠（蒙古族，2006年12月—2014年7月）

　　　　白生明（2010年1月—2014年7月）

　　　　胡春琰（女，2007年7月—2017年3月）

　　　　张世会（2021年11月—）

党组成员、副局长：娜佈琪（女，蒙古族，2015年1月—）

　　　　　　　　　张习仁（2018年3月—2021年11月）

　　　　　　　　　石福年（2018年3月—2021年11月）

　　　　　　　　　邱军旭（2021年11月—）

（二）职能职责

（1）负责林业和草原及其生态保护建设修复的监督管理。拟订林业和草原及生态保护建设修复政策、规划并组织实施，贯彻执行自治区有关地方性法规、规章。开展森林、草原、湿地、荒漠和陆生野生动植物资源动态监测与评价。

（2）开展林业和草原生态保护建设修复和造林种草绿化工作。组织实施全旗林业和草原重点生态保护建设修复工程，指导各类公益林、商品林培育经营，指导、监督全民义务植树种草、城乡绿化和森林城市建设工作。指导组织、协调服务社会造林工作。指导林业和草原有害生物防治、检疫工作。承担林业和草原应对气候变化相关工作。

（3）负责森林、草原、湿地资源监督管理。组织编制并监督执行全旗森林采伐限额。负责林地管理，依规编制林地保护利用规划并组织实施，负责公益林划定和管理工作，管理重点国有林区的森林资源。负责草原禁牧、草畜平衡和草原生态修复治理工作，监督管理草原开发利用。负责湿地生态保护修复工作，拟订全旗湿地保护规划和落实相关地方标准，监督管理湿地开发利用。

（4）负责监督管理荒漠化防治工作。开展荒漠调查，拟订防沙治沙、沙化土地封禁保护区建设规划和落实相关地方标准，监督管理荒漠化和沙化土地开发利用，组织沙尘暴灾害预测预报和应急处置。

（5）负责陆生野生动植物资源监督管理。开展陆生野生动植物资源调查，拟定及调整全旗重点保护的陆生野生动植物名录，指导陆生野生动植物救护繁育、栖息地恢复发展、疫源疫病监测，监督管理陆生野生动植物猎捕或采集、驯养繁殖或培植、经营利用，按分工监督管理野生动植物进出口。

（6）负责监督管理国家公园等各类自然保护地。拟定全旗各类自然保护地规划和落实自治区相关地方标准。负责各类国家级、自治区级和盟级自然保护地自然资源资产管理和国土空间用途管制。提出新建、调整各类国家级、自治区级和盟级自然保护地的审核建议并按程序报批，组织审核自然遗产的申报，会同有关部门审核全旗自然与文化双重遗产的申报。负责生物多样性保护相关工作。负责对地质遗迹、地质公园进行保护监督管理。

（7）指导国有林场苗圃建设和发展，组织林木种子和草种种质资源普查，组织建立全旗林草种质资源库，负责良种选育推广，管理林木种苗、草种生产经营行为，监管林木种苗、草种质量。监督管理林业和草原生物种质资源、转基因生物安全、植物新品种保护。

（8）拟订全旗林业和草原资源优化配置及木材利用政策，监督实施自治区相关林草产业地方标准，组织、指导林草产品质量监督，指导林业草原生态扶贫相关工作。

（9）负责落实全旗综合防灾减灾规划相关要求，组织编制森林和草原火灾防治规划和组织指导实施相关防护标准，组织指导开展防火巡护、火源管理、防火设施建设等工作。组织指导开展森林和草原防火宣传教育、监测预警、督促检查等工作。必要时，可以提请旗应急管理局，以旗应急指挥机构的名义，部署相关防治扑救工作。

（10）负责推进全旗林业和草原改革相关工作。拟订全旗集体林权制度，重点国有林区、国有林场、草原等改革意见并监督实施。拟订全旗农村牧区林业和草原发展及维护林业、草原经营者合法权益的政策措施，指导农村牧区林地、草原承包经营工作。开展退耕退牧还林还草和天然林保护工作。

（11）提出部门预算并组织实施，监督林业和草原资金管理和使用。监督全旗林业和草原国有资产，按规定组织申报重点生态建设项目。参与拟订全旗林业和草原经济调节和投资政策，组织实施林业和草原生态补偿工作。编制全旗林业和草原生态建设年度生产计划。

（12）负责指导并组织实施林业和草原科技、宣传教育和对外交流与合作工作。负责指导林业和草原人才队伍建设。承担湿地、防治荒漠化、濒危野生动植物种等国际公约履约工作。

（13）指导全旗森林、草原相关行政执法工作。

（14）承担国有重点林区的相关管理职责。

（15）负责全旗沙产业相关政策、规划编制和组织实施。负责沙产业项目储备、立项、实施，沙产业科研项目申报、实施、验收、推广和对外合作交流相关工作。负责沙产业对外宣传、招商引资、统筹协调等工作。

（16）完成旗委、政府交办的其他任务。

（17）职能转变。阿拉善右旗林业和草原局应切实加大生态系统保护力度，实施重要生态系统保护和修复工程，加强森林、草原、湿地监督管理的统筹协调，大力推进国土绿化，维护生态安全。加快建立以国家公园为主体的自然保护地体系，统一推进各类自然保护地清理规范和归并整合相关工作。积极推动全旗沙产业发展，统筹协调盟内外资源促进沙产业快速高效发展。

（三）所属二级单位

1. 阿拉善右旗林业和草原保护站

2007年2月，成立阿拉善右旗公益林管理办公室，核定事业编制3名。

2019年3月，阿拉善右旗公益林管理办公室更名为阿拉善右旗公益林服务中心。

2021年3月，事业单位机构改革撤销阿拉善右旗公益林服务中心，设立阿拉善右旗林业和草原保护站，核定事业编制9名，公益一类事业单位，机构规格为副科级。

站长（主任）：冯军玉（2007年6月—2010年1月）

邱白生明（2010年1月—2014年7月）

邱军旭（2018年3月—2021年12月）

许　斌（2021年12月—）

2. 阿拉善右旗林业和草原有害生物防治检疫站

2003年4月，成立阿拉善右旗森林病虫害防治检疫站，全额拨款事业单位，股级，核定编制4名。

2004年，阿右旗巴音高勒林场1个事业编制划转至阿右旗森林病虫害防治检疫站，核定编制5名。

2012年，增加事业编制1个，核定编制6名。

2017年，增加事业编制1个，核定编制7名。其中，副科级领导职数1名，公益一类事业单位，机构规格为副科级。

2021年3月，撤销阿拉善右旗森林病虫害防治检疫站，成立阿拉善右旗林业和草原有害生物防治检疫站，公益一类事业单位，股级。核定事业编制17名。

2006—2021年阿拉善右旗森林病虫害防治检疫站领导名录如下。

站　长：张有拥（2003年5月—2014年1月）

徐建华（2014年1月—2021年3月）

副站长：新　民（蒙古族，2015年3月—2021年3月）

2006—2021年阿拉善右旗林业和草原有害生物防治检疫站领导名录如下。

站　长：徐建华（2021年3月—）

副站长：李兆国（2021年3月—）

3. 阿拉善右旗巴丹吉林治沙站

2015年7月，成立阿拉善右旗巴丹吉林治沙站，挂阿拉善右旗林木种苗站，实行一套人马，两块牌子，全额拨款事业单位，副科级，核定事业编制12名。

2019年，阿拉善右旗巴丹吉林治沙站机构规格降为股级，收回副科级领导职数1名。

2021年3月，撤销阿拉善右旗巴丹吉林治沙站，人员转隶到阿拉善右旗林业和草原有害生物防治检疫站。

2015—2021年巴丹吉林治沙站领导名录如下。

站　长：张习仁（2015年10月—2018年3月）

李兆国（2018年3月—2021年5月）

副站长：李兆国（2016年2月—2018年3月）

邱华玉（2015 年 10 月—2021 年 5 月）

席学锋（2018 年 3 月—）

4. 内蒙古巴丹吉林自然保护区雅布赖工作站

2005 年 12 月，成立阿拉善右旗雅布赖公益林管理站，与阿拉善右旗雅布赖治沙站实行一套人马，两块牌子，核定事业编制 4 名。

2007 年 4 月，成立内蒙古巴丹吉林自然保护区雅布赖管理站，核定编制 25 名，保留阿拉善右旗雅布赖治沙站牌子，实行一套人马，两块牌子。

2012 年 12 月，阿拉善右旗雅布赖公益林管理站更名为阿拉善右旗雅布赖林业工作站。

2020 年 3 月，撤销阿拉善右旗雅布赖林业工作站。

2021 年 3 月，内蒙古巴丹吉林自然保护区雅布赖管理站更名为内蒙古巴丹吉林自然保护区雅布赖工作站，挂阿拉善右旗雅布赖治沙站牌子，核定编制 15 名。

站　　长：王积万（2006 年 1 月—2008 年 2 月）

白生明（2008 年 2 月—2010 年 1 月）

韩鹏飞（2010 年 1 月—2013 年 8 月）

白生明（2013 年 8 月—2013 年 12 月）

石福年（2014 年 1 月—2018 年 3 月）

李庆恩（2018 年 4 月—）

副站长：李春风（2006 年 1 月—2013 年 4 月）

李兆国（2013 年 4 月—2016 年 2 月）

图布吉雅（蒙古族，2016 年 2 月—）

5. 内蒙古巴丹吉林自然保护区塔木素工作站

2007 年 4 月，成立巴丹吉林自然保护区塔木素管理站，挂阿拉善右旗巴音高勒林场牌子，二单位合署办公，实行一套人马，两块牌子，人员由阿拉善右旗巴音高勒林场站改制转隶，核定编制 25 名，保留阿拉善右旗巴音高勒林场牌子，办公地点阿右旗塔木素苏木和阿拉腾敖包镇。

2021 年 3 月，更名为巴丹吉林自然保护区塔木素工作站，为阿右旗林业和草原局所属公益一类事业单位，机构规格为副科级，核定事业编制 9 名，设站长 1 名。

站　　长：李宝山（2007 年 6 月—）

6. 阿拉善沙漠世界地质公园阿右旗管理局

2007 年 5 月，成立内蒙古阿拉善沙漠国家地质公园阿拉善右旗管理分局，隶属阿拉善右旗国土资源局，副科级事业单位，属阿拉善右旗国土资源局和内蒙古阿拉善沙漠国家地质公园管理局双重管理。

2009 年 8 月，更名为内蒙古阿拉善沙漠世界地质公园阿拉善右旗管理分局。

2015 年 11 月，更名为内蒙古阿拉善沙漠世界地质公园阿拉善右旗管理局。

2016 年，内设办公室、财务室、规划建设室、地质遗迹保护室、网络信息室、科普科研室 6 个股室。

2019 年 4 月，由阿拉善右旗自然资源局整建制划转至阿拉善右旗林业和草原局，核定事业编制 7 名。5 月，加挂阿拉善右旗自然保护地与野生动植物保护中心牌子，公益一类事业单位，副科级。

2021 年 2 月，更名为阿拉善沙漠世界地质公园阿右旗管理局。

2006—2021 年领导名录如下。

局　　长：陈万钧（2007 年 12 月—2009 年 9 月）

肖秀琴（女，2009 年 9 月—2011 年 11 月，阿右旗国土资源局副局长主持工作）

李奎锦（2011 年 11 月—2013 年 12 月）

曾祥峰（2014 年 2 月—）

7. 阿拉善右旗林业和草原工作站

1976 年，成立阿拉善右旗林业工作站。

2003 年 4 月，阿拉善右旗林业工作站承担的森林病虫害防治检疫职能分离，核定阿拉善右旗林业工作站编制 6 名。

2005 年 12 月，设立阿拉善右旗塔木素林业工作站、雅布赖林业工作站、阿拉腾朝格林业工作站 3 个基层林业工作站，全额拨款事业单位。

2021 年 3 月，撤销阿拉善右旗林业工作站、阿拉善右旗草原工作站、阿拉善右旗种苗站，合并成立阿拉善右旗林业和草原工作站，核定编制 12 名。

2006—2021 年阿拉善右旗林业工作站领导名录如下。

站　　长：徐建华（1999 年 10 月—2014 年 1 月）

　　　　　张有拥（2014 年 1 月—2021 年 3 月）

副站长：张有拥（1999 年 12 月—2003 年 5 月）

　　　　　邱华玉（2003 年 5 月—2015 年 5 月）

2006—2021 年阿拉善右旗林业和草原工作站领导名录如下。

站　　长：张有拥（2021 年 3 月—）

8. 阿拉善右旗森林公安局

2009 年 5 月，阿拉善右旗公安局林业公安分局更名为阿拉善右旗森林公安局，核定政法专项编制 31 名。

2019 年，在职人数 21 名，副科级领导职数 2 名。

2020 年 6 月，阿拉善右旗森林公安局及下设 3 个基层派出所划转至阿拉善右旗公安局。

2006—2020 年阿拉善右旗森林公安局领导名录如下。

局　　长：侍明禄（2000 年 12 月—2013 年 8 月）

　　　　　韩鹏飞（2013 年 8 月—2020 年 5 月）

政　　委：张宓柱（2001 年 10 月—2008 年 2 月）

　　　　　彭胜利（2008 年 2 月—2010 年 1 月）

　　　　　武佳元（2010 年 1 月—2012 年 6 月）

　　　　　乌力吉莫日根（蒙古族，2012 年 6 月—2018 年 3 月）

　　　　　付元年（2018 年 3 月—2019 年 12 月）

副局长：杨军元（2010 年 1 月—2020 年 5 月）

二、自然环境与社会经济概况

阿右旗辖 7 个苏木（镇）、40 个嘎查、9 个社区，是全区 19 个边境旗之一。总面积 7.34 万平方公里，占全盟 1/3、全区 1/16。总人口 2.5 万人。有蒙古族、汉族、回族、藏族等 12 个民族，蒙古族人口占全旗人口 26%，被内蒙古自治区文化厅批准为"文化艺术之乡——蒙古族沙嘎文化之乡""阿拉善赛驼文化之乡"，被中国民间文艺家协会命名为"中国阿拉善长调之乡"，建立"中国阿拉善长调研究基地"。获"第六次全国民族团结进步模范集体""第四批全国民族团结进步创建活动示范单位""全国法制宣传教育先进旗""中国诗歌之乡""自治区双拥模范旗""自治区园林县城""全区民间文化艺术之乡"称号。巴丹吉林镇被评为"全国特色景观旅游名镇""全国美丽宜居小镇"。

（一）地理位置

阿右旗位于内蒙古自治区西部，龙首山与合黎山褶皱带北麓，地理坐标介于北纬38°38′~42°02′，东经99°44′~104°38′，东接阿左旗、甘肃省民勤县，南邻甘肃省金昌市、张掖市等，西连额济纳旗，北与蒙古国接壤，东西长415公里，南北宽375公里，国境线长45.25公里。

（二）地质地貌

地势南高北低，总趋势西高东低，中间地段趋于缓和。平均海拔1200~1400米。南、西南部有龙首山脉、合黎山，中部有雅布赖山脉，西北部为巴丹吉林沙漠，总面积4.92万平方公里，阿右旗境内面积3.5万平方公里，生态安全屏障地位重要。在山地与沙漠之间有戈壁、丘陵、滩地纵横交错。其中，沙漠占39.57%、山地占2.2%，丘陵占16.68%，戈壁占34.87%，其他地形占6.65%。

（三）人口

2021年，阿右旗总人口2.5万人。其中，女性1.28万人，男性1.22万人，少数民族0.83万人。年龄结构中0~17岁0.35万人，18~34岁0.53万人，35~59岁1.13万人，60岁及以上0.49万人。

（四）气候

阿右旗地处内陆高原，属暖温带荒漠干旱区，典型干燥大陆性气候。气候干燥，风大沙多，无地表径流，年均降水量不足100毫米，蒸发量达4100毫米。四季分明，年均气温9.2℃，1月平均气温-7.9℃，7月平均气温24.6℃。无霜期219天。年均降水量118.8毫米，年均蒸发量3413.1毫米，年均日照时数3179.3小时，日照百分率70%以上。年均风速3.3米/秒，全年≥3米/秒的风日167~201天。光、热、风能资源丰富，开发前景广阔。太阳能和风力发电广泛应用于农牧民生产生活中，成为照明、家用电器电力来源。水资源贫乏，无长年性河流，地表水缺，山区有少量泉水。城镇供水、牧区人畜饮水和灌溉用水主要靠地下水，地下水位较深、量少。

（五）交通

阿右旗公路总里程1878.79公里。其中，二级公路97.59公里、三级公路499.55公里、四级公路1281.65公里。县道711.75公里、乡道547.36公里、村道619.78公里。G7高速、S316、S317、S228省道贯通全境，距G30高速70公里、张掖高铁站150公里；巴丹吉林通勤机场直通阿拉善盟府所在地。阿右旗旗府所在地距张掖机场140公里、金昌机场120公里。

（六）矿产资源

阿右旗发现矿产资源有天然碱、煤、盐、铁等45个矿种，200处矿化点，铁、铜、镍、钒等多金属资源相对丰富，有铌钽、萤石、铀等战略稀缺资源，有优质的盐硝资源，富集的煤炭资源，丰富的油气资源。探明天然碱储量10.8亿吨，占全国探明储量86%，位居亚洲第一，世界第五。开采矿产资源有煤、盐、硝、冰洲石、黄金、水晶石等。其中，石墨、萤石、铁、大理石、石灰石储量丰富，品位高，有较高开采价值。

（七）旅游资源

阿右旗独特旅游资源概括为"一沙、一山、一林、一谷"：巴丹吉林沙漠、曼德拉山岩画、海森础鲁怪石林、额日布盖峡谷。巴丹吉林沙漠以"奇峰、鸣沙、群湖、神泉、古庙"五绝著称，被誉为"中国最美丽的沙漠"，列入联合国教科文组织世界遗产预备名录。

（八）经济

2021 年，阿右旗常住居民人均可支配收入 4.05 万元，同比增长 2.8%；城镇常住居民人均可支配收入 4.49 万元，同比增长 2.5%；农村牧区常住居民人均可支配收入 2.58 万元，同比增长 6.3%。居民消费价格总指数 101.3，商品零售价格总指数 101.2。

"十三五"时期，地区生产总值年均增长 5.3%，公共财政收入年均增长 6.4%。

三、造林育林

（一）人工造林

1. "三北"防护林工程

1980 年，阿右旗"三北"防护林工程开始实施。

"三北"防护林体系建设四期工程（2006—2010 年），投资 1260.3 万元，完成营造林 8973.33 公顷。其中，人工灌木造林 6400 公顷，地点巴丹吉林镇、雅布赖镇、曼德拉苏木、阿拉腾朝格苏木；封山（沙）育林 2573.33 公顷，地点曼德拉苏木、阿拉腾朝格苏木。

"三北"防护林体系建设五期工程（2011—2020 年），投资 2.23 亿元，完成营造林 9.92 万公顷。其中，人工灌木造林 4.67 万公顷，地点巴丹吉林镇、雅布赖镇、阿拉腾敖包镇、曼德拉苏木、阿拉腾朝格苏木、塔木素布拉格苏木、巴音高勒苏木；人工乔木造林 300 公顷；飞播造林 2.6 万公顷，地点巴丹吉林镇、雅布赖镇、阿拉腾朝格苏木、塔木素布拉格苏木；封山（沙）育林 2.65 万公顷，地点阿拉腾敖包镇、曼德拉苏木、阿拉腾朝格苏木、塔木素布拉格苏木。

2. 造林补贴项目

2010 年，阿右旗造林补贴项目开始实施。

2011—2021 年，投资 1.62 亿元，完成造林 5.53 万公顷。其中，人工灌木造林 3.73 万公顷，木本药材种植 1333.33 公顷，森林质量精准提升 6666.67 公顷，低质低效林改造 1 万公顷。造林地点巴丹吉林镇、雅布赖镇、阿拉腾敖包镇、曼德拉苏木、阿拉腾朝格苏木、塔木素布拉格苏木。

3. 退耕还林工程

2002 年，阿右旗退耕还林工程开始实施。

2002—2004 年，完成退耕还林 293.33 公顷，地点阿拉腾朝格苏木、巴丹吉林镇、巴音高勒苏木、曼德拉苏木；涉及 7 个嘎查 231 户农牧民。

2002—2013 年，投资 970 万元，完成荒山荒地人工造林 6333.33 公顷，地点巴丹吉林镇、雅布赖镇、曼德拉苏木、阿拉腾朝格苏木；封山（沙）育林 3133.33 公顷，地点曼德拉苏木和塔木素布拉格苏木。

2006—2021 年，投资 1.21 亿元，完成造林 5.67 万公顷。其中，人工造林 4.13 万公顷。

截至 2021 年，资金补助和粮食折现补助 909.6 万元。

（二）播种造林

2014 年，投资 360 万元，完成造林 2000 公顷，地点巴丹吉林镇巴音博日格嘎查。树种为白刺、霸王和籽蒿，作业方式人工撒播。

2015 年，投资 480 万元，完成造林 2666.67 公顷，地点塔木素布拉格苏木阿拉腾图雅嘎查。树种为梭梭、白刺和籽蒿，作业方式人工撒播。

2016 年，投资 960 万元，完成造林 4000 公顷。其中，雅布赖镇努日盖嘎查 2000 公顷，飞播树种为霸王、白刺和籽蒿；阿拉腾朝格苏木呼和乌拉嘎查 2000 公顷，树种为梭梭、白刺和籽蒿，作业方式人工撒播。

2017 年，投资 2560 万元，完成飞播造林 1.07 公顷，地点巴丹吉林镇巴音博日格嘎查和雅布赖镇伊和呼都格嘎查。飞播树种为花棒、沙拐枣、梭梭、白沙蒿和沙米，作业方式直升机播种。

2018 年，投资 1120 万元，完成飞播造林 4666.67 公顷，地点巴丹吉林镇巴音博日格嘎查、阿日毛道嘎查和雅布赖镇伊和呼都格嘎查。飞播树种为花棒、沙拐枣、梭梭、白沙蒿和沙米，作业方式直升机播种。

2019 年，投资 480 万元，完成飞播造林 2000 公顷，地点雅布赖镇努日盖嘎查。飞播树种为花棒、沙拐枣、梭梭、白沙蒿和沙米，作业方式直升机播种。

截至 2019 年，总投资 5960 万元，完成播种造林 2.6 万公顷。

四、封山（沙）育林

2006—2021 年，投资 3441.80 万元，实施封山（沙）育林 3.46 万公顷。其中，2006 年 186.67 公顷、2007 年 720 公顷、2008 年 133.33 公顷、2009 年 666.67 公顷、2010 年 1666.67 公顷、2011 年 666.67 公顷、2012 年 1000 公顷、2013 年 3333.33 公顷、2014 年 6666.67 公顷、2015 年 7533.33 公顷、2016 年 666.67 公顷、2019 年 1333.33 公顷、2020 年 6666.67 万公顷、2021 年 3333.33 公顷。

（一）重点区域绿化

2013 年，阿右旗重点区域绿化项目启动。

2014 年，投资 4458.45 万元，绿化 37.67 公顷。地点在巴丹吉林镇机场路及院内、阿右旗西南、东北及市民休闲公园东南出口道路两侧，种植国槐、白榆、馒头柳、垂柳、香花槐、紫穗槐、沙枣、马莲、小白榆、爬地柏。投资 6000 万元，绿化 3000 公顷。在重点区域城镇周边、沙漠植物园、通道、村屯、厂矿企业种植国槐、白榆、馒头柳、垂柳、香花槐、紫穗槐、沙枣、马莲、小白榆、爬地柏、金叶榆、紫叶李、花棒、柠条、沙冬青、怪柳、紫花苜蓿、荷兰菊、地被菊、红豆草、波斯菊、盐爪爪。

2016 年，投资 3500 万元，在雅布赖镇（国道 307 线）、巴音高勒苏木（通村公路）、阿拉腾朝格苏木查干通格嘎查（省道 S316 线）、塔木素布拉格苏木，完成公路绿化 33.66 公顷；在阿右旗塔木素布拉格苏木、雅布赖镇周边，完成绿化 1833.33 公顷；在阿右旗 7 个苏木（镇）、13 个集中新建区，完成村屯绿化 213.6 公顷。

2018 年，投资 178.46 万元，在西环路北侧汽车营地花海种植柳叶马鞭草 121 亩。投资 2105.20 万元，在飞机场怪柳大道种植红花多枝怪柳，完成重点区域绿化 19.8 公顷。

2019 年，投资 3868.3 万元，在东环路西侧种植紫花苜蓿，完成重点区域绿化 1033.33 公顷。

2021 年，投资 423 万元，完成重点区域绿化 860 公顷。

（二）义务植树

2006—2021 年，完成义务植树 395.94 万株。

2006 年，种植垂柳、国槐 5 万株。

2007 年，种植梭梭、沙枣、国槐、白榆、椿树 1.21 万株。

2008 年，种植沙枣、国槐、白榆 1 万株。

2009 年，种植梭梭、沙枣、国槐 11 万株。

2011 年，在阿右旗城镇周边植树 10 万株。

2012 年，义务植树基地植树 10 万株，在各苏木（镇）种植各类树木 25.5 万株。

2013 年，在义务植树基地栽植梭梭 15 万株。

2014 年，在阿右旗城镇周边植树 15 万株。

2015 年，义务植树 15 万株。

2016—2017 年，种植国槐，白榆、沙枣、圆冠榆、垂榆、大叶榆、胡杨、香花槐、柽柳、梭梭 90 万株。

2018 年，种植白榆、国槐、沙枣 15 万株。

2019 年，在阿右旗污水处理厂外围种植白榆、国槐、沙枣共 86.5 万株。

2020 年，完成义务植树 15 万株。主要树种白榆、国槐、沙枣、胡杨。

2021 年，完成义务植树 80.73 万株。其中，在阿右旗沙漠植物园栽种柳叶马鞭草 80.45 万株，在巴丹吉林镇东环路两侧栽植大叶榆、圆冠榆、沙枣 0.28 万株。

五、防沙治沙

（一）荒漠化土地状况

阿右旗荒漠化土地总面积 678.59 万公顷，分 5 个程度：轻度 40.43 万公顷、中度 229.65 万公顷、重度 106.9 万公顷、极重度 221.64 万公顷、其他 79.96 万公顷。

荒漠化类型分为：风蚀、水蚀、盐渍化、冰融、非荒漠化。风蚀程度 602.15 万公顷、水蚀程度 764.4 公顷、盐渍化程度 1.89 万公顷、非荒漠化程度 113.92 万公顷。荒漠化和可治理荒漠化分别为 55.38 万公顷和 19.42 万公顷。

（二）沙化土地状况

第四次全国荒漠化和沙化土地监测普查显示，阿右旗沙化土地总面积 730.69 万公顷。分 5 个程度：轻度 51.508 公顷、中度 103.6 万公顷、重度 137.01 万公顷、极重度 400.19 万公顷、其他 89.87 万公顷。

沙化土地中流动沙地（丘）284.6 万公顷。半固定沙地（丘）139.38 万公顷，中度 56.03 万公顷，重度 83.36 万公顷。半固定沙地（丘）中人工半固定沙地无覆盖，天然半固定沙地 139.38 万公顷。

沙化土地中固定沙地分人工固定沙地和天然固定沙地，总面积 38.75 万公顷。其中，轻度 51.508 公顷、中度 38.75 万公顷。

沙化土地中露沙地总面积 91.34 万公顷，沙化程度为中度 8.83 万公顷，重度 51.84 万公顷，极重度 30.67 万公顷。沙化耕地、非生物治沙工程和风蚀残丘无覆盖。风蚀劣地面积 30.72 万公顷，沙化程度为重度 1.32 万公顷，极重度 29.39 万公顷。戈壁面积 56.02 万公顷，沙化程度为重度 4928.992 公顷、极重度 55.53 万公顷。有明显沙化趋势的土地面积 39.16 万公顷。其他土地面积 50.71 万公顷。

第五次全国荒漠化和沙化土地监测普查显示，阿右旗沙化程度总面积 718.93 万公顷。分 5 个程度：轻度 7.92 万公顷、中度 75.96 万公顷、重度 188.11 万公顷、极重度 371.76 万公顷和其他 75.19 万公顷。

沙化土地中流动沙地（丘）286.33 万公顷。半固定沙地（丘）138.12 万公顷，中度 6.71 万公顷，重度 131.24 万公顷，极重度 1737.67 公顷。半固定沙地（丘）中人工半固定沙地 5095.36 公顷，天然半固定沙地 138.12 万公顷。

沙化土地中固定沙地 47.14 万公顷。其中，轻度 5.83 万公顷、中度 41.31 万公顷。人工固定沙地 1845.69 公顷（轻度 301.33 公顷、中度 1544.36 公顷）、天然固定沙地 46.95 万公顷（轻度 5.8 万公顷、中度 41.16 万公顷）。

沙化土地中露沙地 72.24 万公顷，沙化程度为轻度 1.48 万公顷、中度 23.99 万公顷、重度

46.63 万公顷、极重度 1416.45 公顷。沙化耕地、非生物治沙工程、风蚀残丘和戈壁无覆盖。风蚀劣地面积 31.82 万公顷，沙化程度为轻度 6140.33 公顷、中度 8836.33 公顷、重度 8.99 万公顷、极重度 21.33 万公顷。有明显沙化趋势土地 34.84 万公顷。

（三）荒漠化和沙化土地治理

（1）2014—2021 年，建设国家沙化土地封禁保护区 3 个，总面积 3 万公顷。分别位于巴丹吉林沙漠东缘、南缘和西南缘，行政区划分别位于曼德拉苏木、雅布赖镇和阿拉腾朝格苏木。封禁区域类型有重要沙尘源区、沙尘暴路径区和重要交通干线沿线地区。土地权属全部为国有和未承包到户的集体土地，封禁期限 10 年。

（2）建立健全旗、苏木（镇）两级防沙治沙科技服务体系，开展多形式、多层次、多内容技术培训，培养一批防沙治沙专业技术队伍，提高管理者和参与者技术素质。

（3）建设内容坚持灌、乔、草相结合，以灌草为主；建设方式坚持封、飞、造相结合，以封为主；治理措施坚持生物措施、工程措施相结合。

（4）实施"三北"防护林体系建设、退耕还林、造林补贴、退牧还草、退化草原修复、植被恢复、森林生态效益补偿、草原生态补奖、自然保护区及湿地保护建设、社会公益造林多项国家重点生态建设工程。沙漠边缘和沙地采取封、飞、种；草原牧区实行草畜平衡制度，推行禁牧、休牧、轮牧。

（5）营造梭梭林进行防风固沙，培育特种药用植物种植、加工经营和沙漠景观旅游。

（6）在巴丹吉林沙漠东南缘至西北缘人工造林 16.93 万公顷、封沙育林 6.07 万公顷、飞播造林 2.6 万公顷，沙漠扩展现象得到遏制。

六、林业和草原重点项目工程

（一）"三北"防护林工程

"三北"防护林体系建设四期工程（2006—2010 年），投资 1260.3 万元，完成营造林 8973.33 公顷。

"三北"防护林体系建设五期工程（2011—2020 年），投资 2.23 亿元，完成营造林 9.95 万公顷。

（二）内蒙古高原生态保护和修复工程天然林保护与营造林项目

2021 年，投资 2600 万元，完成天然林保护与营造林项目造林 7333.33 公顷。其中，人工灌木造林 4000 公顷，地点雅布赖镇、曼德拉苏木、阿拉腾朝格苏木、塔木素布拉格苏木；封沙育林 3333.33 公顷，地点雅布赖镇。

（三）退耕还林工程

1. 退耕还林

2002 年，阿右旗退耕还林工程启动。

2002—2004 年，完成耕地还林 293.33 公顷。

2002—2013 年，投资 970 万元，完成荒山荒地人工造林 6333.33 公顷。

截至 2021 年，资金补助和粮食折现补助 909.6 万元。

2. 巩固退耕还林成果

2008—2015 年，投资 246.4 万元，完成：补植补造 326.67 公顷、安装热水器 138 台、沼气池 49 座、药材基地建设 593.33 公顷、建设舍饲养殖棚圈 1350 平方米、技能培训 176 人。

（四）造林补贴项目

2011—2021年，投资1.62亿元，完成造林5.53万公顷。其中，人工灌木造林3.73万公顷，木本药材种植1333.33公顷，森林质量精准提升6666.67公顷，低质低效林改造1万公顷。地点巴丹吉林镇、雅布赖镇、阿拉腾敖包镇、曼德拉苏木、阿拉腾朝格苏木、塔木素布拉格苏木。

（五）退化草原修复

2020年，阿右旗退化草原修复启动。投资670万元，完成修复治理9333.33公顷。其中，围栏封育区2个7333.33公顷，位于阿拉腾敖包镇巴音塔拉嘎查和塔木素布拉格苏木格日勒图嘎查；综合治理区1个2000公顷，位于雅布赖镇巴音笋布日嘎查。

2021年，投资1650万元，完成退化草原生态修复治理4000公顷，分3个项目区：阿拉腾朝格苏木阿拉腾塔拉嘎查1333.33公顷、巴丹吉林镇巴音博日格嘎查2333.33公顷、雅布赖镇努日盖嘎查333.33公顷。

七、资源保护

（一）林业和草原有害生物防控

截至2021年，有专职检疫员6名，兼职检疫员2名，专职测报员1名。

1. 林业有害生物

阿右旗林业有害生物以梭梭大沙鼠、柠条种子小蜂、柠条豆象、蒙古扁桃天幕毛虫、白刺毛虫、梭梭白粉病为主天然灌木林病虫鼠害，发生面积广、危害程度高、防治难度大、成本高，分布在阿拉腾敖包镇、塔木素布拉格苏木、曼德拉苏木、阿拉腾朝格苏木的梭梭、柠条、白刺天然灌木林分布区；以沙枣白眉天蛾、春尺蠖、杨十斑吉丁虫、沙枣牡蛎蚧、杨烂皮病为主的人工林病虫害，发生范围小、危害程度高、分布相对集中，分布在雅布赖治沙站、雅布赖镇、巴音高勒苏木、巴丹吉林镇人工乔木林集中区。

2. 林业和草原有害生物防治

2006—2021年，阿右旗林业有害生物发生面积21.19万公顷，防治15.4万公顷，有效防治9.6万公顷，无公害防治17.49万公顷。

2006年，发生面积2.3万公顷，防治1.77万公顷，有效防治1.71万公顷，无公害防治1.77万公顷。

2007年，发生面积1.68万公顷，防治1.52万公顷，有效防治1.48万公顷，无公害防治1.51万公顷。

2008年，发生面积1.95万公顷，防治1.75万公顷，有效防治1.67万公顷，无公害防治1.51万公顷。

2009年，发生面积1.46万公顷，防治1.36万公顷，有效防治1.34万公顷，无公害防治1.36万公顷。

2010年，发生面积1.16万公顷，防治1.13万公顷，有效防治1.11万公顷。

2011年，发生面积1万公顷，防治9566.67公顷，有效防治9593.33公顷。

2012年，发生面积1.03万公顷，防治1.03万公顷，无公害防治1.02万公顷。

2013年，发生面积1万公顷，防治1万公顷，无公害防治9333.33公顷。

2014年，发生面积8666.67公顷，防治9333.33公顷，无公害防治8333.33公顷。

2015年，发生面积1.47万公顷，防治1.6万公顷，有效防治1.33万公顷，无公害防治1.35万公顷。

2016 年，发生面积 1.16 万公顷，防治 1.16 万公顷，无公害防治 1.09 万公顷。

2017 年，发生面积 1.33 万公顷，无公害防治 1.33 万公顷。

2018 年，发生面积 1.27 万公顷，无公害防治 1.27 万公顷。

2019 年，发生面积 1.29 万公顷，无公害防治 1.29 万公顷。

2020 年，发生面积 1.13 万公顷，防治 1.19 万公顷，无公害防治 1.13 万公顷。

2021 年，发生面积 1.09 万公顷，无公害防治 1.09 万公顷。

组织开展天然草原虫害发生情况调查，使用无人机进行喷药防治。使用生物药品苦参碱 10.9 吨，投入劳动力 302 人、技术人员 54 人，使用植保无人机 2 架，大型喷药机械车辆 70 台，防治面积 2.43 万公顷，防治效果在 90%以上。

3. 监测预报及应急处置

2006—2021 年，每年制订和修订本地区林业有害生物监测调查方案；监测调查档案进行分类和归档；发生趋势会及时发布中长期生产预报；执行重大林业有害生物报告制度。建立监测预警体系和林业有害生物信息数据库，对林业生物灾害全面监测，准确预报，及时预警。

阿右旗森防部门有应急防治队伍、防治药品、防治器械、应急物资储备、监测人员，定期开展防治人员培训。制定重大林业有害生物应急预案，林业主管部门和森防部门签订目标管理考核责任状，与其他部门建立协调机制，开展林业有害生物调查监测，进行有害生物发生情况分析，及时上报主管部门。

4. 森林保险

2013 年，按照"低保额、低保费、保成本"原则，林业、财政、中华联合财险公司密切配合，推进林业政策性森林保险。

2013—2014 年度，投保面积 56.9 万公顷，保费 1027.2 万元。发生灾害 2 起，理赔 470.15 万元（其中，有害生物 349.15 万元，旱灾 121 万元），灾后治理 1.1 万公顷（其中，有害生物防治 1.06 万公顷，旱灾 400 公顷）。

2014—2015 年度，投保面积 74.26 万公顷，保费 1339.54 万元。发生灾害 7 起，理赔 814 万元（其中，有害生物 328.9 万元，旱灾 485.1 万元），灾后治理 8926.67 公顷（其中，有害生物防治 7460 公顷，旱灾 1466.67 公顷）。

2015—2016 年度，投保面积 74.26 万公顷，保费 1395.06 万元。发生森林保险灾害 6 起，理赔 790.20 万元（其中，有害生物 226.76 万元，旱灾 563.44 万元），灾后治理 4206.67 公顷（其中，有害生物 3086.67 公顷、旱灾 1120 公顷）。

2016—2017 年度，投保面积 74.26 万公顷，保费 1395.06 万元。发生森林保险灾害 6 起，理赔 669.69 万元（其中，有害生物 196.94 万元，旱灾 472.75 万元），灾后治理 8913.33 公顷（其中，有害生物 5360 公顷、旱灾 3553.33 公顷）。

2017—2018 年度，投保面积 742573.33 公顷，保费 1395.06 万元。发生灾害 9 起，理赔 842.62 万元（其中，有害生物 400.4 万元、旱灾 442.22 万元），灾后治理 1.2 万公顷（其中，有害生物 1.09 万公顷、旱灾 1133.33 公顷）。

2018—2019 年度，投保面积 74.26 公顷，保费 1395.06 万元。发生灾害 7 起，理赔 578.42 万元（其中，有害生物 103.41 万元、旱灾 475.01 万元），灾后治理 3700 公顷（其中，有害生物 2400 公顷、旱灾 1300 公顷）。

2019—2020 年度，投保面积 74.26 万公顷，保费 1395.06 万元。发生灾害 2 起，理赔 481.41 万元（其中，有害生物 98 万元，旱灾 383.41 万元），灾后治理 3573.33 公顷（其中，有害生物 2666.67 公顷、旱灾 906.67 公顷）。

2020—2021年度，森林保险投保面积74.26万公顷，保费1395.06万元。发生森林保险灾害2起，理赔302.26万元（其中，有害生物108.1万元、旱灾194.16万元），灾后治理3446.67公顷（其中，有害生物2940公顷、旱灾506.67公顷）。

5. 社会化服务

阿右旗森防站组织技术人员开展社会化服务活动，在春季造林和林业有害生物发生期间，由专职检疫人员对造林用苗木进行复检，发现危险性或检疫性有害生物及时处置，宣传苗木报检法律制度；现场进行防治技术指导，对常见病、虫种特征识别、防治技术及个人安全防护知识宣传普及；对防治任务量较大单位及个人进行防治药剂和器械帮扶。

6. 森防法规宣传

阿右旗森防站利用广播、电视、报纸、网络新闻媒体宣传《植物检疫条例》《植物检疫条例实施细则》《森林植物检疫技术规程》《中华人民共和国森林法》。

（二）野生动植物保护

1. 野生动植物分布

阿右旗野生植物共62科、216属、482种，其中药用植物121种，饲用植物80种。林木植物有梭梭、青海云杉等10种，饲用植物有绵蓬、芦苇等80种，药用植物有肉苁蓉、麻黄、甘草、锁阳等121种。

阿右旗野生动物旱獭为全盟独有物种。

2. 野生动植物保护措施

（1）宣传教育。结合"世界野生动植物日""爱鸟周"活动时间，加强《中华人民共和国森林法》《中华人民共和国野生动物保护法》《中华人民共和国野生植物保护条例》《中华人民共和国陆生野生动物保护实施条例》法律法规宣传。深入苏木（镇）、嘎查普及保护野生动物法律法规，借助报刊、电视、微信公众号宣传保护野生动物，发放宣传材料5800份。

（2）专项行动。开展野生动物栖息地监测和人为救护，对自然保护地和重点区域定期巡护检查保护。完善林区防控体系建设，加强重点区域信息掌握。开展"打击破坏野生动植物资源违法犯罪""保护过境候鸟"专项行动，保护辖区内过境候鸟和其他野生动物资源，联合工商等部门对集贸市场、餐饮场所区域监督检查，严厉打击非法出售、购买、利用野生动物及其制品违法行为。

2017—2021年底，共查处非法猎捕野生动物林业行政案件5起，收缴罚款1.8万元。

3. 野生动物救护

通过公布举报电话、电子邮箱、E-mail地址，第一时间开展野生动物救护工作。

截至2021年，共救助野生动物48只，其中国家二级保护动物猫头鹰、鹅喉羚、雀鹰、猕猴、兔狲、丘鹬、凤头蜂鹰、兀鹫、天鹅、鸬鹚、苍鹭、鹈鹕、红头潜鸭、棕头鸥、绿鹭、紫背苇鳽、白鹭、沙狐等27只。国家三有保护动物大杜鹃21只。

（三）湿地资源

2010年，内蒙古自治区第二次湿地调查数据显示，阿右旗有沼泽湿地3.01万公顷，湖泊7845.19公顷，河流128.62公顷，人工湿地1681.37公顷，湿地总面积3.98万公顷。

2020年，内蒙古自治区第三次湿地调查数据显示，阿右旗湿地3.12万公顷。其中，沼泽草地5047.98公顷、沼泽1787.29公顷、盐碱地2.14万公顷、内陆滩涂82.84公顷、坑塘水面165.55公顷、水库水面52.47公顷、湖泊水面2496.95公顷、沟渠95.28公顷。

（四）自然保护区

阿右旗有2个自治区级自然保护区。

1. 内蒙古巴丹吉林自治区级自然保护区

1997年4月，阿右旗人民政府批准建立雅布赖盘羊自然保护区和塔木素梭梭林自然保护区2个旗级自然保护区。

2000年9月，自治区人民政府批准晋升为自治区级自然保护区。

2005年9月，自治区人民政府批准2个自治区级自然保护区合并，更名为"内蒙古巴丹吉林自然保护区"。地处阿右旗塔木素布拉格苏木和雅布赖镇境内，地理坐标介于北纬39°25′~40°38′，东经102°42′~103°59′。

2016年7月，自治区环保厅公布巴丹吉林自然保护区调整后的面积、范围及功能区划。调整后保护区总面积为47.62万公顷。其中，核心区面积为14.93万公顷，占保护区总面积的31.3%，缓冲区面积8.74万公顷，占保护区总面积的18.4%，实验区面积23.95万公顷，占保护区总面积50.3%。

2. 巴丹吉林沙漠湖泊自治区级自然保护区

1999年5月8日，阿右旗人民政府批准建立巴丹吉林沙漠湖泊旗级自然保护区。

2003年4月18日，晋升为自治区级自然保护区。保护区总面积71.71万公顷。其中，核心区24.17万公顷，占保护区总面积33.7%，缓冲区2.92万公顷，占保护区总面积4.1%，实验区44.61万公顷，占保护区总面积62.2%。

（五）其他保护地

1. 巴丹吉林沙漠自治区级风景名胜区

2019年9月20日，内蒙古自治区人民政府批准建立巴丹吉林沙漠自治区级风景名胜区，地处阿拉善高原西部荒漠中心巴丹吉林沙漠内，地理坐标介于北纬38°45′36″~40°16′45″，东经101°2′13″~103°49′48″。面积30.17万公顷。其中，巴丹吉林沙漠景区面积29.4万公顷、曼德拉山岩画景区面积5130公顷、额日布盖峡谷景区面积2556公顷。将北侧的大面积沙丘范围划为核心景区，面积10.4万公顷，占保护区总面积34%。

2. 阿拉善沙漠世界地质公园巴丹吉林园区

园区规划面积4.11万公顷，包括巴丹吉林沙漠3.4万公顷、曼德拉山岩画2879公顷、额日布盖峡谷1012公顷、海森楚鲁风蚀地貌3116公顷4个景区。

3. 内蒙古阿拉善右旗九棵树国家沙漠公园

2020年，国家林业和草原局批准建立内蒙古阿拉善右旗九棵树国家沙漠公园，地处内蒙古高原——阿拉善高平原——巴丹吉林沙漠和腾格里沙漠过渡地带。分为生态保育、宣教展示、沙漠体验和管理服务4个功能区，总面积325.1公顷，地理坐标介于北纬39°15′13″~39°16′42″，东经102°38′57″~102°40′52″。

（六）森林生态效益补偿

1. 补偿范围

2006—2021年，阿右旗列入中央财政森林生态效益补偿国家级公益林面积由52.17万公顷增至56.66万公顷。

2. 补偿标准

中央财政森林生态效益补偿基金依据国家级公益林权属实行不同补偿标准，国有国家级公益林管护补助支出标准每年每亩9.75元，集体和个人国家级公益林管护补助支出标准每年每亩15.75元。

3. 补偿资金

2006—2021年，中央财政下拨补偿资金14.67亿元（表17-9），用于补偿性支出13.64亿元

（表 17-10），公共管护支出 8322.82 万元（表 17-11）。涉及牧民 2718 户 5306 人。

表 17-9 2006—2021 年森林生态效益补偿资金明细

统计年度	补偿资金（万元）	补偿面积（公顷）	国有		集体	
			补偿面积（公顷）	补偿资金（万元）	补偿面积（公顷）	补偿资金（万元）
2006	3521.7	521733.33	74666.67	504	447066.67	3017.7
2007	3728.28	523266.67	74666.67	532	448600	3196.28
2008	3728.28	523266.67	74666.67	532	448600	3196.28
2009	3728.28	523266.67	74666.67	532	448600	3196.28
2010	7092.68	523266.67	74666.67	532	448600	6560.68
2011	7130.82	523026.67	69126.67	492.53	453900	6638.29
2012	8125.4	566140	20586.67	146.68	545553.33	7978.72
2013	8125.4	566140	20586.67	146.68	545553.33	7978.72
2014	12217.05	566140	20586.67	146.68	545553.33	12070.37
2015	12217.04	566140	20586.67	146.68	545553.33	12070.36
2016	12309.69	566140	20586.67	239.32	545553.33	12070.37
2017	12371.45	566140	20586.67	301.09	545553.33	12070.36
2018	12371.45	566140	20586.67	301.09	545553.33	12070.36
2019	13358.96	566606.67	3013.33	44.07	563593.33	13314.89
2020	13358.96	566606.67	3013.33	44.07	563593.33	13314.89
2021	13358.96	566606.67	3013.33	44.07	563593.33	13314.89
合计	146744.4	—	—	4684.96	—	142059.44

表 17-10 2006—2021 年补偿性支出明细 单位：万元

年度	合计	护林员	集体经济组织成员
2006	2739.1	2739.1	—
2007	2943.38	2943.38	—
2008	2943.38	2943.38	—
2009	2769.48	2769.48	—
2010	6672.23	6672.23	—
2011	6712.62	2287.1	4425.53
2012	6712.62	2287.1	4425.53
2013	7693.07	2373.93	5319.15
2014	11784.72	3396.84	8387.88
2015	11784.72	3396.84	8387.88
2016	11877.36	3489.48	8387.88
2017	11939.12	4146.32	7792.8

（续表）

年度	合计	护林员	集体经济组织成员
2018	11939.12	4146.32	7792.8
2019	11939.12	4146.32	7792.8
2020	12936.27	889.46	12046.81
2021	12953.18	889.46	12063.72
合计	136339.49	49516.74	86822.78

表 17-11　2006—2021 年公共管护支出明细　　　　　　　　　　　　　单位：万元

年度	合计	补植	补播	林业有害生物	围封	设施维护	森林防火	档案建设	培训	公益林监测	政策宣传	抚育
2006	782.6	260	522.6	—	—	—	—	—	—	—	—	—
2007	784.9	390	364	30.9	—	—	—	—	—	—	—	—
2008	784.9	325	357.5	102.4	—	—	—	—	—	—	—	—
2009	958.8	455	329.9	70	—	—	—	—	—	103.9	—	—
2010	420.45	—	—	70	—	175.45	10	30	35	100	—	—
2011	318.19	—	—	70	132.09	76.1	10	3	27	—	—	—
2012	418.19	—	—	70	74.86	163.33	—	20	90	—	—	—
2013	432.33	—	—	70	130.6	41.4	—	27	90	73.33	—	—
2014	432.33	—	—	70	83.4	131.78	—	10	41.2	80	15.95	—
2015	432.32	—	—	40	45.37	169.95	—	5	42	80	50	—
2016	432.33	—	—	40	83.6	203.73	—	5	42	30	28	—
2017	432.33	—	—	—	—	232.38	—	80.5	57.55	—	61.9	—
2018	432.33	—	—	—	—	215.35	—	19.93	114.55	—	82.5	—
2019	432.33	—	—	—	—	215.35	—	19.93	114.55	—	82.5	—
2020	422.7	—	—	—	—	208.24	—	7.7	74	—	55	77.76
2021	405.79	—	—	—	—	193.49	—	—	130.6	—	74	7.7
合计	8322.82	1430	1574	633.3	549.92	2026.55	20	181.06	725.45	573.9	523.18	85.46

八、林政管理

（一）林政机构建设

1982—1992 年，阿右旗林业局内设林政股。

1993 年，林政工作由业务股和森林公安管理。

（二）林权管理

阿右旗森林、林木所有权分国有、集体和个人所有。2010 年，根据阿拉善盟森林资源二类调查结果，阿右旗人民政府颁发林权证。

（三）林地管理

阿右旗林地所有权分国有和集体，个人通过承包、租赁形式在林权证中明确林地使用权。阿右旗人民政府鼓励林地使用权通过承包、租赁、转让、协商、划拨形式进行流转。

2004年，退牧还林地划入国家重点公益林原为集体所有林地划转为国有林地进行管理。

（四）资源管理

1. 森林资源

森林资源二类调查数据显示，阿右旗林地面积19241.86公顷。其中，有林地329.47公顷、灌木林地18096.75公顷、其他林地815.64公顷。

第三次全国国土调查数据显示，阿右旗林地面积649613.34公顷。其中，乔木林地328.58公顷、灌木林地647488.67公顷、其他林地1796.09公顷。

2. 草原资源

草原资源二类调查数据显示，阿右旗草地面积318.18万公顷。其中，天然牧草地146.58万公顷、人工牧草地244.76公顷、其他草地171.58万公顷。

第三次全国国土调查数据显示，阿右旗草地面积273.84万公顷。其中，天然牧草地180.42万公顷、人工牧草地76公顷、其他草地93.41万公顷。

九、林业和草原产业

（一）肉苁蓉和锁阳产业

截至2021年，阿右旗天然梭梭林24.33万公顷、白刺55.8万公顷、人工种植梭梭16.9万公顷。人工接种肉苁蓉2.33万公顷，年产肉苁蓉3500吨，年产锁阳550吨。

2011—2012年，投资60万元，阿右旗雅布赖中药材基地人工接种肉苁蓉333.33公顷。

2016年，投资560.2万元，阿右旗农业综合开发肉苁蓉基地人工接种肉苁蓉160公顷。

2016—2017年，投资70万元，阿右旗肉苁蓉人工接种示范基地接种肉苁蓉166.67公顷。

2018年，投资60万元，阿右旗2017年塔木素肉苁蓉人工接种示范基地接种肉苁蓉233.33公顷。

2019年6—7月，投资70万元，阿右旗2018年塔木素肉苁蓉人工接种示范基接种肉苁蓉233.33公顷。

2021年，投资50万元，阿右旗雅布赖治沙站国有林场乡村振兴生态产业建设项目，接种肉苁蓉13.33公顷、锁阳100亩。投资200万元，启动阿右旗肉苁蓉综合利用精深加工项目，建设期2021—2022年，对创业孵化园2000平方米厂房进行改造、购置设备。

（二）骆驼产业

截至2021年，阿右旗双峰驼存栏量5.7万峰。其中，繁殖母驼2.8万峰，挤奶母驼1万峰，日产奶量10~12吨。骆驼养殖基地20个、驼奶中转站7个、标准化驼圈164座；骆驼养殖专业合作社39家，骆驼养殖大户594户，培育奶驼户347户，从业农牧民2400人，户均增收2万元以上。

十、林业改革

（一）集体林权制度改革

1. 工作开展

（1）阿右旗旗委、旗政府成立旗委书记任组长，旗长、分管旗长任副组长，有关部门和苏木（镇）组成阿右旗集体林权制度改革领导小组，负责全旗集体林权制度改革工作总协调，设立集体林权制度改革办公室，负责集体林权制度改革日常工作，相关苏木（镇）成立集体林权制度改革领导小组和工作机构。

（2）阿右旗集体林权制度改革分3阶段4年完成：准备（2009年1—5月）、实施（2009年6

月—2012 年 6 月）、检查验收和总结（2012 年 7—12 月）。

（3）依据《阿拉善右旗集体林权制度改革实施方案》，制定《阿拉善右旗集体林权制度改革宣传工作方案》《阿拉善右旗集体林权制度改革培训工作方案》，培训人员 5080 人次。

2. 改革情况

2009 年，开展"明晰产权、放活经营权、落实处置权、保障收益权"林业产权制度改革。

2012 年 5 月，全旗集体林权制度改革涉及 5 个苏木（镇），1 个管委会，39 个嘎查 2167 户 9953 人，林地面积 131.6 万公顷，发放林权证 2167 本。其中，家庭承包林地 87.85 万公顷，发放林权证 1696 本；联户承包林地 5.29 万公顷，发放林权证 435 本；嘎查集体经营林地 38.46 万公顷，发放林权证 36 本。

（二）国有林场改革

1. 机构编制

2007 年，巴音高勒林场和雅布赖治沙站进行改革。将 2 个国有林场（站）工作职能由生产为主转变为管理为主。隶属阿右旗林业局管理，通过财政拨款和森林生态效益补偿资金解决国有林场（站）人员和机构经费支出。根据《阿拉善右旗林业局关于自治区巡视组反馈问题整改建议的报告》和阿右旗人民政府第四十次常务会议，39 名工作人员进行岗位调整。其中，雅布赖治沙站工作人员 10 名；巴音高勒林场工作人员 29 名。

2017 年，按照《内蒙古自治区国有林场改革方案》《阿拉善盟关于推进国有林场改革的实施意见》《阿拉善右旗国有林场改革实施方案》，2 个国有林场定为公益一类事业单位，财政全额拨款。雅布赖治沙站核定编制 25 名（管理岗 1 名、专业技术岗 11 名、工勤岗 13 名）；巴音高勒林场核定编制 21 名（管理岗 1 名、专业技术岗 12 名、工勤岗 8 名）。内蒙古巴丹吉林自然保护区雅布赖管理站挂靠雅布赖治沙站；内蒙古巴丹吉林自然保护区塔木素管理站挂靠巴音高勒林场，实行一套人马，两块牌子合署办公。

2. 基础设施建设

2016 年，投资 320 万元，建设雅布赖治沙站办公用房、集中供热用房和职工宿舍 2000 平方米。投资 30 万元，建设巴音高勒林场管护用房。

2018 年，对管护站房进行加固改造，改扩建房舍，配置管护设施，恢复和增强管护用房管护功能。

3. 职工社会保障

2016 年，阿右旗国有林场改革启动，参与改革职工 85 名。其中，阿右旗雅布赖治沙站参加四险一金 35 名；阿右旗巴音高勒林场参加四险一金 50 名。

4. 公益林管护机制

截至 2017 年，阿右旗林业局 35 名改革内退人员，以政府购买服务方式聘为公益林专职护林员，工资来源公益林补偿资金。

（三）林长制

2021 年 9 月，制定《阿拉善右旗全面推行林长制工作方案》，建立组织体系，明确重点任务，划定责任分工。2021 年 11 月，制定《阿拉善右旗林长会议制度》《阿拉善右旗林长巡查工作制度》《阿拉善右旗林长制工作督查制度（试行）》《阿拉善右旗林长制信息公开制度（试行）》《阿拉善右旗林长制部门协作制度（试行）》。

1. 分级设立林长

建立旗、苏木（镇）、嘎查三级林长制管理体系，实现阿右旗森林草原湿地资源"全覆盖"。

旗级设立林长（旗委书记、旗长担任）、副林长（旗委副书记、副旗长担任）。阿右旗划分 7 个林长责任区域：巴丹吉林镇、雅布赖镇、阿拉腾敖包镇、阿拉腾朝格苏木、曼德拉苏木、塔木素布拉格苏木、巴音高勒苏木。每个责任区域由副林长负责。苏木（镇）所辖范围由苏木（镇）党委和政府负责。各嘎查所辖范围由嘎查党支部书记和委员会主任负责。雅布赖治沙站、内蒙古巴丹吉林自然保护区、内蒙古阿拉善右旗九棵树国家沙漠公园、内蒙古巴丹吉林沙漠风景名胜区所辖范围单独设立林长，由国有林场站、自然保护地管理机构负责，接受属地苏木（镇）林长监督管理。

2. 林长制工作机构

阿右旗林业和草原局设置旗级林长制办公室，主任由局长担任，副主任由 1 名副局长担任，负责林长制办公室日常工作。定期向本级林长报告本责任区域森林草原湿地资源保护发展；制定实施年度工作计划，督促、协调、指导有关部门和下级林长制办公室工作，开展林长制落实情况督导、检查；拟定本级林长制配套制度，实施林长制督导考核。旗级林长制办公室设在阿右旗林业和草原局，旗直各有关部门为推行林长制责任单位，确定 1 名科级干部为成员，1 名工作人员为联络员。

十一、森林草原防火

（一）防火组织及队伍建设

2015 年，阿右旗列为草原高火险区。组建阿右旗森林草原扑火队伍，半专业队伍防扑火人员 20 人，由森林公安民警、护林员组成。在森林草原防火戒严期内扑火队员集中管理、培训、演练，随时应对突发森林草原火灾。重点区域配备专职护林员，森林草原防火戒严期，实行 24 小时巡护巡查，严管野外用火。各苏木（镇）、嘎查在森林草原防火戒严期内成立 3~5 人森林草原防火巡逻队，24 小时巡查。

（二）防火设施设备

阿右旗有防火物资 467 套。其中，森林草原防火器具 261 套（水枪 26 把、消防桶 52 个、风力灭火器 23 个、扑火扫把 80 把、铁锹 80 把）；消防人员防护装备 202 套（防火鞋 30 双、防火头盔、衣服 30 套、防火单兵帐篷 2 个、双人充气帐篷 2 个、单兵装备 4 套、小帐篷 22 个、防潮垫 24 个、睡袋 26 个、背包 21 个、床 10 套、水壶 29 个、大帐篷 2 套）；消防通信物资储备 4 套（发电机 2 个、光缆线 1 条、中继台 1 个）。

（三）火灾预防及扑救

1. 宣传教育

利用广播、电视、网络、手机客户端、宣传牌多种形式加强森林草原防火宣传。

2. 责任落实

防火指挥部与成员单位、各苏木（镇），苏木（镇）与嘎查，嘎查与农牧户层层签订防火责任状，划分为塔木素天然梭梭林区、孟根柠条林区、曼德拉和雅布赖人工造林区、阿拉腾朝格东大山天然云杉林区 4 个重点防火区。

3. 火源管控

开展扑火队员培训。加强野外违章用火人员、未成年人、智障人员监管，依法严惩违规用火行为。防火戒严期，禁止烧荒、焚烧枯枝杂草、野炊、燃放鞭炮、上坟烧纸等野外用火。重点区域设置防火检查站和永久性防火标志牌；重点地段悬挂条幅、张贴标语、发放宣传单；重点人群入户讲解《森林防火条例》《林区野外用火须知》。通过警示、新闻媒体突出对火灾多发地段、多发区域、矿区、旅游区、农牧民生产生活明火使用及森林火灾典型案例宣传，真正做到家喻户晓，提高民众防火意识。严格实行 24 小时森林防火值班值守，强化野外火源管理。

（四）火灾隐患及成因调查

阿右旗属内陆干燥大陆性气候，干旱少雨、蒸发量大、日照充足、温差较大、风沙多，属暖温带荒漠干旱区。四季分明，年均降水量89毫米，年均蒸发量3100毫米，年均日照时数3104.6小时，日照百分率70%。区域内灌木和杂草生长茂盛，秋冬季节草木干枯后可燃物增加，传统祭祀方式存在较大森林火灾隐患。

从森林草原火灾成因看，有人为性；从火灾发生时期看，有季节性；从火灾发生气候看，有干旱多发性；从火灾发生地域看，有集中性。

十二、森林公安

（一）机构设置

2009年5月20日，根据《关于核定各旗森林公安机构政法专项编制和进行"三定"工作的通知》，阿拉善右旗公安局林业公安分局更名为阿拉善右旗森林公安局。机构规格副科级，核定政法专项编制31名。内设政工室、资源保卫室（森林防火）、刑侦队、法制室4个职能股（室、队），下设塔木素、雅布赖、巴音高勒森林公安基层派出所3个。

2017年9月，根据《阿拉善盟承担行政职能事业单位改革试点方案》的通知，内设机构由原来6个合并为4个，分别为政工室（文秘装备、警务督察）、法制宣传室、资源保卫室（森林防火）、刑侦队。

2020年6月，根据《阿拉善右旗森林公安机关管理体制调整工作实施方案》《关于森林公安机关人员调整隶属关系后相关事宜的通知》《关于调整旗森林公安局管理体制、职能职责、编制职数等事宜的通知》，阿右旗森林公安局整体划转至阿右旗公安局管理。

（二）专项行动

每年开展"依法打击破坏野生动物违法犯罪专项行动""保护过境候鸟"专项行动。每年开展缉枪治爆、雷霆行动2~3次。

2011年，开展"大走访"开门评警活动，拉宣传横幅标语13条，发放材料2000份，走访嘎查23个，群众300户，帮扶群众15户，收到整改意见134条，落实78条，建立制度10项。

2012年10月，开展依法保护森林资源，打击违法征占用林地专项行动。

2013年10月，开展保护野生动物宣传及专项执法行动，对巴丹吉林镇有关场所进行突击检查。

2014年4月，加强清明节期间森林防火，实行24小时值班制度，加强重点森林防火区巡查。

2015年12月24日，救助国家二级保护野生动物普通鵟1只。

2016年3月15日，在巴丹吉林镇开展"构筑祖国北疆安全稳定屏障 建设平安法治阿拉善"为主题的宣传和咨询活动。接受现场咨询25人次，发放宣传单800份，宣传手册400份。

2017年，开展"2017利剑"专项行动，利用新闻媒体、张贴宣传标语、发放宣传材料、法律咨询等方式，加强森林及野生动物资源保护。

2018年，根据《自治区森林公安局转发国家林业局森林公安局关于开展打击破坏森林和野生动植物资源违法犯罪专项行动的通知》，开展"飓风1号"专项行动。

2021年，开展打击破坏草原林地违规违法行为专项整治行动，全盟涉草原林地类型刑事案件29起。其中，阿右旗4起。全盟涉案面积33.33公顷以上重点案件共6起。其中，阿右旗1起。

十三、林业和草原科技

（一）科学技术

1. 科技推广

2006—2021年，推广ABT生根粉节水抗旱造林系列技术和沙地飞播造林、经济林栽培林业科技成果。其中，ABT生根粉应用推广面积3.73万公顷，新疆大沙枣推广面积33.33公顷，精品林果业推广面积13.33公顷，新疆骏枣0.01万亩。抗旱造林技术应用使人工造林成活率提高10%以上，GPS导航、生根粉拌种、飞播和撒播种子配套技术普遍应用。

截至2021年，形成旗、苏木（镇）两级科技推广网络体系，成立技术推广机构1个，苏木（镇）综合保障和技术推广中心7个，技术推广人员35名。组织开展林业技术专业培训，提供林业技术、信息服务；对确定推广林业技术进行试验、示范；指导下级林业技术推广机构、群众科技组织和农牧民技术人员开展技术推广活动。

2. 技术培训

2006—2021年，开展抗旱造林技术、精品林果业建设、肉苁蓉人工接种技术培训，培训旗、苏木（镇）技术人员及林业重点工程区农牧民700人次。

3. 技术示范推广项目

2014年9月，投资168万元，实施"阿右旗农业综合开发林业生态示范项目"，在阿右旗塔木素布拉格苏木胡树其嘎查完成围封梭梭333.33公顷。其中，人工补植66.67公顷，人工补播133.33公顷，林业有害生物防治（大沙鼠）4次1333.33公顷，设立标志牌1块，警示宣传牌2块。

2017年8月，投资566.1万元，实施"农业综合开发肉苁蓉标准化示范基地项目"，在曼德拉苏木沙林呼格嘎查完成梭梭造林、接种肉苁蓉400公顷。其中，补植梭梭133.33公顷、肉苁蓉接种266.67公顷。12月，投资100万元，实施"腾格里、巴丹吉林沙漠交汇处综合治沙技术集成试验示范推广项目"，在阿右旗雅布赖镇努日盖嘎查设置草方格沙障16公顷、新材料沙障110亩；人工撒播110亩、人工植苗造林16公顷。

（二）交流合作

2018—2019年，与内蒙古农业大学、盟林业治沙研究所合作完成"荒漠绿洲、盐碱湖区沙害防治人工植被恢复与建立研究"；与盟林木种苗站合作完成"沙冬青优良种源区种子造林示范推广"。

2018—2021年，与中国科学院西北生态环境资源研究院、阿拉善盟林业治沙研究所共同实施内蒙古科技重大专项"巴丹吉林沙漠脆弱环境形成机理及安全保障体系项目"。

2019—2020年，完成中央财政科技推广项目"腾格里、巴丹吉林沙漠交汇处综合治沙技术集成实验示范推广项目"。

（三）高新技术运用

利用卫星图像对比核实违法占用林区，划出林地有变化的地类，及时发现违法占地情况。2019年，采用GIS软件在电脑上开展林业区划，使用桌面端（用于内业区划）和移动端（用于外业修改和调查因子录入）相结合方式。内业区划按小班划分条件，在计算机上依据数字正射影像、图影像进行小班判读划分，进行小班归类。野外调查用平板电脑取代GPS，实现内外业数据处理一体化管理。建成盟林业和草原局与阿右旗林业和草原局两级互通视频会议系统。

第三节　额济纳旗林业和草原

一、机构沿革

（一）组织机构

2006—2018 年，额济纳旗林业局机关行政编制 6 名，工勤编制 1 名。其中，科级领导职数 4 名（书记 1 名，局长 1 名、副局长 2 名）。内设办公室、计划财务股、林政资源股、治沙造林股 4 个股（室）。下设额济纳旗森林公安局、额济纳旗国有林场、额济纳旗林业工作站（林木种苗站）、额济纳旗森林病虫害防治检疫站（木材检查站）、额济纳旗公益林管理中心、额济纳旗园林站、额济纳旗居延海湿地保护管理中心 7 个二级单位。

2019 年 2 月 24 日，根据《中共额济纳旗委员会办公室 额济纳旗人民政府办公室关于印发〈额济纳旗林业和草原局职能配置、内设机构和人员编制规定〉的通知》，组建额济纳旗林业和草原局，为额济纳旗人民政府工作部门。内设办公室、计划财务股、治沙造林股、森林资源林政管理股 4 个股（室），设额济纳旗森林草原防火指挥部办公室、额济纳旗绿化委员会办公室 2 个议事协调常设机构。下设额济纳旗森林公安局、额济纳旗国有林场、额济纳旗林业工作站（林木种苗站）、阿拉善沙漠世界地质公园额济纳旗管理局、额济纳旗森林草原病虫害防治检疫站、额济纳旗园林管理站、额济纳旗综合保障中心、额济纳旗草原工作站、额济纳旗居延海湿地保护管理中心 9 个二级单位。

2006—2021 年额济纳旗林业和草原局领导名录如下。

党总支书记、局长：李德平（2002 年 6 月—2006 年 3 月）

党总支书记：吕金虎（2006 年 7 月—2006 年 12 月）
　　　　　　刘天琦（2008 年 6 月—2016 年 12 月）

局　　　长：谭志刚（2006 年 6 月—2013 年 11 月）
　　　　　　赵红军（2013 年 11 月—2019 年 3 月）

党组书记、局长：牧　仁（蒙古族，2019 年 3 月—2020 年 5 月）
　　　　　　　　张海明（2020 年 5 月—2021 年 6 月）

党组成员、局长：早　青（蒙古族，2021 年 5 月—）

副　局　长：阿木古郎（蒙古族，2002 年 7 月—2021 年 6 月）
　　　　　　杜建林（2002 年 6 月—2008 年 3 月）
　　　　　　孙卫红（2010 年 1 月—2013 年 3 月）

党组成员、副局长：雒金玉（女，2013 年 3 月—2019 年 6 月）
　　　　　　　　　杨雪芹（女，2013 年 3 月—2015 年 12 月）
　　　　　　　　　袁　宏（2017 年 8 月—2021 年 5 月）
　　　　　　　　　李万敏（2019 年 6 月—2021 年 2 月）
　　　　　　　　　石多仁（2021 年 2 月—）
　　　　　　　　　巴图其其格（女，蒙古族，2021 年 4 月—）
　　　　　　　　　范淑姣（女，2021 年 4 月—）

党组成员、派驻纪检监察组长：杨雪媚（女，2020 年 9 月—）

（二）职能职责

（1）承担林草及其生态建设的监督管理。

（2）承担全旗森林资源保护发展监督管理责任。

（3）承担推进全旗林草改革，维护农牧民经营林草合法权益的责任。

（4）承担全旗森林草原防火工作职责。

（5）组织、协调、指导和监督全旗造林绿化工作。

（6）组织、协调、指导和监督全旗湿地保护工作。

（7）组织、协调、指导和监督全旗荒漠化防治工作。

（8）组织、指导全旗陆生野生动植物资源保护和合理开发利用。

（9）监督检查各产业对森林、湿地、荒漠和陆生野生动植物资源开发利用。

（10）负责全旗林草系统自然保护区监督管理。

（11）参与拟定全旗林草经济发展和林草投资政策的职能职责。

（三）所属二级单位

1. 额济纳旗林业工作站

2003 年 7 月，额济纳旗林业工作站与森林病虫害防治检疫分设，单独成立额济纳旗林业工作站，挂林木种苗管理站牌子，核定全额事业编制 12 名。

2021 年 2 月 22 日，根据《额济纳旗深化事业单位改革试点工作实施意见》，合并额济纳旗林业工作站和森林病虫害防治检疫站 2 个事业单位，成立额济纳旗林业工作站，机构规格为副科级。

党支部书记、站长：杨雪芹（女，2003 年 5 月—2013 年 2 月）

白海霞（女，2013 年 3 月—）

副　　站　　长：聂振军（2003 年 5 月—2007 年 7 月）

白海霞（女，2010 年 5 月—2013 年 2 月）

石玉民（2013 年 10 月—）

傲特根（蒙古族，2021 年 5 月—）

2. 额济纳旗国有林场

1958 年，成立国营额济纳旗经营林场。

2018 年 9 月，更名为额济纳旗国有林场，由差额拨款事业单位转为公益一类全额拨款事业单位，核定管理人员 6 名，专业技术人员 24 名，后勤服务人员（技术工人）9 名。

2006—2021 年额济纳旗国有林场领导名录如下。

党支部书记：崔红章（1995 年 9 月—2011 年 3 月）

武喜灵（2011 年 3 月—2021 年 12 月）

魏新成（2021 年 12 月—）

场　　　　长：赵红军（2001 年 3 月—2006 年 6 月）

崔红章（2006 年 6 月—2015 年 4 月）

武喜灵（2015 年 4 月—2021 年 4 月）

魏新成（2021 年 4 月—）

副　场　长：袁　宏（2001 年 1 月—2009 年 12 月）

武喜灵（2003 年 3 月—2015 年 3 月）

郭淑英（女，2010 年 5 月—2011 年 3 月）

吕　慧（2012 年 5 月—2021 年 3 月）

魏新成（2012 年 12 月—2021 年 4 月）

马　青（2021 年 5 月—）

张　涛（2021 年 5 月—）

3. 额济纳旗森林公安局

1992 年 8 月，设额济纳旗林业公安，核定编制 5 名。

1993 年 5 月，更名为额济纳旗林业局林业公安股。

1993 年 7 月，列入额济纳旗公安局机构序列第十一股，机构规格股级。

1996 年 9 月，更名为额济纳旗公安局林业公安分局，机构规格股级。核定事业编制 5 名。

2005 年 7 月，更名为额济纳旗公安局森林公安分局。

2009 年 1 月，更名为额济纳旗森林公安局，机构规格为副科级行政机构，核定副科级领导职数 2 名，批准成立内设机构 6 个、森林公安派出所 4 个。核定公安专项政法编制 30 名。12 月，设额济纳旗森林公安局胡杨林自然保护区森林公安派出所，增加森林公安专项编制 10 名。

2020 年，根据《内蒙古自治区党委办公厅自治区人民政府办公厅关于印发〈内蒙古自治区森林公安机关管理体制调整工作实施方案〉》要求，额济纳旗森林公安局整建制划转至额济纳旗公安局管理。

2006—2020 年额济纳旗森林公安局领导名录如下。

党支部书记：陈　江（2010 年 5 月—2015 年 4 月）

熊文忠（2015 年 4 月—2018 年 9 月）

刘　洁（女，2018 年 9 月—2020 年 5 月）

局　　　长：陈　江（2003 年 7 月—2015 年 4 月）

刘　洁（女，2016 年 11 月—2020 年 5 月）

副　局　长：彭向东（2006 年 12 月—2014 年 1 月）

熊文忠（2013 年 3 月—2020 年 5 月）

政　　　委：李德平（2003 年 7 月—2006 年 11 月）

谭志刚（2013 年 11 月—2016 年 11 月）

副　政　委：杜建林（2003 年 7 月—2011 年 3 月）

马　征（2011 年 3 月—2013 年 12 月）

4. 阿拉善沙漠世界地质公园额济纳旗管理局

2007 年 2 月，成立内蒙古阿拉善沙漠国家地质公园额济纳旗管理分局，隶属额济纳旗国土资源局，副科级事业单位，属额济纳旗国土资源局和内蒙古阿拉善沙漠国家地质公园管理局双重管理。

2009 年 8 月，更名为内蒙古阿拉善沙漠世界地质公园额济纳旗管理分局。

2011 年 1 月，更名为内蒙古阿拉善沙漠世界地质公园额济纳旗管理局。

2016 年，内设办公室、财务室、规划建设室、地质遗迹保护室、网络信息室、科普科研室 6 个股（室）。

2019 年 3 月，阿拉善沙漠世界地质公园额济纳旗管理局由额济纳旗自然资源局整建制划转至额济纳旗林业和草原局管理，核定事业编制 5 名。

2021 年 3 月，加挂额济纳旗自然保护地和野生动植物保护中心牌子，为额济纳旗林业和草原局所属公益一类事业单位，核定事业编制 6 名，设局长 1 名（副科级）。

2006—2021 年阿拉善沙漠世界地质公园额济纳旗管理局领导名录如下。

局　　　长：薛瑞民（2007 年 3 月—2009 年 2 月）

陶建荣（2009 年 2 月—2015 年 4 月）

李红玫（女，2015 年 4 月—2019 年 6 月）

文高娃（女，蒙古族，2019 年 6 月—）

副局长：陶建荣（2007 年 3 月—2009 年 2 月）

李红玫（女，2009 年 2 月—2015 年 4 月）

5. 额济纳旗森林病虫害防治检疫站

2003 年 5 月，与额济纳旗林业工作站分设，成立额济纳旗森林病虫害防治检疫站，并被批准为国家级森林病虫鼠害中心测报点。机构规格为副科级，财政全额拨款公益事业单位，核定编制 5 名。

2007 年，加挂额济纳旗木材检查站牌子。

2010 年，核定编制 7 名。

2016 年，核定编制 6 名，在编人员 5 名。

2021 年 6 月，与额济纳旗林业工作站合并。

2006—2021 年额济纳旗森林病虫害防治检疫站领导名录如下。

站　长：陈自勇（2000 年 5 月—2011 年 3 月）

郭淑英（女，2011 年 3 月—2015 年 4 月）

李玉春（女，2015 年 5 月—2021 年 5 月）

6. 额济纳旗园林管理站

2012 年 3 月 29 日，设额济纳旗园林管理站，为额济纳旗林业局所属股级全额拨款事业单位，核定事业编制 6 名。

2019 年 6 月 19 日，额济纳旗人民政府第 6 次常务会议决定，将额济纳旗林业和草原局园林管理站划转至额济纳旗城市管理综合执法局。

2006—2021 年额济纳旗园林站领导名录如下。

站　长：陈国喜（2013 年 4 月—2019 年 6 月）

7. 额济纳旗综合保障中心

2007 年 7 月，设额济纳旗公益林管理中心，为额济纳旗林业局所属二级单位，经费实行财政全额拨款。核定额济纳旗公益林管理中心所属管理站 4 个，专业技术人员 6 名，工勤人员 2 名。

2021 年 5 月 15 日，更名为额济纳旗林业和草原局综合保障中心，为旗林业和草原局所属股级一类事业单位，核定事业编制 7 名。

2006—2021 年额济纳旗综合保障中心局领导名录如下。

主　任：杜建林（2008 年 3 月—2010 年 3 月）

孙卫红（2010 年 3 月—2013 年 3 月）

雒金玉（女，2013 年 3 月—2015 年 12 月）

杨雪芹（女，2015 年 12 月—2018 年 8 月）

王海蓉（女，2018 年 8 月—）

副主任：燕　辉（2017 年 3 月—）

李奋龙（2021 年 5 月—）

8. 额济纳旗居延海湿地保护管理中心

2010 年 4 月，设额济纳旗居延海湿地保护管理中心，为额济纳旗林业局所属股级事业单位，核定事业编制 5 名。

2019 年 12 月，居延海湿地保护管理中心与水务、林业草原、农牧、交通运输、生态环境等部门合并，成立额济纳旗湿地保护执法大队，为额济纳旗政府直属副科级事业单位，挂额济纳旗居延海湿地保护管理中心牌子，实行一套人马，两块牌子公益一类全额拨款事业单位，事业编制 10 名。其中，副科级领导职数 1 名、专业技术人员 9 名。

主　任：雒金玉（女，2010 年 5 月—2018 年 8 月）

范建利（2018 年 8 月—2019 年 1 月）

副主任：范建利（2012 年 8 月—2018 年 8 月）

方志强（2018 年 8 月—2019 年 1 月）

大队长：田德荣（2020 年 1 月—2021 年 1 月）

副队长：范建利（2020 年 1 月—）

9. 额济纳旗草原工作站

1975 年，设额济纳旗草原工作站，隶属额济纳旗草原局。

1988 年，加挂额济纳旗草原监理所牌子，隶属额济纳旗畜牧局，股级单位。

2004 年，核定编制 46 名。

2019 年，隶属额济纳旗林业和草原局，核定编制 17 名。其中，管理人员 1 名，专业技术 6 名，工人 6 名，公务员 4 名。

2006—2021 年额济纳旗草原工作站领导名录如下。

党支部书记：王元政（1996 年 9 月—2009 年 3 月）

吴 平（蒙古族，2009 年 3 月—2010 年 8 月）

站 长：吴 平（蒙古族，1996 年 9 月—2009 年 3 月）

赵 健（2009 年 3 月—）

副 站 长：赵 健（1996 年 9 月—2009 年 3 月）

李红霞（女，2010 年 9 月—）

二、自然环境与社会经济概况

额济纳旗位于内蒙古自治区最西端，东南与阿右旗相连，西、西南与甘肃省毗邻，北与蒙古国接壤，边境线长 507 公里。全旗总面积 11.46 万平方公里，占全盟总面积 42%，辖 3 个镇、6 个苏木、2 个街道办、21 个嘎查、7 个社区。它是内蒙古自治区面积最大、人口最少的旗。东风航天城（酒泉卫星发射中心）位于额济纳旗境内，是中国卫星、载人飞船发祥地，被誉为"中国航天第一港"。

（一）地理位置

额济纳旗位于阿拉善盟西部。地理坐标介于北纬 39°52′~42°47′，东经 97°10′~103°7′。额济纳旗政府所在地达来呼布镇，距内蒙古自治区首府呼和浩特市 1398 公里，距盟府所在地巴彦浩特镇 640 公里，距甘肃省酒泉市 396 公里。

（二）地质地貌

额济纳旗为北东走向的断裂凹陷盆地，地形呈扇状，总势西南高，北边低，中间低平。地形由西南向东北逐渐倾斜，呈四周高，中间低平状，海拔高度在 898~1598 米，相对高度 50~150 米，平均海拔 1000 米左右。最低点西居延海，海拔 820 米。主要山脉、山峰为马鬃山，海拔高度 1600 米。地形主要由戈壁、低山、沙漠、河流、湖泊和绿洲等类型构成。

（三）气候

额济纳旗属内陆干燥气候，具有干旱少雨，蒸发量大，日照充足，温差大，风沙多等气候特点。年均气温 8.3℃，1 月平均气温 -11.6℃，极端低温 -36.4℃，7 月平均气温 26.6℃，极端高温 42.5℃，年日均气温 8.6℃，无霜期天数最短 179 天，最长 227 天，日均气温 0℃以上持续时期为 3 月中旬至 10 月下旬；年均降水量 37 毫米，年极端最大降水量 103 毫米，最小降水量 7 毫米；年均蒸发量 3841.51 毫米，湿润度 0.01 毫米；年均 ≥8 级以上大风日数 44 天，大风常伴随沙尘暴，年均沙尘暴次数 14 次。

（四）水资源

额济纳天然河道主要为黑河，是中国第二大内陆河，发源祁连山北麓中段，涉及青海、甘肃、内蒙古三省（区），进入额济纳旗称额济纳河，自入界后由西南向东北流至巴彦宝格德分水枢纽后变为平原水网区，最后注入尾闾的东居延海（苏泊淖尔）、西居延海（嘎顺淖尔）和天鹅湖（京斯图淖尔或古居延泽）等。根据全区河湖普查结果显示，境内除黑河干流平原水网外，共有自然冲沟245条。

2021年，额济纳旗拥有大水域面积湖泊4个，分别是东、西居延海、天鹅湖、河西新湖。中型水库1座（夏拉淖尔水库）。

根据《阿拉善盟额济纳旗水资源综合规划》，地表水资源总量为5.82亿立方米。其中，额济纳旗通过黑河多年平均入境的地表水资源量为5.51亿立方米；额济纳旗黑河以外入境（蒙古国）地表水资源量多年平均为3107万立方米。地表水可利用总量为6160.89万立方米，地下水资源可利用总量为1.65亿立方米。其中，承压水资源可开采量为2461.69万立方米。

（五）湿地资源

居延海湿地位于额济纳旗苏泊淖尔苏木境内，地理坐标为北纬42°10′~42°20′，东经101°12′~101°19′。

居延海湿地为自然湿地，包含河流湿地（季节性或间歇性河流）、湖泊湿地（永久性淡水湖）、沼泽湿地（草本沼泽和内陆盐沼）3类4型，总面积5755.6公顷。其中，河流湿地为季节性或间歇性河流湿地，面积10.11公顷，湖泊湿地为永久性淡水湖湿地，面积4393.6公顷，沼泽湿地总面积1351.89公顷。

据统计，居延海湿地有维管束植物29科76属133种。植物区系属亚洲荒漠植物区、中央戈壁荒漠植物省、额济纳州。鱼类8种、两栖爬行兽类7种、鸟类128种，兽类以耐旱食草动物为主。

（六）矿产资源

据统计，额济纳旗探明各类矿产50种，矿床、矿（化）点270处。探明资源储量矿产20余种，煤、铁、硫铁矿、铬、铜、金、银、铅、锌、钨、钼、锑、铋、镓、钛、萤石、芒硝、玛瑙、饰面用花岗岩、磷、砷矿等，矿产地35处。铋、钛、锑、玛瑙、白云岩5种矿产，资源储量位居内蒙古自治区第一位。

（七）植物资源

据阿拉善盟额济纳旗森林资源调查报告，额济纳旗分布野生植物37科153种，代表植物有胡杨、沙枣、梭梭、柽柳、白刺、红砂、沙拐枣、霸王、沙冬青、蒙古扁桃、芦苇、苦豆、盐爪爪、芨芨草、戈壁针茅、木本猪毛菜、甘草、冰草等，其中国家及内蒙古自治区重点保护的珍稀野生植物主要有胡杨、梭梭、裸果木、蒙古扁桃、瓣鳞花、沙冬青、肉苁蓉等。

额济纳旗自然气候条件较差，属北温带极端干旱荒漠地带，生物种类较少，植被以旱生及超旱生植物为主，在沿河两岸及湖盆低地分布有耐盐碱植物组成的低湿地植被。森林类型单一，森林覆盖率4.29%，林木绿化率4.3%（城建区绿化覆盖率），人均绿地面积68平方米。

（八）动物资源

额济纳旗动物群属于温带荒漠、半荒漠动物群。据阿拉善盟额济纳旗森林资源调查报告，全旗分布有野生动物（不包括昆虫）5纲21目43科118种。其中，国家一级保护动物有黑鹳、大鸨、波斑鸨、野驴、北山羊5种；二级保护动物有鸳鸯、疣鼻天鹅、秃鹫、鹗、暗腹雪鸡、灰鹤、水獭、猞猁、鹅喉羚、盘羊、隼、兀鹫等14种。

（九）人口民族

额济纳旗是以土尔扈特部落蒙古族为主体的少数民族边境旗，有蒙古族、汉族、回族、满族、藏族、裕固族、达斡尔族、俄罗斯族等少数民族。额济纳土尔扈特部落，系地域名与部族名之合谓。1698年，阿拉布珠尔率属部500人从伏尔加河流域启程，先赴西藏，后栖党色尔腾，终定居于额济纳河流域，形成额济纳土尔扈特部，距今已逾300年。

2021年，全旗户籍人口1.94万人。其中，城镇1.3万人，乡村0.64万人。全旗常住人口3.58万人，汉族2.9万人，占81.06%；蒙古族0.59万人，占16.58%；其他少数民族844人，占2.36%。

（十）经济概况

2021年，额济纳旗完成地区生产总值37.35亿元，一般公共预算收入完成2.95亿元；社会消费品零售总额同比增长1%；城镇和农村牧区常住居民人均可支配收入分别完成4.63万元和2.8万元，分别是2017年的1.2倍和1.33倍，年均增长4.7%和7.4%。三次产业结构比由2017年5.7：27.5：66.8调整到7：24：69。

1. 第一产业

全旗农作物总播种面积4000公顷，绿色无公害种植面积1266.67公顷。阿拉善白绒山羊、双峰驼种群得到保护与发展，良种率95%，牲畜头数10万头（只），骆驼产业形成规模。沙产业成为农牧民脱贫致富支柱。

2. 第二产业

"十三五"期间，建成黑色金属采选项目7个，形成年产320万吨铁矿石、270万吨铁精粉产能规模。圆通矿产资源整合开发形成规模，庆华马克、星晨煤业等煤炭洗选项目启动，110万吨盐硝矿开发及综合利用项目和冰雪果业6万吨精深加工项目建成投产。新能源产业风光发电装机规模达90兆瓦。国土资源节约集约利用成效突出，荣获全国国土资源节约集约模范旗称号。

3. 第三产业

胡杨林旅游区晋升5A级旅游景区，荣膺"最美中国旅游城市"称号。成立旅游专业合作社7家、星级农牧家游15家。成功入围全国电子商务进农村综合示范县。吉日嘎郎图嘎查入选2021年中国美丽休闲乡村，农牧民分享旅游红利1567万元。

2021年，额济纳旗黑城、怪树林景区、黑城弱水胡杨风景区、胡杨林旅游区（包含八道桥沙海王国）和大漠胡杨林景区数据显示，接待旅游人数433.94万人，旅游收入5.32亿元。

（十一）交通

2013年12月，额济纳旗桃来机场正式通航，每年可接待旅客最大吞吐量8万人次。

2019年，全旗公路2978公里。其中，国道1298.5公里，省道350.5公里，县道483.1公里，乡道472.3公里，村道373.6公里；按技术等级划分，高速公路460.5公里，一级公路94.5公里，二级公路205.8公里，三级公路736.2公里，四级公路1481公里，额济纳旗所辖农村牧区公路1329公里。全旗所辖9个苏木乡镇已通沥青水泥路，通畅率为100%；20个行政嘎查（村）已通沥青水泥路，通畅率为100%。

截至2021年，全旗境内铁路建设总里程1061.8公里。其中，临策铁路是临河至哈密线的东段，全长707公里（额济纳境内234公里），额哈铁路全长629.9公里（额济纳境内290.5公里），嘉策铁路全长453.3公里（额济纳境内367.3公里），额济纳旗赛汉陶来苏木至甘肃清水铁路，全长331公里（额济纳境内170公里）。

三、造林育林

20世纪50年代，黑河下水量骤减，到20世纪70年代，东、西居延海干涸，大面积的湿地变成盐碱沙滩，风起沙扬，绿洲不断萎缩，植被退化，生物多样性减少，土地沙漠化加剧。35.33万公顷湿地和林草地变为沙漠和盐滩，占绿洲可利用土地面积50%，平均每年沙漠化面积866.67公顷。胡杨林由5万公顷减少到2.93万公顷，柽柳林由15万公顷减少到8.4万公顷，梭梭林由25.2万公顷减少到18.53万公顷。草场植被盖度降低50%~80%，植物种类由130多种减少到30多种。中华人民共和国成立初期，有野生动物180余种，到2008年大部分已绝迹灭种。沙尘暴等灾害性天气频繁发生，成为中国最主要沙尘暴策源地之一。

面对生态急剧恶化趋势，2000年，国务院统一规划，进行水资源宏观调控，落实黑河配水方案，保证额济纳河每年7亿立方米的下泄水量。额济纳旗组织实施国家生态环境重点旗县治理工程、退耕还林工程、重点防护林工程、野生动植物保护及自然保护区建设工程、黑河下游额济纳绿洲抢救与生态保护工程、国家级森林鼠害治理工程、采种基地建设工程、种苗工程、森林生态效益补偿等一系列生态建设工程。

（一）人工造林

按照"林农自愿、国家扶持、集中连片、统一规划"原则，结合各苏木（镇）实际，科学制定人工造林规划，将造林绿化与乡村绿化美化结合起来，建设特色林业产业基地，实施"肉苁蓉接种综合配套技术"，发展林下药材种植，为林下经济发展奠定基础。

2006—2021年，累计完成人工造林10.56万公顷。

（二）义务植树

2011—2014年，义务植树40万株；2015—2019年，义务植树75万株；2020年，义务植树15万株；2021年，义务植树15.2万株。

2006—2021年，额济纳旗义务植树145.2万株。

（三）重点区域绿化

2013年，公路绿化88.33公顷，城镇周边绿化70.47公顷，村屯绿化396.67公顷。

2015年，公路绿化30亩，村屯绿化27.93公顷，厂矿园区绿化10.4公顷，城镇周边绿化125.13公顷。

2018年，厂矿园区绿化73.13公顷，城镇周边绿化382公顷。

2021年，村屯绿化180.47公顷。

2006—2021年，全旗完成公路绿化6175公顷，城镇周边绿化共1811.6公顷，村屯绿化共727公顷，厂矿园区绿化共104.33公顷。

（四）封山（沙）育林

2006—2021年，投资2085万元，累计完成封沙育林1.7万公顷。通过项目实施，既固定沙土，又改善沙源地生态环境，有效促进保护区域内动植物资源及生物多样性增加，逐步形成稳定的荒漠生态系统，使生态环境向良性循环方向发展。

（五）森林抚育

截至2021年，投资110万元，完成森林抚育补贴项目733.33公顷。抚育树种为胡杨，采取围封、引水灌溉、林业有害生物防治和林木管护等措施。

（六）退化林分修复

2020年，启动退化林分修复项目，投资1500万元，完成退化林分修复2000公顷。投资1000万元，完成低质低效林改造6666.67公顷。

2021年，投资1.08亿元，完成退化林分修复1.2万公顷；投资1200万元，完成低质低效林改造 1333.33 公顷。

2006—2021 年，投资 1.23 亿元，完成退化林分修复 1.4 万公顷；投资 2200 万元，完成低质低效林改造 8000 公顷。

四、防沙治沙

（一）荒漠化和沙化土地状况

额济纳旗总面积 11.46 万平方公里，荒漠面积占额济纳旗总面积的 70% 以上。沙化土地 785.4 万公顷。其中，流动沙地 107.97 万公顷、半固定沙地 106.34 万公顷、固定沙地 17.02 万公顷、露沙地 5445.501 公顷、沙化耕地 1199.36 公顷、风蚀劣地 15.94 万公顷、戈壁 537.53 万公顷。

（二）荒漠化和沙化土地治理

2014 年，启动防沙治沙示范区项目，完成梭梭造林 111.13 公顷，地点达来呼布镇乌兰格日勒嘎查。

2015 年，完成梭梭造林 100 公顷，地点东风镇额很查干嘎查。

2016 年，完成梭梭造林 66.67 公顷，地点东风镇额很查干嘎查。

2018 年，完成梭梭造林 183.33 公顷，地点达来呼布镇乌兰格日勒嘎查。

截至 2021 年，投资 3935 万元，额济纳旗建成 2 个沙化土地封禁保护区，封禁保护面积 2.04 万公顷，地点东风镇古日乃嘎查、温图高勒苏木境内。

五、林业重点工程

（一）"三北"防护林工程

"三北"防护林体系建设四期工程（2006—2010 年），中央投资 678 万元，营造林 5933.33 公顷。其中，人工灌木造林 2600 公顷（地点达来呼布镇、东风镇、赛汉陶来苏木）、乔木造林 1333.33 公顷、封沙育林 2000 公顷（地点达来呼布镇、东风镇、赛汉陶来苏木、温图高勒苏木）。

"三北"防护林体系建设五期工程（2011—2020 年），中央投资 1.39 亿元，营造林 4.65 万公顷。其中，人工灌木造林 3.07 万公顷、乔木造林 133.33 公顷、封沙育林 1.37 万公顷、退化林修复 2000 公顷。建设地点达来呼布镇、东风镇、赛汉陶来苏木、苏泊淖尔苏木、巴彦陶来苏木、温图高勒苏木。

（二）内蒙古高原生态保护和修复工程天然林保护与营造林项目

2021 年，额济纳旗内蒙古高原生态保护和修复工程天然林保护与营造林项目，中央投资 1.24 亿元，天然林保护与营造林 1.6 万公顷。其中，人工灌木造林 2666.67 公顷、封沙育林 1333.33 公顷、退化林修复 1.2 万公顷。地点达来呼布镇、东风镇、赛汉陶来苏木、苏泊淖尔苏木、巴彦陶来苏木、巴音陶海苏木。

（三）造林补贴项目

2011—2021 年，造林补贴项目投资 2.66 亿元，造林 8.59 万公顷。其中，人工灌木造林 6.74 万公顷、木本药材种植 466.67 公顷、森林质量精准提升 1.01 万公顷、低质低效林改造 8000 公顷。地点达来呼布镇、东风镇、赛汉陶来苏木、苏泊淖尔苏木、巴彦陶来苏木、巴音陶海苏木、温图高勒苏木。

（四）退耕还林工程

2002 年，额济纳旗启动退耕还林工程，投资 1430.89 万元，共退耕还林 300 公顷。退耕还林包括退耕地还林、荒山荒地造林、以封代造，涉及东风镇、达来呼布镇、巴彦陶来苏木、赛汉陶来苏木、苏泊淖尔苏木 5 个苏木（镇）、14 个嘎查 217 户农牧民。

2002—2010 年，兑现补助资金 578 万元。

2011—2020 年，兑现补助资金 322 万元。

2002—2013 年，种苗补助资金 317 万元，完成荒山荒地造林 2733.33 公顷、以封代造 3466.67 公顷。

2019—2020 年，额济纳旗纳入退耕还林生态林抚育范围森林抚育面积 300 公顷。截至 2021 年，拨付退耕还林生态林纳入抚育范围森林抚育资金 23.25 万元。

（五）退牧还草工程

2002 年，额济纳旗列入退牧还草工程项目区。

2004 年，启动天然退牧还草工程。

2006 年，投资 800 万元（中央 560 万元，地方 240 万元），实施禁牧休牧 2.67 万公顷（禁牧 1.33 万公顷，休牧 1.33 万公顷）、饲草料地 66.67 公顷、舍饲棚圈 125 座 1.06 万平方米、青贮窖 125 座 7125 立方米、购置饲草加工机械 125 台（套）。

2010 年，投资 940 万元，实施禁牧 4 万公顷、舍饲棚圈 6 座 1200 平方米、购置饲草加工机械 50 台（套）、饲草料地节水灌溉工程 266.67 公顷、培训农牧民 1000 人。

2014 年，投资 1160 万元，建设休牧围栏 4.33 万公顷（东风镇 3.67 万公顷、赛汉陶来苏木 1706.67 公顷、达来呼布镇 4886.67 公顷）；草地补植梭梭 3333.33 公顷（东风镇）。

2020 年，投资 1061 万元，建设休牧围栏 1.33 万公顷（达来呼布镇 1333.33 公顷，东风镇 8000 公顷，赛汉陶来苏木 4000 公顷）、赛汉陶来苏木人工种草（栽植梭梭）1333.33 公顷，毒害草治理 666.67 公顷。

截至 2021 年，额济纳旗共实施 19 期退牧还草工程，涉及达来呼布镇、东风镇、哈日布日格德音乌拉镇、赛汉陶来苏木、苏泊淖尔苏木、马鬃山苏木、温图高勒苏木、巴音陶海苏木 8 个苏木（镇）。总投资 2.27 亿元（中央 1.98 亿元，地方 2954.25 万元）。建设草原面积 83.51 万公顷，建设禁牧休牧围栏 94 处 71 万公顷、划区轮牧 6666.67 公顷；草地补植 3.71 万公顷；建设饲草料基地 1763.33 公顷；建设青贮窖 865 座 5.19 万立方米、舍饲棚圈 1078 座 11.54 万平方米、储草棚 103 座 1.07 万平方米；购置饲草料加工机械 719 台（套）、风光互补发电机组 91 台（套）。

实施退牧还草工程，项目区植被盖度由禁休牧前 8% 提高到 15%，草群高度由 2002 年 15 厘米提高到 39 厘米以上，草场干草产量由 8 千克/亩提高到 25 千克/亩。

（六）退化草原修复项目

2020 年，额济纳旗列入退化草原修复治理工程项目区，根据草地类型和沙化程度，选择围栏封育措施进行沙化草地（含沙地治理）生态修复。在赛汉陶来苏木孟克图嘎查实施天然草原围栏封育 7333.33 公顷，项目区实行禁牧措施，草场植被自然恢复。

六、资源保护

（一）有害生物防控

1. 监测调查

2006—2021 年额济纳旗苗木、种子检疫情况见表 17-12。

表17-12　2006—2021年检疫情况统计

年度	产地检疫苗木（万株）	产地检疫种子（千克）	调运检疫苗木（万株）	调运检疫木材（立方米）	调运检疫花卉（盆）	调运检疫中药材（千克）	补检种子（吨）	补检苗木插穗（万根）	补检苗木（万株）	补检花卉（盆）	补检木材（立方米）	复检苗木（万株）	复检木材（立方米）	复检花卉（盆）	处理带疫苗木（株）	处理带疫苗木（批次）	销毁带疫木材（立方米）	收取检疫费（万元）	截获假证
2006	0.0082	—	6.1	—	—	10	—	—	—	—	—	20	50	—	—	—	—	—	—
2007	0.0082	1000	1	10	—	9200	—	—	2	300	60	200	60	—	—	—	8	—	—
2008	0.0082	1000	1	15	—	5000	—	—	—	300	50	300	20	—	—	—	—	0.4	—
2009	0.012	1000	1.275	5	300	—	—	—	—	—	—	14.6	48	—	—	—	—	0.25	—
2010	0.0182	1000	134.133	20	—	—	—	—	1.5	—	—	12.195	—	—	—	—	—	0.25	—
2011	0.023	—	0.4064	—	—	—	—	—	0.2	100	76.16	8.2989	—	—	—	—	—	0.3	—
2012	0.0155	1000	1.492	1.2	—	—	—	—	19.1848	650	76.5	330.4312	2237.5	200	132	—	36	—	—
2013	0.0108	1000	43	—	1200	—	—	—	—	—	—	156.4	417.12	—	—	6	—	—	—
2014	0.0473	1000	32.45	260	—	—	1	120	31.65	230	—	146.5	635	1055	—	2	—	—	—
2015	0.0458	—	14.9	30	—	—	—	—	—	—	—	100.02	90	—	—	—	—	—	—
2016	0.0282	—	55.82	—	—	—	—	—	—	—	—	258.5	—	—	0.41	3	—	—	—
2017	0.0681	—	291.5764	341.2	—	—	—	—	—	—	—	1546.9451	3557.62	—	—	11	—	—	—
2018	0.0846	—	10.043	—	—	—	—	—	—	—	—	4436.863	—	—	—	14	—	—	2
2019	0.0898	—	0.1785	—	—	—	—	—	—	—	—	2538.9	2342	—	—	2	—	—	—
2020	0.10785	—	0.873	—	—	—	—	—	—	—	—	1247.0986	400	—	—	2	—	—	—
2021	0.09225	10	35.062	—	—	—	—	—	—	—	—	2850.3165	495	—	—	—	—	—	—
合计	0.668	7010	629.3093	682.4	1500	14210	1	120	54.5348	1580	262.66	14167.0683	10352.24	1255	132.41	38	44	1.2	2

2. 病虫害防治

额济纳旗森林病虫害防治检疫站有专职检疫和测报人员 5 名，防治专业服务队 1 个，国家级森林病虫鼠害中心测报点 1 个，设固定标准地 12 个，建立苏木（镇）、嘎查、相关部门负责人和森防专职测报员组成的"额济纳旗森林病虫鼠害测报微信群"，各苏木（镇）、嘎查分别建立"森林病虫鼠害测报微信群"，发挥互联网优势，逐级完善测报体系，对全旗主要林业有害生物进行监测预报。

额济纳旗森防站与各苏木（镇）签订"额济纳旗苏木（镇）林业有害生物联防联治联检责任书"，与相关企业签订"额济纳旗旅游企业林业有害生物联防联治联检责任书"，与相关部门签订"额济纳旗相关部门间重大林业有害生物联动检疫执法责任书"，与林业和草原局内部机构签订"额济纳旗林业草原局内部机构林业有害生物联防联治联检责任书"，形成全旗林业有害生物联防联治联动长效机制。

2006—2021 年，额济纳旗主要林业有害生物有黄褐天幕毛虫、褛裳夜蛾、柳脊虎天牛、十斑吉丁、杨齿盾蚧、胡杨木虱、网蝽、柽柳条叶甲、沙枣木虱、胡杨锈病、大沙鼠等。其中，黄褐天幕毛虫、褛裳夜蛾、柳脊虎天牛、十斑吉丁、杨齿盾蚧、胡杨木虱、网蝽、胡杨锈病主要分布在达来呼布镇、东风镇、赛汉陶来苏木、苏泊淖尔苏木。柽柳条叶甲主要分布在达来呼布镇、东风镇、赛汉陶来苏木、苏泊淖尔苏木。沙枣木虱主要分布在达来呼布镇、赛汉陶来苏木。大沙鼠主要分布在达来呼布镇、东风镇、赛汉陶来苏木。

2006—2021 年，额济纳旗林业有害生物发生面积 77.81 万公顷。其中，病害 2.61 万公顷、虫害 28.94 万公顷、鼠害 46.27 万公顷（表 17-13）。

表 17-13　2006—2021 年全旗林业有害生物发生情况　　　　　　　　　单位：万公顷

年度	危害程度面积				发生面积	
	合计	轻度发生	中度发生	重度发生	虫害	鼠害
2006	4.6	1.2	1.87	1.53	1.6	3
2007	4.73	1.07	1.8	1.87	1.73	3
2008	4.71	0.87	2	1.84	1.71	3
2009	4.57	1.33	1.47	1.77	1.57	3
2010	4.49	1.29	1.4	1.8	1.7	2.87
2011	5	1.33	1.87	1.8	1.53	3.47
2012	4.74	1.27	1.80	1.67	1.67	3.07
2013	4.4	1.13	2	1.27	—	2.67
2014	4.2	1.53	1.4	1.27	1.53	2.67
2015	4.43	1.53	1.33	1.57	1.43	3
2016	5.26	1.8	1.63	1.83	1.67	3.47
2017	5.4	2.8	1.61	0.99	2.6	2.67
2018	5.54	2.97	2.17	0.4	2.73	2.67
2019	5.57	2.97	2	0.6	2.8	2.53
2020	5.57	2.77	1.75	1.05	2.73	2.6
2021	4.47	2.97	1.2	0.3	1.93	2.6

2006—2021年，额济纳旗森林病虫害防治面积40.06万公顷。其中，生物防治2.99万公顷、仿生防治2.71万公顷、化学防治4.43万公顷、其他措施防治37.93万公顷。林业有害生物成灾率由2006年9.99‰下降至2021年的0（表17-14）。

表17-14　2006—2021年额济纳旗林业有害生物防治情况　　　　　　单位：万公顷

年度	防治面积					
	合计	生物防治	仿生防治	化学防治	人工防治	其他措施
2006	3.46	0.20	0.33	0.20	—	2.73
2007	3.80	0.33	0.47	0.33	—	2.67
2008	3.68	0.55	0.25	0.47	—	2.41
2009	3.34	0.44	—	0.77	—	2.13
2010	3.67	0.20	0.07	0.40	—	3.00
2011	3.66	0.33	0.33	0.28	—	2.72
2012	2.34	0.20	—	0.21	—	1.93
2013	2.69	0.30	—	0.20	—	2.19
2014	2.67	0.33	—	0.27	—	2.07
2015	2.56	—	—	0.33	—	2.23
2016	3.61	0.10	1.27	0.27	—	1.97
2017	2.65	—	—	0.07	—	2.58
2018	2.4	—	—	0.17	—	2.23
2019	2.66	—	—	0.10	—	2.56
2020	2.93	—	—	0.23	—	2.70
2021	1.94	—	—	0.13	—	1.81

（二）野生动植物保护

1. 宣传教育

通过电视、报刊、网络、微信等开展保护野生动植物专题宣传，发布保护候鸟、保护野生动物倡议书，宣传国家保护鸟类、野生动植物法律法规；在人口聚居区、林区、景区等重点部位悬挂宣传横幅、张贴宣传标语，走访入户，向居住在镇区、农牧区、林区、景区周边居民、农牧民、游客讲解野生动植物保护重要性；在各苏木（镇）、嘎查举办牧业大会、节庆活动时，发放蒙汉双语野生动物保护法材料；向社会公布举报电话。截至2021年，共发放宣传材料22万份。

2. 巡查巡护

实行"打防并举"，开展"保护过境候鸟""利剑行动""打击破坏野生动物资源违法犯罪专项行动"等。对居延海湿地、沙日淖尔水库、沃布格德音淖尔、西河等重点区域过境候鸟的种类、数量进行监测，对候鸟迁徙通道、停歇区域进行全面排查，防范打击违法犯罪行为；对额济纳旗境内首次发现的黑鹳鸟巢及幼鸟进行定点巡查及持续监测和保护。对胡杨林自然保护区、天鹅湖、居延海湿地、沙日淖尔水库、马鬃山地区及中蒙边境区域常态化开展保护野生动物专项巡查，对辖区内珍稀野生动物分布区域进行巡查走访。与边防部队交流合作，在打击非法猎捕野生动物行动中形成联动机制，严厉打击违法犯罪；成立执法队伍，实行全天候、高频次巡护巡查，杜绝繁殖季节、越冬、迁徙季节发生非法狩猎、捕捉野生动物违法行为。截至2021年，查处非法破坏野生动物资源案件 1 起。

3. 野生动物救护

截至 2021 年，救助国家二级保护动物 7 只（鸿雁 1 只、鹅喉羚 2 只、红腹锦鸡 1 只、大天鹅 2 只、灰雁 1 只），国家三有保护动物大麻鸭、赤麻鸭等 1729 只。

（三）森林生态效益补偿

2006 年，森林生态效益补偿制度启动（表 17-15）。

表 17-15　2006—2021 年公益林森林生态效益补偿统计

年度	金额（万元）	面积（万公顷）
2006	1995.75	29.57
2007	2106.62	29.57
2008	2106.62	29.57
2009	2126.58	29.8
2010	2127.08	29.85
2011	2129.48	29.85
2012	3047.28	38.30
2013	3047.28	38.30
2014	3365.57	38.30
2015	3876.43	38.30
2016	4898.15	38.30
2017	5919.87	38.30
2018	5919.87	38.30
2019	6433.25	41.42
2020	6433.25	41.42
2021	6433.25	41.42
合计	61966.33	570.57

截至 2021 年，额济纳旗公益林补偿面积 570.6 万公顷，公益林补偿资金到位 6.2 亿元。21~55 周岁牧民全部聘用为护林员，发放工资 2.9 亿元。

额济纳旗森林生态效益补偿基金由 2006 年 1995.75 万元增加至 2021 年 6433.25 万元，资金投入增加 3.2 倍。公益林区内完成补植补造 6413.33 公顷、围封围栏 71.69 公里、森林抚育 880 公顷、建设防火通道 17.4 公里、林业有害生物防治 5.23 万公顷。

依据国家级公益林权属实行不同的补偿标准，国有国家级公益林管护补助支出标准为每年每亩 9.75 元，集体和个人国家级公益林管护补助支出标准为每年每亩 15.75 元。

（四）森林保险

额济纳旗森林保险 2015 年参加投保。

2015—2016 年，投保面积 73.72 万公顷，保费总额 1418.54 万元，灾害案件 23 起，面积 9353.33 公顷，理赔面积 9353.33 公顷，理赔金额 865.7 万元。

2016—2017 年，投保面积 73.72 万公顷，保费总额 1418.54 万元，灾害案件 4 起，面积 1.1 万公顷，理赔面积 1.1 万公顷，理赔金额 626.17 万元。

2017—2018 年，投保面积 73.72 万公顷，保费总额 1418.54 万元，灾害案件 7 起，面积 8050.67公顷，理赔面积8050.67公顷，理赔金额 619.63 万元。

2018—2019 年，投保面积 73.72 万公顷，保费总额 1418.54 万元，灾害案件 7 起，面积 7.53 万公顷，理赔面积7529.33公顷，理赔金额 511.79 万元。

2019—2020 年，投保面积 73.72 万公顷，保费总额 1418.54 万元，灾害案件 4 起，面积7556公顷，理赔面积7556公顷，理赔金额 337.99 万元。

2020—2021 年，投保面积 73.72 万公顷，保费总额 1418.54 万元，灾害案件 8 起，面积 1.54 万公顷，理赔面积 1.54 万公顷，理赔金额 746.24 万元。

七、林业和草原产业

额济纳旗境内有优质的肉苁蓉、锁阳等沙生植物资源，现有天然梭梭林 18.51 万公顷，白刺林 7.83 万公顷，人工种植梭梭 165 万亩，人工接种肉苁蓉面积 3.93 万公顷，年产肉苁蓉 335 吨，年产值 930 万元；年产锁阳 380 吨，年产值 380 万元；建成红果枸杞种植基地 1 处，面积 186.67 公顷，年产量 495 吨。适宜种植沙枣、红果枸杞等经济植物。

截至 2021 年，额济纳旗各类林沙产业经营主体 103 家（户）。裕丰、查干、浩林、万禾等沙生植物种植专业合作社和北京浩林、额济纳旗天润泽、金涛公司等民营企业，已开发"居延红"红果枸杞、"居延泽"黑果枸杞、"漠之情"肉苁蓉切片、肉苁蓉粉、锁阳切片、锁阳粉、锁阳丝等品牌产品。

八、林业改革

（一）国有林场改革

2016 年 1 月 18 日，依照《国营额济纳旗经营林场改革方案》，成立国营额济纳旗经营林场改革领导小组。

2017 年 8 月 10 日，额济纳旗人民政府上报《额济纳旗国有林场改革实施方案》。11 月 8 日，根据《内蒙古自治区国有林区林场改革工作领导小组关于阿拉善盟各旗（区）国有林场改革实施方案的批复》《额济纳旗国有林场改革方案》，核定额济纳旗国有林场为公益一类事业单位，经费为财政全额拨款。核定事业编制 39 名。其中，管理人员 6 名（副科级领导职数 2 名）、专业技术人员 24 名、后勤服务人员（技术工人）9 名，建立公益林日常管护机制，成立护林队，负责公益林区的日常管护工作。建立政府购买服务为主的公益林管护机制。

2018 年 6 月 19 日，额济纳旗政府办公室印发《额济纳旗国有林场改革实施方案》。9 月，完成额济纳旗国有林场备案工作，国家林业局对额济纳旗国有林场改革进行现场调研。11 月 12 日，盟林业局批复《额济纳旗国有林场森林经营方案》。

2019 年 2 月，额济纳旗国有林场完成资产清查专项审计。

2021 年，中共额济纳旗委员会机构编制委员会印发《关于额济纳旗国有林场机构职能编制的批复的通知》，额济纳旗国有林场为公益一类事业单位，财政全额拨款，核定林场事业编制 22 名。其中，管理岗 1 名，专业技术人员 8 名，工勤人员 13 名，设场长 1 名（副科级）。

（二）集体林权制度改革

2009 年 5 月 3—8 日，额济纳旗集体林权制度改革领导小组开展培训。

2011 年 4 月，旗林改办和 4 个苏木（镇）的林改工作人员参加全盟组织的赴甘肃、陕西林改培训考察。10 月，旗林改办以会代训形式召开各苏木（镇）、嘎查林改工作会，对集体林权制度改革工作进行全面讲解。

2012 年 5 月，旗林改办对各苏木（镇）负责林改人员进行林权制度改革管理信息系统录入现场培训，编印培训资料 800 份，印发工作简报 20 期。6 月，额济纳旗 1182.93 公顷集体林地中，明晰产权面积 1182.93 公顷，确权率达 100%；林权发证面积 1182.93 公顷，发证率 100%；全旗涉及林改农牧户 184 户，划分宗地 289 宗，面积 1182.93 公顷，签订承包合同 736 份。其中赛汉陶来苏木确权面积 785.73 公顷，划分宗地 107 宗，签订承包合同 228 份，发放林权证 57 本；苏泊淖尔苏木确权面积 373.67 公顷，划分宗地 130 宗，签订承包合同 388 份，发放林权证 97 本；达来呼布镇确权面积 17.73 公顷，划分宗地 37 宗，签订承包合同 88 份，发放林权证 22 本；东风镇确权面积 5.8 公顷，划分宗地 15 宗，签订承包合同 40 份，发放林权证 10 本。

（三）林长制

2021 年 9 月，制定《额济纳旗全面推行林长制工作方案》。

1. 机构设置

2021 年 10 月，按照"党政同责、划区管理、分级负责"原则，全旗设总林长 2 人、副林长 10 人、乡镇级林长 20 人、村级林长 20 人、草管员 63 人、护林员 1421 人。

林长由旗委书记、旗长担任，副林长由旗委副书记、副旗长、管委会主任担任。根据额济纳旗生态资源分布和保护特点，将额济纳旗划分为 10 个林长责任区域，即策克口岸经济开发区（含策克镇行政区域）、达来呼布镇、东风镇、哈日布日格德音乌拉镇、苏泊淖尔苏木、赛汉陶来苏木、马鬃山苏木、温图高勒苏木、巴彦陶来苏木、巴音陶海苏木。每个责任区域分别由 1 位副林长负责。管委会、苏木（镇）级林长由同级党政主要负责同志担任。嘎查级林长由嘎查党支部书记和嘎查委员会主任担任。国有林场（以下简称林场）、国家公园、自然保护区、自然公园的管理机构等具有独立经营管理性质的国有企事业单位，单独设林长，接受属地政府林长的监督管理。

旗级林长制办公室设在额济纳旗林业和草原局，主任由额济纳旗林业和草原局局长担任，副主任由分管副局长担任，主持林长制办公室日常工作。额济纳旗各有关部门为推行林长制的责任单位，确定 1 名科级干部为成员及 1 名工作人员为联络员。

2. 工作机制

制定《额济纳旗林长会议制度》《额济纳旗林长制信息公开制度（试行）》《额济纳旗林长制部门协作制度（试行）》《额济纳旗林长制工作督查制度（试行）》《额济纳旗林长工作巡查制度》5 项工作制度，规范林长督查、协调、考核和信息通报。

九、森林草原防火

（一）防火组织及队伍建设

2006 年，成立额济纳旗森林防火指挥部，下设办公室，设在额济纳旗林业局，2019 年设在额济纳旗应急管理局。

2021 年，额济纳旗有专业扑火队（额济纳旗森林消防中队）1 支 31 人；半专业防扑火队 1 支 20 人；组建以公益林护林员为主的森林草原扑火队伍 13 支 200 人。

（二）防火设施设备

2006—2021 年，额济纳旗建有防火道路 49 条，共 536.75 公里，全部在胡杨林国家级自然保护区。其中，核心区 3 条 57.89 公里、核心区外 46 条 478.86 公里；建有标准防火隔离带 1 条，长度 22.676 公里，起点位于省道 S312（三级公路）线 K620 处，终点与现有 S315 线 K68 相连；配备风力灭火机 34 台、背负式水枪 6 把、点火器 12 个、二号工具 12 把、三号工具 42 把、铁锹 10 把、斧头 10 把、割灌机 15 个、组合工具 10 套、消防水泵 1 个、灭火水枪 20 个、高压细水雾灭火机 10 个、背负式水箱 8 个、便携式风力灭火机 10 个、手提式消防泵 7 个、机动车排气火花熄灭器 3 个、防火服 50 套、单兵鞋 50 双、武警水壶 9 个、单兵生活携行具 4 套、单兵手套 50 双、油锯 11 个、防护设备 40 个、小型发电机 6 台、急救箱 12 个、帐篷 20 顶、巡护摩托车 4 辆、数字对讲机 18 台。

（三）防火宣传与演练

在保护区主要沟道、路口悬挂宣传条幅；利用微信公众号推送宣传信息；联合额济纳旗融媒体中心制作森林防火宣传专刊；通过移动电话发送防火宣传短信，协同应急、公安部门通过微信朋友圈发布森林防火宣传信息；组织开展森林防火进社区、进景区、进校园、进企业、进嘎查宣传教育活动，提高社会各界、广大居民防火意识。

2020 年 9 月 11 日，在大漠胡杨林景区举行森林草原防灭火实战演练。

2021 年 9 月 14 日，额济纳旗林业和草原局组织牵头、旗应急局、公安局、发改委、卫健委、财政局、森林消防中队、阿拉善盟航空护林站机组、额济纳旗融媒体中心、巴彦陶来苏木人民政府等部门协办，在赛汉陶来嘎查举行森林草原火灾扑火实战演练。

（四）火源管理

加强野外火源管控，防止人为火灾发生。防火戒严期，管护人员全员上岗、关口前移、靠前驻防，对重点区域、地段进行检查清理，查找火灾隐患和薄弱环节，整改存在问题；划分管护责任区，实行日报和日查制度，结合巡护路线 GPS 打点定位，按照北斗巡护系统进行航迹管理，根据实际制定巡护巡查任务，管护员每日重点林区巡护不少于 2 次，每次至少 2 名巡护人员参加，记录巡护日志，确保巡护到位。实现火患早排除、火险早预报、火情早发现、火灾早处理。

（五）火灾成因及扑救

据 2006—2021 年统计引起火灾的原因，以烧田埂草、烧灰积肥、开荒、林地清理、吸烟 5 大火源为主，烧田埂草占 20.4%、开荒占 10.7%、烧灰积肥占 7.5%、林地清理占 6.7%、吸烟占 9.4%，占火灾总数 54.6%，其余为烧牧场、上坟烧纸、烧饭、机车喷火、人为放火等。胡杨林自然保护区周边引起草原火情原因主要是智障者弄火占 3%、学生玩火占 3%、野外吸烟占 8%，上坟烧纸占 18%，其他原因占 68%。

1. 责任落实

成立额济纳旗林业和草原局防火领导小组。旗林业和草原局、胡杨林管理局、管理站、管护员层层签订森林防火责任状，与保护区内单位、个人签订防火责任状，实行领导分片负责、科室包片管理的工作机制。

2. 灭火措施

配备森林防火专用通信设备、车辆和扑火机具。在扑救森林火灾时，铁路、交通、民航等部门提供交通运输工具，邮电部门保证扑火前线指挥部与上级森林草原防灭火指挥部通信畅通。

3. 火灾扑救（表 17-16）

表 17-16 2006—2021 年额济纳旗森林草原火灾情况

年份	森林草原火灾（87 起）						受害森林面积（公顷）13.1
	小计	火警	一般	较大	重大	特大	
2006	7	3	4	—	—	—	1.12

（续表）

年份	森林草原火灾（87起）						受害森林面积（公顷）13.1
	小计	火警	一般	较大	重大	特大	
2007	5	2	3	—	—	—	0.87
2008	6	2	4	—	—	—	0.51
2009	6	2	4	—	—	—	0.84
2010	6	—	6	—	—	—	1.05
2011	5	—	5	—	—	—	1.13
2012	4	—	4	—	—	—	0.47
2013	7	—	7	—	—	—	0.56
2014	5	1	4	—	—	—	0.77
2015	4	1	3	—	—	—	0.74
2016	5	1	4	—	—	—	0.61
2017	6	2	4	—	—	—	0.55
2018	5	—	5	—	—	—	0.96
2019	6	—	6	—	—	—	1.24
2020	7	—	7	—	—	—	1.33
2021	3	—	3	—	—	—	0.35

（六）高新技术应用

建立防火长效机制，构建"六网"（瞭望网、水源网、阻隔网、通信网、道路网、指挥调度网）"四化"（系统化、专业化、立体化、设施化）"三保持"（保持防火体系建设与胡杨林景区建设同步、保持防火管理与胡杨林景区管理高度融合、保持胡杨林景区景观的完整性和自然性）防火体系，提升森林草原火灾综合防控能力。

截至2021年，胡杨林林区内设有火险预警监测系统5套及其配套设施；防火瞭望塔13座、探头14个；胡杨林林区和景区内防火监控塔9座；主要以胡杨林区现场图像采集为中心，以远程通信网为传输平台，通过网络技术、计算机软件技术等高新技术综合应用于森林防火监测和森林资源管理。监控大范围的森林目标，把大面积森林场景通过图像方式实时传输监控中心，实现防灭火信息全要素一张图的采集、火情定位、标注、扑火辅助指挥等功能。

十、林业和草原科技

（一）林业科学技术

1. 国有林场胡杨雄株嫁接项目

对胡杨树种开展性别鉴定试验以及雌雄异体嫁接试验，寻求适应绿化的胡杨树种，避免雌株树种落种时对人体及环境造成危害，经过性别鉴定之后，在雌株树种上嫁接雄株接穗，避其落种。胡杨花絮本身无毒，但白絮和花粉容易对过敏体质者引发皮肤敏感和呼吸道相关症状。白絮易燃，易造成火灾隐患。通过性别分析可利用不会产生白絮的雄株树种接穗嫁接试验成功后，推广到已在城市构成绿化环境的雌株树种上，不破坏现有绿化胡杨。

2019年，投资20万元，建立优良试验田，对实验对象进行观察分析，完成试验田改良以及对实验对象的性别进行分析鉴定。

2020年，实施嫁接实验及试验田管理。

2021年，对嫁接试验田进行管理、观察，汇集总结数据。

2. 额济纳胡杨林生态修复技术研究与示范项目

2021年，投资20万元，额济纳旗国有林场和北京林业大学合作实施额济纳胡杨林生态修复技术研究与示范项目，被列为阿拉善盟应用技术研究与开发计划，实施期限3年（2021年4月—2023年12月）。

通过人工干预，模拟河岸两边自然落种繁衍模式，根据黑河上游来水时间，将冬储胡杨种子进行实时撒播，达到种子有性繁衍目的，同时开展胡杨种子大棚育苗实验，生产一定量的胡杨苗木；建立胡杨种子繁衍示范区，开展胡杨种子天然更新，研发退化胡杨林人工生态修复的相关技术，更新与复壮日益老龄化衰退的胡杨林。

3. 阿拉善盟"科技兴蒙"项目

2021年，北京林业大学和额济纳旗国有林场在巴彦浩特镇举行"额济纳旗胡杨林生态修复技术研究与示范"项目签约仪式。签约内容：建简易大棚1座，育苗333.33公顷。开展间苗、除草、施肥、病虫害防治等实验。7月上旬，观察胡杨母树。7月中旬至8月下旬采收胡杨种子、翻种、打种、取纯种，分次发芽率实验，发芽率75%。完成胡杨种子冬储40千克。

（二）交流合作

2021年4月，额济纳旗国有林场引进北京市十三陵林场培育4年裸根生、6年容器生白皮松苗木800株，分别在额济纳旗国有林场4个种植基地进行试验栽植培育研究。

北京市十三陵林场从额济纳旗国有林场引进胸径1~3厘米胡杨120株、1年生胡杨500株、梭梭200株在北京进行栽植培育研究。

（三）科研成果

截至2021年，合作申报科研项目13项、发表科技论文29篇、出版专著4部、授权专利3项、获科研成果6项。其中，"北方几种典型的森林退化机理与适应性恢复技术研究"获国家科学技术进步奖二等奖，"'三北'地区退化森林植被生态恢复（CRRM）的理论与技术"获梁希林业科学技术进步奖三等奖。

第四节　阿拉善高新技术产业开发区林业和草原

一、林业和草原机构

（一）机构沿革

2006年7月28日，成立阿拉善经济开发区林业局，承担林业和园林双重职能。

2010年4月，成立阿拉善经济开发区森林公安派出所。

2019年5月19日，内蒙古自治区人民政府批复内蒙古阿拉善经济开发区更名为内蒙古阿拉善高新技术产业开发区。

2020 年 1 月，阿拉善高新区林业局和水务局合并，更名为阿拉善高新技术产业开发区林业草原和水务局。

2006—2021 年阿拉善高新区林业草原和水务局领导名录如下。

局　　长：孟彦东（2007 年 3 月—2009 年 12 月）

　　　　　秦　兵（2010 年 1 月—2012 年 7 月）

　　　　　姜　瑞（2013 年 9 月—2019 年 4 月）

　　　　　巴依尔图（蒙古族，2020 年 1 月—）

副 局 长：王铁坤（2006 年 7 月—2007 年 3 月，主持工作）

　　　　　苏文献（2006 年 7 月—2007 年 3 月）

　　　　　王峰己（2009 年 12 月—2011 年 6 月）

　　　　　秦　兵（2009 年 12 月—2010 年 1 月，主持工作）

　　　　　姜　瑞（2009 年 12 月—2013 年 9 月，其间 2012 年 7 月—2013 年 9 月主持工作）

　　　　　朱苏南（女，2012 年 10 月—2019 年 12 月）

　　　　　鲍乌日娜（女，蒙古族，2014 年 1 月—）

　　　　　郝开明（2019 年 4 月—2020 年 1 月，主持工作）

　　　　　李　明（2020 年 1 月—）

　　　　　王　峰（2021 年 5 月—）

局长助理：朱苏南（女，2011 年 6 月—2012 年 10 月）

　　　　　鲍乌日娜（女，蒙古族，2012 年 10 月—2013 年 12 月）

党组书记：巴依尔图（蒙古族，2020 年 1 月—2021 年 5 月）

　　　　　王　力（2021 年 5 月—）

党组成员：李　明（2020 年 1 月—）

　　　　　王　峰（2021 年 5 月—）

　　　　　鲍乌日娜（女，蒙古族，2020 年 10 月—）

2006—2021 年阿拉善高新区森林公安派出所领导名录如下。

所　　长：白高成（2010 年 4 月—2018 年 1 月）

　　　　　王　权（2018 年 1 月—2020 年 1 月）

指 导 员：姜　瑞（2013 年 12 月—2019 年 4 月）

（二）内设机构

2006 年 7 月，内设办公室、园林科 2 个科室。

2007 年 3 月，增设规划科。

2009 年 12 月，增设林业科。

2011 年，增设农牧业科、扶贫开发科。

2013 年 12 月，增设农村牧区工作科。

2015 年，内设科室调整为办公室、园林股、林业股、农村牧区工作股 4 个股（室）。

2018 年，内设科室调整为办公室、园林股、农村牧区工作股 3 个股（室）。

2019 年 11 月，根据《阿拉善盟乌斯太镇深入推进经济发达镇行政管理体制改革试点实施方案》，确定高新区林业草原和水务局为正科级单位，加挂阿拉善高新技术产业开发区林业局、阿拉善高新技术产业开发区农牧局、阿拉善高新技术产业开发区扶贫开发领导小组办公室、阿拉善黄河国家湿地公园管理局、阿拉善高新技术产业开发区水务局、阿拉善高新技术产业开发区河长制办公室 6 块牌子。设局长 1 名，副局长 5 名（含专职河长办副主任 1 名）；科级领导职数 6 名。

2020年1月，阿拉善高新技术产业开发区林业草原和水务局，内设办公室（党建办）、园林股、林业草原股、农牧业经济股、农药管理股、防疫兽医股、扶贫股、湿地管理办公室、工程建设管理股（含水土保持）、河长制办公室（含农村牧区水利、规划计划）、水政水资源管理股11个股（室）。

（三）职能职责

1. 园林职能

（1）编制城镇绿地系统专项规划及城镇绿化中长期和年度计划。

（2）指导、监督园林绿化工程建设及质量管理。

（3）负责公共绿地的监督管理和分类指导。

（4）编制城镇绿化年度经费计划，对绿化经费的拨付及使用进行合理调度并严格审核。

（5）负责组织、协调、监管企业厂区绿化。

（6）负责征占用公共绿地的审批管理工作。

（7）负责节庆期间组织实施重点区域的绿化、美化工作。

（8）负责城镇绿化成果普查和资源调查评估工作。

（9）负责城镇园林绿化病虫害防控防治工作。

（10）组织园林绿化重点科技攻关和科技成果的推广使用。

2. 林业和草原职能

（1）负责林业和草原及其生态保护建设修复的监督管理。贯彻执行国家、自治区、盟和高新区关于生态环境建设、森林、草原资源保护和国土绿化的方针政策和法律法规。落实林业和草原及其生态保护修复的政策、规划、措施并组织实施。组织开展高新区森林、草原、湿地、荒漠和陆生野生动植物资源动态检测与评估。

（2）承担林业和草原生态保护建设修复和造林种草绿化工作。组织实施林业和草原重点生态保护建设修复工程。指导公益林、商品林的培育经营，组织全民义务植树种草工作。组织林业和草原有害生物防治、检疫工作。

（3）负责森林、草原、湿地资源的监督管理。负责公益林划定和管理工作。负责草原禁牧、草畜平衡和草原生态修复治理工作。依法承担林地、草原征占用的初审工作。

（4）负责监督管理荒漠化防治工作。组织开展荒漠调查，组织拟定防沙治沙、沙化土地封禁保护区建设规划，监督沙化土地的合理利用。

（5）负责陆生野生动植物资源监督管理。组织开展陆生野生动植物资源调查。组织、指导陆生野生动植物的救护繁育、栖息地恢复发展、疫源疫病监测。监督管理陆生野生动植物捕猎或采集。

（6）承担森林、草原病虫害防治检查和林木种苗、草种质量监督检查工作。负责管理林木种苗、草种生产经营行为，组织林木种子和草种种质资源普查。负责查封、扣押存在质量问题的林木种子、病虫植物及违反规定调运的森林植物及其产品。

（7）负责贯彻落实综合防火减灾规划相关要求，组织指导开展防火巡护、火源管理、防火设施建设等工作。组织开展森林和草原防火宣传教育、监测预警、督促检查等工作。

（8）贯彻落实林业和草原改革相关工作。组织实施集体林权制度改革工作。落实农村牧区林业和草原发展及维护林业、草原经营者合法权益的政策措施，组织实施农村牧区林地、草原承包经营工作。组织开展退牧还草和天然林保护工作。

（9）负责指导林业和草原资金的管理和使用。组织实施林业和草原生态补偿工作。

（10）负责指导并组织实施林业和草原科技、宣教工作，落实林业和草原人才队伍建设。

（11）贯彻落实沙产业发展相关政策措施，负责组织沙产业项目储备、申报、实施等工作。

（12）指导高新区森林、草原相关行政执法工作。

3. 农牧职能

（1）贯彻执行国家、自治区、盟和高新区关于发展农牧业和农村牧区经济发展的方针政策、法律法规，并组织实施。

（2）承担完善农村牧区经营管理体制的责任，指导实施深化农村牧区经济体制改革和稳定、完善农村牧区基本经营制度的建议。

（3）负责扶持农牧业社会化服务体系、农村牧区合作经济组织、农牧民专业合作社的建设与发展。

（4）指导农村牧区草原承包、使用权流转和承包纠纷仲裁管理；负责减轻农牧民负担和农牧民筹资筹劳管理工作，指导农村牧区集体资产和财务管理。

（5）负责组织落实促进农畜产品生产发展的相关政策措施，指导农牧业产业结构调整和产品品质的改善，促进农畜产品有效供给和总量平衡、结构合理；会同有关部门指导优化农牧业区域布局，指导农牧业标准化、规模化生产；负责农牧业生产预警监测及防灾减灾工作。

（6）负责拟订农牧业产业化经营的政策、规划，并组织实施；积极推进现代农牧业发展，提升产业化水平，促进农牧民增收；指导农畜产品加工业结构调整、技术创新和服务体系建设。

（7）承担农畜产品和农牧业生产资料的质量安全监管，提升农畜产品质量安全水平的责任，依法开展农畜产品质量安全风险评估，发布有关农畜产品质量安全状况信息，负责农畜产品质量安全监测。监督指导符合安全标准的农畜产品认证和食用农畜产品从种植养殖环节到进入市场前的安全监督管理。

（8）组织、协调农牧业生产资料市场体系建设，依法开展农作物种子（种苗）、种畜禽、农药、兽药、饲料、饲料添加剂的生产经营等环节的监督管理。负责对农牧业机械产品质量的监督管理。

（9）负责农作物病虫害和畜禽疫病的防治，落实动植物防疫检疫有关规定，并组织实施；负责指导动植物防疫和检疫体系建设，组织、指导和监督动植物的防疫检疫工作，负责发布疫情、组织扑灭工作；负责组织植物检疫性有害生物普查；负责兽医医政、兽药药政和生物安全工作，负责执业兽医的管理；负责畜禽屠宰监管工作。

（10）承担农牧业防灾减灾的责任，负责监测、发布农牧业灾情，组织救灾物资储备和调拨；提出生产救灾资金的安排使用建议，指导紧急救灾和灾后生产恢复。

（11）承担监测分析农牧业和农村牧区经济运行工作，开展农牧业统计，发布农牧业和农村牧区经济信息，指导农牧业信息服务。

（12）负责落实农牧业科研、农牧业技术推广的规划、计划和有关政策，会同有关部门组织农牧业科技创新体系和农牧业产业技术体系建设；按分工组织实施农牧业重大专项科研，组织实施农牧业领域的高新技术和应用技术研究，负责农牧业科技成果管理、转化和技术推广。

（13）组织指导农牧业教育和农牧业职业技能开发工作，参与实施农村牧区实用人才培训工程，承担农村牧区劳动力转移就业培训工作。

（14）承担农牧业水源污染治理有关工作。

4. 扶贫开发职能

（1）贯彻落实自治区扶贫开发地方性法规、规章，落实有关扶贫开发政策。

（2）会同相关部门拟定行业扶贫开发政策。

（3）组织开展贫困人口建档立卡和扶贫开发信息检测工作。

（4）负责落实扶贫项目。会同有关部门拟定扶贫发展资金使用计划，做好扶贫资金使用管理和监督检查。

（5）负责组织协调党政机关、企事业单位和社会各界参与扶贫开发工作。

5. 黄河湿地公园管理职能

（1）贯彻执行国家、自治区、盟和高新区有关湿地保护修复的法律、法规、规章和方针政策。

（2）负责实施湿地公园总体规划和续建方案；负责制定湿地公园的各项规章制度和管理计划并组织实施；负责对湿地公园规划控制区内的建设、规划、开发、经营活动进行监管；协调湿地公园与周边苏木（镇）、嘎查的关系。

（3）负责湿地公园内的自然资源和生态环境的保护与管理；负责湿地公园内湿地保护与利用、生态旅游等事务；负责公园内野生动植物的救护和疫源疾病的防控工作。

（4）负责湿地公园资源调查和监测工作；管理湿地科研成果、数据和资料，并按照规定向有关部门报送调查和监测报告。

（5）负责湿地科学知识的科普教育、参与国际国内湿地保护与利用的交流与合作。

（6）协助争取、筹措湿地保护、修复、建设和管理资金；对授权的相关资产进行经营、管理、合理开发和综合利用；组织实施湿地公园生态保护修复工程、基础设施配套、生态旅游开发及其他项目，并予以管理。

（7）配合有关部门做好公园内的林业林政、渔业渔政、环境保护、园林绿化等工作。

6. 水务职能

（1）贯彻执行国家、自治区、盟和高新区有关水务工作的方针、政策和法律法规，编制高新区节约用水规划，组织监督高新区的节约用水工作。

（2）配合盟水务局统一管理高新区水资源（含空中水、地表水、地下水）；组织拟定高新区水长期供求计划、水量分配方案并监督实施；负责高新区水资源统一规划、管理和保护工作；组织高新区建设项目水资源与防洪规划工作，发布高新区水资源公报。

（3）负责地下水年取水不足 100 万立方米，地表水用于工业和城镇生活年取水不足 100 万立方米或其他用水年取水不足 1000 万立方米的建设项目、城镇自来水的取水许可制度的实施。

（4）负责水事纠纷和水事案件的查处工作。

（5）组织编制水利建设项目的项目建议书、可行性研究报告和小型水利工程的项目初步设计；监督实施国家、自治区和盟内的水利行业技术质量标准和水利工程的规范、规程。

（6）负责水利工程相关设施的建设、维护、监督和管理工作。

（7）负责河长制方面工作。

（8）负责防汛抗旱工作。

承办高新区党工委、管委会交办的其他工作。

二、自然环境与社会经济概况

（一）地理位置

阿拉善高新区地处中国西部"呼—包—银—兰"经济带和鄂尔多斯—乌海—阿拉善"小金三角"交汇点。东临黄河，西倚贺兰山，南接宁夏石嘴山市，北连乌海市，所辖面积1809平方公里。黄河过境 6 公里。包兰铁路、乌吉铁路、G6 高速、乌巴一级公路、110 国道"五路交汇"。距银川机场 150 公里，距乌海机场 50 公里，距阿左旗机场 120 公里，均可高速直达。

（二）气候概况

阿拉善高新区属典型大陆性半干旱气候，干旱少雨、日照充足、蒸发强烈、昼夜温差大、水资源极度缺乏。年均气温 10℃，极端最高气温 39.1℃，极端最低气温 −25.2℃，年均相对湿度

40.1%。全年盛行东南偏南风，年均风速3.4米/秒，最多风向频率19%。年最大降水量366.7毫米，年最少降水量109毫米，年均降水量172.3毫米，降水主要集中在5—9月，占年降水量60%~98%，月最大降水量126.4毫米，日最大降水量94.3毫米。年均无霜期224天，年均日照时数3071.9小时，日照百分率69.5%。年均大风日数36.5天，年均沙尘暴0.9天。气候灾害有干旱、霜冻、冰雹、大风、洪涝、沙尘暴、寒潮（表17-17、表17-18、图17-3、图17-4）。

表17-17　阿拉善高新区气温、气压、降水量、相对湿度统计（2008—2021年）

月份	气温（℃）			气压（帕）			降水量（毫米）		相对湿度（%）
	最低	平均	最高	最低	平均	最高	平均值	极大值	
1	−25.2	−7.3	10.7	863.6	880.7	899.9	0.9	5.4	44
2	−22.1	−3.0	17.8	855.8	878.1	893.7	1.1	6.4	38
3	−14.4	5.1	25.1	858.2	876.3	897.1	7.4	63.9	27
4	−7.6	12.6	31.4	856.9	874.2	892.0	6.7	25.8	27
5	0.8	18.3	34.1	856.6	871.7	885.7	13.9	45.5	29
6	7.7	23.3	36.7	858.4	868.8	880.4	20.8	64.2	37
7	13.3	25.3	39.1	858.5	868.0	877.4	36.1	98.3	46
8	8.4	23.0	36.5	860.0	871.3	882.9	33.2	104.6	49
9	2.2	17.4	32.9	864.3	875.5	888.4	34.4	126.4	52
10	−5.2	10.3	29.4	864.8	879.6	893.6	10.8	30.8	43
11	−16.0	1.7	20.9	865.0	880.1	899.3	3.7	15.2	46
12	−23.1	−5.5	11.9	864.7	881.3	897.9	0.7	3.6	45

表17-18　阿拉善高新区天气现象资料统计

年大风日数	36.5天	年最大积雪深度	10厘米
年扬沙日数	8.7天	年积雪日数	10.4天
年沙尘暴日数	0.9天	年最大冻土深度	118厘米
年冰雹日数	0.1天	年结霜日数	22.5天

（三）矿产资源

高新区及周边矿产资源富集，已探明矿藏有86种，产地416处。其中，有开发利用价值的54种，已开采的40种。分布规律为东煤炭，西萤石，南多磷，北富铁，中部建材石墨盐碱硝。矿产以湖盐煤炭、石油、芒硝、石膏、萤石、花岗岩、大理石、白云岩、铁、冰洲石、石墨、宝玉石为主。其中，无烟煤、湖盐、花岗岩、冰洲石储量居内蒙古自治区第一位。

（四）人口民族

阿拉善高新区辖乌斯太镇，乌斯太镇辖乌兰毛道、巴音敖包2个嘎查，玛拉沁、乌兰布和2个社区。

2021年5月，《阿拉善盟第七次全国人口普查公报》显示，高新区常住人口2.72万人。有蒙古族、汉族、回族、满族、藏族等20个民族，少数民族占总人口的15.68%。

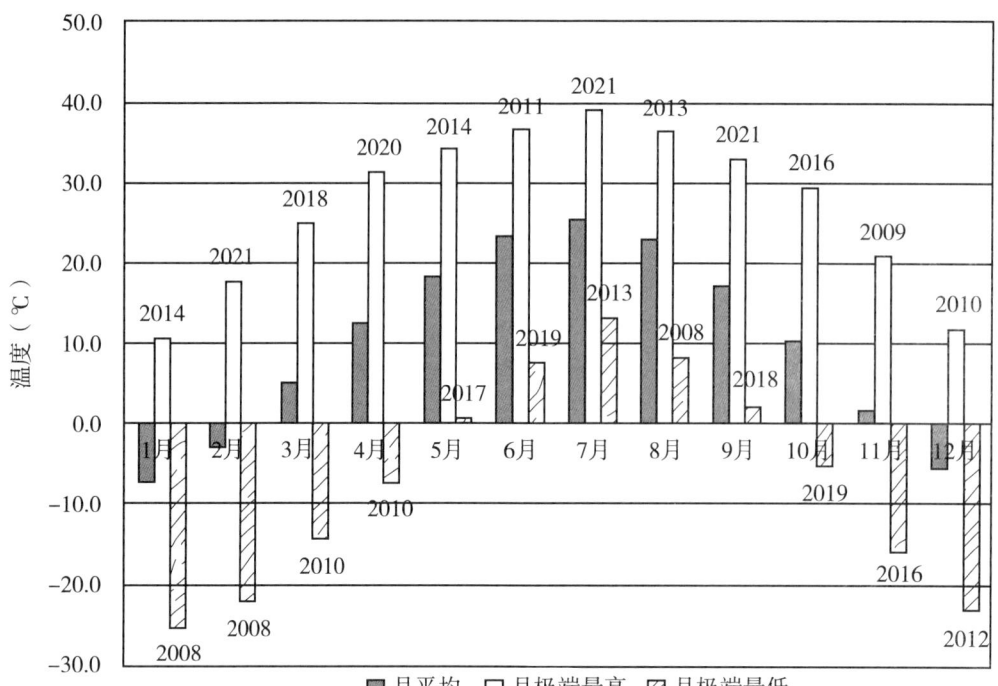

图 17-3　阿拉善高新区 2008—2021 年气温平均及极值

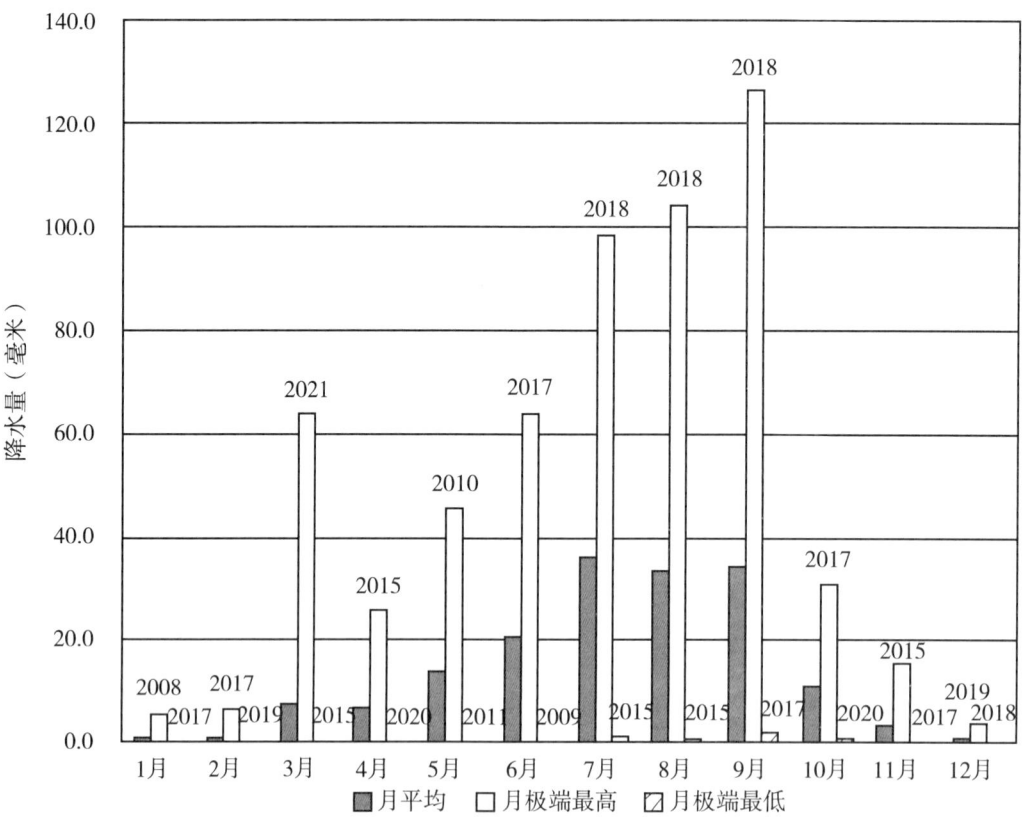

图 17-4　阿拉善高新区 2008—2021 年降水平均及极值

1. 乌兰毛道嘎查

蒙古族、汉族、回族等民族聚居，农牧民 83 户 321 人。其中，汉族 104 人、蒙古族 100 人、回族 117 人，分别占总人口的 32.4%、31.2% 和 36.4%。

2. 巴音敖包嘎查

蒙古族、汉族、回族等民族聚居，农牧民 104 户 336 人。其中，蒙古族 200 人、汉族 115 人、回族 21 人，分别占总人口的 59.5%、34.2% 和 6.25%。

（五）经济社会

2021 年，阿拉善高新区成为新兴工业重镇。形成乌兰布和工业园区、巴音敖包工业园区、贺兰区"两园一区"布局，构建盐化工、煤化工、精细化工、战略性新兴产业和绿色生态产业为主导的循环经济格局。

2019 年，地区生产总值完成 110.4 亿元，同比增长 9%，占全盟 37.4%，工业增加值 75.7 亿元，同比增长 9.4%，占全盟 55.5%，规模以上工业增加值同比增长 11.9%；城乡 500 万元以上固定资产投资 44 亿元，同比增长 42.8%；财政总收入 16.9 亿元，同比增长 55.6%；城镇常住居民人均可支配收入 4.3 万元，同比增长 6.4%；农牧区常住人均可支配收入 2.1 万元，同比增长 9.6%。

2020 年，地区生产总值完成 112.3 亿元，同比增长 7%，占全盟 36.8%，工业增加值 81.1 亿元，同比增长 14.1%，占全盟 55.1%，规模以上工业增加值同比增长 16.1%；城乡 500 万元以上固定资产投资 50.8 亿元，同比增长 15.5%；财政总收入 17.7 亿元，同比增长 4.8%；城镇常住居民人均可支配收入 4.4 万元，同比增长 2.4%；农牧区常住人均可支配收入 2.2 万元，同比增长 6.4%。

2021 年，地区生产总值完成 146.9 亿元，同比增长 7%，占全盟 40.4%，工业增加值 113.9 亿元，同比增长 8.8%，占全盟 57.5%，规模以上工业增加值同比增长 13.8%；城乡 500 万元以上固定资产投资 61 亿元，同比增长 20.2%；财政总收入 21 亿元，同比增长 18.3%；城镇常住居民人均可支配收入 4.7 万元，同比增长 7.4%；农牧区常住人均可支配收入 2.4 万元，同比增长 8.9%。

截至 2021 年，建成新能源生态科技馆，消化吸收世界领先技术 41 项，授权专利 461 项，自主创新技术 38 项，国家级高新技术企业 20 家，高新技术产业产值占工业产值比重 37%，10 多种化工产品占全球市场份额 50%。战略性新兴产业企业 14 家，占规模以上企业比重 26%，重点实验室、研发中心等各类平台载体 58 家。1000 人通过技能等级证书，200 人免试获得国家高级、中级职业资格证书。开展创业培训 14 期，累计发放小额担保贷款 2071 万元。建成百建就业创业孵化园、小微企业创业园、食品加工创业园、精细化工高新技术创业孵化园 4 家盟（市）标准化创业园。

盐化工 形成煤-电-电石-PVC 树脂-电石渣制水泥的上下游一体化发展模式。晨宏力公司 PVC 糊树脂产品质量达到医用级手套料标准，成为自治区首家、国内第二、亚洲第四医用级手套原料生产企业。金属钠产能 8.5 万吨，占全球市场份额 70%。11 万吨氯酸钠单套产能亚洲最大。

煤化工 形成煤焦化-煤焦油深加工、粗苯加氢、煤焦化-焦炉煤气-LNG、煤焦化-焦炉煤气-甲醇-芳烃等多条产业链。建成焦炭 300 万吨、煤焦油轻质化 66 万吨、费托合成蜡 20 万吨、液化天然气 14 万吨等为主煤化工产业链。

精细化工 形成染料及颜料中间体、农药中间体、医药中间体等细分领域。建成占全球市场份额 90% 靛蓝、占全球市场份额 40% 光引发剂系列产品。苯并咪唑类、羟基-柳胺类抗寄生虫原料药国内市场占有率 70%。国内产能最大肌酸、硝磺草酮、苯嗪草酮。国内首家三氯乙烯、四氯乙烯联产技术大规模装置。填补国内同行业空白的氨基甘油等重点项目。

基础设施建设累计投入 60 亿元，建成水电路讯、供热、供气、排污等百余项基础设施工程。投资 1.8 亿元，建成乌斯太中学、民族幼儿园、第二幼儿园和九年一贯制学校体育活动室高标准现代化学校和场馆。投资 3000 万元，实施社区医养服务中心、综合医院提升工程，与宁夏医科大学总医院建立宁蒙跨区域医疗合作机制，实施公立医院改革工作推进"三医联动"。

三、造林绿化

阿拉善高新区围绕资源综合利用，选择市场竞争力持久的项目，以"产业循环、资源节约、环境友好、集约发展"科学发展理念为指导，推进生态建设。

（一）义务植树

"十一五"期间，义务植树 6.5 万株。其中，2007 年 2.2 万株、2009 年 4 万株、2010 年 0.3 万株。

"十二五"期间，义务植树 6.1 万株。其中，2011 年 1.5 万株、2012 年 1 万株、2013 年 1.1 万株、2014 年 1.5 万株、2015 年 1 万株。

"十三五"期间，义务植树 4.5 万株。其中，2016 年 1.2 万株、2017 年 0.3 万株、2018 年 0.5 万株、2019 年 1.5 万株、2020 年 1 万株。

2021 年，义务植树 0.4 万株。

2007—2021 年，完成义务植树 17.5 万株。

（二）城镇区域绿化

截至 2021 年，投资 11.79 亿元，绿化 1390.83 公顷。其中，厂矿绿化 400 公顷、道路公园绿化 990.83 公顷，绿化率 27.8%。

2006 年，投资 5417 万元，绿化 124.28 公顷。

2009 年，投资 5100 万元，绿化 44.05 公顷。其中，道路绿化 8.25 公顷、公园绿化 27.8 公顷、外围防护林 8 公顷。

2010 年，投资 5400 万元，绿化 35.18 公顷。其中，道路绿化 2.82 公顷、公园绿化 27.36 公顷、外围防护林 5 公顷。

2012 年，投资 148.65 万元，园林绿化 1.32 公顷。

2013 年，投资 1630 万元，园林绿化 48 公顷。

2014 年，投资 5714 万元，园林绿化 328.18 公顷。

2016 年，投资 1.1 亿元，园林绿化改造 56 公顷。

2017 年，投资 7600 万元，道路绿化 5.84 公顷，景观提质升级 54 公顷。

2018 年，投资 2757.1 万元，绿化改造 30 公顷。

2019 年，投资 600 万元，绿化改造 4 公顷。

2020 年，投资 3912.7 万元，园林绿化 54.63 公顷。

2021 年，投资 1973.53 万元，园区道路绿化 11.2 公顷。

四、林业和草原重点工程

（一）"三北"防护林工程

"三北"防护林体系建设四期工程（2008—2010 年），投资 212.5 万元，完成营造林 1333.33 公顷。其中，人工灌木造林 666.67 公顷、封山（沙）育林 666.67 公顷，地点乌斯太镇巴音敖包嘎查。

2008 年，投资 125 万元，完成人工造林 666.67 公顷。

2010 年，投资 87.5 万元，完成封山（沙）育林 666.66 公顷。

"三北"防护林体系建设五期工程（2011—2020 年），投资 1463 万元，完成营造林 5266.67 公顷。其中，人工灌木造林 4266.67 公顷、封山（沙）育林 333.33 公顷、飞播造林 666.67 公顷，地点乌斯太镇巴音敖包嘎查。

2011 年，投资 150 万元，完成人工造林 666.67 公顷。

2013 年，投资 203 万元，完成封山（沙）育林 333.33 公顷、人工造林 933.33 公顷。

2014 年，投资 150 万元，完成飞播造林 666.67 公顷。

2018 年，投资 480 万元，完成人工造林 1333.33 公顷。

2019 年，投资 240 万元，完成人工造林 666.67 公顷。

2020 年，投资 240 万元，完成人工造林 666.67 公顷。

（二）天然林资源保护工程

天保工程一期（2008—2010 年），投资 210 万元，完成封山（沙）育林 2000 公顷，地点乌斯太镇巴音敖包嘎查。

2008 年，投资 70 万元，完成封山（沙）育林 666.67 公顷。

2009 年，投资 70 万元，完成封山（沙）育林 666.67 公顷。

2010 年，投资 70 万元，完成封山（沙）育林 666.67 公顷。

天保工程二期（2011—2020 年），投资 2606 万元，完成营造林 1.14 万公顷。其中，人工灌木造林 5766.67 公顷、人工乔木造林 333.33 公顷、封山（沙）育林 5333.33 公顷，地点乌斯太镇巴音敖包嘎查。

2011 年，投资 185 万元，完成封山（沙）育林 333.33 公顷、人工造林 533.33 公顷。

2012 年，投资 155 万元，完成封山（沙）育林 333.33 公顷、人工造林 466.67 公顷。

2013 年，投资 140 万元，完成封山（沙）育林 1333.33 公顷。

2014 年，投资 140 万元，完成封山（沙）育林 1333.33 公顷。

2015 年，投资 190 万元，完成人工造林 666.67 公顷、封山（沙）育林 666.67 公顷。

2017 年，投资 156 万元，完成人工造林 433.33 公顷。

2018 年，投资 240 万元，完成人工造林 666.67 公顷。

2019 年，投资 1400 万元，完成人工造林 3333.33 公顷、封山（沙）育林 1333.33 公顷。

（三）退牧还草工程

2012 年，启动天然草原退牧还草工程。

2012—2016 年，投资 749 万元，完成退牧还草 8733.3 公顷。其中，人工种植梭梭 3400 公顷、草地补播 5333.33 公顷，地点乌斯太镇巴音敖包嘎查。

2012 年，投资 40 万元，完成草地补播 1333.33 公顷。

2013 年，投资 164 万元，完成人工种植梭梭 266.67 公顷、草地补播 4000 公顷。

2014 年，投资 120 万元，完成人工种植梭梭 800 公顷。

2015 年，投资 101 万元，完成人工种植梭梭 666.67 公顷。

2016 年，投资 324 万元，完成人工种植梭梭 1666.67 公顷。

（四）退耕还林工程

2008 年，投资 28 万元，完成围栏封育 266.67 公顷。

2009 年，投资 35 万元，完成围栏封育 333.33 公顷。

2010 年，投资 60 万元，完成人工造林 333.33 公顷。

2011 年，投资 35 万元，完成围栏封育 333.33 公顷。

2012 年，投资 60 万元，完成人工造林 333.33 公顷。

（五）造林补贴项目

2012 年，投资 126 万元，完成人工造林 666.67 公顷。

2014 年，投资 105 万元，完成人工造林 333.33 公顷。

2015 年，投资 100 万元，完成人工造林 333.33 公顷。

2016 年，投资 200 万元，完成人工造林 666.67 公顷。

2017 年，投资 200 万元，完成人工造林 666.67 公顷。

2019 年，投资 600 万元，完成人工造林 1333.33 公顷、森林精准提升 1333.33 公顷。

2020 年，投资 800 万元，完成人工造林 1666.67 公顷、森林精准提升 1333.33 公顷。

2021 年，投资 525 万元，完成人工造林 1000 公顷。

（六）森林植被恢复项目

2019 年，投资 500 万元，完成人工造林 233.33 公顷。

（七）退化草原修复项目

2019 年，投资 2000 万元，完成人工种草、草地补播、草原封育、种播混合 6666.67 公顷。

2020 年，投资 449 万元，完成草地补播、草原封育 3333.33 公顷。

五、湿地保护

（一）湿地资源

1. 湿地植被分布特点

受地理环境、气候因子、人为活动等条件影响，阿拉善黄河湿地植被类型复杂，总体植被稀疏，覆盖率低。植物主要种类是沼泽水生植物、耐盐碱植物 2 种类型，以草本植物为主。湿地植被类型和分布具有其特定特点：在地下水位较浅、土壤盐分较轻和水分适中河滩地或低洼地，分布以假苇拂子茅、芦苇等中生植物为代表的中生草甸群落。在地下水位浅而土壤盐分较重的部分河滩地及低洼盐沼地，分别以碱蓬、小芦草（芦苇的变种）、盐角草等耐盐碱中生植物为代表的盐生草甸群落。地下水接近或溢出地面地区，土壤水分饱和的低洼地或湖沼，分布着以针蔺、藨草、水葱、香蒲、芦苇、金鱼藻、眼子菜等沼泽和水生群落。地下水位较深，土壤盐分重的盐土，分布以盐爪爪、柽柳、白刺、芨芨草、角果碱蓬等盐生灌丛及盐生草甸群落。

2. 湿地植物

阿拉善黄河国家湿地公园有维管束植物 60 科 159 属 266 种。其中，蕨类植物门 2 科 2 属 4 种、裸子植物门 3 科 5 属 7 种、被子植物门 55 科 152 属 255 种。湿地内还分布有硅藻门、绿藻门、蓝藻门、金藻门、隐藻门、甲藻门、裸藻门 7 个浮游植物门 68 属浮游植物。

黄河湿地植被可划为湿地阔叶林植被、湿地灌丛植被、草甸植被和水生植被 4 个基本类型。湿地阔叶林植被类型条件较好，除天然柳树、胡杨，人工栽植乔灌木树种较多；湿地灌丛植被类型分布有大量柽柳，面积集中，覆盖密度较大，还分布有白刺、盐爪爪灌丛群落；草甸植被类型的植被有耐盐碱干旱碱蓬草甸、芨芨草草甸，有适温中生草甸中的假苇佛子茅、赖草、细齿草木樨、无芒雅草草甸，还有低地沼泽化草甸中的水麦冬、针蔺草甸的群系存在；水生植被类型主要分布有芦苇沼泽、水葱沼泽、扁秆草沼泽、香蒲沼泽以及金鱼藻、狐尾藻、龙须眼子菜、荇菜、浮萍群落的植物群系。

3. 湿地野生动物

阿拉善黄河国家湿地公园有野生动物 26 目 52 科 232 种和 135 个亚种。其中，国家一级重点保护动物有黑鹳、小鸨、大鸨、白尾海雕 4 种；国家二级重点保护野生动物 25 种，爬行类有大鲵 1 种，鸟类有角䴙䴘、斑嘴鹈鹕、白琵鹭、白额雁、大天鹅、小天鹅、鸳、普通鵟、草原鵰、白尾鹞、兀鹫、鹗、猎隼、燕隼、红脚隼、红隼、灰鹤、蓑羽鹤、鹃鸮、纵纹腹小鸮、长耳鸮、短耳鸮等 23 种，兽类有荒漠猫 1 种。

（二）湿地公园

1. 基本情况

内蒙古阿拉善黄河国家湿地公园，为永久性河流湿地。

2009 年 12 月 23 日，列入国家林业局试点建设范围。

2011 年 5 月 6 日，阿拉善盟发改委批准建设内蒙古阿拉善黄河国家湿地公园。

2018 年 12 月 29 日，国家林业和草原局验收，授予"内蒙古阿拉善黄河国家湿地公园"牌匾。

阿拉善盟内黄河段总长 80 公里，分 2 段，南段 6 公里在阿拉善高新区内，北段 74 公里在乌兰布和沙产业示范区内。2019 年，乌兰布和示范区黄河段纳入阿拉善黄河国家湿地公园。

2. 公园建设

（1）一期建设（2011—2017 年）。投资 5.05 亿元，建设湿地恢复保育区、湿地科普教育区、湿地恢复示范区、湿地生态展示区、湿地服务管理区 5 个功能区。

湿地恢复保育区 位于小迈力沟和麻黄沟之间，黄河西岸，总面积 142.17 公顷，是湿地公园核心保护区域，以保护湿地生态系统、恢复和培育湿地为主要内容。除开展保护或恢复等必需活动外，避免进行与湿地生态系统保护和管理无关的其他建设活动。

湿地科普教育区 位于规划区东北部，黄河西岸，总面积 125.05 公顷，主要向社会公众宣传或展示湿地功能、价值等科普活动为主要内容，开展以湿地为主题的休闲、游览活动，根据游览方式及活动内容，适度安排游憩设施，避免游览活动对湿地生态环境造成过多破坏。

湿地恢复示范区 位于规划区北部，湿地科普教育区西侧，总面积 133.12 公顷。通过生态净化技术，植被恢复等方法，将煤化工厂原址合理利用，开展生态旅游等活动内容，丰富居民业余娱乐休闲生活。

湿地生态展示区 位于湿地恢复保育区以西，110 国道以东，总面积 326.56 公顷。在现有基础上，结合草原文化、黄河文化等地方特色文化，以湿地体验和参与项目为主体进行生态旅游建设，发展相关衍生旅游产业链，开发上下游旅游产品。

湿地服务管理区 位于湿地公园两个主要入口处，总面积 43.63 公顷，湿地生态系统敏感度相对较低，作为服务管理区可减少对湿地整体环境的干扰和破坏，发挥交通和地理区位的优势。主要作为公园餐饮、住宿、管理、游客中心等公园服务与管理内容的设施中心。

（2）二期建设（2021—2035 年）。计划投资 384.2 亿元。将阿拉善黄河段 80 公里水线全部纳入湿地公园，修规后湿地沿黄河水线长度由原来的 6.2 公里增加到 80 公里，湿地面积由 773.33 公顷增加到 6 万公顷。

完成确界立标，进行退耕还湿，建设防洪防沙大坝 74 公里、主巡护路 164 公里，水生植物恢复和栽植 148 公顷、防沙治沙 296 公顷，遏制乌兰布和沙漠入侵黄河。

建设保护野生动物迁徙通道和救助站 5 个、观测亭 10 个、观鸟亭 15 个，制作宣传牌匾。

建设管理服务中心、科研检测中心和宣教展示中心2000平方米、气象观测站点 2 座。

六、资源保护

（一）有害生物防治

2013年，在巴音敖包嘎查科泊尔滩实施病虫害防治3333.33公顷。

2014年，投资40万元，在巴音敖包嘎查科泊尔滩实施鼠害防治1333.33公顷。

2015年，在巴音敖包嘎查科泊尔滩实施鼠害防治3333.33公顷、虫害防治3333.33公顷。

2016年，复检苗木303万株，复检率达到98%以上。

2017年，复检苗木109.8万株，森林鼠害防治2666.67公顷。

2018年，复检苗木44.81万株，鼠害防治2200公顷。

（二）森林保险

阿拉善高新区2014年启动森林保险工作。

2014—2015年，投保面积6.06万公顷，保费113.55万元，发生灾害面积2000公顷，理赔88.20万元。

2015—2016年，投保面积6.06万公顷，保费113.55万元，发生灾害面积2666.67公顷，理赔89.55万元。

2016—2017年，投保面积6.06万公顷，保费113.55万元，发生灾害面积1666.67公顷，理赔63.08万元。

2017—2018年，投保面积6.06万公顷，保费113.55万元，发生灾害面积2153.33公顷，理赔80.64万元。

2018—2019年，投保面积6.06万公顷，保费113.55万元，发生灾害面积1400公顷，理赔51.72万元。

2019—2020年，投保面积6.06万公顷，保费113.55万元，发生灾害面积1326.67公顷，理赔48.86万元。

2020—2021年，投保面积6.06万公顷，保费113.55万元，发生灾害面积1186.67公顷，理赔43.52万元。

2014—2021年，投保面积42.42万公顷，保费794.85万元，发生灾害面积1.24万公顷，理赔465.57万元。

七、特色产业

内蒙古金沙苑生态集团有限公司是以沙漠生态综合治理、农林牧业综合开发加工为主的生态产业化集团企业，旗下有内蒙古金沙葡萄酒业有限公司、内蒙古金沙堡地旅游有限公司、内蒙古金沙泓泰畜牧有限责任公司、内蒙古金巍生物科技有限责任公司。

公司位于乌斯太镇乌兰毛道嘎查北滩地区，地处乌兰布和沙漠南缘，是国家、自治区、阿拉善盟生态建设重点地区。

公司实施乌兰布和沙漠生态治理工程，投资20亿元，项目建设总规模6666.67公顷，以现代高效葡萄种植、种草种树、产业化养殖、葡萄酒酿造以及牛羊肉冷冻加工销售、葡萄酒销售、生态观光旅游为主。

2005年，公司成立，推平沙漠5333.33公顷，修筑作业道路80公里，配套输变电线路60公里，打配套机电井40眼，栽植防护林333.33公顷，建设节能日光温棚30亩，开发建设优良牧草高效农业种植基地2000公顷、葡萄种植基地2000公顷、葡萄酒厂加工基地3万吨/年、万头肉牛肉羊畜牧业现代化舍饲养殖基地；采用大型喷灌种植优质牧草 666.67 公顷、优质葡萄 666.67 公顷；建设梭梭林接种肉苁蓉基地 2000 公顷、生态林基地 2666.67 公顷、休闲度假生态旅游基地，项目区植被覆盖度 90%。

产品通过 ISO9001 认证、ISO14001 环境管理体系认证、HACCP 食品安全体系认证、有机食品认证。公司获"自治区诚信示范企业""内蒙古名牌产品""消费者信得过单位""中国消费者满意名特优品牌"。

2011 年，公司自有品牌"沙恩"系列葡萄酒上市，获得多项世界级荣誉。2014 年，沙恩·金沙臻堡橡木桶陈酿赤霞珠干红葡萄酒荣获第 21 届比利时布鲁塞尔世界葡萄酒大赛金奖；2015 年，沙恩·秘境沙藏大漠豪情葡萄酒荣获"2015 国际领袖产区葡萄酒质量大赛优质奖"；2016 年，沙恩·金沙臻堡橡木桶陈酿霞多丽干白葡萄酒获第 23 届比利时布鲁塞尔世界葡萄酒大赛银奖；沙恩·沙漠冰魄葡萄酒与沙恩·秘境沙藏大漠豪情葡萄酒在 2016 年世界沙漠葡萄酒大赛中分获金、银奖；2017 年，沙恩·金沙臻堡葡园三星干红葡萄酒获第八届亚洲葡萄酒质量大赛金奖、沙恩·沙漠冰魄葡萄酒获德国帕耳国际有机葡萄酒评奖大赛大金奖、沙恩·橡木桶陈酿霞多丽干白葡萄酒获德国帕耳国际有机葡萄酒评奖大赛金奖；2018 年，沙恩大漠豪情葡萄酒和沙恩酒庄蛇龙珠干红葡萄酒获德国帕耳国际有机葡萄酒评奖大赛金奖；2019 年，沙恩五星干红葡萄酒获第十届亚洲葡萄酒质量大赛金奖，沙恩四星、五星干红葡萄酒获帕尔国际有机葡萄酒大赛大金奖，沙恩五星干红葡萄酒获布鲁塞尔世界葡萄酒大赛银奖，沙恩蛇龙珠干红葡萄酒荣获 2019"一带一路"国际葡萄酒大赛大金奖，马瑟兰干红葡萄酒获中国国际马瑟兰葡萄酒大赛银奖和 2019 世界沙漠葡萄酒大赛大金奖；霞多丽干白荣获 2019 世界沙漠葡萄酒大赛金奖等。

截至 2021 年，葡萄酒产能 2000 吨/年，销售收入 1.2 亿元，产品销往内蒙古、北京、广州、辽宁、河北、山西、陕西、江苏等地区。

八、林业改革

（一）集体林权制度改革

1. 林地权属

2008 年，成立集体林权制度改革工作领导小组。

2012 年，完成集体林权制度改革主体工作。制发林权证 38 本，216 块宗地，完成发证 6.62 万公顷，确权率 100%，发证率 100%。

2. 草原权属

2017 年，完成草原确权 14.57 万公顷，所有权确权率 100%，承包经营权确权 9.53 万公顷，承包经营户 151 户 587 人。制发草原所有权证 2 本，签订承包经营合同 151 份，制发承包经营权证 151 本，发证率 98.05%。

（二）林长制

2021 年 9 月，印发《阿拉善高新技术产业开发区、乌兰布和生态沙产业示范区全面推行林长制实施方案》。乌斯太镇、巴彦木仁苏木及各嘎查制定苏木（镇）级、嘎查级林长制实施方案。

1. 组织形式

高新区党工委书记、管委会主任担任林长，管委会分管副主任担任副林长。成立高新区、示范区林长制办公室，确定各成员单位及工作职责。

建立苏木（镇）级和嘎查级林草长制管理体系，实现辖区森林、草原资源"全覆盖"。苏木

（镇）级林长由苏木（镇）党委副书记、镇长（苏木达）担任，副林长由苏木（镇）分管领导担任。嘎查级林长由嘎查党支部书记、主任担任。

2. 主要任务

加强林草资源保护；加强林草生态修复；加强沙化土地治理；推动林草产业发展；加强森林草原灾害防控；深化森林草原领域改革。

第五节　孪井滩生态移民示范区林业和草原

一、林业和草原机构

（一）机构沿革

2008 年，盟委、盟行署批准孪井滩生态移民示范区实行计划单列、独立运行管理体制。

2009 年 3 月 5 日，成立孪井滩生态移民示范区农牧林业局。下设孪井滩生态移民示范区林业工作站、孪井滩生态移民示范区动物防疫检疫站、嘉尔嘎勒赛汉镇森林公安派出所 3 个二级单位。

2014 年，孪井滩生态移民示范区加挂腾格里经济技术开发区牌子，实行一套人马，两块牌子。11 月 18 日，更名为阿拉善腾格里经济技术开发区农牧林业局。

2020 年 4 月 7 日，更名为腾格里经济技术开发区农牧林水局。

2021 年 4 月 25 日，更名为孪井滩生态移民示范区农牧林水局。核定行政编制 2 名、事业编制 7 名、科级领导职数 5 名（1 正 4 副）。内设综合办公室、农牧办、林草办、水务办、乡村振兴办 5 个科室。

2006—2021 年孪井滩生态移民示范区农牧林水局领导名录如下。

局　　长：格日勒达来（蒙古族，2009 年 3 月—2014 年 3 月）

　　　　　胡成德（2014 年 3 月—2017 年 8 月）

　　　　　刘春祥（2017 年 8 月—）

副局长：谢志德（2009 年 3 月—2012 年 3 月，2014 年 9 月—2016 年 9 月）

　　　　　桑国海（2010 年 9 月—2013 年 9 月）

　　　　　张宏广（2010 年 9 月—2014 年 3 月）

　　　　　石培军（2016 年 10 月—2019 年 5 月）

　　　　　黄廷文（2019 年 5 月—2020 年 3 月）

　　　　　翟青智（2020 年 3 月—）

（二）职能职责

承担示范区林业和草原的生态建设、监督管理、组织协调、指导和监督造林绿化工作；森林和湿地资源保护发展监测管理工作；荒漠化防治指导工作；陆生野生动植物资源保护和合理开发利用工作；林草系统自然保护区的监督管理工作；推进林草改革、维护农牧民经营林草合法权益责任工作；监督检查各产业对森林、湿地、荒漠和陆生野生动植物资源开发利用工作；配合示范区应急管理局开展森林草原防火工作；参与拟定本地区林草经济发展和林草投资政策职能的工作。

（三）所属二级单位

孪井滩生态移民示范区林业工作站历史如下。

2007 年 3 月 1 日，阿拉善左旗通湖治沙站更名为阿拉善左旗腾格里林业工作站，保留阿拉善左旗通湖治沙站牌子。

2009 年，成立孪井滩生态移民示范区林业工作站，加挂公益林管理站牌子。

2014 年，孪井滩生态移民示范区林业工作站划归嘉尔嘎勒赛汉镇人民政府。

2016 年，孪井滩生态移民示范区林业工作站为腾格里经济技术开发区副科级事业单位，整合并入示范区农牧业综合服务中心。

2006—2021 年孪井滩生态移民示范区林业工作站领导名录如下。

站　　长：杜军成（2007 年 3 月—2013 年 1 月）

　　　　　何玉和（2013 年 1 月—2020 年 3 月）

二、自然环境与经济社会概况

（一）位置境域

孪井滩示范区位于阿左旗南部，地理坐标为北纬 37°31′~38°07′，东经 105°50′~104°14′，平均海拔 1350 米，总面积 5604 平方公里。2 个镇 17 个嘎查 1 个社区。其中，腾格里额里斯镇下辖塔本陶勒盖嘎查、查拉格日嘎查、乌兰哈达嘎查；嘉尔嘎勒赛汉镇下辖乌兰恩格嘎查、哈腾高勒嘎查、呼布其嘎查、厢和图嘎查、阿敦高勒嘎查、塔日阿图嘎查、查干高勒嘎查、科森嘎查、阿格坦乌素嘎查、查汉鄂木嘎查、巴兴图嘎查、浩依尔呼都格嘎查、乌兰呼都格嘎查、特莫乌拉嘎查和孪井滩社区。

腾格里额里斯镇：地处新丝绸之路经济带中心区域，陕甘宁蒙经济板块中心区域、呼包银经济带中部和鄂尔多斯盆地西北部，距宁夏中卫市迎水桥铁路编组站 14 公里、中卫火车站 10 公里、香山机场 8 公里。

嘉尔嘎勒赛汉镇：位于内蒙古自治区阿左旗南部，地理坐标为北纬 37°50′~37°56′，东经 105°16′~105°30′。毗邻宁夏中卫市、中宁县、青铜峡市，处于宁蒙经济接合部，东距宁夏银川市 120 公里、青铜峡市 60 公里，南距宁夏中卫市 55 公里、沙坡头机场 45 公里，北距盟府所在地巴彦浩特镇 106 公里，与包兰铁路和 110 国道相距 40 公里，与 60 公里县级公路银巴公路相通，交通区位优势便利。

（二）地形地貌

腾格里额里斯镇地属阿拉善高原，脉络不明显，呈东部高、西部低走向，海拔 800~1500 米，地貌以沙漠丘陵为主。嘉尔嘎勒赛汉镇位于腾格里沙漠边缘，东部为贺兰山南麓余脉山区，西部为腾格里沙漠，中间地带地势平坦，海拔 1343~1430 米。

（三）气候水文

孪井滩示范区属温带荒漠干旱区，为典型大陆性气候，以风大沙多、干旱少雨、日照充足、蒸发强烈为特点。年降水量不足 160 毫米，蒸发量 2800~3000 毫米。年平均风速 5.8 米/秒，年平均日照时数 3096 小时，无霜期 156 天，年平均阴雨天 39.4 天。年最高气温 39.7℃、最低气温 -33.1℃。为内陆水系，无天然地表河流，地下水资源处于自然平衡状态，以高矿化度氯化物硫酸钠类型水为主，南部和北部局部地区地段分布有低矿化度淡水，水中氟化物含量超标，饮用水需降氟处理。碱水湖内平时有少量地下水溢出，在丰水年 7—9 月，山前地带局部沟谷中出现暂时性地表洪流或在平原区低处局部出现洪水漫流，盆地中心或局部低洼地带形成湿地。嘉尔嘎勒赛汉镇以黄河水为灌溉水源，通过扬水工程从甘肃景泰县北干渠引水，经四级泵站扬水到灌区，输水干渠全长 43.51 公里，扬水高度 208 米，总扬程 238 米，设计提水流量 5 立方米/秒，加大流量 6 立方米/秒。

（四）人口资源

2021年，孪井滩示范区总人口2.2万人，常住人口1.4万人。其中，社区人口0.5万人，农牧民人口0.9万人。

（五）经济社会

孪井滩示范区境内有芒硝、盐、铁、煤、石膏、陶土、石墨等矿产资源，已探明矿产资源14种。其中，石墨储量为3.695亿吨。光热风能资源充足，适宜发展风电和光伏产业。耕地7533.33公顷、黄河取水指标5000万立方米。西气东输工程兰银管道第10号阀室至中卫支线从示范区境内穿过，预留用气接口，为地区发展提供清洁能源保障。

2012年，建成膜下滴灌面积238.67公顷，推广种植膜下滴灌农作物40公顷。围绕"水困行难"问题，制定《农业灌溉用水定额奖惩办法》，节水78万立方米；实施多项水利工程，完成水源地改扩建，建成市政道路3条、通村公路4条、园区道路2条。新型工业化开始起步，突出发展工业经济，坚持"绿色、低碳、高新、循环"理念，以优势资源为依托，发展石头造纸、LNG清洁能源等产业。阿拉善盟义超石头造纸3个项目投入试生产，国能民用LNG清洁能源3个项目完工。义超石头造纸项目纳入内蒙古自治区战略性新兴产业发展规划，获专项资金支持。

按照"打造特色、完善功能、提升品位"目标，集中人力、物力和财力，实施绿化、硬化、亮化、美化、净化工程，小城镇面貌发生变化。按照城乡一体化思路，开工建设塔日阿图新村，实施镇区集中供热、嘎查巷道硬化、村容村貌整治等一批基础设施工程，农村牧区居住、生活、工作环境明显改善。实施10件为民办实事项目，扩大就业，提高社会保障水平，加快发展教育、卫生、科技、文化等各项事业。

2021年较2020年示范区生产总值增长24.2%，全社会固定资产投资增长22%，社会消费品零售总额增长5.5%。一般公共预算收入完成2.6亿元，增长26.1%。各项经济指标超额完成年度目标任务，地区生产总值增速位居全盟第一，固定资产投资、社会消费品零售总额和一般公共预算收入增速均位居全盟第二。

民生方面，向民生领域投入财政资金3.28亿元，占财政支出74%。城镇新增就业557人，农牧区富余劳动力转移就业169人。发放社会救助、高龄津贴、残疾人两项补贴等各类资金230万元。

农牧业方面，完成扬黄灌区续建配套与节水改造主体工程和高标准农田1万亩建设项目，农业节水灌溉实现全覆盖，农作物种植结构调整面积超过42%。舍饲养殖规模9万头（只）以上。落实惠农惠牧政策性补贴6415万元。培育家庭农牧场290户、专业大户21个。

工业方面，完成投资21.07亿元，实施重点建设项目49个。签约招商引资项目7个，到位资金10.8亿元。重点监测企业72家。其中，32家规模以上工业企业全部正常生产。培育国家高新技术企业2家，产值占工业总产值24%；组织实施各类科技项目17项，培育自治区研发中心2家，申请技术专利11件。

服务业方面，培育建设乡村旅游接待户26家、星级牧家游11家，接待游客142万人次，实现旅游综合收入7.57亿元。新增各类市场主体189户。货运吞吐量完成1002万吨，同比增长60.3%。

2021年，孪井滩生态移民示范区地区生产总值37.36亿元，同比增长10%；工业总产值完成111.18亿元，同比增长102.99%；工业销售产值111.19亿元，同比增长108.93%。规模以上工业产值实现95亿元，同比增长100.51%；固定资产投资10亿元，同比下降47.8%；一般公共预算收入 2.3 亿元，城镇和农村牧区常住居民人均可支配收入达到 4.7 万元、2.42 万元，分别增长 7.5%、9.3%。工业税收 4.21 亿元。

三、资源保护

（一）资源概况

1. 森林草原资源

林地面积 28.23 万公顷。其中，有林地面积 2289.33 公顷、灌木林地 13.74 万公顷、未成林地 3749.33 公顷、无立木林地 457.33 公顷、宜林地 13.82 万公顷、辅助林地 269.33 公顷。有国家级公益林 14.6 万公顷、地方公益林 16.2 万公顷、天然草地 36.76 万公顷，森林覆盖率 14.3%，草原植被盖度 22.5%。

2. 植物资源

孪井滩示范区植被由荒漠植被构成，地带分异明显，类型多样，以旱生、超旱生和盐生、小灌木为主体，有小面积的低山丘陵及盐碱滩。植被类型单一，覆盖度低，种类数量少。划分为丘陵草原化荒漠、高平原草原化荒漠和具有隐域性的高平原盐土干荒漠植被类型。其中，丘陵草原化荒漠植被主要分布在南部海拔 1450 米以上和西部海拔 1350 米以上的丘陵地区、灌区周边和灌区内插花分布丘陵区，主要植物群系有白刺群系、红砂群系，优势种为白刺、红砂、沙冬青、珍珠、霸王、藏锦鸡儿、沙木蓼等；高平原草原化荒漠植被主要分布于南部海拔 1450 米、西部海拔 1350 米以下高平原区和灌区内部，植物群系有红砂群系、霸王群系、藏锦鸡儿群系，共有 44 科 222 种野生植物。优势植物种有红砂、霸王、藏锦鸡儿、细叶鸢尾、隐子草等。区域地势平缓，土壤条件普遍较好，牧草生长旺盛，生物产量高，是土地开发利用中心地区；隐域性的盐土荒漠植被主要分布在灌区西北盐碱湖周围，主要群系有白刺群系、红砂群系、盐爪爪群系，优势种为红砂、盐爪爪和白刺等。

3. 动物资源

孪井滩示范区天然草原植被较好，家畜以羊、牛、骆驼为主，国家重点保护野生动物有金雕、鹅喉羚及各类水禽（表 17-19）。

表 17-19　孪井滩示范区珍稀野生动植物保护名录

类型	名称	保护级别	保护措施
植物类型	沙冬青	国家二级	重点保护
	梭梭	国家二级	重点保护
	肉苁蓉	国家二级	重点保护
	发菜	国家一级	重点保护
	蒙古扁桃	国家二级	重点保护
	胡杨	国家二级	重点保护
动物类型	金雕	国家一级	重点保护
	波斑鸨	国家一级	重点保护
	小鸨	国家一级	重点保护
	天鹅	国家二级	重点保护
	鹅喉羚	国家二级	重点保护

4. 生态旅游资源

孪井滩示范区境内分布有通湖、淖尔图湖、月亮湖等诸多沙漠湖泊；有阿格尔提行和森得雅西勒世界稀有珍贵树种，有人工防风林带20公里，沙冬青9000公顷、蒙古扁桃林3333.33公顷；有大面积马莲花，各具特色。

通湖草原旅游区位于乌兰哈达嘎查境内，东北距巴彦浩特镇200公里，南离宁夏中卫市区26公里，是国家4A级旅游景区，与国家首批5A级沙坡头旅游景区直线8.3公里。旅游区内汇集沙漠、盐湖、湿地、草原、沙泉、森林、绿洲自然景观。成为全国著名拍摄基地，《刺陵》《雪狼谷》《大漠苍狼》《龙门飞甲》《爸爸去哪儿》《妻子的浪漫旅行》等均在这里拍摄。通湖草原旅游公司与沙坡头国家5A级旅游景区开展区域联合，优势互补，互利共赢，构筑"哑铃型"旅游发展格局。

2016年，获国家旅游局"国庆假期旅游红榜——旅游服务最佳景区"；2018—2019年，创建"内蒙古自治区级服务业标准化试点项目""国家级服务业标准化试点项目"单位，自治区"沙漠旅游区项目管理规范"地方标准主要起草单位；2020年，荣膺阿拉善第四届"盟长质量奖"；2021年，景区入选黄河主题国家级旅游线路，被自治区文化和旅游厅推荐为全区旅游"网红打卡地""神游通湖"篝火晚会成为内蒙古黄河几字湾生态旅游季重点推荐剧目。

（二）资源保护措施

1. 责任落实

孪井滩示范区有生态护林员68名，实行网格化管护，管理4.8万公顷天然林和7.5万公顷公益林。建立病虫害防治机制，严格落实苗木检疫责任。推进森林草原保险试点，将14.6万公顷森林和9866.67公顷草原纳入森林草原保险范围，提升森林草原资源保护能力。开展森林草原火灾风险普查，加强森林草原防火、病虫害防治和野生动物资源宣传保护。

2. 专项行动

2011年3月15—20日，实施严厉打击破坏森林和草原资源违法犯罪活动的行动。出动车辆24台次、人员120人次，在灌区及禁牧区清理违禁放牧羊1600只，查处乱采发菜、滥挖肉苁蓉等破坏森林及草原资源人员17人，对非法采挖人员进行草原法律法规现场宣传教育30人次，没收铁锹12把、肉苁蓉20千克，暂扣摩托车4辆，处理非法采挖和违禁放牧人员5人。

2017—2018年，开展破坏草原林地违规违法行为整治行动、林业草原疑似违法图斑核查、森林督查违法图斑核查、自然保护地疑似违法图斑核查等专项工作，查处破坏草原林地案件34起，列入破坏森林草原、自然保护地违规违法图斑台账11个，完成整改。

2019年3月，对境内内蒙古七星矿业有限公司腾格里革文图陶粒土矿等16家企业的安全生产及征占用林地情况开展检查，对占用林地企业督促办理林地征占用手续，加强安全管理和隐患排查治理，完善防范措施，遏制重特大事故发生。7月，开展打击非法捕捉野生蝎子违法行动6次，清退非法捕蝎人员38人，收缴捕蝎工具50套，暂扣交通运输工具15台，收缴放生一批野生蝎子。

3. 病虫鼠害防治

2010—2011年，发生虫害4万公顷，实施严重虫害防治6666.67公顷。

2012年6月，开展森林、草原病虫害调查。沙冬青2.53万公顷、白刺6666.67公顷受到灰斑古毒蛾、木虱、白刺叶甲侵害。其中，严重面积1.07万公顷，实施防治1.07万公顷。

2013年，检疫苗木71.62万株。其中，乔木0.62万株，灌木71万株。

2014年，发生沙蒿金叶甲虫害1333.33公顷，实施病虫害防治1333.33公顷。

2015年，产地检疫苗木123.5万株。其中，乔木8.5万株、采穗条15万条、灌木100万株；

调运苗木检疫 192 万株。其中，乔木 7.2 万株，灌木 184.8 万株。

2016 年 12 月，实施草原鼠害防治 1333.33 公顷。

2017 年，检疫调运苗木 230 万株。其中，乔木 20 万株、灌木 210 万株。

2018 年，实施飞机防治森林病虫害 6666.67 公顷。

2019 年 6 月，实施白刺、沙冬青病虫害防治 5133.33 公顷。

2020 年 7 月，采用飞机防治虫害 4000 公顷。

2021 年，发生鼠害 6666.67 公顷，实施人工撒播雷公藤甲素颗粒剂 5.8 吨，完成鼠害防治 3333.33 公顷。

2010—2021 年，发生病虫鼠害 9.71 万公顷，防治森林草原病虫鼠害 3.91 万公顷，检疫各类苗木 617.12 万株。

4. 森林保险

2015—2021 年，森林保险投保面积 14.15 万公顷，保费总额 265.49 万元。其中，灌木林地投保 14.14 万公顷，保费总额 265.02 万元；乔木林地投保面积 153.33 公顷，保费总额 0.47 万元。

2015—2017 年，发生病虫害案件 3 起，理赔 2673.33 公顷，赔款 102.42 万元。

2018—2019 年，发生病虫害案件 3 起，理赔 4440 公顷，赔款 163.06 万元。

2019—2020 年，发生病虫害案件 4 起，理赔 5113.33 公顷，赔款 188.66 万元。

2020—2021 年，发生病虫鼠害案件 3 起。其中，鼠害案件 1 起，病虫害 2 起。鼠害理赔 2006.67 公顷，赔款 73.65 万元。病虫害理赔 3186.67 公顷，赔款 117.12 万元。

2015—2021 年，发生病虫鼠害案件 13 起，理赔 1.74 万公顷，理赔资金 644.91 万元。

5. 林长制

2021 年，制定《孪井滩生态移民示范区全面推行林长制工作方案（试行）》及《林长会议制度》等 5 项配套制度，将林业草原资源划分为 11 个责任区域，设立 1 名示范区级林长和 11 名示范区副林长进行管理，建立三级林长制责任体系，明确责任分工，强化工作统筹，加强林业草原资源管理。

四、林业和草原产业

2011 年，通湖草原旅游公司放宽景区项目经营准入条件，与乌兰哈达嘎查达成协议，嘎查全体农牧民出资入股成立牧民服务旅游专业合作社，由合作社参与景区项目经营，直接享有通湖草原旅游公司经营股权收益牧民 135 户，参与景区游乐项目经营农牧民 65 户。旅游景点由过去通湖草原旅游区单一运营，发展为"水稍子""额里森达来""东湖草原"等多个景点，通湖草原、额里森达来景区入围国家和自治区服务业标准化示范点项目。2015 年，嘎查 1000 公顷土地经营权折价 240 万元入股通湖草原旅游公司，占公司增资扩股后注册资本 14.63%，嘎查享有分红权利。"公司+嘎查+农牧民"新型合作机制，带动农牧民转产就业、脱贫致富。2018 年，乌兰哈达嘎查旅游合作社综合收入 1200 万元。截至 2021 年，安置农牧民就业 150 人，从业农牧民人均年收入从 0.6 万元提高到 3 万元，成为农牧民收入重要来源。

2012 年，阿拉善盟源辉林牧有限公司试验成功种植沙漠银耳。此后每年，在马莲湖（室内）种植沙漠银耳 0.45 亩，每年种植 4 批，每批 40~50 天，每批生产干银耳 1000 千克，年产干银耳 4000 千克，收入 120 万元，安置农牧民就业 5 人，增加收入，带动周边农牧民脱贫致富。

2014 年 8 月，14 户牧民自发集资成立阿拉善左旗腾格里绿滩生态牧民专业合作社，注册资金 232.4 万元，合作社开展沙葱种植及野生沙葱围封保护，对沙葱、沙芥进行深加工销售。年种植沙葱 100 亩、沙芥 100 亩，有固定野生沙葱生长地 2333.33 公顷，安装种植沙葱喷灌设施

100 亩、野生沙葱喷灌设施 50 亩。年产沙葱 10 万~15 万千克，深加工沙葱 10 万千克，年收入 400 万元。

建设圣杞源枸杞种植基地 1 处，建成枸杞加工烘干线 3 条，2021 年，种植红枸杞 20 公顷，鲜果年产量 26 吨，干果年产量 4 吨，总收入 120 万元，户均年收入 5000 元。

发展养殖业，查拉格日嘎查牧民养殖肉牛 1000 头，人均年收入增长 1.8 万元。

发展梭梭-肉苁蓉、白刺-锁阳产业，人工接种肉苁蓉 71.33 公顷，年产肉苁蓉 24 吨；人工接种锁阳 95.33 公顷，年产锁阳 66 吨。

五、林业和草原重点工程

（一）"三北"防护林建设工程

2015—2021 年，实施"三北"防护林工程体系建设工程，中央投资 3300 万元，完成营造林 1.36 万公顷。其中，人工灌木造林 1000 公顷、飞播造林 1.2 万公顷、退化林分修复 600 公顷，地点嘉尔嘎勒赛汉镇和腾格里额里斯镇。

（二）天然林资源保护工程

1. 公益林建设

2015—2021 年，中央投资 300 万元，完成营造林 1466.67 公顷。其中，人工灌木造林 200 公顷、乔木造林 133.33 公顷、飞播造林 1133.33 公顷，地点嘉尔嘎勒赛汉镇。

2. 农田防护林建设

投资 603 万元，建设农田防护林 61.53 公顷。形成示范区，10 万亩耕地的田间林和外围防风林。

3. 森林管护项目

2015—2021 年，投资 1597.96 万元，完成天保工程区森林资源管护 4.81 万公顷。其中，国有林 1093.33 公顷、集体地方公益林 4.7 万公顷。

4. 社会保险补助

2015—2021 年，下达社会保险补助费 96.52 万元。

（三）退耕还林工程

1. 荒山荒地造林

2002 年，启动孪井滩示范区退耕还林工程。

2002 年造林 147.03 公顷、2003 年造林 159.33 公顷、2004 年造林 31.67 公顷、2005 年造林 19 公顷。

截至 2021 年，累计完成荒山荒地造林 357.03 公顷，发放补助资金 120.3 万元，涉及 1 个苏木（镇）、9 个嘎查、131 户农牧民。

2. 巩固退耕还林成果

2009—2010 年，发放资金 267.32 万元；2011 年，发放资金 54.2 万元；2012 年，发放资金 49.2 万元；2013 年，发放资金 43.91 万元；2014 年，发放资金 41.76 万元；2015 年，发放资金 41.87 万元；2016 年，发放资金 47.58 万元；2017 年，发放资金 47.84 万元；2018 年，发放资金 28.95 万元；2019 年，发放资金 10.99 万元；2020 年，发放资金 11.61 万元；2021 年，发放资金 9.11 万元。

2009—2021 年，累计发放退耕还林政策补助资金 654.34 万元。

（四）飞播造林

2014—2020年，累计完成飞播造林1.33万公顷。

2014年，飞播造林1333.33公顷；2015年，飞播造林1333.33公顷；2017年，飞播造林2000公顷；2018年，飞播造林5333.33公顷；2019年，飞播造林2000公顷；2020年，飞播造林1333.33公顷。

（五）森林生态效益补偿

国家级公益林面积13.74万公顷。其中，乔木林1813.33公顷，灌木林13.56万公顷。

地方公益林总面积14.47万公顷。其中，有林地253.33公顷、灌木林地1800公顷、未成林造林地3740公顷、宜林地13.82万公顷、无立木林地446.67公顷、辅助生产林地266.67公顷。

落实公益林生态效益补偿政策，将7.5万公顷公益林纳入补偿范围。2017年，森林生态效益补偿资金1356.9万元；2018年，森林生态效益补偿资金1333.3万元；2019年，森林生态效益补偿款1371.9万元；2020年，森林生态效益补偿资金1342.9万元；2021年，森林生态效益补偿资金1328.3万元。

（六）退牧还草工程

2009年，李井滩示范区列入退牧还草工程项目区，结合生态移民搬迁和实际情况，对已列为退牧还草户或暂未列为退牧还草户牧民进行整体搬迁转移，草原全部实行围栏封育；对项目区已列为退牧还草户的农牧民承包草原以最小面积为基数，分配围栏禁牧面积并实行禁牧、休牧；饲草料地分配按照退牧户从事舍饲养殖现有饲草料地和配套草库和劳动力情况，按一定标准进行分配；舍饲棚圈、饲草加工机械只分配给实际从事舍饲养殖户，发放退牧还草补助金。

截至2021年，投资7623.06万元，实施11期退牧还草工程。完成草原围栏建设23.15万公顷（季节性休牧围栏18.82万公顷，禁牧围栏4.33万公顷）、草地补播1.87万公顷。涉及嘉尔嘎勒赛汉镇、腾格里额里斯镇2个苏木（镇）。项目区植被盖度由禁休牧前8%提高到现在15%，草群高度由2002年15厘米提高到现在39厘米以上，草场干草产量由8千克/亩提高到25千克/亩。

六、造林绿化

（一）义务植树

2015年，义务植树10万株；2016年，义务植树2.22万株；2017年，义务植树19.6万株；2018年，义务植树11.26万株；2019年，义务植树2.46万株；2020年，义务植树10.1万株；2021年，义务植树4.6万株。

2015—2021年，完成义务植树60.24万株。

（二）重点区域造林

1. 马莲湖防沙治沙工程

2012年，阿拉善盟源辉林牧有限公司在腾格里沙漠南缘马莲湖实施2000公顷生态造林示范项目。截至2021年，累计投资1500万元，种植新疆杨、沙枣、梭梭、花棒等苗木213万株，沙柳、柽柳282万株，收集撒播种子2000千克。

2. 穿沙公路（葡萄墩—腾格里段）两侧及节点景观绿化工程

2015年，投资7313万元，完成8.3公里穿沙公路（葡萄墩—腾格里段）两侧绿化，道路两侧各设置50米宽绿化带，绿化83公顷，以花棒、柠条为主。其中，种植花棒600万株、柠条100万株、梭梭 90 万株，将沙生植物种子混播，遏制沙漠迁移。

3. 查拉格日嘎查造林工程

查拉格日嘎查位于腾格里额里斯镇西北部 70 公里处，面积 769 平方公里，有人口 183 户 440 人，可利用草场 3.23 万公顷，灌木林地 1.02 万公顷，乔木林地 35.18 公顷。

2018 年，嘎查实施生态保护造林工程，种植梭梭 66.67 公顷、接种锁阳 33.33 公顷。

2019 年，种植胡杨 2.4 万株由阿拉善生态基金会实施。

2021 年，种植胡杨 2000 株。

2018—2021 年，累计投资 150 万元，在查拉格日嘎查头井湖、那仁淖日湖周边种植梭梭 66.67 公顷、胡杨 2.6 万株（由阿拉善生态基金会实施）。

七、森林草原防火

（一）防火组织及队伍建设

2006—2021 年，李井滩示范区设立防火指挥部，成立森林草原防火办公室，专职人员 6 名，兼职人员 25 名。截至 2021 年，成立地方专业扑火队 1 支 25 名、半专业防扑火队 1 支 20 名、专职护林员 25 名。

（二）防火设施设备

截至 2021 年，配备风力灭火器 5 台、背负式水枪 10 把、点烟器 2 个、一号工具 40 把、二号工具 40 把、铁锹 10 把、斧头 10 把、割灌机 2 个、消防水泵 1 个、背负式水箱 2 个、便携式风力灭火器 3 个、防火服 25 件、单兵鞋 25 双、水壶 8 个、油锯 2 个、帐篷 8 个、巡护摩托车 45 辆、数字对讲机 5 台。

（三）火灾预防及扑救

根据《森林防火条例》《草原防火条例》《内蒙古自治区森林草原防火办法》，制定《腾格里经济技术开发区防火指挥部处置森林草原火灾应急预案》。发现火灾，各嘎查、防火成员单位立即组织扑救。

（四）保障措施

一旦发生森林草原火灾，在火场设立火场应急通信系统，利用移动电话、互联网，发挥社会基础通信设施作用，为扑火工作提供通信与信息保障。

八、防沙治沙

（一）荒漠化和沙化土地状况

李井滩示范区位于腾格里沙漠腹地，面积 5604 平方公里，荒漠面积占总面积 25%，50% 土地地处沙漠，生态系统脆弱，土地沙化严重。

（二）荒漠化和沙化土地治理

1. 重点工程治理荒漠

依托林草重点工程开展荒漠沙化土地治理，截至 2021 年，实施人工造林 1690.36 公顷、飞播造林 2.62 万公顷、义务植树 60.24 万株。

2. 公益造林治理沙漠

2011 年，阿拉善盟源辉林牧有限公司，承包腾格里沙漠边缘马莲湖 2000 公顷沙地，开展治沙造林。截至 2021 年，投资 1500 万元，累计植树造林 2800 公顷，创立"因地制宜，低投高效，样板示范，协力治沙"马莲湖治沙模式。

九、林业改革

（一）国有林场（站）改革

1. 基本情况

通湖治沙站地处腾格里额里斯镇，为阿左旗 8 个国有林场（站）之一，属国有公益一类事业单位。辖区土地面积 1233.33 公顷，均为林地，森林覆盖率 30.66%。按地类划分：乔木林地 84.63 公顷，占林地总面积 6.99%；疏林地 231.18 公顷，占林地总面积 19.1%；灌木林地 186.48 公顷，占林地总面积 23.67%；未成林造林地 153.12 公顷，占林地总面积 12.65%；苗圃地 68.7 亩，占林地总面积 0.38%；宜林地 361.06 公顷，占林地总面积 29.83%；林业辅助生产用地 89.47 公顷，占林地总面积 7.39%。分 5 个片区，沟泉淖位于最北部沙丘中，碱滩门靠近镇区南部，是镇区重要的生态屏障，以生态防护为主要经营目标；陶里地形平坦，均为宜林地，适宜开展经济林产业；老厂址为治沙站旧址，建成蓄水池等基础设施，森林资源丰富，具有开展生态旅游基础条件；水哨子与企业合作开展生态旅游，临近通湖草原景区，规划继续发展森林生态旅游。

2. 改革情况

2002 年，结合天然林保护工程，对阿左旗国有林场（站）进行改革，采取保留机构、精简人员、分配生产资料、发放工龄补助费、纳入社会保险方式一次性安置富余职工。

（二）集体林权制度改革

孪井滩生态移民示范区集体林权制度改革涵盖于阿左旗集体林权制度的改革之中。

十、森林公安

（一）机构沿革

2009 年 6 月，成立阿拉善盟森林公安局孪井滩生态移民示范区森林公安派出所。

2010 年 4 月 9 日，孪井滩生态移民示范区森林公安派出所核定为副科级，领导职数 2 名。

2020 年 12 月，孪井滩生态移民示范区森林公安派出所整建制划转至阿拉善盟公安局孪井滩生态移民示范区公安分局。

2006—2021 年，孪井滩生态移民示范区森林公安派出所领导名录如下。

指导员：王严武　　（2011 年 4 月—2015 年 1 月）

所　　长：丁积禄　　（2005 年 4 月—2007 年 4 月）

　　　　　王严武　　（2007 年 4 月—2010 年 10 月）

　　　　　马巴依尔（蒙古族，2010 年 10 月—2014 年 4 月）

　　　　　王严武　　（2014 年 4 月—2020 年 12 月）

（二）专项行动

2014 年 6 月 10 日，组织对辖区内 4 家木材经营户进行检查，发放有关法律法规宣传材料，要求木材经营人员办理木材经营加工许可证，做到合法经营。9 月 28 日，围绕"创新社会治理，推进平安建设"主题，开展平安建设宣传月活动。共出动民警 4 人，制作悬挂平安建设宣传标语横幅 1 条，发放法律、法规宣传材料 300 份。10 月 9 日，组织到辖区腾格里额里斯镇东湖草原湿地检查过境候鸟安全情况。

2015 年 3 月 6—11 日，出动民警 3 人、警车 1 辆在腾格里额里斯镇开展为期一周禁牧工作。5 月 20 日，出动警车 1 辆、民警 3 人在灌区内开展防火巡查。

2020 年 3 月 11 日，在嘉尔嘎勒赛汉镇阿墩高勒嘎查五支干渠四斗查获 1 起滥伐林木案件。组织对辖区林带等区域进行巡查防控，严禁在绿化带、防护林带等易发火灾区域使用明火，监督野外用火，及时消除火险隐患，防止森林火灾发生。在防火重点区域悬挂防火宣传条幅，宣传防火知识，增强防火意识，在嘎查区域、农田林带、重点公路沿线开展防火巡查和入户宣讲工作。

第六节　乌兰布和生态沙产业示范区林业和草原

一、林业草原机构

（一）机构沿革

2013 年 11 月，成立乌兰布和生态沙产业示范区。

2014 年 2 月，经自治区人民政府批准为自治区级生态沙产业示范区。11 月 5 日，阿拉善盟机构编制委员会批复示范区管委会内设机构及人员编制规定，内设"一室四局"，分别为示范区综合办公室、财政局、国土资源局、规划建设执法局和产业发展局。

2014—2021 年乌兰布和生态沙产业示范区产业发展局领导名录如下。

局　长：多俊杰（2016 年 8 月—2017 年 11 月）

　　　　姜　瑞（2019 年 4 月—）

副局长：多俊杰（2015 年 8 月—2016 年 8 月）

　　　　张虎生（2017 年 3 月—2017 年 11 月）

（二）职能职责

贯彻落实有关国民经济、社会发展和统计工作的方针、政策、法律法规；负责示范区国有经济和社会发展中长期规划、发展战略以及年度计划的编制并组织实施；负责项目审核、编报、实施和管理工作；负责固定资产投资运行的建设分析、产业政策研究、社会基础设施、固定资产投资管理工作；负责各类企业的管理、资源配置、协调服务工作；负责对外开放、招商引资、技术协助工作；负责商贸流通和市场管理工作；负责经济指标和综合统计分析工作，搞好宏观经济预测、监控和分析研究，对经济运行中的重大问题，提出相应对策和建议。

负责示范区农牧、林业、水务、科技、乡村振兴工作中长期发展规划的编制和实施；负责编制示范区沙产业发展规划、年度计划，审核生态治理和沙产业发展项目，负责沙草产业发展的技术服务和管理工作，为入驻企业提供服务和指导；负责农牧业龙头企业、专业协会、经纪人队伍的培育工作；负责编制并监督实施水资源利用总体规划；负责各类产业灌溉用水、居民供水、运行管理；负责水资源调查及开发、利用、管理和保护工作，依法管理和保护水资源，实施取水许可制度；负责水利工程实施和管理，抗旱防汛、节水灌溉等工作；开展林业建设、森林防火、野生动植物资源保护和管理工作，负责动物防疫工作；推进科学技术进步，加强科技信息服务；协调电力的规划和实施工作。负责民族团结创建各项工作；保障义务教育；负责食品药品安全监督管理；承担组织领导和协调示范区统计工作，确保统计数据真实、准确、及时；负责示范区社会救济工作；监督管理成品油加油站；负责卫生健康工作。

（三）内设机构

乌兰布和示范区产业发展局内设办公室、发改、招商、能源、水务、农牧、林草、教育、卫健委、民政、乡村振兴、统计、科技、商务、食品药品安全、民委、电力 17 个股（室）。

二、自然环境与社会经济概况

乌兰布和（蒙古语，意为"红色的公牛"）沙漠位于内蒙古西部，是华西和西北接合部，中国西北荒漠和半荒漠前沿地带，地理坐标为北纬 39°16′~40°57′，东经 106°09′~106°57′。地处自治区西部巴彦淖尔市和阿拉善盟境内，北至狼山，东北与河套平原相邻，东近黄河，南至贺兰山北麓，西至吉兰泰盐池。南北最长 170 公里，东西最宽 110 公里，总面积 1.04 万平方公里，海拔 1028~1054 米，地势由南偏西倾斜。

（一）位置境域

乌兰布和示范区位于乌兰布和沙漠东缘，东临黄河与乌海市海勃湾隔河相望，范围为阿拉善盟沿黄河西岸重点区域，下辖巴彦木仁苏木，西靠乌兰布和沙漠，黄河入境流程 67 公里。

乌兰布和示范区南北长 90 公里，东西宽 5~20 公里，规划面积 1000 平方公里。生态新区乌兰布和示范区重要功能区块，范围东至乌海湖（海勃湾水库），西至磴口-乌斯太一级公路，南至乌海快速路，北至阿左旗巴彦树贵治沙站，面积 106.1 平方公里。

巴彦木仁（蒙古语，意为"富饶的河流"）苏木位于内蒙古自治区阿左旗东北部，地理坐标为北纬 39°38′~40°23′，东经 106°12′~106°51′，下辖乌兰布和、巴彦树贵、巴彦套海、上滩、乌兰素海、联合 6 个嘎查，总面积 2634 平方公里。地处黄河中上游"三市一盟"交汇处，东临黄河，与鄂尔多斯市隔河相望，南依乌海市，西接乌兰布和沙漠，北靠河套平原。对外交通便利，北距磴口县 60 公里，南距乌海市 30 公里，距离巴彦浩特镇 200 公里，跨河浮桥直接连入 110 国道、乌海市、包兰铁路，距离乌海机场 22 公里，构成公路、铁路、航空三位一体的立体交通运输网络，是内地联系广袤大西北的咽喉要道和窗口。地缘独特，交通便利，市场潜力大；水利灌溉设施完善，土地资源丰富，待开发空间大；河滩地面积大，饲草料充裕；有沙漠、黄河、湿地、草原独特景观。

（二）地质地貌

乌兰布和示范区地貌特征属于内陆高平原，海拔 800~1400 米，地形由东南向西北倾斜，地貌主要为新月形沙丘及沙丘链，沙丘相对高度 4~10 米，主要为流动沙丘，极少部分为半固定沙地和固定沙地，地势西高东低，平缓沙地及丘间低地相互交错分布。

地貌以沙漠、荒漠草原和黄河冲击堆积阶地为主，土壤类型多样，有显域性土壤和隐域性土壤。主要有风沙土、灰漠土、龟裂土和原始沼泽土、草甸土。其中，风沙土主要以沙丘的形态分布，分为流动沙丘、固定和半固定沙丘；灰漠土分布在宽阔的丘间洼地，地势平坦，植物稀少或无植物生长；龟裂土分布在固定沙丘的丘间洼地；原始沼泽土分布在河流、湖泊边缘及丘间积水洼地；草甸土分布在丘间积水洼地边缘。

（三）气候

乌兰布和示范区属干旱、高温、多风、少雨的典型大陆性气候，沙区由东向西，降水量逐减，年降水量由 144.6 毫米降到 116 毫米，年蒸发量从东到西逐渐增加，从 2380 毫米增加到 3005 毫米，气温由东向西逐渐增高，年均气温由 7.6℃增加到 8.6℃。无霜期 168 天，光照 3181 小时，太阳辐射 150 千卡/平方厘米。大风日数由东向西逐步增加，终年盛行西南风，主要害风为西北风，风势强烈，年均风速 4.1 米/秒。

（四）植物资源

乌兰布和示范区自然气候条件差，属北温带极端干旱荒漠地带，生物种类较少，植被以旱生超旱生植物为主，在沿河两岸及湖盆低地分布耐盐碱植物组成的低湿地植被。乌兰布和沙漠中有天然梭梭林 13.33 万公顷，处于黄河阿左旗段迎风面，东西长 60 公里，南北宽 50 公里，是黄河的天然屏障，有效阻挡乌兰布和沙漠东进黄河。最粗的梭梭主干直径 30 厘米，伴生植物种类繁多。水热条件和环境使沙生、盐生、旱生植物并存，主要生长着短花针茅、柠条锦鸡儿、康青锦鸡儿、甘草、苦豆子、沙蒿、蒙古革包菊、盐爪爪、短叶假木贼、红砂、球果白刺、泡泡刺、猪毛菜、沙葱、沙芥、沙棘、柠条、花棒、梭梭-肉苁蓉、锁阳、蒙古黄芪。沙区内有林地 1.2 万公顷、天然牧场 20 万公顷。灌排水渠沟 1000 公里，灌溉面积 10 万公顷。乌兰布和沙漠境内有种子植物 312种，隶属 49 科 169 属，戈壁区系中一些地方性特有的单种属和寡种属优势作用显著，灌木、半灌木占绝对优势。

乌兰布和示范区内分布代表植物有阿拉善单刺蓬（藜科单刺蓬属）、霸王（蒺藜科霸王属）、百花蒿（菊科百花蒿属）、刺藜（藜科藜属）、刺叶柄棘豆（豆科棘豆属）、短叶假木贼（藜科假木贼属）、多裂骆驼蓬（蒺藜科骆驼蓬属）、戈壁针矛（禾本科针茅属）、红砂（柽柳科红砂属）、胡杨（杨柳科胡杨属）、苦马豆（豆科苦马豆属）、龙葵（茄科茄属）、蒙古扁桃（蔷薇科桃属）、蒙古虫实（藜科虫实属）、绵刺（蔷薇科蔷薇亚科绵刺属）、膜果麻黄（麻黄科麻黄属）、木本猪毛菜（藜科猪毛菜属）、内蒙古旱蒿（菊科蒿属）、泡泡刺（球果白刺蒺藜科白刺属）、肉苁蓉（列当科肉苁蓉属）、沙冬青（豆科沙冬青属）、沙木蓼（蓼科木蓼属）、砂蓝刺头（菊科蓝刺头属）、石生骆驼蹄瓣（蒺藜科骆驼蹄瓣属）、锁阳（锁阳科锁阳属）、小果白刺（蒺藜科白刺属）、小叶锦鸡儿（豆科锦鸡儿属）、珍珠柴（藜科猪毛菜属）、黑果枸杞（茄科枸杞属）、中亚紫菀木（菊科紫菀木属）。

（五）动物资源

乌兰布和示范区动物群属于温带荒漠、半荒漠动物群。有国家一级保护动物黑鹳、大鸨、金雕、遗鸥 4 种；国家二级保护动物白琵鹭、天鹅、鹅喉羚等 7 种；有其他野生动物白骨顶鸡、白鹡鸰、斑嘴鸭等 19 种。

（六）水资源

乌兰布和沙漠水热资源丰富，发展农牧林渔业条件优越。年均降水量 100~145 毫米，集中于7—9 月；地下水丰富，潜水埋深在 1.5~3 米；有十多层量多质高轴压水。沙丘本身含水量满足沙生植物生长需求。沙漠中有大小湖泊 200 个，黄河水自流灌溉便利。乌兰布和沙漠整个地势低于黄河水面，有引黄灌溉条件、弥补降雨少、蒸发大，干旱缺水的不利因素。地下水埋深 5~8 米，浅层承压、半承压水丰富，有 100 米含水层，总储量 57 亿立方米，水质良好，是排灌的优质水源。

（七）文物遗址

2010 年 4 月，在阿左旗巴彦木仁苏木好来宝嘎查境内发现一处古代寺庙遗址建筑群，占地面积 10 万平方米，古庙主体建筑呈"凸"字形，院墙底宽 1 米，高丈余，墙底砌数层青砖，上用土坯砌成，周围有十几处独立居院，是僧人居住所，保存较好。发现许多散落藏文经卷残页，楷有"乾隆年制"款名的瓷器碎片、青砖、筒瓦、首面瓦当、佛擦擦、生活用品和部分木构件。

（八）人口民族

第七次全国人口普查结果显示，乌兰布和示范区常住人口 1809 人。其中，家庭户 813 户 1684人，集体户 36 户 125 人。汉族 527 人，占 29.13%；蒙古族 198 人，占 10.95%；其他少数民族人口 1084 人，占 59.92%。

巴彦木仁苏木户籍人口 1523 户 3300 人，常住人口 699 户 1482 人。其中，回族 2211 人，占总人口 67%，是一个以回族人口占多数，蒙古族、回族、汉族等多民族聚居的苏木。

（九）社会经济

1. 农牧业

乌兰布和示范区以农业为主、牧业为辅。有耕地 593.33 公顷，全部为扬黄灌溉，有黄河河滩地5000公顷，基本草原12.67万公顷，农牧业发展具有得天独厚的优势。河滩地播种面积3386.67公顷。其中，远滩区种植玉米、高粱、豆类、葵花2000公顷；近滩区种植玉米、高粱、豆类、葵花1386.67公顷；黄灌区种植594.27公顷。其中，粮食作物播种面积590.6公顷。养殖户269户，各类牲畜4.41万只（头）。其中，羊36998只，双峰驼2134峰，牛5000头。

2. 林下经济

乌兰布和沙漠光照时间长、昼夜温差大、气候干燥，为葡萄种植酿酒提供得天独厚的条件，这里产出的葡萄相比其他产区含糖量更高、色度更好。

金沙苑集团有限责任公司是乌兰布和示范区林下经济企业，主要果品生产为葡萄。2021年，葡萄种植面积666.67公顷，设计年产量1万吨，实际产量1500吨，资产总额6.14亿元，营业收入2117万元，利税312.5万元。

3. 沙产业

2011年9月，成立华颖沙生菜业农民专业合作社。

2013年，有种植户50户、日光温棚217座，从事沙葱种植，是内蒙古首个沙葱人工种植产业化基地。一座棚0.6亩，年产沙葱4000千克，经过加工包装，销往呼和浩特、临河、银川等地，户均年纯收入3万元，解决230名搬迁农牧民转产就业问题。

（十）基础设施

2012年7月10日，成立阿拉善滨河金沙发展有限责任公司，属国有企业，从事土地开发及基础设施建设、生态环保能源产业、沙产业、旅游开发经营、水库管理、物业管理、融投资活动。

2012—2017年，在乌兰布和示范区建设磴口—乌斯太公路。

2013—2014年，建设市政道路、环库区道路、金沙湖、巴音湖及附属工程。

1. 磴口—乌斯太公路

公路起点位于110国道K992+100公里处（三盛公水利枢纽），利用磴口三级油路、堤岸路，途径磴口7孔水闸、磴口境内终点刘拐沙头（阿巴交界K23+600处），经乌兰布和示范区西、巴彦木仁苏木西、巴彦树贵西，利用二级公路（局部改造5公里），经巴音敖包工业园区，终点接乌斯太青年桥二级公路处，路线全长136.9公里。其中，主线长120.5公里，涵洞83道，平面交叉7处，按二级公路标准建设；连接线长16.4公里，涵洞19道，平面交叉2处，按三级公路标准建设。

2. 市政道路

2013年5月，市政道路工程开工建设，包括市政道路、给水管线、污水管线、雨水管线、再生水管线及配套道路照明设施工程，市政道路总长1.96公里，占地面积69.86公顷。

乌兰布和生态新区市政道路工程二标段新建道路工程位于乌兰布和示范区，包含2条主干道及3条次干道，分别是滨河路、二纬路及一经路、五经路、七经路。

建机动车道面积33.39万平方米，非机动车道及人行道面积30.32万平方米，绿化18.23万平方米。配套建设地下管线、道路照明设施。

3. 环库区道路

2013年3月至2014年10月，乌兰布和生态新区环库区道路工程完工。包括市政道路、给水管线、污水管线、雨水管线、再生水管线及配套道路照明设施工程，道路总长23.96公里，占地面积128.82公顷。

4. 金沙湖、巴音湖

金沙湖湖面1.15平方公里，是防沙治沙主要水源地。

巴音湖湖面1.9平方公里。原地貌标高1075米，湖底标高1071.2米。

在金沙湖和巴音湖周边人工种植垂柳、国槐、刺槐、旱柳、金叶榆、金枝国槐、紫花槐。两湖保护建设有效改善示范区生态环境，拓展城建用地空间，提高防洪标准。

三、造林育林

乌兰布和示范区造林补贴项目遵循"谁造补谁"原则。在造林树种选择上，坚持适地适树原则，以乡土树种为主；在造林技术上，采用抗旱造林，提高造林成活率；在抚育管护中，采取适节适时浇水、林业有害生物防治保护措施，防止人畜破坏。

2020年，投资588万元，完成造林1633.33公顷。

春季梭梭造林666.67公顷。其中，张巴特尔团队在巴彦树贵嘎查造林266.67公顷，补贴金额228元/亩，共91.2万元；郭永祥团队在巴彦树贵嘎查造林400公顷，补贴金额228元/亩，共136.8万元。

秋季梭梭造林966.66公顷。其中，郭永祥团队在巴彦树贵嘎查造林416.67公顷，补贴金额228元/亩，共142.5万元；阿拉善盟鸿鹄种养殖专业合作社在巴彦树贵嘎查造林550公顷，补贴金额228元/亩，共188.1万元。

2021年，投资1978万元，完成造林3966.66公顷。

春季梭梭造林1333.33公顷。阿拉善高新区开辉林木专业合作社团队在巴彦树贵嘎查造林1333.33公顷，补贴金额332.5元/亩，共665万元。

秋季梭梭造林2633.33公顷。其中，张巴特尔团队在巴彦树贵嘎查造林266.67公顷，补贴金额332.5元/亩，共133万元；张国民团队在巴彦树贵嘎查造林266.67公顷，补贴金额332.5元/亩，共133万元；阿拉善盟鸿鹄种养殖专业合作社在巴彦树贵嘎查、巴彦套海嘎查造林2100公顷，补贴金额332.5元/亩，共1047.34万元。

截至2021年，乌兰布和示范区完成造林补贴人工造林7893.33公顷、累计完成义务植树20万株。

四、防沙治沙

2009年，乌兰布和沙漠列入"三北"防护林五期工程规划重点区域，建设防风固沙林和基干林带。在乌兰布和沙漠东缘建设2.13万公顷防沙林带。其中，人工造林1.13万公顷、飞播造林3933.33公顷、封沙育林6066.67公顷。在乌兰布和沙漠东缘形成1.91万公顷防风固沙林带。

（一）荒漠化和沙化土地治理

1. 规划编制

2013年，中国建筑科学研究院编制《阿拉善盟乌兰布和生态沙产业示范区总体规划（2015—2030）》。

2015年9月，采用防护林、飞播封育、种植园内网格防风固沙方法，以磴乌公路两侧50米宽防护林带建设和乌兰布和沙漠防护林内3公里、黄河沿岸防护林外1公里区域实施飞播封育。

2. 工作开展

2018—2020年，投资4518万元，完成人工造林7900公顷、飞播造林1333.33公顷。

2021年，投资7638万元，实施黄河上中游阿拉善盟乌兰布和段（阎王鼻子）阻沙入河生态修复工程，综合治理733.33公顷；20万千瓦光伏治沙项目获批，乌兰布和沙漠列入国家《以沙漠、隔壁、荒漠地区为重点的大型风电光伏基地规划布局方案》，"十四五"期间规划建设新能源2100万千瓦。

2013—2021年，引进生态治理企业93家，已实施生态治理工程企业25家。建成实验田100公顷、大棚14座、沙生植物基地333.33公顷、肉牛养殖4000头、配套饲草料基地666.67公顷。依托蒙草自治区级科技孵化器平台，研发科技项目20个，完成结题12项。

（二）阿拉善盟黄河沿岸荒漠化生态治理项目（生态经济林带建设工程）

项目位于乌兰布和示范区，建设内容为生态经济林建设、荒漠化生态治理与沙产业结合项目、绿地修复与水生态治理工程。

1. 生态经济林建设

营造生态经济林带800公顷。其中，经济防风林带533.33公顷、苗圃266.67公顷。地点：起点位于磴乌公路与十六经路相交处，向北形成两条25公里沿黄生态走廊。其中，经济防风林带440公顷、苗圃233.33公顷（沙生植物及经济林育苗）；黄河湿地公园西侧，形成25公里沿黄生态走廊。其中，经济防风林带93.33公顷，苗圃33.33公顷。

2. 荒漠化生态治理与沙产业结合项目

在敖包山西北处建设葡萄种植基地200公顷，肉苁蓉试点基地666.67公顷，甘草、锁阳、麻黄、黄芪等药材试点基地666.67公顷；在金沙湖建设葡萄种植基地133.33公顷；配套2370平方米办公区及水电路附属设施。

3. 绿地修复与水生态治理工程

绿地修复与水生态治理3333.33公顷，划定自然恢复区1333.33公顷，疏导水系30公里，湿地围封30公里，配套530平方米办公区及水电路附属设施。其中，黄河湿地公园修复与水生态治理：建设疏导水系16公里，绿地修复与水生态治理区2700公顷，建设自然恢复区1333.33公顷，湿地围封25公里。金沙湖修复与水生态治理：建设疏导水系8.7公里，绿地修复与水生态治理区166.67公顷，湿地围封5公里。建设额吉淖尔湖——黄河水疏导系统5.3公里，沿疏导水系统两侧进行绿地修复与水生态治理133.33公顷。环额吉淖尔湖进行绿地修复与水生态治理333.33公顷。

（三）沙漠土壤化技术应用

1. 沙漠土壤化生态恢复中试——乌兰布和沙漠试验示范基地建设项目

该项目由内蒙古沃诗金生态科技产业发展有限公司自筹投资2.57亿元。规划占地面积933.33公顷。分3期实施。

一期（2017年2月至2018年2月），投资8000万元，占地400公顷，在磴口—乌斯太公路300~5600米范围内开展试验示范基地建设，配套建设场区围栏、基地道路及输水灌溉系统、10千伏高压线路、变配电站。项目区内一次性实现"沙变土"，当年实现植被全覆盖。

二期（2018年2月至2019年2月），投资8000万元，占地266.67公顷，在项目中试取得阶段性成果基础上，对沙漠土壤化后种植的粮、林、草、果、蔬进行针对性、适宜性研究。结合沙漠生态恢复涵养试验，向沙漠化牧场延伸，开展生态恢复稳定性和生态承载能力研究。

三期（2019年2月至2020年2月），投资9000万元，占地266.67公顷，与企业、高校、科研院所合作，开展新土壤条件下现代农技、农艺研究，拓展研究范围，延伸产业链条。

2016年，项目运用重庆交通大学易志坚教授科研团队"沙漠土壤化"技术，在示范区完成25亩科学实验。

2. "沙漠土壤化"生态恢复技术原理与技术孵化

"沙漠土壤化"是一种快速沙漠生态恢复技术，采用力学方法使沙子获得土壤力学属性和生态属性。重庆交通大学对沙子颗粒物质力学状态、土壤特性分析，通过在颗粒之间引入一种特定约束力——万向结合约束（ODI），使沙子获得土壤力学特性，实现自修复、自调节，具有保水、保肥和透气特点，实现"沙子变土"，成为植物生长理想载体。

2016年，"沙漠土壤化"前期研究成果在中国科学院、中国工程院主办的权威刊物上发表，获16项中国发明专利授权，申请PCT国际专利6项。"沙漠土壤化"生态恢复技术入驻乌兰布和生态沙产业科技孵化器孵化。固沙方面，在沙漠中加入ODI约束材料，沙粒像自然土壤一样结成团，沙子中水分、养分和空气含量显著提高。

与当地农民传统种植相比，试验地农作物产量更高，节水、省肥，其中番茄、高粱亩产量分别达7000~10000千克、600~800千克，御谷狼尾草亩产10吨。试验结果显示，"沙改土"经一次改造并种植后，土壤特性逐年加强，土质更加优良，植物生长更加茂盛，微生物、有机质含量增加，生态效果显著。经法定第三方检测机构检测出具报告表明，植物纤维黏合剂和试验地沙土有机化合物和重金属等18项指标全部合格，该技术施工工艺简单、快捷，改造成本每亩沙地0.2万~0.5万元，低于每亩过万元的土地复垦成本。

（四）菌草基地

2013年，福建农林大学国家菌草中心林占熺团队进驻乌兰布和示范区建立菌草治沙基地。菌草作为先锋植物，种植80天后固定流动沙地，一丛巨菌草生长115天固沙18.8平方米，平均鲜草产量12吨/亩，菌草粗蛋白质含量高，用于生产菌菇、饲料、肥料、生物质燃料和生物质材料。团队创造荒漠化治理与扶贫结合、"生态、经济、民生"共赢的菌草治沙模式，成果在黄河沿岸9省（区）应用。

五、林业重点工程

（一）"三北"防护林工程

"三北"防护林建设四期工程（2006—2010年），完成营造林1800公顷。其中，人工乔木造林66.67公顷、封山（沙）育林1733.33公顷。

"三北"防护林建设五期工程（2011—2020年），完成营造林4133.33公顷。其中，人工灌木造林800公顷、封山（沙）育林3333.33公顷。

（二）退耕还林工程

2002年至2003年，巴彦木仁苏木完成退耕造林108.8亩，合格面积93.3亩。

（三）退牧还草工程

2015年，乌兰布和示范区启动退牧还草工程。

2015年9月至2016年9月，中央投资412万元。完成季节性休牧1333.33公顷，地点乌兰布和嘎查；草地补播种植梭梭3333.33公顷，地点巴彦树贵嘎查；人工饲草地666.67公顷，地点乌兰布和嘎查；棚圈3.2万平方米（移交阿左旗）。

2016年9月至2017年8月，投资152万元（中央122万元，地方30万元）。完成棚圈建设200座1.6万平方米。其中，巴彦套海嘎查建设24座1920平方米、巴彦树贵嘎查建设6座480平方米、上滩嘎查建设51座4080平方米、联合嘎查养殖专业合作社自建119座9520平方米。

2017年9月至2018年8月，投资303万元（中央224万元，地方79万元）。完成人工饲草地333.33公顷，棚圈200座1.6万平方米。棚圈建设分集中和分散2种。巴彦树贵嘎查好来宝双峰驼合作社承建集中建设驼圈99座7920平方米；上滩嘎查承建分散羊圈90座7200平方米、乌兰布和嘎查承建分散棚圈11座880平方米。

六、资源

（一）湿地资源

乌兰布和示范区湿地面积 5206.67 公顷。

（二）旅游资源

1. 大漠小镇黄河渔村

位于巴彦木仁苏木最南端，规划面积 44 万平方米，建筑面积 1.9 万平方米，水域面积 14.8 万平方米，含 46 套民居院落和 1 处接待服务中心，是乌兰布和示范区重点打造的特色旅游产业区。一期投资 3500 万元，由村民自建或合资建设，政府给予相应政策扶持，完成建设 25 套。2018 年，申报并获批自治区级休闲农牧业和乡村牧区旅游示范点，创建"黄河人家"三星级乡村（牧区）旅游星级接待户。

2. 滨河金沙休闲景区

景区有度假区服务中心、沙漠探险娱乐区、户外休闲体验区、体育赛事竞技区、田园观光旅游区 5 大功能区。

3. 穿越之门

穿越之门旅游驿站占地面积 33 亩，分主体建筑和露天区域。主体建筑以敞开式大红色繁体门字为基础，配七彩金字塔外形的游客服务中心，有公共卫生间、餐饮接待、户外装备租售服务功能。露天区域为露营区和停车场，可容纳房车 16 辆，其他车辆 300 辆。2018 年 9 月投入市场化运营。

4. 城市之门

位于阿拉善盟最东端，毗邻乌海市海勃湾—乌达快速路。大门内部为钢架结构，高 10 米，总跨度 40 米，外立面为文化图案金属铝板，设计有亮化，通过材质与色彩对比，表现出"城市之门"视觉印象。

5. 驼盐古道盐务所

位于乌兰布和沙漠东缘，始建于清朝，有许多汉代古遗址，是历史上兵家必争之地，北方"丝绸之路"重要渡口和驿站，黄河古渡盐政管理机构。2016 年，设立博物馆，陈列 200 多件藏品。

七、资源保护

乌兰布和示范区病虫害防治、野生动植物保护、森林生态效益补偿全部由阿左旗统一管理实施。

2020 年，实施森林保险，截至 2021 年，投保面积 2.91 万公顷，保费 54.47 万元，发生灾害 1 起，面积 1553.33 公顷，理赔 57.14 万元。

第七节　内蒙古贺兰山国家级自然保护区

一、保护区机构

（一）机构沿革

1992 年 10 月，国务院批准设立内蒙古贺兰山国家级自然保护区（保护区成立之前为贺兰山林场）。

1993 年 4 月，盟行署批准成立内蒙古贺兰山国家级自然保护区管理局，业务上接受盟建设处和盟林业处指导，机构规格准处级，为阿左旗林业局所属二级事业单位，实行企业化经营，差额补贴。

2003 年，转为财政全额拨款事业单位。

2013 年 10 月，中共阿拉善左旗委员会机构编制委员会办公室明确贺兰山管理局为阿左旗政府直属事业单位。

2014 年 12 月，成立贺兰山管理局党组。

2018 年，加挂内蒙古贺兰山国家级野生动物疫源疫病监测站牌子，实行一套人马，两块牌子。

（二）职能职责

（1）承担编制保护区总体规划和专项规划，做好项目申报和项目库建设，制定各项规章制度，并组织实施。

（2）承担保护区自然环境和自然资源的保护、监督和管理，依法查处破坏保护区自然资源、自然环境、保护设施等违法违规行为。

（3）开展保护区自然资源调查、生态监测、安全生产、森林草原防火、野生动植物保护、野生动物疫源疫病监测及制定各类应急预案。森林草原防火、野生动植物保护、野生动物疫源疫病监测及制定各类应急预案。

（4）承担天然林保护、生态公益林管护及国有林场改革与发展工作。

（5）组织或协调有关部门开展保护区科学研究、宣传教育、对外交流与合作等工作。

（6）规范科学观测、参观、旅游等活动。

（7）完成阿拉善左旗政府交办的其他任务。

（三）内设机构

2005 年 7 月，核定领导职数 3 名（1 正 2 副），内设办公室、森林公安分局、森林管护科（挂森林公园管理科牌子）、科研宣传科 4 个科（室），核定副科级领导职数 6 名。

2008 年 9 月，核定编制 126 名（含森林公安民警 32 名），领导职数 4 名（1 正 3 副），内设办公室、森林公安分局、林政资源管理科、科研科、森林公园管理科、项目办、防火办 7 个科室。

2015 年，核定编制 95 名，领导职数 5 名（1 正 4 副），副科级领导职数 6 名。

2017 年 6 月，内设综合办公室、防火办、科教科、资源林政科 4 个科室，下设哈拉乌、北寺、古拉本、南寺 4 个工作站，28 个管护站。

2019 年 6 月，增设规划财务科（副科级）。

2021 年 2 月，内设综合办公室、规划财务科、资源林政科、防火办公室、野生动植物保护科、科研宣教科、南寺管理站、哈拉乌管理站、北寺管理站、古拉本管理站 10 个机构。核定人员编制 94 名（专业技术人员 33 名，行政后勤人员 61 名），领导职数 5 名（1 名副处级、2 名正科级、2 名副科级），内设科级领导职数 10 名（副科级）。

2006—2021 年内蒙古贺兰山国家级自然保护区管理局领导名录如下。

党支部书记、局长：马振山（回族，1994 年 1 月—2006 年 9 月）

党 支 部 书 记：杨生宝（回族，2008 年 2 月—2009 年 12 月）

党支部副书记：田春和（2006 年 12 月—2007 年 9 月）

局　　　　　长：张保红（2006 年 12 月—2010 年 12 月）

徐世华（2010 年 12 月—2012 年 4 月）

陈立杰（2012 年 4 月—2015 年 4 月）

党组书记、局长：黄天兵（蒙古族，2015年4月—2016年4月）
　　　　　　　　段志鸿（2017年1月—）
副　　局　　长：赵登海（1995年4月—2010年5月）
　　　　　　　　陈章泰（1997年6月—2007年10月）
　　　　　　　　张保红（1997年6月—2003年3月）
　　　　　　　　赵永文（2007年9月—2011年2月）
党组成员、副局长：陶苏孟高（蒙古族，2007年9月—2018年4月）
　　　　　　　　贾金山（2010年12月—2017年6月）
　　　　　　　　张瑞峰（2012年12月—2016年12月）
　　　　　　　　丁玉森（2013年1月—2017年6月）
　　　　　　　　孙　萍（女，2017年6月—2021年9月）
　　　　　　　　张宝军（2018年5月—）
　　　　　　　　任　侠（女，2021年9月—）
　　　　　　　　代　瑞（女，2021年9月—）
　　　　　　　　刘　东（2021年9月—）
党　组　成　员：代　瑞（女，2019年8月—2021年9月）
　　　　　　　　刘　东（2020年3月—2021年9月）
　　　　　　　　陶　君（女，蒙古族，2021年9月—）
　　　　　　　　照日格图（蒙古族，2021年9月—）

二、自然环境概况

（一）自然环境与资源

1. 基本特征

贺兰山位于内蒙古自治区与宁夏回族自治区交界处，属于内蒙古、宁夏共管山脉，以分水岭为界，西坡归内蒙古管辖。贺兰山南北长250公里，东西宽20~40公里，总面积26.1万公顷。

内蒙古贺兰山国家级自然保护区位于阿拉善盟阿左旗境内，1992年经国务院批准列为森林和野生动物类型自然保护区，主要保护对象以青海云杉为主的野生动植物资源。南北长125公里，东西宽8~30公里，保护区总面积67709.8公顷，其中，核心区20200公顷、缓冲区10762.5公顷、实验区36747.3公顷。地理坐标介于北纬38°20′48.48″~39°08′08.88″，东经105°44′45.60″~106°05′01.68″。保护区四至界限南起头关，北至小松山，东以分水岭与宁夏贺兰山保护区为界，西至贺兰山山麓，范围界线清晰。

2002年，国家林业局批准成立内蒙古贺兰山国家森林公园，占地3455.1公顷。其中，南寺旅游区2355.1公顷、北寺旅游区1100公顷。

2. 地质地貌

贺兰山隆起于中生代晚期燕山运动，山体呈南北走向。受构造运动影响和干燥剥蚀及流水侵蚀，将山地切割成大致为东西延伸岭脊与沟谷相间排列地形，山体多由片麻岩、石灰岩、页岩构成。东坡陡峭，西坡平缓，东西两侧不对称，形成岭谷相间排列的复杂地形，阴坡比阳坡温度低，湿度较大、土层较厚、植物种类与植物群落类型具有明显坡向差异，给植物生长提供多样的生存环境。平均海拔2700米，主峰达郎浩绕海拔3556.1米，西坡相对高程1556米。

3. 气候

贺兰山是中国一条重要的自然地理分界线，是外流区与内流区分水岭、季风气候和非季风气候分界线、草原与荒漠分界线。山体阻挡，削弱西北高寒气流东袭，阻止潮湿东南季风西进，遏制腾格里沙漠东移，东西两侧气候差异大，属于典型大陆性气候。春季增温较快，常有寒潮侵袭，多大风；夏季地面增温较快，降水少，天气晴燥炎热；秋季地面逐渐冷却，大陆高气压系统加强，西北风占优势；10月初霜，冬季5个月，天气多晴朗、干燥严寒。

保护区气候具有明显垂直分布规律，山麓与山顶气温差异大。山麓年降水量250~300毫米，年平均气温8.5℃，≥10℃年积温3370℃；山顶2910米处，年降水量438毫米，年平均气温4℃，≥10℃年积温在3000℃以下。降水主要集中在7—8月，年平均蒸发量2100~2337毫米，是降水量的8~10倍。无霜期110~130天，积雪厚度50~100毫米。

从山麓到山顶，植物种类、区系成分与植被类型呈现明显垂直分异现象。保护区水气压随着海拔高度增加而递减。夏季最大，冬季最小。年平均相对湿度36%~47%。

4. 水文

贺兰山地表水有季节性山间溪流及洪水，径流量分布在10条沟谷。其中，哈拉乌沟、塔尔岭沟、马圈沟年径流量在200万立方米以上。牛石头沟、白石头沟、柳门子沟、南寺沟、苏海图沟、水磨沟径流量在100万~200万立方米。其他沟年径流量均在100万立方米以下。地下水为第四系孔隙潜水或承压水，在20米以上富水性较好，单井出水量大于20立方米/小时，潜水埋藏较深，多在20~50米，水质良好，矿化度小于2克/立方米，pH值为7~8.2，水化学类型复杂。地下水资源储量1.36亿吨。贺兰山水资源是阿左旗沿山苏木（镇）工农牧业生产和居民生活用水的主要来源。

5. 土壤

贺兰山土壤类型随海拔高度和植被类型变化规律分布。灰钙土分布于海拔1900米以下低山区及山前洪积扇地带；山地灰褐土分布于海拔1900~3100米阴坡针叶林下，土层厚60~100厘米，最厚可达150厘米，有机质含量较高，结构良好；山地草甸土分布于海拔3100米以上亚高山灌丛与草甸植被，土层厚30~60厘米，表层土壤中植物根系密集，有机质较高，土体湿润，呈中性反应；在山地北段和中段陡峭阳坡分布着粗骨土，为石块和薄层表土混合形成的幼年土壤，剖面发育很弱，层次分化不明显，有机质含量很低，植物生长稀疏；在西侧海拔1600米以下山地荒漠带发育着淡棕钙土。

6. 动植物资源

保护区集中分布着以青海云杉为主的天然次生林，是内蒙古西部最大的天然次生林区，森林覆盖率57.3%。保护区内有野生维管束植物788种，隶属87科，357属。有国家重点保护植物发菜、沙冬青、革苞菊、蒙古扁桃、斑子麻黄、野大豆、甘草、新疆野杏、半日花、黑果枸杞、阿拉善披碱草、黑紫披碱草、沙芦草13种；特有和近特有植物贺兰山蓍麻、贺兰山孩儿参、贺兰山翠雀、贺兰山银莲花、贺兰山棘豆等62种；药用植物羽叶丁香、小叶红景天、龙胆、银柴胡、百合、沙参、蒙古扁桃、沙冬青、野大豆、革苞菊等300余种。

陆生脊椎动物26目78科192属352种，两栖爬行动物3目8科11属19种、鸟类18目55科138属279种、哺乳类6目15科43属54种。属于国家重点保护的脊椎动物有75种，国家一级重点保护野生动物黑鹳、金雕、白尾海雕、胡兀鹫、马麝、大鸨、雪豹、草原雕、秃鹫、猎隼、黄嘴白鹭、小青脚鹬、荒漠猫13种；国家二级重点保护野生动物马鹿、岩羊等62种；大型真菌262种；苔藓180种；昆虫1914种。

贺兰山野生动植物种类丰富，保持原始地形地貌、生态旅游资源、野生动植物资源及栖息环境，以及自然生态系统原真性、完整性。它是中国八大生物多样性中心之一，重要模式标本产地和天然"基因库"。

7. 红色教育资源

曹动之烈士殉难地遗址，位于贺兰山保护区范家营子。曹动之，陕西横山县人，原名曹开城，1906 年生，1927 年入党，是横山县早期地下党组织优秀共产党员。他坚决贯彻党的少数民族和统一战线政策，与蒙古族、汉族、回族等各族人民同生死，共患难，结下深厚情谊，被尊称为"青天"。1950 年 3 月，曹动之任中共宁夏省阿拉善旗工委书记兼保安总队政委。7 月，曹动之去银川参加中共宁夏省委第一次党代会，返回途中，遭到盘踞在贺兰山土匪郭永胜（郭栓子）袭击，壮烈牺牲，终年 44 岁。中共宁夏省委、省人民政府分别在定远营和银川市为曹动之隆重举行追悼大会；中共中央西北局致挽词：为人民牺牲无上光荣。

1980 年，地质队在此地附近竖立水泥桩（高 2 米、宽 0.5 米），上刻有"曹动之烈士殉难地"。2010 年革命遗址普查中，普查工作人员寻找到经历者对遗址进行了认定，阿左旗党委树立"曹动之烈士殉难地"纪念碑作为标识。

阿拉善左旗巴彦浩特烈士陵园。位于贺兰山保护区水磨沟管护站辖区内，占地 10 万平方米。建有纪念碑、烈士陵墓、纪念广场、烈士英名墙纪念建筑物。前身为木仁高勒烈士陵园。始建于 1968 年，为纪念 1950 年在贺兰山剿匪战斗中英勇牺牲的中国人民解放军十九兵团一九五师五八三团一营三连的 3 位革命烈士。1991 年 4 月，党、政、军、民以筹资捐款方式将烈士英魂迁至现址并修建 3 座烈士陵墓，占地 450 平方米。此后，陵园几经修缮。2013 年，木仁高勒烈士陵园更名为阿拉善左旗巴彦浩特烈士陵园，新建"革命烈士永垂不朽"烈士纪念碑 1 座，搬迁、修缮烈士墓 15 座，41 位烈士事迹。扩建纪念广场 1291 平方米，修缮扩建后总面积 5000 平方米；2016 年，阿左旗党委、政府对烈士陵园实施景观提升工程；2018 年，建设烈士英名墙和陵园简介墙。1996 年 7 月，阿左旗巴彦浩特烈士陵园被内蒙古自治区党委宣传部选为首批自治区级爱国主义教育基地；2011 年 11 月，被自治区党委宣传部定为内蒙古自治区爱国主义教育示范基地。

（二）保护价值

1. 生物多样性

物种多样性　植物区系属亚洲荒漠植物区阿拉善荒漠植物省贺兰山州。山地植物区系以亚洲中部荒漠区山地成分为特征，代表植物青海云杉；低山带受华北区系影响，代表植物油松、虎榛子、酸枣、白蔹、矮卫矛等；高山、亚高山带与青藏高原高寒植物区系成分保持着一定联系，代表植物嵩草、异针茅等，是青藏高原高寒草甸和高寒草原中重要成分；在高山带还出现北极高山成分，代表植物北极果（天栌）、纯叶单侧花等；山地草原中以本氏针茅、短花针茅等为代表喜暖草原成分居多，含有亚洲中部草原种沙生针茅、克氏针茅、大针茅等。成为华北、蒙古高原、青藏高原成分的交汇点，是研究植物区系历史关键区域。内蒙古贺兰山综合科学考察结果显示，保护区内 788 种维管束植物有 2 亚种和 22 变种。其中，有贺兰山特有成分 10 种；以贺兰山为原产地模式标本植物 62 种；贺兰山特有植物 32 种。陆生脊椎动物 352 种属国家级保护动物 75 种。其中，一级保护动物 13 种，二级保护动物 62 种。

生态系统多样性　保护区植被属于山地植被，山地地形生态条件分化和植物区系成分多方汇合，植被类型及组合形成复杂格局。以《中国植被》分类原则、单位与系统为基础，根据实际情况增加疏林和旱生灌丛 2 个植被型基础上，将贺兰山野生植物群落划分为 7 个植被型纲、16 个植被型组、24 个植被型、85 个群系。其中，森林 6 个群系、灌丛 22 个群系、草原 20 个群系、疏林 2 个群系、荒漠 18 个群系、草甸 13 个群系、水生与沼生 4 个群系。

遗传多样性　是遗传信息的总和。野生动植物物种中蕴藏着难以计数的遗传基因，这些遗传信息总和构成保护区丰富的遗传多样性，对栽培或驯化物种的野生近缘种具有重要经济和科学研究价值，对遗传多样性保护、保存具有现实和深远历史意义。

2. 稀有性评价

保护区是重要模式标本产地和种质资源宝库。有国家重点保护野生植物 13 种，沙冬青、革苞菊、四合木、野大豆、蒙古扁桃、斑子麻黄、阿拉善苜蓿等；以贺兰山为模式标本产地的植物 62 种，贺兰山稀花紫堇、贺兰山棘豆、羽叶丁香、贺兰山薹草、贺兰山女娄菜、贺兰山南芥、阿拉善黄芩、贺兰山玄参、贺兰山繁缕、阿拉善点地梅等。内蒙古自治区特有植物主要分布在阿拉善荒漠区，阿拉善荒漠区特有植物集中在贺兰山，贺兰山特有植物 32 种。对于研究内蒙古植物区系分布特点有着重要的科学意义。

3. 自然性评价

保护区地质地貌发育历史悠久，在古陆上发展形成，新第三纪发生强烈新构造运动，山脉隆起，青藏高原抬升，逐渐形成现代地貌特征，地理环境巨变，动植物区系发生改变，山地植被有许多变型分化，形成垂直地带和复杂分布组合，植被演替为森林、灌丛、草原、荒漠、草甸，植被曾遭破坏，现存地貌及生物资源基本属于原始演替结果，维持着原有自然状态，自然性明显。

三、重点工程

（一）基础设施建设

1. 保护区一期工程

总投资 424.20 万元。建设内容为道路工程 30 公里、标桩标牌 122 个、管护站站舍建设 920 平方米、站舍维修 860 平方米、围栏 3.2 公里、购置汽车 1 台、小客车 1 台、三轮摩托车 3 辆、二轮摩托车 8 辆、风力灭火机 20 台、对讲机 20 台、发电机 19 台、望远镜 20 架、医疗设备 1 套。实际完成道路工程 35 公里、界碑 150 个、管护站站舍建设 418 平方米、站舍维修 673 平方米、购置小客车 1 台、二轮摩托车 6 辆、防火通信基地台 1 套、手机 1 部、望远镜 30 架。

2. 保护区二期工程

总投资 699 万元。建设内容为土建工程 1920 平方米、各类监测站 5 处、瞭望台 1 处、动物圈舍 3600 平方米，购置科研、宣教、交通、信息等设施设备共 25 项，实际完成 22 项。完成投资 663.90 万元。

3. 保护区三期工程

总投资 1240 万元。建设内容为新建管理局业务用房 1200 平方米、访问者中心 800 平方米、宣教中心 600 平方米、管理站业务用房 260 平方米、管理局辅助用房 150 平方米；配套科研、监测附属设施建设。

（二）天然林资源保护工程

2012 年，保护区实施天然林资源保护项目。管护资金 150 万元。

2013 年，投资 70 万元，封山育林 666.67 公顷；投资 161.4 万元，实施森林管护项目 90.62 万亩。

2014 年，投资 70 万元，封山育林 666.67 公顷；投资 161.4 万元，实施森林管护项目 90.62 万亩。

2015 年，投资 70 万元，封山育林 666.67 公顷；投资 161.4 万元，实施森林管护项目 90.62 万亩，聘用专职护林员 50 人。

2016 年，投资 161.4 万元。实施森林管护项目 90.62 万亩，聘用专职护林员 50 人。

2017年，投资232.74万元。实施森林管护项目90.62万亩，聘用专职护林员50人。

2018年，投资232.74万元。实施森林管护项目90.62万亩，聘用专职护林员50人。

2019年，投资232.7万元。实施森林管护项目88.57万亩，划定管护责任区35个，聘用护林员35人。

2020年，投资232.7万元。实施森林管护项目88.57万亩，划定管护责任区35个，聘用护林员35人。

2021年，投资232.7万元。实施森林管护项目88.57万亩，划定管护责任区35个，聘用护林员35人。

（三）森林生态效益补偿基金政策

2009年，贺兰山保护区实施国家生态效益补偿制度。纳入国家级公益林补偿面积为3.09万公顷（有林地2.33万公顷、疏林地4140公顷、灌木林地306.67公顷、灌丛地3173.33公顷），全部为国有林，补偿资金220.16万元。

2010年，补偿资金220.16万元；2011年，补偿资金220.16万元；2012年，补偿资金220.16万元；2013年，补偿资金220.2万元；2014年，补偿资金220.16万元；2015年，补偿资金220.16万元；2016年，补偿资金220.16万元；2017年，补偿资金360万元。2018年，公益林补偿面积增加至4.15万公顷，补偿资金452万元；2019年，补偿资金452万元；2020年，补偿资金607万元；2021年，资金617万元。

（四）退牧还林工程

贺兰山在20世纪70—90年代末，作为夏季牧场，为沿山牧民提供大量饲草料。由于过度放牧，贺兰山生态环境遭受到破坏，林草植被明显退化，面对贺兰山生态急剧恶化的状况，盟委、盟行署和旗委、旗政府高度重视，坚持"保护与建设并重、保护优先"工作方针，加强贺兰山自然保护区管理。1999—2001年，阿左旗人民政府自筹资金，组织实施退牧还林还草工程，将贺兰山1043户4300名牧民搬迁转移，退牧牲畜23万头（只），在保护区外围拉设115公里网围栏，保护区实行全面禁牧。2001年5月，阿拉善左旗人民政府，将保护区外围20790公顷宜林荒山划为禁牧区，划归贺兰山管理局管理。

2000年，国家西部大开发、天然林保护工程启动，保护区停止天然林抚育间伐。通过封山育林、生态资源保护促进森林资源自然恢复。森林资源二类调查统计，"天保"工程实施后贺兰山森林覆盖率由2001年的51.3%提高到57.3%，有林地面积由3.46万公顷增加到3.88万公顷，林区植被覆盖度达到80%；马鹿由2001年的2000余头增加到7000余头，岩羊由1.6余万只增加到5万余只。

（五）国家级自然保护区补助资金项目

2008年，补助资金60万元。用于本底资源调查、数据库和信息系统建设、宣教。

2009年，补助资金80万元。用于内蒙古贺兰山国家级自然保护区第一次综合科学考察、生态监测、森林防火监控设备维修、管理业务人员培训和宣传教育。

2013年，补助资金150万元。用于开展保护区自然资源本底调查、自然资源和生态监测、维修管护站房5处及院落5处和给排水配套维护；制作宣传折页等材料5000份。

2014年，补助资金200万元。用于开展保护区自然资源本底调查、自然资源和生态监测、维修管护站房4处和院落硬化建设4处，购置电脑、档案柜及档案制作。

2015年，补助资金200万元。用于维护中心管护站3处、修建水窖2个、铺设供水管道6.5公里、购置红外相机20部、制作宣传短片1部、制作宣传画册500本。

2016 年，补助资金 100 万元。用于专项调查与监测购置红外相机 50 部、管护设施维护院面硬化 3000 平方米、围墙 250 米、制作宣传教育片 1 部、建设数字同播基站 1 套、购置数字对讲机 36 部。

2018 年，补助资金 100 万元。用于专项调查与监测购置 GPS 40 部、管护设施维护。

2019 年，补助资金 100 万元。用于设备购置、管护设施维护改造。

2020 年，补助资金 65 万元。用于管护设施维护改造、管理局设施改造、北寺管护站设施改造、勘察设计。补助资金 100 万元。用于专项调查与监测，林火视频监控 1 套、预警监测系统 2 套、基站防盗系统 2 套、信息传输光缆 2000 米、光伏电源 2 套、12 米四角铁塔 2 座。

2021 年，补助资金 88 万元。用于林火监控维护、林火监控网络通信费、巡护巡查、野外监测装备、动植物资料购置、宣传培训。

四、资源保护

（一）森林资源

2010 年，内蒙古自治区林业监测规划院对内蒙古贺兰山国家级自然保护区开展森林资源二类调查。

1. 土地面积资源

保护区总土地面积 6.77 万公顷。其中，有林地 2.98 万公顷。疏林地 4430.7 公顷。灌木林地 8988.2 公顷。本期新增宜林地面积 2.29 万公顷和辅助生产林地面积 1531.3 公顷。森林覆盖率到 57.3%。

2. 林木蓄积量资源

保护区活立木总蓄积量 269.47 万立方米。其中，有林地蓄积量 263.21 万立方米，疏林地蓄积量 6.26 万立方米。

3. 优势树种资源

青海云杉林 2.05 万公顷，蓄积量 210.76 万立方米；油松林 5196.4 公顷，蓄积量 42.8 万立方米；榆树 3159.5 公顷，蓄积量 6.04 万立方米；杜松林 1049 公顷，蓄积量 2.96 万立方米；山杨林 213 公顷，蓄积量 1.19 万立方米。

（二）野生动物资源

贺兰山保护区在动物地理区划上属于古北界—中亚亚界—蒙新区—西部荒漠亚区和东部草原亚区过渡地带。保护区是青海云杉天然次生林为主的干旱、半干旱山地森林生态系统，林下植被资源丰富，植被随着不同海拔呈现明显分布差异，兽类种群活动范围，根据植被形成的复杂带谱，大致可分为以下 4 类：海拔 1600 米以下荒漠草原带，是荒漠草地为主的肥沃低地，常见种群有达乌尔鼠兔、野猫、沙狐等；低山草原、灌丛带，是低地、沟谷或陡坡为主的干旱地，面积大范围广，常见种群有虎鼬、大耳猬等；海拔 2400~3100 米中山针叶带，是青海云杉纯林、油松林群系和杜松林群系为主的山地阴坡，常见种群有荒漠猫、大棕蝠和宽耳蝠等；海拔 3000~3500 米高山灌丛、草甸带，是高山草甸为主的山巅及山脊平坦地，常年有霜冻，冬季积雪，岩羊、马鹿选择山地疏林草原带、亚高山灌丛和草带间活动，香鼬喜栖于高山草甸、多岩石的斜坡。

内蒙古贺兰山国家级自然保护区第一次综合科学考察报告显示，贺兰山保护区内脊椎动物分属 4 纲 26 目 78 科 192 属 352 种（表 17-20）。

表17-20 贺兰山保护区内脊椎动物分类数量统计　　　　单位：个

纲	目	科	属	种
两栖纲	1	2	2	3
爬行纲	2	6	9	16
鸟纲	18	55	138	279
哺乳纲	5	15	43	54
总计	26	78	192	352

1. 珍稀濒危动物

根据国家《林业和草原局农业农村部公告（国家重点保护野生动物名录）》，贺兰山自然保护区野生脊椎动物，被列入国际自然保护联盟（IUCN）保护的2种，列入《中国濒危动物红皮书》的鸟类17种。属于国家一级重点保护的野生动物有13种，鸟类有黑鹳、大鸨、金雕、白尾海雕、草原雕、胡兀鹫、秃鹫、猎隼、黄嘴白鹭、小青脚鹬；兽类有雪豹、马麝、荒漠猫。国家二级重点保护野生动物62种，鸟类有黑颈䴙䴘、角䴙䴘、白琵鹭、大天鹅、小天鹅、黑鸢、苍鹰、雀鹰、凤头蜂鹰、大鵟、普通鵟、棕尾鵟、毛脚鵟、白尾鹞、鹊鹞、草原鹞、白腹鹞、黄爪隼、游隼、燕隼、红脚隼、红隼、灰背隼、鹗、鸳鸯、灰鹤、蓑羽鹤、白腰杓鹬、蓝马鸡、雕鸮、纵纹腹小鸮、长耳鸮、贺兰山红尾鸲、红喉歌鸲、蓝喉歌鸲、贺兰山岩鹨、棉凫、鸿雁、林沙锥、褐头鸫、北朱雀、褐头山雀、蒙古百灵等；兽类有猞猁、兔狲、马鹿、岩羊、盘羊、石貂、沙狐、赤狐、贺兰山鼠兔、鹅喉羚、长尾斑羚等。

2. 陆生脊椎动物

陆生脊椎动物有352种。其中，两栖爬行类19种，分别是花背蟾蜍、黑斑蛙、中国林蛙、隐耳漠虎、荒漠沙蜥、变色沙蜥、草原沙蜥、丽斑麻蜥、虫纹麻蜥、荒漠麻蜥、密点麻蜥、中介蝮、沙蟒、花条蛇、黄脊游蛇、虎斑颈槽蛇、玉斑锦蛇、玉锦蛇、白条锦蛇。

鸟类279种，分别是戴胜、岩鸽、原鸽、珠颈斑鸠、山斑鸠、灰斑鸠、普通雨燕、白腰雨燕、黑鹳、苍鹭、草鹭、大白鹭、池鹭、牛背鹭、中白鹭、黄嘴白鹭、白鹭、黄斑苇鳽、栗苇鳽、夜鹭、大麻鳽、白琵鹭、红隼、红脚隼、燕隼、黄爪隼、游隼、猎隼、灰背隼、阿穆尔隼、白尾海雕、白腹鹞、白尾鹞、草原鹞、鹊鹞、苍鹰、松雀鹰、大鵟、普通鵟、棕尾鵟、毛脚鵟、高山兀鹫、胡兀鹫、秃鹫、黑鸢、金雕、草原雕、短趾雕、靴隼雕、凤头蜂鹰、鹗、蓝马鸡、石鸡、鹌鹑、斑翅山鹑、环颈雉、毛腿沙鸡、大杜鹃、中杜鹃、大斑啄木鸟、星头啄木鸟、凤头百灵、大短趾百灵、小沙百灵、亚洲短趾百灵、短趾沙百灵、云雀、蒙古百灵、角百灵、戴菊、文须雀、鹪鹩、大山雀、褐头山雀、黄腹山雀、绿背山雀、煤山雀、银喉长尾山雀、山鹛、黑头鳾、普通鳾、红翅旋壁雀、北灰鹟、锈胸蓝姬鹟、红喉姬鹟、黄眉姬鹟、喜鹊、红嘴山鸦、黄嘴山鸦、黑尾地鸦、秃鼻乌鸦、大嘴乌鸦、小嘴乌鸦、渡鸦、家燕、金腰燕、岩燕、岩沙燕、白斑翅拟蜡嘴、白眉朱雀、北朱雀、红眉朱雀、普通朱雀、金翅雀、白腰朱顶雀、黄嘴朱顶雀、黄雀、长尾雀、蒙古沙雀、巨嘴沙雀、红交嘴雀、燕雀、苍头燕雀、锡嘴雀、凤头雀莺、白喉林莺、漠地林莺、褐柳莺、黄眉柳莺、黄腹柳莺、极北柳莺、黄腰柳莺、棕眉柳莺、淡眉柳莺、橙斑翅柳莺、东方大苇莺、山噪鹛、白鹡鸰、黄鹡鸰、黄头鹡鸰、灰鹡鸰、树鹨、理氏鹨、水鹨、粉红胸鹨、田鹨、北鹨、平原鹨、山鹨、太平鸟、红背伯劳、楔尾伯劳、红尾伯劳、灰伯劳、棕尾伯劳、领岩鹨、褐岩鹨、贺兰山岩鹨、棕眉山岩鹨、白眉鸫、白腹鸫、田鸫、斑鸫、赤颈鸫、褐头鸫、白背矶鸫、沙鵖、漠鵖、白顶鵖、白喉红尾鸲、红腹红尾鸲、贺兰山红尾鸲、北红尾鸲、蓝额红尾鸲、赭红尾鸲、红胁蓝尾鸲、白顶溪鸲、黑喉石鸲、蓝喉歌鸲、红喉歌鸲、蓝歌鸲、红尾水鸲、虎斑地鸫、黑顶麻雀、麻雀、黑喉雪雀、石雀、白头鹀、黑头鹀、灰眉岩鹀、芦鹀、三道眉草鹀、小鹀、苇鹀、田鹀、灰鹀、黑枕黄鹂、黑卷尾、丝光椋鸟、灰椋鸟、紫翅椋鸟、百冠攀雀、中华攀雀、黑颈䴙䴘、凤头䴙䴘、角䴙䴘、小䴙䴘、普通鸬鹚、鸿雁、豆雁、灰雁、大天鹅、小天鹅、赤麻鸭、翘鼻麻鸭、绿头鸭、赤膀鸭、赤颈鸭、花脸鸭、罗纹鸭、琵嘴鸭、绿翅鸭、斑嘴鸭、针尾鸭、白眉鸭、赤嘴潜鸭、白眼潜鸭、红头潜鸭、凤头潜鸭、青头潜鸭、鹊鸭、鸳鸯、斑头秋沙鸭、普通秋沙鸭、棉凫、灰鹤、蓑羽鹤、黑水鸡、普通秧鸡、小田鸡、白骨顶、大鸨、灰头麦鸡、凤头麦鸡、剑鸻、金眶鸻、环颈鸻、蒙古沙鸻、铁嘴沙鸻、金斑鸻、小青脚鹬、林鹬、红脚鹬、青脚鹬、白腰草鹬、泽鹬、鹤鹬、矶鹬、青脚滨鹬、长趾滨鹬、白腰杓鹬、丘鹬、黑尾塍鹬、针尾沙雉、扇尾沙雉、孤沙雉、林沙雉、黑翅长脚鹬、反嘴鹬、鹮嘴鹬、棕头鸥、渔鸥、黑尾鸥、银鸥、红嘴鸥、须浮鸥、白翅浮鸥、普通燕鸥、白额燕鸥、三宝鸟、蓝翡翠、普通翠鸟、欧夜鹰、普通夜鹰、长耳鸮、短耳鸮、雕鸮、领角鸮、纵纹腹小鸮。

兽类54种。分别是大耳猬、达乌尔猬、北小麝鼩、大足鼠耳蝠、北棕蝠、大棕蝠、宽耳蝠、灰大耳蝠、赤狐、沙狐、石貂、香鼬、艾鼬、虎鼬、狗獾、猪獾、野猫、荒漠猫、猞猁、雪豹、马麝、马鹿、牦牛、黄羊、鹅喉羚、斑羚、岩羊、盘羊、花鼠、阿拉善黄鼠、黑线仓鼠、灰仓鼠、长尾仓鼠、大仓鼠、无斑短尾仓鼠、小毛足鼠、麝鼠、长爪沙鼠、子午沙鼠、大林姬鼠、黄胸鼠、褐家鼠、社鼠、小家鼠、五趾跳鼠、巨泡五趾跳鼠、五趾心颅跳鼠、三趾跳鼠、蒙古羽尾跳鼠、长耳跳鼠、达乌尔鼠兔、高山鼠兔、贺兰山鼠兔、草兔。

（三）野生植物资源

贺兰山地处我国西北干旱区，高耸山体、复杂多样山地内部环境、悠久地质历史与气候条件，为贺兰山植物多样性演化提供重要环境，形成独具特色的现代植物区系。贺兰山种子植物357属可划分为27种区系地理成分，包括14种分布区类型和13个变型（中国种子植物共有15个类型、31个变型）。这些区系成分可归纳划分为世界分布、热带分布、温带分布、东亚分布、地中海—西亚—中亚分布和中国特有分布6类，植物区系成分复杂多样。广域角度，是连接东亚森林植物区系、青藏高原高寒植物区系、亚洲中部荒漠植物区系及亚洲中部植物区系；狭域角度，是连接我国西北、华北、蒙古高原、黄土高原和青藏高原植物区系的枢纽。贺兰山是我国西北干旱区生物多样性宝库，丰富的植物种特有成分，成为阿拉善—鄂尔多斯中心（南蒙古中心）的核心区。

内蒙古贺兰山自然保护区第一次综合科学考察报告，有维管束植物787种22变种。其中，野生种子植物769种22变种，蕨类植物18种，贺兰山维管束植物分属于86科、356属（表17-21）。

表17-21　贺兰山植物分类统计

植物类群			科		属		种		变种	亚种
			野生	栽培	野生	栽培	野生	栽培	—	—
蕨类植物			10	—	11	—	18	—	—	—
种子植物	裸子植物		2	1	4	1	7	1		
	被子植物	双子叶植物	63	—	268	—	576			
		单子叶植物	11	—	72	—	186	—	—	—
维管束植物			86	1	356	1	787	1	22	1

贺兰山植物区系组成中，植物种数多于100种以上大科有2科：菊科、禾本科；多于40种大

科有4科：菊科、禾本科、蔷薇科、豆科；含有20种以上、40种以下有6科：藜科、石竹科、毛茛科、十字花科、莎草科、百合科；10种以上、20种以下有8科：杨柳科、蓼科、伞形科、报春花科、龙胆科、紫草科、唇形科、玄参科；其余68科植物均少于10种。植物区系组成中，最丰富的属是蒿属（24种）、早熟禾属（19种）和黄芪属（19种），它们是地理分布较广的三属。其次含10种以上植物的属有5属：葱属、薹草属、针茅属、棘豆属、委陵菜属，其余349属均少于10种植物。

1. 用材类树种

主要有油松、青海云杉、杜松等针叶树种。阔叶树种主要有山杨、旱榆、柳树。

2. 经济类植物

纤维植物主要有油松、青海云杉、山杨、小红柳、蓝靛果忍冬、黄花忍冬、金银花、蛇床、麻叶荨麻、柳兰、宿根亚麻、远东芨芨草、拂子茅、假苇拂子茅、芦苇。

鞣料植物即栲胶植物主要有油松、青海云杉、山杨、灰榆、稠李、山刺玫、柳叶鼠李、小叶鼠李、柽柳、河柏、皱叶酸模、类叶升麻、鹅绒委陵菜、地榆、唐松草、地锦。

药用植物主要有孩儿参、地肤、沙参（所有种）、桔梗、高山地榆、黄耆、草麻黄、菖蒲、泽泻、茜草、艾、类叶升麻、乌头、白头翁、紫菀、红花、州漏芦、苍术、蓝刺头、曼陀罗、黄精、玉竹、拳参、枸杞、柴胡、草肉苁蓉、地黄、列当、车前、远志、黄芩、甘草、锁阳、大黄、萹蓄、旱麦瓶草、瞿麦、石竹、葛缕子、达乌里龙胆、秦艽、龙胆、菟丝子、鹤虱、多裂叶荆芥、益母草、细叶益母草、薄荷、香薷、山牛蒡、细叶百合、射干鸢尾。

农药类植物主要有白屈菜、播娘蒿、瓦松、披针叶黄华、狼毒大戟、皱叶酸模、卫矛、野菊、菖蒲、苍耳、马齿苋、白头翁、蒙桑、骆驼蓬。

油料植物主要有油松、家榆、灰榆、文冠果、毛樱桃、山刺玫、苍术、地肤、稠李、益母草、宿根亚麻、碱蓬、骆驼蓬、皱叶酸模、菟丝子、酸枣、播娘蒿、鼠李、葶苈。

淀粉、酿造类植物主要有越橘、稠李、地榆、蓝靛果忍冬、蕨类、山刺玫、库叶悬钩子、苍术、黄精、玉竹、细叶百合、沙参、皱叶酸模、珠芽蓼、毛樱桃、打碗花、鼠李、旱榆、酸枣、山杏。

染料植物主要有石松、鹅绒委陵菜、蓬子菜、山刺玫、柳叶鼠李、小叶鼠李、酸模、皱叶酸模、茜草。

橡胶植物主要有蓬子菜、狼毒、长柱沙参、地梢瓜、金银花忍冬。

芳香油类植物主要有山刺玫、田葛缕子、香青兰、百里香、丁香、薄荷、飞蓬、香薷、细穗香薷、裂叶荆芥、缬草、侧柏、菖蒲、蒙古蒿、野菊、风毛菊、黄芩、蒙古莸、大花荆芥、石竹。

食用植物主要有蕨类、薄荷、白桦、家榆、拳参、毛山楂、山刺玫、越橘、稠李、酸枣、沙参、地榆、库叶悬钩子、百合、稠李、山杏、小果白刺、文冠果、蓝靛果忍冬、蒙桑、毛樱桃、香薷、甘草、玉竹、黄精、沙枣、天栌、蒙古扁桃、荀子。

观赏植物主要有石竹、细叶百合、山刺玫、黄刺玫、丁香、报春花、瞿麦、华北耧斗菜、蒙古绣线菊、土庄绣线菊、金露梅、蒙古扁桃、矮卫矛、点地梅、翠雀花、蒙古莸、樱草、贺兰山南芥、茶藨子。

饲用植物主要有豆科、禾本科、菊科、莎草科、藜科的植物种类。其中，豆科主要饲用植物有粗壮黄耆、草木樨状黄耆、细枝岩黄耆、蒙古岩黄耆、小叶锦鸡儿、狭叶锦鸡儿、柠条锦鸡儿、达乌里胡枝子、牛枝子、尖叶胡枝子、草木樨、紫花苜蓿、天蓝苜蓿、新疆野豌豆、救荒野豌豆等。禾本科主要饲用植物有羊草、赖草、贝加尔针茅、大针茅、克氏针茅、长芒草、短花针茅、小针茅、沙生针茅、戈壁针茅、羊茅、紫羊茅、糙隐子草、无芒隐子草、中华隐子草、冰草、沙芦草、芦苇、垂穗披碱草、缘毛鹅观草、直穗鹅观草、星星草、落草、无芒雀麦、苇状看麦娘、狗尾草、金狗尾草、虎尾草、白茅、稗、长芒稗、荩草、拂子茅、大拂子茅、假苇拂子茅、野青茅、林地早熟禾、硬质早熟禾、草地早熟禾、偃麦草等。莎草科主要饲用植物有灰脉薹草、脚薹草、披针薹草、薹草、寸薹草、高山嵩草、蔗草等。菊科主要饲用植物有冷蒿、籽蒿、白莲蒿、褐沙蒿、准格尔沙蒿、裂叶蒿、猪毛蒿、华北米蒿、漠蒿、旱蒿、女蒿、线叶菊、薯状亚菊、中亚紫菀木、花花柴、蓼子朴等。藜科主要饲用植物有驼绒藜、珍珠柴、松叶猪毛菜、猪毛菜、短叶假木贼、木地肤、合头藜、盐穗木、细枝盐爪爪、盐爪爪、尖叶盐爪爪、沙蓬、碱蓬等。其他科主要饲用植物有多枝柽柳、红砂、山杏、高山地榆、鹰爪柴、百里香、蒙古葱、碱韭、野韭、灰榆、沙芥、兔唇花、白刺、土庄绣线菊。

3. 珍稀树种

《内蒙古自治区珍稀林木保护名录》显示，贺兰山珍稀树种有：青海云杉、油松、圆柏、叉枝圆柏、杜松、斑子麻黄、旱榆、圆叶木蓼、蒙桑、裸果木、细叶小檗、毛枝蒙古绣线菊、花叶海棠、小叶金露梅、银露梅、蒙古扁桃、柄扁桃、沙冬青、细枝岩黄芪、四合木、细裂槭、大叶细裂槭、文冠果、柳叶鼠李、黄花红砂、宽叶水柏枝、鄂尔多斯半日花、沙枣、沙棘、越橘、红北极果、贺兰山丁香、互叶醉鱼草、蒙古莸、内蒙野丁香、紫菀木、中亚紫菀木、贺兰山女蒿。

4. 古树名木

2018 年，贺兰山古树名木隶属 4 科 4 属 4 种。其中，裸子植物 2 种，阿拉善—鄂尔多斯成分的古老物种 2 种，圆柏、青海云杉、四合木和革苞菊，均为乡土树种。

（1）圆柏王。生长在内蒙古贺兰山国家级自然保护区西坡火炬大井沟内野生大树，树龄百年。直径 60 厘米，树高 7 米。

（2）云杉王。生长在内蒙古贺兰山国家级自然保护区冰沟沟口，直径 90 厘米，树龄 210 年。

5. 森林景观资源

（1）乔木林景观。青海云杉，面积 2.09 万公顷。保护区内特有针叶树种，树干笔直，枝繁叶茂，一般生长在高山陡坡之上。

山地油松林，面积 5196.4 公顷。高大针叶乔木，树冠繁茂，树干通直，苍翠挺拔。无论山坡、石质坡、山脊、都能生长，形成不同森林群落。

山杨，面积 213 公顷。为落叶乔木，生长迅速，树体高大，树态多姿，林相整齐。

杜松林，面积 1394 公顷。是保护区内独有森林类型，多生长在高山陡角，树干通直，苍劲有力，生长较为缓慢，是内蒙古比较少见树种之一。

榆树林，面积 6762.3 公顷。它是落叶乔木，多生长在沙地上，树干较通直，生长较缓慢，是内蒙古比较常见树种之一。

（2）灌木林景观。

金露梅，面积 1542.8 公顷。落叶灌木，叶小翠绿，分布于林缘、滩地，林下草本以棉花沙草、小白花地榆等组成，还分布有绣线菊、丁香、蒙古扁桃、叉子圆柏、沙冬青、小叶忍冬灌木林景观。

野生紫丁香，落叶灌木或小乔木。生长在海拔 1700~1900 米山谷喜阴地带，高 1.5~4 米，圆锥花序，花淡紫色、紫红色或蓝色，是中国名贵花卉。花期通常在 5—6 月，是贺兰山稀有景观资源。

蒙古扁桃，蔷薇科稀种。落叶灌木，高 1~2 米。主要分布于内蒙古、甘肃及宁夏部分地区海拔 1000~2400 米荒漠，荒漠草原区的山地、丘陵、石质坡地、山前洪积平原及干河床等地。为喜光性树种，根系发达，耐旱、耐寒、耐瘠薄。花期在 4—5 月，果熟在 7—8 月。花单生稀疏朵簇生于短枝上，花瓣倒卵形，粉红色；果实宽卵球形，果肉薄，成熟时开裂，离核。

（3）森林旅游景观。内蒙古贺兰山国家森林公园2002年12月2日经国家林业局批准成立，包括贺兰山广宗寺（俗称南寺）旅游景区和贺兰山福因寺（俗称北寺）旅游景区，总经营面积3455.1公顷。

广宗寺旅游景区　位于贺兰山西麓，在巴彦浩特镇东南30公里处，总面积2355.1公顷。旅游区内建有阿拉善第一大寺广宗寺（南寺）。广宗寺始建于乾隆二十二年（1756），建成后，从超格图呼热庙（昭化寺）请来六世达赖喇嘛遗体供奉在庙中，尊为该寺第一代葛根（活佛），时称"潘代加木措林寺"，藏文称作"噶旦丹吉林"。乾隆二十五年（1760）清廷御赐蒙古族、汉族、满族、藏族4种文字书写的"广宗寺"匾额，也称"兜率广宗州"。寺中珍藏有甘丹赤巴的斗篷、唐代高僧玄奘的铃钎、六世达赖喇嘛的五佛冠、八世班禅所赐的银壶、章嘉国师制定的寺规。光绪皇帝封迭斯尔呼克图时御赐的藏袍、朝珠以及各种大小印章等稀世文物。广宗寺旅游景区由寺庙区、瞻卯山、天然次生林区三部分组成。贺兰山第二峰巴彦笋布尔峰位于旅游区南端，海拔3198米。旅游区具有温带干旱和半干旱山地的典型特点，系草原至荒漠过渡地带，有复杂多样动植物区系和比较完整的山地生态系统。

福因寺旅游景区　位于贺兰山麓中部，距巴彦浩特镇25公里，乌巴公路南侧，总面积1100公顷，是阿拉善盟最早开发的旅游景区。福因寺是阿拉善王之子在皈依六世班禅后创建。建于清嘉庆九年（1804），嘉庆十一年（1806），阿拉善第5代王玛哈巴拉以工程告竣上报于理藩院，嘉庆皇帝赐名"福因寺"，从此，便函以"福因寺"之名著称于世。对蒙、藏文化发展作出重大建树和卓越贡献的历史文化名人阿旺丹德尔，在此授业修行，圆寂于此。福因寺旅游景区不仅有悠久的历史和深厚的文化底蕴，还有着得天独厚秀丽的自然风光。

（四）资源保护

1. 环境综合整治

贺兰山保护区古拉本地区煤炭资源丰富，在20世纪50—60年代开始开采煤炭和石灰岩，到21世纪初期形成5家煤炭、2家石灰岩规模化矿产资源开采企业，是阿拉善主要税收来源。因矿产资源开采，贺兰山地区生态环境遭到一定程度破坏。盟委、盟行署和旗委、旗政府高度重视贺兰山生态环境问题，于2016年、2017年、2018年分别实施贺兰山保护区及周边环境整治行动、内蒙古贺兰山地区生态环境隐患集中整治攻坚战和内蒙古贺兰山地区生态环境隐患精准治理攻坚战。对保护区内24个建设项目进行全面排查整治。投资6亿元，累计调集施工人员5800多人次、各类机械6700台次，拆除保护区内5家煤矿、2家石灰岩矿、1家水泥厂和6家洗煤厂全部生产生活设施设备，拆除各类建筑物4万平方米、采挖坑回填300万立方米、渣台覆土治理260万平方米、矿区播撒草籽植被恢复666.67公顷，永久性封闭煤矿井硐17处。建立长效监管机制，采取拉设网围栏封闭治理区进出口道路9300米，禁止人员车辆进入矿区，划定管护责任区，加强日常巡护巡查等措施，遏制偷挖盗采破坏生态环境行为发生。丰源三矿治理区被阿拉善盟委、盟行署确定为阿拉善盟环境整治示范基地和环境保护教育基地。

2. 中央生态环保督察暨"绿盾""绿剑"专项问题整改

中央生态环保督察反馈问题"自然保护区内工矿企业无序开发问题突出，自然保护区主管部门履职不到位，未承担起自然保护区的管理责任"问题，2021年已通过自治区相关委、办、厅、局验收，并经内蒙古自治区人民政府发布《中央生态环境保护督察整改任务销号公示》予以销号；对2015年、2016年、2017年涉及贺兰山自然保护区95处人类活动遥感监测问题，逐条逐项实地核查，完成整改销号。

3. 林业有害生物防治、野生动物疫源疫病监测防控

贺兰山保护区林业有害生物危害以青海云杉为主的天然次生林球果和针叶树种害虫，少数

危害山杨、旱榆和蒙古扁桃等阔叶树种害虫。主要有云杉木虱、松梢螟、球果螟、云杉球果卷叶蛾、云杉异色卷蛾、梢斑螟、烟翅腮扁叶峰、云杉尺蠖、古毒蛾、黄褐天幕毛虫、绢粉蝶、榆紫叶甲、榆蓝叶甲、榆跳象等。采用绿色防治和飞机防治的方法，累计防治各类林业有害生物6.75万公顷。

保护区主要有小反刍兽疫、鼠疫、禽流感、狂犬病疫源疫病。通过监测，发现野生动物疫情，及时对疫情发生、发展趋势作出预测预报，按照野生动物疫源疫病规范程序，采取有效措施，阻断野生动物疫情向人类、家禽家畜传播，将疫情控制在最小范围。

4. 森林保险

2012年，贺兰山保护区启动森林保险工作，按照相关规定和要求，落实自然保护区公益林原地原发灾害治理及植被恢复人为控灾工作。2013—2021年，每年对森林病虫灾害严重的青海云杉林，申请国家公益林森林保险灾后及植被恢复项目进行治理防控。

2012—2013年，发生林业有害生物灾害1起，已决赔款115.11万元，植被恢复1666.67公顷。

2013—2014年，发生林业有害生物灾害2起，已决赔款116.62万元，灾后治理及植被恢复2420公顷。

2014—2015年，发生林业有害生物灾害2起，已决赔款196.71万元，灾后治理及植被恢复2906.67公顷。

2015—2016年，发生林业有害生物灾害2起，已决赔款139.65万元，灾后治理及植被恢复1186.67公顷。

2016—2017年，发生林业有害生物灾害4起，已决赔款166.95万元，灾后治理及植被恢复1826.67公顷。

2017—2018年，发生林业有害生物灾害2起，已决赔款177.9万元，灾后治理及植被恢复1513.33公顷。

2018—2019年，发生林业有害生物灾害4起，已决赔款352.29万元，灾后治理及植被恢复4580公顷。

2019—2020年，发生林业有害生物灾害1起，已决赔款29.24万元，灾后治理及植被恢复500公顷。

2020—2021年，发生林业有害生物灾害1起，已决赔款90.78万元，灾后治理及植被恢复1540公顷。

5. 林长制

（1）设立林长、副林长。林长由贺兰山管理局党组书记、局长担任，受旗级林长的监督管理；副林长由贺兰山管理局党组成员、副局长担任，受本级林长的监督管理。根据保护区森林资源分布情况和保护区生态环境修复恢复需要，划分为4个林长责任区域，每个区域分别由一名副林长负责，各管理站负责辖区森林草原保护与管理工作。

设置林长办公室，承担林长制组织实施具体工作。林长办公室设在资源林政科，主任由资源林政科科长担任，工作人员2名，负责林长制办公室日常工作。

（2）主要任务。加强森林及野生动植物资源保护；加强森林防灭火工作；加强森林生态修复；加强森林病虫害监测防治和野生动物疫源疫病监测防控；加强科研监测和科普教育宣传。

（五）规划与调查

1. 规划

1992年10月，《国务院关于同意天津古海岸与湿地等十六处自然保护区为国家级自然保护区的批复》（国函〔1992〕166号），成立内蒙古贺兰山国家级自然保护区。

1995 年 6 月，内蒙古自治区第二林业勘察设计院编制《内蒙古贺兰山国家级自然保护区总体规划》。

2001 年 11 月，《国家林业局关于山东黄河三角洲等 20 个国家级自然保护区总体规划的批复》批准内蒙古贺兰山国家级自然保护区总体规划实施。

2019 年 2 月，《内蒙古贺兰山国家级自然保护区总体规划（续编）》完成政府采购，委托林产工业规划设计院编制保护区第三期总体规划。根据《中共中央办公厅、国务院办公厅关于建立以国家公园为主体的自然保护地体系的指导意见》（中办发〔2019〕42 号）《自然资源部　国家林业和草原局关于做好自然保护区范围及功能分区优化调整前期有关工作的函》文件要求，制定《内蒙古贺兰山国家级自然保护区勘界立标工作方案》，开展保护区范围界限外业勘查工作。

2020 年 5 月，《内蒙古贺兰山国家级自然保护区分述报告》上报自治区专家组审核，保护区确界立标工作尚未完成。受确界立标工作影响，《内蒙古贺兰山国家级自然保护区总体规划》续编工作暂无实质性进展。

2. 调查

（1）三级经理调查。1957 年 6 月，由内蒙古森林经理调查大队首次对贺兰山林区森林资源进行三级经理调查。管辖面积 6.9 万公顷，东西平均宽 8 公里，南北长 86 公里，森林面积 1.95 万公顷，森林总蓄积量 90.21 万立方米。

（2）综合科学考察。2010—2014 年，联合区内外 7 家高校和科研单位、20 所高校师生参与对贺兰山森林资源、植物多样性、野生动物、大型真菌、昆虫、苔藓、地质地貌、土壤、水文、气象、保护管理与可持续发展 12 个学科专业内容开展第一次综合科学考察，摸清贺兰山保护区环境现状和资源本底，编辑出版综合科学考察系列丛书一套，包括《内蒙古贺兰山国家级自然保护区综合科学考察报告》《贺兰山野生动物图谱》《内蒙古贺兰山地区昆虫》《贺兰山苔藓植物彩图志》《内蒙古贺兰山大型真菌图志》《内蒙古贺兰山自然保护区植物多样性》共 6 本，380 万字。此次综合科学考察，填补内蒙古贺兰山本地资源空白，摸清贺兰山资源现状，贺兰山保护区有野生维管束植物 788 种、脊椎动物 352 种、苔藓植物 180 种、大型真菌 262 种、昆虫 1914 种，为制定保护区管理计划和中长期发展规划，实施有效保护管理提供有力的科学依据。

（3）主要保护对象专项调查。《内蒙古贺兰山马麝生存现状的调查与研究》，贺兰山有马麝的分布，数量稀少，生活习性发生很大变化，生存现状不容乐观。加大研究保护，减少人类活动对其产生的影响。

《内蒙古贺兰山国家级自然保护区岩羊和马鹿疫源疫病本底调查》，通过在贺兰山采集岩羊和马鹿样本进行寄生虫的分离检验，在岩羊体内发现捻转血矛线虫，在马鹿体内发现鞭虫和细颈线虫，未发现小反刍兽疫、口蹄疫、布鲁氏杆菌、结核杆菌。

协助内蒙古林业勘察设计院完成《第二次全国陆生野生动物调查》。

（4）动态监测。2017 年，建立内蒙古贺兰山水泉子森林生态系统监测站，对贺兰山生态系统的野生动植物、森林病虫害、气象条件各因子开展监测，掌握干旱区山地森林生态系统动态变化情况。

野生动物　在不同海拔、不同坡段，通过百部红外线相机的布设，观测记录岩羊、马鹿、马麝、鼠兔、蓝马鸡等珍稀濒危野生动物的活动分布情况。

野生植物　《贺兰山退牧还林对动植物种群变化及水源涵养功能影响的研究》监测结果显示，贺兰山地被物覆盖度由退牧前的 36.3% 提高到 80%，草本植物平均高由退牧前 6.1 厘米增加到 34 厘米，每公顷鲜草量由 731.04 千克增加到 2720.74 千克。

水土涵养功能　监测结果显示，每公顷拦蓄水量由 0.6 立方米增加到 1.7 立方米，山涧明流水由退牧前 13 条增加到 21 条，径流削减率 41.6%，泥沙削减率 81.7%，分别比退牧前提高 19%

和 35%。

气象因子方面　在保护区林缘上下、贺兰山中段林区内和林区外山麓分别安装小型气象监测站 4 个，分别对贺兰山不同海拔、不同山地生态系统的光照、光波、风向、风速、降雨因子实时监测记录，进行每年对照，分析气候变化对贺兰山森林生态系统、森林火险及病虫害发生的影响。

（六）资源林政管理

1. 国有林地情况

1990 年 8 月 20 日，阿左旗政府核发内蒙古自治区林权证，阿左旗贺兰山林场管辖面积 6.77 万公顷。

1996 年 1 月 23 日，林业部《关于对内蒙古贺兰山国家级自然保护区建设项目的批复》文件，批准为总面积 6.77 万公顷。核心区、缓冲区、实验区三个功能区，面积分别为 1.04 万公顷、8893.5 公顷、4.85 万公顷。

2001 年 5 月 24 日，阿左旗政府《关于将贺兰山保护区外围禁牧区划归自然保护区管理的批复》，批准将贺兰山保护区外围架设网围栏的禁牧区 2.08 万公顷宜林荒山荒地划归贺兰山管理局管理。

2001 年 11 月 27 日，国家林业局《关于山东黄河三角洲等 20 个国家级自然保护区总体规划的批复》，批准内蒙古贺兰山国家级自然保护区属森林和野生动物类型自然保护区，主要保护对象为青海云杉林及野生动植物，总面积 6.77 万公顷（核心区 2.02 万公顷、缓冲区 1.08 万公顷、实验区 3.68 万公顷）。

2012 年 12 月 19 日，阿左旗政府核发保护区中华人民共和国林权证，面积 6.77 万公顷。

2. 行政执法

建立健全贺兰山管理局、贺兰山森林公安局以及管理站、森林公安派出所联合执法体制和长效监管机制，对保护区偷牧、盗猎及偷挖盗采破坏生态环境违法行为开展常态化执法及各类专项行动，有效遏制破坏森林资源违法行为发生，保护区内破坏案件发生呈下降趋势，发生案件全部结案，案件处理率 100%。

（1）林业行政执法证。2017—2020 年，53 名林业行政执法人员取得内蒙古自治区人民政府颁发的内蒙古自治区行政执法证。

（2）贺兰山管理局林政案件办理。2011—2016 年，查处林业违法案件 353 起，结案率 100%。其中，2011 年依法查处 19 起、2012 年依法查处 45 起、2013 年依法查处 94 起、2014 年依法查处 77 起、2015 年依法查处 91 起、2016 年依法查处 27 起。

（3）贺兰山森林公安局林政案件办理。2017—2020 年，查处林业违法案件 309 起，结案率 100%。其中，2017 年依法查处 45 起、2018 年依法查处 80 起、2019 年依法查处 64 起、2020 年依法查处 120 起。

3. 执法制度

2011—2020 年，制定《内蒙古贺兰山国家级自然保护区管理局关于保护区行政执法过错责任追究制度》《内蒙古贺兰山国家级自然保护区管理局林业行政执法公示制度》《内蒙古贺兰山国家级自然保护区管理局林业行政执法制度》《内蒙古贺兰山国家级自然保护区管理局关于保护区林业行政执法投诉举报制度》《内蒙古贺兰山国家级自然保护区管理局关于保护区定期轮岗制度》《内蒙古贺兰山国家级自然保护区管理局行政问责制度》《贺兰山自然保护区资源监督管理制度》《贺兰山自然保护区资源巡护管理制度》，管理局、管理站、管护站，分别设立举报箱，举报电话 24 小时畅通，随时受理广大人民群众咨询、投诉、举报及案件查办情况。

4. 法治建设

成立普法依法治理工作领导小组，履行推进法治建设第一责任人职责。组长由主要领导担任，副组长由各分管领导担任，成员由各科室站负责人担任。健全学法制度，明确工作职责，纳入全局目标管理考核。

2006年"四五"普法工作总结验收，2021年开展"八五"普法工作。按照普法规划，增强林业行政执法，推进领导干部学法用法，落实"谁执法谁普法"责任制，加强执法培训，推进法治建设。

5. 依法行政

2016年，按照《内蒙古自治区行政权力监督管理办法》《阿拉善左旗2017年推进简政放权放管结合优化服务工作方案》要求，保护区承担林业行政职能事项16项。其中，行政处罚6项、行政监督检查3项、行政征收4项、其他权利3项；12月30日，阿左旗政府发布《关于重新公布全旗行政权责清单的通知》，贺兰山管理局权责清单从2017年1月1日起执行。

2018年，根据国家林业局《在国家级自然保护区修筑设施审批管理暂行办法》《阿拉善左旗机构编制委员会办公室关于上报承担行政职能事业单位相关材料的通知》要求，取消行政征收4项（林地补偿费的征收、林木补偿费的征收、收取自然保护区保护管理费、安置补助费的征收）。

6. 执法监督

按照《中华人民共和国自然保护区条例》职责，配合贺兰山森林公安局，依据有关法律法规开展生态环境日常巡查监管工作。巩固贺兰山保护区环境综合整治成果，依法建立监管长效化制度化机制，落实监管责任，杜绝偷挖盗采行为发生。

五、林业改革

贺兰山管理局前身为阿左旗贺兰山林场。1953年4月成立，以护林防火、封山育林、自然更新为主，抚育间伐、卫生伐、病虫害防治多种经营并存的国有林场，是阿左旗7个国有林场中经营范围、效益最大的林场。管辖面积6.77万公顷。其中，有林地面积2.04万公顷，森林覆盖率为31.6%，森林总蓄积量208万立方米。

（一）改革背景

按照"以林为主，多种经营"发展思路，在20世纪70—80年代，贺兰山林场建有学校、医院、商店、电影院、鹿场、木制品加工厂、劳动服务公司、地毯加工厂、腰坝农场等多种经营单位。20世纪90年代初，受自然条件和林业行业自身特点制约，1992年，林场转变发展观念，走上深化改革、保护发展之路。

（二）改革做法

1. 体制机制转变

1992年，贺兰山林场为解决林场发展困境，探索林场体制机制改革。经阿左旗逐级争取，贺兰山林场被国家林业局列为内蒙古贺兰山国家级自然保护区，1993年，成立内蒙古贺兰山国家级自然保护区管理局，事业单位差额化补贴管理，保留国有林场建制。2002年，依据阿左旗国有林场改革方案要求，按照保留机构、转变职能、分流安置富余人员的原则，将贺兰山林场由差额拨款事业单位管理过渡到全额拨款事业单位，实行管理局、国有林场实行一套人马，两块牌子管理。

2. 管理理念转变

贺兰山林场由以护林防火、封山育林、自然更新为主，抚育间伐、卫生伐、病虫害防治等多种经营并存的模式开始转向对天然林的保护，承担保护区生态建设和管理任务。着力解决木材采伐、经营留存的现实困难。对林场经营的二、三产业，采取租赁、出让多种形式从林场剥离，对原林场所经营农场、木材加工厂予以关停，盘活资产，逐步补齐旧的产业模式短板。

3. 人事制度转变

1995 年，阿左旗对国有林场经营管理体制进行改革，打破干部、职工界限，压缩行政管理人员，实行定岗定编，建立和完善竞争激励机制与林业生产承包经营责任制。贺兰山国有林场原有职工 312 人，2002 年，阿左旗实施国有林场机构改革，贺兰山林场转移安置 44 名职工。2017 年 5 月，贺兰山管理局以实施精细化管理为目标，以强化护林防火工作为中心，推进机构改革。将原有 6 个内设科室精简合并为 4 个，机关人员大幅缩减；撤销原有 6 个中心管理站，设立 4 个工作站；增设基层管护站 2 个，缩减人员充实到基层管护站。

4. 职能职责转变

2000 年，国家西部大开发、天然林保护工程全面启动，林场由生产经营型向生态保护型转变，停止天然林抚育间伐及木材销售。对沿山 6 个苏木（镇）实施退牧还林移民搬迁政策，搬迁牧户 1043 户、转移牲畜 23 万头（只）、拉设围栏 115 公里，加大森林资源管护力度。

六、森林防火

据记载，在 4000 年前贺兰山为原始森林，主要树种为油松，占 98.6%。历史上曾遭受过 3 次人为破坏。

第一次秦、汉、北魏时期。秦蒙恬率兵 30 万在贺兰山征战、修筑长城；西汉元朔四年（公元前 125 年），大规模兴修水利工程、砍伐木材；北魏太平真君七年（公元 446 年）、太武帝拓跋焘为筹措军粮和制造战船，把贺兰山树木砍伐一空。

第二次西夏时期。贺兰山是七大重兵驻守地，山上屯兵 5 万人，砍伐树木建造营房，灌木制作弓箭。西夏砍伐木材建皇家园林。大庆七年（1044）辽夏大战，西夏把"火攻战术"用于战争，贺兰山北部百余里森林化为灰烬。

第三次清末至民国时期。林区多次发生火灾。其中，特大火灾有 3 起。第一起清末，东坡苏裕口沟起火，向北烧到鬼头沟，越过分水岭，烧至西坡樊家营子、马蹄坡和马石倾，燃烧 2 个月，降雨熄灭；第二起民国初，东坡黄渠沟起火，烧到西坡黄渠沟岭下，燃烧 1 个月，暴雨浇灭；第三起民国十九年（1930）秋季，西坡镇木关沟发生火灾，过火面积 467 公顷。

除火灾之外，人为破坏较为严重。据陈国钧 1943 年所著《西蒙阿拉善旗社会调查》一书中记载："民国后，贺兰山林木未予积极保护，任人随意砍伐，伐木者每年仅向旗府缴纳砍山税款数元，即可任意伐取，每年伐木约 50 万株。"

（一）防火组织

1987 年，贺兰山林区设有护林防火委员会 1 个、阿拉善盟森林警察大队 1 个、森林警察中队 3 个，分别设置在哈拉乌、水磨沟、古拉本。

2008 年，设立防火办。成立以分管局长为组长的森林防火领导小组，下设防火办公室，办公室设在贺兰山森林公安局，工作人员以森林公安民警为主，森林防扑火队伍以管护人员为主，负责保护区内森林防火工作，制定防火预案。

2009 年，防火办职能职责划归贺兰山管理局。保护区实行总指挥总负责，副总指挥分工协作机制，负责保护区森林防火工作，成立前线防扑火指挥部，统一领导、分级管理。指挥部下设办公室，负责综合协调、人员调配、物资供应、火场管理、临时通信、火灾统计、舆情管理等工作。根据扑火工作需要成立扑火扑救队、道路抢修队、后勤保障队、火案查处和火灾现场治安管理组、气象交通通信保障组、宣传报道组。

2009—2021 年，森林防火指挥部先后经过 5 次调整，最后一次为：

总 指 挥：段志鸿（内蒙古贺兰山管理局局长）

副总指挥：党玉龙（宁夏贺兰山管理局局长）

孙　萍（内蒙古贺兰山管理局副局长）

张宝军（内蒙古贺兰山管理局副局长）

田建军（武警阿拉善支队副支队长）

尹训防（盟森林消防大队大队长）

王　波（盟公安局贺兰山公安分局局长）

成　　员：代　瑞（内蒙古贺兰山管理局党政办主任）

刘　东（内蒙古贺兰山管理局防火办主任）

任振强（内蒙古贺兰山管理局资源林政科科长）

苏　云（内蒙古贺兰山管理局科教科科长）

顾苏和（内蒙古贺兰山管理局南寺工作站站长）

付成忠（内蒙古贺兰山管理局哈拉乌工作站站长）

张文军（内蒙古贺兰山管理局北寺工作站站长）

李书平（内蒙古贺兰山管理局古拉本工作站副站长）

（二）防火设施设备

2002 年，建设 26 平方米瞭望塔 2 座。购置防火指挥车 1 辆、消防车 2 辆、越野吉普车 4 辆、二轮摩托车 11 辆、太阳能发电机 28 台、对讲机 35 部、车载电台 4 部、马 32 匹、帐篷 30 顶、高倍望远镜 1 台、灭火工具 128 套。在保护区外围开设防火隔离带长 190 公里、宽 50 米、耕深 15.3 厘米。

2010 年，建设林业监测中心 1 处、扑火物资库 1 处、电子监控系统 4 套。购置防火指挥车 1 辆、巡护车运兵车 4 辆、车载电台 4 部、防火专用电话 27 部、对讲机 20 部、风力灭火机 70 台、风水灭火机 5 台、往复式灭火水枪 40 把、计算机 8 台。

截至 2021 年，建设森林防火指挥中心 1 处、分控室 4 处、通信基站 18 座、物资库 5 处、瞭望塔 8 座。森林防火监控 31 套、安防监控 26 套，视频会议系统 27 套。购置防火指挥车 3 辆、巡护车 8 辆、运兵车 1 辆、装载机 1 台、灭火水车 6 辆、无人机 36 台、消防摩托车 2 辆、摩托车 55 辆、单兵装备 300 套、野外生存装备 40 套、组合工具 200 套、车载电台 5 部、防火专用电话 28 部、对讲机 188 部、风力灭火机 230 台、风水灭火机 50 台、往复式灭火水枪 100 把、防火锹 200 把、2 号工具 300 把、油锯 50 台、割灌机 30 台、水泵 30 台、帐篷 64 顶、睡袋 100 个、发电机 32 台、北斗手持巡护终端 70 部、GPS 40 部、防火罩 150 个。

（三）防火机制

1. 防火联防机制

1980 年 12 月 17 日，宁夏回族自治区林业局在银川召开贺兰山护林防火第一次前后山联防工作会议，成立联防委员会，商定轮流主持召开一年一次的护林联防工作会议，共同做好护林防火工作。

1982 年 9 月 15 日，贺兰山林区前后山第三次护林防火会议在阿左旗召开，修改完善《贺兰山林区前后山护林防火协议》，宣布实施。

1985 年 10 月，贺兰山林区第六次联防会议协商解决阿拉善盟微波电视中转台在有林地建立柴油电机房的问题。决定每年 6 月 1 日在前山进行检查，11 月 1 日在后山进行检查。确定各联防小组实行每季度会哨一次制度，一季度、三季度在前山，二季度、四季度在后山，时间为每季度最后一个月的 25 日。

1987 年 4 月，贺兰山前后山护林防火第八次联防会议，决定前后山派出所组成专案小组，以专职护林人员为骨干，落实任务，分片包干，严肃查处林区毁林、偷猎等非法活动。

1999 年 10 月 9 日，贺兰山保护区前后山第二十次护林防火联防会议在阿左旗召开。会议决定此后贺兰山保护区前后山护林防火联防会议每两年召开一次。

2003 年 10 月 16 日，贺兰山保护区前后山第二十二次护林防火联防会议在巴彦浩特镇召开。会议提出"行政有界、防火无界"，前后山林区干部职工共同做好护林防火工作。

2010 年 7 月，与宁夏贺兰山管理局共同制定《宁、蒙贺兰山国家级自然保护区处置重特大森林火灾应急预案》。

2017 年 11 月 27 日，在宁夏贺兰山管理局召开第二十九次护林防火联防工作会议，签订宁夏·内蒙古贺兰山国家级自然保护区合作共管协议。

2019 年 12 月，内蒙古·宁夏贺兰山保护区第三十次护林防火联防工作会议在阿左旗召开。

截至 2021 年底，共召开 30 次护林防火联防工作会议。

2. 防火协防机制

2003 年起建立阿拉善盟、阿左旗森林防火协防机制，截至 2021 年与 58 家盟、旗单位建立防火协防机制。检查指导协助管护站防火工作，与基层管护站共同承担森林草原防灭火责任，帮助解决基层管护站人员工作、生活困难和问题。协防单位履职情况纳入年度工作实绩考核目标。

（四）防火队伍建设

1987 年，贺兰山林区有护林防火站 13 个，专业护林人员 38 人，义务护林防火小组 18 个 36 人。

2010 年，有半专业防扑火队伍 106 人。

2017 年 12 月，经阿左旗机构编制委员会研究决定设立森林草原专业消防队（25 人）。在武警阿拉善盟森林警察大队、山东省淄博市原山林场开展防火机具维修、火场急救、灭火战法训练、灭火作战综合演练、打烧防火隔离带及野外扑火实战训练为期 25 天业务培训。按内蒙古自治区林业厅要求，专业消防队实行集中食宿、有固定训练场所，因不符合标准要求，2019 年专业消防队解散。

截至 2021 年 12 月，保护区有半专业防扑火队 1 支 42 人，专职管护员 112 人。为古拉本、南北寺旅游区、义务扑火队配备必要扑火装备，适时开展防扑火培训、防火演练、打烧防火隔离带，提高实战能力，确保迅速反应、火情处置及时。进入防火期，管护员靠前布防，一旦发生火情，迅速出击，为扑火扑救提供人员保障。

（五）火灾预防扑救

随着退牧还林工程、天然林保护工程实施，保护区植物枯枝落叶层增厚，林草接合部植被茂盛，可燃物大量积累，南寺、北寺旅游区人员活动频繁，火险隐患增多，火源管理难度大，火险等级逐年升高。

据统计，1987—2021 年，引起保护区森林火情原因有自然火源，雷击火占 50%，电线打火占 50%；引起保护区周边草原火情原因有智障者弄火占 3%、学生玩火占 3%、野外吸烟占 8%、上坟烧纸占 18%、其他原因占 68%。

1. 制度建设

制作内蒙古贺兰山国家级自然保护区森林防火指挥图、森林火灾易发分布示意图；修订完善

《贺兰山自然保护区处置一般森林火灾应急预案》《贺兰山管理局火情处置程序》《贺兰山管理局机关消防安全应急预案》《贺兰山管理局基层管理站工作制度》《贺兰山管理局基层管护站工作制度》《贺兰山管理局管理站考核细则》《贺兰山管理局基层管护站工作制度》《贺兰山管理局管护员考核办法》《贺兰山管理局临时管护员管理办法》《贺兰山管理局岗位责任制》等各项制度。实施基层管护站月督查考核、管理站季度督查考核制度。

2. 责任落实

层层落实责任，纵向贺兰山管理局—管理站—管护站—管护员层层签订森林防火责任状；横向与保护区内企事业单位、个人签订防火责任状。实行领导分片负责，科室包片管理的工作机制。

3. 防火宣传

在保护区主要沟道、路口悬挂宣传条幅；在走进贺兰山微信公众号推送宣传信息；在阿拉善电视台民生在线栏目防火字幕滚动宣传、城市魔方 LED 播放森林防火宣传短片；联合阿拉善电视台、日报社制作森林防火宣传专刊；通过 EAS 端口发送防火宣传短信、协同邮政部门通过微信朋友圈发布森林防火宣传信息；组织开展森林防火进社区、进景区、进校园、进企业、进嘎查宣传活动，提高社会各界、广大居民的防火意识。

4. 火源管理

加强野外火源管控，严禁火种入山，防止人为火灾发生。进入防火戒严期，管护人员全员上岗、关口前移、靠前驻防，对重点区域、地段进行检查清理，查找火灾隐患和薄弱环节，整改存在问题；将保护区 4 个管理站、28 个管护站划分为 28 个责任区，每个管护站配备 3~5 名管护员，结合 70 条深山巡护路线 GPS 打点定位，按照谷歌地球进行航迹管理，根据实际制定管护站查山巡护任务，要求各管护员每月深山巡查不少于 3 次，浅山巡护不少于 6 次，围栏每天巡查，每次至少 2 名巡护人员进行巡护，记录巡护日志，确保巡护到位；实行日报和日查制度；基层各站与宁夏贺兰山自然保护区对口站点开展联防会哨，落实联防责任；与协防单位做好防火协防工作。实现"防火就是防人"理念。

截至 2021 年 12 月，内蒙古贺兰山取得连续 72 年无较大森林火灾成绩。

七、森林公安

（一）机构沿革

阿拉善左旗贺兰山国家级自然保护区森林公安局前身为阿拉善左旗公安局贺兰山林区派出所。

1975 年 12 月成立，核定编制 8 名。隶属于宁夏回族自治区贺兰山林管所管理，业务接受阿左旗公安局指导。

1980 年 10 月，阿左旗公安局贺兰山林区派出所隶属阿左旗贺兰山林场管理，业务工作受阿左旗公安局指导。

2000 年 5 月 9 日，阿左旗贺兰山林区派出所南寺警务区挂牌。6 月 8 日，阿左旗贺兰山林区派出所水磨沟警务区挂牌。

2003 年 7 月，更名为阿左旗公安局贺兰山森林公安分局，为贺兰山管理局内设机构。下设古拉本、北寺、南寺、水磨沟、哈拉乌、腰坝 6 个警务区，核定编制 30 名。

2008 年 5 月，下设的 6 个警务区整合为古拉本、北寺、哈拉乌、南寺 4 个森林公安派出所。机构规格为股级，政法专项编制 32 名（机关编制 12 人，派出所 20 人）。

2009 年 5 月，更名为阿左旗贺兰山国家级自然保护区森林公安局，机构规格为副科级，科级领导职数 3 名，核定编制 32 名，内设机构政工室、刑警队、资源保卫室、法制室、装备财务室、督查室 6 个科室，下设古拉本、北寺、哈拉乌、南寺 4 个森林派出所。原隶属关系不变。

2010 年 6 月，贺兰山森林公安局划归阿左旗林业局行政领导，属阿左旗林业局的二级单位。

2013 年 2 月，增设办公室和信息通信室 2 个科室，共 9 个科室。核定编制 36 名。副科级领导职数 3 名。11 月增加政法专项编制 4 名，公安政法专项编制共 40 名。

2017 年 11 月，原有 8 个内设科室整合为党政综合办公室、法制室、刑警治安队 3 个科室。

2020 年 3 月，阿拉善左旗贺兰山保护区森林公安局整建制划转至阿拉善盟公安局，成立阿拉善盟公安局贺兰山保护区森林公安分局，机构规格、领导职数、人员编制、内设机构不变。

阿拉善左旗贺兰山保护区森林公安局领导名录如下。

指导员：黄大仁（1980 年 10 月—1992 年 10 月）

马振山（回族，1993 年 5 月—2003 年 7 月）

政　委：马振山（回族，2003 年 7 月—2008 年 8 月）

张保红（2007 年 3 月—2010 年 12 月）

徐世华（2010 年 12 月—2012 年 3 月）

副政委：王晓荣（2003 年 7 月—2009 年 12 月）

张忠永（2009 年 11 月—2021 年 6 月）

所　长：潘存忠（1993 年 5 月—2003 年 7 月）

局　长：潘存忠（2003 年 7 月—2018 年 4 月）

王　波（2018 年 4 月—2021 年 6 月）

副局长：魏雪峰（2008 年 7 月—2018 年 4 月）

徐俊年（2010 年 12 月—2015 年 10 月）

赵贵荣（2018 年 4 月—2021 年 6 月）

（二）主要工作

1. 基础设施建设

2010 年，投资 580 万元，新建南寺、哈拉乌 2 个派出所，各占地 3000 平方米，建筑面积 810 平方米。内蒙古庆华集团置换北寺派出所建筑面积 1100 平方米。阿左旗政府将原松塔水泥厂办公大楼划拨为古拉本派出所，占地 5000 平方米，建筑面积 2400 平方米。均按照达标派出所要求进行"四区"分设，满足派出所日常生活和执法办案需要。投资 40 万元，购置 3 辆警车和 5 辆巡护摩托车；投资 46 万元，为各派出所架设光纤，接通互联网、公安专网，购置投影仪、电脑、打印机等办公设备，民警电脑配备率、公安网接入率全部达到 100%；投资 48 万元，建成哈拉乌、南寺 2 个派出所和局机关视频会议系统；投资 22 万元，为全局民警配置防暴头盔、单警装备、执法记录仪个人执法装备。

根据自治区森林公安局建设园林式派出所要求，投资 80 万元，对哈拉乌和南寺派出所院落进行硬化、绿化和美化，硬化院落及周边环境 4600 平方米。获得内蒙古自治区森林公安命名第一批"园林派出所"。

2. 队伍建设

规范森林公安执法工作，制定完善科、所、队岗位职能职责、民警请销假、值班备勤、查山巡护等规章制度；加强监督管理、责任落实与各派出所和民警签订"年度工作目标考核责任状""'五条禁令'责任状""警用车辆管理责任状""民警八小时之外管理监督责任状"。

加大民警培训学习力度，根据上级培训学习要求，安排民警参加"三个必训"、法制、刑侦、林业知识、执法、信息化应用培训。积极开展岗位大练兵活动，每年进行为期 2 个月体能锻炼和警务技能培训，结合武装清山行动开展一次大规模林区野外拉练训练活动。

3. 行政执法

根据工作实际与相关部门协调，明确辖区刑事案件、治安案件和林业行政案件的执法权限；完善管理制度，建立毗邻执法单位执法协作机制；细化行政执法自由裁量权；制定《特情耳目奖励暂行办法》《涉案财务管理制度》；完善执法台账。

加大辖区治安防范力度，建立人口档案，加强对重点人口监管，加强"三情四网"建设，与地方公安、宁夏贺兰山森林公安等毗邻执法单位建立执法办案、安全防范协作联防机制；拓宽宣传渠道，加强宣传工作，利用报纸、电视等媒体宣传森林公安工作；通过日常巡查和专项行动相结合，始终保持对破坏森林资源违法犯罪活动的高压态势，有效遏制涉林违法犯罪行为发生。

1992—2021年，开展打击盗猎野生动物、盗伐滥伐林木、非法占用林地、缉枪治爆、保护过境候鸟、禁毒铲毒专项行动，查处涉林行政案件422起，处罚违法人员493人次，为国家挽回经济损失150万元；破获刑事案件13起、刑事处罚17人；收缴枪支25支、管制刀具52把、爆炸物12千克。

4. 取得成绩

1999年，成为阿拉善盟第一个一级达标派出所。2002年，被国家林业局森林公安局评为全国三项教育先进单位；2003年，被自治区森林公安局誉为西部第一所称号；被自治区森林公安局评为优秀派出所2次；被公安部授予全国优秀基层单位；2004年，被阿左旗公安局评为全旗公安工作先进集体；2006年，被盟委盟行署授予全盟十佳政法单位光荣称号；2010年，贺兰山森林公安局北寺森林公安派出所被公安部授予全国公安机关爱民模范先进集体；2012年，被自治区森林公安局评为全区森林公安系统优秀公安局；2013年，被自治区森林公安局评为信息化建设先进单位；南寺和哈拉乌派出所被自治区森林公安局首批命名为园林式派出所。获集体二等功2次、集体三等功2次、集体嘉奖1次；获个人一等功1人次，获个人二等功3人次，获全国优秀人民警察称号1人次，获三等功24人次，获嘉奖12人次，其他荣誉23人次。

八、科技宣传教育

（一）科研合作

2010—2014年，与东北林业大学、内蒙古大学、内蒙古师范大学、内蒙古科技大学、包头师范学院合作完成《内蒙古贺兰山第一次综合科学考察》一套6本系列丛书。

2013年8月—2014年12月。投资10万元，完成盟科技计划项目内蒙古贺兰山国家级自然保护区块菌调查与研究，由内蒙古包头师范学院生物科学与技术学院协助，贺兰山管理局承担完成，发现新种定名为"贺兰山瘤孢地菇"，被SCI（数据库收录）。

2014年，与内蒙古大学合作完成贺兰山森林生态系统建设项目，建气候监测系统1套、永久植物监测样地5块；自主完成内蒙古贺兰山珍稀濒危植物大叶细裂槭、羽叶丁香迁地保护研究项目。

2014年1月至2015年12月，投资10万元，完成盟科技计划项目贺兰山国家级自然保护区岩羊和马鹿疫源疫病本底调查，由国家林业和草原局野生动物保护生物学重点实验室协助，贺兰山管理局承担完成。

2015年2月至2017年2月，投资25万元，完成贺兰山扁叶蜂（待定种）生活史及生物学特性与可持续控制技术研究项目，定名为"烟翅腮扁蜂"，由西南林业科技大学协助，贺兰山管理局承担完成。

2016年6月至2018年12月，投资10万元，完成阿左旗科技计划项目内蒙古贺兰山岩羊、马鹿种群数量调查与研究，由贺兰山管理局和东北林业大学合作完成。

2018 年 8 月至 2020 年 9 月，投资 10 万元，完成中央财政预算基金项目内蒙古贺兰山马麝调查监测与救护，是国家林业和草原局极小种群保护拯救及繁育项目，由贺兰山管理局和东北林业大学合作完成。

2020—2021 年，与内蒙古林科院合作完成《贺兰山植物图谱》《贺兰山鸟类图谱》。

2021 年，与内蒙古大学合作内蒙古贺兰山自然保护区植物多样性项目，正在开展。

（二）科研监测

1. 野生动物方面

建立野生动物固定监测样地 9 个，布设百部红外线相机，详细记录岩羊、马鹿、马麝、鼠兔、蓝马鸡贺兰山珍稀濒危野生动物活动分布情况。

2. 野生植物方面

建立长期固定监测样地 5 个，定期监测植物消长变化。

3. 生态环境因子方面

安装小型气象监测站 5 个，分别对贺兰山不同海拔、不同山地生态系统的气温、土壤湿度、地温、光照、降雨因子实时监测记录，分析气候变化对贺兰山森林生态系统、森林火险及病虫害发生的影响。

4. 有害生物监测防治

组织开展烟翅腮扁蜂和古毒蛾害虫科学防治，突破防治技术难题，填补该领域本地区技术空白，实施该虫害飞防生物和人工粘贴色板防治，控制虫口密度，保护贺兰山青海云杉林资源。

（三）科普宣传

贺兰山科普展览馆始建于 2010 年，建筑面积 732 平方米，2019 年，进行升级改造。2011 年，被盟科协确立为阿拉善盟青少年科普教育示范基地；2012 年，被内蒙古自治区科协确立为内蒙古科普教育基地；2015 年，确定为盟委党校教学科研实践基地。采取现场教学、送学、参观生态展览馆形式，使保护区宣传教育工作经常化、群众化、社会化。

每年开展送科普进校园、进社区、进景区宣传活动，2018 年，在"走进贺兰山"官方微信公众号开设贺兰山科普专栏，定期发布科普知识，常态化开展科普宣传，截至 2021 年，发布 118 期科普。

2008 年，拍摄制作《走进贺兰山》宣传片；2009 年，制作《走进贺兰山》宣传画册；2010年，创办《内蒙古贺兰山》内部刊物，共出版 4 期；2015 年，制作《贺兰山本色》宣传画册；2015—2019 年，拍摄《四季贺兰》风光片；2017 年，拍摄制作《贺兰山脊椎动物》宣传片；2018年，拍摄制作《贺兰山生态环境治理》宣传片；2019 年，拍摄《贺兰山的守护者》纪录片；2020年，拍摄制作《我们的贺兰山》微视频，获得阿拉善生物多样性征集大赛视频类作品二等奖；2020 年，拍摄制作《贺兰山——多样的生命体》分别获自治区生态环境厅、林业和草原局生物多样性保护主题短视频大赛一等奖，同时获自治区科学技术厅优秀科普微视频作品奖和盟环境局、盟林业和草原局生物多样性保护微视频大赛二等奖；《四季贺兰》获得第十七届中国内蒙古草原文化节"百景百部"视频大赛优秀长篇作品奖；2020 年，拍摄制作贺兰山科普宣传短视频获内蒙古自治区优秀科普微视作品奖。

2015 年，将每年农历六月初三、初六定为贺兰山生态环境保护宣传日，通过"爱鸟周""生物多样性保护宣传日""科普宣传月"开展环境保护宣传活动。

2019 年，由国家林业和草原局主办全国林业英雄林建设活动，第一处"全国林业英雄林"在贺兰山保护区雪岭子落成。

1995年，加入中国人与生物圈保护区网络；1996年，被内蒙古自治区人民政府授予"防扑火一等功"；1997年，被内蒙古自治区林业厅评为"野生动植物保护先进单位"；被国家林业局评为1998—2000年度全国森林防火先进单位；1999年1月，被内蒙古自治区林业厅授予"1998年度林业生产建设爱林杯"；2000年1月，被内蒙古自治区林业厅授予"1999年度林业生产建设爱林杯"；2001年1月，被内蒙古自治区林业厅授予"天然林保护特别奖"；2002年，被内蒙古自治区人民政府授予"全区造林绿化先进集体"；2002年，被国家林业局授予"全国自然保护区先进集体"；2002年，被国家林业局授予"全国森林防火工作先进单位"；2004年，被内蒙古自治区防火指挥部授予"全区森林草原防扑火先进集体"；2004年，加入世界人与生物圈保护区网络；2004年，被自治区人民政府授予"全区森林草原防扑火先进集体"；2006年，被内蒙古自治区林业厅授予"野生动植物保护奖"；2006年，被国家林业局列为"全国自然保护区示范单位"；2009年，被内蒙古自治区党委政府授予"全区森林草原防扑火先进集体"；2012年，被内蒙古自治区林业厅授予"森林旅游管理先进单位"；2014年，被国家林业局列为"全国林业信息化示范建设基地"；2019年，被国家林业局评为全国"十佳林场"荣誉称号；内蒙古贺兰山国家森林公园荣获"2019年中国森林氧吧"称号。

第八节　额济纳胡杨林国家级自然保护区

一、保护区机构

（一）机构沿革

1992年，经内蒙古自治区人民政府批准成立额济纳旗七道桥胡杨林自然保护区（自治区级）。

1999年，更名为额济纳旗胡杨林自然保护区。

2003年1月，经国务院批准晋升为国家级自然保护区，更名为内蒙古额济纳胡杨林国家级自然保护区（以下简称保护区）。

2006年，成立内蒙古额济纳胡杨林国家级自然保护区管理局，为额济纳旗人民政府直属公益一类事业单位，机构规格相当于副处级。

2009年，胡杨林管理局与额济纳旗林业局合署办公，实行一套人马，两块牌子。

2011年，加挂额济纳胡杨林国家森林公园管理中心牌子。

2019年3月，机构改革，胡杨林管理局与额济纳旗林业和草原局人事分开，独立办公。

2021年2月，加挂额济纳胡杨林研究所牌子。

（二）职能职责

承担保护区规划编制，完善保护区基础设施建设，开展执法监督检查；承担保护区内野生动植物资源的保护与规划管理；承担保护区森林草原防灭火、疫源疫病监测、胡杨林虫害防治等工作；承担保护区生态环境保护宣传教育及知识科普；规范保护区科研、观测、旅游等活动；协调指导保护区林草灌溉工作；完成上级部门交办的其他相关工作。

（三）内设机构

2004年，胡杨林管理局隶属于额济纳旗人民政府副处级事业单位，业务归属额济纳旗林业局，核定事业编制50名，内设办公室、计划财务科、保护管理与科研宣教科、社会事务科4个科室和七道桥管理站、五苏木管理站2个管理站。

2009 年，核定事业编制 25 名。

2021 年 2 月，核定事业编制 24 名，设局长 1 名（副处级）、副局长 2 名（正科级）、科室（站）领导职数 7 名（正科级 5 名，副科级 2 名）。内设办公室、社会事务科、资源保护与科研宣教科 3 个科室和七道桥管理站、五苏木管理站 2 个管理站。

2006—2021 年额济纳胡杨林管理局领导名录如下。

党组书记：赵红军（2019 年 3 月—2020 年 1 月）

张海明（2020 年 1 月—2021 年 6 月）

局　　长：刘挨枝（女，2006 年 12 月—2008 年 11 月）

谭志刚（2009 年 2 月—2013 年 11 月）

赵红军（2013 年 11 月—2020 年 1 月）

张海明（2020 年 1 月—2021 年 6 月）

党组成员：邓如军（2019 年 3 月—2020 年 3 月）

史　健（2019 年 12 月—2021 年 4 月）

南　登（蒙古族，2020 年 3 月—2021 年 4 月）

李　玲（女，2021 年 4 月—）

副 局 长：吕金虎（2006 年 7 月—2009 年 12 月）

那生巴依尔（蒙古族，2006 年 7 月—2011 年 2 月）

吴　平（蒙古族，2010 年 3 月—2015 年 4 月）

陈自勇（2011 年 3 月—2013 年 3 月）

邓如军（2015 年 4 月—2020 年 3 月）

胜　利（蒙古族，2015 年 12 月—2019 年 12 月）

史　健（2019 年 12 月—2021 年 4 月）

南　登（蒙古族，2020 年 3 月—2021 年 4 月）

李　玲（女，2021 年 4 月—）

哈斯乌拉（蒙古族，2021 年 4 月—）

二、自然环境和资源状况

（一）基本情况

额济纳旗地处祖国北部边疆，内蒙古自治区阿拉善盟最西端，东与阿右旗接壤，南与甘肃省金塔县毗邻，西与甘肃省肃北蒙古族自治县相连，北与蒙古国交界。保护区位于额济纳旗中心位置——额济纳绿洲，西临额济纳旗政府达来呼布镇，北接居延海。地理坐标为北纬 41°52′~42°07′，东经 101°03′~101°19′，总面积 2.63 万公顷。其中，核心区 8774 公顷，占总面积 33.4%；缓冲区 1 万公顷，占总面积 38.2%；实验区 7461 公顷，占总面积 28.4%。保护区内建群植被以胡杨和柽柳为主天然林分。其中，胡杨林 7835 公顷，占额济纳绿洲胡杨林 30%。

1. 核心区

北起永红队、南至巴彦陶来农场五队、西起纳林河支流、东至呼荣博日格。是胡杨林生态系统保存最好地段，保持着原生性生态系统基本面貌，是额济纳绿洲自然景观精华所在，区内没有居民点，受人为干扰少。严格禁止除科学观测以外的一切人为活动。主要保护其生态系统不受人为干扰，在自然状态下进行更新和繁衍；保持其生物多样性，成为所在地区的一个生物基因库。全部土地、林木、草原、野生动植物、水域等自然环境和自然资源归属自然保护区依法统一管理，其他任何单位和个人不得侵占和变更。

2. 缓冲区

位于核心区周围。这里人类活动少，胡杨林生态系统原生态保存较好，有利于开展非破坏性科研和教学活动。缓冲区是核心区与试验区，或保护区与非自然保护区的过渡地段。区内除包括部分原生态系统外，还包括一部分次生生态系统。允许进行非破坏性的科研和标本采集活动，可以开展教学活动和有限制的旅游。

3. 实验区

北起乌苏荣贵、南至昂次河分水闸、西起达来呼布镇、东至巴彦陶来苏木，大部分为天然胡杨林。可以在保护区统一管理下开展植物引种栽培和动物饲养与驯化等试验活动、适度开展参观旅游与教学活动；允许当地居民进行适当生产活动，适当采集野生生物资源等。

（二）地质地貌

内蒙古西部受阿拉善弧形构造带制约，位于马鬃山、龙首山和贺兰山构成内蒙古高原的外缘山地，与雅布赖山、合黎山和桌子山等一起形成交错区，是中国北方主要自然界线，影响很多自然要素，呈东北—西南向弧形分布。内蒙古高原西部是阿拉善荒漠高原区，西伯利亚寒流和蒙古高压的锋面，亚洲荒漠植物区最东部，巴丹吉林沙漠、乌兰布和沙漠、腾格里沙漠和库布齐沙漠分布于其中。

从额济纳地质构造看，属于天山、阴山地槽。北接蒙古国阿尔泰低槽，西界与陕北不断块相连，东与东南为阿拉善活化台块，南与祁连山地槽北部连接，两面均是台地，是介于阿拉善活化台块与北山断块带之间呈北—北东走向的断裂凹陷盆地。额济纳地处阿拉善活化台块和北山块断带2个单元之间的额济纳河断裂带上，总地势是西南向东北逐渐倾斜，呈四周高、中间低的地势，海拔平均高度为900~1600米。在漫长地质年代里，由于受地质构造和内外营力控制，特别是外营力长期风水侵蚀作用和堆积作用，形成额济纳复杂地貌结构：东部是巴丹吉林沙漠西北部，沙漠边缘分布着古日乃湖和拐子湖两大湖盆洼地；南部狼心山最高海拔1646米；西部马鬃山主峰海拔2580米，属于中高山区；绿洲北部是黑河最后积水地——西居延海（嘎顺淖尔）和东居延海（苏泊淖尔）；中部是发源于祁连山黑河水系末端冲击扇形三角绿洲。额济纳胡杨林自然保护区就位于这个绿洲核心地带，按其地貌形态和物质组成，主要为洪积平原及部分风力沉积的半固定、固定沙丘和戈壁。

（三）气候

额济纳旗地处亚洲大陆腹地，西南、西、北三面有山脉环绕，受高山高原阻隔，太平洋和印度洋暖湿气流很难到达本区，形成极强大陆性气候。上半年受蒙古高压气流控制，下半年受西风带影响，具有大气干燥、降水量小、冬季寒冷、夏季炎热、温差大、光照强、多风沙的气候特点。年平均气温8.1℃，1月平均气温-12.3℃，7月平均气温26.14℃，极端高温42.2℃，极端低温-37.6℃，无霜期145天；年平均降水量37毫米，蒸发量3746~4213毫米，平均蒸发量是降水量的88~109倍，蒸发量最大出现在西戈壁，为4213毫米，是降水量的109倍。降水少，光照强，冬季干冷，夏季酷热，气温年较差和日较差大，蒸发强，风急沙多，有十年九旱一大旱之说（表17-22、表17-23）。

表17-22 额济纳旗历年各月平均气温 单位:℃

月份	达来呼布	拐子湖	呼鲁赤古特	老东庙	吉格德	平均
1	-12.5	-11.9	-11.9	-13.5	-11.7	-12.3
2	-7.6	-7.2	-7.5	-8.8	-7.1	-7.64
3	1.7	1.4	0.9	1.7	1.7	1.48

（续表）

月份	达来呼布	拐子湖	呼鲁赤古特	老东庙	吉格德	平均
4	10.7	10.8	10.2	10.4	10.8	10.58
5	18.9	19	13.1	18.8	18.8	17.72
6	24.6	24.6	24	24.4	24.5	24.42
7	26.2	26.4	25.5	26.3	26.3	26.14
8	24.5	24.7	24	24.4	24.7	24.46
9	17.3	17.4	16.7	16.8	17.4	17.12
10	7.8	7.9	7.7	7.2	8.1	7.74
11	−2.3	−1.8	−2.5	−3.1	−1.8	−2.3
12	−10.9	−10.3	−10.6	−11.5	−10.1	−10.6
平均	8.2	8.4	7.5	7.7	8.5	8.1

表 17-23　额济纳旗 2001—2017 年历年各月平均降水量　　　　　　单位：毫米

年份	1 月	2 月	3 月	4 月	5 月	6 月	7 月	8 月	9 月	10 月	11 月	12 月	年降水量
2001	0.2	—	—	0.0	0.0	1.5	2.0	1.6	5.3	8.1	0.0	—	18.7
2002	—	0.3	1.3	2.9	4.8	10.6	6.8	0.0	2.5	—	—	1.6	30.8
2003	—	—	2.2	3.3	6.0	3.5	5.4	7.9	3.8	1.9	0.9	—	34.9
2004	—	—	0.7	—	0.4	21.7	0.0	3.0	4.0	—	—	1.2	31.0
2005	0.0	—	0.2	0.0	5.8	0.3	5.2	15.4	0.0	—	—	0.3	27.2
2006	2.6	0.0	—	0.0	1.4	0.0	10.3	0.3	11.5	—	0.9	0.9	27.9
2007	—	0.0	3.4	3.3	0.2	2.5	15.8	1.9	0.9	0.0	—	—	28.0
2008	1.2	—	0.3	—	—	2.7	5.2	5.7	1.5	45.5	—	0.9	63.0
2009	1.5	—	—	—	0.2	0.0	3.7	0.9	2.1	—	0.4	0.4	9.2
2010	0.3	1.1	0.2	0.0	2.1	0.0	1.0	0.6	18.3	0.8	—	1.0	25.4
2011	0.1	0.0	0.0	0.7	0.2	3.5	0.9	26.8	0.4	—	—	—	32.6
2012	—	—	—	1.0	2.1	9.5	12.1	2.7	3.2	1.5	0.0	0.6	32.7
2013	0.0	0.0	—	—	0.3	12.3	12.4	0.6	1.9	6.7	—	—	34.2
2014	—	—	1.2	0	0.6	8.5	2.8	1.2	—	0.8	2.1	—	17.2
2015	—	—	—	26.2	0.1	3.8	12.7	—	25.7	0.1	0.4	1.1	70.1
2016	—	1.4	7.7	—	0.5	9.2	14.7	15.5	3.1	0.0	—	—	52.1
2017	0.1	1.8	7.5	4.0	0.1	4.5	9.5	2.5	0.2	0.0	0.0	0.0	30.2

额济纳旗光能资源丰富，太阳辐射总量最多的达来呼布地区 159.7 千卡/平方厘米，最少 154.7 千卡/平方厘米。日照时数 3396 小时，10℃积温 3694℃，干燥度 11.0~13.7。特别是西戈壁

一带，在晴空万里之时，常常出现海（沙）市蜃楼景象。每年秋末至夏初，受蒙古高压气团影响，盛行西北风，年均风速 4.4 米/秒，春季平均风速 4.8 米/秒，8 级以上大风日数 52 天，多风月平均扬沙日数 21 天，冬春大风常伴寒流出现（表 17-24）。

表 17-24　额济纳旗年、月光合有效辐射量　　　　　　单位：千卡/平方厘米

月份	达来呼布	拐子湖	呼鲁赤古特	老东庙	吉格德	平均
1	3.9	4.0	3.8	3.8	3.9	3.9
2	4.7	4.7	4.7	4.6	4.7	4.7
3	6.3	6.1	6.3	6.2	6.8	6.3
4	8.1	7.7	8.0	7.7	7.8	7.7
5	9.8	9.4	9.8	9.4	9.8	9.6
6	9.1	8.8	8.6	8.8	8.9	8.8
7	8.8	8.5	8.5	8.5	8.6	8.6
8	7.9	7.7	7.8	7.7	7.9	7.8
9	6.9	6.7	6.8	6.8	6.9	6.8
10	5.6	5.5	5.4	5.4	5.6	5.5
11	3.7	3.8	3.7	3.7	3.7	3.7
12	3.5	3.5	3.3	3.4	3.4	3.4
平均	6.5	6.4	6.4	6.3	6.5	6.4

（四）土壤

根据对成土条件综合分析，保护区内土壤可分为 11 个土类，24 个亚类。其中，以林灌草甸土为主，是一种非地带性土壤，与固定、半固定风沙土、盐化潮土等相间分布。林灌草甸土根据地形、水文条件及积盐程度对土壤发育影响，可分为林灌草甸土和盐化林灌草甸土两大类，土壤肥沃，土体深厚，有机质积累多，养分含量高（表 17-25）。

表 17-25　保护区土壤类型

土壤类型	亚类	土壤类型	亚类
灰棕漠土	灰棕漠土	石质土	钙质石质土
	石膏灰棕漠土		砂砾质石质土
	盐化灰棕漠土		泥页质石质土
	碱化灰棕漠土	粗骨土	硅铝质粗骨土
潮土	盐化潮土		硅镁质粗骨土
草甸土	林灌草甸土		钙质粗骨土
	盐化林灌草甸土		砂砾质粗骨土

（续表）

土壤类型	亚类	土壤类型	亚类
盐土	草甸盐土	风沙土	固定风沙土
漠盐土	漠境盐土		半固定风沙土
碱土	龟裂碱土		流动风沙土
石质土	硅铝质石质土	新积土	新积土
	硅镁质石质土	龟裂土	龟裂土

（五）水文

水资源是额济纳地区几千年文明历史和现代经济、文化繁荣的关键。境内水系可分为地表水和地下水。

1. 地表水系

由于额济纳旗降水稀少，境内遍布戈壁沙漠，不产生地表径流，只有发源于祁连山北麓的季节性河（黑河）水注入旗内，是全旗林、耕、牧唯一的生命线。黑河地表水每年下泄 1~2 次，分别为冬水期和洪水期。冬水期一般在 12 月到翌年 1 月，洪水期一般在 7—9 月，有以下水源 2 处。

东源：黑河（即弱水，因上源水色微黑，亦称黑河），古称"弱水"。因水道浅宽且多沙，水道不通舟楫，只用皮筏摆渡，古人以为水弱不胜舟楫，因称"弱水"。黑河水流经张掖地区，该段又称张掖河或甘州河，往下称黑河，入旗境后称额济纳河。

西源：桃赖河（即临水系），源于酒泉市西南祁连山麓，经酒泉城北，因上源水色莹白或"北"的谐音称北大河。此源由酒泉北会洪水坝经临水，向北流经金塔县城西鸳鸯池水库，由东北至天仓乡营盘岸村北河弯水库，余波由营盘北和黑河相汇入旗。黑河水流经甘肃省张掖、高台县正义峡水文站，又经甘肃金塔县 4 个乡，流程 185 公里，到额济纳旗狼心山，称额济纳河。

额济纳河流程 250 公里，河宽 150 米，正常水位 1.5 米，平均流量 200~300 立方米/秒，洪水来临时可达 500~600 立方米/秒。额济纳河至狼心山分为东（河）西（河）两系，由南向北在三角绿洲上又分为 19 条支流，余波注入东、西居延海。额济纳河至狼心山（巴彦宝格德山）分水后，穆仁河（西河）成为西河的干流，流经巴彦宝格德苏木、赛汉陶来苏木 150 公里，余波归集嘎顺淖尔（西居延海）；鄂木纳河（东河）成为东河水系的干流之一，人们常以纳林河喻东河水系，所以纳林河既是河名又是东河水系的代名。

2. 地下水

额济纳地下水在全国水文地质区分上属于内陆气候沙漠与干旱水文地质，是准格尔与塔里木盆地及阿拉善沙漠、石漠水文地质亚区的一部分。地下水的主要补给来源为河水径流和地下径流，其次是大气降水和低山丘陵基岩裂隙水。地下水又分表层自由潜水和深层承压水 2 个类型。

3. 水资源利用现状

额济纳河上游正义峡水文站实测，平均径流量为 11.24 亿立方米。额济纳境内有 8 亿~9 亿立方米可供利用，由于上游大量截留，致使河水下泄量锐减，进入 20 世纪 80 年代，黑河下泄水量大幅度减少，进入额济纳河的平均径流量减少到 3.05 立方米，1992 年最小，仅有 1.83 亿立方米。河道断流周期从 20 世纪 50—60 年代的 100 天左右延长到 20 世纪 90 年代的 200 天。20 世纪 50 年代末，黑河的终端湖区—西居延海和东居延海分别保持水面积 267 平方公里和 35.5 平方公里。上游来水减少后，西居延海于 1961 年干涸，成为草木不生的戈壁、盐漠；东居延海于 1997 年完全干涸。当地地下水因得不到地表水补给，水位下降、水质恶化，60%的水井供水不足，10%干涸。2000年，国务院统一规划，宏观调控水资源，落实黑河配水方案，保证额济纳河每年7亿立方米下泄水量。黑河配水方案实施以来，对额济纳绿洲核心区植被恢复起决定性作用。额济纳旗地下表层有良好的细沙含水层，埋深一般小于5米，沿河中、下游阶地2~5米，东西两河间的中戈壁带达5米，东居延海埋深6米以上，水质为重碳酸钠型，矿化度较低，为1~2克/升，属碱性水，开采量可达2.8立方米，且埋藏较浅便于开发利用。额济纳地下水总补给量约为5.66万立方米/年，可开采资源量为4.49万立方米/年，额济纳绿洲地下水位距地表2~5米即可见水。全旗投资数千万元，修建大小水闸29座，大机电井875眼，挖人畜饮水井1548眼。

（六）土地利用状况

1. 土地资源与利用

保护区土地总面积2.63万公顷。其中，林地2.47万公顷，占93.91%；耕地1245.98公顷，占4.74%；水域及水利设施用地（坑塘水面）308.72公顷，占1.18%。林地中，乔木林地4766.1公顷、灌木林地1.48万公顷、宜林荒山荒地1960.5公顷、宜林沙荒地2316.5公顷、无立木林地863.1公顷。

2. 土地现状与权属

保护区的土地和资源均为国有，原由国营额济纳旗经营林场管理，现由额济纳胡杨林管理局经营管理。

（七）资源

保护区植物区系、植物生活型复杂，植被类型多样。可划分为森林植被、荒漠植被、盐化草甸植被、草本沼泽植被4个植被型。

1. 植物资源

2017年《额济纳胡杨林国家级自然保护区综合科学考察报告》显示，保护区有乔木2种，为胡杨、沙枣；灌木、半灌木33种，以柽柳、骆驼刺、黑果枸杞等植物为主要建群种；草本植物种，以苦豆子等植物为主要建群种；草本植物中，多年生草本53种、二年生3种、一年生植物45种。保护区2种乔木植物，占西北荒漠区乔木种类数比例不到6%，乔木植物相对匮乏。

2. 动物资源

2017年《额济纳胡杨林国家级自然保护区综合科学考察报告》显示，国家一级保护野生动物3种，国家二级保护野生动物31种。

三、保护价值

（一）生态环境主要特性

1. 生态区位重要性

保护区位于内蒙古自治区最北部的额济纳绿洲，可维护绿洲生态系统平衡，阻止土地沙化，调节当地小气候，保护绿洲工农业生产；对缓解河西走廊和宁夏银川、内蒙古河套平原乃至华北地区的沙尘暴，改善整个北方地区生态环境具有重大意义。

2. 生态系统脆弱性

保护区地处荒漠戈壁之间，生态系统中物种的种类和数量相对较少，物种之间关系相对较简单，各物种与环境之间的依存关系十分紧密和敏感，生态系统十分脆弱。一个物种的兴衰会直接影响到另一物种的兴衰，环境因子少许变化也会直接影响到物种的发展变化。保护区内常年极端干旱和多风多沙，区内主要物种为胡杨，其他物种种类很少，一旦因人为破坏及水资源缺乏等原因，导致胡杨退化，整个生态系统将迅速失去平衡，导致土地迅速沙化。生态系统一旦遭到破坏，极难恢复。

3. 物种稀有性

保护区位于极端干旱带上，除胡杨和柽柳外还保存有沙冬青、梭梭等为建群种的群落，在荒漠区域中具有稀有性和珍贵性，是自然历史遗留在特定环境中的珍贵遗产。古地中海、亚洲中部成分是第三纪以来强烈旱化形成独特区系，在中国主要有菊科、藜科、豆科、禾本科等，这些科的植物在保护区均有分布。保护区有国家二级重点保护植物 2 种，为列当科的肉苁蓉和瓣鳞花科的瓣鳞花。国家重点保护野生动物 34 种。

4. 自然性

保护区内保存有受人类干扰较少的大片原始胡杨林，保持着原生植被的原始自然状态，为研究天然胡杨林生境及演变规律提供很好的研究对象。

5. 面积适宜性

保护区包含大部分额济纳绿洲中分布较集中、保护价值较高以胡杨为主的植被及野生动物栖息地，面积较大，能够体现出胡杨林及其与周边自然环境所构成的生态系统和自然景观，有效保护该区域自然资源和自然景观，反映该自然地带自然环境与生态系统特点。不会因自然保护而影响周边地区农牧业生产和经济发展。

（二）保护价值

1. 物种稀有性

胡杨是一个古老树种，据胡杨叶化石推断，胡杨距今有 300 万~600 万年历史。由于人为破坏，现存于世的胡杨已经不多，大部分分布在中国。额济纳绿洲的胡杨林，是中国典型荒漠地区天然分布的胡杨林主要林分之一、内蒙古西部荒漠区唯一乔木林，分布面积和活立木蓄积量仅次于新疆，居中国第二、世界第三位，是珍贵的物种资源和遗传种质资源，有很高保护价值。它具有耐盐碱、水湿、抗干旱、风沙特性，是荒漠地区特有珍贵森林资源，对稳定荒漠河流地带生态平衡、防风固沙、调节绿洲气候和形成肥沃森林土壤，有重要作用，是荒漠地区农牧业发展的天然屏障。在黑河下游的额济纳绿洲，以胡杨为优势种的荒漠河岸林具有重要保护干旱区生物多样性的生物学功能，对维持额济纳地区乃至整个黑河流域生态安全具有重大意义。

2. 生物多样性

保护区内动植物资源丰富。2017 年《额济纳胡杨林国家级自然保护区综合科学考察报告》显示，植物 24 科 85 属 136 种，动物 5 纲 21 目 41 科 114 种，陆生野生动物 118 种，隶属 21 目 43 科。

3. 学术研究性

保护区动植物资源独特，是研究绿洲生态系统发生、发展及其演替规律的重要研究基地和活教材，是荒漠绿洲地区重要物种基因库，对开展相关学科研究有很高科研和学术价值。保护区内物种资源、旅游资源独特，在资源利用、旅游、教育等方面具有重要意义。

（三）保护区性质、类型与主要保护对象

1. 保护区性质

保护区是以保护胡杨林植物群落、珍稀濒危动植物物种、荒漠绿洲森林生态系统、生物性为宗旨，集生物多样性保护、科研、宣教和生态旅游于一体的国家级自然保护区。

2. 保护区类型

根据国家环境保护局和国家技术监督局联合发布《自然保护区类型与级别划分原则》（GB/T 14529—1993），保护区属于野生生物类别、野生植物类型的国家级自然保护区。

3. 主要保护对象

胡杨林植物群落、珍稀濒危动植物物种、荒漠绿洲森林生态系统、生物多样性、荒漠戈壁绿洲

自然景观。

四、重点工程

（一）保护区一期规划项目

2003 年 6 月，国家林业局调查规划设计院编制完成《额济纳胡杨林国家级自然保护区总体规划（2003—2012 年）》。

2004 年，根据《国家林业局关于吉林龙湾等 14 个国家级自然保护区总体规划的批复》，通过国家林业局审核批准。建设工程分 2 期实施。

1. 保护区一期工程（2006—2007 年）

2003 年 6 月，国家林业局调查规划设计院编制完成《内蒙古额济纳胡杨林国家级自然保护区建设工程可行性研究报告》。

2005 年 8 月，根据《国家林业局关于内蒙古额济纳胡杨林国家级自然保护区基础设施建设项目可行性研究报告的批复》，经国家林业局审核批准。

2006 年 3 月，内蒙古自治区林业勘察设计院完成《内蒙古额济纳胡杨林国家级自然保护区建设项目初步设计》。

2006 年 5 月，根据《内蒙古自治区林业厅关于内蒙古额济纳胡杨林国家级自然保护区基础设施建设项目初步设计的批复》，通过内蒙古自治区林业厅审核。总投资 951 万元（中央 737 万元，地方 214 万元），建设期限为 2006—2007 年。

工程建设内容：

（1）新建管理局综合办公大楼 1 座，建筑面积 1700 平方米。其中，科研宣教用房 200 平方米。

（2）新建管理站业务用房 1 处，地点七道桥路北，建筑面积 200 平方米，修建锅炉房 40 平方米，购置采暖锅炉 1 套。新建管护点 7 处，其中，良种场 70 平方米；永红队 70 平方米；王爷府 75 平方米；吉日格朗图原苏木住址 75 平方米；巴彦陶来农场七连队部 70 平方米；巴彦陶来农场八连队部 70 平方米；昂茨河水闸 70 平方米。

（3）在一道桥至八道桥公路两侧，新拉设标准围栏 61 公里；新拉水泥桩刺丝围栏 50 公里；对水泥桩进行喷漆处理，每隔 4 根喷"保护区"字样，中间水泥桩喷制红白相间色条。

（4）在保护区内竖立宣传牌 13 块。其中，大型宣传牌 3 块，分别位于八道桥路南、三道桥路南、沙漠地质公园石碑东面；小型宣传牌 10 块，分别位于永红队、良种场、二道桥、吉日格朗图、路政大队西边、乌苏荣贵水闸旁、八连入口、七连队部、七道桥管理站房旁、昂茨河水闸。

（5）新建防火瞭望塔 3 座。分别位于吉日格朗图原苏木旧址、巴彦陶来农场七连队部和永红队。瞭望塔为钢架结构，每座占地面积 25 平方米、塔高 18 米。

（6）购买防火指挥车 1 辆，电脑 18 台，GPS 10 台，配置办公家具及电视、空调等设备。

（7）在各功能区新建界桩 1200 个、指示牌 60 块、界碑 100 座、区碑 5 座。

（8）在保护区内不同区域设立固定样地 6 个，用来观测、分析保护区内的有效资源数据。

2. 保护区二期工程（2008—2012 年）

2008 年 8 月，《内蒙古额济纳胡杨林国家级自然保护区建设二期工程可行性研究报告》经国家林业局批复。

2011 年 5 月，《内蒙古额济纳胡杨林国家级自然保护区建设二期项目初步设计》经内蒙古自治区林业厅批复并开工建设，总投资 675 万元（中央 540 万元，地方 135 万元）。2013 年 12 月，完成全部建设内容并通过验收。

工程建设内容：

（1）保护工程。对管理站（1处）、管护点（7处）院落进行硬化、绿化，维修巡护道路75公里，购置病虫害检疫、防火监控、野外生活、防扑火、办公设备505台（套），巡护越野车2辆。

（2）科研宣教工程。新建关键物种监测点房屋3处各100平方米；生态监测站房屋建设1处100平方米；固定样地6块；新建陈列馆300平方米、辅助用房60平方米；设立宣传牌2块；购置科研、监测、标本制作与展示、野外调查、宣传教育、管理信息系统等设备仪器101台（套）。

（3）局（站）基础设施工程。架设输电线路14公里，安装变压器4台等。

（二）保护区二期规划项目

2015年，胡杨林管理局委托国家林业局调查规划设计院编制保护区二期规划，逐级申报。

2019年，《内蒙古额济纳胡杨林国家级自然保护区总体规划（2018—2027年）》通过国家林业和草原局专家评审。

2020年，根据中央、内蒙古自治区关于开展自然保护地整合优化工作要求，开展保护区范围及功能分区优化调整工作，《内蒙古额济纳胡杨林国家级自然保护区总体规划（2018—2027年）》暂缓批复，待保护区整合优化工作完成后，再由国家林业和草原局批复。

（三）保护区能力建设项目

1. 2013年中央财政林业补助资金项目

2013年11月批准立项，投资150万元，建设期限1年。建设内容：保护区内胡杨林自然资源本底调查及野外勘察；维修加固一至八道河现有河道损毁部分和新修分水闸枢纽等水利设施；珍稀濒危野生动植物保护、救护与管护设施维修；保护、监测、管理等设施设备购置；管理人员管理培训、业务人员技术培训以及文化科普展馆补充完善等。

2. 2014年中央财政林业补助资金项目

2014年10月批准立项，投资200万元，建设期限1年。建设内容：保护区基础设施维护；科研监测设备更新及维护；完善生态定位监测站及其设备、人员技术与管理培训等；胡杨古树监测挂牌500份；七道桥管护站与瞭望塔维修；设计制作蒙汉双语宣传材料2000份；新设固定样地5处；对区碑、界碑、界桩进行更新维护；架设宣传牌20块；购置文化科普展馆设施设备、标本采集制作与展示设施、树木测高器、生长锥、望远镜等设施设备。

3. 2015年中央财政林业补助资金项目

2015年10月批准立项，投资200万元，建设期限1年。建设内容：更换破损高架边框围栏6140米，维修加固高架围栏23000米；维修七道桥水闸1座；巡护车辆燃油及维修；宣传教育培训等。

4. 2017年中央财政林业补助资金项目

2017年水利灌溉设施维护维修工程，投资74.75万元，建设期限为1年。建设内容：维护管护房北、昂茨河分水干渠二枢纽、二枢纽西北方向2公里、管护房东油路北、公路南100米干渠东侧、公路南2公里干渠东侧、森林派出所背面等7座水闸及河道疏通，新建挡水坝等工程。

5. 2019年、2020年中央财政林业补助资金项目

投资180万元，建设期限1年。建设内容：水利灌溉设施维修维护；云模式物联网数据监控传输网络智能化巡护平台建设；开展勘察设计等。

（四）胡杨林国家森林公园建设

1. 基本情况

2003年12月，经国家林业局批准建立额济纳胡杨林国家森林公园。位于额济纳旗达来呼布镇东端、达—巴公路南侧、额济纳胡杨林国家级自然保护区实验区范围内。地理坐标介于北纬41°56′

00″~42°03′00″，东经101°04′30″~101°19′00″。以胡杨林为景观主体，柽柳林等荒漠植物及一部分沙丘景观为辅，构成典型荒漠区生态旅游景观。额济纳胡杨林森林公园划分为森林景观区、综合活动区、游乐活动区、沙漠活动区、服务管理区5个功能区，占地5636公顷。

2010年，胡杨林国家森林公园被列入国家文化和自然遗产地保护范围。

2. 建设情况

2010年，《额济纳胡杨林国家森林公园保护项目初步设计》通过内蒙古自治区发展和改革委员会批复，根据《阿拉善盟发展和改革委员会关于下达国家文化和自然遗产地保护2010年中央预算内投资计划的通知》，中央投资2860万元，用于胡杨林国家森林公园保护建设。

2010年12月至2013年12月，完成胡杨林森林公园建设项目。项目包括：修建沙石巡护道路74公里、在森林公园主要旅游景区范围内新建人工巡护道路4.8公里、架设高架护栏72公里、新建管理站房3座（分别位于胡杨林森林公园一道桥、四道桥和七道桥3个区域）、新建钢架结构防火观光瞭望塔2座（分别位于一道桥和四道桥管理站附近）、病虫害防治检疫站房1座、生态定位监测站2处、关键物种观测点2处、垃圾转运站1处、120米机电井2眼；采购安装景区电视监控系统1套；制作安装灯箱式广告牌68对。

2016年，委托国家林业局调查规划设计院编制《内蒙古额济纳胡杨林国家森林公园总体规划（2017—2026年）》。

2019年，自治区林业和草原局对胡杨林国家森林公园总体规划进行评审，报国家林业和草原局批复。

2020年，根据国家、自治区关于开展自然保护地整合优化工作要求，开展胡杨林自然保护区范围及功能分区优化调整工作，《内蒙古额济纳胡杨国家森林公园总体规划（2017—2026年）》暂缓批复，待保护区整合优化工作完成后，再由国家林业局批复。

（五）胡杨生态与历史文化旅游区基础设施建设项目

2017年4—10月，投资200万元。建设内容：架设高架防护钢围栏20公里、制作安装大型宣传牌2块、小型警示牌10块、激光声像同步宣传橱窗4个、街道LED灯箱广告牌60对。地点胡杨林国家森林公园境内（额济纳胡杨林国家级自然保护区南部实验区）。

五、森林资源保护

（一）林业有害生物防治

保护区主要林业有害生物有黄褐天幕毛虫、褛裳夜蛾、柳脊虎天牛、十斑吉丁、杨齿盾蚧、胡杨木虱、网蝽、柽柳条叶甲、沙枣木虱、胡杨锈病、大沙鼠11种。林业有害生物测报、防治、预警工作主要由额济纳旗林业工作站承担，胡杨林管理局配合开展。

2006年，对柽柳条叶甲防治推广使用生物制剂（森得宝）。用于天幕毛虫、褛裳夜蛾以及白眉天蛾的防治，采取扩大灯光诱杀防治比例，将环境负面影响降到最低限度。

2007年，对杨齿盾蚧推广使用植物源农药（苦参烟碱）进行无公害喷雾防治。森林鼠害推广使用CO灭鼠烟包无公害防治。

2010年，对胡杨黄褐天幕毛虫和褛裳夜蛾推广使用植物源杀虫剂（苦参素）进行无公害喷雾防治。

2015年，采用植物源杀虫剂（1.3%苦参碱）飞机防治、植物源杀虫剂（3.6%烟碱·苦参碱）、新型氯代烟碱类杀虫剂（2%噻虫啉）机动喷雾防治。

2016—2017年，在胡杨危害严重区试用烟剂防治。

2018 年，使用 29%石硫合剂无公害防治胡杨木虱，无人机实验性飞防 33.33 公顷。

2019 年，在保护区内安装新型虫情测报灯 1 台，完成诱虫、杀虫、虫体分散、拍照、运输、收集等系统作业。

2020 年，首次使用植物源杀虫剂桉油精防治胡杨害虫。

2021 年，引进美国树干微创注药技术进行柳脊虎天牛幼虫防控试验。

2006—2021 年，使用无公害药剂和灯诱、色诱、性诱、植物源诱杀、施烟、喷粉以及天敌招引、围栏封育生态控制，无公害防治率由 2006 年 94.2%提高至 2021 年 100%。保护区累计防治面积 24.67 万公顷，林业有害生物成灾率由 9.99‰下降至 0。

（二）疫源疫病监测

2018 年 10 月，成立专门机构，在胡杨林管理局七道桥管理站加挂国家级野生动物疫源疫病监测站牌子，协调五苏木管理站、七道桥管理站在辖区内开展野生动物疫源疫病监测、主动预警及信息报送工作。

制定《胡杨林管理局野生动物疫源疫病监测管理制度》《胡杨林管理局野生动物疫源疫病防治工作预案》，成立以局长为组长的野生动物疫源疫病监测领导小组，以分管副局长为队长的野生动物疫源疫病应急预备队，设立 24 小时值班制度，公布疫情报告电话，储备防护服、消毒液、救护医疗箱等常规监测物资。候鸟迁徙期间，对保护区内野生动物繁衍地、迁徙通道进行巡护检查，对野生动物和农牧民家养动物进行疫情疫病监测，掌握候鸟迁飞、集群活动动态和疫情信息，实行日报、月报、年报和快报制度。

截至 2021 年，发放宣传手册1900份、《野生动植物保护条例》1250 份，张贴海报 600 份，悬挂条幅 89 条，开展巡查巡护 630 次，救助国家二级保护动物 6 只、国家三有保护动物 2 只。无害化处理鸟类死体 13 只。

2006—2021 年，保护区无野生动物疫情发生。

（三）林地灌溉

保护区灌溉依靠黑河上游水，时间一般为每年春秋两季，根据来水量不同，可供保护区灌溉 7~15 天。

2006—2010 年，保护区灌溉 1.67 万公顷。

2011—2015 年，保护区灌溉 2.07 万公顷。

2016—2021 年，保护区灌溉 2.67 万公顷。

（四）退耕还林还草

保护区有农牧户 150 户，饲草料地和五配套草库伦 637.3 公顷。

2017 年，额济纳旗印发《2017 年额济纳旗胡杨林自然保护区核心区饲草料地、五配套草库伦还林还草实施方案》，推动巴彦陶来苏木乌苏荣贵嘎查退耕 297.13 公顷。

2018 年，根据《2018 年额济纳旗胡杨林自然保护区缓冲区耕地、饲草料地、五配套草库伦还林还草实施方案》，开展保护区缓冲区退耕工作，苏泊淖尔苏木乌兰图格嘎查、策克嘎查退出高标准农田、耕地、饲草料地和五配套草库伦共 360.93 公顷。累计退耕 658.07 公顷，做到保护区耕地应退尽退。

2020 年，额济纳旗委办公室、政府办公室制定《额济纳旗规范饲草料基地、五配套草库伦种植种类实施方案》，完成全旗饲草料地、五配套草库伦种植经济作物情况全面治理。

（五）执法监督

制定《内蒙古额济纳胡杨林国家级自然保护区巡护管理制度》《内蒙古额济纳胡杨林国家级自然保护区监管制度》。将保护区划分为 5 个责任区域，由胡杨林管理局 5 个内设科室包干，开展巡查巡护工作，查处保护区内毁林开荒、猎捕采挖野生动植物等破坏保护区自然资源的行为。实行打防并举，部署开展"保护过境候鸟""利剑行动""打击破坏野生动物资源违法犯罪"等专项行动。与辖区内苏木、嘎查形成联动机制，打击偷挖盗采、毁林开垦、非法猎捕野生动物等违法犯罪行为。向社会公布举报电话，鼓励群众提供破坏野生动植物案件线索和举报破坏野生动植物违法犯罪行为。

2017年，根据《关于印发"绿盾2017"国家级自然保护区监督检查专项行动重点核查问题清单和核查表的通知》、盟环境保护局《关于进一步核实额济纳旗胡杨林旅游区基础设施建设项目建设工程内容的通知》《关于开展胡杨林国家级自然保护区遥感监测实地核查和问题查处工作的函》《阿拉善盟林业局关于落实自治区党委第十二巡视组巡视反馈意见的整改方案》文件要求，开展保护区开发建设活动专项监督检查。保护区内没有采矿、探矿、挖矿等工矿企业活动行为；没有破坏、侵占、非法转让自然保护区土地或者其他破坏自然资源行为。与旗环保局、国土局、林业局和森林公安局协作开展日常执法检查和清理工作，对遥感监测结果进行实地核查，对保护区七彩集装箱等违规建设项目进行整改。

2018年，落实自治区党委第十二巡视组反馈意见整改工作，涉及整改内容有3项：七彩集装箱、独栋小屋、蒙古包群建筑。1月6日，整改完成27个七彩集装箱箱体、11幢独栋小屋和10顶蒙古包、2间彩钢房、2顶帐篷等违规建设项目。根据环保部《关于联合开展"绿盾2018"自然保护区监督检查专项行动的通知》要求，保护区新增或规模扩大工矿用地、能源设施、居民点及其他人工设施共7处进行自查工作，上报盟林业局、旗政府、旗环保局。配合国家林业局驻内蒙古自治区森林资源监督专员办事处对胡杨林保护区内违法使用林地情况进行核实、整改。

2020—2021年，对2020年国家级自然保护区遥感监测发现的胡杨林保护区新增或规模扩大人类活动点位15处进行实地核查。将其中6个点位纳入"绿盾"台账中进行自行监管。完成全国自然保护地监督检查管理平台2021年第二批次下发的3个问题点位整改工作。对2017—2021绿盾问题点位核查发现的23个问题点位进行整改。其中，20个问题点位已拆除或补办手续予以销号。

（六）保护区功能整合优化

2020年，根据《中共中央办公厅、国务院办建立以国家公园为主体的自然保护地体系的指导意见》（中办发〔2019〕42号）、《自然资源部、国家林业和草原局关于做好自然保护区范围及功能分区优化调整前期有关工作的函》要求，开展自然保护区范围及功能分区优化调整工作，编制《额济纳胡杨林国家级自然保护区整合优化预案》。通过自治区整合优化专家组评审、自治区人民政府审核。

2021年，与国家自然保护地整合优化工作专班对接，将《额济纳胡杨林国家级自然保护区整合优化分述报告》、矢量数据与国土三调数据整合封装上报。12月，经国家自然保护地整合优化专班审核通过。

保护区范围及功能分区调整优化后，将原来的3区（核心区、缓冲区、实验区）调整为2区（核心保护区和一般控制区）。

六、森林草原防火

（一）责任落实

保护区森林草原防火工作在额济纳旗森林草原防火指挥部统一领导下开展，胡杨林管理局局长任额济纳旗森林防火指挥部成员。制定《胡杨林管理局森林草原火灾应急预案》《胡杨林管理局森林草原防火制度》。胡杨林管理局与保护区内的巴彦陶来、苏泊淖尔 2 个苏木及乌苏荣贵、吉日格朗图、乌兰图格、策克 4 个嘎查，胡杨林旅游景区、牧家游、农家乐等经营主体签订"森林草原防火责任状"。

（二）队伍建设

组建由森林消防队员、森林公安民警和胡杨林管理局干部职工 80 人组成的防扑火专业队伍 2 支，由保护区内农牧民、景区防火护林员组成的联防队 4 支，以基干民兵 220 人为主体的半专业扑火队 5 支，成立由赛汉陶来森林公安派出所民警组成的机动防火突击队 1 支。

（三）设施设备

保护区现有防火道路 3 条，涉及保护区、核心区 57.89 公里。有标准防火隔离带 1 条，长22.676 公里，起点位于省道 S312（三级公路）线 K620 处，终点与现 S315 线 K68 相连。配有防火巡护摩托车、风力灭火机、高压细水雾灭火机、消防水泵、割灌机、油锯、背负式水箱、背负式水枪、防火服、单兵生活携行具、防护设备、组合工具、小型发电机、急救箱、帐篷、数字对讲机等设备。

（四）宣传教育

制定《森林草原防火戒严令》《森林草原防火倡议书》，制作蒙汉双语宣传折页、挂历、扑克、宣传单。在额济纳旗城区主要街道、进出林区路口、人员活动密集区悬挂防火宣传横幅、标语，安装大型防火宣传广告牌。通过广播、电视、短信、微信、电子屏幕循环播放等方式，宣传森林防火知识。开展森林防火知识进社区、进景区、进校园、进嘎查等主题宣传活动，营造防火安全舆论氛围。

（五）火险预警

保护区内建有火险预警监测系统 1 套，防火瞭望塔 13 座、瞭望监测探头 14 个、防火监控塔9 座。

2021 年，新建前端预警监测系统 4 套及配套设施。

2006—2021 年，保护区无较大森林火灾发生。

七、科技、宣传教育

（一）林业科技研究

与北京林业大学、中国科学院西北生态环境资源研究院、内蒙古自治区林业科学研究院等科研院所交流合作，开展"极端干旱区自然保护区退化生态系统恢复技术研究与示范""额济纳绿洲胡杨根系分布特征与根蘖发生机制研究""胡杨根系扩展性及其诱导因素作用机制"等国家科技支撑、国家自然科学基金、林业重点项目 20 项。建立样地 60 个，研究胡杨种子发育过程与更新、根蘖发育机制等问题。

2007 年，人工辅助植被恢复 100 公顷；在保护区不同区域设立固定样地 6 个，观测、分析保护区内资源数据。

2008 年，在保护区实验区开展胡杨间苗定株和开沟断根根蘖更新实验。

2009—2013 年，在人工促进胡杨根蘖更新试验、胡杨幼林抚育和柽柳平茬样地内进行实地跟踪观测，采集各种科学数据。

2018 年，在保护区实验区内开展植物资源调查和标本采集工作，建立和更新保护区野生植物资源数据库。

2019 年，开展胡杨林复壮更新科研工作，范围扩大到保护区以外的胡杨林，划定实验样地、制定科研实施方案。设立额济纳旗胡杨林研究实验室，成立学术委员会。开展《人工促进胡杨不同退化程度　胡杨恢复更新》科研课题。

2020 年，筹措资金 25 万元，建成胡杨林研究所实验室，与北京林业大学签订合作协议书。

2021 年，与北京林业大学、额济纳旗国有林场合作开展阿拉善盟"科技兴蒙"项目额济纳旗胡杨林生态修复技术研究与示范；与内蒙古自治区林业科学研究院合作开展疑似变异胡杨分析实验；与中国科学院西北生态环境资源研究院联合申报内蒙古额济纳胡杨林生态修复和调控技术推广，开展荒漠河岸林生态水文过程、黑河下游水环境演变过程、绿洲生态需水、胡杨林健康和旅游资源禀赋评价等理论研究，进行胡杨林繁育更新、退耕迹地生态修复和生态水位调控等技术试验示范。

（二）宣传教育

1. 专项活动

利用"植树节""爱鸟周""野生动物宣传月"、森林防火期 4 个火险日（除夕夜、元宵节、清明节、农历十月初一）等特定日期，开展专题宣传活动。通过召开会议、举办培训班、张贴标语、悬挂大型横幅、发放宣传单等方式，开展自然保护区宣传活动。

2. 宣传设施

2016 年，建设保护区陈列馆 1 处，室内布展 456 平方米。在高速公路、铁路、机场路、旅游区入口处、城区交通要道等显要位置设立宣传牌、宣传碑、电子显示屏。

2018 年，在落实自治区党委第十二巡视组反馈意见整改工作中，经旗政府和盟林业局批准将 1 顶蒙古包作为保护区科研宣教中心和胡杨博物馆使用（2021 年 11 月 26 日通过自治区林业和草原局审批）。

3. 合作交流

与北京林业大学、中国科学院西北生态环境资源研究院、内蒙古自治区林业科学研究院等专业院校、科研院所合作，开展一系列研究课题，发表相关科研论文。

2012 年，内蒙古额济纳胡杨林国家森林公园被国家林业局森林公园管理办公室、国家林业局森林公园保护与发展中心评为中国森林公园发展 30 周年最具影响力森林公园。

八、胡杨林旅游

（一）胡杨林景区建设

2012 年，旗委、政府引进阿拉善盟兆通禾天下文化旅游发展有限公司对胡杨林景区进行开发建设。胡杨林景区位于保护区实验区、国家森林公园内，从额济纳旗一道桥至八道桥，主要景点有：一道桥陶来林（祈福树）、二道桥倒影林、三道桥红柳海、四道桥英雄林、七道桥梦境林、八道桥沙海王国，总面积 5636 公顷。

2014 年 11 月 28 日，胡杨林景区被国家旅游局评定为国家 4A 级景区。

2017 年 1 月，额济纳胡杨林景区资源与景观质量通过全国旅游资源规划开发质量等级评定委员会评审，被列入创建国家 5A 级旅游景区名单。

2020 年 1 月，胡杨林景区被文化和旅游部评为国家 5A 级旅游景区，是阿拉善盟唯一 5A 级旅游景区；携程网评定游客首选目的地；去哪儿网评定最具影响力景区；央视财经频道评为年度魅力生态景区。

2000—2021 年，额济纳旗连续举办 22 届"中国·额济纳国际金秋胡杨生态旅游节"。

（二）旅游收益

保护区内景区建成，带动额济纳旗以胡杨林观光为主的旅游业整体提升。各苏木（镇）将民俗文化、农垦文化与旅游产业深度融合，结合自身优势，推行"景区+合作社+牧民""党支部+合作社+旅游企业+农牧户"、补偿支付转产就业等发展模式，推进乡村旅游发展，引导农牧民参与乡村旅游和乡村振兴。

2013年，制定《额济纳旗旅游收入管理办法及收益分配方案》，享受补偿农牧民户按占用比例划分为4类：景区固定设施占用户、保护区核心区牧户、保护区缓冲区农牧户、景区涉及其他农牧户，共388户。景区门票总收入2500万元。抽取其中4%（共100万元）根据不同占用比例补偿给农牧民，最多每户1万元、最少1700元。

2018年，额济纳旗经营乡村旅游专业合作社10家，接待游客5万人次，参与旅游产业农牧户382户，实现旅游综合收入600万元。

2019年，全旗景区门票和合作社收益分红发放金额605.5万元，594户农牧民直接受益，连续7年为农牧民发放旅游收益红利。

2021年，保护区内胡杨林景区接待游客20.27万人，旅游收入2878.99万元。

2006—2021年，胡杨林景区累计接待游客205.21万人，旅游收入3.26亿元。

九、额济纳胡杨林保护立法

额济纳旗境内共有胡杨林2.96万公顷。其中，保护区内4733.33公顷、保护区外2.49万公顷。保护区内胡杨林保护和管理适用《中华人民共和国自然保护区条例》。

2017年，为规范保护区以外胡杨林的保护和管理，胡杨林管理局起草《内蒙古自治区额济纳胡杨林保护条例》（初稿）（以下简称《条例》）。

2018年11月，《条例》（草案）被自治区人大常委会列入立法审议计划。

2019年9月24日，内蒙古自治区第十三届人民代表大会常务委员会第十五次会议对《条例》（草案）进行一审。

2020年4月22—24日，内蒙古自治区人大常委会委员、自治区人大法制委员会副主任委员、自治区法学会常务副会长武国瑞带领立法调研组赴内蒙古阿拉善盟就《条例》（草案）开展立法调研。5月，《条例》（草案）提交内蒙古自治区人大法制委员会第二十六次全体会议进行二审。6月11日，内蒙古自治区第十三届人民代表大会常务委员会第二十次会议审议并通过《条例》。8月31日，盟行署新闻办公室在额济纳旗召开《条例》新闻发布会。9月1日起《条例》开始施行。

第九节　阿拉善盟森林公安

一、森林公安机构

（一）机构沿革

1992年8月，成立阿拉善盟林业治沙处林业公安科，核定编制5名，级别正科级。设阿拉善盟林业公安科、阿左旗林业公安股、阿右旗林业公安股、额济纳旗林业公安股、贺兰山派出所5个机构。

1993年4月10日，阿拉善盟林业公安科列入阿拉善盟公安处业务序列，为公安处十科，实行阿拉善盟林业治沙处和阿拉善盟公安处双重领导。

1996 年 8 月 20 日，更名为阿拉善盟公安局林业公安分局，各旗公安股更名为旗公安局林业公安分局。9 月 2 日，全盟林业公安会议及挂牌仪式在额济纳旗达来呼布镇举行。

1999 年 5 月 10 日，核定编制 14 名、基层林业公安派出所 9 个。

2002 年 12 月，成立阿拉善盟森林公安森林防火信息中心，核定编制 13 名。

2008 年 11 月，设阿拉善盟森林公安局，属阿拉善盟林业治沙局和阿拉善盟公安局双重管理，机构为行政正科级，核定政法专项编制 20 名，内设办公室、政工室、法制室、治安队、刑警队、森林公安防火信息网络中心、纪检督察室 7 个科室。

2010 年 4 月，核定阿拉善盟森林公安局内设机构为副科级，副科级职数 7 名。

2020 年 3 月，森林公安体制改革，阿拉善盟森林公安局整建制划转至阿拉善盟公安局，成立阿拉善盟公安局森林公安分局。机构规格、领导职数、人员编制、内设机构暂保持原状。

2006—2021 年阿拉善盟森林公安局领导名录如下。

政　　委：范布和（蒙古族，2006 年 1 月—2008 年 10 月）

　　　　　王维东（2008 年 10 月—2012 年 3 月）

　　　　　陈君来（2012 年 4 月—2019 年 12 月）

局　　长：孙智德（2002 年 5 月—2015 年 12 月）

负责人：孙智德（2015 年 12 月—2020 年 10 月）

　　　　　连世在（2020 年 10 月—2021 年 12 月）

副政委：张秀敏（女，2002 年 5 月—2020 年 8 月）

副局长：孙智德（1997 年 8 月—2002 年 5 月）

　　　　　范智录（蒙古族，2010 年 7 月—2021 年 12 月）

　　　　　韩　峰（2010 年 7 月—2021 年 12 月）

　　　　　王　权（2010 年 7 月—2018 年 1 月）

　　　　　白高成（2018 年 1 月—2021 年 12 月）

（二）职能职责

（1）贯彻国家有关法律、法规、政策、方针，拟定全盟森林公安工作的规章制度并组织实施。

（2）负责全盟森林及野生动植物保护、维护林区社会治安秩序；负责查处破坏森林和野生动植物资源重特大案件；负责林区禁毒工作。

（3）负责全盟森林公安机构和队伍建设规划，负责全盟森林公安的宣传和教育培训工作。

（4）负责全盟森林公安装备建设和管理。

（5）负责全盟森林公安法制工作，受理森林公安行政复议、国家赔偿等工作，代理行政诉讼案件。

（6）管理和指导全盟森林公安、防火信息网络建设。

（7）承办自治区森林公安局和盟公安局、林业局交办的其他事项。

（三）下设机构

1. 阿拉善左旗森林公安局

1996 年 9 月 10 日，阿拉善左旗公安局林业公安分局挂牌。

2009 年 6 月 9 日，成立温都尔勒图、宗别立、敖伦布拉格 3 个森林公安派出所。

2020 年 6 月，阿拉善左旗森林公安局及基层派出所划转至阿拉善左旗公安局直接领导。

2. 阿拉善右旗森林公安局

1992 年 8 月，成立阿拉善右旗林业公安股，核定编制 3 名。

1996年9月6日，阿拉善右旗公安局林业公安分局挂牌。

2003年4月26日，成立雅布赖、塔木素2个森林公安派出所，核定全额事业编制12名。

2009年1月9日，阿拉善右旗森林公安局行政机构为副科级，政法专项编制25名。

2020年3月，阿拉善右旗森林公安局及下设3个基层派出所划转至阿拉善右旗公安局。

3. 额济纳旗森林公安局

1996年9月6日，额济纳旗公安局林业公安分局挂牌。

2003年4月26日，成立七道桥、巴彦宝格德、林场3个派出所，核定全额事业编制30名。

2009年6月9日，成立胡杨林国家级自然保护区森林公安派出所，核定编制52名。

2021年5月，额济纳旗森林公安局35名政法专项编制和2名副科级领导职数划转额济纳旗公安局。

4. 阿拉善左旗贺兰山国家级自然保护区森林公安局

2003年7月31日，贺兰山林区派出所更名为阿左旗公安局贺兰山森林公安分局，核定编制30名。

2009年5月19日，阿拉善左旗贺兰山国家级自然保护区森林公安局行政机构为副科级，政法专项编制32名。

2010年6月，贺兰山森林公安局划归阿拉善左旗林业局领导，属阿左旗林业局二级单位。

2020年3月，森林公安体制改革后，阿拉善左旗贺兰山国家级自然保护区森林公安局整建制划转至阿拉善盟公安局，名称变更为阿拉善盟公安局贺兰山国家级自然保护区森林公安分局。

5. 阿拉善高新技术产业开发区森林公安派出所

2009年6月9日，成立阿拉善经济开发区森林公安派出所，领导职数2名。

2010年4月9日，阿拉善经济开发区森林公安派出所核定为副科级。

2020年12月，机构改革将巴彦木仁森林公安派出所划转至阿拉善盟高新技术产业开发区公安分局，将8名公安专项编制由阿拉善左旗划转至阿拉善盟高新技术产业区公安分局。

6. 孪井滩生态移民示范区（腾格里经济技术开发区）森林公安派出所

2009年6月9日，成立孪井滩生态移民示范区森林公安派出所。

2010年4月9日，孪井滩生态移民示范区森林公安派出所核定为副科级，领导职数2名。

2020年12月，森林公安体制改革，将原阿拉善盟森林公安局直属孪井滩生态移民示范区森林公安派出所6名森林公安政法专项编制从阿拉善左旗调整至盟级管理。

二、专项行动

（一）打击森林资源违法犯罪专项行动

1996年1月20日，盟林业局公安科、阿左旗林业公安股、贺兰山林区派出所、森警大队开展牲畜毁林的联合行动，行动中重点对牲畜啃食、践踏林木严重的阿左旗查哈尔苏木进行清查处理。期间共出动警力93人次，查处各类案件7起，收缴木材24.7立方米，处理违法人员10人次，挽回损失3.85万余元。

（二）百日严打行动

1997年5月5日至6月20日，盟林业局公安科组织开展"百日严打行动"，阿左旗林业公安股查处盗伐、滥伐林木案15起，收缴木材23.8立方米，挽回经济损失6500元。

（三）打击破坏森林资源及野生动植物违法犯罪专项行动

1999年10月26日，盟林业公安分局在全盟范围内开展专项整治行动。盟林业公安分局联合额济纳旗林业公安分局堵截偷运梭梭车辆3台，没收梭梭柴18吨，挽回经济损失1.2万余元；破获非法猎捕国家二级保护野生动物鹅喉羚案件3起，抓获犯罪嫌疑人3名，没收猎枪2支，收缴鹅喉羚28只，扣留车辆3台。

（四）天保及保护野生动植物专项行动

2001年1月，按照自治区森林公安局统一部署，阿拉善盟开展"天保行动"，共查处各类森林案件23起，处理违法人员28人次，收缴木材191.4立方米、野生动物21头（只）、猎枪1支、子弹7发，为国家挽回经济损失20万元。2001年7月，盟森林公安机关结合辖区实际情况在全盟范围内集中开展"保护野生动植物专项行动"，重点打击非法猎捕野生动物，偷运、贩卖梭梭柴、肉苁蓉、甘草等违法行为，共查处各类案件79起，处理违法人员78人次，收缴木材41.5立方米、肉苁蓉140斤，挽回经济损失4万元。

（五）猎鹰及非法占用林地专项治理行动

2002年2月5日，盟森林公安机关在全盟范围内组织开展"猎鹰行动"。清理整顿饭店、酒楼148家，集贸市场37处，畜产品收购、加工、销售点8处，查获违法经营野生动物案件3起，收缴野生动物20头（只）、小口径枪2支，挽回经济损失5万元。9月30日起，盟森林公安机关在全盟范围内组织开展为期4个月"严禁非法占用林地"专项治理行动。

（六）春雷及非法征占用林地专项行动

2003年4月7日，按照自治区专项行动部署，阿拉善盟各级森林公安机关开展"春雷行动""非法征占用林地"专项严打行动。出动警力192人次，警车32辆次，查破各类案件17起。

（七）候鸟二号专项治理行动

2004年3月21日，盟森林公安机关在全盟范围组织开展"候鸟二号"专项治理行动。出动警力163人次，查处非法经营野生鸟类案件21起，处罚违法人员21人。

（八）绿盾行动

2006年11月1日至12月10日，盟森林公安机关开展以打击破坏林地和野生动植物资源违法犯罪活动为主的"绿盾行动"，打击破坏森林和野生动植物资源违法犯罪行为。

（九）雪原二号专项行动

2008年1月5日至2月29日，在阿拉善盟范围内开展以严厉打击非法猎捕、收购、运输、贩卖野生动物及其制品的专项行动，代号"雪原二号"。出动警力205人次，警车41辆次，查破各类涉林案件19起，行政处罚25人，行政罚款3.69万元。

（十）冬季及绿盾三号专项行动

2009年1月5—20日，阿拉善盟各级森林公安机关在全盟范围内开展"冬季行动"，打击重点非法猎捕、贩卖、运输野生动物违法犯罪活动。各级森林公安机关共出动警力378人次，出动警车123辆次，发放宣传资料600份，清查宾馆、饭店93个。6月5日至8月31日，盟森林公安局组织开展以打击破坏森林资源违法犯罪活动为主要内容的"绿盾三号"专项行动。出动警力615人次，警车598辆次，发放各类宣传资料1000份，受理各类涉林案件23起，查处23起，有效遏制破坏森林和野生动植物资源违法犯罪活动。

（十一）保护过境候鸟专项行动

按照自治区森林公安局"保护过境候鸟专项行动"工作部署，2010年3月10日至4月30日盟森林公安局在全盟范围内组织开展以保护过境候鸟为主要内容的专项行动。清查自然保护区2

个，整治重点区域 3 个，查破涉林案件 1 起。

（十二）夏季攻势及亮剑行动

按照自治区森林公安局关于开展"集中整治林区社会治安突出问题，稳定治安形势工作"统一部署，2011 年 6 月起，盟森林公安局在全盟范围内开展历时 3 个月专项行动，代号"夏季攻势"。出动警力1758人次，警车 572 辆次，清查自然保护区 4 处，清查宾馆、饭店、酒楼、集贸市场等场所 42 家。整个行动期间共查破各类行政案件 54 起，处罚 54 人，行政罚款 1.67 万元。8 月2 日至 9 月 30 日，按照自治区森林公安局关于开展"亮剑行动"工作安排，在全盟范围内开展以严厉打击破坏林地资源违法犯罪专项行动。全盟共出动警力 914 人次，警车 236 台次，开展集中行动 2 次，查破擅自改变林地用途案件 1 起。

（十三）清理整治非法侵占国有林地专项行动

2016 年，自治区林业厅下发《关于清理整治非法侵占国有林地专项行动的通知》，阿拉善盟各级林业部门组织实施清理整治非法侵占国有林地专项行动，成立领导小组，盟林业局局长任组长，副局长任副组长，森林公安局、资源科、保护科、办公室、林工站、林研所及公益林站等为成员单位，专项行动办公室设在森林公安局，局长为办公室主任。盟森林公安局制定专项行动实施方案。设立举报电话，鼓励社会各界人士举报破坏森林资源违法行为。出动警力 806 人次，车辆 187 台次，开展集中行动 2 次，发放宣传资料1200份。调查核实自治区林政资源部门提供的线索31项（贺兰山保护区 15 项，额济纳胡杨林区 16 项）。专项行动震慑非法占用国有林地、毁林开垦、开矿、采石、采砂等破坏国有林地资源违法犯罪活动。

（十四）利剑专项行动

按照自治区森林公安局开展"2017 利剑"专项行动要求和工作部署，制定专项行动实施方案，成立领导小组，设立举报电话；利用电视、报纸等媒体，营造舆论氛围，在林区、牧区、工矿企业、施工单位通过张贴宣传标语、发放宣传材料、开展法律咨询，宣传普及森林资源和野生动物保护政策法规。出动警力1249人次，车辆 430 台次，开展集中行动 2 次，发放宣传资料共1500份。查处林业行政案件 12 起，行政处罚 12 人，罚款 2.5 万元，查处刑事案件 2 起，抓获犯罪嫌疑人 5名。打击非法征占用林地、毁林开垦、开矿、采石、采砂等破坏森林资源及野生动物违法犯罪活动。

（十五）飓风 1 号专项行动

2018 年，根据《自治区森林公安局转发国家林业局森林公安局关于开展打击破坏森林和野生动植物资源违法犯罪专项行动的通知》要求和工作部署，阿拉善盟各级森林公安机关组织开展"飓风 1 号"专项行动，召开专项行动专题会议，研究制定专项行动实施方案，成立领导小组，领导小组下设办公室，公开举报电话。各旗森林公安局相应成立专项行动工作领导小组，制定实施方案，进行摸底排查。盟森林公安局和阿左旗森林公安局联合市场监督管理部门开展联合执法，对辖区内的集贸市场、餐厅、特种养殖场、特产品商店等进行联合检查，向商家发放保护野生动物倡议书，在盟电视台、电台、报社等主流媒体进行宣传报道，开展宣传教育工作。出动警力1349人次，车辆 530 台次，开展集中行动 2 次，发放宣传资料共1200份。查处野生动物刑事案件 3 起，其中重大案件 2 起，抓获犯罪嫌疑人 4 名；林业行政案件 1 起，行政处罚5 人，罚款 1.2 万元。

（十六）打击破坏草原林地违规违法行为专项整治行动

2021 年，开展打击破坏草原林地违法犯罪专项行动，专项整治行动办公室设在盟森林公安分局，将草原林地专项整治工作任务细化分解、定人定责，列出清单、挂图作战、销号管理，以目标倒逼进度、以时间倒逼责任，推动工作落实。

对 2010 年起非法占用草原林地案件梳理排查，涉林涉草案件 167 起。其中，行政案件 145 起、刑事案件 22 起。专项行动开展以来，盟森林公安局接到自治区公安厅整治办涉嫌以罚代刑核查线索 14 条，经盟公安局整治办分析研判确定盟内 12 条线索为一般线索，移交阿左旗公安局和阿拉善高新区公安分局进行核查。结合政法队伍教育整顿，将线索核查工作作为加强专项整治，推动队伍教育整顿重中之重，本着实事求是、依法依规原则，由分管局长负责、法制支队牵头、专项办配合成立线索复核组，对阿左旗和高新区公安局线索核查的组织领导、工作措施、证据收集、结论认定等核查全过程进行监督和指导。

专项行动全盟公安机关共立涉草原林地类型刑事案件 29 起。其中，阿左旗 21 起、阿右旗 4 起、额济纳旗 2 起、阿拉善高新区 1 起、孪井滩示范区 1 起，抓获嫌疑人 40 人。以类型分查处非法占用草原案件 5 起，非法开垦草原案件 16 起，非法占用林地案件 6 起、非法开垦林地案件 2 起。结案移送检察部门起诉 27 起，依据司法鉴定撤案 2 起，在侦 2 起，案件办结率 100%。其中，破获公安厅督办案件 1 起、公安部督办案件 1 起。全盟涉案面积 33.33 公顷以上重点案件 6 起，其中阿左旗 5 起、阿右旗 1 起，5 起案件已经结案移送检察部门起诉，1 起正在侦办中。阿左旗那某某非法占用农用地案和丰源五矿非法占用农用地案，因面积较大，案件复杂被公安厅列为草原林地专项整治挂牌督办案件，其中那某某非法占用农用地案同时被公安部挂牌督办。经过专案组不懈努力，案件事实已查清，涉案 17 名犯罪嫌疑人分别于 10 月 9 日、11 月 30 日全部移送起诉，该案成功告破。丰源五矿非法占用农用地案于 8 月 26 日结案移送起诉。

三、工作业绩

阿拉善盟森林公安从 1992 年发展到 2021 年，从林业部门内部保卫单位，到具有独立执法的林业行政执法部门，有森林公安派出所 20 个、公安民警 183 名。

专项行动开展方面，盟森林公安开展"天保行动""猎鹰行动""候鸟行动""春雷行动""绿剑行动"等专项行动，共破获各类森林案件 3600 起，打击违法犯罪人员 4000 人，挽回经济损失 2100 万元，收缴马麝、岩羊和鹅喉羚等国家级保护的野生动物 508 只，收缴木材 3009 立方米，收缴梭梭柴 2300 吨、甘草 3100 吨、肉苁蓉 3300 吨，收缴匕首 1287 把、各类猎枪 216 只、爆炸物品 1400 千克、子弹 1.1 万发，清理搂发菜人员 55 万人次。

森林草原防火方面，坚持"预防为主、积极消灭、科学扑救、以人为本、属地管理"原则，落实各项护林防火制度、措施，加大防火基础建设投入，严格火源管理，开展防火宣传，提高民众防火意识，加强防扑火队伍建设，提高防扑火技能，保护森林草原资源，维护生态平衡和林区社会稳定，实现贺兰山、胡杨林两大林区无较大森林火灾成绩。

基础设施建设方面，筹措资金 1000 万元，新建办公生活用房 5202 平方米，附属用房 1189 平方米，院落 2.37 万平方米，实现美化、绿化、亮化和硬化，完善阅览室、健身房、小食堂、活动室和浴室等工程，做到一所一车配置。统一派出所外观标识，购置公安装备，配备 150 台计算机，建有森林公安机关网络信息系统 1 套。

爱民便民助民活动方面，1992 年起，全盟森林公安民警累计捐款 10 万元，帮扶贫困户 14 户 27 人，资助贫困学生 18 名，慰问照顾孤寡老人 48 人。

从优待警方面，2010 年，阿拉善盟森林公安局对 11 个副科级领导职务进行公开竞争上岗，盟森林公安局高配为副处级，各旗（区）相应落实森林公安局高配制度。强化领导班子建设，落实从优待警政策。坚持民警体检制度、保险制度、休假制度，落实民警岗位执勤津贴。2008 年，落实政法专项编制，经费纳入地方财政预算。

政法队伍教育整顿方面，2021 年，组织开展政法队伍教育整顿，分 2 批进行。第一批为市县两级党委政法委、政法单位，以及省属监狱、戒毒所，2 月底开始，6 月底结束，时间为 4 个月左右；第二批为中央政法委、中央政法单位、省级党委政法委、政法单位，8 月开始，10 月底结束，时间为 3 个月左右。3 月 8 日，盟森林公安局召开全盟森林公安队伍教育整顿动员部署会议，成立森林公安队伍教育整顿领导小组办公室，搭建工作专班，下设主体办、监督办，实行专人专职专责实体化运作。制定《阿拉善盟森林公安局队伍教育整顿实施方案》《阿拉善盟森林公安局教育整顿任务清单》《教育整顿流程图》《教育整顿征求意见整改清单》；组织民警全员参加政治轮训和教育整顿大讲堂。每周动态制定学习计划，编印教育整顿应知应会口袋书 100 份，制作学习笔记本，建立专项工作台账，发放学习书籍 136 册。参加政治轮训 2 期 20 人，组织自评测试 6 次，参训人员 144 人次，编发工作专刊 11 期。召开教育整顿征求意见座谈会，发放意见征求表，归纳汇总意见建议 13 条。制定《阿拉善盟森林公安队伍教育整顿"我为群众办实事"实践活动方案》。提出"我为群众办实事"任务清单，列出服务事项 12 条，明确完成时限。

荣誉表彰方面，盟森林公安局被自治区森林公安局记集体三等功 5 次、被国家森林公安局记集体二等功 1 次、获"内蒙古自治区首届人民满意的行政执法单位"等多项荣誉称号，曾连续 5 年被盟林业局评为全盟林业系统先进单位。1 人被评为全国优秀人民警察、1 人获"全国绿化奖章" 1 次、1 人被评为全国森林草原防火先进个人、2 人被国家森林公安局记个人一等功、17 人被国家森林公安局记个人二等功、76 人被自治区森林公安局记个人三等功。阿左旗贺兰山森林公安局北寺派出所被公安部评为"全国公安机关爱民模范先进集体"。2 名森林公安民警因公牺牲、4 名民警因公负伤。

第十节　阿拉善沙漠世界地质公园

一、机构沿革

（一）领导机构

2004 年 6 月 21 日，阿拉善盟申报国家级沙漠地质公园协调领导小组成立。

组　　长：张有恩（盟委副书记）

副组长：李超英（盟行署副盟长）

成　　员：白志毅（盟委宣传部副部长）

　　　　　李东亮（盟行署副秘书长）

　　　　　孙万元（盟发展计划委员会主任）

　　　　　杨德峰（盟国土局局长）

　　　　　任同治（盟农牧局局长）

　　　　　单士元（盟文广局局长）

　　　　　彭家中（盟科技局局长）

　　　　　左宏奎（盟建设局局长）

　　　　　宿万德（盟经贸委主任）

　　　　　叶金宝（盟环保局局长）

　　　　　乌兰巴根（盟交通局局长）

　　　　　王承华（盟财政局局长）

范布和（盟林业局局长）

王　东（盟旅游局局长）

陈文斌（盟统计局局长）

杨经培（盟气象局局长）

张　晖（盟地震局局长）

常生德（阿左旗副旗长）

王殿英（阿右旗副旗长）

弓超美（额济纳旗副旗长）

领导小组办公室设在盟国土资源局，主任杨德峰、副主任关永义。

2005 年 1 月 17 日，盟行署批复成立阿拉善沙漠地质公园管理筹备组。

组　长：关永义（盟国土资源局党组成员、副局长）

副组长：黄庭民（盟国土资源局副调研员）

辛超勇（盟旅游局科长）

11 月 29 日，阿拉善沙漠国家地质公园建设与管理领导小组成立。

组　长：张有恩（盟委副书记）

副组长：龚家栋（盟行署副盟长）

成　员：白志毅（盟委宣传部副部长）

李东亮（盟行署副秘书长）

李中亚（盟公安局局长）

孙万元（发展计划委员会主任）

杨德峰（盟国土资源局局长）

宿万德（盟经贸委主任）

叶金宝（盟环保局局长）

乌兰巴根（盟交通局局长）

王承华（盟财政局局长）

赵　毅（盟水务局副局长）

范布和（盟林业局局长）

王　东（盟旅游局局长）

宝金岱（盟农牧局副局长）

单士元（盟文广局局长）

彭家中（盟科技局局长）

左宏奎（盟建设局局长）

陈文斌（盟统计局局长）

杨经培（盟气象局局长）

张　晖（盟地震局局长）

关永义（盟国土局副局长）

常生德（阿左旗副旗长）

王殿英（阿右旗副旗长）

邱军玉（额济纳旗副旗长）

领导小组办公室设在盟国土资源局，主任关永义。各旗相继成立阿拉善沙漠国家地质公园建设与管理领导小组。

（二）管理机构

2006年4月17日，内蒙古自治区编制委员会下发《关于成立黑河额济纳旗灌域管理局和内蒙古阿拉善沙漠国家地质公园管理局的批复》，成立内蒙古阿拉善沙漠国家地质公园管理局，为盟国土局所属副处级事业单位，核定副处级领导职数1名。10月10日，盟编委下发"五定"方案，为盟国土局所属副处级事业单位，管理局下设办公室、规划建设科、地质遗迹保护科3个科（室），核定事业编制10名。其中，副处级领导职数1名、科级领导职数4名（含副局长1名），专业技术人员7名，行政管理和后勤人员3名，财政全额拨款。

2007年1月13日，阿拉善沙漠国家地质公园管理局挂牌。

2008年12月15日，内蒙古阿拉善沙漠国家地质公园管理局纳入参照公务员管理序列、公益一类。

2009年8月，阿拉善沙漠国家地质公园晋级为阿拉善沙漠世界地质公园。

2010年9月30日，阿拉善沙漠国家地质公园管理局更名为阿拉善沙漠世界地质公园管理局。

2015年3月11日，盟编委下发"五定"方案，阿拉善沙漠世界地质公园管理局内设办公室、规划建设科、地质遗迹保护科、科研科普科、网络信息科5个正科级职能科室，核定事业编制15名；核定副处级领导职数1名，科级领导职数6名（含副局长1名）；管理人员7名，专业技术人员7名，后勤服务人员1名，公益一类财政全额拨款。

2016年1月17日，由盟国土资源局调整到盟行署管理。

2017年4月21日，盟编委印发《关于盟旅游局和沙漠世界地质公园管理局合署办公的通知》，与盟旅游局合署办公，实行一套人马，两块牌子，人员由盟旅游委统一调配使用，地质公园管理局作为盟旅游局成员单位，承担旅游局部分职责任务。

2019年1月24日，盟编委印发《关于机构改革职责和人员转隶工作的通知》，阿拉善沙漠世界地质公园管理局由盟行署整建制划转到盟林业和草原局。

2021年2月26日，盟编委印发《阿拉善沙漠世界地质公园管理局机构职能编制的批复》，阿拉善沙漠世界地质公园管理局加挂阿拉善盟自然保护地和野生动植物保护中心牌子，为盟林业和草原局所属公益一类事业单位，机构规格相当于副处级。设办公室、地质公园科、自然保护地科、科研科普科4个内设机构。核定事业编制13名，设局长1名（副处级），副局长2名（正科级）；内设机构科级领导职数5名（4正1副）。

2006—2021年阿拉善沙漠世界地质公园管理局领导名录如下。

局　　长：娜仁图雅（女，蒙古族，2006年12月—2015年10月）

　　　　　吴海涛（达斡尔族，2016年2月—2019年9月）

　　　　　黄天兵（蒙古族，2019年9月—）

副局长：殷华军（2007年1月—2008年3月）

　　　　　冯永利（2008年3月—2012年4月）

　　　　　魏爱国（2012年4月—2014年3月）

　　　　　呼木吉勒图（蒙古族，2014年3月—）

　　　　　彭　涛（2021年3月—）

二、职能职责

承担阿拉善沙漠世界地质公园管理工作，依法保护各类自然保护地和地质遗迹资源。

承担全盟地质公园、湿地、自然保护地、陆生野生动植物保护等相关法律法规及规章制度的宣传教育、培训等工作。

承担全盟开发利用地质公园、湿地、自然保护地、陆生野生动植物的保护管理等工作；负责自然保护地占用或使用和各类建设项目、国家重点野生植物采集、野生动物驯养繁育、科学研究等申请材料的收集整理、现场查验等相关工作。

编制并组织实施全盟地质公园、湿地、自然保护地、陆生野生动植物的中长期发展规划、专项保护规划；组织实施动态巡查、调查评价、监测及资源保护等工作。

编制地质公园、湿地、自然保护地、陆生野生动植物资源的科研科普规划并组织实施。

承担世界自然遗产项目和世界自然与文化双重遗产项目相关工作；组织开展国内国际地质公园、自然保护地间的学习交流。

承担全盟陆生野生动植物和湿地保护、疫源疫病监测等辅助性工作；协助开展应对气候变化相关工作。

承担盟林业和草原局交办的其他相关工作。

三、党的建设

2007 年 3 月，经阿拉善盟盟直机关工委批复，成立阿拉善沙漠国家地质公园管理局党支部。

2011 年 4 月，阿拉善沙漠国家地质公园管理局党支部更名为阿拉善沙漠世界地质公园管理局党支部。

2016 年 2 月，党支部隶属关系调整到盟行署办公室机关党委，为第六党支部。

2017 年 4 月，地质公园管理局党支部并入盟旅游发展委员会党支部。

2019 年 3 月，党员组织关系从盟旅游发展委员会党支部划转到盟林业治沙研究所党支部。

2020 年 4 月，成立阿拉善沙漠世界地质公园管理局党支部，党员 7 名，设党支部书记 1 名，支委 2 名（组宣委员 1 名，纪检委员 1 名）。

2006—2021 年党组织领导名录如下。

书　　记：娜仁图雅（女，蒙古族，2007 年 3 月—2015 年 10 月）
　　　　　呼木吉勒图（蒙古族，2016 年 2 月—2017 年 4 月）
　　　　　黄天兵（蒙古族，2020 年 5 月—）
组织委员：王文玉（2007 年 3 月—2014 年 5 月）
　　　　　呼木吉勒图（蒙古族，2014 年 5 月—2016 年 2 月）
　　　　　彭　涛（2016 年 2 月—2017 年 4 月）
　　　　　那日苏（蒙古族，2020 年 4 月—）
宣传委员：任培文（2007 年 3 月—2014 年 5 月）
　　　　　王文玉（2014 年 5 月—2016 年 2 月）
　　　　　那日苏（蒙古族，2016 年 2 月—2017 年 4 月）
　　　　　那日苏（蒙古族，2020 年 4 月—）
纪检委员：彭　涛（2016 年 2 月—2017 年 4 月）
　　　　　许兆麟（2020 年 4 月—）

四、地质公园概况

（一）位置

地质公园位于内蒙古自治区阿拉善盟境内，地理坐标介于北纬 37°23′47″~42°44′49″，东经 99°12′13″~106°51′25″。地质公园特殊地理位置、地质构造、生态环境和气候条件形成以沙漠、戈壁为主的地质景观，反映中国西北地区风力地质作用形成的各种典型地质遗迹，是世界上唯一系统完整展示风力地质作用和沙漠地质遗迹的世界地质公园。

（二）范围

地质公园规划面积 27 万平方公里，分 3 个园区 10 个景区，有完整边界和确定范围，每个园区内地质遗迹内容和突出重点各不相同。巴丹吉林园区以高大沙山、鸣沙、沙漠湖泊和典型风蚀地貌为主。腾格里园区以多样沙丘，沙漠湖泊和峡谷为主。居延园区以戈壁、胡杨林和古城遗址为主。

1. 巴丹吉林园区

位于阿右旗境内，面积 411 平方公里，有巴丹吉林沙漠、曼德拉山岩画、额日布盖峡谷和海森楚鲁风蚀地貌 4 个景区。系统、多样、典型沙积地貌、花岗岩风蚀地貌、流水侵蚀地貌和古人类活动遗迹，是地学研究、地质科普和旅游的理想场所。

（1）巴丹吉林沙漠景区。位于巴丹吉林沙漠东南部，面积 340.6 平方公里。以"奇峰、鸣沙、群湖、神泉、古庙"五绝著称。最高沙山必鲁图峰海拔 1611.009 米、世界上分布面积最大的宝日陶勒盖鸣沙区、144 个湖泊镶嵌于高大沙山之间、音德日图湖中央 3 平方米礁石上分布有 108 个泉眼、巴丹吉林庙建于 1791 年。

（2）海森楚鲁风蚀地貌景区。位于阿右旗努日盖苏木境内，面积 31.16 平方公里，是中国风力地质作用典型地区之一。形成海森楚鲁风蚀地貌的岩石是距今 1.8 亿~1.5 亿年前的花岗岩。

（3）额日布盖峡谷景区。位于阿右旗境内，面积 10.12 平方公里，峡谷由侏罗纪—白垩纪褐红色互层状砂岩、砾岩组成，大型平行层理发育。

（4）曼德拉山岩画景区。位于阿右旗曼德拉苏木曼德拉山，面积 28.79 平方公里。现有岩画 4234 幅，分布在东西 6 公里、南北 3 公里的黑色玄武岩脉上，是世界最古老的艺术珍品之一，在全世界享有盛誉。可追溯到原始社会晚期和元、明、清各代，记载当时经济、文体、生活情景和自然环境、社会风貌。

2. 腾格里园区

位于阿左旗境内，面积 131.5 平方公里，有月亮湖、通湖和敖伦布拉格峡谷 3 个景区。以沙积地貌、沙漠湖泊和地质构造为主，辅以碎屑岩地貌、湿地景观、古生物化石等地质遗迹和悠久的人文历史，是集科学研究、科学普及和地学旅游为一体的园区。

（1）月亮湖景区。位于腾格里沙漠腹地，面积 72.51 平方公里，是腾格里沙漠 422 个沙湖中天然湖泊之一。月亮湖水面 133.87 公顷。水深 2~4 米，南北长 2 公里，东西宽 1 公里，环湖一周 4 公里。

（2）敖伦布拉格峡谷景区。位于阿左旗东北部，面积 50.94 平方公里，是侏罗纪—白垩纪地层经后期流水侵蚀形成的峡谷。有敖伦布拉格峡谷群、神根峰、骆驼瀑布等景观。

（3）通湖草原景区。位于内蒙古和宁夏交界处的腾格里沙漠东南缘腹地，面积 8.05 平方公里，汇集沙漠、盐湖、湿地、草原、沙泉、绿洲、牧村等多种自然人文景观，是独特沙漠湖盆地之一。

3. 居延园区

位于额济纳旗境内，面积 88.2 平方公里，有胡杨林、居延海和黑城文化遗址 3 个景区。以湖泊、戈壁和历史遗迹景观为主，结合策克口岸、胡杨林、红柳林等自然人文景观，是地质遗迹与自然人文景观相结合的典范。

（1）居延海景区。位于额济纳旗苏泊淖尔苏木境内，面积 36 平方公里。由东居延海（苏泊淖尔）和西居延海（嘎顺淖尔）组成，额济纳河汇入湖中，是居延海最主要的补给水源。《水经注》中译为弱水流沙，在汉代曾称居延泽，魏晋时称北海，唐代起称居延海。

（2）胡杨林景区。位于额济纳旗境内，面积 36.8 平方公里，是世界上最古老的杨树品种，属落叶乔木，多生长在水源附近，耐盐碱，生长较快，生命力极强。

（3）黑城文化遗址景区。位于额济纳河东岸，面积15.4平方公里。黑城西北角屹立着一座高12米的覆钵式佛塔，是黑城独特标志。

（三）地形地貌

阿拉善地形呈南高北低，平均海拔900～1400米，地貌类型有沙漠、戈壁、山地、低山丘陵、湖盆、起伏滩地。巴丹吉林、腾格里、乌兰布和三大沙漠横贯阿拉善盟全境，面积9万平方公里，占阿拉善盟总面积的33.3%。巴丹吉林沙漠以高、陡著称，绝大部分为复合沙山；腾格里、乌兰布和沙漠多为新月形流动或半流动沙丘链，一般高10～200米。北部戈壁面积9万平方公里，占全盟总面积33.7%，尤其在马鬃山以东额济纳河以西地带最显著，多为"黑戈壁"。阴山余脉与大片沙漠、起伏滩地、剥蚀残丘相间分布，东南部和西南部有贺兰山、合黎山、龙首山、马鬃山连绵环绕，雅布赖山自东北向西南延伸，把阿拉善盟境域大体分为两大块。贺兰山呈南北走向，长250公里，宽20～40公里，平均海拔2700米。主峰达郎浩绕海拔3556.1米。贺兰山阻挡着腾格里沙漠东移，是中国西北地区一条重要的自然地理分界线。

（四）气候与水文

阿拉善盟地处亚洲大陆腹地，为内陆高原，属于典型的大陆性气候。四季气候特征明显，昼夜温差大，降水量由东南部向西北部递减，蒸发量由东南部向西北部递增。年平均气温7.7～9.8℃，极端最低气温-34.4℃，极端最高气温44.8℃。1月平均气温-10.7～-7.7℃，7月平均气温23.5～28.1℃。年降水量32.8～208.1毫米。年蒸发量1555.7～2808.5毫米。年无霜期143～174天。年日照时数2977～3369小时。年平均风速2.8～4.7米/秒。阿拉善盟北部盛行偏西风，南部多东南风。

黄河流经地质公园东部外围，在阿拉善盟境内流程85公里，年入境流量300多亿立方米，地质公园东北部景区可自流引黄河水。额济纳河是中国第二大内陆河流，在盟内流程300多公里，年径流量5亿立方米。额济纳河中游分东西两河，下游分叉19条，控制大面积草场，分别注入东西居延海，是地质公园西部景区主要水源地。贺兰山、雅布赖山，龙首山等山区许多冲沟中有潜水，有些出露成泉。在巴丹吉林和腾格里沙漠中分布有大小不等湖盆500多个，面积约1.1万平方公里。其中，草地湖盆1.07万平方公里，集水湖400多平方公里。

（五）生物多样性

阿拉善盟动物群属于温带荒漠、半荒漠动物群。有森林、草原湖泊、沙漠戈壁、山地、丘陵等不同生态环境，是野生动物得天独厚的繁衍地，共有野生动物450种，其中，国家一、二级保护动物87种。

阿拉善盟属亚洲荒漠植物区，珍稀濒危保护物种丰富，植物区系中含多种古老残遗种，是古地中海干热植物的后裔，四合木、绵刺、鄂尔多斯半日花、沙冬青等。有记录的阿拉善盟野生植物共1047种，列入《国家重点保护野生植物名录》的植物17种。其中，一级保护植物1种，二级保护植物16种。有种子植物72科、322属、612种，特有稀贵植物17种。

（六）地质遗迹

地质公园地处阴山西段，北缘内蒙古华力西褶皱带，东南桌子山、贺兰山台陷带，南段与祁连加里东褶皱带毗连。地质遗迹类型多样：地貌遗迹（沙积地貌、花岗岩地貌、碎屑岩地貌、流水地貌）、水体景观（沙漠湖泊、湿地）、地质构造、古生物等。

1. 地质概述

（1）地层。阿拉善地区内出露的地层有晚太古代阿拉善群，早元古代敖伦布拉格群，中元古代渣尔泰群、巴彦诺日公群，晚元古代乌兰达巴群、贺兰山群及寒武系到第四系。由于区域地质构造复杂，在同一地质历史时期，不同地区形成复杂多样的地层岩性（表 17-26）。

表 17-26　阿拉善沙漠地质公园区域地层

宇/界	系	统	群/组	主要岩性特征
新生界	第四系	全新统	全新统（$Qh^{c+h}+Qh^1+Qh^{ch}+Qh^{eol}$）	湖沼沉积、湖积、化学沉积、风尘砂土
		更新统	上更新统（$Qp^{3l}+Qp^{3pl}+Qp^{3dl}$）	湖积、洪积、冲积物
			中更新统（Qp^{2pl}）	洪积物
			中下更新统（Qp^{1-2}）	粉砂质黏土、粉细砂夹黏土
			下更新统（Qp^1）	湖积物
	新近系	上新统	上新统（N_2）	红色黏土
		中新统	中新统（N_1）	粉砂岩
	古近系	渐新统	清水营组（E_3q）	褐红、棕红色钙质砾岩、砂砾岩、石膏
			查干布格拉组（E_3c）	棕红色砂砾岩、粉砂质泥岩、含石膏
		始新统	始新统（E_2）	浅棕红色砂质泥岩、砂岩含钙质结核
中生界	白垩系	下白垩统—上侏罗统	庙山湖群（J_3-K_1）ms	灰棕色泥岩、砂砾岩、页岩夹泥灰岩
			赤金桥群（J_3-K_1）ch	橘红色砂岩、灰绿色泥岩、页岩
			巴音戈壁组（J_3-K_1）b	砖红色砾岩、砂砾岩，顶部含油页岩
	侏罗系	中下统	大山口组（$J_{1-2}ds$）	黄绿色砂岩、泥质页岩及煤层
	三叠系	上统	珊瑚井群（T_3sh）	灰绿色含砾砂岩、粉砂岩、板岩
			南营儿群（T_3ny）	灰色长石石英砂岩夹炭质泥岩
		中下统	二断井群（$T_{1-2}er$）	紫红色含砾砂岩、钙质砂岩
			西大沟群（$T_{1-2}cd$）	灰白色中粗粒砂岩夹细砂岩
	白垩系	下统	大水沟组（K_1d）	杂色细砂岩、粉砂岩、灰白色粗砂岩
			固阳组（K_1g）	紫红色砂质泥岩、砂岩、砂砾岩
		上侏罗统—下白垩统	庙沟组（J_3-K_1）mg	紫红色砾岩、砂砾岩、页岩夹泥岩含石膏
			乌尔塔组（J_3-K_1）w	棕红色、灰绿色砾岩、含砾砂岩夹泥岩
	侏罗系	上统	安定组（J_3a）	紫红色砂岩、粉砂岩为主，少量泥质砂岩
		中下统	直罗组（J_2z）	黄绿色中细砂岩、粗砂岩夹泥岩及砾岩
			延安组（J_2y）	杂色泥岩粉砂岩、砾岩夹煤及油页岩
			青灰井群（$J_{1-2}gh$）	灰绿色砾岩、泥岩、页岩夹少量砾岩
			哈格尔汉群（$J_{1-2}hg$）	灰绿、紫红色英安凝灰质砂岩、灰绿色砾岩、泥岩夹煤线
	三叠系	上统	延长组（T_3y）	黄绿色细砂岩、粉砂质泥岩
		中统	纸房组（T_2z）	中细粒砂岩夹细砂岩、砾岩

（续表1）

宇/界	系	统	群/组	主要岩性特征
古生界	祁连加里东褶皱带			
	二叠系	上统	未分组（P_2）	安山岩、凝灰岩、砂砾岩、细砂岩、粉砂岩、夹页岩、薄层灰岩
		下统	阿其德组（P_1a）	英安岩、安山岩、凝灰质砂岩。含较多的头足类和腕足类化石，与埋汗哈达组整合接触
			下统埋汗哈达组（P_1m）	长石石英砂岩、粉砂岩、细砂岩。含丰富的腕足类化石
			方山口组（P_2f）	炭质页岩、长石砂岩、硅质页岩，局部为玄武岩、火山角砾岩、流纹斑岩、凝灰岩
			双堡唐组（P_1s）	生物碎屑灰岩、粉砂岩、泥灰岩、板岩、硬砂岩，局部夹中基性火山岩
	石炭系	上统	干泉群（C_2gn）	流纹岩、凝灰岩、英安岩夹粉砂岩、灰岩透镜体
			阿木山（C_2a）	碎屑岩、碳酸盐岩夹中基性火山岩
			羊虎沟组（C_2yn）	黑灰色泥岩、粉砂质泥岩、砾岩夹煤层，含菱铁矿结核
			石板山组（C_2s）	灰岩、板岩、砂岩及砾质流纹岩
		下统	红柳园组（C_1hl）	灰岩、钙质砂岩、长石硬砂岩及砾岩、含砾粗砂岩
			白山组（C_1bs）	流纹岩、千枚岩夹灰岩及铁矿层
			绿条山组（C_1l）	长石砂岩、含砾硬砂岩、板岩、千枚岩夹砾岩及少量流纹质熔岩、角砾岩
			臭牛沟—前黑山组（C_1c+q）	灰黑色砂岩、砂质页岩、泥质灰岩、页岩夹砾质灰岩、泥灰岩、白云质灰岩夹石膏
	泥盆系	上统	中宁组（D_3z）	紫红色砂岩、长石砂岩、粉砂岩夹灰岩透镜体
			西屏山组（D_3x）	砂岩、生物礁灰岩、紫红色中粗粒砂岩与粉砂岩互层，产丰富的四射珊瑚化石
		中统	卧驼山组（D_2w）	钙质长石石英砂岩夹凝灰质砂岩、灰岩，下部为砾质含砾粗砂岩。产少量植物化石
			依克乌苏组（D_2y）	钙质砂岩、粉砂岩夹硅质板岩、生物灰岩。产丰富的腕足类和珊瑚化石
		下统	珠斯楞组（D_1z）	灰色砾岩、粗砂岩、钙质砂岩、砂质灰岩。含丰富的腕足类、珊瑚及腹足类、兰叶虫、头足类等化石
	志留系	上统	碎石山群（S_3s）	变质砂岩、细砂岩、硅质岩、板岩夹流纹岩、英安岩、安山岩
			未分组（S_3）	板岩、变质砂岩、粉砂岩夹结晶灰岩、页岩
		中上统	公婆泉群（$S_{2-3}gn$）	安山岩、英安岩、流纹斑岩夹灰岩、大理岩、石英砂岩
		中统	未分组（S_2）	砂质板岩、泥质板岩夹英安岩、安山岩、玄武岩、石英砂岩、钙质砂岩及砾岩
		下统	园包山组（S_1y）	粉砂岩、硬砂岩夹结晶灰岩
			斜山组（S_1xs）	安山岩、凝灰质大理岩、结晶灰岩、硅质灰岩
	奥陶系	上统	希热哈达组（O_3xr）	英安岩、细砂岩、板岩夹安山质玄武岩
			白云山组（O_3b）	变质砂岩、石英片岩、大理岩、局部夹中酸性火山岩
		中统	咸水湖群（O_2x）	安山岩、凝灰岩夹板岩
			乌拉布拉格组（O_2wl）	粉砂岩夹硅质岩、板岩
			横峦山组（O_2h）	凝灰岩、安山岩夹碎屑岩，局部为玄武岩夹生物灰岩
		中下统	未分组（O_{1-2}）	灰绿色长石砂岩夹板岩、硅质岩，顶部为灰岩
		下统	沙井群（O_1sh）	砂岩、页岩夹中酸性火山岩
			天景山组（O_1t）	灰色厚层含燧石条带灰岩、白云质灰岩及少量白云岩
	寒武系	上统	香山群（$\in_2xn$）	变质长石石英砂岩、板岩及千枚岩夹薄层灰岩
		中统	未分组（$\in_2$）	白云质灰岩、钙质页岩、石英岩及泥质灰岩
		下统	双鹰山组（$\in_1sh$）	长石砂岩、石英砂岩、碎屑灰岩、硅质碎屑白云岩

（续表2）

宇/界	系	统	群/组	主要岩性特征
古生界	古生代贺兰山沉降带 二叠系	上统	石千峰组（P_2sh）	由紫红色—灰紫色含砾长石石英砂岩、细砾长石石英砂岩、紫红色粉砂组成，两个旋回
			上石盒子组（P_2s）	黄绿色中厚层细粒长石石英砂岩夹紫红色砂岩
		下统	下石盒子组（P_1x）	灰白—灰黄色中厚层中、细粒石英砂岩
			山西组（P_1s）	灰色中厚层中粒石英砂岩、硬砂质石英砂岩夹灰黑色页岩、粉砂岩等，夹可采烟煤2~3层
	石炭系	上统	太原组（C_2P_1t）	以灰黑色页岩为主，夹中—粗粒石英砂岩、粉砂岩等，含煤层
			羊虎沟组（C_2y）	褐黄色砂岩、砂砾岩，灰黑色粉砂质页岩，产植物化石脉羊齿
	奥陶系	中下统	平凉组（O_2p）	下部为灰绿色砂岩、板岩互层。上部为条带状薄层灰岩，厚层块状灰岩
			米钵山组（O_2m）	浅灰色绿色板岩、砂质板岩等，灰岩透镜体
		下统	天景山组（O_1t）	中厚层结晶灰岩，含燧石结核、条带和网纹白云质灰岩。含头足、腹足类化石
	寒武系	上统	凤山组（$\in_3f$）	厚层白云质灰岩、白云岩，含少量燧石结核
			长山组（$\in_3c$）	中厚层灰岩、白云质灰岩夹白云岩、竹叶状灰岩
			崮山组（$\in_3g$）	青灰色薄层灰岩，夹多层鲕状、竹叶状灰岩
		中统	张夏组（$\in_2z$）	中厚层泥质条带灰岩、细粒灰岩、鲕状灰岩，含丰富的三叶虫化石
			徐庄组（$\in_2x$）	板岩、鲕状灰岩、生物碎屑灰岩、竹叶状灰岩。含丰富的三叶虫化石
			毛庄组（$\in_2mz$）	下部为薄层灰岩、白云岩、泥灰岩，中部为钙质砂岩、粉砂岩，上部为薄—中厚层状灰岩。含三叶虫及腕足类化石
		下统	五道淌组（$\in_1w$）	下部为细粒白云岩，局部含燧石结核，上部为块状灰岩
			苏峪口组（$\in_1s$）	磷砂岩、粉砂岩、长石石英砂岩、白云质长石石英砂岩，上部为硅质磷砂岩
元古宇	新元古界		乌兰达巴群（Pt_3w）侏拉扎嘎毛道组（Pt_3wz）	黄绿色变质砂岩、泥灰岩、灰黑色硅质板岩
			乌兰内哈沙组（Pt_3ww）	浅灰色厚层状含叠层石白云岩、紫色条带板岩、薄层灰岩
			贺兰山群（Pt_3h）正目观组（Pt_3hz）	板岩和冰积砾岩
			王全口组（Pt_3hw）	含燧石条带状厚层白云岩、硅质灰岩夹石英砂岩
			黄旗口组（Pt_3hh）	以灰色粉砂质板岩、硅质板岩、硅质白云岩为主，夹石英砂岩

（续表3）

宇/界	系	统	群/组		主要岩性特征
元古宇	中元古界		巴彦诺日公群（Pt_2b）	巴音西别组（Pt_2bb）	以板岩和厚层块状含叠层石白云岩为主。叠层石极其发育，类别繁多
			渣尔泰群（Pt_2z）	白音布拉沟组（Pt_2zb）	灰白色透辉石化白云质大理岩
				刘鸿湾组（Pt_2zl）	主要为灰色红柱石，电气石黑云钾长眼球状混合岩
				阿古鲁沟组（Pt_2za）	以灰黑色石英岩、炭质千枚岩、绢云石英片岩为主，局部夹薄层结晶灰岩
				增隆昌组（Pt_2zz）	主要为英岩、石英片岩、结晶灰岩，局部有大理岩
	古元古界		敖伦布拉格群（Pt_1a）	布达尔干组（Pt_1ab）	变质中基性晶屑凝灰岩夹石英岩、云母片岩、含石墨大理岩
				乌兰拜兴组（Pt_1aw）	灰绿色绿泥角闪斜长片麻岩、绢云绿泥石英片岩夹大理岩、磁铁石英岩
太古宇	新太古界		阿拉善群（Ar_2a）	哈乌拉组（Ar_2ah）	灰黑色条带状、条纹状混合岩、黑云角闪斜长片麻岩、含石墨透辉大理岩
				波罗苏滩庙组（Ar_2ab）	主要为灰色黑云斜长片麻岩、角闪斜长片麻岩夹大理岩透镜体及钛铁矿结核，含石墨透辉大理岩
				迭布斯格组（Ar_2ad）	主要由黑云斜长、角闪斜长片麻岩、各种角闪质条带状混合岩及厚层含石英假砾透辉大理岩组成，含多层磁铁石英岩

（2）地质构造。阿拉善地区位于中亚造山带、祁连造山带、塔里木板块与华北板块的接合部位，包括阿拉善地块（属于华北板块的一部分）、北部陆缘区及南部陆缘区3个构造单元。区域上，存在两条控制区域演化的断裂。苏宏图—宗乃山北麓断裂带在古生代时是阿拉善地块北部的边界断裂，塔塔拉—阿勒上丹—乌仁图雅断裂带是现今阿拉善地块北部的边界断裂，由于石炭—二叠纪时地块北部边缘破裂，地块边界从南移至现今塔塔拉—阿勒上丹—乌仁图雅一线。

阿拉善地块　是亚洲中轴大陆一部分，它的最终固结于扬子旋回。地块上发育广泛加里东期和海西期花岗岩的侵入，表明此时地块曾受到南、北两陆缘区活动性影响。阿拉善地块属于长期隆起单元，是华北地块北部向西延伸的部分。

北部陆缘区　包括塔塔拉—阿勒上丹—乌仁图雅断裂带以北至中蒙国境线地区，与甘肃北山地区相连。其南部为石炭—二叠纪沉积岩及中酸性火山凝灰岩不整合覆盖老地层之上；北部自震旦纪起构造运动活跃，最终形成巨厚的中酸性、中基性火山岩及火沉积岩系；西部是早古生代隆起区。

南部陆缘区　位于龙首山断裂带以南，划为河西走廊过渡带。加里东运动影响强烈，形成一系列 NWW-SEE 向复式褶皱和斜冲断层。晚古生代时由滨浅海—潟湖相逐渐过渡为海陆交互相、陆相，进入相对稳定的构造演化阶段。

区域地质构造演化主要经历5个阶段。

迁西—阜平阶段（2500Ma 以前）　此阶段是陆核固结、克拉通化期，阿拉善地块在此间形成。阿拉善地块形成时期主要包括古、中太古代绿岩带的形成时期（3500~2800Ma）和新太古代绿岩带的初次褶皱、变质时期（2800~2560Ma），结束于太古宙末。

元古宙五台—震旦阶段(2500~545Ma)　　阿拉善地块在吕梁期通过进一步裂陷和碰撞，聚合成结晶基底。吕梁运动后，阿拉善地块基本固结。中、新元古代时，华北地块曾发生大规模裂陷运动，受其影响导致在阿拉善地块边缘及内部也出现几个不同方向的深陷海槽。此时地块北部大面积下降，广泛海侵，构成早期边缘海，发育浅海—较深海相的硅质碳酸盐岩—碎屑岩。

加里东阶段（545~390Ma）　　早古生代至泥盆纪阶段，阿拉善地块南侧整体隆起，北侧大面积下降，构成边缘海。此时海底处于大陆边缘区内部，基底位于陆壳之上，构造环境相对稳定。南部陆缘区此时亦处于边缘海构造环境，发育过渡类型沉积。

海西阶段（390~250Ma）　　石炭—二叠纪阶段，阿拉善地块沿塔塔拉—阿勒上丹—乌仁图雅一线裂开，面积进一步缩小。北部陆缘区面积向南扩展，大面积张裂，伴随强烈的中基性—中酸性火山爆发。此时期的中酸性火山碎屑岩向南越过断裂带不整合于基底岩系上。此后沿蒙古国境内的南戈壁天山一带发生对接消减作用导致中亚海消失。

印支—喜山阶段（三叠纪—新生代）　　三叠纪沿断裂发生显著的花岗岩化，有不规则花岗岩岩株侵入，阿拉善断块及相邻断褶带主要大规模的层间滑动断裂和推覆构造发生在海西末期至第三纪末期。侏罗纪开始发育以北东向为主的断陷盆地延续至今。白垩纪末期该地区不断抬升遭受剥蚀，形成古河流与淡水湖泊区。第四纪时期本区全部成为剥蚀区，以风成砂沉积为主。

2. 地质遗迹的物质组成

地质公园地质遗迹丰富，包括地貌景观、水体景观、地质构造和古生物遗迹等。最为典型、具有极高科研价值和代表性的当属沙积地貌景观、花岗岩地貌景观、流水侵蚀地貌景观和沙漠湖泊景观。

（1）沙积地貌景观。沙积地貌组成物质为第四纪沉积物，包括冲洪积砂砾、河湖相细砂、粉砂、黏土和风成砂等类型，沙山上常发育钙质根管和钙结层。沙漠地区几乎全部为黄沙所覆盖，在沙漠边缘查格勒布鲁和沙漠中伊克尔敖包附近出露古近纪红色砂砾岩。

（2）花岗岩地貌景观。花岗岩地质遗迹组成物质为中元古代片麻状花岗岩。岩石具有高二氧化硅，低三氧化二铝，富钾，为准铝质高钾钙碱性系列。岩石轻重稀土分馏不明显，具有明显铕负异常，这类花岗岩形成于造山过程的挤压—拉张转折期，为典型后碰撞花岗岩。

（3）流水侵蚀地貌景观。流水侵蚀地貌主要为额日布盖峡谷和敖伦布拉格峡谷，2个峡谷物质组成为侏罗纪—白垩纪褐红色、紫红色砂岩和砾岩，部分地段谷底出露花岗岩。峡谷中岩石发育大型交错层理和槽状交错层理。

（4）沙漠湖泊景观。巴丹吉林沙漠湖泊群的水源补给主要来自地下水，大部分湖泊已经咸化，部分开始富营养化。沙漠腹地湖泊多为咸水或卤水，其可溶性固体总量值远大于沙漠边缘湖泊。湖水pH值很高，呈碱性，微咸湖水pH值明显低于高盐度湖水，pH值随可溶性固体总量增加呈升高趋势。湖泊水化学组成也随着可溶性固体总量不同而各异：高盐度湖泊纳含量较高；低盐度湖泊钙、镁含量较高。

3. 地质遗迹点

地质遗迹类型丰富，集科学性、稀有性和独特性于一体，地学内涵深广，具有极高科研科普、美学观赏和旅游开发价值。《国家地质公园规划编制技术要求》中"地质遗迹类型划分表"，地质遗迹划分六大类10类15亚类，共75个点（表17-27）。

表 17-27 阿拉善沙漠地质公园地质遗迹类型分类

编号	地质遗迹点	价值	亚类	类	大类	数量
G001	必鲁图沙峰	世界级	沙积地貌	岩石地貌	地貌景观	25
G002	宝日陶勒盖鸣沙	世界级				
G003	新月形沙丘	自治区级				
G004	新月形沙丘链	自治区级				
G005	横向沙垄	自治区级				
G006	复合型沙丘链	自治区级				
G007	复合型纵向沙垄	自治区级				
G008	星状沙丘	自治区级				
G009	金字塔形沙丘	自治区级				
G010	鱼鳞状沙丘	自治区级				
G011	抛物线形沙丘	自治区级				
G012	格状沙丘	自治区级				
G013	蜂窝状沙丘	自治区级				
G014	直线状沙波纹	自治区级				
G015	弯曲状沙波纹	自治区级				
G016	链状沙波纹	自治区级				
G017	舌状沙波纹	自治区级				
G018	新月状沙波纹	自治区级				
G019	额济纳戈壁	国家级				
G020	巴丹吉林沙漠	世界级				
G021	乌兰布和沙漠	国家级				
G022	腾格里沙漠	国家级				
G023	固定沙丘	自治区级				
G024	半固定沙丘	自治区级				
G025	流动沙丘	自治区级				
G026	海森楚鲁风蚀地貌	国家级	花岗岩地貌			6
G027	蘑菇石	自治区级				
G028	花岗岩象形石	自治区级				
G029	风蚀龛	自治区级				
G030	花岗岩岩脉	自治区级				
G031	呼和哈达花岗岩	自治区级				
G032	神根	国家级	碎屑岩地貌			4
G033	基岩	自治区级				
G034	石蛙象形石	自治区级				
G035	风蚀穴、风蚀壁龛	自治区级				
G036	额日布盖峡谷	国家级	流水侵蚀地貌	流水地貌		6
G037	敖伦布拉格峡谷	国家级				
G038	神水洞	盟级				
G039	丹霞地貌	盟级				
G040	布日嘎斯太冲沟	盟级				
G041	代尔格冲沟	盟级				

（续表）

编号	地质遗迹点	价值	亚类	类	大类	数量
G042	音德日图湖	世界级	沙漠湖泊群	湖沼景观	水体景观	18
G043	诺尔图湖					
G044	南苏木吉林湖					
G045	策勒格尔湖					
G046	呼和吉林湖					
G047	月亮湖					
G048	天鹅湖					
G049	巴丹湖					
G050	塔马英					
G051	巴丹湖群					
G052	扎拉特					
G053	萨仁都贵					
G054	巴格吉林					
G055	音德日图"神泉"					
G056	苏敏吉林					
G057	听经泉					
G058	宝日陶勒盖湖泊					
G059	情人湖					
G060	居延海	国家级	湖泊			1
G061	通湖湿地	自治区级	沼泽湿地			1
G062	驼峰瀑布		瀑布	瀑布景观		1
G063	贺兰山脉	世界级	区域（大型）构造	构造形迹	地质构造	5
G064	贺兰山山前构造台地	国家级	中小型构造			
G065	贺兰山褶皱					
G066	槽状交错层理	盟级				
G067	不规则条带					
G068	曼德拉山岩画	国家级	古人类活动遗迹	古人类	古生物	2
G069	曼德拉古人类遗迹					
G070	白垩纪恐龙骨架化石		古脊椎动物	古动物		1
G071	华北二叠系含煤地层	自治区级	典型沉积岩相剖面	沉积岩相剖面	地质（体、层）剖面	1
G072	阿拉善奇石	国家级	典型矿物产地	典型矿物产地	矿物与矿床	1
G073	吉兰泰盐湖	盟级	典型非金属矿床	典型矿床		3
G074	巴深高勒盐湖					
G075	雅布赖盐湖					

4. 非地质景点简介

公园内有人文景观 15 处、自然景观 7 处（表 17-28）。

表 17-28　地质公园内的人文和自然景观

编号	景点名称	用途	景观类型	总数（处）
C001	巴丹吉林庙	ETS		
C002	曼德拉山岩画	ETS		
C003	北寺（福因寺）	ETS		
C004	南寺（广宗寺）	ETS		
C005	昭化寺	ETS		
C006	黑城遗址	ETS		
C007	红城遗址	TS		
C008	绿城遗址	TS	人文景观	15
C009	大同城遗址	TS		
C010	甲渠侯官遗址	TS		
C011	策克口岸	ETS		
C012	苏木图石窟	ETS		
C013	呼日木图庙	TS		
C014	汉代古墓群	TS		
C015	夏日嘎庙	TS		
N001	胡杨林	ETS		
N002	红柳林	ETS		
N003	柽柳林	ETS		
N004	东阿拉善自然保护区	ETS	自然景观	7
N005	生态环境治理示范区	TS		
N006	马莲湖	ETS		
N007	东湖草原	ETS		

注：1. E 为用于科普教育景点；T 为用于地学旅游的景点；S 为用于科学研究的景点。

　　2. 原人文历史景点：C001～C011；新增人文历史景点为 C012～C015。

　　3. 原自然景观点：N001～N003；新增自然景观点为 N004～N007。

5. 设施建设

地质公园有阿拉善沙漠世界地质公园博物馆、腾格里园区陈列馆和居延园区陈列馆 3 处。

（1）阿拉善沙漠世界地质公园博物馆。位于巴丹吉林沙漠南缘，建于 2007 年 9 月，面积 2203 平方米，外观设计为沙丘造型，馆内设有序厅、展厅、资源厅、报告厅、贵宾厅、游客中心、科普教育基地、游客救助站和接待中心，服务设施齐备，是唯一建在沙漠边缘的地质公园博物馆。

（2）腾格里园区陈列馆。坐落于阿拉善生态产业科技创业园内，面积 2800 平方米，分上下 2 层。主要介绍阿拉善盟沙漠资源、特色沙生动植物资源、地质公园以及阿拉善沙产业发展现状。

（3）居延园区陈列馆。建于2007年9月18日，为额济纳旗博物馆的一个展厅，面积640平方米，有居延园区地貌地形沙盘、地质矿石标本、恐龙化石及动植物标本等代表性展品100套（件、组），展示居延园区地质遗迹、自然景观和人文景观的特色园区。

6. 旅游设施

（1）信息中心。各园区主要景区设置12处信息中心，为游客提供旅游服务信息。有科普、地质遗迹、人文历史展览。定期更换图片和文字信息，便于游客了解公园最新动态。不定期对导游员、讲解员培训，提高讲解水平。设残疾人通道，提供便利服务设施，为游览公园提供方便（表17-29）。

表 17-29　地质公园信息中心

序号	名称	
1	腾格里园区	巴彦浩特信息中心
2		腰坝信息中心
3		诺日公信息中心
4		月亮湖信息中心
5		敖伦布拉格信息中心
6		通湖信息中心
7	巴丹吉林园区	巴丹吉林沙漠游客信息中心
8		额日布盖信息中心
9		曼德拉山信息中心
10		海森楚鲁信息中心
11	居延园区	达来呼布信息中心
12		胡杨林信息中心

（2）地质科普长廊。公园有地质知识科普长廊6处，巴丹吉林园区1处、腾格里园区4处、居延园区1处。主要展示沙积地貌类型及特征、沙漠湖泊成因、地质遗迹保护和生态环境保护。

（3）旅游服务设施。公园内旅游服务设施齐全、交通便捷、道路指示完好、餐饮住宿形式多样，满足现阶段游客需求，有多种游览方式可选择。

（4）解说系统。每个园区内地质遗迹点解说牌均按统一形式设立，内容通俗生动、图文并茂、易于理解，解说牌材料易于更换。公园内建有系统完善安全警示牌、管理信息说明牌，风格设计与周围环境融合。

（5）地质步道。公园在通往神根峰、月亮湖、通湖、敖伦布拉格峡谷、巴丹湖、音德日图湖、曼德拉山岩画、额日布盖峡谷和居延海重要地质遗迹点共建地质步道9条，根据地质遗迹点位置及环境，步道材质多采用防腐木，与周边环境和谐统一（表17-30）。

表 17-30　地质步道信息

序号	名称	位置	距离	步行时间	沿途地质遗迹点
1	神根峰地质遗迹步道	腾格里园区	500 米	10 分钟	神根峰
2	月亮湖地质遗迹步道		1 公里	13 分钟	月亮湖
3	通湖地质遗迹步道		1.5 公里	17 分钟	通湖湿地
4	敖伦布拉格峡谷步道		4.2 公里	35 分钟	布尔格斯太沟、代尔格沟

（续表）

序号	名称	位置	距离	步行时间	沿途地质遗迹点
5	巴丹湖地质遗迹步道	巴丹吉林园区	1.5 公里	20 分钟	巴丹湖
6	音德日图湖地质遗迹步道		200 米	7 分钟	音德日图湖"神泉"
7	曼德拉山岩画地质遗迹步道		2 公里	60 分钟	曼德拉山岩画
8	额日布盖峡谷地质遗迹步道		1.5 公里	25 分钟	一线天、石蛙问天、龙头
9	居延海地质遗迹步道	居延园区	10 公里	120 分钟	居延海

（七）旅游资源

地质公园资源丰富，规模大、价值高，适宜教育性游览，具有独特旅游优势，各园区内交通便利。

1. 地质旅游、地质教育

促进地学旅游发展，地质公园博物馆和游客信息中心为学生和游客提供地质资讯。出版有关资料供公众使用，为大中专院校提供实习场所，学生在公园内接受地质教育。发挥地质公园地质旅游潜力，编制旅游指南，制定保障措施，提供专业讲解。满足不同类型游客需要，地质旅游政策兼顾个人游览及团体旅游。与部分旅行社合作，开展团体旅游服务。旅游推广与旅游机构合作，参加国家旅游推介会、国家地质公园活动，向游客推广阿拉善沙漠世界地质公园。利用网站、微信、微博新兴媒体多渠道营销宣传，扩大旅游市场、传播阿拉善盟生态旅游品牌。公园有导游员 189 名，包括汉语、英语、日语、韩语和蒙古语 5 个语种。导游员参加国家旅游管理部门、国土资源部的导游培训。

2. 社区参与

社区参与地质公园建设 20 年来，居民群众深度参与到地质公园各项活动中。

旅游活动 各园区内旅游活动主要在巴丹吉林沙漠、腾格里沙漠和胡杨林景区。包括汽车挑战赛、摩托车拉力赛、沙漠摄影节、胡杨节、五彩柽柳节、沙漠国际文化节、敖包文化节、奇石旅游文化节等。

地方工艺品 围绕地质遗迹特色和环境背景，部分企业参与纪念品设计和开发，通过沙画、皮画、根雕、驼绒制品、鸣沙纪念品等工艺品展现阿拉善盟独特自然和人文景观。

餐饮业 建成地质公园指定酒店、酒庄、农家乐、特色产品店，带动就业，扶持旅游关联产业发展，地质公园品牌效应日益显现，为全盟旅游业发展持续注入活力。农家乐、牧家游得到发展；菜品以体现当地特色为主；公园与当地旅游公司、旅行社、酒店、农牧产品开发公司建立合作伙伴关系。邀请各园区景区旅游开发企业、文化旅游投资公司召开 2 届世界地质公园共商共建交流座谈会，围绕地质公园建设发展共商共建为主题，通过讲解建设地质公园重要意义为主线，推进"共商共建"发展理念，开展"互推互宣"、推动地质公园旅游业发展事宜达成合作意向。

3. 科研科普

地质公园作为中小学、大中专院校教学基地，定期安排各类学生进行地质知识学习。利用"4·22"地球日、"5·12"防灾减灾日、"6·5"世界环境日等节日，针对不同年龄人群开展地球科学及地质灾害防治宣传，提高保护地质遗迹意识。公园出版多种旅游宣传单，中英文双语，内容有公园、园区简介、游览线路、景点介绍、酒店、旅行社、地方特色产品等信息。出版物画册、科普读物及文化、生态书籍等出版物是普及科学知识主要载体，是公园推广重要方式（表 17-31）。

表 17-31　阿拉善沙漠世界地质公园出版物

类型	名称	出版社/单位	出版时间（年）
画册类	大漠秘境阿拉善	中国旅游出版社	2009
	金色的家园	远方出版社	2012
	大漠之魂——阿拉善	旅游出版社	2012
科普读物类	中国阿拉善沙漠地质公园科学研究论文集	地质出版社	2009
	巴丹吉林沙漠东南面鸣沙、发育和成因机制研究	中国地质大学（北京）	2010
	沙漠胜景地质奇葩	阿拉善沙漠世界地质公园阿左旗管理局	2010
	巴丹吉林高大沙山成因研究	中国地质大学（北京）	2011
	巴丹吉林沙漠湖泊成因研究	中国地质大学（北京）	2011
	阿拉善沙漠世界地质公园综合科学研究	地质出版社	2013
	阿拉善沙漠世界地质公园博物馆导读	地质出版社	2013
	阿拉善沙漠世界地质公园电子导游手册	地质出版社	2013
	世界地质公园大家庭	地质出版社	2013
	认识地质公园	地质出版社	2013
	阿拉善地质遗迹	阿拉善沙漠世界地质公园管理局	2013
	阿拉善科学导游指南	上海科学普及出版社	2015
文化、生态类	口袋书-阿拉善	中国建筑工业出版社	2011
	走向世界的阿拉善	电影出版社	2013
	珍稀的沙漠物种，顽强的生命礼赞	阿拉善沙漠世界地质公园管理局	2013

完成阿拉善沙漠国家、世界地质公园《科普画册》《野外考察指南》《博物馆导读》《科学导游手册》《青少年科普读物》《阿拉善沙漠地质公园科教宣传片》《沙漠胜景地质奇葩腾格里园区科普读本》《珍惜的沙漠物种顽强的生命礼赞腾格里园区科普读本》《阿拉善沙漠世界地质公园地质地学科普知识100问》等23种科普读物及宣传折页编制设计；《国家地质公园口袋书——阿拉善》被评为2014年全国国土资源优秀科普图书；12月15日，《阿拉善沙漠世界地质公园标识系统内容编译图册》编印成册。

4. 宣传

网络媒体宣传　2005年3月，内蒙古电视台《探奇》栏目摄制电视专题片《大漠秘境——阿拉善》，制作《大漠秘境——阿拉善》宣传册；2006年4月，首届中国旅游电视周，《大漠秘境——阿拉善》获一等奖；2007年8月，内蒙古电视台《飞跃城市》栏目播出《中国·秘境阿拉善》节目，9月，阿拉善电视台《交通音乐》栏目播出《阿拉善沙漠地质公园巡礼》，九点热线直播《阿拉善沙漠地质公园》揭碑仪式，蒙、汉《每周一歌》播出《阿拉善沙漠国家地质公园主题歌》；2010年10月，《内蒙古日报》《呼和浩特日报》《乌海晚报》《鄂尔多斯日报》《银川晚报》《平凉日报》《阿拉善日报》宣传《解读梦幻神奇、诠释斑斓厚重——走进阿拉善沙漠世界地质公园》；2015年，科普专题片《保护地质遗迹宣传片》在阿拉善电视台播出；2014—2017年，CCTV-1新闻频道《朝闻天下》和CCTV-4、CCTV-6播出《苍天圣地阿拉善》，央视高端媒体宣传覆盖全国范围。开通专属微信公众平台，通过宣传提高公园知名度和影响力；2019 年 3 月 5 日，《航拍中国》第二季内蒙古篇阿拉善沙漠世界地质公园在 CCTV-9 首播。通过《国土资源报》《西部资源》《内蒙古日报》《阿拉善日报》开展地质公园宣传；与央视科教频道拍摄《鸣沙》《沙漠千湖》《血色峡谷》3 部科教片，在 CCTV-10《地理中国》播出；以重大节庆活动为契机，邀请国内地质、地理、生态、人文和传媒领域专家，在月亮湖、通湖草原、大漠天池、黑城弱水胡杨林、南寺景区开展 6 天现场科考网络直播，"抖音""一直播""地科苑" 3 个平台累计观看突破 61 万人次。

地学科普宣传　建成"全国科普教育基地""国家国土资源科普基地""全国中小学生研学实践教育基地""中国地质大学教学与科研基地""中国科学院寒区旱区环境与工程研究所科研基地"等科普示范基地。2011 年 6 月，阿拉善沙漠世界地质公园被国土资源部命名为第 109 个国家级科普基地；10 月，阿拉善沙漠世界地质公园被盟科学技术协会和盟教体局评为"阿拉善青少年科普教育示范基地"。2012 年 7 月，自治区科协批准阿拉善沙漠世界地质公园为"全区科普教育基地"。2013 年 5 月 29 日，"科普基地揭牌暨科普知识进校园活动"在阿左旗蒙文实验小学举行；10 月，阿拉善沙漠世界地质公园博物馆评选为"全区爱国主义教育示范基地"。每年开展地学科普"进校园、进社区、进景区、进机关、进企业"五进活动 10 余次。以举办"科普讲堂"、邀请专家讲课、发放科普读物、培训等形式寓教于娱。

科研交流合作　完成巴丹吉林沙漠鸣沙研究、高大沙山成因研究、沙漠湖泊研究、峡谷地貌对比研究、巴丹吉林沙漠景区地质遗迹保护与旅游开发建设、巴丹吉林沙漠遥感解译、巴丹吉林沙漠必鲁图峰高程测量成果 7 项科研成果。2010 年 6 月中国地质大学（北京）提交的沙漠鸣沙项目研究成果巴丹吉林沙漠东南部鸣沙的分布、发育和成因机制研究、阿拉善沙漠世界地质公园地质遗迹数据库及信息管理系统通过评审。专家和教授指导申报世界地质公园以来，中国科学院、中国地质科学院、中国地质大学（北京）等诸多科研院所、高校进行地球科学、环境科学多方面研究，提升地质公园科学研究水平，为公园旅游合理发展提供科学依据（表 17-32）。

表 17-32　受邀来访阿拉善沙漠地质公园的专家

姓名	职位/所属机构
李新荣	站长，中国科学院寒区旱区工程与环境研究所沙坡头沙漠实验研究站
董志宝	常务副主任，中国科学院寒区旱区工程与环境研究所沙漠与沙漠化重点实验室
张小由	研究员，中国科学院寒区旱区工程与环境研究所
陈安泽	研究员，中国地质科学院
田明中	教授，中国地质大学（北京）
吴振杨	会长，香港岩石保育协会

网站　阿拉善沙漠世界地质公园网站（http：//www.alxageopark.org），以中、蒙、英 3 种语言形式展示公园地质遗迹风采、科普教育特色和研究成果，成为科普教育有效工具和研究平台。网站内容有：新闻动态、公园概况、地质旅游、科普教育、映画欣赏、服务咨讯及在线留言。

地质公园品牌 LOGO　设计阿拉善沙漠世界地质公园徽标，由蓝、黄、白 3 色组成（图 17-5）。椭圆形外围蓝色底纹上有白色"中国阿拉善沙漠地质公园"，中间由蓝天、三颗星及高大沙山、沙波纹组成，将 3 个园区及沙漠、戈壁、湖泊与自然、人文景观融为一体，体现人与自然和谐共生的生态文化科普内涵。

图 17-5　中国阿拉善沙漠世界地质公园徽标

5. 交流访问

以"走出去""请进来"方式到国内外世界、国家地质公园实地考察，学习地质公园建设和管理经验，邀请国内外知名地质公园专家到阿拉善沙漠世界地质公园考察指导。互访与交流有助于地质公园发展和建设工作顺利进行，特别在科学研究、科学普及、地质公园建设与当地经济协调发展方面提供帮助（表 17-33）。

表 17-33　阿拉善沙漠世界地质公园外出考察及参加会议

序号	时间	交流内容	地点
1	2009 年	第三届国际地质公园发展研讨会	中国山东泰山
2	2010 年	中国世界地质公园 2009 年度工作会议	中国海南海口
3	2010 年	联合国教科文组织第四届世界地质公园大会	马来西亚兰卡威
4	2010 年	第二届世界地质公园展览会	马来西亚兰卡威
5	2011 年	2010 年度世界地质公园工作会议及中国世界地质公园学术	中国陕西西安
6	2011 年	第二届亚太地质公园网络（APGN）研讨会	越南河内
7	2012 年	2011 年度世界地质公园工作会议	中国广西乐业-凤山
8	2012 年	第五届世界地质公园大会	日本
9	2013 年 1 月	2012 年度世界地质公园工作会议	中国广东丹霞山
10	2013 年 3 月	地质公园主管工作坊	中国香港
11	2013 年 6 月	五大连池世界地质公园与科普研讨会	中国黑龙江五大连池
12	2013 年 6 月	第七届华人地质科学研讨会	中国四川成都
13	2013 年 8 月	中国地质学会旅游地学与地质公园研究分会第 28 届年会暨贵州织金洞国家地质公园建设与旅游发展研讨会	中国贵州织金
14	2013 年 9 月	第三届亚太地质公园网络研讨会	韩国
15	2013 年 4 月	考察德国贝尔吉施-奥登瓦尔德世界地质公园，并进行合作交流	德国
16	2014 年 5 月	2014 年中国世界地质公园年会	中国湖北神农架

（续表1）

序号	时间	交流内容	地点
17	2014 年 5 月	亚太地区地质公园网络地质公园管理人员经验分享工作坊	中国北京
18	2014 年 9 月	赴新疆可可托海国家地质公园考察，开展互访交流活动	中国新疆富蕴
19	2014 年 9 月	第六届世界地质公园大会	加拿大
20	2015 年 4 月	2015 年度中国世界地质公园年会	中国云南大理
21	2015 年 10 月	2015 年中国矿业大会	中国天津
22	2015 年 10 月	考察丹霞山世界地质公园，并进行合作交流	中国广东丹霞山
23	2015 年 11 月	赴延庆世界地质公园考察，并进行合作交流	中国北京延庆
24	2015 年 11 月	赴秦岭终南山世界地质公园考察，并进行合作交流	中国陕西秦岭终南山
25	2016 年 4 月	赴贵州织金洞世界地质公园考察，并进行合作交流	中国贵州织金
26	2016 年 8 月	赴张家界世界地质公园考察，并进行合作交流	中国湖南张家界
27	2016 年 9 月	第七届国际地质公园大会	英国
28	2017 年 9 月	第五届亚太世界地质公园网络会议	中国贵州织金
29	2017 年 10 月	第三届联合国教科文组织世界地质公园国际培训班	中国北京
30	2017 年 11 月	2017 年度中国联合国教科文组织世界地质公园年会	中国福建宁德
31	2018 年 7 月	第二届世界地质公园国际会议	韩国无等山
32	2018 年 9 月	第八届联合国教科文组织世界地质公园国际大会	意大利
33	2018 年 10 月	第四届联合国教科文组织世界地质公园国际培训班	中国北京、山东
34	2018 年 10 月	可可托海世界地质公园开园揭碑与交流活动	中国新疆富蕴
35	2018 年 10 月	光雾山—诺水河世界地质公园揭碑开园仪式与交流	中国四川光雾山
36	2018 年 11 月	2018 年度中国联合国教科文组织世界地质公园年会	中国浙江雁荡山
37	2019 年 5 月	敦煌世界地质公园揭碑仪式暨 2019 年甘肃省旅游地学与地质公园学术年会	中国甘肃敦煌
38	2019 年 5 月	阿尔山世界地质公园揭碑开园仪式与交流	中国内蒙古阿尔山
39	2019 年 5 月	黄冈大别山世界地质公园揭碑开园仪式与交流	中国湖北黄冈
40	2019 年 7 月	赴大理苍山世界地质公园进行友好访问和交流	中国云南大理
41	2019 年 8 月	赴新疆可可托海世界地质公园进行学习交流活动	中国新疆富蕴
42	2019 年 9 月	世界地质公园第六届亚太世界地质大会	印度尼西亚
43	2019 年 9 月	中国地质公园日主题宣传活动	中国北京延庆
44	2019 年 10 月	第五届联合国教科文组织世界地质公园国际培训班	中国北京、河南
45	2019 年 10 月	2019 年度中国联合国教科文组织世界地质公园年会	中国甘肃敦煌
46	2020 年 6 月	组织阿拉善沙漠世界地质公园合作伙伴赴黄山和丹霞山世界地质公园考察交流学习	中国安徽黄山、广东丹霞山

（续表2）

序号	时间	交流内容	地点
47	2020 年 9 月	张掖世界地质公园揭碑暨中国地质大学（北京）自然文化研究院张掖分院揭牌活动	中国甘肃张掖
48	2020 年 10 月	2020 年度中国教科文组织世界地质公园年会	中国四川光雾山
49	2020 年 12 月	第六届联合国教科文组织世界地质公园国际培训班	中国北京、山东

缔结姊妹公园　与 11 家地质公园签订姊妹协议，缔结友好公园。协议包括建立经验共享、信息互通、人员互动合作机制，实现园区互补、合作共赢、共同提高发展局面（表17-34）。

表 17-34　阿拉善沙漠地质公园姊妹公园

序号	签订时间	公园名称
1	2008 年 9 月	湖南张家界世界地质公园
2	2010 年 8 月	广东丹霞山世界地质公园
3	2013 年 6 月	甘肃敦煌雅丹世界地质公园
4	2013 年 12 月	云南大理苍山世界地质公园
5	2014 年 5 月	新疆可可托海国家地质公园
6	2015 年 7 月	安徽黄山世界地质公园
7	2016 年 4 月	贵州织金洞世界地质公园
8	2018 年 10 月	北京房山世界地质公园
9	2018 年 10 月	四川光雾山世界地质公园
10	2019 年 6 月	湖北神农架世界地质公园
11	2020 年 9 月	甘肃张掖世界地质公园

五、公园建设与管理

（一）公园规划指导思想

以沙漠、戈壁、风蚀地貌、古生物化石及其他地质遗迹景观为主体，结合居延文化、宗教文化、曼德拉山岩画、黑城遗址、蒙古族风情以及东风航天城等历史人文，在保护为主前提下科学规划、有序建设，为人们提供科学研究、科普教育、旅游观光、休闲度假、文化娱乐场所。

（二）地质遗迹保护和公园建设

按照"保护建设、规划先行"发展思路，先后编制颁布实施《阿拉善沙漠世界地质公园规划》、3 个园区《详细规划》《阿拉善沙漠世界地质公园管理办法》，科学制定发展目标，推进设施建设，共争取到国家、自治区、盟地质遗迹保护项目专项经费 9100 万元，建成地质公园博物馆 1座、园区陈列馆 2 座，国家、世界地质公园主碑及配套广场各 3 处，游客信息中心、医疗救助站等配套服务设施 8 处，道路指示牌、景区（景点）说明牌、科普解说牌和服务管理说明牌各类标识牌 610 个；建成数据库信息系统和中、蒙、英 3 种文字界面的地质公园网站，开发地质公园微信平台，启动重要地质遗迹点远程监控系统。架设保护性网围栏 70 公里，界碑界桩 206 个；对重点保护区域配备巡查员；开展地质遗迹调查评价，建立地质遗迹保护名录、档案和数据库信息系统。

（三）荣誉

参加国际地质公园大会、亚太地区地质公园网络研讨会、中国世界地质公园年会等专题会议，开展撰写论文、主题报告、图文展示、资料宣传等多种形式宣传，提升公园知名度和影响力，获得多项殊荣。

2008 年 10 月 11 日，在北京召开第五批世界地质公园推荐评审会，自治区政府副主席布小林汇报沙漠国家地质公园工作，阿拉善沙漠国家地质公园获第一名，成为 2008 年申报世界地质公园备选公园；2009 年 2 月，被盟行署评为全盟地质遗迹保护先进单位；2010 年 3 月 2 日，获阿拉善盟"申报阿拉善沙漠世界地质公园先进单位"；2012 年 1 月，被盟国土资源局评为 2011 年度实绩突出领导班子；2013 年 1 月，被自治区国土资源厅党组评为党建工作创新成果奖；6 月，被盟委、盟行署评为阿拉善盟科协工作先进集体；7 月，被自治区档案局评为综合测评晋升为机关档案管理"自治区一级"；10 月，被全国首届中国最美地质公园评选活动组织委员会评为"中国最美地质公园"；2014 年 5 月 10 日，由中国地质学会旅游地学与地质公园研究分会、中国地质大学（北京）、中国地质科学院主办"旅游地学 30 周年暨国家地质公园 15 周年纪念报告会"，授予地质公园科普工作先进集体一等奖；2015 年 7 月，被自治区国土资源厅党组评为先进基层党组织；8 月，被盟委、盟行署评为全盟文明单位；2016 年 4 月，被评为"2015 年度全国科普教育基地科普信息化工作优秀基地"；6 月 5 日，第 45 个国际环保日，首届中国生态文明奖表彰暨生态文明建设座谈会授予地质公园管理局"中国生态文明奖先进集体"；2016 年 6 月，被环境保护部评为生态文明奖先进集体；2017 年 6 月，被自治区党委、政府评为全区文明单位；2018 年 1 月，阿拉善沙漠世界地质公园通过再评估（2018—2021 年），获绿牌；2019 年 10 月 18 日，国家林业和草原局、文化和旅游部、江苏省人民政府联合主办的"2019 中国森林旅游节"，巴丹吉林沙漠景区被评为"中国森林旅游美景推介地——最美沙漠"；2021 年 4 月 9 日，阿拉善沙漠世界地质公园博物馆被自治区科学技术厅授予"内蒙古自治区科普教育基地"。

六、管理建设成效

地质公园的建立，为人文与资源结合创造条件，更好地促进自然资源经济化、经济效益公益化和一体化。

（一）促进沙产业发展

沙漠作为地质公园最具独特、分布范围最广的地质遗迹资源，在推进沙产业发展，打造特色林沙产业，形成以沙产业为主的产业格局。种植梭梭林、接种肉苁蓉发展生态沙生产业，是地质公园牢固树立绿水青山就是金山银山发展理念，立足盟情发展绿色产业、实现可持续发展的创新举措。依托梭梭林等丰富沙生植物资源，向沙漠要绿色、要效益，因地制宜培育肉苁蓉、锁阳、沙地葡萄、文冠果等特色沙产业，实现生态治理、环境保护与经济发展共赢。在沙产业发展规划引领下，启动梭梭-肉苁蓉、白刺-锁阳、黑果枸杞"三个百万亩"林沙产业基地建设，形成肉苁蓉、锁阳、黑果枸杞、沙地葡萄等多个沙产业基地。先后培育和引进 44 家企业投资沙产业，采取"企业+基地+科研+合作社+农牧民"产业化模式，形成集种植、加工、生产、销售于一体产业链，加工转化率 68%。沙产业成为阿拉善农牧民增收致富新路子，从事沙产业农牧民达 3 万人，人均年收入 3 万~5 万元，户均年收入 3 万~10 万元，部分牧户达到 50 万元以上。地质公园打造肉苁蓉、锁阳、双峰驼、白绒山羊等特色沙生动植物"品牌"，全盟有阿拉善白绒山羊、双峰驼、蒙古牛、蒙古羊、肉苁蓉、锁阳、沙葱和额济纳蜜瓜国家地理标志产品 8 个，阿拉善被誉为"中国肉苁蓉之乡""中国骆驼之乡"称号。实现"沙漠增绿、产业增值、企业增效、农牧民增收"可持续发展。

（二）推动旅游业发展

地质公园自 2005 年起，先后成功申报国家、世界地质公园，基础设施不断完善，科研科普成效明显，知名度和影响力提升。以打造"国际旅游目的地"为目标，依托文化旅游资源，构筑"大沙漠、大胡杨、大航天、大居延、大民俗"发展格局，推进文化旅游业高质量发展。实行"公园+旅游+战略"，推动文化旅游产业转型升级，把"苍天般的阿拉善"全域旅游文化品牌做大做强，发挥地质公园"金字招牌"作用。"越野 e 族·阿拉善英雄会"是旅游+体育文化最大亮点。自 2011 年入驻阿拉善盟，"越野 e 族·阿拉善英雄会"成为全球最大越野嘉年华和中国最大汽车越野赛事品牌。地质公园内文化旅游业成为阿拉善对外开放、吸纳游客金字招牌和绿色富民产业。"十三五"期间，全盟共接待国内外游客 2489 万人次，实现旅游总收入 515.2 亿元，与"十二五"期间同比分别增长 65.2% 和 261.8%。2021 年，共接待国内游客 504.2 万人次，实现旅游收入 61.4亿元。

（三）助力新能源发展

地质公园沙漠资源丰富，日照时长、风能充足，适宜开展大型风电、光伏发电项目建设。经调查，腾格里、巴丹吉林、乌兰布和三大沙漠边缘，符合新能源基地开发利用土地资源 2.44 万平方公里。总开发建设装机容量 6.76 亿千瓦。其中，风电 3630 万千瓦、光伏 6.4 亿千瓦。

截至 2021 年，地质公园内建成并网发电新能源项目 42 个。其中，风电 14 个、光伏 28 个。装机总规模 186.06 万千瓦。其中，风电装机 105.56 万千瓦、光伏装机 80.5 万千瓦。新能源装机规模较"十二五"末增长 63.8%，占全盟电力总装机规模的 52%，推动新能源可持续发展。

七、重要活动

2004 年

5 月 31 日，盟委副书记、盟长吴金亮、副盟长李超英、国土资源厅副厅长郭战英等有关部门负责人赴国土资源部，向副部长叶冬松汇报阿拉善沙漠国家地质公园筹建事宜。

6 月 11 日，盟委副书记、盟长吴金亮召开盟行署第七次常务会，同意阿拉善盟国土资源局《关于阿拉善盟拟申报国家沙漠地质公园的请示》，所需经费由盟财政局解决。21 日，成立申报国家级沙漠地质公园协调领导小组。

8 月 2 日，召开协调领导小组第一次会议。盟委副书记张有恩、盟行署副盟长李超英进行讲话，对申报前期准备工作进行部署，确保申报成功。12 日，中国地质大学（北京）田明中、武法东等项目调查评价组专家，赴各旗（区）开展野外调查和资料收集。19 日，盟国土局组织编制《阿拉善沙漠地质公园项目建设书》。盟行署与中国地质大学（北京）地质遗迹调查评价研究中心签署协议，启动"内蒙古阿拉善沙漠国家地质公园"申报工作。

10 月，阿拉善沙漠地质公园项目调查评价组编制"阿拉善沙漠地质公园综合考察报告""阿拉善沙漠自治区级地质公园总体规划""阿拉善沙漠自治区级地质公园景点集""阿拉善沙漠自治区级地质公园导游手册""阿拉善沙漠自治区级地质公园申报书"申报材料。28 日，盟委副书记、盟申报协调领导小组组长张有恩，盟行署副盟长、副组长李超英主持召开领导小组第二次会议，选定巴丹吉林园区为核心区，设定腾格里、居延海园区。

11 月 28 日，内蒙古自治区地质遗迹（地质公园）评审委员会组织专家在呼和浩特市召开会议，同意阿拉善沙漠地质公园晋升为自治区级地质公园。

2005 年

1 月 17 日，盟行署研究成立阿拉善沙漠地质公园管理筹备组。

5 月 27 日，自治区政府副主席赵双连、盟委副书记、盟长布小林、盟委副书记张有恩、副盟长李超英及国土厅、盟国土局等部门赴国土资源部，就拟建阿拉善沙漠国家地质公园进行专题汇报。

8 月 15—18 日，向"第四批国家地质公园评审大会"提交"阿拉善沙漠国家地质公园"申报材料。

9 月 19 日，国家地质遗迹（地质公园）领导小组批准阿拉善沙漠地质公园晋升为国家级地质公园。

2006 年

3 月 15 日，讨论《沙漠国家地质公园基础设施建设方案》，落实三旗 2006 年沙漠国家地质公园基础设施建设匹配资金，部署沙漠国家地质公园 2006—2007 年基础设施建设，对综合博物馆重点建设项目提出要求。

2007 年

2 月 15 日，召开"阿拉善沙漠地质公园主题歌曲有奖征集活动座谈会"。

3 月 21 日，地质公园建设与管理领导小组与地质公园管理局、各旗人民政府签订"内蒙古阿拉善沙漠国家地质公园项目建设责任状"。

5 月 14 日，邀请宁夏电视台艺术总监、宁夏广播电视艺术团团长、著名导演、国家一级作曲家邓宁东，宁夏音乐家协会名誉主席、国家一级作曲家李爱华，评选阿拉善沙漠国家地质公园征集的 21 首主题歌曲。

7 月 19 日，阿拉善沙漠国家地质公园揭碑开园仪式暨阿拉善第三届文化旅游节在巴丹吉林沙漠举行。盟委委员、盟委宣传部部长李新生致辞。国土资源部地质环境司副司长陈小宁宣读《国土资源部关于批准内蒙古阿拉善等 53 处国家地质公园的通知》。

2008 年

4 月 15 日，中国地质大学（北京）第四纪地质与生态环境规划研究所在巴彦浩特镇签订"阿拉善沙漠国家地质公园地质遗迹保护项目设计书及科研报告编写"技术合同书。

6 月 20 日，"阿拉善沙漠国家地质公园青少年地质科学普及基地"揭牌仪式在腾格里园区举行。30 日，与中国地质大学（北京）签订合作协议，确定阿拉善沙漠国家地质公园为"中国地质大学教学实习基地"。

11 月 7 日，中国科学院寒区旱区环境与工程研究所授权地质公园管理局挂牌"中国科学院寒区旱区环境与工程研究所科研基地"。

2009 年

3 月 31 日，《内蒙古阿拉善沙漠国家地质公园管理办法》出台实施。

4 月，地质公园管理局在北京地铁线开展"中国地质遗迹——阿拉善图片展"。

6 月 23—27 日，受联合国教科文组织委托，英国北爱尔兰理查德·沃森和意大利帕斯夸莱·李·彪马 2 位地质公园评估专家在世界地质公园评委赵逊、国土资源部副司长陈小宁陪同下考察阿拉善沙漠地质公园。

8 月 22 日，地质公园加入"联合国教科文组织支持的世界地质公园网络"，成为中国第 22 个世界地质公园，全球第 52 个世界地质公园。

9月，中国地质大学第四纪地质与生态环境规划研究所达成协议，地质公园鸣沙、沙漠湖泊科研项目启动。

11月28日，地质公园总体规划评审会在呼和浩特市举行，通过自治区评审。

12月，面向社会征集"中国阿拉善沙漠世界地质公园徽标"，收到设计作品59件，在多家媒体发布，接受公众公开投票。选定江苏省徐州市王猛设计的徽标作为公园徽标。

2010年

3月29日，《中国阿拉善沙漠世界地质公园规划（2009—2020年）》通过国土资源部评审。

5月，邀请旅游规划专家、国家地质公园评审委员会委员、四川大学旅游学院教授、北京来也旅游规划设计公司董事长杨振之一行，与盟、旗地质公园管理局商讨编制各园区详细规划。

7月，《阿拉善沙漠世界地质公园总体规划》通过国土资源部评审，各园区《详细规划》通过自治区国土资源厅评审。

8月30日，地质公园征集的39幅以沙漠地质公园景观为素材的风光摄影作品，被选送世界地质公园网络办。

2011年

1月24日，地质公园主题歌《神奇的阿拉善》录制完成，中文词由克明填写，蒙文词曲由色·恩克巴雅尔创作。蒙语歌曲由蒙古国歌唱家萨仁图雅演唱，汉语歌曲由国家一级演员齐峰演唱。

3月24日，地质公园派员随中国地质大学（北京）博士生导师田明中赴中国香港国家地质公园考察。

8月17日，地质公园派员参加越南河内第二届亚太地质公园网络研讨会。中国、韩国、日本、澳大利亚、马来西亚、伊朗、德国、泰国等16个国家和地区140名代表参加。

9月26日，中国阿拉善沙漠世界地质公园揭碑开园仪式在巴彦浩特营盘山生态公园举行。国土资源部地质环境司司长关凤峻，国土资源部应急中心主任崔瑛，国家地质公园专家王秉忱，中国地质大学教授、博士生导师、技术支持单位专家田明中，阿拉善盟盟委书记王玉明等出席揭碑开园仪式。

2012年

12月，盟行署颁布《阿拉善沙漠世界地质公园管理办法》。

2013年

7月31日—8月4日，受联合国教科文组织委托，希腊地质公园评估专家尼古拉斯·邹若思和日本专家中田世津谷对地质公园进行第一次中期评估。

2015年

10月15日，盟行署主办，盟国土局、盟旅游局、地质公园管理局、盟国土勘测规划院和额济纳旗政府承办阿拉善沙漠世界地质公园建设与发展研讨会在居延园区召开。17日，巴丹吉林沙漠必鲁图峰高程测量国家成果公布仪式在巴丹吉林园区举行。经国务院批准，国家测绘地理信息局公布，必鲁图峰海拔高程1611.009米。

2016年

1月13日，地质公园派员参加中国地质大学（北京）、希腊爱琴海大学联合承办的中国首届地质公园管理与发展国际培训班。

2017年

1月8日，盟行署主办，中国国家地质公园网络中心、中国地质大学（北京）协办，地质公园管理局承办阿拉善沙漠世界地质公园扩园及再申报培训班在巴彦浩特镇举行。

4月11—15日，应日本世界地质公园网络中心邀请，阿左旗地质公园管理局和额济纳旗地质公园管理局派员赴日本参加亚太世界地质公园交流座谈会。

6月18—21日，受联合国教科文组织委托，马来西亚世界地质公园评估专家易卜拉欣·库姆和希腊巴比斯·法索拉斯对地质公园进行第二次中期评估。

2018 年

10月10—13日，北京房山世界地质公园考察团赴地质公园考察交流。

2019 年

9月7—9日，地质公园管理局派员参加国家林业和草原局自然保护地管理司举办的"中国地质公园"主题宣传。

10月30日，地质公园管理局与沙特阿拉伯官方代表团在北京就协助沙特阿拉伯申报世界地质公园工作给予技术支持达成合作意向。

2020 年

5月13日，微电影《回家》在敖伦布拉格梦幻峡谷开机，9月拍摄完成。

8月16—17日，中国地质大学（北京）党委书记、自然文化研究院院长马俊杰、副校长刘大锰、地球科学与资源学院教授田明中、自然文化研究院常务副院长刘晓鸿、党委宣传部常务副部长、自然文化研究院兼职副院长于海亮、珠宝学院院长、自然文化研究院兼职副院长郭颖、自然文化研究院常务副院长张颖、校办公室副主任闫德宇一行到巴丹吉林园区考察。

18日，地质公园管理局与中国地质大学（北京）自然文化研究院签订生态文明建设战略合作意向书。27日，中国地质大学（北京）教授田明中到盟林业和草原局作"自然遗产与地质公园建设"专题讲座。

9月20—26日，阿拉善沙漠世界地质公园主办，武汉脚爬客承办的系列科考直播在额济纳生态教育示范点、大漠胡杨林、大漠天池、月亮湖、通湖草原景区和南寺景区开展。

11月7—12日，中国地质大学（北京）自然文化研究院田明中专家团队和宁夏地质调查院教授级高级工程师王成，对贺兰山西坡地质历史、地层层序、古生物化石和构造遗迹进行考察。

2021 年

3月15日，黄山世界地质公园举行"世界地质公园——姊妹情"互宣互推见证仪式，展出地质公园宣传作品46幅。17日，地质公园管理局邀请阿拉善本土专家召开系列科普丛书《沙漠之舟》评审会。27日，地质公园管理局局长黄天兵应邀在中国地质大学（北京）开展"走进阿拉善，走不出的阿拉善"专题讲座。

5月20日，"世界地质公园——姊妹情"阿拉善牵手黄山互宣互推见证仪式在月亮湖景区举行，展出黄山世界地质公园宣传作品8幅。

6月20—22日，大理苍山世界地质公园，大理州一级巡视员许映苏一行14人赴腾格里园区和巴丹吉林园区考察交流。

7月7日，地质公园管理局局长黄天兵应邀赴郑州参加中国地质大学（北京）、河南省地质调查院主办的黄河文化高峰论坛暨中国地质大学（北京）自然文化研究院黄河分院成立大会。

12月14—16日，第九届联合国教科文组织世界地质公园大会（线上会议）在韩国济州岛世界地质公园开幕。地质公园管理局通过 ZOOM 网络视频出席会议。微电影《回家》在此次会议上展演。

人　　物

一、人物传记

扎根大漠　傲立风沙的老胡杨——苏和

苏和（1946年1月至2021年6月20日），男，蒙古族，中共党员，内蒙古额济纳旗人，第四届全国人民代表大会代表（主席团成员）。

1971年5月，参加工作，甘肃省委党校学习。

1972年1月，任甘肃省额济纳旗苏古淖尔公社党委副书记、革命委员会副主任。

1973年1月，任甘肃省酒泉地区团委副书记兼额济纳旗团委书记；6月任甘肃省额济纳旗旗委副书记、革委会副主任。

1975年3月，任甘肃省额济纳旗旗委书记、革委会主任。

1979年7月，任内蒙古自治区额济纳旗旗委书记。

1980年6月，任内蒙古自治区额济纳旗旗委副书记、旗长。

1984年6月至1986年7月，在内蒙古干部管理学院行政管理专业学习。

1986年7月，任内蒙古自治区额济纳旗旗委副书记、代旗长、旗长。

1993年10月，任内蒙古自治区阿拉善盟委委员、纪委书记。

1998年2月，任内蒙古自治区阿拉善盟行署副盟长。

2002年3月，任内蒙古自治区阿拉善盟政协党组书记、主席。

2004年11月，转任内蒙古自治区阿拉善盟政协巡视员。

2010年6月，退休。

苏和长期在额济纳旗工作，曾担任过生产队长，目睹和经历了额济纳旗生态加速恶化的过程，刻骨铭心。

1992年，东居延海干涸，绿洲面积萎缩，曾经的居延湖泽成为沙尘暴策源地，"沙起额济纳"真实反映当时额济纳生态恶化的状况。他萌生了在黑城遗址边植树造林、防沙治沙的想法，可公务繁忙，无法脱身。2004年，他提前2年从盟政协主席岗位退居二线，放弃城市安逸生活，带着老伴来到被沙漠包围的黑城，他说："黑城周围沙子堆得和城墙一样高，眼看都要被埋掉了。黑城可不能在我们这辈人手上消失"。他决定在黑城周边种树治沙，当时身边的同事、朋友都觉得不可思议，纷纷劝阻。老伴对他说："我和你一起干，好歹是个伴。"自己投资3万多元，盖起一排小平房，开始漫长的治沙之路。

他每天5点起床干活，晚上10点收工，一年下来，种植的树苗成活率仅为10%，但他没有灰心、没有动摇，认真虚心向专业技术人员请教、查阅有关资料，最终选择抗旱性非常强的梭梭作为主要造林树种。栽树需要浇水，为保证树苗成活，他找到一眼废弃多年的井，用半个月时间掏完井里的淤沙，这口井居然还有水，这可解决了水的难题。于是补种了1万株梭梭苗，他亲自拉水、提水、浇灌树苗，梭梭苗几乎全部成活。他信心倍增，增加投入，水井增至8眼，造林规模逐年扩大，小绿洲已具雏形。

每年入春，额济纳沙漠、戈壁滩上大风呼啸凛冽，无法出门。老两口看着买来的梭梭苗无法栽种，急得日夜难眠。只要风力减弱，便紧急出动，开始栽树，常常累得喘不过气。夏季是梭梭苗最需要水的季节，沙漠里气温高达40℃以上，骄阳下老人家认真地给每一棵梭梭浇水……拉水车走不到的地方就提水浇灌。黑城一年四季几乎没有降水，浇3次水梭梭勉强存活。为节省浇水量，他发明了一种自制水枪，直接插到梭梭根部注水，有效避免了地表流失，还利于梭梭吸收。直至他去世，栽植的9万多棵梭梭苗，成活率在80%以上，早期种下的梭梭有1米多高，连片成林，阻挡风沙侵袭。

梭梭成林后，鼠害、畜害随之而来。春季灭鼠，四季防畜，尤其是驱赶牲畜非常辛苦，尽管如此，他从不间歇。每天要巡查、浇水，每次出门，背着5斤的水壶，节约喝还是不够，嗓子常常干渴发炎。每次巡查，在沙漠中行走近20公里，那是一位花甲老人孤独的行踪。干冷的冬季，厚重的衣服、笨重的鞋子、冰冷的沙漠、冰坨坨样的干粮，巡查、巡护更加艰难。饮食粗简、生活单调、寂寞枯燥，这对任何人来讲都是一种折磨。老人也有过离开黑城的想法，每想起烈日下奄奄一息的梭梭，立马打消回城的念头，一次次抉择，还是留在了黑城，他的事业、他的归宿就是这里。

2005年，他自建了1个苗圃，培育梭梭苗6万多株，解决了自用苗木问题，还无偿提供给周围牧民栽植。

黑城周边鼠害严重，许多成年梭梭被老鼠啃食。他虚心请教技术人员学习灭鼠技术，每天走20多公里向鼠洞投药，进入夏季鼠害明显减少。老鼠少了，兔子多了对梭梭林造成很大危害，老鼠啃根，兔子啃皮，狐狸的出现，减轻了兔子对梭梭林的破坏。

苏和的绿色事业，引起了社会各界的广泛关注和大力支持。盟委、行署和旗委、政府及部门为他提供了柴油发电机、小四轮车、风力发电机和拉水车。投资28.3万元，架设2.5公里输变电路、安装2台变压器及配套设施；旗农牧局、林业局帮助老人完成围栏封育1533.33公顷。2005年，旗林业局提供梭梭、胡杨、沙枣树苗5200株。先后投资6万元，为老人解决治沙造林中的困难问题，安排森防站喷药防虫、投药防治大沙鼠。

他还积极利用个人影响，奔走呼吁，反映家乡的生态保护和建设情况。2000年，在北京开会见到日本治沙绿化协会会长远山正雄，介绍了黑城悠久的历史以及沙漠对黑城遗址的威胁，邀请远山到额济纳旗考察。2001年春天，远山正雄带着一批日本友人在黑城脚下的沙漠里种植1000棵梭梭苗，翌年又种植3000棵。

苏和的造林事迹感动了仁人志士、影响了整个阿拉善，植树造林、绿化家乡成为大家的一种自觉行动。神舟药业、金涛实业等企业积极投身于生态建设。嘎布亚图、图布巴图、郭希瑞等一批退休老干部开始植树造林、投身生态保护。地处沙漠腹地的古日乃、温图高勒苏木积极调整优化生产结构，走上沙产业发展之路。

苏和老人执着地在黑城脚下植树，除了防沙治沙、保护黑城遗址免遭沙漠侵蚀外，还有一个埋藏在他心里的夙愿。当年，他当生产队长时，为了增加集体收入，带领社员砍伐梭梭，出售换钱，他心灵深处一直藏着愧疚、遗憾和深深的负罪感。想在有生之年，多种点梭梭，给大自然一点补偿，偿还一点心灵负罪，于是他毅然提前离岗，趁着身体状况还好，先把黑城遗址周围的风沙止住，等梭梭长起来之后再接种肉苁蓉，发展沙产业，形成产业治沙良性循环，走可持续发展的路子，同时带动广大农牧民、社会力量参与植树造林，从根本上改变家乡面貌。

苏和 70 岁那年说道："我是一名共产党员，在我的有生之年多栽几棵树，就能给额济纳旗的后人留下个好环境"。确实，他用党员的行动践行着"初心"。

2015 年，他在黑城治沙 11 年，累计造林 233.33 公顷。荒芜的土地上梭梭成林、苗壮茂密，形成宽 500 米、长 3 公里的成片林，一道绿色屏障阻挡了风沙对黑城侵袭。

黑城变样了！家人都劝他"你该功成身退了。"但老人说："这只是个开头，生态治理的路还很长很长"。新的蓝图在他心中升腾：梭梭林规模要发展到 333.33 公顷；把黑城的沙害治好；形成治沙产业链，给农牧民沙产业致富探探路。在这个特殊"岗位"上一直坚守到走不动的那一天。

2014 年，他被中宣部授予"时代楷模"荣誉称号；2015 年，被评为全国离退休干部先进个人、全区离退休干部先进个人。

一个正厅级干部，退休后完全可以与家人共享天伦之乐，安度晚年。但他却在骄阳似火、酷热无比的戈壁滩上，在狂风肆虐、飞沙走石的沙漠里播种着绿色希望。在他身上，闪现的是共产党人坚韧不拔、艰苦奋斗、自强不息的胡杨精神，知难而进、奋力向前、无私奉献的骆驼精神。

2021 年，因患癌症，苏和带着未尽的事业撒手人寰。组织上对他是这样评价的：苏和信念坚定、对党忠诚，始终做到心中有党、心中有民、心中有责、心中有戒。

苏和淡泊名利、无私奉献。他担任领导职务近 30 年，始终恪尽职守，克己奉公，无私奉献。退休后不计名利、不图回报，满腔热情地投身于造林治沙、绿化家乡事业，拿出个人全部积蓄和儿子买房买车的钱，致力改善家乡生态环境。

苏和心系群众、一心为民。他主动扶贫济困，积极捐资助学，向农牧民无偿提供自己培育的梭梭种苗，耐心传授梭梭种植和肉苁蓉接种技术，带动农牧民发展沙产业增收致富，以实际行动诠释为民谋利、为民造福的公仆情怀。

苏和敢于担当、坚韧不拔。他不顾年事已高，忍受病痛折磨，退休后毅然决然进驻"不毛之地"，扎根沙漠，抗击风沙，以坚定顽强的意志和战天斗地的精神，在沙海中坚守着绿色。

苏和勤俭朴素、艰苦奋斗。他始终保持劳动人民的本色，自觉发扬党的优良传统和工作作风，衣着朴素，生活简朴，艰苦奋斗，勤俭办事。

苏和是一位从基层成长起来的少数民族优秀党员领导干部，一生对党忠诚，不忘初心，无私奉献。他的一生是奋斗的一生，全心全意为人民服务的一生。

苏和给我们留下一片绿洲，更给后人留下一种精神和无尽思念。

把生命留在大漠的好人——聂聪远

聂聪远（1964 年至 2017 年 7 月 15 日），汉族、大专学历，内蒙古阿拉善右旗人。

1981 年，在阿拉善右旗林业工作站工作；2017 年 7 月 15 日，在结束封沙育林项目外业工作返程途中，因交通事故不幸殉职。

聂聪远出生于一个普通林业工人家庭，耳濡目染，他对林业工作产生了一种特殊感情。1981 年，高中毕业的他在父辈影响下选择了林业工作。27 年里，为防风治沙，他踏遍了全旗 9 个苏木（镇）39 个嘎查，茫茫巴丹吉林沙漠到处有他的足迹。林业一线辛苦繁忙，生态建设劳心费力，他用勤奋创造了一个又一个亮点，用智慧解决了一道道难题。求实、严谨、勤俭、奉献是聂聪远对待工作、对待事业的态度。

他自始至终参与了"三北"防护林建设工程、种苗建设工程、退耕还林工程和公益林生态效益补偿工作，从工程选址、外业设计、开工建设、竣工验收，他总是走在第一线。施工阶段，冒风沙、顶酷暑、喝冷水、吃干粮、宿野营、跑夜路，他从未叫过苦。他生于阿右旗，长于阿右旗，有着很好的群众基础，做群众工作得心应手，他出面总能得到满意结果，涉及群众切身利益的工作，总是跑前跑后，给百姓一个圆满交代。

围栏封育是件苦力活，装卸材料、立柱栽桩处处都有他的身影。每一处围封都现场踏查、计算，用最短的围栏长度围出最大的面积，为国家节约大量资金。他为人谦和，与人为善，易于共事，同事们都亲切称他为"聂大哥"。1982 年到他殉职时，共参与围栏封育 1.87 万公顷，每项工程都有他的心血和汗水。

阿右旗实施退耕还林工程开始，他被阿右旗林业局指定为曼德拉苏木板滩井农业开发区防护林建设项目蹲点专业技术负责人。每到造林季节，他不辞辛苦走家串户进行政策宣传和造林常规知识宣传，起早贪黑在田间地头指导选苗、栽植及后期抚育管理等各个技术环节，为每位农户进行耐心细致地讲解、示范。"路人口似碑，人心是杆秤"，他以严谨的作风、扎实的工作、出色的成绩赢得了广大农牧民的称赞，大家都说"聂聪远是个懂技术、会讲解的技术员"。在项目实施期间，他出色完成 4000 公顷荒山荒地造林和 293.33 公顷退耕还林任务的技术指导工作。他是板滩井绿色风景线的创造者和见证人。

梭梭-肉苁蓉人工栽种接种技术的推广是阿右旗生态建设和沙产业重要组成部分。他结合自己多年的栽培经验，查阅、研究了大量有关肉苁蓉栽培方面的资料，着力总结和提升传统技术，确定了符合阿右旗梭梭-肉苁蓉人工栽培接种的最佳模式，制作技术推广方案和科普宣传手册。深入示范区，手把手指导农牧民进行大面积种植、接种。到 2003 年在他的指导下共成功接种肉苁蓉 666.67 公顷，接种率达 40%，取得了较好的经济效益和社会效益。

阿右旗种苗工程项目启动后，他全身心投入种苗工程建设上，与种苗站干部职工，披星戴月，冒酷暑，顶风沙，在苗圃平地、播种、浇水、松土，每一道环节都倾注了他的心血。空余时间到巴音高勒林场、雅布赖治沙站、板滩井农业开发基地指导育苗工作，苗圃的建立，结束了阿右旗从甘肃高价调苗的历史，开启了使用本土苗木的先河。

公益林生态效益补偿政策是一项惠及牧民的富民政策。2001 年公益林政策前期森林资源清查工作拉开帷幕，身为工作组重要成员的他深知，造福百姓的项目没有捷径可走，接下来 40 多天的野外普查工作中，他和同事们栉风沐雨、顶烈日、披星月，行程 1 万多公里，标准地调查 700 多块。在内业整理中，与同事们密切协作，加班加点，绘制资源分布图 90 多张，起草完成了他所负责工作组的二类森林资源清查报告，填补了阿右旗森林资源多年没有翔实数据的空白。在此期间，他中过暑、伤过腿，同事们劝他回家休息几天，可他硬是挺了过来，圆满完成了资源清查任务。公益林政策实施以来，他负责阿右旗北部几个苏木（镇）公益林资源维护设施建设的踏查定点和调查统计工作。离家一个多月，冒着零下十几度的严寒，在项目区路况极差的情况下，翻山越岭完成了 70 多万米的围栏踏查定点工作。在大家眼里，他是一台永不停转的机器，说他工作起来太痴、太傻。他常说：我别无所求，只求对得起工作、对得起自己就行了。语言朴实无华，但却不难看出他为人做事的那种真挚和执着。

在工作中，他深深感觉到自己专业知识匮乏，跟科班出身的同事相比，差距很大。于是，他暗下决心，2001 年，通过自学考试，取得宁夏农学院林学系营林专业函授大专毕业证书，担任林业工程师，营林试验技师，负责人工造林。

他拟定的《额镇家园保护工程项目的规划设计》《沙林呼都格农田防护林规划设计》全面实施完工。他撰写的论文《杨树套种紫花苜蓿栽培技术》《论计算机在园林设计中的应用》分别发表在《内蒙古林业调查设计》2003 年第 12 期和 2004 年第 2 期，受到同行好评。2004 年被评为阿右旗先进科技工作者。

2017年7月15日，聂聪远遭遇车祸，不幸离世。他牺牲在自己最热爱的岗位上，终年53岁。为了事业，他没有好好照顾过家，没有畅快地到景色优美之处游览过……

爱林如家、默默无闻、无私奉献是聂聪远对事业的真实情感；勤学勤思、严谨节俭、执着无悔是他忠诚事业的真实写照；脚踏实地、求实奋进、不骄不躁是他追求事业的朴实品格；山青沙绿、林茂民丰是他对事业的终极追求。

阿拉善 SEE 生态协会创始会长——刘晓光

刘晓光（1955年2月至2017年1月16日），男，汉族，河北定州人，1970年12月参加工作，1974年2月加入中国共产党，北京商学院国民经济计划与管理专业毕业，高级经济师。曾任北京首都创业集团有限公司党委书记、董事长。

刘晓光是阿拉善 SEE 生态协会创始会长，他曾在自己的诗作《阿拉善之歌》中提到："逝去的终将逝去，逝去的多是尘烟。我们拒绝迷途，诺亚方舟不会搁浅！这个地球需要改变，我们的生存环境需要美丽的容颜。做一个无名英雄吧，大地用青翠为我们加冕"。

2004年6月，刘晓光带着"将中国企业家作为一个阶层带领到环保公益领域"的心愿，为了治理沙尘暴，追沙溯源，跪地尘埃，开启了一粒沙的环保实践，创建成立了阿拉善 SEE 生态协会。

作为中国首家以社会责任（Society）为己任，以企业家（Entrepreneur）为主体，以保护生态（Ecology）为目标的社会团体，希望中国经济愈来愈发达、人民愈来愈富裕、人与人之间更加友好和善、中华大地山清水秀，世界人民共同生活在一个美丽的地球村上，梦想一个人人有机会实现自己心愿的大同世界。

刘晓光带领来自不同区域、不同行业、不同所有制伴随改革开放成长起来的中国企业家参与环保公益，让这个阶层在参与中理解"敬畏自然永续发展"的基本观念。引领人们对人与自然关系的深远探索，各尽所能，努力使"阿拉善 SEE 生态协会"得到中国社会和世界的认可，使之发展成为中国治理荒漠化最重要的环保公益机构。

刘晓光带头发起成立阿拉善 SEE 生态协会，从荒漠化治理开始不断探索，业务扩展至生态保护各个领域，创新现代环保公益组织运行模式，推动其成为民间环保领域最大的企业家会员参与的非营利组织，有力提升中国企业家对环保的关注热情和奉献意识，直接或间接支持了数百家中国民间环保公益机构的工作，引领民间人士和社会资本广泛参与到公益事业中。

阿拉善 SEE 生态协会的价值，是把中国上百位企业家，特别是房地产企业家联合在一起，作为一个阶层投身到公益环保事业中。协会成立以来，会员企业除直接参与社会环保事业出钱、出力外，同时把环境保护和公益概念融合到企业日常运转中。

阿拉善 SEE 生态协会也是中国企业家阶层进入环保领域、进行现代创新与公益治理的典范。阿拉善 SEE 会员企业，其生产运营秉持环境友好、绿色可持续发展；同时，企业家还把企业管理与市场运营先进模式带进阿拉善 SEE，从环保项目全面覆盖，到公益模式开拓创新，进行一场机构治理和可持续发展的探索实践。

阿拉善 SEE 最初的探索，从一粒沙开始，经过前期实践摸索，2014年，"一亿棵梭梭"项目启动，通过链接当地政府、互联网公益平台及千万公众，用10年时间（2014—2023年）在阿拉善重点生态区种植一亿棵以梭梭为代表的沙生植物，通过恢复 13.33 万公顷荒漠植被，防治荒漠化蔓延。

在中国环保公益理念、企业家社会责任及刘晓光会长公益情怀带动下，青年一代企业家持续大量加入，既包括 20 世纪 40 年代的老前辈，又有 00 后的"小朋友"，让阿拉善 SEE 公益初心持续传承，他们用自己的行动，树立了环保公益实践的榜样，在共同的环保使命下践行着各自的公益追求。刘晓光亲身参与环保实践、探索环保新模式、提供环保资源，引领会员以捐赠财富等方式，发挥企业家的公益精神；用商业思维创造价值、解决社会问题，成为现代创新与公益治理的典范。

刘晓光积极投身于公益慈善事业，因商业思维创造价值，被业界称为"地产行业的金融学家"。在担任首创集团董事长期间，身怀实业报国志向和使命感，全身心投入到国有企业改革发展、创业创新的事业当中。他经历了首创集团创设重组、从无到有、从小到大、从弱到强的全过程，逐步构建环保产业、基础设施、房地产和金融服务四大核心主业，立足北京、布局全国、进军海外，拥有 5 家上市公司和 1 家新三板挂牌企业，资产超过 2400 亿元，连续多年跻身中国 500 强，成为具有国际竞争力和国内领先的城市综合投资建设运营服务企业集团。他不负重托、不辱使命，带领首创集团走出一条有特色的新型国企发展道路，增强了国有资本控制力、影响力。

刘晓光被评为"第二届北京影响力"影响百姓生活的经济人物；CCTV 中国经济年度人物评选"年度人物奖"；2002 年，荣获首届北京市优秀青年企业家金奖；连续获得中国住交会 2002 年度、2003 年度中国地产十大风云人物大奖；被评为 2003 年度建设部中国房地产十佳产业推动人物；2003 年度《新地产》中国 13 位地产英雄。

2017 年 1 月 16 日，刘晓光因病离世，享年 62 岁。他倾尽毕生心血，全部奉献给党的事业，奉献给国家和社会，我们不能忘怀的是他将人生的一半献给了阿拉善，献给了治理荒漠的伟大事业。宽厚博爱、挚友万千、人生诗画笑谈间，光明磊落、胸怀家国风云叱咤傲百年。当拂晓之光照耀在阿拉善的梭梭林梢之时，大地用青翠为他加冕，他的精神犹如这片梭梭林，扎根在最需要它的地方，生生不息，与大地长存。

刘晓光与 SEE 同在，在阿拉善大地上拓荒、奋进，盎然的绿意是他永远的冠冕。

二、人物事迹

（一）公益造林人物

治沙英雄——李旦生

李旦生，1950 年 1 月 1 日出生于一个军人家庭，山东沂水人，汉族、中共党员，原中国人民解放军内蒙古军区阿拉善军分区司令员。

1964 年，就读北京市八一学校。

1969 年 2 月参军，在国防战略基地打坑道建筑地下长城，奋斗在崇山峻岭中。

1973 年，军校毕业后转入北京卫戍区，荣立三等功一次。

1979 年，以团长职务调参战部队，见习副团长，参加对越自卫反击战，荣立三等功一次。

1989 年，进京执行军事任务，是所有进京队伍中首先到达指定位置的团

队，荣立三等功。

2000年8月，任阿拉善军分区司令员，带领部队完成戍边卫国任务之时，在腾格里沙漠首创人工植树造林100公顷，命名为"青年世纪林"。

2005年，退休离开部队，在部队期间历任战士、文书、军校学员、排长、副政治指导员、连长、营长、副团长、团长、师参谋长、副师长、司令员。

2011年，在深圳证券交易所支持下，成立"阿拉善生态基金会"，担任第一、第二届理事会理事长（每5年一届），截至2021年，带领基金会植树2.67万公顷。

2000年10月，内蒙古军区响应党中央西部大开发号召，组织所属部队在内蒙古8000公里边防线上实施"百千万生态建设"规划，打响了驻防部队改善生态环境，支持当地经济建设的战役。李旦生主导制定了"515生态工程"计划：即2001—2005年，分区部队5年完成围封，种植梭梭等沙生植物15万亩。带领所属团队融入整体生态建设大军，在赤地千里的阿拉善沙漠戈壁边防一线和部队驻地掀起绿化营区，围封天然梭梭林，植绿荒漠，阻断延缓沙漠东移步伐的行动。

在他的带领下，阿拉善700余公里边防线上，官兵们以连队、哨所为支点，种树、围封建设逐年拓展，一个"凡是有绿色的地方一定有军人的足迹，凡是有军人驻守的地方必有一片葱郁的绿色"景象逐渐呈现。自2001年起，他带领机关及直属分队，在腾格里沙漠东缘实施绿化荒漠行动，然而，春季种植的幼苗经过风吹日晒，大多干枯。"失败是成功之母"，经过分析原因，学习请教，翌年在苗木枯死地再补植，新植幼苗成活率虽有提高，但推进依然缓慢，成活率始终在个位数徘徊。其直接原因是"缺水"。治沙、找水、打井成为植绿行动关键，然而，经费从何而来？

2002年10月，深圳证券交易所理事长陈东征带队在宁夏考察中小企业上市，跨越贺兰山来到阿拉善看望老同学李旦生。言谈间，提到了荒漠种树，陈东征被官兵们的行动打动，经过实地查看，让陈东征有了新的想法，深交所千余名员工正缺乏一个锻炼实践、接受教育的机会和场所，南北气候环境对比明显，与边防官兵携手植树，既接受了教育实践，又支援了西部建设，一举两得。于是，陈东征谈了自己的打算，提出先试3年，成功了再续约。

2003年开始，深交所每年派出2批员工，从风景秀美的南国到风沙弥漫的北疆，为荒漠植绿、接受国情教育。这一携手，两地青年取长补短，结下了友谊。8年里，荒漠植绿规模扩大到1000公顷。

李旦生退休后，生活在北京，却一直惦记牵挂着腾格里沙漠边缘的这片绿色，这里凝结了南北青年的友谊、汗水和智慧，寄托了他们对未来的憧憬。每年植树季节，他都要从北京回到阿拉善，给深交所员工讲一堂传统课，与两地青年一道参与治沙植树，从未间断。

2010年，在原深交所党办主任李罗娅的倡导下，他们共同探讨成立"生态基金会"，让绿色行动"永流传"。经过调研与论证，陈东征再次给予支持。

2011年2月，植树季开始前，"阿拉善生态基金会"在深交所正式成立，李旦生作为创始人之一，担任首届理事长，提出"绿化阿拉善，堵截沙尘暴"口号，将实干、诚信、坚持作为基金会座右铭，制定了"三个一百年"奋斗目标：即在建党100周年时，实现治理植绿1.33万公顷；在建军100周年时，实现治理植绿2万公顷；在建国100周年时，实现治理植绿达到2.67万公顷，简称"二三四"奋斗目标。

基金会探索出一条"军民融合、军企联合、资源整合、良性循环"的可持续发展之路。他深知防沙治沙绝不是三年五载的事。退休后，归田不卸甲，跨马又出征，作为阿拉善生态基金会负责人，积极协调与驻地党委、政府每年组织召开生态对话会，走访调动发改委、林业、水务、气象等部门，为阿拉善生态建设出谋划策、解决难题。新苗难活，他就请教专家能人，反复试验，总结出"容器植树法""滴灌催生法""方格固沙法""前挡后拉法"等12种沙漠植树技术，大大提高了成活率。

利用基金会搭建起 3 个平台——开展国情教育、传播生态环保理念、履行社会责任。在平台运作下，吸纳资本市场更多企业和上市公司加入荒漠治理队伍中来。与同事们设计并组织了 3 项活动，即每年春季开展以治沙植树、军事训练、传统教育为主的国情教育活动；夏季至初秋时节，组织理事成员单位员工开展以绿色行走、穿越沙漠为主的公益长征活动；秋季组织资本市场开展以履行社会责任与绿色环保为内容的阿拉善对话活动。为搞好 3 项活动，充分发挥 3 个平台作用，十年来，李旦生不辞辛苦，奔走在北京、深圳、上海、大连、阿拉善等地。由于睡眠不足，劳累过度，2017 年出现轻度脑梗，当年春季植树系列活动开始时，他依然奔向沙漠，与官兵、员工一道开展植树造林活动。

有人形象地比喻：在阿拉善种活一棵树比养活一个孩子都难。李旦生却凭着对"生态文明"的执着和对"美丽中国"的如火激情，用诚信和实干演绎了一个个关于"奋斗、奉献"的故事，在他完成 2 届任期的 10 年间，已有 24 家上市公司企业加入理事会，建立了 5 个沙生植物种植区和 5 个种植示范基地，绿化总面积超过 2 万公顷，提前完成目标任务。

2018 年 7 月，中共北京市军休办委员会授予李旦生"优秀共产党员标兵""优秀共产党员"称号；2019 年，李旦生领班的团队被阿拉善盟授予"治沙英雄"称号、基金会群体被内蒙古自治区"第七届感动内蒙古人物"组委会评为"军地携手植绿大漠群体"获特别奖、李旦生被评为"中国十佳绿色新闻人物"；2019 年 7 月，中共北京市军休办委员会授予李旦生"优秀共产党员"称号；2020 年 7 月，北京市退役军人事务局，北京市人力资源和社会保障局授予李旦生"北京市优秀退役军人"称号；2021 年，退役军人事务部、中央军委政治工作部授予李旦生"先进军休干部"称号；2021 年 6 月，中共北京市军休安置事务中心委员会授予李旦生"优秀共产党员"称号。

李旦生同志戎马一生，退伍不退绿，虽年逾七旬，白发染鬓，可每到春秋植树季节，毅然来到阿拉善，走进沙漠深处，亲手种下一棵棵小苗。他心中想的是阿拉善的生态，惦念的是阿拉善的明天。脱下军装、卸下会长，永不放弃的是治沙情结，铭刻在心的是一位老党员、老军人的"初心"。

治沙"司令"——李德海

李德海，男，汉族，1960 年 9 月 25 日生，中共党员，山东郯城人，原内蒙古阿拉善军分区司令员。

1978 年 3 月入伍，1980 年 2 月加入中国共产党，1980 年 10 月在部队提干。

1980 年 10 月至 2004 年 3 月，先后在 38 集团军任班长、排长、连长、股长、处长、副团长、师装备部副部长、334 团（红军团）团长。

2004 年 4 月至 2008 年，任阿拉善军分区参谋长。

2008—2016 年，任阿拉善军分区司令员。

2014—2016 年，任中共阿拉善盟盟委委员、阿拉善军分区司令员。

2017 年至今，任阿拉善生态基金会副会长、会长。

李德海自 2004 年任职阿拉善军分区参谋长起，一直参与军民共建治沙育人活动，退休后放弃北京安逸生活，继续为阿拉善生态文明建设做一个退役老兵的贡献。他着眼强国富民安边，立足驻地生态脆弱、人居环境恶劣的实际，与其他几位军分区退休领导自愿组成"治沙组合"，参与到阿拉善生态基金会的植树治沙公益事业当中。

退休后，作为阿拉善生态基金会一名普通志愿者，他积极协调与驻地党委政府每年组织召开生态对话会，走访联动相关部门，为阿拉善生态建设出谋划策、解决难题。资金不足，他与其他几位老领导，奔走在深圳、上海、杭州、北京等地，走访理事单位、上市公司募集资金。沙漠植树成活率低，他住在沙漠里、请教专家、反复试验，在研究成功案例的基础上再实践、再总结。从育苗、植树、后期管理，与团队总结出适合在腾格里沙漠造林新技术，形成新的技术路线。成活率提高了，绿色很快延展。他带领志愿者掘沙打井，当涓涓清泉流向树苗，每个在场的人都欢呼、泪目。功夫不负有心人，往昔寸草不生的沙漠披上绿装，十几年前的一棵棵小苗长大了，成林了。沙漠里有了鸟语、狐兔。

治沙播绿必须万众一心、众人参与，他用自己的治沙行动，唤醒更多有志之士的认同，为了北疆的蓝天绿地、水清沙安，基金会逐年扩大队伍，治沙亲友团越来越多，他们挽起手与风沙抗争。

李德海和他的队友用"初心"让大家鼓起勇气投身沙漠。他常说："只要自己还能走得动就要多栽一棵树，多植一片绿"。在他的家中有一张沙漠地图，家里老伴和孩子都知道沙漠的地理位置和那一片片逐年增长的"老兵绿"。每年他都要和老伴在阿拉善住大半年，守护这片绿色。

2016年春夏之交，正是治沙植绿繁忙之时，他请来10多位生态专家调研治沙方法。大家讨论正酣，李德海突然接到母亲病危的电报，他没有告诉别人。第三天，他还在沙漠里，计划忙完这阵子再回去探视母亲，但母亲病逝的消息传来，这个硬汉子泪流满面，向着家乡方向深深鞠了三躬。15天的植树大会战，他一直在生态基地现场指挥。会战结束后他独自来到苗圃基地，让司机用手机放着国歌一个人升了一次国旗，因为这是母亲生前最想看到却没能看到的情景。

李德海治沙植绿行动影响和带动了社会各界纷纷参与，先后有26万军民投入到阿拉善植树造林会战中，在腾格里沙漠东缘建成宽4公里、长30公里的绿色长廊。

在阿拉善种养树难于养娃。李德海用实干和巧干在这里演绎"艰苦奋斗、无私奉献"的故事，彰显一名共产党人、一个退伍老兵的情怀。退休加入基金会后，他以副会长的身份参与建成"中国上市公司生态林""'八一'同学生态林""深圳通信卫星林""边防军民生态林"等多个共建基地，完成造林5333.33公顷，4000公顷已通过国家验收，达到林业部门规定的成林标准。种植的梭梭、沙枣、花棒、刺槐、沙柳等沙生植物，长大成林，蔚为壮观。改造林区植被覆盖率由不足1%提高到70%，遏制了沙漠东移势头，成为保护贺兰山的一道屏障。

担任基金会第三届理事长以来，李德海先后联络走访证券业协会、证券基金业协会、期货业协会、深交所、南海集团、国信证券、第一创业等协会、券商与企业，唤起证券系统与爱心企业直接参与阿拉善生态建设。先后接受单位与个人生态建设捐赠125万元，公益认养林捐赠72万余元。与中国期货业协会、中国南山集团、创金合信、广州通达集团、长安汽车等签订了绿化合作协议，与中国证券业协会签署了"证券行业促进乡村振兴公益行动"战略合作协议，将在沙漠绿化、服务乡村振兴、公益慈善等领域中发挥基金会公益平台优势，为证券行业开展公益行动，履行社会责任搭建桥梁，提供支持。

阿拉善生态基金会在几任司令带领下，走出一条军民融合、企业参与、政府支持、青年接续的生态建设之路。他们的事迹被人民日报、新华社、解放军报、北京日报、北京青年报等媒体报道，在全社会引起强烈反响。

2017年，李德海被内蒙古自治区表彰为"感动内蒙古"群体人物，授予"治沙司令"荣誉称号；2018年，被评为"北京榜样"月榜人物；2019—2020年，被中共北京市委、北京市人民政府授予"首都精神文明建设奖"荣誉称号；2021年，被北京市石景山区授予"优秀共产党员"荣誉称号。

李德海用一个军人的胸怀阐释自己对祖国的热爱；用一个军人的血气不断延伸着北疆的绿色。

他是一名老党员、退役老兵，只要还能喘气，就要践行"初心"，担起使命，他最大的愿望就是让生态理念不断唤醒世人，让绿色成为北疆百姓的福祉。

老骥腾跃　治沙不已——黄高成

黄高成，男，汉族，1949 年 7 月生，中共党员，江苏盐城人，原内蒙古军区司令员。

1968 年 3 月入伍，历任战士、会计、排长、参谋、连长、科长、团长、师参谋长、师长、军参谋长、北京军区装备部副部长、北京军区党委常委、北京军区装备部党委书记、部长、内蒙古自治区党委常委、内蒙古军区党委副书记、司令员。第十届全国人民代表大会代表、中国共产党第十七次党代表大会代表。

2000 年 8 月，任内蒙古军区司令员。

1999 年 9 月，中共十五届四中全会作出了实施西部大开发的战略决定。内蒙古军区是原北京军区唯一有此任务的边疆省军区。他任内蒙古军区司令员后和军区党委班子成员多次研究，确保在完成年度以执勤训练为中心任务的同时，把支持和参与西部大开发列入党委议事日程，做到年初有部署、年底有检查评比、手中有典型。他曾 3 次主持召开全区性动员大会，倡导发起"115 生态治理工程"，明确奋斗目标，即军区和师级单位 1 万亩、团级单位1000亩、营连级单位 500 亩的植树治沙任务，先后推出王中强、王卫东、王新军、崇先锋 4 个生态治理先进典型，召开 4 次现场观摩会，推广典型经验，军区所在的大青山生态治理工程也令驻地政府、人民群众瞩目；支持给水工程团团长李国安组织实施"大青山绿化工程"——输水上山 20 公里专线，在大青山生态环境治理中发挥了关键性作用。时任国防部部长迟浩田到内蒙古视察时，专门登上大青山种植油松，对军区所做的工作给予充分肯定，亲切会见治沙植树有功之臣。

在治理大青山生态环境时，他把目光投向遥远的阿拉善，开始关注阿拉善的军民共建、防风治沙、生态治理。他深切感到阿拉善的生态治理刻不容缓、意义深远。

2006 年底，他离开内蒙古军区，到北京军区装备部工作，依然心系阿拉善，高度关注阿拉善军分区的军民共建工作，大力支持军分区与深圳证券交易所联手治沙育人，开创军民共建共育的新路径、新模式，带动阿拉善生态治理新发展，为军分区投入生态建设注入了新内容。他力所能及地协调北京军区机关，为阿拉善军分区开展治沙活动提供最急需的治沙专用装备器材；协调内蒙古军区、给水工程团投资 30 万元，打深水井 3 眼，为边防官兵防风治沙提供很大帮助。

2009 年底，黄高成退休后参与国家"防凌破冰"科研课题研究，无论多忙，他放不下阿拉善的生态建设事业，忘不了"115 生态治理工程"，更忘不了自己是一位公益事业的志愿者。他常常与李旦生等人联系，询问生态治理的进展情况，存在的困难问题，提供力所能及的帮助。

2011 年秋，黄高成参与了每年一度的"阿拉善盟党政军警民春秋季治沙植树大会战活动"，他与爱人合作，植树 140 株。此后，他每年在植树季节来阿拉善植树，每次植树不少于 100 株。全程跟踪参与每年 7 天的"国情教育实践活动"，给青年员工讲授"从中共一大看坚定信仰的重要性""我军的光荣传统""老山精神的形成与发展""98 抗洪的伟大实践"等课，指导员工实弹射击和沙漠拉练；参加阿拉善生态文明对话（论坛）活动 8 次，发表了"续写沙漠里的春天的故事""美丽中国从阿拉善走来""生态文明建设正从阿拉善扬帆起航""大爱无疆，公益无限"4次演讲，以自己亲身经历和深切感受教育、鼓励与会人员；参加在上海、大连等地组织的"绿色行走，公益长征"活动3次，大力宣传阿拉善，鼓动大家积极参与生态建设；列席阿拉善生态基金会年会8次，应邀就可持续、高质量发展等问题建言献策；直接参与阿拉善生态基金会中长期发展规划的研究与制定，提出了"三个百年""五大基地"和捐集资金1个亿的发展目标；支持基金会专家高传捷调研撰写"乌贺原生态环境治理建议报告"。随后，乌贺原生态治理方案提交全国"两会"，列入"国家黄河生态环境治理的总体规划"；积极支持"时代楷模"苏和，打造万亩级的边防军民生态林建设，亲自主持召开额济纳旗政府及所属11个部门协调会议，帮助老人家解决10多个难题，自动捐款1万元，帮助苏和老人盖起井房。根据基金会的要求，他多次到内蒙古自治区政府协调苗木基地建设工程立项问题，首期工程政府解决200万元；协调蒙草抗旱有限责任公司董事长王召明无偿投资240万元，建设2400平方米保温型大棚1个。在他的强力推动下，种苗基地于2013年4月底正式定址建设，2021年达到200亩规模，造血功能明显增强；他与蔡远彬合作，协调洋河集团入会捐款50万元、广州通达集团有限责任公司公益认养费30万元；与内蒙古自治区副主席周维德协调深圳巨田投资有限公司入会捐款100万元。他还协调北京军区装备部电视文化宣传中心、解放军报社、新华社等媒体，多次拍摄阿拉善生态基金会的实时动态新闻及专题报道，制作长达40分钟的专题片，为宣传生态文明建设，扩大阿拉善生态基金会的影响做了有益工作。

黄高成不但把生态建设当成是功在当代，利在千秋的伟业，还把生态建设与激励有志之士、教育下一代紧密结合起来，集建设、育人为一体，为生态建设打造久远平台。以军人的血性、军人的恪守，身体力行、率先垂范，为身边人、为后来者留下光辉的一页。

他年逾七旬，初心不改，雄心勃勃。身为将军，退役后原本可以安享天伦之乐，但是，他的心在阿拉善，未尽事业在荒漠。没有豪言壮语，只有踏踏实实的行动。每年春季必定来阿拉善亲手植树浇水、看看以往的劳动成果，看着一棵棵苗壮成长的树苗，露出甜美的微笑。

耕耘沙漠　无怨无悔——张新华

张新华，男，蒙古族，1953年9月出生于一个军人家庭，中共党员，祖籍内蒙古兴安盟，原阿拉善军分区司令员。

1961年，张新华随父亲离开苍翠笼盖四野的兴安盟，落脚荒漠戈壁阿拉善。

1971年，应征入伍到兰州军区情报系统服役。

1976年，由宁夏军区守备部队调任阿拉善左旗武装部任参谋。

1980年，阿拉善盟成立后，调入阿拉善军分区任教导队副队长、作训参谋、副科长、科长。

1984年，调任阿拉善左旗苏宏图边防五团参谋长。

1989年，调任额济纳旗边防四团团长。

1990年，调任阿拉善军分区后勤部部长，后任军分区参谋长、司令员。2009年光荣退休。他在阿拉善盟工作、生活55年，在阿拉善700多公里国境线上工作了32年。深刻感受到阿拉善沙漠戈壁的荒凉、体会到阿拉善生存环境的艰苦，经历了阿拉善生态环境加剧恶化的局面，真切地盼望着阿拉善的生态早日得到改善。为此，他把植绿荒漠，改善环境，作为自己一项没有终结的事业，每年积极参加义务植树，竭尽全力组织植树治沙。

1992年，时任军分区后勤部长的他，遵照军分区党委"改造边防部队小环境，创造拴心留人新条件"的决定，积极组织和参与军分区所属 2 个边防团"小环境改造"工程，完成了为每个一线边防连队打 1 口深井、开 1 块菜地、建 1 个温棚、种一片防护林，垒起了围墙、改善了营具、盖起了鸽子窝、整修了营区路。经过 3 年艰苦努力，初步改变了边防连队"天上无飞鸟，地上不长草"的局面，使边防官兵喝到了自来水、吃到了新鲜菜、营区绿树成荫，改善了连队周边小环境，创造了部队拴心留人的新条件。内蒙古自治区党委书记周惠到边防连队考察后，高度赞扬连队环境建设，并给连队题词："千里戈壁，十亩江南"。阿拉善军分区的"小环境改造工程"得到时任中央军委副主席刘华清的高度赞扬，批示推广全军学习。全军后勤部长会议于 1995 年初实地参观了边防四团小环境改造现场。他当年在正团职岗位上荣立个人三等功。

2009 年，他从阿拉善军分区司令员的岗位上退休，拒绝企业老板的高薪聘请，继续在"青年世纪林"从事生态建设，一坚持就是 18 年。18 年来，他协调和组织驻军部队、民兵和深圳证券交易所参训员工及当地干部、群众，开展每年 4 月一次的"军、警、民义务植树大会战"，不断巩固和发展"青年世纪林"，形成一片绿荫，为防风治沙做出了榜样。

2012 年，他加入了以绿化生态为己任的公益组织——"阿拉善生态基金会"，担任副会长，重点分管阿拉善地区的治沙绿化工作。基金会在内蒙古自治区发改委的支持下，建立"种苗基地"，为基金会后续发展提供了保障。为了"种苗基地"选址，他带领基金会相关人员在阿左旗巴彦浩特镇周围 4 个苏木（镇）连续奔波 3 个多月，实地勘察、调查论证、协调关系、报告批准，最终确定"阿拉善生态基金会种苗基地"位置，于 2013 年春季动工，当年建成种苗基地 66.67 公顷、员工宿舍 400 平方米、库室 500 平方米、道路 200 米等基础设施。他虽然年逾花甲，可干起事业他从不觉着苦和累，阿拉善情怀时刻激励着这位老军人。

2014 年开始，历时 4 年，他组织"阿拉善生态基金会"的同事们扩建了以中国上市公司协会、上海证券交易所为主的第二绿化基地，为扩大生态建设成果提供了第二战场。在国信证券绿化基地和飞艇基地周围绿化基地及苏木图绿化点种植 3533.33 公顷生态林；协调北京军区给水团为 2 个基地打机井 2 眼，为通古淖尔移民新村打机井 1 眼。同时，为扩大影响，吸引捐赠，2016 年 9 月 4 日，在巴彦浩特镇至基金会第二绿化基地之间组织举办"首届阿拉善沙漠国际马拉松赛"，来自全国 29 个省市、自治区的 968 名选手分别参加男、女半程马拉松 21.10 公里、趣味跑马拉松 5 公里 2 个项目的角逐，达到了用马拉松的坚韧精神，传递公益环保理念。一项马拉松，感动千万人，参与者目睹了阿拉善的恶劣生态，萌生了参与生态建设的想法。

从 2018 年开始，他积极协调与浙江蚂蚁金服集团的合作，组织参与蚂蚁森林项目建设。连续 3 年在额尔克哈什哈苏木、乌斯太镇、腾格里开发区 7 地 37 个斑块种植花棒、梭梭、胡杨 1.88 万公顷，引资 7170 万元。极大地扩大了腾格里沙漠生态绿化恢复面积，快速地增强了基金会发展速度，提前 1 年完成基金会的第一个奋斗目标。

在阿拉善生态基金会工作的 9 年，他多次获得《解放军报》《战友报》《金融时报》《内蒙古日报》《阿拉善日报》和阿拉善电视台及微信的宣传报道。2017 年 4 月 26 日，中央电视台专题播报了"阿拉善军民义务植树造林会战"实况；2019 年 8 月，基金会被内蒙古自治区评为两年一度的第七届感动内蒙古集体，他是"治沙英雄"之一。

如今，年逾古稀的他，虽然脱下心爱的军装、结束了基金会 2 届任职。但仍然参与阿拉善生态基金会相关活动和阿拉善盟退役军人事务局组织的植树造林工作，余生依然属于生态建设。张新华坚韧坚强、朴素耐劳，阿拉善早已成为他的家，他的梦想就是让自己的家乡尽快绿起来。

热心公益　致力治沙——李罗娅

李罗娅，女，汉族，1950 年生，中共党员，生于天津，长于内蒙古，工作于深圳。退休后致力于阿拉善荒漠治理，是阿拉善生态基金会的创始人之一。

1968 年 10 月，从天津耀华中学赴黑龙江省建设兵团一师二团参加北大荒开荒建设。

1973—1974 年，在内蒙古包头固阳县农村（卜尔塔亥村）插队（知识青年）。

1974—1977 年，在内蒙古工业大学化工系学习。

1978—1990 年，在内蒙古自治区计划委员会工业处、科技教育处、社会发展处工作。1984 年任副处长，1986 年任处长。

1990—2007 年，在深圳证券交易所综合部、信息部、信息公司、党委办公室工作。任总经理助理、总监（主任）、信息公司总经理、董事长等职。

2003 年 4 月，任深圳证券交易所党政综合办公室主任，受深交所委派与内蒙古军区阿拉善军分区签署共建"青年世纪林"与国情教育实践意向。此后，每年春季分 2 批次组织深交所员工到阿拉善开展以荒漠植树造林为主要内容的防风治沙及国情教育实践活动；

2004 年，她随阿拉善军分区人员深入边防一线连队、哨所，与官兵座谈交流，详细了解边防官兵的生活与学习情况，提出国情教育活动中增加边防官兵事迹报告会、员工与官兵座谈交流会、优秀员工体验边防哨所生活等新内容，使国情教育实践活动触及员工灵魂，教育活动内容功能更加丰富，在实践中增加员工的爱国热情。阿拉善国情教育实践活动及"青年世纪林"成为深交所员工的"精神家园"。

2010 年初，退休两年的她再次接受深圳证券交易所党委之托，参与创建阿拉善生态基金会的筹备、组建工作。深交所党委决定她与原内蒙古军区阿拉善军分区司令员李旦生共同筹备，创建阿拉善生态基金会，任副会长、秘书长，连续 2 届，2020 年底退出。

当时，基金会在国内还属于新型社会组织，创建以荒漠植树造林为主的公益性基金会没有先例，没有可供参考的模式，属于首创。李罗娅与李旦生 2 位退休干部，深知创建治沙基金会的意义，他们通过咨询专家，借鉴其他基金会的成功案例，研究国家对公益性基金会的相关要求，按照《基金会管理条例》，回顾以往治沙实践，探索"基金会"构架、组织以及章程。决定在共建1000公顷"青年世纪林"的基础上，以军民共建、绿化荒漠为宗旨，巩固治沙成果、发展会员、壮大基金会组织、快速扩展治沙成果。从制定《基金会章程》开始，奔走在北京市、深圳市、呼和浩特市和阿拉善盟之间，拜专家、访机关、走企业、邀同仁、组队伍，协同地方政府协调牧民关系、征用地块，备尝辛苦。

2011 年春，基金会成立开始运行，面向全社会提出"行动起来，堵截沙尘暴"的口号。

基金会是在深圳证券交易所和阿拉善盟军分区共建 8 年取得成功经验基础上建立的，军民共建、绿化荒漠和开展国情教育成为李罗娅、李旦生开创基金会主旨和遵循路径。所采取的植树与育人相结合的形式在全国绝无仅有。李罗娅和其他创建者积极发挥深圳证券交易所作为主管单位的优势和军民共建荒漠植树造林的影响力，动员证券资本市场主体中国上市公司协会、中国基金业协会、中国证券业协会、中国期货业协会以及地方证券机构（单位）、上市公司加入阿拉善生态基金会或参与荒漠植树造林及相关活动，为金融组织和企业履行社会责任搭建平台。

基金会工作主要可分为以下三大块。

搞好基金会内部管理与建设。李罗娅和其他创建者依据《中华人民共和国慈善法》《基金会管理条例》及相关规定，从组建机构、制定制度着手，先后制定了基金会章程，建立了财务、任职、待遇和项目管理等一系列内部规章制度，为基金会管理、运行提供了制度保障。根据《基金会信息公布办法》及年度检查相关规定，建设信息网站，编制《年度报告》，创办《绿韵》报刊，创建微信公众号，制作宣传册和电视宣传片，对外进行信息披露，每年度聘请外部会计师事务所进行审计，不断提升运作的透明度。

动员社会力量支持参与。这是基金会管理层每年要做好的重要工作，除了对理事单位及部分上市企业走访外，李罗娅积极参与每年春季组织以治沙植树为主要内容的国情教育实践活动，连续举办了8届"生态文明–阿拉善对话"活动；组织了4届"绿色行走–公益长征"活动。

协调当地政府与群众参与支持。从创建初期就为积极争取内蒙古自治区、阿拉善盟、阿拉善左旗各级政府及有关部门的了解、支持而努力，李罗娅每年都积极参与向当地政府及有关部门汇报、宣传基金会的工作。因此，在基金会的初创和整个建设发展过程中得到了自治区、盟、旗各级党委政府及苏木、嘎查和牧民群众的支持与帮助。

从2011年初到2021年初，十年磨一剑。李罗娅是基金会建设的参与者、亲历者和创建者之一，可以说李罗娅和其他创建者一道对以治沙植绿为主要内容的生态文明建设进行了积极有益的探索和实践。从制定规划和建设方案到创建生态绿化基地，不断地扩展规模、规范建设，在植树造林、治理沙漠、改善环境方面做了大量艰苦细致的工作，取得了可喜的成就，赢得了社会和群众的认可，最终实现了生态效益、经济效益、社会效益的有机融合。

阿拉善生态基金会发起成立时，只有6家理事单位，随着业务工作拓展，造林规模扩大，理事成员单位增加，2021年发展到23家，极大地提高了资本市场机构参与度。基金会从开始的几个人到志愿者队伍不断壮大，形成北京市、深圳市和阿拉善盟三地共建服务平台、同谋生态绿化的工作局面。基金会具备了一定的规模，走上了创业、创新健康发展之路。

她不计名利，不辞辛苦，虽然离开了基金会，但是还时常惦记着基金会的发展。

李罗娅参与阿拉善生态建设十几年，她不是阿拉善人，却把自己深深融入阿拉善，阿拉善的大地上洒有她的心血和汗水，阿拉善生态建设的历程上有她深深的印记。

心系大漠的香港实业家——原树华

原树华，男，汉族，1950年生于香港，大学学历，祖籍广东番禺，国籍中国（香港）。

1968年，香港大学化学系学习。

1972年，原树华以优异的成绩从香港大学毕业，获化工及数学一级荣誉学士学位，随后进入当地知名的英华中学任教。之后，赴英国进修。

1975年，英国威尔斯大学毕业。

1976年12月，获英国威尔斯大学颁发化学工程硕士学位。

1986年，在香港注册成立了万辉涂料有限责任公司。

1991年，在深圳松岗建立全资附属公司——深圳松辉化工有限公司。

2000年，与德国威堡公司及日本卡秀株式会社合资组建了无锡卡秀堡辉涂料有限公司。

2001年，成立增城市福和圆农庄有限公司。

2002年，全资组建广州市彩辉化工有限公司。

2004 年，成立广州卡秀堡辉涂料有限公司。

2007 年 4 月，注册资金 4200 万港币，成立了常州万辉化工有限公司，占地 32.5 亩。

2011 年，成立阿拉善盟源辉林牧有限公司。

2012 年，成立广州源辉化工有限公司。

原树华担任阿拉善盟源辉林牧有限公司董事长、香港华恩基金会主席、中新商会副会长、广东省涂料工业协会常务理事。

原树华坚持把产品质量和安全生产作为企业生存发展的根本，把企业文化作为生存发展的源泉和动力。先后取得的高级别品质奖十多项，获得了中国外商投资企业协会"全国外商投资双优企业"奖。"2010—2012 年度恒生珠三角环保大奖""绿色奖章公司"等荣誉称号。产品由最初的移印油墨及烤漆专攻合金模型玩具车，逐步扩展到其他工业涂料，产品用途包括玩具、灯饰、手机、平板电脑、家电、炊具、汽车零部件等行业，稳占香港合金玩具、移印油墨及烤漆的龙头地位。

土地沙化是当今世界公认的头号环境与社会经济问题，有"地球的癌症"之称，中国是受沙漠化危害和影响最严重的国家之一，近 4 亿人口生产生活受到直接影响。由于治沙经费不足，防沙治沙存在许多关键性问题，如节水技术推广、优良品种选育、病虫害防治、太阳能、风能开发利用等得不到有效解决，许多治沙林场、苗圃、治沙站、管护站等基层防沙治沙单位正常防治沙漠化的工作难以开展，管护力量薄弱，造林种草成果难以巩固。这些问题让原树华感到痛心，一直关注环保事业的他下定决心，要为祖国治沙事业尽一份绵薄之力。

2005 年，借支援治沙企业"宝川林牧场"的机会，他把治沙目光首先投向了土地沙化面积十分严重的宁夏（沙化面积达 74.46 万公顷，且速度很快），投资 100 万元与宝川林牧场合资成立了华恩山川林牧场，开始了治沙之旅。

2011 年，原树华应邀到内蒙古进行治沙调研。4 月，他承诺按治沙所需注资，在内蒙古自治区、宁夏回族自治区、甘肃省交界处的阿拉善盟孪井滩生态移民示范区成立阿拉善盟源辉林牧有限公司，在马莲湖承包 2000 公顷沙漠，进行植树造林。

马莲湖位于腾格里沙漠东南方，属湖盆地带，土壤盐碱化严重、立地条件差、气候恶劣，无霜期只有 150 天，降水量少，蒸发量大，年均降水量仅 150 毫米。为典型的流动、半流动沙丘，沙地一般呈丘状，部分为略有起伏的浮沙地，呈分散状或片状分布，土质为灰钙土和风积沙土，治理难度大。

原树华和他的团队深入调研，多方论证，合理规划，边干边总结。用 3 年的时间植树 233 万株，造林 1333.33 公顷。其中，紫穗槐 3.5 万株、沙枣 13.42 万株、新疆杨 3.5 万株、梭梭 91 万株、沙柳 98.7 万株、花棒 21.21 万株、枸杞 2 万株，苗木成活率达到 70%。还大面积种植乡土物种马莲、白刺、沙冬青，濒危物种胡杨也试种成功，打破了"胡杨东不过乌力吉"的论断。到 2021 年底，沙丘间的湿地已基本种上各种苗木，随着植物生长，高沙梁逐渐平复，沙害逐年减少。

十年来，原树华和他的团队在治沙过程中投入了巨大精力，突破了重重困难，取得了成果、积累了经验：将乡土物种作为治沙先锋物种是治沙成功的关键。马莲湖流域分布着数量可观的白刺、霸王、沙冬青、马兰、沙蒿等沙生植物，保护和开发这些沙漠原生态植物对沙漠综合治理有着重要意义。以白刺为例，它易繁殖、好管理、耐干旱、抗盐碱、分布面积广、固沙效果好。原树华及治沙团队进行多次实验后，组织人员对严重老化的白刺进行平茬，经平茬后的白刺生长非常旺盛，成为天然苗圃，不仅为将来种植白刺提供大量的苗木，也为马莲湖沙漠综合治理开辟了一条捷径。

自建苗圃是降低造林成本、提高成活率的重要手段。原树华治沙团队在内蒙古创业初期，所用苗木都是外购，费用高、损耗大、苗木受损率高、失水严重，影响树苗成活，再加上外来树种还需要适应，导致成活率不高。他带领团队打破传统，在气候条件恶劣的沙漠腹地采用沙土就地育苗，极大提高了种苗的适应性、成活率，降低了造林成本。截至 2014 年底，已开垦苗圃 25 亩，播种白刺种子 410 千克、沙枣种子 300 千克、梭梭种子 190 千克、花棒种子 300 千克、沙冬青 20 千克，扦插新疆杨 3600 株，扦插旱柳 3000 株等，苗圃安装了喷灌和滴灌，最大限度地节约水资源。

加强后期维护管理，确保苗木成活成长。治沙工程的首要任务是植树造林，关键是后期管护。如果灌溉跟不上，所有的辛苦都要打水漂。灌溉及时，苗木成活了，鼠害、虫害、病害、畜害又接踵而至。为确保治沙造林成果，与林业部门技术人员和当地牧民密切合作，在取得技术指导的前提下，将管护工作交给当地农牧民，并对他们进行管护培训。不但解决了就业，还让他们得到一定的收益，极大地调动了当地农牧民群众造林护林的积极性，确保苗木生长。

马莲湖治沙工程的初步成功，让原树华坚定了信心，使命感与日俱增的他深深地领悟到投资治沙是利国利民的壮举，他暗下决心一定要持续不断地做好造林治沙这一公益项目。

热衷环保事业、投身治沙工程是原树华热爱自然、履行社会责任的一种方式，对贫穷家庭小孩上学的关心则是他热心公益、慈善仁心的表现。

1999 年，原树华与教友们在香港创建了华恩基金会（以下简称"华恩"），任董事会主席。这是一家香港法定非营利慈善机构，通过不同的公益行为，服务国内特困同胞。

2004 年，原树华设立"华恩助学工程"，专为特困高中生提供学费资助。华恩还动员国外基金会携手合作"中国儿童村"工程，目标是在内地贫穷省市兴办 14 所儿童村，让受助孤儿和特困儿童得到家庭温暖和社会关怀，让新一代儿童健康、苗壮成长。经过建设，已经投入营运的儿童村有福建三明市角声华恩儿童村（2005 年）、广西河池市华恩儿童村（2008 年）及四川绵阳市角声华恩儿童村（2010 年）。

2007 年 9 月，华恩在永泰和大田资助 180 位高中生。

2009 年，开设"大学生免息贷款计划"，累计受助人数超过 2400 名，受助人群遍及广东、广西、福建、四川及贵州等省。华恩集中资助大田 3 所中学共 80 名高中生。

2012 年 11 月 26 日，被授予"广州市荣誉市民"称号。

2014 年 10 月，广西、四川儿童村合唱团首度来港与香港一些知名合唱团在亚洲国际博览馆携手演出，以拓宽孩子的视野。

原树华热心公益慈善、环保事业，捐资 3000 多万元，牵头参与宁夏青铜峡和内蒙古阿拉善盟公益治沙工程，取得良好的生态效益和社会效益。

原树化出生在香港一户平民家庭，兄妹 7 个，初中时父亲逝世，母亲辛劳持家，他自小奋发图强、自强不息。成为一名成功的企业家后，他开始从事慈善事业，投身内地生态建设。一生节俭的他，面对慈善，经营绿色毫不吝啬。原树华家在香港，一年四季大部分时间奔波于几千公里外的大西北荒漠地区，致力于防风治沙，改善生态环境。如今他已年逾七旬，依然坚持不懈在每年的植树季节，来到阿拉善亲自种植下一棵棵生机勃勃的树苗，亲自检验造林工程，每逢此刻他精神格外矍铄。他用自己的行动，带动了一大批身边人参与阿拉善生态建设，还不断地带来即将毕业的大学生到阿拉善体验。一位海外赤子，把对祖国的热爱用治理沙漠的行动奉献出来。

治沙铁娘子——叶惠平

叶惠平，女，汉族，1976 年 10 月 20 日生，福建福州人。

1984 年 9 月—1990 年 7 月，福建古田县大桥镇中心小学学习。

1990 年 9 月—1993 年 7 月，福建古田县第二中学学习。

1993 年 9 月—1996 年 7 月，福建省机电学校学习。

1996 年 9 月—1999 年 7 月，福建省电视广播大学财务电算化专业学习。

2002 年 9 月—2005 年 9 月，在福建省妇女就业服务中心工作。

2005 年 8 月—2011 年 9 月，任福州市向阳保洁服务有限公司总经理。

2011 年 10 月至今，任阿拉善盟源辉林牧有限公司总经理。

2011 年，在原树华的影响和感召下，叶惠平从山川秀美的福州来到风沙肆虐的腾格里大沙漠，出任阿拉善盟源辉林牧有限公司总经理。从到沙漠的第 1 天，她就横下一条心，不负韶华，让沙漠绿起来，锻造无悔人生。在这样的信念支撑下，她带领职工过起了冒酷暑、顶烈日、迎寒风、踩冰霜、啃干粮、睡窝棚的艰苦生活。对一个南方女孩来讲远离亲人、孤身沙漠，还要治沙造林，艰难程度可想而知。她曾经抱怨过、悔恨过、大哭过，但是，为了初衷，还是咬着牙坚持下来。经过十年的不懈努力，公司先后投资 3400 多万元，累计植树造林 8000 公顷，聘用农牧民 6.9 万人次。建起了育苗、采种基地，在荒漠上植出一片绿洲。

叶惠平是一个倔强不服输的女人。治理荒漠对一个初来沙漠，从小生长在山清水秀的南国女子而言，除了严酷的生存环境难以忍受之外，眼前的一切都是陌生的，没见过这样浩大的沙漠，如何种树、怎样才能种活树。万事开头难，一切从零开始，她要求自己多一份虚心、多几份耐心。她带领团队在马莲湖多次踏查，边学习、边规划、边实践、边总结。利用工作之余，系统阅读了沙漠植物学有关资料，查阅了沙漠造林技术标准和要求，写下了 10 万字的学习笔记，从理论上和感知上对沙生植物以及沙漠生存规律有了全新认识。主动向实践学习，多次走出去拜师学艺，观摩借鉴。拜访了治沙英雄王有德，治沙模范白春兰、牛玉琴，参观治沙先进典型亿利集团等治沙林场单位，走访当地林草部门领导和专家学者，尤其是很注重向当地牧民学习，从识别草木开始，到了解草木习性、如何栽种。在探讨、实践前提下，因地制宜，大胆创新，不断提出新思路。其中，利用沙漠微量水分种植沙柳的方法，提高了在流动沙丘、水源缺乏的沙漠种植树木的效率与成活率，在沙漠种植沙柳无需浇水的情况下照样苗壮生长，每 12 秒可种植一株沙柳，该项植树技术获得了国家发明专利。反复实验，积极探索，不断创新治沙造林模式。

她身先士卒，模范带头，被大家誉为治理沙漠的铁娘子。每年春秋造林季节是叶惠平最为繁忙的时刻，无论是在打坑植树的现场，还是在修苗运苗的途中，都能看到她忙碌的身影。特别是外出采购苗木，为及时找到优质苗源，起早贪黑，四处奔波，她要亲自验苗数苗。一杯水，一袋方便面，自驾车日行七八百公里是常事。到达苗圃，无论白天黑夜，第一时间先去看苗验苗，直到选定合格的树苗才肯休息，在识别种苗的优劣上她成了专家。

叶惠平在成功种活沙柳后，开始探索可持续发展的新路，走沙产业发展新途径，除了种植黑果枸杞，接种肉苁蓉、锁阳，开发特色生态旅游外，从福建引进银耳，在沙漠里试验种植银耳。福建老乡否定了她的想法，理由很简单，沙漠干燥的气候不可能长出银耳，劝她别费神费力了。谁知，倔强的她竟然在多次失败后取得了成功，沙漠银耳是沙产业的又一创举。

2020 年，面对突如其来的疫情，她严格按照当地政府的要求，积极主动做好疫情防控工作，有序组织复工复产，抢时间，争速度，抓质量，圆满完成春季造林 1866.67 公顷的治沙造林任务。

弃家舍子，撒爱大漠，只为一句无言的承诺。叶惠平从小在闽南水乡生活，自然环境湿润宜人。学校毕业后，她顺利进入福建省妇联工作，后自主创业，公司做得有声有色，小日子过得红红火火、有滋有味。2007 年，在香港优秀企业家、慈善家原树华的邀约下，她舍下自己创办的事业，丢下自己心爱的丈夫和不满周岁的儿子，离开自己的亲人朋友，从福州只身来到大漠戈壁，开始了全新的公益治沙造林事业。西北地区四季干旱少雨，一年一场风，从春刮到冬；夏季烈日炎炎，沙漠地表温度高达 70℃ 以上，能将鸡蛋烤熟。冬季寒风凛冽、冰冻三尺。年降水量不足 150 毫米，蒸发量却高达 3300 毫米，严酷的自然环境根本就不适宜人类居住，再加上交通闭塞，远离县城，购物、就医等生活难题就摆在面前，吃新鲜蔬菜、有病了马上就医那简直就是奢望。干燥的空气让她常年咽喉发炎，鼻腔流血；简单而不合口味的饮食、繁重的体力劳动使她日渐消瘦。她哭过、闹过、悔心过。但是，擦泪时那份最初的承诺马上浮上心头，坚持吧！为了荒漠有点绿色，为了生态得到改善……她常说：有人觉得我把青春美丽扔在沙漠里不值，但我觉得人生能为社会做点有益的事是幸福的，是有价值和意义的。每到基地投入工作，都是连轴转，上下班没有固定时间，加班没有白天黑夜，她太热爱治沙事业。

2017 年始，在叶惠平总经理的亲自组织和大力推动下，公司赞助 15 万元，联合腾格里经济开发区、阿拉善盟文联、阿拉善盟日报社，每年举办一届以环保为主题的"马兰杯"文学摄影作品大赛。在马莲湖治沙基地建立了阿拉善盟"文艺创作基地"，通过文艺作品、文化展演活动，宣传绿色发展理念，增强农牧民群众携手共建美好家园的信心；发起建设爱心林、青年林、文艺林、国际友好示范林、党政干部治沙造林教育示范基地，广泛向社会宣传沙漠治理和生态保护理念，赢得社会各界的积极响应和大力支持，每年有 30 多名国际友人、400 多名党政领导干部和企事业单位代表专程到公司基地，开展义务植树活动，有效地推动了全民义务植树活动深入发展。

2018 年 3 月 15 日，联合国教科文组织在中国香港为 8 名来自不同国家、地区的杰出女性颁发妇女领袖奖，奖励她们在各自行业取得的优异成绩和作出的突出贡献。叶惠平因坚持在腾格里沙漠植绿恢复生态，荣登榜单。在领奖现场，叶惠平将腾格里沙漠种树治沙的视频及文字、图片资料，全方位地展示给与会者，呼吁更多的人投入到沙漠治理的工作中。不少国内外企业家纷纷递上"橄榄枝"，表示要到腾格里沙漠实地考察，为"沙漠变绿洲"贡献自己的一份力量。

2019 年 7 月，与国内 10 多家知名企业在马莲湖基地举办"沙漠排球"赛等。同时，在马莲湖基地正式启动实施了"地球公民子基金"公益活动，旨在让更多人来参与到这场公益活动中来。

叶惠平的事迹引起当地党委、政府的高度重视以及各级媒体的关注，也得到内蒙古有关部门领导的高度评价和肯定。中央电视台科教频道《探索发现》专栏、《人民日报》海外版、《阿拉善日报》、阿拉善电视台、阿拉善经济网等多家媒体，都以不同形式，对叶惠平女士坚持生态治沙的模范事迹进行了专题整版宣传报道。2019 年，获得"第八届中国创新创业大赛沙产业大赛成长企业组优秀奖"。2019 年 3 月，被评为阿拉善盟"三八红旗手"，2019 年 4 月 14 日，被授予阿拉善盟"五一劳动奖章"荣誉称号。

一位南国水乡的女子，三十出头就抛家舍业来到阿拉善，一头扎进腾格里沙漠，大漠让她流泪，瀚海让她亢奋。夜深人静她面向岭南，思念的泪水沾湿衣襟；旭日东升，她迎着朝阳辛勤劳作，用脚步丈量腾格里沙漠，用汗水滋润每一棵小苗。绿色——升腾着这位女子的希望，丛林点燃了她的理想，她用青春年华在大漠戈壁绘就了一幅绿色画卷，用坚毅和大爱丰富了生命的内涵。

公益治沙的智者——艾路明

艾路明，男，汉族，1957 年 5 月生，中共党员，湖北武汉人，武汉大学经济学博士，高级工程师。武汉当代科技产业集团股份有限公司创始人、董事长，阿拉善 SEE 生态协会第七任会长，大自然保护协会（TNC）大中华区理事，世界自然基金会（WWF）中国区理事。他是公益事业的积极倡导者与实践者，坚持在生态环境保护公益事业中践行企业家精神，将经商所用回馈社会，把商业智慧带入环保领域，用商业思维解决环境问题，用商业逻辑推动中国环境治理事业走上国际舞台；助推企业家与政府、NGO（非政府组织）、公众多方融合，共同治理荒漠、保护生态。

1988年，研究生毕业，相约6个研究生同学下海创业。"武大帮"起步创业资金仅有0.2万元。经过30年发展，当代集团总资产规模已突破800亿元。

2013年，艾路明正式加入阿拉善SEE生态协会——中国首家以社会责任为己任、以企业家为主体、以保护生态为目标的社会团体。自此，他致力于环保公益事业。

2016年1月至2017年12月，担任阿拉善SEE生态协会第六届副会长。

2018年1月至2020年12月，担任阿拉善SEE生态协会第七任会长。

2016年以来的每个"99公益日"，艾路明和当代集团各伙伴企业员工参与、号召公众一起为阿拉善SEE品牌项目筹款，包括江豚保护、劲草同行、三江源保护、诺亚方舟等公益项目，累计筹款总额超过3600万元。向江西师范大学教育发展基金会捐赠200万元，设立"江豚保护项目专项基金"。

艾路明率先垂范，号召阿拉善SEE的900多位企业家们，积极参与环保实践、探索环保新模式、提供环保资源、公益捐赠等，用商业思维创造价值、解决问题，成为现代创新与公益治理的典范。

担任会长后，艾路明带领阿拉善SEE生态协会团队逐步完善以环保项目中心为核心的机制，让企业家会员通过环保项目中心的平台，深度参与到当地的环保行动中，有效发挥企业家的调动资源能力，推动当地政府、企业、NGO（非政府组织）、公众等多方融合，共同守护碧水蓝天。

阿拉善SEE生态协会持续关注并在国际舞台传递中国企业家参与环保的努力和贡献。在艾路明会长带领下，阿拉善SEE生态协会走出国门，参访国际知名生态环境保护组织，在联合国环保舞台强力发声。在加强国际交流、建立良好国际合作关系的同时，传递了中国企业为全球生态环境保护作出的贡献和努力，提升了机构品牌的国际影响力。尤其是在联合国气候变化大会、纽约气候峰会等国际会议上，艾路明发表演讲，传递阿拉善SEE生态协会及中国企业家在应对气候变化方面的实践成果，得到联合国环境署、世界自然保护联盟等国际机构的认可和赞许。

他曾经是一位"博士村长"，1995—2016年，担任武汉市洪山区九峰乡新洪村党支部书记兼村委会主任，开展扶贫工作20余年，带领村民脱贫致富。

作为企业领军人物，在企业发展中注重履行社会责任。带领企业救孤助残，定向资助贫困群众；支持教育科研，为人才成长提供空间；关注环境保护，大力推动环保公益事业发展。2019年，艾路明亲自带队组织集团员工逾100人赴内蒙古阿拉善地区防风固沙种植梭梭，为实现在阿拉善种植"一亿棵梭梭"不懈努力。参加"沙漠节水小米"的春播及秋收活动，率先购买小米，让员工亲身实践公益、感受公益。疫情期间，当代集团及其伙伴企业向一线累计捐款捐物超过7000万元，旗下人福医药承担了湖北省内近1/3的抗疫物资配送任务。

2019年7月24日，"2019福布斯中国慈善榜"发布，艾路明以7000万元人民币的现金捐赠总额排名第52。

艾路明将大量精力投入环保公益事业，他个人和所领导的企业累计向社会捐赠超过5亿元。先后获得2018年、2019年"年度臻善领袖"、凤凰网行动者联盟"2018年度十大公益人物"、世界自然保护联盟"自然领袖"，入选"中国慈善公益品牌70年70人"。

艾路明是武汉市第十届人大代表、湖北省第九届政协委员、湖北省劳动模范、武汉市十大杰出青年、武汉市优秀中国特色社会主义建设者、洪山区科技工作先进者、武汉市民办科技实业家、武汉市"第六届民主意识强的优秀企业领导人"、支援三峡先进个人，荣获"中华人口奖贡献奖"。

艾路明的经历颇为传奇，横跨政、商、学界。艾路明是一位德高望重的学者、是一位成功的企业家、是一位胸怀抱负的慈善家、更是一位负有责任心的生态人士。他是武汉大学经济学博士，武汉大学哲学学院的博士生导师。当过村支书，任过基金会会长。热衷公益事业，是阿拉善 SEE 生态协会的第七届会长。艾路明明理明德，积极传播公益理念，自觉履行社会责任，宅心仁厚，善行满路。

胸怀公益　志愿治沙——苏明兴

苏明兴，男，1950 年生，中共党员，山西太原人，大学本科学历，曾任中国人民解放军中央军委总装备部后勤部部长。

1968 年 2 月，在 38 军 113 师汽车连军械修理所战士。

1969 年 1 月，在 113 师军需生产仓库班长。

1969 年 8 月，在军需生产科任财务助理员。

1978 年 5 月，任 113 师炮兵团财务股股长。

1979 年 6 月，任 113 师 338 团后勤处处长。

1981 年 1 月，任 113 师后勤部副部长。

1984 年 8 月，任 113 师后勤部部长。

1991 年 8 月，任太原卫星发射中心后勤部副部长（1992 年 8 月授大校军衔）。

1994 年 9 月，任酒泉卫星发射中心后勤部部长。

1998 年 12 月，任总装备部后勤部副部长。

2000 年 8 月，授少将。

2001 年 8 月，任总装备部后勤部部长。

2010 年 3 月，退休。

2011 年，阿拉善生态基金会成立，苏明兴作为理事会副理事长成员，连任 2 届副理事长。在基金会埋头干了 10 年，默默无闻、勤于思考、甘于奉献。4 月，苏明兴在深圳参加阿拉善生态基金会成立揭牌仪式后，便以理事会副理事长的身份再次踏上阿拉善，不同于之前的是此次来阿拉善只为治沙植树。在随后的春季植树大会战中，他与员工、官兵一起在风沙中参加植树劳动，直至春季植树结束才返回北京。稍事休整，又随会长、秘书长走访协会和上市公司，奔走在北京、南京、上海、深圳等地，广泛宣传公益生态文明理念，为生态基金会募集资金。

2012 年 5 月 7 日，正是生态基金会起步之时，技术匮乏、没有装备，栽下苗木无法浇灌，眼看着夏季来临，苗木面临枯死的威胁。苏明兴紧急出动，向解放军总装备部协调申请了 2 辆拉水车（油罐车改装），从北京启运至阿拉善，为基金会植树造林提供有力支持。

苏明兴自入会以来，积极参与基金会组织开展的各项活动，除一年一度的理事会议、春季植树活动外，还参加了 8 届"生态文明·阿拉善对话"活动、4 届"绿色行走·公益长征"活动的全部场次，凡基金会主导的活动，他一定在现场参与互动，为推动基金会公益事业发展献计献策，尽心尽力。每次参加活动，苏明兴都主动联络参加活动的企业家，向他们介绍在荒漠植树的意义，邀请他们加入到生态治理的行列中。苏明兴本身就是活教材，部分企业家受他的影响感召，毅然走进生态建设的行列，成为日渐壮大的生态建设大军中的一员。苏明兴还用他在东风基地工作的特殊经历，向年轻人开展国情教育，把对祖国的热爱融入生态建设的实际行动中。

苏明兴身为将军，虽已退休离职，仍保持军人的本色，工作兢兢业业，严于律己，不提条件，不计报酬，以一个普通志愿者的身份主动积极参与基金会的工作，为基金会事业发展作出了贡献，也为阿拉善治沙绿化工作作出了自己的努力与贡献。

苏明兴没有豪言壮语，在基金会成立伊始就自觉自愿地走进这个只能奉献的"队伍"，用他的党性、军人之血性和高尚的人格，在阿拉善荒漠勤奋耕耘，相信他只要还能行动，就不会离开生态建设的队伍。

全国劳动模范——宝花

宝花，女，蒙古族，1968 年 7 月 14 日生。中共党员，先后担任阿拉善右旗曼德拉苏木沙林呼都格嘎查党支部委员、嘎查委员，兼任嘎查妇联主席、计生专干等职务。2000 年，宝花响应阿拉善右旗政府号召，来到曼德拉苏木沙林呼都格居住创业。当时，作为重点移民迁入区之一，这里自然条件极为恶劣。一场大风，搬迁户的农田被流沙掩埋，尤其是田苗破土时，新苗几乎全部被打死，补种，又被打死。严重的灾害，种植户连成本都收不回来，入不敷出，吃饱肚子也成了问题，一起搬迁过来的 80 多户人家逐渐返回，不到一年减少成十几户。邻居劝宝花和他们一起离开，这个倔强的蒙古族女人却说："我不走，我要留下治沙，非干出个名堂来"。

宝花率先在沙林呼都格嘎查开始了治理沙漠、阻住沙尘暴的艰苦历程。沙林呼都格嘎查是有名的大风口、沙尘暴必经之地，每年春季几乎没有一天不是千里黄云白日曛，没有一天不是黄沙铺天盖地，没有人能看到希望，甚至有人说这里就是人间地狱，住下来就是受罪。不信邪的宝花叫上丈夫带着铁锹踏进了沙漠，她要种梭梭、沙拐枣，治理桀骜不驯的风沙。

阿拉善右旗年降水量只有几十毫米，蒸发量达 3000 多毫米，种梭梭用水只能开着部队淘汰的老旧六轮车从远处的机井往来拉，挖一个坑、栽一棵梭梭、浇一桶水，全靠两人手工完成。每天他俩摸黑出门，披星归来，没有午餐、没有午休，回家后点起油灯做晚饭，没时间洗脸，换洗衣服更是奢望。

第二年，顽强的梭梭、沙拐枣在大风口吐绿了。只要能活就不会死，牧民深知这些沙生植物的习性。入夏时他们看到了成片的绿色。这抹绿色给宝花带来了信心，也让搬迁户看到了希望。抱着战胜黄沙、改变荒滩的决心，秋季大伙跟着宝花一起在沙漠里、戈壁滩上风餐露宿，挖坑、拉水、种梭梭、种沙拐枣，硬是在这片寸草不生的荒沙坡上种植梭梭 1333.33 公顷，昔日的"大风口"已逐渐成为"小绿洲"。宝花的梭梭越种越好，越种越多，她也成为当地赫赫有名的"梭梭女人"。

这片荒沙渐渐变绿了，沙害也减少了，可是，养活这片林子很费钱。没有收益就不可持续，那些搬走的人永远不会再来。宝花想"得让种梭梭的人能有饭吃，梭梭能产出银子才行"。当地人都知道肉苁蓉很值钱，肉苁蓉就是寄生在梭梭根部的植物。可是，那是自然接种的，概率非常低，即使长肉苁蓉，也不是每棵树下都有。这几年经常听说有人会人工接种肉苁蓉。宝花对人工接种着了迷，后来，她向知情人打听、向技术员请教，还出去学习。得知肉苁蓉 3 年长成，成年梭梭就能接种肉苁蓉。宝花开始了新的尝试，她第一次实验接种肉苁蓉获得成功。第一批接种的肉苁蓉第三年就采挖 1000 多斤，净赚 2 万多元。"宝花靠种梭梭赚大钱了！"消息一传十，十传百，曾经从嘎查搬走了的人陆续回来了，他们想跟着宝花一起种梭梭、收肉苁蓉、赚大钱，昔日寂静的嘎查又热闹起来。带领乡亲致富的宝花，如今在嘎查周围个人造林 6666.67 公顷，投入资金达 200 多万元，昔日满目荒凉的戈壁滩上涌现出大片绿洲，漫天黄沙肆虐的频率越来越少，蓝天出现的天数越来越多。

在宝花的带领下，在沙林呼都格嘎查形成 8666.67 公顷人工梭梭林核心带，辐射带动相关产业迅速拓展，产业链条不断延伸。宝花成为农牧民走上转移转产、增收致富之路的先行者和带头人。

宝花，在荒沙中开辟出自己的绿色阵地，带领农牧民脱贫致富，用实际行动践行产业脱贫、生态致富的正确路子，获得"全国绿化劳动模范""全国劳动模范""全国三八红旗手""全区优秀共产党员"等荣誉。

宝花，一个倔强而坚韧的蒙古族妇女，年过半百，22年与风沙为伍，不惧艰难、敢为人先，蹚出一条生态富裕之路，用青春、用苦干生动地诠释了"绿水青山就是金山银山"理念。

振兴驼产业　造富乡亲们——马军

马军，男，汉族，1991年7月生，大学本科学历，中共党员，现任阿拉善右旗巴音高勒苏木巴音宝格德嘎查党支部书记、嘎查委员会主任。

2014年10月，阿拉善右旗巴音高勒苏木巴音宝格德嘎查草原管护员。

2018年6月，阿拉善右旗巴音高勒苏木巴音宝格德嘎查党支部书记；8月，阿拉善右旗巴音高勒苏木巴音宝格德嘎查党支部书记、嘎查委员会主任。

2020年12月，阿拉善右旗巴音高勒苏木巴音宝格德嘎查党支部书记、嘎查委员会主任。

2014年，内蒙古农业大学毕业后，开过火锅店、当过草原管护员，吃苦耐劳、喜欢钻研，经常参加各类发展驼产业培训，掌握了饲料配比、常见病防治等多方面的知识，成为年轻的"养驼达人"，在大力发展驼产业的政策扶持下，实现了年收入20万元的目标。

为响应阿右旗全面打造"重要的驼奶产业集散中心"号召，马军积极与阿右旗农牧和科技局对接，在嘎查养殖场进行高产母驼实验，通过优化饲草料配比，探索以最低的成本和最优的养殖模式提升驼奶产量和质量。同时，和内蒙古坤岚生物科技有限公司研究驼奶产业的附属产业，开展育肥骆驼的饲草料研究，做好小驼羔育肥工作，通过不断发展壮大驼产业，助力农牧民增收。

他经常说："作为一名基层党员干部，心里就得时刻装着群众，为群众出主意、想办法、解决困难，带领群众一起致富奔小康"。他带领嘎查农牧民，调整产业结构，发展以日光温棚为主的设施农业及高效精养为主的舍饲养殖业，不断壮大嘎查集体经济，带动嘎查14户建档立卡贫困户增收致富。

2018年，当选为嘎查委员会主任，他召集嘎查班子成员探思路、找办法，最终确定了"适应市场、农牧结合、以农养牧、以牧促农"的新发展思路，引导农牧户购买基础母畜，修建标准化棚圈、青贮窖等配套设施，邀请专业技术人员讲解科学养畜及牲畜疫病防治知识。为了让更多农牧民群众增收致富，他创办了阿右旗金丰源种养殖专业合作社。他脑子活、干劲足，当年就为嘎查集体经济收入增加了5万元。

2019年，经过对市场考察和论证，合作社在苏木养殖区申请专用土地，投资150万元新建奶驼养殖场，当年存栏骆驼230峰，驼奶年产量超过50吨，年收益过百万。尝到了养驼的甜头，他们开始扩大养驼规模，为农牧民脱贫致富拓宽渠道。带动巴音高勒驻地20户农牧民发展驼产业，建成11座标准化奶驼养殖场，奶驼养殖规模达到2000峰，巴音高勒苏木产奶量占全旗1/3以上，养驼户人均收入增加2万元。

2020年，他又当选为嘎查党支部书记兼嘎查委员会主任，任职以来继续扩大驼产业规模，嘎查集体经济收入逐年递增，累计收入达到56万元，嘎查牧民收入从2018年1.95万元增长到2021年的2.32万元。

骆驼有"沙漠之舟"之美誉，过去是沙漠戈壁的重要交通工具，而今发达的交通使骆驼的驮运功能无法发挥，骆驼几乎被人遗忘了。近些年，科研人员发现驼奶营养丰富，其保健价值远高于牛奶，驼产业应运而生。马军作为驼产业的领军人物，不但自己富了，而且带动了一片，探索出一条驼产业致富的好路子，为乡村振兴开启了新途径。驼产业作为沙产业的重要组成部分，前景非常广阔。下一步实施乡村振兴，驼产业不会缺席。

让戈壁沙枣成为致富果的女强人——余娟

余娟，女，汉族，1980年2月27日生，祖籍甘肃金塔人，额济纳旗东风镇额很查干嘎查牧民。

余娟所在的嘎查是一片沙化严重的戈壁滩，每年春季沙尘暴肆虐，飞沙走石，荒无人烟。她深知要想在这里做点什么，不搞好生态是不行的。种草种树从何做起？她听老一辈人说，20世纪70年代，知识青年在这里种过沙枣树，活得还不错，知青走了，树也渐渐没了。

2014年，她尝试在戈壁滩种植20亩沙枣树，当地人都知道，沙枣树耐旱、抗风沙，生命力极顽强。几经试验，她发现这里的土壤很贫瘠，距地表60厘米左右，有一层10厘米左右的砂岩，如果不把砂岩打穿，种下的树扎不下根，也长不大。沙枣树种活了，而且长势旺盛，这一片的生态逐渐好转，自然环境大有改善。由于没有收入，较大的养护费用是摆在她面前最大的难题。

额济纳旗地理环境特殊，气候虽然干旱，但是海拔低、年积温很高、昼夜温差又大，为植物糖分积淀提供了条件，沙枣很受人喜欢。她萌生了发展沙枣产业的念想，但是额济纳沙枣个头小，果肉薄，怎么办？余娟请教技术人员，自费去新疆考察新疆沙枣，最终决定换品种。

余娟很谨慎，先从新疆买来种苗，再做种植试验。试验成功后，再大面积种植。

2017年，余娟的沙枣以果大味甜，色泽红润受到市场的青睐，每斤卖到30多元，卖出了高档果品的价格。年底，她收回了全部投资，盈利10万元，她尝到了种沙枣的甜头，干劲倍增。同嘎查的人看到余娟的成功，纷纷前来取经，余娟跟他们分享成功的快乐，教他们如何种好沙枣树，就这样，凡是有条件的牧户都在自家的草场上种沙枣树。

2018年，她筹资80万元，种植沙枣树150亩。这次，她从新疆直接选择挂果的成年沙枣树，采用滴灌浇水。管理科学、灌溉及时、修剪有方，沙枣树长势良好，当年就挂果了。为拓宽销售渠道，提升沙枣的知名度，她注册了"陶来牧场"商标。余娟还积极与旅行社合作，与地接联手，亲自为沙枣编写解说词，借胡杨节的优势，让游客品尝"陶来牧场"沙枣，很快，"陶来牧场"沙枣被游客带向全国，成为额济纳旗又一张特色名片。

2019年，额济纳旗东风镇成功举办了第一届农畜产品走进航天城和首届采摘节，并与两大军事基地达成农畜产品销售意向，颗粒饱满、味道可口的沙枣，肉质鲜美的羊肉一经上市，就广受好评。

截至2021年底，余娟累计种植沙枣树22.67公顷1.1万棵。余娟利用这片林子搞起了林下养殖，落叶和秕枣都是牲畜越冬的好饲料。林下散养鸡、鸭、鹅，成本低、利润高、病死率低、肉质鲜美，还能为沙枣林产生农家肥。形成树上结果、树下养殖立体家庭林场、牧场。余娟说，她的沙枣林就是一个"空中牧场"，为发展林上、林下经济做出了榜样。

在降低生产成本上，余娟算了一笔账：使用滴管技术，不用平整土地，节水50%以上，雇用管护人员很少；种植成年苗木，节省挂果时间，用自家的优质穗条搞嫁接，适应性好、改造低产树木成效明显；自建种苗基地，节约购苗运苗费用，自产苗木适应性强、抗病性好，除了自用，还分发给周围的农牧民。

　　戈壁滩绿了，余娟富了。每年仅沙枣一项的销售收入就在100万元以上。她家共有266.67公顷草场，她计划全部种沙枣树。余娟在发展沙枣产业的同时，带动周边14户牧民种沙枣树，户均收入增加1.2万元。生态产业化是一条幸福之路，她决心带领本嘎查农牧民一起走生态致富的路子。

　　额济纳旗是一个缺水少树的地方，牧民们祖祖辈辈生活在干旱的戈壁上，哪里想过种树致富？在于娟的带动下，植树造林发展林产业和林下养殖业已经蔚然成风，戈壁一片片绿了起来，牧民一家家富了起来，额济纳的沙枣已经成为游客必购的旅游产品。小小沙枣走出了额济纳，走进了大江南北的千家万户。余娟先后获得全国科普惠农兴村带头人、盟级三八红旗手、额济纳旗农村牧区致富带头人和劳动模范。

　　余娟用8年时间实现了戈壁滩变小绿洲的梦想，创造了一个绿色可持续发展的模式。

　　一棵棵普通的沙枣树，在阿拉善无人不识；一片片沙枣林，在荒漠戈壁却承载了香甜的梦想；一粒粒红艳香甜的沙枣，生动地诠释了"绿水青山就是金山银山"的理念。余娟的日子红火了，这不是她的初衷，她要建设一个更加完善的产业链，让荒漠戈壁为大家带来更多的福祉；她要打造一支庞大的产业之舟，让更多的农牧民一起驾舟远航。谁说荒漠戈壁就是"死海"，有了生态就有了幸福。

乡村振兴带头人——阿云嘎

　　阿云嘎，男，蒙古族，中共党员，1990年5月28日生，额济纳旗人，全日制大专学历，现任达来呼布镇乌兰格日勒嘎查党支部副书记、额济纳旗查干沙产业专业合作社理事长，兼额济纳旗驼奶产业协会会长。

　　2012年7月，毕业于呼和浩特民族学院法律专业。

　　2012年8月，在额济纳旗人力资源和社会保障局实习。

　　2013年9月至2014年8月，于额济纳旗温图高勒苏木公益性岗位工作。

　　2015年至今，先后担任乌兰格日勒嘎查党支部委员宣传委员、组织委员、乌兰格日勒嘎查党支部副书记、团支部书记，额济纳旗查干沙产业专业合作社理事长；额济纳旗驼奶产业协会会长。

　　阿云嘎出生在阿拉善额济纳旗一个普通的牧民家里，羊和骆驼是阿云嘎童年时的玩伴。他熟悉牧区，热爱家乡的一草一木。

　　响应国家退牧还草政策，开启艰辛的创业路程。大学毕业的阿云嘎，通过调研认为阿拉善野生肉苁蓉市场价值高、潜力大，发展前景好。从事肉苁蓉生产、加工是绿色发展的新路子。额济纳旗是肉苁蓉的原产地之一，个大肉厚，质量上乘，药用价值极高。阿拉善被称为"中国肉苁蓉之乡"，阿拉善英雄会、额济纳胡杨旅游节能引来国内外游客800多万人，宣传、销售肉苁蓉有着得天独厚的优势。阿云嘎倾全家所有，全身心投入到了肉苁蓉产业。

　　创业是艰难的，阿云嘎失败过、后悔过，但他始终没有放弃，咬牙坚持下来，额济纳旗有稳定的货源，他创办了三家特产直营店及占地6000平方米的在建肉苁蓉收购加工厂，公司从肉苁蓉、锁阳的收购、加工到研发出具有乡土特色的沙产业产品，走过了一段艰难的历程而今产品的种类越来越多，市场越来越宽广，效益越来越好。

　　2021年，建设4200平方米的肉苁蓉晾晒加工车间。预计项目投入使用后，年收购销售加工鲜肉苁蓉超过500吨，间接带动肉苁蓉种植户200多户400多人，涉及草场面积13.33万公顷，人均增收1万元。

通过"企业+合作社+农牧户种植"的合作模式，帮助农牧户种梭梭、白刺，先保护好生态，待梭梭、白刺成年后，再接种肉苁蓉、锁阳。采挖很关键，要做到不掠夺性采挖、不破坏生态很难，但是阿云嘎以身作则，做到保护植被第一，收获产品第二。

阿云嘎注册了"胡杨三千""漠之情"商标，决心把额济纳肉苁蓉、锁阳的品牌打出去。打造一个品牌路很长、很坎坷，但是，他坚信额济纳肉苁蓉、锁阳有着其他地区产品不可比拟的优势，这张品牌迟早会闻名遐迩，最终会成为阿拉善的一张新名片。

全国年需求肉苁蓉量在3000~3500吨，这样大的市场随着宣传力度的加大，需求量不断扩大，做好肉苁蓉、锁阳产业，无疑是乡村振兴支柱产业之一。依据2021年阿拉善盟《肉苁蓉（荒漠）生产经营试点工作方案》，公司已申请肉苁蓉生产试点企业。药食同源为产品多元化奠定基础，阿云嘎看到了商机，看到了未来。

2018年9月，获全盟农村牧区青年致富带头人；2019年4月，获阿拉善优秀五四青年奖章；2019年11月，获2019年度全区农村牧区致富带头人；2020年，获全旗劳动模范称号。

阿云嘎，90后、大学毕业回乡创业者，他治理生态、引领产业；他胸怀未来、谋划幸福！

治沙老愚公——孟柯

孟柯，男，蒙古族，1947年10月20日生，中共党员，内蒙古阿拉善右旗人。

1968年4月，担任沙日台公社巴丹吉林大队队长。

1972年11月，沙日台公社干事。

1974年6月，在额济纳旗公安局任所长。

1980年，在额济纳旗边防大队古日乃派出所任所长。

1987年7月，任阿拉善右旗边防大队副大队长。

1988年，任阿拉善右旗边防大队大队长。

1993年，任阿拉善右旗检察院副书记。

2002年，退休。

为了在沙漠里种树，他不顾家人的反对，拿出积蓄购买了汽车、帐篷、树苗、抽水机和种植工具，从旗府所在地巴丹吉林镇来到阿日毛道嘎查中诺尔图，一头扎进沙漠腹地，打井育苗，独自种树。花完了多年的积蓄，还贷款8万元，在沙漠深处一干就是20年。

老人回忆说，他小的时候，这里林草茂密。20世纪80—90年代，由于降水量减少，人为活动增多，大片植被枯死，生态日趋恶化。看着荒漠化越来越严重的家乡，他萌发了植树造林，绿化家乡的想法："我就是想给家乡作点贡献，以前是、现在是、以后也是，只要身体还行，会坚持做下去。"老人的朴实与坚持，让人肃然起敬。

在沙漠里种树，面临的艰苦和困难，远远超出了他的想象，炎热干燥、风多沙大、交通不便，植树造林更是难上加难。头两年他风餐露宿，挖坑、拉水、种梭梭。春天风大，常常是头一天挖好的树坑，第二天就被沙子埋掉，有时栽上的树苗一场风沙过后都会被连根拔起，种树的成活率极低。但是，他没有放弃，死了再补上。补了，死了，再补上。由于干旱缺水，孟轲经常顶着似火的骄阳，从井里提水，一棵一棵地浇，坚持每天巡视，风雨无阻，年复一年，硬是在沙漠里种成了一大片梭梭林，他看到了久违的绿色，更加坚定了信心。

二十年，孟轲老人在沙漠里打了7眼井，梭梭林的面积一点点在扩大，他种植了梭梭、沙枣、杨树、榆树等苗木100公顷。孟柯心爱的林子，就在巴丹吉林沙漠中心，年降水量110毫米，蒸发量高达3900毫米，夏季最高温度达40多度，别说栽树，活树也会被烤死。

孟柯刚开始种树时，家人和嘎查牧民都不理解，还有人说风凉话，劝他不要犯傻。但时间长了，老人无私的坚守、辛勤的劳作感动了嘎查牧民，在他的影响下，牧民们也积极参与到家乡的治沙植绿中。牧民杨宝山说，受孟柯老人的影响，他一直参与孟柯的植树造林，种植沙枣、梭梭、甘草等沙生植物，现在阿日毛道嘎查发生了巨大的变化，生态环境明显改善，昔日满眼黄沙的不毛之地变成了小绿洲。

孟柯老人说，现在植被多了，风沙少了，生态好了，来这儿的游客增多了，当地牧民也靠着这片绿洲经营起牧家游，增加家庭收入。

如今，孟柯75岁高龄了，体力渐差，开始想这片林子交给谁来管护？有谁能继续把这份事业坚持下去？其实，在荒无人烟的巴丹吉林沙漠，随着沙漠旅游的兴起，这里已成为游客歇脚和夜宿的理想之所，这片林子带来的经济效益远超预期，嘎查的年轻人已经为保护扩展这片小绿洲行动起来。

孟柯老人当过兵、当过干部，退休前驻守边防保家卫国，退休后保护生态绿化家园，二十年坚守在巴丹吉林沙漠腹地植树造林、治理生态，在茫茫沙海中播下一片绿洲。

退休后的孟柯原本与其他退休干部一样可以安度晚年，享受小城镇生活的惬意，可是，一个"绿化沙漠、治理生态"的念想，使他二十年如一日，在沙漠深处挥汗植绿，过着最简单的生活，干着最重的体力劳动，任何困难都挡不住老人坚韧的步伐，他的所作所为体现了"愚公"的倔强精神，"莫道桑榆晚，为霞尚满天"就是他乐观人生的写照。

种植梭梭　接种肉苁蓉的带头人——沈永财

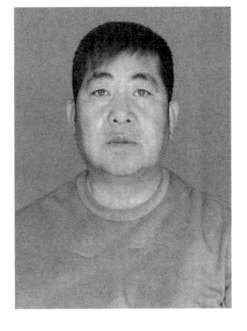

沈永财，男，汉族，1972年2月生，中共党员，阿左旗巴彦诺尔公苏木苏海图嘎查人，高中文化。

1993年7月至1996年7月，担任苏海图嘎查团支部书记。

1996年7月至2012年7月，担任苏海图嘎查党支部书记。

沈永财任职后，他思索党支部如何在日益沙化，十分有限的草场上带领群众致富是新班子面临的重大问题。由于过度放牧，草场退化严重，发展畜牧业已经没有希望。怎么办？沈永财清晰地认识到不恢复植被再过几年这里连人都待不住，还谈什么发展？他率先在自家的草场上试验种植梭梭20公顷，经过几年的努力，梭梭成活了，长大了，他也探索出一条人工种植梭梭发展林下经济产业的路子。梭梭是肉苁蓉的最佳寄主，如何让每一棵梭梭都能成功接种肉苁蓉是一个难题。经过仔细观察、思考，他发现自然生长的肉苁蓉靠的是肉苁蓉种子与梭梭根系结合，肉苁蓉种子寄生在梭梭根部，在适宜的温度、湿度条件下，肉苁蓉就长了出来。但是，肉苁蓉靠自然接种那是很难很慢的，概率很低。关键是梭梭的根部不裸露，埋深一般在60~100厘米，他通过人工挖开梭梭根部，将肉苁蓉种子放在梭梭根上，经过试验，成功率不高。肉苁蓉种子与梭梭根不能完美结合，成为他时刻考虑的问题，于是，他动脑筋、想办法，用胶泥做托盘，这样一来，接种成功率大大提高。沈永财的每一棵梭梭都长肉苁蓉，这一消息让大家震惊……

阿拉善肉苁蓉自古有名，在药典里被称为"王府肉苁蓉"，是肉苁蓉之中的佼佼者，其收购价格也很高。

2000年，他将自家的羊全部卖掉，全身心地投入梭梭种植、肉苁蓉接种试验研究中。他的种植、接种技术不断得到改进。在此期间，他和同嘎查的牧民创新了肉苁蓉种子采集办法。肉苁蓉种子颗粒极其微小，同一棵肉苁蓉上的种子成熟时间不一样。先成熟的不及时采集就随风飘落。针对这个问题他们反复思考，多次试验，他们在开花的肉苁蓉上套上丝质长筒袜采集种子，既不影响采光，又不影响通风，成熟的种子自然落在长筒袜中。这个方法后来得到了广泛推广使用。肉苁蓉的种子很金贵，一直按照"克"来交易，有一段时间超过黄金的价格。

2009年，他承担实施了73.33公顷的"三北"造林项目，他严格按工程设计和要求完成造林。

2010年，沈永财筹备成立了阿拉善左旗苏海图嘎查肉苁蓉锁阳供销专业合作社，被推选为专业合作社董事长。

2011年，林业部门又给安排了退耕还林荒地造林工程100公顷，造林全部经林业部门验收合格，成活率达80%以上。

2011年底，沈永财种植和围封梭梭林达200公顷，接种肉苁蓉的梭梭林200公顷，采集肉苁蓉籽6千克，这一年他家出售肉苁蓉和肉苁蓉籽，2项收入达24万元。

沈永财经过十几年的不懈努力，蹚出了一条生态致富的路子。他有信心、有底气让大家富起来，他提出：种植梭梭、接种肉苁蓉、发展沙产业，走生态致富的新路。他和嘎查班子率先垂范，引导嘎查牧民转变传统以畜牧为主的观念，全嘎查禁牧转产不转移，大面积种植梭梭，形成梭梭林；大规模接种肉苁蓉，形成经济林；苏海图的沙产业初具规模。

有沈永财的示范引领，农牧民种植梭梭、接种肉苁蓉的热情空前高涨，阿左旗政府适时出台了"鼓励农牧民发展沙产业的优惠政策"，拉开了苏海图嘎查走生态致富道路的序幕。牧民在房前屋后、自家草原上凡是能种植梭梭的地方都进行了种植。他们的目标是在苏海图嘎查种植梭梭50万亩、接种肉苁蓉30万亩，从根本上调整产业结构，让全嘎查群众的生活水平得到质的提升，实现由生态难民向生态裕民的华丽转身。

2020年，苏海图嘎查牧民全部脱贫，大多数致富，生活水平稳步达到小康，这也是沈永财和苏海图牧民共同的梦想。如今苏海图嘎查沙化退化土地变成了绿绿葱葱的林地，有效遏制该嘎查土地沙化退化趋势，为发展沙产业奠定了良好的基础。

截至2021年底，苏海图嘎查种植梭梭40万亩、接种肉苁蓉15万亩、嘎查年产鲜肉苁蓉130～150吨，年产值逾300万元，每年靠卖肉苁蓉和肉苁蓉种子年收入超过10万元的牧户已达10户以上。苏海图嘎查防风固沙、治理生态、共同富裕成了阿左旗的典范，带动了周边嘎查，促进了全盟的生态建设进程。巴彦诺日公苏木除了苏海图嘎查以外，其他嘎查成功营造梭梭林2.67万公顷，接种肉苁蓉9333.33公顷。

苏海图嘎查连续两届两委班子提议，村民大会一致通过形成决议：嘎查每年种植梭梭5万亩、接种肉苁蓉3万亩。

沈永财继续带领农牧民在生态致富的路上前进。使用新技术，打造大品牌，保证牧民增收；坚持开发式、参与式发展，以市场为导向，结合国家和地区的优惠政策，在肉苁蓉的销售和深加工上做文章，形成规模生产；让牧民联合生产、规模经营、扩大市场、招商引资，研究肉苁蓉锁阳深加工模式，让牧民获益最大化，"公司+牧户"的产业模式在阿左旗最早诞生；培养一批梭梭种植的青年技术人员和经纪人队伍，在肉苁蓉大量产出时专门从事销售、签订订单，拓宽肉苁蓉的销售市场，理顺供销关系，达到长期合作；带动了其他产业的发展，如包装、运输、加工、解决嘎查富余的劳动力；以户为单位，多种经营，结合苏海图的实际，发展一户一景、一户一业的优势种植业和各种养殖业，充分发挥苏海图嘎查人工种植40万亩梭梭林和接种肉苁蓉15万亩梭梭的资源，利用苏海图嘎查的交通优势，每年"五一"劳动节举办"肉苁蓉花节"，15万亩肉苁蓉花呈现出沙漠花的海洋，让游客赏花、体验采挖、采购。

沈永财的执着追求和不懈努力得到了全社会的广泛认可。

2000年，被评为巴彦诺尔公苏木优秀共产党员。

2010年，他荣获第四届阿拉善十大杰出青年称号；被评为阿拉善左旗劳动模范先进工作者、阿左旗农牧业先进个人、全盟优秀共产党员。

2011年，被评为阿左旗优秀党务工作者、阿左旗林业生态保护与建设工作先进个人、全苏木创先争优活动优秀共产党员。

2012年，被评为全盟基层党组织建设带头人、首届阿左旗十佳文明农牧民、苏木创先争优活动优秀共产党员；获得人工肉苁蓉种植扶贫开发项目"科技示范户"。

沈永财严于律己、以身作则、率先示范，时刻以党员的标准严格要求自己，带头加强政治理论和科学文化知识学习，提高自身思想品质和修养；他脚踏实地、吃苦耐劳、朴实敬业、执着钻研，成为远近闻名的致富带头人。

沈永财前后担任嘎查领导16年，从种植梭梭到全部接种肉苁蓉，从大面积收获肉苁蓉到成立合作社，从带头致富到共同富裕，他是苏海图牧民心中的"领头羊"。

牧民们深情地说："过去逼我们搞生态建设，现在我们自觉搞生态建设，谁也拦不住。从种植梭梭到脱贫致富，从黄沙漫漫到绿树成林，我们的生活水平有了质的飞跃。这里有'领头羊'的付出，更有党的政策滋养。啥叫'绿水青山就是金山银山'，来看看我们的苏海图吧"！

（二）模范人物

防火先进个人——段志鸿

段志鸿，男，汉族，1965年11月生，中共党员，任内蒙古贺兰山国家级自然保护区管理局党组书记、局长。

1985年9月至1987年7月，内蒙古自治区农业学校农学专业学习。

1987年7月至1996年5月，阿左旗农业技术推广站职工；（期间：1994年9月至1997年2月在宁夏农业学院农学专业函授学习）。

1996年5月至1999年5月，阿左旗农牧局干事。

1999年5月至2003年2月，阿左旗农牧局副主任科员。

2003年2月至2004年1月，阿左旗农牧业技术推广站工作。

2004年1月至2008年2月，任阿左旗农牧业技术推广站站长（副科）（期间：2004年9月至2007年1月在中国农业大学农学专业函授学习）。

2008年2月至2008年3月，任阿左旗巴润别立镇党委副书记、代镇长。

2008年3月至2013年3月，任阿左旗巴润别立镇党委副书记、镇长（正科）。

2013年3月至2014年12月，任阿左旗巴润别立镇党委书记。

2014年12月至2017年1月，任阿左旗林业局党组书记、局长。

2017年2月至今，任内蒙古贺兰山国家级自然保护区管理局党组书记、局长。

段志鸿以强烈的事业心和责任感，以保护母亲山——贺兰山为己任，把森林防火作为第一要务抓紧抓好，将责任扛在肩上，警钟时刻响在耳畔。他常说："贺兰山不能有火灾。"

他以身示范，时刻把防火摆在第一位。亲自制定并严格落实防火目标责任，加大防火宣传教育力度，加强防火基础设施及野外火源管控，加强防扑火队伍建设，建立健全防火机制，有力落实各项防火措施，取得了贺兰山自然保护区连续72年无森林火灾的好成绩，确保了贺兰山天然绿色生态屏障的安全。

他担任贺兰山管理局局长以来，每年春季森林防火期到来前，提前组织召开贺兰山保护区安全生产暨森林防火工作安排部署会议，提高管理员思想认识，明确防火工作目标，狠抓防火责任落实，纵向与4个工作站、28个管护站、一线管护员层层签订森林防火责任状；横向与保护区内企事业单位签订防火责任状，实行月考核制度，加大督查考核力度。结合实际情况，修订完善《贺兰山自然保护区处置一般森林火灾应急预案》《贺兰山管理局火情处置程序》等，确保森林防火责任到位、措施到位、组织到位、管理到位，有效落实各项防火措施。

他高度重视森林防火工作，树立防火就是防人、防火不分季节的理念，结合实际组织制定了《贺兰山保护区防火宣传实施方案》。在防火期联合移动公司、邮政平台累计发布防火短信80万条，通过国家、自治区、盟级各类媒体大力进行防火宣传报道200余篇（期），在重要地段、重点区域设置防火宣传牌30余块、悬挂横幅200余条、发放宣传单2万余份等措施广泛开展宣传，极大提高了社会各界生态保护和防火意识。"守好贺兰山 保住生命线"已成为社会各界的共识，在全社会筑起一道思想上的"防火墙"。

贺兰山林区大多处于高山峻岭之间，防火、灭火难度极大。加强森林火灾防御能力建设，提高防灭火实战水平是当务之急。

强化防火信息化建设至关重要，信息渠道不畅，会延误救火最佳时机。鉴于贺兰山山高坡陡、地形复杂，一直以来森林防火依靠基层管护人员严防死守，防火难度极大，很难及时发现火情，一旦发生火灾难以及时组织扑救。他积极争取防火项目资金，投资1000余万元，在已安装18套高清视频监控系统基础上，安装了26套管护站安防监控、27处视频会议系统，铺设（架设）信号传输光缆150公里，设立1处视频指挥中心，扩大了防火监控范围，使贺兰山保护区森林防火由人防向技防转变。

加强防扑火队伍建设。结合实际，组建了全盟首支森林草原专业消防队，采取"请进来、走出去"等多种形式在阿拉善盟森警大队和山东淄博原山林场进行集中式实战技能培训。春季森林防火戒严期，森林专业消防队实行集中食宿、集中管理、集中巡护，发现火情，快速出击，为森林防火"打早、打小、扑了"提供了保障。同时，积极督促辖区企业组建半专业化消防扑火队。

加强防火知识及实战技能培训。每年春秋季防火期举办综合业务培训班，对业务骨干及全体管护人员进行森林防火、日常安全消防、林区野外急救等知识和防扑火机具的使用及维修培训。2017年以来，累计举办12期森林防火业务技能培训班、5次大型野外防火演练和计划烧除，极大提高了森林防火实战能力水平。

加大巡护巡查力度。建立了"管理局—工作站—管护站"三位一体防火责任体系，划定责任区，责任落实到人头地块，实行防火电话日查日报制度和GPS+谷歌地图巡护航迹管理，实行24小时值班值守制度，防火期全员上岗值班值守，严防死守，蹲山头、守坟头，有效落实各项防火措施，严格火源管控，消除火灾隐患。

夯实防火基础。通过机构改革，加大基层防火管护力量，80%人员下沉到基层护林防火一线，确保森林防火巡护不留死角、不留隐患，巡护巡查全覆盖。

完善防火基础设施建设。建设7处通信基站，更新防火对讲机120部，建设维护防火道路150公里，建设防火隔离带30公里；为一线管护人员更新配发巡护摩托车55辆，配置配齐各类扑火设施设备。

做好联防互查。与盟、旗57家森林防火协防单位开展协防，组织保护区内的单位、企业成立义务扑火队负责辖区防火；各工作站、管护站与宁夏贺兰山自然保护区对口站点每年开展联防互查2次，与宁夏贺兰山管理局每两年定期召开蒙宁贺兰山护林防火联防会议，全力以赴做好贺兰山森林防火工作。

贺兰山就是我们的母亲山，守护贺兰山安全是管理局的最大责任，阿拉善四季干旱少雨，贺兰山的 365 天，每天都处于高火险等级，极易发生火灾，段志鸿为了贺兰山防火绞尽脑汁、奔走不已。他到任以来，足迹遍及了贺兰山的每条沟、每条岭，有时他在站点蹲点，有时他跟护林员同行，发现隐患及时处置。尤其是夏季，入山人员剧增，防火难度加大，他总是亲临现场，一方面作防火宣传，一方面亲自查验火种。他常说："防火无小事，一定要慎之又慎。"

亲力而为、率先垂范，极大影响了全局干部职工，大家凝心聚力、克服困难，确保贺兰山安宁、安全，多次受到内蒙古自治区表彰。

2019 年，段志鸿受到国家林业和草原局的表彰，被授予"全国森林防火先进个人"。

忠实尽责的护林员——李克林

李克林，男，汉族，1964 年生，中共党员，现任职内蒙古贺兰山国家级自然保护区管理局北寺管理站水磨沟管护站站长，森林管护高级技师。

1981 年 12 月，在贺兰山林场（现贺兰山管理局）参加工作。

1981 年 12 月至 1984 年 12 月，在水磨沟营林区工作。

1985 年 1 月至 2003 年 3 月，在古拉本中心管理站工作（2001 年任古拉本中心管理站副站长）。

2003 年 4 月至 2014 年 3 月，在哈拉乌中心管理站工作（2011 年 3 月任站长）。

2014 年 4 月至 2015 年 12 月，在水磨沟中心管理站任站长。

2016 年 1 月至 2017 年 5 月，调回贺兰山管理局督查室工作。

2017 年 6 月至今，在水磨沟管护站任站长。

李克林长期坚守在贺兰山森林防火与动植物资源保护第一线，兢兢业业，默默无闻，与全局广大干部职工齐心协力保持了 72 年无森林火灾的好成绩，为阿拉善盟生态保护与建设事业作出突出贡献。

他护林 41 年，先后在古拉本、哈拉乌、水磨沟和北寺管理站从事护林防火、保护森林资源工作，走遍了贺兰山 80% 的林区，走过了所在辖区的每一条沟壑。

20 世纪 80 年代初，年仅 18 岁的他分到林站，接过父辈护林的"接力棒"，一干就是几十年。荆棘小路，峭壁山崖，迎着朝霞出门，踏着晚霞而归。"看管不好林子，就愧当了护林员。"干了一辈子的父亲再三叮嘱他，这句话成了李克林的座右铭。天作帐，地作床，鸟木为伴，钻山林，睡山沟，成了家常便饭。走远了，走累了，就在林中山沟里打个盹、睡一觉。饿了，渴了，吃自带的干粮充饥，喝山泉解渴。日复一日，年复一年地走在护林山路间，伴随他的是深山的孤寂、无人问津的冷清。

他所在的哈拉乌和水磨沟中心管理站是贺兰山的核心区，也是巴彦浩特镇重要的水源地。保护好核心区和水源地是摆在他面前的严峻挑战。

2008 年 6 月 11 日晚 9 点，哈拉乌中心管理站辖区马莲井子沟北坡发生 1 起雷击火，雷电击倒 2 棵云杉并起火。发现火情后，他立即电话报告管理局，火速组织全站管护员及附近牧民及时赶到现场，了解火情后，他果断决策，镇定指挥，全力扑灭明火，清理出简易隔离带，亲自通宵值守，确保不发生新的火情。由于发现及时、集结迅速、指挥得当，成功扑灭，阻止森林火灾发生。

他利用工作之余，坚持学习《中华人民共和国森林法》《森林防火条例》《自然保护区管理条例》等业务相关法律法规，狠抓入山人员管理，发放警示卡，深入辖区加强宣传教育，在主要路口、沟道树立防火宣传牌，从思想上纠正入山人员对森林防火的麻痹意识。

为提高业务能力，他积极参加盟、旗林业主管部门和贺兰山管理局组织的业务知识和专业技能培训。及时掌握新设备、新技能，熟练操作灭火工具，应用 GPS 卫星定位进行导航定位测算林地面积。多年的基层工作积累，他能熟练修复灭火机的小毛病，对防扑火机具的使用有独到见解，常常召集全站管护人员在中心管理站办培训班，将自己对机具的使用和维修心得与管护员交流分享。对于自己欠缺的知识不耻下问，请教一些年轻的同志，尤其是电脑应用方面的知识。他说"三人行，必有我师"。好学、好琢磨是他的特点，也是他进步的动力。

1991 年，妻子临产，他还在坚守工作岗位，单位派人硬把他叫回来，临行他不放心，给同事一一交代清楚。1993 年因天黑夜巡，不慎从小松山摔伤住院，妻子精心陪护直到出院。平常家人抱怨他不回家，他并未放在心上，此时他才认识到对家、对孩子亏欠太多，想着退休后好好补偿家人。

他对辖区内工矿企业、旅游景区、动植物资源也详细巡查记录，做到巡护全方位、全覆盖，无死角。说起山里的情况，他了如指掌。单位同事们都亲切称他为"活地图"。41 年里，他勤奋工作、恪尽职守、护林防火、打击林政违法，破获"1998 年小松山盗猎团伙案""1999 年持枪盗猎案""2006 年持枪盗猎案"等案件。

2011 年，贺兰山管理局实行标准化模式管理，在他的带领下，哈拉乌管理站积极响应，按照月考核要求，逐项对照执行。在防火责任落实、队形队列训练、机具维修保养、林政执法培训、案卷制作归档、GPS 使用、菜篮子工程实施、个人内务等各个方面，都高标准要求自己，成绩在各中心管理站名列前茅，所在中心管理站被贺兰山管理局评为"2010 年先进集体""2011 年先进集体""2015 年先进集体"荣誉称号。

2018 年，将他调任到水磨沟管护站，他不负众望，勇于担当，一如既往承担起职责，制定严格督查制度，认真履职、恪尽职守，配合局各科室尽心尽力完成保护区禁牧、管理等工作，为保护区科学化、规范化、制度化管理奠定良好基础。

他先后 3 次参加贺兰山森林资源一类调查和资源清查外业工作，多次参加贺兰山森林病虫害防治工作，亲自参与扑救贺兰山森林火警 20 余起。

他作风严谨、能力出众、工作业绩突出。1999—2002 年、2005—2006 年、2008 年、2010—2011 年、2015 年、2021 年被贺兰山管理局评为"先进工作者"；2005 年被国家林业局和中国农林水利工会全国委员会授予"全国优秀护林员"称号；2011 年被评为旗级"林业生态保护与建设工作先进个人"；2012 年被阿拉善盟工会授予"全盟五一劳动奖章"。2013—2014 年、2018 年被管理局评为"优秀共产党员"；

荣誉背后，凝结的是他的心血，他以卓有成效的工作业绩得到领导和广大职工一致好评。在多年基层工作中，他始终以身作则，甘于奉献，诚实敬业，不断探索新思路、新方法，创造性地开展工作。他能够正确认识自身工作性质和人生价值，正确处理苦与乐、得与失、个人利益与集体利益、工作与家庭的关系，从大局出发，团结同志，发挥了一位老林业人应有的模范带头作用。寒来暑往，日复一日，在平凡的工作岗位上默默耕耘，干着平凡而朴实的工作。

进入新时代，他深知保护生态责任更加重大，把贺兰山当作自己的眼睛一样守护，这是阿拉善唯一的青山，李克林就一个朴实想法：我是护林员，是大山的儿子，守护母亲山是自己崇高的职责，只要贺兰山安然，我就安心。

"全国五一劳动奖章"获得者——刘宏义

刘宏义，男，汉族，1965年11月生，中共党员，中专学历。现任阿左旗林业工作站党支部书记、站长，林业正高级工程师。

1986年7月，在阿左旗吉兰泰林业工作站工作。

1998年，西部大开发，阿左旗拉开了生态建设的序幕，提出"生态立旗"方针。全旗8个国营林业场（站）没有苗木可供，他带领职工积极培育沙生植物苗木，参与"荒漠梭梭林更新复壮营林技术"研究，在田间地头和职工共同试验探索种植技术，培育出阿左旗地区面临濒危的沙生植物，用2年时间总结出培育栽植经验，编写出《阿拉善左旗干旱荒漠地区梭梭造林及育苗技术》《阿拉善荒漠地区肉苁蓉人工栽培技术》，指导全旗林业生产，开启了阿左旗以梭梭为代表的乡土灌木树种造林新模式，改变了全旗由"乔木型、用材型"转向"灌木型、固沙型"的营林方式。随着梭梭造林育苗技术的日趋成熟，将阿左旗吉兰泰打造成内蒙古自治区最大的优质沙生植物育苗产业示范基地，种植面积53.33公顷，品种增加到10种，产量达4000万株，产值400万元，缓解了本地区用苗紧张的局面，拓宽了林业改制职工和周边农牧民增收致富的途径。

2010年，阿左旗启动"百万亩"梭梭-肉苁蓉产业基地项目，他率先在阿左旗宗别立镇规划了2.67万公顷。由于技术不成熟，导致当年种植的6666.67公顷梭梭林全部失败，不甘失败的他在当年10月下旬，带领团队开始进行秋冬季造林试验并取得成功，使造林成活率比春季造林提高了5~10个百分点，梭梭造林从单一的春季造林拓宽到春、秋、冬季造林，他总结出《秋冬季梭梭人工造林技术》《阿拉善左旗荒漠地区肉苁蓉人工栽培技术》，起草制定了《梭梭造林及管护技术规程》（DB15/T 2335—2021）《阿拉善左旗荒漠肉苁蓉种子培育规程》（DB15/T 2332—2021），为阿左旗荒漠地区梭梭-肉苁蓉产业发展和生态建设提供技术支撑。宗别立梭梭基地成为自治区最大的人工梭梭-肉苁蓉产业示范基地，造林面积达到2.87万公顷，接种肉苁蓉3333.33公顷。截至2021年底，刘鸿义在全旗推广种植灌木林23.53万公顷（梭梭18.67万公顷），接种肉苁蓉3.55万公顷，接种锁阳1.34万公顷，年产出肉苁蓉（干物质）1000吨、锁阳（干物质）600吨，实现产值近3亿元，带动2万多农牧民人均增收1万余元。

飞播造林从1982年开始，经过几代人的技术创新，到2021年，累计飞播造林面积40.73万公顷。在他任职15年间推广完成25.93万公顷，占总飞播量64%。他不但每年参与飞播，还总结出"降雨量控制下的飞播种子丸粒化技术研究"，这项成果有效解决了飞播落种不均匀、发生位移的技术难题，获得2项国家专利；采用GPS定位导航技术解决了飞机入航不准确和人工作业强度过大的难题；采用机械沙障技术解决了中高大沙丘飞播造林成效差的难题，参与起草和评审了《飞播造林技术规程》（GB/T 15162—2018），这些技术的推广应用极大地提高了飞播造林成效。

2012年，他担任阿左旗额尔克哈什哈苏木乌日图霍勒嘎查驻村第一书记，利用9年时间主抓梭梭、花棒种植，用生态建设项目帮助嘎查壮大集体经济，使集体积累资金由当初的不足1万元增加到320万元。他在飞播造林项目实施中有针对性地对贫困嘎查、贫困户进行生态扶持和帮助，在全旗范围内增加护林员就业岗位239个（人均年管护费2万元）；退牧还林235户845人，人均年享受生态补偿金1.5万元；从2016年开始，在飞播作业中，每占用牧民1亩草场补偿10元，累计补助资金1570万元，涉及5个苏木（镇）19个嘎查101户，最多的1个嘎查420万元，最多的1

个贫困户 26.7 万元。

他时刻把民族团结放在心上，把民族团结落实到行动上。马西巴图是他主动对接的少数民族贫困家庭之一，他家有 2 个患有精神疾病的儿子，生活不能自理，家中脏乱不堪，生活过得非常艰难。他了解情况后，经常帮助他们清扫卫生，与他们亲切交谈，鼓励他们树立脱贫致富的信心，并多次与相关部门协调把大儿子送到福利院治疗，病情好转许多。在他不懈地帮助和引导下，参与"结对帮扶特色产业基地建设项目"，种植白刺-锁阳收益 2 万~3 万元，马西巴图感受到了党的关爱和温暖，他的生活一天比一天好。

阿拉善淳朴厚道的民风塑造了刘宏义务实肯干的性格，扎根基层 36 年的工作经历培育了他为民务实、忠诚奉公的过硬素质和对党忠诚的政治品格。对绿染驼乡的不懈追求造就了他无怨无悔、甘于奉献的良好品质。他始终把修身立德当作终身的不懈追求，以高尚的品德和操守干事创业，为当好人民公仆默默履职尽责。

2017 年，阿左旗林业工作站被内蒙古自治区总工会命名为"自治区职工创新工作室"；他先后荣获全国五一劳动奖章、"全国最美林草科技推广员"荣誉称号；被国家林草局聘为"全国第二批林草乡土专家"，荣获内蒙古自治区"生态建设先进个人""全区优秀特派员"、内蒙古自治区五一劳动奖章、"全区突出贡献专家"等荣誉称号。

刘宏义有 30 年党龄，对组织始终怀着感恩之心，把这种情感情融入生活和工作的方方面面。政治信念坚定，始终把人民群众根本利益作为自己思考问题和开展工作的出发点和落脚点，他善于总结，乐于创新，采用 GPS 定位导航和降水量控制下飞播种子丸粒化技术在阿拉善年降水量不足 200 毫米地区取得成功，开创了阿拉善生态建设的新途径；人工接种肉苁蓉、锁阳技术推广，为农牧民脱贫致富找到有效途径。

他生于阿左旗，长于阿左旗，深爱着这片土地，一年四季奔波于沙海之中，为治沙造林殚精竭虑；为让大漠披上绿装，他默默无闻，将全部精力投入到生态建设之中；茫茫沙海就是他的家，他习惯了地作铺天作盖的野外生活，喜欢在寂寞宁静的夜晚思考……刘宏义，一个和沙漠结缘的汉子，在征服、治理沙漠的路途上书写了平凡而又光辉的人生。看着沙害渐少、沙产业渐兴，他的内心是踏实的。

优秀警察　治沙先锋——侍明禄

侍明禄，男，汉族，1965 年 11 月 28 日生，中共党员，祖籍甘肃民勤。曾担任阿右旗林业局副局长兼森林公安局局长。

1983 年 9 月至 1986 年 7 月，在内蒙古自治区扎兰屯林业学校林业专业读中专。

1986 年 7 月至 1992 年 12 月，在阿右旗林业治沙局工作。

1992 年 12 月至 2000 年 11 月，阿右旗畜牧林业局科员（1991 年 4 月至 1993 年 10 月挂职阿右旗额镇巴音高勒嘎查副主任。

1997 年 8 月至 2000 年 6 月，中共中央党校函授学院经济管理专业读大专。

1997 年 9 月—2000 年 6 月，中国人民公安大学警察管理专业读大专。

2000 年 11 月至 2003 年 3 月，阿右旗林业公安局局长（副科）（2000 年 8 月至 2002 年 12 月，中共中央党校函授学院法律专业本科班学习）。

2003 年 3 月至 2006 年 4 月，任阿右旗林业局副局长兼林业公安局局长。

2006 年 4 月至 2013 年 7 月，任阿右旗林业局森林公安局局长（正科）。

2013 年 7 月至 2021 年 12 月，任阿右旗人民检察院党组成员、纪检组长、四级调研员。

侍明禄热爱家乡，立志奉献家乡、改变家乡，多次被评为林业先进工作者、优秀共产党员和优秀党务工作者。

1986 年 8 月，他刚刚从林校毕业，还没有正式分配就随着造林大军进驻巴丹吉林沙漠边缘的格日图嘎查，参与了阿右旗 10 万亩梭梭林围栏封育建设，这是他第一次将学校所学专业知识用在实践中。他承担着整个工程的勘测任务，以熟练的专业技术和认真负责的态度，将工程测量工作高精度一次性完成。他不怕累，总有使不完的劲，领导喜欢，同事们赞叹，满腔热忱为林业事业贡献青春的信念激发了每一个人，他有理想、有目标、有梦想，并为之不懈奋斗。

参加工作不久，面对家乡干旱少雨、风沙肆虐、缺草少树的恶劣自然环境，忧虑顿生、暗下决心，立志要作建设秀美家乡的奋斗者。烈日炎炎，六轮大卡车在茫茫沙海中颠簸，可他年轻的心却涌动着绿色的希望。

不论对哪份工作，他都认真对待，根据轻重缓急，合理分配时间和精力，踏踏实实把各项工作干得有条有理。在工作中从不分份内份外，重大局，主动补位，哪有急事哪里忙，哪怕自己手上的工作再多，也毫不推辞，忙完了大家事，再加班加点完成自己份内的事。只要领导交办的工作，不管是否是自己职责范围之内，他都自觉接受，想方设法按时完成。由于工作业务需要，他经常出差下基层，除搞好自己的本职工作以外，指导和协助二级单位搞调研，一年下来不知要牺牲多少休息时间，放弃多少节假日，从无怨言。

作为一名林业工作者和执法者，他深感责任重大，担子沉重，为保一方森林资源的安全，他和干警们连续数月下基层深入宣传，讲生态保护重要性，严厉查处各类破坏森林资源违法犯罪活动。乱捕乱猎现象得到遏止，滥采滥挖现象逐年减少，他的工作目标是将各类案件控制为零。虽职务多次变化，但信念和工作热情未变。

搞好阿右旗的绿化工作，要调动广大群众的积极性，打好植树造林、绿化荒山的人民战争。他明白没有丰富的专业知识和先进的林业理论来武装自己，是无法适应现代林业发展要求的。他利用在中央党校和人民公安大学学到的知识及多年来工作的实践经验，组织有关人员将绿化工作资料拍成专题片，到苏木（镇）、嘎查、牧户家中播放，提高全社会对绿化工作的思想认识。如今，"植树造林，造福子孙"的理念深入人心，变成大家的自觉行动。每年春季造林，许多农牧户自觉在自家周围的荒山荒地上植树。从林业人造林到全民造林，这就是改变家乡的不竭力量。

2002 年，是阿右旗实施退耕还林还草工程的第一年，这项工程是六大工程中覆盖面最广、投资最多、农牧户参与度最高、政策性最强的一项浩大生态建设工程。为确保退得下、还得上、稳得住、能致富、不反弹，侍明禄不辞辛劳走村入户，耐心细致为农牧民宣传国家政策，把退耕还林政策与农牧民脱贫致富紧密结合，边宣传边为农牧民想办法、出主意。他先后在 3 个苏木、6 个嘎查、200 多户农牧民家中不止一次做宣传动员工作。"精诚所至，金石为开"，农牧民被他这种执着的精神所感动，积极主动将退耕还林任务按要求落实到地块。他四处奔波为农牧户选择优质种苗，积极推广 ABT 生根粉、"森露"保水剂等适用抗旱造林技术。在他的引导动员下，农牧民充分认识到退耕还林（草）既是改善生态环境的迫切需要，又是调整农村种植结构、增加经济收入的必然选择。退耕还林解决了群众最为关心的吃饭、烧柴、增收等实际问题。农牧民亲切地称他为"绿化荒漠、引导农牧民致富的领路人"。

侍明禄执着地追求着他的梦想，经常深入基层调查了解情况，走遍全旗所有苏木（镇）的每一个嘎查，顶风沙、冒酷暑、风餐露宿、不知爬了多少山头、踏遍了多少大漠沙海、走过了多少条沟坎、连他自己也数不清。他把对人民的感情，对子孙后代的责任，化作不辞辛劳的行动。

2003 年 12 月，经内蒙古自治区人民政府批准，授予侍明禄"全区林业建设先进个人"荣誉称号；2004 年 2 月，经内蒙古自治区森林公安局批准记三等功 1 次；2012 年 6 月，经阿拉善盟林业局批准授予"全盟森林公安优秀公安局长"荣誉称号；2013 年 1 月，经内蒙古自治区森林公安局批准授予"全区森林公安系统优秀人民警察"荣誉称号。

侍明禄和他的同事们，一步一个脚印，继续在这片土地上播种绿色。勤勤恳恳、兢兢业业、默默无闻为自己心爱的事业奋斗终身，阿右旗旗委、政府对他的工作给予充分肯定和表彰，在诸多荣誉面前，他清醒认识到自己还有许多不足之处。"君子不可以不弘毅，任重而道远"，真正热爱的事业永远没有尽头。他没有满足于现状，继续为保护家园而奋斗着、拼搏着、无私奉献着，默默谱写着新的绿色篇章。

治沙造林标兵——图布巴图

图布巴图，男，蒙古族，1952 年 12 月 8 日生，中共党员，额济纳旗古日乃嘎查人，退休干部。

1976 年，毕业于甘肃师范大学外语系斯拉夫语专业，放弃到中央人民广播电台工作的机会回到家乡，他先后在额济纳旗水电局、经管站、财政局等单位工作。

1983 年，他主动申请回到位于巴丹吉林沙漠西部的家乡古日乃苏木工作。在古日乃苏木先后担任人大主席、苏木达等职务，在工作岗位上兢兢业业，任劳任怨。工作期间，随着生态环境的日益恶化，图布巴图目睹了沙尘暴的肆虐，古日乃湖外围的绿洲面积逐渐缩小，他开始意识到了生态恶化的严重性，下定决心要为保护家乡生态环境尽一份力。

2002 年，为改善日益恶化的生态环境，阻止逐年严重的土地沙漠化，给子孙后代创造一片绿色的生存环境，他提前办理了退休手续，留在生活条件艰苦的古日乃嘎查，走上植树造林治理沙漠之路。图布巴图和老伴儿省吃俭用，拿出家里所有积蓄购买树苗。他们先拉起 10 多公里长的围栏，围封 133.33 公顷荒漠开始植树造林。古日乃嘎查干旱少雨、严重缺水，为提高造林成活率，图布巴图挑选适宜本地区种植的耐旱、耐盐碱的梭梭等灌木。在栽种过程中，他不断摸索积累，逐步掌握了旱生灌木的生存规律，形成自己独有的技术，苗木成活率逐年提高。春天风大，图布巴图把梭梭苗的根部埋在湿土里，等风势减弱，抢时间栽种，常常累得喘不过气来。夏天是梭梭苗补水的季节，沙漠中的气温高达 45℃ 以上，他顶着似火骄阳一趟趟拉水浇灌。别人种梭梭一年只浇一次水，图布巴图要浇 3 次。在造林过程中，他反复琢磨实践，自制造林工具，实现少挖土、少浇水，提高生产效率。有空就向林业专业技术人员请教栽种技术，将个人实践经验与传授技术相结合，苗木的成活率在 95% 以上。几年下来他累计投入 80 多万元，围封荒漠绿化率达到 80% 以上，连片成活 33.33 公顷。梭梭长大了，灌木林郁郁葱葱，他尝试接种肉苁蓉。万事开头难，头一年接种几乎失败，但不死心，出门请教、观摩、在成功者的梭梭林学习经验，回来后继续试验。功夫不负有心人，经过几年的接种实验终于成功了，图布巴图的成年梭梭全部接种了肉苁蓉，他有了收益，且每年都在增加。图布巴图开始"滚雪球"了，这次他不是孤军奋战，周围牧民都拜他为师，大面积种植梭梭，接种肉苁蓉。到 2021 年，牧民通过种梭梭接种肉苁蓉，每户年均纯收入 4 万元。

他一生在基层工作，养成艰苦朴素、吃苦耐劳、自力更生、朴素自然的本色，平日里风尘仆仆，穿着褪了色的中山装，骑着摩托车忙碌在造林现场，育苗、栽树、拉水浇水、接种采挖他样样在行。他就是一位普通的劳动者，治沙造林，保护生态成了他的使命，更是他的事业。由于长期野外作业，今年不到 60 岁的图布巴图看起来很苍老，面孔琢满了沧桑，内心却充实无比。图布巴图双手皲裂，手指和手背上贴着泛黄的胶布，这双手满是老茧却奇巧无比。他说："我小的时候家乡的环境还不错，现在我还没有老，这里快成荒漠了，看到这个景象，我心里难受，自己的家乡自己要建设。" 2010 年，图布巴图生了一场重病，前后做了 2 次手术。出院时，医生叮嘱他要好好休养，避免重体力劳动。回家后修养了 1 个月，因担心浇水不及时管理不善和林子遭到毁坏，便急急忙忙回到了他的梭梭林。他的一举一动只为早日让家乡披上绿装，让生态早日恢复好。

图布巴图领着退休金，完全可以在旗里舒适地安度晚年，但他没有这样做，退休后选择回老家种树。他的妻子陶生查干从学校退休后，也来到古日乃嘎查，一边照顾丈夫，一边随丈夫种植梭梭，勤勤恳恳、任劳任怨、无怨无悔支持着丈夫的治沙事业。

2011 年，妻子陶生查干劳累过度患大动脉血管瘤，古日乃嘎查地处偏远，只有一个简陋的卫生所，因送医不及时导致妻子脑出血瘫痪在床，失去自理能力。如果让妻子待在旗里，医疗条件自然很好，但他得留下来陪护，他心爱的林子谁管？妻子太了解他了，提出还是回古日乃休养。这样图布巴图既能照顾妻子，又能照顾林子。图布巴图对妻子万分内疚。自此，他担起了照顾妻子生活起居的责任。尽管如此，他依然忙乎在沙漠里，信念愈发坚定。乡亲们看着日渐憔悴的图布巴图，由然地产生敬意。

2011 年，荣获额济纳旗"治沙造林标兵"荣誉称号。

2012 年，旱情严重，图布巴图给老伴看病也没有向亲朋好友借钱，为了打机井从亲戚那里借了 3 万元。儿女、亲人对他的举动不理解，甚至抱怨，集体劝说，他带着妻子回到旗里，凭他俩的退休金完全能过上好生活。图布巴图依然坚守，把所有的钱投进了沙漠，除了那片林子，他一无所有。所有的劝说、抱怨，甚至风凉话都改变不了他的信念，儿女们说他固执、亲戚们说他偏执、过去的同事们说他冒傻。但他有自己的信念："无论在岗还是退休，不能白吃党的饭，白拿国家的工资，生命不息，治沙不止。"

一个人的力量是微薄的，在图布巴图的感召和影响下，越来越多的牧民加入到植树造林的队伍，和他一起绿化家园。图布巴图已经成为一个乡土专家，他不吝赐教，手把手地教新来的朋友种树、接种，他不信家乡生态好不起来。

20 年了，他凭借坚强的意志，用绿色将一片片沙漠覆盖，保护生态的理念深深地植根于他和牧民心中。他们不但种植新梭梭，还抢救保护老化、退化的梭梭林。这几年，他们更新保护梭梭林146.67 公顷，人工种植梭梭 5 万棵。巴丹吉林沙漠边缘出现了一片绿洲，这是牧民的银行，是生态的屏障，是鸟兽们的新家园。

巴图老人以满腔的热血和忠诚谱写着一名退休党员干部的壮美晚年。他的围栏内生机勃勃，这是奋斗的成果，他的家庭为此付出了很大代价。他与沙害抗争，为后人存绿，用愚公精神感染社会，改善着家乡日益恶化的生态环境，用自己的行动生动诠释一个共产党员的执着信念。

生态建设与保护的领军人——张有拥

张有拥，男，汉族，中共党员，1967 年 11 月生，现任阿拉善右旗林业和草原局所属二级单位林业和草原工作站站长。

1986 年 7 月，毕业于赤峰农牧学校林学专业，是年 7 月，在阿拉善右旗林业工作站参加工作。

2005 年 7 月，函授毕业于内蒙古农业大学水土保持与荒漠化防治专业。

2011 年 12 月，取得林业副高级工程师资格。

2020 年 12 月，取得林业正高级工程师资格。

阿右旗严酷的自然环境决定了林业发展的长期性、艰巨性和重要性。基础设施薄弱，专业技术力量不足，他深知责任重大。在林业工作站工作期间，担任过技术骨干、副站长、站长，组织完成 3.33 万公顷围栏封育、10.67 万公顷人工造林、2.6 万公顷飞播造林以及 3 万公顷沙化土地封禁保护项目。项目实施过程中，张有拥同志全程参与项目前期调查、现地详查、项目中期实施和后期成效调查，确保项目质优完成。

张有拥在阿右旗森林病虫害防治检疫站工作了 11 个年头，负责完成国家级森林鼠害工程治理项目。鼠害治理期间，完成梭梭大沙鼠的繁殖强度调查、森林鼠害分布调查及危害程度调查等一系列科研工作，建立了一整套较为完整、有效控制森林鼠害的科学预防除治体系。

2002—2005 年，他用 3 年时间函授修完内蒙古农业大学水土保持与荒漠化防治专业全部课程，以优异的成绩取得本科学历。2003 年 6 月至 2005 年 4 月，完成阿右旗全旗林业有害生物普查工作，掌握阿右旗境内林业外来有害生物和本土林业有害生物种类、分布、发生发展情况及林业有害生物原产地、传入时间、传播途径和方式，对合理制定阿右旗林业有害生物可持续控制战略提供科学依据。他对危害程度高、发生范围广的大沙鼠、柠条种子小蜂做了系统和全面的生物生态学特性观察研究，取得可喜成绩。阿右旗森防站 2 次获得自治区林业厅"全区森防先进集体"荣誉称号。

2009 年，他编制申报了《内蒙古阿拉善盟阿拉善右旗农业综合开发林业生态示范项目》，全程参与前期调研、撰写、申报等工作，顺利完成各项任务。参加了《巴丹吉林沙漠东南缘（雅布赖山段）生态综合治理可行性研究报告》等多个重点项目的编制工作，调研勘察阶段，他与专家、同事风餐露宿，野炊野营，没有说过一个"苦"字，在他的帮助下，项目取得完整数据，为科研成果奠定坚实基础。这一年他通过考试，取得由国家林业局、中国资产评估协会授予非国有森林资源资产评估服务咨询人员资格。

2000 年，被内蒙古自治区昆虫协会吸纳为内蒙古昆虫学会会员。与他人合著的《寄生松球果蚜虫的缺沟姬蜂属——中国新记录种》《灌木林有害生物发生危害现状与治理对策》于 2005 年、2006 年、2010 年分别发表在《昆虫分类学报》《辽宁林业科技》和《内蒙古林业》上。

2005 年，独著的内蒙古农业大学毕业论文《荒漠地带封沙育林区放牧利用的探讨》被评为优秀毕业论文。与他人合作的《内蒙古西部荒漠梭梭林鼠害可持续控制技术》科研课题和参与编著的《内蒙古阿拉善右旗植物图鉴》分别获得阿拉善盟行政公署授予的科学技术进步奖二等奖。

2008 年，针对阿右旗天然梭梭资源管理现状，撰写论文《阿拉善右旗天然梭梭资源管理现状及发展对策》。

2016 年，被国家林业局评为全国生态建设突出贡献奖先进个人。

2021 年，被评为第六届全盟敬业奉献道德模范；入选 2021 年"内蒙古好人榜"12 月榜单。

35 年来，张有拥扎根基层，默默耕耘，始终坚守在工作一线，足迹遍布全旗 7 个苏木（镇）40 个嘎查，带领团队参与完成围栏封育、人工造林、飞播造林等重大林业项目建设，用滴滴汗水滋润着脆弱的生态，深受组织认可、同事尊敬和群众默许。

张有拥是一位非常注重学习、不断提高自身理论水平的干部，他干一行爱一行，干一行钻一行，他勤于实践、善于总结、作风朴实、吃苦耐劳，带着问题工作，带着思考研究，在理论和实践上均有建树，他在生态建设与保护方面作出特殊贡献，被同事们称为"专家型干部"。

生态沙产业创新带头人——潘晓明

潘晓明，男，汉族，1959年5月生，中共党员，甘肃民勤人。医学博士、执业医师、研究员。

1970年6月，随父母来到阿拉善右旗；1976年1月，毕业于阿拉善右旗中学，2月到努尔盖公社阿拉腾塔拉大队插队；1994年获医学博士学位。

现任内蒙古华洪生态科技有限公司、深圳市天然源科技发展有限公司、北京华泰坤科技有限公司、华洪生态科技（香港）股份有限公司董事长，深圳市天然源药物研究所所长，北京大学医学部性学研究中心学术委员会委员、研究员。

兼任中华中医药学会男科分会副主任委员、中国性学会中医性学专业委员会副主任委员、中华中医药学会皮肤科分会常务理事、中国民族医药学会男科分会常务理事、中国老年保健协会中老年性与生殖健康专业委员会常务理事、深圳市中医药健康服务协会副会长、内蒙古中医药学会皮肤性病分会副主任委员、内蒙古阿拉善沙产业研究院院长及理事长、阿拉善盟沙产业商会会长和沙产业技术创新战略联盟副理事长、阿拉善海外联谊会副会长。

兼任国家重点研发计划中医药现代化专项评审专家；国家科技部、北京市科技专家库专家；中国工程院科技合作委员会轻工科技发展促进会和中国轻工业联合会轻工表面活性剂应用研究分会常务理事；国家中医管理局男科证治规律重点研究室专家委员会委员（云南中医药大学）；国家开放大学培训中心两性健康管理师职业技能培训专家；全国工商联礼品商会监事长、全国工商联美容化妆品业商会专家委员会副主任委员、全国美容化妆品业商会（协会）联盟专家委员会副主任委员；内蒙古防沙治沙协会和沙产业草产业协会常务理事、阿拉善盟工商联副主席。

曾学习工作于甘肃中医学校、武威卫生学校、福州军医学校、湖南中医药大学、上海中医药大学、大连外国语学院、深圳医学培训中心、北京大学医学部等；曾任深圳君安健康中心股份有限公司（君安证券）副总经理和首席专家、北大药业有限公司副总经理、研发中心主任。

曾任《中国性科学》副主编、全国工商联直属会员商会监事（2005—2018）、全国工商联美容化妆品业商会秘书长（第三届）和中国性学会常务理事、副秘书长、学术部长（三、四届）、深圳市医学培训中心兼职教授、湖南大众传媒学院客座教授、北京中医药大学东方医院皮肤科执业医师。

2010年，潘晓明回到阔别三十多年的家乡阿拉善，创立内蒙古华洪生态科技有限公司，对阿拉善盟境内生态环境、各类资源、农牧民生活、产业发展等深入考察，对沙漠、戈壁等生态环境进行调研、采样；申报的新型高科技生态沙产业项目被列入自治区战略性新兴产业项目储备库；公司被认定为国家林下经济示范基地、内蒙古自治区阿拉善盟特色科技产业化基地、阿拉善盟企业研究开发中心；企业及产品推荐参加了"2019中国北京世界园艺博览会—内蒙古馆部分陈列"、首届"内蒙古香港绿色农畜产品推介会""中蒙乌兰巴托贸易交流会"及多届深圳高交会。

2019年，潘晓明获得中国林业产业突出贡献奖（个人）、首批中国林产业创新英才奖。作为首席专家研发"康浩云智能中医信息采集辩证系统""康浩云智能心理信息采集分析系统"。2014—2021年，作为内蒙古自治区"三区科技人才""科技特派员"服务于阿拉善盟，被阿左旗旗委授予优秀科技特派员称号。

潘晓明带领团队承担完成"十三五"国家重点研究计划"内蒙古干旱荒漠区沙化土地治理与

沙产业技术研发与示范课题—沙生植物种质资源保护与繁育关键技术与示范”等多项国家、省自治区、盟（市）、旗级科研项目30余个；与甘肃医药集团科技创新研究院共同承担“甘肃省科技重大专项—特色生态中医药创新研究”项目；任“十三五”国家新闻出版总署重点项目《中国性学百科全书》编辑委员会委员、门类主编；参与起草国家林业和草原局《全国沙产业发展指南》《阿拉善肉苁蓉高质量标准体系》《“蒙”字标农产品认证要求（阿拉善肉苁蓉）》标准；起草肉苁蓉、锁阳、甘草、白刺、黑果枸杞等国家重点研发计划项目标准8件；主参编各类专著和教材20余部，发表交流各类学术论文70余篇，获省市级科技奖6项、获批专利16件。

截至2021年，建立科研种植基地2处。其中，梭梭-肉苁蓉729.2公顷、白刺-锁阳5933.33公顷；建立行业商会与肉苁蓉种植牧民定向收购和技术合作基地800公顷；建立国家项目课题研究与示范合作基地23处（分布于阿左旗、阿右旗、额济纳旗）；建立GMP（Good Manufacturing Practice，良好生产规范）科研生产基地4000平方米。

潘晓明带领团队整合沙生动植物资源和初级产品进行科研创新；生产加工绿色有机保健食品、化妆品、日用品及天然植物农畜药、中药及相应组分原料等产品；建立了国内外、港澳台、线上线下营销网络，努力实现沙漠增绿、农牧民增收、企业增效的良性循环。

已过花甲之年的潘晓明，是一名医学博士、科学家、企业家，更是一位依然战斗在生态沙产业发展一线的战士，他的态度脚踏实地，他的事业面向未来。

三、人物简介

刘方园

刘方园，男，汉族，1961年7月21日生，中共党员，陕西西安人，北京大学法学专科毕业，现任阿拉善马莲湖生态基金会秘书长。

1979年12月，参军入伍。

1986年4月，担任宁夏中卫县中队指导员。期间在腾格里沙漠边缘造出宽60米，长200米的防风固沙林带，植树4万多棵，守护部队生产生活基地，被中国人民武装警察部队和国家绿化委员会授予植树造林先进单位。

1988年，就任于吴忠监狱看押部队，带领战士在营房周围碱滩挖渠换土，建成绿色营区。

1993年，调任宁夏武警总队教导大队工作，驻守宁夏永宁县西沙窝。他与战士们推沙造田，造林固沙，植树20多万棵。

2002年，转业至宁夏林业厅和基层林业单位任职19年。

2012年，任宁夏贺兰山自然保护区管理局局长。

在宁夏贺兰山国家级自然保护区管理局工作期间，他勤勤恳恳，做到守好山、护好绿，最大程度地使贺兰山生态系统得到恢复。

在原树华先生、叶惠平女士的感召下，他放弃在银川市安逸的退休生活来到阿拉善腾格里沙漠，从事公益绿化事业，用实际行动谱写新的绿色华章。自来到源辉林木公司和马莲湖基金会，他参与实施了基金会的所有公益项目，腾格里沙漠到处有他种植绿色的足迹。结合实际，他在反复调研的基础上，制定了源辉公司和马莲湖生态基金会《三十年发展规划纲要》，内容涵盖公益治沙造林、沙产业（包括沙漠银耳、沙漠生态旅游等）、沙漠文化的传承推广与创新。目的是推动碳汇林业发展、改善生态环境、壮大嘎查集体经济和助力乡村振兴。《纲要》明确了方向、目标、任务，绘就了今后发展的行动蓝图，规划了基金会与腾格里治沙站合作框架、目标任务和具体工作措施，完善了管理制度和治沙造林工作相关规定，从治沙造林的组织动员、组织管理、职能分工、质量标准、安全防范、管护措施、补植补造等方面进行了规范化要求，有效预防造林事故，提升造林效率和成活率。

2017 年以来，制定了《宣传工作奖惩规定》，马莲湖生态基金会《工作人员管理实施细则》制度，协助总经理组织马兰节沙漠音乐会、沙漠排球赛等各类爱心造林活动和各类团建观摩活动，扩大了马莲湖的影响力。在完成政策咨询、拟制规划、内引外联等工作的同时，每年额外植树100 棵。

他始终以一个老军人、老干部的标准严格要求自己，矢志不移、勇毅向前、忠诚公益、牢记使命，为建设绿色阿拉善，打造生态腾格里贡献余生精力。

孙静

孙静，女，四川成都人，1979 年 10 月生。2007 年毕业于西南民族大学，获生态学硕士学位，毕业后先后从事乡村扶贫、环保公益等工作。

2012 年 4 月至今，先后就职于阿拉善 SEE 生态协会和北京市企业家环保基金会（以下简称 SEE），现任 SEE 荒漠化防治项目总监，主要负责 SEE 在内蒙古阿拉善开展的荒漠化防治项目。

在阿拉善的十余年，带领团队先后开展了以荒漠植被恢复与利用、绿洲地下水保护、荒漠化防治自然教育为主要策略的公益环保项目。

从最早期的"社区梭梭林恢复项目"开始，便将国内外主流社区工作手法引入团队，深入社区了解农牧民的痛点和需求。作为一个异乡人，十年里她与工作团队、专家学者、科研单位几乎跑遍了阿拉善所有的荒漠化区域，收集了大量基础资料。所参与设计、实施的公益环保项目符合国家大政方针，受到了当地政府和广大农牧民的关注与响应。

以"一亿棵梭梭"为代表的荒漠化防治项目继续深耕于阿拉善大地，从 2014 年支持当地农牧民种下第一棵梭梭开始，到 2021 年底的 7843 万棵以梭梭为代表的沙生植物。数据的背后是孙静和项目团队的艰辛付出，十年来她所驾驶的车辆累计行驶了 30 多万公里，从贺兰山到居延海、从腾格里沙漠到巴丹吉林沙漠，到处都有他们植绿造绿的足迹。

这十年，孙静把人生中最好的年华留在了阿拉善广袤的荒漠中，在她的带领下，SEE 荒漠化防治项目团队正以全新的姿态面向公众。下一个十年，她还在阿拉善，继续将生态修复、社区发展、乡村振兴、生态扶贫、人人公益、环境教育、科技向善等多位一体项目理念融入生态建设中，再为沙漠添绿、为农牧民增收。

冯芙蓉

冯芙蓉，女，蒙古族，中共党员，大专学历，1984 年 6 月生，阿拉善左旗人。

2006 年 6 月，毕业于河北环境工程学院生态旅游专业。

2006 年 7 月至 2007 年 10 月，在秦皇岛套林口景区工作。

2008 年 1 月至今，先后在阿拉善 SEE 生态协会、北京市企业家环保基金会（由阿拉善 SEE 生态协会发起成立，统称 SEE）工作。

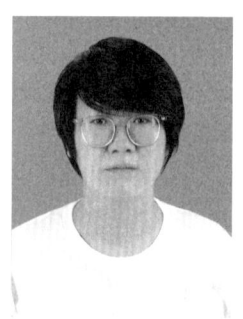

在 SEE 15 年的工作中，曾在行政运营、环境教育、社区可持续发展、植被恢复、地下水保护等多个岗位工作，现任 SEE 荒漠化防治项目经理。

2012 年，负责植被恢复项目，提出"SEE + 政府 + 牧民"的新模式，即与当地林草部门合作，由林草部门支持梭梭的种植补贴，SEE 以验收结果提供种植补贴，共同支撑农牧民种植梭梭以修复草场。并以阿拉善左旗苏海图嘎查为第一个项目示范点实践新模式。在项目的推动和发展中总结经验，提出推进项目要以"三个不断和一个关键"为原则，即对项目管理进行不断的优化，对项目开展模式进行不断创新，对牧民种植技术培训不断加强，在项目支持中找准牧民的关键需求。截至 2019 年，SEE 支持苏海图嘎查牧民种植梭梭林面积已突破 23.7 万亩，占嘎查总面积的 22%。农牧民积极转产，发展"牧民生态新产业——沙产业"，从保护与恢复生态中发展致富。

2014 年，SEE 上线了第一个公募筹款项目"一亿棵梭梭"，她将苏海图嘎查的成功经验复制到更多嘎查，让更多的农牧民收益。截至 2021 年，一亿棵梭梭项目在阿拉善生态关键区域累计种植沙生植物约 7843 万棵（166.6 万亩），固定荒漠化土地约 11.1 万公顷。

冯芙蓉生于斯，长于斯，希望公益项目能让更多的公众参与到守护美丽家园的行动中来，让家乡处处享受到绿色发展的福利。

张治峰

张治峰，女，汉族，中共党员，大学学历，1969 年 3 月生于内蒙古阿拉善左旗，毕业于山东经济学院。2010 年 4 月，内蒙古曼德拉沙产业开发有限公司注册成立（现内蒙古曼德拉生物科技有限公司），任董事长。

她从事荒漠肉苁蓉产业、研发肉苁蓉高科技产品 14 年。创业理念是"树产品，先树人——让阿拉善肉苁蓉有温度、有深度、有浓度、有情怀"。

2009 年，与天津中医药大学合作，"生态健康地球，科技服务人类"这是她的座右铭。2011 年，获得肉苁蓉保健酒及其制备方法国家发明专利，先后与北京大学、上海交通大学、北京中医药大学、汇仁药业、康缘药业和劲牌公司等众多科研机构合作，通过建立肉苁蓉种植示范基地、定期召开肉苁蓉学术研讨会、免费为农牧民举办肉苁蓉种植培训班、成立合作社等，大力推广肉苁蓉种植、初加工等技术。已推广接种荒漠肉苁蓉 2.67 万公顷，创造了可持续治理沙漠和荒漠化地区的科研产业模式。

她带领团队建立国家林下经济示范基地和我国第一个荒漠肉苁蓉 GAP（Good Agricultural Practices，良好农业规范）基地。制定肉苁蓉药材生产规范及标准；药材育种、种植、采收加工、包装、贮藏运输过程中难点技术攻关与标准；肉苁蓉药材生产规范及标准，包括饮片炮制加工、辅料、设备、包装、贮藏质量控制标准与规范等。2020 年，制定《阿拉善荒漠肉苁蓉》《阿拉善荒漠肉苁蓉产地初加工技术规程》2 项地方标准，她认定标准是技术竞争的制高点。能够打破技术垄断，掌握行业话语权，赢得广阔市场，是取得国家新食品原料"市场通行证"。

她先后承担国家肉苁蓉新食品原料申报，推动荒漠肉苁蓉药食同源工作，负责"国家重点研发计划-中医药现代化中药肉苁蓉大品种开发与产业化项目""内蒙古科技兴蒙项目-阿拉善荒漠肉苁蓉药食同源创新产业化平台建设""内蒙古重大研究-计划基于梭梭固沙生态环境建立的荒漠肉苁蓉规范化培育体系（GAP）研究"等项目，参与"蒙"字标制定。

作为内蒙古自治区的扶贫龙头企业,在创立初期,就按照"文化+资本+科技+龙头企业+合作社（基地）+农牧民"共同发展和相互支持的发展模式,带领农牧民走上共同致富之路。除了自有的肉苁蓉基地外,每年从农牧民手中收购200多吨的肉苁蓉原料,部分牧户年收入达到10万~30万元,实现"沙漠增绿、产业增值、企业增效、农牧民增收"的可持续发展。

四、全盟林业和草原系统高级职称人员名录（人物-表-1）

人物-表-1　2006—2021年阿拉善盟林业草原系统高级职称人员名录

序号	姓名	性别	民族	出生年月	学历	政治面貌	工作单位	职称名称	评聘时间
1	田永祯	男	汉族	1961.12	研究生	中共党员	阿拉善盟林业草原研究所	林业正高级工程师	1998.07 1999.07
2	庄光辉	男	蒙古族	1966.01	本科	中共党员	阿拉善盟林业草原和种苗工作站	农业推广研究员	2007.01 2007.05
3	郝　俊	男	汉族	1961.11	本科	中共党员	阿拉善盟林业草原研究所	林业正高级工程师	2008.11 2020.01
4	赵登海	男	汉族	1957	本科	中共党员	贺兰山管理局	林业正高级工程师	2008.12 2013.04
5	张斌武	男	汉族	1970.03	本科	群众	阿拉善盟林业草原研究所	林业正高级工程师	2011.12 2012.07
6	潘竞军	男	汉族	1970.10	本科	中共党员	阿拉善盟林业和草原局	林业正高级工程师	2012.12
7	贾金山	男	汉族	1963	本科	中共党员	贺兰山管理局	林业正高级工程师	2017.12 2019.04
8	庞德胜	男	汉族	1962.12	本科	群众	阿拉善盟林业草原研究所	林业正高级工程师	2018.12 2019.08
9	程业森	男	汉族	1972.12	本科	中共党员	阿拉善盟林业和草原防治检疫站	林业正高级工程师	2017.12 2019.02
10	牛春花	女	汉族	1964.02	本科	中共党员	阿左旗林业和草原病虫害防治检疫站	林业正高级工程师	2018.12 2019.10
11	孟和巴雅尔	男	蒙古族	1964.12	本科	中共党员	阿拉善盟林业草原研究所	林业正高级工程师	2019.12 2020.05
12	白　莹	女	汉族	1968.10	本科	群众	阿拉善盟林业草原研究所	林业正高级工程师	2020.12 2021.08
13	姚艳芳	女	蒙古族	1969.12	本科	群众	阿左旗林业和草原病虫害防治检疫站	林业正高级工程师	2020.12 2021.07
14	张有拥	男	汉族	1967.11	本科	中共党员	阿右旗林业和草原工作站	林业正高级工程师	2020.12 2021.06
15	吴团荣	男	汉族	1963.05	本科	中共党员	阿右旗林草有害生物防治检疫站	农业推广研究员	2020.12 2021.06
16	孙　萍	女	汉族	1969.03	本科	中共党员	贺兰山管理局	林业正高级工程师	2020.12 2021.07

（续表1）

序号	姓名	性别	民族	出生年月	学历	政治面貌	工作单位	职称名称	评聘时间
17	赵永文	男	汉族	1963.08	本科	中共党员	贺兰山管理局	林业正高级工程师	2020.12 2021.07
18	段志鸿	男	汉族	1965.11	本科	中共党员	贺兰山管理局	林业正高级工程师	2021.12
19	徐世华	男	汉族	1964.05	本科	中共党员	阿拉善盟林业草原研究所	林业正高级工程师	2021.12
20	甘红军	男	汉族	1967.10	专科	群众	阿拉善盟林业草原和种苗工作站	农业推广研究员	2021.12
21	黄 彬	男	汉族	1967.11	本科	中共党员	阿左旗科技沙产业推广服务中心	林业正高级工程师	2021.12
22	周会玉	男	汉族	1965.02	本科	中共党员	阿左旗林业和草原病虫害防治检疫站	林业正高级工程师	2021.12
23	赵玉山	男	汉族	1963.10	本科	中共党员	巴彦浩特镇综合保障中心	林业正高级工程师	2021.12
24	刘宏义	男	汉族	1965.11	本科	中共党员	阿拉善左旗林业工作站	林业正高级工程师	2021.12
25	张秀凤	女	汉族	1970.09	本科	中共党员	巴丹吉林自然保护区雅布赖工作站	林业正高级工程师	2021.12
26	徐建华	男	汉族	1966.01	本科	中共党员	阿右旗林草有害生物防治检疫站	林业正高级工程师	2021.12
27	杜军成	男	汉族	1966.02	大专	中共党员	巴彦木仁综合保障和技术服务中心	林业正高级工程师	2021.12
28	朱国胜	男	汉族	1964.10	本科	中共党员	阿拉善盟林业草原研究所	林业副高级工程师	1998.06
29	崔利忠	男	汉族	1963.06	本科	群众	阿拉善左旗草原工作站	高级畜牧师	1999.05
30	曹明东	男	汉族	1963.08	本科	中共党员	阿右旗林业工作站	林业副高级工程师	2001.09
31	叶国文	男	汉族	1968.01	本科	中共党员	阿拉善盟航空护林站	林业副高级工程师	2002.06 2002.07
32	吴 平	男	蒙古族	1963.10	专科	中共党员	额济纳旗胡杨林管理局	高级畜牧师	2004.06
33	李春风	男	汉族	1965.05	本科	中共党员	巴丹吉林自然保护区雅布赖管理站	林业副高级工程师	2004.08 2006.04
34	刘尚军	男	汉族	1962.06	本科	群众	阿左旗草原工作站	高级畜牧师	2006.06
35	许文军	男	汉族	1970.03	本科	中共党员	阿拉善盟生态产业发展规划中心	林业副高级工程师	2007.07 2009.09
36	谢宗才	男	汉族	1969.08	本科	群众	阿拉善盟林业草原研究所	林业副高级工程师	2007.07 2013.12

（续表2）

序号	姓名	性别	民族	出生年月	学历	政治面貌	工作单位	职称名称	评聘时间
37	张宝林	男	汉族	1964.11	本科	群众	阿拉善盟林业草原和种苗工作站	高级畜牧工程师	2007.10 2007.12
38	高立平	男	汉族	1970.01	本科	中共党员	阿拉善盟林业和草原局	林业副高级工程师	2008.11
39	赵　健	男	汉族	1968.04	本科	中共党员	额济纳旗草原工作站	高级畜牧师	2008.11 2010.06
40	聂金婵	女	汉族	1964.09	本科	群众	贺兰山管理局	林业副高级工程师	2008.12 2010.04
41	沈学芳	女	汉族	1961	本科	群众	巴彦浩特林业工作站	林业副高级工程师	2009.12 2011.07
42	黄艳荣	女	汉族	1967.12	本科	群众	阿左旗地质公园管理局	高级畜牧师	2010.01
43	苏　云	男	汉族	1972	本科	中共党员	贺兰山管理局	林业副高级工程师	2012.12
44	王海蓉	女	汉族	1971.03	本科	群众	额济纳旗林业和草原局综合保障中心	林业副高级工程师	2012.12 2013.06
45	李玉春	女	汉族	1972.07	本科	中共党员	额济纳旗林业工作站	林业副高级工程师	2012.12 2014.02
46	赵玉兰	女	汉族	1968.08	本科	群众	贺兰山管理局	林业副高级工程师	2015.12 2016.04
47	苏振军	男	汉族	1962.11	本科	群众	阿拉善盟林业草原和种苗工作站	林业副高级工程师	2016.01 2018.12
48	武志博	男	汉族	1980.11	研究生	群众	阿拉善盟航空护林站	林业副高级工程师	2016.12 2018.04
49	李　琳	女	汉族	1972.07	本科	中共党员	阿左旗林业和草原病虫害防治检疫站	林业副高级工程师	2016.12
50	杨　芹	女	蒙古族	1973.11	本科	群众	阿左旗林业和草原病虫害防治检疫站	林业副高级工程师	2016.12
51	杨雪芹	女	汉族	1968.03	本科	中共党员	额济纳旗林业和草原局综合保障中心	林业副高级工程师	2016.12 2018.06
52	王长命	男	汉族	1964.30	本科	群众	阿拉善盟林业和草原有害生物防治检疫站	林业副高级工程师	2017.03
53	张红艳	女	汉族	1974.03	本科	中共党员	阿左旗公益林服务中心	林业副高级工程师	2017.06
54	苏桂平	男	汉族	1968.12	本科	群众	阿左旗地质公园管理局	高级畜牧师	2017.10
55	胡晨阳	男	汉族	1974.10	本科	中共党员	阿左旗林业和草原病虫害防治检疫站	林业副高级工程师	2017.12
56	李宝山	男	汉族	1966.08	大专	中共党员	巴丹吉林自然保护区塔木素工作站	林业副高级工程师	2017.12 2018.06

（续表3）

序号	姓名	性别	民族	出生年月	学历	政治面貌	工作单位	职称名称	评聘时间
57	王林邦	男	汉族	1965.09	大专	中共党员	巴丹吉林自然保护区雅布赖工作站	林业副高级工程师	2017.12 2018.06
58	邱华玉	男	汉族	1962.01	中专	群众	阿右旗林草有害生物防治检疫站	林业副高级工程师	2017.12 2018.06
59	白海霞	女	汉族	1979.11	本科	中共党员	额济纳旗林业工作站	林业副高级工程师	2017.12
60	包海梅	女	汉族	1978.04	本科	群众	额济纳旗胡杨林管理局	林业副高级工程师	2017.12 2018.07
61	张金良	男	汉族	1967.08	中专	中共党员	腾格里开发区农牧林水局	高级畜牧师	2017.12
62	赵明峰	男	汉族	1966.01	中专	群众	巴彦木仁综合保障和技术服务中心	林业副高级工程师	2017.12
63	刘雪娟	女	汉族	1973.09	本科	群众	阿拉善盟林业草原研究所	林业副高级工程师	2018.12 2019.08
64	刘颖佳	女	汉族	1976.01	本科	群众	阿左旗公益林服务中心	财税副高级工程师	2017.12 2019.01
65	梁萨日娜	女	蒙古族	1977.06	本科	群众	阿左旗地质公园管理局	高级会计师	2019.05
66	王文舒	女	蒙古族	1987.01	研究生	中共党员	阿拉善盟林业草原研究所	林业副高级工程师	2019.12
67	乔轶华	男	汉族	1980.05	本科	群众	额济纳旗林业和草原综合保障中心	林业副高级工程师	2019.12 2020.06
68	吕慧	男	汉族	1974.05	本科	中共党员	额济纳旗林业和草原综合保障中心	林业副高级工程师	2019.12 2020.06
69	海莲	女	蒙古族	1985.06	研究生	中共党员	阿拉善盟林业和草原局	林业副高级工程师	2020.12
70	赵晨光	男	俄罗斯族	1986.09	研究生	中共党员	阿拉善盟林业草原研究所	林业副高级工程师	2020.12
71	侍月华	女	汉族	1972.04	本科	群众	阿左旗林业和草原病虫害防治检疫站	林业副高级工程师	2020.12 2021.08
72	刘春林	女	汉族	1971.03	本科	中共党员	阿左旗科技沙产业推广服务中心	林业副高级工程师	2020.12 2021.07
73	任振强	男	汉族	1968.01	本科	群众	贺兰山管理局	林业副高级工程师	2020.12 2021.07
74	金廷文	男	汉族	1968.11	本科	中共党员	贺兰山管理局	林业副高级工程师	2020.12 2021.07
75	胡成业	男	汉族	1972	本科	群众	贺兰山管理局	林业副高级工程师	2020.12 2021.07
76	郝淑香	女	汉族	1972	本科	中共党员	贺兰山管理局	林业副高级工程师	2020.12

（续表4）

序号	姓名	性别	民族	出生年月	学历	政治面貌	工作单位	职称名称	评聘时间
77	李慧瑛	女	汉族	1988.02	研究生	中共党员	阿拉善盟林业草原研究所	林业副高级工程师	2021.12
78	谢　菲	女	汉族	1988.09	研究生	中共党员	阿拉善盟林业草原和种苗工作站	林业副高级工程师	2021.12
79	李庆恩	男	满族	1975.08	研究生	中共党员	巴丹吉林自然保护区雅布赖工作站	林业副高级工程师	2021.12
80	李守强	男	汉族	1970.07	大专	中共党员	巴丹吉林自然保护区雅布赖工作站	林业副高级工程师	2021.12
81	李万政	男	汉族	1972.03	本科	群众	阿右旗林草有害生物防治检疫站	林业副高级工程师	2021.12
82	徐生智	男	汉族	1979.01	本科	群众	阿右旗林业和草原工作站	林业副高级工程师	2021.12
83	孔芳毅	女	汉族	1972	本科	群众	贺兰山管理局	林业副高级工程师	2021.12
84	王晓勤	男	汉族	1972	本科	中共党员	贺兰山管理局	林业副高级工程师	2021.12
85	郭丽霞	女	汉族	1977.11	本科	中共党员	阿左旗林业工作站	林业副高级工程师	2021.12
86	魏建民	男	汉族	1968.06	本科	群众	阿左旗林业工作站	林业副高级工程师	2021.12
87	高雪琴	女	汉族	1974.08	本科	群众	阿左旗林业工作站	林业副高级工程师	2021.12

注：以职称资格取得时间为序。

荣　誉

一、集体荣誉名录（荣誉–表–1）

荣誉–表–1 收录盟委、行署及以上表彰奖项。

荣誉–表–1　2006—2021 年阿拉善盟林业草原系统集体荣誉名录

序号	获奖单位	获奖时间	授奖部门	授奖名称
1	阿拉善盟林业和草原局	2015 年	中国·阿拉伯国家绿化博览会组委会	中国·阿拉伯国家绿化博览会室外展园建设先进集体
		2019 年	全国绿化委员会	全国绿化模范单位
		2020 年	国家林业和草原局"三北"局	"三北"防护林建设工程先进集体
2	阿拉善盟林业草原研究所	2012 年	国家林业局	全国生态建设贡献奖
		2012 年	阿拉善盟行政公署	挂牌阿拉善（中国科学院）沙生资源植物产业——院士专家工作站
		2016 年	内蒙古自治区人社厅	挂牌国家级专家服务基地
		2017 年	全国首届沙产业创新创业大赛组委会	团队一等奖
3	阿拉善盟森林公安局	2007 年	内蒙古自治区森林公安局	集体三等功
		2007 年	内蒙古自治区森林公安局	警务技能大比武团体第二名
		2010 年	国家林业局森林公安局	集体二等功
		2012 年	内蒙古自治区森林公安局	集体记三等功
4	阿拉善盟草原工作站	2015 年	阿拉善盟委、行署	阿拉善盟第九次民族团结进步模范集体
5	阿拉善盟林业草原和种苗站	2016 年	国家林业局	全国生态建设突出贡献奖先进集体
		2020 年	内蒙古自治区人民政府	内蒙古自治区科学技术进步奖三等奖
6	阿左旗科学技术和林业草原局	2006 年	内蒙古自治区林业厅	2006 年度林业生产建设"安林杯"
		2010 年	中共内蒙古自治区委员会、内蒙古自治区人民政府	内蒙古自治区林业生态建设先进集体
		2011 年	全国绿化委员会、人力资源和社会保障部、国家林业局	全国绿化先进集体
		2011 年	内蒙古自治区人力资源和社会保障厅、林业厅、公务员局	内蒙古自治区天然林资源保护工程一期建设先进集体

（续表1）

序号	获奖单位	获奖时间	授奖部门	授奖名称
6	阿左旗科学技术和林业草原局	2013 年	全国绿化委员会、人力资源社会保障部、国家林业局	全国防沙治沙先进集体
		2014 年	国家林业局、中国农林水利工会全国委员会	中国林业产业突出贡献奖
		2015 年	国家林业局	国家林下经济示范基地
		2016 年	国家林业局	全国生态建设突出贡献奖先进集体
		2018 年	国家林业和草原局	"三北"防护林体系建设工程先进集体
		2018 年	人力资源社会保障部、国家林业局	全国林业系统先进集体
7	阿左旗林业草原森林病虫害防治检疫站	2007 年	国家森防总站	林业有害生物生产性预报突出单位
		2007 年	国家森防总站	林业有害生物监测预报优秀国家级中心测报点
		2010 年	国家森防总站	村级森防员培训工作先进集体
		2013 年	阿拉善盟行政公署	（沙蒿尖翅吉丁生物学特性及防治试验研究）阿拉善盟科学技术奖三等奖
8	阿左旗林业工作站	2015 年	内蒙古自治区总工会	内蒙古自治区创新工作室
9	阿右旗林业和草原局	2006 年	内蒙古自治区林业厅	2005 年度林业生产建设资源林政管理、林政执法奖
		2006 年	内蒙古自治区林业厅	2005 年度林业生产建设全民义务植树奖
		2011 年	内蒙古自治区林业厅	"十一五"内蒙古自治区林业技术推广先进集体
		2017 年	人力资源社会保障部、全国绿化委员会、国家林业局	全国防沙治沙先进集体
		2017 年	人力资源和社会保障部、国家林业局	全国集体林权制度改革先进集体
10	阿右旗森林公安局	2007 年	内蒙古自治区森林公安局	集体三等功
		2011 年	内蒙古自治区森林公安局	集体三等功
		2013 年	内蒙古自治区森林公安局	集体三等功
		2016 年	内蒙古自治区森林公安局	集体三等功
		2017 年	内蒙古自治区森林公安局	2016 年度内蒙古自治区森林公安系统宣传工作先进单位
11	阿右旗森林公安局巴彦高勒派出所	2008 年	国家森林公安局	二级公安派出所
		2008 年	国家森林公安局	二级公安派出所
		2014 年	内蒙古自治区森林公安局	集体嘉奖

（续表2）

序号	获奖单位	获奖时间	授奖部门	授奖名称
12	阿右旗雅布赖治沙站	2011年	内蒙古自治区林业厅	林木种苗工作先进集体
		2015年	国家林业局	国家林下经济示范基地
		2017年	内蒙古自治区林业厅	内蒙古自治区林木种苗工作最佳特色苗圃
13	阿右旗森林公安局雅布赖派出所	2013年	内蒙古自治区森林公安局	内蒙古自治区森林公安系统优秀派出所
		2015年	内蒙古自治区森林公安局	2014年度内蒙古自治区森林公安系统优秀派出所
		2017年	内蒙古自治区森林公安局	集体三等功
14	阿右旗森林公安局塔木素派出所	2016年	内蒙古自治区森林公安局	集体三等功
15	额济纳旗林业和草原局	2006年	内蒙古自治区林业厅	2005年度林业建设森林病虫害防治奖
		2006年	内蒙古自治区林业厅	2005年度林业建设野生动植物保护奖
		2012年	内蒙古自治区林业厅	森林旅游管理先进单位
		2013年	内蒙古自治区绿化委员会	内蒙古自治区绿化模范单位
16	额济纳旗国有林场	2017年	内蒙古自治区林业厅	内蒙古自治区林木种苗工作最佳特色苗圃
17	额济纳旗林业工作站	2017年	内蒙古自治区林业厅	内蒙古自治区林木种苗工作先进集体
18	额济纳胡杨林管理局	2012年	国家林业局森林公园管理办公室	中国森林公园发展三十周年最具影响力森林公园
19	贺兰山管理局	2006年	内蒙古自治区林业厅	内蒙古自治区野生动植物保护先进单位
		2006年	国家林业局	全国自然保护区示范单位
		2009年	内蒙古自治区委员会、内蒙古自治区人民政府	内蒙古自治区森林草原防扑火先进集体
		2012年	内蒙古自治区林业厅	森林旅游管理先进单位
		2020年	中国林场协会	2019年全国十佳林场

二、个人荣誉名录（荣誉-表-2）

荣誉-表-2收录盟委、行署及以上表彰奖励者，以姓氏笔画为序。

荣誉-表-2　2006—2021年阿拉善盟林业和草原系统个人获奖名录

序号	姓名	性别	民族	工作单位及职务	获奖时间	授奖部门	授奖名称
1	丁积禄	男	汉族	吉兰泰林业工作站	2019年	全国绿化委员会	全国绿化奖章

（续表1）

序号	姓名	性别	民族	工作单位及职务	获奖时间	授奖部门	授奖名称
2	马涛	女	汉族	阿拉善盟林业和草原局党组成员、三级调研员	2012年	内蒙古自治区人力资源和社会保障厅、内蒙古自治区林业厅	内蒙古自治区"三北"防护林建设四期工程先进个人
					2015年	中国·阿拉伯国家绿化博览会组委会	中国·阿拉伯国家绿化博览会室外展园建设先进个人
					2016年	全国绿化委员会、国家林业局	防沙治沙先进个人
3	马悦	女	回族	阿拉善盟林业和草原局防火办副主任	2015年	阿拉善盟委	2014年度阿拉善盟党委系统信息调研工作先进个人
4	王权	男	汉族	阿拉善盟森林公安局	2006年	内蒙古自治区森林公安局	个人嘉奖
					2007年	内蒙古自治区森林公安局	个人三等功
					2008年	内蒙古自治区森林公安局	个人三等功
					2019年	国家林业局森林公安局	个人二等功
5	王刚	男	汉族	额济纳旗草原工作站副站长	2006年	内蒙古自治区农牧业厅	内蒙古自治区草原工作先进个人
6	王义兵	男	汉族	额济纳旗草原工作站	2007年	内蒙古自治区农牧业厅	内蒙古自治区草原工作先进个人
7	王长命	男	蒙古族	阿拉善盟林业和草原有害生物防治检疫站	2007年	内蒙古自治区农牧业厅	内蒙古自治区先进个人
					2008年	内蒙古自治区农牧业厅	内蒙古自治区先进个人
					2012年	内蒙古自治区总工会	内蒙古自治区"五一劳动奖章"
					2015年	内蒙古自治区党委、政府	内蒙古自治区劳动模范
8	王生贵	男	汉族	阿左旗科学技术和林业草原局	2018年	"三北"防护林体系建设工程评选表彰工作领导小组办公室	"三北"防护林体系建设工程先进个人
9	王晓东	男	汉族	阿拉善盟林业和草原局办公室主任（2019年12月任阿右旗人民政府副旗长）	2011年	内蒙古自治区林业厅	内蒙古自治区森林资源管理监督先进个人
					2016年	全国绿化委员会、人力资源社会保障部、国家林业局	全国绿化奖章
10	王文舒	女	蒙古族	阿拉善盟林业草原研究所	2020年	内蒙古自治区人民政府	首届内蒙古自治区青年创新人才奖
					2021年	内蒙古自治区人社厅	"321人才工程"二层次人选

（续表2）

序号	姓名	性别	民族	工作单位及职务	获奖时间	授奖部门	授奖名称
11	王严武	男	汉族	阿拉善盟森林公安局	2006年	内蒙古自治区森林公安局	个人三等功
12	王雪芹	女	汉族	阿拉善沙漠地质公园管理局办公室主任	2011年	内蒙古自治区林业厅	"十一五"内蒙古自治区林业工作站先进个人
13	田永祯	男	汉族	阿拉善盟林业草原研究所所长	2006年	阿拉善盟行政公署	"十五"阿拉善盟公路交通建设先进个人
					2007年	阿拉善盟行政公署	阿拉善盟科技人员突出贡献奖
					2008年	内蒙古自治区人事厅	"新世纪321人才工程"第二层次人选
					2009年	中华人民共和国科学技术部	中药现代化科技产业基地建设十周年先进个人
					2010年	内蒙古自治区人民政府	内蒙古自治区劳动模范（先进工作者）
					2012年	中共内蒙古自治区委员会	内蒙古自治区创先争优优秀共产党员
					2012年	阿拉善盟委员会、盟行政公署	首届"阿拉善英才"
					2012年	内蒙古自治区科学技术厅	"十一五"内蒙古自治区科技计划执行优秀奖
					2012年	内蒙古自治区人民政府	内蒙古自治区有突出贡献中青年专家
					2012年	内蒙古自治区科学技术协会、人社厅	内蒙古自治区优秀科技工作者
					2012年	中国科学技术协会	全国优秀科技工作者
					2013年	内蒙古自治区人才工作协调小组	内蒙古自治区2011年度"草原英才"
					2013年	《科学中国人》杂志社	科学中国人2012年度人物
					2014年	内蒙古自治区人社厅、内蒙古自治区科学技术协会	首届内蒙古自治区科技标兵
					2015年	中华人民共和国国务院	国务院政府特殊津贴
					2017年	全国沙产业创新创业大赛组委会	首届全国沙产业创新创业大赛优秀人才奖

（续表3）

序号	姓名	性别	民族	工作单位及职务	获奖时间	授奖部门	授奖名称
14	代瑞	女	汉族	贺兰山管理局	2016年	内蒙古林业厅	庆祝建党95周年演讲比赛优秀奖
					2016年	国家林业局	五台山杯全国国有林场思想政治工作演讲比赛优秀奖
					2017年	国家林业局	全国国有林场思想政治工作主题演讲大赛三等奖
					2017年	内蒙古自治区教育厅	内蒙古自治区成立70周年普通话演讲比赛三等奖
15	付成忠	男	汉族	贺兰山管理局	2012年	内蒙古自治区林业厅	森林旅游管理与建设先进个人
16	白高成	男	蒙古族	阿拉善盟森林公安局	2008年	内蒙古自治区森林公安局	个人嘉奖
					2009年	内蒙古自治区政法委	内蒙古自治区成立60周年大庆安全保卫先进个人
					2011年	内蒙古自治区森林公安局	个人三等功
17	石福年	男	汉族	阿右旗林业和草原有害生物防治检疫站	2017年	内蒙古自治区林业厅	内蒙古自治区林木种苗工作先进个人
18	白国瑞	男	汉族	阿拉善盟森林公安局	2015年	内蒙古自治区森林公安局	个人三等功
19	刘宏义	男	汉族	阿左旗林业工作站站长	2013年	内蒙古自治区人民政府	内蒙古自治区生态建设先进个人
					2016年	内蒙古自治区科学技术厅等10个部门	内蒙古自治区优秀特派员
					2016年	内蒙古自治区总工会	内蒙古自治区五一劳动奖章
					2017年	中华全国总工会	全国五一劳动奖章
					2019年	内蒙古自治区人民政府	内蒙古自治区突出贡献专家
					2019年	全国沙产业创新创业大赛组委会	沙产业大赛二等奖
					2020年	国家林业和草原局	第二批林草乡土专家
					2021年	国家林业和草原局	最美林草科技推广员
20	许文军	男	汉族	阿拉善盟生态产业发展规划中心主任	2011年	内蒙古自治区人社厅、林业厅、公务员局	内蒙古自治区天然林资源保护工程一期建设先进个人
					2011年	内蒙古自治区林业厅	内蒙古自治区林木种苗工作先进个人
					2013年	全国绿化委员会、人力资源社会保障部、国家林业局	全国防沙治沙先进个人
					2013年	内蒙古自治区绿化委员会	内蒙古绿化奖章

（续表4）

序号	姓名	性别	民族	工作单位及职务	获奖时间	授奖部门	授奖名称
21	吕　慧	男	汉族	额济纳旗林业和草原局综合保障中心	2017年	内蒙古自治区林业厅	内蒙古自治区种苗工作先进个人
22	朱光军	男	汉族	阿左旗科技沙产业推广服务中心	2015年	内蒙古自治区科学技术厅、组织部、宣传部、农牧业厅、林业厅、银监局、团委、妇联、供销社	内蒙古自治区科技优秀特派员
					2019年	内蒙古自治区科学技术厅、宣传部、科学技术协会	2019年内蒙古科技活动周暨第二十四届科普活动宣传周先进个人
23	乔永祥	男	汉族	阿拉善盟林业和草原局二级调研员	2009年	全国绿化委员会、人力资源社会保障部、国家林业局	全国绿化奖章
					2019年	全国绿化委员会、人力资源社会保障部、国家林业局	全国绿化奖章
24	刘春林	女	汉族	阿左旗科技沙产业推广服务中心	2019年	国家林业和草原局、中国农林水利气象工会全国委员会	第四届中国林业产业突出贡献奖
25	庄光辉	男	蒙古族	阿拉善盟林业草原和种苗工作站站长	2006年	中华人民共和国农业部	全国草原监理系统先进个人
					2010年	中华人民共和国农业部	全国农牧渔业丰收二等奖
					2010年	内蒙古自治区人民政府	内蒙古自治区劳动模范
					2010年	阿拉善盟委员会　盟行政公署	阿拉善盟先进工作者
					2012年	阿拉善盟委员会　盟行政公署	首届"阿拉善英才"
					2015年	内蒙古自治区人才工作协调小组	内蒙古自治区2015年度"草原英才"
					2016年	阿拉善盟行政公署	阿拉善盟科技人员突出贡献奖
26	孙怡然	女	汉族	阿拉善盟森林公安局	2019年	内蒙古自治区森林公安局	个人三等功
27	孙智德	男	汉族	阿拉善盟森林公安局	2016年	国家林业局森林公安局	个人一等功
28	苏　云	男	汉族	贺兰山管理局	2012年	中国科学院动物研究所中国动物学会、国际动物学会	首届中国动物标本大赛优秀奖

（续表 5）

序号	姓名	性别	民族	工作单位及职务	获奖时间	授奖部门	授奖名称
29	丽　星	女	蒙古族	阿拉善盟森林公安局	2009 年	内蒙古自治区森林公安局	个人三等功
					2012 年	国家林业局森林公安局	个人二等功
30	杜军成	男	汉族	巴彦木仁综合保障和技术服务中心	2011 年	内蒙古自治区林业厅	"十一五"内蒙古自治区林业技术推广先进者
31	张政文	男	汉族	额济纳旗林业工作站	2017 年	内蒙古自治区林业厅	内蒙古自治区林木种苗工作技术能手
32	陈志军	男	汉族	阿拉善盟森林公安局	2011 年	内蒙古自治区森林公安局	个人嘉奖
					2015 年	内蒙古自治区森林公安局	个人嘉奖
					2016 年	内蒙古自治区森林公安局	个人三等功
33	陈君来	男	汉族	阿拉善盟林业和草原局党组书记、局长（2021 年 6 月任阿拉善盟政协副主席）	2007 年	全国绿化委员会、人力资源和社会保障部、国家林业局	全国绿化奖章
					2009 年	内蒙古自治区科学技术厅、宣传部、科学技术协会	2009 年科技周暨内蒙古自治区第十四届科普活动宣传周先进个人
					2009 年	国家科技部	全国县市科学技术进步先进个人
					2011 年	国家科技部	全国县市科学技术进步考核先进个人
34	张有拥	男	汉族	阿右旗林业和草原工作站站长	2016 年	国家林业局	全国生态建设突出贡献先进个人荣誉称号
					2021 年	阿拉善盟精神文明建设委员会	第六届阿拉善盟敬业奉献道德模范
					2021 年	内蒙古自治区宣传部内蒙古自治区文明办	入选内蒙古好人榜
35	杨晓军	男	汉族	阿左旗科学技术和林业草原局	2017 年	全国绿化委员会、国家林业局	全国防沙治沙先进个人
36	张金宝	男	汉族	阿左旗林业和草原林业病虫害防治检疫站站长	2009 年	内蒙古自治区农牧业厅	内蒙古自治区草原工作先进个人
					2019 年	内蒙古自治区农牧业厅	内蒙古自治区最美草原人
					2021 年	内蒙古自治区总工会	内蒙古自治区五一劳动奖章
37	吴淑改	女	汉族	阿拉善盟林业和草原局党建办主任	2009 年	内蒙古自治区森林公安局	个人嘉奖
					2014 年	内蒙古自治区森林公安局	个人三等功

（续表6）

序号	姓名	性别	民族	工作单位及职务	获奖时间	授奖部门	授奖名称
38	杨雪芹	女	汉族	额济纳旗林业工作站	2010年	国家林业局	全国生态建设突出贡献奖——林木种苗先进工作者
					2011年	内蒙古自治区林业厅	"十一五"内蒙古自治区林业工作站先进工作者
					2013年	全国绿化委员会	全国绿化奖章
39	张秀敏	女	汉族	阿拉善盟森林公安局	2007年	内蒙古自治区森林公安局	个人三等功
					2010年	国家林业局森林公安局	个人二等功
40	张斌武	男	汉族	阿拉善盟林业草原研究所所长	2009年	内蒙古自治区党委、政府	内蒙古自治区深入生产第一线作出突出贡献科技人员
					2016年	阿拉善盟人才工作领导小组	第二届"阿拉善英才"
					2020年	阿拉善盟委员会、行政公署	阿拉善盟先进工作者
41	李红霞	女	汉族	额济纳旗草原工作站副站长	2006年	内蒙古自治区农牧业厅	内蒙古自治区草原工作先进个人
					2007年	内蒙古自治区农牧业厅	
					2008年	内蒙古自治区农牧业厅	
					2009年	内蒙古自治区农牧业厅	
					2013年	内蒙古自治区农牧业厅	
42	李晓惠	女	汉族	阿左旗林业工作站	2017年	内蒙古自治区林业厅	内蒙古自治区林木种苗工作先进个人
43	青松	男	蒙古族	阿拉善盟林业和草原督查保障中心主任	2006年	内蒙古自治区农牧业厅	内蒙古自治区草原工作先进个人
					2007年	内蒙古自治区农牧业厅	
					2008年	内蒙古自治区农牧业厅	
					2009年	内蒙古自治区农牧业厅	
					2010年	内蒙古自治区农牧业厅	
44	赵健	男	汉族	额济纳旗草原工作站站长	2006年	内蒙古自治区农牧业厅	内蒙古自治区草原工作先进个人
					2007年	内蒙古自治区农牧业厅	
					2008年	内蒙古自治区农牧业厅	
					2009年	内蒙古自治区农牧业厅	
					2010年	内蒙古自治区农牧业厅	
					2011年	内蒙古自治区农牧业厅	
					2012年	内蒙古自治区农牧业厅	
					2013年	内蒙古自治区农牧业厅	

（续表7）

序号	姓名	性别	民族	工作单位及职务	获奖时间	授奖部门	授奖名称
45	周永明	男	汉族	阿左旗科学技术和林业草原局党组书记、局长（2021年3月任阿左旗敖伦布拉格镇党委书记）	2019年	国家林业和草原局	全国生态建设突出贡献先进个人
46	范布和	男	蒙古族	阿拉善盟林业和草原局	2007年	国家林业局	2004—2006年度全国森林防火先进个人称号
47	侍青文	男	汉族	阿拉善盟林业和草原局规划财会科科长	2007年	内蒙古自治区森林公安局	个人嘉奖
					2008年	内蒙古自治区森林公安局	个人嘉奖
					2009年	内蒙古自治区森林公安局	个人嘉奖
48	赵　静	女	汉族	阿拉善盟林业和草原保护站站长	2008年	阿拉善盟委	阿拉善盟信息调研先进个人
					2012年	阿拉善盟委	阿拉善盟政务信息先进个人
49	赵冬香	女	汉族	阿拉善盟森林公安局	2015年	内蒙古自治区森林公安局	内蒙古自治区森林公安政治思想工作先进个人
					2018年	内蒙古自治区森林公安局	个人三等功
50	赵晨光	男	俄罗斯族	阿拉善盟林业草原研究所	2019年	内蒙古自治区人社厅	内蒙古自治区2019年"321人才工程"二层次人选
51	武志博	男	汉族	阿拉善盟航空护林站副站长	2019年	全国沙产业创新创业大赛	二等奖
52	侍晓亮	男	汉族	阿拉善盟林业和草原有害生物防治检疫站	2009年	内蒙古自治区农牧业厅	内蒙古自治区农机化先进工作者
					2010年	内蒙古自治区农牧业厅	
					2011年	内蒙古自治区农牧业厅	
53	范智录	男	汉族	阿拉善盟森林公安局	2011年	内蒙古自治区森林公安局	个人三等功
54	庞德胜	男	汉族	阿拉善盟林业草原研究所	2011年	阿拉善盟委员会、行政公署	阿拉善盟承办内蒙古自治区第七次精神文明建设经验交流会先进个人
					2017年	内蒙古自治区人民政府	内蒙古自治区突出贡献专家
55	孟和巴依尔	男	蒙古族	阿拉善盟林业草原研究所	2013年	内蒙古自治区人民政府	内蒙古自治区生态建设先进个人
					2015年	阿拉善盟委员会、行政公署	阿拉善盟第九次民族团结进步表彰大会模范个人
56	郝　豹	男	汉族	阿拉善盟森林公安局	2015年	国家森林公安局	个人二等功

（续表8）

序号	姓名	性别	民族	工作单位及职务	获奖时间	授奖部门	授奖名称
57	段志鸿	男	汉族	贺兰山管理局党组书记、局长	2019年	国家林业和草原局	2016—2018年度全国森林防火工作先进个人
58	胡晨阳	男	汉族	阿左旗林业和草原林业病虫害防治检疫站站长	2007年	国家林业局	全国林业有害生物监测预报优秀测报员
					2020年	国家林业和草原局森林和草原病虫害防治总站	国家级林业有害生物中心测报点优秀测报员
59	徐开文	男	汉族	阿拉善盟森林公安局	2007年	内蒙古自治区森林公安局	个人嘉奖
					2007年	内蒙古自治区公安厅	个人二等功
					2007年	内蒙古自治区政法委	内蒙古自治区成立60周年大庆安全保卫先进个人
60	海娜	女	蒙古族	阿拉善盟森林公安局	2018年	内蒙古自治区森林公安局	个人三等功
61	袁文平	男	汉族	阿拉善盟森林公安局	2006年	内蒙古自治区森林公安局	个人嘉奖
					2007年	内蒙古自治区森林公安局	个人三等功
					2009年	内蒙古自治区森林公安局	个人三等功
62	高立平	男	汉族	阿拉善盟林业和草原局治沙造林科科长	2014年	内蒙古自治区党委组织部	内蒙古自治区优秀共产党员荣誉称号
					2020年	内蒙古自治区党委内蒙古自治区人民政府	第六届内蒙古自治区"人民满意的公务"荣誉称号
63	徐建华	男	汉族	阿右旗林业和草原有害生物防治检疫站站长	2011年	内蒙古自治区林业厅	"十一五"内蒙古自治区林业工作站先进工作者
					2020年	国家林草和草原局	国家林业和草原局林草乡土专家
64	袁丽丽	女	汉族	贺兰山管理局	2021年	内蒙古自治区科学技术厅、宣传部、科学技术协会、教育厅、文化和旅游厅、团委、广播电视局	内蒙古自治区科普讲解大赛三等奖
65	徐生智	男	汉族	阿右旗林业和草原工作站副站长	2011年	内蒙古自治区林业厅	内蒙古自治区林木种苗工作先进个人
					2011年	内蒙古自治区林业厅	"十一五"内蒙古自治区林业技术推广先进工作者
					2014年	国家林业局、中国农林水利工会全国委员会	中国林业产业突出贡献奖
66	黄天兵	男	蒙古族	阿拉善沙漠世界地质公园管理局局长	2012年	内蒙古自治区总工会	内蒙古自治区民族团结进步模范

（续表9）

序号	姓名	性别	民族	工作单位及职务	获奖时间	授奖部门	授奖名称
67	黄　薇	女	汉族	阿拉善盟森林公安局	2007年	内蒙古自治区森林公安局	个人嘉奖
					2012年	内蒙古自治区森林公安局	个人三等功
68	崔红章	男	汉族	额济纳旗国有林场	2013年	内蒙古自治区林业厅	内蒙古自治区苗木种苗先进个人
69	崔　巍	男	汉族	额济纳旗草原工作站	2014年	内蒙古自治区草原监督管理局	2014年草原监测技能比赛二等奖
70	新　民	男	汉族	阿右旗林业和草原有害生物防治检疫站副站长	2014年	国家林业局	2012—2013年度全国森防宣传工作先进个人
					2020年	国家林业和草原局	国家林业和草原局林草乡土专家
71	韩　峰	男	汉族	阿拉善盟森林公安局	2015年	内蒙古自治区森林公安局	个人三等功
72	谢斌仁	男	汉族	阿拉善盟森林公安局	2008年	内蒙古自治区森林公安局	奥运安保先进个人
					2010年	内蒙古自治区森林公安局	个人三等功
					2013年	内蒙古自治区森林公安局	个人三等功
73	程业森	男	汉族	阿拉善盟林业和草原有害生物防治检疫站站长	2011年	阿拉善盟委	阿拉善盟建党90周年优秀共产党员
					2012年	内蒙古自治区科技厅	内蒙古自治区科技计划执行优秀奖
					2020年	阿拉善盟行署	阿拉善英才
					2021年	内蒙古自治区党委宣传部、内蒙古自治区科协、科技厅、国防科工办	最美科技工作者
74	雒金玉	女	汉族	额济纳旗综合保障中心主任	2010年	中共阿拉善盟委员会、阿拉善盟行政公署	阿拉善盟科技工作先进个人
					2016年	全国绿化委员会、人力资源和社会保障部、国家林业局	全国绿化先进工作者
75	潘竞军	男	汉族	阿拉善盟林业和草原局党组成员、副局长	2011年	全国绿化委员会、国家林业局	"十一五"期间林业灾害生物防治工作先进个人
					2015年	中共阿拉善盟委员会	阿拉善盟优秀共产党员
76	燕　红	女	汉族	阿拉善盟森林公安局	2014年	内蒙古自治区森林公安局	个人三等功
77	魏存广	男	汉族	额济纳旗国有林场	2007年	国家林业局办公室、中国水利工会全国委员会	全国优秀护林员
78	魏健民	男	汉族	阿左旗林业工作站	2012年	国家林业局	全国生态建设突出贡献奖先进个人

附　　录

一、地方性法规

内蒙古自治区林木种苗条例

第一章　总　　则

第一条　为了保护和合理利用林木种质资源，规范林木种苗生产、经营、使用行为，促进林木种苗业的发展，根据《中华人民共和国种子法》和国家有关法律、法规，结合自治区实际，制定本条例。

第二条　在自治区行政区域内从事林木种质资源保护、林木品种选育、引进，林木种苗生产、经营、使用和管理等活动的单位和个人，必须遵守本条例。

本条例所称林木种苗，是指林木的繁殖材料或者种植材料，包括乔木、灌木、木质藤本等木本植物的籽粒、果实和根、茎、苗、芽、叶等。

第三条　旗县级以上人民政府林业行政主管部门主管本行政区域内的林木种苗工作，其日常管理工作由林木种苗管理机构负责。

第四条　旗县级以上人民政府应当大力实施林木种苗工程，把扶持林木种质资源保护，林木良种选育、生产、使用、推广、更新，林木种苗生产基地建设，林木种苗科学研究和技术推广，林木种苗质量监督管理体系建设列入林业发展规划和年度计划。

鼓励和支持单位和个人研究、开发、经营和推广林木种苗优良品种和新品种；鼓励品种选育和林木种苗生产、经营相结合，发展林木种苗产业。

第五条　旗县级以上人民政府要按照国家和自治区规定设立林木种苗专项资金，用于林木种质资源保护，林木良种选育、审定、使用和推广，林木新品种引进与试验示范、种苗检验、种苗信息网络建设等。

第六条　自治区人民政府、盟行政公署和设区的市人民政府建立林木种苗贮备制度，主要用于发生灾害和林木种子结实歉年时的造林需要。

第二章　种质资源保护

第七条　自治区依法保护林木种质资源，任何单位和个人不得侵占和破坏。

禁止采集或者采伐下列天然林木种质资源，因科研等特殊情况需要采集或者采伐的，应当经自治区人民政府林业行政主管部门批准：

（一）珍稀、濒危树种的林木种质资源。

（二）优树、优良林分和优良种源。

（三）异地收集的林木种质资源。

（四）其他具有特殊价值的林木种质资源。

林木种质资源保护目录由自治区人民政府林业行政主管部门制定并公告。

第八条　自治区定期进行林木种质资源普查或者专项调查，有计划地收集、整理、鉴定、登记、保存、交流和利用林木种质资源，建立林木种质资源数据库，定期公布可供利用的林木种质资源目录。

第九条　自治区人民政府林业行政主管部门应当根据不同的生态区域建立林木种质资源库、林木种质资源保护区或者保护地，加强特有林木种质资源的管理与保护。

第十条　在林木种质资源库、林木种质资源保护区或者保护地内不得擅自进行有害于种质资源的试验。因科研等特殊情况确需进行试验的，由批准设立林木种质资源库、种质资源保护区或者保护地的林业行政主管部门批准。

第三章　品种审定与引进

第十一条　主要林木品种在推广应用前实行审定制度。

自治区人民政府林业行政主管部门设立自治区林木品种审定委员会，承担主要林木品种的审定工作。

第十二条　主要林木品种未经审定通过，因生产确需使用的，应当经自治区人民政府林业行政主管部门审核，并经自治区林木品种审定委员会认定。

认定通过的林木品种的使用期限，由林木品种审定委员会根据林木品种选育目的和生物学特性确定。

第十三条　主要林木品种未经审定通过的，不得作为林木良种发布广告，不得作为林木良种经营、推广。

审定通过的林木良种不得超过公告的适宜生态区域推广。

第十四条　为进行生产繁殖和使用，自治区行政区域内盟（市）间引进林木品种的，应当经盟行政公署、设区的市人民政府林业行政主管部门同意；从自治区行政区域外引进林木品种的，应当经自治区人民政府林业行政主管部门同意。

第四章　种苗生产

第十五条　主要林木的商品种苗生产实行许可制度。主要林木种苗生产单位或者个人必须取得林木种苗生产许可证后，方可从事主要林木的商品种苗生产活动。主要林木良种的种苗生产许可证，由生产所在地旗县级人民政府林业行政主管部门审核，自治区人民政府林业行政主管部门核发；其他林木种苗的生产许可证，由生产所在地旗县级以上人民政府林业行政主管部门核发。

第十六条　申请领取林木种苗生产许可证应当具备下列条件：

（一）具有繁殖林木种苗的隔离和培育条件。

（二）具有无检疫性病虫害的林木种苗生产地点或者旗县级以上人民政府林业行政主管部门确定的采种林。

（三）具有与林木种苗生产规模相适应的资金和生产、检验设施。

（四）具有相应的林木种苗生产、检验技术人员。

林木种苗生产许可证有效期限为三年。

第十七条 旗县级以上人民政府林业行政主管部门应当依法加强林木种苗生产基地及基础设施的保护。

第十八条 林木种苗生产基地生产的种苗由其生产经营者组织采集。

禁止在非林木种苗生产基地和劣质林内及劣质母树上采集林木种苗。禁止抢采掠青和损坏母树。禁止任何单位和个人在林木种苗生产基地从事病虫害接种试验。

林木种子采摘期由旗县级人民政府林业行政主管部门根据需要确定并发布。

第五章 种苗经营

第十九条 林木种苗经营实行许可制度。林木种苗经营单位或者个人必须取得林木种苗经营许可证后，方可从事林木种苗的收购、运输、加工、包装、贮藏、销售等经营活动。林木种苗经营许可证由旗县级以上人民政府林业行政主管部门核发。主要林木良种的经营许可证，由林木种苗经营者所在地旗县级人民政府林业行政主管部门审核，自治区人民政府林业行政主管部门核发。

第二十条 申请林木种苗经营许可证的单位和个人，应当具备下列条件：

（一）经营一般林木种苗的，注册资金10万元以上；经营林木良种种苗的，注册资金20万元以上。

（二）具有独立承担民事责任的能力。

（三）具有林木种苗质量检验人员和林木种苗加工、包装和贮藏技术人员。

（四）具有与经营林木种苗数量、种类相适应的营业场所及加工、包装、贮藏和检验设施设备。

林木种苗经营许可证有效期限为三年。

第二十一条 经营商品林木种苗应当持有林木种苗质量合格证和检疫证。

调入、调出自治区的或者跨盟（市）调运的林木种苗，由自治区人民政府林业行政主管部门或者委托盟行政公署、设区的市人民政府林业行政主管部门检验合格，并出具检验合格证。

林木种苗长途调运需要保鲜的，必须采取保鲜措施。

第二十二条 销售的林木种苗应当加工、分级、包装，应当附有林木种苗标签。

第六章 种苗质量

第二十三条 各级林业行政主管部门负责本行政区域内林木种苗质量的监督管理。从事林木种苗生产、经营和使用的单位和个人，应当执行国务院林业行政主管部门制定的林木种苗质量管理办法和行业标准。国家尚未制定质量管理办法和标准的，执行自治区人民政府有关主管部门制定的管理办法和地方标准。

第二十四条 自治区人民政府、盟行政公署和设区的市人民政府林业行政主管部门可以委托林木种苗质量检验机构承担本行政区域内的林木种苗质量检验工作。

第二十五条 受林业行政主管部门委托承担林木种苗质量检验的机构应当具备相应的检测条件和能力，并经自治区人民政府质量技术监督部门或者其授权的部门考核认证。

林木种苗质量检验机构和检验员考核认证管理办法由自治区人民政府有关主管部门制定。

第二十六条 禁止生产、经营和使用假、劣林木种苗。

国家投资或者国家投资为主的造林项目和国有林业单位造林，应当根据林业工程设计或者林业行政主管部门确定的标准使用林木种苗。

由于不可抗力原因，为生产需要必须使用低于国家和自治区规定的种用标准的林木种苗的，应当经自治区人民政府批准。

第七章　种苗行政管理

第二十七条　林业行政主管部门是林木种苗行政执法机关。林木种苗行政执法人员依法进行现场检查或者依法查处违法生产、经营和使用林木种苗的行为时，应当出示行政执法证件。

林木种苗质量监督执法人员对生产、经营和使用的林木种苗质量进行检查时，应当依照林木种苗质量检验的有关规定进行取样，样品由被抽查者无偿提供。

第二十八条　林业行政主管部门、林木种苗管理机构及其工作人员不得参与和从事林木种苗生产、经营活动；林木种苗生产经营机构不得参与和从事林木种苗行政管理工作。林业行政主管部门、林木种苗管理机构与生产经营机构在人员和财务上必须分开。

第二十九条　林业行政主管部门在依照本条例实施有关证照的核发工作中，除收取所发证照的工本费外，不得收取其他费用。

第八章　法律责任

第三十条　违反本条例规定，擅自在林木种质资源库、种质资源保护区或者保护地进行有害于种质资源试验的，由旗县级以上人民政府林业行政主管部门责令停止，对直接责任人员处以5000元以上3万元以下罚款。

第三十一条　违反本条例规定，未经同意引进林木种苗的，由旗县级以上人民政府林业行政主管部门责令改正，没收林木种苗和违法所得，并处以1000元以上1万元以下罚款。

第三十二条　违反本条例规定，生产、经营假、劣林木种苗和未取得林木种苗生产、经营许可证或者伪造、变造、买卖、租借林木种苗生产、经营许可证，或者未按照林木种苗生产、经营许可证的规定生产、经营林木种苗的，依照国家有关法律、法规的规定进行处罚。

第三十三条　违反本条例规定，在国家投资或者国家投资为主的造林项目和国有林业单位造林中，未按照林业工程设计或者林业行政主管部门确定的标准使用林木种苗的，由旗县级以上人民政府林业行政主管部门责令改正，并依法追究有关责任人员的行政责任；构成犯罪的，依法追究刑事责任。

第三十四条　林木种苗质量检验机构出具虚假检验证明的，与林木种苗生产者、销售者承担连带责任，并依法追究林木种苗质量检验机构及其有关责任人员的行政责任；构成犯罪的，依法追究刑事责任。

第三十五条　林业行政主管部门违反本条例规定，对不具备条件的林木种苗生产者、经营者核发林木种苗生产许可证、林木种苗经营许可证和林木种苗检验合格证的，对直接负责的主管人员和其他直接责任人员，由其所在单位或者上级主管部门依法给予行政处分；构成犯罪的，依法追究刑事责任。

第三十六条　林业行政主管部门违反本条例规定，越权核发林木种苗生产许可证、林木种苗经营许可证的，越权部分无效，并对直接负责的主管人员和其他直接责任人员，由其所在单位或者上级主管部门依法给予行政处分。

第三十七条 林业行政主管部门、林木种苗管理机构的工作人员玩忽职守、滥用职权、徇私舞弊的，或者违反本条例规定参与和从事林木种苗生产、经营活动的，由其所在单位或者上级主管部门依法给予行政处分，同时没收林木种苗和违法所得；构成犯罪的，依法追究刑事责任。

第九章 附 则

第三十八条 本条例下列用语的含义是：

（一）主要林木是指国务院和自治区人民政府林业行政主管部门确定公布的林木。

（二）林木种质资源库是指收集和保存林木种质资源的场所；林木种质资源保护区是指不加变动地在原地保存林木种质资源的场地；林木种质资源保护地是指在原生地以外栽培的保存林木种质资源的场地。

（三）商品林木种苗生产是指单位或者个人以赢利为目的，从种植林木繁殖材料开始，或者对林木种苗进行再培育或者再加工，到生产出用于市场交换的林木种苗的各生产过程。

（四）林木种苗生产基地包括母树林、种子园、采穗圃、一般采种林、种苗实验林、苗圃地等；林木种苗基础设施包括种子库、晒种台、种子加工设备、贮苗窖、检验设备及林木种苗基地的设施设备等。

第三十九条 本条例自 2002 年 12 月 1 日起施行。

内蒙古自治区公益林管理办法

（2007 年 10 月 23 日内蒙古自治区人民政府令第 152 号公布；
2012 年 4 月 26 日内蒙古自治区人民政府令第 186 号《内蒙古自治区
人民政府关于修改部分政府规章的决定》修改）

第一条 为了加强公益林的保护和建设，改善生态环境，保护公益林所有者、经营者的合法权益，根据《中华人民共和国森林法》和有关法律、法规，结合自治区实际，制定本办法。

第二条 在自治区行政区域内从事公益林保护、建设、管理等活动，应当遵守本办法。

第三条 本办法所称公益林，是指以生态效益和社会效益为主体功能，以提供公益性、社会性产品或者服务为主要利用方向，并依据国家规定划定的森林、林木和林地，包括防护林和特种用途林。

本办法所称防护林，是指以防护为主要目的的森林、林木和灌木丛，包括水源涵养林，水土保持林，防风固沙林，农田、牧场防护林，护路林。

本办法所称特种用途林，是指以国防、环境保护、科学实验等为主要目的的森林和林木，包括国防林、实验林、母树林、环境保护林、风景林，名胜古迹和革命纪念地的林木，自然保护区的森林。

第四条 公益林的保护和建设应当遵循政府主导、统一规划、社会参与、分步实施、严格保护、分级负责的原则。

第五条 旗县级以上人民政府林业行政主管部门主管本行政区域内的公益林工作。旗县级以上人民政府林业行政主管部门公益林管理机构具体负责公益林的日常管理工作。

第六条 各级人民政府对在公益林保护、建设、管理工作中成绩显著的单位和个人，应当给予表彰和奖励。

第七条　旗县级以上人民政府林业行政主管部门会同有关部门编制本辖区的公益林规划，报本级人民政府批准后实施，并报上一级林业行政主管部门备案。

公益林规划应当与土地利用总体规划、林业长远规划、环境保护规划、水土保持规划、城市总体规划以及其他有关规划相协调。

第八条　各级人民政府对本辖区内的公益林建立管护责任制，逐级签订管护责任书，落实管护责任。

第九条　旗县级以上人民政府林业行政主管部门应当与承担管护责任的公益林责任单位和个人签订公益林管护合同，确认双方的权利和义务，并以此作为森林生态效益补偿的依据。

公益林管护合同的格式由自治区人民政府林业行政主管部门根据国家有关规定制定。

第十条　国有公益林管护的责任单位是国有林场、自然保护区及其他国有森林经营单位；集体公益林管护的责任单位是行政村、嘎查；个人所有或者经营的公益林，其管护责任由公益林所有者或者经营者承担。

公益林责任单位应当划定管护责任区，配备专职护林员，履行护林职责。

第十一条　旗县级以上人民政府林业行政主管部门组织公益林责任单位，对划定的公益林区域的林间空地进行人工造林和补植，对生态保护功能低下的疏林、残次林、低效林分进行改造。

第十二条　各级人民政府应当鼓励、支持社会力量参与公益林建设，公民义务植树造林年度计划应当优先安排公益林建设。

第十三条　公益林的建设应当利用原有地形、地貌、水系、植被，并符合国家有关技术标准。

第十四条　旗县级以上人民政府林业行政主管部门应当在公益林范围周边明显位置设立宣传牌。任何单位和个人不得毁坏或者擅自移动公益林宣传牌。

第十五条　在公益林内禁止从事下列活动：

（一）砍柴、狩猎、放牧。

（二）挖砂、取土和开山采石。

（三）野外用火。

（四）排放污染物和堆放固体废物。

第十六条　禁止采伐下列公益林：

（一）名胜古迹和纪念地的森林和林木。

（二）以濒危物种或者生态系统为保护对象的自然保护区的森林和林木。

（三）其他立地条件差、生态环境脆弱地区的森林和林木。

第十七条　除第十六条规定以外的公益林可以进行更新采伐、抚育采伐或者低效林分改造采伐，但下列公益林不得进行更新采伐：

（一）坡度二十五度以上的公益林。

（二）坡度二十五度以下天然形成的公益林。

（三）坡度二十五度以下人工形成的未达到防护成熟年龄的公益林。

公益林进行更新采伐、抚育采伐、低效林分改造采伐，应当依法取得林木采伐许可证。

第十八条　旗县级以上人民政府应当在公益林区域和外围设置森林防火宣传牌，开设跨区域防火隔离带，组建专业扑火队伍，预防和扑救森林火灾。

第十九条　旗县级以上人民政府林业行政主管部门定期对林业有害生物发生、发展情况进行预测、预报，控制林业有害生物的发生和蔓延。

第二十条　公益林所有者和经营者在其经营范围内，开展生态旅游及其他不影响森林景观和生态功能的经营开发，应当按照有关法律、法规的规定，办理审批手续。

第二十一条　旗县级以上人民政府林业行政主管部门组织建立公益林监测体系和公益林资源管理信息网络系统，设立监测点，监测本辖区内公益林资源和生态效益状况。

第二十二条　公益林的保护、建设和管理经费，按照财政分级管理、事权与财权相统一的原则，纳入旗县级以上地方各级人民政府财政预算，并根据经济发展情况逐步增加。

第二十三条　旗县级以上人民政府应当建立森林生态效益补偿基金，用于公益林管护责任单位和个人在管护中发生的营造、抚育、保护和管理等费用支出和收益补偿。森林生态效益补偿基金的具体管理办法由自治区人民政府林业行政主管部门会同自治区财政行政主管部门制定，报自治区人民政府批准后实施。

对国家重点公益林的补偿，按照国家有关规定执行。

第二十四条　旗县级以上林业行政主管部门会同财政行政主管部门按照国家规定，编制年度森林生态效益补偿基金实施方案，并报自治区林业行政主管部门和财政行政主管部门批准后实施。

经批准的森林生态效益补偿基金实施方案不得更改；确需更改的，应当经原审批部门批准。

第二十五条　森林生态效益补偿基金实行专项管理，专款专用。任何单位和个人不得挪用、挤占、截留森林生态效益补偿基金。

第二十六条　对公益林保护和建设实行旗县级人民政府林业行政主管部门公益林管理机构自查，盟行政公署、设区的市人民政府林业行政主管部门公益林管理机构复查，自治区人民政府林业行政主管部门公益林管理机构核查的三级检查验收制度。

公益林保护和建设检查验收的内容应当包括：公益林保护管理法律、法规、规章的贯彻落实情况，保护管理各项指标的执行情况，公益林补偿基金的使用情况，档案、数据库的建设情况等。

第二十七条　旗县级以上人民政府林业行政主管部门公益林管理机构和管护责任单位应当建立公益林管理档案。管理档案的内容应当包括：专职管护人员、管护制度与责任、资金使用、经营活动、资源变化等情况。

因自然和人为因素影响，造成公益林地类、面积、蓄积等资源变化的，应当进行实地调查，修正数据后及时进行档案更新。

第二十八条　违反本办法规定的行为，法律、法规已经作出行政处罚规定的，从其规定。

第二十九条　违反本办法规定，在公益林内从事下列活动的，旗县级以上地方人民政府林业行政主管部门责令停止违法行为：

（一）排放污染物和堆放固体废物。

（二）毁坏或者擅自移动公益林宣传牌。

第三十条　旗县级以上地方人民政府有关行政主管部门工作人员，有下列行为之一的，依法给予行政处分；构成犯罪的，依法追究刑事责任：

（一）违反本办法规定，对森林生态功能造成破坏的项目予以批准的。

（二）挪用、挤占、截留生态效益补偿基金的。

（三）违反本办法规定，拒绝与承担管护责任的公益林责任单位和个人签订公益林管护合同的。

（四）其他滥用职权、玩忽职守、徇私舞弊造成公益林毁损的。

第三十一条　本办法自 2007 年 12 月 1 日起施行。

内蒙古自治区退耕还林管理办法

第一条　为了规范退耕还林活动，保护退耕还林者的合法权益，巩固退耕还林成果，改善生态环境，根据国务院《退耕还林条例》和有关法律、法规，结合自治区实际，制定本办法。

第二条　在自治区行政区域内从事退耕还林活动，应当遵守本办法。

第三条　本办法所称退耕还林，是指国家规划范围内的退耕还林活动，包括退耕地还林、配套的荒山荒地造林和封山（沙）育林。

第四条　旗县级以上人民政府林业行政主管部门负责组织实施本办法。旗县级以上人民政府林业行政主管部门退耕还林管理机构负责退耕还林的日常管理工作。

发展和改革、财政、农牧业、水利等部门按照各自职责，做好退耕还林的相关工作。

第五条　退耕还林实行旗县级以上人民政府负责制，旗县级以上人民政府对本辖区的退耕还林工作实行统一领导。

第六条　旗县级以上人民政府应当采取措施，将退耕还林与基本农田建设、农村能源建设、生态移民、后续产业发展结合起来，巩固退耕还林成果。

第七条　旗县级以上人民政府应当支持退耕还林应用技术的研究和推广，提高退耕还林科学技术水平。

第八条　自治区人民政府林业行政主管部门根据国家退耕还林总体规划，会同有关部门组织编制自治区退耕还林规划，经自治区人民政府批准后实施，并报国务院有关部门备案。

盟行政公署、设区的市人民政府和旗县级人民政府林业行政主管部门根据自治区退耕还林规划，会同有关部门组织编制本辖区的退耕还林规划，经本级人民政府批准后实施，报上级林业行政主管部门备案。

第九条　自治区人民政府林业行政主管部门依据国家下达的年度计划，会同有关部门，编制自治区退耕还林年度实施方案，经国务院林业行政主管部门审核后，报自治区人民政府批准实施。

旗县级人民政府林业行政主管部门根据自治区退耕还林年度实施方案，编制本行政区域的退耕还林年度实施方案，报本级人民政府批准后实施。并报自治区林业行政主管部门备案。

第十条　退耕还林规划和退耕还林年度实施方案一经批准，应当严格执行，不得擅自调整；确需调整的，应当经原批准部门重新审批。

第十一条　旗县级人民政府林业行政主管部门根据退耕还林年度实施方案，组织有林业调查规划设计资质的单位，编制苏木、乡镇退耕还林作业设计，经盟行政公署、设区的市人民政府林业行政主管部门审批后实施。因特殊情况需要变更作业设计的，应当按原审批程序重新审批。

第十二条　苏木乡镇人民政府应当将退耕还林实施方案确定的内容落实到土地承包经营权人和具体地块。

集体机动耕地、国有农场耕地、林场耕地，应当先承包到户后再实施退耕还林。

第十三条　退耕地还林实行区域化规模治理，除整体移民以外，可以合理调整耕地，应当保留人均 3 亩以上的口粮田。

第十四条　旗县级人民政府或者其委托的苏木乡镇人民政府应当与有退耕还林任务的土地承包经营权人签订"退耕还林合同书"，明确双方的权利和义务。

第十五条　退耕还林者和承担配套荒山荒地造林的单位应当按照"退耕还林合同书"和作业设计进行施工。

第十六条　旗县级以上人民政府林业行政主管部门退耕还林管理机构要建立退耕还林技术承包责任制，组织林业科技人员进行技术指导、技术咨询服务和技术监督，推广先进的科学技术。

第十七条　退耕还林实行旗县自查、自治区复查的检查验收制度。

旗县级人民政府林业行政主管部门组织各乡镇林业等有关部门按照国家标准、退耕还林作业设计，采取全面检查的方法，对全部小班地块进行检查。检查结果应当经退耕还林者签字确认。

自治区人民政府林业行政主管部门按照国家制定的检查验收标准和办法，以旗县为单位，采取抽样检查的方法，对退耕还林进行复查，并向国务院林业行政主管部门上报复查结果。

第十八条　旗县级人民政府林业行政主管部门应当填写"退耕还林验收卡"。"退耕还林验收卡"一式三份，旗县级人民政府林业、财政部门和乡镇人民政府各执一份。旗县级人民政府或者其委托的苏木乡镇人民政府以"退耕还林合同书"及"退耕还林验收卡"为依据，向退耕还林者发放"内蒙古自治区退耕还林证"，作为退耕还林者领取粮食补助资金、生活补助费的凭证。

第十九条　退耕还林补助资金是指中央财政专项补助的粮食补助资金、生活补助费、种苗造林补助费、巩固退耕还林成果专项资金和地方配套的资金。具体补助标准和补助年限按照国家有关规定执行。

第二十条　各级人民政府财政管理部门负责退耕还林补助资金的监督、管理。退耕还林专项资金按资金用途，分别设立专户管理，单独核算，单独建账，专款专用。任何单位和个人不得挪用、截留、克扣和挤占。

第二十一条　旗县级人民政府财政部门发放粮食补助资金应当与退耕还林成活率、保存率挂钩。

退耕还林第一年，粮食补助资金可分两次兑付。第一次在完成整地并经检查验收合格后，可预先兑现50%粮食补助资金；造林后经检查验收，达到合格标准的，按国家补助标准兑现剩余的粮食补助资金；达不到合格标准的，当年不兑现剩余的粮食补助资金，第二年验收合格后兑现。

从退耕还林第二年起，检查验收达到合格标准的，在规定的补助期限内，一次兑现该年度粮食补助资金；检查验收仍未达到合格标准的，停发当年粮食补助资金。

第二十二条　退耕还林后，旗县级人民政府财政部门应当向持有验收合格证明的退耕还林者一次付清该年度生活补助费。

第二十三条　旗县级人民政府财政部门应当直接向退耕还林者发放粮食补助资金和生活补助费，不得扣收任何费用。粮食补助资金和生活补助费不得集中领取。

第二十四条　旗县级人民政府或者其委托的苏木乡镇人民政府发放退耕还林的种苗造林补助费，应当征求退耕还林者意见，直接发给退耕还林者和承担配套荒山荒地造林的单位，或者进行集中采购退耕还林种苗。

集中采购退耕还林种苗，所需种苗造林补助费超过国家补助标准的，不得向退耕还林者收取超出部分的费用；种苗造林补助费有节余的，只能用于补造补植和封育管护。

第二十五条　巩固退耕还林成果专项资金，应当用于退耕还林者的基本口粮田建设、农村能源建设、生态移民、补植补造和后续产业发展。

第二十六条　旗县级以上人民政府财政部门每年应当安排专项资金作为退耕还林的地方配套资金，用于退耕还林的前期费、管理费和验收费。地方配套资金的执行标准是以本级承担的退耕还林面积总量为基数，自治区人民政府和盟行政公署、设区的市人民政府财政部门分别按每亩0.6元的标准安排，旗县级人民政府财政部门按每亩1元的标准安排。

第二十七条　禁止在退耕还林实施范围内复耕和从事滥采、乱挖、放牧等破坏地表植被的行为。

第二十八条　旗县级以上人民政府应当扶持退耕还林后续产业发展，在各项支农资金、扶贫贴息贷款等方面给予优惠政策，引导退耕农户积极参与产业建设，增加农民收入。

第二十九条　旗县级以上人民政府林业行政主管部门应当建立退耕还林的统计管理和档案管理制度，退耕还林统计和档案管理不合格的，不予验收。

退耕还林统计和档案管理具体办法由自治区人民政府林业行政主管部门会同有关部门制定。

第三十条　旗县级以上人民政府林业行政主管部门应当设立举报信箱或者举报电话，接受群众对退耕还林活动的监督。

第三十一条　违反本办法规定的行为，依照和有关法律、法规的规定处罚。

第三十二条　本办法自 2007 年 12 月 1 日起施行。

内蒙古自治区实施《中华人民共和国农村土地承包法》办法

第一章　总则

第一条　根据《中华人民共和国农村土地承包法》和国家有关法律、法规，结合自治区实际，制定本办法。

第二条　本办法适用于自治区行政区域内的农村牧区土地承包及土地承包合同管理。

本办法所称农村牧区土地，是指农牧民集体所有和国家所有依法由农牧民集体使用的耕地、林地、草地，以及其他依法用于农牧业的土地。

第三条　旗县级以上人民政府农牧业、林业等行政主管部门依照各自职责，负责本行政区域内农村牧区土地承包及土地承包合同管理，具体管理工作由其所属农村牧区土地承包管理机构承担。

苏木乡镇人民政府负责本行政区域内农村牧区土地承包及土地承包合同管理。

第四条　各级人民政府应当将农村牧区土地承包及土地承包合同管理工作经费列入同级财政预算。

第二章　土地的发包和承包

第五条　农村牧区土地承包采取嘎查（村）集体经济组织内部的家庭承包方式。不宜采取家庭承包方式的荒山、荒沟、荒丘、荒滩等农村土地，可以采取招标、拍卖、公开协商等方式承包。

第六条　农牧民集体所有的土地依法属于嘎查（村）农牧民集体所有的，由嘎查（村）集体经济组织或者嘎查村民委员会发包；已经分别属于嘎查（村）内两个以上嘎查（村）集体经济组织的农牧民集体所有的，由嘎查（村）内各该嘎查（村）集体经济组织或者嘎查村民小组发包。

嘎查（村）集体经济组织或者嘎查村民委员会发包的，不得改变嘎查（村）内各集体经济组织农牧民集体所有的土地所有权。

国家所有依法由农牧民集体使用的农村牧区土地，由使用该土地的嘎查（村）集体经济组织、嘎查村民委员会或者嘎查村民小组发包。

第七条　家庭承包的承包方是本嘎查（村）集体经济组织的农牧户。

第八条　嘎查（村）集体经济组织、嘎查村民委员会或者嘎查村民小组按照规定统一组织发包农村牧区土地时，下列人员有权依法以家庭承包方式承包农村牧区土地：

（一）本嘎查（村）集体经济组织成员及新生子女且户口未迁出的。

（二）因与本嘎查（村）集体经济组织成员有合法的婚姻、收养关系，户口迁入本嘎查（村）的。

（三）户口迁入本嘎查（村）并实际居住，在原居住地未取得承包地，无稳定非农职业，经本嘎查（村）集体经济组织成员的嘎查村民会议三分之二以上成员或者三分之二以上嘎查村民代表同意的。

（四）国家法律、法规规定的其他人员。

第九条　承包期内，嘎查（村）集体经济组织应当为本嘎查（村）集体经济组织的下列人员保留土地承包经营权：

（一）承包方全家迁入小城镇落户，不愿放弃土地承包经营权的。

（二）解放军、武警部队的现役义务兵和符合国家有关规定的士官。

（三）高等院校、中等专业学校的在校学生。

（四）劳教、服刑人员。

第十条　以家庭承包方式承包农村牧区土地的，耕地的承包期为三十年；草地的承包期为三十年至五十年；林地的承包期为三十年至七十年；特殊林木的林地承包期经依法批准可以延长。

荒山、荒沟、荒丘、荒滩的承包期不得超过五十年。

第十一条　承包农村牧区土地的，发包方应当与承包方签订书面土地承包合同。土地承包合同自成立之日起生效，承包方自土地承包合同生效时取得土地承包经营权。

第十二条　旗县级以上人民政府应当向土地承包方发放土地承包经营权证、林权证、草原承包经营权证等（以下统称土地承包经营权证）证书，并登记造册，确认土地承包经营权。

第十三条　承包方分户或者离婚要求对原承包地进行分割承包的，分户各方或者离婚双方应当分别与发包方重新签订书面土地承包合同，并换发相应的确权证书。分割后的承包期限为原承包期限的剩余承包期限。

第十四条　承包方自愿放弃土地承包经营权的，应当向发包方递交由家庭具有民事行为能力的全体成员签名的书面材料。

承包方在本轮承包期内自愿放弃土地承包经营权的，在本轮承包期内不得再要求承包土地。

第十五条　不宜采取家庭承包方式的荒山、荒沟、荒丘、荒滩等农村土地，通过采取招标、拍卖、公开协商等方式承包的，发包方应当拟定承包方案，并在本嘎查（村）集体经济组织内公示，公示时间不得少于十五日。承包方案应当明确承包土地的名称、坐落、四至、用途、面积、承包方式、承包期限以及其他应当注明的事项。

采取招标、拍卖、公开协商等方式承包农村土地的，在同等条件下，嘎查（村）集体经济组织成员享有优先承包权。发包给嘎查（村）集体经济组织以外的单位或者个人承包，应当事先经嘎查（村）集体经济组织成员的嘎查村民会议三分之二以上成员或者三分之二以上嘎查村民代表的同意，并报苏木乡镇人民政府批准。

采取公开协商方式承包农村土地的，其承包底价及支付方式应当经本嘎查（村）集体经济组织成员的嘎查村民会议三分之二以上成员或者三分之二以上嘎查村民代表的同意。

第三章　土地承包经营权的保护

第十六条　承包期内，发包方不得收回承包地。

承包期内，承包方全家迁入设区的市，转为非农业户口的，应当及时将承包的耕地或者草地交回发包方；承包方不交回的，发包方可以收回。发包方收回土地后，对承包方在土地上的投入应当给予合理的补偿。

承包期内，承包农牧户消亡的，发包方依法收回其承包的耕地或者草地。

第十七条　承包期内，妇女结婚，在新居住地未取得承包地的，发包方不得收回其原承包地；妇女离婚或者丧偶，仍在原居住地生活或者不在原居住地生活但在新居住地未取得承包地的，发包方不得收回其原承包地。

因结婚男方到女方家落户的，适用前款规定。

第十八条 承包方不得闲置、荒芜耕地。承包方暂不能耕种的,应当委托他人代耕。承包方将承包的耕地闲置、荒芜超过一年又不委托他人代耕的,发包方可以组织其他农牧户代耕,并书面告知承包方;耕种者应当合理利用耕地,不得种植生长期长于一年的作物。

原承包户要求恢复耕种时,应当在六个月前向发包方提出申请,代耕者应当归还土地;代耕者已耕种的,应当在收获后归还耕地。

第十九条 承包期内,发包方不得调整承包地。

承包期内有下列情形之一,对个别农牧户之间承包的耕地或者草地需要适当调整的,应当经本嘎查(村)集体经济组织成员的嘎查村民会议三分之二以上成员或者三分之二以上嘎查村民代表同意,并报苏木乡镇人民政府和旗县级人民政府农牧业行政主管部门批准:

(一)因自然灾害严重毁损承包地的。

(二)因土地被依法征收、征用,失去土地的农牧户自愿放弃补偿费和安置费,要求继续承包土地,且本嘎查(村)集体经济组织有条件给予调整的。

(三)国家法律、法规规定的其他情形。

土地承包合同约定不得调整承包地的,按照其约定。

第二十条 下列土地应当用于依法调整承包土地或者承包给新增人口:

(一)嘎查(村)集体经济组织依法预留的机动地。

(二)嘎查(村)集体经济组织通过依法整理土地等方式增加的。

(三)承包方依法、自愿交回的。

(四)发包方依法收回的。

前款所列土地,在未用于调整之前,可采取招标、公开协商等方式进行短期发包,发包期限一般为一年,最多不得超过二年。短期承包方应当按照土地承包合同约定使用土地。

第二十一条 征收、征用农村牧区集体所有土地的,应当严格履行法定程序,并依法对被征收、征用土地的嘎查(村)集体经济组织和农牧户予以足额补偿、妥善安置,保障被征地农牧民的生活,维护被征地农牧民的合法权益。

任何单位和个人不得采取以租代征方式占用农村牧区集体土地或者未经法定程序批准先行用地。

第四章 土地承包经营权的流转

第二十二条 通过家庭承包取得的土地承包经营权可以依法采取转包、出租、互换、转让、股份合作或者其他方式进行流转。

任何组织和个人不得强迫或者阻碍承包方依法进行土地承包经营权流转。

土地承包经营权流转不得改变土地集体所有性质、不得改变土地用途、不得损害农牧民土地承包权益。

第二十三条 旗县级以上人民政府农牧业、林业等行政主管部门和苏木乡镇人民政府应当加强对土地承包经营权流转的管理和服务,建立健全土地承包经营权流转市场服务体系,在交易场所、信息体系、中介服务和纠纷调解等方面,为土地承包经营权流转创造条件,提供便利。

第二十四条 土地承包经营权采取转包、出租、互换、转让或者其他方式流转,当事人双方应当签订书面合同。

采取转让方式流转的,应当经发包方同意,发包方应当在收到承包方书面申请之日起二十日内答复,逾期不答复的,视为同意;发包方不同意转让的,应当向承包方书面说明理由。

采取转包、出租、互换或者其他方式流转的，承包方应当自流转合同签订之日起三十日内报发包方备案。

第二十五条　承包方委托发包方或者中介机构流转其承包土地经营权的，委托方与受委托方应当签订书面委托合同，载明委托事项、委托权限等内容，并由双方当事人签字盖章。

第五章　土地承包经营权证管理

第二十六条　土地承包经营权证等确权证书应当发放到农牧户，任何单位、个人不得强制代保管、扣留土地承包经营权证书，不得擅自更改土地承包经营权证的内容。

第二十七条　土地承包经营权证等确权证书，严重污损、损坏、遗失的，承包方应当向苏木乡镇人民政府申请换发、补发。经苏木乡镇人民政府审核后，报请原发证机关办理换发、补发手续。

第二十八条　承包期内，承包方采取转包、出租方式流转土地承包经营权的，不须办理土地承包经营权证变更登记。

土地承包经营权采取互换、转让方式流转，当事人申请登记变更的，旗县级以上人民政府应当受理并予以登记。未经登记，不得对抗善意第三人。

因互换、转让以外的其他方式导致土地承包经营权分立、合并的，应当办理土地承包经营权证变更登记。

第二十九条　有下列情形之一的，应当变更土地承包合同和土地承包经营权证：

（一）依法征收、征用致使承包方部分承包地丧失的。

（二）经依法批准对承包地进行调整致使承包地位置、面积发生变动的。

（三）承包方自愿交回部分承包地的。

（四）国家法律、法规规定的其他情形。

第三十条　有下列情形之一的，应当解除或者终止土地承包合同，并由发证机关依法收回土地承包经营权证：

（一）承包方提出书面通知，自愿交回全部承包土地的。

（二）承包地依法被全部征收的。

（三）承包耕地或者草地的农牧户消亡的。

（四）发包方依法收回的。

（五）国家法律、法规规定的其他情形。

承包方无正当理由拒绝交回土地承包经营权证的，由原发证机关注销土地承包经营权证，并予以公告。

第三十一条　旗县级人民政府农牧业、林业等行政主管部门和苏木乡镇人民政府应当完善农村牧区土地承包方案、土地承包合同、土地承包经营权证及其相关文件档案管理制度，建立健全农村牧区土地承包信息化管理系统，提高科学管理水平。

承包方有权查阅、复印与其承包地相关的土地承包经营权证登记簿和其他登记资料。有关部门及其工作人员应当为承包方提供方便，不得拒绝或者限制，不得收取费用。

第三十二条　土地承包经营权证的颁发、变更、收回、注销等具体程序按照国家有关规定办理。

第六章　法律责任

第三十三条　违反本办法规定的行为，《中华人民共和国农村土地承包法》和国家有关法律、法规已经作出具体处罚规定的，从其规定。

第三十四条　发包方有下列行为之一的，由苏木乡镇人民政府或者旗县级以上人民政府农牧业、林业等行政主管部门责令限期改正；给当事人造成损失的，依法承担赔偿责任：

（一）擅自变更土地承包期限的。

（二）以招标、拍卖、公开协商等方式承包农村土地，不公示承包方案的。

（三）强制代保管、扣留或者擅自更改土地承包经营权证的。

（四）剥夺、侵害妇女依法享有土地承包经营权的。

（五）其他侵害土地承包经营权的行为。

第三十五条　发包方有《中华人民共和国农村土地承包法》第五十四条规定行为之一的，承包方有权向苏木乡镇人民政府和旗县级人民政府农牧业、林业等行政主管部门投诉、举报，并由苏木乡镇人民政府或者旗县级人民政府农牧业、林业等行政主管部门依法调查处理。

第三十六条　承包方违法将承包地用于非农建设的，由旗县级以上人民政府有关行政主管部门依法予以处罚。

承包方给承包地造成永久性损害的，发包方有权制止，并有权要求承包方赔偿由此造成的损失。

第三十七条　国家机关及其工作人员有下列行为之一，情节严重的，由上级机关或者所在单位依法给予直接责任人员行政处分；给当事人造成损失的，依法承担赔偿责任；构成犯罪的，依法追究刑事责任：

（一）干涉农村牧区土地承包方式，强制变更、解除土地承包合同的。

（二）干涉承包方依法享有的生产经营自主权的。

（三）强迫、阻碍承包方进行土地承包经营权流转的。

（四）违反规定办理土地承包经营权证颁发、变更、收回、注销等手续的。

（五）不依法受理有关土地承包的投诉、举报的。

（六）其他滥用职权、玩忽职守、徇私舞弊行为，侵害农牧民土地承包经营权的。

第七章　附　　则

第三十八条　本办法实施前已经按照国家有关农村牧区土地承包的规定承包土地的，本办法实施后继续有效，不得重新承包土地。原颁发的内蒙古自治区农村牧区土地承包经营权证书继续有效。

第三十九条　本办法实施前发包方已经预留机动地的，机动耕地面积不得超过本嘎查（村）集体经济组织耕地总面积的5%；机动草地面积不得超过本嘎查（村）集体经济组织草地总面积的5%；超过部分应当自本办法实施之日起，一年内根据公平合理的原则分包到户；不足5%的，不得再增加机动地；未留机动地的不得再留。

第四十条　农村牧区土地承包经营纠纷调解仲裁按照国家有关法律、法规的规定执行。

第四十一条　自治区人民政府可以根据国家有关法律、法规和本办法作出具体规定。

第四十二条　本办法自2009年10月1日起施行。2000年12月12日内蒙古自治区第九届人民代表大会常务委员会第二十次会议通过的《内蒙古自治区农牧业承包合同条例》同时废止。

内蒙古自治区草原野生植物采集收购管理办法

第一条 为规范草原野生植物采集、收购活动，保护草原生态环境，根据《中华人民共和国草原法》《中华人民共和国野生植物保护条例》和《内蒙古自治区草原管理条例》的规定，结合自治区实际，制定本办法。

第二条 在自治区行政区域内从事草原野生植物采集、收购活动，应当遵守本办法。

第三条 采集草原野生植物应当遵循合理采集、可持续利用的原则。

第四条 旗县级以上人民政府草原行政主管部门负责本行政区域内草原野生植物采集、收购的监督管理工作。

旗县级以上人民政府草原行政主管部门的草原监督管理机构依法负责草原野生植物采集、收购的具体监督管理工作。

第五条 公安、工商、环保、交通、食品药品监督等部门按照各自职责，做好草原野生植物采集、收购的相关管理工作。

第六条 自治区保护草原野生植物及其生长环境。禁止任何单位和个人非法采集草原野生植物或者破坏其生长环境。

自治区人民政府草原行政主管部门根据草原保护的需要编制自治区重点保护草原野生植物名录，报自治区人民政府批准后公布。

第七条 旗县级人民政府草原行政主管部门应当根据本级草原保护、建设、利用规划，编制本行政区域下一年度草原野生植物采集计划，并于每年十二月三十一日前逐级上报自治区人民政府草原行政主管部门。

自治区人民政府草原行政主管部门根据自治区草原保护、建设、利用规划和各旗县级人民政府草原行政主管部门逐级上报的采集计划，编制本年度自治区草原野生植物采集与收购计划，报自治区人民政府批准后公布实施。

第八条 旗县级以上人民政府草原行政主管部门应当根据草原野生植物生物学特性和资源消长情况，确定本行政区域内草原野生植物禁采期和禁采区，经本级人民政府批准后，向社会公告。

禁止在禁采期和禁采区内采集草原野生植物。

第九条 禁止在荒漠、半荒漠和严重退化、沙化、盐碱化、荒漠化和水土流失的草原以及生态脆弱区的草原上采集草原野生植物。

第十条 在他人承包或者使用的草原上采集草原野生植物的，应当征得草原承包经营者或者草原使用者的同意。

第十一条 草原野生植物的采集者应当及时回填其采挖的草原。

采集草原野生植物应当依法交纳草原植被恢复费。

第十二条 禁止采集、收购国家一级保护草原野生植物。

采集、收购国家二级保护草原野生植物的，实行采集和收购许可制度。

第十三条 申请采集、收购国家二级保护草原野生植物的种类和数量应当符合本年度自治区草原野生植物采集与收购计划。

第十四条 申请采集国家二级保护草原野生植物的，应当填写草原野生植物采集申请表，将申请材料报采集地的旗县级人民政府草原行政主管部门。旗县级人民政府草原行政主管部门应当自受理申请之日起二十日内作出审核意见，报送自治区人民政府草原行政主管部门审批。

自治区人民政府草原行政主管部门应当自收到审核材料之日起二十日内，对符合条件的，颁发采集证；对不符合条件的，应当书面说明理由。

第十五条　申请收购国家二级保护草原野生植物的，应当填写草原野生植物收购申请表，于每年三月三十一日前将申请材料报其所在地的旗县级人民政府草原行政主管部门。旗县级人民政府草原行政主管部门应当在收到申请材料之日起七个工作日内，向自治区人民政府草原行政主管部门转送。

自治区人民政府草原行政主管部门应当自受理申请之日起二十日内，对符合条件的，予以批准；对不符合条件的，应当书面说明理由。

第十六条　草原野生植物采集证和收购批准决定的有效期为一年。

第十七条　草原野生植物采集申请表、收购申请表和草原野生植物采集证，由自治区人民政府草原行政主管部门统一印制。

第十八条　不得伪造、涂改、转让、倒卖、出租、出借草原野生植物采集证和草原野生植物收购批准决定。

第十九条　取得草原野生植物采集证、草原野生植物收购批准决定的，应当按照采集证、收购批准决定规定的植物种类、区域、期限、数量和方法进行采集、收购。

第二十条　经自治区人民政府批准，旗县级以上人民政府可以组织有关部门在本行政区域内重点出入通道设置临时检查站，查堵进入或者外出草原地区非法采集、收购草原野生植物的人员。

第二十一条　违反本办法规定，有下列行为之一的，依照《中华人民共和国草原法》《中华人民共和国野生植物保护条例》和《内蒙古自治区草原管理条例》的有关规定处罚：

（一）在禁采期或者禁采区内采集草原野生植物的。

（二）在荒漠、半荒漠和严重退化、沙化、盐碱化、荒漠化和水土流失的草原以及生态脆弱区的草原上采集草原野生植物的。

（三）非法进入他人享有承包经营权或者使用权的草原上采集草原野生植物的。

（四）采集草原野生植物没有及时回填其采挖的草原的。

（五）采集、收购国家一级保护草原野生植物的。

（六）未取得草原野生植物采集证或者未按照采集证的规定进行采集的。

（七）未取得草原野生植物收购批准决定或者未按照收购批准决定的规定进行收购的。

（八）伪造、涂改、转让、倒卖、出租、出借草原野生植物采集证或者草原野生植物收购批准决定的。

第二十二条　草原行政主管部门工作人员和草原监督管理机构工作人员违反本办法规定，有下列行为之一的，依法给予行政处分；构成犯罪的，依法追究刑事责任：

（一）未按法定条件和程序颁发草原野生植物采集证或者草原野生植物收购批准决定的。

（二）不依法履行监督管理职责或者发现违法行为不予查处，造成严重后果的。

（三）监督管理工作中其他玩忽职守、滥用职权、徇私舞弊的行为。

第二十三条　对自治区重点保护的草原野生植物的采集、收购管理，参照本办法的规定执行。

第二十四条　本办法自 2009 年 3 月 1 日起施行。

天然林资源保护工程森林管护管理办法

(国家林业局 2012 年 2 月 21 日印发)

第一章 总 则

第一条 为了加强天然林资源保护工程（以下简称"天保工程"）森林管护工作，保障森林资源安全，促进森林资源持续增长，根据《长江上游、黄河上中游地区天然林资源保护工程二期实施方案》《东北、内蒙古等重点国有林区天然林资源保护工程二期实施方案》和国家有关规定，制定本办法。

第二条 长江上游、黄河上中游地区，以及东北、内蒙古等重点国有林区天保工程二期范围（以下简称"天保工程区"）的森林管护工作，必须遵守本办法。

第三条 国家林业局负责组织、协调、指导、监督天保工程森林管护工作。

天保工程区省、自治区、直辖市林业主管部门应当在人民政府领导下，加强森林管护工作的监督管理，分解森林管护指标，建立健全森林管护责任制，严格考核和奖惩。

第四条 县级林业主管部门、国有重点森工企业、国有林场等天保工程实施单位（以下简称"天保工程实施单位"）负责组织实施森林管护工作，落实森林管护责任，完善森林管护体系，落实考核和奖惩措施。

第五条 天保工程区森林管护应当坚持有利于生物多样性保护、有利于促进森林生态系统功能恢复和提高的原则，对重点区域实行重点管护。

第六条 天保工程区森林管护应当坚持责权利统一的原则，明确管护人员的责任、权利和义务。

第二章 组织管理

第七条 天保工程实施单位负责组织实施管辖区域内的森林管护工作，确定森林管护责任区，把森林管护任务落实到山头地块，把森林管护责任落实到人。

第八条 天保工程实施单位应当建立健全由县（局）、乡镇（林场）、村（组、工区）和管护站点组成的森林管护组织体系，建立完善森林管护管理制度。

第九条 天保工程实施单位应当按照批准的天保工程实施方案，制定森林管护工作年度实施计划，作为组织实施森林管护、管护费支出和检查验收的依据。

第十条 天保工程实施单位应当合理设置管护站点，配备必要的交通、通信工具等基础设施和设备，在森林管护重点地段设置警示标识。

第十一条 天保工程区国有林森林管护工作岗位应当优先安排国有林业单位职工；集体和个人所有的公益林由林权所有者或者经营者负责管护，经林权所有者同意可以委托其他组织和个人管护。

第十二条 天保工程实施单位负责组织培训森林管护人员，努力提高森林管护人员的业务素质。

第十三条 天保工程实施单位应当根据辖区内地形、地貌、交通条件、森林火险等级、管护难易程度等确定管护模式，提高管护成效。

第十四条　森林管护方式应当因地制宜，采取专业管护、承包管护、联户合作等多种管护方式。在交通不便的地方可以因地制宜设立固定管护站点，实行封山管护。

第十五条　天保工程实施单位应当将管护站点、人员姓名、管护范围、管护任务和要求等内容予以公示，自觉接受社会监督。

第十六条　天保工程实施单位应当建立完整的森林管护档案，及时、准确提交有关报表、信息和统计资料，逐步实现档案管理标准化和现代化，不断提高工程管理水平。

第十七条　天保工程实施单位应当在确保不降低森林生态功能、不影响林木生长并经林权所有者同意的前提下，帮助和支持森林管护人员依法合理开发利用林下资源，增加管护人员收入。

第三章　管护责任

第十八条　天保工程区森林管护实行森林管护责任协议书制度。森林管护责任协议书应当明确管护范围、责任、期限、措施和质量要求、管护费支付、奖惩等内容。

森林管护责任协议书式样由国家林业局规定。

森林管护责任协议书每年度签订一次。

第十九条　森林管护人员的主要职责是：

（一）宣传天然林资源保护政策和有关法律、法规。

（二）制止盗伐滥伐森林和林木、毁林开垦和侵占林地的行为，并及时报告有关情况。

（三）负责森林防火巡查，制止违章用火，发现火情及时采取有效控制措施并报告有关情况。

（四）及时发现和报告森林有害生物发生情况。

（五）制止乱捕乱猎野生动物和破坏野生植物的违法行为，并及时报告有关情况。

（六）阻止牲畜进入管护责任区毁坏林木及幼林。

（七）及时报告山体滑坡、泥石流、冰雪灾害等对森林资源的危害情况。

第二十条　森林管护人员应当按照森林管护责任协议书的要求，认真履行职责，做好巡山日志等记录，有关森林管护资料应当及时归档管理。

第二十一条　森林管护人员应当认真履行森林管护责任协议，完成任务并达到质量要求的，天保工程实施单位应当及时兑现管护费。

第四章　监督管理

第二十二条　各级林业主管部门应当对天保工程区的森林管护工作进行监督检查。监督检查的主要内容包括：

（一）森林管护责任落实情况。

（二）森林管护任务完成情况和成效。

（三）森林管护设施建设情况。

（四）森林管护档案建立和管理情况。

（五）森林管护费使用及管理情况。

（六）奖惩措施兑现情况。

第二十三条　国家林业局对天保工程实施单位森林管护工作进行抽查，抽查结果纳入国家级工程核查和"四到省"责任制实施情况统一考核。

第二十四条　天保工程实施单位应当对森林管护责任协议书执行情况定期进行考核评价，考核结果作为支付管护费的主要依据。

第二十五条 天保工程实施单位应当认真总结森林管护的经验和教训，不断完善管护措施和办法。

第二十六条 对违反规定使用天保工程森林管护资金的，依法追究有关责任人的责任。

第五章 附 则

第二十七条 省级林业主管部门可以结合本地实际制定森林管护管理办法或实施细则，报国家林业局备案。

第二十八条 本办法自印发之日起执行。国家林业局印发的原《天然林资源保护工程森林管护管理办法》（林天发〔2004〕149号）同时废止。

内蒙古自治区森林草原防火条例

（2004年3月26日内蒙古自治区第十届人民代表大会
常务委员会第八次会议通过，2016年9月29日内蒙古自治区
第十二届人民代表大会常务委员会第二十六次会议修订）

第一章 总 则

第一条 为了有效预防和扑救森林草原火灾，保障人民生命财产安全，保护森林草原资源，维护生态安全，根据国务院《森林防火条例》和《草原防火条例》等国家有关法律、法规，结合自治区实际，制定本条例。

第二条 本条例适用于自治区行政区域内森林、林木、林地和天然草原、人工草地火灾的预防和扑救，但城市市区的除外。

第三条 森林草原防火工作坚持预防为主、积极消灭、科学扑救、以人为本、属地管理的原则。

第四条 预防森林草原火灾、保护森林草原资源是每个公民的义务。

第五条 旗县级以上人民政府应当将森林草原防火规划纳入国民经济与社会发展总体规划、年度计划以及林业、农牧业专项发展规划，并纳入当地防灾减灾体系建设，保障森林草原防火工作与经济社会发展相适应。

第六条 旗县级以上人民政府应当设立森林草原防火指挥机构，负责组织、协调和指导本行政区域的森林草原防火工作。

旗县级以上人民政府林业主管部门负责本行政区域森林草原防火的监督和管理工作。

旗县级以上人民政府其他有关部门按照职责分工，负责有关的森林草原防火工作。

第七条 森林草原防火工作实行各级人民政府行政首长负责制和部门、单位主要领导负责制。森林草原防火工作纳入各级人民政府年度考核体系。

第八条 森林、林木、林地和天然草原、人工草地的经营单位和个人应当在其经营范围内承担森林草原防火责任。

第九条 旗县级以上人民政府应当将森林草原防火专项经费纳入同级财政预算，保障森林草原

防火工作的开展。森林草原防火专项经费主要用于宣传教育、基础设施建设和维护、扑救队伍训练和装备、巡查和值守、扑救和灾后处置等事项。

旗县级以上人民政府应当安排森林草原火灾预防和扑救储备金。

第十条　各级人民政府鼓励和支持森林、林木、林地和天然草原、人工草地的经营单位和个人参加森林草原火灾保险，提高防灾减灾能力和灾后自我救助能力。

第十一条　森林草原防火工作涉及两个以上行政区域的，有关地方人民政府应当建立森林草原防火联防机制，确定联防区域，建立联防组织和联防制度，实现信息共享。

第十二条　对在森林草原防火工作中成绩显著的单位和个人，按照国家和自治区有关规定，给予表彰和奖励。

对在扑救重大、特别重大森林草原火灾中表现突出的单位和个人，可以由森林草原防火指挥机构当场给予表彰和奖励。

第二章　森林草原防火组织

第十三条　旗县级以上人民政府森林草原防火指挥机构应当配备专职副指挥，办事机构设在同级人民政府林业主管部门，负责森林草原防火的日常工作。

有森林草原防火任务的苏木乡镇和街道办事处应当设立森林草原防火指挥机构，配备专职或者兼职工作人员，负责本行政区域的森林草原防火工作。

内蒙古大兴安岭国有林管理局及其所属国有林业局森林防火指挥机构，负责其经营管理范围内的防火工作。

第十四条　各级人民政府森林草原防火指挥机构应当履行下列职责：

（一）贯彻执行国家和自治区森林草原防火法律、法规、规章和政策。

（二）落实森林草原防火规划，制定工作计划和措施，完善火灾预防、扑救及其保障制度。

（三）组织森林草原防火安全检查，督促有关地区、部门和单位加强防火设施、设备以及扑火物资管理和火源管理。

（四）组织开展森林草原防火宣传教育、森林草原防火科学研究，推广使用先进技术和设备，培训森林草原防火专业人员。

（五）及时启动本级森林草原火灾应急预案，制定扑火方案，统一组织和指挥扑救森林草原火灾。

（六）负责火情监测、火险预测、预报和火灾调度、统计、建档工作，及时逐级上报和下传森林草原火情火灾信息以及有关事项。

（七）协调解决地区之间、部门之间有关森林草原防火的重大问题。

内蒙古大兴安岭国有林管理局及其所属国有林业局森林防火指挥机构依照前款规定执行。

旗县级以上人民政府森林草原防火指挥机构可以指挥调动武装警察森林部队和航空护林站开展防扑火工作。

第十五条　在森林草原防火区的林场、农场、牧场、铁路以及其他企业事业单位、部队、嘎查（村）等，应当建立相应的森林草原防火组织，负责防火责任区内的森林草原防火工作。

第十六条　旗县级人民政府应当建立专业森林草原消防队伍。

有森林草原防火任务的苏木乡镇和街道办事处应当组建半专业森林草原消防队伍或者群众扑火队伍。

嘎查（村）可以根据需要组建群众扑火队伍。

国有林业局和林场、农场、牧场、自然保护区、森林公园、旅游区、风景名胜区、工矿企业、野外施工企业等森林草原防火重点单位，应当组建专业、半专业森林草原消防队伍。

森林草原消防队伍的建设标准，由自治区人民政府制定。

第十七条　专业、半专业森林草原消防队伍和群众扑火队伍应当配备扑救工具和装备，并定期进行防扑火培训和演练。各级各类森林草原消防队伍应当接受当地森林草原防火指挥机构的指挥、调动和业务指导。

第十八条　森林草原防火巡护人员应当持有旗县级人民政府核发的防火巡护证件，管理野外用火，及时报告火情，宣传防火知识，协助有关部门调查森林草原火灾案件。

第三章　森林草原火灾的预防

第十九条　旗县级以上人民政府林业主管部门应当会同有关部门编制本行政区域森林草原防火规划，报本级人民政府批准后组织实施。

第二十条　自治区人民政府林业主管部门应当以旗（县市、区）为单位确定森林、草原火险区划等级。

旗县级人民政府林业主管部门应当划定本行政区域内的森林草原防火区。

内蒙古大兴安岭国有林管理局应当在其经营管理范围内划定防火区。

森林草原火险区划等级和森林草原防火区，应当向社会公布。

第二十一条　各级人民政府应当组织有关部门和单位按照森林草原防火规划的要求，进行下列森林草原防火基础建设：

（一）在森林草原防火区的国界内侧以及林牧区的集中居民点、工矿企业、仓库、学校、部队营房、重要设施、自然保护区、名胜古迹和革命纪念地周围，设置防火隔离带或者营造防火林带。

（二）配备防火交通运输工具、灭火装备器具、瞭望和通信设施设备等。

（三）在森林草原防火区，建设防火瞭望塔（台）。

（四）在重点防火地区建设机械防火站，修筑防火道路，建立防火物资储备库，储备必要的防火物资。

（五）在森林草原重点防火区，建立火险监测预警系统和预报站点。

（六）建立森林草原防火信息网络和指挥系统。

（七）开通森林草原防火报警电话12119。

第二十二条　旗县级以上人民政府森林草原防火指挥机构应当编制森林草原火灾应急预案，经本级人民政府批准，报上一级人民政府森林草原防火指挥机构备案。

国有林业局和林场、农场、牧场、自然保护区、森林公园、旅游区、风景名胜区、工矿企业等森林草原防火重点单位应当制定森林草原火灾应急方案，报本级人民政府森林草原防火指挥机构备案。

旗县级人民政府应当组织有森林草原防火任务的苏木乡镇和街道办事处制定森林草原火灾应急处置办法。

嘎查村民委员会应当协助做好森林草原火灾应急处置工作。

旗县级以上人民政府及有关单位应当每年组织开展森林草原火灾应急预案演练。

第二十三条　各级人民政府应当划定本行政区域内的森林草原防火责任区，确定森林草原防火责任单位，签订森林草原防火责任书。

森林、林木、林地和天然草原、人工草地的经营单位和个人，应当落实森林草原防火责任制，确定森林草原防火责任人。

无民事行为能力人和限制民事行为能力人的监护人应当履行监护责任，防止被监护人引发火灾。

第二十四条　有森林草原防火任务的单位和嘎查（村），应当履行下列森林草原防火安全职责：

（一）制定森林草原防火安全制度。

（二）履行森林草原防火安全责任和义务，确定防火责任人和责任区。

（三）开展森林草原防火安全宣传教育活动。

（四）定期进行森林草原防火安全检查，及时消除火灾隐患。

（五）定期检查维护森林草原防火基础设施、设备和宣传标志。

第二十五条　各级人民政府和有关部门应当开展森林草原防火宣传教育，普及森林草原防火知识，提高公民的森林草原防火意识和自我保护能力。

广播、电视、报纸、互联网等媒体和电信业务经营单位，应当开展森林草原防火公益宣传。

交通运输、铁路、民航管理部门应当将监测到的森林草原火情及时通报森林草原防火指挥机构。

学校应当加强森林草原防火安全教育。

第二十六条　在林区、草原依法开办工矿企业、设立旅游区或者新建开发区的，其森林草原防火设施应当与该建设项目同步规划、同步设计、同步施工、同步验收；在林区成片造林的，应当同时配套建设森林防火设施。

在林区、草原生产、储存、装卸易燃易爆危险物品的，其场所应当设置在防火安全地带内。

第二十七条　铁路、公路、电力、石油、燃气、化工管道的管理单位、工矿企业在野外施工作业，应当在易引发火灾的地段和地带，设置防火隔离带和防火警示宣传标志，并做好防扑火工作。

第二十八条　各级人民政府森林草原防火指挥机构应当定期组织有关部门开展森林草原防火安全检查；对检查中发现的火灾隐患应当及时下达火灾隐患整改通知书，责令限期整改，消除隐患。

被检查单位应当积极配合，不得阻挠、妨碍。

第二十九条　每年三月十五日至六月十五日、九月十五日至十一月十五日为自治区森林草原防火期。旗县级人民政府可以根据本行政区域内自然气候条件和火灾发生规律，决定提前进入或者延期结束防火期。

第三十条　防火期内，各级人民政府森林草原防火指挥机构应当实行二十四小时值班制度，保证信息畅通。

第三十一条　防火期内，旗县级以上人民政府森林草原防火指挥机构应当根据高温、干旱、大风等高火险天气划定森林草原高火险区，规定高火险期并发出高火险警报。必要时，旗县级以上人民政府可以发布命令，禁止一切野外用火，严格管理可能引发森林草原火灾的居民生活用火。

第三十二条　森林草原高火险期内，任何单位和个人不得擅自进入森林草原高火险区。因科研、抢险等确需进入的，应当依法报请批准。

经批准进入森林草原高火险区的，应当严格按照批准的时间、地点、范围活动，并接受当地森林草原防火指挥机构的监督管理。

第三十三条　防火期内，经自治区人民政府批准，可以设立临时森林草原防火检查站。执行森林草原防火检查任务的人员应当佩戴专用标志，对进入森林草原防火区的车辆、人员进行防火安全检查和防火知识宣传，纠正违反防火规定的行为，任何单位和个人不得阻挠、拒绝。

第三十四条　防火期内，禁止在森林草原防火区烧灰积肥、烧荒烧炭、焚烧垃圾，点烧田

（埂）、牧草、秸秆，吸烟、烧纸、烧香、烤火、野炊和燃放烟花爆竹、孔明灯等野外用火。

第三十五条　防火期内，在森林草原防火区内，因生产、生活特殊情况确需野外用火的，应当严格遵守下列规定：

（一）需要点烧防火隔离带、生产性用火的，应当经旗县级人民政府林业主管部门批准，经批准进行生产性用火的，应当设置防火隔离带，安排扑火人员，准备扑火工具，有组织地在四级风以下的天气用火，并将用火时间通知毗邻地区。

（二）需要野外生活用火的，应当选择安全地点，设置防火隔离带或者采取隔火措施，用火后必须彻底熄灭余火。

第三十六条　各级人民政府森林草原防火指挥机构应当配备森林草原防火专用车辆、器材、通信等设施设备，并定期进行检查、维护和更新。

森林草原防火专用车辆免交车辆购置税、车辆通行费，并配备森林草原防火专用牌照。为执行扑火任务临时抽调、征用的车辆，在扑火期间免交车辆通行费。

森林草原防火专用电台免收无线电通信频率占用费。

第三十七条　任何单位和个人不得破坏、侵占森林草原防火设施设备、阻碍设置防火隔离带、挤占干扰森林草原防火专用电台频率。

第四章　森林草原火灾的扑救

第三十八条　森林草原火灾信息由旗县级以上人民政府森林草原防火指挥机构按照国家和自治区规定的权限向社会发布，任何单位和个人不得擅自发布。

第三十九条　任何单位和个人发现森林草原火情，应当立即向所在地人民政府森林草原防火指挥机构报告。

所在地人民政府森林草原防火指挥机构接到火灾报警，应当立即调查核实，采取相应的扑救措施，并按照规定逐级上报。

跨行政区域或者跨国有林牧业经营单位交界处发生火灾，实行谁先发现、谁先报告、谁先扑救的原则，不受行政区域或者经营范围的限制。

第四十条　发生下列森林草原火灾，各级人民政府森林草原防火指挥机构应当立即逐级向自治区人民政府森林草原防火指挥机构报告：

（一）重大、特别重大森林草原火灾。

（二）造成一人以上死亡或者重伤的森林草原火灾。

（三）威胁居民区、重要设施、自然保护区、森林公园、旅游区等的森林草原火灾。

（四）国界附近发生的森林草原火灾。

（五）发生在与自治区交界地区危险性大的森林草原火灾。

（六）发生在未开发原始林区的森林火灾。

（七）十二小时尚未扑灭明火的森林草原火灾。

（八）需要国家和自治区支援扑救的森林草原火灾。

（九）其他需要报告的森林草原火灾。

第四十一条　发生森林草原火灾，旗县级以上人民政府森林草原防火指挥机构应当按照规定立即启动森林草原火灾应急预案。

森林草原火灾应急预案启动后，有关扑火指挥机构应当合理确定扑救方案，划分扑救地段，确定扑救责任人，并指定负责人到达火灾现场指挥扑救。

第四十二条 森林草原火灾的扑救应当由所在地人民政府森林草原防火指挥机构统一组织和指挥。接到扑火命令的单位和个人应当按照规定时间、地点和要求投入扑救,不得推诿、拒绝。

第四十三条 旗县级以上人民政府森林草原防火指挥机构根据扑救森林草原火灾需要,可以设立扑火前线指挥机构,负责扑火现场的统一调度指挥。

扑救跨行政区域的重大、特别重大森林草原火灾,由火灾发生地的共同上一级人民政府成立扑火前线指挥机构。

扑救大兴安岭重点国有林区重大、特别重大森林火灾,由内蒙古大兴安岭国有林管理局组织成立扑火前线指挥机构。

第四十四条 扑救森林草原火灾应当以专业森林草原消防队伍为主,半专业森林草原消防队伍为辅。群众扑火队伍扑救森林草原火灾的,应当组织参加过培训并具备一定防扑火知识、技能和自我避险能力的人员。

扑救森林草原火灾,不得动员残疾人员、孕妇、未成年人和其他不适宜参加森林草原火灾扑救的人员。

第四十五条 驻自治区武装警察森林部队在执行森林草原火灾扑救任务时,应当服从火灾发生地旗县级以上人民政府森林草原防火指挥机构的统一指挥;执行跨盟(市)森林草原火灾扑救任务的,应当服从自治区森林草原防火指挥机构的统一指挥和调动。

第四十六条 驻自治区人民解放军、武装警察部队、公安边防部队在执行森林草原火灾扑救任务时,所在地人民政府应当提供物资、设备、交通运输保障。

第四十七条 发生森林草原火灾,有关部门应当按照森林草原火灾应急预案和森林草原防火指挥机构的统一指挥,做好扑救森林草原火灾的相关工作。

气象主管机构应当及时提供火灾地区天气预报,并根据天气条件适时开展人工增雨作业。

交通运输、民航等部门应当优先提供运输工具和场站服务,优先组织运送火灾扑救人员和扑救物资。

通信主管部门应当组织提供应急通信保障。

民政部门应当及时设置避难场所和救灾物资供应点,紧急转移并妥善安置灾民,开展受灾群众救助工作。

财政部门应当及时拨付扑火应急资金。

公安机关应当维护治安秩序,加强治安管理。

商务、卫生等主管部门应当及时组织做好物资供应、医疗救护和卫生防疫等工作。

所在地人民政府指定的有关部门、单位应当及时做好人员、财产的疏散、转移等工作。

第四十八条 森林草原火灾扑灭后,所在地人民政府森林草原防火指挥机构应当组织火灾扑救队伍对火灾现场进行全面检查,清理余火,并留有足够人员看守火场,经检查验收合格后,方可撤出看守人员。

第五章 灾后处置

第四十九条 森林草原火灾发生后,旗县级以上人民政府林业主管部门应当及时会同有关部门和单位,对森林草原火灾发生的时间、地点、原因、肇事者和受害森林草原面积、蓄积、人员伤亡、受灾畜禽种类和数量、受灾珍稀野生动植物种类和数量,以及人力与物资消耗和其他经济损失、事故责任,进行调查和评估;当地人民政府应当根据调查和评估结果,确定森林草原火灾责任单位和责任人,并依法处理。

第五十条 国界附近的火灾和重大、特别重大火灾以及造成人身伤亡事故的火灾，所在地旗县级人民政府森林草原防火指挥机构应当建立专门档案。

第五十一条 因扑救森林草原火灾负伤、致残或者死亡的人员，旗县级以上人民政府应当按照国家和自治区有关规定给予医疗、抚恤。

符合烈士评定条件的，依照《烈士褒扬条例》《军人抚恤优待条例》等有关规定办理。

第五十二条 森林草原火灾扑救人员误工补贴和生活补助以及扑救森林草原火灾所发生的其他费用，应当按照自治区人民政府规定的标准，由火灾肇事单位或者个人支付；起火原因不清的，由起火单位支付；火灾肇事单位、个人或者起火单位确实无力支付的部分，由当地人民政府支付。误工补贴和生活补助费以及扑救森林草原火灾所发生的其他费用，可以由当地人民政府先行支付。

第五十三条 扑救跨行政区域火灾发生的费用，由火灾发生地旗县级人民政府协商解决；扑救跨大兴安岭重点国有林区范围火灾发生的费用，由旗县级人民政府和内蒙古大兴安岭国有林管理局协商解决。

第五十四条 森林草原火灾扑灭后，当地人民政府有关部门应当做好火烧迹地的有害生物防治和火灾地区人畜疫病的防治、检疫。

第五十五条 森林草原火灾扑灭后，当地人民政府应当组织有关部门及时制定并实施森林草原植被恢复方案。森林、林木、林地和天然草原、人工草地的经营单位和个人应当及时采取措施，恢复火烧迹地的森林草原植被；经营单位和个人确实无力承担的，由所在地旗县级人民政府负责恢复森林草原植被。

第六章 法律责任

第五十六条 违反本条例规定的行为，国务院《森林防火条例》和《草原防火条例》等国家有关法律、法规已经作出具体处罚规定的，由森林公安机关执行。

第五十七条 违反本条例第二十七条规定，铁路、公路、电力、石油、燃气、化工管道的管理单位和工矿企业在野外施工作业，未在易引发火灾的地段和地带设置防火隔离带和防火警示标志的，由旗县级以上森林公安机关责令改正，给予警告，对个人并处200元以上2000元以下罚款，对单位并处2000元以上5000元以下罚款。

第五十八条 违反本条例第三十四条规定，防火期内，在森林草原防火区烧灰积肥、烧荒烧炭、焚烧垃圾，点烧田（埂）、牧草、秸秆，吸烟、烧纸、烧香、烤火、野炊和燃放烟花爆竹、孔明灯等野外用火的，由旗县级以上森林公安机关责令停止违法行为，给予警告，对个人并处300元以上3000元以下罚款，对单位并处1万元以上5万元以下罚款；构成犯罪的，依法追究刑事责任。

第五十九条 违反本条例规定，各级人民政府和有关部门、森林草原防火指挥机构及其工作人员，有下列行为之一的，由其上级行政机关或者监察机关责令改正；情节严重的，对直接负责的主管人员和其他直接责任人员依法给予处分；构成犯罪的，依法追究刑事责任：

（一）未落实森林草原防火责任制，造成森林草原火灾的。

（二）未按照规定编制森林草原火灾应急预案，或者未按照规定启动、实施森林草原火灾应急预案的。

（三）发现森林草原火灾隐患未及时下达火灾隐患整改通知书的。

（四）瞒报、谎报或者故意拖延报告森林草原火灾的。

（五）发生森林草原火灾后，未按照规定及时组织扑救，或者拒绝、阻碍各级人民政府森林草原防火指挥机构统一指挥的。

（六）未按照规定检查、清理、看守火场，造成复燃的。

（七）贪污、挪用、截留防火资金、设施设备、物资的。

（八）其他玩忽职守、滥用职权、徇私舞弊的行为。

第七章　附　　则

第六十条　本条例所称森林草原火灾，分为一般火灾、较大火灾、重大火灾和特别重大火灾，具体划分标准按照国务院《森林防火条例》和国家有关规定执行。

第六十一条　本条例自 2016 年 12 月 1 日起施行。

阿拉善盟自然保护区管理办法（试行）

（阿拉善盟行政公署 2018 年 11 月 9 日印发）

第一章　总　则

第一条　为切实加强阿拉善盟自然保护区管理，根据《中华人民共和国森林法》《中华人民共和国环境保护法》《中华人民共和国自然保护区条例》（以下简称《条例》）和《内蒙古自治区自然保护区实施办法》（以下简称《实施办法》）以及其他有关法律法规，结合本地实际，制定本办法。

第二条　阿拉善盟行政区域内自然保护区的保护、建设和管理，适用本办法的规定。

第二章　保护区的建设与保护

第三条　申请建立自然保护区或晋升自然保护区级别，应按照《条例》和《实施办法》规定的程序报批。任何单位和个人都有保护自然保护区的义务，对侵占或者破坏自然保护区的行为有权制止、检举和控告。

第四条　任何单位和个人不得擅自、随意改变保护区的范围、界限和隶属关系；不得以任何名义和方式出让或者变相出让自然保护区的土地和其他资源。

第五条　在自然保护区的实验区内，可以进入从事科学试验、教学实习、参观考察、旅游以及驯化、繁殖珍稀、濒危野生动植物等活动。

第六条　实验区内不得建设污染环境、改变自然资源、自然景观完整性以及破坏自然资源或自然景观的设施。在自然保护区周边实施的建设项目，不得损害自然保护区的环境质量和生态功能；已造成损害的，应当限期治理。

第七条　严格控制外来物种引入，防止外来有害生物入侵。自然保护区禁止引入外来有害物种，防止破坏自然保护区原本的生物多样性，导致生态环境恶化。确需引入外来无害物种的，应当依法办理审批手续。

第三章　保护区的管理与监督

第八条　阿拉善盟对自然保护区实行旗（区）以上人民政府（管委会）统筹宏观调控，综合管理与分部门管理相结合的管理体制。

旗（区）以上环境保护行政主管部门负责本行政区域内自然保护区的综合管理、监督检查。

旗（区）以上林业、国土等行政主管部门在各自职责范围内，主管有关的自然保护区，农牧、水利、文化、旅游等其他行政主管部门根据各自的职能职责，做好相关管理工作。

自然保护区的具体管理工作由自然保护区管理机构负责。

第九条 旗（区）以上人民政府（管委会）的主要职责是：

（一）对本行政区域内的自然保护区环境质量和资源保护负总责；切实加强对自然保护区工作的领导，将自然保护区的发展规划，纳入本地区国民经济和社会发展计划，妥善处理保护区与当地经济和居民生产生活的关系。

（二）公告自然保护区的范围和界线，告知相关权利人界址、界限，并标明区界、确定土地权属。

（三）根据地区经济发展水平和保护区工作需要，及时安排财政预算解决自然保护区基础设施建设、预防保护对象毁损、失窃、有害生物、火灾等灾害所需管护经费和重点保护对象抢救性保护、科研调查监测等管理所需经费，并积极协调争取上级的保护区建设管理补助资金，努力提高保护区管护管理水平和能力。

（四）依法设立专门的自然保护区管理机构，配备专业技术人员和管理人员。改善保护一线人员的工作和生活条件，落实相关待遇，使其安心本职工作。

（五）加强保护区内人类活动的监督管理，监督建立自然保护区协调机制，督促自然保护区管理机构、保护区内苏木（镇）、嘎查、单位共同履行社区共建保护公约的责任和义务。

（六）对保护有显著成绩的单位和个人给予奖励。

第十条 环境保护行政主管部门的主要职责是：

（一）贯彻执行国家和自治区有关自然保护区的法律、法规、规章和方针、政策。

（二）会同自然保护区行政主管部门拟订本行政区域自然保护区的发展规划。

（三）负责盟、旗级自然保护区评审委员会的日常工作。

（四）对自然保护区的建立、建设和管理工作进行协调。

（五）对拟在各级自然保护区实验区内开展的建设项目，按照生态影响审查及环境影响评价审批层级及程序，严格执行环境影响评价制度。

（六）负责组织对自然保护区管理进行评估。

（七）依法履行的其他职责。

第十一条 自然保护区有关行政主管部门的主要职责是：

（一）按照各自的职责，贯彻执行国家和自治区有关自然保护区的法律、法规、规章和方针、政策。

（二）负责主管自然保护区的规划审核、建设、监督和管理工作，每年至少监督检查二次（特殊情况随时检查）。

（三）落实自然保护区规范化管理责任，制定自然保护区的保护和管理措施。

（四）参与对拟在各级保护区实验内建设项目的环境影响评价论证，提出影响评价意见，并按程序逐级上报影响评价报告。

（五）监督检查保护区内建设项目的实施情况，对违规造成生态破坏的，责令建设单位停止建设活动，限期治理。

（六）依法对主管的自然保护区内的违法行为进行查处。

（七）依法履行的其他职责。

第十二条 自然保护区管理机构的主要职责是：

（一）贯彻执行国家和自治区有关自然保护区的法律、法规、规章和方针、政策。

（二）组织编制自然保护区总体规划，逐级报审，依据批复的规划建设保护区。

（三）落实自然保护区规范化管理责任，制定并组织落实自然保护区的各项管理制度。

（四）开展环境与资源监测，观察、监测保护对象及保护区资源等变化状况，调查自然资源并建立档案。

（五）细化、分解、落实管护任务，认真履行管护责任，保护自然环境和自然资源，发现保护对象毁损、失窃、发生火灾等异常情况立即报告（2小时内），及时进行应急处理，并配合相关部门调查。

（六）组织和协助有关部门开展科学研究工作。

（七）负责自然保护区界标、标牌和其他保护设施的设立、维护和管理。

（八）负责管理在自然保护区内开展的参观、旅游活动，开展保护宣传教育工作。

（九）对经批准在自然保护区内开展的建设项目进行全过程跟踪，加强对项目施工期和运营期的监督管理，督促建设单位落实自然保护区保护与恢复治理方案，确保各项生态保护措施落实到位。

（十）依法履行的其他职责。

第十三条 保护区实验区的生态旅游企业等经营单位的主要职责和义务是：

（一）生态旅游要有偿使用自然保护区的自然资源。保护区实验区内的生态旅游必须在有关自然保护区行政主管部门的统一管理下开展经营，进入保护区的旅游经营单位要遵守保护区有关规定，服从保护区管理机构管理，为正常的监督检查、管护、科研监测、宣教工作提供一切便利。

（二）要严格按照有关行政主管部门规定的区域和市监部门核定的经营范围，开展经营活动，不得进行掠夺式开发建设活动。

（三）要爱护保护对象，规范、诚信、文明经营，设置告示、标示牌等提示游客树立保护理念，严禁破坏保护对象，提前告知游客不得进入的区域，承担的义务和法律责任。

（四）根据资源和地域状况在纪念日或节庆期间开展广泛的形式多样、丰富多彩的宣传教育活动，营造保护环境的良好氛围。

（五）要安置相应的治安、护林防火等监控设施，协助保护区管理机构或有关行政主管部门做好项目所在地区生态环境的监测和评估，按季度上报监测评估报告，自觉接受有关行政主管部门和保护区管理机构的检查及社会的监督，保障保护对象安全。

（六）要制定有效的防范和保护措施，每年至少开展二次培训，加强对员工的安全保护知识教育，做到在日常工作中及时消除安全隐患。

（七）要维护、修缮保护区的基础设施，对在经营过程中损害的设施设备，要经过有关部门的批准进行修缮和恢复。

（八）在保护区内修建项目必须符合保护区和森林公园总体规划要求，建设前必须进行环境影响评价，必须经过政府有关行政主管部门的审核和批准，要按照保护区的事权管理范围履行审批程序，并按批复及相关标准进行建造。

（九）要编制火灾、疫情、地质灾害等重大突发事件应急预案，配足专（兼）职预防火灾等应急救援队伍和物资。及时处理险情，并报告有关行政主管部门和保护区管理机构，请示启动应急预案。

第十四条 在保护区的核心区和缓冲区内，不得建设任何生产设施。在保护区的实验区内，不得建设污染环境、破坏资源或者景观的生产设施；建设其他项目，其污染物排放不得超过国家和地方规定的污染物排放标准。在保护区的实验区内已经建成的设施，其污染物排放超过国家和地方规定的排放标准的，应当限期治理；造成损害的，必须采取补救措施。

在保护区的外围保护地带建设的项目，不得损害保护区内的环境质量；已造成损害的，应当限期治理。

限期治理决定由法律、法规规定的机关作出，被限期治理的企业事业单位必须按期完成治理任务。

第十五条　在自然保护区内禁止下列影响保护对象生存生活状况的活动：

（一）砍伐、放牧、狩猎、捕捞、采药、开垦、烧荒、开矿、采石、挖沙等活动；但是，法律、行政法规另有规定的除外。

（二）倾倒固体废弃物和排放污染废水。

（三）破坏或擅自移动自然保护区的界标、标牌和其他各类保护设施。

（四）严禁在自然保护区内新建坟墓。对在自然保护区内原有的坟墓应该积极动员逐步迁出，禁止烧纸，提倡文明祭奠方式。

第十六条　在自然保护区内的原有单位、居民和经批准进入自然保护区的科研、教学、参观、旅游单位和个人，应当遵守保护区的各项管理制度、社区共建制度，服从自然保护区管理机构的管理。

第十七条　对违反本办法的行为，依据有关法律法规的规定予以处罚，造成严重后果，构成犯罪的，依法追究刑事责任。

第四章　附　　则

第十八条　本办法由自然保护区主管部门负责解释。

第十九条　本办法自发布之日起施行。

内蒙古自治区额济纳胡杨林保护条例

第一章　总　　则

第一条　为了保护额济纳胡杨林资源，维持生物多样性，促进经济社会可持续发展，根据《中华人民共和国森林法》《中华人民共和国野生植物保护条例》等国家有关法律、法规，结合自治区实际，制定本条例。

第二条　自治区额济纳旗行政区域内、内蒙古额济纳胡杨林国家级自然保护区以外的天然胡杨林以及人工胡杨林（以下简称胡杨林）的规划、保护、管理和利用，适用本条例。

内蒙古额济纳胡杨林国家级自然保护区范围内胡杨林的保护和管理依照国家有关自然保护区法律法规执行。

第三条　胡杨林的保护应当尊重自然、顺应自然，坚持统筹规划、生态优先、保护为主、保育结合、合理利用、可持续发展的原则。

第四条　自治区人民政府、阿拉善盟行政公署应当加强对胡杨林保护工作的领导，协调解决胡杨林保护、管理等方面的重大事项。

额济纳旗人民政府负责胡杨林的保护和管理工作。

第五条　阿拉善盟行政公署、额济纳旗人民政府应当将胡杨林的保护和管理纳入国民经济和社会发展规划，并将所需经费纳入本级财政预算。

第六条　胡杨林所在地旗县级以上人民政府林业主管部门具体负责胡杨林的保护和管理工作。

胡杨林所在地旗县级以上人民政府财政、生态环境、自然资源、农牧、水行政、公安、应急管理、交通运输、文化和旅游等部门应当按照各自职责，做好胡杨林保护和管理的相关工作。

胡杨林所在地苏木乡镇人民政府、街道办事处应当协助做好辖区内胡杨林保护的相关工作。

胡杨林所在地嘎查村民委员会、居民委员会应当将胡杨林保护内容纳入村规民约、居民公约。

第七条　胡杨林所在地旗县级以上人民政府及其相关部门应当加强胡杨林保护的宣传教育工作，普及胡杨林保护知识，增强公民对胡杨林的保护意识。

广播、电视、报刊、互联网等媒体应当开展胡杨林保护的宣传工作。

第八条　鼓励社会力量以投资、捐赠等方式参与胡杨林保护工作。

鼓励科研机构、高等院校、企业以及其他组织和个人开展有关胡杨林保护和利用的科学研究和技术创新。

鼓励单位和个人通过植树造林、抚育管护、认建认养等方式开展胡杨林保护公益活动。

第九条　任何单位和个人都有保护胡杨林的义务，对侵占和破坏胡杨林的行为有投诉和举报的权利。

第十条　胡杨林所在地旗县级以上人民政府对在胡杨林保护工作中作出突出贡献的单位或者个人，按照国家和自治区有关规定给予表彰、奖励。

第二章　规　　划

第十一条　胡杨林所在地旗县级以上人民政府应当落实国土空间开发保护要求，合理规划胡杨林保护利用结构和布局，制定胡杨林保护发展目标，提升胡杨林生态系统质量和稳定性。

第十二条　阿拉善盟行政公署林业主管部门应当会同有关部门编制胡杨林保护规划，报阿拉善盟行政公署批准后组织实施，并向自治区人民政府林业主管部门备案。胡杨林保护规划应当向社会公布。

第十三条　胡杨林保护规划应当根据保护对象、保护范围、资源状况和生态功能等编制，明确胡杨林保护目标任务、保障措施以及保护、修复、利用方式等内容。

第十四条　胡杨林保护规划的编制，应当依法履行公众参与、专家论证、风险评估、合法性审查、集体讨论决定等程序。

第十五条　胡杨林保护规划应当符合国民经济和社会发展规划、土地利用总体规划、城乡规划、环境保护规划，并同林地保护利用规划等规划相衔接。

第十六条　任何单位和个人不得擅自变更胡杨林保护规划；确需变更的，应当按照胡杨林保护规划编制程序进行，并报原审批机关批准。

第十七条　胡杨林所在地旗县级以上人民政府应当对胡杨林保护规划的实施情况进行监督检查。

第三章　保　　护

第十八条　胡杨林所在地旗县级以上人民政府应当加强胡杨林保护站点、巡护路网、应急救灾、疫源疫病防控等保护管理设施建设，促进保护工作信息化、智能化、高效化。

第十九条　胡杨林所在地旗县级以上人民政府应当根据胡杨林保护需要，建立和完善胡杨林生态保护补偿机制。

胡杨林所在地旗县级以上人民政府因胡杨林生态保护等公共利益需要作出的决定，造成相关权利人合法权益损失的，应当按照国家和自治区有关规定给予补偿；对相关权利人生产、生活造成影响的，应当作出妥善安排。

第二十条　胡杨林所在地旗县级以上人民政府应当采取封育保护、复壮更新、退耕还林还草、植树造林和水土保持等措施，提高森林覆盖率。

第二十一条　胡杨林所在地旗县级以上人民政府应当采取多种措施发展生态循环农业，优化调整农业布局和结构，控制使用化肥和农药，减少农业面源污染。

第二十二条　胡杨林所在地旗县级以上人民政府生态环境主管部门应当加强黑河流域额济纳旗段水质状况的监测，严格控制污染物排放，改善水环境质量。

第二十三条　胡杨林所在地旗县级以上人民政府水行政主管部门应当加强水利设施的建设和维护，保障胡杨林灌溉用水。

第二十四条　胡杨林所在地旗县级以上人民政府林业主管部门应当建立胡杨林监测、预报和评估机制，组织专业人员对胡杨林内林业有害生物进行调查和防治。

第二十五条　胡杨林所在地旗县级以上人民政府林业主管部门应当建立健全森林防火制度，设立防火队伍，配备防火设施，设置防火标志，定期开展防火检查，消除火灾隐患。

第二十六条　额济纳旗人民政府林业主管部门应当对胡杨林内珍稀濒危和具有独特观赏、科研、经济价值的野生动植物，定期组织调查研究，建立管理档案。

第二十七条　额济纳旗人民政府林业主管部门应当对胡杨林内的古树、名木等进行编号登记，建立档案，设置保护设施以及保护标志。

第二十八条　禁止在胡杨林内实施下列行为：

（一）毁林开垦、采石、采砂、采土。

（二）在幼林地内砍柴、毁苗、放牧。

（三）采伐损毁古树、名木。

（四）损毁胡杨树根、树桩，过度修枝。

（五）燃烧冥纸、取暖、野炊等野外用火。

（六）排放有毒有害物质或者倾倒固体、液态废物。

（七）携带动植物病原体进入胡杨林。

（八）引进任何可能造成生态环境破坏的外来物种。

（九）擅自移动或者毁坏胡杨林保护设施和保护标志。

（十）法律、法规禁止的其他毁林以及破坏胡杨林生长环境的行为。

第四章　管理与利用

第二十九条　胡杨林所在地旗县级以上人民政府应当坚持生态优先，绿色发展，划定适当区域开展生态教育、自然体验、生态旅游等活动，构筑高品质、多样化的胡杨林生态产品体系，在保护前提下进行合理利用。

第三十条　胡杨林木只能进行抚育性质的采伐。

采伐胡杨林木的，应当按照审批权限经胡杨林所在地旗县级以上人民政府林业主管部门批准。经批准采伐的，应当按照指定的种类、数量、时间、地点、方式进行，并接受胡杨林所在地旗县级以上人民政府林业主管部门的监督检查。

第三十一条　在胡杨林内从事非破坏性的科学研究、教学实习、采集标本等活动的单位和个人，应当事先将活动设计和方案书面告知额济纳旗人民政府林业主管部门；法律、法规规定需要办理审批手续的，应当依法办理。

第三十二条　在胡杨林内依法从事生产经营活动应当符合胡杨林保护规划。

在胡杨林内依法从事生产经营活动的单位或者个人，应当采取有效措施保护林草、植被、水体和地形地貌。

第三十三条　工程建设项目应当避让胡杨林地。确需占用胡杨林地的，应当依法办理用地、用林审批手续，并由用地单位依照国家有关规定缴纳森林植被恢复费。

第三十四条　在胡杨林内从事旅游经营活动的单位或者个人，应当依法办理相关手续，接受额济纳旗人民政府有关主管部门的管理和监督。

第三十五条　旅游经营者应当在胡杨林游览区内设置游览线路，设置环境保护、防火、安全等设施和警示标志，配备必要的管理人员，定期检查维修各项设施，及时排除安全隐患，维护游览和经营秩序。

第三十六条　旅游经营者应当制定旅游旺季疏导游客方案，引导游客自觉维护胡杨林游览区内环境卫生和公共秩序。

第三十七条　旅游经营者应当在胡杨林游览区内修建环保公厕，设置垃圾箱，及时清理和转运垃圾。

第三十八条　进入胡杨林游览区的车辆等交通工具，应当按照规定的线路行驶，在规定的地点停泊。

第五章　法律责任

第三十九条　违反本条例规定的行为，《中华人民共和国森林法》等国家法律、法规已经作出具体处罚规定的，从其规定。

第四十条　违反本条例规定，损毁胡杨树根、树桩，过度修枝的，依法赔偿损失，由额济纳旗人民政府林业主管部门责令停止违法行为，补种毁坏株数一倍至三倍的树木，可以处毁坏林木价值一倍至五倍的罚款；拒不补种树木或者补种不符合国家有关规定的，依照《中华人民共和国森林法》有关规定执行。

第四十一条　违反本条例规定，在胡杨林内燃烧冥纸、取暖、野炊等野外用火的，由额济纳旗人民政府林业主管部门责令停止违法行为，对个人并处300元以上3000元以下罚款，对单位并处1万元以上5万元以下罚款；造成损失的，依法承担赔偿责任；构成犯罪的，依法追究刑事责任。

第四十二条　违反本条例规定，携带动植物病原体进入胡杨林或者引进任何可能造成生态环境破坏的外来物种的，由额济纳旗人民政府林业主管部门或者相关行政主管部门责令停止违法行为，并处5000元以上1万元以下的罚款；造成损失的，依法承担赔偿责任；构成犯罪的，依法追究刑事责任。

第四十三条　胡杨林所在地旗县级以上人民政府及其林业主管部门违反本条例规定，有下列行为之一的，对直接负责的主管人员和其他直接责任人员依法给予行政处分；构成犯罪的，依法追究刑事责任：

（一）未按照规定编制或者擅自变更胡杨林保护规划的。

（二）未依法履行监督管理职责或者发现违法行为不予查处，造成严重后果的。

（三）其他玩忽职守、滥用职权、徇私舞弊的行为。

第六章 附 则

第四十四条 本条例自 2020 年 9 月 1 日起施行。

二、政策性文件

国家林业局关于加强对勘查、开采矿藏占用东北、
内蒙古重点国有林区林地审核监督管理的通知

林资发〔2009〕82 号

吉林省林业厅，内蒙古、吉林、龙江、大兴安岭森工（林业）集团公司，国家林业局驻内蒙古自治区、长春、黑龙江省、大兴安岭林业集团公司森林资源监督专员办事处：

近年来，在东北、内蒙古重点国有林区（以下简称重点国有林区）内勘查、开采矿藏浪费林地的问题日益严重，不仅对森林资源和生态环境造成严重破坏，也对森林防火等构成隐患。为切实加强重点国有林区林地资源的保护与管理，规范占用重点国有林区林地勘查、开采矿藏行为，现对占用重点国有林区林地勘查、开采矿藏事宜提出以下要求，请遵照执行。

一、提高认识，强化重点国有林区林地保护管理工作

重点国有林区的森林资源是提供林木及其林副产品的重要基地，是黑龙江、松花江等重要河流的水源涵养地，是三江、松嫩平原和呼伦贝尔草原粮食和牧业基地的生态屏障，对维护国土生态安全和经济社会发展意义重大。保护好重点国有林区的林地资源，是保护生物物种多样性的前提，是促进生态文明的基础，是构建国土生态安全和保障粮食安全的根基。有关林业主管部门和森林资源监督机构要统一思想，提高认识，正确处理好保护林地资源和发展地方经济的关系，在严格保护林地资源的前提下，促进森林资源和地方经济协调、可持续发展。要依法规范勘查、开采矿藏使用林地的行为，保障矿产资源的合理开发和利用，坚决杜绝以牺牲森林资源和生态环境为代价，换取短期经济效益的行为。

二、严格把关，切实保护好重点国有林区

生态区位重要的林地占用重点国有林区林地勘查、开采矿藏项目，其《使用林地可行性报告》要求具有甲级资质的林业调查规划设计单位编写，包括对项目是否符合矿产资源规划、履行矿产资源"招拍挂"、经营规模、选址依据、用地规模、对森林和生物多样性影响、生态安全、资金来源、补偿补助和人员安置、林业职工就业等内容进行分项说明。

禁止在重点国有林区范围内的自然保护区、森林公园和生态特别脆弱等生态区位重要区域内勘查、开采矿藏项目，有关林业主管部门不得提供同意立项证明材料。采石、采砂、取土等不得占用公益林林地。从严控制选矿厂、尾矿库等勘查、开采矿藏项目的附属配套工程占用公益林林地。

有关林业主管部门要依法行政，从严把关，对勘查、开采矿藏占用重点国有林区林地项目认真审查核实。对依据不足、条件不具备的勘查、开采矿藏项目，我局不予审核审批。

三、强化监管，充分发挥森林资源监督机构的作用

国家林业局有关派驻森林资源监督机构（以下简称专员办）要严格按照《中华人民共和国森林法》和《中华人民共和国森林法实施条例》等规定开展监督审查工作；要坚持依法监督、提高效率与优化服务相结合，建立公开、透明、廉洁、高效的占用征用林地监督审查工作制度。

对于勘查、开采矿藏及其附属设施占用林地项目，有关省级林业主管部门在上报我局审核审批的同时，抄送专员办。专员办要委派 2 名以上工作人员赴现地进行核查。现地核查的主要内容：一

是查验林地现状。确认该项目是否动工、是否存在未批先占非法使用林地的行为。二是核实占用林地的生态区位。确认是否涉及自然保护区和森林公园，是否属于生态脆弱区域，是否在公益林内。三是现场对照编制的《使用林地可行性报告》的地类、林种等是否真实和准确。四是项目占用林地的规模是否合理，是否落实了森林法关于不占或者少占林地的规定。全部审查工作应在接到申请材料的 10 个工作日内完成。监督审查意见以正式文件上报我局。对在 10 个工作日内不能完成审查的，要将书面说明材料上报我局。

四、落实措施，认真做好重点国有林区森林植被恢复工作

对重点国有林区内临时占用林地勘查、开采矿藏期满的和因勘查、开采矿藏形成的废弃矿山用地，有关林业主管部门要及时收回，恢复森林植被，最大限度地减轻矿业活动对环境和林地的破坏。要严厉打击超期限使用林地的行为，严厉打击未批先占、少批多占林地等违法行为，对构成犯罪的要依法及时移交。专员办要对林地收回和恢复森林植被情况进行监督检查，对违法使用林地案件依法进行督办。

特此通知。

2009 年 4 月 3 日

国家林业和草原局
关于规范风电场项目建设使用林地的通知

林资发〔2019〕17 号

近些年来，各地大规模发展风电，风电场项目占用森林和林地面积大幅上升，违法违规使用林地、野蛮施工、植被恢复不到位等问题时有发生，对森林生态功能、森林景观等造成较大损害，引起社会广泛关注。为规范风电场项目建设使用林地，减少对森林植被和生态环境的损害与影响，现将有关事项通知如下：

一、充分认识规范风电场建设使用林地的重要性

陆上风电场项目建设过程中，多沿地势较高的山脊、山岗布设风机，并配套建设道路和集电线路，点多线长，这些地方既是山地生态系统重要的分水岭，也是生态最脆弱的地带，风机基础挖掘、场地平整、道路和集电线路施工等使用林地，大范围扰动地表，破坏地表植被，极易造成大面积水土流失，加剧区域生态退化，对森林资源安全和森林生态整体功能发挥影响较大。发展风电产业是我国推进能源转型、应对气候变化的重要途径之一，但是，我国是一个缺林少绿、生态脆弱的国家，风电开发必须正确处理好与森林资源保护的关系。各地要深入贯彻落实党的十九大精神，以习近平生态文明思想为指导，牢固树立社会主义生态文明观，坚持节约资源和保护环境的基本国策，实行最严格的生态保护制度，依法规范风电场建设使用林地，促进风电产业健康发展，推动人与自然和谐共生。

二、风电场建设使用林地禁建区域

严格保护生态功能重要、生态脆弱敏感区域的林地。自然遗产地、国家公园、自然保护区、森林公园、湿地公园、地质公园、风景名胜区、鸟类主要迁徙通道和迁徙地等区域以及沿海基干林带和消浪林带，为风电场项目禁止建设区域。

三、风电场建设使用林地限制范围

风电场建设应当节约集约使用林地。风机基础、施工和检修道路、升压站、集电线路等，禁止占用天然乔木林（竹林）地、年降水量 400 毫米以下区域的有林地、一级国家级公益林地和二级国家级公益林中的有林地。本通知下发之前已经核准但未取得使用林地手续的风电场项目，要重新合理优化选址和建设方案，加强生态影响分析和评估，不得占用年降水量 400 毫米以下区域的有林地和一级国家级公益林地，避让二级国家级公益林中有林地集中区域。

四、强化风电场道路建设和临时用地管理

风电场施工和检修道路，应尽可能利用现有森林防火道路、林区道路、乡村道路等道路，在其基础上扩建的风电场道路原则上不得改变现有道路性质。风电场新建配套道路应与风电场一同办理使用林地手续，风电场配套道路要严格控制道路宽度，提高标准，合理建设排水沟、过水涵洞、挡土墙等设施；严格按照设计规范施工，禁止强推强挖式放坡施工，防止废弃砂石任意放置和随意滚落，同步实施水土保持和恢复林业生产条件的措施。吊装平台、施工道路、弃渣场、集电线路等临时占用林地的，应在临时占用林地期满后一年内恢复林业生产条件，并及时恢复植被。

五、加强风电场建设使用林地的指导和监管

各级林业和草原主管部门要与本地区能源主管部门做好风电开发建设规划和核准工作的衔接，提前介入测风选址工作，指导建设单位避让生态脆弱区和生态敏感区；定期检查，依法严厉打击风电场项目未批先占、少批多占、拆分报批、以其他名义骗取使用林地行政许可等违法违规行为；对野蛮施工破坏林地、林木，未及时恢复林业生产条件及弄虚作假骗取使用林地行政许可的风电场项目，要依法追责。

国家林业和草原局各派驻森林资源监督机构要加强对风电场项目建设的监督检查。

本通知自发布之日起施行，有效期至 2024 年 2 月 28 日。

2019 年 2 月 26 日

国家林业局建设项目使用林地审核审批管理规范

（国家林业和草原局 2021 年 9 月 13 日印发）

一、建设项目使用林地申请材料

（一）"使用林地申请表"

提供统一式样的"使用林地申请表"。

（二）建设项目有关批准文件

1. 审批制、核准制的建设项目，提供项目可行性研究报告批复或者核准批复文件；备案制的建设项目，提供备案确认文件。其他批准文件包括：需审批初步设计的建设项目，提供初步设计批复文件；符合城镇规划的建设项目，提供建设项目用地预审与选址意见书。

2. 乡村建设项目，按照地方有关规定提供项目批准文件。

3. 批次用地项目，指在土地利用总体规划（国土空间规划）确定的城市和村庄、集镇建设用地规模范围内，按土地利用年度计划分批次办理农用地转用的项目。提供有关县级以上人民政府同

意（或出具）的批次用地说明书，内容包括年份、批次、用地范围、用地面积、开发用途（具体建设内容）、符合土地利用总体规划（国土空间规划）或城市、集镇、村庄规划情况，并附相关规划图。

4. 勘查、开采矿藏项目，提供勘查许可证、采矿许可证和项目有关批准文件。

5. 宗教、殡葬等建设项目，提供有关行业主管部门的批准文件。

（三）使用林地可行性报告或者使用林地现状调查表

提供符合《建设项目使用林地可行性报告编制规范》（LY/T 2492—2015）的建设项目使用林地可行性报告或者使用林地现状调查表。有建设项目用地红线矢量数据的，并附2000坐标系、shp或gdb格式的矢量数据。

（四）其他材料

1. 修筑直接为林业生产经营服务的工程设施项目，占用国有林地的，提供被占用林地森林经营单位同意的意见；占用集体林地的，提供被占用林地农村集体经济组织或者经营者、承包者同意的意见。

2. 临时使用林地的建设项目，用地单位或者个人应当提供恢复林业生产条件和恢复植被的方案，包括恢复面积、恢复措施、时间安排、资金投入等内容。

二、建设项目使用林地审核审批实施程序

（一）用地单位或者个人向县级人民政府林业和草原主管部门提出申请后，县级人民政府林业和草原主管部门应当核对提供的申请材料，对材料不齐全的，应当一次性告知用地单位或者个人需要提交的全部申请材料。

（二）县级人民政府林业和草原主管部门对材料齐全的使用林地申请，指派2名以上工作人员进行用地现场查验。查验人员应当对建设项目使用林地可行性报告或者使用林地现状调查表符合现地情况进行核实，重点核实林地主要属性因子，以及是否涉及自然保护地，是否涉及陆生野生动物重要栖息地，有无重点保护野生植物，是否存在未批先占林地行为，并填写统一式样的《使用林地现场查验表》。

（三）县级人民政府林业和草原主管部门对建设项目拟使用的林地组织公示，公示情况和第三人反馈意见要在上报的初步审查意见中予以说明，公示有关材料由县级林业和草原主管部门负责存档。公示格式、公示内容由各省（含自治区、直辖市，下同）林业和草原主管部门规定。已由地方人民政府及其自然资源部门依照法律法规规定组织公示公告的，林业和草原主管部门不再另行组织。涉密的建设项目不进行公示。

（四）需要报上级人民政府林业和草原主管部门审核审批的建设项目，下级人民政府林业和草原主管部门应当在收到申请之日起20个工作日内提出初步审查意见，并将初步审查意见和全部申请材料报送上级人民政府林业和草原主管部门。

三、建设项目使用林地审核审批办理条件

（一）建设项目使用林地应当严格执行《建设项目使用林地审核审批管理办法》（国家林业局令第35号，以下简称《办法》）的规定。列入省级以上国民经济和社会发展规划的重大建设项目，符合国家生态保护红线政策规定的基础设施、公共事业和民生项目，国防项目，确需使用林地但不符合林地保护利用规划的，先调整林地保护利用规划，再办理建设项目使用林地手续。因项目建设调整自然保护区、森林公园等范围、功能区的，根据其范围、功能区调整结果，先调整林地保

护利用规划，再办理建设项目使用林地手续。

（二）建设项目使用林地，用地单位或者个人应当一次性申请办理使用林地审核手续，不得化整为零，随意分期、分段或拆分项目进行申请，有关人民政府林业和草原主管部门也不得随意分期、分段或分次进行审核。国家和省级重点的公路、铁路和大型水利工程，可以根据建设项目可行性研究报告、初步设计批复确定的分期、分段实施安排，分期、分段申请办理使用林地审核手续。

（三）各级人民政府林业和草原主管部门要严格执行建设项目占用林地定额管理规定，不得超过下达各省的年度占用林地定额审核同意建设项目使用林地。

（四）建设项目使用林地需要采伐林木的，应当按照《中华人民共和国森林法》《中华人民共和国森林法实施条例》《中华人民共和国野生植物保护条例》等有关规定办理。

四、建设项目使用林地审核审批特别规定

（一）需要国务院或者国务院有关部门批准的公路、铁路、油气管线、水利水电等建设项目中的控制性单体工程和配套工程办理先行使用林地审核手续，提供项目有关建设依据（项目建议书批复文件、项目列入相关规划文件或相关产业政策文件），并按照《办法》第七条规定提供其他材料。

（二）经审核同意或批准使用林地的建设项目，因设计变更等原因需要增加、减少使用林地面积或者改变使用林地位置的，用地单位或者个人应当提出增加或者变更使用林地申请，并按照有关行业规定提供设计变更的批复文件。其中，新增使用林地面积部分还应当按照《办法》第七条规定提供材料，减少使用林地面积部分应当对不占范围予以说明并附图标注。

（三）公路、铁路、水利水电、航道等建设项目临时使用的林地在批准期限届满后需要继续使用的，用地单位或者个人应当在批准期限届满之日前 3 个月内，提出延续临时使用林地申请，说明延续的理由。对符合《办法》规定条件的，经原审批机关批准可以延续使用，每次延续使用时间不超过 2 年，累计延续使用时间不得超过项目建设工期。

（四）建设项目在使用林地准予行政许可决定书有效期内未取得建设用地批准文件的，用地单位或者个人应当在有效期届满之日前 3 个月内，提出延续有效期申请，说明延续的理由。经原审核同意机关批准，有效期可以延续 2 年；延续的有效期内仍未取得建设用地批准文件的，经原审核同意机关批准，有效期可以再延续 1 年，期满后不再延续。自然资源主管部门不办理建设用地手续的项目，已动工建设的不需办理延续手续。

（五）对非法占用林地、擅自改变林地用途的建设项目，要依法进行查处；涉嫌构成犯罪的，依法移送公安机关。确需使用林地的，有关林业和草原主管部门要在初步审查意见中对建设项目违法使用林地情况及查处情况进行说明。

五、建设项目使用林地审核审批监管要求

（一）县级以上人民政府林业和草原主管部门违反规定审核审批建设项目使用林地的，要依法追究有关人员和领导的行政责任；构成犯罪的，依法追究刑事责任。进行现场查验的工作人员应对"使用林地现场查验表"的真实性负责，凡提交虚假现场查验意见的，要追究有关人员和领导的行政责任。

（二）用地单位或者个人隐瞒有关情况或者提供虚假材料申请使用林地的，有审核审批权的林业和草原主管部门应当不予受理或者不予行政许可；已取得准予行政许可决定书的，应当依法撤销准予行政许可决定书。

（三）编制单位应当对建设项目使用林地可行性报告或者使用林地现状调查表的真实性、准确

性负责。国家林业和草原局或者省级林业和草原主管部门对存在弄虚作假、粗制滥造、编制成果质量低下的编制单位建立不良信誉记录制度，采取告诫、不采用等具体惩戒措施。

（四）有审核审批权的林业和草原主管部门作出的准予、不予、变更、延续行政许可决定，应当抄送下级林业和草原主管部门。其中，国家林业和草原局和省级林业和草原主管部门作出的准予、不予、变更、延续行政许可决定还应当抄送国家林业和草原局相关派出机构。可以公开的使用林地项目，通过网站等方式向社会公布。县级以上地方人民政府林业和草原主管部门要对建设项目使用林地实施情况进行监督检查，发现违规问题及时纠正。国家林业和草原局各派出机构要切实履行监管责任。

（五）地方各级人民政府林业和草原主管部门对拟使用林地的建设项目要积极主动参与项目的前期论证工作，对建设项目使用林地的必要性、选址合理性和用地规模等提出意见，引导建设项目节约集约使用林地，加强对建设项目使用林地的服务和指导。

六、临时使用林地监管要求

（一）地方各级人民政府林业和草原主管部门对临时使用林地的建设项目，要严格审批。不得以临时用地名义批准永久性建设使用林地。

（二）临时使用林地选址应当遵循生态保护优先、合理使用的原则。除项目确需建设且难以避让外，临时使用林地原则上不得使用乔木林地。禁止在自然保护地以及易发生崩塌、滑坡和泥石流区域临时使用林地进行采石、挖沙、取土等。禁止以生态修复、环境治理、宕口整治等为名临时使用林地进行采石、挖沙、取土等。

（三）地方各级人民政府林业和草原主管部门要强化临时使用林地的监管。对提交的恢复林业生产条件和恢复植被方案的可行性要进行评估，经评估不可行的应当要求用地单位或者个人修改。对未按临时用地批准内容使用林地的，要责令用地单位或者个人限期改正。对建设项目临时使用林地期满后一年内恢复林业生产条件、恢复植被要组织验收。

（四）县级人民政府林业和草原主管部门要监督用地单位或者个人的施工过程。严禁随意使用或者扩大临时使用林地规模；施工结束后，要督促及时清除临时建设的设施、表面硬化层，将原剥离保存的地表土进行回土覆盖，并按方案恢复植被。

七、有关概念释义

（一）生态区位重要和生态脆弱地区包括国家和省级公益林林地、生态保护红线范围内的林地、陆生野生动物重要栖息地、重点保护野生植物集中分布区域。单位面积蓄积量高的林地由各省人民政府林业和草原主管部门根据本省实际情况确定。

（二）国务院有关部门和省级人民政府及其有关部门批准的基础设施、公共事业、民生建设项目包含其批复的有关规划中的，或列入省级重点建设项目的基础设施、公共事业、民生建设项目。

（三）建设项目类别划分

1. 基础设施项目，包括公路、铁路、机场、港口码头、水利、电力、通信、能源基地、国家电网、油气管网、储备库等。

2. 公共事业和民生项目，包括科技、教育、文化、卫生、体育、社会福利、公用设施、环境和资源保护、防灾减灾、文物保护、乡村道路、农村宅基地等。

3. 经营性项目，包括商业、服务业、工矿业、物流仓储、城镇住宅、旅游开发、养殖、经营性墓地等。

（四）生态旅游项目，以有特色的生态环境为主要景观，以开展生态体验、生态教育、生态认知为目的，不破坏生态功能的必要的相关公共设施建设项目。

（五）战略性新兴产业项目，以《战略性新兴产业分类》为依据。

（六）大中型矿山，不包括普通建筑用砂、石、黏土等，以原国土资源部《关于调整部分矿种矿山生产建设规模标准的通知》（国土资发〔2004〕208号）为依据，自然资源部门出台新规定的，按新规定执行。

（七）临时使用林地类别划分

1. 工程施工用地，包括施工营地、临时加工车间、搅拌站、预制场、材料堆场、施工用电、施工通道和其他临时设施用地。

2. 电力线路、油气管线、给排水管网临时用地，包括架设地上线路、铺设地下管线和其他需要临时使用林地的。

3. 工程建设配套的取（弃）土场用地，包括采石、挖砂、取土等和弃土弃渣用地，以及堆放采矿剥离物、废石、矿渣、粉煤灰等固体废弃物压占用地。

4. 工程勘察、地质勘查用地，包括厂址、坝址、铁路公路选址等需要对工程地质、水文地质情况进行勘测，探矿、采矿需要对矿藏情况进行勘查。

5. 其他确需临时使用林地的。

本规范自发布之日起施行。

阿拉善盟行政公署关于加强草原征占用审核审批工作的实施意见

阿署发〔2016〕77号

各旗人民政府，开发区、示范区管委会，行署各委、办、局：

为了强化草原资源管理，规范征占用草原行为，加快生态文明制度建设，促进经济和社会的健康可持续发展。根据国家、自治区有关草原法律法规和规章制度，针对加强我盟草原征占用审核审批工作提出如下实施意见。

一、严格控制建设用地规模，确保草原资源有效利用

（一）坚持生态保护优先的原则，在进行各类矿藏资源开采加工、园区开发、城镇扩建、新能源产业及基础设施建设等，要不占或少占草原。除国家重点工程项目外，不得占用基本草原。确需征用草原的，要严格控制用地规模和面积，建设规模要与项目立项、环境保护和批准面积相协调一致。

（二）进行采土、采砂、采石、旅游、影视拍摄和各类地上、地下工程建设，以及开展地质勘查、勘探等，要不占或少占草原。确需临时占用草原时，要按照批准的面积、路线、范围和准许的方式进行。

（三）对各种征用草原或者临时占用草原的行为，要按照相关规定缴纳草原植被恢复费，用于草原植被的恢复，保障草原资源的合理利用。

（四）在草原上修建直接为草原保护和畜牧业生产服务的工程设施，其使用草原的行为也必须履行审批程序。

二、草原征占用应当符合下列条件

（一）符合国家的产业政策，国家明令禁止的项目不得征占用草原。

（二）符合所在地县级草原保护建设利用规划，有明确的使用面积或临时占用期限。

（三）对所在地生态环境、畜牧业生产和农牧民生活不会产生重大不利影响。

（四）征占用草原应当征得草原所有者或使用者的同意；征占用已承包经营草原的，还应当与草原承包经营者达成补偿协议。

（五）临时占用草原的，应当具有恢复草原植被的方案。

（六）申请材料齐全、真实。

（七）法律、法规规定的其他条件。

三、对征占用草原实行分级审核和审批

（一）进行各类矿藏资源开采加工、园区开发、城镇扩建、新能源产业及基础设施等建设项目征用草原时，先由项目所在地旗（区）农牧业局出具初审意见并上报盟农牧业局，盟农牧业局经过复审后，上报自治区农牧业厅审核同意，颁发征用草原审核同意书。

（二）进行采土、采砂、采石、旅游、影视拍摄和各类地上、地下工程建设，以及开展地质勘查、勘探等临时占用草原时，按照临时占用草原500亩以上由盟农牧业局审批；500亩以下的由项目所在地旗农牧业局审批，同时报盟农牧业局备案。

四、建立征占用草原审核审批联动机制

各级农牧、国土、发改等相关部门，要建立征占用草原审核审批联络和备案机制，定期进行沟通和协调，保障各项建设项目征占用草原时能够及时、合法、有效地得到审核审批，促进建设项目的顺利开展。

（一）加强项目立项审批

要进一步完善征占用草原审核审批程序，落实审核制度。根据《内蒙古自治区人民政府关于进一步加强草原监督管理工作的通知》（内政发〔2007〕116号）文件要求，项目建设单位开展前期工作时，涉及征占用草原的，要向各级农牧业局提出项目使用草原的审核申请。未经各级农牧业局审核或审核未通过的，项目审批部门不得核准或批准项目建设。对征占用草原数量较大的建设项目，各级农牧业局在提出项目审核意见前，要组织专家论证评估，并根据论证结果提出审核意见。

（二）加强征用和临时占用草原审核审批

各级农牧业主管部门在办理征用或临时占用草原时，要严格依照农业部《草原征占用审核审批管理办法》和自治区农牧业厅《关于印发〈内蒙古自治区征占用草原审核审批程序规定〉的通知》（内农牧规发〔2015〕1号）的要求，依法办理草原征用和临时占用草原的审核审批手续以及相关许可证。同时，按照规定标准依法征收草原植被恢复费，不得擅自减免。

各级国土资源主管部门在办理土地征收和农用地转用相关手续时，凡是涉及征占用草原的，要按照《中华人民共和国草原法》第三十八条、第四十条和《内蒙古自治区基本草原保护条例》第十八条、第十九条的相关规定以及《内蒙古自治区人民政府关于进一步加强草原监督管理工作的通知》（内政发〔2007〕116号）文件精神，将征占用草原审核审批事项设置为审批前置，以此保障土地审批行为的合法性和有效性。未经自治区农牧业厅或国家农业部审核同意或未经盟、旗农牧业局审批同意，各级国土资源主管部门不得办理土地征收和农用地转用以及临时用地等相关手续。严禁未经审核审批同意，先行施工后补办手续。

（三）严格控制征占用基本草原

各级农牧业局要严格控制基本草原的征占用和开采规模，节约用地，在工程建设等征用草原以

及各类临时占用草原时，选择一般草原进行，尽量不占或少占基本草原。确需征占用基本草原的要选择植被稀疏，自然环境相对较差区域进行，以此保障基本草原的面积不减少，质量不下降。

（四）严格按照期限审核审批征占用草原事项

征用或临时占用草原的审核审批期限要严格按照《中华人民共和国行政许可法》20 个工作日的规定办理。其中，征用草原的审核办理期限从自治区农牧业厅受理之日起计算，盟、旗两级农牧业局进行初审或复审的期限不计入审核办理期限内。

五、加强征占用草原申报材料的审查

盟、旗（区）农牧业局要严格按照农业部和自治区的相关规定，逐级逐项审查征用或临时占用草原申报材料的齐全性和真实性。对材料齐全并符合征用相关规定的及时上报自治区农牧业厅进行审核同意，对符合临时占用相关规定的及时按照权限审批，保障各项建设工程的顺利实施。

（一）征用草原的申请表及其他申报材料各报 4 份

1. 草原征占用申请表；
2. 单位营业执照、法人证明或者个人身份证复印件；
3. 批准文件；
4. 可行性研究报告；
5. 环境影响评价相关批复；
6. 拟征收征用或使用草原的权属证书及相关证明材料；
7. 草原补偿、安置补助协议；
8. 拟征收征用或使用草原的区域坐标图；
9. 使用草原可行性报告（须有资质的部门编撰）；
10. 征收征用自然保护区内的草原，须提交有关部门同意的批文或意见；
11. 其他需要补充的材料。

（二）临时占用草原的申请表及其他申报材料各报 3 份

1. 草原征占用申请表；
2. 拟占用草原的权属证书及相关证明材料；
3. 相关补偿协议；
4. 拟占用草原的区域坐标图；
5. 草原植被恢复方案；
6. 其他需要补充的材料。

六、加强征占用草原的监督管理

各级草原监督管理机构要认真履行职责，跟踪检查用地过程，对不办理草原审核审批手续、未办手续先行施工或未按照法定程序审核审批以及虽办理了审核审批手续但超面积征占用草原的，要按照草原法律法规依法查处。征占用草原的行为涉嫌犯罪的，要按照《最高人民法院关于审理破坏草原资源刑事案件应用法律若干问题的解释》和国务院印发的《行政执法机关移送涉嫌犯罪案件的规定》，及时将案件移交公安机关依法调查处理，不得以罚代刑。

七、落实审核审批责任

各级农牧、国土资源部门要高度重视征占用草原的审核审批工作，严格执行草原法律法规和规

章，不得违法违规审批。要进一步落实审批责任，按照"谁审批、谁负责""谁监管、谁负责"的原则，将征占用草原审批和监管责任落实到相关单位，落实到具体的人。对于在征占用草原审核审批方面的不作为、慢作为、乱作为以及监管不到位等失职、渎职行为，应依法追究相关人员的行政责任，构成犯罪的移交司法机关追究刑事责任。

2016 年 6 月 14 日

中共阿拉善盟委员会
阿拉善盟行政公署
关于印发《阿拉善盟集体林权制度改革实施方案》的通知

阿党办发〔2009〕6 号

为深入贯彻落实《内蒙古党委、政府关于深化集体林权制度改革的意见》（内党发〔2008〕16号、以下简称《意见》）和《内蒙古党委办公厅、政府办公厅关于印发〈内蒙古自治区集体林权制度改革工作方案〉的通知》（厅发〔2008〕54 号、以下简称《通知》）要求，全面推进我盟集体林权制度改革工作（以下简称"林改"），特制定本方案。

一、集体林权制度改革的指导思想、基本原则和总体目标

（一）指导思想

全面贯彻党的十七大精神，以邓小平理论和"三个代表"重要思想为指导，深入贯彻落实科学发展观，实施以生态建设为主的林业发展战略，依法明晰产权、放活经营权、落实处置权、保障收益权，完善政策，创新机制，进一步解放和发展林业生产力，为建设生态文明、构建和谐社会和促进经济社会发展作出贡献。

（二）基本原则

坚持农村牧区家庭承包经营为主的基本经营制度，确保农牧民平等享有集体林地和林木承包经营权；坚持统筹兼顾，确保生态受保护、农牧民得实惠；坚持尊重农牧民意愿，确保农牧民的知情权、参与权和决策权，做到公开公平公正；坚持因地制宜、分类指导、试点先行、先易后难、稳步推进，确保改革符合当地实际；坚持依法依规，确保政策的稳定性和连续性。

（三）总体目标

从 2009—2012 年，用 4 年时间，基本完成明晰集体林产权和承包到户的改革任务。在此基础上，逐步建立起产权归属清晰、经营主体到位、权责划分明确、利益保障严格、流转顺畅规范、监管服务有效的集体林业管理体制和经营机制，实现资源增长、生态改善、产业壮大、农牧民增收、生态与经济社会和谐发展的目标。

二、集体林权制度改革的范围

集体林权制度改革的范围是农村牧区集体所有的商品林、公益林以及旗人民政府规划的集体宜林地。

各旗要根据生态状况和林业资源条件，坚持分类指导、分区施策、试点先行，因地制宜地确定林权制度改革范围、改革重点。努力探索集体林权制度改革方式，创新林改机制，加快林权登记发证，加大封禁保护力度，落实管护经营主体。

国有林（农）场经营管理的集体林地、林木和自然保护区、森林公园、风景名胜区、河道湖泊、生态移民迁出区、拟划定的沙化土地封禁保护区以及距离国境线 30～50 公里范围等区域不列入本次改革范围，但要明晰权属关系，依法维护上述区域的稳定和林权权利人的合法权益。

三、集体林权制度改革的主要任务

（一）明晰产权。在保持集体林地所有权和林地用途不变的前提下，进一步明晰集体林地的使用权和林木所有权，落实和完善以家庭承包经营为主体、多种形式并存的集体林业经营机制，确立农牧民的经营主体地位，依法维护农牧民承包的权利。

1. 对尚未承包到户的集体林地和林木，可采取以下方式明晰产权

（1）家庭承包经营。这是主要的明晰产权方式，能承包到户的都要到户，将林地使用权和林木所有权采取家庭承包经营的方式落实到本集体经济组织的农牧户。本集体经济组织成员平等享有承包权，按人口折算人均林地面积，以户为单位进行承包经营。

（2）联户合作经营。对不宜实行家庭承包经营的集体林地和林木，依法经本集体经济组织成员同意，可将林地和林木评估作价，由本集体经济组织成员联户承包经营。

（3）股份合作经营。对不宜实行家庭承包经营的集体林地和林木，依法经本集体经济组织成员同意，可将现有林地、林木折股分配给本集体经济组织成员均等持有，确定经营主体，实行股份合作经营，收益按股分配。

（4）其他承包经营方式。对不宜实行家庭承包经营的集体林地和林木，依法经本集体经济组织成员同意，可将林地和林木评估作价，采取招标、拍卖、公开协商等方式承包，本集体经济组织成员依法享有优先承包权。

（5）集体统一经营。对于生态区位重要或有重点保护物种的地区，村集体经济组织可保留一定的集体林地和林木，由本集体经济组织依法实行民主经营管理。

2. 对已承包到户和流转的集体林地和林木，要进一步稳定和完善承包关系

（1）稳定和完善"三定"以来的承包经营关系。对以家庭承包方式承包到户的集体林地和林木，上一轮承包到期后，可直接续包，并完善承包手续。对以其他方式承包的，凡符合法律规定，程序合法，合同规范，合同双方依法履行的，要予以维护；对承包合同不规范的，本集体经济组织多数成员没有意见且合同双方愿意继续履行合同的，可在协商的基础上，依法完善合同；对程序不合法、合同权利义务不对等、群众反映强烈、双方协商不成的，或承包方没有履行合同的，应依法修改或终止合同，重新确定承包经营关系。

（2）完善有偿流转经营关系。对通过招标、拍卖、公开协商等方式有偿流转的集体林地和林木，凡符合法律法规和政策规定，流转程序合法、合同规范并依法履行的，要予以维护；对不符合法律法规和政策规定，严重侵害集体和农牧民利益，多数群众有意见的，可依照有关法律规定，调整原流转合同或通过司法程序妥善处理。

林地的承包经营期限为 70 年。承包期内允许继承，承包期届满，可以由林地承包经营权人按照国家有关规定继续承包。无论采用何种形式改革，都要制定承包方案，经村民会议三分之二以上成员同意后实施。

妥善解决有争议的林地和林木。按照分级负责、依法调处的原则，对权属不清以及有争议的集体林地和林木，要积极调处解决，纠纷解决后再落实经营主体。

（二）登记发证。产权明晰后，要依法依规进行勘验登记，按照林权证的发放程序和方法，核发全国统一式样的林权证，做到登记发证内容齐全规范，数据准确无误，图、表、册一致，人、地、证相符，并建立林权档案。核发和换发新林权证后，原有的权属证书要依法变更或注销，确保

一地一证。各级林业主管部门要切实加强资源林政管理机构和队伍建设，强化林权管理工作，承办同级人民政府交办的林权登记造册、核发证书、档案管理、流转管理、林地承包争议仲裁、林权纠纷调处等工作。

（三）放活经营权。实行公益林、商品林分类经营管理。对商品林，农牧民可依法自主决定经营方向和经营模式，生产的木材自主销售，开发林下种养业。对公益林，在保障生态功能的前提下，允许依法合理开发利用林地资源，利用森林景观发展森林旅游业等。

（四）落实处置权。在不改变林地用途的前提下，林地承包经营权人可依法对拥有的林地承包经营权和林木所有权进行转包、出租、转让、入股、抵押、担保或作为合资、合作的条件，对其承包的林地、林木可依法开发利用。

（五）保障收益权。农牧户承包经营林地的收益，一律归农牧户所有。征收集体所有的林地，用地单位要依照国家有关规定足额支付林地补偿费、林木补偿费、安置补助费和地上附着物补偿费，安排被征收林地农牧民的社会保障费用。经政府划定为公益林的集体林，已承包到农牧户的，森林生态效益补偿费要落实到户。集体宜林地落实经营主体后，可按当地林业发展规划纳入国家重点林业工程和地方造林绿化工程项目。依法制止和查处乱收费、乱摊派行为，减轻农牧户负担，切实保障承包经营权人的收益权。

（六）落实责任。严格依照农村土地承包法有关规定，依法规范承包行为。产权落实后，应签订书面承包合同，明确宜林地造林和迹地更新的责任，并限期造林和更新；落实造林育林、保护管理、森林防火、病虫害防治等责任，促进森林资源可持续经营。各旗林业主管部门要加强对集体林地和林木承包合同的规范化管理。

四、集体林权制度改革工作程序

（一）成立机构。各旗、所有涉及林改工作的苏木（乡、镇），都要成立由党委书记任组长，行政主要负责人任副组长，有关部门参加的林改领导小组，并下设办公室。各旗办公室设在林业行政主管部门，林业局局长兼任办公室主任。要形成盟、旗、苏木（乡、镇）党政主要领导抓林改，相关部门紧密配合，高位推动、强势推进的工作局面。领导小组负责集体林权制度改革工作全过程的组织领导和统筹协调，明确各相关部门责任，细化任务，制定措施，抓好落实。林改办由从相关部门抽调的精干得力人员组成，专职专责从事林改工作。

（二）宣传发动。各旗、苏木（乡、镇）都要制定宣传计划和方案，作为林改工作的重要内容先行实施。坚持舆论先行，充分利用广播电视、报纸杂志、网站等多种宣传媒体，采取丰富多样的宣传形式，广泛深入地宣传改革政策，并贯穿于林改的全过程，做到家喻户晓。通过宣传动员解决改革中的思想认识问题，让广大干部群众了解、支持和踊跃参与改革。各旗、苏木（乡、镇）、嘎查（村）都要召开改革动员大会，对本地区林改工作进行动员部署。各旗要以《意见》和《通知》为基础，以旗委、政府名义向农牧民朋友印发公开信。

（三）组织培训。各旗、苏木乡镇都要制定培训计划和方案，通过集中培训、以会代训、现场培训等方式，按照盟（市）培训到旗（县）、苏木（乡、镇），旗（县）培训到苏木（乡、镇）、嘎查（村）的原则，自上而下、逐级开展培训，使领导干部、林改工作人员以及农村牧区基层干部、农牧民掌握有关的政策法规、改革方法和操作程序。

（四）调研摸底。各旗、苏木（乡、镇）要认真组织开展调查研究，全面摸清集体林地的基本情况和经营管理状况，了解农牧民对改革的意愿和要求，掌握本旗、苏木（乡、镇）各集体经济组织林权现状、存在问题及人口、劳力等相关情况，为制定林改实施方案做好充分准备。

（五）制定方案。各旗要针对不同地域、不同经济社会条件、不同森林资源状况等，研究制定科学的改革工作方案。工作方案报上一级林改领导小组办公室备案。各苏木（镇）、嘎查（村）制定的林改方案报旗政府批准；各集体经济组织制定的具体实施方案，村民会议或村民代表会议三分之二以上多数讨论票决通过后，经苏木（镇）政府审核，报旗政府批准。村民会议或村民代表会议要实行"四签两不准"，即会议通知签收、开会签到、林改方案签字、票决签名，不准请人代签、不准用圆珠笔或铅笔签字。

（六）组织实施。要建立旗县直接领导、乡镇组织实施、村组具体操作、部门搞好服务的工作机制。各旗林改领导小组要组织工作组，深入改革一线，协助各苏木（镇）、各嘎查、各集体经济组织开展明晰山林权属，签订有关合同，发放林权证书的工作。要对行政区域内集体林地，以及集体林地上的森林和林木所有权、使用权全面发（换）林权证。发（换）林权证统一使用国家林业局制定的全国统一式样的林权证书；统一实行计算机登记、打印、建档、统计、查询；统一按照"摸底调查现有林权—第一榜公示—制定、通过林改方案—勘界—第二榜公示—签订（完善）合同—林权权利人申请发证—审核—输机—发证前第三榜公示—颁证—建档"12个步骤实施；统一采用1∶2.5万或1∶5万比例尺的清绘成果图作为林权证附图；统一建立证书图表资料与计算机储存的数据资料相结合的林权档案。承包合同和流转合同按自治区林业厅提供的示范文本，根据各旗实际修改后，形成规范文本。合同文本由各旗印制，印制费用由各旗财政承担，不准向农牧民收取。

（七）检查验收，总结完善。林改基本完成后，要制定标准进行验收，要认真研究和总结，不断巩固林改成果，对验收中发现的问题，要认真进行整改和完善。

（八）加强督导。各旗组织督导组，配合盟督导组对林改实施全过程进行督促检查；建立定期汇报制度，编印林改简报，盟、旗林改领导小组适时召开林改经验交流会，及时掌握各地工作进度，交流工作经验，推动林改工作。建立健全林农负担监测、信访举报、检查监督、案件查处等各项制度。各地要清理整顿涉林税费项目，清理后向社会公布保留的各类税费项目、标准、收取办法。各旗要设置林改公开投诉举报电话，保证林改工作公开、公正、公平，依法开展。

五、工作进度

全盟林改工作分四个阶段进行：

（一）准备阶段（2009年1月—2009年5月）

1. 盟、旗成立林改领导小组及办事机构，各苏木（镇）成立林改领导小组及办事机构、组建驻嘎查林改工作队。

2. 盟、旗、苏木（镇）林改办组织开展林改业务培训。

3. 各旗制定林木采伐审批具体操作办法和重大森林案件应急处理办法，建立林农负担监测、信访举报、检查监督、案件查处等各项制度。

4. 各旗、苏木（镇）组织开展调查摸底，并确定林改范围和集体林底数。

5. 盟委、行署召开林改工作会议，各旗、苏木（镇）层层召开会议，部署林改工作，印发致农牧民朋友的公开信；组织工作组深入村、户，宣传林改的法律法规和政策。

6. 各旗完成林改方案的制定、印发，并报自治区、盟林改办备案；做好林权登记现场审核、设备设施资料准备工作。

7. 各旗要根据实际确定1~2个试点地区，力争2009年试点地区全面完成试点工作。

8. 各旗清理整顿涉林税费项目，并向社会公布保留的各类涉林税费项目、标准和收取办法。

9. 苏木（镇）、嘎查和各集体经济组织完成林改方案的制定和报批。

（二）实施阶段（2009年6月—2012年6月）

1. 2009年6月—2009年12月，全盟集体所有商品林完成明晰权属，签订（完善）承包合同，核发林权证书，建立档案工作。各旗试点地区全面推开林改工作，完成明晰权属、签订（完善）承包合同、核发林权证书工作。

2. 2010年1月—2010年4月，完成集体所有商品林和试点地区林改工作的检查验收和总结整改工作。

3. 2010年5月—2011年12月，全盟集体所有参加林改的公益林和宜林地完成明晰权属，签订（完善）承包合同，核发林权证书，建立档案工作。

4. 2012年1月—2012年6月，完成集体所有参加林改的公益林和宜林地的检查验收和总结整改工作。

5. 林改期间每年盟林改办召开一次各旗林改情况汇报会。

（三）检查验收阶段

2012年7月—2012年9月，各旗向行署提交林改工作总结材料。盟林改办组织检查验收组对林改工作及要求开展的配套改革进行检查验收。

2012年10月—2012年11月，盟林改办向自治区林改办提交林改工作总结材料。协助自治区检查验收组对全盟林改工作及要求开展的配套改革进行检查验收。

（四）总结阶段

2012年12月，检查验收结束后，要对林改工作进行全面总结，开展"回头看"活动，及时查漏补缺，完善各项工作。对在林改工作中表现突出的地区、单位、个人，各级政府要给予表彰奖励。盟委、行署召开林改总结表彰会。

六、认真组织检查验收

各级政府在林改工作实施过程中要开展阶段性检查验收，在主体改革结束时进行全面检查验收。

（一）检查验收方法

建立旗县自查、盟（市）复查、自治区抽查三级检查验收制度。

旗县自查。由各旗县组织，抽调本级有关部门工作人员组成检查验收组，对本旗林改工作实施情况进行全面检查验收，并提出旗自查报告。

盟（市）复查。由盟里组织，抽调本级有关部门工作人员组成检查验收组，对各旗林改工作实施情况进行全面检查验收，并提出盟复查报告。

自治区抽查。由自治区组织，抽调本级有关部门工作人员组成检查验收组，对全区旗县林改工作实施情况进行随机抽查，并提出自治区抽查报告。

（二）检查验收内容

1. 组织实施情况。主要包括成立林改领导小组及办公室情况；召开相关会议和印发相关文件的情况，以及出台的主要政策措施；落实工作经费和相关资金的情况；开展相关培训和政策宣传的情况等。

2. 方案制定情况。主要是旗、苏木乡镇、嘎查林改工作方案制定情况和集体经济组织林改承包方案的制定情况；方案内容是否符合法律和有关政策的要求等。

3. 实地勘界情况。主要包括工作组织情况；实地勘测林地面积和四至界线是否准确；勘界资料是否完整准确；林权公告资料是否齐全等。

4. 承包合同签订情况。主要包括承包到户情况；承包经营合同是否依法签订；合同内容是否依法规范完整等。

5. 林权证核发情况。主要包括林权证发放数量；林权登记程序是否合法；林权证相关内容填写是否准确并符合政策规定；人、地、证、图、表、册是否相符等。

6. 林权纠纷调处情况。主要包括建立纠纷调处机制情况；林权纠纷发生案件件数、面积和已调处纠纷发生案件件数、面积情况等。

7. 档案管理情况。主要是林权档案建立和管理是否按照国家要求执行的情况等。

8. 群众满意情况。主要是改革政策、程序、内容、方法、结果公开情况；农牧民对改革政策的理解与参与情况；农牧民满意度情况；农牧民造林、育林、护林的积极性是否提高等。

（三）检查验收标准

1. 组织领导，措施保障情况。旗、苏木（镇）两级及时成立林改领导小组及办事机构；各级政府将深化集体林权制度改革列入重要议事日程，专题调查研究，专题安排部署，专题监督检查；按照法律和有关政策制定工作方案；组建领导干部带队的林改工作组，深入乡、村指导林改工作；建立各项规章制度，将深化集体林权制度改革工作作为重点督办事项，纳入年度重点目标考核内容，层层签订责任状，实行"一票否决制"；主要领导和分管领导经常深入基层开展林改调研，发现和解决改革中出现的问题和矛盾；村组召开干部会、党员会和村民代表大会，制定改革方案。

2. 宣传发动。各旗人民政府将林改公开信发到每户农牧民家中；制定林改宣传方案；地方电视台、报纸等开设宣传专栏；苏木（镇）、嘎查、组采取固定宣传牌、宣传栏、标语、条幅等多种形式宣传；旗林改办配备林改宣传车、印制林改宣传资料、组建林改宣传队伍、编印林改简报。

3. 依法依规，规范操作情况。集体经济组织的林改实施方案符合法律法规要求，经村民会议或村民代表会议三分之二以上同意，能够稳妥处理集体林地权属；改革程序和操作过程公开、公平、公正，集体林流转收入70%以上分配给本集体经济组织成员，分配和使用公开，且接受了苏木（镇）人民政府、嘎查和集体经济组织成员的监督。

4. 落实主体，明晰产权情况。90%以上林地、林木的所有权、使用权归属明晰，经营主体落实，签订（完善）林地承包合同。

5. 登记发证，规范准确情况。制定林地承包合同、流转登记发证管理办法，内容具体全面，操作性强。在规定时间内对符合申请条件的林权证发（换）率达90%，做到程序合法、手续齐备、证（图）地相符、不重不漏、科学管理；林权档案保管安全、完整，能有效利用；群众与基层组织对发放的林权证无异议。

6. 规范税费，减轻负担情况。按照《意见》规范收费，对涉林税费项目及时进行全面清理，并向社会进行公布；各种不合理收费全部取消；林业部门的行政事业费列入财政预算，并及时足额拨给；建立健全林农负担监测、信访举报、检查监督、案件查处等各项制度，严肃查处乱收费行为。

7. 改善管理，放活经营情况。实行采伐指标公示制度，废止或修改与现行法律法规相抵触的地方规定；制定操作性强的采伐审批具体办法。

8. 强化监管，规范流转情况。辖区内未发生重大乱砍滥伐林木案件，资源保护、林政管理秩序良好，乱砍滥伐林木案件查处率95%以上；公益林落实了管护责任制；已经流转林地合同主体、形式、内容得到完善，改革后让利部分大部分落实到新所有人，林权流转规范，符合法律程序。

9. 社会稳定，群众满意情况。林地权属和承包纠纷及群众反映林改问题得到及时调查，认真研究，妥善处理，未发生群众事件或纠纷械斗，林改纠纷调处率达90%以上；群众与基层组织对林改反映良好，造林育林的积极性得到明显提高。

七、全面落实配套改革政策

在推进主体改革的同时，逐步开展配套改革，围绕放活经营权、落实处置权、保障收益权，加强制度建设，完善和落实集体林业政策。

（一）完善制度，出台落实相关政策措施。

1. 林地保护利用规划。以全盟森林覆盖率2020年达到7%的总体奋斗目标为依据，各级政府制定的林地保护利用规划要与土地利用总体规划相衔接；林地保护利用规划要与草原、耕地保护利用规划相协调。

2. 各级财政主管部门要落实自治区《意见》，将林业部门行政事业经费纳入财政预算。

3. 各级政府要将森林防火、林业有害生物防治以及林业行政执法体系等方面的基础设施建设纳入基本建设规划，林区的交通、供水、供电、通信等基础设施建设要依法纳入相关行业的发展规划，特别是要加大对偏远山区、沙区和少数民族地区林业基础设施的投入。

4. 切实落实自治区出台的林地、林木流转制度，森林生态效益补偿基金制度，造林、抚育、保护、管理投入补贴制度，修订后的育林基金管理办法，森林资源资产评估师制度和评估制度，林权抵押贷款制度，政策性森林保险制度。

（二）规范引导，建设社会化服务体系。

1. 林业专业合作组织。扶持发展林业专业合作社、家庭合作林场、股份合作林场等。

2. 林业专业协会。引导农牧民成立森林防火、林业有害生物防治联防协会、造林协会、种苗协会、花卉协会等群众性联合组织。

3. 中介服务机构。鼓励建立林业要素市场、森林资源资产评估中心、林业科技服务中心等。

八、切实加强保障措施

（一）强化目标责任。林改工作实行目标考核，用制度进行约束。旗、苏木（镇）、嘎查（村）要逐级签订林改责任状，层层分解任务，实行目标管理。把林改确权到户率、林权纠纷调处率、林权发证率、群众满意率列入各级党委、政府考核的主要指标。要落实工作人员责任制，建立责任跟踪和过错追究制度。同时，要建立督导机制，一是邀请人大代表、政协委员视察督导；二是组织相关部门参与督导；三是政府督查室牵头督导；四是林业部门开展督导。

（二）加强工作力量。林改工作政策性、技术性、社会性很强，需要一支懂政策、业务精、作风实的骨干队伍。各地在抽调工作人员时，要站在对事业负责的高度，一定要选政治思想过硬、业务能力强、工作认真扎实的同志参加林改工作。同时，要落实工作人员责任制，建立责任跟踪和过错追究制度。

（三）保障工作经费。林改过程中的各个环节都要本着勤俭办事的原则。外业勘界、图、表、卡、公示、登记、建档、会议、宣传、培训、印制材料、设备设施购置、交通、通信等必要的经费，按中央和自治区《意见》要求，由同级财政列入预算。

（四）保证质量。各地在林改过程中，要牢固树立质量第一的观念，正确处理好质量与进度的关系，严禁违规操作。要按照有关法律法规和《意见》《通知》要求，在深入调查研究，广泛听取基层和农牧民意见的基础上，制定切实可行的具体林改工作方案，明确林改程序，统一技术标准，严格规范操作。要建立质量监控体系，实行严格的质量责任追究制度，坚决防止应付了事、走过场的倾向，确保林改工作经得起历史检验。

（五）做好统计调度。要按照国家林业局《关于开展集体林权制度改革统计调度工作的通知》

要求，建立工作责任制，确定专人负责，按时上报林改的基本情况、进展程度、改革成效等各项统计信息，保证统计上报数据的客观、真实、有效。各级林改办公室要以林改动态、林改简报、林改信息、宣传网页等形式，及时沟通林改信息。在工作中要加强上下级之间的信息沟通，出现重大问题要及时报告。

（六）加强指导服务。各级林业部门要加大林改工作指导服务力度。一是层层下派指导组，形成盟（市）包旗（县）、旗（县）包苏木（镇）、苏木（镇）包嘎查（村），一级抓一级的工作制度，对改革工作中出现的新情况新问题及时提出指导意见。二是编制下发系列指导手册，为林改提供政策法律、操作程序、林权管理等全方位的指导材料。三是适时召开林改工作经验交流会，及时掌握各地林改工作进度。

阿拉善盟行政公署
关于推进国有林场、治沙站改革的实施意见

我盟国有林场、治沙站全部处于生态敏感区域，是全盟重要的生态安全屏障和生物多样性资源宝库，在促进经济社会发展和生态文明建设中发挥着不可替代的重要作用。为加快推进国有林场、治沙站改革，促进国有林场、治沙站持续健康发展，充分发挥其在生态建设中的重要作用，根据《中共中央国务院关于印发〈国有林场改革方案〉和〈国有林区改革指导意见〉的通知》及《内蒙古自治区党委　自治区人民政府关于印发〈内蒙古大兴安岭重点国有林区改革总体方案〉和〈内蒙古自治区国有林场改革方案〉的通知》（内党发〔2015〕23号），紧密结合阿拉善盟实际，制定本实施意见。

一、总体要求

（一）指导思想。

全面贯彻落实中央的决策部署，深入实施以生态建设为主的林业发展战略，按照分类推进改革的要求，围绕保护生态、保障职工生活两大目标，推进政事分开、事企分开，创新管护方式和监管体制，推动林业发展模式由利用森林获取经济利益转变为保护森林提供生态服务为主，建立有利于保护和发展森林资源、改善生态和民生、增强林业发展活力的国有林场、治沙站管理新体制机制，为推进现代林业建设、维护区域生态安全，加快建设美丽阿拉善，作出积极贡献。

（二）基本原则。

——坚持生态优先、保护为主。以维护和提高森林资源生态功能作为改革的出发点和落脚点，实行最严格的国有林场、治沙站林地和林木资源管理制度，确保国有森林资源不破坏、国有资产不流失，充分发挥国有林场、治沙站坚守生态红线的骨干作用。

——坚持改善民生、保持稳定。立足国有林场、治沙站实际，稳步推进改革，维护职工切身利益，妥善解决好历史遗留问题，充分调动职工的积极性、主动性和创造性，保持林场、治沙站稳定。

——坚持统筹兼顾、突出重点。正确处理改革发展稳定的关系，突出解决国有林场、治沙站定性定位、社会统筹等问题，统筹协调各项改革举措，理顺管理体制，创新经营机制。

——坚持因地制宜、分类施策。根据林场、治沙站建设实际情况，科学制定改革方案，不强求一律，不搞一刀切，推动国有林场、治沙站管理体制机制创新。

——坚持政府主导。各有关旗、区人民政府（管委会）对所辖国有林场、治沙站改革负全责，根据本地实际，制定实施本地区国有林场、治沙站改革实施方案。

（三）总体目标。

通过改革，全面完成国有林场、治沙站定性定位、解决职工社会保险、创新国有林地管理经营方式等改革任务，全面完成国有林场、治沙站林地林木确权颁证工作，编制完成国有林场、治沙站森林经营方案，有效化解国有林场、治沙站历史遗留问题，全面增强林场、治沙站发展活力。到2020年，实现以下目标：

——生态功能显著提升。通过挖掘造林潜力、科学营林、严格保护等多措并举，国有林场、治沙站森林质量明显好转，林地面积占补平衡，林分质量不断提高，活立木蓄积稳步增长，应对气候变化和抵御自然灾害能力得到有效增强。

——生产生活条件明显改善。通过创新国有林场、治沙站管理体制、多渠道加大基础设施建设投入，切实改善职工的生产生活条件。拓宽社会融资渠道，完善社会保障机制。

——管理体制全面创新。通过科学定性核编，完善公益林管护机制，基本形成功能定位明确、人员精简高效、森林管护购买服务、资源监管分级实施的管理新体制，确保政府投入可持续、资源监管高效率、发展有后劲。

（四）改革范围。

全盟经自治区林业主管部门批准设立的11个国有林场、治沙站，均纳入此次改革范围。涉及国有林地面积1768万亩，其中国家公益林615万亩，活立木总蓄积564万立方米。

二、国有林场、治沙站改革的主要内容

（一）明确界定国有林场、治沙站生态责任和公益属性。根据国有林场、治沙站所处生态区位、工作职能，将我盟国有林场、治沙站全部定性为公益一类事业单位，人员和机构经费纳入同级政府财政预算。根据国有林场、治沙站所处生态区位、面积大小、森林管护难易程度、生态建设任务等情况，合理核定事业编制，提高专业技术岗位和林业骨干技能岗位人员比例。将国有林场、治沙站职工按规定全部纳入相应的社会保险范围，做到应保尽保。符合低保条件的林场、治沙站职工及其家庭成员，纳入当地居民最低生活保障范围。国有林场、治沙站新进人员除国家政策性安置、按干部人事权限由上级任命及涉密岗位等确需使用其他方法选拔任用人员外，都要实行公开招聘。

（二）理顺国有林场、治沙站隶属关系。林业行政主管部门要加快职能转变，创新管理方式，减少对国有林场、治沙站的微观管理和直接管理，落实国有林场、治沙站法人自主权。不得将国有林场、治沙站下放到乡镇管理，已下放的应收回由旗人民政府或旗（区）林业主管部门管理。

（三）完善以购买服务为主的公益林管护机制。国有林场、治沙站公益林管理要引入市场机制，通过合同制、委托管理等方式面向社会购买服务。在保持林场、治沙站生态系统完整性和稳定性的前提下，按照科学规划原则，鼓励社会资本、林场治沙站职工发展森林旅游等特色产业，有效盘活森林资源。鼓励社会公益组织和志愿者参与公益林管护，提高全社会生态保护意识。

（四）健全国有林场、治沙站资源监管机制。建立归属清晰、权责明确、监管有效的森林资源产权制度，认真落实森林林地保护制度、森林经营制度、湿地保护制度、自然保护区制度、监督制度和考核制度。各旗人民政府要对所辖国有林场、治沙站界址范围重新勘定，向社会公示，并核发不动产权利证书，保持国有林场、治沙站林地范围和用途的长期稳定，严禁违法违规将林地转为非林地。违反《国有林场管理办法》的规定，擅自流转或抵押的国有林地林木，由人民政府负责协调，依法于2017年1月前收回。建立制度化的监测考核体制，将国有林场、治沙站森林资源保护管理情况纳入各旗森林资源保护和发展目标责任制考核体系。加强国有林场、治沙站森林资源监测体系建设，建立健全国有林场、治沙站森林资源管理档案，加强资产负债的清理认定和核查工作，定期向社会公布国有林场、治沙站森林资源状况，接受社会监督，防止国有资产流失。对国有林

场、治沙站场（站）长实行森林资源离任审计制。

（五）建立国有林场、治沙站森林资源有偿使用制度。利用国有林场、治沙站森林资源开展森林旅游等，应当与国有林场、治沙站明确收益分配方式。经批准占用国有林场、治沙站林地的，应当按规定足额支付林地、林木补偿费、安置补助费、植被恢复费。所得收入严格实行"收支两条线"管理，主要用于生态保护和建设。

三、完善国有林场、治沙站改革发展的政策支持体系

（一）加强国有林场、治沙站基础设施建设。着眼于区域协同、城乡一体，各旗人民政府要将国有林场、治沙站发展纳入当地经济社会发展规划，将国有林场、治沙站房屋、道路、水利、供电、饮水安全、通信、广播电视、森林防火、有害生物防治等基础设施建设纳入同级政府建设计划，同等享受新农村建设有关扶持政策。将通往国有林场、治沙站管护站和管护点交通干道纳入农村公路网规划，理顺国有林场、治沙站供电设施管理关系，加快推进国有林场、治沙站电网改造升级。将国有林场、治沙站供水纳入城乡供水统筹发展和镇村管网规划布局，积极改善国有林场、治沙站饮用水安全。加强国有林场、治沙站文化建设，完善信息网络建设，提高森林资源管护、森林防火信息化水平。在符合土地利用总体规划的前提下，允许国有林场、治沙站利用自有土地建设基础设施和保障性安居工程，并依法依规办理土地供应和登记手续。

（二）加强对国有林场、治沙站的财政支持。中央财政安排的国有林场、治沙站改革补助资金，主要用于国有林场、治沙站职工参加社会保险和调整人员结构等问题。积极申请各级财政安排国有林场、治沙站改革补助资金，统筹解决国有林场、治沙站改革成本。积极支持国有林场、治沙站森林培育和保护，相关经费纳入地方财政预算。要加大对国有林场、治沙站支农惠农、扶贫政策、公共服务设施建设的支持力度，实现林场、治沙站与地方基本公共服务均等化。

（三）加强对国有林场、治沙站的金融扶持。全面开展国有林场、治沙站现有债权、债务情况的摸底调查，积极进行化解。充分利用林业贷款中央财政贴息政策，鼓励林场、治沙站职工和企业参与国有林场站防沙治沙、发展林业产业。积极推进森林保险，降低自然灾害损失。

（四）加强国有林场、治沙站科技人才队伍建设。积极推进林业新品种、新技术、新模式在国有林场、治沙站的应用，促进科技成果转化成现实生产力。积极引进国有林场、治沙站发展急需的管理和技术人才，适当放宽国有林场、治沙站专业技术职务评聘条件。逐步改善长期在国有林场、治沙站工作的各类人才的工作和生活条件。加强国有林场、治沙站领导班子建设，加大林场、治沙站职工培训力度，提高国有林场、治沙站人员综合素质和业务能力。

四、国有林场、治沙站改革工作步骤

（一）宣传发动。通过多种形式，广泛深入宣传国有林场、治沙站改革的重要性、政策、目标、要求等，使国有林场、治沙站职工增强改革信心，积极参与改革，让全社会理解、关心和支持国有林场、治沙站改革，营造改革舆论氛围。大力宣传改革先进典型，推介好做法、好措施和好经验。

（二）制定方案。在全面调查摸底核实和广泛听取意见的基础上，根据中央和自治区党委政府的部署要求，于 2016 年 6 月 30 日前，按照隶属关系，以旗（区）为单位编制上报国有林场、治沙站改革实施方案，明确改革的指导思想、基本原则、目标任务、主要内容、推进措施及成本预算等。方案经同级人民政府审核后，逐级上报自治区国有林场改革领导小组批准后实施。

（三）组织实施。各旗（区）人民政府按照批复的改革实施方案，认真部署，精心组织，抓好改革过程中的每个环节，扎实推进改革，力争到 2017 年 10 月底前，基本完成国有林场、治沙站改

革任务。

（四）总结验收。改革工作基本完成后，及时进行总结，组织开展"回头看"，加强有关资料整理和归档，完善改革有关工作。本着"成熟一个、验收一个"的原则，接受国家、自治区国有林场改革领导小组组织评估验收。

五、加强对国有林场、治沙站改革的组织领导

（一）强化工作责任。各旗（区）人民政府（管委会）承担所辖国有林场、治沙站改革的主体责任，要成立国有林场改革领导小组，加强对改革工作的组织领导，研究解决改革中的重大问题，统筹协调推进改革，按时完成改革任务。相关职能部门要密切配合，抓好有关政策的落实。各级发展改革、林业主管部门要切实做好分类指导和服务，加强跟踪分析和督促检查，适时评估方案实施情况。国有林场、治沙站要在当地人民政府的领导下，认真抓好改革的每一个环节，全力以赴做好改革各项工作。

（二）落实保障措施。各级人民政府要统筹落实国有林场、治沙站改革扶持资金，确保改革顺利推进。在改革过程中，防止国有林场、治沙站森林资源破坏流失。加强财政专项扶持资金使用管理。地方实施方案通过审批并完成改革任务的，将优先安排国有林场改革补助资金。

（三）加强监督检查。各级有关部门要加强对改革工作的督促检查，及时掌握改革动态。对改革不到位或政策执行有偏差的，应及时予以纠正。对改革过程中出现的新情况、新问题，要积极研究探索解决的办法和途径，重大问题及时报告。

（四）确保改革稳定。国有林场、治沙站改革涉及职工的切身利益，各地要落实维稳职责，妥善处理各类矛盾纠纷。要认真做好职工思想政治工作，坚持依法依规，公开、公平、公正，切实保障职工的知情权、参与权和监督权。要防止借改革之机破坏国有森林资源的违法行为，及时解决好改革过程中出现的矛盾和问题，切实处理好改革、发展与稳定的关系，促进林场、治沙站社会稳定和持续健康发展。

阿拉善盟行政公署办公室关于印发《阿拉善盟营造防护林补助政策实施办法》的通知

阿署办发〔2020〕21号

各旗人民政府，开发区、示范区管委会，行署各委、办、局，各重点企业、事业单位：

《阿拉善盟营造防护林补助政策实施办法》已经盟行署研究同意，现印发给你们，请结合实际认真贯彻执行。

2020年7月31日

阿拉善盟营造防护林补助政策实施办法

第一条 为深入贯彻落实习近平生态文明思想，坚定不移走生态优先、绿色发展道路，大力推进生态文明建设和国土绿化，保护和修复荒漠生态系统，改善人居环境，创建"宜居旅游城市"，促进特色生态产业发展，引导、鼓励盟内外自然人、法人及其他经济组织参与生态保护建设，按照"生态建设社会化、产业化，产业发展生态化"发展思路，结合我盟实际，制定本实施办法。

第二条 适用范围。盟内外自然人、法人及其他经济组织在我盟防护林体系建设规划范围内营造防护林200亩以上的适用本办法。

第三条　防护林体系建设用地范围。所在旗（区）人民政府（管委会）确定的辖区营造林规划范围内的宜林地、未利用地、无立木林地、造林失败地、义务植树基地及退化林地等，具体由各旗（区）林草主管部门依据规划组织开展营造林（人工植苗造林区原生植被灌木覆盖度<15%）及退化林分修复。

第四条　制定主要依据。《内蒙古自治区造林补贴试点工作及资金使用管理实施办法（试行）》（内财农〔2010〕1217号）、《中央财政造林补贴试点检查验收管理办法（试行）》（林造发〔2012〕9号）、《重点防护林工程中央预算内投资专项管理办法（试行）》（发改投资〔2016〕719号）、《天然林资源保护工程二期中央预算内投资专项管理办法（试行）》（发改投资〔2016〕720号）。

第五条　补助资金来源。国家、自治区林草重点生态工程项目营造林补助资金及社会公益造林资金。

第六条　补助原则

（一）政府主导原则。充分发挥政府主导作用，组织制定造林绿化规划，坚持整体调控、分步实施，推动造林绿化平稳、有序进行，提高重点区位森林资源质量和生态服务功能，维护林权所有者的合法权益。

（二）自愿公开原则。充分尊重造林主体意愿，营造防护林须自愿申请，按规定程序和相关标准完成造林，进行公示，兑现造林补助，做到自愿、公开、公平、公正。实施过程及资金兑现接受财政、审计、纪检监察部门及社会各界的监督。

（三）谁造补谁原则。营造防护林补助资金实行直补方式，坚持"谁造谁有，谁经营谁受益"，凡纳入营造林补助范围和年度计划的造林主体，造林验收合格后均可享受补助资金。造林主体包括农牧民、造林大户、林农合作组织、承包经营国有林的林业职工等，农牧民可以自愿与合作社、造林专业队伍、造林大户、个体等合作造林。

（四）实行作业前置原则。造林主体在作业前，必须按照申报程序经当地旗（区）林草主管部门审核符合造林补助条件，并纳入造林规划和年度计划后，方可组织实施造林，未经审核的不予补助。

（五）统一监管原则。旗（区）苏木（镇）、基层林草管理机构负责辖区营造防护林的统一申报；旗（区）林草主管部门负责辖区造林规划、年度计划、任务分解、组织实施、检查验收、造林全程监管和补助资金的统一兑现。

（六）严格实行"以水定林、量水而行"原则。旗（区）林草主管部门，在优先保护好原有植被的前提下，要根据不同区域自然降水和地下水位情况，以资源环境承载能力为基准，进行营造林规划，科学合理确定营造林密度，严格实行低密度的近自然造林，采取措施节约地下用水，造林后主要依靠自然雨养。

第七条　营造林申报程序

（一）由造林主体自愿向当地基层林草管理机构提出书面申请，内容包括造林地点、规模、树种、造林地块权属证明、土地使用协议及苏木（镇）、嘎查（村）同意造林和造林地块无权属争议的审核意见。

（二）基层林草管理机构对申报的造林地块进行实地踏查核实，审核是否符合辖区造林规划、原生植被覆盖度、立地条件等是否符合造林要求及是否与历年林草工程（项目）和重点公益林重叠，符合要求的统一上报当地旗（区）林草主管部门。

（三）旗（区）林草主管部门审核后，符合造林条件的纳入年度营造林计划，签订造林合同。造林主体必须严格按照造林作业设计和有关技术要求组织实施，旗（区）林草主管部门、当地基层林草管理机构要进行全程监管，把好工程质量关。

（四）凡已纳入历年林草工程（项目）的造林主体，造林成活率、保存率、管护质量等任何一项达不到验收标准的，不得申请新的营造林任务。

（五）旗（区）林草主管部门、苏木（镇）人民政府要及时公布营造林补助政策、补助对象和补助标准；以嘎查（村）为单位公示造林主体的造林面积、树种、地点和质量要求以及检查验收结果等情况，便于群众监督。

第八条 补助标准。营造防护林按照"先造后补"的模式，对达到验收标准的造林地，验收合格后纳入林草重点工程或社会公益造林项目给予造林主体补助。补助标准为：人工乔木造林每亩补助500元；灌木造林每亩补助200元；飞播造林（含人工撒播）每亩补助150元；封沙育林及低效林改造、补植补造、灌木林平茬等森林质量精准提升每亩补助90元；森林抚育、"三北"工程退化林分修复等其他营造林项目按国家下达的定额补助标准给予补助。

第九条 营造林建设及管护期限。造林主体营造林建设及管护期限执行国家或地方营造林技术规程相关规定。

第十条 营造林项目实行合同制管理。造林合同由旗（区）林草主管部门与造林主体签订，合同主要内容应当包括造林地权属、造林地点、面积、树种、初植密度、管护期限、补助标准与金额、造林完成时间、成活率、保存率、检查验收与资金拨付时间等事项。自签订造林合同之日起，造林主体必须严格按照合同约定期限、标准和质量完成造林，在建设及管护期限内，必须严格执行造林合同约定的相关技术规定和验收标准，逾期不能完成的，将终止合同。

第十一条 营造林验收标准。执行国家或地方营造林相关技术规程标准。

（一）人工造林。公益林当年造林成活率≥70%，3年后造林株数保存率≥65%。

（二）飞播造林（含人工撒播）。飞播作业结束后2~3年开展苗情调查，宜播面积平均每公顷灌草有效苗株数≥1666株、有苗样地频度≥20%为合格。飞播造林后5~7年开展成效调查，样圆合格标准：10平方米样圆内有1丛以上（含1丛）灌木有效苗。小班合格标准：灌木覆盖度≥20%为合格小班。成效综合评定：成效面积≥20%为合格。

（三）封沙育林。封育年限到期的翌年成效评价，灌木型：灌木林覆盖度提高10个百分点以上；灌草型：灌草覆盖度达到40%以上，或草本覆盖度增加20个百分点以上。

（四）对退化林分修复、低效林改造、灌木林平茬等森林质量精准提升，质量评价实施百分制的，总分达到85分为合格；质量评价未实施百分制的，执行相关技术规程成效评价标准。

（五）其他工程检查验收执行营造林相关技术规程现行国家标准或地方标准。

第十二条 检查验收与补助资金兑现。旗（区）林草主管部门负责本辖区内营造林检查验收和补助资金兑现；依据年度投资计划、年度作业设计、造林合同、验收申请、阶段验收报告或竣工报告、原始单据等，按照相关营造林工程项目的规定程序、时限、年度拨付比例，及时兑现造林补助资金。造林主体完成造林任务3年后检查验收合格的，当地旗（区）林草主管部门应当兑现全部补助资金。

第十三条 营造林绩效评价。旗（区）林草主管部门负责本辖区内营造林工程项目的绩效评价，确保营造林工程建设质量和补助资金使用效益及运行安全。

第十四条 鼓励造林主体在生态保护优先和不改变林地用途的前提下，开展多种经营，开发林下经济，发展农家游、牧家游、林家游、森林康养和特色生态产业。

第十五条 国家营造林补助标准调整或营造林技术规程修订，执行国家调整后的营造林补助标准和最新的营造林相关技术规程国家标准或地方标准进行营造林检查验收。

第十六条 本办法自修订公布之日起施行。原《阿拉善盟重点城镇营造防护林优惠政策（试行）》（阿署办发〔2010〕16 号）同时废止。

中共阿拉善盟委员会办公室
阿拉善盟行政公署办公室
关于印发《阿拉善盟全面推行林长制实施方案》的通知

办发〔2021〕17 号

《阿拉善盟全面推行林长制实施方案》已经盟委、行署同意，现印发给你们，请结合实际认真贯彻执行。

中共阿拉善盟委员会办公室

阿拉善盟行政公署办公室

2021 年 9 月 22 日（此件公开发布，附件不公开）

阿拉善盟全面推行林长制实施方案

为贯彻落实中共中央办公厅、国务院办公厅《关于全面推行林长制的意见》和自治区党委办公厅、人民政府办公厅《关于全面推行林长制的实施意见》精神，进一步加强森林草原湿地等重要生态系统保护管理，压实全盟各级党委和政府保护发展森林草原湿地等生态资源的主体责任，结合阿拉善盟实际，制定如下实施方案。

一、总体要求

（一）指导思想。以习近平新时代中国特色社会主义思想为指导，全面贯彻党的十九大和十九届二中、三中、四中、五中全会精神，认真践行习近平生态文明思想，深入贯彻习近平总书记关于内蒙古工作重要讲话重要指示精神，坚定贯彻新发展理念，按照"生态优先、保护为主，绿色发展、生态惠民，问题导向、因地制宜、党委领导、部门联动"的工作原则，在全盟全面推行林长制，明确党政领导干部保护发展森林草原湿地资源目标责任，构建党政同责、属地负责、部门协同、源头治理、奖惩严明、全域覆盖的长效机制，为坚定不移走以生态优先、绿色发展为导向的高质量发展新路子提供制度保障。

（二）工作目标。2021 年 9 月底，盟、旗（区）出台方案，设立林长制工作机构；到 2021 年 12 月底，基本建立以党政领导负责制为核心，盟、旗（区）、苏木（镇）、嘎查（村）一级抓一级、层层抓落实的林长制责任体系；到 2022 年 6 月，全面建立各级林长制，形成责任明确、协调有序、监管严格、保护有力的森林草原湿地资源保护发展机制；到 2025 年，森林草原湿地资源保护修复制度体系基本完备，国家公益林、基本草原、重要湿地资源不减少、质量不下降、用途不改变，生态退化趋势得到遏制，生态状况持续改善。

二、建立组织体系

（一）组织形式。盟级设立林长、副林长。林长由盟委书记和盟长担任，副林长由盟委副书记和副盟长担任。根据全盟森林草原湿地等生态资源分布特点和保护发展需要，将全盟划分为 5 个林长责任区域，即阿拉善左旗、阿拉善右旗、额济纳旗和策克口岸经济开发区、阿拉善高新技术产业开发区和乌兰布和生态沙产业示范区、孪井滩生态移民示范区；每个责任区域分别由 1 名副林长负责。各旗（区）可根据实际情况，设立各级林长（或草长、林草长，下同），分别由旗（区）党政主要负责同志担任，副林长由同级党（工）委副书记、政府（管委会）负责同志担任。苏木（镇）级林长由同级党政主要负责同志担任。嘎查（村）级林长由嘎查（村）党支部书记和嘎查（村）委员会主任担任。国有林场治沙站（以下简称林场站）、国家公园、自然保护区、自然公园的管理机构等具有独立经营管理性质的国有企事业单位，应当结合实际单独设立林长，并接受属地政府（管委会）林长的监督管理。

（二）林长职责。盟级林长负责组织领导全盟森林草原湿地资源保护发展工作，组织实施党中央、国务院和自治区党委、政府关于保护发展森林草原资源、推动生态文明建设的各项决策部署，对林长制组织实施和林长责任落实情况进行督导、调度。盟级副林长负责责任区域森林草原湿地资源保护发展具体工作，组织、指导、督促责任区域各级林长全面履行职责。

旗（区）级林长负责组织领导本行政区域内森林草原湿地的保护管理工作，组织落实保护发展森林草原湿地资源目标责任制，组织制定森林草原湿地资源保护发展规划计划，完成森林覆盖率、森林蓄积量、草原综合植被盖度、湿地保护率、沙化土地治理面积等指标任务，组织协调解决本行政区域内森林草原湿地资源保护发展中的问题。

苏木（镇）、嘎查（村）级林长承担辖区内森林草原湿地资源保护发展的直接责任，负责组织开展森林草原湿地保护发展工作，组织加强森林草原资源培育和巡查管护工作，组织依法调解嘎查（村）、个人之间林地、林木和草原权属争议纠纷，维护林权权利人和草原承包经营权人的合法权益。

国有企事业单位林长负责本单位经营区域内的森林草原湿地资源保护发展工作。

（三）分级设立林长制办公室。盟、旗（区）设置相应的林长制办公室，承担林长制组织实施的具体工作，落实林长确定的事项，定期向本级林长报告本责任区域（行政区域）森林草原湿地资源保护发展情况；制定并组织实施年度工作计划，督促、协调、指导有关部门和下级林长制办公室抓好各项工作，开展林长制落实情况督导、检查；拟定本级林长制的配套制度，组织实施林长制督导考核工作。盟级林长制办公室设在盟林业和草原局，主任由林业和草原局局长担任，副主任由林业和草原局1名处级领导担任，负责主持林长制办公室日常工作。盟直各有关部门（见附件2）为推行林长制的责任单位，确定1名处级干部为成员、1名科级干部为联络员。

三、明确主要任务

（一）加强森林草原湿地资源保护。严格森林草原用途管制，加强生态保护红线管控。加强重点生态功能区和生态环境敏感脆弱区的森林草原湿地资源管理。完善基本草原保护制度，制定保护规划，做好调整优化。落实草原生态保护补奖政策，实行草原生态保护效果与补助奖励资金分配挂钩激励约束机制，依法执行禁牧休牧轮牧和草畜平衡制度，确定草原合理载畜量。严格执行森林采伐限额，保护修复古树名木及其自然生境。落实天然林保护修复制度，确定重点保护区域，严格执行禁伐措施。加强公益林保护，严格落实森林生态效益补偿制度。加快推进贺兰山、巴丹吉林国家公园建设，构建以国家公园为主体的自然保护地体系。强化野生动植物及其栖息地保护。

（二）加强森林草原湿地生态修复。根据阿拉善水资源及环境承载力，以建设祖国北疆重要生态安全屏障、打造国家重要生态功能示范区和国家重要沙产业示范基地为总目标，围绕山水林田湖草沙系统修复治理，科学优化森林草原湿地布局。尊重自然规律，科学选择治理方式，以自然恢复为主，人工修复与自然恢复相结合，生物措施与工程措施相统一，因地制宜，以灌草为主、乔灌草合理配置。大力实施天然林保护、重点防护林体系建设、森林质量精准提升、退化草原湿地修复等重大生态工程，持续改善生态环境质量，促进森林草原湿地等生态系统正向演替，提升自然生态系统自我修复能力和稳定性。创新全民义务植树机制，落实部门绿化责任，提高全民义务植树尽责率。持续推进构建以贺兰山生态廊道、额济纳绿洲、荒漠林草植被带、沙漠锁边治理区、黄河西岸综合治理区、城镇乡村周边及重要交通干线"点—线—面"相结合为框架的生态安全屏障。

（三）加强沙化土地治理。坚持保护与治理并重、保护优先，加大封禁保护力度，以保护和恢复沙区灌草植被为主，以水而定、量水而行，宜绿则绿、宜荒则荒，对可治理沙化土地进行规模化综合治理。倡导低密度近自然造林育林，提高防沙治沙的科学性和精准度，重点加强巴丹吉林、腾格里、乌兰布和等沙漠锁边林草防护带建设和沙化草原治理，巩固沙化土地修复治理成果，逐步恢复稳定的荒漠生态系统。

（四）推动林草产业发展。立足阿拉善资源优势，以发展生态产业为重点，着力抓好肉苁蓉、锁阳、枸杞等种植、加工、销售体系建设，夯实产业发展基础。抓好示范，搭建平台，打造品牌，优化结构，促进产业集群发展，推进生态产业化、产业生态化，实现乡村兴、百姓富、生态美。

（五）加强森林草原灾害防控。落实重大森林草原资源灾害防治政府负责制，将森林草原防灭火、有害生物灾害防控纳入政府防灾减灾救灾体系，完善灾害防控应急预案及联防联控机制。加强航空护林、物资储备、专业队伍等基础设施建设，强化防火安全宣传教育、野外火源管控和实战演练，提升火灾综合防控能力；加大有害生物普查、监测预报、植物检疫、疫情除治和防治基础建设资金投入，贯彻"谁经营、谁防治"责任制度，着力提高防治精准化；推动政策性森林草原保险，增强森林草原资源抵御风险和可持续发展能力。

（六）深化森林草原领域改革。巩固扩大国有林场改革成果，加强国有森林资源资产管理，推动林场站可持续发展。加快推进森林草原所有权、承包权、经营权"三权分置"，健全森林草原承包制度，规范森林草原流转。创新森林草原湿地资源保护发展投入机制，推进林草投融资改革，拓宽林草融资渠道，完善公共财政支持森林草原湿地资源保护发展政策措施，发挥财政资金撬动作用，引导金融机构等社会资本积极参与森林草原湿地资源保护发展。

（七）完善森林草原湿地监测监管体系。逐步加强以应用遥感、地理信息、全球定位和网络技术为主的森林草原湿地资源监测信息系统建设，建立健全重大生态事故监测体系，充分发挥空间和专业数据库的基础作用，实现森林草原湿地资源管理各要素的数字化、网络化、智能化、可视化。不断完善全盟森林草原湿地资源管理"一张图""一套数"动态监测体系，加强森林草原湿地监测、执法队伍业务能力建设，提升监测、执法水平。

（八）加强基层保护执法能力建设。推进林业和草原行政综合执法改革，提高执法监督和管理能力，依法严厉打击乱砍滥伐、滥采乱挖、毁林毁草毁湿开垦、乱占林地草原湿地、乱捕滥猎野生动物等各类破坏森林草原湿地资源的违法犯罪行为，完善行刑衔接机制。加强护林员、草管员等管护队伍建设，逐地逐片落实林长和护林员、草管员责任，实现森林草原湿地网格化管理全覆盖。加强苏木（镇）林业和草原工作机构能力建设，改善基础设施条件，强化对管护人员的培训和日常管理。

四、强化保障措施

（一）加强组织领导。各级党（工）委和政府（管委会）是推行林长制的责任主体，要把建立林长制作为贯彻落实新发展理念、推进生态文明建设的重要举措，统筹各方力量，做到方案到位、组织体系和责任落实到位、相关制度和政策措施到位、监督检查和考核评估到位。各职能部门要各司其职，积极配合，形成齐抓共管的强大合力，确保到2022年6月底前全面建立林长制。

（二）健全管理机制。建立各级林长会议制度、信息公开制度、部门协作制度、工作督查制度，明确具体工作措施，研究森林草原湿地资源保护发展中的重大问题，定期通报重点工作情况，建立健全林长制考核评价体系，规范林长督导、协调、考核和信息通报等行为，发挥林长制预期效益。建立"林长+检察长"联动协作机制，有效衔接行政执法与检察监督，充分发挥检察机关在森林草原湿地保护发展中的积极作用。

（三）加大资金投入。落实全面推行林长制工作经费，充分利用中央和自治区林业和草原专项资金，切实保障森林草原湿地生态保护和修复，护林员、草管员队伍建设以及森林草原湿地资源监测等方面资金投入。

（四）强化督导考核。将林长制督导考核纳入各级党委和政府考核范围，建立健全林长制考核评价制度和考核指标体系。旗（区）级以上林长负责组织对下一级林长的考核，考核结果作为党政领导干部综合考核评价和领导干部自然资源资产离任（任中）审计的重要依据。对工作突出、成效明显的，按照有关规定予以表彰奖励；对工作推进不力的，责令限期整改；对管理区域内有案不报的，依规依纪依法问责追责。落实生态环境损害责任终身追究制，对造成生态环境损害的，严格按照有关规定追究责任。

（五）强化社会监督。在责任区域的显著位置设立林长公示牌，标明林长及其职责、森林草原湿地资源概况、保护发展目标、监督电话等，接受社会监督。加强舆论引导，加大林长制和保护发展森林草原湿地资源的宣传教育力度，定期向社会公布森林草原湿地保护发展状况，及时曝光破坏森林草原湿地资源的典型案例。加强生态文明宣传教育，增强全社会保护改善生态环境的责任意识和参与意识，营造全民知晓、支持和推进林长制工作的社会氛围。各旗（区）在推行林长制过程中，重大情况要及时向盟委和行署报告。各旗（区）林长制办公室每年年底前将本行政区域年度贯彻落实林长制情况报盟林长制办公室。

阿拉善左旗人民政府办公室关于印发《阿拉善左旗公益林生态效益补偿实施办法》的通知

阿左政办发〔2016〕236号

各苏木（镇）政府，旗直各部、委、办、局，各街道办，巴音毛道农场，乌力吉口岸建设指挥部，国资集团：

《阿拉善左旗公益林生态效益补偿实施办法》已经旗政府第十六次常务会议审议通过，现印发给你们，请认真遵照执行。

附件：《阿拉善左旗公益林生态效益补偿实施办法》

阿善左旗人民政府办公室
2016年12月26日

阿拉善左旗公益林生态效益补偿实施办法

第一章　总　　则

第一条　公益林生态效益补偿是国家实施的一项保护生态、惠及民生的长期政策。为加强公益林的建设、保护和管理，切实改善生态环境，稳步增加牧民收入，根据《中华人民共和国森林法》和《阿左旗公益林生态效益补偿实施方案》，结合阿左旗实际，制定本办法。

第二条　公益林是指以维护和改善生态环境、保持生态平衡、保护生物多样性等满足人类社会的生态、社会需求和可持续发展为主体功能，按照国家、自治区有关规定区划界定的，主要提供公益性、社会性产品或服务的森林、林木和林地。

第三条　鼓励公益林生态效益补偿范围内牧民参加社会养老保险，进一步完善公益林区老有所养、老有所依的社会养老保障机制。

第二章　实施范围

第四条　实施范围和补偿对象

（一）实施范围。

阿左旗公益林生态效益补偿项目区总面积750.43万亩，包括全旗除哈什哈外全部牧业嘎查和部分半农半牧嘎查（含巴彦木仁苏木）。

（二）实施对象。

1. 持有"草原承包经营权证"和"林权证"，其经营范围内的林地已被列入国家级公益林生态效益补偿的牧户。

2. 具有我旗农牧区户籍且父母一方符合并享受公益林生态效益补偿政策的计划内出生人员。

3. 2015年12月31日前婚入我旗，婚姻关系满五年且户籍在本嘎查范围内的人员。

第五条　凡享受公益林生态效益补偿政策人员有下列情形之一的，终止享受公益林补偿待遇：

（一）被行政、事业单位录用的工作人员或国有企业聘用为正式职工的。

（二）现役军人转为士官或提干的。

（三）以婚入身份享受公益林补偿待遇后离婚且没有取得本嘎查列入公益林补偿范围内林地的，自离婚下月起终止。

（四）违法、违规买卖、转让林权及草原承包经营权的或在公益林区及其草原上进行偷挖、盗采、非法开垦、乱捕滥猎等破坏林地及管护设施的。

（五）死亡的（自死亡下月起终止）。

（六）其他应终止享受公益林补偿待遇的。

第三章　补偿标准

第六条　补偿标准

（一）计划内出生至16周岁以下人员，每人每年补偿3000元。

（二）16周岁以上至60周岁以下人员。

1. 公益林区及草场完全禁牧的牧户，每人每年补偿15000元。

2. 公益林区及草场完全禁牧且拥有耕地的牧户，每人每年补偿8000元。

（三）60周岁以上人员（包括原参加阿左旗项目区养老保险，已到龄领取养老金的）。

1. 公益林区及草场完全禁牧的牧户，每人每年补偿10000元。

2. 公益林区及草场完全禁牧且拥有耕地的牧户，每人每年补偿6000元。

（四）公益林划定管护责任区，实行护林员管护制度。聘用的护林员每人每年发放管护劳务费15000元。

（五）燃油补助。公益林区聘用专职护林监管员，每人每年补助燃油费5000元，人员及经费由各公益林中心管理站统筹管理。

（六）扶贫补助

享受公益林生态效益补偿政策的贫困残疾人员，每人每年增加扶贫补助资金1000元（由残联和扶贫办审核）。

第七条　审批程序与补偿时间

（一）审批程序。

1. 公益林生态效益补偿政策以户为单位申报。牧民自愿向所在嘎查提出申请，申请时必须提供户口簿、草原承包经营权证、草原承包经营合同、林权证、结婚证、家庭成员身份证等相关资料。

2. 根据牧户申请，嘎查组织召开村民大会，对申请人的资格及条件进行确认，对符合条件的予以公示，公示无异议后报苏木（镇）审核。

3. 苏木（镇）及公益林中心管理站对嘎查上报的申请补偿人员进行审核，对审核通过的，指导嘎查与牧民签订《禁牧责任书》，并按户籍人口建立公益林补偿人员信息档案，一式四份，嘎查、苏木（镇）、公益林中心管理站、阿左旗公益林管理站各存档一份。对于不符合公益林生态效益补偿政策的，苏木（镇）要在5个工作日内答复申请人。

4. 旗林业局负责审批苏木（镇）上报的申请补偿人员，符合条件的反馈至苏木（镇）制作《公益林生态效益补偿发放表》，并经财政"一卡通"发放到户。

（二）发放时间。

公益林补偿待遇自禁牧之月起执行。公益林禁牧实行常态化管理，根据牲畜动态普查数据，一年分两次发放。达到要求和标准的牧户，第一次发放补偿资金的70%，第二次发放补偿资金的30%。

第四章　养老保险统筹

第八条　统一实行农牧民社会养老保险费委托银行从"一卡通"账户中代扣代缴。享受公益林补偿待遇的牧民可选择以下方式参与养老保险制度：

（一）新纳入公益林生态效益补偿政策的牧民。自行选择城乡居民社会养老保险或城镇职工养老保险，并按照相关缴费标准执行。对于自愿参加城镇职工养老保险的牧民，公益林补偿期间每人每年给予1000元缴费补贴。

（二）依照《阿左旗农牧民养老保险实施办法》，已享受农牧民基本养老保险待遇和缴费年限不满15年的到龄人员，一次性补缴15年养老保险费差额部分后，可同时领取公益林生态效益补偿金和农牧民基本养老金。否则，只领取农牧民基本养老金，其享受的公益林补偿金用于补缴15年养老保险费差额部分，补缴完成后，可同时领取公益林生态效益补偿金和农牧民基本养老金。

第五章　管理与保障措施

第九条　旗人民政府发布禁牧令，对公益林区实行全面禁牧，并成立阿左旗公益林生态效益补偿政策工作领导小组，指导全旗公益林生态效益补偿政策的研究和部署落实。领导小组下设办公室，办公室设在旗林业局，负责制定落实公益林生态效益补偿实施方案、补偿工作责任状及处理公益林补偿工作日常事务。

第十条　各苏木（镇）人民政府是落实公益林生态效益补偿政策的主体，主要负责人是第一责任人，具体负责本辖区内的公益林补偿及禁牧的落实工作。公益林区禁牧工作实行目标管理责任制，由旗人民政府与各苏木（镇）人民政府签订责任状，落实工作目标和责任。

第十一条　为加强公益林的建设、保护和管理，根据《阿左旗公益林区护林员管理办法》《阿左旗公益林区护林员考核办法》及《阿左旗公益林区护林监管员管理办法》《阿左旗公益林区护林监管员考核办法》相关规定，分别招聘牧民护林员及专职护林监管员，划分管护责任区，明确管护职责，制定管护制度。牧民护林员具体人选由嘎查、公益林中心管理站、苏木（镇）审核上报，旗林业局审批备案。专职护林监管员由阿左旗人力资源和社会保障局负责考录招聘，护林员及护林监管员优先聘用建档立卡的贫困人员。工资兑付、奖惩和管理等事宜参照以上管理及考核办法的相关规定执行。

第十二条　依法采取转包、出租、入股等方式流转公益林及草原的，其补偿待遇归原承包人依法流转公益林及草原并办理草原承包经营权及林权变更登记手续的，其补偿待遇归受让方。

第十三条　结合公益林补偿政策开展移民搬迁转移，采取牧民自愿的原则，在享受公益林生态效益补偿待遇的同时，优先享受在生产、生活安置方面的政策。

第十四条　守土戍边的牧民在严格执行公益林生态效益补偿政策的前提下，将在其他惠农惠牧政策方面给予倾斜。

第六章　奖惩措施

第十五条　牧民对承包经营的公益林区及草原负有监管保护责任，要积极履行保护公益林及草原的义务，及时制止在公益林区及草原上违禁放牧、乱搭乱建、乱采滥挖，及时举报偷挖盗采、偷捕盗猎和破坏管护设施等行为，对放任破坏公益林及草原的承包人依法依规追究相关责任。

第十六条　享受公益林生态效益补偿待遇的牧户不按规定禁牧的，以户为单位停发其享受的公益林生态效益补偿金，并责令限期整改。未按时整改的扣发其补偿金，并停发下一年度补偿金。对于连续两年违反禁牧规定的，终止其享受公益林补偿待遇资格。

第十七条　对违规骗取公益林生态效益补偿金的人员，追缴其违法所得，取消其享受公益林补偿待遇资格，构成犯罪的移交司法部门。

第十八条　对落实公益林生态效益补偿政策工作措施不力、落实效果差、群众意见大、未完成目标任务的，追究相关单位和个人责任。

第十九条　建立公益林生态效益补偿工作奖励机制，对落实补偿工作中成绩显著的单位和个人，旗政府给予表彰奖励。对第一时间如实举报超牧、偷牧等行为的牧民，旗林业部门给予奖励。

第七章　附　则

第二十条　本办法中关于年龄的规定"以上"均包含本数，"以下"均不包含本数。

第二十一条　本办法自发布之日起施行，有效期5年。原《阿左旗公益林生态效益补偿实施办法》（阿左政办发〔2013〕266号）及《阿拉善左旗公益林沉淀资金使用实施方案》（阿左林发〔2015〕7号）文件同时废止。

阿拉善右旗人民政府办公室
关于印发《阿拉善右旗国家级公益林
生态效益补偿实施办法》的通知

阿右政办发〔2020〕69号

各苏木（镇）人民政府，旗政府各部门，上级驻旗各单位：

《阿拉善右旗国家级公益林生态效益补偿实施办法》已经旗人民政府常务会议研究审定，现印发给你们，请认真贯彻执行。

2020 年 11 月 4 日

阿拉善右旗国家级公益林生态效益补偿实施办法

公益林生态效益补偿是党中央、国务院加强林业生态建设的重大举措。国家将公益林生态效益补偿作为一项制度长期实行。为切实贯彻落实公益林生态效益补偿政策，结合我旗实际，制定如下实施办法。

第一章 总则

第一条 本办法所称公益林是指以维护和改善生态环境、保持生态平衡、保护生物多样性等满足人类社会的生态、社会需求和可持续发展为主体功能，是按照国家、自治区有关规定区划界定的，主要提供公益性、社会性产品或服务的森林、林木和林地。

第二条 为促进我旗农牧区产业结构调整，推进农牧民转移转产，加快农牧民脱贫致富、实现有效增收，加强旗域生态的保护与建设，改善人民生存环境，提高人民生活质量，维护国土生态安全和经济社会协调可持续发展。根据国家林业局、财政部关于印发《国家级公益林区划界定办法》和《国家级公益林管理办法》的通知（林资发〔2017〕34 号）、《财政部国家林业局关于印发〈林业改革发展资金管理办法〉的通知》（财农〔2016〕196 号）、内蒙古自治区财政厅、林业厅印发《内蒙古自治区财政森林生态效益补偿基金管理实施细则》的通知（内财发〔2010〕576 号）文件精神，制定符合阿拉善右旗实际的实施办法。

第二章 实施范围及补偿对象的资格认定

第三条 实施范围

经 2018 年国家级公益林区划界定，确定我旗境内 849.91 万亩国家级公益林列入国家级公益林生态效益补偿范围。其中，国有经营 4.52 万亩，集体经营 845.39 万亩。阿拉腾敖包镇 6 个嘎查、塔木素布拉格苏木 7 个嘎查，曼德拉苏木的锡林布拉格嘎查、呼德呼都格嘎查、固日班呼都格嘎查、夏拉木嘎查和雅布赖镇的新呼都格嘎查、巴音笋布尔嘎查，以嘎查为单位纳入补偿范围；其他苏木（镇）的重点公益林区，以小班为单位纳入补偿范围；巴丹吉林自然保护区和国有林场站按公益林分布面积予以补偿。

第四条 资格认定

公益林补偿政策实行"三级联审"制度，由嘎查、苏木（镇）分级审核上报，林草局组织审核审定，并报政府同意后方可享受公益林补偿政策待遇。新增人员资格认定需在规定时间内上报审核，经审定符合后从翌年起开始享受公益林补偿政策。在实施范围内不能重复享受国家公益林生态效益补偿政策和草原补奖政策及其他政府补偿性政策。每年由公益林服务中心联合各苏木（镇）对政策享受人员进行年检审核。

第五条 享受对象

具有阿拉善右旗户籍，同时符合以下条件之一的人员，均可享受公益林补偿政策：

（一）在阿拉善右旗公益林区实施范围内，拥有阿右旗牧区户籍且持有 2002 年颁发的有效单户或联户草原使用证的农牧民，以及依法持有"林权证"，并且在其经营范围内的林地已被列入国家级公益林生态效益补偿的牧户。

（二）具有阿拉善右旗农牧区户籍且父母一方符合并享受公益林生态效益补偿政策的新出生人员。

（三）因婚取得我旗苏木（镇）机关户籍的人员，结婚满三年的女方可随其配偶享受公益林政策，再婚的女方满三年符合享受公益林政策后，其带入的子女在本苏木（镇）落户后，可随母亲享受政策。

（四）因外出就学、服兵役，户口随迁的我旗农牧区户籍人员，2002年1月1日以后退伍、毕业返乡回迁入原苏木（镇）机关户的，其本人及子女可享受公益林生态效益补偿政策，其妻子可参照第五条第三款执行。

（五）有其他特殊情形的，经"三级联审"认定后，报旗人民政府审批同意的。

第六条　凡享受公益林生态效益补偿政策人员有下列情形之一的，终止享受公益林补偿待遇：

（一）被行政单位考录为公务员，被事业单位聘用的正式职工及享受机关事业单位同等工资待遇人员，被国有企业招录为正式职工或体系编制内的人员。

（二）凡夫妻双方均被行政单位考录为公务员，被事业单位聘用的正式职工及享受机关事业单位同等工资待遇人员，被国有企业招录为正式职工或体系编制内的人员的子女。

（三）义务兵转为士官（在士官期内）或提干的。

（四）人员死亡的（自死亡下月起终止）。

（五）户籍转出阿拉善右旗的（不包括因外出就学，服兵役必须要求转户籍人员）。

第三章　补偿标准

第七条　补偿标准

（一）公益林区禁牧户0至18周岁及以下人员：每人每年享受6000元。

（二）公益林区禁牧户19周岁及以上至29周岁及以下人员：每人每年享受11000元。

（三）公益林区禁牧户30周岁及以上至女49（男54）周岁及以下人员：每人每年享受16000元。

（四）公益林区禁牧户女50（男55）周岁及以上人员：每人每年享受11000元。

（五）2017年护林员管理制度调整后，原护林员补偿资金随着年龄增长、家庭人数增加和以后补偿资金提高进行调整，直到与以上标准平衡。

第八条　奖励补贴政策

为全面推动禁牧政策落实，巩固和扩大生态建设成果，进一步优化我旗农牧业产业结构，对禁牧区范围的牧民执行以下禁牧奖励补贴和政策。

（一）禁牧区内草原承包牧户，以2002年有效单户"草原承包经营权证"为基本单位，在其所承包草场上或他人承包草场上未放养牲畜，完全禁牧满一个牧业年度的牧户，本人及家庭成员可每人每年享受5000元禁牧奖励补贴。在其所承包草场上或他人承包草场上放养牲畜的牧户，停发其本人及所有家庭成员公益林禁牧待遇，按要求达到完全禁牧后，自禁牧之日起发放禁牧补贴，停发资金不予补发。

为加强阿拉善双峰驼种质资源保护，深入推动骆驼文化保护与传承，加快骆驼产业发展，做亮骆驼文化品牌，对阿拉善双峰驼实行保护性发展政策。

（二）完全禁牧且拥有耕地的牧户，自愿将耕地全部交回嘎查的，每人每年可享受5000元禁牧奖励补贴。放牧并种植耕地的牧户，暂停其本人及所有家庭成员公益林政策待遇，按要求完全禁牧并交回耕地后，方可发放公益林禁牧补贴，停发资金不予补发。

第九条 审批程序与补偿时间

（一）审批程序。

1. 新增人员由农牧户自愿向嘎查提出申请，申请时必须提供本人申请、户口簿、结婚证、家庭成员户口本等相关资料。

2. 根据牧户申请，嘎查组织召开牧民大会（人员分散的嘎查可召开牧民代表大会，但需征求全体牧民的意见），对申请人的资格及条件进行确认，对符合条件的予以公示，公示无异议后填写"阿拉善右旗申请享受公益林政策待遇审批表"报苏木（镇）审核。

3. 苏木（镇）对嘎查上报的申请补偿人员进行审核，对审核通过的人员报旗林业和草原局，林草局组织联合审核审定，并报政府同意后，从下年开始享受公益林补偿政策。

（二）发放时间。

公益林禁牧补贴采取"以人为单位、以户为单元"按季度发放，禁牧奖励补贴年底一次性发放，补贴资金经财政"一卡通"发放到户。

第十条 公益林区专职护林员聘用

1. 为加强我旗公益林区国家级公益林的管护，聘用国有国家级公益林和集体国家级公益林专职护林员，并为其发放管护劳务费、缴纳基本养老保险、医疗保险、工伤保险和意外伤害保险。具体聘用及管理依照《阿拉善右旗国家级公益林专职护林员聘用及管理办法》执行。

2. 燃油补助。聘用的国家级公益林专职护林员，每人每年5000元管护费，用于公益林基础设施维护及燃油补助。

第十一条 享受公益林生态效益补偿政策的所有人员必须签订"阿拉善右旗公益林区草牧场、林地管护补偿协议书"，不按规定签订补偿协议的停发其公益林补偿待遇。

第四章 建立健全公益林区社会保障制度

第十二条 纳入公益林生态效益补偿且年龄在30~女49（男54）周岁的农牧民，享受农牧区基本养老保险政策。年满女50（男55）周岁及以上，纳入社会养老保险，其缴费标准和比例参照《阿拉善右旗农牧区基本养老保险实施办法》执行。

第十三条 纳入公益林生态效益补偿的所有农牧民，享受城乡居民基本医疗保险政策。其缴费标准按照《阿拉善盟城乡居民基本医疗保险管理办法》执行。

第五章 促进农牧民就业增收

第十四条 为了加强保护森林生态资源，促进农牧民就业增收，使金融机构更好地服务于公益林区的农牧民，从公益林补偿资金中安排林业创业担保基金600万元，建立创业扶持基金，为公益林区农牧民再就业、转移转产的农牧民提供小额担保贷款。具体实施依据《阿拉善右旗林沙产业贷款管理办法》执行。

第六章 禁牧管理措施

第十五条 依据我旗生态环境现状，由旗人民政府划定公益林区。公益林区严格执行禁牧政策并由旗人民政府与苏木（镇）签订"森林生态效益补偿工作、森林草原防火、保护和发展森林资源责任状"；旗林业和草原局与自然保护区管理站、国有林场站和嘎查签订"林业部门与管护单位公益林管护合同书"；嘎查与农牧民签订"公益林区草牧场、林地管护补偿协议书"，公益林服务中心与专职护林员签订"阿拉善右旗公益林专职护林员管护合同书"。

第十六条　公益林区内发现牧户养殖牲畜的，将暂停该草场上所有享受公益林政策人员待遇（发现一次扣一个季度的补偿资金），并责令限期整改，待完全禁牧后方可继续享受公益林政策待遇。长期在他人草场上养殖牲畜的，该草场上所有人员承担连带责任，同养殖牲畜牧户一并停发禁牧补贴。对于恶意购买增加牲畜数的，直接取消其享受公益林补偿政策资格，连续两年违反禁牧规定的牧户，终止其享受公益林政策待遇资格，同时停缴农牧区基本养老保险及城乡居民基本医疗保险。对公益林区不执行禁牧政策的农牧户，依据国家相关法律法规依法处置。

第十七条　公益林区享受政策的农牧户可以将林地依法采取转包、出租、入股等方式流转但绝不能改变其林地用途。

第七章　公益林工作的组织领导

第十八条　阿拉善右旗公益林服务中心严格贯彻执行国家、自治区、盟有关生态公益林保护的方针政策、法规规章；负责制定落实全旗公益林生态效益补偿实施方案；负责公益林生态效益补偿资金的计划使用和管理；负责公益林政策宣传及公益林补偿工作日常事务。

第十九条　公益林区内严格执行禁牧政策、严禁狩猎、樵采、违法乱建基础设施等活动。公益林区内的苏木（镇）负责本辖区内的禁牧工作。公益林区禁牧工作实行目标管理责任制，公益林区苏木（镇）党政一把手是第一责任人，由旗考核办将公益林区禁牧工作列入考核目标，并由旗人民政府与公益林区各苏木（镇）签订森林生态效益补偿工作目标责任状，层层落实工作目标和责任，并负责公益林管护责任落实情况的检查和考核工作。

第八章　附　　则

第二十条　本办法由阿拉善右旗林业和草原局负责解释。

第二十一条　本办法自发布之日起实行。

额济纳旗森林生态效益补偿管理实施细则

第一章　总　　则

第一条　为切实加强公益林的保护、培育和管理，维护公益林经营者、所有者的合法权益，根据《中央森林生态效益补偿基金管理办法》《内蒙古自治区财政森林生态效益补偿基金管理实施细则》和《阿拉善盟公益林管护管理暂行办法》等有关规定，结合额济纳旗实际，制定本管理实施细则。

第二条　本细则所称公益林是按照国家、自治区有关规定区划界定的，主要提供公益性、社会性产品或服务的森林、林木和林地，分为国家级公益林和地方公益林。

第三条　凡在额济纳旗境内从事公益林保护管理、生产经营活动的单位、集体和个人，都应遵守本管理办法。

第二章　补偿范围、标准

第四条　额济纳旗有 621.31 万亩国家级公益林和 32.9 万亩的地方公益林纳入森林生态效益补偿范围。纳入补偿范围的公益林主要分布在马鬃山苏木、达来呼布镇、巴彦陶来苏木、苏泊淖尔苏木、东风镇、赛汉陶来苏木、温图高勒苏木、哈日布日格德音乌拉镇境内。

第五条　中央财政补偿基金依据公益林权属施行不同的补偿标准。国有的国家级公益林补偿标准为每年每亩 9.75 元、集体及个人所有的国家级公益林补偿标准为每年每亩 15.75 元。

第六条　地方公益林补偿基金主要由自治区、盟、旗县财政共同承担，补偿标准为每年每亩 3 元。

第三章　公益林区护林员的聘用与管理

第七条　承担公益林保护和管理的农牧民称"公益林护林员"。林草局、公益林管理中心、苏木、嘎查应根据公益林的分布特点、保护等级和管护难易程度等，按一定面积划定管护责任区，配备公益林护林员。

第八条　聘用工作由旗林草局统一组织实施。护林员的招聘，按照"公开、公正、公平、择优"的原则，由公益林管护单位（各嘎查）上报拟聘名单，苏木（镇）审核，公益林管理中心复审并报旗林草局，旗人民政府最终审核通过。审批名单进行网上公示，公示期限不少于 7 天。

第九条　护林员的招聘实行年度聘用制，按照标准，严格录用程序。

护林员应同时具备下列条件：

（一）年龄在 21~56 岁，但符合年龄条件的在校生、现役军人除外。

（二）身体健康，责任心强，具有一定文化程度。

（三）依法持有草牧场承包合同及草原承包经营权证，且经营范围内的公益林被列入国家级或地方公益林生态效益补偿的牧户。

（四）国有林场经营管理的国家级公益林内（纳入补偿的公益林）需要聘用的人员。

聘用为公益林护林员的人员有下列情形之一的，自规定之日起停止聘用：

（1）被行政、事业单位、国有企业录用为正式员工、协警、同工同酬的。自录用后当月停止聘用。

（2）已将户口转入旗外的，当月停止聘用。

（3）服刑人员，自宣判当月起停止聘用（含强制戒毒人员）。

（4）死亡人员，因疾病或意外事故死亡的当月 20 日前的当月停止聘用，20 日之后次月停止聘用。

（5）破坏林地，不能按要求进行林木管护致使林木遭到严重毁坏的或监守自盗的。查处后取消护林员资格，不再聘用。

（6）已享受草原补奖政策的人员不能重复聘用为护林员。

第十条　护林员主要职责：在管护责任区进行日常巡护（做好白色垃圾清理）；有效预防、发现和阻止森林火灾、森林病虫害等森林灾害；对乱砍滥伐、乱占林地、乱采滥挖、乱捕滥猎、毁林开垦等破坏森林资源行为及时制止，并及时向林草局报告；协助做好有关森林灾害的处理和毁林案件的查处；保护好管护区内各种林业宣传牌、标牌、界桩等公益林基础标志设施。

（一）认真宣传林业法律、法规、方针、政策和生态公益林的有关规定，按照《内蒙古自治区公益林管护管理办法》有关规定，尽职尽责做好林木保护工作，确保本责任区域的森林、林木、林地不受破坏。

（二）定期巡护本责任区林木，管护好责任区内的林木和林地，每月巡护不少于 20 天，并负责记载护林过程中的各方面情况，建立巡护工作登记簿。

（三）协助林草系统做好公益林区的造林、抚育、封滩育林等各项经营活动。

（四）管护责任区内发现人为破坏森林资源行为应竭尽全力制止，并协助林业部门查处盗伐、滥伐森林、破坏珍稀野生动植物和违法征占用林地案件。

（五）管好本责任区野外用火，制止各类违章用火。若发现森林火灾，应及时报告林草部门，配合林草部门迅速扑救，并协助查处火灾案件。

（六）林区巡护中发现林业有害生物，应及时报告林草部门，并积极协助防治。

（七）协助林草部门搞好宣传，积极张贴保护公益林的宣传标语，在管护区内营造保护公益林的氛围。

（八）护林员对所辖责任区内各种危害森林资源行为，都应做到第一知情者并及时报告。同时要积极完成林草部门交办的其他工作。

第十一条　公益林管理工作实行目标管理责任制。旗人民政府与公益林区各苏木（镇）签订"额济纳旗森林生态效益补偿工作目标责任状"（责任状一年一签）、林草局与管护单位（国有林场和嘎查）签订"林草部门与管护单位公益林管护协议"（协议三年一签）、管护责任单位与管护人员签订"公益林管护单位与护林员管护协议"（协议一年一签）。

第十二条　管护单位及个人要根据各自职责，明确管护区域，做到森林资源、管护地块、四至界限清楚、明晰。并在管护责任区明显处设立管护责任标牌。标明责任区编号、林班编号、小班数、责任人、管护面积、管护形式、管护期限、立牌日期等内容，绘制责任区平面图。护林员管护面积一般以管护难宜程度确定，对地点分散、面积较小公益林的管护，可根据实际需要确定护林员。

第十三条　公益林范围内严禁放牧、狩猎、樵采等活动。苏木（镇）负责本辖区公益林范围内的禁牧工作。旗林草部门负责公益林区内的禁牧、狩猎、樵采等活动的监督、检查和巡查工作。对违禁放牧、乱捕滥猎、乱采滥挖和破坏管护设施等非法活动由森林公安机关依法查处。

第十四条　公益林管理中心负责对受聘护林员进行岗位培训，培训工作一年一次，参训合格的护林员颁发统一印制的岗位合格证及培训证，连续两年未参加岗位培训的护林员（无特殊原因）将不再聘用。

第十五条　管护单位做好护林员的考勤及巡护日志的检查工作，把平时检查情况与考核挂钩。并在每季度末组织召开护林员例会，并将会议情况报旗林草局。

第十六条　管护单位在年底召开护林员工作大会总结全年管护情况，并投票选举优秀护林员。选举结果报苏木（镇），林草局审核确定后进行表彰奖励。

第十七条　管护单位及个人因管护不力，有发生森林火灾、毁林开垦、毁林采沙、盗伐滥伐、破坏野生动植物资源等行为不及时制止和报告的，要全额扣减森林资源管护补助费，并立即中止管护合同，直到追究相应责任。

第四章　补偿资金管理

第十八条　旗财政与林草局应加强公益林补偿基金使用的管理和监督。旗林草局设立森林生态效益补偿基金专户和专账，确保补偿基金及时足额拨付，专款专用。

第十九条　旗林草局根据年终考核情况支付护林员工资。护林员工资从国家级、地方森林生态效益补偿基金中的管护补助支出中列支。

第二十条　护林员工资全旗执行统一标准，护林员的工资标准按每年护林员的增减变化及补偿标准的变化情况重新核算一次。

第二十一条　公益林管理中心负责护林员工资审查及发放表制作，制作完成的工资表由苏木（镇）、嘎查（管护单位）审核、公示，公示期不少于7天。

第二十二条　公示无异议后的护林员工资审查及发放表报旗林草局及财政局审核，审核通过后，财政部门以"一卡通"系统进行发放。

第二十三条　依据《内蒙古自治区财政森林生态效益补偿基金管理实施细则》（内财农〔2010〕576号），聘用的护林员必须缴纳政策性社会养老保险。年满56岁的农牧民不再聘用后，依据《额济纳旗农牧民社会养老保险办法》领取养老金。

第二十四条　公益林护林员工资的发放，根据国家下达公益林补偿金的情况分两次发放，上半年发放数额不低于年劳务报酬总额的70%，剩余部分于年底检查验收合格后全部付清。

第二十五条　护林员如有下列情况，由林草部门停发所有或部分工资，并缴入本地财政国库。

（一）年度检查验收不合格的。

（二）在聘用过程中，有弄虚作假行为的。

（三）违反其他国家法律法规行为的。

第二十六条　任何单位和个人不得以任何形式挤占、挪用森林生态效益补偿基金，违者将根据有关规定严肃处理，并追究单位领导和直接责任人的责任。

第五章　禁牧管理措施

第二十七条　旗人民政府发布禁牧令，对公益林区实行全面禁牧。旗林草部门负责公益林生态效益补偿和公益林管护的全面工作。

第二十八条　根据我旗的实际，禁牧是实施森林生态效益补偿管护责任落实的核心内容。为保持国家级公益林生态效益补偿资金在我旗的持续稳定，公益林区禁牧工作实行目标管理责任制，公益林区苏木（镇）党政一把手是第一责任人，由旗考核办将公益林区禁牧工作列入考核目标，对未完成禁牧的苏木（镇）实行一票否决制，并由旗人民政府与公益林区各苏木（镇）签订责任状，层层落实工作目标和责任，并负责公益林管护责任落实情况的检查和考核工作。

第二十九条　对已聘用为护林员但未禁牧的牧户，管护单位要及时报送停发护林员工资的相关文件。

第六章　奖惩措施

第三十条　对公益林区内违禁放牧、乱捕滥猎、乱采滥挖和破坏管护设施等非法活动，依据《中华人民共和国森林法》《中华人民共和国防沙治沙法》和《内蒙古自治区森林管理条例》的相关规定，给予处罚。

第三十一条　凡享受森林生态效益补偿政策的牧户在聘用期间有下列情形之一的，视其情节轻重给予处罚：

（1）因玩忽职守，不履行管理职责，造成本责任区森林资源损失的。

（2）对盗伐和滥伐森林行为不制止、不报告，致使森林资源遭受损失的。

（3）擅自同意违法用地单位和个人进入林地施工，或者不制止、不报告，造成林地破坏的。

（4）在本责任区有森林火灾隐患，不报告又不采取措施消除，导致森林火灾发生的。

（5）以权谋私，监守自盗，致使森林资源遭受损失的。

第三十二条　对落实森林生态效益补偿政策工作成绩显著的单位和个人，由旗林草局给予表彰、奖励。

（1）模范履行"管护协议"，管护森林资源取得显著成绩。

（2）制止破坏森林资源行为，使国家和集体森林资源免遭重大损失。

（3）严格执行森林防火法规，预防和扑救措施得力，在森林防火责任区保持无森林火灾五年以上的。

（4）拯救和保护国家、省重点保护野生动植物有功的。

（5）依法制止或者检举非法侵占林地和破坏林地、乱占滥用林地直接责任人有功的。

第七章　基础设施管理

第三十三条　公益林区内主要基础设施为大中型宣传牌、公示碑、管护牌、管护界桩、防火瞭望塔、风光互补设备、管护站房、围栏设施等。

第三十四条　加强公益林管护区内基础设施管理，公益林护林员应经常巡护，掌握基础设施的使用情况，发现损坏要及时维护。如无法修复应告知公益林管理中心。

第三十五条　苏木（镇）应积极督促各自辖区内护林员做好公益林基础设施的保护工作，及时制止各种破坏基础设施的行为。

第八章　档案建设

第三十六条　旗公益林管理中心根据实际情况，配备业务能力强、素质高的公益林档案管理人员，及时整理归类公益林档案。

第三十七条　档案建设标准：纸质和电子档案双建双存，档案要做到图、表、卡与文字材料齐全，查阅方便，存放安全。

第三十八条　归档内容

（一）资源档案：资源清查、森林分类区划界定报告、图、重点公益林小班卡、检查验收报告等。

（二）综合材料档案：主要为各类公益林上报材料、实施方案、公益林有关政策、法规、制度等。

（三）管护档案：旗政府与各苏木（镇）签订的目标责任状、林草部门与管护单位、管护单位与护林员签订的各类管护合同、历年巡护记录簿、历年培训档案等。

（四）经营规划档案：包括补植、围护、抚育以及森林防火、林业有害生物防治的作业设计、招投标及政府采购材料、申请、开工批复、施工日志、项目进度报告、施工监理资料、竣工报告、检查验收材料等。

（五）资金管理使用档案：下达的资金批复及护林员资金拨付申请及护林员工资发放表等。

第九章　附　则

第三十九条　本办法由额济纳旗林业和草原局负责解释。

第四十条　本办法自 2019 年 1 月 1 日起施行。

阿拉善盟林业生态扶贫三年规划
（2018—2020 年）

为充分发挥生态保护和建设在精准扶贫中的作用，切实做好林业生态扶贫工作，根据《内蒙古自治区林业生态扶贫三年规划（2018—2020 年）》和《阿拉善盟脱贫攻坚结对帮扶工程 2018—2020 年实施方案》，结合阿拉善盟林业生态扶贫工作实际，制定本规划。

一、指导思想和基本原则

（一）指导思想。

以习近平新时代中国特色社会主义思想为指导，全面贯彻党的十九大精神和习近平总书记参加十三届全国人大一次会议内蒙古代表团审议时重要讲话精神，坚持扶贫开发与生态保护并重，通过实施重大生态工程建设、加大生态补偿力度、大力发展生态产业、创新生态扶贫方式等，切实加大对贫困地区、贫困人口的支持力度，推动贫困地区扶贫开发与生态保护与建设相协调、脱贫致富与可持续发展相促进，使贫困人口从生态保护与修复中得到更多实惠，实现脱贫攻坚与生态文明建设"双赢"。

（二）基本原则。

一是坚持全面责任制度，实行分级负责落实制。

二是坚持转变作风，务求实效原则。

三是坚持创新机制，调动群众保护修复家乡生态环境的积极性。

四是坚持因地制宜，科学发展，走生态保护与扶贫开发共赢的发展路子。

二、总体目标

到 2020 年，"十三五"期间完成林业生态建设任务 500 万亩，林业重点工程生态建设任务总量的 70% 重点向贫困地区倾斜；将林业重点工程实施范围内符合条件的建档立卡贫困人口全部纳入生态护林员岗位；落实中央财政森林生态效益补偿资金 30687 万元/年；重点发展梭梭-肉苁蓉、白刺锁阳、黑果枸杞、精品林果业、林下经济和森林观光、沙漠生态旅游等产业，带动贫困人口增收。加大林业科研成果和沙适用技术推广力度，提升生态建设和林业产业的科技含量，走生态建设与林业产业扶贫高质量发展道路。

三、实施范围

林业扶贫工作实施范围为阿拉善左旗、阿拉善右旗、额济纳旗以及阿拉善高新技术开发区、腾格里经济技术开发区、乌兰布和生态沙产业示范区。

四、实施途径

（一）通过参与生态保护和修复工程建设获取劳动报酬。

（二）通过公益岗位得到稳定性收入。

（三）通过生态产业发展增加经营性收入和财产性收入。

（四）通过生态保护补偿等政策增加转移性收入。

五、重点任务

（一）改善贫困地区生态环境。到 2020 年，全盟完成林业生态建设任务 300 万亩，有效改善贫困地区的生态环境。

（二）吸纳贫困人口参与生态工程建设获取劳务报酬。

林业重点工程生态建设任务，重点项目、造林补贴、森林抚育、沙化封禁保护区建设等各项资金坚持向相关旗（区）、苏木（镇）倾斜，吸纳更多有劳动能力的贫困人口参与林业生态建设，增加贫困人口收入。

（三）为贫困人口提供生态公益岗位。聘用有劳动能力的建档立卡贫困人口为生态护林员等生态管护人员，严格执行护林员选聘实施细则，在开展生态护林员选聘的过程中，精准核实贫困人口情况，确保护林员真正落到贫困人口头上，同时做好生态护林员的培训、考核等工作。

（四）通过生态补偿增加贫困人口转移性收入。严格落实贫困地区森林生态效益补偿政策，完善公益林管护机制。积极争取提高公益林补偿标准和扩大森林生态效益补偿覆盖范围，优先保障贫困地区。逐步扩大贫困地区和贫困人口生态补偿受益程度。

（五）积极推进林业产业扶贫。重点发展具有阿拉善盟优势的肉苁蓉、锁阳接种和特色精品林果业、林下经济以及森林、沙漠、湿地生态旅游。积极推进家庭林场、优秀家庭林场创建工作，培育壮大林业专业合作社。在有条件的地区，在开展营造林建设的同时，大力推广经济林种植，推进"企业+基地+合作社+农牧户"的经营模式，引导贫困人口发展林业产业，促进贫困人口增收。

六、保障措施

（一）加强组织领导。成立林业扶贫推进领导小组，由局主要领导任组长，班子成员任副组长，各科室、二级单位为成员，领导小组办公室设在局办公室，负责统筹指导林业领域扶贫各项工作。定期研究扶贫推进工作，每季度调度一次扶贫工作进展情况，掌握进度，并通报林业扶贫工作情况，总结工作中好的经验，分析存在的问题，提出解决办法，同时布置下一阶段扶贫推进重点。

（二）配合财政部门、扶贫办制定关于支持涉林资金统筹整合用于扶贫工作的实施办法，中央及自治区林业财政资金，除对林农和职工个人的直接补贴、防灾减灾资金以及原扶贫资金外，其余可统筹整合用于开展各类扶贫项目。

（三）摸清底数，跟踪调度。各旗（区）要及时上报林业生态扶贫底数及林业产业扶贫项目需求。盟局林业生态扶贫工作推进领导小组将对相关旗（区）、苏木（镇）进行抽查调研，听取各地对林业生态扶贫的对策、建议和意见，年终向自治区林业生态扶贫工作推进领导小组报送全盟林业生态扶贫惠及贫困人口调查表。

（四）建立林业扶贫项目库。抓好林业扶贫项目储备，突出精准要求，坚持自下而上，实行动态管理，确保林业扶贫投入接得住、用得好，今后扶贫资金项目都要从项目库中安排。

（五）充分发挥旗（区）、苏木（镇）林工站的职能作用，指导贫困人口在有条件的地区开展经济林种植、林下经济、林业生态旅游等林业扶贫项目，充分发挥项目效益，促进贫困人口增收。

（六）大力发展林业合作社，通过合作社组织贫困人口开展林业生态建设，发展林业产业，带动贫困人口增收。

（七）积极组织林业技术专家深入贫困地区开展"技术下乡"活动，对贫困人口开展的各类林业产业项目进行技术指导，并加大对贫困人口的技术培训服务力度，提高贫困人口"造血"能力和内生动力。

（八）强化监督检查。实行定期与不定期相结合的调研督导方式，深入基层，深入贫困户，了解实情，推动工作。根据三年规划及年度计划目标任务，实行时间倒排、任务倒逼、责任倒追。要加大监督执纪力度，对工作中落实不力、作风不实、弄虚作假、敷衍塞责的，要严肃问责、追究落实。

（九）建立协调会商机制。局领导小组积极与盟扶贫办沟通协调，及时了解和掌握全区、全盟脱贫攻坚形势，抓住林业领域脱贫攻坚关键点，做到目标明确，有的放矢，共同推进我盟林业领域脱贫攻坚任务落实。

三、领导调研、讲话

内蒙古阿拉善盟生态保护修复情况调研报告

2020 年 7 月 18 日，国家林业和草原局副局长刘东生带队对内蒙古阿拉善盟"三北"防护林工程飞播造林、封沙育林等生态建设情况进行专题调研，形成《内蒙古阿拉善盟生态保护修复情况调研报告》。该报告总结了阿拉善盟 40 多年林草生态建设取得的成效，解析了阿拉善盟践行乔灌草、封飞造三大效益结合带来的深刻启示，对科学推进北方旱区林草植被恢复具有重要参考价值。为学习推广先进典型经验，推进"三北"防护林工程建设高质量发展，现将专题调研报告予以刊发，供各地学习借鉴。

2020 年 7 月 18 日，国家林业和草原局调研组对内蒙古阿拉善盟"三北"防护林工程飞播造林、封沙育林等生态建设情况进行专题调研。总体来看，阿拉善盟飞播造林、封沙育林成效显著，探索积累的经验做法非常宝贵，对北方旱区践行乔灌草、封飞造三大效益有机结合，贯彻"自然修复与人工修复相结合，以自然修复为主"的建设方针，调整优化生态保护修复工程结构，具有启示和借鉴意义。

一、内蒙古阿拉善盟"三北"防护林工程实施情况

阿拉善盟位于内蒙古自治区西部，总面积 27 万平方公里，境内沙漠、戈壁、荒漠、草原各占 1/3。分布有巴丹吉林、腾格里、乌兰布和、巴音温都尔四大沙漠，沙漠面积 9.47 万平方公里，年均降水量 37~200 毫米，是我国沙漠化最严重、防沙治沙任务最繁重的地区之一，也是我国沙尘暴西部策源地之一。

经过 40 多年的建设，阿拉善盟通过飞播造林、封沙育林育草和人工造林种草等生态修复措施，森林覆盖率由 1977 年的 2.96% 提高到 8.01%，草原植被覆盖度由 1977 年的不足 15% 提高到 23.68%。

（一）飞播造林取得明显成效

经过近 40 年的飞播造林实践，阿拉善盟探索出了"适地、适种、适时、适量、封禁"的飞播技术路线，实施飞播造林 631.7 万亩，覆盖度 30% 以上的保存面积达到 367 万亩，播区的植被盖度已由播前的 0.5%~5% 提高到 12.8%~50.4%。在腾格里沙漠东缘、乌兰布和沙漠南缘形成了两条长 460 公里、宽 3~20 公里的防沙治沙带，使播区流动沙丘趋于固定，有效阻止了两大沙漠"合拢"。

（二）封沙育林成绩显著

阿拉善盟在梭梭、白刺等天然沙生灌木林区，采取围栏封育，辅以适当的补植补造人工措施，

加快推进封沙育林区林草植被的更新复壮和修复。截至目前，累计完成封沙育林427.8万亩，封育区的灌木植被盖度由8%~15%提高到22%~45%，林草植被得到有效恢复。

（三）防沙治沙实现新突破

阿拉善盟采取"以灌为主、灌草结合，以封为主、封飞造结合"的林草治沙模式，形成"围栏封育—飞播造林—人工造林"三位一体的生态建设格局，探索出一条适合极干旱地区气候特点和自然规律、人工修复和自然修复相结合，以自然修复为主的防沙治沙道路。据2014年第五次全国荒漠化和沙化土地监测数据显示，全盟沙化土地面积实现持续减少，比2009年减少了1974平方公里。全盟沙尘暴发生次数由2001年的27次递减到近几年的3~4次，且强度明显减弱。

（四）沙产业助力农牧民增收致富

阿拉善盟将防沙治沙与生态产业发展有机融合，形成了"防沙治沙—资源开发—高效利用"的产业体系。去年全盟林草生态产业产值达56.2亿元，通过林木采种、发展旅游、接种肉苁蓉、锁阳、林下种养殖等生态产业，带动3万多农牧民就业，人均增收3万~5万元。截至目前，依托"三北"防护林工程建成了9处10万~60万亩规模化人工梭梭-肉苁蓉产业基地，年产干肉苁蓉1600吨；封育保护恢复白刺309万亩，年产干锁阳2000吨；种植沙地葡萄、黑果枸杞等精品林果7.6万亩，围封保护黑果枸杞8.8万亩。2016年以来，累计向农牧民发放飞播生态用地补助资金1170万元，农牧民每年采集飞播种子140吨，实现产值800万元，户均增收近万元。

二、阿拉善盟飞播造林的启示

阿拉善盟的实践，树立了一个乔灌草、封飞造三大效益有机结合的成功样板。总结其经验，有以下几点启示：

（一）在降水量100毫米左右地区飞播造林育草

阿拉善盟在腾格里、乌兰布和、巴丹吉林沙漠等年降雨量100~150毫米的沙区开展飞播造林并取得成功，打破国际学术界对年降水量200毫米以下地区不适宜飞播造林的论断。同时，飞播造林区也促进了草原植被的恢复，据观测，播区边缘200~500米范围内花棒、沙拐枣等灌草植被显著增加，播区沿线15~30公里范围内荒漠草原沙化程度趋于减缓，草原植被盖度逐年增长，充分说明在极干旱沙化地区，采取飞播造林、促进林下草原修复是可行的。

（二）在荒漠化治理中实现自然修复与人工修复相结合，以自然修复为主

阿拉善盟采取"飞播+封育"，以林草植被为主的生态修复模式，改变了一说国土绿化就想到人工造林、造乔木林的惯有思维和传统做法，是因地制宜、适地适绿、自然修复、科学绿化的成功实践。

（三）防沙治沙兼顾三大效益有机统一

一是生态效益显著。根据当地林草、气象等部门监测调查，飞播区流沙地表形成结皮，近地表输沙量减少了85.5%~97.6%，大风沙尘暴日数由20世纪80年代的18天左右下降到近年来的4~7天。植被恢复使土壤有机质含量提高了3.2倍多。同时，一些播区地下水位有了一定程度的上升，白刺、柠条、黄芪等乡土植物种相继恢复出现，生物多样性大大提高，植物群落步入了良性演替。二是经济效益良好。在飞播地块，通过在梭梭林上接种肉苁蓉，常规化经营管理每亩每年纯收入可达到450~500元，高标准、集约化经营的示范区每亩年收入可达1000~1500元。目前，全盟累计发放飞播生态用地补助资金1170万元；增加农牧民护林员300余个就业岗位，人均年增收2万元；有235户845人纳入公益林补偿和草原补奖范畴，人均年补偿收入0.5万~1.5万元；每年参与采收飞播种子使户均增收近万元。播区农牧民通过林木管护、种子采集、发展生态旅游、林下养殖等，

实现了牧区一二三产融合发展。三是社会效益可观。飞播造林增强了播区农牧民参与生态建设的主动性和积极性，变过去"要我飞播"为现在的"我要飞播"，使他们脱离了昔日的恶性循环生产模式，走上了保护生态、发展生态产业致富的生态文明之路。此外，阿拉善盟成功探索出的中高大沙丘飞播综合治理模式，"军用+商用"飞播模式，"降水量控制下的飞播种子丸粒化"试验项目，先后获得国家级、自治区级多项专利和多种荣誉，为全国飞播造林治沙树立了成功样板。

（四）以较低的投入也可以实现防沙治沙

2010 年以前，阿拉善盟飞播造林亩均成本 100 元，为同期灌木人工造林成本的 80%。2010—2015 年，飞播造林亩均成本 200 元，为同期灌木人工造林成本的 50%。近年来，随着播区立地条件逐步向高大沙丘地推进，再加上设置沙障、补播等因素，飞播成本上升至 330 元/亩，但仍低于同期乔木人工造林成本的一半以上。

（五）飞播造林贵在坚持不懈、久久为功

飞播造林受天时、地利、人和（飞播需要航空、气象、交通等多个部门协同作业）等因素的影响，飞播成效存在很大的不确定性。

阿拉善盟的经验启示我们，飞播造林不可能毕其功于一役，只要坚持不懈、久久为功，不断汲取经验教训，改进技术措施，实行 1 次飞播、1~2 次补播，就一定能够创造绿进沙退的奇迹。

三、几点思考

（一）提高飞播、封育和灌木造林的补助标准

随着生态建设的不断推进，"三北"地区的立地条件越来越差、地块越来越偏、人工成本不断上升，再加上部分急需治理的地区需要采取设置沙障、围栏等人工措施，实际造林成本与现行的造林补助标准差距较大。在工程投资规模基本不变的前提下，通过加大这一地区灌木造林、飞播、封育比重，可以将补助标准分别提高至 340 元/亩、300 元/亩和 200 元/亩，并以此带动草原的自然修复，实现科学绿化，提高治理成效。

（二）加大飞播造林力度

根据阿拉善盟的成功实践，飞播造林在阿拉善中东部、河西走廊部分地区、青海湖周边、共和盆地、柴达木盆地、黄土丘陵沟壑区等地有着非常大的推广应用潜力。"三北"地区现有适宜飞播区约 1000 万亩，应该采取行政、经济、技术等手段，引导适宜地区加大飞播造林力度，并辅以封禁措施，加快国土绿化步伐。同时，以多样化的技术手段开展飞播造林，在集中连片、面积较大的区域，主要用直升机飞播；在面积较小地区，采用无人机飞播。

（三）加大自然修复力度

阿拉善的实践表明，飞播与封育结合，辅助人工促进措施，是发挥好自然力、提高沙地治理的有效手段。"十四五"期间可在北方旱区规划建设一批封飞结合、辅助人工促进的自然修复综合试验区，依靠大自然的自我修复能力，促进退化生态系统休养生息、提升功能。

（四）大力发展灌草产业

在干旱半干旱地区，灌丛草原或干草原是主要的植被类型，而且有丰富的适宜产业化培育的品种。各地要按照当地的气候条件、自然资源、市场需求、传统业态等条件加强科技创新和新品种、新技术推广，大力培育生物能源、木本油料、木草本药材、畜草饲料、灌木经济林、碳汇经济、灌木平茬和退化林分改造剩余物利用等新老产业，推动生态产业化和产业生态化，实现"两山"转化和绿色发展。

在《阿拉善盟林业和草原志》编纂工作培训班上的讲话

（2021 年 12 月 14 日）

阿拉善盟林业和草原局党组书记、局长　图布新

同志们：

方志，是指记述地方情况的史志。方志分门别类、取材宏富，是研究历史及地理的重要资料。《林业志》也是方志的一种。"盛世修志"，我们恰逢盛世，中华民族距离伟大复兴越来越近，中国越来越走近世界舞台中心，在这样一个伟大的变革时期编修志书，立意高远，影响重大。

《内蒙古自治区志·林业志》现已出版发行，局党组决定，自即日起开始编纂《阿拉善盟林业和草原志》，下面，我就编纂志书事宜讲几点意见：

一、提高政治站位、坚定政治方向，全力以赴编好《阿拉善盟林业和草原志》

中共十九届六中全会刚刚闭幕，全会精神正鼓舞全国人民奋力拼搏，为实现中华民族伟大复兴的中国梦加油苦干。恰逢此时，《阿拉善盟林业和草原志》编修工作启动了，这是广大林草工作者的喜事、幸事，也是全盟林草建设、保护生态的大事。

此次修志，经局党组初步研究，决定起于 2006 年，止于 2021 年，共计 16 年。根据《地方志工作条例》第十条地方志书每 20 年左右编修一次，我们的时间跨度还不够，同志们在搜集资料时可放宽时限，把截止时间放在 2021 年底，根据修志需要和各旗（区）意见，局党组再研究志书的起止年限和志书的名称。

编修志书，既是对历史的总结，也是继往开来的序幕；既是对昨天的确认，更是展望明天的借鉴；知道我们来时的路，才能看清将要踏上的征程。所以，编修办的同志们一定要提高政治站位，以习近平生态文明思想为指导，把《阿拉善盟林业和草原志》的编修工作放在"新时代"的大背景之下，坚定"绿水青山就是金山银山"理念，着重体现北疆生态屏障建设与保护的实践，突出阿拉善人为生态建设不屈不挠的精神风貌，把《阿拉善盟林业和草原志》编修成为一部政治性强、人民性高、资料齐备、服务功能齐全的好书。

二、强化组织领导，加强志书编纂

阿拉善盟林业和草原局为编修《阿拉善盟林业和草原志》成立了专门机构，下一步，在编纂办公室强有力的领导下开展工作。希望全体编纂人员担当作为、主动作为、勤奋努力，在盟档案史志馆专家的指导下，尽快开展工作。同时，要求各旗（区）、国家级自然保护区充分认识编修《阿拉善盟林业和草原志》的深远意义，全面翔实地提供编修志书所需资料。各旗（区）、国家级自然保护区更要积极配合，派出精兵强将，配合志书的编修。地方志从某种意义上说是一部资料书、工具书，没有大量的资料是写不成的。重视资料是历代修志的传统，志书是以历史的客观实际来反映其兴衰起伏的因果关系，所以资料性是志书的基本特征。《阿拉善盟林业和草原志》既是展现全盟林草建设实绩的平台，也是展现各旗（区）、国家级自然保护区业绩的平台，如果某个旗（区）派遣人员不得力，资料提供不详实，会直接导致旗（区）、保护区专篇的质量低下。《阿拉善盟林业和草原志》的编修，是全区大势所趋，也是我们对历史负责的重要态度。《阿拉善盟林业和草原志》一旦竣工，可以说是为旗（区）培养了修志的人才，机会难得；二是为旗（区）、自然保护区将来修志奠定了资料基础，可以说此次修志积累的素材稍做加工，旗（区）、国家级自然保护区志

书就水到渠成了。所以，希望各旗（区）、自然保护区以高度负责的态度，重视、支持志书的编修工作。

志书是要服务全盟生态建设大局的，党的二十大明年就要召开，届时我们的《阿拉善盟林业和草原志》一定会向全社会展示出阿拉善盟这样一个生态脆弱地区生态建设的成果，引起更多仁人志士的关注，更加坚定大家对生态建设的信心，为今后治理荒漠、改善生态提供动力、提供决策依据。

编修志书是一件极其辛苦的事情，大家都是新手，面对编修一部庞大的而又繁杂的志书，一定有很多困难，希望大家发扬精益求精的工匠精神，虚心学习、克服困难、在工作中不断积累经验、增强本领，最终修好一部志，把大家锻炼成为修志能手。

三、强化保障、切实提升工作质量

方志以记当代为主，故有"隔代修史，当代修志"之说。方志既然着眼于当代，那么，时代变了，方志的内容、形式、风格也要随之改变。所以，每部方志都不可避免地要打上时代的烙印，标明其时代特征。阿拉善盟林业和草原局为编修《阿拉善盟林业和草原志》不但成立了专门机构，还准备了充足的经费，提供最好的后勤保障，希望编纂办公室的同志们安心工作，服从专家安排，认真落实志书编纂有关质量规定，建立编纂篇目征求意见、专家会诊、会议审定后组织编纂的制度；定稿前要字斟句酌，认真核对史料，确保志书质量，特别强调在志书编纂过程中对出版书号的申请要及时。

社会造林已经成为全盟生态建设的主力军，为全盟生态建设作出卓越的贡献，在全盟生态建设中占有很重要的位置。此次修志一定要将那些默默无闻、一生奉献给防风治沙的英模人物、以慈善公益捐助等方式支持生态建设的仁人志士、抛家舍业多年奋斗在沙漠中致力生态建设的优秀人物、加入基金会投入大量资金的企业家设专篇收入志书。不仅表彰他们的功绩，激励更多人的斗志，而且记录这个时代生态建设的特色，为后来者留下珍贵的资料。

各科室、各二级单位切不可认为修志与己无关，一定要积极投身到修志工作中来，按要求提供修志所需资料，时刻关注志书编修进度，对志书中出现的瑕疵病句错字都要给予修改。初稿清样出来后，要印发到大家手中，目的就是要增减补充，修改完善。对编修志书给予支持配合的单位和同志给予表扬和感谢。

局党组提出用一年半的时间完成志书的编修工作，时间紧、任务重。但相信你们会通过艰辛努力全面完成任务，编出一部高质量的《阿拉善盟林业和草原志》。

在《阿拉善盟林业和草原志》编纂工作
启动会议上的讲话

（2022年2月28日）

阿拉善盟林业和草原局党组书记、局长　图布新

同志们：

自2021年12月14日启动《阿拉善盟林业和草原志》编纂工作以来，编纂办公室的同志们下基层走访相关部门，经过艰辛努力，目前各旗（区）的资料收集工作基本完成，已经具备了编纂志书的条件，下面就编纂工作讲几点意见：

1. 经局党组会议研究决定，此次修志书名确定为《阿拉善盟林业和草原志（2006—2021）》，起于2006年，止于2021年，共计16年。这16年是阿拉善盟生态建设取得辉煌成就的16年，载

入史册理所当然。我们编修志书，就是要为后人树立一面镜子，以史为鉴，激励后来者。同志们一定要按照修志的要求，坚持实事求是原则，客观公正地记载这 16 年的成就、经验、反思和教训，为今后生态建设提供翔实的资料。阿拉善盟自然条件恶劣，94%的地方不适宜人类居住，由于立地条件极差，生态建设任重道远、困难重重，付出的代价远高于其他地方。所以，阿拉善的生态建设就是一部浸满汗水的史册，请同志们一定要多下功夫，编好志书。

2. 把志书编出特色，修出精神。阿拉善生态建设与内地生态建设存在巨大差异，就全区来讲，与其他盟（市）有着根本不同，特殊的地理环境孕育着特殊的物种，特殊的物种演进出特殊的生态模式。阿拉善盟特有的沙产业、养驼业等，不但是生态建设不可或缺的组成部分，更是农牧民生存、生活、致富的重要途径。阿拉善的生态建设效益已经与社会效益、经济效益有机融合起来，极大地调动农牧民参与生态建设的积极性，这是特色、是经验、是法宝，需要很好地总结。这 16 年，在生态建设取得成就的同时，也涌现了一大批投身生态建设的英模人物，这些人是全盟生态建设的标兵，也是阿拉善生态精神的塑造者，一定要把他们书写好、记录好，目的是让这种精神很好地传承下去。

3. 拓宽视野，放眼全国，全面记载投身于生态建设的仁人志士。参阅其他地方的林业志，对社会造林的记录很少，阿拉善盟不同于其他地方，生态建设早已成为热心生态事业、积极承担社会责任的企业家、实体经济的重要任务。这些年来，约有十余家基金会和其他社会组织在阿拉善盟投资、投劳搞生态建设，同时大力宣传阿拉善，将许多名校的大学生带到阿拉善考察、学习、实习，这是一种薪火相传、是一种精神的赓续。这些仁人志士身上闪现着一种难能可贵的精神，我们不能忘记，要记载好他们为阿拉善生态建设做出的卓越贡献，是我们的责任。他们的精神一定会感动、引领更多人加入生态建设队伍。众人拾柴火焰高，社会造林必将成为全盟生态建设的生力军。

还有一些具体要求，请档案史志馆的王延吉老师多给予指导，确保志书符合要求，确保志书质量一流，确保志书按时完成。

同志们，万事俱备，只欠东风，这个东风就是编纂办公室同志们付出的辛苦。希望同志们在编纂办公室的统一带领下，定好体例、集思广益、积极工作、奋发有为、尽快完成第一稿的编纂工作。

我宣布：《阿拉善盟林业和草原志》编纂工作正式开始！

在《阿拉善盟林业和草原志》第一稿
座谈会上的讲话

（2022 年 7 月 26 日）

阿拉善盟林业和草原局党组书记、局长　图布新

编纂办公室的全体同仁：

大家好！

《阿拉善盟林业和草原志》在全体同仁的共同努力下，于 6 月中旬完成第一稿。6 月 28 日，第一稿清样下发到各旗（区）、局各科室及二级单位，入志的人物同时收到清样。第一稿就是征求意见稿，下发后反响很好，说明同志们在编纂第一稿时花费了很大精力，也取得了很好的成绩，我代表局党组向大家表示祝贺，同时也表示衷心的感谢！

修志就是编写历史，我们站在新的历史起点上，回望过去，感到无比自豪；展望未来，感到信

心满满。

编修《阿拉善盟林业和草原志》就是要全面盘点本地地理、历史、经济、物产、生态建设等状况，追溯历史渊源，总结发展经验，有利于发挥志书的历史、文化和学术价值；系统梳理总结阿拉善盟林业和草原发展改革历程，有利于从前人奋斗历程中汲取能量，鉴古开来；汇集阿拉善生态建设取得的成就及特色，有利于激发人民群众热爱家乡、建设家园的热情。记录生态文明建设过程，阐明生态建设与脱贫致富的关系，生动诠释"绿水青山就是金山银山"的深刻含义，有利于发挥志书记述历史、传承文明、服务当代、垂鉴后世的作用。

《阿拉善盟林业和草原志》第一稿开拓性地增加了"特色沙产业"和"社会化造林"两个章节，成为"本志"别于其他盟（市）部门志的标志性特点，也是"本志"的亮点、闪光点。"特色沙产业"一章全面详细地反映了"十一五"以来全盟生态建设，尤其是沙产业取得的辉煌成就。以往，沙漠叫人望而生畏，如今，沙产业成为农牧民的金饭碗。阿拉善盟的农牧民脱贫攻坚离不开沙产业，今后乡村振兴依然离不开沙产业。没有这一章，《阿拉善盟林业和草原志》就显得空洞乏味，毫无特色；没有这一章，《阿拉善盟林业和草原志》就无法向读者展示生态文明在阿拉善是如何实践的，没有这一章，《阿拉善盟林业和草原志》就是一本普通的资料汇编。这一章增加的好，增加的有意义，给后来者留下了宝贵的史料、留下了生动的教材，垂鉴历史，当之无愧。"社会化造林"一章内容翔实，事迹动人，为读者彰显了社会化造林机构慷慨无私、勇于担当的精神，成为教育下一代建设祖国、热爱家乡的典型案例。社会化造林涌现了一大批甘于奉献、不畏艰难的仁人志士，这个群体中有老军人、商人、退休老干部和农牧民，他们大多不是阿拉善人，可他们舍弃安逸的生活、放弃如火如荼的生意，把有限的生命投入防风治沙，改善生态的斗争中来，有的同志还将生命永远地留在了沙漠里。每每读他们的事迹，叫人感动不已。在"社会化造林机构"和仁人志士的努力下，阿拉善的生态建设取得骄人成绩，记住他们的功绩是我们义不容辞的责任；把他们的宝贵精神传给全社会、留给下一代更是我们的使命。没有这一章，就等于我们掩埋了英雄的汗水、遗弃了志士的功绩，我们就是历史的罪人。

这两章增加得实在是好，感谢同志们！

《阿拉善盟林业和草原志》第一稿的征求意见稿已陆续收到，我们也发现了不少问题：

一、资料还是残缺不全，部分资料有断档现象。由于过去对资料收集工作不重视，加上林业局几次搬家，纸质版资料丢失很正常，这给修志工作带来了巨大困难。希望同志们通过调研、采风、走访等方式寻找当事人，以口录的形式进行补救。如果能从其他部门寻找到，那也要不遗余力地找寻，力争使遗憾最小化。

二、《阿拉善盟林业和草原志》中重复内容还不少。比如，有些人物在几处出现，有些相同的内容（数字）在多处表述，还有一些数字不准确，这些问题的存在，使《阿拉善盟林业和草原志》显得臃肿、累赘，大大降低了《阿拉善盟林业和草原志》的质量。希望同志们在修改第一稿时，认真、细致地做好查重工作，该保留的一定保留，多余的坚决删除。查重是一件很辛苦的事情，请同志们继续发扬能吃苦、能战斗的精神，做好查重和纠错工作。

三、严格按照审查验收规定和政治审查要求，做好《阿拉善盟林业和草原志》审查验收、政审的前期工作。根据《地方志工作条例》第十二条规定：对地方志书进行审查验收，应当组织有关保密、档案、历史、法律、经济、军事等方面的专家参加，重点审查地方志书的内容是否符合宪法和保密、档案等法律、法规的规定，是否全面、客观地反映本行政区域自然、政治、经济、文化和社会的历史与现状。其中，政治审查尤为重要，大家一定要高度重视，这项工作王延吉老师要严格把关，自始至终给予指导，确保《阿拉善盟林业和草原志》政治合格、审查严格、验收顺利、出版快速。

四、在修改第一稿之前，编纂办要再举办一次系统性培训班。第一稿只是个资料稿，离志书的要求相差甚远。所以，必须站在优秀志书的高度，不断提高编纂人员的业务素质，还可借鉴一些优秀志书的成功经验，按章节进行培训，使大家真正懂得什么是志、志书如何编纂、编纂志书的要素、要求、注意事项，高水准地完善第一稿。

同志们，第一稿修改工作马上开始了，请局机关办公室做好后勤保障，及时解决编纂工作中出现的问题和困难。强调几点，一是确保资料调取无障碍，以最快速度帮助编纂人员调取所需资料。各旗（区）林草部门、各科室、二级单位不得以任何理由拖延、阻止资料调取工作；二是安排好调研、采风活动，对车辆使用、差旅费等给予最大方便；三是协调各旗（区）林草部门对编纂工作给予协助，尤其是要重视调研采风活动，将对各旗（区）林草部门实行评比考核，待《阿拉善盟林业和草原志》定稿后，全面进行评估，奖优罚劣。

编修第二稿，意义重大。第二稿基本就是本志的成稿，希望大家努力努力再努力。

虽然我们在大暑季节，炎热难耐，但并未影响大家的工作热情，相信我们一定能圆满完成第一稿的修改工作，顺利完成第二稿。

在《阿拉善盟林业和草原志》第二稿合稿会议上的讲话

（2022 年 12 月 5 日）

阿拉善盟林业和草原局党组书记、局长　图布新

同志们！

今天是个大喜的日子，《阿拉善盟林业和草原志》（以下简称《志书》）第二稿历时 5 个多月，终于合稿。

第二稿也是修订稿，在编纂办公室全体同志的共同努力下，在林草系统广大干部职工的鼎力支持下，修订稿即将交付印刷。

第一稿即资料稿，下发后编纂办公室的同志们开始着手修改稿件，为了提高编纂办公室工作人员的业务水平，编纂办公室组织工作人员学习了编修地方志的相关法规，规模性、专业化地组织培训。编纂办公室主任亲自编纂《地方志编纂手册》供大家学习。7 月 28 日至 8 月 16 日，集中学习《地方志工作条例》《地方志书质量标准》《编修地方志的意义》《地方志篇目的设计》《志书编写的基本步骤》《编写地方志需要注意的要求》《谈志书序言》《专业志的编写》《地方志概述的编写》《地方志的体裁》《地方志的写作方法和技巧及注意事项》《志书修辞要克服的几个问题》《续修地方志人物如何入志》等专业知识。每人制作一章内容的 PPT，登台讲课，既提高业务知识，也分享了学习成果。通过培训学习，提高了认识、掌握了修志的方法、提高了修志技能。

编纂办公室先后召开十八次工作会议，就编修工作中出现的问题进行咨询研究，提出解决的办法。就《志书》的推进速度、斧正内容提出方案。挂图作战，擂鼓推进，保证了修志工作顺利推进。

为确保《志书》涉及的关键数据准确无误，编纂办公室的同志们到各旗（区）基层开展调研采风。深入阿拉善右旗神驼乳业有限公司、驼旺合作社、内蒙古至臻沙生药用植物科技开发有限公司等六家沙产业企业、合作社，额济纳旗浩林生态种植专业合作社、余娟大果沙枣种植基地、苏和造林基地、阿云嘎沙产业基地、额济纳旗居延海湿地管理中心、额济纳旗胡杨林保护区以及走访先进模范人物。通过实地参观、座谈交流形式开展了调研采风活动，使编纂工作人员充分了解阿拉善右旗、额济纳旗在公益社会化造林、生态恢复、湿地保护现状、沙产业发展，促进农牧民脱贫致富等方面取得的成效，为进一步完善《志书》编纂内容，确保志书内容完整性、真实性打下坚实

基础。

从资料稿到修订稿是一步大飞跃，关键是编纂人员要付出极大心血，不断整理撰写，核实、校对、增删。2022年10月28日，编纂办公室召开第十六次会议，成立志书总核稿小组（总体审核）、志书审查小组（政治审查）、文字重复查删小组、度量衡计量单位统一小组、地域名称规范小组、投资额度单位统一小组、第二稿定稿文字审核小组、编纂机构拟定小组、《志书》规范文件附件收集小组、关键数据统一小组10个小组进行详细核对。增加一节"林业草原行业在全盟扶贫脱贫中发挥的作用"，从政策和产业等方面进行撰写。经过16次修改，基本统一了地名、度量衡、关键数据等，还对重复内容进行查验、删减，做到有详有略，对不符合政治审查要求的内容全部删除，此次修改较资料稿减少了25万字。

2022年11月21日，编纂办公室召开第十八次会议，开始压茬审稿，志书分20部分，分6组进行，实际修稿21次。至12月4日，第二稿合稿达到修订稿要求。这期间，编纂办公室的全体同志加班加点、夜以继日，牺牲了很多双休日，在此，我向你们说声：同志们辛苦了！

修订稿清样已经出来，我大致看了一遍。《志书》除了图片外，其他内容一应俱全，《志书》初稿17章、78节，近65万字，符合志书的体例规范、表达要求，附录部分收录了一些规范性文件，满足《志书》要求。整个《志书》生动诠释了习近平生态文明思想，政治导向正确，可交付印刷。在此，我强调，修志是件繁杂而系统的工程，各旗（区）林草部门、各科室、二级单位必须全力配合，做好服务工作，切不可耽误修志进度。

编纂办公室的同志还要抓紧做好《志书》评审准备工作，提前约请专家，修订稿印刷出来后，提前发给他们，请他们仔细阅读，提出宝贵意见，确保评审顺利。在征求意见期间，编纂办公室要抓紧收集、筛选、编辑图片。图片质量要高且符合《志书》内容。选择好后提交党组会议研究。

第三稿即送审稿，希望编纂办公室全体同志继续发扬吃苦耐劳精神，广采博闻，将修订稿修改完善，向评审委员会提交高质量的送审稿。

"大雪"即将来临，祝同志们节日快乐！心想事成！

在《阿拉善盟林业和草原志》编修座谈会上的讲话

（2021年12月）

阿拉善盟林业和草原局一级调研员
阿拉善盟林业和草原志编纂办公室主任　孔德荣

同志们：

今天我们齐聚一堂，就为了一件事——编修《阿拉善盟林业和草原志》。《内蒙古自治区林业志》已于2020年刊印发行。同时，要求各盟（市）尽快开展第二轮修志工作，根据国务院《地方志工作条例》第十条规定："地方志每20年左右编修一次，每一轮地方志编修工作完成后，负责地方志工作的机构在编纂地方综合年鉴、搜集资料以及向社会提供咨询服务的同时，启动新一轮地方志的续修工作。"阿拉善盟林业局的上一轮修志于2006年完稿，时间下限为2005年，迄今16年了，开始第二轮修志工作很有必要。

一、什么是地方志

《地方志工作条例》明确讲："地方志书，是指全面系统地记述本行政区域自然、政治、经济、文化、社会历史与现状的资料性文献。

地方志分为：省（自治区、直辖市）编纂的地方志，设区的市（自治州）编纂的地方志，县

（自治县、不设区的市、市辖区）编纂的地方志。"林草部门编修的志书就是阿拉善盟地方志的"部门志"。

地方志简称"方志"。方志，就是述地方情况的史志。有全国性的总志和地方性的州郡府县志两类。总志如《山海经》《大清一统志》，以省为单位的方志称"通志"，如《山西通志》，元以后著名的乡镇、寺观、山川也多有志，如《南浔志》《灵隐寺志》。方志分门别类，取材宏富，是研究历史及历史地理的重要资料。

编修方志是中国悠久的文化传统。我国的地方志源远流长，其内容由简单到复杂，体例由不完备到比较完备有一个逐渐定型化的过程。

方志起源于史，它是从古代史官的记述发展而来的，像《周礼》中所提到的外史掌"四方之志"，可能就是方志的源头；方志脱胎于地理学，是由我国古代最早的地理著作《尚书·禹贡》和《山海经》演变而成的。《尚书·禹贡》记载了战国前的方域、物产、贡赋等，《山海经》记载了远古时的山川、形势、物怪等，它们被认为是方志的雏形。

东汉初期，会稽人袁康撰《越绝记》一书，记吴越二国史地，这是一部具有方志性质的史学著作，在方志编纂史上有开创之功，被后世的很多学者视为中国方志的鼻祖，所谓"一方之志，始于《越绝》"。现代学者傅振伦认为，《越绝书》先记山川、城郭、冢墓，次及记传，独传于今，后世方志，实仿此，可以说《越绝书》是国内现存最早的地方志。

梁启超说："最古之史，实为方志。"持这种观点的学者，认为方志起源于《周官》，所谓周官指周朝王室的官制，后成书《周礼》亦称《周官》，宋代司马光在《河南志序》中认为，周官中的职方、土训、诵训的职掌，于后世方志都不无相似之处。清代方志学家章家诚从"志为史体"角度出发，认为春秋战国时期那些记载地方史事的书籍，如晋之《乘》、楚之《梼杌》、鲁之《春秋》等，应是最早的方志。后代许多学者也认为这些史书，类似后来的地方志，具有地方志的雏形，应称为方志之源。

脱胎于地理著作，即所谓方志来源于《禹贡》《山海经》之说，认为方志是从舆地学科（地理书）演变而成的。《禹贡》是《尚书》中的一篇，作者不详，著作时代无定论，近代多数学者认为约在战国时。这部书用自然分区方法记述当时我国的地理情况，把全国分为九州，假托为夏禹治水以后的政区制度，详细记载了当时黄河流域的山岭、河流、薮泽、土壤物产、贡赋、交通等。长江、淮河等流域也有记载，但较为粗略，是我国最早一部科学价值很高的地理著作。

方志就是由史、书、志、记、录、传、图、经等各种不同体裁的书籍，互相渗透、逐渐融合而来的一种特定体裁的著作。

方志的发展从它的形态特点看，可分为地记、图经和方志三个阶段：

地记阶段（1—6 世纪），代表作《华阳国志》。

图经阶段（6—12 世纪），代表作唐代《沙州图经》《西川图经》。

方志阶段（12—20 世纪），南宋后的志书几乎都称方志，是方志体的成熟时期。《太平寰宇记》《元丰九域志》，以及被称为"临安三志"的《乾道临安志》《淳祐临安志》《咸淳临安志》，都是当时具有代表性的地方志。

元大德七年（1303 年），修成《大元一统志》1300 卷，是我国历史上第一部规模巨大的全国一统志，为明清两代修大一统志提供了范例和模式。

中国的地方志，经过几千年的发展，体例、内容逐渐完备，积累数量极多。可惜的是，许多方志在流传过程中都已亡佚了，特别是宋代以前的方志。

地方志的性质决定了它具有地方性、广泛性、资料性、时代性和连续性等特征。

地方志具有"资治、教化、存史"三大功能。所谓资治是指，对于地方行政官吏来说，志书是施政必备之书，正所谓"治天下者以史为鉴，治郡国者以志为鉴"；所谓教化，是指志书不仅是"官书"，也是"百姓"生活必备之书，能够起到"扬善惩恶，表彰风化"的作用；所谓存史，是指志书具有"补史之缺、参史之错、详史之略、续史之无"的存史价值。

二、为什么要修志

地方志作为全面系统记述我国自然、政治、经济、文化、社会历史与现状的资料性文献，是传承中华文明的纽带和展示当代中国风范的载体，它为推动我国经济社会发展发挥着重要的存史、育人、资政作用。

地方志是中国传统三大历史文献之一，也是中华民族特有的优秀传统文化。作为"一方之全史""一地之百科全书"，地方志的功用主要体现在"存史、育人、资政"三个方面。2006年，习近平同志在温州市苍南县考察台风"桑美"灾后重建工作时，专门调阅了《苍南县志》，并在与当地领导座谈时大段朗读了书中关于台风的记载，告诫地方干部要以史为戒，认清台风活动以及影响浙江的规律才能更好地科学决策，不断提高防台风、抗台风的处置能力；习近平同志在担任上海市委书记期间，还专门要求调阅《上海通志》，以备查阅，通过这两个例子，我们可以看出地方志在提供治国理政智慧经验上的重要作用。

一个望族一定会修家谱、有望郡、有堂号；一个卓越人物历史定会记住他，后人会给他立传。

自"十一五"以来，阿拉善盟林草人奋战于风沙一线、迎战沙尘暴、绿化大风口，从原始人工造林到飞播技术应用；从单一种植乔木到多样化栽种灌木；从植树造林到植树成林；从造林穷死人到造林家业兴，林草人创造了奇迹、演绎了神话。过去是逼我造林，现在是我要造林；过去是政府造林，现在是全民造林；生态建设实现了整体控制，局部好转的态势。国家恰逢盛世，林草恰遇良机，这正符合"盛世修志"传统，让我们凝神聚力，努力修好《阿拉善盟林业和草原志》。

对修志者来讲，一是自我学习提高的机会，掌握资料、养成简朴文风、形成实事求是作风；二是具有修己立德、惠及后人的功德。

三、如何修好志

《地方志工作条例》（中华人民共和国国务院令第467号），是中国自从有了地方志以来第一部有关地方志的全国性法规。它结束了地方志工作无法可依的历史，标志着新编地方志工作从此进入依法修志的新阶段和大规模、正规化修志的新时代。30年来，全国共出版三级新编地方志书6700余部、行业志和部门志2万余部、山水名胜志400余部、地情书7000余部，出版三级地方综合年鉴1500余种、整理影印出版旧志2000余部、建立地情网站400余个，形成了2万多专职修志人员和10万多兼职修志人员的宏大修志队伍。

此次修志，一定要做到观点正确、资料翔实、体例严谨、记述清楚、特色鲜明、文风端正、印制规范。

坚持以马克思列宁主义、毛泽东思想、邓小平理论、"三个代表"重要思想、科学发展观、习近平新时代中国特色社会主义思想为指导，坚持正确的政治导向，紧紧围绕习近平生态文明思想布局谋篇。

体例适合内容记述的要求，科学、规范、严谨。述、记、志、传、图、表、录等体裁运用得当，以志为主。内容全面、客观、系统，横不缺要项，纵不断主线。

恪守修志标准，不辞辛苦，争取用最短的时间完成编修任务。

希望各旗（区）按要求及时提供资料，资料真实可信，有依据，有出处。这也是为旗（区）编修部门志做铺垫、打基础。

《阿拉善盟林业和草原志》编纂办公室
关于《阿拉善盟林业和草原志》编纂情况及有关事宜的报告

局党组：

阿拉善盟林业和草原志编纂工作自开展以来，在盟林业和草原局正确指导和各旗（区）林草主管部门、保护区管理局的大力支持下，在全体编纂人员辛勤努力下，目前，各项工作按计划稳步有序推进，奠定了修志坚实基础，确保编纂工作顺利开展。现将编纂事宜汇报如下。

一、工作进展情况

（一）加强组织领导，推动责任落实到位

阿拉善盟林业和草原局高度重视修志工作，配齐配强编纂人员，成立编纂委员会办公室，结合全盟林草工作实际，制定了编纂工作方案，完善纲目内容，明确责任分工，加强学习培训，调研交流座谈，先后召开7次工作会议，及时交流总结经验，分析解决存在问题，明确下一步工作重点，扎实有力推进《阿拉善盟林业和草原志》编纂工作启动开展，为确保编纂质量，根据工作需要，及时调整补充人员，具体编纂委员会办公室组成人员如下：

主　任：孔德荣（盟林业和草原局一级调研员）

副主任：张　晨（盟林业和草原局办公室副主任）

　　　　侍青文（盟林业和草原局规划财务科科长）

　　　　卢　娜（盟林业和草原局发展与执法监督科科长）

联络员：孙　萍（贺兰山管理局正高级工程师）

成　员：许文军（盟林业和草原局生态产业发展规划中心主任）

　　　　叶国文（盟林业和草原局航空护林站副站长）

　　　　南　定（阿左旗园林绿化中心副主任）

　　　　金廷文（贺兰山管理局）

　　　　庆格勒（胡杨林管理局）

　　　　包海梅（胡杨林管理局）

　　　　王月岚（阿左旗科学技术和林业草原局）

　　　　王　荣（阿左旗科学技术和林业草原局）

　　　　高　红（阿右旗雅布赖镇）

　　　　王　燕（阿右旗科学技术和林业草原局）

　　　　崔　巍（额济纳旗林业和草原局）

　　　　白　甜（阿拉善高新产业开发区林业草原和水务局）

　　　　翟丽斯（阿拉善盟孪井滩生态移民示范区农牧林水局）

　　　　韩佳蓉（乌兰布和生态沙产业示范区产业发展局）

（二）开展业务培训，打牢编纂质量基础

2021年12月14—15日举办《阿拉善盟林业和草原志》编纂工作培训会，盟林草局、各旗（区）林草局、保护区管理局参加编纂工作的20余名人员参加学习培训。培训会上，盟林业局一级调研员孔德荣进行了动员部署，宣布责任分工，安排工作任务，全面落实工作责任和措施，提出工作要求。培训班聘请盟档案史志馆地方志科科长王延吉进行志书编纂业务培训，明确《阿拉善盟林业和草原志》编纂指导思想、结构布局、方法技巧和规范要求。16—28日集中学习了《内蒙古自治区·林业志（2006—2015）》各章节全部内容，通过学习，提高大家认识，增强使命责任，力争高质量、高标准完成编纂工作。

（三）深入实地调研，落实编纂工作保障

2021年12月19—24日，盟林业和草原局一级调研员、《阿拉善盟林业和草原志》编纂办公室主任孔德荣率调研组深入各旗（区）林草部门、保护区管理部门进行了调研座谈，提出了具体要求，一是要提高思想认识，高度重视修志工作，充分认识修志目的和意义，高质量完成编纂工作。二是要加强协调配合，切实加强领导，抽调专人，全力配合做好编纂工作。三是要做好资料收集，按照时间节点全面翔实准确做好各单位第一手资料收集，并于2022年2月15日前报盟林草志编纂办公室。各旗（区）、保护区管理局班子成员作了表态发言，表示全力以赴配合支持《阿拉善盟林业和草原志》编纂工作，展示阿拉善林草人辉煌业绩和精神风貌，为推动编纂工作顺利开展提供了保障。

（四）加强资料收集，夯实编纂工作质量

2022年1月1日—2月28日，利用近1个半月的时间，各编纂单位按照资料收集明细清单相关内容完成了资料收集任务。

（五）及时安排部署，顺利启动编纂工作

在前期完善资料收集的基础上，2022年2月28日，召开了《阿拉善盟林业和草原志（2006—2021）》编纂工作启动会议，盟林业和草原局党组书记、局长图布新参加会议并讲话，盟档案史志馆地方志科科长王延吉讲解了相关编纂注意事项，编纂办公室成员单位全体编纂人员参加了会议。

会议要求，全体编纂人员要高度重视，认真负责，高标准、高质量完成编志工作。一是要规范名称，明确志书名为《阿拉善盟林业和草原志》，时间起于2006年，止于2021年，共计16年。二是要突出主线，充分体现阿拉善盟生态保护建设主线思想。三是要创新特色，突出记载好社会造林、林业产业等成果贡献。四是要统筹安排，按照时间节点，善始善终完成编纂工作，争取利用一年时间完成通稿、会审、征求意见、定稿等工作，全书计划60万字。

从3月1日开始，编纂人员将按照《阿拉善盟林业和草原志》编写大纲和职责分工，全面启动第一稿编写工作。

二、志书纲目增减情况

为了充分体现阿拉善地域生态建设特色和亮点，结合实际，2022年3月9日，召开了盟林业和草原志编纂办公室第七次会议，增加"特色沙产业""城市绿化和生态建设""航空护林"三个章节，具体由许文军负责"特色沙产业"内容的编纂，原则控制在5万字；南定负责"城市绿化和生态建设"内容的编纂，原则控制在1.5万字；叶国文负责"航空护林"内容的编纂。

三、存在的问题及建议

根据目前进展情况，主要存在以下方面的问题。

一是编纂人员业务不够熟悉，对如何编写无从下手。

二是前期资料收集碎片化，不全面，缺少草原方面资料，影响第一稿计划任务的按期完成。

建议局党组筛选盟林草系统英模人物，以便入志。

2022年3月15日

《阿拉善盟林业和草原志》编纂办公室
关于《阿拉善盟林业和草原志》编纂情况及有关事宜的报告

局党组：

《阿拉善盟林业和草原志》编纂工作开展以来，在局党组正确领导下，在各旗（区）林草部门、保护区管理局的大力支持下，在全体编纂人员辛勤努力下，目前，各项工作按计划稳步有序推进，修志工作取得阶段性成果。现将《阿拉善盟林业和草原志》编纂情况及有关事宜汇报如下。

一、编纂过程

为全面、真实反映"十一五"以来阿拉善林业和草原改革与发展历程，续编《阿拉善盟林业和草原志》意义重大，影响深远，阿拉善盟林业和草原局高度重视修志工作，结合全盟林草工作实际，制定了编纂工作方案，成立组织机构，加强学习培训，完善纲目内容，明确责任分工，开展调研交流座谈。《阿拉善盟林业和草原志》编纂工作于 2021 年 12 月 13 日启动。先后召开 11 次专门工作会议，及时交流总结经验，分析、解决存在问题，明确工作重点，扎实推进《阿拉善盟林业和草原志》编纂工作开展。

（一）开展业务培训，打牢编纂质量基础

2021 年 12 月 14—15 日举办《阿拉善盟林业和草原志》编纂工作培训会，盟林草局、各旗（区）林草局、保护区管理局参加编纂工作的 20 余名人员参加学习培训。培训会上，党组书记、局长图布新做了动员讲话，盟林业局一级调研员孔德荣做了工作部署。明确责任分工，提出工作要求，布置工作任务，全面落实责任。培训班聘请盟档案史志馆地方志科科长王延吉进行志书编纂业务培训，明确《阿拉善盟林业和草原志》编纂指导思想、结构布局、方法技巧和规范要求。16—28 日集中学习了《内蒙古自治区·林业志（2006—2015）》各章节全部内容，通过学习，提高思想认识，借鉴写作方法，力争高标准完成《阿拉善盟林业和草原志》编纂工作。

（二）扎实开展修志宣传，落实编纂工作各项保障

2021 年 12 月 19—24 日，盟林业和草原局一级调研员、《阿拉善盟林业和草原志》编纂办公室主任孔德荣率调研组深入各旗（区）林草部门、保护区管理部门进行了调研座谈，提出了具体要求，一是要提高思想认识，高度重视修志工作，充分认识修志目的和意义，高质量完成编纂工作。二是要加强协调配合，切实加强领导，抽调专人，全力配合做好编纂工作。三是做好资料收集，按照时间节点全面翔实准确做好各单位第一手资料收集，并于 2022 年 2 月 15 日前报《阿拉善盟林业和草原志》编纂办公室。各旗（区）、保护区管理局班子成员作了表态发言，表示全力以赴配合支持《阿拉善盟林业和草原志》编纂工作，展示阿拉善林草人辉煌业绩和精神风貌，为推动编纂工作顺利开展提供了保障。

（三）加强资料收集，夯实编纂工作基础

根据《内蒙古自治区·林业志（2006—2015）》体例，拟定了《阿拉善盟林业和草原志》资料清单。2022 年 1 月 1 日—2 月 28 日，利用 1 个半月的时间，各编纂小组按照资料收集清单完成了资料收集任务。

（四）及时安排部署，顺利启动编纂工作

在完善资料收集的基础上，2022 年 2 月 7 日、16 日、21 日三次听取了盟林业局、各旗（区）、保护区管理局资料收集情况汇报。2 月 28 日，召开了《阿拉善盟林业和草原志（2006—2021）》

编纂工作启动会议，局党组书记、局长图布新作了讲话，盟档案史志馆地方志科科长王延吉讲解了相关编纂注意事项。

（五）精心组织编纂，严把材料审核关

从3月1日开始，编纂办公室人员按照《阿拉善盟林业和草原志》纲目和职责分工及收集资料，全面启动第一稿编写工作。3月9日、21日两次听取了盟林业局、各旗（区）、保护区管理局第一稿编纂情况汇报。3月31日形成了《阿拉善盟林业和草原志》第一稿。4月7日—5月15日集中审核了志书第一稿，5月23日—5月31日再次分四组进行了志书第一稿二次审核，计划6月6—10日开展第三次审稿，确保第一稿的质量。

二、编纂人员及责任分工

（一）成立编纂机构

阿拉善盟林业和草原局高度重视修志工作，配齐配强编纂人员，成立编纂委员会，下设办公室，及时调整补充人员，编纂办公室组成人员：

主　任：孔德荣（阿拉善盟林业和草原局一级调研员）

副主任：张　晨（阿拉善盟林业和草原局办公室副主任）

　　　　侍青文（阿拉善盟林业和草原局发展与执法监督科科长）

　　　　卢　娜（阿拉善盟林业和草原局规划财务科科长）

联络员：孙　萍（内蒙古贺兰山国家级自然保护区管理局正高级工程师）

成　员：许文军（阿拉善盟林业和草原局生态产业发展规划中心主任）

　　　　叶国文（阿拉善盟林业和草原局航空护林站副站长）

　　　　彭　涛（阿拉善沙漠世界地质公园管理局副局长）

　　　　南　定（阿左旗园林绿化中心副主任）

　　　　赵冬香（阿拉善盟公安局环境食品药品侦查支队）

　　　　王月岚（阿左旗科学技术和林业草原局）

　　　　王　荣（阿左旗科学技术和林业草原局）

　　　　高　红（阿右旗雅布赖镇）

　　　　王　燕（阿拉善沙漠世界地质公园阿右旗管理局）

　　　　崔　巍（额济纳旗林业和草原局草原工作站）

　　　　白　甜（阿拉善高新技术产业开发区林业草原和水务局）

　　　　翟丽斯（阿拉善盟孪井滩生态移民示范区农牧林水局）

　　　　韩佳蓉（阿拉善滨河金沙发展有限责任公司）

　　　　金廷文（内蒙古贺兰山国家级自然保护区管理局）

　　　　庆格乐（额济纳胡杨林国家级自然保护区管理局）

　　　　包海梅（额济纳胡杨林国家级自然保护区管理局）

（二）工作分工

根据《阿拉善盟林业和草原志（2006—2021）》体例，人员分工如下：

1. 孔德荣负责"人物传、人物简介和社会造林"章节编纂。

2. 许文军负责"特色沙产业"章节编纂。

3. 孙萍负责"林业机构和森林草原防火"章节编纂；叶国文负责"森林草原防火航空护林站"一节编纂。

4. 金廷文负责"森林草原湿地和野生动植物资源"章节编纂。

5. 王燕负责"造林育林"章节编纂；南定负责"造林育林城镇绿化"章节编纂。

6. 侍青文负责"林业计划、统计、财务"章节编纂。

7. 庆格乐负责"防沙治沙"章节编纂。

8. 王月岚负责"林业重点工程"章节编纂。

9. 白甜负责"森林资源保护"章节编纂。

10. 王荣负责"林业产业"章节编纂。

11. 韩佳蓉负责"林政管理与法治建设"章节编纂。

12. 高红负责"林业改革"章节编纂。

13. 崔巍负责"林业调查监测与规划设计"章节编纂。

14. 翟丽斯负责"林业科技、交流合作及宣传教育"章节编纂。

15. 包海梅负责"党群工作"章节编纂。

16. 各旗（区）及保护区管理局负责专篇编纂；赵冬香负责森林公安专篇编纂；彭涛负责阿拉善沙漠世界地质公园管理局专篇编纂。

17. 孔德荣负责"前言"部分撰稿。

18. 王延吉负责"凡例""综述"部分撰稿；孙萍协助。

19. 卢娜、金廷文负责"大事记"编纂。

20. 孙萍负责"后记"部分撰稿。

21. 金廷文负责"附录"部分材料收集。

三、阿拉善盟林业和草原体例章节确定及增加章节的说明

根据《内蒙古自治区·林业志（2006—2015）》体例，结合阿拉善林草工作实际，召开多次会议议定章节体例，经党组同意，确定志书名称为《阿拉善盟林业和草原志（2006—2021）》，时间跨度为16年，共计17章76节，80万字左右。通篇贯彻习近平生态文明思想和"绿水青山就是金山银山"发展理念。

本志参考其他盟（市）林业志，认为阿拉善盟防风治沙特色鲜明，方法独特，沙产业优势明显，农牧民获益匪浅，为脱贫攻坚取得决定性胜利，起到中流砥柱作用，通过发展沙产业，生态文明思想深入人心，借此加入阿拉善特色沙产业，该章是本志的亮点章节。

阿拉善盟地处祖国北疆生态脆弱区，城市绿化一直落后临近地区，为增加城市绿色，提高城市品位，为市民提供舒适优雅的生活环境，"十一五"以来，林草部门不但投入大量资金和技术力量，按照盟委行署的要求，开展城市绿化美化取得了优异成绩。本志"造林育林"一章增加"重点区域绿化"一节，记载在城市绿化工程中所作的工作。

阿拉善盟地域辽阔，防沙治沙任务繁重而艰巨，仅仅依靠政府项目资金，在短时间内很难取得明显成效，"十一五"以来，SEE生态协会、阿拉善绿化基金会为代表的社会造林机构纷纷参与到生态建设中，一些企业家捐资出劳助力阿拉善生态建设，还有一大批农牧民群众自发自愿投身于生态建设，这些力量汇集到一起，成为阿拉善生态建设的强大力量，社会力量的广泛参与，为阿拉善生态好转、农牧民生活改善发挥了巨大作用。为记载社会力量在生态建设中作出的巨大贡献，本志开设了专章"社会造林"。该章较为详尽记录了社会机构、仁人志士参与生态建设的事迹，借此激励更多的社会各界力量参与到阿拉善生态建设的行列中。本志章节如下：

前　言

凡　例

综　述

四、《阿拉善盟林业和草原志（2006—2021）》突出的主题

本志根据收集资料的情况，基本上全面、翔实地反映了2006年以来全盟防风治沙、植树造林的情况。通过记载盟委行署坚决贯彻执行党中央国务院、内蒙古自治区党委政府一系列生态治理政策，反映全盟林草系统党员干部、广大立志生态建设仁人志士共同谱写阿拉善生态好转、人民生活水平普遍提高动人篇章，生动诠释"绿水青山就是金山银山"的理念，从而揭示出"荒漠绿，百姓富；生态好，文明兴"的主题。

五、志书清样印刷

为了确保《阿拉善盟林业和草原志（2006—2021）》系统性、真实性、完整性，计划印刷清样300本，分发盟直有关部门、各旗（区）林草部门和相关人士广泛征求意见，纠正偏差，完善补充志书内容。

六、下一步工作计划

一是计划在 6 月 15 日前，完成初稿的第三次修改。本次修改主要以内容增减、查缺补漏为主。到 6 月底完成初稿印刷，并交付有关单位、个人、征求意见。8 月 15 日完成并收回征求意见稿。

二是 8 月 15 日—10 月 30 日开始第二稿补充完善并校正字词句，删除重复、校正不准确内容。11 月 10 日完成第二稿印刷（300 份），并发放到相关部门、个人，进一步征求意见。12 月 10—20 日，完成第三稿（300 份）印刷，分发到相关部门领导审查。2023 年 1 月与出版社洽谈出版事宜。

七、关于开展调研采风活动

《阿拉善盟林业和草原志（2006—2021）》在完成第一稿编纂工作后，编纂人员普遍认为对本志涉及的相关机构、人物，以及一些事件很陌生，在写作时不能全面深入地进行挖掘，为了使本志内容更翔实、事迹更生动，很有必要开展调研采风等活动，通过考察采访、座谈交流等形式，进一步征集了解当地林草发展特色亮点，极大提高本志成书质量。编纂办计划利用修改稿件的空余时间，到各旗（区）有亮点的合作社、基金会及 2 家国家级自然保护区开展调研采风，并面对面与事迹突出个人交流，探讨他们的思路、做法。请局办公室根据编纂办的需求给予安排。

八、建议

建议局党组尽快确定本系统英模人物，数量 4~8 人，提交个人资料、先进材料，编纂办尽快整理，加入《阿拉善盟林业和草原志（2006—2021）》人物之中。

2022 年 6 月 1 日

《阿拉善盟林业和草原志》编纂办公室
关于《阿拉善盟林业和草原志》编纂情况及有关事宜的报告

局党组：

现将《阿拉善盟林业和草原志》编纂情况向各位领导进行汇报：《阿拉善盟林业和草原志》于 2021 年 12 月 13 日启动。12 月 14 日部署资料收集的具体要求。15 日确定志书体例，对各章节进行分工。14—15 日举办《阿拉善盟林业和草原志》编纂工作培训会，16—28 日集中学习《内蒙古自治区志·林业志（2006—2015）》各章节全部内容。12 月 19—24 日，到各旗（区）林业和草原部门、保护区管理部门开展调研座谈，重点要求按照时间节点全面翔实准确提供第一手资料。

2022 年 1 月 1 日—2 月 28 日，按照资料收集清单完成资料收集任务。2 月 28 日召开《阿拉善盟林业和草原志（2006—2021）》编纂工作启动会议。从 3 月 1 日开始，按照初拟定《阿拉善盟林业和草原志》篇目大纲和职责分工，开始第一稿编写工作。3 月 31 日形成《阿拉善盟林业和草原志》第一稿。4 月 7 日—5 月 15 日集中审核志书第一稿。5 月 23 日开始到 5 月 31 日分 4 组进行第二轮审核，从 6 月 6 日开始第三轮审稿。6 月 15 日第一稿（征求意见稿）清样印刷。6 月 28 日，第一稿（征求意见稿）清样下发到各旗（区）、局各科室、二级单位及入志的人物手里。

2022 年 7 月 25 日开始第一稿进行查重。为了提高修改本志书第一稿的专业水平，7 月 28 日开始到 8 月 16 日，全体编纂人员集中学习《地方志工作条例》《地方志书质量标准》《编修地方志的意义》《地方志篇目的设计》《志书编写的基本步骤》《编写地方志需要注意的要求》《谈志书序言》《专业志的编写》《地方志概述的编写》《地方志的体裁》《地方志的写作方法和技巧及注意事项》《志书修辞要克服的几个问题》《续修地方志人物如何入志》13个方面的专业知识。

按照志书体例和个人分工从8月17日开始，进行第一稿第一次核稿。期间到阿右旗、额济纳旗开展调研采风活动。此次修改，在第四章中增加一节，即特色沙产业在脱贫攻坚中的作用，使沙产业既有花，又有果。

从10月19日开始，再次分4个组进行第二轮核稿。10月28日成立志书总体审核、志书审查、文字查重查删、统一度量衡计量单位、地域名称规范、统一投资额度单位、文字审核、编纂机构拟定、《志书》规范文件附件、数据统一10个小组进行详细核对。

11月2日开始到11月20日，制定核稿任务时间推进表、核稿内容统一标准和规范要求，要求按照时间节点完成了16轮核稿任务。11月21日，把志书分20部分，分6组进行，开始压茬审稿，实际完成21次核稿任务。2022年12月5日完成第二稿的定稿，交于中国农业科学技术出版社印刷。第二稿（修订稿）计划12月20日向各旗（区）、保护区、企业、个人发放，开始第二稿征求意见。预计2023年5月底完成第三稿定稿，适时召开志书的评审工作。预计在2023年6月底完成最后定稿。汇报完毕。

2022年12月5日

《阿拉善盟林业和草原志》编纂办公室
关于《阿拉善盟林业和草原志》编纂情况及有关事宜的报告

局党组：

现将《阿拉善盟林业和草原志》（修订稿）编纂情况向各位领导进行汇报。

第二稿（修订稿）于2023年1月3日向各旗（区）、保护区、企业、个人发放，开始第二稿征求意见，截至2月20日修改意见全部收回。

为了真实掌握苁蓉、锁阳产量，2023年2月2—5日、15—18日，党组成员、副局长潘竞军率领沙产业办和编纂办公室几名同志到额济纳旗古日乃、拐子湖、浩林合作社，阿右旗塔木素、曼德拉及相关合作社对肉苁蓉、锁阳产量进行实地调研测算，掌握苁蓉、锁阳单产情况和干湿比例，为志书修纂提供依据。

测算原则：根据旗（区）林草局提供的天然林面积（上报数字）、人工林面积（实际接种面积），经测算认定，天然林每亩苁蓉产量（鲜）1千克，人工林每亩产量（鲜）10千克。亩产按地块产量的最低产量计算，综合考虑管理、干旱、三年产量不等等因素，确定一个很保守的标准。

此次测定总产没有按照资源数据进行，天然林资源数据远大于上报数据，测定单产也很保守，基本按照旗（区）、苏木、嘎查、牧民提供的亩产数据确定。所以，测定的总产小于实际产量。另外，我们还走访了十余家当地收购大户，进一步核实了阿盟境内锁阳、苁蓉的大概产量。

附表1　阿拉善盟苁蓉、锁阳调研走访产量

单位：吨

旗县	苁蓉（鲜）	苁蓉（干）	锁阳（鲜）	锁阳（干）	备注
阿拉善左旗	8500	1700	6750	1350	干鲜比例为1：5
阿拉善右旗	9525	1905	6500	1300	干鲜比例为1：5

（续表）

旗县	苁蓉（鲜）	苁蓉（干）	锁阳（鲜）	锁阳（干）	备注
额济纳旗	8400	1680	6000	1200	干鲜比例为1∶5
孪井滩生态移民示范区	500	100	1000	200	干鲜比例为1∶5
乌兰布和示范区	500	100	1000	200	干鲜比例为1∶5
合计	27425	5485	21250	4250	

2023年2月22日，编纂办公室召开第十九次会议，各旗（区）、保护区通报在纸质版修订稿上修改情况，提出手工修改的具体要求，2人为一组，在纸质版上进行第二稿手工修改。

2023年3月10日，为了志书规范的格式、体例等，王延吉为大家解读《内蒙古自治区地方志书行文规则》（以下称《规则》）。就如何统一行文、表述，标题层次、文体语言、专有名词术语、规范的时间表述，名称、称谓、标点符号、计量单位正确使用等方面进行细致讲解。

2023年3月13日，编纂办公室召开第二十次会议，对各旗（区）提交的修改意见，分组整理，把志书分4部分，人员分4组整理修改，严格按照《规则》进行修改。此次修改基本上颠覆了原稿，新规的执行，一是大大增加了工作量，二是给出版社出了很多难题，因为新规与出版社老规矩有很多不同。双方多次协商，最终统一意见，按照内蒙古新规执行。

2023年3月22日编纂办公室开始选择图片，《阿拉善盟林业和草原志（2006—2021）》是一部部门志，选择照片坚持如下原则，一是人物照片分量不可过大，选择范围尽量窄小；二是紧贴志书内容，突出志书主题。首先以林草部门图片为主；其次人物图片以近期为主；第三动物、植物图片以列入国家保护名录的为主，选择独有的、稀有的动植物图片。图片分为7类，即领导视察、阿拉善动物、阿拉善植物、自然风光、地质遗迹、生态修复治理、特色沙产业。4月3日，党组会议审议原则同意所选图片。

2023年3月24日，编纂办公室召开第二十一次会议，对修改意见存在不确定性的，再寻找依据，开会讨论、对比后确定，对整理修改的意见进行手工汇总。

2023年4月7—14日，编纂办一行8人赴中国农业科学技术出版社对手稿进行核对。为提高核对效率，尽快完成工作任务，大家牺牲中午和晚上时间，分成4组分别核对，严格按照《内蒙古地方志行文规则》《中华人民共和国国家标准校对符号及其用法》全面系统地进行梳理、核对。为统一修改标准，我们在出版社又一次进行修改符号、修改方式的培训，使核稿工作得以顺利、快速推进。按常规此次校核需要大约1个月的时间，我们仅用8天时间完成核稿、对稿工作，提前20余天完成任务。4月26日收到出版社评审稿修改稿纸质版，编纂办把志书分4部分，人员分4组进行整理修改、核对。5月7日完成第三稿（评审稿）定稿，交付中国农业科学技术出版社印刷评审稿。至此，从大的方面看，编纂办完成2次大的校核工作，距离"三校三核"还差一次。

4月18日，编纂办公室召开第二十二次会议，成立编纂办公室档案归整小组，提前对修志以来形成的材料、讲话、图片等归类成档，分文字档案和电子档案，为下一轮修志留下备查资料。

为确保评审稿的质量，5月15日，根据编纂办的要求，出版社又发来评审稿修改后的电子版，编纂办立即投入复查修改工作，并于5月18日晚完成修改，发回出版社，至此，评审稿开机印刷。

根据印刷、邮寄占用时间情况，计划于5月下旬召开《阿拉善盟林业和草原志（2006—2021）》评审会，请办公室的同志做好会前安排，及时通知各旗（区）参会人员，邀请盟直部门参会嘉宾。评审会现场及会后将合影，在志书前加印。合影主要有：编纂委员会、评审委员会、参与编纂的工作人员、编纂办公室全体人员。邀请参会人员及合影人员名单由编纂办孙萍同志提供。

会后，根据专家和相关部门提出的问题进行梳理整改，对评审意见再手工归纳、整理，之后，再次与出版社核对。预计在 2023 年 6 月中旬完成定稿，交付印刷。

2023 年 7 月底可举办《阿拉善盟林业和草原志（2006—2021）》发行仪式。请办公室的同志们与编纂办的同志，提前谋划，筹备发行仪式，并提前做出方案，向局党组汇报。

汇报完毕。

2023 年 5 月 25 日

关于《阿拉善盟林业和草原志（2006—2021）》保密审查情况汇报

局党组：

根据《阿拉善盟林业和草原志（2006—2021）》评审会保密局提出的意见，为了严格规范保密审查程序和志书出版的保密管理规定要求，根据《地方志工作条例》《中华人民共和国保守国家秘密法》《中华人民共和国保守国家秘密法实施办法》《国家秘密及其密级具体范围的规定》等相关保密法律规定，组织对志书内容进行了全面保密审查，具体情况如下。

一、志书内容情况

《阿拉善盟林业和草原志（2006—2021）》共 17 章 77 节，分别为：第一章林业和草原机构分林业和草原机构、所属行政事业单位、内设机构干部配备、旗（区）林业和草原机构四节；第二章森林草原湿地和野生动植物资源分森林草原资源、野生动物资源、野生植物资源、珍稀濒危植物、古树名木、湿地资源六节；第三章造林育林育草分造林育林、义务植树、重点区域绿化、城市园林绿化、飞播造林、育草、林木种苗七节；第四章林业草原产业和特色沙产业分林草产业发展、特色沙产业、林草沙产业与扶贫脱贫三节；第五章公益及社会化造林分公益造林、社会化造林两节；第六章防沙治沙分荒漠化和沙化土地状况、荒漠化和沙化土地监测、荒漠化和沙化土地治理三节；第七章林业草原重点项目工程分"三北"防护林建设工程、天然林资源保护工程、退耕还林工程、天然草原退牧还草工程、造林补贴项目、内蒙古高原生态保护和修复工程、生态保护和修复工作成效七节；第八章林业草原资源保护分林业草原有害生物防控、野生动植物保护、森林生态效益补偿、森林保险、林长制五节；第九章自然保护地体系建设分自然保护地概况、自然保护地体系建设、自然保护地监督管理三节；第十章林业草原行政管理与法治建设分林业草原行政管理、林业草原法治建设两节；第十一章林业草原改革分集体林权制度改革、国有林场（站）改革、森林资源资产负债表编制三节；第十二章森林草原防火分防火组织和队伍建设、火灾隐患及成因、火灾预防、火灾情况及扑救、高新技术应用及防火项目五节；第十三章林业草原调查监测与规划设计分林业草原规划设计组织与调查监测、林业草原监测规划资质与业绩、林业区划、林业草原发展规划、林业和草原发展成效五节；第十四章林业草原科技 交流合作 宣传教育分林业和草原科学技术、林业和草原交流合作、林业和草原宣传三节；第十五章林业和草原计划 统计 财务分林业和草原计划、林业和草原统计、林业和草原财务三节；第十六章党群工作分党组织机构及换届发展党员、思想政治教育、廉政建设、工会工作、脱贫帮扶、精神文明六节；第十七章专篇分阿拉善左旗林业草原、阿拉善右旗林业草原、额济纳旗林业草原、阿拉善高新技术产业开发区林业草原、孪井滩生态移民示范区林业草原、乌兰布和生态沙产业示范区林业草原、内蒙古贺兰山国家级自然保护区、额

济纳胡杨林国家级自然保护区、阿拉善盟森林公安、阿拉善沙漠世界地质公园十节;

人物分人物传记、人物事迹、人物简介、林草系统高级职称人员名录四部分;

荣誉分集体荣誉名录、个人荣誉名录两部分;

附录分地方性法规、政策性文件、领导调研讲话三部分。

二、保密审查情况

为确保《志书》内容不涉密,坚持积极防范、依法审查"谁主管谁负责""谁提供资料谁审查"的保密工作原则,组织开展了保密审查工作。

一是要求各旗(区)林业和草原部门对所提供的资料"再审查",确实担负起提供资料的单位履行保密义务和保密责任,承诺和确保所提供资料不涉密、不泄密。

二是会同森林公安等部门和相关科室、二级单位,5 月 28—31 日对《志书》中的资源数据、国土数据、专项行动("绿剑行动""绿盾行动""破坏草原林地违法违规行为专项整治行动")、党建工作、引用文件名称及内容等进行了保密、解密审查。共审查政策性文件 12 个、森林公安专项行动 16 项及印发文件 2 个、2011—2021 年财务数据、资源数据、2006—2021 年党建工作开展情况及思想政治教育方面的学习文件等进行了保密审查。

经审查:

"绿盾行动"属于政法行动,只涉及了行动的代号和取得的成果,不涉及方案等保密内容,在提供材料时森林公安已经做了脱密处理,不涉密;

"绿剑行动""破坏草原林地违法违规行为专项整治行动"都是国家的专项行动,是公开的、不涉密的;

资源数据方面:野生动物数据依据 2021 年发布的《阿拉善盟野生脊椎动物名录》,野生植物数据依据 2021 年发布的《阿拉善盟野生维管束植物名录》,森林资源数据采用 2010 年全区森林二类资源调查公开数据,国土数据采用 2021 年第三次全国国土调查公开数据;

财务数据方面涉密数据均未公布,在入志时选用已经公布的不涉密的数据;党建方面及各项文件等均为公开内容,其中对《阿拉善盟林业和草原局党的建设领域防范化解重大风险工作方案》《阿拉善盟林业和草原局扫黑除恶专项斗争实施方案》2 个涉密文件、《阿拉善盟全面推行林长制实施方案》《阿拉善右旗全面推行林长制工作方案》附件不予公开的内容进行了删除,其他方面资料内容符合保密规定。

《阿拉善盟林业和草原志》编纂办公室

2023 年 6 月 1 日

修志始末

《阿拉善盟林业和草原志（2006—2021）》（以下简称《盟林业和草原志》）编纂工作由盟林业和草原局承担，于2021年12月13日启动。为确保编纂任务顺利完成，盟林业和草原局成立《盟林业和草原志》编纂委员会和编纂办公室，主任分别由局主要领导和分管领导担任，具体编纂工作由编纂办公室负责，编纂办公室聘请阿拉善盟档案史志馆方志科科长王延吉为指导专家。

2021年12月14日，阿拉善盟林业和草原局一级调研员、《盟林业和草原志》编纂办公室主任孔德荣主持召开编纂办公室第一次会议，安排资料收集工作。15日编纂办公室第二次会议确定《盟林业和草原志》体例，对各章节进行分工。14—15日举办《盟林业和草原志》编纂工作培训会，盟林业和草原局、各旗（区）林业和草原局、保护区管理局参加编纂工作的20余名人员参加学习培训。培训会上，党组书记、局长图布新作动员讲话，盟林业和草原局一级调研员孔德荣做工作部署。培训班请王延吉同志对志书编纂业务进行讲解。16—28日集中学习《内蒙古自治区志·林业志（2006—2015）》各章节全部内容，通过学习，提高了思想认识，了解了志书的概况，为高标准完成《盟林业和草原志》编纂工作提供了借鉴。

2021年12月19—24日，盟林业和草原局一级调研员、编纂办公室主任孔德荣率调研组深入各旗（区）林业和草原部门、保护区管理部门进行调研座谈，强调修志的必要性及其修志的意义，要求各林业和草原局全面翔实提供资料。根据《内蒙古自治区志·林业志（2006—2015）》体例，拟定《盟林业和草原志》资料清单。于2022年1月1日至2月28日，各编纂小组按照资料收集清单完成资料收集任务，资料搜集工作全面展开。

2022年2月7日，编纂办公室第三次会议、16日编纂办公室第四次会议、21日编纂办公室第五次会议，分别听取了盟林业和草原局、各旗（区）、保护区管理局资料收集情况汇报。28日编纂办公室第六次会议，召开《阿拉善盟林业和草原志（2006—2021）》编纂工作启动会议，局党组书记、局长图布新作了讲话，对《盟林业和草原志》编纂作进一步部署。王延吉同志讲解了编纂注意事项、指导设立《盟林业和草原志》章节。

从3月1日开始，编纂办公室工作人员按照初拟定《盟林业和草原志》篇目大纲和撰写分工，启动第一稿编写工作。3月9日编纂办公室第七次会议、21日编纂办公室第八次会议，分别听取了盟林业和草原局、各旗（区）、保护区管理局第一稿编纂情况汇报，并对《盟林业和草原志》章节进行调整，增加"林业草原产业和特色沙产业""社会化造林"两章。"特色沙产业"一章旨在凸显阿拉善生态建设形成的特殊经验、收到的巨大成效，生动诠释"绿水青山就是金山银山"理念。3月31日形成《盟林业和草原志》第一稿。4月7日—5月15日集中审核了志书第一稿。4月29日编纂办公室召开第九次会议，会议强调入志人物的编写要求。5月23日编纂办公室召开第十次会议，要求在对第一稿集中审核后再次分四组进行二轮审核，从5月23日开始到5月31日结束，再次强调编写的具体要求。从6月6日编纂办公室第十一次会议开始第三轮审稿，将"社会化造林"修改为"公益及社会化造林"，旨在真实记载为阿拉善生态建设作出突出贡献的公益组织和公益人士、社会组织和造林大户等。6月10日编纂办公室第十二次会议要求：涉及草原的内容自

2019 年以后要详写，同时再次强调编写内容要详略得当。6 月 13 日合稿。6 月 14 日编纂办公室召开第十三次会议，强调第三轮审稿一定要认真仔细，确保内容翔实，宁多勿少，确保第一稿的质量。6 月 15 日第一稿（征求意见稿）清样开始印刷。6 月 28 日，第一稿（征求意见稿）清样下发到各旗（区）、局各科室、二级单位及入志的人物手里，明确各参编单位务必于 2022 年 7 月 30 日前反馈修改意见，修改意见一定要客观、符合历史事实。

2022 年 7 月 25 日，编纂办公室第十四次会议要求对第一稿（征求意见稿）内容进行查重。同样的内容在不同地方都需要表述时，做到有详有略。为了提高修改《盟林业和草原志》第一稿的专业水平，2022 年 7 月 28 日至 2022 年 8 月 16 日，全体编纂人员进行专业知识学习，集中领学《地方志工作条例》《地方志书质量规定》《编修地方志的意义》《地方志篇目的设计》《志书编写的基本步骤》《编写地方志需要注意的要求》《谈志书序言》《专业志的编写》《地方志概述的编写》《地方志的体裁》《地方志的写作方法和技巧及注意事项》《志书修辞要克服的几个问题》《续修地方志人物如何入志》等专业知识。编纂办公室每人制作一节 PPT，登台讲课，既提高了自己，也培训了他人。

2022 年 8 月 8 日，党组书记、局长图布新在党组理论中心组学习会上，对《盟林业和草原志》第一稿修改进行部署，进一步明确方向、压实责任。图布新强调，编修《盟林业和草原志》要系统梳理总结阿拉善盟林业和草原发展改革历程，发挥志书记述历史、传承文明、服务当代、垂鉴后世的作用。志书开拓性增加了"特色沙产业""公益及社会化造林"两个章节，成为《盟林业和草原志》的亮点。编纂办要通过调研、采风、走访、座谈方式获取第一手资料，补充、完善《盟林业和草原志》内容，增强所载事件的真实性、可靠性。

按照《盟林业和草原志》体例和个人分工，从 2022 年 8 月 17 日开始，进行第一稿第一次核稿。

2022 年 9 月 20—23 日、10 月 10—14 日，编纂办公室主任孔德荣带领全体编纂人员分别深入阿拉善右旗神驼乳业有限公司、驼旺合作社、内蒙古至臻沙生药用植物科技开发有限公司等 6 家沙产业企业、合作社，额济纳旗浩林生态种植专业合作社、余娟大果沙枣种植基地、苏和造林基地、阿云嘎沙产业基地、额济纳旗居延海湿地管理中心、额济纳旗胡杨林保护区以及走访先进模范人物。通过实地参观、座谈交流形式开展了调研采风活动，使编纂工作人员充分了解阿拉善右旗、额济纳旗在公益社会化造林、生态恢复、湿地保护现状、沙产业发展，促进农牧民脱贫致富等方面取得的成效，为进一步完善《盟林业和草原志》编纂内容、确保志书内容完整性、真实性打下坚实基础。

2022 年 10 月 19 日，编纂办公室第十五次会议强调，编纂工作进入攻坚阶段，为加快修志工作进度，提高志书的编写质量，分 4 个组进行第二轮核稿，要求从 10 月 24—26 日完成第一稿定稿；10 月 27—30 日完成第三轮核稿，最后合稿；10 月 31 日至 11 月 1 日完成第一稿第四轮核稿。

2022 年 10 月 28 日，编纂办公室召开第十六次会议，成立志书总核稿小组（总体审核）、志书审查小组（政治审查）、文字重复查删小组、度量衡计量单位统一小组、地域名称规范小组、投资额度单位统一小组、第二稿定稿文字审核小组、编纂机构拟定小组、《盟林业和草原志》规范文件附件收集小组、关键数据统一小组 10 个小组进行详细核对。在"林业草原产业和特色沙产业"一章增加了"林业草原行业在全盟扶贫脱贫中发挥的作用"的内容，从政策制定、产业形成、观念转变等方面进行搜集整理，找到社会效益、生态效益和经济效益的结合点，彰显林业草原部门在治理生态过程中促进农牧民脱贫增收的业绩。

2022 年 11 月 2 日，编纂办公室第十七次会议，制定核稿任务时间推进表、核稿内容的统一标准和规范要求，并要求按照时间节点完成核稿任务。

文字重复查删小组，对志书的重复内容进行查重，11 月 2 日完成第五轮核稿；度量衡计量单位统一小组，涉及面积统一使用平方公里，森林、造林、水域、沙漠、沙化等面积统一使用公顷，面积小于1公顷的统一使用亩，建筑面积统一使用平方米，11月3日完成第六轮核稿；地域名称规范小组参照《阿拉善盟地名志》统一规定进行规范，11月4—6日完成第七轮核稿；投资额度单位统一小组，亿元以上的统一用亿元，亿元以下的统一用万元，11月7日完成第八轮核稿；第二稿定稿文字审核小组，按照凡例的要求对志书文字进行规范，文字以《通用规范汉字表》为准，标点符号按照国家发布的《标点符号用法》（GB/T 15834—2011）执行，11月8—10日完成第九轮核稿；数据统一小组，参照盟行署、各旗（区）2021年底的数据，"三区"（孪井滩生态移民示范区、阿拉善高新技术产业开发区、乌兰布和生态沙产业示范区）部分数据与阿左旗部分数据重叠，数据表示从1位到多位用阿拉伯数字，不分节，带小数点数据保留点后2位数，11月11—12日完成第十轮核稿；志书审查小组，进行政治审查，11月13—14日完成第十一轮核稿；《盟林业和草原志》规范文件小组对盟委、行署、盟林业和草原局出台的规范性文件选择收集，于11月3—15日完成第十二轮核稿；总核稿小组11月16—20日完成第十三轮核稿；总把关11月21—30日完成第十四轮核稿；编纂机构拟定小组，11月3—15日完成第十五轮核稿。编纂办公室全体人员11月15—20日完成第十六轮集体审稿。

2022年11月21日，编纂办公室召开第十八次会议，开始压茬审稿，《盟林业和草原志》分20部分，分6组进行，11月22日第一组开始第十七轮审稿，审完后交于第二组第十八轮审稿，依此类推交于第三组第十九轮审稿、第四组第二十轮审稿，第五组进行合稿，第六组进行再一轮核稿。实际修稿次数为21次，2022年12月5日完成第二稿的定稿。经党组会同意，交付中国农业科学技术出版社印刷修订稿。

2023年2月2—5日、2023年2月15—18日，党组成员、副局长潘竞军，编纂办公室主任孔德荣率调研组到额济纳旗古日乃、拐子湖、浩林合作社，阿右旗塔木素、曼德拉等相关合作社，针对肉苁蓉、锁阳产量进行实地调研，得到第一手数据，基本掌握苁蓉、锁阳单产情况和干湿比例，为今后阿拉善沙产业发展提供翔实依据。

2023年2月22日，编纂办公室召开第十九次会议，各旗（区）、保护区通报在纸质版修订稿上修改情况，提出手工修改的具体要求，强调在3月6日前反馈修改意见。收到反馈意见后，编纂办以2人为一组，在纸质版上进行第二稿手工修改。

2023年3月10日，为规范修改志书，王延吉解读《内蒙古自治区地方志书行文规则》（以下称《规则》）。就如何统一行文、表述，标题层次、文体语言、专有名词术语、时间表述规范，名称、称谓、标点符号、计量单位要正确使用等方面进行细致的讲解，强调此次修改一定要按照《规则》进行。

2023年3月13日，编纂办公室召开第二十次会议，对各旗（区）提交的修改意见，分组整理，把志书分4部分，人员分4组整理修改，严格按照《规则》进行修改。

2023年3月22日，编纂办公室开始为《盟林业和草原志》选择图片，图片选择原则：第一，《盟林业和草原志》是部门志，以林草部门图片为主；第二，坚持"详今略古、详近略远、详独略同"的原则，人物图片以近期为主；第三，图片贴近《盟林业和草原志》内容，尽量衬托《盟林业和草原志》的内容；第四，动物、植物图片以列入国家保护名录的为主，选择一些独有的、稀有的动植物图片。图片分为7类，即领导视察、阿拉善动物、植物、自然风光、地质遗迹、生态修复治理、特色沙产业。

4月3日，将所选图片提交党组会议审议，会议原则同意所选图片，并提出以选择国家重点保护的动植物为主。

2023年3月24日，编纂办公室召开第二十一次会议，对修改意见存在不确定性的，再寻找依据，开会讨论、对比后确定，对整理修改的意见进行手工汇总。

4月7—14日，编纂办公室一行8人赴中国农业科学技术出版社对手改稿进行核对，为提高核对效率，8人分为4组分别核对，对《盟林业和草原志》的内容依据《规则》全面系统地梳理、核对。4月26日收到评审稿的修改稿，把志书分4部分，人员分4组进行整理修改、核对。核对完毕形成第三稿（评审稿）定稿，于5月下旬召开《盟林业和草原志》评审会。会后，对评审意见再手工归纳、整理，之后，再次与出版社核对。在2023年5月底完成定稿，交付印刷。

5月25日评审稿发给评审委员会每位成员。5月29日召开《盟林业和草原志》评审会。会议由编纂办主任孔德荣主持，党组书记、局长图布新致辞，各评委依次发言，会上盟国家保密局就保密工作提出具体意见、盟档案史志馆副馆长宝音贺希格反馈评审意见。会后，对盟国家保密局提出的意见进行自查整改，对评委的评审意见进行手工归纳、整理，之后，再次与出版社核稿。于6月5—12日编纂办一行9人赴中国农业科学技术出版社对手稿进行核对。预计在2023年6月底完成定稿，交付印刷。

7月5日编纂办执笔人员开始对志书进行通篇核对，将修改意见在志书电子版上进行标注，7月10日修改稿电子版返回出版社。7月12日，编纂办召开第二十五次会议，就冲刺阶段出现的问题提出对策，确定最终印刷版。7月24—29日编纂办一行3人再赴出版社对志书进行最后的核对，志书最终确定为152万余字，交付印刷，并计划于2023年8月举办志书发行仪式。

在阿拉善盟林业和草原局党组和《盟林业和草原志》编纂委员会主持下，全体林业和草原系统、编纂办公室全体人员通力配合下，《盟林业和草原志》全体编纂人员分工协作、责任到人、团队合作最终完成了《盟林业和草原志》编纂工作。在编纂过程中，《盟林业和草原志》编纂工作得到社会各界和业内同仁的广泛支持，全书各篇章的编纂分工如下：

序：图布新；

凡例：金廷文；

综述：孔德荣、王延吉；

大事记：卢娜、金廷文；

第一章　林业和草原机构：孙萍；

第二章　森林草原湿地和野生动植物资源：金廷文；

第三章　造林育林育草：王燕；

第四章　林业和草原产业及特色沙产业：许文军、许小珊、王荣、郝英；

第五章　公益及社会化造林：孔德荣；

第六章　防沙治沙：庆格乐；

第七章　林业和草原重点项目工程：王月岚；

第八章　林业和草原资源保护：白甜；

第九章　自然保护地体系建设：罗炜；

第十章　林业和草原行政管理　法治建设：韩佳蓉；

第十一章　林业和草原改革：高红；

第十二章　森林草原防火：孙萍；

第十三章　林业和草原调查监测　规划设计：崔巍；

第十四章　林业和草原科技　交流合作　宣传教育：翟丽斯；

第十五章　林业和草原计划　统计　财务：卢娜、侍青文；

第十六章　党群工作：包海梅；

第十七章　旗（区）林业和草原　自然保护区　森林公安　地质公园：王月岚、王荣、许小珊、王燕、高红、崔巍、翟丽斯、白甜、韩佳蓉、孙萍、代瑞、包海梅、庆格乐、赵冬香、彭涛、孔维亮；

人物：孔德荣；

附录：白甜、翟丽斯、韩佳蓉；

修志始末：孙萍；

统稿：王延吉、孙萍、金廷文；

校对：王延吉、张晨、王月岚、王荣、王燕、高红、唐琼、包海梅、崔巍、庆格乐、庄光辉、彭涛、代瑞、张玉雪、杨卫超、刘俊良、罗蓉、海莲、青松、赵艾伦、刘玉珍、杨静、郝思鸣、海尔翰、谭天逸、吕慧；

总校对：孔德荣。

供稿：马佳伟、王亮、王晓勤、王海蓉、方礼华、白海霞、达来、左彦平、向杰、刘春林、刘宏义、多海英、李红霞、李林、李晓军、李云霞、丽翔、范建利、赵永文、赵健、郝淑香、胡晨阳、柳昊、格日勒吉雅、敖云高娃、桑冬梅、魏建民、魏琦、魏新成。

图片提供：盟林业和草原局、阿左旗林业和草原局、阿右旗林业和草原局、额济纳旗林业和草原局、阿拉善盟孪井滩示范区农牧林水局、阿拉善高新区林业草原和水务局、乌兰布和示范区产业发展局、贺兰山管理局、额济纳胡杨林管理局、地质公园、孔德荣。

《盟林业和草原志》编纂工作，倾注了盟林业和草原局与盟档案史志馆的关爱与支持，全体编纂人员付出了巨大艰辛，他们放弃节假日、牺牲休息时间，加班加点、默默无闻、不计报酬、忘我工作，顺利完成了《盟林业和草原志》的编纂工作。体现了编纂团队崇高的政治觉悟、过硬的文化素养和淳朴的敬业精神！在此，《盟林业和草原志》编纂委员会向盟档案史志馆、全体林业草原系统参编单位和编纂办同仁致以诚挚的敬意和感谢！

由于编纂时间短促、编纂水平有限，《盟林业和草原志》中不足之处在所难免，恳请业内同仁在阅览使用过程中予以斧正，我们将在下轮修志中弥补和采纳。

《阿拉善盟林业和草原志》编纂委员会

2023 年 7 月